ESSENTIALS OF PHYSICS

CUTNELL & JOHNSON 원저

개정판

일반물리학

일반물리학교재편찬위원회

KB011055

WILEY

북스힐

ESSENTIALS OF PHYSICS

1ed
John Wiley & Sons, Inc.
Copyright © 2006 by All rights reserved

Translated in Korea with special permission of John Wiley & Sons,
Inc., the copyright holders.
This translated edition is for sale and distribution in Korea only.
Printed in Korea 2007
ISBN 0-471-71398-8

WILEY

PRINTED IN KOREA
John Wiley & Sons
605 Third Avenue New York,
NY 10158-0012

북스힐

역자의 말

이 책은 John D. Cutnell과 Kenneth W. Johnson의 원저인 "Essentials of Physics"를 번역한 것이다. 이 책의 원저자들은 그들의 서문에서 이 책의 특징을 잘 밝혀 놓았다. 번역에 참가한 역자들은 이 책을 읽으면서 일관성 있는 물리 법칙들의 특징을 학생들이 잘 이해하도록 하기 위해 노력한 저자들의 열성에 감탄하지 않을 수 없었다. 특히 학생들로 하여금 문제 풀이 능력 이전에 물리학의 원리를 개념적으로 이해할 수 있도록 하고 잘 정돈된 논리를 이끌어 내는 능력을 길러 문제를 잘 풀도록 유도하였다는 점에서 다른 책과는 특별한 차별을 두고 있다. 또한 일상생활에서 자주 볼 수 있는 많은 예들을 넣어 이 책을 읽는 독자들로 하여금 친근감이 가고 읽기에 부담이 없고 또한 가르치는 분들에게는 힘들지 않게 하였다. 그러한 예들에는 생물의학, 인체생리학 외에도 상당히 많은 첨단 기술과 관련된 내용들이 포함되어 있다. 특별히 원저자들은 학생들의 문제 풀이 능력을 향상키기 위하여 모든 문제 풀이 단계에 잘 설명된 살펴보기 단계를 두어 문제를 풀기 전에 논리적인 사고를 할 수 있도록 유도하였다. 이러한 원저자들의 훌륭한 노력을 우리 실정에 맞게 번역하는 데 역자들이 혹시나 그들의 의도에서 조금이라도 벗어나지 않았나 하는 걱정이 없지 않다.

이공계 대학에서 물리학을 공부하는 이유는 전공 과목의 기초를 위한 도구 과목으로서만은 아니다. 대학 초급학년에서 물리학을 공부하는 것은 자연에 대한 이해의 폭을 넓혀 자연에 대한 경외감을 가지게 하며 아울러 생각하는 방법과 능력의 훈련을 통해 전공 과목을 좀 더 자신 있게 해 준다. 역자들 역시 이 책으로 물리학을 공부하는 학생들이 이 책으로 인해 물리학이 정말 할 만하고 할 수 있고 해야 하는 재미있는 학문이라는 사실을 알게 되기를 간절히 바란다. 그러한 간절한 소망에 혹시 미흡하게 번역하지 않았나 하는 우려도 없지 않다. 그러한 부분에 대해서는 독자 여러분들께서 좋은 의견을 보내 주시기를 바란다.

이 책의 편집과 교정을 위해 헌신적인 노력을 아끼지 않으신 북스힐 직원들의 노고에 특별한 감사를 드린다.

끝으로 어려운 우리의 실정에도 불구하고 이 책의 번역과 출판을 결정하여 주시고 투자와 노고를 아끼지 않으신 북스힐 조승식 사장께 감사드린다.

역자 일동

원저자 머리말

물리학을 강의하시는 분들이나 학생들로부터 오늘날의 물리책은 너무 부피가 크고 내용이 너무 엉켜 있으며 책값이 비싸다는 소리를 많이 듣는다. 저자들은 기존의 그러한 교재들을 대체하기 위해 이 책을 썼으며 가능한 직설적인 방법으로 기초물리학의 핵심만을 다루었다. 이러한 저자들의 시도가 학생들로 하여금 물리학이 외우기만을 위한 연관성 없는 공식들을 잔뜩 모아 놓은 것이 아니고 일관성 있는 원리들을 모아 놓은 학문이라는 사실을 쉽게 아는데 도움이 되기를 바란다.

이 책의 목표

물리학으로서의 이 책의 일차적인 목표는 학생들로 하여금 물리학의 원리를 개념적으로 이해할 수 있도록 돕는 것이다. 이러한 시도는 상당히 도전적인 일이다. 왜냐하면 물리학이 문제 풀이만을 위한 공식들을 잔뜩 모아 놓은 것으로 여겨지기 쉽기 때문이다. 그러나 문제를 잘 푸는 기술은 공식을 아는 것으로 시작되는 것이 아니다. 그러한 능력을 가지려면 개념들이 잘 정립되어 있어야 하며 식들을 잘 모아서 물리적인 상황에 적절하게 적용시킬 수 있어야 한다.

　잘 짜인 방법으로 논리를 이끌어 내는 능력이 문제를 푸는 핵심이므로, 학생들로 하여금 논리적인 능력이 성장하게 하는 것 역시 우리의 일차적인 목표 중의 하나이다. 그러기 위해서 저자들은 모든 예제에 잘 설명된 살펴보기 단계를 포함시켰다. 문제를 잘 살펴보는 능력은 잘 정립된 개념적인 이해와 함께 저자들이 학생들에게 바라는 바이다.

　마지막으로, 저자들은 물리학의 원리들이 우리들의 일상생활 속에서 반복적으로 나타난다는 사실을 학생들에게 보여주기를 원한다. 일상생활과 직접적으로 관련된 것을 가지고 공부하는 것은 보다 쉽게 물리를 접할 수 있는 기회를 만들어 준다. 이러한 직접적인 응용의 예들은 본문의 좌우 양단의 여백에 '...의 물리'라는 표시를 붙여두었다. 이들 응용의 대다수가 자연에 존재하는 생물의학이나 인체의 생리학 등에 관련이 있으며 그 외에도 CD, DVD, 디지털 사진 등 첨단 기술 등과도 연관되어 있다. 물론 그 외에도 가정집의 옥내 배관 등 우리의 삶과 관련이 있는 부분도 많이 있다. 또한 풀이된 예제나 숙제로 부과되는 각 장의 끝에 있는 연습 문제 속에도 우리의 현실 상황에 관련된 내용들이 많이 있다.

이 책의 특징

살펴보기　문제의 내용을 잘 살펴보고 문제의 뜻을 확실히 아는 것은 문제 풀이의 기본이므로 저자들은 학생들이 잘 설명된 '살펴보기'를 읽음으로써 많은 도움을 받으리라고 확신한다. 그러므로 풀이된 예제에는 잘 설명된 '살펴보기' 단계가 포함되어 있다. 이 단계에서 저자들은 학생들이 문제의 답을 계산하기 전에 문제를 푸는 과정에서 무엇을 생각해야 하는지를 설명하고 있다.

개념 예제　문제를 제대로 잘 푸는 것은 개념에 대한 이해가 확립되어 있어야 하기 때문에 각 장에서는 완전히 개념 이해를 돕기 위한 예제가 포함되어 있다. 이러한 예제들은 엄격하면서도 정성적이며 수식을 거의 사용하지 않고 풀이되어 있다. 또한 학생들로 하여금 개념을 가시화 할 수 있도록 돕는 방법으로 많은 개념 예제에 사진이나 그림들을 동원하였다. 이러한 우리의 의도는 학생들이 문제에 수치를 대입하여 풀기 전에 그 문제를 어떻게 '개괄적으로 생각하는가' 하는 잘 묘사된 모형을 학생들에게 제공하는 것이다. 많은 '개념 예제'들은 다양한 주제를 다루고 있으며 가끔은 학생들을 헷갈리게 하는 문제들도 다루었다. 가능한 어느 문제에서나 실제로 있는 상황에 초점을 맞추었으며 예제들을 잘 구성하여 각 장의 끝에 있는 연습 문제를 자연스럽게 풀 수 있는 능력을 갖추게 했다. 그런 예제에 관련된 연습 문제들은 분야별로 잘 분류하여 학생들이 연습 문제를 풀 때 어떤 개념 예제와 관련이 있는지를 찾을 수 있도록 하여 개념 예제를 복습해 가면서 문제를 풀 수 있도록 하였다.

…의 물리   이 책에는 상당히 많은 실생활에의 응용 문제가 있으며 이러한 문제들은 최신의 물리 내용이 우리의 생활과 어떻게 관련되는가를 학생들에게 알려주어야 하는 우리의 의무를 반영하고 있다. 그러한 응용의 내용을 잘 알아보게 하기 위하여 본문 양단의 여백에 '…의 물리'라는 표시를 해두었다.

문제 풀이 도움말   풀이된 예제에 설명되어 있는 문제 풀이 기술에 좀 더 도움이 되게 하기 위하여 본문의 양단 여백에 '문제 풀이 도움말'이라는 제목으로 짧은 설명을 붙여 놓았다. 이 짧은 설명은 계산을 자세히 설명할 때 교수가 하는 친절한 주의 사항 같은 것으로 학생들이 문제를 풀 때 실수하지 않도록 도와준다.

연습 문제   이 책에서는 많은 수의 연습 문제를 제공하고 있다. 저자들이 문제를 쓸 때 다양한 실제 상황의 문제를 그 상황에 맞는 데이터를 사용하였다. 문제들은 난이도에 따라 *표가 없는 것 *표가 하나 있는 것, *표가 두 개 있는 것 순으로 등급을 매겼다.

오자나 탈자 등이 없는 책을 만들려는 최선의 노력에도 불구하고 오자나 탈자 등은 있을지도 모른다. 그런 것들은 온전히 저자들의 책임이며 그런 것을 알려주시는 독자께 감사를 드린다. 이 책이 읽는 이들이 배우기 쉽고 가르치기 쉬우며 즐겁기를 바라며 또한 이 책을 공부하는 과정을 통해 얻은 여러분의 경험을 저자들에게 알려주시기를 바란다. 어떠한 의문이나 충고 등을 다음 주소의 물리학 편집자에게 보내 주시기를 간절히 바란다.

Higher Education Division
John Wiley & Sons, Inc.,
111 River Street
Hoboken NJ 07030-5774

또는

www.wiley.com/college/cutnell

차례

11장 유체

12장 온도와 열

13장 열의 이동

14장 이상 기체 법칙과 열운동론

15장 열역학

16장 파동과 소리

17장 선형 중첩의 원리와 간섭 현상

21장 자기력과 자기장

22장 전자기 유도

23장 교류 회로

24장 전자기파

25장 빛의 반사: 거울

26장 빛의 굴절: 렌즈와 광학기기

27장 간섭과 빛의 파동성

Chapter 01 서론 및 수학적 개념

1.1 물리학의 본질

사람들이 자신을 둘러싼 물리적인 세계를 설명하고자 하는 노력으로부터 물리학이라는 학문이 태동되어 발전해 왔다. 이러한 노력들이 결실을 맺어 물리학의 법칙은 행성의 운동, 라디오와 TV, 파동, 자기장, 레이저 등 다양한 현상을 설명할 수 있게 되었다.

물리학의 흥미로운 특징은 어느 한 상황에서 얻어진 실험 데이터에 근거하여 다른 상황에서 자연 현상이 어떻게 일어날 것인가를 정확하게 예측하는 능력에 있다. 이러한 예측 능력이 물리학을 현대 기술의 중심에 서도록 하였고 우리들의 일상에 엄청난 영향을 끼쳤다. 로켓과 우주 탐험의 발전은 갈릴레이(1564~1642)와 뉴턴(1642~1727)의 물리 법칙에 그 뿌리를 두고 있다. 수송 산업의 핵심인 엔진의 개발과 공기 역학적 운반체의 설계는 물리학에 주로 의존하고 있다. 전자 산업 및 컴퓨터 산업은 트랜지스터의 발명으로 촉발되었는데 트랜지스터는 고체의 전기적 성질을 설명하는 물리 법칙을 파헤치는 과정에서 발명되었다. 통신은 전자기파를 주로 활용하는데 이 파동의 존재는 맥스웰(1831~1879)의 전자기 이론으로부터 예견되었다. 의료인들은 인체 내부의 영상을 얻기 위해 X선, 초음파, 자기 공명법 등을 이용하는데 이것들의 바탕에 물리학이 있다. 물리학이 현대 과학 기술에 가장 광범위하게 이용되는 예가 레이저이다. 우주 탐사로부터 의학에 이르기까지 널리 이용되는 레이저는 원자 물리학의 원리를 이용한 것이다.

물리학은 자연의 근본 원리를 다루는 학문이므로 여러 분야를 전공하는 학생들의 필수 과목이다. 여러분이 이 환상적인 학문의 세계에 들어오게 된 것을 환영한다. 이제 여러분은 물리학이라는 눈으로 어떻게 세계를 볼 것인지 그리고 물리학자들이 어떻게 사물을 분석하는지를 배우게 될 것이다. 저자들은 여러분이 물리학이 이 세계를 이해하는데 중요한 과목이라는 것을 인식하게 되기를 희망한다.

1.2 단위

물리 실험은 다양한 양의 측정을 포함하며 더 정확하고 재현성이 있는 측정이 되기 위하여 상당한 노력이 필요하다. 정확성과 재현성을 확보하기 위한 첫 단계는 측정하고자 하는 값의 단위를 정해주는 것이다.

이 책에서는 SI 단위계(SI units)를 사용한다. 국제협약으로서 이 단위계는 길이의 단위로 **미터**(m), 질량의 단위로 **킬로그램**(kg), 시간의 단위로 **초**(s)를 사용한다. 그 밖에 두 개의 다른 단위계를 사용하는 경우도 있는데 CGS 단위계는 센티미터(cm), 그램(g), 초(s)를 사용하며 영국공학회에서는 푸트(ft), 슬러그(sl), 초(s)를 각각 사용하기도 한다. 표 1.1은 길이, 질량, 시간에 대한 세 단위계의 단위들을 요약한 것이다.

원래 미터는 북극점과 적도 사이의 지표를 따라 측정된 거리를 표준으로 정의되었다. 더 정확한 기준이 제시될 필요가 대두하여 국제협약에 따라 0 °C 백금-이리듐 합금 막대 위에 정해진 두 점 사이의 거리(그림 1.1 참조)가 미터로 정의되었다. 오늘날에는 더욱 정교한 기준을 확립하기 위하여 빛이 진공 속에서 1/299792458 초 동안 도달하는 거리를 미터로 정의하고 있다. 이 정의는 보편 상수인 빛의 속도가 299792458 m/s로 정의되기 때문이다.

질량의 단위로서 킬로그램의 정의도 세월을 거치면서 변화를 겪어왔다. 4장에서 논의하겠지만 한 물체의 질량은 그 물체가 등속으로 운동을 지속하려고 하는 경향성(관성)을 나타낸다. 원래 킬로그램은 물의 어떤 양을 기준으로 정해졌으나 오늘날에는 그림 1.2에 나타난 백금-이리듐 합금의 표준 실린더 용기의 질량으로 정의된다.

길이나 질량의 단위와 마찬가지로 시간의 단위인 초도 원래의 정의와 달라졌다. 원래 초는 지구가 지축을 중심으로 회전하는 평균 시간을 기준으로 하루는 86400 초로 정의되었다. 지구의 자전 운동이 계속 반복되는 자연스러운 것이기 때문이다. 오늘날에도 역시 자연적으로 반복되는 현상으로부터 시간을 정의하는 것은 마찬가지이다. 그림 1.3에 나타난 원자시계에서 세슘 133이 방출하는 전자기파를 이용하는데 1 초는 9192631770 번의 파동 주기가 나타날 때까지의 시간으로 정의된다.*

나중에 나오게 될 몇몇 단위들과 함께 길이, 질량, 시간의 단위들을 SI **기본**(base) 단위라 한다. '기본'이란 말은 이들 단위들이 여러 물리 법칙과 결합되어 힘이나 에너지 같은 다른 중요한 물리량들의 단위를 정의하는 데 이용된다는 뜻이다. 이러한 다른 물리량들의 단위는 '유도(derived) 단위'라고 부르는데 이것들은 기본 단위들의 결합으로 이루어져 있기 때문이다. 유도 단위들은 앞으로 자주 나오는데 관련된 물리 법칙들과 함께 자연스럽

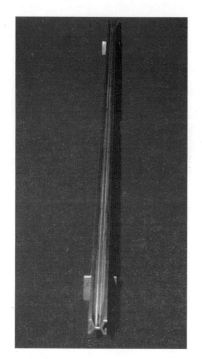

그림 1.1   표준 백금-이리듐 미터 막대

그림 1.2   표준 백금-이리듐 킬로그램 용기가 프랑스 세브레에 있는 국제 도량형국에 보관되어 있다.

표 1.1 측정 단위

	단위계		
	SI	CGS	BE
길이	미터(m)	센티미터(cm)	푸트(ft)
질량	킬로미터(kg)	그램(g)	슬러그(sl)
시간	초(s)	초(s)	초(s)

* 파동에 관한 일반적인 논의는 16장, 전자기파에 관한 논의는 24장을 참조하라.

표 1.2 10의 제곱수를 나타내기 위해 사용되는 표준 접두사[a]

접두사	기호	승수
테라	T	10^{12}
기가	G	10^{9}
메가	M	10^{6}
킬로	k	10^{3}
헥토	h	10^{2}
데카	da	10^{1}
데시	d	10^{-1}
센티	c	10^{-2}
밀리	m	10^{-3}
마이크로	μ	10^{-6}
나노	n	10^{-9}
피코	p	10^{-12}
펨토	f	10^{-15}

[a] 부록 A에는 10의 제곱수와 과학적 표기법에 관한 논의가 있다.

그림 1.3 원자시계 NIST-F1은 세계에서 가장 정확한 시계로 인정받고 있다. 이 시계의 오차는 2000 만 년에 1 초이다.

게 공식에 따라 결정된다.

　기본 단위나 유도 단위로 표현되는 어떤 물리량의 값은 매우 큰 값이거나 매우 작은 값을 가질 수도 있다. 이러한 경우 10의 제곱수를 사용하여 이들을 표현하는 것이 편리하다. 표 1.2에는 10의 제곱수를 표현하는 접두사가 요약되어 있다. 예를 들어 1000 혹은 10^{3} 미터는 1 킬로미터(km)로, 0.001 혹은 10^{-3} 미터는　밀리미터(mm)로 부른다. 마찬가지로 1000 그램과 0.001 그램은 각각 1 킬로그램(kg)과 1 밀리그램(mg)으로 부른다.

1.3 문제 풀이에서 단위의 역할

단위의 변환

길이처럼 어떠한 물리량도 여러 단위로 측정 가능하므로 하나의 단위에서 다른 단위로 변환하는 방법을 익혀두는 것이 중요하다. 예를 들어 피트는 표준 백금-이리듐 금속 막대 위의 두 지점 사이의 거리를 표시하는 데 사용될 수 있다. 1 미터는 3.281 피트이며 이 숫자는 다음의 예제에서 보듯이 미터를 피트로 변환하는 데 사용된다.

 예제 1.1 │ **세계에서 가장 높은 폭포**

세계에서 가장 높은 폭포는 베네수엘라에 있는 엔젤폭포이다. 그 높이는 979.0 미터이다(그림 1.4). 이것을 피트로 나타내어라.

살펴보기　단위를 변환할 때는 먼저 계산에서 단위를 명확하게 써 놓아야 하며 그것을 대수적인 양처럼 다루어야 한다. 특

히 방정식을 1로 곱하거나 나누면 그 식이 변하지 않는다는 점을 활용한다.

풀이　3.281 피트 = 1 미터이므로 (3.281 피트)/(1 미터) = 1이다. 이것을 '길이 = 979.0 미터' 의 식에 곱한다.

$$\text{길이} = (\,979.0\text{미터}\,)(1) = (979.0\text{미터})\left(\frac{3.281\ \text{피트}}{1\ \text{미터}}\right)$$

$$= \boxed{3212\ \text{피트}}$$

여기서 미터는 숫자처럼 분자와 분모에서 서로 소거된다. 거꾸로 (1 미터)/(3.281 피트) = 1도 성립한다. 그러나 이 식을 쓰면 미터가 소거되지 않기 때문에 이런 모양의 인수 1을 곱하는 것은 아무런 소득이 없다.

계산기를 사용하면 3212.099 피트라는 값을 얻게 될 것이다. 그러나 미터 값이 979.0으로 유효숫자 4 자리가 사용되었으므로 피트 값도 유효숫자 4 자리로 반올림한 것이다. 그렇기는 하지만 분모에 있는 '1 미터'는 답을 얻기 위한 유효 숫자에 영향을 주지 않는데 그 이유는 이 수가 바꿈인수의 정의에 의해 정확하게 1 미터이기 때문이다. 유효 숫자에 관해서는 부록 B에 나와 있다.

그림 1.4 세계에서 가장 높은 폭포인 베네수엘라의 엔젤폭포

차원 해석

앞서 보았듯이 물리량들은 수치와 단위로 표시된다. 예를 들면 현 지점에서 가장 근접한 전화기까지의 거리는 8 미터라든지 차의 속력이 25 미터/초로 표시된다. 물리량들은 물리적인 성질에 의해 특정한 단위를 가진다. 거리는 미터, 피트 혹은 마일의 단위로 측정되고 시간 단위로는 표시되지 않는다. 물리학에서 **차원**(dimension)은 어떤 물리량의 물리적 성질과 그것을 표현하는 단위를 나타내는 데 사용된다. 거리는 길이의 차원을 가지면 길이 차원은 [L]로 표시한다. 반면 속력은 길이 차원을 시간 차원으로 나눈 [L/T]의 차원을 갖는다. 많은 물리량들은 길이[L], 시간[T], 질량[M]의 차원 같은 기본 차원의 조합으로 표시된다. 나중에 온도와 같은 다른 기본 차원의 물리량을 배우게 되는데 이것은 길이, 시간, 질량이나 또 다른 기본 차원의 조합으로 표시할 수 없다.

차원 해석은 물리량간의 수학적 관계식의 타당성을 차원이 일치하는지를 통해 알아보는 데 사용된다. 한 예로서 정지해 있다가 시간 t 후에 속도 v로 가속된 자동차를 생각해 보자. 차가 움직인 거리 x를 계산하고자 하는데 관계식이 $x = \frac{1}{2}vt^2$인지 $x = \frac{1}{2}vt$인지 확신하지 못할 경우 양변의 물리량의 차원을 비교하여 어느 식이 타당한지를 결정할 수 있다. 만일 양변의 차원이 다른 경우 그 관계식은 틀린 것이다. $x = \frac{1}{2}vt^2$의 예를 들어보자. 길이[L], 시간[T], 그리고 속도[L/T] 차원을 가지고 $x = \frac{1}{2}vt^2$에 적용해 보면

$$x = \frac{1}{2}vt^2$$

차원
$$[\text{L}] \stackrel{?}{=} \left[\frac{\text{L}}{\text{T}}\right][\text{T}]^2 = [\text{L}][\text{T}]$$

이다. 여기서 $\frac{1}{2}$은 차원이 없다. 좌변과 우변의 차원이 다르므로 $x = \frac{1}{2}vt^2$식은 틀린 것이다. 반면에 $x = \frac{1}{2}vt$에 차원 해석을 적용해 보면

> **문제 풀이 도움말**
> 최종 결과식에 차원 해석을 함으로써 계산 과정에서 잘못이 있었는지를 알 수 있다.

$$x = \frac{1}{2} \upsilon t$$

차원
$$[\text{L}] \overset{?}{=} \left[\frac{\text{L}}{\cancel{\text{t}}}\right][\cancel{\text{t}}] = [\text{L}]$$

이다. 좌변과 우변의 차원이 같으므로 이 관계식은 차원적으로 타당하다. 만일 우리가 위의 두 관계식 중의 하나가 옳다는 것을 미리 알고 있다면 $x = \frac{1}{2} \upsilon t$가 옳은 식이다. 그러나 그러한 선행 지식이 존재하지 않는다면 차원 해석은 올바른 관계식을 결정하는 데 도움이 되지 않는다. 단지 차원해석은 양변의 두 물리량이 어떤 차원을 가지는가를 알려줄 뿐이다.

1.4 삼각법

과학자들은 물리적인 우주가 어떻게 움직이는지를 설명하기 위해 수학을 사용한다. 삼각법은 수학의 중요한 분야 중 하나이다. 이 책에서는 세 가지 삼각 함수가 사용되는데 각 θ의 사인, 코사인, 탄젠트─각각 $\sin\theta$, $\cos\theta$, $\tan\theta$로 표시 됨─가 그것들이다. 이 함수들은 그림 1.5의 직각 삼각형 그림에 있는 기호로 표시하면 다음과 같이 정의된다.

■ **사인, 코사인, 탄젠트**

$$\sin\theta = \frac{h_o}{h} \tag{1.1}$$

$$\cos\theta = \frac{h_a}{h} \tag{1.2}$$

$$\tan\theta = \frac{h_o}{h_a} \tag{1.3}$$

h : 직각 삼각형의 빗변의 길이 h_o : 각 θ의 대변의 길이 h_a : 각 θ에 인접한 변의 길이

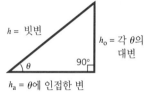

그림 1.5 직각 삼각형

한 각의 사인, 코사인, 탄젠트는 단위가 없는 값들이며 직각 삼각형의 두 변의 길이의 비이다. 예제 1.2는 식 1.3의 예를 다루고 있다.

예제 1.2 ｜ 삼각 함수의 이용

맑은 날 어느 고층 건물의 그림자는 67.2 m이다. 그림 1.6과 같이 태양 광선과 지면의 각도는 $\theta = 50.0°$ 이다. 건물의 높이를 구하라.

살펴보기 건물의 높이를 구하는 것이 문제이므로 그림 1.6에서 색칠한 부분의 삼각형을 살펴보면 높이 h_o이고, 그림자의 길이 h_a는 각 θ에 인접한 변이다. 밑변에 대한 높이의 비가 각 θ의 탄젠트이므로 건물의 높이를 구할 수 있다.

풀이 탄젠트 함수에 각 $\theta = 50.0°$ 밑변 $h_a = 67.2$ m를 대입

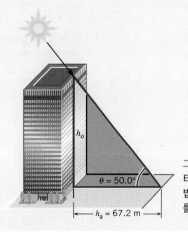

그림 1.6 각 θ의 값으로부터 그림자의 높이 h_a, 삼각법으로부터 건물의 높이 h_o를 구할 수 있다.

하면 된다. 즉   가 된다. 여기서 탄젠트 50.0°의 값은 계산기를 사용하여 구한다.

$$\tan \theta = \frac{h_o}{h_a} \tag{1.3}$$

$$
\begin{aligned}
h_o = h_a \tan \theta &= (67.2 \text{ m})(\tan 50.0°) \\
&= (67.2 \text{ m})(1.19) \\
&= \boxed{80.0 \text{ m}}
\end{aligned}
$$

위의 예제 1.2와 같은 계산에서 사인, 코사인, 탄젠트 중 어느 것이나 사용될 수 있는데 그것은 삼각형의 어느 변이 알려져 있고 어느 변이 모르는 변인지에 따라 다르다. 그렇지만 삼각형의 어느 변을 h_o로 하고 다른 어느 변을 h_a로 하느냐 하는 문제는 각 θ가 먼저 정해진 다음에야 정할 수 있다.

그림 1.5의 직각 삼각형에서 두 변의 값이 주어지고 각도 θ가 미지수인 경우도 가끔 있다. 이럴 때는 **역삼각 함수**(inverse trigonometric functions)가 중요한 역할을 한다. 식 1.4∼1.6은 사인, 코사인, 탄젠트의 역함수이다. 여기서 식 1.4의 경우 'θ는 사인값이 h_o/h인 각이다' 라는 뜻이다.

$$\theta = \sin^{-1}\left(\frac{h_o}{h}\right) \tag{1.4}$$

$$\theta = \cos^{-1}\left(\frac{h_a}{h}\right) \tag{1.5}$$

$$\theta = \tan^{-1}\left(\frac{h_o}{h_a}\right) \tag{1.6}$$

여기서 '−1'은 함수값의 역수를 취하라는 뜻이 아니다. 예를 들면 $\tan^{-1}(h_o/h_a)$는 $1/\tan(h_0/h_a)$와 같지 않다. 역삼각 함수를 표기하는 다른 방법은 $\sin^{-1}$, con^{-1}, $\tan^{-1}$ 대신에 arc sin, arc cos, arc tan로 표기하는 것이다.

그림 1.5에서 직각은 식 1.1∼1.3의 삼각 함수를 정의하는 기준이 된다. 이들 함수들은 항상 하나의 각과 삼각형의 두 변을 포함한다. 물론 직각 삼각형의 세 변만의 관계식이 따로 있다. 그 식이 바로 **피타고라스의 정리**(Pythagorean theorem)라고 하는 것이며 이 책에서 가끔 사용된다.

■ **피타고라스의 정리**
직각 삼각형의 빗변의 길이의 제곱은 다른 두 변의 길이의 제곱의 합이다. 즉

$$h^2 = h_o{}^2 + h_a{}^2 \tag{1.7}$$

이다.

1.5   스칼라와 벡터

어느 수영장에 채워진 물의 부피는 50 m^3이며, 수영 경기에서 우승 기록이 11.3 초라고 하자. 이러한 경우 수치의 크기만이 중요하다. 다른 말로 하면 얼마나 부피가 큰지 그리고 얼

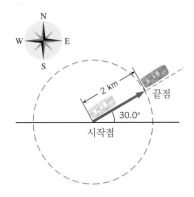

마나 시간이 지났는지가 궁금하다. 50이라는 특정한 수는 물의 부피를 세제곱미터(m^3)로 표시해 주고 11.3이라는 수치는 시간을 초로 표시하고 있다. 부피나 시간은 **스칼라양**(scalar quantity)의 한 예이다. 스칼라양은 크기를 나타내는 하나의 수치(단위를 포함한)로 표현되는 물리량이다. 스칼라양의 다른 예는 온도(예: 20 °C)나 질량(예: 85 kg)이다.

물리학에 등장하는 많은 물리량들이 스칼라양이지만 또 다른 많은 양들은 크기뿐만 아니라 방향까지 나타내야 할 필요성이 있다. 그림 1.7은 시작점에서 끝점까지 직선으로 2 km 이동한 자동차를 나타내고 있다. 이 운동을 표현할 때 '이 자동차가 2 km의 거리를 이동했다'라고만 말한다면 불완전하다. 이 표현은 중심점이 시작점인 반지름 2 km의 원주상 어느 점이라도 종착지가 될 수 있다. 완전한 표현은 '이 차는 동쪽에서 북쪽으로 30° 기울어진 방향으로 2 km 이동했다'는 식으로 거리와 방향을 포함해야만 한다. 크기뿐만 아니라 방향을 포함하고 있는 물리량을 **벡터양**(vector quantity)이라고 한다. 방향은 벡터의 중요한 특성이므로 이를 나타내기 위해 화살표를 사용한다. 화살표의 방향은 벡터의 방향을 나타낸다. 그림 1.7의 붉은색 화살표는 변위 벡터(displacement vector)라고 부르는데 이는 차가 시작점에서 어떻게 이동했는지를 보여주기 때문이다. 2장에서 이 벡터양을 자세히 논의할 예정이다.

그림 1.7의 화살표의 길이는 변위 벡터의 크기를 나타낸다. 만일 이 차가 시작점으로부터 2 km 대신에 4 km 이동했다면 화살표는 2 배 길어져야 할 것이다. 편의상 벡터의 화살표의 길이는 그 벡터의 크기에 비례한다.

물리학에는 여러 종류의 중요한 벡터들이 있고 화살표의 길이로 그 벡터의 크기를 표시하는 방법이 이들에게 모두 적용된다. 예를 들어 힘은 벡터이다. 일상용어에서도 힘은 미는 힘이거나 혹은 당기는 힘이다. 이것은 힘이 작용하는 방향이 그 크기만큼 중요하다는 것을 말한다. 힘의 크기는 SI 단위계에서 뉴턴(N)으로 측정된다. 20 N의 힘을 나타내는 화살표는 10 N의 힘을 나타내는 화살표보다 그 길이가 2 배이다.

스칼라와 벡터의 근본적인 차이는 그 물리량이 방향을 가지느냐 가지지 않느냐이다. 벡터는 방향이 있고 스칼라는 없다. 개념 예제 1.3은 이 구별을 명확하게 해주며 벡터의 방향이 무엇을 의미하는지를 설명한다.

그림 1.7 벡터양은 크기와 방향을 지닌다. 이 그림에서 화살표는 변위 벡터를 나타낸다.

 개념 예제 1.3 | 벡터, 스칼라 및 양과 음의 부호의 역할

연중 기온이 한 때는 +20 °C이고 다른 때는 −20 °C인 지역이 있다. 온도 앞의 +, − 부호는 이 양이 벡터임을 보여주는가?

살펴보기와 풀이　벡터양은 그 양에 결부된 물리적인 방향, 예를 들면 동쪽, 서쪽 등을 지닌다. 문제는 온도에도 그러한 방향이 있는가 하는 점이다. 특히 온도 앞의 +, − 부호가 이 방향을

가리키는가? 온도계에서 숫자 앞의 부호는 어느 기준점보다 높은가 낮은가를 의미할 뿐이고 동쪽, 서쪽, 기타 물리적 방향과는 아무 관련이 없다. 그래서 온도는 벡터양이 아니라 스칼라양이다. 스칼라양도 음의 값이 될 수 있다. 한 물리량의 값이 양과 음의 값을 가질 수 있다는 것은 이 양이 벡터양이냐 스칼라양이냐 하는 것과는 관계가 없다.

편의상 부피, 시간, 변위, 힘 등의 물리량들은 기호로 표시된다. 이 책에서는 일반적 관습을 따라 벡터양은 굵은 글씨체로 표시하고 스칼라는 이탤릭체로 표시하기로 한다.* 따

---

* 벡터양을 굵은 문자로 표시하지 않을 때는 $\vec{A}$처럼 가는 문자 위에 화살표를 붙여서 표기할 수 있다.

라서 변위 벡터는 '**A** = 750 m, 동쪽'이라고 쓸 수 있다. 여기서의 **A**는 굵은 글씨체이다. 그러나 방향을 떼어놓고 생각하면 이 벡터의 크기는 스칼라양이다. 따라서 크기는 '*A* = 750 m'라고 쓴다. 이때 *A*는 이탤릭체로 표기한다.

1.6 벡터의 덧셈과 뺄셈

덧셈

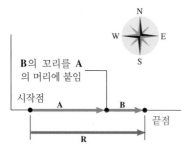

그림 1.8 동일선상에 있는 두 변위 벡터 **A**와 **B**의 합성 변위 벡터는 **R**이다.

간혹 한 벡터를 다른 벡터와 더할 필요가 있다. 이때 더하는 과정에서 두 벡터의 크기와 방향을 모두 고려해야 한다. 가장 간단한 예는 두 벡터가 같은 방향을 향하고 있는 경우, 즉 두 벡터가 그림 1.8처럼 같은 선상에 나란히 있는 경우이다. 한 자동차가 변위 벡터 **A** = (275 m, 동쪽)으로 달리다가 멈춘 후 다시 변위 벡터 **B** = (125 m, 동쪽)으로 달렸다고 하자. 이들 두 벡터는 더해져서 변위 벡터 **R**로 표현될 수 있는데 합한 변위 벡터는 시작점에서 끝점까지를 한 번에 표시한다. 기호 **R**을 사용하는 것은 합한 벡터가 **결과적인 벡터** (합 벡터; resultant vector)이기 때문이다. 첫 번째 벡터의 머리에 두 번째 벡터의 꼬리를 이어 놓으면 전체 변위의 길이가 두 벡터의 크기의 합인 것을 간단히 알 수 있다. 이러한 방식의 벡터 더하기는 두 스칼라양의 합 (2 + 3 = 5)과 같고 두 벡터가 같은 방향일 때 바로 적용될 수 있다. 이러한 경우 합한 벡터의 크기를 구하기 위해 두 벡터의 크기를 더하고 방향은 원래에 두 벡터가 취한 방향이 된다. 즉

$$\mathbf{R} = \mathbf{A} + \mathbf{B}$$
$$\mathbf{R} = (275\,\text{m}, 동쪽) + (125\,\text{m}, 동쪽) = (400\,\text{m}, 동쪽)$$

그림 1.9처럼 서로 수직인 벡터들이 더해지는 경우도 흔히 생긴다. 이 그림은 어떤 자동차가 변위 벡터 **A**(275 m, 동쪽)로 진행했다가 다시 변위 벡터 **B**(125 m, 북쪽)로 진행했을 때에 적용된다. 두 벡터를 더하면 합 벡터 **R**을 구할 수 있다. 먼저의 경우와 마찬가지로 첫 번째 벡터의 머리에 두 번째 벡터의 꼬리를 두면 합성된 벡터는 첫 번째 벡터의 꼬리에서 시작하여 두 번째 벡터의 머리 지점에서 끝나게 된다. 합한 변위 벡터는 벡터 식

$$\mathbf{R} = \mathbf{A} + \mathbf{B}$$

로 표시된다. 이 식에서 합은 **R** = 275 m + 125 m 식으로 나타나지 않는다. 이것은 두 벡터의 방향이 다르기 때문이다. 그 대신 그림 1.9의 삼각형이 직각 삼각형임을 이용하여 피타고라스의 정리를 사용하면 **R**의 크기는

$$R = \sqrt{(275\,\text{m})^2 + (125\,\text{m})^2} = 302\,\text{m}$$

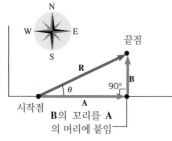

그림 1.9 서로 수직인 변위 벡터 **A**와 **B**의 합 벡터는 **R**이다.

가 된다. 그림 1.9에서 각 θ는 합 벡터의 방향을 말해준다. 직각 삼각형의 세 변의 길이가 주어졌으므로 $\sin\theta$, $\cos\theta$, $\tan\theta$를 이용하면 θ를 구할 수 있다. $\tan\theta = B/A$ 이므로 역함수를 이용하면

$$\theta = \tan^{-1}\left(\frac{B}{A}\right) = \tan^{-1}\left(\frac{125\,\text{m}}{275\,\text{m}}\right) = 24.4°$$

임을 알 수 있다. 따라서 자동차의 결과적인 변위는 그 크기가 302 m이고 동북쪽 24.4° 방향이 된다. 그림 1.9에서와 같이 차는 시작점에서 끝점까지 직선으로 이동한 것과 같다.

더할 두 벡터가 직각이 아닐 때는 합성된 삼각형은 직각 삼각형이 아니므로 피타고라스의 정리가 적용되지 않는다. 그림 1.10(a)는 이러한 경우를 보여준다. 자동차가 동쪽으로 변위 **A**(크기 275 m)만큼 이동한 후 서북 55.0° 각도로 변위 **B**(크기 125 m)만큼 이동하였다. 이전과 마찬가지로 결과적인 변위 벡터 **R**은 첫 번째 벡터의 시작점에서 두 번째 벡터의 끝점에 이르는 방향을 가진다. 여기서도 벡터 합은

$$\mathbf{R} = \mathbf{A} + \mathbf{B}$$

로 표현된다. 그러나 **R**의 크기는 $R = \sqrt{A^2 + B^2}$ 이 아니다. 왜냐하면 벡터 **A**와 **B**는 수직이 아니라서 피타고라스의 정리가 적용되지 않기 때문이다.

결과적인 벡터의 크기를 구하기 위해서는 다른 방법을 찾아야 한다. 하나의 방법은 작도법을 이용하는 것이다. 이 방법은 화살표로 이루어진 벡터들의 크기와 각도를 정확하게 그림으로 표시하고 결과적인 변위의 크기를 자로 측정하는 것이다. 그림의 크기와 실제 길이와의 축척을 이용하면 결과적인 벡터의 크기가 구해진다. 그림 1.10(b)에서 화살표의 1 cm는 실제의 길이 10.0 m를 나타낸다. 따라서 그림에서 나타난 **R**의 길이 22.8 cm는 **R**의 실제 크기는 228 m가 된다. R 의 방향을 나타내는 각도 θ는 동북쪽으로 $\theta = 26.7°$임을 각도기로 측정할 수 있다.

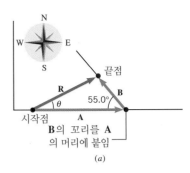

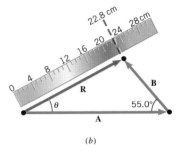

그림 1.10 (a) 변위 벡터 **A**와 **B**는 동일선 상에 있지도 않고 수직도 아니지만 그림과 같이 합 벡터 **R**을 만든다. (b) 이 벡터들을 더하는 하나의 방법으로 작도법이 사용된다.

뺄셈

한 벡터를 다른 벡터로부터 뺄 때는 한 벡터에 −1을 곱하면 그 벡터의 크기는 그대로이고 방향은 반대가 된다는 사실을 이용하면 된다. 그러한 계산 방법이 개념 예제 1.4에 잘 나타나 있다.

 개념 예제 1.4 │ 벡터에 −1 곱하기

다음과 같은 두 벡터를 생각해보자.

1. 한 여자가 사다리 위로 1.2 m 올라가서 변위 벡터 **D**가 위 방향 1.2 m이다(그림 1.11(a)).

2. 한 남자가 정지한 차를 450 N의 힘 **F**로 밀어 동쪽으로 움직였다(그림 1.12(a)).

두 벡터 −**D**와 −**F**의 물리적 의미는 무엇인가?

그림 1.11 (a) 한 여자가 사다리 위로 1.2 m 올라간 변위 벡터는 **D**이다. (b) 한 여자가 사다리 아래로 1.2 m 내려간 변위 벡터는 −**D**이다.

그림 1.12 (a) 한 남자가 정지한 차를 동쪽으로 450 N의 크기로 미는 힘은 **F**이다. (b) 한 남자가 정지한 차를 서쪽으로 450 N의 크기로 미는 힘은 −**F**이다.

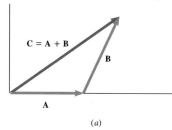

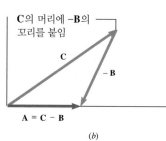

그림 1.13   (a) **C** = **A** + **B**의 방법을 사용한 벡터의 덧셈 (b) **A** = **C** − **B** = **C** + (**−B**)의 방법을 사용한 벡터의 뺄셈

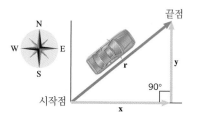

그림 1.14   변위 벡터 **r**과 그것의 벡터 성분 **x**와 **y**

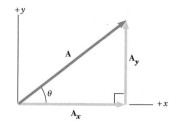

그림 1.15   임의의 벡터 **A**와 **A**의 벡터 성분 A_x, A_y

실제로 벡터의 뺄셈은 벡터의 덧셈과 똑같이 이루어진다. 그림 1.13(a)의 두 벡터 **A**와 **B**를 생각해보자. 두 벡터를 합하면 벡터 **C**가 된다(**C** = **A** + **B**). 그러므로 벡터 **A**는 **A** = **C** − **B**로 쓸 수 있는데 이것은 벡터 **C**에서 벡터 **B**를 뺀 것이다. 그러나 이 결과를 **A** = **C** + (**−B**)로도 쓸 수 있다. 즉 그림 1.13(b)에서 보는 대로 **C**와 **−B**를 더한 것이 **A**인 셈이다. 벡터 **C**와 벡터 **−B**를 시작점과 끝점을 연결하면 벡터 **A**가 된다.

1.7 벡터 성분

벡터 성분

자동차가 그림 1.14에서처럼 시작점에서 끝점까지 일직선을 따라 변위 벡터 **r**만큼 이동했다고 가정하자. 벡터 **r**의 크기 및 방향은 직선 상을 이동한 거리 및 방향을 나타낸다. 그러나 차는 처음 동쪽으로 이동했다가 다시 90° 회전하여 북쪽으로 달려 끝점까지 왔을 수도 있다. 이 경우의 경로를 그림으로 나타내면 두 변위 벡터 **x** 및 **y**와 연관되어 있다. 벡터 **x**와 **y**를 각각 벡터 **r**의 **x** 성분과 **y** 성분이라고 부른다.

물리학에서 벡터의 성분은 중요하며 그림 1.14에 나타난 두 가지의 기본적인 특징을 갖는다. 그중 하나는 성분들을 합하면 원래의 벡터가 된다는 것이다.

$$\mathbf{r} = \mathbf{x} + \mathbf{y}$$

성분 **x**와 **y**를 벡터적으로 합했을 때 원래의 벡터 **r**과 같은 의미를 지니게 된다. 이것은 차의 끝점이 시작점으로부터 어떻게 이동했는지를 말해준다. 일반적으로 한 벡터의 성분들은 그 벡터 대신에 계산 과정에서 편리하게 사용된다. 벡터 성분의 또 다른 특징은 그림 1.14에 나타나 있는데 성분 벡터 **x**와 **y**는 더해져서 원래의 벡터 **r**을 만들 뿐만 아니라 이들은 서로 수직인 벡터들이다. 이 직교성(수직인 성질)이 나중에 알게 되겠지만 성분 벡터의 유용한 특징이 된다.

어떤 형태의 벡터이든지 그것의 성분으로 표현할 수 있다. 그림 1.14와 그림 1.15는 임의의 벡터 **A**와 그것의 벡터 성분 A_x, A_y를 나타낸다. 이 성분들은 우리가 흔히 사용하는 x 축 및 y 축에 평행하게 그려져 있고 서로 수직이다. 그것들은 서로 벡터 합이 되어 원래의 벡터 **A**를 만든다. 즉

$$\mathbf{A} = \mathbf{A}_x + \mathbf{A}_y$$

이다. 그림 1.15처럼 그림을 그리는 것이 벡터 성분을 나타내는 가장 편리한 방법이 아닐 때도 있다. 그림 1.16은 다른 방법을 나타낸다. 이 방법은 A_x, A_y의 꼬리와 머리를 잇는 구조가 나타나 있지 않지만 A_x와 A_y가 합쳐져서 **A**가 됨을 보여주고 있다.

벡터 성분의 의미를 요약해서 정의하면 다음과 같다.

> **■ 벡터 성분**
> 이차원에서 벡터 **A**의 벡터 성분은 서로 수직인 두 벡터 **A**$_x$와 **A**$_y$이며 이들은 각각 x 축과 y 축에 평행하다. 이 성분 벡터들이 합해져 **A**가 된다. 즉 **A** = **A**$_x$ + **A**$_y$이다.

벡터 성분으로 계산된 값들은 기준으로 삼은 좌표축에 대한 그 벡터의 방향에 의존한다. 그림 1.17에는 x, y 축과 그에 대해 시계 방향으로 회전한 x', y' 축에서의 벡터 성분들이 나타나 있다. 벡터 **A**는 x, y 축에서는 **A**$_x$와 **A**$_y$의 벡터 성분을 가지지만 x', y' 축에서는 **A**$_x$, **A**$_y$와는 다른 **A**$_{x'}$, **A**$_{y'}$의 벡터 성분을 가진다. 어떤 좌표축을 선택하는가는 어느 좌표축이 계산하는 데 편리한가에 달려 있다.

스칼라 성분

가끔은 벡터 성분 **A**$_x$, **A**$_y$ 보다는 **스칼라 성분**(scalar components) A_x, A_y로 표현하는 것이 편리할 때가 있다. 스칼라 성분은 양수 혹은 음수이며 다음과 같이 정의된다. 성분 A_x는 **A**$_x$와 같은 크기를 지니며 **A**$_x$가 x 축 양의 방향이면 양수이고 **A**$_x$가 x 축 음의 방향이면 음수가 된다. A_y도 이와 같은 방식으로 정의된다. 아래의 도표는 벡터 성분과 스칼라 성분의 예를 보여준다.

벡터 성분	스칼라 성분	단위 벡터
$\mathbf{A}_x = 8\,\mathrm{m}, x$ 축 방향	$A_x = +8\,\mathrm{m}$	$\mathbf{A}_x = (+8\,\mathrm{m})\,\hat{\mathbf{x}}$
$\mathbf{A}_y = 10\,\mathrm{m}, -y$ 축 방향	$A_y = -10\,\mathrm{m}$	$\mathbf{A}_y = (-10\,\mathrm{m})\,\hat{\mathbf{y}}$

본 교재에서는 별도로 언급된 경우를 제외하고는 '성분'이라는 용어는 스칼라성분의 의미로 사용하기로 한다.

벡터 성분을 표현하는 또 다른 방법은 **단위 벡터**(unit vector)를 사용하는 방법이다. 단위 벡터란 그 크기가 1이며 차원이 없는 벡터이다. 이것을 다른 벡터와 구분하기 위해 꺾쇠(^) 기호를 사용한다. 따라서 $\hat{\mathbf{x}}$는 x 축 양의 방향을 지니면서 크기가 1인 차원 없는 단위 벡터이며 $\hat{\mathbf{y}}$는 y 축 양의 방향을 지닌 크기가 1인 차원 없는 단위 벡터이다. 이들 단위 벡터는 그림 1.18에 나타나 있다. 임의의 벡터 **A**의 벡터 성분들은 $\mathbf{A}_x = A_x\,\hat{\mathbf{x}}$와 $\mathbf{A}_y = A_y\,\hat{\mathbf{y}}$로 쓸 수 있다. 여기서 A_x와 A_y는 스칼라 성분이다. 벡터 **A**는 $\mathbf{A} = A_x\,\hat{\mathbf{x}} + A_y\,\hat{\mathbf{y}}$으로 쓸 수 있다.

벡터를 성분별로 분해하기

어떤 벡터의 크기와 방향이 알려지면, 그 벡터의 성분들을 구할 수 있다. 성분들을 찾는 과정을 벡터를 그 성분별로 분해한다고 말한다. 예제 1.5에는 삼각 함수를 이용하여 이 과정이 수행되는 것이 나타나 있다. 두 벡터 성분들은 수직이므로 원래의 벡터와 함께 직각 삼각형을 이룬다.

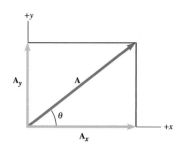

그림 1.16 벡터 **A**와 그 성분 벡터를 그리는 이 방법은 그림 1.15의 방법과 동일한 의미를 갖는다.

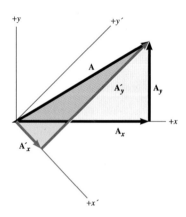

그림 1.17 한 벡터의 성분 벡터들은 사용된 좌표축의 방향에 따라 다르다.

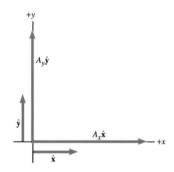

그림 1.18 차원 없는 단위 벡터 $\hat{x}$와 $\hat{y}$는 크기가 1이며 방향은 각각 $+x$와 $+y$의 방향을 향한다. 단위 벡터로 나타낸 벡터 **A**의 벡터 성분은 $A_x\,\hat{x} + A_y\,\hat{y}$이다.

> **📌 문제 풀이 도움말**
> 벡터의 성분을 구하기 위해 두 예각 중 어느 하나를 사용할 수 있으며, 각의 선택은 계산하기 쉬운 것으로 하면 된다.

예제 1.5 | 벡터의 성분 구하기

어느 변위 벡터 **r**은 크기 $r = 175$ m이며 그림 1.19에서처럼 x 축과 50° 방향을 향하고 있다. 이 벡터의 x 및 y 성분을 구하라.

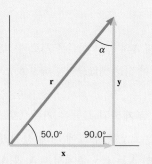

살펴보기 벡터 **r**과 성분 벡터 **x** 및 **y** 가 직각 삼각형을 이루고 있음을 근거로 하여 삼각 함수 사인과 코사인(식 1.1과 1.2)을 이용하여 성분을 구하면 된다.

그림 1.19 변위 벡터 **r**의 x 및 y 성분은 삼각법으로 구할 수 있다.

풀이 1 식 1.1과 50.0° 사용하여 y 성분을 구하면

$$y = r \sin\theta = (175 \text{ m})(\sin 50.0°) = \boxed{134 \text{ m}}$$

가 되고 같은 방법으로 x 성분을 구하면

$$x = r \cos\theta = (175 \text{ m})(\cos 50.0°) = \boxed{112 \text{ m}}$$

가 얻어진다.

풀이 2 그림 1.19에서 각 α를 이용하면 성분들을 구할 수 있다. $\alpha + 50.0° = 90.0°$ 이므로 $\alpha = 40.0°$ 이다. 따라서

$$\cos\alpha = \frac{y}{r}$$

$$y = r\cos\alpha = (175 \text{ m})(\cos 40.0°) = \boxed{134 \text{ m}}$$

$$\sin\alpha = \frac{x}{r}$$

$$x = r\sin\alpha = (175 \text{ m})(\sin 40.0°) = \boxed{112 \text{ m}}$$

가 된다.

문제 풀이 도움말
벡터의 성분들을 구한 후 피타고라스의 정리에 대입하여 원래 벡터의 크기가 나오는지 확인하면 된다.

벡터 성분들과 원래의 벡터는 직각 삼각형을 형성하므로 피타고라스의 정리를 사용하여 예제 1.5와 같은 계산의 타당성을 입증할 수 있다. 직각 삼각형의 빗변의 길이

$$r = \sqrt{(112 \text{ m})^2 + (134 \text{ m})^2} = 175 \text{ m}$$

은 원래 제시된 변위 벡터의 크기 175 m와 일치함을 알 수 있다.

한 벡터의 성분들 중 하나가 0인 경우도 가능하다. 이 경우에도 벡터 자체가 0인 것은 아니다. 그러나 어느 벡터가 0이 되기 위해서는 모든 벡터 성분들이 0이 되어야 한다. 따라서 2차원에서 **A** = 0은 $A_x = 0$, $A_y = 0$과 동일한 의미를 갖는다. 다시 말하면 만일 **A** = 0 이면 $A_x = 0$, $A_y = 0$이다.

두 벡터가 동일할 필요 충분 조건은 두 벡터가 같은 크기와 같은 방향을 가지는 것이다. 따라서 한 변위 벡터가 동쪽 방향이고 다른 변위 벡터는 북쪽 방향이라면 그것들은 크기가 480 m로 같다 하더라도 결코 동일한 벡터가 될 수 없다. 벡터 성분으로 표현하면 두 벡터 **A**와 **B**는 두 벡터들의 같은 방향 성분끼리 같아야만 동일하다. 2차원에서 만일 **A** = **B** 이면 $A_x = B_x$, $A_y = B_y$이다. 스칼라 성분으로 표현하면 $A_x = B_x$, $A_y = B_y$이다.

1.8 성분을 이용한 벡터의 덧셈

한 벡터의 성분들은 여러 벡터들을 더하거나 빼는 편리하고도 정확한 방법을 제공한다. 예를 들면 벡터 **A**와 벡터 **B**를 더한다고 하자. 합 벡터는 **C**(**C** = **A** + **B**)이다. 그림 1.20(a)

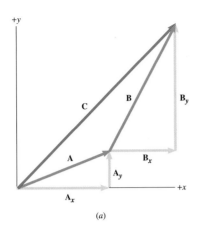

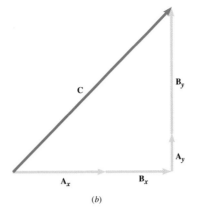

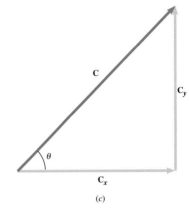

그림 1.20 (a) 변위 벡터 **A**와 **B**는 합 벡터 **C**를 만든다. **A**와 **B**의 x 및 y 성분들이 표시되어 있다. (b) $C_x = A_x + B_x$, $C_y = A_y + B_y$ 임이 그림으로 나타나 있다. (c) 벡터 **C**와 그 성분들은 직각 삼각형을 이룬다.

는 **A**와 **B**의 x 및 y 벡터 성분을 이용한 벡터 합을 보여주고 있다. 그림 1.20(b)에는 벡터 **A**와 **B**가 그려져 있지 않다. 그 대신 그것들의 성분들이 나타나 있다. 벡터 성분 **B**$_x$는 아래쪽으로 이동하여 벡터 성분 **A**$_x$와 나란히 정렬되었다. 마찬가지로 벡터 성분 **A**$_y$도 오른쪽으로 이동하여 벡터 성분 **B**$_y$와 정렬했다. x 성분들은 동일선 상이 되어 합 벡터 **C**의 x 성분이 된다. 마찬가지로 y 성분들도 동일선 상에 위치하여 **C**의 y 성분을 만든다. 스칼라 성분으로 이것을 표현하면

$$C_x = A_x + B_x \qquad C_y = A_y + B_y$$

이다. 벡터 성분 **C**$_x$와 **C**$_y$는 합 벡터 **C**와 함께 직각 삼각형을 이룬다(그림 1.20(c)). 따라서 **C**의 크기는 피타고라스의 정리를 이용하면

$$C = \sqrt{C_x{}^2 + C_y{}^2}$$

가 된다. **C**가 x 축과 만드는 각 θ는 $\theta = \tan^{-1}(C_y/C_x)$ 로 주어진다. 예제 1.6은 성분을 이용하여 여러 벡터들을 더하는 방법을 나타내고 있다.

예제 1.6 | 성분을 이용한 벡터의 덧셈

어떤 사람이 북동쪽 20.0° 방향으로 145 m 달렸다가(변위 벡터 **A**) 35.0° 동남쪽으로 105 m 달렸다(변위 벡터 **B**). 이들 두 변위 벡터의 합 벡터의 크기와 방향을 구하라.

살펴보기 그림 1.21(a)에는 y 축이 북쪽이라고 가정한 벡터 **A**와 **B**가 표시되어 있다. 이 벡터들의 성분이 주어져 있지 않으므로 벡터의 크기와 방향으로부터 이 성분들을 구한다. **A**와 **B**의 성분들을 구하여 합 벡터 **C**의 성분들을 구한다. 최종적으로 삼각법과 피타고라스의 정리를 이용하여 **C**의 성분으로부터 **C**의 크기 및 방향을 구한다.

풀이 다음의 표의 처음 두 행에 벡터 **A**와 **B**의 x 및 y 성분을

구하여 나타내었다. **B**$_y$는 아래쪽 방향이므로 음의 y 방향으로 그려졌다.

표의 세 번째 행은 합 벡터 **C**의 x 및 y 성분이다. $C_x = A_x + B_x$, $C_y = A_y + B_y$이므로 그림 1.21(b)는 **C**의 벡터 성분들을 표시하고 있다. **C**의 크기는 피타고라스의 정리에 의해서

$$C = \sqrt{C_x{}^2 + C_y{}^2} = \sqrt{(135.6 \text{ m})^2 + (76 \text{ m})^2}$$
$$= \boxed{155 \text{ m}}$$

이고 **C**가 x 축과 이루는 각 θ는

$$\theta = \tan^{-1}\left(\frac{C_y}{C_x}\right) = \tan^{-1}\left(\frac{76 \text{ m}}{135.6 \text{ m}}\right) = \boxed{29°}$$

가 된다.

벡터	x 성분	y 성분
A	$A_x = (145 \text{ m}) \sin 20.0° = 49.6 \text{ m}$	$A_y = (145 \text{ m}) \cos 20.0° = 136 \text{ m}$
B	$B_x = (105 \text{ m}) \cos 35.0° = 86.0 \text{ m}$	$B_y = -(105 \text{ m}) \sin 35.0° = -60.2 \text{ m}$
C	$C_x = A_x + B_x = 135.6 \text{ m}$	$C_y = A_y + B_y = 76 \text{ m}$

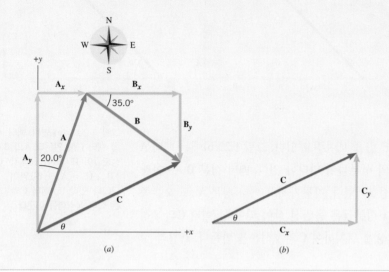

그림 1.21 (a) 변위 벡터 **A**와 **B**는 합 벡터 **C**를 만든다. **A**와 **B**의 벡터 성분들이 나타나 있다. (b) **A**와 **B**의 성분들을 구하면 합 벡터 **C**를 구할 수 있다.

연습 문제

* 표시가 없는 문제들은 풀기 쉬운 문제들이다. * 표시가 한 개 붙어 있는 문제들은 약간 어렵고, 두 개 붙은 문제들은 가장 어렵다.

1.2 단위

1.3 문제 풀이에서 단위의 역할

1(1) 어느 말벌의 질량은 5×10^{-6} 킬로그램(kg)이다. 이것을 그램(g), 밀리그램(mg), 마이크로그램(μg)으로 나타내어라.

2(3) (a) 1 시간 35 분을 초로 나타내면 얼마인가?
(b) 하루를 초로 나타내어라.

3(5) 지금까지 발견된 가장 큰 다이아몬드는 3106 캐럿이다. 1 캐럿은 0.200 그램이다. 1 kg(1000 g)이 2.205 lb임을 이용하여 이 다이아몬드의 무게를 파운드(lb)로 나타내어라.

4(7) 다음은 여러 물리량들의 차원이다. 여기서 [L], [T], 그리고 [M]은 각각 길이, 시간, 질량의 차원을 의미한다.

차원		차원	
거리 (x)	[L],	가속도 (a)	[L]/[T]^2
시간 (t)	[T],	힘 (F)	[M][L]/[T]^2
질량 (m)	[M],	에너지 (E)	[M][L]^2/[T]^2
속력 (v)	[L]/[T]		

다음 식 중 차원적으로 올바른 것은?

(a) $F = ma$
(b) $x = \frac{1}{2}at^3$
(c) $E = \frac{1}{2}mv$
(d) $E = max$
(e) $v = \sqrt{Fx/m}$

5(8) 변수 x, v, a가 각각 [L], [L]/[T], [L]/[T]^{2}의 차원을 가진다. 이들 변수는 식 $v^n = 2ax$와 관련되고, 여기서 n은 차원이 없는 정수($n = 1, 2, 3, \cdots$)이다. 식 양변의 차원이 같다고 할 때, n의 값을 구하라. 그 이유를 설명하여라.

*6(9) 바다의 깊이는 가끔 패덤(1 패덤 = 6 피트)으로 측정된다. 해수면 상의 거리는 항해마일(1 항해마일 = 6076 피트)로 측정된다. 가로 세로 높이가 각각 1.20 항해마일, 2.60 항해마일, 16 패덤인 육면체형 해저 구간의 부피를 m^{3}으로 구하라.

*7(10) 천장에 매달린 용수철 끝에 질량 m인 물체가 매달려 있다. 물체를 잡아당기면 점차 용수철은 늘어나고, 놓으면 물체는 위아래로 진동한다. 한 번 진동할 때 걸리는 시간을 T라 하면 식 $T = 2\pi\sqrt{m/k}$로 나타낼 수 있으며, 이때 k는 용수철 상수이다. 차원적으로 올바른 방정식이 되기 위한 k의 차원을 구하라.

1.4 삼각법

8(13) 두 도시 사이에 고속도로를 건설하고자 한다. 한 도시는 다

른 도시로부터 남쪽으로 35.0 km, 서쪽으로 72.0 km 떨어져 있다. 이 두 도시를 잇는 최단 거리의 고속도로를 건설하고자 한다면 그 거리는 얼마인가? 그리고 이 도로와 서쪽이 이루는 각도는?

9(14) 그림과 같이 지상으로부터 48.2 m와 61.0 m의 높이에 두 개의 뜨거운 공기 풍선이 있다. 왼쪽 풍선에 타고 있는 어떤 사람이 오른쪽 풍선을 수평에 대해 13.3°로 바라보고 있다. 두 풍선 사이의 수평 거리 x는 얼마인가?

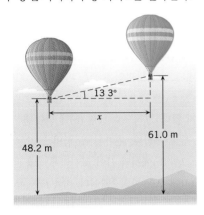

10(15) 어떤 크리스마스트리의 그림자는 이등변 삼각형이며 그 삼각형의 꼭대기 각은 30.0° 밑변의 길이가 2.00 m이라면 나무 그림자의 높이는 얼마인가?

*11(16) 그림은 염화나트륨의 결정 구조의 일부를 나타낸 것으로 정육면체의 꼭짓점에 나트륨 이온과 염소 이온이 위치해 있다(일반 소금). 정육면체의 가장자리 변의 길이가 0.281 nm(1 nm = 1 nanometer = 10^{-9} m)일 때, 정육면체의 꼭짓점에 놓인 나트륨 이온과 반대쪽 꼭짓점인 대각선에 놓인 염소 이온 사이의 거리(nm)를 구하라.

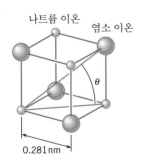

나트륨 이온
염소 이온
θ
0.281 nm

*12(17) 11번 문제의 그림에서 각 θ의 값을 구하라.

*13(19) 각 변이 95, 150, 190 cm인 삼각형의 세 각의 각도를 구하라.

1.6 벡터의 덧셈과 뺄셈

14(21) 힘 벡터 $\mathbf{F}_1$은 동쪽으로 200 N의 크기를 지닌다. 두 번째 힘 $\mathbf{F}_2$가 $\mathbf{F}_1$에 더해졌다. 두 벡터의 합 벡터는 크기가 400 N이

고 그 방향이 동쪽 또는 서쪽 선 상에 있다. $\mathbf{F}_2$의 크기와 방향을 구하라. 두 가지 답이 존재한다.

15(23) 변위 벡터 $\mathbf{A}$는 동쪽으로 2.00 km의 크기를 지닌다. 변위 벡터 $\mathbf{B}$는 북쪽으로 3.75 km의 크기이다. 변위 벡터 $\mathbf{C}$는 서쪽으로 2.50 km이고, 벡터 $\mathbf{D}$는 남쪽으로 3.00 km이다. 이들을 모두 합한 벡터 $\mathbf{A} + \mathbf{B} + \mathbf{C} + \mathbf{D}$의 크기와 방향(서쪽을 기준한 각도)을 구하라.

16(25) 첫 번째 변위 벡터 $\mathbf{A}$는 크기가 2.43 km이고 북쪽을 향하고 있다. 두 번째 변위 벡터는 $\mathbf{B}$는 크기가 7.74 km이고 역시 북쪽을 향한다. (a) $\mathbf{A} - \mathbf{B}$의 크기와 방향을 구하라. (b) $\mathbf{B} - \mathbf{A}$의 크기와 방향을 구하라.

*17(29) 벡터 $\mathbf{A}$는 크기가 12.3이며 서쪽으로 향하고 있다. 벡터 $\mathbf{B}$는 북쪽으로 향하고 있다. (a) $\mathbf{A} + \mathbf{B}$가 크기가 15.0이라면 $\mathbf{B}$의 크기는 얼마인가? (b) 이때 $\mathbf{A} + \mathbf{B}$의 방향은(서쪽과 이루는 각도) 어떠한가? (c) $\mathbf{A} - \mathbf{B}$가 15.0의 크기를 가진다면 $\mathbf{B}$의 크기는 얼마인가? (d) $\mathbf{A} - \mathbf{B}$가 서쪽과 이루는 각도는 얼마인가?

*18(30) 소풍에서, 호스를 사용하여 세 방향에서 비치볼에 물을 뿌리는 경기를 한다. 그 결과, 공에 작용한 세 힘은 $\mathbf{F}_1$, $\mathbf{F}_2$, $\mathbf{F}_3$이다(그림 참조). $\mathbf{F}_1$과 $\mathbf{F}_2$의 크기는 $F_1 = 50.0$ N, $F_2 = 90.0$ N이다. 그림과 그래프를 이용해서 (a) $\mathbf{F}_3$의 크기를 결정하여라. (b) 공에 작용한 세 힘의 합력의 각 θ가 0임을 보여라.

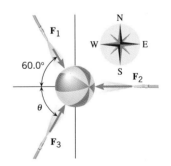

1.7 벡터 성분

19(31) 한 물체의 속력과 움직이는 방향은 속도라는 물리량을 정의한다. 타조가 17.0 m/s의 속력으로 서북쪽 68.0° 방향으로 달리고 있다. 타조의 (a) 북쪽 방향과 (b) 서쪽 방향의 속도 성분을 각각 구하라.

20(32) 당신의 친구가 미끄러지면서 넘어졌다. 친구를 일으키기 위해, 그림에 나타난 것처럼 당신은 힘 $\mathbf{F}$로 당겼다. 이 힘의 수직 성분은 130 N이고, 수평 성분은 150 N이다. (a) $\mathbf{F}$의 크기와 (b) 각 θ를 구하라.

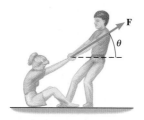

21(33) 여객선이 부산을 출발하여 동북쪽 18.0° 방향으로 155 km 항해하였다. 이 여객선은 북쪽 및 동쪽으로 얼마나 이동하였는가? (즉 변위 벡터의 북쪽 및 동쪽 성분을 각각 구하라.)

22(35) 바닥에 있는 무거운 상자를 끌어당기기 위해 두 개의 밧줄을 상자에 연결하고 한 밧줄에는 서쪽으로 475 N의 힘을 가했고, 다른 밧줄에는 남쪽으로 315 N의 힘을 가했다. 나중에 나오지만 힘은 벡터양이다. 밧줄 하나로 이 두 힘을 합한 것과 같은 효과를 내기 위해서 밧줄에 가해야 하는 힘의 크기와 방향은 어떠한가?

23(36) 이륙할 때, 비행기는 수평에 대해 각도 34°로 180 m/s의 속력으로 오른다. 비행기의 속력과 방향은 벡터양으로 속도로 알려져 있다. 태양은 위에서 내리 쪼인다. 지면에 보이는 비행기의 그림자는 얼마나 빠른가? (즉 비행기 속도의 수평 성분의 크기를 구하라.)

24(37) 힘 벡터 **F**의 크기는 82.3 N이다. 이 벡터의 x 성분은 +x 축 방향이며 크기가 74.6 N이다. y 성분은 +y 축 방향을 향한다. (a) **F**의 방향(+x 축에 대한)을 구하라. (b) **F**의 y 성분을 구하라.

*__**25(38)**__ 한 힘의 벡터가 x축으로부터 각 52°의 위치에 있다. 이 벡터의 y성분은 +290 N이다. 힘 벡터의 (a) 크기와 (b) x성분을 구하라.

__26(39)**__ 그림에서 보인 힘의 벡터는 크기가 475 N이다. 이 벡터의 x, y, z성분을 구하라.

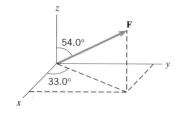

1.8 성분을 이용한 벡터의 덧셈

27(41) 한 골퍼가 그린 위에서 공을 세 번만에 홀에 넣어야 한다. 첫 번째 퍼트에서 공은 동쪽으로 5.0 m 굴러갔다. 두 번째 퍼트에서는 동북 20.0° 각도로 2.1 m 굴러갔다. 세 번째 퍼트는 북쪽으로 0.50 m 굴러가 홀에 들어갔다. 만일 이 골퍼가 첫 번째 퍼트에서 공을 홀에 넣기 위해서는 어떤 변위 벡터가 필요하겠는가? (즉 변위의 크기와 방향을 구하라.)

28(43) 그림과 같이 세 변위 벡터가 합해졌을 때의 합 벡터의 크기와 방향을 성분법으로 구하라. 여기서 각 벡터들의 크기는 $A = 5.00\,\text{m}, B = 5.00\,\text{m}, C = 4.00\,\text{m}$이다.

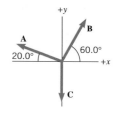

29(44) 아기 코끼리가 진흙 구덩이에 빠졌다. 이 코끼리를 밖으로 끌어내기 위해 관리인은 줄을 이용해서 그림 (a)에 보인 것처럼 힘 $\mathbf{F_A}$를 적용한다. 그러나 힘 $\mathbf{F_A}$로 끌어내기에는 충분하지 않다. 그러므로 그림 (b)에 나타낸 것처럼 두 힘 $\mathbf{F_B}$와 $\mathbf{F_C}$를 추가한다. 추가된 두 힘의 크기는 같은 크기인 F이고, 그림 (b)에서와 같이 코끼리에 작용된 합력의 크기는 그림 (a)에 보인 힘의 2배이다. 비율 F/F_A를 구하라.

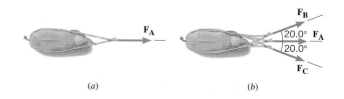

(a)　　　　　　　　(b)

30(45) 야생동물원에서 한 탐험팀이 동북쪽 42° 방향(동쪽 기준)으로 4.8 km 떨어진 연구 캠프로 출발했다. 직선 거리 2.4 km 이동한 다음 인솔자가 나침반을 잘못 보아서 동북쪽 22° 방향으로 이동했음을 알게 되었다. 이 팀이 이 지점에서 연구 캠프에 도달하기 위해 필요한 변위 벡터의 크기와 방향(동쪽을 기준한 각도)을 구하라.

*__**31(47)**__ 벡터 **A**는 크기가 6.0이고 동쪽 방향을 향한다. 벡터 **B**는 북쪽을 향하고 있다. (a) 만일 **A** + **B**가 동북쪽 60° 방향(동쪽 기준)이라면 **B**의 크기는 얼마인가? (b) **A** + **B**의 크기를 구하라.

*__**32(48)**__ 등산객이 세 변위 벡터 **A**, **B**, **C**의 경로를 따라 이동한다. 벡터 **A**는 동북쪽 25.0° 방향으로 1550 m를 이동하고, 벡터 **B**는 이동한 거리는 모르고 남동쪽 41.0° 방향으로 이동하고, 벡터 **C**는 이동한 거리는 모르고 서북쪽 35.0° 방향으로 이동한다. 등산객은 처음 경로를 출발해 각 경로를 따라 이동하여 출발 지점으로 다시 돌아왔고, 이때 벡터 변위의 합은 영, 즉 **A** + **B** + **C** = 0 이다. 벡터 **B**와 **C**의 크기를 구하라.

*__**33(49)**__ 벡터 **A**는 크기 145이고 서북쪽 35.0° 방향이다. 벡터 **B**는 북동쪽 35.0° 방향(북쪽 기준)이다. 벡터 **C**는 남서쪽 15.0°

방향(남쪽 기준)이다. 이들 벡터들을 합하면 0이 된다고 할 때 성분법을 이용하여 벡터 **B**와 **C**의 크기를 각각 구하라.

* **34(50)** 메뚜기가 네 번 점프를 할 때, 변위 벡터는 (1) 서쪽으로 27.0 cm, (2) 서남쪽 35.0° 방향으로 23.0 cm, (3) 동남쪽 55.0° 방향으로 28.0 cm이고, (4) 동북쪽 63.0° 방향으로 35.0 cm이다. 이들 합 변위 벡터의 크기와 방향을 구하라. 단, 방향은 서쪽을 기준으로 한다.

Chapter 02 일차원 운동학

2.1 변위

운동은 두 가지 측면에서 볼 수 있다. 하나는 순수하게 서술적인 것으로서, 운동 그 자체에 대한 것이다. 예를 들면, 운동이 빠른가, 느린가 하는 것이다. 다음으로는 운동을 일으키는, 즉 그 운동 상태를 변하게 하는 요인으로서 힘들을 고려하는 것이다. 작용하는 힘과는 관계없이 운동을 기술하는데 필요한 개념들만을 다루는 것을 **운동학**(kinematics)이라 한다. 이 장에서는 일차원에서의 운동을 통해, 그리고 다음 장에서는 이차원에서의 운동을 통해 운동학의 개념을 다룰 것이다. 힘이 운동에 미치는 영향을 다루는 분야를 **동역학**(dynamics)이라 하는데, 이 분야는 4장에서 다루게 될 것이다. 이러한 운동학과 동역학은 물리학의 한 분야인 **역학**(mechanics)에 속한다. 운동학의 개념을 다루는 데 있어서 먼저 변위에 대해서 논의해 보기로 하자.

물체의 운동을 다루기 위해서는 시간에 따른 물체의 위치를 지정해 주어야 한다. 그림 2.1은 일차원 운동에서 있어서 물체의 위치를 어떻게 지정해 주는지를 보여주고 있다. 이 그림에서 자동차의 처음 위치는 벡터 $\mathbf{x}_0$로 표시되어 있다. 벡터 $\mathbf{x}_0$의 길이는 임의로 선정된 원점으로부터 자동차까지의 길이이다. 시간이 얼마 지난 후 자동차는 이동하여 새로운 위치로 가게 되며, 이 위치를 벡터 $\mathbf{x}$로 표시하였다. 자동차의 **변위**(displacement) $\Delta\mathbf{x}$('델타 x' 혹은 'x의 변화'라고 읽는다)는 처음 위치로부터 나중 위치까지 그려진 벡터이다. 변위는 크기(처음과 나중 위치 사이의 거리)와 방향을 가지고 있기 때문에, 1.5절에서 논의된 의미로서의 벡터양이다. 이 그림을 살펴보면 변위는 $\mathbf{x}_0$와 $\mathbf{x}$를 써서 다음과 같은 관계가 있음을 알 수 있다.

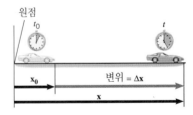

그림 2.1 변위 $\Delta\mathbf{x}$는 처음 위치 $\mathbf{x}_0$로부터 나중 위치 $\mathbf{x}$를 향하는 벡터이다.

$$\mathbf{x}_0 + \Delta\mathbf{x} = \mathbf{x} \quad 즉 \quad \Delta\mathbf{x} = \mathbf{x} - \mathbf{x}_0$$

이와 같이 변위 $\Delta\mathbf{x}$는 $\mathbf{x}$와 $\mathbf{x}_0$ 사이의 차이를 뜻하며, 이 차이를 표시하는데 그리스 문자 delta(Δ)를 사용한다. 어떤 변수에서의 변화는 항상 나중값에서 처음값을 뺀 값이라는 점에 주목하라.

> **■ 변위**
>
> 변위는 물체의 처음 위치로부터 나중 위치를 가리키는 벡터이며, 그 크기는 두 점 사이의 가장 짧은 거리와 같다.
>
> **변위의 SI 단위:** 미터(m)

변위에 대한 SI 단위는 미터(m)이지만, 센티미터와 인치와 같은 다른 단위도 있다. 센티미터(cm)와 인치(in.)사이를 서로 변환할 때 2.54 cm = 1 in.의 관계를 사용하면 된다.

앞으로 직선 상에서의 운동을 자주 다루게 될 것인데, 그럴 경우에 그 직선상에서 어느 한 방향으로의 변위를 양의 값으로 취하게 되면 그 반대 방향은 음의 값이 된다. 한 예로, 자동차가 동서를 연결하는 어느 한 방향을 따라 달리고 있는데, 정 동쪽 방향을 양의 방향으로 정하자. 그러면 $\Delta x = +500\,m$ 는 동쪽 방향으로 500 m 움직였다는 것을 의미하며, 역으로 $\Delta x = -500\,m$ 는 반대 방향인 서쪽으로 500 m 움직였다는 것을 의미한다.

2.2 속력과 속도

평균 속력

운동 중인 물체의 상태를 가장 뚜렷하게 나타내는 것 중의 하나는 그 물체가 얼마나 빨리 움직이고 있느냐 하는 것이다. 만일 자동차가 10 초 동안에 200 m를 달렸다면 그 자동차의 평균 속력은 초당 20 m라고 말한다. **평균 속력(average speed)**은 움직인 거리를 그 거리를 움직이는 데 걸린 시간으로 나눈 것이다.

$$\text{평균 속력} = \frac{\text{거리}}{\text{걸린 시간}} \tag{2.1}$$

식 2.1로부터 거리의 단위를 시간의 단위로 나눈 것, 즉 SI 단위로 하면 초당 미터(m/s)가 평균 속력의 단위임을 알 수 있다. 예제 2.1은 평균 속력 개념이 어떻게 이용되는지를 예시해 주고 있다.

 예제 2.1 | 조깅하는 사람이 달린 거리

조깅하는 사람이 2.22 m/s의 평균 속력으로 달린다면, 1.5 시간(5400 s) 동안에 얼마의 거리를 달릴 수 있겠는가?

살펴보기 조깅하는 사람의 평균 속력은 초당 달리는 평균 거리이다. 그러므로 조깅하는 사람이 달린 거리는 초당 달린 평균 거리와 달린 시간을 곱한 것과 같다.

풀이 달린 거리를 구하기 위해서, 식 2.1로부터 다음과 같이 고쳐 쓸 수 있다.

거리 = (평균 속력)(걸린 시간) = (2.22 m/s)(5400 s)
= ⎹12000 m⎹

속력은 물체가 얼마나 빨리 운동하고 있는가를 나타내주는 것이기 때문에 매우 유용한 개념이다. 그렇지만 속력은 물체가 어느 방향으로 운동하고 있는지에 대해서는 아무것도 알려주지 못한다. 물체가 얼마나 빠르게, 그리고 어느 방향으로 운동하고 있는지에 대한 두 가지 사실을 나타내기 위해서는 속도라는 벡터 개념이 필요하다.

평균 속도

그림 2.1에서 자동차의 처음 위치는 시간 t_0일 때 $\mathbf{x}_0$이고, 시간이 조금 지난 t일 때 자동차는 나중 위치 $\mathbf{x}$에 도달한다. 처음과 나중 위치에서의 시간차는 두 지점 사이를 자동차가 달리는 데 걸린 시간이다. 이 시간차를 줄여서 Δt('델타 t'라 읽는다)로 표기하며, 다음과 같다.

$$\underbrace{\Delta t = t - t_0}_{\text{걸린 시간}}$$

$\Delta \mathbf{x}$가 나중 위치에서 처음 위치를 뺀 것으로 나타낸 것처럼($\Delta \mathbf{x} = \mathbf{x} - \mathbf{x}_0$) Δt도 이와 유사한 방법으로 정의된다. 자동차의 **평균 속도**(average velocity)는 자동차의 변위 $\Delta \mathbf{x}$를 걸린 시간 Δt로 나눈 것이다. 어떤 양의 평균값을 나타낼 때는 그 양을 나타내는 기호 위에 수평으로 선을 그어 넣는 것이 일반적인 관행이다. 그러므로 평균 속도를 식 2.2에서처럼 $\overline{\mathbf{v}}$로 쓴다.

그림 2.2 캘리포니아의 로스앤젤레스 고속도로에서의 교통 상황을 저속 촬영한 이 그림에서, 왼쪽 차선(흰색의 전조등)에서의 자동차의 속도는 오른쪽 차선(빨간색 미등)에서의 자동차의 속도와 반대 방향이다.

■ **평균 속도**

$$\text{평균 속도} = \frac{\text{거리}}{\text{걸린 시간}}$$

$$\overline{\mathbf{v}} = \frac{\mathbf{x} - \mathbf{x}_0}{t - t_0} = \frac{\Delta \mathbf{x}}{\Delta t} \tag{2.2}$$

평균 속도의 SI 단위: 미터(m)/초(s)

식 2.2는 평균 속도의 단위가 길이 단위를 시간 단위로 나눈 것, 즉 SI 단위로 나타내면 초당 미터(m/s)라는 것을 보여주고 있다. 또한 속도는 시간당 킬로미터(km/h) 혹은 시간당 마일(mi/h)과 같은 단위로도 쓸 수 있다.

평균 속도는 식 2.2에서의 변위와 같은 방향을 가리키는 벡터이다. 그림 2.2는 어떤 선을 따라서만 움직이도록 제한되어 있는 자동차의 속도는 그 선을 따라서 어느 한 방향, 혹은 그 반대 방향만을 가지게 된다는 것을 예시해주고 있다. 변위와 관련해서, 두 개의 가능한 방향을 양과 음의 부호를 이용해서 나타낼 수 있다. 만일 변위가 양의 방향을 가리키고 있다면, 평균 속도는 양이다. 역으로 만일 변위가 음의 방향을 가리키고 있다면, 평균 속도는 음이 된다. 예제 2.2는 평균 속도의 이러한 양상을 예시하고 있다.

🌐 예제 2.2 │ 세계에서 가장 빠른 제트 엔진 자동차

앤디 그린이라는 사람은 1997년 자동차 경주 대회인 *ThrustSSC*에서 341.1 m/s (1228 km/h)라는 세계 기록을 수립했다. 그때의 자동차는 두 개의 제트 엔진으로 추진되는 자동차이었으며, 공식적으로 음속을 초과한 최초의 자동차가 되었다. 이러한 기록을 수립하는 데 있어서, 운전자는 바람의 영향을 배제하기 위해 첫 번째는 한쪽 방향으로, 두 번째는 그 반대 방향으로 해서 두 번 주행을 하였다. 그림 2.3(a)는 자동차가 왼쪽으로부터 오른쪽으로 4.740 s 동안에 1609 m (1 mile)의 거리를 주행하는 모습이

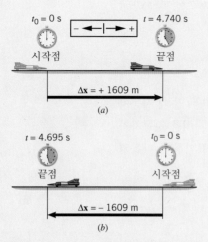

그림 2.3 위쪽 그림에서 상자 속의 화살표는 예제 2.2에서 설명한 바와 같이 자동차의 변위에 대한 양과 음의 방향을 나타내고 있다.

며, 그림 2.3(b)는 4.695 s 동안에 같은 거리를 역방향으로 주행하는 모습이다. 이러한 데이터를 이용해서 각 주행마다 평균 속도를 구하라.

살펴보기 평균 속도는 변위를 걸린 시간으로 나눈 것으로 정의된다. 이 정의로부터, 변위는 주행한 거리와 같지 않다는 것

을 알아야 한다. 왜냐하면 변위는 방향을 고려해야 하는데, 거리는 방향을 고려할 필요가 없기 때문이다. 두 번의 주행에서 자동차는 똑같은 1609 m의 거리를 달렸다. 그렇지만, 첫 번째 주행에서 변위는 $\Delta x = +1609$ m이고, 두 번째 주행에서는 $\Delta x = -1609$ m이다. 여기서 양과 음의 부호는 절대로 필요한 것이다. 왜냐하면 첫 번째 주행에서의 방향은 양의 방향인 오른쪽이고, 두 번째 주행에서는 반대 방향, 즉 음의 방향인 왼쪽이기 때문이다.

풀이 식 2.2에 의해, 평균 속도는

주행 1 $\bar{v} = \dfrac{\Delta x}{\Delta t} = \dfrac{+1609 \text{ m}}{4.740 \text{ s}} = \boxed{+339.5 \text{ m/s}}$

주행 2 $\bar{v} = \dfrac{\Delta x}{\Delta t} = \dfrac{-1609 \text{ m}}{4.695 \text{ s}} = \boxed{-342.7 \text{ m/s}}$

이다. 이 해답에서 양과 음의 부호는 속도 벡터의 방향을 나타낸다. 특히 주행 2에서 음의 부호는 평균 속도의 방향이 그림 2.3(b)에서 왼쪽을 가리키고 있다는 것을 나타내고 있다. 속도의 크기는 339.5 m/s와 342.7 m/s이다. 이 값들의 평균은 341.1 m/s이다.

순간 속도

긴 여행을 하는 동안 평균 속도의 크기가 20 m/s라고 하자. 평균으로서 이 값은 여행 중 어느 순간에 당신이 얼마나 빠르게 움직이고 있는지 알려주지는 못한다. 분명히 여행 중 당신의 자동차는 어떤 때는 20 m/s보다 더 빠르게 주행할 때도 있었을 것이고, 또 어떤 때는 20 m/s보다 더 느리게 주행할 때도 있었을 것이다. 자동차의 순간 속도(instantaneous velocity) **v**는 매 순간마다 자동차의 빠르기가 얼마인지, 그리고 어느 쪽 방향으로 주행하고 있는지를 나타낸다. 순간 속도의 크기를 속도계에서는 순간 속력(instantaneous speed)으로 숫자와 단위로 표시한다.

여행 중 어느 시점에서의 순간 속도는 자동차가 매우 작은 변위 Δx를 움직이는 데 걸리는 시간 Δt를 측정함으로써 구할 수 있다. 만일 시간 Δt가 충분히 작다면 측정하는 동안에 순간 속도는 크게 변하지 않을 것이다. 그렇다면, 어떤 시점에서의 순간 속도 **v**는 그 구간에 걸쳐서 계산되는 평균 속도 $\bar{v}$와 거의 같을 것이다. 즉 $v \approx \bar{v} = \Delta x / \Delta t$($\Delta t$가 매우 작을 때)가 된다. 실제로 Δt가 무한히 작아지는 극한에서는, 순간 속도와 평균 속도는 같게 되어서,

$$\mathbf{v} = \lim_{\Delta t \to 0} \frac{\Delta \mathbf{x}}{\Delta t} \tag{2.3}$$

가 된다. 기호 $\lim_{\Delta t \to 0} (\Delta \mathbf{x}/\Delta t)$는 Δt가 매우 작아져서 영에 접근해가는 과정에서 $\Delta \mathbf{x}/\Delta t$가 정의된다는 것을 의미한다. Δt의 값이 매우 작아지게 되면, $\Delta \mathbf{x}$도 따라서 매우 작아지게

된다. 그렇지만 $\Delta x/\Delta t$ 는 0이 되지 않고, 순간 속도 값으로 접근하게 된다. '순간 속도' 라는 말을 간략하게 그냥 속도라는 말로, 그리고 '순간 속력' 이라는 말은 속력이라는 말로 쓰기로 하겠다.

운동을 상세히 들여다보면, 속도는 매 순간마다 변한다. 속도가 변해가는 모습을 상세히 기술하기 위해서는 가속도라는 개념이 필요하다.

2.3 가속도

운동하고 있는 물체의 속도는 여러 가지 방법으로 변할 수 있다. 한 예로 운전자가 가속 페달을 밟음으로 인해서 속도가 증가할 수 있다. 혹은 빨간 신호등을 보고 정지하기 위해 브레이크 페달을 밟음으로 인해서 속도가 감소할 수도 있다. 어느 경우에서도 짧은 시간이거나, 긴 시간 동안에 속도의 변화는 일어날 것이다.

물체의 속도가 주어진 시간 동안에 어떻게 변하는지를 설명하기 위해, 가속도라는 새로운 개념을 도입해 보자. 이 개념은 앞서서 우리가 다루었던 속도와 시간이라는 두 가지 개념에 의해서 결정된다. 특히 가속도의 개념은 속도의 변화가 그 변화가 일어나는 시간과 연관될 때 생긴다.

이륙하는 비행기를 일례로 **평균 가속도**(average acceleration)의 의미를 생각해보자. 그림 2.4는 비행기 속도가 활주로 상에서 어떻게 변하는지를 보여주고 있다. 시간 $\Delta t = t - t_0$ 가 지나는 동안에 속도가 $\mathbf{v}_0$ 에서 $\mathbf{v}$ 로 변한다. 비행기 속도의 변화는 나중 속도에서 처음 속도를 뺀 것과 같으므로, $\Delta \mathbf{v} = \mathbf{v} - \mathbf{v}_0$ 이다. 평균 가속도 $\mathbf{\bar{a}}$ 는 걸린 시간 동안에 속도의 변화가 얼마나 일어나는지를 측정함으로써 다음과 같이 정의된다.

■ **평균 가속도**

$$\text{평균 가속도} = \frac{\text{속도의 변화}}{\text{걸린 시간}}$$

$$\mathbf{\bar{a}} = \frac{\mathbf{v} - \mathbf{v}_0}{t - t_0} = \frac{\Delta \mathbf{v}}{\Delta t} \tag{2.4}$$

평균 가속도의 SI 단위: 미터(m)/제곱초(s^2)

평균 가속도 $\mathbf{\bar{a}}$ 는 속도의 변화 $\Delta \mathbf{v}$ 와 같은 방향을 가리키는 벡터이다. 운동이 직선 상에서 일어날 때는 관습에 따라, 양과 음의 부호가 가속도 벡터의 방향을 나타낸다.

많은 경우 어느 특정한 순간에서의 물체의 가속도를 알 필요가 있다. 순간 가속도 (instantaneous acceleration) $\mathbf{\bar{a}}$ 는 2.2절에서 순간 속도를 정의한 것과 유사하게 다음과 같

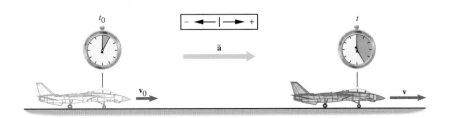

그림 2.4 이륙할 때, 비행기가 시간 $\Delta t = t - t_0$ 동안에 처음 속도 $\mathbf{v}_0$ 에서 나중 속도 $\mathbf{v}$ 로 가속된다.

이 정의한다.

$$\mathbf{a} = \lim_{\Delta t \to 0} \frac{\Delta \mathbf{v}}{\Delta t} \tag{2.5}$$

식 2.5는 순간 가속도가 평균 가속도의 극한치임을 나타내고 있다. 가속도를 측정하는 동안에 걸린 시간 Δt 가 지극히 짧을 때(극한에서 0으로 근접할 때), 평균 가속도와 순간 가속도는 같게 된다. 더욱이 가속도가 일정해서, 어느 순간에서도 똑같은 값을 가지는 경우가 많다. 앞으로는 가속도라는 말을 '순간 가속도' 라는 뜻으로 사용하기로 한다. 예제 2.3은 비행기가 이륙하는 동안의 가속도에 관한 것이다.

 예제 2.3 | 가속도 및 증가하는 속도

그림 2.4의 비행기가 $t_0 = 0$ s일 때 정지 상태 ($\mathbf{v}_0 = 0$ m/s) 로부터 출발한다고 가정하자. 비행기는 활주로에서 가속하여 $t = 29$ s 에서 속도가 $\mathbf{v} = +260$ km/h가 되었다. 여기서 양의 부호는 속도가 오른쪽으로 향하고 있음을 나타낸다. 비행기의 평균 가속도를 구하라.

살펴보기   비행기의 평균 가속도는 속도의 변화를 걸린 시간으로 나눈 것으로서 정의된다. 비행기 속도의 변화는 나중 속도 $\mathbf{v}$에서 처음 속도 $\mathbf{v}_0$를 뺀 것, 즉 $\mathbf{v} - \mathbf{v}_0$이고, 걸린 시간은 나중 시간

t에서 처음 시간 t_0를 뺀 것, 즉 $t - t_0$이다.

풀이   평균 가속도는 식 2.4에 의해서

$$\bar{\mathbf{a}} = \frac{\mathbf{v} - \mathbf{v}_0}{t - t_0} = \frac{260 \text{ km/h} - 0 \text{ km/h}}{29 \text{ s} - 0 \text{ s}}$$

$$= \boxed{+9.0 \ \frac{\text{km/h}}{\text{s}}}$$

가 된다.

🔧 문제 풀이 도움말
어떠한 변수에 대해서도 변화량이란 나중값에서 처음값을 뺀 것이다. 예를 들어 속도의 변화는 Δv $v = v - v_0$이고 시간의 변화는 $\Delta t = t - t_0$이다.

예제 2.3에서 계산된 평균 가속도는 '초당 시간당 9 km' 라고 읽는다. 비행기의 가속도가 일정하다고 하면, $+9.0 \frac{\text{km/h}}{\text{s}}$ 라는 값은 속도가 초당 $+9.0$ km/h씩 변한다는 것을 의미한다. 즉 처음 1 초 동안에는 속도가 0으로부터 9.0 km/h로 증가하고, 그 다음 1 초 동안에는 9.0 km/h에서 18 km/h으로 증가하는 방식으로 변한다는 것이다. 그림 2.5 는 처음 2 초 동안에 속도가 어떻게 변하는지를 나타내고 있다. 29 초가 지난 직후의 속도는 260 km/h이다.

가속도의 단위는 관습상 SI 단위로만 나타낸다. 예제 2.3에서 가속도의 단위를 SI 단위로 나타내려면, 다음과 같이 속도 단위를 km/h에서 m/s로 변환시켜야 한다. 즉

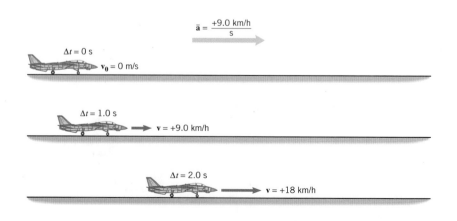

그림 2.5 $+9.0 \frac{\text{km/h}}{\text{s}}$ 라는 가속도는 비행기의 속도가 초당 $+9.0$ km/h씩 변한다는 것을 의미한다. $\mathbf{a}$와 $\mathbf{v}$에서 '+' 부호는 방향이 오른쪽이라는 것을 의미한다.

$$\left(260 \ \frac{\cancel{km}}{\cancel{h}}\right)\left(\frac{1000 \ m}{1 \ \cancel{km}}\right)\left(\frac{1 \ \cancel{h}}{3600 \ s}\right) = 72 \ \frac{m}{s}$$

이고, 평균 가속도는

$$\overline{a} = \frac{72 \ m/s - 0 \ m/s}{29 \ s - 0 \ s} = +2.5 \ m/s^2$$

이다. 여기서 $2.5 \ \frac{m/s}{s} = 2.5 \ \frac{m}{s \cdot s} = 2.5 \ \frac{m}{s^2}$ 라는 관계를 이용하였다. 가속도 $2.5 \ \frac{m}{s^2}$ 을 제곱초당 2.5 m라 읽으며, 매초 속도가 2.5 m/s씩 변한다는 것을 의미한다.

2.4 등가속도 운동에 대한 운동학 방정식

등가속도 운동학에서의 방정식들을 논하는 데 있어서, 물체가 $t_0 = 0 \ s$일 때 원점인 $\mathbf{x_0} = 0 \ m$에 위치해 있다고 가정하는 것이 편리하다. 이렇게 가정하면, 변위 $\Delta\mathbf{x} = \mathbf{x} - \mathbf{x_0}$는 $\Delta\mathbf{x} = \mathbf{x}$가 된다. 더욱이, 1차원 운동에서는 앞으로 다룰 방정식들에서 관습상 변위, 속도, 가속도 벡터들을 굵은 글씨체로 쓰지 않고 대신에 양과 음의 부호를 붙여 쓰기로 하겠다.

처음 속도가 $t_0 = 0 \ s$일 때 v_0이고, 시간 t 동안에 등가속도 a로 운동하고 있는 물체를 생각하자. 이러한 운동을 완전하게 기술하기 위해서는 시간 t일 때의 나중 속도와 변위를 알아야 한다. 나중 속도 v는 식 2.4로부터 직접 구할 수 있다.

$$\overline{a} = a = \frac{v - v_0}{t} \quad \text{즉} \quad v = v_0 + at \qquad \text{(등가속도)} \qquad (2.4)$$

시간 t에서의 변위 x는 평균 속도 $\overline{v}$를 구할 수 있다면 식 2.2로부터 구해진다. 시간이 $t_0 = 0 \ s$일 때 $\mathbf{x_0} = 0 \ m$이라고 가정하면,

$$\overline{v} = \frac{x - x_0}{t - t_0} = \frac{x}{t} \quad \text{즉} \quad x = \overline{v}t \qquad\qquad\qquad (2.2)$$

이다. 가속도는 일정하기 때문에, 속도는 일정한 비율로 증가한다. 따라서 평균 속도 $\overline{v}$는 처음 속도와 나중 속도 중간값이 된다. 즉

$$\overline{v} = \tfrac{1}{2}(v_0 + v) \qquad\qquad \text{(등가속도)} \qquad (2.6)$$

이다. 식 2.6은 식 2.4처럼 가속도가 일정할 때만 적용되며, 가속도가 변하게 되면 적용될 수 없다. 시간 t에서의 변위는 다음과 같이 구해진다.

$$x = \overline{v}t = \tfrac{1}{2}(v_0 + v)t \qquad\qquad \text{(등가속도)} \qquad (2.7)$$

식 2.4($v = v_0 + at$)와 2.7 [$x = \frac{1}{2}(v_0 + v)\, t$]에는 다음과 같이 5개의 운동 변수들이 있다:

1. $x =$ 변위
2. $a = \overline{a} =$ 가속도(일정)
3. $v =$ 시간 t에서의 나중 속도

4. $v_0 =$ 시간 $t_0 (= 0 \ s)$에서의 처음 속도
5. $t = t_0 (= 0 \ s)$ 이후 경과된 시간

이 두 방정식의 각각은 위의 변수들 중 4개를 포함하고 있어서, 그들 중 3개를 알게 되면, 나머지 네 번째 변수를 구할 수 있다. 예제 2.4는 식 2.4와 2.7이 물체의 운동을 기술하기 위하여 어떻게 이용되는지를 설명해 주고 있다.

예제 2.4 쾌속정의 변위

그림 2.6에서 쾌속정의 가속도는 $+2.0\ \text{m/s}^2$이다. 이 쾌속정의 처음 속도가 $+6.0\ \text{m/s}$라면, 8.0초 후에 쾌속정의 변위는 얼마인가?

살펴보기 세 개의 알려진 변수값들은 아래 표에 열거되어 있다. 구해야 할 것은 보트의 변위이므로, 변위가 미지의 변수이다. 그래서 표의 변위란에 물음표를 넣었다.

쾌속정 데이터

x	a	v	v_0	t
?	$+2.0\ \text{m/s}^2$		$+6.0\ \text{m/s}$	$8.0\ \text{s}$

나중 속도 v의 값이 결정되면, 쾌속정의 변위는 식 $x = \frac{1}{2}(v_0 + v)t$를 써서 구할 수 있다. 속도가 $v = v_0 + at$에 따라 변하기 때문

에, 나중 속도를 구하기 위해서는 주어진 가속도 값을 이용해야 한다.

풀이 나중 속도는

$$v = v_0 + at = 6.0\ \text{m/s} + (2.0\ \text{m/s}^2)(8.0\ \text{s}) \qquad (2.4)$$
$$= +22\ \text{m/s}$$

이다. 그러므로 쾌속정의 변위는 다음과 같다.

$$x = \tfrac{1}{2}(v_0 + v)t = \tfrac{1}{2}(6.0\ \text{m/s} + 22\ \text{m/s})(8.0\ \text{s}) \qquad (2.7)$$
$$= \boxed{+110\ \text{m}}$$

계산기를 사용하면 답이 112 m로 나오겠지만 유효숫자가 2 자리이기 때문에 답을 110 m로 써야 한다.

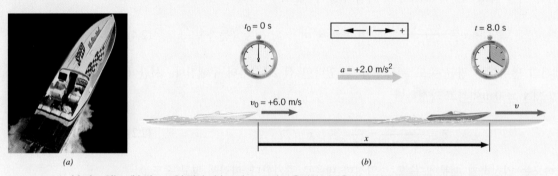

그림 2.6 (a) 가속되고 있는 쾌속정 (b) 쾌속정의 가속도, 속도, 그리고 움직인 시간을 알고 있다면, 쾌속정의 변위 x를 구할 수 있다.

예제 2.4의 해답에는 두 단계가 포함되어 있다. 처음 단계는 나중 속도 v를 구하는 것이고 나중 단계는 변위 x를 구하는 것이다. 그러나 만일 한 번에 변위를 구할 수 있는 식이 있다면 좋을 것이다. 예제 2.4를 이용하여 식 2.4 ($v = v_0 + at$)로 주어지는 나중 속도 v를 식 2.7 [$x = \frac{1}{2}(v_0 + v)t$]에 대입해서 그러한 식을 얻을 수 있다. 즉

$$x = \tfrac{1}{2}(v_0 + v)t = \tfrac{1}{2}(v_0 + \boxed{v_0 + at})t = \tfrac{1}{2}(2v_0 t + at^2)$$
$$x = v_0 t + \tfrac{1}{2}at^2 \qquad \text{(등가속도)} \qquad (2.8)$$

이다. 여기서 알 수 있는 것은 나중 속도를 구하는 중간 단계 없이 식 2.8로부터 바로 쾌속정의 변위를 구할 수 있다는 것이다. 이 식의 오른쪽에서 첫 번째 항 ($v_0 t$)는 가속도가 0이고 속도가 처음 속도 v_0로 일정할 때의 변위를 나타낸다. 두 번째 항 ($\frac{1}{2}at^2$)은 속도가 처음 속도와는 다른 값으로 변하기(a가 0이 아님) 때문에 생기는 변위이다.

표 2.1 등가속도 운동의 운동학 방정식

식번호	식	변수				
		x	a	v	v_0	t
(2.4)	$v = v_0 + at$	—	✓	✓	✓	✓
(2.7)	$x = \frac{1}{2}(v_0 + v)t$	✓	—	✓	✓	✓
(2.8)	$x = v_0 t + \frac{1}{2}at^2$	✓	✓	—	✓	✓
(2.9)	$v^2 = v_0^2 + 2ax$	✓	✓	✓	✓	—

시간 t는 모르지만, a, v, v_0을 알고 있을 때도, 두 단계를 거치지 않고 바로 한 번에 변위 x를 구할 수 있다. 시간 $[t = (v - v_0)/a]$에 대한 식 2.4를 풀고, 그것을 식 2.7$[x = \frac{1}{2}(v_0 + v)\,t]$에 대입하면, 다음과 같이 변위가 구해진다.

$$x = \frac{1}{2}(v_0 + v)t = \frac{1}{2}(v_0 + v)\,\boxed{\frac{v - v_0}{a}} = \frac{v^2 - v_0^2}{2a}$$

이것을 v^2에 대해 풀면

$$v^2 = v_0^2 + 2ax \qquad \text{(등가속도)} \qquad (2.9)$$

가 얻어진다.

표 2.1에 우리가 지금까지 살펴본 방정식들을 요약하였다. 이 방정식들을 **운동학 방정식**(equations of kinematics)이라 한다. 각각의 식들이 포함하고 있는 4개의 변수들을 표에서 기호(✓)로 표시하였다. 다음 절에서는 이 운동학 방정식들이 어떻게 응용되는지를 살펴보기로 한다.

2.5 운동학 방정식의 응용

여기에 나와 있는 운동학 방정식들은 일정한 가속도로 운동하는 물체에만 적용된다. 그러나 이들을 이용하는 데에 있어서 생길 수 있는 잘못을 피하기 위해서, 몇 가지 지침을 따르는 것이 도움이 된다.

먼저 편의상 선택된 좌표계의 원점에 대해서 어떤 운동 방향이 양(+)이고 음(−)인지를 결정하라. 이 결정은 여러분이 마음대로 정하면 된다. 그러나 변위, 속도, 가속도들이 벡터들이기 때문에, 방향은 항상 염두에 두어야 한다. 앞으로의 예제에서는, 양과 음의 방향을 문제의 그림 속에서 보게 될 것이다. 어떤 방향을 양으로 선택할 것인지는 문제가 되지 않는다. 그렇지만 일단 선택되면 계산과정 중에는 절대 변경해서는 안 된다.

문제를 풀기 전에 문제의 뜻을 잘 파악함으로써, 문제에서 언급되는 '감가속'이나 '감가속도'라는 용어를 정확하게 이해해야 한다. 이들 용어 때문에 빈번히 혼란이 일어난다.

때때로 운동학에 대한 문제에서 가능한 답이 두 개가 나올 수 있는데, 이들 각각의 답은 서로 다른 상황에 해당되는 답이다. 그러한 경우가 다음 예제 2.5에 나와 있다.

예제 2.5 │ 가속되는 우주선

⊙ 역추진 로켓에 의한 가속도에 대한 물리

그림 2.7(a)에서의 우주선은 속도 +3250 m/s로 비행하고 있다. 이 우주선에서 갑자기 역추진 로켓이 점화되고, 이어서 10.0 m/s²의 가속도로 우주선의 속도가 느려지기 시작했다. 역추진 로켓이 점화되는 시점을 기준으로 해서 이 우주선이 +215 km의 변위를 일으켰을 때의 우주선의 속도는 얼마인가?

살펴보기   우주선의 속도가 느려지고 있기 때문에, 가속도는 속도와 반대 방향이다. 속도가 그림에서 오른쪽으로 가리키고 있으므로, 가속도는 음의 방향인 왼쪽을 가리키게 된다. 따라서 $a = -10.0 \text{ m/s}^2$이다. 알려져 있는 세 개의 변수들을 아래에 나열하였다.

우주선 데이터				
x	a	v	v_0	t
+215 000 m	-10.0 m/s²	?	+3250 m/s	

우주선의 나중 속도 v는 식 2.9가 네 개의 관련된 변수들을 포함하고 있어서, 이 식을 이용하면 계산할 수 있다.

풀이   식 2.9 ($v^2 = v_0^2 + 2ax$) 로부터,

$$v = \pm\sqrt{v_0^2 + 2ax}$$
$$= \pm\sqrt{(3250 \text{ m/s})^2 + 2(-10.0 \text{ m/s}^2)(215\,000 \text{ m})}$$
$$= \boxed{+2500 \text{ m/s}} \text{ 그리고 } \boxed{-2500 \text{ m/s}}$$

이다. 이 두 개의 답은 같은 변위($x = +215$ km)에 해당되는 답들이지만, 그들 각각은 서로 다른 운동의 결과이다. 답 $v = +2500$ m/s는 그림 2.7(a)의 상황에 대한 것이다. 여기서 우주선은 속력이 $v = 2500$ m/s으로 느려졌지만, 아직은 오른쪽으로 비행하고 있다. 답 $v = -2500$ m/s는 역추진 로켓에 의해 우주선이 아주 짧은 순간 멈추었다가, 이어서 비행 방향이 반대가 되었다는 것을 의미한다. 그래서 우주선은 왼쪽으로 비행하게 되고, 이어서 계속해서 역추진함으로써 속력이 증가하게 되며 어느 시간이 지난 후 우주선의 속도가 $v = -2500$ m/s가 되었다는 것이다. 그림 2.7(b)는 이러한 상황을 보여주고 있다. 이 두 그림에서 우주선의 변위는 똑같지만, 비행 시간은 (a)에서보다 (b)에서가 더 길다.

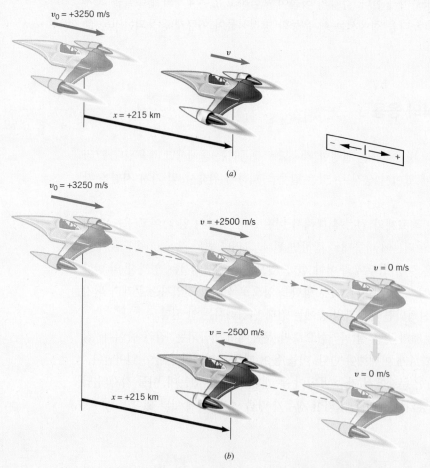

그림 2.7   (a) 가속도가 $a = -10.0$ m/s²이기 때문에, 우주선은 속도가 v_0에서 v로 바뀐다. (b) 역추진을 계속함으로써 우주선의 비행 방향이 바뀐다.

두 물체의 운동이 상호 관계를 가지게 되면, 두 물체의 운동은 하나의 변수를 공동으로 가지게 된다. 운동이 상호 관계를 가진다는 사실은 하나의 중요한 정보가 된다. 그러한 경우에, 각 물체에 대해 자세히 아는 데는, 두 변수에 대한 데이터만이 필요하다.

때때로 한 물체의 운동을 가속도가 서로 다른 구간으로 나누어 다루기도 한다. 그러한 문제들을 풀 때 중요한 것은, 예제 2.6에서처럼, 구간을 나눈 한 부분에서의 나중 속도가 다음 부분에서의 처음 속도가 되도록 두는 것이다.

예제 2.6 | 모터사이클 타기

정지 상태로부터 출발하는 한 모터사이클의 가속도가 $+2.6\,\text{m/s}^2$이다. 이 모터사이클이 120 m의 거리를 달린 후, 속도가 $+12\,\text{m/s}$(그림 2.8 참조)가 될 때까지 $-1.5\,\text{m/s}^2$의 가속도로 속도를 낮추었다. 이 모터사이클의 총 변위는 얼마인가?

살펴보기 총 변위는 첫 구간(속도 증가)과 두 번째 구간(속도 감소)의 변위의 합이다. 첫 구간에서의 변위는 +120 m이다. 두 번째 구간에서의 변위는 이 구간에서의 처음 속도를 구할 수 있다면, 다른 두 변수에 대한 값($a = -1.5\,\text{m/s}^2$과 $v = +12\,\text{m/s}$)들을 이미 알고 있으므로, 구할 수 있다. 두 번째 구간에서의 처음 속도는 첫 구간에서의 나중 속도이므로 두 번째 구간에서의 처음 속도를 구할 수 있다.

풀이 모터사이클이 정지 상태($v_0 = 0\,\text{m/s}$)로부터 출발한다는 사실을 알고 있으면, 아래의 주어진 데이터로부터 첫 구간에서의 나중 속도를 구할 수 있다.

구간 1 데이터

x	a	v	v_0	t
+120 m	$+2.6\,\text{m/s}^2$	?	0 m/s	

식 2.9 ($v^2 = v_0^2 + 2ax$) 로부터

$$v = +\sqrt{v_0^2 + 2ax}$$

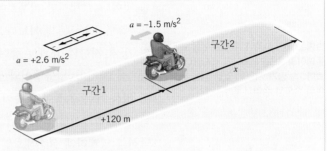

그림 2.8 모터사이클의 주행 구간은 서로 다른 가속도를 가지는 두 구간으로 이루어진다.

$$= +\sqrt{(0\,\text{m/s})^2 + 2(2.6\,\text{m/s}^2)(120\,\text{m})}$$
$$= +25\,\text{m/s}$$

가 된다. 아래에 열거된 데이터와 함께, $+25\,\text{m/s}$를 두 번째 구간에서의 처음 속도로 이용할 수 있다.

구간 2 데이터

x	a	v	v_0	t
?	$-1.5\,\text{m/s}^2$	$+12\,\text{m/s}$	$+25\,\text{m/s}$	

두 번째 구간에서의 변위는 식 $v^2 = v_0^2 + 2ax$를 x에 대해서 풀면 구해진다.

$$x = \frac{v^2 - v_0^2}{2a} = \frac{(12\,\text{m/s})^2 - (25\,\text{m/s})^2}{2(-1.5\,\text{m/s}^2)}$$
$$= +160\,\text{m}$$

모터사이클의 총 변위는 120 m + 160 m = $\boxed{280\,\text{m}}$이다.

2.6 자유 낙하 물체

중력의 영향으로 물체는 아래로 떨어진다는 것을 알고 있다. 공기의 저항이 없다면, 지상으로부터 같은 위치에 있는 모든 물체는 같은 가속도로 연직 아래로 떨어진다는 사실이 발견되었다. 더욱이 낙하 거리가 지구 반지름에 비해 작다면, 가속도는 낙하하는 동안에 변하지 않고 일정하다. 공기 저항이 무시되고, 가속도가 거의 일정하게 되는 이러한 이상

> ♠ 문제 풀이 도움말
> 표 2.1에서의 방정식에 포함되어 있는 5개의 운동 변수들(x, a, v, v_0, t) 중에서 적어도 3개에 대한 값들은 알고 있어야 이 방정식들을 이용해서 네 번째와 다섯 번째 변수들을 구할 수 있다.

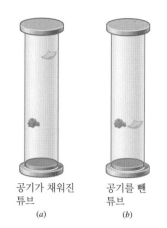

그림 2.9 (a) 공기 저항이 있을 때는 돌멩이의 속도가 종이의 속도보다 빠르다. (b) 공기 저항이 없을 때는 돌멩이의 속도와 종이의 속도는 같다.

화된 운동을 **자유 낙하**(free-fall)라고 한다. 자유 낙하에서는 가속도가 일정하기 때문에 운동학 방정식들을 이용할 수 있다.

자유 낙하 물체의 가속도를 **중력 가속도**(acceleration due to gravity)라 하며, 크기(어떤 대수 부호도 없이)는 기호 g로 나타낸다. 중력 가속도 g의 방향은 지구 중심을 가리키는 아래쪽 방향이다. 지표면 가까이에서 g는 대략

$$g = 9.80 \, \text{m/s}^2 \quad \text{또는} \quad 32.2 \, \text{ft/s}^2$$

이다. 상황이 달리 변하지 않는 한, 앞으로의 계산에서는 g의 값으로 위의 두 값 중 하나를 쓸 것이다. 그렇지만 실제로는 고도가 증가할수록 g는 감소하고 위도에 따라 약간 다르다.

그림 2.9(a)는 종이보다 돌멩이가 더 빨리 떨어진다는 잘 알려진 현상을 보여주고 있다. 공기 저항의 효과는 종이의 낙하 속도를 느리게 하며, 그림 2.9(b)에서처럼 튜브에서 공기를 제거하면, 돌멩이와 종이는 정확하게 같은 중력 가속도를 가지게 된다. 공기 저항이 없을 때는 돌멩이와 종이는 둘 다 자유 낙하 운동을 한다. 운동을 방해하는 공기가 없는 달 표면가까이에서 떨어지는 물체의 운동은 거의 자유 낙하에 가깝다. 달에서의 자유 낙하를 명쾌하게 실증해보인 사람은 데이비드 스콧이라는 우주 비행사인데, 그는 같은 높이에서 해머와 깃털을 동시에 떨어뜨렸다. 둘 다 달의 똑같은 중력 가속도로 낙하하여 같은 시간에 바닥에 떨어졌다. 달 표면 가까이에서의 달의 중력 가속도는 지표면에서의 지구의 중력 가속도의 대략 1/6정도이다.

운동학 방정식들을 자유 낙하 운동에 적용할 때는 운동이 지표면에 수직인 방향으로 혹은 y축 방향을 따라 일어나므로, 변위를 나타내는 기호로 보통 y를 쓴다. 이와 같이 자유 낙하 운동에 대하여 표 2.1에 있는 식들을 사용할 때는 단순히 x를 y로 바꾸어 주면 된다. 이렇게 바꾸어 쓴다고 해서 특별히 다른 의미는 없다. 운동하는 동안에 가속도가 일정하게 유지된다는 조건하에서는, 운동학 방정식들은 수평 방향에서나 수직 방향에서 같은 대수학적 모양을 가진다. 자유 낙하하는 물체에 운동학 방정식들을 어떻게 적용할 것인가에 대하여 예시해주는 몇 가지 예를 살펴보기로 한다.

예제 2.7 | 떨어지는 돌멩이

그림 2.10에서처럼 고층 빌딩의 옥상에서 돌멩이가 정지 상태로부터 떨어진다. 떨어지기 시작해서 3초 후, 돌멩이의 변위 y는 얼마인가?

살펴보기 위쪽 방향을 양의 방향으로 정한다. 알고 있는 세 개의 변수들은 아래의 표에 수록되어 있다. 돌멩이가 정지 상태로부터 떨어지기 시작했으므로 처음 속도 v_0는 영이다. 중력 가속도가 음의 방향이기 때문에 중력 가속도는 음의 값을 갖는다.

돌멩이에 대한 데이터				
y	a	v	v_0	t
?	$-9.80 \, \text{m/s}^2$		$0 \, \text{m/s}$	$3.00 \, \text{s}$

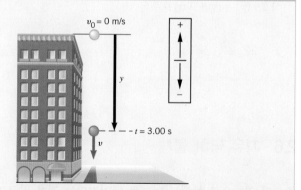

그림 2.10 빌딩의 옥상에서 속도 영으로부터 떨어지기 시작하는 돌멩이가 중력에 의해 아래쪽으로 가속되고 있다.

식 2.8은 적절한 변수들을 포함하고 있어서, 문제에 대한 직접

적인 해답을 제공한다. 위쪽이 양의 방향인데, 돌멩이가 아래쪽으로 움직이고 있으므로 변위 y는 음의 값을 가질 것이라는 것이 예상된다.

풀이　식 2.8을 이용하면

$$y = v_0 t + \frac{1}{2}at^2$$
$$= (0 \text{ m/s})(3.00 \text{ s}) + \frac{1}{2}(-9.80 \text{ m/s}^2)(3.00 \text{ s})^2$$
$$= \boxed{-44.1 \text{ m}}$$

이다. y에 대한 답은 예상대로 음이다.

중력 가속도는 항상 아래쪽을 가리키는 벡터이다. 이 벡터는 아래쪽으로 자유 낙하하고 있는 물체에 대해서 속력이 어떻게 증가하는지를 나타낸다. 또한 이 가속도는 중력의 영향 하에서 위로 움직이고 있는 물체에 대해서 속력이 어떻게 감소하는지도 나타낸다. 이 경우에서는 물체는 위로 움직이다가 결국에 가서는 순간적으로 정지했다가 다시 지표면으로 떨어지게 된다. 예제 2.8과 2.9에서는 운동학 방정식들이 중력의 영향하에서 위로 움직이고 있는 물체에 어떻게 적용되는지를 보여주고 있다.

> ⬇ **문제 풀이 도움말**
> 문제에 '암시되어 있는 데이터'가 중요하다. 한 예로, 예제 2.8에서 동전이 '얼마나 높이 올라갈 수 있는가'라는 구절은 최고 높이를 언급하고 있는 것이다. 이 최고 높이는 연직 방향으로의 속도가 $v = 0$ m/s일 때의 높이이다.

 예제 2.8　얼마나 높이 올라가나?

풋볼 경기는 관례에 따라 누가 킥오프할 것인지를 결정하기 위하여 동전을 위로 던지는 것으로 시작된다. 심판이 처음 속력 5.00 m/s로 동전을 위로 던져 올렸다. 공기 저항이 없다면, 이 동전은 심판의 손을 떠나 얼마나 더 높이 올라가겠는가?

살펴보기　동전은 그림 2.11에서와 같이 위쪽 방향의 처음 속도를 가지게 된다. 그러나 가속도는 중력에 의해 아래쪽 방향이다. 속도와 가속도가 서로 반대 방향이므로, 동전은 위로 올라감에 따라 속력이 느려져서, 결국에는 동전은 최고 높이에 이르게 되면 속도가 $v = 0$ m/s가 된다. 위쪽 방향을 양의 방향으로 하면, 데이터는 아래와 같이 요약될 수 있다.

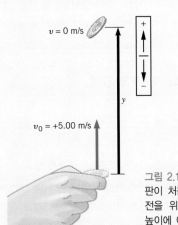

그림 2.11　풋볼 경기를 시작할 때, 심판이 처음 속력 $v_0 = +5.00$ m/s로 동전을 위로 던져 올렸다. 동전이 최고 높이에 이르게 될 때, 동전은 순간적으로 속도 $v = 0$ m/s가 된다.

동전의 데이터				
y	a	v	v_0	t
?	-9.80 m/s^2	0 m/s	$+5.00$ m/s	

이 데이터를 가지고, 식 2.9$(v^2 = v_0^2 + 2ay)$를 이용하면 최고 높이 y를 구할 수 있다.

풀이　식 2.9를 다시 정리해서 이용하면, 동전이 손을 떠나는 위치를 기준으로 해서 올라갈 수 있는 최고 높이를 다음과 같이 구할 수 있다.

$$y = \frac{v^2 - v_0^2}{2a} = \frac{(0 \text{ m/s})^2 - (5.00 \text{ m/s})^2}{2(-9.80 \text{ m/s}^2)}$$
$$= \boxed{1.28 \text{ m}}$$

 예제 2.9　얼마나 오래 공중에 있을 수 있을까?

그림 2.11에서 동전이 손으로부터 떠나기 전의 위치로 다시 돌아오는 동안에 공중에 있는 시간은 얼마인가?

살펴보기　동전이 위로 올라가는 시간 동안에 중력은 동전의 속력을 영으로 낮추도록 하는 요인으로 작용한다. 그렇지만 아래로 내려오는 동안에는 중력이 다시 속력을 증가시키는 요인으로 작용하게 된다. 이와 같이 해서, 동전이 위로 올라가는 데 걸린 시간과 내려오는 데 걸린 시간은 같게 된다. 달리 말하면, 공중에 있는 총 시간은 위로 올라가는데 걸린 시간의 두 배와 같다. 위로 올라가는 동안의 동전에 대한 데이터는 예제 2.8에서와 같다. 이 데이터를 가지고 식 2.4 ($v = v_0 + at$) 를 이용하면, 위로 올라가는 데 걸린 시간을 구할 수 있다.

풀이　식 2.4를 고쳐 쓰면

$$t = \frac{v - v_0}{a} = \frac{0 \text{ m/s} - 5.00 \text{ m/s}}{-9.80 \text{ m/s}^2} = 0.510 \text{ s}$$

가 된다. 올라갔다 내려오는 데 걸리는 총 시간은 이 값의 두 배, 즉 $\boxed{1.02 \text{ s}}$ 이다.

다른 방법으로도 총 시간을 구할 수 있다. 동전을 위로 던지고 난 후, 그것이 다시 던지기 직전의 위치로 돌아왔을 때의 총 변위는 $y = 0 \text{ m}$이다. 변위에 대한 이 값을 가지고 식 2.8 ($y = v_0 t + \frac{1}{2} at^2$)을 풀면, 올라갔다 내려오는 데 걸리는 총 시간을 직접 구할 수 있다.

예제 2.8과 2.9는 '자유 낙하'라는 표현이 반드시 물체가 아래로 떨어지는 것만을 의미하는 것은 아니라는 것을 예시해주고 있다. 자유 낙하하고 있는 물체는 그것이 올라가든지 떨어지든지 상관없이 중력만의 영향을 받고 운동하고 있는 물체를 의미한다. 둘 중 어느 경우에서도, 물체는 중력에 의해서 똑같이 아래로 향하는 가속도를 가진다. 다음의 예제는 이러한 점에 초점을 맞추고 있다.

 개념 예제 2.10 | 속도와 가속도의 관계

그림 2.11에서 동전의 운동은 세 부분으로 이루어져 있다. 위로 올라갈 때는 동전의 속도는 위쪽 방향이며 속도의 크기는 감소한다. 최고 높이에 이르렀을 때는 순간적으로 속도가 0이 된다. 아래로 떨어질 때, 동전의 속도는 아래쪽 방향이며 속도의 크기는 증가한다. 공기 저항이 없다면, 동전의 가속도도 속도처럼 운동의 세 부분에 따라 변하겠는가?

살펴보기 및 풀이　공기 저항이 없다면 동전은 자유 낙하 운동을 한다. 그러므로 가속도 벡터는 중력 때문에 생기는 것이며, 항상 같은 크기와 방향을 가진다. 가속도의 크기는 9.80 m/s^2이

고, 방향은 물체가 올라갈 때나 내려올 때나 항상 아래쪽이다. 더욱이 동전의 순간 속도는 운동 경로의 정상에서는 0이 되니까, 그곳에서 가속도 벡터까지 0이라고 생각해서는 안 된다. 가속도는 속도의 변화율이고, 비록 속도가 운동 경로의 정상에서 어느 순간에 0이 되기는 하지만 그곳에서도 속도는 변하고 있다. 운동 경로의 정상에서도 가속도는 9.80 m/s^2이고, 그곳에서 정지하고 있는 동안에도 가속도는 아래로 향한다. 이와 같이 동전의 속도 벡터는 매순간마다 변하지만, 동전의 가속도 벡터는 변하지 않는다.

위로 던져졌지만 궁극적으로는 지면으로 떨어지는 물체의 운동을 다루는 데는 문제 풀이의 관점으로서 대칭성을 고려하면 유용할 것이다. 앞의 예제 2.10의 계산에서 물체가 최고 높이에 도달하는 데 걸리는 시간은 그것이 다시 출발점으로 돌아오는 데 걸리는 시간과 같다는 의미에서, 자유 낙하 운동에는 시간에 대한 대칭성이 존재한다는 것을 알 수 있다.

속력에도 대칭성이 있다. 그림 2.12는 예제 2.8과 2.9에서 고찰했던 동전을 보여주고 있다. 동전이 손으로부터 위로 출발한 후, 위로 올라가는 동안의 어떤 변위에서의 속력은 내려올 때의 바로 같은 위치에서의 속력과 같다. 한 예로, 처음 속도가 $v_0 = +5.00 \text{ m/s}$라

고 가정하면, $y = +1.04\,\text{m}$일 때 식 2.9를 풀면 나중 속도 v에 대한 가능한 값이 다음과 같이 두 개가 된다.

$$v^2 = v_0^2 + 2ay = (5.00\,\text{m/s})^2 + 2(-9.80\,\text{m/s}^2)(1.04\,\text{m}) = 4.62\,\text{m}^2/\text{s}^2$$
$$v = \pm 2.15\,\text{m/s}$$

값 $v = +2.15\,\text{m/s}$는 동전이 위로 올라갈 때의 속도이고, $v = -2.15\,\text{m/s}$는 아래로 내려갈 때의 속도이다. 양쪽의 경우에서, 속력은 2.15 m/s로 같다. 뿐만 아니라 동전이 시작점으로 되돌아 왔을 때의 속력은 5.00 m/s으로서 처음 속력과 같아진다. 속력에 대한 이 대칭성은 올라갈 때 초당 9.8 m/s씩 속력이 감소하지만, 내려올 때는 매 초당 속력이 같은 크기만큼씩 다시 증가하기 때문에 생기는 것이다.

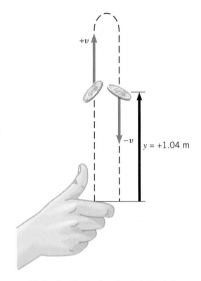

그림 2.12 운동 경로를 따라 주어진 변위에서 위로 향하는 동전의 속력은 아래로 향하는 속력과 같으나, 속도는 서로 반대 방향이다.

2.7 그래프에 의한 속도와 가속도 분석

그래프로 분석하는 방법은 속도와 가속도의 개념을 이해하는 데 도움이 된다. 사이클 선수가 일정한 속도 $v = +4\,\text{m/s}$로 자전거를 타고 있다고 하자. 자전거의 위치 x는 그래프의 세로축을 따라 표시하고, 시간은 가로축 선 상에 표시하기로 한다. 자전거의 위치가 초당 4 m씩 증가하므로, t에 대한 x의 그래프는 직선이 된다. 더욱이 자전거가 $t = 0\,\text{s}$일 때 $x = 0\,\text{m}$에 있는 것으로 하면, 그림 2.13에서처럼 이 직선은 원점을 지나게 된다. 이 직선 상의 각 점들은 임의의 특정 시각에서의 자전거의 위치를 나타낸다. 한 예로, $t = 1\,\text{s}$에서의 위치는 4 m이고, $t = 3\,\text{s}$에서의 위치는 12 m이다.

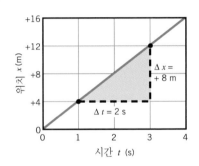

그림 2.13 일정한 속도 $v = \Delta x / \Delta t = +4\,\text{m/s}$로 운동하고 있는 물체에 대한 위치 대 시간의 그래프

그림 2.13의 그래프를 만들 때, 속도가 +4 m/s라는 사실을 이용하였다. 그렇지만 우리에게 이 그래프는 주어졌지만 속도는 모르고 있었다고 가정하자. 이와 같이 속도를 알지 못하지만 위치 대 시간의 그래프가 주어진다면 어떤 시간 사이에, 예를 들어 1 s와 3 s 사이에 자전거에 어떤 변화가 일어났는지를 살펴보면, 속도를 구할 수 있다. 시간의 변화는 $\Delta t = 2\,\text{s}$이다. 이 시간 동안에 자전거는 +4 m에서 +12 m로 위치에 변화가 일어났으며, 그 차이는 $\Delta x = +8\,\text{m}$이다. 비 $\Delta x / \Delta t$를 그 직선의 **기울기**(slope)라 한다.

$$\text{기울기} = \frac{\Delta x}{\Delta t} = \frac{+8\,\text{m}}{2\,\text{s}} = +4\,\text{m/s}$$

이 기울기는 자전거의 속도와 같다. $\Delta x / \Delta t$가 평균 속도의 정의(식 2.2 참조)이기 때문에, 이러한 결과는 우연이 아니다. 이와 같이 일정한 속도로 운동하고 있는 물체에 대하여 위치 대 시간 그래프에서의 직선의 기울기는 속도가 된다. 위치 대 시간 그래프가 직선이므로, 어떤 시간 구간을 선택해도 속도를 계산할 수 있다. 서로 다른 Δt를 선택하게 되면, Δx도 달라지지만, 속도 $\Delta x / \Delta t$는 변하지 않는다. 다음 예에서 보게 되겠지만, 세상에서 언제나 일정한 속도로 움직이는 물체는 드물다.

예제 2.11 | 자전거 여행

사이클 선수가 여행의 첫 구간에서는 일정한 속도로 달리다가, 잠시 멈추어 선 동안에는 속도가 0이었고, 돌아오는 구간에서는 다시 어떤 일정한 속도로 주행하였다. 그림 2.14는 앞의 세 구간에 대응하는 위치 대 시간 그래프를 보여주고 있다. 그림에서 표시된 시간과 위치 구간을 이용해서, 각 구간에서의 속도를 구하라.

살펴보기 평균 속도 $\bar{v}$는 변위 Δx를 걸린 시간 Δt로 나눈 것으로, $\bar{v} = \Delta x/\Delta t$이다. 변위는 나중 위치에서 처음 위치를 뺀 것인데, 여기서 변위는 구간 1에서는 양의 값이고 구간 3에서는 음의 값이다. 구간 2에서는 정지해 있기 때문에 $\Delta x = 0\,\text{m}$이다. 세 개의 구간 각각에서의 Δx와 Δt를 그림에서 볼 수 있다.

풀이 세 개의 구간 각각에서의 평균 속도는 다음과 같다.

구간 1 $\quad \bar{v} = \dfrac{\Delta x}{\Delta t} = \dfrac{800\,\text{m} - 400\,\text{m}}{400\,\text{s} - 200\,\text{s}} = \dfrac{+400\,\text{m}}{200\,\text{s}}$
$\quad\quad\quad\quad = \boxed{+2\,\text{m/s}}$

구간 2 $\quad \bar{v} = \dfrac{\Delta x}{\Delta t} = \dfrac{1200\,\text{m} - 1200\,\text{m}}{1000\,\text{s} - 600\,\text{s}} = \dfrac{0\,\text{m}}{400\,\text{s}}$
$\quad\quad\quad\quad = \boxed{0\,\text{m/s}}$

구간 3 $\quad \bar{v} = \dfrac{\Delta x}{\Delta t} = \dfrac{400\,\text{m} - 800\,\text{m}}{1800\,\text{s} - 1400\,\text{s}} = \dfrac{-400\,\text{m}}{400\,\text{s}}$
$\quad\quad\quad\quad = \boxed{-1\,\text{m/s}}$

두 번째 구간에서는 속도가 0으로, 자전거가 정지 상태에 있음을 나타내고 있다. 자전거의 변위가 0이므로, 구간 2는 기울기가 0인 수평선이다. 세 번째 구간에서는 그래프에서 보는 바와 같이 400 s 동안에 자전거의 위치가 $x = +800\,\text{m}$에서 $x = +400\,\text{m}$로 감소했으므로 속도가 음이다. 결과적으로, 구간 3에서는 기울기가 음이며, 속도도 음의 값을 갖는다.

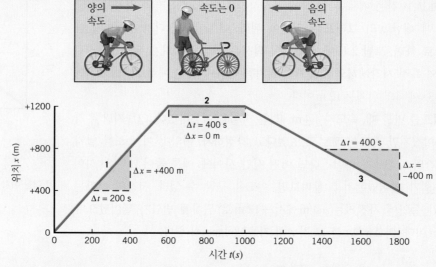

그림 2.14 위치 대 시간 그래프는 세 개의 직선 구간으로 이루어졌으며, 각각의 구간들은 서로 다른 속도를 가진다.

만일 물체가 가속되고 있다면, 속도는 변한다. 속도가 변할 때는, 위치 대 시간의 그래프는 그림 2.15에서처럼, 직선이 아니고 곡선이다. 가속도가 $a = 0.26\,\text{m/s}^2$이고 처음 속도가 $v_0 = 0\,\text{m/s}$라면, 이 곡선은 식 2.8 ($x = v_0 t + \frac{1}{2} at^2$)을 이용해서 그리면 된다. 어떤 순간에서의 속도는 그 순간에서의 곡선의 기울기를 측정함으로써 구할 수 있다. 곡선 상의 임의의 점에서의 기울기는 그 점에서 곡선에 그려진 접선의 기울기로 정의한다. 한 예로, 그림 2.15를 보면 $t = 20.0\,\text{s}$에서 하나의 접선이 그려져 있다. 이 접선의 기울기를 구하기 위하여, 임의로 시간 구간 $\Delta t = 5.0\,\text{s}$를 정해서 하나의 삼각형을 만든다. 이 시간 구간과 관련해서 접선으로부터 x의 변화를 읽으면, $\Delta x = +26\,\text{m}$이다. 그러므로

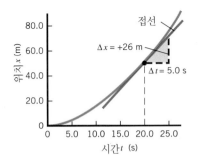

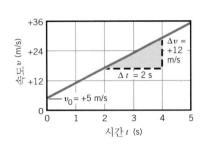

그림 2.15 속도가 변하게 되면, 위치 대 시간 그래프는 곡선이 된다. 어떤 주어진 시간에서 이 곡선에 그려진 접선의 기울기 $\Delta x/\Delta t$ 는 그 시간에서의 순간 속도이다.

그림 2.16 가속도가 $\Delta v/\Delta t = +6\,\text{m/s}^2$ 인 물체에 대한 속도 대 시간 그래프이다. 처음 속도는 $t = 0\,\text{s}$ 일 때, $v_0 = +5\,\text{m/s}$ 이다.

$$접선의\ 기울기 = \frac{\Delta x}{\Delta t} = \frac{+26\,\text{m}}{5.0\,\text{s}} = +5.2\,\text{m/s}$$

이다. 접선의 기울기가 순간 속도인데, 이 경우에는 $v = +5.2\,\text{m/s}$ 이다. 이와 같은 그래프에 의한 결과는 $v_0 = 0\,\text{m/s}$ 라는 값을 가지고 식 2.4를 이용하면, $v = at = (+0.26\,\text{m/s}^2)(20.0\,\text{s}) = +5.2\,\text{m/s}$ 로 확인될 수 있다.

가속도의 의미를 이해하는 데는 그래프에 의한 방식도 도움이 된다. 일정한 가속도 $a = +6\,\text{m/s}^2$ 으로 운동하고 있는 물체를 생각하자. 만일 그 물체의 처음 속도가 $v_0 = +5\,\text{m/s}$ 라면, 어느 시간에서의 속도는 식 2.4에 의해 다음과 같이 된다.

$$v = v_0 + at = 5\,\text{m/s} + (6\,\text{m/s}^2)t$$

이 관계는 속도 대 시간 그래프로 그림 2.16과 같이 나타낼 수 있다. 이 속도 대 시간 그래프는 $v_0 = 5\,\text{m/s}$ 에서 세로축을 교차하는 하나의 직선인데, 이 직선의 기울기는 그림에서 보여주고 있는 데이터를 이용하여 다음과 같이 계산된다.

$$기울기 = \frac{\Delta v}{\Delta t} = \frac{+12\,\text{m/s}}{2\,\text{s}} = +6\,\text{m/s}^2$$

정의에 의하면, $\Delta v/\Delta t$ 는 가속도(식 2.4)와 같으므로, 속도 대 시간 그래프에서 직선의 기울기는 평균 가속도이다.

연습 문제

2.1 변위
2.2 속력과 속도

1(1) 한 비행기가 이륙을 기다리며, 활주로에 대기하고 있다. 인접한 평행 활주로에 착륙하는 비행기가 서 있는 비행기에 대해 45 m/s의 속력으로 지나가고 있다. 착륙하는 비행기의 길이는 36 m이다. 서 있는 비행기의 승객이 (매우 좁은) 창밖으로 착륙하는 비행기를 보고 있다. 그들은 얼마 동안 비행기를 볼 수 있을까?

2(2) 어느 날 오후, 부부가 반지름 1.50 km인 원형 호수 주변을

4분의 3을 걸었다. 그들은 호수의 서쪽에서 시작하여 같이 남쪽을 향한다. (a) 부부가 이동한 거리는 얼마인가? (b) 부부의 변위에 대한 크기와 방향을 구하라. (동쪽을 기준으로)

3(3) 바다에서 고래가 동쪽으로 6.9 km을 가다가 서쪽 방향으로 돌려서 1.8 km를 이동하였다. 그런 다음에 다시 동쪽 방향으로 돌아서서 3.7 km를 이동하였다. (a) 고래가 움직인 총 거리는 얼마인가? (b) 고래의 변위의 크기는 얼마이고, 방향은 어느 쪽인가?

4(5) 지구가 자전하게 되면, 적도 상에 서 있는 사람은 지구 반지름(6.38×10^6 m)과 같은 반지름의 원운동을 하게 된다. 이 사람의 평균 속력은 (a) m/s와 (b) mi/h의 단위로 각각 얼마인가?

5(7) 성난 곰에게 쫓기고 있는 사람이 자동차가 있는 곳을 향하여 곧게 4.0 m/s의 속력으로 달려가고 있다. 자동차는 거리 d만큼 떨어져 있다. 곰은 사람으로부터 26 m 뒤에서 6.0 m/s의 속력으로 쫓아오고 있다. 사람이 안전하게 자동차로 피할 수 있으려면, 자동차가 떨어져 있는 거리 d의 최댓값은 얼마이어야 하는가?

*6(8) 배낭 여행자가 서쪽으로 평균 1.34 m/s의 속도로 걸어 목적지에 도달한다. 이는 여행자가 서쪽으로 평균 2.68 m/s의 속도로 6.44 km을 걷다가 다시 돌아 동쪽으로 평균 0.447 m/s의 속도로 걸은 결과이다. 동쪽으로 걸어간 거리는 얼마인가?

*7(10) 자동차가 4분의 3시간은 북쪽으로, 4분의 1시간은 남쪽으로 달리고 있다. 북쪽으로의 평균 속도의 크기는 27 m/s이고, 남쪽으로의 평균 속도의 크기는 17 m/s이다. 전체 이동 거리에서 평균 속도의 크기와 방향을 구하라.

2.3 가속도

8(12) 표준 생산 자동차의 경우, 지금까지 보고된 가장 높은 주행 테스트 가속도는 1993년도에 생산한 포드 RS200 Evolution이 세웠으며, 3.275초에 26.8 m/s에 이르렀다. 이 자동차의 가속도를 구하라.

9(13) 모터사이클이 일정한 가속도 2.5 m/s²로 달리고 있다. 모터사이클의 속도와 가속도는 같은 방향이다. 모터사이클의 속력이 (a) 21 m/s에서 31 m/s, (b) 51 m/s에서 61 m/s로 변하는 데 걸리는 시간을 구하라.

10(15) 달리기 선수가 서쪽으로 3.00초 동안에 속도가 5.36 m/s가 되도록 가속을 하고 있다. 그 선수의 평균 가속도는 0.640 m/s²이고 방향은 서쪽이다. 그가 가속을 시작했을 시점에서의 속도는 얼마인가?

*11(17) 한 자동차가 +36 m/s의 속도로 똑바로 길을 달리다가 엔진이 멈추었다. 그다음 12초 동안 속도가 점점 느려지고 이 차의 평균 가속도는 $\bar{a}_1$이다. 그 후 6 s 동안은 더 속도가 느려졌고, 평균 가속도는 $\bar{a}_2$이다. 18 s 후의 자동차 속도는 +28.0 m/s이다. 평균 가속도의 비율이 $\bar{a}_1/\bar{a}_2 = 1.50$일 때 처음 12 s 후의 자동차의 속도를 구하라.

**12(18) 두 모터사이클이 처음 서로 다른 속도로 동쪽으로 달린다. 그러나 4 s 후 같은 속도에 이른다. 4 s 동안에 모터사이클 A는 평균 가속도가 동쪽으로 2.0 m/s²이고, 모터사이클 B는 평균 가속도가 동쪽으로 4.0 m/s²이다. 4 s를 시작으로 달라지는 속력은 얼마인가? 또한 더 빠르게 움직이는 모터사이클은 어느 것인가?

2.4 등가속도 운동에 대한 운동학 방정식
2.5 운동학 방정식의 응용

13(19) 공을 덩크 슛하려고, 한 선수가 정지 상태로부터 1.5 s 동안에 속력이 6.0 m/s가 되도록 전속력으로 질주하고 있다. 가속도가 일정하다면, 그가 달린 거리는 얼마이겠는가?

14(22) (a) 스키 선수가 정지 상태에서 출발하여 5.0 s 동안 속력 8.0 m/s로 경사로를 내려왔다. 이때 평균 가속도의 크기는 얼마인가? (b) 이 시간 동안 내려온 거리는 얼마인가?

15(24) 치타가 사냥하려는데, 먹잇감이 +9.0 m/s의 등속도로 3.0 s 동안 달리고 있다. 치타가 정지 상태에서 먹잇감과 같은 시간, 같은 거리를 유지하기 위한 등가속도는 얼마인가?

16(25) 제트 여객기가 북쪽으로 69 m/s의 속력으로 착륙하고 있다. 일단 여객기가 활주로에 내리고 나서 6.1 m/s로 속력을 줄이기 위해서는 750 m 길이의 활주로가 필요하다. 착륙하는 동안에 여객기의 평균 가속도(크기 및 방향)를 계산하라.

*17(29) 20.0 m/s로 달리는 자동차에서, 운전자가 교통 신호등이 빨간불로 바뀐 것을 본다고 하자. 0.530 s가 경과된 후(반응 시간), 운전자가 브레이크를 밟았고, 자동차는 7.00 m/s²로 감속되었다. 운전자가 처음 빨간불을 본 순간의 자동차 지점으로부터 자동차가 멈춘 지점까지의 거리를 구하라.

*18(30) 쾌속정이 정지 상태에서 7.00 s 후 +2.01 m/s²로 가속된다. 이 시간 이후 보트는 6.00 s 더 지난 후 +0.518 m/s²의 가속도를 갖고, 그 다음 8.00 s 동안 −1.49 m/s²로 감속되었다. (a) $t = 21.0$ s일 때 보트의 속도는 얼마인가? (b) 보트의 전체 변위를 구하라.

*19(33) 도심지를 지나는 직선도로를 따라, 세 개의 속도 제한 표시판이 일정한 간격으로 있다. 이 속도 제한 표시판들은 차례로 55, 35, 25 mi/h 의 순서로 설치되어 있다. 속도 제한을 지키면서 운전자가 이 표시판들이 설치되어 있는 구간을 가장 짧은 시간 t_A에 지나가려면, 첫 번째 표시판과 두 번째 표시판 사이에서는 55 mi/h로, 그리고 두 번째 표시판과 세 번째 표시판 사이에서는 35 mi/h로 주행하여야 한다. 그러나 실제 상황에서는 운전자는 55 mi/h에서 35 mi/h로 일정한 가속도로 감속시키고, 그 다음에도 앞에서와 같이 35 mi/h에서 25 mi/h로 일정한 가속도로 감속시키는 방법으로 주행했다. 이와 같은 방법으로 주행했을 때 걸리는 시간을 t_B라 하면, t_B/t_A는 얼마인가?

**20(35) 길이가 92 m인 열차가 정지 상태로부터 $t = 0$ s에서 일정

한 가속도로 출발하였다. 출발하는 바로 그 순간에 이미 열차의 뒤쪽에서 달려오던 한 자동차가 이 열차의 바로 뒤끝에 도달하였다. 이 자동차는 일정한 속도로 주행하고 있으며, $t = 14\,\text{s}$일 때 이 자동차는 열차의 바로 앞에 도달하였다. 그렇지만 다시 열차가 자동차를 앞지르기 시작하여 $t = 28\,\text{s}$에는 다시 자동차가 열차의 뒤끝에 있게 되었다. (a) 자동차의 속도와 (b) 열차의 가속도를 구하라.

** 21(36) 100 m 달리기에서 한 단거리 주자는 가속도 $2.68\,\text{m/s}^2$로 정지 상태에서 최고 속력이 될 때까지 달려야 한다. 최대 속력에 도달한 후, 주자는 가속화 또는 감속 없이 경주의 나머지 부분을 달려야 한다. 만약 이 경주에서 12.0 s 걸린다면 얼마의 가속도로 달려야 하는가?

2.6 자유 낙하 물체

22(37) 시카고의 시어즈 빌딩 옥상에서 동전 하나를 정지 상태로부터 떨어뜨렸다. 빌딩의 높이는 427 m이다. 공기 저항을 무시했을 때, 동전이 땅에 닿는 순간의 속력을 구하라.

23(38) 절벽 끝에서 한 사람이 음의 방향인 절벽 아래로 조약돌을 끼워 새총을 쏘았다. 조약돌의 처음 속력은 9.0 m/s이다. (a) 아래로 떨어지는 동안 조약돌의 가속도(크기와 방향)는 얼마인가? 설명하라. 조약돌은 감속하는가? (b) 0.50 s 후, 조약돌은 절벽 끝에서 아래로 얼마나 내려갈까?

24(41) 한 소녀가 침실 창으로부터 물이 채워진 풍선을 6 m 아래 땅으로 떨어뜨렸다. 만일 풍선을 정지 상태로부터 떨어뜨렸다면, 이 풍선이 공중에 머무를 수 있는 시간은 얼마인가?

25(42) 농구 경기를 시작할 때, 심판이 공을 4.6 m/s의 속력으로 연직 상방으로 던진다. 이때 선수는 공이 최대 높이에 도달한 다음 다시 떨어질 때까지 공을 건드리지 못한다. 선수가 공을 건드리기 직전까지 기다리는 최소 시간은 얼마인가?

26(43) 같은 종류의 총알을 사용하는 두 개의 총이 벼랑 끝에서 동시에 발포되었다. 이 총들은 총알을 발사했을 때 총알의 처음 속력이 30.0 m/s가 되는 총들이다. 총 A는 연직 상방으로 총알을 발사하였으며, 총알은 위로 올라갔다가 벼랑 아래 땅으로 떨어지게 된다. 총 B는 총알을 연직 하방으로 발사하였다. 공기 저항을 무시한다면, 총알 B가 땅으로 떨어지고 난 후 얼마의 시간이 지나서 총알 A가 땅으로 떨어지는가?

27(45) 크레인의 케이블이 갑자기 끊어져서 케이블에 매달려 있던 건물 해체용 쇠공이 떨어지고 있다. 쇠공이 땅바닥까지 거리의 절반의 위치까지 떨어지는 데 걸리는 시간이 1.2 s이라면, 땅바닥까지 떨어지는 데 걸리는 시간은 얼마인가?

28(46) 지상 15 m인 벼랑 가장자리에서 연직 하방으로 총을 발사하면 총알은 27 m/s의 속력으로 지면에 박힌다. 이 총을 이용해서 벼랑 끝에서 연직 상방으로 총을 쏠 때 총알은 절벽으로부터 얼마나 높이 올라갈까?

* 29(48) 두 개의 화살을 연직 상방으로 쏠 때, 첫 번째 화살을 쏘고 난 후에 두 번째 화살을 쏜다. 이때 두 화살의 처음 속력을 다르게 해서 두 화살이 동시에 같은 최대 높이까지 올라갈 수 있다. 만약 첫 번째 화살의 처음 속력이 25.0 m/s로 쏘고 1.20 s 이후에 두 번째 화살을 쏜다면 두 번째 화살의 처음 속력은 얼마로 해야 하는지 결정하라.

* 30(51) 빠르게 흐르는 물 위에 통나무가 떠내려가고 있다. 75 m 높이의 다리 위에서 돌멩이를 정지 상태로부터 떨어뜨렸는데, 이 돌멩이가 떠내려오고 있는 통나무 위로 떨어졌다. 통나무가 5.0 m/s의 일정한 속도로 떠내려오고 있다면, 돌멩이를 떨어뜨리는 순간에 이 통나무는 다리로부터 얼마나 멀리 떨어진 곳에 있었을까?

* 31(53) 한 동굴 탐험가가 동굴 구멍 안에 돌을 정지 상태에서 떨어뜨린다. 돌이 떨어지고 1.50 s 후 바닥에 부딪치는 소리를 들었고, 이 소리의 속력은 343 m/s이다. 구멍의 깊이는 얼마인가?

* 32(54) 높이가 25.0 m인 빌딩 옥상에서 연직 상방으로 공을 던졌다. 공의 처음 속력은 12.0 m/s이다. 동시에 한 사람이 지상에서 빌딩으로부터 31.0 m 떨어진 거리에서 빌딩 쪽으로 달려오고 있다. 이 사람이 빌딩 바닥에 떨어지는 공을 잡는다면 얼마의 평균 속력으로 달려야 하는가?

2.7 그래프에 의한 속도와 가속도 분석

33(57) 마라톤 코스의 첫 10 km 구간에서, 한 마라톤 선수가 평균 15.0 km/h의 속도로 달렸다. 다음 15 km 구간에서는 평균 10.0 km/h의 속도로, 그리고 마지막 15 km 구간에서는 평균 5.0 km/h의 속도로 달렸다. 이 선수의 위치-시간에 대한 그래프를 그려라.

34(58) 그림에서와 같이 위치-시간에 대한 그래프에 따라 버스가 주행하고 있다. A, B, C 각 구간을 따라 주행하는 버스의 평균 속도(크기와 방향)는 얼마인가? 답은 km/h로 나타내어라.

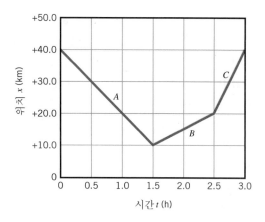

35(60) 운동 삼아 걷는 사람이 운동을 분석하기 위해 그림과 같이 위치-시간 그래프를 나타내었다. (a) 어떤 계산 없이, 그래프에 나타낸 구간(A, B, C, D)에 따라 평균 속도의 부호를 나타내어라. (b) 각 구간별로 평균 속도를 계산하여 (a)의 답을 확인해 보라.

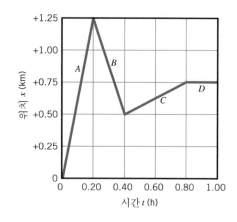

*36(61) 그림에 예시된 위치 대 시간에 대한 그래프에 따라 버스가 주행하고 있다. 이 그래프에서 보여주는 바와 같이 3.5 h 동안에 버스의 평균 가속도(km/h^2)는 얼마인가?

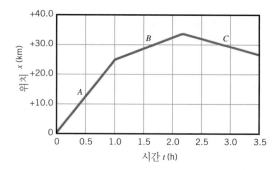

Chapter 03 이차원 운동

3.1 변위, 속도 및 가속도

2장에서는 일차원에서 운동하는 물체를 기술하기 위해 변위, 속도 및 가속도의 개념들이 사용되었다. 평면 상의 곡선 경로를 따르는 운동도 이와 마찬가지 경우이다. 이러한 이차원 운동도 같은 개념을 사용하여 기술된다. 예를 들면 그랑프리 자동차 경주 대회에서, 코스는 곡선 도로이다. 어떤 경주차의 코스상의 두 다른 위치를 나타내는 모습이 그림 3.1에 나타나 있다. 이들 위치는 좌표계의 원점으로부터 그려진 벡터 $\mathbf{r}$ 과 $\mathbf{r}_0$ 로 표시된다. 자동차의 **변위**(displacement) $\Delta\mathbf{r}$은 시각 t_0 일 때의 처음 위치 $\mathbf{r}_0$ 로부터 시각 t 일 때의 나중 위치 $\mathbf{r}$ 로 그려진 벡터이다. $\Delta\mathbf{r}$의 크기는 두 점 사이의 최단 거리이다. 그림에서 벡터 $\mathbf{r}_0$ 의 머리에서 $\Delta\mathbf{r}$의 꼬리가 있으므로, $\mathbf{r}$ 은 $\mathbf{r}_0$ 와 $\Delta\mathbf{r}$의 벡터 합이다. (벡터와 벡터의 덧셈에 대해 1.5절과 1.6절 참조). 이것은 $\mathbf{r} = \mathbf{r}_0 + \Delta\mathbf{r}$, 즉

$$\text{변위} = \Delta\mathbf{r} = \mathbf{r} - \mathbf{r}_0$$

이다. 여기서 변위는 2장에서와 같이 정의된다. 그러나 변위 벡터는 두 점을 잇는 직선 위뿐만 아니라 평면 위의 어느 곳에도 있을 수 있다.

두 위치 사이의 자동차의 평균 속도 $\bar{\mathbf{v}}$ 는 식 2.2와 같은 방법으로 변위 $\Delta\mathbf{r} = \mathbf{r} - \mathbf{r}_0$를 경과 시간 $\Delta t = t - t_0$로 나눔으로써 정의 된다.

$$\bar{\mathbf{v}} = \frac{\mathbf{r} - \mathbf{r}_0}{t - t_0} = \frac{\Delta\mathbf{r}}{\Delta t} \tag{3.1}$$

식 3.1의 양변은 방향이 같아야 하므로 평균 속도 벡터는 변위 벡터와 같은 방향을 갖는다. 어느 한 순간에서의 자동차의 속도를 **순간 속도**(instantaneous velocity) $\mathbf{v}$ 라 한다. Δt가 무한히 작아지는 극한에서 평균 속도는 순간 속도 $\mathbf{v}$ 와 같아진다.

$$\mathbf{v} = \lim_{\Delta t \to 0} \frac{\Delta\mathbf{r}}{\Delta t}$$

그림 3.2는 순간 속도 $\mathbf{v}$ 가 자동차의 경로에 대해 접선임을 나타내고 있다. 또 그림은 속도의

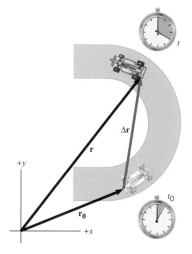

그림 3.1 자동차의 변위 $\Delta\mathbf{r}$은 시각 t_0 인 처음 위치에서 시각 t 인 나중 위치로 향하는 벡터이다. $\Delta\mathbf{r}$의 크기는 두 점 사이의 최단 거리이다.

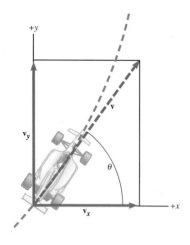

그림 3.2 순간 속도 **v**와 벡터 성분 **v**$_x$
와 **v**$_y$

벡터 성분 **v**$_x$와 **v**$_y$가 x 축과 y 축에 각각 평행함을 나타내고 있다.

평균 가속도(average acceleration) **ā**는 일차원 운동에서와 똑같이 속도의 변화 Δ**v** = **v** − **v**$_0$를 경과 시간 Δt로 나눔으로써 정의된다.

$$\bar{\mathbf{a}} = \frac{\mathbf{v} - \mathbf{v}_0}{t - t_0} = \frac{\Delta \mathbf{v}}{\Delta t} \tag{3.2}$$

평균 가속도 벡터는 속도의 변화와 같은 방향을 갖는다. 경과 시간이 무한히 작아지는 극한에서 평균 가속도는 순간 가속도(instantaneous acceleration) **a**와 같아진다.

$$\mathbf{a} = \lim_{\Delta t \to 0} \frac{\Delta \mathbf{v}}{\Delta t}$$

이러한 가속도는 x 방향의 벡터 성분 **a**$_x$와 y 방향의 벡터 성분 **a**$_y$를 가진다.

3.2 이차원에서의 운동학 방정식

변위, 속도 그리고 가속도가 이차원 운동에서 어떻게 적용되는지를 이해하기 위해, 각각 서로 수직인 두 개의 엔진을 장착한 우주선을 생각해 보자. 이 엔진들은 우주선을 움직이는 힘을 생성하며, $t_0 = 0$일 때 우주선은 좌표의 원점에 있어 **r**$_0$ = 0 m이다. t 시간 후에 우주선의 변위는 Δ**r** = **r** − **r**$_0$ = **r**이다. 변위 **r**는 각각 x 축과 y 축에 대해 **x**와 **y**의 벡터 성분을 갖는다.

그림 3.3에서는 x 축 방향으로 추진하는 엔진만 점화되며, 따라서 우주선은 x 방향으로 가속된다. y 축 방향의 엔진은 꺼져 있기 때문에 y 방향의 속도는 0이며, 계속 0을 유지한다. x 방향을 따라 운동하는 우주선은 5개의 운동 변수 x, a_x, v_x, v_{0x} 와 t로 기술된다. 여기서 기호 'x'는 변위, 속도 및 가속도 벡터의 x 성분과 관련되어 있음을 상기하자(벡터 성분에 대해 1.7 및 1.8절 참조). 변수 x, a_x, v_x 및 v_{0x}는 스칼라 성분(또는 간단히 '성분')이다. 1.7절에 논의한 것처럼, 이 성분들은 해당 벡터 성분들이 $+x$ 축 또는 $−x$ 축을 가리키는 것에 따라 단위를 가진 양의 값이거나 음의 값이 된다. 만약 우주선이 x 축을 따라 일정하게 가속된다면, 운동은 정확히 2장에서 기술한 운동과 같으며, 운동학 방정식을 그대로 이용할 수 있다. 이 방정식들이 표 3.1의 왼쪽 칸에 나타나 있다.

그림 3.4는 y 축 엔진만 점화되어 있는 것을 제외하면 그림 3.3과 유사하며, 우주선은 y 방향으로 가속된다. 이러한 운동은 운동 변수 y, a_y, v_y, v_{0y} 및 t로 기술할 수 있다. 그리고 만약 가속도가 y 방향으로 일정하면, 이 변수들은 표 3.1의 오른쪽 칸에 나타낸 것과 같은 운동학 방정식들로 연관된다. x 방향의 대응되는 변수와 같이 y, a_y, v_y 및 v_{0y}도 단위를 포함한 양(+) 또는 음(−)의 값을 가진다.

그림 3.3 우주선이 일정 가속도 a_x
로 x 축을 따라 나란히 움직인다. y 방향
으로는 운동이 없으며, y 축 엔진은 꺼
져 있다.

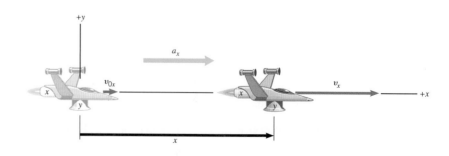

표 3.1 이차원 운동에서 일정 가속도에 대한 운동학 방정식

x 성분		변수	y 성분	
x		변위	y	
a_x		가속도	a_y	
v_x		나중 속도	v_y	
v_{0x}		처음 속도	v_{0y}	
t		경과 시간	t	
$v_x = v_{0x} + a_x t$	(3.3a)		$v_y = v_{0y} + a_y t$	(3.3b)
$x = \frac{1}{2}(v_{0x} + v_x)t$	(3.4a)		$y = \frac{1}{2}(v_{0y} + v_y)t$	(3.4b)
$x = v_{0x}t + \frac{1}{2}a_x t^2$	(3.5a)		$y = v_{0y}t + \frac{1}{2}a_y t^2$	(3.5b)
$v_x^2 = v_{0x}^2 + 2a_x x$	(3.6a)		$v_y^2 = v_{0y}^2 + 2a_y y$	(3.6b)

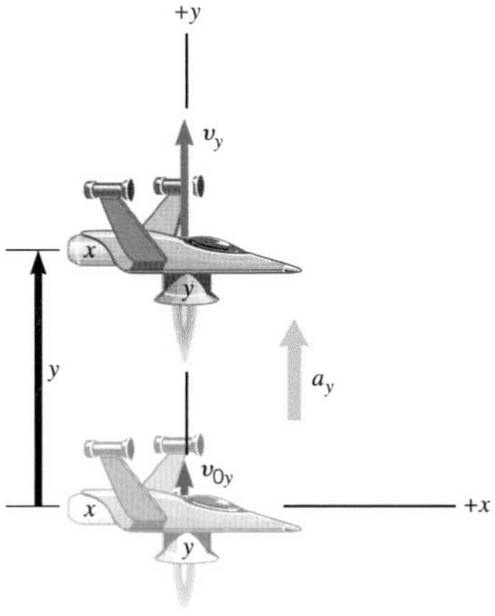

그림 3.4 우주선은 일정한 가속도 a_y로 y축을 따라 나란하게 움직인다. x 방향의 운동은 없으며, x 축 엔진은 꺼져 있다.

만약 우주선의 양쪽 엔진이 동시에 점화되면, 그림 3.5와 같이 x 방향 운동과 y 방향 운동이 결합된다. 각 엔진에 의한 추진은 우주선에 대응되는 가속도 성분을 갖게 한다. x 축 엔진은 우주선을 x 방향으로 가속시키며 속도의 x 성분에 변화를 일으킨다. 마찬가지로 y 축 엔진은 속도의 y 성분에 변화를 일으킨다. 운동의 x 성분은 정확히 y 성분이 없는 것처럼 나타난다는 것을 아는 것이 중요하다. 마찬가지로 운동의 y 성분은 x 성분의 운동이 존재하지 않는 것처럼 나타난다. 바꿔 말하면 x 와 y 의 운동은 각각 독립적이다.

 예제 3.1 | **우주선의 운동**

그림 3.5에서 우주선은 x 방향으로 처음 속도 성분이 $v_{0x} = +22$ m/s 이고 가속도 성분이 $a_x = +24$ m/s² 이다. 이와 유사하게 y 방향으로는 $v_{0y} = +14$ m/s 와 $a_y = +12$ m/s² 이다. 오른쪽과 위 방향을 양의 방향으로 정하였다. 시각 $t = 7.0$ s (a) x 와 v_x, (b) y 와 v_y 그리고 (c)에서 우주선의 나중 속도(크기 및 방향)를 구하라.

살펴보기 x 방향과 y 방향의 운동은 각각 일차원 운동으로 나누어서 취급할 수 있다. (a)와 (b)에서 우주선의 위치와 속도 성분을

얻기 위해 이러한 접근법을 따를 것이다. 그리고 (c)에서 나중 속도를 구하기 위해 속도 성분들을 결합할 것이다.

풀이 (a) x 방향의 운동에 대한 데이터가 아래에 주어져 있다.

x 방향 데이터				
x	a_x	v_x	v_{0x}	t
?	+24 m/s²	?	+22 m/s	7.0 s

우주선의 변위의 x 성분은 식 3.5a를 사용하면 알 수 있다.

> **문제 풀이 도움말**
> 운동이 이차원일 때, 시간 변수 t 는 x 와 y 방향에 대해 모두 같은 값을 가진다.

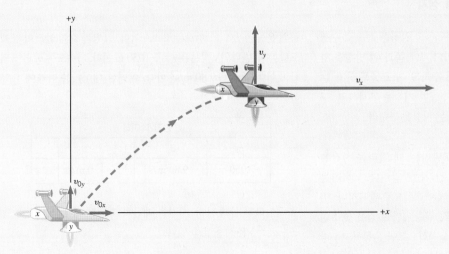

그림 3.5 우주선의 이차원 운동은 독립적인 x 방향 운동과 y 방향 운동의 결합으로 나타낼 수 있다.

$$x = v_{0x} + \frac{1}{2} a_x t^2$$

$$= (22 \text{ m/s})(7.0 \text{ s}) + \frac{1}{2}(24 \text{ m/s}^2)(7.0 \text{ s})^2$$

$$= \boxed{+740 \text{ m}}$$

속도 성분 v_x 는 식 3.3a로 계산된다.

$$v_x = v_{0x} + a_x t = (22 \text{ m/s}) + (24 \text{ m/s}^2)(7.0 \text{ s})$$

$$= \boxed{+190 \text{ m/s}}$$

(b) y 방향의 운동에 대한 데이터가 아래에 주어져 있다.

y 방향 데이터				
y	a_y	v_y	v_{0y}	t
?	$+12 \text{ m/s}^2$	?	$+14 \text{ m/s}$	7.0 s

(a)와 같은 방법으로

$$y = \boxed{+390 \text{ m}} \qquad v_y = \boxed{+98 \text{ m/s}}$$

임을 알 수 있다.

(c) 그림 3.6은 우주선의 속도와 성분 v_x 와 v_y 를 나타내고 있다. 속도의 크기 v 는 피타고라스의 정리를 사용하여 구할 수 있다.

$$v = \sqrt{v_x^2 + v_y^2} = \sqrt{(190 \text{ m/s})^2 + (98 \text{ m/s})^2} = \boxed{210 \text{ m/s}}$$

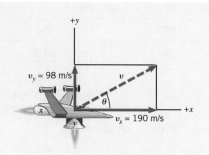

그림 3.6 속도 벡터의 크기는 우주선의 속력을 주며, 각도 θ 는 양의 x 방향에 대한 운동 방향을 준다.

속도 벡터의 방향은 각 θ 로 다음과 같이 주어진다.

$$\tan \theta = \frac{v_y}{v_x}, \quad \text{즉} \quad \theta = \tan^{-1}\left(\frac{v_y}{v_x}\right)$$

$$= \tan^{-1}\left(\frac{98 \text{ m/s}}{190 \text{ m/s}}\right)$$

$$= \boxed{27°}$$

7.0s 후에 우주선은 양의 x 축에 대해 27° 각도로 210 m/s 의 속도를 가진다. 그림 3.5에서처럼 우주선은 원점으로부터 오른쪽으로 740 m 위쪽으로 390 m 위치에 있다.

3.3 포물선 운동

야구에서 가장 큰 스릴은 홈런이다. 스탠드를 향해 곡선 경로를 그리며 날아가는 공의 운동은 '포물선 운동'이라 부르는 이차원 운동의 보편적인 예이다. 공기 저항이 없다고 가정하면 이러한 운동은 잘 설명된다.

 예제 3.2 | **낙하하는 구호물품 상자**

그림 3.7은 1050 m 의 고도에서 +115 m/s 의 일정한 속도로 수평으로 날고 있는 비행기를 나타내고 있다. 오른쪽과 위 방향을 양의 방향으로 선택한다. 비행기로부터 투하된 '구호물품 상자'는 곡선 궤적을 따라 지상으로 떨어진다. 공기 저항을 무시하고, 구호물품 상자가 땅에 도달하는 데 걸리는 시간을 구하라.

살펴보기 구호물품 상자가 땅에 도달하는 데 걸리는 시간은 1050 m 의 수직 거리를 낙하하는 데 걸리는 시간이다. 낙하하는 동안 물체는 오른쪽으로의 이동과 함께 아래쪽으로 떨어지나, 이 두 운동은 독립적이다. 그러므로 수직 운동에만 초점을 맞추면 된다. 물체는 처음에 수평 방향 또는 x 방향으로만 운동하고 y 방

향의 운동은 없으므로 $v_{0y} = 0$ m/s 이다. 그림과 같이 물건이 땅에 도달할 때 변위의 y 성분은 $y = -1050$ m 이다. 가속도는 중력에 의한 것이며, $a_y = -9.80$ m/s^2 이다. 이러한 데이터를 아래에 요약하였다.

y 방향 데이터				
y	a_y	v_y	v_{0y}	t
-1050 m	-9.80 m/s^2		0 m/s	?

이 데이터와 함께 낙하 시간을 계산하기 위해 식 3.5b ($y = v_{0y}t + \frac{1}{2} a_y t^2$)를 사용할 수 있다.

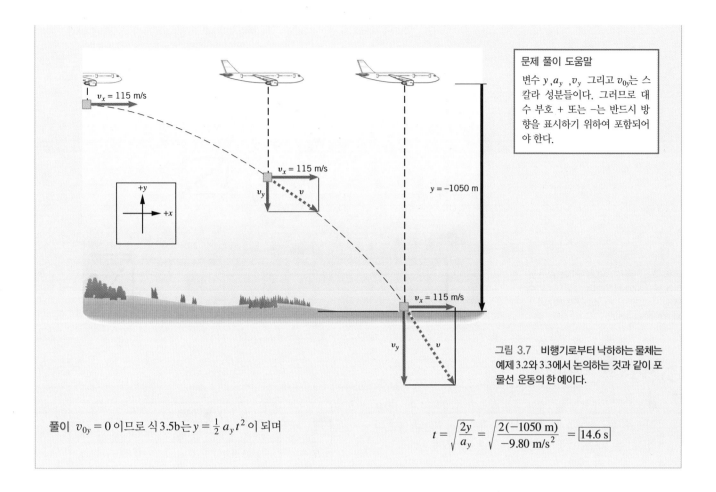

v_x = 115 m/s

v_x = 115 m/s

v_y

v

y = −1050 m

+y

+x

v_x = 115 m/s

v_y

v

그림 3.7 비행기로부터 낙하하는 물체는 예제 3.2와 3.3에서 논의하는 것과 같이 포물선 운동의 한 예이다.

풀이 $v_{0y} = 0$ 이므로 식 3.5b는 $y = \frac{1}{2} a_y t^2$ 이 되며

$$t = \sqrt{\frac{2y}{a_y}} = \sqrt{\frac{2(-1050 \text{ m})}{-9.80 \text{ m/s}^2}} = \boxed{14.6 \text{ s}}$$

　예제 3.2에서의 자유 낙하하는 물체는 아래로 향하는 수직 방향의 속도가 증가한다. 그러나 속도의 수평 성분은 마지막 내리받이에서도 처음값인 $v_{0x} = +115$ m/s 로 유지된다. 비행기는 +115 m/s 의 일정한 수평 속도로 이동하므로 그 속도는 낙하하는 물체에 그대로 남는다. 비행기 조종사는 그림 3.7의 수직 점선처럼 물체가 항상 비행기 바로 아래쪽에 있음을 보게 된다. 이 결론은 물체가 수평 방향으로 가속되지 않는다는 사실의 직접적인 결과이다. 실제로는 공기의 저항이 물체의 속도를 감소시키며, 그런 경우 물체가 아래로 떨어지는 동안 비행기 바로 아래에 있지 않다. 그림 3.8은 같은 높이에서 동시에 투하되는 두 물체를 더욱 명확히 설명하고 있다. 물체 B는 예제 3.2와 같이 수평 방향으로 $v_{0x} = +115$ m/s 의 처음 속도 성분을 가지고 있으며, 그림에 보인 경로를 따른다. 한편 물체 A는 정지된 풍선에서 떨어지며, 곧장 땅을 향하여 수직으로 떨어지기 때문에 $v_{0x} = 0$ m/s 이다. 두 물체는 동시에 땅에 부딪친다.

　그림 3.8에서 두 물체는 동시에 땅에 떨어질 뿐만 아니라 속도의 y 성분은 떨어지는 동안 모든 점에서 같다. 그러나 물체 B는 물체 A보다 큰 속력으로 땅에 부딪친다. 속력은 속도 벡터의 크기이고, B의 속도는 x 성분을 가지나 A는 가지지 않는다는 것을 기억하라.

　포물선 운동의 중요한 점은 수평 또는 x 방향의 가속도가 없다는 것이다. 축구공이나 야구공 같은 물체들은 지면에 대해 어떤 각도로 공중으로 날아간다. 물체의 처음 속도의 값으로부터 운동에 대한 풍부한 정보를 얻을 수 있다. 예를 들면 예제 3.3은 물체에 의하여 도달된 최대 높이를 어떻게 계산하는가를 보여준다.

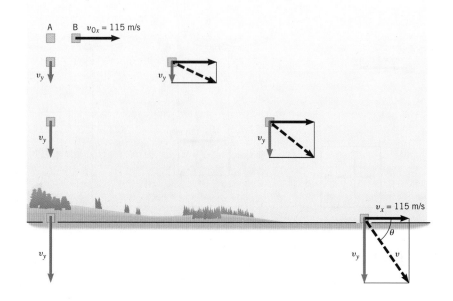

그림 3.8 물체 A와 물체 B는 같은 높이에서 동시에 낙하하며, 그들의 y 변수들(y, a_y 그리고 v_{0y})이 같기 때문에 동시에 땅에 부딪친다.

 예제 3.3 | **킥오프의 높이**

그림 3.9와 같이 플레이스킥을 하는 선수가 수평축과 $\theta = 40.0°$의 각으로 축구공을 찼다. 공의 처음 속력은 $v_0 = 22$ m/s 이다. 공기의 저항은 무시하고 공이 도달하는 최대 높이 H 를 구하라.

살펴보기 최대 높이는 수평 부분으로부터 분리되어 취급 될 수 있는 운동의 수직 부분의 특성이다. 이 사실을 이용하기 위한 준비로 처음 속도의 수직 성분을 계산하자.

$$v_{0y} = v_0 \sin\theta = +(22 \text{ m/s}) \sin 40.0° = +14 \text{ m/s}$$

속도의 수직 성분 v_y 는 공이 상승하면 감소한다. 최대 높이 H 에서 $v_y = 0$ m/s이다. 최대 높이는 식 3.6b ($v_y^2 = v_{0y}^2 + 2a_y y$) 에 다음 데이터를 사용하여 구한다.

y 방향 데이터				
y	a_y	v_y	v_{0y}	t
$H = ?$	-9.80 m/s^2	0 m/s	+14 m/s	?

풀이 식 3.6b에서

$$y = H = \frac{v_y^2 - v_{0y}^2}{2a_y} = \frac{(0 \text{ m/s})^2 - (14 \text{ m/s})^2}{2(-9.80 \text{ m/s}^2)} = \boxed{+10 \text{ m}}$$

가 된다. 높이 H 는 변수 y 에만 의존되며, 처음 속도 $v_{0y} = +14$ m/s 로 수직으로 던져진 공과 같은 높이에 도달한다.

> **문제 풀이 도움말**
> 물체가 최대 높이에 도달할 때, 물체의 속도의 수직 성분은 0 이다($v_y = 0$ m/s). 그러나 속도의 수평 성분은 0이 아니다.

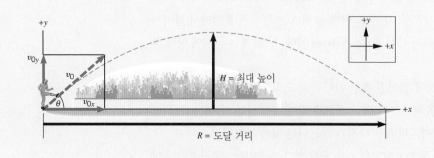

그림 3.9 축구공을 지면에 대해 θ 각도에서 처음 속력 v 로 찼다. 공은 최대 높이 H 와 도달 거리 R 에 도달한다.

그림 3.9에서 공이 공중에 머무는 체공 시간도 계산할 수 있다. 예제 3.4는 이 시간을 계산하는 방법을 보여준다.

예제 3.4 | 킥오프의 체공 시간

그림 3.9에서 설명한 운동의 경우 공기 저항을 무시하고 예제 3.4의 데이터를 이용하여 킥오프와 착지 동안의 체공 시간을 구하라.

살펴보기 처음 속도가 주어지면 공의 체공 시간을 결정하는 것은 중력 가속도이다. 그러므로 체공 시간을 구하기 위해서는 공이 공중에 머무는 연직 성분을 살펴보면 된다. 공이 지면에서 출발하고 지면으로 되돌아오기 때문에 y 방향의 변위는 0이다. y 방향의 처음 속도 성분은 예제 3.3, 즉

$$v_{0y} = +14 \text{ m/s}$$

와 같아서 데이터를 다음 표와 같이 요약할 수 있다.

		y 방향 데이터		
y	a_y	v_y	v_{0y}	t
0 m	-9.80 m/s^2		$+14 \text{ m/s}$	?

체공 시간은 식 3.5b $\left(y = v_{0y}t + \frac{1}{2}a_y t^2\right)$로부터 구할 수 있다.

풀이 식 3.5b를 사용하면 다음과 같이 된다.

$$0 \text{ m} = (14 \text{ m/s})t + \frac{1}{2}(-9.80 \text{ m/s}^2)t^2$$
$$= \left[(14 \text{ m/s}) + \frac{1}{2}(-9.80 \text{ m/s}^2)t\right]t$$

이 식을 풀면 두 개의 해가 나오는데 그중 하나는

$$(14 \text{ m/s}) + \frac{1}{2}(-9.80 \text{ m/s}^2)t = 0, \quad \text{즉} \quad t = 2.9 \text{ s}$$

이고 다른 하나는 $t = 0 \text{ s}$ 이다. 여기서 $t = 0 \text{ s}$ 는 공을 찰 때의 시각이므로 우리가 찾고자 하는 풀이는 $\boxed{t = 2.9 \text{ s}}$ 이다.

포물선 운동에서 또 다른 중요한 요소는 도달 거리이다. 그림 3.9에서 보는 것처럼 물체가 발사된 수직 높이와 같은 수직 높이로 되돌아온다면 도달 거리는 발사 지점과 도달 지점 사이의 직선 거리이다. 예제 3.5에 도달 거리를 구하는 방법을 소개하였다.

예제 3.5 | 킥오프의 도달 거리

그림 3.9에서 본 운동과 예제 3.3과 3.4에서 한 논의에 대해 공기 저항을 무시하고 물체의 도달 거리 R을 구하라.

살펴보기 도달 거리는 운동의 수평 성분과 관련되어 있다. 따라서 출발점은 처음 속도의 수평 성분을 결정하는 것이다.

$$v_{0x} = v_0 \cos\theta = +(22 \text{ m/s})\cos 40.0° = +17 \text{ m/s}$$

예제 3.4에서 구한 체공 시간 $t = 2.9 \text{ s}$ 를 이용하자. x 방향으로의 가속도는 없으므로 v_x 는 일정하며, 도달 거리는 단순히 $v_x = v_{0x}$ 와 시간의 곱이다.

풀이 도달 거리는

$$x = R = v_{0x}t = +(17 \text{ m/s})(2.9 \text{ s}) = \boxed{+49 \text{ m}}$$

이다.

앞 예제에서 도달 거리는 물체가 발사되는 수평각 θ에 의존한다. 공기 저항이 없다면 $\theta = 45°$일 때 최대 도달 거리가 된다.

예제에서 나중 위치와 속도를 결정하기 위하여 물체의 처음 위치와 속도에 대한 정보가 사용되었다. 반대로 처음 매개변수들을 구하기 위하여 어떻게 나중 매개변수들을 운동학 방정식에서 사용할 수 있는가를 예제 3.6은 설명해준다.

예제 3.6 | 홈런

한 야구 선수가 홈런을 쳐서 왼쪽 수비수 쪽으로 날아가 공이 맞은 지점으로부터 7.5 m 위에 맞았다. 공은 지면에 대해 수평 아래 방향으로 28°를 이루며 36 m/s의 속도로 땅에 도달했다(그림 3.10 참조). 공기 저항을 무시할 때, 공이 배트를 떠나는 처음 속도를 구하라.

살펴보기 처음 속도를 구하기 위하여 처음 속도의 크기(처음 속력 v_0)와 방향(그림에서 각도 θ)을 결정해야 한다. 이들의 양은 다음 식에서 처음 속력의 수평 및 수직 성분(v_{0x}와 v_{0y})와 관련된다.

$$v_0 = \sqrt{v_{0x}^2 + v_{0y}^2} \qquad \theta = \tan^{-1}\left(\frac{v_{0y}}{v_{0x}}\right)$$

그러므로 운동학 방정식에서 사용하게 될 v_{0x}와 v_{0y}를 찾을 필요가 있다.

풀이 공기 저항이 무시되므로, 속도의 수평 성분 v_x는 운동이 일어나는 동안 상수로 남는다. 따라서

$$v_{0x} = v_x = +(36 \text{ m/s}) \cos 28° = +32 \text{ m/s}$$

가 된다. v_{0y}에 대한 값은 식 3.6b로부터 얻어지며 아래에 데이터가 제시되어 있다(양의 방향과 음의 방향에 대해 그림 3.11 참조).

y방향 데이터				
y	a_y	v_y	v_{0y}	t
+7.5 m	-9.80 m/s^2	$(-36 \sin 28°) \text{ m/s}$	?	

$$v_y^2 = v_{0y}^2 + 2a_y y, \quad \text{즉} \quad v_{0y} = +\sqrt{v_y^2 - 2a_y y}$$

$$v_{0y} = +\sqrt{[(-36 \sin 28°) \text{ m/s}]^2 - 2(-9.80 \text{ m/s}^2)(7.5 \text{ m})}$$
$$= +21 \text{ m/s}$$

v_{0y}를 구할 때, 처음 속도의 수직 성분이 그림 3.10에서 양의 방향인 위 방향을 가리키기 때문에 제곱근에 대해 양의 부호를 선택한다. 야구공의 처음 속력 v_0와 각도 θ는 다음과 같다.

$$v_0 = \sqrt{v_{0x}^2 + v_{0y}^2} = \sqrt{(32 \text{ m/s})^2 + (21 \text{ m/s})^2} = \boxed{38 \text{ m/s}}$$

$$\theta = \tan^{-1}\left(\frac{v_{0y}}{v_{0x}}\right) = \tan^{-1}\left(\frac{21 \text{ m/s}}{32 \text{ m/s}}\right) = \boxed{33°}$$

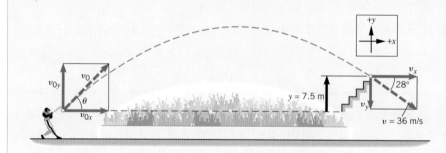

그림 3.10 예제 3.6에서 설명한 것과 같이, 착지 시의 야구공의 속도와 위치는 처음 속도를 구하는 데 이용된다.

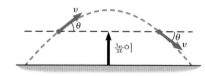

그림 3.11 지면 상의 주어진 위치에서의 물체의 속력 v는 물체가 위쪽으로 향하거나 아래쪽으로 향하거나 같다. 그러나 다른 방향을 향하기 때문에 속도는 다르다.

포물선 운동에서 중력에 의한 가속도의 크기는 물체의 경로에 주목할 만한 영향을 준다. 예를 들면, 야구공이나 골프공은 같은 처음 속도로 출발했을 때 지구에서보다 달에서 더 멀리 더 높게 날아간다. 이유는 달의 중력이 지구의 중력의 6분의 1이기 때문이다.

2.6절에서 자유 낙하에 대해 시간과 속력에 관한 특정한 대칭성이 주어짐을 지적하였다. 물체는 수직 방향으로는 자유 낙하하므로 이러한 대칭성은 포물선 운동에서도 발견된다. 특히 (그중에서도) 물체가 최고 높이 H에 도달하는 데 걸리는 시간은 지면에 되돌아오는 데 소요된 시간과 같다. 더구나 그림 3.11은 상승할 때 지면보다 높은 어떤 위치에서 물체의 속력 v는 하강할 때 같은 높이에서의 속력 v와 같다는 것을 나타내고 있다. 비록 두 속력은 같지만, 다른 방향을 향하므로 속도는 다르다.

이 절에 있는 모든 예제들은 물체가 곡선 궤도를 따른다. 일반적으로 가속도가 중력에 의해서만 주어진다면 경로의 모양은 포물선을 나타낸다.

연습 문제

3.1 변위, 속도 및 가속도

1(1) 물개 한마리가 수직으로 750 m까지 잠수한 후 동쪽으로 똑바로 460 m 이동하였다. 그 물개의 변위의 크기는 얼마인가?

2(3) 산악 등반 원정대가 그림과 같이 A와 B로 표시된 두 개의 중간 캠프를 베이스 캠프 위쪽에 설치하였다. 캠프 A와 캠프 B 사이의 변위 $\Delta\mathbf{r}$ 의 크기는 얼마인가?

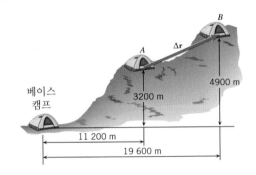

3(4) 행글라이더의 고도가 6.80 m/s의 비율로 증가한다. 동시에 글라이더의 그림자가 15.5 m/s의 속력으로 지면에서 이동하고 있을 때 글라이더 속도의 크기를 구하라.

4(5) 제트 여객기가 245 m/s 의 속력으로 날아가고 있다. 비행기 속도의 수직 성분은 40.6 m/s 이다. 비행기 속도의 수평 성분의 크기를 결정하라.

5(7) 돌고래가 수평에 대해 35°의 각으로 물 밖으로 튀어 오른다. 돌고래의 속도의 수평 성분은 7.7 m이다. 속도의 수직 성분의 크기를 구하라.

6(8) 정지 상태에서 출발한 한 스케이트보더가 12.0 m 램프에서 굴러내려 온다. 램프의 바닥에 도달할 때 그녀의 속력은 7.70 m/s이다. (a) 일정하게 내려온다고 할 때 그녀의 가속도의 크기를 구하라. (b) 만약 램프가 지면에 대해 25.0° 각도의 경사를 갖는다면 지면에 평행한 가속도의 성분은 얼마인가?

7(9) 쇼핑몰에서 손님이 에스컬레이터를 탔다. 손님은 에스컬레이터의 상단에서 오른쪽으로 돌아 상점 쪽으로 9.00 m를 걸었다. 에스컬레이터의 하단에서 손님의 변위의 크기는 16.0 m 이다. 층 사이의 수직 변위는 6.00 m이다. 수평 면에 대해 에스컬레이터의 경사각은 얼마인가?

*8(10) 조류 관찰자가 숲을 통과하여, 동쪽으로 0.50 km, 남쪽으로 0.75 km, 그리고 서북쪽으로 35.0° 방향 2.15 km를 걷는다. 이동 시간은 2.50 h가 걸린다. 조류 관찰자의 (a) 변위의 크기와 방향(서쪽을 기준) (b) 평균 속도의 크기와 방향을 결정하라. 단, 단위는 km, h를 사용한다.

3.2 이차원에서의 운동학 방정식

3.3 포물선 운동

9(12) 한 우주선이 $+x$ 방향으로 $v_{0x} = 5480$ m/s의 속도로 이동 중이다. 842 s 동안 두 개의 엔진이 켜져 있다. 이때 한 엔진은 우주선의 $+x$ 방향으로 $a_x = 1.20$ m/s^{2}인 가속도를 갖고, 다른 하나의 엔진은 $+y$ 방향으로 $a_y = 8.40$ m/s^{2}인 가속도를 갖는다. 점화가 끝날 때 (a) v_x와 (b) v_y를 구하라.

10(13) 테니스 공이 28.0 m/s 의 속력으로 라켓으로부터 수평 방향으로 떠났다. 공은 라켓으로부터 수평 거리 19.6 m 에 있는 코트에 떨어졌다. 라켓으로부터 떠날 때 테니스볼의 높이는 얼마인가?

11(14) 배구공을 수평 아래 55° 각으로 처음 속도 15 m/s로 내리쳤다. 상대 선수가 받아넘기려 할 때 공의 수평 성분의 속도는 얼마인가?

12(15) 골프공이 처음 속력 11.4 m/s 로 절벽으로부터 수평 방향으로 굴러 떨어졌다. 공은 수직 거리 15.5 m 아래에 있는 호수에 떨어졌다. (a) 공이 공중에서 머문 시간은 얼마인가? (b) 공이 수면에 부딪치기 직전의 속력은 얼마인가?

13(17) 다이빙 선수가 수면에서 10.0 m 높이의 플랫폼을 수평 속도 1.2 m/s 로 달렸다. 수면에 닿는 순간의 속력은 얼마인가?

14(21) 소방 호스가 수평과 35.5° 각으로 물줄기를 분사한다. 물은 노즐로부터 25.0 m/s 의 속력으로 분출된다. 물을 포물체로 가정하면 가장 높은 곳의 불을 맞추기 위해 소방 호스는 건물로부터 얼마나 멀리 떨어져 있어야 하는가?

15(22) 달리던 자동차가 높이 54 m의 절벽 가장자리에서 곧장 떨어졌다. 사고 현장에 있던 경찰은 자동차가 절벽까지 130 m를 달려왔다고 말했다. 절벽을 떠날 때의 자동차의 속력을 구하라.

16(25) 독수리가 물고기를 발톱으로 움켜쥔 채 6.0 m/s 의 속력으로 수평 방향으로 날고 있다. 그러나 뜻하지 않게 물고기를 놓쳤다. (a) 물고기의 속력이 2 배가 되기 위해서는 시간이 얼마나 지나야 하는가? (b) 물고기의 속력이 다시 2 배가 되기 위해서 얼마의 시간이 더 필요한가?

17(26) 41.0 m/s 이상으로 야구공을 던질 수 있는 메이저리그 투수가 있다. 만약 야구공을 이 속력으로 수평으로 던졌다면 17.0 m 떨어져 있는 포수한테 공이 도달할 때까지 낙하한 높이는 얼마인가?

18(27) 오토바이가 점프를 하여 가능한 많은 버스 위로 지나 가기 위한 묘기를 시도 중이다(그림 참조). 도약대는 수평선 위 방향으로 18.0° 각도로 만들어졌으며, 착지대도 도약대와

같이 동일하게 만들었다. 버스는 나란히 정차되어 있으며, 버스의 폭은 각각 2.74 m 이다. 오토바이 운전자는 33.5 m/s 의 속력으로 도약대를 출발했다. 오토바이 운전자는 최대 몇 대의 버스를 넘을 수 있는가?

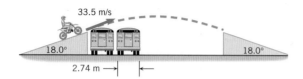

19(28) 나이아가라 폭포(Niagara Falls)의 꼭대기에서 폭포수로 낙하되기 직전의 수평 속력이 2.7 m/s라 하자. 수평 아래 75° 각으로 흐르는 물의 속도 벡터의 가장자리로부터 수직 거리는 얼마인가?

20(29) 열기구가 3.0 m/s 의 속력으로 수직 상승하고 있다. 열기구가 지상으로부터 높이 9.5 m에 이를 때 모래주머니를 열기구 밖으로 던졌다. 모래주머니가 지면에 도달하는 데 걸리는 시간은 얼마인가?

21(31) 수평으로 거치된 소총으로 과녁을 향하여 발사하였다. 탄환의 총구 속력은 670 m/s 이다. 총신은 과녁의 중앙을 향하고 있으나, 탄환은 표적의 중심에서 0.025 m 아래에 맞았다. 소총의 끝에서 과녁까지의 수평 거리는 얼마인가?

* 22(33) 올림픽 멀리뛰기 선수가 지면에 대해 23° 각으로 멀리뛰기를 한다. 착지하기 전까지 수평 거리 8.7 m를 이동했다. 이 선수가 도약할 때의 속력(이륙 속력)은 얼마인가?

* 23(35) 한 축구 선수가 전방 16.8 m에 있는 골을 향해 공을 찼다. 지면에 대해 28.0° 각도와 16.0 m/s의 속력으로 공을 찼다. 골키퍼가 골대 앞에서 공을 잡는 순간 공의 속력을 구하라.

* 24(38) 서로 다른 빌딩 꼭대기에서 같은 속도로 돌을 던졌다. 이때 빌딩을 기준으로 한 돌은 다른 돌에 비해 2배 더 멀리 가서 떨어졌다. 높이가 높은 빌딩과 낮은 빌딩의 높이 비율을 구하라.

* 25(40) 상대가 그물(네트) 근처에 있을 때 테니스에서 로브(lob)는 효과적인 전술이다. 공을 상대의 머리 위로 쳐올리면 상대 선수는 그물에서 재빨리 멀어진다(그림 참조). 공을 수평 위로 50.0° 각으로 처음 속력 15.0 m/s로 쳐올린다고 하자. 이 순간 상대는 10.0 m 지점에 있다. 이때 공을 친 후 0.30

s 늦게 상대가 이동하여 공이 도달되는 지점에서 타점 위 2.10 m에서 뒤로 돌아 공을 치게 된다. 상대가 이동하는 최소 평균 속력은 얼마인가?

** 26(41) 그림은 과녁까지 거리 91.4 m 떨어진 지점에서 소총으로 사격하여 명중하는 것을 보여준다. 만약 총구에서 총알의 속력이 $v_0 = 427$ m/s라 하면, 총알이 과녁에 명중하게 할 수 있는 총신과 수평 사이의 두 가지 가능한 각도 θ_1과 θ_2는 얼마인가? 이들 각도 중 하나는 각도가 너무 커서 잘 사용하지 않는다. (힌트: $2 \sin \theta \cos \theta = \sin 2\theta$)

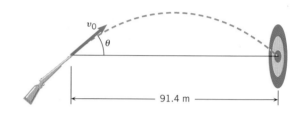

** 27(43) 고층 빌딩의 꼭대기로부터 총이 발사된다. 지면에 평행하게 발사된 총알의 속력은 340 m/s이다. 그림에서처럼 다른 빌딩의 창문에 구멍을 뚫고, 창문과 마주보는 벽면에 부딪쳤다. 그림에 있는 값을 이용하여 총이 발사된 지점의 위치로부터 거리 D와 H를 결정하라. 창문을 통과하면서 총알은 속력이 줄어들지 않았다고 가정한다.

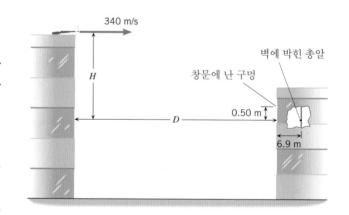

** 28(46) 작은 캔이 천장에 매달려 있다. 그림에서처럼 소총은 캔에 정조준하여 발사되는 순간, 캔이 살며시 떨어진다. 공기 저항은 무시하고, 총알의 처음 속력에 관계없이 항상 캔에 명중함을 보여라. 캔이 지면에 닿기 전에 총알은 캔을 맞춘다고 하자.

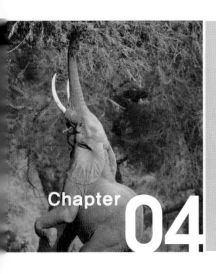

Chapter 04

힘과
뉴턴의 운동 법칙

4.1 힘과 질량의 개념

그림 4.1의 예에서 보면, 흔히 힘은 밀거나 당기는 것이다. 농구 선수는 공을 밀어서 샷을 한다. 스피드 보트에 부착된 예인 줄에 의해 수상스키어는 당겨진다. 농구공을 움직이게 하거나 수상스키어를 당기는 힘은 두 물체 사이의 물리적 접촉에 의해 작용하므로 **접촉력**(contact force)이라 한다. 그런데 접촉하지 않은 상태에서도 두 물체가 서로에 대해 힘을 가하는 경우가 있다. 이러한 힘들은 **비접촉력**(noncontact force) 혹은 **원격 작용력**(action-at-a-distance force)이라 한다. 스카이다이버가 중력에 의해 지상으로 낙하하는 것은 이러한 비접촉력의 예이다. 지구와 스카이다이버는 직접적으로 접촉을 하지 않지만 지구는 이러한 힘을 스카이다이버에게 가한다. 그림 4.1에서 화살표는 힘을 표시하기 위해 사용되었다. 힘은 크기와 방향을 가지고 있는 벡터양이므로 화살표를 사용하여 표시하는 것이 적절하다. 화살표의 방향은 힘의 방향을 표시하고 화살표의 길이는 힘의 크기에 비례하여 주어진다.

질량(mass)이란 단어는 힘이란 단어만큼 친숙하다. 예를 들면, 무거운 초대형 유조선

(a)

(b)

(c)

그림 4.1 **F**로 표시된 화살표는 농구공, 수상스키어 그리고 스카이다이버에 작용하는 힘을 표시한다.

의 질량은 아주 크다. 다음 절에서 논의하겠지만, 무거운 물체를 움직이게 하거나 움직이는 무거운 물체를 정지시키는 것은 어렵다. 반면 1센트짜리 동전의 질량은 크지 않다. 여기서 중요한 것은 질량의 크기이지 방향의 개념은 질량과 무관하다. 그러므로 질량은 스칼라양이다.

17세기에 갈릴레오의 업적을 바탕으로 뉴턴은 힘과 질량을 다루는 세 개의 중요한 법칙들을 발견하였다. 이 세 법칙을 하나로 모아서 '뉴턴의 운동 법칙'이라 하는데, 힘이 물체에 미치는 영향을 이해하는 데 필요한 기초 이론이다. 이들 법칙은 중요하므로 개개의 법칙마다 절을 달리하여 논의하고자 한다.

4.2 뉴턴의 운동 제1법칙

제1법칙

그림 4.2 아이스하키 게임을 통해 뉴턴의 운동 법칙을 살펴볼 수 있다.

뉴턴의 제1법칙에 대해 통찰하기 위해 그림 4.2의 아이스하키 게임을 살펴보자. 어떤 선수가 정지 상태의 원반에 타격을 가하지 않는다면 원반은 얼음 위에 정지된 상태로 있을 것이다. 그러나 원반에 타격을 가하면, 얼음을 가로질러 미끄러지다가 마찰에 의해 아주 조금씩 속력이 줄어들 것이다. 얼음은 매우 미끄러우므로, 원반의 움직임을 감소시키는 마찰력의 크기는 상대적으로 매우 적다. 사실, 모든 마찰과 바람에 의한 저항을 제거할 수 있고 아이스하키장이 무한히 크다면, 원반은 영원히 등속 직선 운동을 할 것이다. 그대로 둔다면, 원반은 타격이 가해진 시점에서 원반에 주어진 속도를 잃지 않을 것이다. 이것이 뉴턴의 제1법칙의 핵심이다.

■ **뉴턴의 운동 제1법칙 − 관성의 법칙**
알짜 힘에 의해 상태가 강제로 변하지 않는다면, 물체는 계속해서 정지 상태에 있거나 등속 직선 운동을 한다.

제1법칙에서는 '알짜 힘'이란 용어가 중요하다. 종종 여러 종류의 힘이 동시에 물체에 작용하는데 알짜 힘은 이들 힘 모두의 벡터 합으로 주어진다. 개개의 힘은 전체 힘에 기여하는 정도만큼만 관여한다. 예를 들면, 마찰이나 다른 반대 방향의 힘이 존재하지 않는다면, 자동차는 30 m/s의 속도에 도달한 후 어떤 연료의 소모도 없이 그 속도로 영구히 직선 주행을 할 것이다. 마찰과 같은 반대 방향으로 작용하는 힘들을 상쇄하는 데 필요한 힘들을 엔진이 내기 위해 연료가 필요하다. 이러한 힘의 상쇄는 자동차의 상태를 변하게 하는 알짜 힘이 없다는 것을 의미한다.

물체가 일정한 속력으로 직선을 따라 움직일 때, 그 물체의 속도도 일정하다. 뉴턴의 제1법칙으로부터 속도가 0인 정지 상태나 일정한 속도로 움직이는 상태는 원래 상태를 유지하기 위한 알짜 힘을 가할 필요가 없다는 점에서 동일하다는 것을 알 수 있다. 알짜 힘을 물체에 작용시키는 목적은 물체의 속도를 변화시키는 데 있다.

관성과 질량

어떤 물체들의 속도를 변화시키기 위해서는 다른 물체들에 비해 보다 큰 알짜 힘이 필요하다. 예를 들면, 자전거의 속력을 증가시키기에 충분한 알짜 힘을 화물 기차에 가하더라도 기차의 운동 변화는 거의 인지할 수 없을 만큼 작다. 자전거와 비교해 볼 때, 기차는 정지 상태에 머물려는 경향이 상대적으로 훨씬 크다. 이런 경우에 기차는 자전거 보다 **관성**(inertia)이 크다고 말한다. 정량적인 면에서, 물체의 관성은 **질량**(mass)으로 측정된다. 관성과 질량에 대한 다음의 정의로부터 뉴턴의 제1법칙이 왜 관성의 법칙이라 불리는지를 알 수 있다.

> **■ 관성과 질량**
> 관성은 물체가 정지 혹은 일정한 속력의 직선 운동 상태를 유지하려는 자연적 경향이다. 물체의 질량은 관성의 정량적 척도이다.
> **관성과 질량의 SI 단위**: 킬로그램(kg)

질량의 SI 단위는 킬로그램(kg)이고 CGS 단위계에서는 그램(g), 영국공학단위계(BE)에서는 슬러그(sl)이다. 이들 단위 사이의 바꿈인수들은 앞표지의 안쪽 면에 주어져 있다. 그림 4.3은 1 센트짜리 동전에서부터 초대형 유조선 영역에 이르는 다양한 물체들의 질량을 비교하여 놓았다. 질량이 클수록 관성도 크다. 종종 '질량'과 '무게'라는 말이 같은 의미로 사용되기도 하는데 이는 정확하지 않다. 질량과 무게는 다른 개념으로 4.7절에서 이들 사이의 차이점에 대해 논의할 것이다.

그림 4.4는 관성의 유용한 응용을 보여준다. 자동차 좌석 벨트들은 부드럽게 당겨지면 쉽게 풀려 나와서 채워질 수 있다. 그러나 사고가 났을 때, 벨트들은 사람을 그 자리에 안전하게 붙들어 맨다. 좌석 벨트 장치는 미늘 톱니 바퀴, 잠금용 막대와 흔들이로 구성되어 있다. 벨트는 미늘 톱니 바퀴 위에 장착된 실패에 감겨져 있다. 자동차가 정지해 있거나 일정한 속도로 움직이는 동안, 그림의 회색 부분과 같이 흔들이는 똑바로 아래로 늘어져 있고 잠금용 막대는 수평을 유지하고 있다. 결과적으로 어떤 것도 미늘 톱니 바퀴가 회전하는 것을 방해하지 않아 좌석 벨트가 쉽게 당겨질 수 있다. 그러나 사고 시 자동차가 갑자기 감속될 때 상대적으로 무거운 흔들이의 아랫부분이 관성 때문에 앞으로 계속 움직이게 되면 흔들이가 분홍색 위치로 회전축에 대해 회전을 하여 잠금용 막대가 미늘 톱니 바퀴의 회전을 방해하므로 좌석 벨트가 풀리지 않게 된다.

관성 기준틀

어떤 관찰자에게는 뉴턴의 제1법칙(또한 제2법칙)이 성립되지 않는다. 예를 들어, 어떤 사람이 친구의 자동차를 타고 있다고 가정하자. 자동차가 일정한 속도로 직선 운동을 하고 있는 동안에는 그는 그의 등을 받쳐 미는 의자의 힘을 별로 느끼지는 못할 것이다. 이것은 알짜 힘이 존재하지 않는 상태에서는 등속 운동을 하고 있다는 것을 의미한다. 이러한 경험은 제1법칙과 일치한다. 갑자기 운전자가 가속 페달을 밟았다. 자동차가 가속됨에 따라 그는 등을 받쳐 밀고 있는 의자를 곧바로 느낄 것이다. 그러므로 그는 그에게 힘이 가해졌음을 느낄 것이다. 제1법칙에 의하면 그의 움직임이 변할 것이고, 실제로 바깥 지상에 대

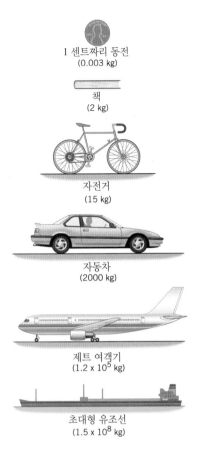

1 센트짜리 동전
(0.003 kg)

책
(2 kg)

자전거
(15 kg)

자동차
(2000 kg)

제트 여객기
(1.2×10^5 kg)

초대형 유조선
(1.5×10^8 kg)

그림 4.3 여러 물체들의 질량

◐ 좌석 벨트의 물리

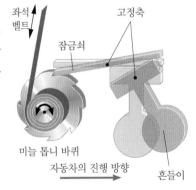

좌석 벨트

고정축

잠금쇠

미늘 톱니 바퀴

자동차의 진행 방향

흔들이

그림 4.4 관성은 좌석 벨트 장치에서 주된 역할을 한다. 자동차가 정지해 있거나 등속도로 움직일 때는 회색으로 그려진 상태에 있다. 자동차가 갑자기 감속될 때 어떤 일이 일어나는가는 분홍색 부분을 보면 알 수 있다.

해 상대적으로 그의 움직임은 변한다. 그러나 그는 자동차에 대해서는 정지 상태에 남아 있으므로, 그의 움직임은 자동차에 대해 상대적으로 변하지 않는다는 것을 알 수 있다. 기준틀로 가속되고 있는 자동차를 사용하는 관찰자에게는, 명백히 뉴턴의 제1법칙이 성립되지 않는다. 결론적으로 이러한 기준틀은 비관성적이다. 모든 가속되고 있는 기준틀은 비관성적이다. 반면, 관성의 법칙이 성립하는 관찰자들은, 아래에 정의되어 있듯이, 관찰을 위해 관성 기준틀(inertial reference frame)을 사용하고 있다고 할 수 있다.

> ■ 관성 기준틀
> 관성 기준틀은 뉴턴의 관성의 법칙이 성립하는 기준틀이다.

관성 기준틀의 가속도는 0이며 서로 등속도 운동을 한다. 모든 뉴턴의 운동 법칙들은 관성 기준틀에서는 성립하고, 이들 법칙을 적용할 때는 이러한 기준틀을 가정하고 있다. 특히 지구 자체는 근사적으로 좋은 관성 기준틀이다.

4.3 뉴턴의 운동 제2법칙

물체에 알짜 힘이 작용하지 않는다면 그 물체의 속도는 변하지 않는다는 것을 뉴턴의 제1법칙으로부터 알 수 있다. 제2법칙은 알짜 힘이 작용할 때 어떤 일이 일어나는가에 대해 다룬다. 아이스하키 원반을 한 번 더 살펴보자. 선수가 정지 상태의 원반에 타격을 가하여 원반의 속도를 변하게 한다. 다시 말하면, 선수가 원반을 가속시킨 것이다. 가속의 원인은 하키 스틱으로 가한 힘이다. 이 힘이 작용하는 동안, 속도는 증가하고 원반은 가속된다. 이제 다른 선수가 원반을 때려 처음 선수가 가한 힘보다 2배의 힘을 가한다고 가정하자. 보다 큰 힘은 보다 큰 가속도를 낳는다. 사실 원반과 빙판 사이의 마찰이 무시되고 바람에 의한 저항이 없다면, 원반의 가속도는 힘에 비례한다. 2배의 힘은 2배의 가속도를 일으킨다. 게다가, 힘과 마찬가지로 가속도도 벡터양이며 그 방향은 힘의 방향과 같다.

종종 여러 힘들이 물체에 동시에 작용한다. 예를 들면, 마찰과 바람에 의한 저항은 하키 원반에 어떤 영향을 미친다. 이러한 경우에 중요한 것은 알짜 힘 혹은 작용하는 모든 힘들의 벡터 합이다. 수학적으로 알짜 힘은 $\Sigma \mathbf{F}$로 표시된다. 여기서 그리스어 대문자 Σ(sigma)는 벡터 합을 나타낸다. 뉴턴의 제2법칙은 가속도는 물체에 작용하는 알짜 힘에 비례한다는 사실을 설명한다.

뉴턴의 제2법칙에서 알짜 힘은 가속도를 결정하는 두 가지 인자들 중 하나일 뿐이다. 다른 하나는 물체의 관성 혹은 질량이다. 결국 작은 질량의 하키 원반에 겨우 측정될 수 있는 정도의 가속도를 일으키는 알짜 힘은 큰 질량의 트레일러 트럭에는 거의 가속도를 일으키지 못 한다. 뉴턴의 제2법칙은 주어진 알짜 힘에 대해 가속도의 크기는 질량에 반비례한다는 사실을 설명한다. 같은 알짜 힘이 물체에 작용할 때, 질량이 2배가 되면 가속도는 반으로 줄어든다. 그러므로 제2법칙은 식 4.1에 나타난 바와 같이 가속도가 알짜 힘과 질량에 어떻게 의존하는가를 보여준다.

■ **뉴턴의 운동 제2법칙**

알짜 외력 $\Sigma\mathbf{F}$가 질량 m인 물체에 작용할 때, 가속도 $\mathbf{a}$는 알짜 힘에 비례하고 크기는 질량에 반비례한다. 가속도의 방향은 알짜 힘의 방향과 같다.

$$\mathbf{a} = \frac{\Sigma\mathbf{F}}{m} \quad 즉 \quad \Sigma\mathbf{F} = m\mathbf{a} \tag{4.1}$$

힘의 SI 단위: 킬로그램(kg) · 미터(m)/제곱초(s²) = 뉴턴(N)

식 4.1에서 알짜 힘이란 물체의 주변이 물체에 가하는 힘만을 포함한다는 것에 주목하라. 이러한 힘들을 **외력**(external force)이라 한다. 반면에 **내력**(internal force)은 물체의 한 부분이 물체의 다른 부분에 가하는 힘으로 식 4.1에 포함되지 않는다.

식 4.1에 의하면, 힘의 SI 단위는 질량의 단위(kg)에 가속도의 단위 (m/s²)를 곱한 단위이다. 즉

$$힘의\ SI\ 단위 = (kg)\left(\frac{m}{s^2}\right) = \frac{kg \cdot m}{s^2}$$

이다. $kg \cdot m/s^2$을 뉴턴(N)이라 하며 이는 SI 기본 단위가 아니라 유도 단위이다. 즉 1 뉴턴 = 1 N = 1 kg · m/s²이다.

CGS 단위계에서 힘의 단위를 확립하는 절차는 질량을 g로 가속도를 cm/s²로 표시한다는 점을 제외하고는 SI 단위계에서와 같다. 유도되는 힘의 단위는 다인(dyne)이다. 즉 1 다인 = 1 dyn = 1 g · cm/s²이다.

BE* 단위계에서 힘의 단위는 파운드(lb)**로, 가속도의 단위는 ft/s²로 정의된다. 이러한 절차에 따라, 뉴턴의 제2법칙은 질량의 단위를 정의하는 데 사용될 수 있다. 즉

$$힘의\ BE\ 단위 = lb = (질량의\ 단위)\left(\frac{ft}{s^2}\right)$$

$$질량의\ 단위 = \frac{lb \cdot s^2}{ft}$$

이다. $lb \cdot s^2/ft$의 조합은 BE 단위계에서 질량의 단위로 슬러그(sl)라 한다. 즉 1 슬러그 = 1 sl = 1 lb · s²/ft이다.

표 4.1에는 질량, 가속도 그리고 힘에 대한 다양한 단위들이 요약되어 있다. 다른 단위계들에서 힘 단위들 사이의 바꿈인수들은 앞표지의 안쪽 면에 주어져 있다.

제2법칙을 사용하여 가속도를 계산할 때, 물체에 작용하는 알짜 힘을 구할 필요가 있다. 알짜 힘을 구할 때 **자유물체도**(free-body diagram)를 사용하면 크게 도움이 된다. 자유

표 4.1 질량, 가속도 그리고 힘의 단위

단위계	질량	가속도	힘
SI	킬로그램 (kg)	제곱초당 미터 (m/s²)	뉴턴(N)
CGS	그램 (g)	제곱초당 센티미터 (cm/s²)	다인 (dyne)
BE	슬러그 (sl)	제곱초당 푸트 (ft/s²)	파운드 (lb)

* British Engineering, 영국공학단위(역자 주).
** 이것은 BE계에서 무게의 단위이다. 여기서 1 파운드의 힘은 중력 가속도가 32.174 ft/s²인 곳에서 어떤 표준 물체에 대한 지구의 인력으로 정의된다.

물체도는 물체와 물체에 작용하는 힘들을 표시한 도표이다. 물체에 작용하는 힘들만 자유
물체도에 표시된다. 물체가 주위에 가하는 힘들은 포함되지 않는다. 다음의 예제 4.1을 잘
살펴보면 자유물체도를 사용하는 방법을 알 수 있다.

예제 4.1 | 엔진이 멈춘 자동차 밀기

그림 4.5(a)에서와 같이 두 사람이 엔진이 멈춘 자동차를 밀고
있다. 자동차의 질량은 1850 kg이다. 한 사람은 275 N의 힘을
자동차에 가하고 다른 사람은 395 N의 힘을 가하고 있다. 두 힘
모두 같은 방향으로 작용하고 있다. 560 N의 제3의 힘이 사람들
이 밀고 있는 방향과 반대 방향으로 자동차에 또한 작용하고 있
다. 이 힘은 마찰 때문이며 도로가 타이어의 움직임을 저지하는
정도에 따라 다르다. 자동차의 가속도를 구하라.

살펴보기 뉴턴의 제2법칙에 의하면, 가속도는 알짜 힘을 자
동차의 질량으로 나눈 양이다. 알짜 힘을 구하기 위해, 그림
4.5(b)의 자유물체도를 이용한다. 이 도표에서 자동차는 점으로
표시되어 있고 x축을 따라 움직인다. 이 도표를 보면 모든 힘들

은 한 방향으로 작용하고 있다. 그러므로 힘들을 동일 선 상의
벡터들로 합하여 알짜 힘을 구할 수 있다.

풀이 알짜 힘은

$$\Sigma F = +275 \text{ N} + 395 \text{ N} - 560 \text{ N} = +110 \text{ N}$$

이다. 이 결과로 가속도를 구하면

$$a = \frac{\Sigma F}{m} = \frac{+110 \text{ N}}{1850 \text{ kg}} = \boxed{+0.059 \text{ m/s}^2} \qquad (4.1)$$

가 얻어진다. 양의 부호는 가속도가 알짜 힘과 같은 방향인 +x
축 방향으로 향한다는 것을 의미한다.

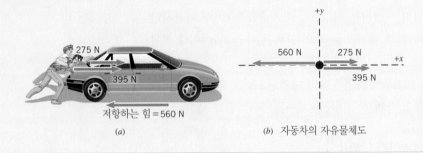

그림 4.5 (a) 두 사람이 엔진이 정지된 자
동차를 밀고 있다. 이들은 마찰과 도로의 저
항에 의한 힘에 대항하여 차를 민다. (b) 자
동차에 작용하는 수평 방향의 힘들을 보여
주는 자유물체도

(a)

(b) 자동차의 자유물체도

4.4 뉴턴의 운동 제2법칙의 벡터 성질

미식 축구 선수가 패스를 할 때, 그가 공에 가한 힘의 방향은 중요하다. 모든 힘과 가속도
와 마찬가지로 이 힘과 이 힘에 의해 생긴 볼의 가속도도 벡터양이다. 이들 벡터의 방향은
x 성분과 y 성분을 사용하여 이차원으로 나타낼 수 있다. 뉴턴의 제2법칙에서 알짜 힘 $\Sigma \mathbf{F}$
는 ΣF_x 성분과 ΣF_y 성분을 가지는 반면 가속도 $\mathbf{a}$는 a_x 성분과 a_y 성분으로 나누어진다. 결
과적으로 식 4.1로 표현된 뉴턴의 제2법칙은 같은 모양을 갖는 2 개의 식, 즉 x 성분에 대
한 식과 y 성분에 대한 식으로 표현될 수 있다.

$$\Sigma F_x = ma_x \qquad (4.2a)$$
$$\Sigma F_y = ma_y \qquad (4.2b)$$

이러한 과정은 3장에서 이차원 운동학의 식들을 다루기 위해 사용한 과정과 유사하다(표
3.1 참조). 식 4.2a와 4.2b에서 성분들은 스칼라양이므로 그것들이 양 혹은 음의 x 혹은 y 축
을 향하느냐에 따라, 양수이거나 음수가 될 수 있다. 다음 예제는 이들 식이 어떻게 사용되
어지는 가를 보여준다.

예제 4.2 | **성분들을 이용한 뉴턴의 제2법칙의 응용**

그림 4.6(a)에서 나타난 바와 같이 사람이 뗏목 위에 서 있다(사람과 뗏목의 질량 = 1300 kg). 그는 노를 저어 정동쪽 방향(+x 방향)으로 17 N의 평균력 **P**를 뗏목에 가한다. 또한 뗏목은 바람에 의한 힘 **A**의 영향을 받고 있다. 풍력의 크기는 15 N이고 방향은 동북쪽 67° 방향을 향하고 있다. 물에 의한 저항을 무시할 때, 뗏목의 가속도의 x와 y 성분들을 구하라.

살펴보기 사람과 뗏목의 질량이 알려져 있으므로, 뉴턴의 제2법칙을 이용하여 주어진 힘들로부터 가속도의 성분들을 구할 수 있다. 식 4.2a와 4.2b로 주어진 제2법칙의 표현으로부터, 주어진 방향으로의 가속도는 주어진 방향의 알짜 힘 성분을 질량으로 나눈 값이다. 알짜 힘의 각 성분 ΣF_x와 ΣF_y을 구할 때, 그림 4.6(b)에 주어진 자유물체도를 사용하면 도움이 된다. 이 도표에서 정동쪽 방향이 양의 x 방향이다.

풀이 그림 4.6(b)로부터 힘의 성분들은 다음과 같다.

힘	x 성분	y 성분
P	+17 N	0 N
A	+(15 N) cos 67° = +6 N	+(15 N) sin 67° = +14 N
	ΣF_x = +17 N + 6 N = +23 N	ΣF_y = +14 N

+ 부호는 ΣF_x는 +x 방향으로 향하고, ΣF_y는 +y 방향으로 향한다는 것을 의미한다. 가속도의 x와 y 성분들은 각각 ΣF_x와 ΣF_y 방향으로 향하고 다음과 같이 계산된다.

$$a_x = \frac{\Sigma F_x}{m} = \frac{+23\ N}{1300\ kg} = \boxed{+0.018\ m/s^2} \qquad (4.2a)$$

$$a_y = \frac{\Sigma F_y}{m} = \frac{+14\ N}{1300\ kg} = \boxed{+0.011\ m/s^2} \qquad (4.2b)$$

이들 가속도들의 성분들은 그림 4.6(c)에 나타나 있다.

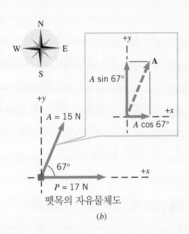

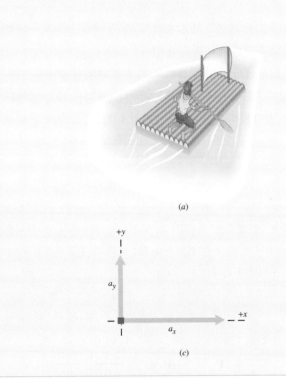

(a)

(b)

뗏목의 자유물체도

(c)

그림 4.6 (a) 예제 4.2에서와 같이 뗏목에서 노를 젓고 있다. (b) 뗏목에 작용하는 힘 **P**와 **A**가 자유물체도에 표시되어 있다. 수면에 직각 방향으로 뗏목에 작용하는 힘은 본 예제에서 아무런 역할을 하지 못하므로 그림에 표시하지 않았다. (c) 뗏목의 가속도 성분들인 a_x와 a_y

4.5 뉴턴의 운동 제3법칙

어떤 사람이 미식 축구 경기를 한다고 하자. 상대편 선수와 맞대어 진영을 갖추고 볼이 낚아 채여지면 그 사람은 상대편 선수와 충돌한다. 의심할 여지도 없이 그는 힘을 느낄 것이다. 그런데 상대편 선수에 대해서 생각해 보라. 상대편 선수가 그 사람에게 힘을 가하는 동안 그 사람도 상대편 선수에게 힘을 가하므로 상대편 선수 역시 어떤 것을 느낄 것이다. 다

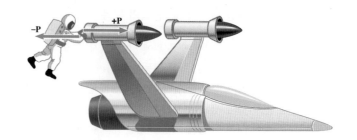

그림 4.7 우주 비행사가 +**P**의 힘으로 우주선을 밀고 있다. 뉴턴의 제3법칙에 의해, 우주선도 −**P**의 힘으로 우주 비행사를 동시에 되민다.

시 말해, 충돌 선 상에 하나의 힘만 있는 것은 아니다. 즉, 한 쌍의 힘이 존재한다. 뉴턴은 모든 힘들은 쌍으로 발생하고 단독으로 존재하는 고립된 힘과 같은 것은 있을 수 없다는 것을 깨달은 최초의 인물이다. 그의 운동 제3법칙은 힘의 이러한 근본적인 특성을 다룬다.

> **■ 뉴턴의 운동 제3법칙 − 작용 반작용의 법칙**
> 한 물체가 두 번째 물체에 힘을 가할 때마다, 두 번째 물체도 크기가 같고 방향이 반대인 힘을 첫 번째 물체에 가한다.

제3법칙은 때때로 다음과 같이 인용되어 종종 '작용-반작용 법칙' 이라 불린다. 즉 '모든 작용(힘)에 대해서 크기가 같고 방향이 반대인 반작용이 있다.'

그림 4.7은 제3법칙을 우주선 외부에서 유영을 하면서 힘 **P**로 우주선을 미는 우주 비행사에게 적용한 예를 보여주고 있다. 제3법칙에 의하면, 우주선도 크기는 같고 방향은 반대인 −**P**의 힘으로 우주 비행사를 되민다. 다음의 예제 4.3에서 이들 힘 각각에 의한 가속도들을 구해보자.

> **☑ 문제 풀이 도움말**
> 작용과 반작용 힘들의 크기가 항상 같더라도, 각각의 힘이 질량이 다른 물체에 작용할 수 있으므로 반드시 같은 크기의 가속도를 발생시키는 것은 아니다.

예제 4.3 │ 작용과 반작용 힘들에 의해 생긴 가속도들

그림 4.7에서 우주선의 질량이 $m_S = 11\,000$ kg이고 우주 비행사의 질량은 $m_A = 92$ kg이라고 가정하자. 또한 우주 비행사가 **P** $= +36$ N의 힘을 우주선에 가한다고 가정하자. 우주선과 우주 비행사의 가속도를 구하라.

살펴보기 우주 비행사가 **P** $= +36$ N의 힘을 우주선에 가할 때, 뉴턴의 제3법칙에 의해 우주선도 반작용 힘 −**P** $= −36$ N을 우주 비행사에 가한다. 결과적으로 우주선과 우주 비행사는 반대 방향으로 가속된다. 작용과 반작용 힘들의 크기가 같더라도 우주선과 우주 비행사의 질량이 다르므로 같은 크기의 가속도가 생기지는 않는다. 뉴턴의 제2법칙에 의해, 우주 비행사의 질량이 훨씬 작으므로 우주 비행사는 훨씬 큰 가속도를 갖게 될

것이다. 제2법칙을 적용할 때, 우주선에 작용하는 알짜 힘은 $\Sigma \mathbf{F} = \mathbf{P}$인 반면 우주 비행사에 작용하는 알짜 힘은 $\Sigma \mathbf{F} = -\mathbf{P}$임을 주의해야 한다.

풀이 제2법칙을 사용하면 우주선의 가속도는 다음과 같이 주어짐을 알 수 있다.

$$\mathbf{a_S} = \frac{\mathbf{P}}{m_S} = \frac{+36\text{ N}}{11\,000\text{ kg}} = \boxed{+0.0033\text{ m/s}^2}$$

우주 비행사의 가속도는 다음과 같다.

$$\mathbf{a_A} = \frac{-\mathbf{P}}{m_A} = \frac{-36\text{ N}}{92\text{ kg}} = \boxed{-0.39\text{ m/s}^2}$$

뉴턴의 제3법칙을 소형 트레일러에 적용하면 흥미롭다. 그림 4.8에 나타난 바와 같이, 자동차의 후미 범퍼와 트레일러를 연결하는 견인기에는 트레일러 바퀴에 브레이크가 작

트레일러에 브레이크를
작동시키는 기계 장치

그림 4.8　어떤 소형 트레일러에는
자동으로 브레이크를 작동시키는 장
치가 있다.

동하게 할 수 있는 기계 장치가 있다. 이 장치는 자동차와 트레일러를 전기적으로 연결하
지 않아도 작동한다. 운전자가 자동차의 브레이크를 밟으면, 자동차는 감속한다. 그런데
관성으로 인해 트레일러는 계속해서 앞으로 굴러가므로 범퍼를 밀기 시작하며 그 힘의 반
작용으로 범퍼는 견인기를 되민다. 이 반작용력은 견인기의 기계 장치에 의해 트레일러가
브레이크를 작동하게 한다.

◉ 자동으로 작동하는 트레일러 브레
　이크의 물리

4.6 힘의 종류: 개요

자연계에는 기본적인 힘과 그렇지 않은 힘이라고 하는 두 가지 일반적인 형태의 힘들이
존재한다. 기본적인 힘들은 모든 다른 힘들을 이들로 설명할 수 있다는 점에서 확실히 특
별한 힘들이다. 지금까지 단지 다음 세 가지의 기본적인 힘들만이 발견되었다.

　1. 중력
　2. 강한 핵력
　3. 전자기약력

중력은 다음 절에서 논의될 것이다. 강한 핵력은 원자핵의 안정에 주된 역할을 한다(31.2
절 참조). 전자기약력은 두 가지 형태로 나타나는 하나의 힘이다(32.6절 참조). 하나의 형
태는 전기적으로 대전된 입자들 사이에 작용하는 전자기력이고(18.5절, 21.2절, 21.8절 참
조), 다른 하나는 어떤 핵들의 방사선붕괴에 관계하는 소위 약한 핵력이다(31.5절 참조).

　중력을 제외하고 이 장에서 논의되는 모든 힘들은 기본적인 힘들이 아니다. 왜냐하면
이 힘들은 전자기력과 관련이 있기 때문이다. 이 힘들은 원자와 분자들을 포함하는 전기
적으로 대전된 입자들 사이의 상호 작용에 의해 생긴다. 그런데 어떤 힘들이 기본적인가에
대한 우리들의 이해는 계속 진전되고 있다. 예를 들면, 1860년대와 1870년대에 맥스웰은
전기력과 자기력이 단일 전자기력으로부터 나온다고 설명할 수 있음을 증명하였다. 1970
년대에 글래쇼(1932～), 살람(1926～1996) 그리고 와인버그(1933～)는 전자기력과 약한
핵력이 어떻게 전자기약력과 관련되는가를 설명하는 이론을 제시하였다. 이들은 이 업적으
로 1979년에 노벨상을 받았다. 오늘날도 기본적인 힘의 개수를 보다 줄이려는 노력이 계
속되고 있다.

4.7 중력

뉴턴의 만유 인력 법칙

물체는 중력에 의해 아래로 떨어진다. 제2장과 제3장에서 중력에 의한 아래 방향의 가속도로 $g = 9.80\,\text{m/s}^2$의 값을 사용하여 운동에 미치는 중력의 영향을 어떻게 기술하는가에 대해 논의하였다. 그러나 왜 g의 값이 $9.80\,\text{m/s}^2$인가에 대한 어떠한 설명도 하지 않았다. 곧 알게 되겠지만 그 이유는 흥미롭다.

뉴턴의 제2법칙에 의하면 알짜 힘에 의해서만 가속도가 생기는데, 이것은 중력 가속도의 경우에도 마찬가지이다. 뉴턴은 그의 유명한 세 가지 운동 법칙과 더불어 **중력**(gravitational force)에 대한 통일된 개념을 제시하였다. 그의 '만유 인력 법칙'은 다음과 같이 기술된다.

■ 뉴턴의 만유 인력 법칙

우주의 모든 입자들은 서로 간에 인력을 작용한다. 입자란 수학적인 점으로 간주될 수 있을 정도로 충분히 작은 하나의 물체이다. 질량이 m_1과 m_2이고 거리 r만큼 떨어진 두 입자에 대해, 한 입자가 다른 입자에 작용하는 힘은 두 입자를 연결하는 직선 방향을 향하고(그림 4.9 참조) 그 크기는

$$F = G\frac{m_1 m_2}{r^2} \tag{4.3}$$

로 주어진다. 여기서 기호 G는

$$G = 6.673 \times 10^{-11}\,\text{N} \cdot \text{m}^2/\text{kg}^2$$

로 주어지는 값을 갖는 만유 인력 상수이다. 이 값은 실험에 의해 얻어졌다.

식 4.3에 나타난 상수 G는 우주 어디에서나 두 입자 사이의 거리에 관계없이 모든 입자 쌍들에 대해 동일한 값을 가지므로 **만유 인력 상수**(universal gravitational constant)라 한다. G의 값은 뉴턴이 만유 인력 법칙을 제안한 후 100년이 흐른 후에 영국의 과학자 캐번디시(1731~1810)에 의해 최초로 실험적으로 측정되었다.

뉴턴의 만유 인력 법칙의 주된 특징들을 알아보기 위해 그림 4.9의 두 입자들을 살펴보자. 두 입자의 질량은 각각 m_1과 m_2이고 거리 r만큼 떨어져 있다. 그림에서 오른쪽으로 향하는 힘을 양으로 가정하였다. 중력은 두 입자들을 연결하는 직선 방향으로 향하고 다음과 같다.

그림 4.9 질량인 m_1과 m_2인 두 입자가 중력 **+F**와 **−F**로 끌어당기고 있다.

+**F**, 입자 2에 의해 입자 1에 작용하는 중력

−**F**, 입자 1에 의해 입자 2에 작용하는 중력

이들 두 힘의 크기는 같고 방향은 반대이며 상대 물체에 작용하여 상호 간에 인력을 일으킨다. 사실 이들 두 힘은 뉴턴 제3법칙에 나타나는 작용-반작용 쌍이다. 예제 4.4에 나타난 바와 같이, 질량의 크기와 두 물체 사이의 거리가 일반적인 값이라면 중력의 크기는 극히 작다.

예제 4.4 | 중력 끌림

$m_1 = 12$ kg (자전거의 질량과 비슷함), $m_2 = 25$ kg 이고 $r =$ 1.2 m라 할 가정할 때 그림 4.9에 주어진 각각의 입자들에 작용하는 중력의 크기를 구하라.

살펴보기 및 풀이 중력의 크기는 식 4.3을 사용하여 구할 수 있다. 즉

$$F = G \frac{m_1 m_2}{r^2}$$

$$= (6.67 \times 10^{-11} \text{ N} \cdot \text{m}^2/\text{kg}^2) \frac{(12 \text{ kg})(25 \text{ kg})}{(1.2 \text{ m})^2}$$

$$= \boxed{1.4 \times 10^{-8} \text{ N}}$$

이다. 초인종을 누를 때 약 1 N의 힘을 가한다는 사실과 비교하면, 이 경우의 중력은 대단히 작다. 이러한 결과는 상수 G 자체가 매우 작다는 사실에 기인한다. 그러나 물체들 중 하나가 지구의 질량(5.98×10^{24} kg)과 같이 매우 큰 질량을 가질 때는 중력이 클 수도 있다.

식 4.3에 의해 표현된 바와 같이 뉴턴의 중력 법칙은 입자에만 적용된다. 그런데 대부분의 물체들은 너무 크므로 점 입자로 취급할 수 없다. 그럼에도 불구하고 미적분을 사용하여 만유 인력 법칙이 크기가 큰 물체에도 성립함을 증명할 수 있다. 물체의 질량이 중심에 대해 구대칭으로 분포되어 있다면, 중력 법칙을 사용하기 위한 목적으로 유한한 크기의 물체들도 점 입자로 취급할 수 있다는 것을 뉴턴이 증명하였다. 그러므로 물체의 질량이 물체의 전체 부피에 균등하게 분포되어 있는 구형일 때는 식 4.3을 적용할 수 있다. 지구와 달이 균일한 구형의 물체라고 가정한 그림 4.10은 이러한 적용의 예를 보여주고 있다. 이 경우 r은 구 중심 사이의 거리이지 바깥 표면 사이의 거리가 아니다. 마치 개개의 구의 질량이 중심에 집중되어 있는 것처럼 하나의 구가 다른 구에 중력을 가한다. 물체들이 균일한 구가 아니더라도 물체의 크기가 간격 r에 비해 상대적으로 작다면, 식 4.3은 좋은 근사식으로 사용될 수 있다.

🔧 **문제 풀이 도움말**
뉴턴의 중력 법칙을 균일한 구형의 물체들에 적용할 때, 거리 r은 두 구들의 표면 사이의 거리가 아니라 중심 사이의 거리임을 명심하라.

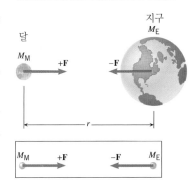

그림 4.10 균일한 구형의 물체가 다른 균일한 구형의 물체에 작용하는 중력은 구의 중심에 질량이 모두 모여 있는 점 입자들 사이에 작용하는 중력과 같다. 지구(질량 M_E)와 달(질량 M_M)은 이러한 균일한 구라고 할 수 있다.

무게

물체의 무게는 지구 중력이 물체를 끌어당기기 때문에 생긴다.

■ **무게**
지표 또는 그 위에서 물체의 무게는 지구가 물체에 가하는 중력이다. 무게는 항상 아래쪽, 즉 지구 중심 방향으로 향한다. 다른 천체나 천체 위에서 무게는 그 천체가 물체에 가하는 중력이다.

무게의 SI 단위: 뉴턴(N)

무게의 크기*를 W, 물체의 질량을 m, 그리고 지구의 질량은 M_E로 사용하면 식 4.3으로부터 다음 식이 성립한다.

$$W = G \frac{M_E m}{r^2} \tag{4.4}$$

식 4.4와 그림 4.11로 부터, 중력은 거리 r이 지구의 반지름 R_E와 동일하지 않을 때에도

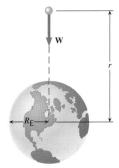

그림 4.11 지표나 지구 상공에서 물체의 무게 W는 지구가 그 물체에 가하는 중력이다.

---

* 무게가 벡터양임에도 불구하고 '무게'라는 단어와 '무게의 크기'라는 말이 구별없이 사용되기도 한다. 무게 벡터의 방향이 고려되어야 하는 경우는 문맥을 살펴보면 알 수 있다.

작용하므로 물체가 지구 표면에 정지해 있거나 그렇지 않거나에 관계없이 물체는 무게를 가지고 있다는 것을 알 수 있다. 그런데 거리 r은 식 4.4의 분모에 들어 있으므로 r이 증가할수록 중력은 점점 약해진다. 예를 들면, 그림 4.12에 나타난 바와 같이 지구 중심으로부터의 거리 r이 증가할수록 허블 우주 망원경의 무게는 작아진다. 다음의 예제 4.5에서 허블 우주 망원경이 지상에 있을 때와 궤도에 있을 때에 대해 무게를 계산해 보자.

예제 4.5 | 허블 우주 망원경

허블 우주 망원경의 질량은 11600 kg이다. (a) 지표에 정지해 있을 때와 (b) 지표로부터 598 km 상공의 궤도에 있을 때에 그 망원경의 무게를 구하라.

살펴보기   허블 우주 망원경의 무게는 지구가 망원경에 가하는 중력이다. 식 4.4에 의하면, 무게는 중심으로부터의 거리 r의 제곱에 반비례한다. 그러므로 지표(보다 작은 r)에서 망원경의 무게는 궤도(보다 큰 r)에서 무게보다 클 것으로 예상된다.

풀이   (a) 지표에서 $r = 6.38 \times 10^6$ m(지구 반지름)이므로 식 4.4로부터 무게는 다음과 같이 주어진다.

$$W = G\frac{M_E m}{r^2}$$

$$= \frac{(6.67 \times 10^{-11}\ \text{N}\cdot\text{m}^2/\text{kg}^2)(5.98 \times 10^{24}\ \text{kg})(11\,600\ \text{kg})}{(6.38 \times 10^6\ \text{m})^2}$$

$$\boxed{W = 1.14 \times 10^5\ \text{N}}$$

(b) 망원경이 지표로부터 598 km 상공에 있을 때, 지구 중심으로부터의 거리는 다음과 같다.

$$r = 6.38 \times 10^6\ \text{m} + 598 \times 10^3\ \text{m} = 6.98 \times 10^6\ \text{m}$$

이제 무게는 새로운 r의 값을 사용하여 (a)에서와 같은 방법으로 구할 수 있다. 즉, $\boxed{W = 0.950 \times 10^5\ \text{N}}$ 이다. 예측한 대로 궤도에 있을 때의 무게가 작다.

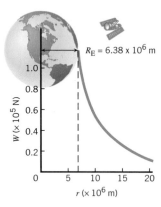

그림 4.12 지구로부터 멀어짐에 따라 허블 우주 망원경의 무게는 감소한다. 지구 중심에서 망원경까지 거리는 r이다.

> **문제 풀이 도움말**
> 질량과 무게는 다른 물리량이다. 문제를 풀 때 질량과 무게는 반드시 구별되어야 한다.

우주시대가 열림에 따라 무게에 대한 인간의 이해의 폭도 넓어졌다. 예를 들면, 달에서 우주 비행사의 무게는 지구상에서 무게의 약 육분의 일에 지나지 않는다. 식 4.4로부터 달에서 비행사의 무게를 구하기 위해서는 M_E를 M_M(달의 질량)로 대체하고 $r = R_M$(달의 반지름)을 사용하는 것만으로 충분하다.

질량과 무게의 관계

지상에서 질량이 큰 물체의 무게가 무거울지라도 질량과 무게는 같은 물리량이 아니다. 4.2절에서 논의한 바와 같이, 질량은 관성의 정량적 척도이다. 그것만으로도 질량은 물체 고유의 성질이고 장소에 따라 변하지 않는다. 반면 무게는 물체에 작용하는 중력이므로 물체가 지표로부터 얼마나 멀리 떨어져 있는가 혹은 달과 같은 다른 천체 근처에 놓여 있는가에 따라 달라질 수 있다.

무게 W와 질량 m 사이의 관계는 다음 두 가지 방법 중 하나로 표현될 수 있다.

$$W = \boxed{G\frac{M_E}{r^2}}\, m \tag{4.4}$$

$$W = m\,\boxed{g} \tag{4.5}$$

식 4.4는 뉴턴의 만유 인력 법칙이고 식 4.5는 중력 가속도 g를 포함시킨 뉴턴의 제2법칙(알짜 힘은 질량과 가속도의 곱과 같다)이다. 이들 표현은 질량과 무게 사이의 구별을 명확하게 한다. 질량 m인 물체의 무게는 만유 인력 상수 G, 지구의 질량 M_E와 거리 r의 값에 의존한다. 중력 가속도 g도 이들 세 변수에 의해 결정된다. $g = 9.80 \, \text{m/s}^2$인 특정한 값은 r이 지구의 반지름 R_E와 같을 때만 사용하여야 한다. 산의 정상에 있을 때와 같이 큰 r에 대해서는 g의 유효한 값도 $9.80 \, \text{m/s}^2$보다 작을 것이다. r이 증가함에 따라 g가 감소한다는 것은 무게도 마찬가지로 감소한다는 것을 의미한다. 그러나 물체의 질량은 이들에 영향을 받지 않으므로 변하지 않는다. 개념 예제 4.6을 통하여 질량과 무게의 차이점을 좀더 탐구해 보자.

개념 예제 4.6 | 질량 대 무게

달 표면을 조사하는 데 사용하기 위한 어떤 차량을 만들어 달에서보다 대략 6배 무거워지는 지상에서 시험하고자 한다. 한 시험에서는 지면을 따라 그 차량의 가속도를 측정하였다. 같은 크기의 가속도를 달에서 얻기 위해서 그 차량에 작용해야 하는 알짜 힘이 지상에서와 비교하여 커야 하는가 작아야 하는가 혹은 같아야 하는가?

살펴보기 및 풀이 차량을 가속하기 위해 필요한 알짜 힘 $\Sigma \mathbf{F}$는 $\Sigma \mathbf{F} = m\mathbf{a}$로 주어진 뉴턴의 제2법칙에 의해 결정된다. 여기서

m은 차량의 질량이고 $\mathbf{a}$는 지면 방향으로의 가속도이다. 주어진 가속도에 대해 알짜 힘은 질량에만 의존한다. 그런데 질량은 차량의 고유한 성질이므로 지구에서나 달에서나 동일하다. 그러므로 지구에서와 같은 가속도를 달에서 얻기 위해서는 같은 알짜 힘이 필요할 것이다. 운송 기구가 지구에서보다 무겁다는 사실 때문에 판단을 그릇되게 하지 마라. 지구의 질량과 반지름이 달의 질량과 반지름과는 다르므로 지구에서 무게가 보다 더 무거울 것이다. 어떤 상황에서든 뉴턴의 제2법칙에서 알짜 힘은 차량의 질량에 비례하지 무게에 비례하지는 않는다.

4.8 수직항력

수직항력의 정의와 해석

물체가 표면에 접촉하고 있을 때는 접촉면이 물체에 힘을 미치곤 한다. 이 절에서는 면에서 물체에 수직으로 작용하는 힘에 대해 논의하고자 한다. 다음 절에서는 면에서 물체에 평행으로 작용하는 힘을 다룰 것이다. 면에서 물체에 수직으로 작용하는 힘을 **수직항력**(법선력; normal force)이라 한다.

■ **수직항력**

수직항력 $\mathbf{F}_N$은 물체가 접촉하고 있는 면이 물체에 작용하는 힘의 수직 성분을 말한다.

그림 4.13은 탁자 위에 놓인 벽돌에 작용하는 두 힘인 무게 $\mathbf{W}$와 수직항력 $\mathbf{F}_N$을 보여주고 있다. 탁자 표면과 같은 무생물체가 어떻게 수직항력을 작용할 수 있는지 이해하기 위하여, 우리가 침대의 매트리스에 앉을 때 어떤 일이 일어나는지 생각해 보자. 우리의 몸 무게에 의해 매트리스의 용수철은 수축이 된다. 그 결과, 수축된 용수철은 우리 몸을 위로 미는 힘(수직항력)을 작용하게 된다. 이와 비슷하게, 벽돌의 무게로 인해 탁자 표면의 보이지 않는 '원자 용수철'이 수축하게 되고, 이것이 벽돌에 작용하는 수직항력을 발생시키는 원인이 되는 것이다.

수직항력의 발생은 뉴턴의 제3법칙에 따른 것이다. 예를 들어, 그림 4.13에서 벽돌은

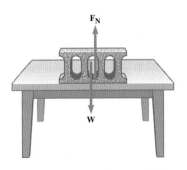

그림 4.13 벽돌에 작용하는 두 힘인 무게 $\mathbf{W}$와 탁자의 표면이 작용하는 수직항력 $\mathbf{F}_N$을 나타내고 있다.

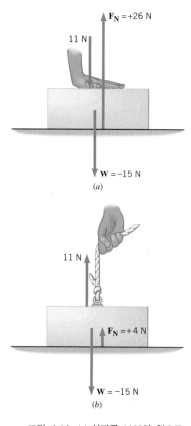

그림 4.14 (a) 상자를 11 N의 힘으로 누르고 있으므로 수직항력 F_N의 크기가 무게보다 더 큰 값을 갖는다. (b) 밧줄에 의해 위로 작용하는 11 N의 힘이 상자의 무게를 일부 지탱해주므로 수직항력은 무게보다 작은 값을 가진다.

탁자 면을 누르는 힘을 작용한다. 그러면 제3법칙에 의해, 탁자는 크기가 같고 방향이 반대인 반작용력을 벽돌에 작용하게 된다. 이 힘이 바로 수직항력인 것이다. 수직항력의 크기는 두 물체가 서로 얼마나 세게 압박하는가에 따라 다르다.

만약 어떤 물체가 수평면 위에 놓여 있고, 무게와 수직항력 외에 수직 방향으로 작용하는 다른 힘이 없다면, 이 두 힘의 크기는 같다. 즉 $F_N = W$이다. 그림 4.13은 이 같은 경우를 나타낸다. 물체가 탁자 위에 정지해 있기 위해서는 무게와 수직항력의 크기가 같아야만 한다. 만약 그렇지 않다면, 벽돌에 작용하는 알짜 힘이 있을 것이고, 따라서 벽돌은 뉴턴의 제2법칙에 의해 위나 아래로 가속 운동을 해야 할 것이기 때문이다.

만약 W와 F_N과 더불어 다른 힘이 수직 방향으로 작용하는 경우에는 무게와 수직항력의 크기가 같지 않을 수도 있다. 예를 들어, 그림 4.14(a)에서와 같이 무게가 15 N인 상자를 밑으로 누르고 있는 경우를 보자. 누르는 힘의 크기를 11 N이라 하자. 따라서 상자에 밑으로 작용하는 힘의 총합은 26 N인데, 위로 작용하는 이와 똑같은 크기의 수직항력이 있어야만 상자는 정지해 있을 수 있다. 따라서 이 경우의 수직항력은 상자의 무게보다 더 큰 값인 26 N인 것이다.

그림 4.14(b)에는 반대의 경우를 나타내었다. 이번에는 상자에 밧줄을 묶어 위로 11 N의 힘을 가하고 있다. 상자의 무게와 밧줄이 작용하는 힘의 합은 방향이 아래이고 크기가 4 N인 힘이다. 이 힘과 균형을 이루기 위해서는 수직항력이 4 N이어야 한다. 만약 밧줄에 상자의 무게와 똑같은 크기의 힘인 15 N을 작용한다면 어떻게 될까? 이 경우 수직항력은 0이 될 것이다. 이때는 탁자를 치운다 하더라도 상자는 그대로 정지해 있을 것이다. 왜냐하면 밧줄이 그 무게를 지탱해 주고 있기 때문이다. 그림 4.14는 두 물체가 서로 압박하는 정도에 따라 수직항력의 크기가 결정된다는 점을 잘 보여준다. 상자와 탁자 사이에 압박하는 정도는 그림 (a)의 경우가 (b)의 경우 보다 더 크다는 것을 쉽게 알 수 있다.

그림 4.14에 있는 상자와 탁자의 경우처럼, 인체의 각 부분들도 서로 압박하고 있어서 수직항력을 발생시킨다. 예제 4.7에서 사람의 뼈가 얼마나 큰 값의 수직항력을 견딜 수 있는지 알아보도록 하자.

예제 4.7 │ 머리 위에 물구나무서기

그림 4.15(a)에서처럼 남자 머리 위에 여자가 머리를 대고 물구나무를 서는 묘기를 서커스에서 보곤 한다. 여자의 몸무게는 490 N이고, 남자의 머리와 목의 무게를 합치면 50 N이라 하자. 어깨 위의 모든 무게는 척추의 제7경추부가 주로 지탱한다. 여자가 물구나무를 (a) 서기 전과 (b) 섰을 때의 경우에 대해 이 경추부가 남자의 목과 머리에 미치는 수직항력을 계산하라.

살펴보기   먼저 남자의 목과 머리에 대한 자유물체도를 그린다. 물구나무를 서기 전에는 남자의 목과 머리의 무게와 수직항력, 두 힘만이 작용한다. 물구나무를 섰을 때는 여자의 몸무게가 여기에 합쳐진다. 목과 머리가 정지해 있기 위해서는 위와 아래로 작용하는 힘이 서로 균형을 이루어야 한다. 이러한 균형

조건으로부터 각각의 경우에 대한 수직항력을 구할 수 있다.

풀이   (a) 그림 4.15(b)는 물구나무를 서기 전의 남자 목과 머리에 대한 자유물체도이다. 작용하는 힘은 수직항력 F_N과 무게 50 N 뿐이다. 목과 머리가 정지해있기 위해서, 이 두 힘은 균형을 이루어야 한다. 따라서 제7경추부가 작용하는 수직항력은 $\boxed{F_N = 50 \text{ N}}$이다.

(b) 그림 4.15(c)는 물구나무를 섰을 때의 자유물체도이다. 이제 남자의 머리와 목에 아래로 작용하는 힘의 총합은 50 N + 490 N = 540 N이고, 이 힘이 위로 작용하는 수직항력과 균형을 이루어야 한다. 따라서 $\boxed{F_N = 540 \text{ N}}$이다.

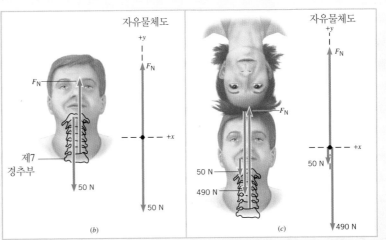

그림 4.15 (a) 머리 위에 물구나무서기 (b) 물구나무서기 전 남자의 어깨에 대한 자유물체도 (c) 물구나무를 섰을 때의 자유물체도. 편의상 그림 (b)와 (c)에서 벡터 길이의 척도를 서로 다르게 나타냈다.

요약하면, 수직항력이 물체의 무게와 항상 일치하지는 않는다. 수직항력의 크기는 다른 종류의 힘이 존재하면 달라진다. 수직항력은 접촉하고 있는 물체가 가속되고 있을 때도 그 크기가 달라진다. 다음에 보듯이, 물체가 가속되는 어떤 경우에는 수직항력을 '겉보기 무게'라 일컫기도 한다.

○ 사람의 뼈에 작용하는 힘의 물리

겉보기 무게

물체의 무게는 일반적으로 저울을 이용하여 측정한다. 그러나 저울이 정상적으로 작동하는 경우라도, 물체의 무게를 올바르게 나타내지 못하는 경우가 있을 수 있다. 그런 경우에 저울은 물체의 '실제' 무게, 즉 물체에 작용하는 중력의 크기를 나타내는 것이 아니라, 단지 '겉보기' 무게를 가리킨다고 할 수 있다. 겉보기 무게는 물체가 접촉하고 있는 저울에 미치는 힘을 말한다.

실제 무게와 겉보기 무게 사이의 차이를 알기 위해, 그림 4.16에서와 같이 승강기 바

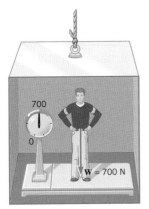
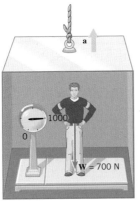
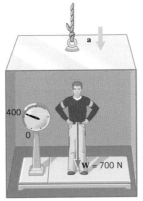
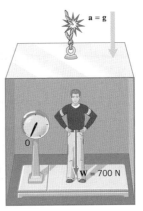

(a) 가속되지 않을 때(**v** = 일정) (b) 위로 가속될 때 (c) 아래로 가속될 때 (d) 자유 낙하할 때

그림 4.16 (a) 승강기가 가속되지 않을 때 저울은 사람의 실제 무게(W = 700 N)를 가리킨다. (b) 승강기가 위로 가속될 때는 겉보기 무게(1000 N)가 실제 무게보다 더 크다. (c) 승강기가 아래로 가속될 때는 겉보기 무게(400 N)가 실제 무게보다 더 작다. (d) 승강기가 자유 낙하할 때, 즉 승강기의 가속도가 중력 가속도와 같을 때는 겉보기 무게가 0이다.

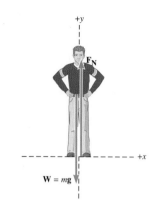

그림 4.17   그림 4.16에서처럼 승강기를 타고 있는 사람에 작용하는 힘을 나타내는 자유물체도. **W**는 실제 무게이고, F_N은 저울 바닥이 사람에게 작용하는 수직항력이다.

닥에 놓은 저울을 생각해 보면 이 둘의 차이를 금방 이해할 수 있을 것이다. 실제 몸무게가 700 N인 사람이 저울 위에 서 있다. 만약 승강기가 정지해 있거나 혹은 등속도로 움직인다면(방향과 상관없음), 저울은 그림 4.16(a)에서처럼 실제 무게를 가리킨다.

하지만 만약 승강기가 가속된다면, 겉보기 무게는 실제 무게와 다른 값을 갖는다. 승강기가 위로 가속될 때, 겉보기 무게는 그림 4.16(b)에서 보듯이 실제 무게보다 더 큰 값을 갖는다. 반대로 아래로 가속될 때는 그림 (c)에서 보듯이 실제 무게보다 더 작은 값을 갖는다. 특히, 만약 승강기가 자유 낙하하는 경우에는 그 가속도가 중력 가속도와 같으므로, 그림 (d)에서와 같이 겉보기 무게는 0이 된다. 이처럼 겉보기 무게가 0이 되는 경우, 이 사람은 무중력 상태에 있다고 한다. 따라서 저울과 그 위의 사람이 가속되고 있을 때는 겉보기 무게가 실제 무게와 다름을 알 수 있다.

겉보기 무게와 실제 무게의 개념상 차이는 뉴턴의 제2법칙을 적용해 보면 더욱 쉽게 이해할 수 있다. 그림 4.17에 승강기 내 사람의 자유물체도를 나타내었다. 사람에게 작용하는 두 힘은 실제 무게 **W** = m**g**와 저울판이 미치는 수직항력 F_N이다. 수직 방향에 대해 뉴턴의 제2법칙을 적용하면

$$\Sigma F_y = +F_N - mg = ma$$

이다. 여기서 a는 승강기와 사람의 가속도를 나타낸다. 이 식에서 g는 중력 가속도를 나타내므로 음의 값을 가질 수는 없다. 하지만 가속도 a는 승강기가 위로 (+) 혹은 아래로 (−) 가속되느냐에 따라 양이나 음의 값을 가진다. 식을 풀어 F_N을 구하면

$$\underbrace{F_N}_{\text{겉보기 무게}} = \underbrace{mg}_{\text{실제 무게}} + ma \tag{4.6}$$

이다. 식 4.6에서 F_N은 저울이 사람에게 미치는 수직항력의 크기이다. 또한 역으로, 뉴턴의 제3법칙에 의하면 F_N은 사람이 저울에 아래 방향으로 미치는 힘의 크기를 나타내기도 한다. 즉 겉보기 무게인 것이다.

식 4.6으로 그림 4.16의 여러 상황을 모두 설명할 수 있다. 만약 승강기가 가속되지 않는다면, $a = 0\,\text{m/s}^2$이고, 겉보기 무게는 실제 무게와 같다. 만약 승강기가 위로 가속된다면, a는 양의 값이므로, 식으로부터 겉보기 무게가 실제 무게보다 큰 값을 가짐을 알 수 있다. 만약 승강기가 아래로 가속된다면, a는 음의 값이므로, 식으로부터 겉보기 무게가 실제 무게보다 작은 값을 가짐을 알 수 있다. 만약 승강기가 자유 낙하한다면, $a = -g$이고, 겉보기 무게는 0이 됨을 알 수 있다. 사람과 저울이 같이 자유 낙하할 때는 두 물체가 서로 압박을 할 수 없기 때문에 겉보기 무게가 0이 되는 것이다. 앞으로 이 책에서는 별다른 언급 없이 물체의 무게가 주어지는 경우에 그것이 실제 무게를 말하는 것이라 약속하자.

4.9 정지 마찰력과 운동 마찰력

물체가 어떤 면과 접촉하면 물체에는 힘이 작용한다. 앞 절에서는 이 힘 중 면에 대해 수직으로 작용하는 성분인 수직항력에 대해 알아보았다. 면을 따라 물체가 운동할 때나 혹은 운동을 시키고자 할 때는 면에 평행한 성분의 힘이 있게 된다. 이 평행한 성분의 힘을

그림 4.18 이 사진은 타이어가 젖은 표면을 굴러갈 때의 모습을 보여주기 위해 투명한 판 아래에서 찍은 사진이다. 타이어에 패인 홈은 타이어의 접촉면에서 밀려나는 물을 모아서 바깥으로 배출하는 통로의 역할을 하여 마찰을 크게 한다.

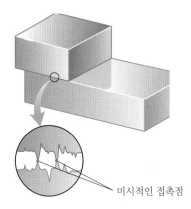

미시적인 접촉점

그림 4.19 비록 아주 잘 연마된 표면끼리 맞닿을 때도, 미시적으로는 아주 작은 부분만이 서로 접촉하고 있음을 알 수 있다.

마찰력(frictional force) 혹은 간단히 **마찰**(friction)이라 부른다.

많은 경우 마찰을 줄이기 위한 기술적 노력이 행해지고 있다. 예를 들어, 자동차 엔진의 실린더 벽과 피스톤의 마모를 가져오는 마찰을 줄이기 위해 엔진오일을 사용하는 경우가 이에 해당 된다. 하지만 마찰이 절대적으로 필요한 경우도 있다. 마찰이 없다면, 자동차 타이어는 차를 움직이기 위해 필요한 견인력을 낼 수가 없을 것이다. 사실 타이어의 융기된 접촉면은 마찰을 크게 하기 위해 설계된 것이다. 젖은 도로 위에서 타이어 접촉면 주위의 홈(그림 4.18 참조)은 물이 모여 빠져나가게 하는 배수로 역할을 한다. 따라서 타이어와 도로의 접촉면에 물이 고이는 것을 이 홈이 방지해 주는 것이다. 만약 그렇게 하지 않으면, 마찰이 감소하여 타이어가 미끄러져 버릴 것이다.

아주 잘 연마된 표면도 현미경으로 들여다보면 실제로는 꽤나 울퉁불퉁하게 보인다. 그런 면들끼리 접촉하면, 그림 4.19에서 보듯이 서로 맞닿고 있는 넓이가 비교적 작음을 알 수 있다. 미시적인 관점에서 실제로 맞닿고 있는 넓이는 육안으로 봤을 때 맞닿는 넓이보다 수 천 배나 작을 수 있다. 이 같은 접촉점에서 양쪽 물체의 분자들은 아주 가깝게 위치하게 되어 서로 강한 분자 간 인력을 작용하는데, 이를 '냉용접'이라 일컫는다. 마찰력은 바로 이러한 용접점들과 밀접한 관련이 있으나, 이들로부터 어떻게 마찰력이 발생하는지에 대한 정확한 세부 사항은 아직 완전히 알려져 있지 않다. 하지만 몇 가지 경험적인 관계식을 이용하면 물체의 운동에 가해지는 마찰 효과를 충분히 고려할 수 있다.

그림 4.20에 **정지 마찰**(static friction)이라 불리는 마찰의 종류에 대한 주요한 성질들을 나타내었다. 처음에는 탁자 위에 벽돌이 놓여 있기만 하고 벽돌을 움직이기 위한 어떠한 힘도 가해지지 않는다. 이때는 정지 마찰력이 0이다. 다음에는 끈을 통하여 수평력 **F**를 벽돌에 작용한다. 만약 **F**가 충분히 작다면, 벽돌은 (a)에서처럼 여전히 움직이지 않음을 경험으로 알고 있다. 왜 그럴까? 왜냐하면, 정지 마찰력 f_s가 작용한 힘을 정확히 상쇄하기 때문에 벽돌이 움직이지 않는 것이다. f_s의 방향은 **F**와 반대 방향이고, f_s의 크기는 작용력 **F**의 크기와 같다. 즉 $f_s = F$ 이다. 그림 4.20에서 이제 작용력을 조금 더 증가시켰는데도 벽돌이 여전히 움직이지 않는다. 왜냐하면, 작용력이 증가한 만큼 정지 마찰력도 정확히 그만큼 증가하여 서로 상쇄되기 때문이다[그림 (b) 참조]. 그러나 작용력을 계속 증가하면, 결국에는 벽돌이 '분리되어' 미끄러지기 시작하는 시점이 온다. 벽돌이 미끄러지기 직전

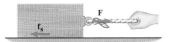

운동이 일어나지 않음
(a)

운동이 일어나지 않음
(b)

겨우 움직이기 시작
(c)

그림 4.20 (a)와 (b)에서처럼 아주 작은 힘 **F**를 작용할 때는 정지 마찰력 f_s가 정확히 균형을 이루게 되어 운동이 일어나지 않는다. (c) 작용력이 최대 정지 마찰력 $f_s^{최대}$보다 아주 약간 큰 순간에야 벽돌이 겨우 움직이기 시작한다.

그림 4.21 탁자 위에 있는 벽돌의 어떤 면을 밑으로 하여 놓든지 간에 최대 정지 마찰력 $\mathbf{f}_s^{최대}$는 변함이 없다.

의 작용력이 바로 탁자가 벽돌에 미치는 **최대 정지 마찰력**(maximum static frictional force) $\mathbf{f}_s^{최대}$의 크기를 나타낸다[그림 (c) 참조]. $\mathbf{f}_s^{최대}$보다 더 큰 작용력에 대해서는 정지 마찰력이 그것을 완전히 상쇄할 수 없으므로, 결과적으로 알짜 힘이 존재하여 벽돌은 오른쪽으로 가속 운동을 하게 된다.

윤활제를 사용하지 않았을 때, 마른 두 면 사이의 최대 정지 마찰력은 두 가지 주요한 특성을 가짐을 실험의 근사 범위 내에서 알 수 있다. 우선 면들이 딱딱하여 변형이 일어나지 않는 경우라면, 그것은 물체들 사이에 접촉하는 면의 넓이와 무관하다. 예를 들어, 그림 4.21에서 탁자 표면이 벽돌에 미치는 최대 정지 마찰력은 벽돌이 어떻게 놓여 있든 간에 동일하다는 것이다. $\mathbf{f}_s^{최대}$의 두 번째 특성은 그 크기가 수직항력 $\mathbf{F}_N$에 비례한다는 것이다. 4.8절에서 보았듯이, 수직항력의 크기는 두 면이 서로 얼마나 압박하는가를 나타낸다. 더 세게 압박할수록 $f_s^{최대}$도 증가하는데, 그 이유는 두 면 사이에 '냉용접' 되는 미세한 접촉점의 수가 증가하기 때문이다. 식 4.7은 $f_s^{최대}$와 F_N 사이의 비례식이다. 비례 계수 μ_s는 **정지 마찰 계수**(coefficient of static friction)라 한다.

> ■ **정지 마찰력**
>
> 정지 마찰력의 크기 f_s는 작용력의 크기에 따라 0에서부터 최댓값인 $f_s^{최대}$ 사이의 값을 가질 수 있다. 다른 표현으로는 $f_s \le f_s^{최대}$인데, 여기서 '$\le$'는 '보다 작거나 혹은 같다' 라고 읽는다. 등호는 f_s가 최댓값을 가질 때만 성립한다. 즉
>
> $$f_s^{최대} = \mu_s F_N \tag{4.7}$$
>
> 이다. 식 4.7에서 μ_s는 정지 마찰 계수이고, F_N은 수직항력의 크기를 나타낸다.

식 4.7은 $\mathbf{f}_s^{최대}$와 $\mathbf{F}_N$ 사이의 '벡터 관계식이 아니라', 그들의 크기에 대한 관계식임을 명심하자. 이 식에는 두 벡터가 같은 방향으로 작용한다는 의미가 전혀 내포되어 있지 않다. 실제로 $\mathbf{f}_s^{최대}$는 표면에 수평인 방향이고, $\mathbf{F}_N$은 그것에 수직인 방향이다.

정지 마찰 계수는 두 힘의 비($\mu_s = f_s^{최대}/F_N$)로 정의되므로 단위가 없는 양이다. 그 값은 각 면의 재질(나무 위의 강철, 콘크리트 위의 고무 등등), 면의 상태(연마된 면, 거친 면 등), 그리고 온도와 같은 다른 변수들에 의해 결정된다. μ_s는 평활한 면의 경우 약 0.01 정도이고, 아주 거친 면의 경우에는 약 1.5 정도로, 대개는 이 사이의 값을 갖는다. 예제 4.8에서는 식 4.7을 이용하여 최대 정지 마찰력을 구하는 방법을 소개한다.

 예제 4.8 | **썰매를 출발시키기 위해 필요한 힘**

편평한 눈 위에 썰매가 놓여 있고, 그 썰매와 눈 사이의 정지 마찰 계수는 $\mu_s = 0.350$이다. 썰매와 그 위에 타고 있는 사람의 질량을 합하면 총 38.0 kg이다. 이 썰매가 막 움직일 때까지 가해야 할 최대 수평력은 얼마인가?

살펴보기 그림 4.20(c)에서 보듯이 최대 수평력은 최대 정지 마찰력과 그 크기가 같을 때에 생긴다. 식 4.7($f_s^{최대} = \mu_s F_N$)로부터 최대 정지 마찰력의 크기 $f_s^{최대}$와 수직항력의 크기 F_N 사이의 관계를 알 수 있다. 썰매가 수직 방향으로 가속되지 않는 점에 주목하면 F_N을 쉽게 결정할 수 있다. 즉 썰매에 작용하는 수직 방향으로의 알짜 힘이 0임을 이용한다. 따라서 수직항력은 썰매와 그 위에 탄 사람의 무게와 그 크기가 같아야 한다. 즉

$F_N = mg$이다.

풀이 최대 수평력의 크기는 다음과 같이 계산된다.

$$f_s{}^{최대} = \mu_s F_N = \mu_s mg$$
$$= (0.350)(38.0 \text{ kg})(9.80 \text{ m/s}^2)$$
$$= \boxed{130 \text{ N}}$$

정지 마찰은 매우 유용한 힘이다. 예를 들면 그림 4.22의 암벽 등반가는 충분히 큰 수직항력을 발생시키기 위해 손과 발로 암벽을 누름으로써 정지 마찰력이 그의 무게를 지탱할 수 있게 한다.

일단 물체가 표면을 따라 미끄러지게 되면, 정지 마찰은 더 이상 의미가 없다. 대신 운동 마찰(kinetic* friction)이라 불리는 마찰이 작용하기 시작한다. 운동 마찰력은 미끄러지는 운동을 방해하는 힘이다. 바닥에서 미끄러지고 있는 물체를 계속 밀고 갈 때 드는 힘이 그것이 막 밀리기 시작하는 순간 소요되는 힘보다 더 작다. 이것은 대개의 경우 운동 마찰력이 정지 마찰력보다 작기 때문이다.

실험적 사실에 비추어 볼 때 운동 마찰력 f_k는 세 가지 주요한 특성을 갖는다. 그것은 물체가 접촉하는 면의 넓이(그림 4.21 참조)나 미끄러지는 물체의 속력과 무관하다. 그리고 운동 마찰력의 크기는 수직항력의 크기에 비례한다. 식 4.8은 이 비례 관계를 나타내는 식인데, 비례 상수 μ_k는 운동 마찰 계수(coefficient of kinetic friction)라 한다.

● 암벽오르기의 물리

■ **운동 마찰력**

운동 마찰력의 크기 f_k는 다음 식으로 주어진다.

$$f_k = \mu_k F_N \tag{4.8}$$

이 식에서 μ_k는 운동 마찰 계수이고, F_N은 수직항력의 크기이다.

그림 4.22 미국 와이오밍 주에 있는 악마의 탑이라는 암벽을 오를 때, 암벽 등반가는 손과 발과 수직 암벽 사이의 정지 마찰력을 이용해 자신의 무게를 지탱한다.

식 4.7에서와 같이 식 4.8 역시 마찰력과 수직항력의 크기들 사이에만 존재하는 관계식이다. 이 두 힘의 방향은 서로 직각을 이룬다. 또한 정지 마찰 계수와 마찬가지로 운동 마찰 계수 역시 단위를 갖지 않으며 접촉하는 면의 종류와 상태에만 의존하는 양이다. 일반적으로 운동 마찰력이 정지 마찰력보다 작으므로, μ_k는 μ_s보다 작은 값을 가진다. 다음 예제는 운동 마찰의 효과를 보여주고 있다.

◈ **예제 4.9 | 썰매타기**

그림 4.23(a)에서처럼 썰매가 수평 방향으로 4.00 m/s로 미끄러지다 결국엔 정지한다. 운동 마찰 계수 $\mu_k = 0.0500$ 이다. 썰매가 멈출 때까지 간 정지 거리는 얼마인가?

살펴보기 썰매에 작용하는 운동 마찰력은 운동 방향과 반대

방향이므로, 썰매는 속력이 줄다 결국엔 멈추게 된다. 따라서 운동 마찰력을 결정한 후 뉴턴의 제2법칙을 이용하여 썰매의 가속도를 구한다. 가속도를 알면 3장에서 배운 운동학의 식을 이용하여 정지 거리를 계산할 수 있다.

---

* 'kinetic' 은 그리스 단어인 kinetikos를 어원으로 하며, '운동의' 라는 뜻이다.

풀이 $f_k = \mu_k F_N$이므로 수직항력의 크기 F_N을 알면 운동 마찰력의 크기 f_k를 구할 수 있다. 그림 4.23(b)에 자유물체도가 그려져 있다. 썰매가 수직 방향으로 가속되지는 않으므로 썰매에 작용하는 수직 방향의 알짜 힘은 없다. 따라서 수직항력과 무게 **W**는 서로 평형을 이루어야 하므로 수직항력의 크기 $F_N = mg$이다. 운동 마찰력의 크기는 다음과 같이 주어진다.

$$f_k = \mu_k F_N = \mu_k mg \qquad (4.8)$$

썰매에 x 방향으로 작용하는 힘은 운동 마찰력뿐이고, 그것이 알짜 힘이다. 따라서 뉴턴의 제2법칙에 의해 가속도는

$$a_x = \frac{-f_k}{m} = \frac{-\mu_k mg}{m} = -\mu_k g \qquad (4.2a)$$

이다. f_k 앞의 음의 부호는 운동 마찰력이 그림 4.23(b)에서처럼

썰매의 운동과 반대 방향인 왼쪽, 즉 $-x$ 방향으로 작용하는 힘임을 나타낸다. 따라서 가속도 역시 $-x$ 방향을 향한다. 질량이 약분됨으로써 가속도가 썰매나 그 위에 타고 있는 사람의 질량과는 무관함에 주목하라. 정지거리 x는 운동학의 식 3.6a ($v_x^2 = v_{0x}^2 + 2a_x x$) 로부터 구할 수 있다. 즉

$$x = \frac{v_x^2 - v_{0x}^2}{2a_x}$$

이다. 이 식에서 v_x와 v_{0x}는 각각 나중과 처음 속력을 나타낸다. 여기에 $a_x = -\mu_k g$ 임을 이용하면, 다음을 구할 수 있다.

$$x = \frac{v_x^2 - v_{0x}^2}{-2\,\mu_k g} = \frac{(0 \text{ m/s})^2 - (4.00 \text{ m/s})^2}{-2(0.0500)(9.80 \text{ m/s}^2)}$$
$$= \boxed{16.3 \text{ m}}$$

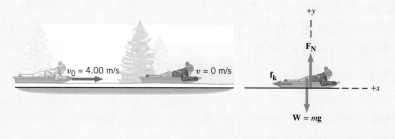

그림 4.23 (a) 운동 마찰력에 의해 운동하는 썰매가 감속된다. (b) 움직이는 썰매에 작용하는 세 힘, 즉 썰매와 그 위에 타고 있는 사람의 무게 **W**와 수직항력 F_N 그리고 운동 마찰력 f_k를 나타내는 자유물체도

(a)

(b) 썰매와 사람에 대한 자유물체도

정지 마찰은 두 물체 사이에 곧 발생할지도 모를 상대 운동을 방해하고, 운동 마찰은 실제로 발생하는 상대 운동을 방해한다. 두 경우 모두 상대 운동을 방해하는 것이다. 그러나 상대 운동을 방해한다는 것이 모든 물체의 운동에 나쁘게만 작용한다는 의미는 아니다. 예를 들어, 사람이 걸을 때 발은 지면에 힘을 미치고 지면은 발에 반작용력을 미친다. 이 반작용력이 정지 마찰력이며, 발이 뒤로 미끌어지는 것을 방해하여 사람이 앞으로 걸어 나갈 수 있도록 해준다. 운동 마찰은 예제 4.9에서 보듯이 물체의 상대 운동을 항상 방해하지만, 이것이 물체의 운동을 유발할 수도 있다. 이 예제에서 운동 마찰이 썰매에 작용하여 썰매와 지구 사이의 상대 운동을 방해한다. 그러나 뉴턴의 제3법칙에 의하면 지구가 썰매에 운동 마찰력을 가할 때, 썰매도 지구에 반작용력을 가하게 된다. 이로 인해 지구도 가속도를 갖게 된다. 다만 지구의 질량이 워낙 커서 그에 따른 운동을 우리가 느끼지 못할 뿐인 것이다.

● 걷기의 물리

4.10 장력

물체를 끌 때는 흔히 끈이나 밧줄을 이용하여 물체에 힘을 작용하게 된다. 예를 들어 그림 4.24(a)는 상자에 연결된 밧줄의 오른쪽 끝에 힘 **T**가 작용하는 것을 보여준다. 밧줄 내의

각 부분은 그 옆의 부분으로 이 힘을 차례로 미치게 되고, 결과적으로 그림 (b)에서 보듯이 힘이 상자에까지 작용하게 된다.

그림 4.24와 같은 경우에, '상자에 밧줄의 장력에 의한 힘 **T**가 작용한다'라고 이야기하는데, 이는 가해진 힘과 장력의 크기가 같기 때문이다. 그러나 또한 '장력'이라는 단어는 밧줄을 서로 당겨 늘이는 힘이라는 의미로도 흔히 사용된다. '장력'에 대한 이 두 가지 의미 사이의 연관성을 보기 위해, 상자에 힘 **T**를 작용하는 부분인 밧줄의 왼쪽 끝 부분을 고려해보자. 뉴턴의 제3법칙에 의하면, 상자도 밧줄에 반작용력을 가하게 된다. 이 반작용력의 크기는 **T**와 같지만 방향은 반대 방향이다. 다시 말하면 −**T**가 밧줄의 왼쪽 끝에 작용하게 된다. 따라서 그림 4.24(c)에서 보듯이 밧줄의 양 끝에 크기가 같고 방향이 반대인 힘이 작용하게 되어 장력이 밧줄을 당겨 늘이는 결과를 낳게 된다.

바로 앞의 논의에서 아무런 언급 없이 '질량이 없는' 밧줄($m = 0\,\text{kg}$)이라는 개념을 은연 중에 도입하였다. 실제로 질량이 없는 밧줄은 존재하지 않지만, 뉴턴의 제2법칙을 적용할 때 문제를 간단히 만들기 위해서는 아주 유용한 개념이다. 제2법칙에 의하면, 질량을 가진 물체를 가속하기 위해서는 알짜 힘이 필요하다. 반면에 질량이 없는 밧줄을 가속하기 위해서는 힘이 필요하지 않다. 왜냐하면 $\Sigma \mathbf{F} = m\mathbf{a}$에서 $m = 0\,\text{kg}$이기 때문이다. 따라서 질량이 없는 밧줄의 한쪽 끝에 힘 **T**가 작용할 때 그 힘은 밧줄을 가속하는 데는 전혀 사용되지 않는다. 따라서 그림 4.24에 보인대로 힘 **T**가 감소됨이 없이 밧줄의 반대쪽에 묶인 물체에 그대로 작용하게 된다.* 그러나 만약 밧줄이 질량을 가진다면, 힘 **T**의 일부는 밧줄을 가속하는 데 사용되어야 하므로 상자에는 **T**보다 작은 힘이 작용하게 되고 밧줄의 각 부분에 작용하는 장력 역시 위치에 따라 다른 값을 가지게 된다. 이 책에서는 다른 언급이 없는 한 물체와 물체를 연결하는 밧줄은 질량이 없는 것으로 가정하겠다. 질량이 없는 밧줄에서 힘이 감소하지 않고 한 끝에서 다른 끝으로 전달되는 성질은 그림 4.25에서처럼 밧줄이 도르래와 같은 물체 주위를 통과할 때도 변함이 없다(만약 도르래 그 자체의 질량이 없고 마찰도 없다면).

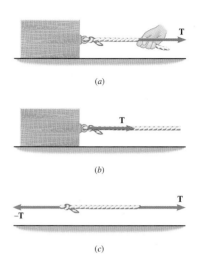

그림 4.24 (a) 힘 **T**가 밧줄의 오른쪽 끝에 작용한다. (b) 힘이 상자로 전달된다. (c) 밧줄의 양 끝에 힘이 작용한다. 이 힘들은 크기가 같고 방향이 서로 반대이다.

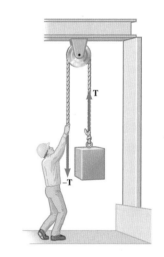

그림 4.25 질량이 없는 밧줄의 한쪽 끝에 가해진 힘 **T**는 도르래를 통과하는 줄이라도, 만약 그 도르래의 질량이 없고 마찰이 없는 경우라면, 다른 쪽 줄 끝까지 그 크기가 줄지 않고 그대로 전달된다.

4.11 평형계에 대한 뉴턴 운동 법칙의 적용

너무나 흥분하여 마음의 '평형'을 찾는데 며칠이나 걸린 경험이 있는가? 이때 '평형'의 의미는 마음이 급격히 변하지 않고 차분히 평정을 이룬 상태를 일컫는다. 물리학에서도 '평형'은 물체에 변화가 일어나지 않는 상태를 의미하는데, 운동의 경우에는 물체의 속도가 변하지 않는 상태를 뜻하는 것이다. 물체의 속도가 변하지 않는다는 것은 물체가 가속되고 있지 않음을 말한다. 따라서 평형의 정의는 다음과 같다.

■ **평형****
물체의 가속도가 0일 때 그 물체는 평형을 이루고 있다.

---

* 만약 밧줄이 가속되지 않는 경우라면, 제2법칙에서 **a**가 0이므로 밧줄의 질량에 상관없이 $\Sigma \mathbf{F} = m\mathbf{a} = 0$이다. 그럴 경우에는 질량에 관계없이 밧줄을 무시할 수 있다.

** 평형에 대해 이렇게 정의할 때는 물체의 회전을 무시할 때이다. 이에 대한 논의는 8장과 9장에서 할 것이다. 9.2절에서 물체의 회전과 토크에 대한 개념을 고려하여 강체의 평형에 대한 더욱 완전한 설명을 할 것이다.

평형에 있는 물체의 가속도는 0이므로 가속도의 성분 역시 모두 0이다. 이차원에서는 $a_x = 0\,\text{m/s}^2$이고, $a_y = 0\,\text{m/s}^2$임을 의미한다. 이 값들을 제2법칙($\Sigma F_x = ma_x$, $\Sigma F_y = ma_y$)에 대입하면 알짜 힘의 x와 y 성분 역시 각각 0이어야 한다. 따라서 이차원에서의 평형 조건을 나타내는 두 식은

$$\Sigma F_x = 0 \tag{4.9a}$$

$$\Sigma F_y = 0 \tag{4.9b}$$

이다. 다시 말하면, 평형 상태에 있는 물체에 작용하는 힘들은 균형을 이루어야 한다는 것이다.

 다친 발에 트랙션을 할 때의 물리

다음의 예제 4.10은 트랙션 장치에서 세 힘이 평형을 이루고 있는 경우에 대한 것이다.

예제 4.10 | 발의 트랙션 장치

그림 4.26(a)는 발 부상 치료를 위한 트랙션 장치의 예이다. 2.2 kg인 추의 무게가 도르래들을 통과하는 밧줄에 장력을 제공한다. 그래서 장력 $\mathbf{T}_1$과 $\mathbf{T}_2$가 발에 부착된 도르래에 작용한다. 발에 부착된 도르래의 양쪽 밧줄 모두가 발에 힘을 미친다는 점이 생소할 것이다. 이와 비슷한 경우가 고무 밴드의 안쪽에 손가락을 대고 아래로 누를 때도 일어난다. 손가락을 감싼 고무밴드의 양쪽 모두가 손가락을 위로 미는 힘을 느낄 수 있는데, 이것도 바로 같은 경우이다. 발에서 힘 $\mathbf{F}$를 가함으로써 거기에 부착된 도르래는 평형에 있다. 이 힘은 $\mathbf{T}_1$과 $\mathbf{T}_2$가 끄는 것에 대한 반작용(뉴턴의 제3법칙)으로 발생한다. 발의 무게를 무시했을 때 $\mathbf{F}$의 크기를 구하라.

살펴보기 힘 $\mathbf{T}_1$과 $\mathbf{T}_2$ 그리고 $\mathbf{F}$가 발에 부착된 도르래를 정지시키고 있다. 따라서 도르래는 가속도를 갖지 않음으로 평형을 이루고 있다. 결과적으로 이 세 힘의 x 성분과 y 성분의 합은 0이어야 한다. 발에 부착된 도르래에 대한 자유물체도를 그림 4.26(b)에 나타내었다. 힘 $\mathbf{F}$가 작용하는 선을 따라 x 축을 잡고,

각 힘의 성분을 그림에 표시하였다(벡터의 성분에 관한 복습은 1.7절 참조).

풀이 힘의 y 성분의 합은 0이어야 하므로

$$\Sigma F_y = +T_1 \sin 35° - T_2 \sin 35° = 0 \tag{4.9b}$$

이다. 즉 $T_1 = T_2$이다. 다른 말로는 장력의 크기가 서로 동일하다는 것이다. 또한 힘의 x 성분의 합도 0이어야 한다. 즉

$$\Sigma F_x = +T_1 \cos 35° + T_2 \cos 35° - F = 0 \tag{4.9a}$$

이다. $T_1 = T_2 = T$ 라 두고 F에 대해 풀면, $F = 2T \cos 35°$이다. 밧줄의 장력 T는 2.2 kg인 추의 무게로 결정 된다. 즉 $T = mg$ 이다. 여기서 m은 추의 질량이고 g는 중력 가속도이다. 따라서 $\mathbf{F}$의 크기는 다음과 같다.

$$F = 2T \cos 35° = 2mg \cos 35°$$
$$= 2(2.2\,\text{kg})(9.80\,\text{m/s}^2) \cos 35° = \boxed{35\ \text{N}}$$

> **문제 풀이 도움말**
> x 축과 y 축의 방향을 편리하게 선택할 수 있다. 예제 4.10에서는 축들을 비스듬하게 잡아서 힘 $\mathbf{F}$가 x 축을 따라 놓여 있게 하였다. 그렇게 하면 $\mathbf{F}$는 y 성분을 갖지 않으므로 문제의 해석이 쉬워진다.

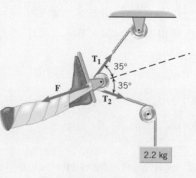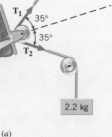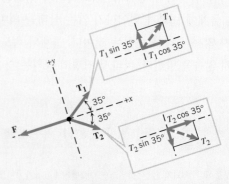

그림 4.26 (a) 발 부상 때 사용하는 트랙션 장치 (b) 발에 부착된 도르래에 대한 자유물체도

(a)

(b) 발에 부착된 도르래에 대한 자유물체도

다음의 예제 4.11에서 세 힘이 평형을 이루는 문제를 풀어 보자. 이 예제에서는 힘이
모두 다른 크기를 갖는 경우이다.

 예제 4.11 | 엔진 교환하기

무게 $W = 3150\,\text{N}$인 엔진이 있다. 이 엔진이 그림 4.27(a)와 같이 매달려 있다. 엔진을 제자리에 잘 놓기 위해 밧줄을 사용한다. 각각의 밧줄에 작용하는 장력 $\mathbf{T}_1$과 $\mathbf{T}_2$의 크기를 각각 구하라.

살펴보기 $\mathbf{W}, \mathbf{T}_1$과 $\mathbf{T}_2$의 힘이 작용함에도 그림 4.27(a)의 고리는 정지하고 있으므로 평형에 있다. 결과적으로 이 세 힘의 x 성분과 y 성분의 합은 0이어야 한다. 즉 $\Sigma F_x = 0, \Sigma F_y = 0$이다. 이 관계식을 이용하여 T_1과 T_2를 구할 수 있다. 그림 4.27(b)에 고리에 대한 자유물체도와 각 힘의 x, y 성분을 나타내었다.

풀이   자유물체도에 세 힘에 대한 각 성분을 나타내었고 그 값은 다음의 표와 같다.

힘	x성분	y성분
$\mathbf{T}_1$	$-T \sin 10.0°$	$+T_1 \cos 10.0°$
$\mathbf{T}_2$	$+T \sin 80.0°$	$-T_2 \cos 80.0°$
$\mathbf{W}$	0	$-W$

표에서 +와 −의 부호는 각각 축의 양과 음의 방향으로의 성분

임을 의미한다. x 성분과 y 성분의 합을 0으로 놓으면 다음의 두 식을 얻게 된다.

$$\Sigma F_x = -T_1 \sin 10.0° + T_2 \sin 80.0° = 0 \quad (4.9a)$$
$$\Sigma F_y = +T_1 \cos 10.0° - T_2 \cos 80.0° - W = 0 \quad (4.9b)$$

첫 식에서 T_1에 대해 풀면

$$T_1 = \left(\frac{\sin 80.0°}{\sin 10.0°} \right) T_2$$

이 T_1을 두 번째 식에 대입하면

$$\left(\frac{\sin 80.0°}{\sin 10.0°} \right) T_2 \cos 10.0° - T_2 \cos 80.0° - W = 0$$

$$T_2 = \frac{W}{\left(\dfrac{\sin 80.0°}{\sin 10.0°} \right) \cos 10.0° - \cos 80.0°}$$

가 된다. 여기에 $W = 3150\,\text{N}$을 대입하면 $\boxed{T_2 = 582\,\text{N}}$이다. $T_1 = \left(\dfrac{\sin 80.0°}{\sin 10.0°} \right) T_2$이고 $T_2 = 582\,\text{N}$이므로 $\boxed{T_1 = 3.30 \times 10^3\,\text{N}}$이다.

> **문제 풀이 도움말**
> 예제 4.11에서처럼 물체가 평형 상태에 있을 때 알짜 힘은 0이다. 즉 $\Sigma \mathbf{F} = 0$이다. 이것은 각각의 힘이 0이라는 뜻이 아니며 모든 힘의 벡터 합이 0이라는 뜻이다.

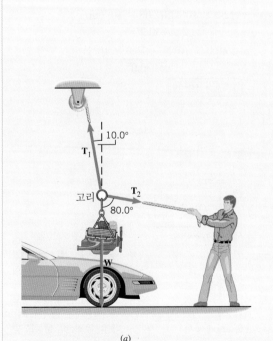

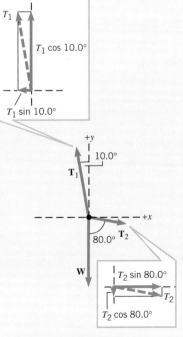

그림 4.27   (a) 세 힘, $\mathbf{W}$ (엔진의 무게), $\mathbf{T}_1$(매달린 밧줄에 의한 장력)과 $\mathbf{T}_2$(위치를 잡는 밧줄에 의한 장력)에 의해 고리가 평형에 있다. (b) 고리에 대한 자유물체도

4.12 비평형계에 대한 뉴턴 운동 법칙의 적용

물체가 가속되고 있으면 그것은 평형 상태가 아니다. 힘들이 균형을 이루지 않으므로 뉴턴의 제2법칙에 의해 물체에 작용하는 알짜 힘도 0이 아니다. 물체가 가속되고 있으므로 식 4.9a와 4.9b 대신에 식 4.2a와 4.2b로 표시되는 뉴턴의 제2법칙을 적용해야 한다.

$$\Sigma F_x = ma_x \qquad (4.2a), \qquad\qquad \Sigma F_y = ma_y \qquad (4.2b)$$

작용하는 힘의 방향은 예제 4.10과 유사하지만 가속도가 있는 경우라서 이 식들을 이용해야 하는 문제를 예제 4.12에서 보자.

 예제 4.12 │ 유조선 예인

그림 4.28(a)에서와 같이 두 대의 예인선이 질량 $m = 1.50 \times 10^8\,\text{kg}$인 유조선을 끌고 있다. 두 케이블이 작용하는 장력 $\mathbf{T}_1$과 $\mathbf{T}_2$는 유조선의 방향과 각각 30.0° 각을 이루고 있다. 유조선의 엔진에 의해 앞으로 작용하는 힘 $\mathbf{D}$의 크기는 $D = 75.0 \times 10^3\,\text{N}$이다. 물이 유조선의 진행을 방해하는 힘 $\mathbf{R}$은 크기가 $R = 40.0 \times 10^3\,\text{N}$이다. 유조선이 정면으로 진행할 때 그 가속도의 크기는 $2.00 \times 10^{-3}\,\text{m/s}^2$이다. 장력 $\mathbf{T}_1$과 $\mathbf{T}_2$의 크기를 구하라.

살펴보기 힘 $\mathbf{T}_1$과 $\mathbf{T}_2$의 합력은 유조선을 가속시키는 방향으로 작용한다. $\mathbf{T}_1$과 $\mathbf{T}_2$를 구하기 위해 각 힘을 성분으로 분해하여 알짜 힘을 계산한다. 각 힘의 성분은 그림 4.28(b)의 유조선에 대한 자유물체도에서 구할 수 있다. 여기서 유조선의 축을 x 축으로 잡았다. 힘의 각 성분에 대해 뉴턴의 제2법칙 ($\Sigma F_x = ma_x$, $\Sigma F_x = ma_y$)을 적용하여 $\mathbf{T}_1$과 $\mathbf{T}_2$의 크기를 구한다.

풀이 각 힘의 성분을 요약하면 다음과 같다.

힘	x 성분	y 성분
$\mathbf{T}_1$	$+T_1 \cos 30.0°$	$+T_1 \sin 30.0°$
$\mathbf{T}_2$	$+T_2 \cos 30.0°$	$-T_2 \sin 30.0°$
$\mathbf{D}$	$+D$	0
$\mathbf{R}$	$-R$	0

가속도의 방향이 x 방향이므로 가속도의 y 성분은 0이다 ($a_y = 0\,\text{m/s}^2$). 따라서 힘의 y 성분의 합도 0이어야 한다.

$$\Sigma F_y = +T_1 \sin 30.0° - T_2 \sin 30.0° = 0$$

따라서 케이블에 의한 장력은 $T_1 = T_2$임을 알 수 있다. 유조선이 x 방향으로 가속되고 있으므로 힘의 x 성분의 합은 0이 아니다. 제2법칙에 의해

$$\Sigma F_x = T_1 \cos 30.0° + T_2 \cos 30.0° + D - R = ma_x$$

이다. $T_1 = T_2$이므로 이 둘을 각각 T 라 두자. 따라서 T 에 대해 풀면

$$\begin{aligned}
T &= \frac{ma_x + R - D}{2 \cos 30.0°} \\[4pt]
&= \frac{(1.50 \times 10^8\,\text{kg})(2.00 \times 10^{-3}\,\text{m/s}^2)}{2 \cos 30.0°} \\[4pt]
&\quad + \frac{40.0 \times 10^3\,\text{N} - 75.0 \times 10^3\,\text{N}}{2 \cos 30.0°} \\[4pt]
&= \boxed{1.53 \times 10^5\,\text{N}}
\end{aligned}$$

가 얻어진다.

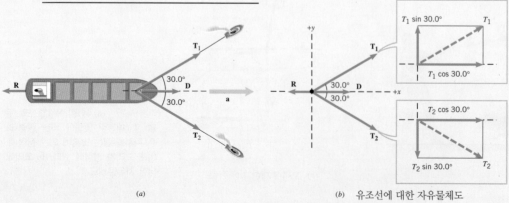

(a)   (b) 유조선에 대한 자유물체도

그림 4.28 (a) 네 힘이 유조선에 작용한다. $\mathbf{T}_1$과 $\mathbf{T}_2$는 케이블에 의해 작용하는 장력이고, $\mathbf{D}$는 유조선의 엔진에 의해 앞으로 작용하는 힘이며, $\mathbf{R}$은 물이 유조선의 운동을 방해하는 힘이다. (b) 유조선에 대한 자유물체도

트럭이 트레일러를 끌 때 사용되는 연결봉 같은 것으로 두 물체가 연결되어 운동하는 경우도 흔히 있다. 이때 만약 연결봉의 장력을 묻지 않는다면, 두 물체를 하나의 물체라 생각하고 뉴턴의 제2법칙을 적용하면 된다. 하지만 장력을 구해야 되는 문제라면 각각의 물체에 대해 뉴턴 제2법칙을 적용하여야 한다.

앞의 4.11절에서 물체에 작용하는 알짜 힘이 0인 경우에 대해 다루었고, 이 절에서는 0이 아닌 경우들에 대해 살펴보았다. 다음의 개념 예제 4.13에서는 어느 시간 동안에는 알짜 힘이 0이었다가 다른 시간에는 0이 아닌 복합적인 경우에 대해 생각해 보자.

 개념 예제 4.13 | 수상스키어의 운동

그림 4.29는 수상스키어가 경험하는 네 가지 다른 순간을 나타낸다.
(a) 스키어가 움직임 없이 물 위에 떠 있다.
(b) 스키어가 물 위로 끌어올려져 스키 위에 선다.
(c) 스키어가 일정한 속력으로 직선 방향으로 진행한다.
(d) 스키어가 줄을 놓은 후 천천히 속도가 줄고 있다.
각 순간에 스키어에 작용하는 알짜 힘이 0인지 아닌지 설명해 보라.

살펴보기 및 풀이 뉴턴의 제2법칙에 의하면 물체의 가속도가 0일 때는 작용하는 알짜 힘이 0이다. 그런 경우 물체는 평형에 있다고 말한다. 반면에 물체가 가속도를 가질 때는 작용하는 알짜 힘이 0이 아니다. 그런 경우 물체는 평형에 있지 않다고 말한다. 이 같은 기준을 사용하여 이 문제를 풀어 보자.
(a) 스키어가 움직임 없이 물 위에 떠서 움직이지 않고 있으므

로 그녀의 속도와 가속도는 0이다. 따라서 그녀에게 작용하는 알짜 힘은 0이고, 그녀는 평형에 있다.
(b) 스키어가 물 위로 끌어올려지고 있으므로 그녀의 속도는 증가하고 있다. 따라서 그녀는 가속되고 있는 것이므로 그녀에게 작용하는 알짜 힘은 0이 아니다. 스키어는 평형에 있지 않다. 알짜 힘의 방향은 그림 4.29(b)에 나타나 있다.
(c) 스키어가 일정한 속력으로 직선 방향으로 진행하고 있으므로 그녀의 속도는 일정하다고 할 수 있다. 속도가 일정하므로 가속도는 0이다. 따라서 그녀에게 작용하는 알짜 힘 역시 0이고, 그녀는 비록 운동하고 있지만 평형에 있다고 할 수 있다.
(d) 스키어가 줄을 놓은 후 그녀의 속력은 줄어든다. 따라서 그녀는 감속되고 있는 것이다. 따라서 그녀에게 작용하는 알짜 힘은 0이 아니고, 그녀는 평형에 있지 않다. 이때 작용하는 알짜 힘의 방향이 그림 4.29(d)에 나타나있는데 그림 (a)에서의 방향과 반대임을 알 수 있다.

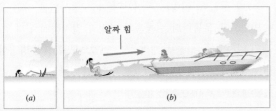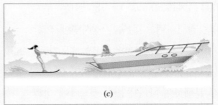

그림 4.29 수상스키어 (a) 물 위에 떠 있을 때, (b) 보트에 의해 끌어올려질 때, (c) 일정한 속도로 달릴 때, 그리고 (d) 멈추는 중일 때

물체의 가속도를 결정하는 여러 힘 중에 중력이 포함되어 있는 경우를 흔히 볼 수 있다. 예제 4.14에서 이런 경우를 살펴보자.

 예제 4.14 | 가속되는 블록

블록 1(질량 $m_1 = 8.00 \text{ kg}$)은 경사각이 30.0°인 경사면을 따라 운동한다. 이 블록은 질량과 마찰이 없는 도르래를 통하여 질량

을 무시할 수 있는 끈으로 블록 2(질량 $m_2 = 22.0 \text{ kg}$)에 연결되어 있다[그림 4.30(a) 참조]. 각 블록의 가속도와 끈의 장력을 구

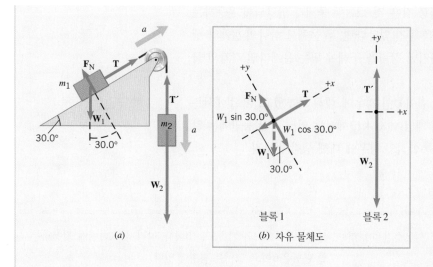

그림 4.30 (a) 블록 1에 작용하는 세 힘은 무게 $\mathbf{W}_1$, 수직항력 $\mathbf{F}_N$, 끈이 미치는 장력 $\mathbf{T}$이다. 블록 2에 작용하는 두 힘은 무게 $\mathbf{W}_2$, 장력 $\mathbf{T}'$이다. 가속도는 a라 표시했다. (b) 두 블록에 대한 자유물체도

하라.

살펴보기 두 블록 모두 가속되고 있으므로 각각에 작용하는 알짜 힘이 0이 아님을 알 수 있다. 이 문제를 푸는 주요한 열쇠는 뉴턴의 제2법칙을 각각의 블록에 대해 따로 따로 적용해야 하는데 있다. 두 블록이 하나의 물체처럼 움직이고 있으므로 가속도의 크기 a가 서로 같음을 이용하라. 우선 블록 1이 경사면을 따라 올라가는 경우라 가정하고 이 방향을 +x 방향으로 잡는다. 만약 최종적으로 구한 가속도의 값이 음으로 나타난다면, 이는 블록 1이 실제로는 경사면을 따라 내려가는 운동이라는 뜻으로 해석하면 된다.

풀이 블록 1에 작용하는 세 힘은 각각
(1) $\mathbf{W}_1[W_1 = m_1 g = (8.00 \text{ kg}) \times (9.80 \text{ m/s}^2) = 78.4 \text{ N}]$은 무게이고, (2) $\mathbf{T}$는 끈이 미치는 장력이며, (3) $\mathbf{F}_N$은 경사면에 의한 수직항력이다. 그림 4.30(b)에 블록 1에 대한 자유물체도가 그려져 있다. 여기서 무게는 x나 y 축의 방향으로 향하지 않으므로 x와 y의 성분으로 각각 분해하여 나타내었다. 블록 1에 대해 뉴턴의 제2법칙 ($\Sigma F_x = m_1 a_x$)을 적용하면

$$\Sigma F_x = -W_1 \sin 30.0° + T = m_1 a$$

인데, 여기서 $a_x = a$라 두었다. 이 식에는 두 개의 미지수 T와 a가 있으므로 바로 풀 수는 없다. 따라서 또 하나의 식을 얻기 위해 블록 2를 고려해 보자.

그림 4.30(b)의 자유물체도에서 보듯이 블록 2에 작용하는 두 힘은 각각, (1) $\mathbf{W}_2[W_2 = m_2 g = (22.0 \text{ kg}) \times (9.80 \text{ m/s}^2) = 216 \text{ N}]$는 무게이고, (2) $\mathbf{T}'$는 블록 1이 끈을 뒤로 당기는 힘에 의한 장력이다. 끈과 도르래는 질량이 없으므로 $\mathbf{T}$와 $\mathbf{T}'$의 크기는 서로 같다. 즉 $T = T'$이다. 블록 2에 대해 뉴턴의 제2법칙($\Sigma F_y = m_2 a_y$)을 적용하면

$$\Sigma F_y = T - W_2 = m_2 (-a)$$

인데, 자유물체도에서 보면 블록 2는 $-y$ 축을 따라 운동하므로 $a_y = -a$라 두었다. 이렇게 두면 블록 1이 경사면을 따라 올라가는 방향으로 운동한다는 처음의 가정과 일치하게 된다. 이제 두 개의 미지수에 대해 두 개의 식을 얻었으므로 연립 방정식을 풀면(부록 C 참조) 미지수 T와 a를 구할 수 있다. 즉 $\boxed{T = 86.3 \text{ N}}$이고, $\boxed{a = 5.89 \text{ m/s}^2}$이다.

연습 문제

4.3 뉴턴의 운동 제2법칙

1(1) 질량이 3.1×10^4 kg인 비행기가 3.7×10^4 N의 일정한 알짜 힘의 영향하에서 이륙한다. 질량 78 kg인 비행기 조종사에게 작용하는 알짜 힘은 얼마인가?

2(3) 놀이공원에서 매직 마운틴 슈퍼맨(Magic Mountain Superman)이라는 인기 있는 놀이 기구가 있는데, 이 기구는 강력한 자석이 차와 탑승자를 7.0 s 내에 정지 상태에서 45 m/s(약 100 mi/h)로 가속시킨다. 차와 탑승자의 질량이 5.5×10^3 kg일 때 자석이 차와 탑승자에 가하는 평균 알짜 힘을 구하라.

3(5) 질량이 58 g인 테니스볼이 서브될 때, 정지 상태에서 45 m/s의 속도까지 가속된다. 테니스 라켓의 충격에 의해 공은 44 cm의 거리까지 일정하게 가속된다. 공에 작용하는 알짜 힘의 크기는 얼마인가?

4(6) 질량이 1580 kg인 자동차가 속력 15.0 m/s로 주행한다. 이 차를 50.0 m의 거리 내에 정지하기 위해 필요한 수평 알짜 힘은 얼마인가?

5(7) 태권도 검은 띠인 어떤 사람의 주먹의 질량은 0.70 kg이다. 정지 상태에서 주먹이 가속되어 0.15 s 후에 8.0 m/s의 속도가 되었다. 이런 동작에서 주먹에 가해진 평균 알짜 힘의 크기는 얼마인가?

*6(8) 정지 상태에서 활로 쏜 화살의 속력이 25.0 m/s이다. 만약 모든 다른 조건은 같고, 이 활이 화살에 가하는 평균력을 2배로 한다면 화살의 속력은 얼마가 될까?

*7(9) 두 힘 $\mathbf{F}_A$와 $\mathbf{F}_B$가 질량이 8.0 kg인 물체에 작용한다. 힘 $\mathbf{F}_A$가 더 크다. 두 힘이 동쪽 방향으로 작용할 때, 물체의 가속도의 크기는 0.50 m/s²이다. 그러나 동쪽으로 $\mathbf{F}_A$, 서쪽으로 $\mathbf{F}_B$가 작용될 때 가속도의 크기는 0.40 m/s²이고 방향은 동쪽이다. (a) 힘 $\mathbf{F}_A$의 크기를 구하라. (b) 힘 $\mathbf{F}_B$의 크기를 구하라.

4.4 뉴턴의 운동 제2법칙의 벡터 성질
4.5 뉴턴의 운동 제3법칙

8(11) 그림에 나타난 바와 같이 두 개의 힘 $\mathbf{F}_1$과 $\mathbf{F}_2$가 질량 7.00 kg인 블록에 작용한다. 이들 힘의 크기는 $F_1 = 59.0$ N, $F_2 = 33.0$ N이다. 블록의 가속도(크기와 방향)는 얼마

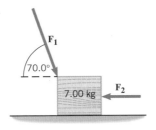

인가?

9(13) 그림에서 나타난 바와 같이 단지 두 개의 힘이 물체(질량 = 3.00 kg)에 작용한다. 물체의 가속도의 크기와 방향(x축에 상대적인 방향)을 구하라.

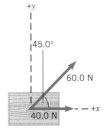

*10(15) 어떤 오리의 질량이 2.5 kg이다. 오리가 헤엄을 칠 때, 0.10 N의 힘이 정동쪽 방향으로 작용한다. 또한 물의 흐름 때문에 0.20 N의 힘이 동쪽을 기준으로 남쪽 52° 방향으로 작용한다. 이들 힘이 작용하기 시작할 때 오리의 속도는 정동쪽 방향으로 0.11 m/s이다. 이들 힘이 작용하는 동안 3.0 s 후 오리가 이동한 변위의 크기와 방향(정동쪽 방향에 대해 상대적인 방향)을 구하라.

**11(17) 325 kg인 보트가 동북 15.0° 방향으로 2.00 m/s의 속력으로 항해한다. 30초 후 4.00 m/s의 속력으로 동북 35.0° 방향으로 항해 중이다. 이 시간 동안 보트에 다음과 같은 세 힘이 작용한다. 동북 15.0° 방향으로 31.0 N(보조 엔진에 대해) 힘, 서남 15.0° 방향으로 23.0 N(물에 대한 저항) 힘, 그리고 $\mathbf{F}_W$(바람에 대한). 힘 $\mathbf{F}_W$의 크기와 방향을 구하라. 동쪽에 대한 각도로 방향을 표현하라.

4.7 중력

12(19) 지상에서 우주 탐사 로켓을 구성하는 두 부분의 무게는 각각 11000 N과 3400 N이다. 이들 두 부분에서 중심 사이의 거리는 12 m이고 그 모양은 균일한 구형으로 간주할 수 있다. 다른 물체로부터 아주 멀리 떨어진 우주에서 하나의 부분이 다른 부분에 가하는 중력의 크기를 구하라.

13(20) 질량 45 kg인 바위가 절벽 끝에 매달려 있다가 절벽 아래로 곧장 떨어졌다. 바위가 아래로 떨어지는 운동에 반대 방향으로 250 N의 공기 저항력이 작용한다. 이때 바위의 가속도의 크기를 구하라.

14(21) 이 문제를 풀기 위해 개념 예제 4.6을 다시 읽어보라. 질량이 115 kg인 우주여행자가 지구를 떠났다. 이 사람의 질량과 무게를 (a) 지상에서와 (b) 근처에 천체가 없는 우주 공간에서 구하라.

15(23) 동기식 통신 위성은 지구 표면으로부터 위로 3.59×10^7 m에 원 궤도에 있다. 이 거리에서 중력 가속도의 크기는 얼마인가?

16(25) 로봇의 질량이 5450 kg이다. 이 로봇은 행성 B에서보다 행성 A에서 3620 N 더 무겁다. 두 행성의 반지름은

$1.33 \times 10^7 \, \text{m}$로 같다. 이 두 행성의 질량 차 $M_A - M_B$는 얼마인가?

17(27) 화성의 질량은 $6.46 \times 10^{23} \, \text{kg}$이고 반지름은 $3.39 \times 10^6 \, \text{m}$이다. (a) 화성에서 중력 가속도는 얼마인가? (b) 이 행성에서 질량이 65 kg인 사람의 무게는 얼마인가?

＊18(29) 몇몇 사람들이 열기구에 타고 있다. 사람과 열기구를 합친 질량은 310 kg이다. 열기구는 사람과 열기구 무게는 아래로 작용하고, 부력은 위로 작용해서 평형 상태를 유지하므로 공기 중에 가만히 떠 있다. 부력이 일정하게 유지되는 경우, 열기구의 상승 가속도가 $0.15 \, \text{m/s}^2$에 이르려면 기구에서 질량을 얼마나 줄여야 하는가?

＊19(31) 행성의 표면으로부터 위로 H 만큼 떨어진 위치에서 원격 제어 탐사 로봇의 실제 무게는 표면에서의 실제 무게보다 1 % 작다. 행성의 반지름은 R이다. H/R을 구하라.

＊＊20(33) 두 입자가 x축 위에 놓여 있다. 입자 1은 질량이 m이고 기준점에 놓여 있고, 입자 2는 질량이 $2m$이고 $x = +L$에 놓여 있다. 세 번째 입자는 입자 1과 입자 2 사이에 놓을 때 양쪽 입자 1과 입자 2에 작용하는 중력의 2배가 되는 x축 위의 위치는 어디인가? 답은 L로 표현하라.

4.8 수직항력
4.9 정지 마찰력과 운동 마찰력

21(34) 35 kg인 나무상자가 편평한 바닥에 놓여 있고, 65 kg인 사람이 나무상자 위에 올라 서 있다. (a) 나무상자에 작용하는 바닥 및 (b) 사람에 작용하는 나무상자의 수직항력의 크기를 구하라.

22(37) 무게가 45.0 N인 벽돌이 편평한 탁자 위에 놓여 있다. 이 벽돌에 수평 방향으로의 힘 36.0 N이 가해진다. 정지 마찰 계수는 0.650이고 운동 마찰 계수는 0.420이다. 이 수평 방향의 힘에 의해 벽돌이 움직이겠는가? 만약 그렇다면, 그때 벽돌의 가속도는 얼마가 되겠는가? 그 이유를 설명하라.

23(39) 20.0 kg인 썰매를 수평 면에 대해 일정한 속도로 당기고 있다. 당기는 힘은 수평 위 30.0° 방향으로 80.0 N의 크기를 가진다. 운동 마찰 계수를 결정하라.

＊24(43) 얼음 위에서 처음 속도 7.60 m/s로 가만히 미끄러지는 스케이터가 있다. 공기 저항은 무시하고 답하라. (a) 얼음과 스케이트 날 사이의 운동 마찰 계수가 0.100일 때, 운동 마찰에 의해 감속되는 스케이터의 가속도를 계산하라. (b) 스케이터가 멈출 때까지 진행한 거리는 얼마인가?

＊＊25(45) 이사하는 동안 새 집주인이 일정한 속도로 바닥에서 상자를 밀고 있다. 상자와 바닥 사이의 운동 마찰 계수는 0.41이다. 미는 힘은 수평 아래 θ의 각으로 아래 방향이다. 각도

θ가 특정한 값보다 클 때, 아무리 미는 힘을 크게 할지라도 박스를 움직이게 하는 것은 불가능하다. 상자가 밀려서 이동될 때 각도 θ를 구하라.

4.10 장력
4.11 평형계에 대한 뉴턴 운동 법칙의 적용

26(46) 그림 (a)는 물 양동이가 고정 도르래로부터 매달려 있는 것을 나타낸다. 줄의 장력은 92.0 N이다. 그림 (b)는 같은 물 양동이를 고정 도르래로부터 일정한 속도로 끌고 있는 것이다. 그림 (b)에서 줄의 장력은 얼마인가?

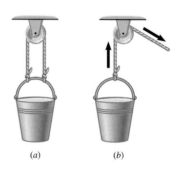

(a)　　　　*(b)*

27(47) 유조선(질량 = $1.70 \times 10^8 \, \text{kg}$)이 일정한 속도로 항해하고 있다. 유조선의 엔진은 앞 방향으로 $7.40 \times 10^5 \, \text{N}$의 힘을 발생한다. (a) 물이 유조선에 작용하는 저항력의 크기를 구하라. (b) 물이 유조선에 작용하는 부력의 크기를 계산하라.

28(51) 한 스턴트맨이 케이블에 연결된 트럭을 도로에서 일정한 속도로 끌고 있는 중이다. 케이블은 지면에 평행하다. 스턴트맨의 질량은 109 kg이고, 도로와 사람 사이의 운동 마찰 계수는 0.870이다. 케이블에 걸리는 장력을 구하라.

29(54) 그림은 몸무게가 890 N인 서커스 광대를 나타낸다. 광대의 발과 지면 사이의 정지 마찰 계수는 0.53이다. 그는 주위에 세 개의 도르래를 연결하고 그의 발을 줄로 묶어 줄을 잡아 수직 아래로 당긴다. 광대가 자기 발을 스스로 확 잡아당기도록 작용해야 하는 최소의 당김 힘은 얼마인가?

＊30(55) 그림에서 보듯이 상자 1이 탁자 위에 놓여 있고, 그 위에는 상자 2가 놓여 있다. 거기에 상자 3이 질량과 마찰이 없는 도르래에 걸쳐진 밧줄에 의해 상자 2와 연결되어 있다. 밧줄의 질량도 없다고 하자. 세 상자의 무게는 각각 $W_1 = 55 \, \text{N}$, $W_2 = 35 \, \text{N}$, $W_3 = 28 \, \text{N}$ 이다. 탁자

가 상자 1에 미치는 수직항력의 크기를 구하라.

*31(58) 한 산악인이 줄로 연결된 두 절벽 사이를 건너가다가 잠깐 정지 상태로 있다. 그녀의 몸무게는 535 N이다. 그림에서 처럼 그녀는 오른쪽 절벽보다 왼쪽 절벽에 가까운 위치에 있고, 오른쪽과 왼쪽 부분에 걸리는 장력은 같지 않다. 산악인의 왼쪽과 오른쪽 줄에 걸리는 장력을 구하라.

*32(59) 예인봉(tow bar)을 잡고 스키 위에 선 스키어가 눈 덮인 경사면을 따라 일정한 속도로 끌어 올려지고 있다. 경사각은 25.0°이다. 예인봉이 스키어에게 작용하는 힘의 방향은 경사면과 평행한 방향이다. 스키어의 질량이 55.0 kg이고, 스키와 눈 사이의 운동 마찰 계수는 0.120이라 하자. 예인봉이 스키어에게 작용하는 힘의 크기를 계산하라.

33(60) 그림에서 블록의 무게는 88.9 N이다. 블록과 수직 벽면 사이의 정지 마찰 계수는 0.560이다. (a) 벽면 아래로 블록이 미끄러지지 않도록 하는 최소 힘 **F는 얼마인가? (힌트: 블록에 작용하는 정지 마찰력은 벽에 평행하고 위 방향이다.) (b) 블록이 벽면 위로 이동시킬 수 있는 최소 힘은 얼마인가? (힌트: 정지 마찰력은 이제 벽에 아래 방향이다.)

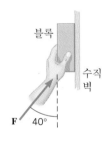

블록

수직벽

F 40°

4.12 비평형계에 대한 뉴턴 운동 법칙의 적용

34(63) 그림과 같이 물체(질량 = 4.00 kg)에 단지 두 힘만 작용한다. 물체의 가속도의 크기와 방향(x축에 상대적인 방향)을 구하라.

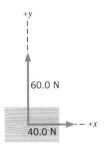

+y

60.0 N

40.0 N --- +x

35(66) 낙하하는 스카이다이버의 질량이 110 kg이다. (a) 공기 저항력이 스카이다이버의 무게의 $\frac{1}{3}$과 같은 크기로 위 방향으로 작용할 때 스카이다이버의 가속도의 크기는 얼마인

가? (b) 낙하산이 펴진 후, 스카이다이버는 하강하면서 일정한 속도를 갖는다. 스카이다이버에 작용하는 공기 저항력(크기와 방향)은 얼마인가?

36(67) 그림에서처럼, 탁자 위에 있는 블록의 무게는 422 N이고, 매달린 블록의 무게는 185 N이다. 모든 마찰력은 무시하고, 도르래의 질량도 없다고 가정하자. (a) 각 블록의 가속도를 구하라. (b) 끈에 작용하는 장력을 구하라.

422 N

185 N

37(69) 어떤 학생이 길이가 6.0 m이고 경사각이 18°인 경사면의 꼭대기에서부터 스케이트보드를 타고 미끄러져 내려간다. 꼭대기에서 이 학생의 처음 속도는 2.6 m/s였다. 마찰을 무시하고, 이 학생이 경사면의 바닥에 도달했을 때의 속도를 구하라.

*38(75) 질량이 72.0 kg인 사람이 나무에 올라가기 위해, 나일론 끈을 자신의 허리에 묶고 끈의 다른 쪽을 나뭇가지에 던져서 걸친 후 늘어뜨렸다. 이 사람이 그 끈을 잡고 358 N의 힘을 작용하여 아래로 잡아당겼을 때, 위로 올라가는 그 사람의 가속도는 얼마인가? 끈과 나뭇가지 사이의 마찰은 무시한다.

*39(79) 경사각이 15.0°인 경사면을 따라 상자가 미끄러져 올라가고 있다. 상자와 경사면 사이의 운동 마찰 계수는 0.180이다. 경사면 바닥에서 상자의 처음 속도는 1.50 m/s였다. 상자가 멈출 때까지 경사면을 따라 미끄러져 올라갈 수 있는 총 거리를 계산하라.

**40(85) 그림과 같은 장치에서 밧줄과 도르래에는 질량이 없다고 하자. 모든 마찰도 무시하라. (a) 밧줄에 작용하는 장력을 구하라. (b) 질량 10.0 kg인 블록의 가속도를 구하라. (힌트: 탁자 위에 놓인 블록이 매달린 블록보다 2 배의 거리를 이동한다.)

10.0 kg

3.00 kg

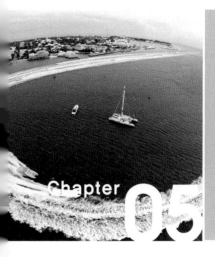

등속 원운동의 동역학

5.1 등속 원운동

곡선 경로를 운동하는 예는 매우 많으며, 그중에서 다음과 같은 정의를 만족시키는 것들이 있다.

■ 등속 원운동

등속 원운동은 원형 경로에서 속력이 일정한(변함없는) 물체의 운동이다.

등속 원운동의 예로써, 그림 5.1은 줄에 매달린 모형 비행기를 나타낸다. 비행기의 속력은 속도 벡터 **v**의 크기이며, 속력이 일정하므로 그림에서 벡터는 원의 모든 점에서 같은 크기를 갖는다.

등속 원운동은 속력보다 운동의 주기로 나타내는 것이 때로는 더 편리하다. 주기 (period) T는 원을 한번 도는데 걸리는 시간-즉 완전히 한 바퀴 도는 시간이다. 속력 v는 움직인 거리(원의 둘레 길이 = $2\pi r$)를 시간 T로 나눈 값이므로, 주기와 속력의 관계는 다음과 같다.

$$v = \frac{2\pi r}{T} \tag{5.1}$$

다음의 예제 5.1에서와 같이 반지름을 알면 주기로부터 속력이 계산되며, 그 역도 마찬가지이다.

 예제 5.1 | **타이어 균형잡기**

반지름이 $r = 0.29$ m인 자동차 휠이 타이어 휠 균형 장치에서 1분에 830회(rpm) 회전하고 있다. 휠 바깥 테두리의 움직이는 속력(m/s)을 구하라.

살펴보기 속력 v는 $v = 2\Delta\pi r/T$로부터 바로 얻어지지만, 먼저 주기 T를 구해야 한다. 주기는 1 회전 동안의 시간이며, 문제에서 속력을 m/s로 요구하므로 초(s)로 나타내어야 한다.

풀이   타이어는 1분에 830회 회전하므로 1회전에 걸리는 시간을 분(min)으로 나타내면

$$\frac{1}{830 \text{ 회전/분}} = 1.2 \times 10^{-3} \text{ 분/회전}$$

이다. 따라서 주기는 $T = 1.2 \times 10^{-2}$ 분(min)이며, 0.072 초(s)

에 해당한다. 이제 식 5.1을 속력을 구하는 데 이용하여 다음을 얻을 수 있다.

$$v = \frac{2\pi r}{T} = \frac{2\pi (0.29 \text{ m})}{0.072 \text{ s}} = \boxed{25 \text{ m/s}}$$

그림 5.1 수평 원주를 등속으로 나는 비행기의 운동은 등속 원운동의 한 예이다.

등속 원운동의 정의는 속력(속도 벡터의 크기)이 일정하다는 것과 마찬가지로 벡터의 방향은 일정하지 않다는 것을 강조하고 있다. 예를 들면 그림 5.1에서, 비행기가 원둘레를 운동할 때 속도 벡터는 방향이 변한다. 비록 방향만 변하더라도, 속도 벡터의 어떤 변화는 가속도가 있다는 것을 의미한다. 이 특별한 가속도는 다음 절에서 설명하는 바와 같이 원의 중심 방향을 향하므로 '구심 가속도(centripetal acceleration)'라 한다.

5.2 구심 가속도

이 절에서는 물체의 속력 v와 회전 경로의 반지름 r에 의존하는 구심 가속도의 크기 a_c를 구해보자. 그 결과는 $a_c = v^2/r$가 됨을 알게 될 것이다.

그림 5.2(a)에서 물체(기호 ●로 나타낸다)는 등속 원운동을 하고 있다. 시각 t_0에서 속도는 점 O에서 원에 접하고, 그 후 시각 t에서 속도는 점 P에 접한다. 물체가 O에서 P로 움직일 때 반지름은 각 θ만큼 돌게 되며, 속도 벡터는 방향이 변한다. 방향이 바뀜을 자세히 보기 위해, 속도 벡터를 점 P에서 평행 이동하여, 꼬리를 점 O로 옮긴 그림이 그림 (b)에 나타나 있다. 두 벡터 사이의 각 β는 방향 변화를 나타낸다. 반지름 CO와 CP는 점 O와 P에서 접선에 각각 수직이므로, $\alpha + \beta = 90°$이며 $\alpha + \theta = 90°$이다. 따라서, 각 θ와 각 β는 같다.

가속도는 속도의 변화 $\Delta \mathbf{v}$를 미소 경과 시간 Δt로 나눈 값, 즉 $\mathbf{a} = \Delta \mathbf{v}/\Delta t$이다. 그림 5.3(a)는 한쪽 속도 벡터에 대해 각 θ를 향하는 두 속도 벡터를 나타내며, 속도 변화를 나타내는 벡터 $\Delta \mathbf{v}$를 함께 나타낸다. 변화 $\Delta \mathbf{v}$는 시각 t_0에서 속도에 더해지는 증가량이며, 그 결과 속도는 경과 시간 $\Delta t = t - t_0$ 후 새로운 방향을 가진다. 그림 5.3(b)는 부채꼴 COP을 나타낸다. Δt가 매우 작은 극한에서, 원호 OP는 근사적으로 직선이며, 그 길이는 물체의 이동 거리 $v\Delta t$이다. 이러한 극한에서 COP는 그림 (a)의 삼각형처럼 이등변 삼각형이

그림 5.2 (a) 등속 원운동하는 물체(●)의 속도 $\mathbf{v}$는 원주 상 다른 위치에서 각기 다른 방향을 갖는다. (b) 속도 벡터를 점 P에서 평행 이동하여, 꼬리를 점 O로 옮겨 그렸다.

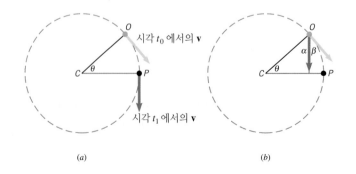

시각 t_0에서의 $\mathbf{v}$

시각 t_1에서의 $\mathbf{v}$

(a)   (b)

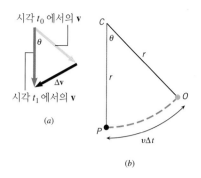

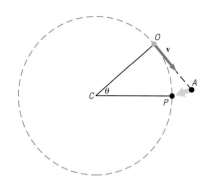

그림 5.3 (a) 시각 t와 t_0에서 속도 벡터의 방향은 각 θ만큼 차이가 난다. (b) 물체가 원을 따라 O에서 P로 움직일 때, 반지름 r은 같은 각 θ를 그린다. 위 부채꼴 COP는 그림 5.2에 나타난 방향에 대해 상대적으로 시계 방향으로 90° 회전되었다.

그림 5.4 원운동하는 물체($\bullet$)가 점 O에서 떨어져 나가면 선분 OA의 접선 방향을 따라 알짜 힘을 받지 않고 직선 운동할 것이다.

다. 두 삼각형은 꼭지각 θ가 같으므로 서로 닮은 꼴이어서 다음과 같은 관계가 성립한다.

$$\frac{\Delta v}{v} = \frac{v\,\Delta t}{r}$$

이 식을 $\Delta v/\Delta t$에 대해 풀면, 구심 가속도 크기 a_c는 $a_c = v^2/r$이 된다.

구심 가속도는 벡터양이며 따라서 크기뿐만 아니라 방향도 가지며 그 방향은 원의 중심을 향한다.

그림 5.4에 그려져 있는 원운동하는 물체가 점 O에서 갑자기 떨어져 나가면 접선 방향으로 운동할 것이다. 원주 위의 점 P까지 움직일 시간 동안, 물체는 직선으로 점 A까지 운동할 것이다. 마치 물체가 원주에서 거리 AP만큼 떨어진 것과 같으며, 각 θ가 무한히 작을 때 AP의 방향은 원의 중심을 향한다. 따라서 물체는 매 순간 원의 중심 방향으로 가속된다. '구심의(centripetal)'은 '중심 지향(center-seeking)'을 뜻하므로 이 가속도를 **구심 가속도**(centripetal acceleration)라 한다.

■ **구심 가속도**

크기: 반지름 r의 원 경로를 속력 v로 움직이는 물체의 구심 가속도는 다음과 같은 크기 a_c를 갖는다.

$$a_c = \frac{v^2}{r} \qquad (5.2)$$

방향: 구심 가속도 벡터는 항상 원의 중심을 향하며, 물체의 운동에 따라 연속적으로 변한다.

다음 예제에서는 구심 가속도에서 반지름 r의 효과가 잘 설명되어 있다.

 예제 5.2 | 구심 가속도에서 반지름의 크기 효과   ○ 봅슬레이 선로의 물리

1994년 릴레함메르 올림픽(노르웨이)의 봅슬레이 선로(꼬불길; bobsled track)에는 그림 5.5와 같이 반지름 33 m와 24 m의 커브 길이 있다. 속력이 34 m/s일 때 각 커브에서 구심 가속도를 구하라. 이 속력은 2인 종목 속력이다. 답을 $g = 9.8$ m/s^{2}의 배수로 나타내어라.

살펴보기 각각의 경우, 구심 가속도의 크기는 $a_c = v^2/r$로부터 구할 수 있다. 반지름 r은 이 식 우변의 분모이므로 r이 커지면 가속도는 더 작아질 것이다.

풀이 $a_c = v^2/r$ 식으로부터 다음을 얻을 수 있다.

반지름 = 33 m $\quad a_c = \dfrac{(34 \text{ m/s})^2}{33 \text{ m}} = 35 \text{ m/s}^2 \boxed{3.6\,g}$

반지름 = 24 m $\quad a_c = \dfrac{(34 \text{ m/s})^2}{24 \text{ m}} = 48 \text{ m/s}^2 \boxed{4.9\,g}$

구심 가속도는 반지름이 매우 클 때 확실히 매우 작다. 실제로, 가속도는 $a_c = v^2/r$의 우변 분모 r로 인해 반지름이 매우 클 때 0에 근접한다. 무한히 큰 원주상의 일정한 원운동은 가속도가 0이 된다. 이것은 마치 직선 상 등속 운동과 같다.

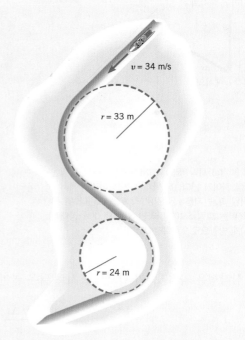

그림 5.5 봅슬레이가 반지름이 다른 두 커브를 같은 속도로 달린다. 반지름이 더 큰 커브를 돌 때 썰매의 구심 가속도가 더 작다.

같은 속력으로도 급한(작은 r) 회전과 느슨한(큰 r) 회전은 가속도가 다르다. 대부분의 운전자는 그러한 다른 '느낌'을 안다. 이러한 느낌은 등속 원운동에 나타나는 힘과 관련된다. 이제 이에 관해 알아보자.

5.3 구심력

뉴턴의 제2법칙은 물체가 가속될 때는 항상 가속을 일으키는 알짜 힘이 있어야 함을 의미하고 있다. 즉 등속 원운동에는 구심 가속도를 일으키는 알짜 힘이 반드시 있어야 한다. 제2법칙은 이 알짜 힘이 물체의 질량 m과 가속도 v^2/r의 곱임을 나타낸다. 구심 가속도의 원인이 되는 알짜 힘을 **구심력**(centripetal force) F_c이라 하며, 그 힘은 가속도와 같은 방향으로 향한다. 즉 원의 중심을 향한다.

■ **구심력**

크기: 구심력은 질량 m인 물체가 반지름 r의 원형 경로를 속력 v로 운동하는 데 필요한 알짜 힘을 의미하며 그 크기는 다음과 같다.

$$F_c = \frac{mv^2}{r} \tag{5.3}$$

방향: 구심력은 항상 원의 중심을 향하며, 물체의 운동에 따라 연속적으로 변한다.

'구심력'이라는 문구는 자연 속에 생기는 다른 힘과 구별되는 새로운 힘을 나타내는 것은 아니다. 단지 알짜 힘이 원형 경로의 중심을 향한다는 뜻으로 붙여진 이름이며, 이 알짜 힘은 반지름 방향을 향하는 모든 힘 성분의 벡터 합이다.

어떤 경우에는, 줄에 매달린 모형 비행기가 수평하게 원형으로 날 때와 같이 구심력의 근원을 쉽게 알 수 있다. 비행기를 안쪽으로 당기는 유일한 힘은 줄의 장력이며 이 힘(혹은 이 힘의 성분)이 바로 구심력이다. 다음의 예제 5.3에서는 속력을 빠르게 하기 위해서는 큰 장력이 필요하다는 것을 설명하고 있다.

예제 5.3 | 구심력과 속력의 관계

그림 5.6의 모형 비행기는 질량이 0.90 kg이며, 지면과 평행한 원둘레 위를 등속 운동한다. 비행기 무게는 날개가 만드는 양력에 의해 균형을 이루므로, 비행기의 경로와 매달린 줄은 같은 수평면 상에 놓인다. 속력이 19 m/s와 38 m/s인 경우에 대해 줄(길이 = 17 m)의 장력 T를 구하라.

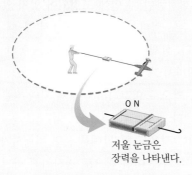

그림 5.6 저울 눈금은 매달린 줄의 장력을 나타낸다.

살펴보기 비행기는 원형 경로를 날기 때문에, 원의 중심 방향을 향하는 중심의 가속도를 받는다. 이 가속도는 뉴턴의 운동 제2법칙에 따라 비행기에 작용하는 알짜 힘에 의해 생기며, 이 알짜 힘을 구심력이라 한다. 구심력은 역시 원의 중심을 향한다. 줄의 장력 T는 비행기를 안쪽으로 당기는 유일한 힘이므로, 구심력은 이것뿐이다.

풀이 식 5.3에 따라 장력은 $F_c = T = mv^2/r$가 된다.

속력 = 19 m/s $\quad T = \dfrac{(0.90 \text{ kg})(19 \text{ m/s})^2}{17 \text{ m}} = \boxed{19 \text{ N}}$

속력 = 38 m/s $\quad T = \dfrac{(0.90 \text{ kg})(38 \text{ m/s})^2}{17 \text{ m}} = \boxed{76 \text{ N}}$

그림 5.7과 같이, 경사 없는 커브 길을 자동차가 일정 속력으로 움직일 때, 자동차가 길밖으로 미끄러지지 않게 하는 구심력은 도로와 타이어 사이의 정지 마찰로부터 나온다. 타이어가 반지름 방향에 대해 미끌림이 없기 때문에, 이는 운동 마찰이 아니라 정지 마찰이다. 주어진 속력과 회전 반지름에 대해, 만일 정지 마찰력이 충분하지 않으면 자동차는 길에서 미끄러지고 말 것이다. 예제 5.4는 빙판 길에서 안전 운행의 한계를 보여준다.

예제 5.4 | 구심력과 안전 운전

건조한 날씨(정지 마찰 계수 = 0.900)와 얼음이 어는 날씨(정지 마찰 계수 = 0.100)에, 경사 없는 커브 길(반지름 = 50.0 m)에서 안전하게 주행할 수 있는 최대 속력을 비교해 보자.

살펴보기 최대 속력에서 최대 구심력이 타이어에 작용하며, 구심력은 정지 마찰력에 의한다. 정지 마찰력의 최대 크기는 식 4.7 $f_s^{최대} = \mu_S F_N$로 나타난다. μ_s는 정지 마찰 계수이며, F_N는 수직항력의 크기이다. 여기서는 먼저 수직항력을 구하고, 그것을 정지 마찰력의 최댓값을 구하기 위한 식에 대입한다. 그 결과값을 mv^2/r과 같이 놓는다. 최대 속력은 빙판 길보다 마른 길이 더 크다는 것을 경험으로 알 수 있다.

풀이 자동차는 수직 방향으로 가속하지 않으므로 자동차의 무게 mg는 수직항력과 균형을 이룬다. 즉 $F_N = mg$이다. 식 4.7과 5.3

으로부터 다음과 같이 된다.

$$F_c = \mu_s F_N = \mu_s mg = \frac{mv^2}{r}$$

결국 $\mu_s = v^2/r$ 이므로

$$v = \sqrt{\mu_s gr}$$

이 된다. 이 식에는 자동차의 질량 m 이 나타나지 않으므로 모든 자동차는 무겁거나 가볍거나 간에 커브 길에서 안전 운전을 위한 최대 속력은 같다. 즉

마른 길($\mu_s = 0.900$)

$$v = \sqrt{(0.900)(9.80 \text{ m/s}^2)(50.0 \text{ m})} = \boxed{21.0 \text{ m/s}}$$

빙판 길($\mu_s = 0.100$)

$$v = \sqrt{(0.100)(9.80 \text{ m/s}^2)(50.0 \text{ m})} = \boxed{7.00 \text{ m/s}}$$

이다. 예측과 같이 마른 길에서 더 큰 최대 속력을 낼 수 있다.

> **문제 풀이 도움말**
> 수치적 답을 얻기 위해 식을 이용할 때, 모르는 변수를 알려진 변수의 항으로 나타낼 수 있도록 대수적으로 푼다. 그런 다음 알려진 변수의 수치값을 대입하여 모르는 변수의 값을 구한다.

그림 5.7 자동차가 커브에서 미끄럼 없이 움직일 때 도로와 타이어 사이의 정지 마찰은 자동차가 도로 위에 있게 하는 구심력을 제공한다.

◉ 동체를 기울여서 비행하는 비행기의 물리

그림 5.7에서 자동차 안의 승객은 역시 원형 경로 상에 머물게 하는 구심력을 느껴야 하지만 자동차가 빠른 속력에서 갑자기 회전하면 차 안에 고정되어 있지 않은 물건은 정지 마찰력이 충분하지 않아서 미끄러질 수도 있다. 그러면 차 안에서 볼 때 그 승객은 이 커브 바깥 방향으로 던져진 것처럼 보인다. 실제는 자동차가 회전하는 동안 승객을 그 자리에 가만히 있게 하는 구심력이 있을 때까지 그 승객은 원의 바깥 방향으로 미끄러진다. 승객이 자동차 창문에 닿게 되면 더 이상 밖으로 미끄러지지 않게 되며 창문이 승객을 받치는 힘이 승객에게 작용하는 구심력이 된다.

어떤 경우에는 구심력의 근원이 애매한 경우도 있다. 예를 들면 비행사가 비행기의 방향을 바꿀 때 구심력을 일으키기 위해 비행기를 어떤 각으로 경사지게 하거나 날개를 기울인다. 그림 5.8(a)에서와 같이 비행기가 날 때, 공기는 날개 표면에 수직인 끌어올리는 알짜 힘 **L**로 날개 표면을 밀어 올린다. 그림 (b)를 보면 비행기가 각 θ로 경사질 때 양력의 성분 $L\sin\theta$는 회전 중심 방향을 향함을 알 수 있다. 구심력을 만드는 것이 바로 이 성분이다. 더 큰 속력과 급격한 회전은 더 큰 구심력을 요하며, 이러한 상황에서는 비행사는 더 큰 각으로 비행기가 경사지게 해야 한다. 그러면 양력의 더 큰 성분이 회전 중심을 향한다. 커브 길이 경사지게 하는 기술은 고속 도로 건설에서는 매우 중요하며 실제로 이렇게 되도록 건설한다. 이것에 관한 구체적인 것을 다음 절에서 논의해 보자.

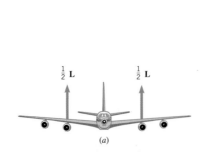

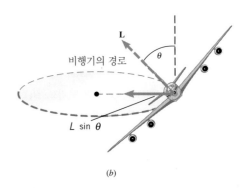

그림 5.8 (a) 공기는 각 날개에 $\frac{1}{2}$**L**의 양력을 위로 작용한다. (b) 비행기가 원형으로 비행할 때 비행기는 각 θ로 기울인다. 끌어 올리는 힘의 수평 성분 $L\sin\theta$ 는 원의 중심을 향하며 이것이 구심력을 제공한다.

5.4 경사진 커브 길

자동차가 경사 지지 않은 커브 길을 미끄러지지 않고 주행할 때 타이어와 도로 사이의 정지 마찰력이 구심력을 제공한다. 그러나 커브 길 바깥쪽이 안쪽에 비해 경사진 경우에는 주어진 속력에서 마찰의 기여는 완전히 없어진다. 비행기가 회전하는 동안 안쪽으로 기울여서 나는 것과 같은 방법이다.

그림 5.9(a)는 자동차가 마찰이 없는 경사진 커브 길을 따라 회전 하는 것을 보여준다. 커브 반지름 r은 경사면이 아니라 수평면에 평행하도록 잰 값이다. 그림 (b)에는 도로가 자동차에 작용하는 수직항력 $\mathbf{F_N}$이 그려져 있다. 수직항력은 도로면에 수직이다. 도로면은 수평면에 대해 θ의 각을 이루므로 수직항력은 원의 중심 C를 향하는 성분 $F_N \sin\theta$을 가지며 그것이 구심력이 된다. 즉

$$F_c = F_N \sin\theta = \frac{mv^2}{r}$$

이다. 수직항력의 수직 성분은 $F_N \cos\theta$이며, 자동차는 수직 방향으로 가속하지 않으므로 이 성분은 자동차의 무게 mg와 균형을 이룬다. 그러므로 $F_N \cos\theta = mg$이다. 앞의 식을 이 식으로 나누면

$$\frac{F_N \sin\theta}{F_N \cos\theta} = \frac{mv^2/r}{mg}$$

$$\tan\theta = \frac{v^2}{rg} \tag{5.4}$$

가 된다. 식 5.4는 주어진 속력 v에 대해, 회전 반지름 r의 커브를 안전하게 돌기 위한 구심력은 경사각 θ에 의해 주어지는 수직항력으로부터 얻게 되며, 차의 질량과는 무관하다는 것을 나타낸다. 더 큰 속력과 더 작은 반지름은 보다 큰 경사, 즉 더 큰 θ의 커브를 필요로 한다. 주어진 θ에 대해 너무 작은 속력에서는 자동차가 마찰이 없는 경사 커브에서는 아래로 미끄러지며, 매우 큰 속력에서는 위쪽으로 미끄러진다. 아주 유명한 경사진 커브 길에 관한 예제가 다음에 주어져 있다.

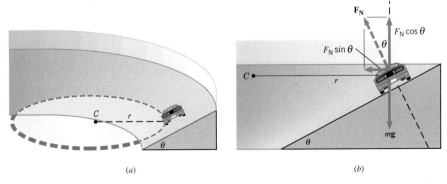

그림 5.9 (a) 자동차가 반지름 r의 마찰 없는 원형 경사 길을 주행한다. 경사각이 θ이며, 원의 중심은 C에 있다. (b) 자동차에 작용하는 힘은 차 무게 $m\mathbf{g}$와 수직항력 $\mathbf{F_N}$이다. 수직항력의 수평 성분 $F_N \sin\theta$는 구심력을 제공한다.

예제 5.5 | 데이토나 500

● 데이토나 국제 자동차 경주장의 물리

데이토나 500은 NASCAR(National Association for Stock Car Auto Racing) 시즌의 메이저 이벤트이다. 데이토나 500 자동차 경주 대회는 미국 플로리다 주 데이토나 해변에서 열리는 500 마일 주파의 자동차 경주 대회이다. 이 타원 트랙에서 회전할 때 최대 반지름(맨 꼭대기)이 $r = 316$ m 이며, 급격한 경사 $\theta = 31°$(그림 5.9 참조)로 되어 있다. 마찰이 없이 최대 반지름인 곳을 회전한다고 가정한다면 자동차는 이 주위를 안전하게 주행하기 위해 얼마의 속력을 가져야 하는가?

살펴보기 마찰이 없는 경우에 트랙이 차에 미치는 수직항력의 수평 성분이 구심력을 제공하며 거기에 해당하는 차의 속력은

식 5.4로 주어진다.

풀이 식 5.4로부터 다음과 같이 된다.

$$v = \sqrt{rg \tan \theta} = \sqrt{(316 \text{ m})(9.80 \text{ m/s}^2) \tan 31°}$$

$$= \boxed{43 \text{ m/s (150 km/h)}}$$

운전자들은 실제로 320 km/h까지의 속력을 내는데 그것은 마찰 없이 회전하기 위한 식 5.4로 주어지는 것보다 상당히 큰 구심력을 필요로 한다. 그러한 추가적인 구심력은 정지 마찰력이 제공한다.

5.5 원 궤도의 위성

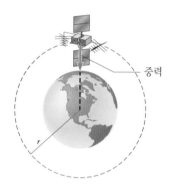

그림 5.10 지구 주위의 원 궤도에 있는 위성에 대하여 중력은 구심력이 된다.

오늘날 지구 궤도 주위에는 많은 위성이 있다. 원 궤도에 있는 위성들은 등속 원운동의 예들이다. 줄에 매달린 모형 비행기와 같이 각 위성들은 구심력에 의해서 그들의 원 궤도를 유지한다. 지구 중력의 인력은 구심력을 제공하며 위성에 보이지 않는 줄 역할을 한다.

위성이 고정된 반지름으로 어떤 궤도에 있기 위해서 위성이 가질 수 있는 속력은 오직 한 가지뿐이다. 어떻게 이 기본적인 특성이 나타나는지 보기 위해서 그림 5.10에서 질량 m 의 위성에 작용하는 중력을 생각하자. 중력은 반지름 방향으로 위성에 작용하는 유일한 힘이므로, 이것이 바로 구심력이 된다. 따라서 뉴턴의 중력 법칙(식 4.3)을 이용하여 다음을 얻는다.

$$F_c = G \frac{m M_E}{r^2} = \frac{m v^2}{r}$$

여기서 G는 만유 인력 상수, M_E 는 지구 질량, r 은 지구 중심에서 위성까지 거리이다. 위성의 속력 v 에 대해 풀면 다음 식이 얻어진다.

$$v = \sqrt{\frac{G M_E}{r}} \tag{5.5}$$

위성이 반지름 r 의 궤도에 있으려면 반드시 이 값의 속력을 가져야 한다. 궤도의 반지름 r 이 식 5.5의 분모에 있음에 주목하라. 이 식은 지구에 더 가까운 위성, 즉 r 의 값이 작을 때 더 큰 궤도 속력이 필요함을 의미한다.

위성의 질량 m 은 소거되어 식 5.5에 나타나지 않는다. 결국 주어진 궤도에서 큰 질량을 갖는 위성은 작은 질량의 위성과 똑같은 궤도 속력을 갖는다. 그러나 큰 질량의 위성을 궤도에 진입시키는 데는 더 큰 힘이 필요하다. 어떤 유명한 인공위성의 궤도 속력은 다음 예제와 같이 정해진다.

그림 5.11 허블 우주 망원경은 우주선 디스커버리호로부터 분리된 후 지구 주위를 궤도 운동하고 있다.

예제 5.6 | 허블 우주 망원경의 궤도 속력

◉ 허블 우주 망원경의 물리

지구 표면에서 598 km의 높이에 있는 허블 우주 망원경(그림 5.11)의 속력을 구하라.

살펴보기 먼저 식 5.5를 적용하기 전에 지구 중심으로부터 궤도 반지름 r을 정해야 한다. 지구의 반지름이 약 6.38×10^6 m 이며, 지표면 위의 망원경 높이가 0.598×10^6 m 이므로 궤도 반지름은 $r = 6.98 \times 10^6$ m 이다.

풀이 궤도 속력은 다음과 같다.

$$v = \sqrt{\frac{GM_E}{r}}$$

$$= \sqrt{\frac{(6.67 \times 10^{-11} \text{ N·m}^2/\text{kg}^2)(5.98 \times 10^{24} \text{ kg})}{6.98 \times 10^6 \text{ m}}}$$

$$v = \boxed{7.56 \times 10^3 \text{ m/s (27 200 km/h)}}$$

문제 풀이 도움말
식 $v = \sqrt{GM_E/r}$에 나타나 있는 궤도 반지름 r은 지구 중심에서 위성까지의 거리이다(지구 표면에서부터의 거리가 아님).

위성 기술의 많은 응용들은 우리의 생활에 도움을 준다. 한 가지가 위성 위치 확인 시스템(GPS: Global Positioning System)이라 불리는 위성 24개로 이루어진 네트워크로, 물체의 위치를 15 m 이내로 측정하는 데 이용된다. 그림 5.12에 어떻게 이런 시스템이 작동하는지를 나타내었다. 각 GPS 위성은 고정밀 원자시계를 장착하고 있으며 시간을 무선으로 지상으로 송신한다. 지상의 자동차는 GPS 신호를 검출할 수 있는 컴퓨터 칩이 있는 수신기를 장착하고 있으며 그 수신기의 시계와 위성 시계는 서로 시간이 맞추어진다. 그러므로 수신기는 전파의 이동 시간 정보로부터 자동차와 위성 사이의 거리와 자동차의 이동 속력을 측정할 수 있다. 전파의 속력은 24장에서 알 수 있는 것과 같이, 빛의 속력이며 아주 정밀하게 알 수 있다. 한 개의 위성을 이용한 측정은 그림 5.12(a)와 같이 자동차가 원 내의 어딘가에 있음을 알아낸다. 반면 두 번째 위성을 이용한 측정은 또 다른 원 내의 자동차를 알아낸다. 그림 5.12(b)와 그 자동차의 위치는 두 원의 공통 부분으로 좁혀진다. 세 개의 위성으로부터 신호를 받으면, 그림 5.12(c)에서처럼 세 개의 신호가 만드는 세 원의 공통 부분 속으로 차의 위치가 정확해 진다. 지상에 기지를 둔 미분 GPS라 하는 무선 표지 시스템을 설치하여 기준 위

◉ GPS의 물리

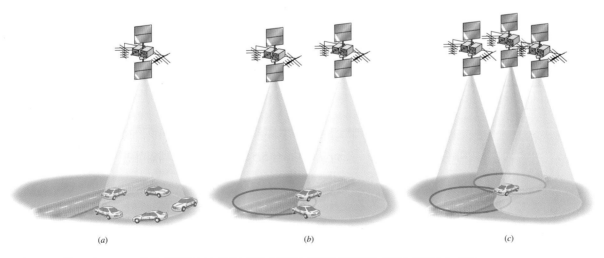

(a)   *(b)*   *(c)*

그림 5.12 내브스타(Navstar) 위성 위치확인 시스템은 GPS 수신기를 부착한 자동차의 위치를 측정할 수 있다. (a) 하나의 위성은 자동차가 원주 상 어딘가에 있는 것을 찾아낸다. (b) 두 번째 위성은 또 다른 원주 상의 가능한 정확한 2점을 알아 낸다. (c) 세 번째 위성은 자동차가 있는 곳을 결정하는 수단을 제공한다.

치를 설정할 수 있으며 그렇게 하면 단순 위성 기반 시스템보다 더욱 정밀하게 물체의 위치를 측정할 수 있다. 일반 대중이 GPS 시스템을 사용하는 두 가지 예로는 자동차를 위한 네비게이션 시스템과 도보 여행자나 자기가 어디에 있는지 모르는 시각 장애자에 알려주는 휴대용 시스템이 있다. GPS 응용은 너무나도 다양하여 현재는 수십 억 달러의 산업으로 발전되었다.

식 5.5는 지구 둘레를 도는 인공위성이나 달과 같은 자연위성에 적용된다. 물론 천체 물체의 원 궤도에도 적용된다. 이때 M_E는 궤도 중심에 있는 물체의 질량으로 대치하면 된다. 예를 들어 예제 5.7을 보면 과학자들이 이 식을 이용하여 M87이라고 하는 은하계의 중심에 거대 질량 블랙홀이 있을 거라는 결론을 얻어냈음을 알 수 있다. 이 은하는 지구로부터 약 500만 광년 거리에 위치하고 있다(1 광년은 빛이 1년 동안 진행하는 거리인 9.5×10^{15} m 이다.)

⟡ **예제 5.7** │ **거대 질량의 블랙홀**　　　　　　　　　　　　　　⊙ 블랙홀의 물리

허블 망원경은 그림 5.13과 같이, M87 은하의 다른 지역에서 방출되고 있는 빛을 검출하였다. 검은 원은 은하의 중심임을 나타낸다. 빛의 특성으로부터, 천문학자들이 계산한 중심으로부터 5.7×10^{17} m 의 거리에 위치해 있는 물체의 궤도 속력은 7.5×10^5 m 이다. 은하 중심에 있는 물체의 질량 M을 구하라.

살펴보기와 풀이　식 5.5의 M_E를 M으로 놓으면 $v = \sqrt{GM/r}$ 이며, 계산은 다음과 같다.

$$M = \frac{v^2 r}{G} = \frac{(7.5 \times 10^5 \text{ m/s})^2 (5.7 \times 10^{17} \text{ m})}{6.67 \times 10^{-11} \text{ N} \cdot \text{m}^2/\text{kg}^2}$$

$$= \boxed{4.8 \times 10^{39} \text{ kg}}$$

이 믿기지 않는 거대한 질량은 태양의 질량의 $(4.8 \times 10^{38} \text{ kg})/(2.0 \times 10^{30} \text{ kg}) = 2.4 \times 10^9$ 배이다. 이 태양 질량의 24 억 배에 해당하는 물체는 은하 M87의 중심에 위치하고 있다. 이 물체가 위치하는 우주 공간에 상대적으로 관측 가능한 별이 적으므로, 관측자들은 이 데이터가 거대 질량 블랙홀의 존재에 대한 강력

그림 5.13　허블 우주 망원경으로 찍은 M87 은하의 심장부에 있는 이온화 가스(노란색)의 영상. 원은 블랙홀이 존재한다고 생각되는 은하의 중심을 나타낸다.

한 증거를 제공한다고 결론지었다. '블랙홀'이라는 말은 빛조차 탈출을 못하게 한다는 뜻이다. 그림 5.13의 이미지를 형성하는 빛은 블랙홀 자체에서 나오는 것이 아니고, 블랙홀 주변 물체에서 나오는 것이다.

위성의 주기 T는 궤도를 한 바퀴 도는 데 걸리는 시간이다. 모든 등속 원운동에서 주기와 속력의 관계는 $v = 2\pi r/T$ 이다. 식 5.5의 v를 여기에 대입하면

$$\sqrt{\frac{GM_E}{r}} = \frac{2\pi r}{T}$$

가 얻어지고, 이것을 주기 T에 대해 풀면

$$T = \frac{2\pi r^{3/2}}{\sqrt{GM_E}} \tag{5.6}$$

이다. 비록 지구 궤도에 대해 유도 되었지만, M_E 대신 태양의 질량 M_S를 사용하면 식 5.6은 태양 주위의 유사 원 궤도에 있는 행성들의 주기를 계산하는 데 이용될 수 있다. r 은 행성의 중심과 태양의 중심 사이의 거리이다. 주기는 궤도 반지름의 3/2승에 비례한다는 사실은 케플러의 제3법칙으로 알려져 있으며, 행성 운동에 관한 연구 중에 케플러(1571~1630)에 의해 발견된 법칙 중의 하나이다. 케플러의 제3법칙은 9장에서 논의될 타원 궤도에 대해서도 역시 적용된다.

식 5.6의 중요한 응용은 통신 분야에 많이 나타나며, 그림 5.14와 같이 통신 장비가 실려 있는 '정지위성'은 적도 평면의 원 궤도에 진입되어 있다. 궤도 주기는 1일 이며, 이것은 역시 지구가 축 주위를 1 회전 하는 데 걸리는 시간이다. 그러므로 이 위성들은 지구의 회전과 동기화되는 방법으로 그들 궤도 주위를 운동한다. 지상의 관측자에 대해, 정지위성들은 하늘의 고정 위치에 보이는 등 유용한 특성을 가지며, '정지' 중계국으로서 지표로부터 보내진 통신 신호를 중계하는 역할을 할 수 있다. 이것은 정확히 케이블 TV를 인기리에 대신하는 디지털 위성 시스템이 수행하는 것이다. 그림 5.14의 확대 그림이 보이는 것처럼 가정집의 작은 '접시' 안테나는 위성에 의해서 지상으로 중계되는 디지털 TV 신호를 수신한다. 이 신호는 해독되어 TV에 보내진다. 모든 정지위성들은 지구 표면 주위의 같은 높이의 궤도에 있다.

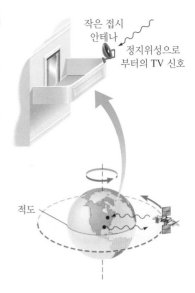

그림 5.14 정지위성은 적도 평면에 있는 원형 경로의 지구 궤도를 하루 한 번 궤도 운동한다. 디지털 위성 시스템 텔레비전은 그러한 위성을 지표에서 보내는 TV 신호를 가정의 작은 접시 안테나를 향해 중계하는 중계국으로 이용한다.

5.6 겉보기 무중력과 인공 중력

궤도 운동을 하는 위성 내에서의 생활은 그림 5.15에서처럼 무중력 상태에서 둥둥 떠있는 모습으로 상상된다. 실제 이 상태는 '겉보기 무중력'으로 불리며, 자유 낙하 중에 있는 엘리베이터 속에서 생기는 겉보기 무게가 0인 상태와 유사하기 때문이다.

오랫동안 무중력 상태에 있게 될 때 나타나는 생리적 효과는 오직 일부만 알려져 있다. 그런 효과를 최소화 하는 것은, 미래의 대형 우주 정거장에 인공 중력을 만들어 주는 것이다. 인공 중력에 관한 설명을 잘 하기 위해 그림 5.16에 축 주위를 회전하는 우주 정거장을 나타내었다. 회전 운동 때문에, 정거장 내부 표면 점 P 에 위치하는 물체는 축을 향하는 구심력을 느끼게 된다. 우주 정거장의 표면이 우주 비행사의 발을 미는 힘이 이러한 구

● 겉보기 무중력의 물리

그림 5.15 지구 궤도 운동 중에 우주 비행사 자넷 캐번디가 겉보기 무중력 상태로 우주선 속에서 떠 있다.

그림 5.16 회전 우주 정거장의 안쪽 표면은 그 표면에 닿은 물체를 누른다. 그것이 곧 물체의 원운동을 유지시키는 구심력을 제공한다.

심력을 제공한다. 구심력은 예제 5.8과 5.9에서 알 수 있는 것처럼, 우주 정거장의 회전 속도를 적당하게 선택함으로써 지표에서의 우주 비행사의 체중과 같게 되도록 조절할 수 있다.

 예제 5.8 | **인공 중력**   🔵 인공 중력의 물리

그림 5.16에서, 점 P에 있는 우주 비행사가 지표에서의 체중과 같은 누르는 힘을 발에 느끼려면 우주 정거장($r = 1700$ m)의 표면은 얼마의 속력으로 회전해야 하는가?

살펴보기   회전 우주 정거장의 바닥은 우주 비행사의 발에 수직항력을 작용한다. 이것은 원경로에서 우주 비행사의 운동을 유지하는 구심력($F_c = mv^2/r$)이다. 수직항력의 크기는 우주 비행사의 실제 무게와 같으므로, 우주 정거장의 속력을 결정할 수

있다.

풀이   우주 비행사(질량 $= m$)의 실제 무게는 mg이므로 이것을 식에 대입한다. 필요한 속력을 결정하기 위해 식 5.3 $F_c = mg = mv^2/r$ 을 이용한다. 이 식을 속력에 대해 풀면 다음과 같다.

$$v = \sqrt{rg} = \sqrt{(1700 \text{ m})(9.80 \text{ m/s}^2)} = \boxed{130 \text{ m/s}}$$

 예제 5.9 | **회전 우주 실험실**

우주 실험실은 인공 중력을 만들기 위해 회전하고 있다(그림 5.17). 외부 링의 안쪽 표면에서($r_0 = 2150$ m)의 구심 가속도가 지구 중력에 해당하는 가속도($g = 9.80$ m/s^2)가 되도록 회전 주기가 정해진다. 화성의 표면 중력(3.72 m/s^2)에 해당하는 가속도가 되기 위해서는 내부 링의 반지름 r_I는 얼마가 되어야 하는가?

살펴보기   각 주어진 가속도의 값은 해당 링에서의 구심 가속도 $a_c = v^2/r$이다. 또한 속력 v와 반지름 r은 $v = 2\pi r/T$(식 5.1)의 관계가 있다. 여기서 T는 운동의 주기이다. 비록 T에 관해 주어진 값이 없지만 우리는 실험실을 강체로 간주한다. 강체상의 모든 점은 1회전하는 데 걸리는 시간이 같으며 이러한 사실은 매우 중요한 점이다. 그러므로 두 링은 같은 주기를 가지고, 따라서 풀이는 쉽게 얻어진다.

풀이   구심 가속도에 식 5.1을 대입하면

$$a_c = \frac{v^2}{r} = \frac{\left(\frac{2\pi r}{T}\right)^2}{r} = \frac{4\pi^2 r}{T^2}$$

이다. 이 결과를 두 링에 적용하면

$$\underbrace{9.80 \text{ m/s}^2 = \frac{4\pi^2 (2150 \text{ m})}{T^2}}_{\text{외부 링}}$$

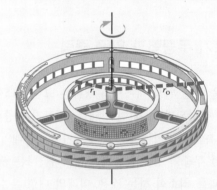

그림 5.17   회전 우주 실험실의 외부 링(반지름 $= r_O$)은 지표에서의 중력을 흉내내며, 내부 링(반지름 $= r_I$)은 화성에서의 중력을 흉내낸다.

및

$$\underbrace{3.72 \text{ m/s}^2 = \frac{4\pi^2 r_I}{T^2}}_{\text{내부 링}}$$

내부 링 표현항을 외부 링 표현항으로 나누고 $4\pi^2$과 T^2의 공통 대수항을 소거하면

$$\frac{3.72 \text{ m/s}^2}{9.80 \text{ m/s}^2} = \frac{r_I}{2150 \text{ m}} \quad \text{즉} \quad r_I = \boxed{816 \text{ m}}$$

가 구해진다.

> **문제 풀이 도움말**
> 회전하는 강체의 모든 점의 회전 주기는 같다.

연습 문제

5.1 등속 원운동
5.2 구심 가속도

1(1) 110 m/s의 등속으로 움직이는 비행기가 반지름 2850 m의 원한 바퀴를 비행하는 데 걸리는 시간은?

2(2) 어떤 자동차가 반지름이 2.6 km인 원형 트랙 주위를 일정한 속력으로 돌고 있다. 이 자동차는 트랙 주위를 한 번 도는 데 360 s가 걸린다. 이때 자동차의 구심 가속도의 크기는 얼마인가?

3(5) 인디애나폴리스 500 자동차 경주에서 컴퓨터-제어 디스플레이 화면은 운전자에게 그들의 자동차가 어떻게 주행하고 있는지에 대해 많은 정보를 표시한다. 예를 들어, 자동차가 회전할 때, 속력 221 mi/h (98.8 m/s)와 구심 가속도 3.00 g(중력 가속도의 3배)가 표시된다. 이때 차의 회전 반지름을 구하라(m 단위로).

4(7) 자전거 체인은 뒤쪽 사슬톱니($r = 0.039$ m)와 앞쪽 사슬톱니($r = 0.10$ m)에 감겨져 있다. 자전거가 일정한 속도로 움직일 동안, 체인은 사슬톱니 주위를 1.4 m/s의 속력으로 움직인다. (a) 뒤 사슬톱니에 물려 있을 때, (b) 어느 사슬톱니에도 물리지 않은 중간에 있을 때, (c) 앞 사슬톱니에 물려 있을 때, 체인 고리의 가속도의 크기를 구하라.

*5(9) 헬리콥터의 큰 날개가 수평 원으로 회전하고 있다. 날개 길이는 끝에서 원 중심까지 6.7 m이다. 날개 끝과, 중심에서 3.0 m 되는 날개 점에 작용하는 구심 가속도의 비를 구하라.

*6(10) 원심 분리기는 시료를 원형 경로를 따라 빠른 속력으로 회전시키는 장치이다. 예를 들면 의료 실험실에서 사용하는 장치로서 (저밀도) 혈청을 회전시켜 용기의 바닥에 침전된 (고밀도) 적혈구를 수집한다. 시료의 구심 가속도는 중력 가속도보다 6.25×10^3배 크다고 하자. 만일 회전축으로부터 반지름 5.00 cm 되는 위치에 놓여 있는 경우 시료를 분리하기 위한 분당 회전수은 얼마인가?

5.3 구심력

7(11) 0.015 kg의 공이 핀볼 장치의 공이에 의해 발사된다. 발사된 공은 0.028 N의 구심력 때문에 반지름이 0.25 m의 원호 위를 따라간다. 공의 속력은 얼마인가?

8(12) 크랙더휩(crack-the-whip)으로 잘 알려진 스케이트 묘기에서 여러 명의 스케이터들이 서로 손을 잡고 직선 형태로 구성한다. 그들은 끝의 한 사람을 중심점으로 해서 직선을 유지하면서 회전한다. 바깥쪽 맨 끝에 있는 선수의 질량이 80.0 kg이고 중심점에서 6.10 m 떨어져 있다. 그는 6.80

m/s의 속력으로 스케이트를 탄다. 그 선수에 작용하는 구심력의 크기를 결정하라.

9(14) 놀이공원에서 중심축 주위를 회전하는 원통형 통을 타고 노는 기구가 있다. 사람들은 벽면에 등을 대고 축의 정면에 앉는다. 순간적으로 통의 벽면이 3.2 m/s의 속력으로 돌면, 83 kg인 사람이 등에 가해지는 압력이 560 N의 힘을 느끼게 된다. 원통형 통의 반지름은 얼마인가?

*10(18) 블록이 봉고차의 천장에 줄에 매달려 있다. 봉고차가 28 m/s의 속력으로 정면으로 달리면, 블록은 수직 아래로 매달려 있다. 그러나 봉고차가 편평한 곡면($r = 150$ m)을 따라 같은 속력을 유지하면서 주행하면 블록은 곡면 밖으로 기울어진다. 이때 수직에 대해 각 θ로 매달려 있게 된다. θ을 구하라.

*11(19) 그림과 같이 15.0 m 케이블에 의해 수직 회전 봉에 매달려 원형으로 회전하는 그네가 있다. 그네와 그네에 앉은 사람의 총질량은 179 kg이다. (a) 그네를 묶은 케이블의 장력을 구하라. (b) 의자의 속력을 구하라.

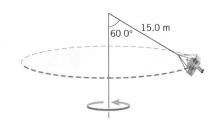

5.4 경사진 커브 길

*12(21) 120 m 반지름의 커브 길이 18° 각으로 경사져 있다. 마찰을 무시할 수 있는 빙판 상태에서 얼마의 속력이 유지되어야 하는가?

13(22) 그림과 같이 최소 반지름이 112 m이고, 최대 반지름이 165 m인 원형 경로의 자동차 경주 트랙이 있다. 트랙은 경사가 졌으며 벽면의 높이는 18 m이다. 자동차가 마찰 없이 주행할 때 다음 트랙에서의 속력을 구하라.

(a) 최소 반지름 (b) 최대 반지름

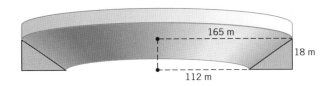

14(23) 그림과 같이 뒤집힌 원뿔 모양의 경주용 도로가 있다. 표면

에 있는 자동차는 지면에 평행하게 원형으로 주행한다. 34.0 m/s의 속력으로 마찰 없이 원형 경로를 주행하는 경우 거리 d는 얼마인가?

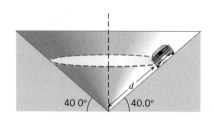

15(25) 123 m/s로 비행하는 제트기($m = 2.00 \times 10^5$ kg)가 수평면 상에서 원형 회전을 하기 위해 몸체를 기울인다. 회전 반지름이 3810 m가 되기 위한 양력을 구하라.

**16(26) 그림은 공항의 수하물 컨베이어를 나타낸다. 여행 가방은 일정한 속력으로 원형($r = 11.0$ m)으로 도는 컨베이어에서 경사 아래로 미끄러지지 않고 돌고 있다. 여행 가방과 컨베이어 사이의 정지 마찰 계수는 0.760이고, 그림의 각 θ는 $36.0°$이다. 여행 가방이 한 바퀴 도는 데 걸리는 시간은 얼마인가?

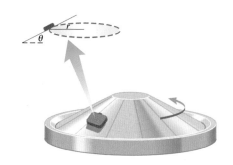

5.5 원 궤도의 위성
5.6 겉보기 무중력과 인공 중력

17(27) 어떤 위성이 미지의 행성 주위 원 궤도에 있다. 위성의 속력은 1.70×10^4 m/s이며 궤도 반지름은 5.25×10^6 m 이다. 두 번째 위성도 역시 같은 행성 주위의 원 궤도에 있다. 두 번째 위성의 궤도 반지름은 8.60×10^6 m 이다. 두 번째 위성의 궤도 속력은 얼마인가?

18(29) 위성이 목성 표면 위의 고도 6.00×10^5 m 인 궤도에 있다. 목성의 질량은 1.90×10^{27} kg이며 반지름은 7.14×10^7 m 이다. 위성의 궤도 속력을 구하라.

19(31) 두 위성 A와 B는 지구에서 서로 다른 원 궤도에 있다. 위성 A의 궤도 속력은 위성 B의 궤도 속력보다 3배가 빠르다. 위성의 주기에 대한 비 $\dfrac{T_A}{T_B}$를 구하라.

*20(33) 5850 kg의 위성이 행성 표면 위 4.1×10^5 m 의 원 궤도에 있다. 궤도의 주기는 2 시간, 행성의 반지름은 4.15×10^6 m 이다. 위성이 행성의 표면에 정지해 있을 때의 진짜 무게는 얼마인가?

** 21(35) 인공 중력을 만들기 위해, 그림과 같은 우주 정거장이 1.00 rpm으로 회전하고 있다. 두 원통의 반지름의 비는 $r_A/r_B = 4.00$이다. 통 A는 10.0 m/s^{2}의 중력 가속도를 낸다. 반지름 (a) r_A, (b) r_B 를 구하고, 원통 B에 형성되는 중력 가속도를 구하라.

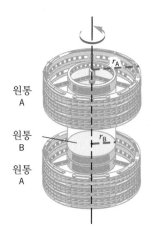

06 일과 에너지

6.1 일정한 힘에 의한 일

일은 일상생활에서 우리들에게 익숙한 개념이다. 정지한 자동차를 미는 데 일이 필요하다. 사실상 미는 힘이 더 크거나 자동차의 변위가 더 크면 더 많은 일을 한다. 그림 6.1에 나타낸 것처럼 사실상 힘과 변위는 일의 가장 주요한 구성 요소이다. 이 그림에서 변위 **s***와 미는 균일한 힘 **F** 는 동일한 방향이다. 이 경우에 힘의 크기 F와 변위의 크기 s의 곱을 일 W로 정의한다. 즉 $W = Fs$이다. 힘의 크기와 움직인 거리가 동일하다면 자동차를 북쪽에서 남쪽으로 밀든지 혹은 동쪽에서 서쪽으로 밀든지 관계없이 힘이 한 일은 동일하다. 즉 일은 방향에 관한 정보가 들어 있지 않다. 따라서 일은 스칼라양이다.

식 $W = Fs$는 일의 단위가 힘의 단위 곱하기 거리의 단위임을 나타낸다. 즉 SI 단위계에서 일의 단위는 뉴턴(N)·미터(m)이다. 1 뉴턴·미터를 일, 에너지, 열의 상호 관계를 규명한 제임스 줄(1818~1889)의 연구 업적을 기념하여 1 줄(J)이라고 표기한다. 표 6.1은 몇몇 측정계에서 사용되는 일의 단위를 요약한 것이다.

일의 정의 $W = Fs$는 몇 가지 놀라운 성질을 담고 있다. 만일 s가 0이면 아무리 힘을

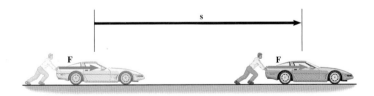

그림 6.1 힘 **F**로 변위 **s**만큼 차를 밀 때 일이 행해진다.

표 6.1 일의 측정 단위

단위계	힘	× 거리	= 일
SI	뉴턴 (N)	미터 (m)	줄 (J)
CGS	다인 (dyn)	센티미터 (cm)	에르그
BE	파운드 (lb)	푸트 (ft)	푸트(ft)·파운드(lb)

* 일에 관하여 논의할 때 변위에 관한 기호로 보통 **x**나 **y** 대신에 **s**를 사용한다.

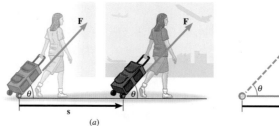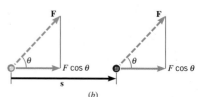

그림 6.2 (a) 변위 **s**에 대하여 각도 θ로 향하는 힘 **F**가 일을 한다. (b) 힘의 변위 방향 성분은 $F \cos \theta$이다.

가하여도 일은 0이다. 예를 들어 벽돌담과 같이 움직이는 않는 것을 힘껏 밀면 여러분의 근육은 피로를 느낄지 모르지만 우리가 논의하는 종류의 물리적 개념의 일이 수행된 것은 아니다. 물리학에서 일의 개념은 움직임과 깊은 관련이 있다. 만일 물체가 움직이지 않는 다면 힘이 물체에 한 일은 없다.

힘과 변위의 방향이 같은 방향이 아닌 경우가 종종 일어난다. 예를 들어 그림 6.2(a)은 한 여행객이 바퀴 달린 여행 가방을 끌고 가는 경우를 나타낸다. 여기서 힘은 손잡이의 방향으로 작용한다. 작용한 힘은 변위에 대하여 각도 θ 방향으로 작용한다. 이 경우에 변위 방향의 힘의 성분을 일을 정의하는 데 사용한다. 그림 (b)에 나타낸 바와 같이 이 힘의 성분은 $F \cos \theta$이다. 일반적인 힘의 정의를 다음과 같이 나타낼 수 있다.

■ 일정한 힘*에 의한 일

일정한 힘 **F**가 물체에 하는 일은

$$W = (F \cos \theta) s \tag{6.1}$$

이다. 여기서 F는 힘의 크기, s는 변위의 크기, 그리고 θ는 힘과 변위 사이의 각이다.

일의 SI 단위: 뉴턴(N)·미터(m) = 줄(J)

힘과 변위의 방향이 동일하면 $\theta = 0°$이고 따라서 식 6.1은 $W = Fs$로 간략하게 표현된다. 다음의 예는 일을 계산하는 데 식 6.1을 어떻게 이용하는 지를 나타낸 것이다.

 예제 6.1 | 바퀴 달린 여행 가방을 끌기

그림 6.2(a)의 여행 가방을 45.0 N의 힘으로 거리 $s = 75.0$ m 만큼 끌 때 힘이 하는 일을 계산하라. 이때 각도는 $\theta = 50.0°$이다.

살펴보기 끄는 힘이 여행 가방을 75.0 m 움직이게 하였으므로 일을 한 것이다. 그러나 힘은 변위에 대하여 50.0° 각도를 가지므로 이 각이 포함된 식 6.1을 이용하여야 한다.

풀이 45.0 N의 힘이 하는 일은

$$W = (F \cos \theta)s = [(45.0 \text{ N}) \cos 50.0°](75.0 \text{ m})$$
$$= \boxed{2170 \text{ J}}$$

이다. 답은 뉴턴(N)·미터(m) 혹은 줄(J)로 나타낸다.

식 6.1의 일의 정의는 변위의 방향으로 작용하는 힘의 성분만을 고려한 것이다. 변위 방향과 수직으로 작용하는 힘은 일을 하지 못한다. 일을 하기 위해서는 힘과 이에 따른 변

---

* 크기가 변화하는 힘이 하는 일에 대해서는 6.9절에서 논의한다.

위가 동시에 있어야 한다. 힘의 수직 성분에 의한 일은 그쪽 방향의 변위가 없으므로 0이
다. 만일 알짜 힘이 변위의 방향과 수직이라면 식 6.1에서 각도 θ는 90°이다. 따라서 이 힘
은 전혀 일을 하지 못한다. 힘의 성분이 변위의 방향이냐 정반대 방향이냐에 따라서 양의
부호를 가지거나 음의 부호를 가질 수도 있다.

예제 6.2는 가속하고 있는 트럭의 짐칸에 실린 나무상자에 정지 마찰력이 작용하고 있
을 때 이 정지 마찰력이 한 일에 관하여 논의하고 있다.

 예제 6.2 | **가속되는 나무상자**

그림 6.3(a)는 x 축의 양의 방향으로 $a = +1.5\ \text{m/s}^2$ 으로 가속되
고 있는 트럭의 짐칸에 실린 120 kg의 나무상자를 보여주고 있
다. 트럭이 $s = 65\ \text{m}$ 의 변위를 일으켰고 나무상자는 전혀 미끄
러지지 않았다. 나무상자에 작용하는 알짜 힘이 나무상자에 한
일은 얼마인가?

살펴보기 그림 6.3(b)의 자유물체도는 나무상자에 작용하는
힘을 나타낸다. (1) 나무상자의 무게 **W**, (2) 트럭의 짐칸에 의하
여 작용하는 수직항력 $\mathbf{F_N}$, (3) 나무 상자가 뒤로 밀리는 것을
막기 위해 앞의 방향으로 가해지는 정지 마찰력 $\mathbf{f_s}$ 가 있다. 무
게와 수직항력은 변위 방향에 대하여 수직으로 작용하므로 일
을 하지 않고 정지 마찰력이 변위 방향으로 작용하므로 정지 마
찰력이 일을 하게 된다. 마찰력을 구하기 위해 나무상자가 미끄
러지지 않는다는 점을 주목하면 나무상자의 가속도는 트럭의
가속도 $a = +1.5\ \text{m/s}^2$ 와 같아야 한다. 이 가속도를 주는 힘이
정지 마찰력이다. 나무상자의 질량과 변위를 알고 있으므로 나
무상자에 한 일을 계산할 수 있다.

풀이 뉴턴의 제2법칙으로부터, 정지 마찰력의 크기를 다음과
같이 구할 수 있다.

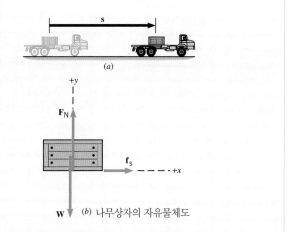
(a)

(b) 나무상자의 자유물체도

그림 6.3 (a) 트럭과 나무상자가 $s = 65\ \text{m}$ 거리를 오른쪽 방향으로 가속
되고 있다. (b) 나무상자의 자유물체도

$$f_s = ma = (120\ \text{kg})(1.5\ \text{m/s}^2) = 180\ \text{N}$$

이 정지 마찰력이 한 일은

$$W = (f_s \cos \theta)s = (180\ \text{N})(\cos 0°)(65\ \text{m})$$
$$= \boxed{1.2 \times 10^4\ \text{J}} \qquad (6.1)$$

이다. 변위의 방향과 마찰력의 방향이 동일하므로 일은 양의 부
호를 가진다.

6.2 일-에너지 정리와 운동 에너지

대부분의 사람들은 어떤 일을 하면 그 결과로 어떤 것을 얻을 것이라고 추측한다. 물리학
에서는 물체에 알짜 힘이 작용하면 어떤 결과가 얻어진다. 이 결과는 그 물체의 운동 에너
지의 변화이다. 일과 이로 인한 운동 에너지의 변화의 관계를 **일-에너지 정리**(work-
energy theorem)라고 한다. 이 정리는 우리가 이미 배운 바 있는 세 가지 기본 개념을 서로
연결하여 얻어진다. 처음에 알짜 힘 ΣF와 가속도 a를 연결하는 뉴턴의 운동 제2법칙,
$\Sigma F = ma$ 을 적용한다. 이어서 알짜 힘에 의하여 물체가 어떤 거리를 움직였을 때 한 일을
결정한다. 마지막으로 물체의 처음 속력, 나중 속력, 나중 속력까지 가속하기 위한 가속도

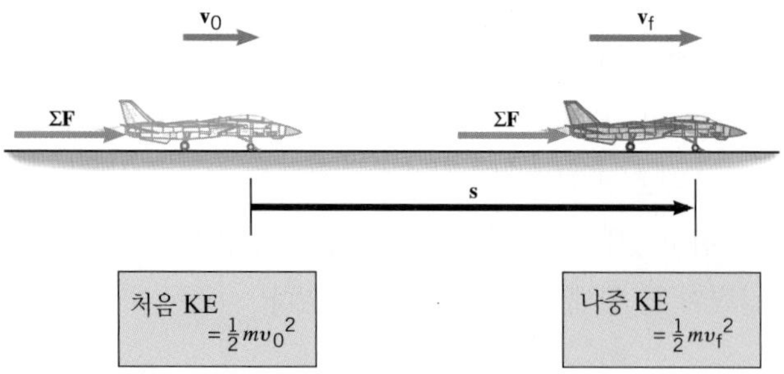

그림 6.4 변위 s에 걸쳐서 일정한 힘 ΣF가 작용하여 비행기에 일을 한다. 그 힘이 한 일의 결과로 비행기의 운동 에너지가 변한다.

그리고 움직인 거리 등을 상호 연결하는 운동학의 식 중 하나인 식 2.9를 사용한다. 이런 방법으로 일과 에너지의 정리를 증명할 수 있다.

운동 에너지와 일-에너지 정리의 개념을 이해하기 위해 그림 6.4를 살펴보자. 이 그림에서 질량 m을 가진 비행기에 알짜 힘 ΣF가 작용하고 있다. 이 알짜 힘은 이 비행기에 작용하고 있는 모든 외력의 벡터 합이다. 간략하게 하기 위해 변위 s와 알짜 힘이 같은 방향을 향하고 있다고 하자. 뉴턴의 제2법칙에 의하여 알짜 힘은 $a = \Sigma F/m$으로 주어지는 가속도 a를 일으킨다. 따라서 비행기의 처음 속력 v_0는 나중 속력 v_f로 속력이 변한다.* $\Sigma F = ma$ 의 양변에 거리 s를 곱하면

$$\underbrace{(\Sigma F)s}_{\text{알짜 외력이 한 일}} = mas$$

가 되고 이때 좌변은 알짜 외력이 한 일이 된다. 우변의 항 as를 식 2.9 $(v_f^2 = v_0^2 + 2as)$ 를 이용하여 v_f와 v_0의 식으로 나타낼 수 있다. 이 식을 풀면 $as = \frac{1}{2}(v_f^2 - v_0^2)$가 되며 이것을 $(\Sigma F)s = mas$에 대입하면

$$\underbrace{(\Sigma F)s}_{\text{알짜 외력이 한 일}} = \underbrace{\tfrac{1}{2}mv_f^2}_{\text{나중 KE}} - \underbrace{\tfrac{1}{2}mv_0^2}_{\text{처음 KE}}$$

이 된다. 이 식이 일-에너지 정리이다. 좌변은 알짜 외력이 한 일이고 우변은 $\frac{1}{2}$(질량)(속력)^{2}의 형태의 두 항의 차로 주어져 있다. 이 양 $\frac{1}{2}$(질량)(속력)^{2}을 운동 에너지(kinetic energy, KE)라고 부르며 이것은 물리학에서 아주 중요한 역할을 한다.

■ 운동 에너지

질량 m, 속력 v인 물체의 운동 에너지 KE는

$$KE = \tfrac{1}{2}mv^2 \tag{6.2}$$

로 주어진다.

운동 에너지의 SI 단위: 줄(J)

운동 에너지의 SI 단위는 일과 같이 줄(J)이다. 운동 에너지는 일처럼 스칼라양이다. 일과 운동 에너지가 서로 밀접한 관계가 있는 것은 놀라운 것이 아니다. 이것은 다음의 일-에너지 정리로부터 확실히 알 수 있다.

* 특별히 강조하기 위해, 이제부터 나중 속력을 v 대신에 v_f로 나타냄을 유의하라.

■ **일-에너지 정리**

알짜 외력이 물체에 W의 일을 할 때 물체의 운동 에너지는 처음값 KE_0에서 나중값 KE_f로 변화하며 이 두 값의 차이는 알짜 힘이 한 일과 같다. 즉

$$W = KE_f - KE_0 = \tfrac{1}{2} mv_f^2 - \tfrac{1}{2} mv_0^2 \qquad (6.3)$$

이다.

일-에너지 정리는 그림 6.4에 나타낸 특수한 상황 이외에 변위에 관하여 임의의 방향으로 가해진 힘에 대하여서도 일반적으로 유도할 수 있다. 사실상 직선이 아닌 곡선의 길을 따라서 변위가 일어나고 각 점마다 힘이 달라져도 이 정의는 유효하다. 일-에너지 정리에 따라 움직이는 물체는 운동 에너지를 가진다. 왜냐하면 물체를 정지 상태에서 어떤 속력 v_f가 되게 가속을 하기 위해서는 일이 필요하기 때문이다.* 역으로 운동 에너지를 가진 물체가 다른 물체를 끌거나 밀거나 하도록 할 수 있다면 이 물체의 운동 에너지는 일을 할 수 있다.

만일 몇 개의 외력이 물체에 작용을 하면 이 힘 벡터들을 더해서 알짜 힘을 구할 수 있다. 이 알짜 힘이 한 일은 일-에너지 정리에 따라 물체의 운동 에너지 변화와 같다. 다음의 예제는 이런 상황을 나타낸다.

 예제 6.3 │ 경사면 아래로 스키타기

25° 경사면을 58 kg의 스키 선수가 내려가고 있다. 운동 마찰력은 스키 선수의 운동 방향과 반대로 작용하고 그 크기는 $f_k = 70$ N이다. 경사면의 꼭대기 근처에서 스키 선수의 처음 속도는 $v_0 = 3.6$ m/s 이다. 공기 저항을 무시할 때 경사면 아래 57 m 지점에서의 속도 v_f를 구하라.

살펴보기   나중 속력을 구하기 위해 일-에너지 정리를 이용한다. 일-에너지 정리에서 일이란 알짜 힘이 하는 일임을 주목하라. 그림 6.5(b)의 자유물체도에 나타낸 힘의 벡터 합이 알짜 힘이다. 이 도표로부터 경사면에 수직으로 작용하는 스키 선수의 무게 성분 ($mg \cos 25°$)은 수직항력 $\mathbf{F}_N$과 균형을 유지한다.

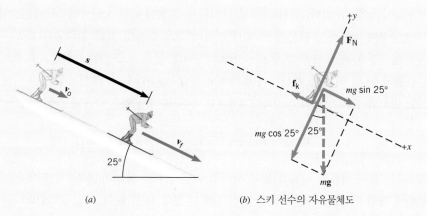

그림 6.5 (a) 경사면을 내려가는 스키 선수 (b) 스키 선수의 자유물체도

---

* 명확하게 말하면 식 6.3으로 주어진 일-에너지 정리는 수학적인 점으로 나타낼 수 있는 단일 입자에만 적용된다. 그러나 거시적인 물체는 여러 입자들의 집합이어서 공간의 넓은 영역에 퍼져 있으므로 그런 거시적인 물체에 힘이 작용하면 그 힘의 작용점은 그 물체의 어느 곳일수도 있다. 이런 점을 고려하여 일-에너지 정리를 논의하는 것은 이 책의 범위를 벗어난다. 좀 더 관심있는 독자는 *The Physics Teacher* 1989년 10월호 p.506에 있는 A.B. Arons의 문헌을 참고하기 바란다.

왜냐하면 수직 방향의 가속도 성분은 없기 때문이다. 따라서 알짜 힘의 방향은 x축 방향이다.

풀이 그림 6.5(b)에서 알짜 외력은 x축 방향이다. 따라서 그 크기는

$$\Sigma F = mg \sin 25° - f_k$$
$$= (58 \text{ kg})(9.80 \text{ m/s}^2) \sin 25° - 70 \text{ N}$$
$$= +170 \text{ N}$$

이고, 이 알짜 힘이 한 일은

$$W = (\Sigma F \cos \theta)s = [(170 \text{ N}) \cos 0°](57 \text{ m}) \tag{6.1}$$
$$= 9700 \text{ J}$$

이다. 여기서 변위와 알짜 힘이 같은 방향이기 때문에 $\theta = 0°$이다. 일-에너지 정리($W = \text{KE}_f - \text{KE}_0$)로부터 다음과 같이 나중 운동 에너지를 구할 수 있다.

$$\text{KE}_f = W + \text{KE}_0$$
$$= 9700 \text{ J} + \tfrac{1}{2}(58 \text{ kg})(3.6 \text{ m/s})^2 = 10\,100 \text{ J}$$

나중 운동 에너지는 $\text{KE}_f = \tfrac{1}{2}mv_f^2$으로 주어지므로 스키 선수의 나중 속력은 다음과 같이 결정된다.

$$v_f = \sqrt{\frac{2(\text{KE}_f)}{m}} = \sqrt{\frac{2(10\,100 \text{ J})}{58 \text{ kg}}} = \boxed{19 \text{ m/s}}$$

예제 6.3은 일-에너지 정리가 알짜 외력이 한 일을 다룬다는 사실을 강조하고 있다. 외력이 우연히 단 한 개만 존재하는 경우가 아니라면 일-에너지 정리는 각각의 힘에 개별적으로 적용되지 않는다. 예제 6.3의 경우와 같이 알짜 힘이 한 일이 양의 부호이면 운동 에너지는 증가한다. 반대로 일의 부호가 음이라면 운동 에너지는 감소한다. 만일 일이 0이라면 운동 에너지의 변화는 없다.

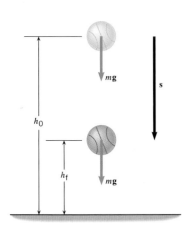

그림 6.6 중력이 농구공에 $m\mathbf{g}$ 의 힘을 작용한다. 농구공이 h_0 높이에서 h_f 높이로 떨어지면서 이 중력은 농구공에 일을 한다.

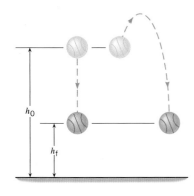

그림 6.7 처음 높이 h_0에서 나중 높이 h_f로 물체는 두 가지 다른 경로를 통하여 움직일 수 있다. 두 경우 모두 수직 거리의 변화 ($h_0 - h_f$)는 같기 때문에 각각의 경우에 중력이 한 일은 $W_{중력} = mg\,(h_0 - h_f)$로 동일하다.

6.3 중력 위치 에너지

중력이 한 일

중력은 양의 일 혹은 음의 일을 할 수 있으며 그림 6.6을 보면 그 힘이 한 일이 어떻게 구해지는지를 알 수 있다. 연직 아래로 낙하하는 질량이 m인 농구공을 나타내는 이 그림에서 농구공에 작용하는 힘은 중력 $m\mathbf{g}$ 뿐이다. 지표로부터 잰 처음 공의 높이를 h_0 라고 하고 나중 높이를 h_f 라고 하자. 변위 $\mathbf{s}$는 아래로 향하고 있고 그 크기는 $s = h_0 - h_f$ 이다. 중력이 농구공에 한 일 $W_{중력}$를 계산하기 위하여 $W = (F \cos\theta)\,s$ 의 식을 이용한다. 여기서 $F = mg$이고 변위와 힘의 방향이 동일하므로 $\theta = 0°$이다. 따라서 일은 다음과 같이 계산된다.

$$W_{중력} = (mg \cos 0°)(h_0 - h_f) = mg(h_0 - h_f) \tag{6.4}$$

식 6.4는 공이 처음과 마지막 높이 사이의 어떤 경로를 통하여 움직이는지에 관계없이 성립하며 그림 6.6처럼 직선 경로를 따를 필요는 없다. 예를 들어, 그림 6.7에 나타낸 두 가지 경로에서 대해서도 식은 같다. 따라서 중력이 한 일을 계산할 때는 수직 거리의 차이 ($h_0 - h_f$)만 고려하면 된다. 이 그림에서 수직 거리의 차이는 두 경로 모두 같으므로 중력이 한 일도 같다. 여기서 높이의 차이는 지구의 반지름에 비하여 아주 작다고 가정하고 있고 그래서 중력 가속도의 크기도 각각의 높이에서 같다고 본다. 따라서 지표 근처에서는 $g = 9.8 \text{ m/s}^2$을 사용할 수 있다.

식 6.4에서는 높이 h_0와 h_f의 차이만이 나타나기 때문에 수직 거리 그 자체는 꼭 지표로부터 잴 필요가 없다. 예를 들어 지표로부터 1 m 위를 원점으로 하여 상대적으로 잴 수도 있다. 이 경우에도 $(h_0 - h_f)$는 동일하다. 예제 6.4은 중력이 한 일이 어떻게 일-에너지 정리와 연관이 되는지를 설명하고 있다.

예제 6.4 │ 트램펄린 위의 체조 선수

그림 6.8(a)처럼 체조 선수가 트램펄린에서 위로 튕겨 올라가고 있다. 체조 선수는 높이 1.20 m의 트램펄린을 떠나서 최고 높이 4.80 m에 도달한 다음 다시 떨어진다. 모든 높이는 땅바닥으로부터 잰 것이다. 공기 저항을 무시하고 트램펄린을 떠나는 순간의 속도 v_0를 구하라.

살펴보기 알짜 외력에 의한 일을 계산할 수 있으면 우리는 일-에너지 정리를 이용하여 체조 선수(질량 = m)의 처음 속력을 구할 수 있다. 공기 중에서 이 체조 선수에 작용하는 힘은 중력밖에 없으므로 이 중력이 알짜 외력이다. $W_{중력} = mg(h_0 - h_f)$의 식을 이용하여 한 일을 구할 수 있다.

풀이 그림 6.8(b)는 위로 움직이고 있는 체조 선수를 나타낸

다. 처음과 나중 높이는 각각 $h_0 = 1.20$ m, $h_f = 4.80$ m이다. 처음 속도는 v_0이고 최고 높이에서 체조 선수는 순간적으로 정지 상태에 있을 것이므로 나중 속도는 $v_f = 0$ m/s이다. 나중 속도 $v_f = 0$ m/s는 $KE_f = 0$ J임을 의미하므로 일-에너지 정리로부터 $W = KE_f - KE_0 = -KE_0$이다. 따라서 중력에 의한 일은 일-에너지 정리로부터 $W_{중력} = mg(h_0 - h_f) = -\frac{1}{2}mv_0^2$이다. v_0에 관하여 풀면

$$v_0 = \sqrt{-2g(h_0 - h_f)}$$
$$= \sqrt{-2(9.80 \text{ m/s}^2)(1.20 \text{ m} - 4.80 \text{ m})}$$
$$= \boxed{8.40 \text{ m/s}}$$

가 된다.

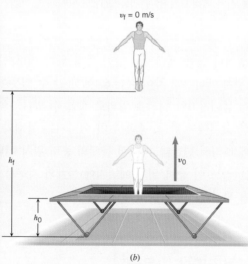

그림 6.8 (a) 체조 선수가 트램펄린 위에 튕겨져 올라가고 있다. (b) 이 체조 선수는 처음 속력 v_0로 올라가서 최고 높이에서는 속력이 0이 된다.

중력 위치 에너지

움직이는 물체는 운동 에너지를 갖고 있다는 것을 배웠다. 그런데 이 운동 에너지 이외에도 다른 종류의 에너지가 있다. 예를 들면 물체는 지구로부터의 상대적인 위치에 따라 다른 에너지를 가질 수 있다. 건설 현장에서 쓰고 있는 파일 박는 기계는 파일(구조물 지지용 빔)을 땅에 박는다. 파일 박는 기계는 높이 h로 무거운 해머를 올린 다음 이 해머를 떨어뜨려서

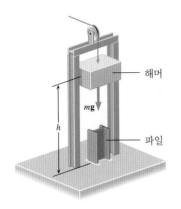

그림 6.9 파일 박는 기계. 지표로부터의 해머의 중력 위치 에너지는 PE = mgh이다.

파일을 박는다(그림 6.9 참조). 결과적으로 해머는 파일을 땅에 박는 일을 할 수 있는 잠재력을 가지고 있는 셈이다. 해머의 높이가 높을수록 더 큰 일을 할 수 있다. 즉 더 큰 중력 위치 에너지를 가지고 있다고 표현할 수 있다.

이제 중력 위치 에너지의 식을 구하여 보자. 처음 높이 h_0에서 나중 높이 h_f로 물체가 움직일 때 중력이 한 일인 식 6.4를 이용하여 보자.

$$W_{중력} = \underbrace{mgh_0}_{\substack{\text{처음 중력 위치}\\\text{에너지 PE}_0}} - \underbrace{mgh_f}_{\substack{\text{나중 중력 위치}\\\text{에너지 PE}_f}} \qquad (6.4)$$

이 식에서 중력이 한 일은 mgh의 처음값과 나중값의 차이이다. 높이가 높으면 mgh 값이 크고 높이가 낮으면 mgh 값이 작다. 따라서 mgh 값을 **중력 위치 에너지**(gravitational potential energy)라고 부를 수 있다. 위치 에너지의 개념은 앞으로 6.4절에서 논의할 보존력이라고 하는 힘하고만 관련이 있다.

■ **중력 위치 에너지**

중력 위치 에너지 PE는 질량 m인 물체의 지구 표면에 대한 상대적인 높이에 따라 물체가 가지고 있는 잠재적인 에너지이다. 이 에너지는 임의로 정한 원점에 대한 상대적인 높이 h에 의해 측정된다.

$$PE = mgh \qquad (6.5)$$

중력 위치 에너지의 SI 단위: 줄(J)

일이나 운동 에너지와 같이 중력 위치 에너지는 스칼라양이고 SI 단위는 줄(J)이다. 중력 위치 에너지의 차이는 식 6.4에서 알 수 있듯이 두 지점 사이에서 중력이 한 일이다. 따라서 높이가 0인 원점은 임의로 정할 수 있다. 단 높이 h_0와 h_f는 동일한 원점으로부터 측정한 값이어야 한다. 중력 위치 에너지는 물체와 지구(즉 질량과 중력 가속도) 그리고 높이에 따라서 변한다. 따라서 물체의 중력 위치 에너지 관하여 논의할 때 달리 표현을 하지 않더라도 이 중력 위치 에너지에 물체와 지구를 하나의 계로 다루는 개념이 함축되어 있음을 명심하여야 한다.

6.4 보존력과 비보존력

물체가 한 지점에서 다른 지점으로 움직일 때 중력은 재미 있는 특성을 지니고 있다. 즉 중력이 한 일은 운동 경로의 선택과 무관하다. 예를 들어 그림 6.7에서 두 다른 경로로 처음 높이 h_0로부터 나중 높이 h_f로 물체가 움직이는 경우를 살펴보자. 6.3절에서 논의한 바와 같이 중력이 한 일은 처음과 나중 높이에만 관련이 있지 이 두 높이 사이의 경로와는 무관하다. 이런 이유로 중력을 다음의 정의 1번 형식에 따라 보존력이라 부른다.

■ **보존력**

1번 형식: 어떤 힘이 한 일이 처음과 나중 위치 사이의 경로와 무관할 때 그 힘은 보존력이다.

2번 형식: 처음 위치와 나중 위치가 같은 닫힌 경로를 따라 물체가 운동을 할 때 어떤 힘이 한 알짜 일이 0이면 그 힘은 보존력이다.

중력은 보존력의 첫 번째 예이다. 앞으로 용수철의 탄성력, 전하가 받는 전기력 등 다른 보존력에 대하여 공부를 할 것이다. 중력의 경우와 마찬가지로(식 6.5 참조) 각각 보존력에 대해서도 관련된 위치 에너지를 도입할 것이다. 그러나 다른 보존력과 연관된 위치 에너지는 그 수식의 형태가 일반적으로 식 6.5와 다르다.

그림 6.10은 보존력의 2번 형식의 정의를 이해하기 쉽게 하기 위한 것이다. 그림은 오르내리기 등의 복잡한 운동을 한 다음 원래의 위치로 돌아오는 롤러코스터를 나타내고 있다. 이렇게 출발점과 도착점이 동일한 경로를 닫힌 경로라고 부른다. 만일 마찰이나 공기 저항이 없다고 가정할 때 중력이 롤러코스터를 운동하게 하는 데 작용하는 유일한 힘이다. 물론 트랙은 궤도차에 수직항력을 작용하지만 모든 지점에서 수직항력은 운동 방향에 수직이므로 일을 하지 않는다. 궤도차가 내려갈 때 중력은 양의 일을 하고 따라서 궤도차의 운동 에너지를 증가시킨다. 한편 궤도차가 올라갈 때는 중력은 음의 일을 하고 궤도차의 운동 에너지가 감소된다. 궤도차가 처음의 위치로 돌아올 동안에 한 양의 일과 음의 일의 크기가 동일하기 때문에 알짜 일은 0이 된다. 따라서 궤도차는 출발점에서 가졌던 운동 에너지와 같은 운동 에너지로 도착점에 돌아온다. 따라서 보존력 정의 2번 형식에 따라 닫힌 경로에서 $W_{중력} = 0 \, \text{J}$이 된다.

모든 힘이 보존력인 것은 아니다. 두 지점 사이를 운동할 때 어떤 힘이 하는 일이 경로의 선택에 따라 달라지면 이 힘은 보존력이 아니다. 운동 마찰력은 비보존력의 한 예이다. 물체가 표면을 따라 미끄러질 때 마찰력은 운동 방향과 정반대로 작용하고 따라서 음의 일을 한다. 두 지점 사이의 경로가 길수록 더 많은 일을 하게 되므로 운동 마찰력이 하는 일은 경로의 선택에 좌우된다. 따라서 운동 마찰력은 비보존력이다. 공기 저항은 다른 비보존력이다. 이런 비보존력에 의해서는 위치 에너지가 정의되지 않는다.

닫힌 경로를 운동할 때 비보존력이 한 알짜 일은 보존력의 경우처럼 0이 되지 않는다. 예를 들어 그림 6.10에서 마찰력은 운동 방향에 항상 반대이고 궤도차의 속력을 감소시키

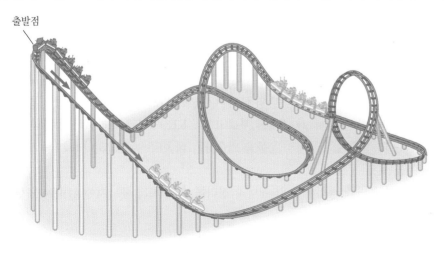

출발점

그림 6.10 롤러코스터의 트랙은 닫힌 경로의 한 예이다.

는 작용을 한다. 중력과는 달리 마찰력은 아래로 내려가든지 또는 올라가든지 관계없이 모든 경로에서 항상 음의 일을 한다. 궤도차가 원래의 출발점으로 돌아올 수 있다고 하면 처음의 운동 에너지보다 작은 운동 에너지로 돌아올 것이다. 표 6.2는 보존력과 비보존력의 예들을 나열한 것이다.

중력과 같은 보존력과 함께 마찰력, 공기 저항과 같은 비보존력 등이 물체에 동시에 작용하는 것이 보통이다. 따라서 알짜 외력에 의한 일 W는 다음과 같이 일반적으로 $W = W_c + W_{nc}$로 나타낼 수 있다 여기서 W_c는 보존력이 한 일, W_{nc}는 비보존력이 한 일을 나타낸다. 일-에너지의 정리에 의하여 외력이 한 일은 물체의 운동 에너지의 변화, 즉 $W_c + W_{nc} = \frac{1}{2}mv_f^2 - \frac{1}{2}mv_0^2$으로 표현할 수 있다. 만일 작용하는 보존력이 중력밖에 없으면 $W_c = W_{중력} = mg(h_0 - h_f)$를 이용하여 일-에너지 정리는 다음과 같이 일반화된다.

$$mg(h_0 - h_f) + W_{nc} = \frac{1}{2}mv_f^2 - \frac{1}{2}mv_0^2$$

중력이 한 일을 이 식의 오른쪽으로 옮기면

$$W_{nc} = \left(\tfrac{1}{2}mv_f^2 - \tfrac{1}{2}mv_0^2\right) + (mgh_f - mgh_0) \tag{6.6}$$

이 되고 이 식을 운동 에너지와 위치 에너지의 표현으로 바꾸면

$$\underbrace{W_{nc}}_{\text{비보존력이 한 알짜 일}} = \underbrace{(KE_f - KE_0)}_{\text{운동 에너지의 변화량}} + \underbrace{(PE_f - PE_0)}_{\text{중력 위치 에너지의 변화량}} \tag{6.7a}$$

이 된다. 식 6.7a는 외부의 비보존력이 한 알짜 일은 물체의 운동 에너지의 변화 더하기 위치 에너지의 변화임을 나타내고 있다. 전통적으로 이런 변화를 나타내기 위해 델타 기호 (Δ)를 사용한다. 따라서 $\Delta KE = (KE_f - KE_0)$와 $\Delta PE = (PE_f - PE_0)$로 나타낼 수 있고 이 델타 표현식을 쓰면 일-에너지 정리는 다음과 같이 간략하게 나타낼 수 있다.

$$W_{nc} = \Delta KE + \Delta PE \tag{6.7b}$$

다음의 두 절에서 식 6.7a와 6.7b로 나타낸 일-에너지 정리의 표현이 유용하게 쓰이는 경우를 공부할 것이다.

6.5 역학적 에너지 보존

일과 일-에너지 정리의 개념으로부터 우리는 물체가 두 종류의 에너지를 가지고 있음을 알았다. 즉 운동 에너지 KE와 중력 위치 에너지 PE이다. 이 두 에너지의 합을 총 **역학적 에너지**(total mechanical energy) E라고 부르고 $E = KE + PE$로 나타낸다. 총 역학적 에너지의 개념은 이 장에서의 물체의 운동을 기술하는 데 아주 유용할뿐더러 다른 장에서 유용하게 이용된다.

식 6.7a의 우변을 정리하면 일-에너지 정리를 총 역학적 에너지에 관하여 표현할 수 있다.

$$W_{nc} = (KE_f - KE_0) + (PE_f - PE_0)$$
$$= \underbrace{(KE_f + PE_f)}_{E_f} - \underbrace{(KE_0 + PE_0)}_{E_0} \tag{6.7a}$$

즉 다음과 같이 간단하게 나타낼 수 있다.

$$W_{nc} = E_f - E_0 \tag{6.8}$$

식 6.8은 일-에너지 정리의 다른 표현임을 주의하기 바란다. 외부의 비보존력이 한 알짜 일 W_{nc}는 총 역학적 에너지를 처음 에너지 E_0로부터 나중 에너지 E_f로 변화시킨다.

$W_{nc} = E_f - E_0$ 형태의 일-에너지 정리의 표현은 물리학에서 가장 중요한 원리를 나타낸다. 이 원리는 역학적 에너지 보존의 원리이다. 만일 외부의 비보존력에 의한 알짜 일 W_{nc}가 0이라면, 즉 $W_{nc} = 0\,J$이라면 식 6.8은 다음과 같이 간단하게 나타낼 수 있다.

$$E_f = E_0 \tag{6.9a}$$

$$\underbrace{\tfrac{1}{2}mv_f^2 + mgh_f}_{E_f} = \underbrace{\tfrac{1}{2}mv_0^2 + mgh_0}_{E_0} \tag{6.9b}$$

식 6.9a는 나중 역학적 에너지가 처음 역학적 에너지와 동일함을 나타낸다. 결과적으로 물체가 처음 점에서 나중 점으로 운동할 때 모든 운동 경로에서 총 역학적 에너지는 처음 역학적 에너지 E_0와 동일하고 결코 변화하지 않는다는 점을 나타낸다. 운동 중 변화하지 않는 물리량을 보존된다고 표현하고 $W_{nc} = 0\,J$일 때 총 역학적 에너지가 보존되는 것을 역학적 에너지 보존 원리(역학적 에너지 보존 법칙)라고 부른다.

■ **역학적 에너지 보존 원리**

외부의 비보존력에 의한 알짜 일이 없으면 즉 $W_{nc} = 0\,J$이면 물체의 운동 중 총 역학적 에너지 ($W = KE + PE$)는 항상 일정한 값을 가진다.

역학적 에너지 보존 원리는 우리의 물리적인 우주가 어떻게 움직이고 있는지 알 수 있게 해준다. 어느 점에서도 운동 에너지와 위치 에너지의 합은 보존되고 이 두 에너지는 상호 변환될 수 있다. 예를 들어 물체가 언덕 위를 올라갈 때 운동 에너지는 위치 에너지로 변환된다. 역으로 물체가 낙하하면 위치 에너지가 운동 에너지로 변환된다. 그림 6.11은 봅슬레이가 질주할 때 마찰력이나 바람의 저항같은 비보존력이 없다고 가정할 때 에너

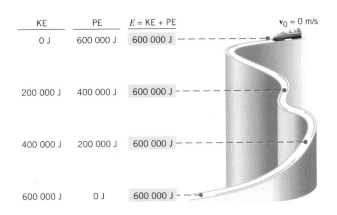

KE	PE	E = KE + PE
0 J	600 000 J	600 000 J
200 000 J	400 000 J	600 000 J
400 000 J	200 000 J	600 000 J
600 000 J	0 J	600 000 J

$v_0 = 0$ m/s

그림 6.11 이 그림은 마찰과 바람의 저항을 무시하면 봅슬레이가 질주할 때 운동 에너지와 위치 에너지가 어떻게 상호 변환되는가를 나타낸다. 이때 총 역학적 에너지는 언제나 일정한 값을 가진다. 총 역학적 에너지는 600000 J이고 질주하기 전 맨 위에서는 모든 에너지가 위치 에너지이고 바닥에서는 모든 에너지가 운동 에너지로 변환된다.

지 변환이 일어나는 과정을 나타내고 있다. 운동 경로에 수직인 수직항력은 일을 하지 않는다. 오직 중력만이 일을 한다. 그래서 총 역학적 에너지 E는 질주 중 어느 지점에서도 항상 똑같은 값을 가지고 있다. 보존 원리는 다음의 예에서 알 수 있듯이 여러 가지 상황에 쉽게 적용할 수 있다.

 예제 6.5 ｜ 겁없는 오토바이 스턴트맨

겁없는 오토바이 스턴트맨이 그림 6.12에서와 같이 절벽을 수평 속력 38.0 m/s으로 달려서 계곡을 건너려고 한다. 공기 저항을 무시할 때 오토바이가 반대편 땅에 착지할 때의 속력을 구하라.

살펴보기 공기 저항을 무시한다면 오토바이가 일단 절벽 끝을 떠난 뒤 공중에서 중력 이외에 이 오토바이에 작용하는 다른 힘은 없다. 따라서 외부의 비보존력에 의한 일은 0이다. 따라서 역학적 에너지의 보존 원리를 적용할 수 있다. 오토바이의 처음과 나중의 총 역학적 에너지는 동일하다. 이 원리를 이용하여 오토바이의 착지 순간의 속력을 구할 수 있다.

풀이 역학적 에너지 보존 원리는 다음과 같이 쓸 수 있다.

$$\underbrace{\frac{1}{2}mv_f^2 + mgh_f}_{E_f} = \underbrace{\frac{1}{2}mv_0^2 + mgh_0}_{E_0} \quad (6.9b)$$

이 식에서 모든 항에서 질량 m이 동일하게 나타나므로 스턴트맨과 오토바이의 질량은 소거할 수 있다. v_f에 관하여 풀면

$$v_f = \sqrt{v_0^2 + 2g(h_0 - h_f)}$$
$$v_f = \sqrt{(38.0 \text{ m/s})^2 + 2(9.80 \text{ m/s}^2)(70.0 \text{ m} - 35.0 \text{ m})}$$
$$= \boxed{46.2 \text{ m/s}}$$

가 된다.

문제 풀이 도움말
예제 6.5의 질량처럼 공통 인수를 주의하라. 때때로 역학적 에너지 보존 문제를 풀 때에는 공통 인수를 소거할 수 있다.

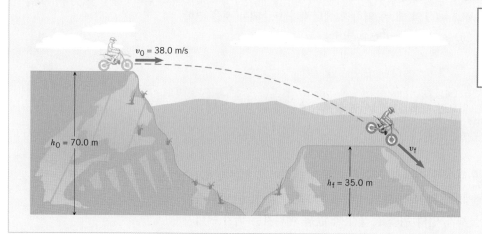

$v_0 = 38.0$ m/s
$h_0 = 70.0$ m
$h_f = 35.0$ m
v_f

그림 6.12 계곡을 건너가는 겁없는 스턴트맨

다음 예제는 역학적 에너지 보존 원리가 롤러코스터가 급경사 트랙에서 내려올 때 어떻게 적용되는가를 보여준다.

 예제 6.6 ｜ 강철 용(Steel Dragon) ◐ 롤로코스터의 물리

일본의 미에 지방에는 세계에서 가장 높고 가장 빠른 강철 용이라고 하는 롤러코스터가 있다(그림 6.13). 이 롤러코스터의 수직 방향의 낙하 길이는 93.5m에 달한다. 이 낙하점의 맨 꼭대기에서 롤러코스터의 속력이 3.0 m/s라면 마찰을 무시할 때 바닥에서 롤러코스터 탑승객의 속력을 구하라.

살펴보기 마찰을 무시하기 때문에 마찰력에 의한 일을 0이라고 할 수 있다. 탑승객의 좌석에 작용하는 수직항력은 운동 방

향에 항상 수직이므로 이 수직항력은 일을 하지 못한다. 따라서 외부 비보존력에 의한 일은 0이고 역학적 에너지 보존 원리를 이용하여 바닥에서의 탑승객의 속력을 구할 수 있다.

풀이 역학적 에너지의 보존 원리는 다음과 같이 나타낼 수 있다.

$$\underbrace{\tfrac{1}{2}mv_f^2 + mgh_f}_{E_f} = \underbrace{\tfrac{1}{2}mv_0^2 + mgh_0}_{E_0} \qquad (6.9b)$$

이 식에서 모든 항에서 질량 m이 동일하게 나타나므로 질량은 소거할 수 있다. 따라서 나중 속력에 관하여 풀면

$$v_f = \sqrt{v_0^2 + 2g(h_0 - h_f)}$$
$$v_f = \sqrt{(3.0 \text{ m/s})^2 + 2(9.80 \text{ m/s})(93.5 \text{ m})}$$
$$= \boxed{42.9 \text{ m/s}}$$

이 된다. 여기서 수직 낙하 거리는 $h_0 - h_f = 93.5$ m 이다.

그림 6.13 일본의 미에 지방에 있는 거대한 롤러코스터 강철 구조물. 이 롤러코스터에는 93.5 m의 수직 낙하 코스가 있다.

6.6 비보존력과 일-에너지 정리

대부분의 움직이는 물체는 마찰력, 공기 저항, 추진력 등 비보존력을 받는다. 따라서 외부 비보존력에 의한 일 W_{nc}가 0이 아닌 경우가 많다. 이런 상황에서 나중과 처음의 역학적 에너지의 차이는 W_{nc}와 같고 $W_{nc} = E_f - E_0$ (식 6.8)이다. 결과적으로 총 역학적 에너지는 보존이 되지 않는다. 다음의 예는 비보존력이 있고 비보존력이 일을 할 때 식 6.8을 어떻게 이용할 수 있는가를 나타낸다.

◈ 문제 풀이 도움말
이 문제와 예제 6.2에서 나타낸 바와 같이 마찰력과 같은 비보존력은 음의 일 혹은 양의 일을 할 수 있다. 이 힘의 성분이 변위 방향과 반대이면 음의 일을 하게 되고 물체의 속력을 감소시킨다. 반대로 이 힘의 성분이 변위 방향과 같으면 양의 일을 하게 되고 물체의 속력을 증가시킨다.

 예제 6.7 | 강철 용, 다시 보기

예제 6.6에서 마찰과 같은 비보존력을 무시하였다. 그러나 사실상 롤러코스터가 하강할 때 그런 힘은 존재한다. 바닥에서의 롤러코스터의 속력은 41.0 m/s로 예제 6.6에서 구한 값보다 작다. 55.0 kg의 탑승객이 높이 h_0에서 h_f로 강하할 때 비보존력이 이 탑승객에게 한 일을 계산하라. 여기서 $h_0 - h_f = 93.5$ m이다.

살펴보기 맨 꼭대기에서 속력, 나중 속력, 수직 낙하 거리가 주어져 있기 때문에 탑승객의 처음과 나중의 역학적 에너지를 결정할 수 있다. 일-에너지 정리 $W_{nc} = E_f - E_0$로부터 비보존력이 한 일 W_{nc}을 계산할 수 있다.

풀이 일-에너지 정리는

$$W_{nc} = \underbrace{\left(\tfrac{1}{2}mv_f^2 + mgh_f\right)}_{E_f} - \underbrace{\left(\tfrac{1}{2}mv_0^2 + mgh_0\right)}_{E_0} \quad (6.8)$$

과 같이 주어지므로 이 식의 우변을 정리하면

$$W_{nc} = \tfrac{1}{2}m(v_f^2 - v_0^2) - mg(h_0 - h_f)$$
$$W_{nc} = \tfrac{1}{2}(55.0 \text{ kg})[(41.0 \text{ m/s})^2 - (3.0 \text{ m/s})^2]$$
$$- (55.0 \text{ kg})(9.80 \text{ m/s}^2)(93.5 \text{ m})$$
$$= \boxed{-4400 \text{ J}}$$

이 얻어진다.

6.7 일률

일을 하는 데 걸린 시간이 수행된 전체 일의 양보다 더 중요한 의미를 갖는 경우가 종종 있다. 출력을 제외하고 모든 조건이 동일한(예를 들어 질량) 두 자동차가 있다고 하자. 고출력 엔진을 가진 자동차는 0에서 27 m/s로 속력을 가속하는 데 4초가 걸린다고 하고 다른 차는 똑같은 속력으로 가속하는 데 8초가 걸린다면, 각 차의 엔진은 자동차를 가속하는 데 같은 일을 하지만 고출력 엔진을 가진 차가 더 빨리 일을 하는 셈이다. 차에 관한 한 더 높은 마력을 가진 엔진이 더 빨리 일을 한다. 더 큰 마력을 가졌다는 것은 짧은 시간에 더 많은 양의 일을 할 수 있음을 의미한다. 물리학에서 마력은 일을 하는 능력을 측정하는 한 방법이다. **일률**(power)의 개념은 일과 시간을 동시에 포함하는 개념이다. 즉 일률은 단위 시간당 한 일이다.

■ **평균 일률**

평균 일률 $\overline{P}$은 일 W가 행해지는 평균 시간 비율이므로 W를 걸린 시간 t로 나눈 값이다.

$$\overline{P} = \frac{일}{시간} = \frac{W}{t} \tag{6.10a}$$

일률의 SI 단위: 줄(J)/초(s) = 와트(W)

식 6.10a에 나타낸 평균 일률의 정의에서 일이란 알짜 힘이 하는 일이다. 그러나 일-에너지 정리에 의하면 이 일이 물체의 에너지를 변화시키므로(식 6.3 및 식 6.8 참조) 평균 일률은 에너지가 변화하는 시간당 비율 혹은 에너지 변화를 이 변화가 일어나는 동안 걸린 시간으로 나눈 값으로도 정의할 수 있다.

$$\overline{P} = \frac{에너지\ 변화량}{시간} \tag{6.10b}$$

일, 에너지 및 시간은 스칼라양이므로 일률 역시 스칼라양이다. 일률의 단위는 일을 시간으로 나눈 양 즉 SI 단위계에서는 초당 줄이다. 초당 1 줄의 양은 증기기관을 발명한 와트(1736~1819)를 기념하여 와트(W)라고 한다. 전기모터나 내연기관의 일률을 표현하는 데 종종 마력을 쓰기도 하며 영국공학 단위계에서 일률의 단위는 초당 푸트·파운드(ft·lb/s)이다.

$$1 \text{ 마력} = 550 \text{ 푸트}\cdot\text{파운드/초} = 745.7 \text{ 와트}$$

표 6.3은 다양한 측정계에서 사용되는 일률의 단위를 요약하였다.

식 6.10b는 인간의 신체 활동에 필요한 단위 시간당 에너지를 이해하는 기반을 제공

표 6.3 일률의 측정 단위

단위계	일	÷	시간	=	일
SI	줄(J)		초(s)		와트 (W)
CGS	에르그		초(s)		초당 에르그(erg/s)
BE	푸트(ft)·파운드(lb)		초(s)		초당 푸트·파운드(ft·lb/s)

한다. 식의 우변의 에너지의 변화는 우리가 매일 음식을 먹은 후 신진대사 작용으로부터 얻는 에너지로 간주할 수 있다. 표 6.4는 여러 가지 다양한 신체 활동을 유지하기 위해서 필요한 에너지 신진대사율을 나타내었다. 예를 들어 15 km/h의 속력으로 달리기 위해 필요한 일률은 75 와트 전구 18 개를 켜기 위해 필요한 일률과 같고 수면 시 사용되는 일률은 75 와트 전구 한 개를 켜는 데 필요한 일률과 거의 같다.

일률의 또 다른 표현은 식 6.1로부터 얻을 수 있다. 변위 방향과 동일한 방향으로 알짜 힘 F을 작용하여 일 W을 수행한 경우에 $W = (F \cos 0°) s = Fs$이므로 이 식의 양 변을 시간 t로 나누면

$$\frac{W}{t} = \frac{Fs}{t}$$

가 된다. 그리고 W/t는 평균 일률 $\overline{P}$이고 s/t는 평균 속력 $\overline{v}$이므로

$$\overline{P} = F\overline{v} \tag{6.11}$$

가 된다. 다음의 예제는 이 식 6.11을 사용하는 방법을 나타낸다.

표 6.4 인간의 신진대사율[a]

활동	일률(W)
달리기(15km/h)	1340
스키타기	1050
자전거타기	530
걷기(5km/h)	280
수면	77

[a]70 kg 성인 남자 기준

예제 6.8 | 자동차를 가속하는 일률

정지 상태에 있던 1.10×10^3 kg의 자동차를 5.00 초 동안 가속한다. 이때 가속도는 $a = 4.60$ m/s^{2}이다. 이 자동차를 가속하는 알짜 힘에 의하여 생성되는 평균 일률을 계산하라.

살펴보기 자동차에 작용하는 알짜 힘 F와 평균 속력 $\overline{v}$를 얻으면 $\overline{P} = F\overline{v}$의 식을 이용하여 일률을 계산할 수 있다. 뉴턴의 제2법칙에 의하여 알짜 힘을 계산할 수 있고 평균 속력은 운동학 공식을 이용하여 계산할 수 있다.

풀이 뉴턴의 제2법칙에 의하여 알짜 힘을 계산하면

$$F = ma = (1.10 \times 10^3 \text{ kg})(4.60 \text{ m/s}^2) = 5060 \text{ N}$$

이고 자동차가 정지 상태($v_0 = 0$ m/s)에서 가속되므로 평균 속력 $\overline{v}$는 나중 속력 v_f의 절반이다.

$$\overline{v} = \tfrac{1}{2}(v_0 + v_f) = \tfrac{1}{2}v_f \tag{2.6}$$

처음 속력이 0이므로 5.00 초 후의 나중 속력은 가속도와 시간의 곱이다.

$$v_f = v_0 + at = (0 \text{ m/s}) + (4.60 \text{ m/s}^2)(5.00 \text{ s})$$
$$= 23.0 \text{ m/s} \tag{2.4}$$

따라서 평균 속력은 $\overline{v} = 11.5$ m/s이다. 이로부터 평균 일률을 구하면

$$\overline{P} = F\overline{v} = (5060 \text{ N})(11.5 \text{ m/s})$$
$$= \boxed{5.82 \times 10^4 \text{ W} \ (78.0 \text{ hp})}$$

가 된다.

6.8 다른 형태의 에너지와 에너지 보존

이제까지 우리는 두 가지 형태의 에너지, 즉 운동 에너지와 중력 위치 에너지를 고찰하였다. 그러나 다른 많은 형태의 에너지가 자연계에 존재한다. 전기 에너지는 전기제품을 구동하는 데 이용한다. 열 형태의 에너지는 음식을 조리하는 데 이용한다. 운동 마찰력이 한 일은 종종 열의 형태로 나타나기 때문에 우리들의 손을 비비면 손이 따뜻해지는 것을 느낄 수 있다. 가솔린이 탈 때 저장된 화학 에너지가 방출되고 이 에너지는 자동차, 비행기, 배를 움직이는 데 이용한다. 음식에 저장된 화학 에너지는 신진대사를 유지하는 데 필요

한 에너지를 제공한다.

가장 쟁점이 될 수 있는 에너지는 핵 에너지이다. 아인슈타인을 비롯한 여러 과학자의 연구를 통하여 질량은 그 자체가 에너지임이 밝혀졌다. 아인슈타인의 유명한 공식 $E_0 = mc^2$은 질량 m과 에너지 E_0가 어떻게 관련이 되는가를 나타낸다. 여기서 c는 진공 중 빛의 속도이고 3.00×10^8 m/s의 값을 갖는다. 여기서 빛의 속도가 대단히 큰 값이기 때문에 이 공식은 아주 작은 질량이라도 막대한 에너지로 변환될 수 있다는 사실을 나타낸다.

지금까지 운동 에너지가 중력 위치 에너지로 변환되고 역으로 중력 위치 에너지가 운동 에너지로 변환될 수 있음을 공부하였다. 일반적으로 모든 형태의 에너지는 다른 형태의 에너지로 변환될 수 있다. 예를 들어 등산가가 산을 올라갈 때 음식에 저장된 화학 에너지가 중력 위치 에너지로 변환되는 셈이다. 만일 65 kg의 등산가가 열량 250 킬로칼로리 (kcal 또는 Cal)*의 과자를 먹었다면 이 과자에는 약 1.0×10^6 J의 화학 에너지가 저장되어 있다. 만일 이 화학 에너지가 모두 위치 에너지[$mg(h_f - h_0)$]로 변환되었다면 높이의 변화는

$$h_f - h_0 = \frac{1.0 \times 10^6 \text{ J}}{(65 \text{ kg})(9.8 \text{ m/s}^2)} = 1600 \text{ m}$$

가 된다. 좀 더 실제 상황에 가깝게 변환 효율 50 %을 가정하면 높이의 변화는 800 m이다. 유사하게 자동차를 움직이게 하기 위해 가솔린의 화학 에너지가 전기 에너지, 열, 그리고 운동 에너지로 변환된다.

에너지가 어떤 형태에서 다른 형태로 변환될 때 이 과정에서 어떠한 에너지가 조금도 생성되거나 소멸되지 않는다. 즉 과정 전의 총 에너지와 과정 후의 총 에너지가 같다. 이 사실로부터 다음의 중요한 원리를 알 수 있다.

> ■ **에너지 보존의 원리**
> 에너지는 생성되거나 소실되지 않는다. 다만 다른 형태의 에너지로 변환될 뿐이다.

에너지를 효율적으로 다른 형태의 에너지로 변환시킬 수 있는 방법이 현대 과학 기술의 중요한 목표 중의 하나이다.

◉ 식품 속의 화학 에너지를 역학적 에너지로 변환되는 물리

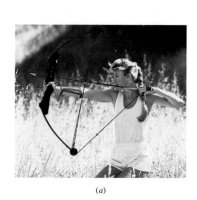

(a)

6.9 변하는 힘이 하는 일

일정한 힘(크기와 방향이 모두 일정한 힘)이 하는 일은 식 6.1의 $W = (F \cos\theta)s$로 계산할 수 있다. 그러나 힘이 일정하지 않고 변위에 따라 변하는 경우가 있다. 예를 들어 그림 6.14(a)는 궁사가 최첨단 콤파운드 활(compound bow)을 쏘는 경우를 나타내고 있다. 이 종류의 콤파운드 활은 일련의 줄과 도르래로 이루어져 있어서 그림 6.14(b)에 나타낸 것과 같은 힘-변위 곡선 그래프를 보여준다. 이 활의 특징은 줄을 당기면 힘이 최대점까지 상승 하였다가 다시 감소한다는 점이다. 줄을 최대로 당기면 힘은 최대값의 60 % 정도까지 감소한다. $s = 0.5$ m에서 감소하는 힘은 궁사가 활을 최대로 당긴 상태를 유지하는 것을 쉽

그림 6.14 (a) 콤파운드 활 (b) 활줄을 당김에 따라 변화하는 ($F \cos\theta$) 대 변위 곡선

*식품 속에 포함된 에너지는 칼로리라고 하는 단위로 주어지며, 12.7절에서 배우게 될 것이다.

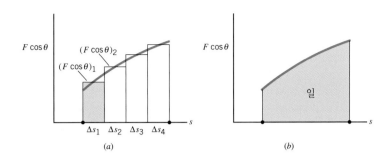

그림 6.15 (a) 미소 변위 Δs_1 동안 힘의 변위 방향 성분의 평균값 $(F \cos \theta)_1$이 한 일. 이 일은 색칠된 사각형의 넓이 $(F \cos \theta)_1 \Delta s_1$와 같다. (b) 변하는 힘에 의하여 한 일은 $(F \cos \theta)$ 대 변위 곡선에서 색칠된 넓이와 같다.

게 하여 목표를 더 쉽게 조준하게 한다.

그림 6.14(b)와 같이 변위에 따라 힘이 변할 때 $W = (F \cos \theta)s$ 공식을 이용하여 일을 계산할 수 없다. 이 공식은 힘이 일정할 때 유효한 공식이다. 그러나 우리는 도표 방법을 이용할 수 있다. 이 방법은 총 변위를 미소 변위 Δs_1, Δs_2 …로 잘게 나누는 방법이다[그림 6.15(a) 참조]. 그리고 그림에서 작은 수평선으로 나타낸 바와 같이 각 조각에서 힘 성분의 평균값을 구한다. 예를 들어 그림 6.15(a)에서 미소 변위 조각 Δs_1의 짧은 수평 직선을 $(F \cos \theta)_1$으로 나타내었다. 이 값을 이용하여 처음 조각 동안에 한 일의 근삿값 ΔW_1을 구할 수 있다. 즉 $\Delta W_1 = (F \cos \theta)_1 \Delta s_1$을 구할 수 있다. 이 일은 그림에서 색깔을 칠한, 폭 Δs_1이고 높이가 $(F \cos \theta)_1$인 사각형의 넓이이다(하지만 이것은 실제 땅의 넓이처럼 제곱미터 단위의 넓이는 아니다). 이런 식으로 우리는 각각의 조각에서 수행한 일의 근삿값을 구할 수 있고 이 모든 조각을 모으면 변화하는 힘이 한 일의 근삿값을 구할 수 있다. 이 근삿값은 다음과 같다.

$$W \approx (F \cos \theta)_1 \Delta s_1 + (F \cos \theta)_2 \Delta s_2 + \cdots$$

여기서 '≈' 기호는 근삿값이라는 것을 의미한다. 이 식의 우변은 그림 6.15(a)의 모든 사각형의 넓이의 합이고 그림 6.15(b)의 그래프의 색칠된 부분의 넓이의 근삿값이다. 만일 Δs를 감소시켜 즉 사각형을 더욱 잘게 쪼개면 궁극적으로 우변의 넓이는 그래프의 색칠된 부분의 넓이와 같아질 것이다. 따라서 변하는 힘에 의한 일을 다음과 같이 정의할 수 있다. 움직이는 물체의 변하는 힘에 의한 일은 $(F \cos \theta)$ 대 변위 곡선의 넓이와 같다. 예제 6.9는 그래프 방법을 이용하여 콤파운드 활을 당겼을 때 한 일의 근삿값을 구하는 방법을 나타내었다.

 예제 6.9 | 일과 콤파운드 활

그림 6.14에서 0에서 0.500 m로 활시위를 당겼을 때 궁사가 한 일을 계산하라.

살펴보기 한 일은 그림 6.14(b)의 곡선 아래의 색칠된 부분의 넓이와 같다. 편의를 위해서 이 넓이를 각 넓이가 $(9.00\,\text{N})$ $(2.78 \times 10^{-2}\,\text{m}) = 0.250\,\text{J}$인 작은 사각형으로 나눈다. 다음 사각형의 개수를 세고 이 개수에 넓이를 곱한다.

풀이 이 그림에서 색칠된 부분은 242 개의 작은 사각형으로 이루어져 있다. 각각의 작은 사각형은 0.250 J의 일을 나타내므로 수행한 총 일은

$$W = (242\,\text{개의 사각형}) \left(0.250\, \frac{\text{J}}{\text{사각형}} \right) = \boxed{60.5\,\text{J}}$$

이다. 화살을 발사하면 이 일의 일부가 화살의 운동 에너지로 변환된다.

연습 문제

6.1 일정한 힘에 의한 일

1(2) 그림은 두 기관차가 길이 2.00 km인 운하를 통해 배를 인양하는 것을 보여준다. 각 케이블의 장력은 5.00×10^3 N이고, $\theta = 20.0°$이다. 두 기관차가 배에 한 알짜 일은 얼마인가?

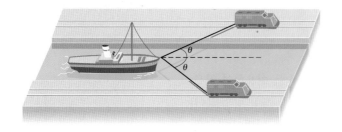

2(3) 한 사람이 눈 위에서 25.0° 만큼 위로 기울어진 로프로 터버건 썰매를 35.0 m 끌고 있다. 이때 로프의 장력은 94.0 N이다. (a) 장력이 터버건 썰매에 한 일은 얼마인가? (b) 만일 장력이 수평 방향이면 하는 일은 얼마인가?

3(7) 한 사람이 16.0 kg의 쇼핑 수레를 균일한 속력으로 22.0 m의 거리를 밀고 있다. 이 사람이 수평에서 29.0° 아래 방향으로 밀고 있고 쇼핑 수레의 진행 방향과 반대 방향으로 48.0 N의 마찰력이 작용한다. (a) 이 사람이 가하는 힘은 얼마인가? (b) 미는힘, (c) 마찰력, (d) 중력이 한 일을 계산하라.

*4(8) 55 kg인 상자를 크기가 150 N인 힘 **P**로 바닥을 가로질러 7.00 m의 거리를 밀었다. 힘 **P**는 상자의 변위에 평행하게 작용한다. 운동 마찰 계수는 0.25이고 상자에 작용한 4개의 힘이 상자에 한 일을 결정하라. 각각의 힘이 한 일에 대해 양 또는 음의 기호를 포함해야 한다.

5(11) 1200 kg의 자동차가 5.0° 경사진 언덕을 올라가고 있다. 마찰력은 자동차의 운동 방향과 반대 방향으로 작용하고 그 양은 $f = 524$ N이다. 도로가 주는 힘 **F가 자동차에 작용하고 자동차를 앞으로 추진시킨다. 이 두 힘 이외에 다른 두 힘이 추가로 자동차에 작용한다. 그 두 힘은 자동차의 무게 **W**와 도로 표면에 수직으로 작용하는 수직항력 $\mathbf{F}_\mathrm{N}$이다. 언덕 위까지 도로의 길이는 290 m이다. 자동차에 작용하는 알짜 힘이 한 일이 +150 kJ이 되기 위하여 힘 **F**의 크기는 얼마가 되어야 하는가?

6.2 일-에너지 정리와 운동 에너지

6(12) 전투기는 자체 엔진과 증기 캐터펄트(catapult)의 도움으로 항공모함으로부터 추진된다. 전투기 엔진의 추진력은 2.3×10^5 N이고, 정지 상태에서 87 m의 거리를 이동하고 이륙할 때 4.5×10^7 J의 운동 에너지를 갖는다. 이때 캐터펄트가 전투기에 한 일은 얼마인가?

7(14) 0.075 kg인 화살을 줄에 걸어 65 N의 평균력으로 0.90 m를 잡아당겼다가 놓으면 수평으로 날아간다. 이때 활을 떠나는 화살의 속력은 얼마인가?

8(15) 골프채에 맞은 0.045 kg의 골프공이 날아가고 있다. 이 골프공의 속력은 41 m/s이다. (a) 골프채가 이 공에 한 일은 얼마인가? (b) 골프채가 공의 운동 방향에 평행하게 힘을 가하고, 골프채가 골프공과 0.010 m 거리 동안 접촉하고 있다고 가정하자. 공의 무게를 무시하였을 때 골프채가 공에 가한 평균힘을 계산하라.

9(17) 두 자동차 A, B가 각각 정지 상태로부터 같은 속력인 40.0 m/s로 달린다. 자동차 A의 질량은 1.20×10^3 kg이고, 자동차 B의 질량은 2.00×10^3 kg이다. 자동차 A가 이 속력에 도달할 때 필요한 일과 비교할 때, 이 속력에서 자동차 B가 필요한 추가 일은 얼마인가?

*10(19) 썰매를 수평의 눈밭에서 끌고 있다. 마찰은 무시할 만큼 작다. 끄는 힘은 썰매의 변위 방향과 같은 방향이고 +x 축 방향이다. 이 결과 썰매의 운동 에너지가 38 % 증가하였다. 이 끄는 힘을 +x 축 방향에서 62° 방향으로 변화시키면 몇 %의 운동 에너지가 증가하는가?

*11(20) 눈 덮인 편평한 도로에서 16 kg인 썰매를 수평 힘 24 N으로 끌고 있다. 썰매가 정지 상태에서 8.0 m 이동하고 속력이 2.0 m/s에 도달하였을 때 썰매와 눈 사이의 운동 마찰 계수를 구하라.

*12(22) 구조헬기에서 케이블을 내려 79 kg인 사람을 똑바로 끌어 올리고 있다. 이 사람은 정지 상태에서 0.70 m/s²의 가속도로 위로 11 m 올라왔다. (a) 케이블의 장력은 얼마인가? (b) 케이블의 장력과 (c) 사람의 무게가 한 일은 얼마인가? (d) 일-에너지 정리를 이용하여 사람의 나중 속력을 구하라.

*13(23) 스키어가 정지 상태로 부터 출발하여 수평으로부터 경사각이 25.0° 인 산을 내려가고 있다. 스키어와 눈 사이의 마찰 계수는 0.200이다. 절벽의 끝까지 10.4 m 거리를 내려간 다음 절벽을 뛰어 절벽 아래의 땅에 착지하였다. 절벽과 아래 땅과의 수직 거리는 3.50 m이다. 땅에 착지하기 직전의 스키어의 속력은 얼마인가?

6.3 중력 위치 에너지
6.4 보존력과 비보존력

14(25) 자전거를 탄 사람이 크기가 3.0 N인 공기 저항력을 받으며

서쪽 방향에서 동쪽으로 5.0 km를 갔다가 다시 돌아 서쪽으로 5.0 km를 간 후 출발 지점으로 돌아왔다. 자전거를 타고 돌아올 때 동쪽에서 3.0 N의 공기 저항력이 작용했다. (a) 돌아오는 동안 공기 저항력이 한 일을 구하라. (b) (a)의 답을 근거로 공기 저항력이 보존력인지 설명하라.

15(27) 지표로부터 높이 443 m인 시어즈 타워의 꼭대기에 있는 55.0 kg인 사람의 지표를 기준점으로 하는 중력 위치 에너지는 얼마인가?

16(29) 75.0 kg의 스키어가 산꼭대기까지 길이 2830 m의 스키리프트를 타고 올라가고 있다. 이 스키리프트는 수평으로부터 14.6° 기울어져 있다. 이 스키어의 중력 위치 에너지의 변화는 얼마인가?

17(30) 81.0 kg인 어른이 나선형 계단을 이용해서 그의 집 2층으로 올라갈 때, 중력 위치 에너지가 2.00×10^3 J로 증가한다. 18.0 kg인 어린 아이가 2층을 보통 계단으로 올라갈 때 어린이의 중력 위치 에너지는 얼마인가?

18(31) 등 뒤에 추진 장치를 단 '로켓맨'이 있다. 그는 장치를 발사해 정지 상태로부터 똑바로 위로 올라간다. 16 m의 높이를 올라갈 때 속력은 5.0 m이다. 그의 질량은 추진 장치를 포함해서 거의 근사적으로 136 kg이다. 추진 장치가 발생시킨 힘이 한 일을 구하라.

6.5 역학적 에너지의 보존

19(34) 그림에서처럼 수상 스키어가 14.0 m/s의 속력으로 점프대를 떠난다. 제일 높이 점프한 지점에서의 속력이 13.0 m/s이다. 공기 저항력을 무시할 때 점프대로부터 제일 높이 점프한 지점의 높이 H를 구하라.

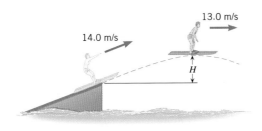

20(35) 장대높이뛰기 선수가 9.00 m/s의 속력으로 이륙 지점에 접근한다. 선수가 뛰어오를 수 있는 최대 속력이 9.00 m/s라 할 때, 바를 제거하고 뛰어오를 수 있는 최대 높이는 얼마인가?

21(37) 자전거를 탄 한 사람이 완만한 언덕에 11 m/s의 속력으로 접근하고 있다. 언덕의 높이는 5.0 m이고 이 자전거 탄 사람이 추가로 페달을 밟지 않고 원래의 속력으로 이 언덕을 넘을 때 언덕 꼭대기에서의 속력을 구하라.

* 22(38) 그림의 지점 *A*에서 출발한 입자가 곡면 아래에서 튀어 오른다. 지점 *B*에 도달한 입자는 똑바로 위로 올라가 바닥에서 위로 4.00 m의 높이에 도달한 다음 다시 아래로 떨어진다. 마찰과 공기 저항력을 무시할 때 지점 *A*에서 입자의 속력을 구하라.

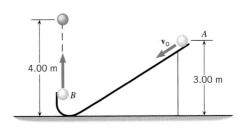

* 23(40) 그림과 같이 스케이트보더가 트랙의 평탄한 영역을 따라 5.4 m/s로 이동한다. 트랙은 평탄한 영역과 지면으로부터 0.40 m 위까지 위로 48° 기운 영역으로 되어 있다. 스케이트보더가 트랙을 떠날 때, 특정 경로를 따라 포물선 운동을 한다. 마찰과 공기 저항을 무시할 때 트랙의 끝 지점에서 뛰어오른 최대 높이 H를 구하라.

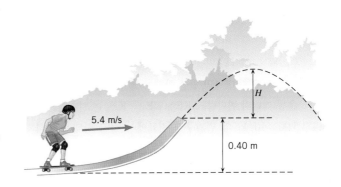

* 24(41) 그림과 같은 물미끄럼대가 있다. 이 물미끄럼대는 사람이 미끄럼대 위에 정지하고 있다가 미끄럼을 타고 마지막으로 물미끄럼대를 벗어날 때는 수평으로 운동을 하도록 설계가 되어 있다. 그림과 같이 한 사람이 미끄럼을 타고 미끄럼대를 벗어난 뒤에 0.500 초 후에 5.00 m 떨어진 물에 떨어졌다. 마찰과 공기 저항을 무시할 때 이 물미끄럼대 높이 H을 구하여라.

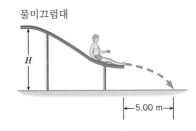

물미끄럼대

*25(42) 스키어가 언덕 꼭대기에서 정지 상태에서 출발한다. 그림과 같이 언덕 아래로 내려와 두 번째 언덕을 오른다. 두 번째 언덕은 반지름이 $r = 36$ m인 원 형태이다. 마찰과 공기 저항을 무시할 때 스키어가 두 번째 언덕의 꼭대기를 벗어나기 위한 첫 번째 언덕의 높이 h는 얼마인가?

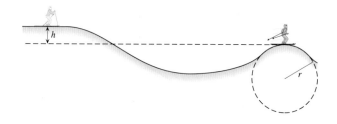

**26(43) 견딜 수 있는 최대 장력이 8.00×10^2 N인 밧줄로 구성되어 있는 그네가 있다. 처음에 그네는 수직으로 걸려 있다가 수직으로부터 60.0° 각도로 뒤로 당겼다가 놓았다. 줄이 끊어지지 않고 이 그네를 탈 수 있는 사람의 최대 질량은 얼마인가?

6.6 비보존력과 일–에너지 정리

27(45) 한 롤러코스터가 A(지상 5.00 m)에서 B(지상 20.0 m)로 이동한다. 두 비보존력이 존재하는데, 마찰이 차에 -2.00×10^4 J의 일을 하고, 체인 장치가 차를 위로 올리는 데 $+3.00 \times 10^4$ J의 일을 한다. A에서 B로 이동할 때 차의 운동 에너지 변화량, $\Delta KE = KE_f - KE_0$는 얼마인가?

28(47) 5.00×10^2 kg의 열기구가 지표에서 정지 상태에 있다가 위로 올라가고 있다. 이 과정에서 비보존력인 바람이 $+9.70 \times 10^4$ J의 일을 하여 열기구를 위로 올린다. 이 열기구가 8.00 m/s 속력을 가질 때 지표로부터 높이는 얼마인가?

29(48) 질량 0.750 kg인 발사체를 처음 속력 18.0 m/s로 똑바로 쏘아 올렸다. (a) 공기 마찰이 없다면 얼마나 높이 올라가는가? (b) 발사체가 최대 높이인 11.8 m까지 올라간다면 공기 저항에 대한 평균력의 크기를 구하라.

30(49) 산길 위로 1.50×10^3 kg인 자동차를 비보존력이 추진하여 4.70×10^6 J의 일을 한다. 해수면에서 자동차는 정지 상태에서 출발하였고, 해수면으로부터 고도 2.00×10^2 m에서 속력은 27.0 m/s였다. 마찰과 공기 저항이 자동차에 한 일을 구하라. 마찰과 공기 저항은 둘 다 비보존력이다.

*31(50) 한 투수가 0.140 kg인 야구공을 던져 배트에 40.0 m/s의 속력으로 접근한다. 배트로 칠 때 야구공이 $W_{nc} = 70.0$ J의 일을 한다. 공기 저항을 무시할 때, 공이 배트에 부딪친 지점에서 25.0 m 날아간 후 공의 속력은 얼마인가?

**32(53) 축제에서 9.00 kg의 해머로 타깃을 쳐서 종을 울리는 게임을 할 수 있다. 해머로 타깃을 치면 이에 따라 0.400 kg의 금속 조각이 5.00 m 위에 있는 종을 향하여 날아간다. 만일 해머의 운동 에너지의 25.0 %가 금속 조각을 위로 올리는 일을 하는데 사용된다면 얼마나 빨리 해머가 움직여야 금속 조각이 벨을 울릴 수 있을까?

**33(54) 3.00 kg인 모형 로켓이 곧장 날아오른다. 공기 저항이 로켓에 -8.00×10^2 J의 일을 했음에도 불구하고 엔진이 멈춘 지점에서 위로 최대 높이 1.00×10^2 m에 도달했다. 만약 공기 저항이 없다면 얼마나 높이 올라갈 수 있는가?

6.7 일률

34(57) 1 킬로와트시(kWh)는 1 킬로와트의 일률이 1시간 동안 제공한 일 또는 에너지양으로, 전기 요금을 계산할 때 사용되는 단위이다. 1 킬로와트시를 줄(J) 단위로 환산하여 보라.

*35(59) 4 명의 스키어를 등속으로 140 m 높이로 2 분 내로 올릴 수 있는 스키리프트가 있다. 각 스키어의 평균 질량은 65 kg이다. 이 리프트를 끄는 케이블의 장력에 의한 평균 일률은 얼마인가?

**36(61) 제트스키보트의 모터는 보트가 12 m/s의 속력으로 움직이고 있을 때 7.50×10^4 W 일률을 제공한다. 이 보트가 같은 속력으로 수상 스키어를 끌기 위해서는 엔진은 8.30×10^4 W의 일률을 제공해야 한다면 수상 스키어를 끄는 줄의 장력은 얼마인가?

6.9 변하는 힘이 하는 일

37(63) 다음 그래프는 변위의 양 s에 따른 알짜 외력의 변위 방향 성분 $F \cos\theta$의 변화를 나타낸다. 이 그래프를 65 kg의 스케이팅 선수에 적용을 해보자. (a) 0에서 3.0 m 구간에서 한 일은 얼마인가? (b) 3.0 m에서 6.0 m 구간에서 한 일은 얼마인가? (c) $s = 0$ m 일 때 스케이팅 선수의 처음 속력이 1.5 m/s라면 $s = 6.0$ m 일 때 스케이트 선수의 속력은 얼마인가?

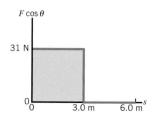

38(64) 다음 그래프는 변위의 양 s에 따른 변위 방향 성분 $F \cos\theta$의 변화를 나타낸다. 그 힘에 의해 한 일을 구하라. (힌트: 삼각형의 넓이가 밑변과 높이와 어떻게 연관되는지를 상기하자.)

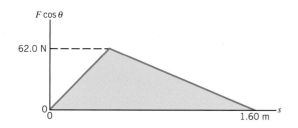

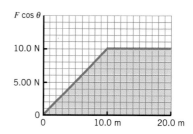

에서 물체의 속력은 얼마인가?

39(67) 처음에 정지해 있던 6.00kg의 물체에 알짜 외력이 작용하고 있다. 그림과 같이 알짜 힘의 성분이 변위에 따라 변하고 있다. (a) 알짜 힘이 한 일은 얼마인가? (b) $s = 20.0$ m

Chapter 07

충격량과 운동량

7.1 충격량-운동량 정리

어떤 물체에 작용하는 힘이 일정하지 않고 시간에 따라 변하는 경우가 많이 있다. 예를 들어 그림 7.1(a)처럼 야구 방망이로 공을 치는 경우를 생각하자. 이 과정에서 방망이가 공에 전달하는 힘의 크기의 변화가 그림 7.1(b)에 그려져 있다. 방망이가 공에 접촉하는 순간 t_0에서 힘의 크기는 0이지만, 공과 접촉하는 동안 이 힘은 어떤 최댓값까지 증가된 후, 공이 방망이로부터 밀려나가기 시작한 뒤로는 급격히 감소되다가 공이 방망이로부터 이탈하는 순간인 t_f에서 다시 0이 됨을 알 수 있다. 실제로는 방망이와 공이 접촉하는 시간 $\Delta t = t_f - t_0$가 수천분의 일 초 정도로 아주 짧은 반면에, 방망이가 공에 전달하는 힘은 순간적으로 매우 커서 수 천 뉴턴을 초과한다. 그림 7.1(b)에는 방망이로부터 공에 전달되는 힘의 알짜 평균력 $\bar{F}$를 그려 넣어서 원래의 힘과 비교할 수 있게 하였다. 시간에 따라 변하는 힘에 관한 또 다른 예들이 그림 7.2에 나타나 있다.

야구공이 방망이에 잘 맞은 경우라는 것은 공이 강하게 맞은 경우를 가리키며, 이 경우를 힘의 크기나 접촉 시간으로 설명하자면, 어떤 큰 평균력이 충분히 긴 시간 동안 작용한 경우라고 할 수 있다. 이런 현상을 기술하려면, 평균력과 접촉 시간을 동시에 고려해야

(a)

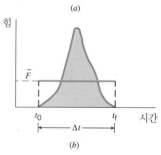

(b)

그림 7.1 (a) 방망이로 공을 치는 순간의 사진. 이때 충돌 시간은 10^{-3}초 이하로 매우 짧지만, 공에 전달되는 힘은 매우 클 수 있다. (b) 방망이가 공을 치는 동안 방망이가 공에 전달하는 알짜 힘의 시간 변화. 방망이가 공에 접촉한 순간에는 힘이 0이지만, 접촉된 후로는 어느 시점까지 알짜 힘은 어떤 최댓값까지 상승한다. 알짜 힘이 최댓값에 도달한 후로는 공이 방망이로부터 밀려나가기 시작하는데, 이때부터 알짜 힘은 급격하게 감소되다가 공이 방망이로부터 이탈하는 순간에 다시 0이 된다. 힘이 작용한 시간 간격은 Δt이고 평균력의 크기는 $\bar{F}$이다.

그림 7.2 각각의 상황에서 공에 가해진 힘은 시간에 따라 변한다. 접촉 시간은 짧지만, 힘의 최댓값은 클 수 있다.

하므로, 여기서 이 두 물리량의 곱으로 정의되는 새로운 물리량을 도입하기로 한다. 이 물리량을 힘의 **충격량**(impluse)이라 하고, 다음과 같이 정의한다.

> ■ **충격량**
>
> 어떤 힘의 충격량 **J**는 평균력 $\overline{\mathbf{F}}$와 이 힘이 작용하는 시간 간격 Δt의 곱이다.
>
> $$\mathbf{J} = \overline{\mathbf{F}} \, \Delta t \qquad (7.1)$$
>
> 충격량은 벡터양이며 그 방향은 평균력의 방향과 같다.
>
> **충격량의 SI 단위**: 뉴턴(N) · 초(s)

공이 방망이에 맞을 때, 그 반응은 충격량의 크기로 나타난다. 큰 충격량은 큰 반응을 일으켜서 공은 매우 큰 속도로 방망이를 떠나게 되지만, 경험상 우리는 공의 질량이 클수록 그 속도는 더 작아짐을 알고 있다(이 사실의 역도 성립). 따라서 질량과 속도는 주어진 어떤 충격량에 대해 물체가 어떻게 반응하는가를 알고자할 때 중요하며, 각각의 효과는 다음에 정의되는 **운동량**(선운동량; linear momentum)의 개념 속에 포함되어 있다.*

> ■ **운동량**
>
> 한 물체의 운동량 **p**는 그 물체의 질량 m과 속도 **v**의 곱이다.
>
> $$\mathbf{p} = m\mathbf{v} \qquad (7.2)$$
>
> 운동량은 벡터양으로 그 방향은 속도의 방향과 같다.
>
> **운동량의 SI 단위**: 킬로그램(kg) · 미터(m)/초(s)

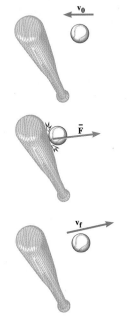

이제 충격량과 운동량 사이의 관계를 보이기 위해 그림 7.3의 경우에 뉴턴의 제2법칙을 사용할 것이다. 그림 7.3은 야구공이 휘두르는 방망이에 처음 속도 $\mathbf{v}_0$로 접근하다가 방망이에 부딪혀서 나중 속도 $\mathbf{v}_\mathrm{f}$로 되튀기는 경우를 보여주고 있다. 시간 간격 Δt 동안 어떤 물체의 속도가 $\mathbf{v}_0$에서 $\mathbf{v}_\mathrm{f}$로 변했다면, 평균 가속도 $\overline{\mathbf{a}}$는 식 2.4에 따라 다음과 같이 쓸 수 있다.

$$\overline{\mathbf{a}} = \frac{\mathbf{v}_\mathrm{f} - \mathbf{v}_0}{\Delta t}$$

뉴턴의 제2법칙, $\Sigma\overline{\mathbf{F}} = m\overline{\mathbf{a}}$에 의하면, 이 물체의 평균 가속도는 알짜 평균력 $\Sigma\overline{\mathbf{F}}$에 의해 결정된다. 여기서 $\Sigma\overline{\mathbf{F}}$는 물체에 작용하는 모든 평균력의 벡터 합이다. 따라서

$$\Sigma\overline{\mathbf{F}} = m\left(\frac{\mathbf{v}_\mathrm{f} - \mathbf{v}_0}{\Delta t}\right) = \frac{m\mathbf{v} - m\mathbf{v}}{\Delta t} \qquad (7.3)$$

이다. 이 결과에서 제일 오른쪽 항의 분자는 나중 운동량에서 처음 운동량을 뺀 것으로, 운동량의 변화량과 같다. 그래서 알짜 평균력은 단위 시간당 운동량의 변화량으로 주어진

그림 7.3 방망이가 공을 칠 때, 방망이에 의해 평균력 $\overline{\mathbf{F}}$가 공에 전달되며, 그 결과 공의 속도는 처음 속도 $\mathbf{v}_0$(맨 위 그림)에서 나중 속도 $\mathbf{v}_\mathrm{f}$(맨 아래 그림)로 변한다.

*운동량에는 선운동량과 각운동량(9.6절 참조)이 있지만 그냥 운동량이라 하면 선운동량을 의미한다(역자 주).

다.* 여기서 식 7.3의 양변에 Δt를 곱하면 식 7.4를 얻게 된다. 우리는 이것을 **충격량–운동량 정리**(impulse–momentum theorem)라 부른다.

■ **충격량–운동량 정리**

어떤 알짜 힘이 한 물체에 가해지면, 이 힘의 충격량은 그 물체의 운동량 변화와 동일하다.

$$\underbrace{(\Sigma\overline{\mathbf{F}})\Delta t}_{\text{충격량}} = \underbrace{m\mathbf{v}_f}_{\text{나중 운동량}} - \underbrace{m\mathbf{v}_0}_{\text{처음 운동량}} \qquad (7.4)$$

충격량 = 운동량의 변화량

방망이가 공과 충돌하는 동안 작용하는 알짜 평균력 $\Sigma\overline{\mathbf{F}}$를 측정하는 것이 일반적으로 어려우므로, 충격량 $(\Sigma\overline{\mathbf{F}})\Delta t$를 결정하는 것은 쉽지 않다. 그 대신 물체의 질량과 속도를 직접 측정하여 물체의 충돌 후 운동량 $m\mathbf{v}_f$와 충돌 전 운동량 $m\mathbf{v}_0$를 알아낼 수 있다. 즉 충격량-운동량 정리에 따라 충격 때문에 생긴 운동량 변화를 측정함으로써, 충격량에 관한 정보를 간접적으로 얻을 수 있다. 만약 접촉 시간 Δt를 안다면, 우리는 알짜 평균력을 가늠해 볼 수 있다. 다음 예제는 충격량-운동량 정리를 어떻게 사용하는지를 보여준다.

 예제 7.1 │ 폭풍우

태풍에 동반된 빗방울이 속도 $\mathbf{v}_0 = -15 \, \text{m/s}$로 주차되어 있는 자동차 지붕에 수직으로 내리고 있다(그림 7.4 참조). 단위 시간당 지붕에 내리는 빗방울의 총 질량은 0.060 kg/s이다. 빗방울이 지붕에 충돌한 후 정지된다고 가정하고, 지붕에 가해지는 평균력을 구하라.

살펴보기 이 문제는 야구공의 경우처럼 공에 관한 정보를 제시해 준 뒤 공에 가해지는 힘을 묻는 경우와는 달리, 빗방울에 관한 정보를 제시한 뒤, 지붕에 가해지는 힘을 구하는 문제이다. 하지만 뉴턴의 제3법칙(작용-반작용 법칙)에 의하면, 빗방울이 지붕에 가하는 힘과 지붕이 빗방울에 가하는 힘이 크기는 같지만 방향이 반대이므로(4.5절 참조), 우리는 빗방울이 받는 힘을 먼저 구한 뒤, 지붕에 가해지는 힘을 구할 것이다. 빗방울

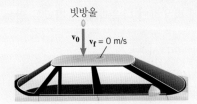

그림 7.4 자동차 지붕에 떨어지는 빗방울의 처음 속도는 지붕에 닿기 바로 직전 $\mathbf{v}_0 = -15 \, \text{m/s}$이고, 나중 속도는 빗방울이 지붕에서 정지되므로 $\mathbf{v}_f = 0 \, \text{m/s}$이다.

이 지붕에 떨어지는 경우에 빗방울에는 두 가지 힘이 작용한다. 하나는 지붕이 빗방울에 가하는 평균력이고 다른 하나는 지붕에 떨어진 빗방울의 전체 무게이다. 이 두 힘의 합이 알짜 평균력이다. 하지만 두 힘을 비교해보면 평균력 $\overline{\mathbf{F}}$가 빗방울의 무게보다도 훨씬 더 크므로 무게를 무시할 수 있어서, 알짜 평균력은 $\overline{\mathbf{F}}$가 된다. 즉 $\Sigma\overline{\mathbf{F}} = \overline{\mathbf{F}}$이다. $\overline{\mathbf{F}}$의 값은 빗방울에 충격량-운동량 정리를 적용함으로써 구할 수 있다. 또한 빗방울이 수직 낙하하므로 문제는 사실상 일차원적이다.

풀이 빗방울의 낙하 방향을 수직선(가령, y축)으로 보면, 빗방울의 속도를 $\mathbf{v}_0 = -15 \, \text{m/s}$에서 $\mathbf{v}_f = 0 \, \text{m/s}$로 감속시키는 데 필요한 평균력 $\overline{\mathbf{F}}$는 식 7.4에서 구할 수 있다.

$$\overline{\mathbf{F}} = \frac{m\mathbf{v}_f - m\mathbf{v}_0}{\Delta t} = -\left(\frac{m}{\Delta t}\right)\mathbf{v}_0$$

$m/\Delta t$는 지붕을 때리는 비의 단위 시간당 질량이므로, $m/\Delta t = 0.060 \, \text{kg/s}$이다. 따라서 지붕이 빗방울에 작용하는 평균력은

$$\overline{\mathbf{F}} = -(0.060 \, \text{kg/s})(-15 \, \text{m/s}) = +0.90 \, \text{N}$$

이다. 이 힘은 양수이므로 위쪽을 가리킨다. 이 결과는 낙하하는 빗방울을 정지시키기 위해 지붕이 위 방향의 힘을 빗방울에

---

*알짜 힘과 단위 시간당 운동량의 변화량 사이의 등가 관계식은 뉴턴이 기술한 운동의 제2법칙의 원래 표현이다.

가해야 하므로 정당한 결과이다. 작용-반작용 법칙에 따르면, 방향을 가리킨다. 지붕에 가해지는 힘은 $\boxed{-0.90\,\text{N}}$이다.
빗방울이 지붕에 가하는 힘 또한 0.9 N의 크기를 가지지만 아래

7.2 운동량 보존 법칙

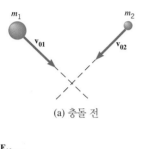

(a) 충돌 전

(b) 충돌 중

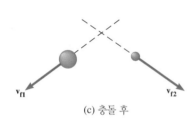

(c) 충돌 후

그림 7.5 (a) 충돌 전 두 물체의 속도는 각각 $\mathbf{v}_{01}$과 $\mathbf{v}_{02}$이다. (b) 충돌하는 동안 각 물체는 서로에게 힘을 가한다. 이 힘은 $\mathbf{F}_{12}$와 $\mathbf{F}_{21}$이다. (c) 충돌 후의 속도는 $\mathbf{v}_{f1}$과 $\mathbf{v}_{f2}$이다.

충격량-운동량 정리를 6장에서 논의한 일-에너지 정리와 비교해보는 것도 유익하다. 충격량-운동량 정리는 어떤 알짜 힘에 의해 발생된 충격량이 물체의 운동량의 변화와 같다고 말하는 반면에, 일-에너지 정리는 어떤 알짜 힘에 의해 행해진 일은 물체의 운동 에너지의 변화와 같다고 말한다. 일-에너지 정리는 역학적 에너지 보존 법칙에 직접 관련되며, 곧 알게 되지만, 충격량-운동량 정리 또한 운동량 보존 법칙으로 알려진 것과 관련된다.

이제 충격량-운동량 정리를 두 물체 간의 어떤 공중 충돌 문제에 적용시켜 논의해 보자. 먼저 두 물체(질량 m_1과 m_2)가 그림 7.5(a)에서 보는 것처럼, 각각 처음 속도 $\mathbf{v}_{01}$과 $\mathbf{v}_{02}$로 서로 접근하고 있는 경우를 생각하자. 현재 관찰되고 있는 물체들의 집합을 우리는 '계(system)'라고 부른다. 지금의 경우는 계가 단지 두 물체만을 포함하고 있다. 다음은 이 두 물체가 그림 (b)처럼 충돌한 (c)처럼 각각 나중 속도 $\mathbf{v}_{f1}$과 $\mathbf{v}_{f2}$로 멀어진다고 하자. 각 물체의 처음 속도와 나중 속도는 충돌 때문에 같지 않다. 충격량-운동량 정리를 문제에 적용하기 위해 계에 작용하는 힘들을 먼저 생각해 보자.

현재의 이 계에서도, 다른 일반적인 계와 마찬가지로, 두 종류의 힘들이 작용하고 있다.

1. **내력**(internal forces)-계 내부의 물체 상호 간에 작용하는 힘
2. **외력**(external forces)-계 외부에서 각 물체에 작용하는 힘

그림 7.5(b)의 충돌에서 $\mathbf{F}_{12}$는 물체 2가 물체 1에 가하는 힘이며, $\mathbf{F}_{21}$는 물체 1이 물체 2에게 가하는 힘이다. 이 힘은 크기가 같고 방향이 반대인 작용-반작용력이므로, $\mathbf{F}_{12} = -\mathbf{F}_{21}$이다. 또한 이들은 계 내부의 두 물체 상호 간에 작용하는 힘이므로 내력에 해당된다. 이 외에도 물체의 무게가 각각 $\mathbf{W}_1$, $\mathbf{W}_2$인 경우, 물체에 대해 중력도 작용한다. 하지만 중력은 계 외부에 있는 지구에 의한 것이므로 외력이다. 여기서는 편의상 무시되었지만, 마찰과 공기 저항 역시 외력으로 취급할 수 있다.

이제 충격량-운동량 정리를 각 물체에 적용하면 다음과 같은 결과를 얻을 수 있다.

물체 1 $(\underbrace{\mathbf{W}_1}_{\text{외력}} + \underbrace{\mathbf{F}_{12}}_{\text{내력}})\Delta t = m_1\mathbf{v}_{f1} - m_1\mathbf{v}_{01}$

물체 2 $(\underbrace{\mathbf{W}_2}_{\text{외력}} + \underbrace{\mathbf{F}_{21}}_{\text{내력}})\Delta t = m_2\mathbf{v}_{f2} - m_2\mathbf{v}_{02}$

두 식이 하나의 계에 대한 것이므로, 두 식을 더하면 다음과 같다.

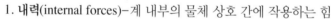

$$(\underbrace{\mathbf{W}_1 + \mathbf{W}_2}_{\text{외력}} + \underbrace{\mathbf{F}_{12} + \mathbf{F}_{21}}_{\text{내력}})\Delta t = \underbrace{(m_1\mathbf{v}_{f1} + m_2\mathbf{v}_{f2})}_{\text{나중 운동량의 합 } \mathbf{P}_f} - \underbrace{(m_1\mathbf{v}_{01} + m_2\mathbf{v}_{02})}_{\text{처음 운동량의 합 } \mathbf{P}_0}$$

이 식에서 $m_1 \mathbf{v}_{f1} + m_2 \mathbf{v}_{f2}$는 각 물체의 나중 운동량의 벡터 합 또는 계의 나중 총 운동량 $\mathbf{P}_f$이고, $m_1 \mathbf{v}_{01} + m_2 \mathbf{v}_{02}$는 처음 총 운동량 $\mathbf{P}_0$이다. 그러므로 위의 결과는 다음과 같이 다시 쓸 수 있다.

$$\text{(평균 외력의 합 + 평균 내력의 합) } \Delta t = \mathbf{P}_f - \mathbf{P}_0 \qquad (7.5)$$

물체에 작용하는 힘을 내력과 외력으로 분류하는 것이 편리한 이유는, 뉴턴의 작용-반작용 법칙에 따라 내력의 합은 항상 0이 되기 때문이다. 즉 $\overline{\mathbf{F}}_{12} = -\overline{\mathbf{F}}_{21}$에서 $\overline{\mathbf{F}}_{12} + \overline{\mathbf{F}}_{21} = 0$이다. 계의 내부에 얼마나 많은 수의 평균력이 존재하는지와는 무관하게 내력의 합은 항상 0이 되므로, 우리는 보통 내력의 존재를 무시할 수 있다. 따라서 식 7.5을 다시 쓰면

$$\text{(평균 외력의 합) } \Delta t = \mathbf{P}_f - \mathbf{P}_0 \qquad (7.6)$$

가 된다. 지금까지는 중력만을 유일한 외력으로 가정하고 이 결과를 얻었다. 하지만 일반적으로 좌변에 있는 외력들의 합에는 모든 외력을 포함시켜야 한다.

식 7.6의 도움으로 운동량 보존 법칙이 어떻게 유도되는지를 알아 볼 수 있다. 먼저 모든 외력의 합이 0이라고 가정하자. 이 가정이 성립되는 계를 **고립계**(isolated system)라고 부른다. 고립계에 대해서 식 7.6은

$$0 = \mathbf{P}_f - \mathbf{P}_0 \quad \text{즉} \quad \mathbf{P}_f = \mathbf{P}_0 \qquad (7.7a)$$

가 된다. 이 결과는 그림 7.5의 물체가 충돌한 다음에 가지는 나중 총 운동량이 충돌하기 전에 가졌던 처음 총 운동량과 동일해짐을 의미한다.* 두 물체 간의 충돌에서 나중과 처음의 총 운동량을 구체적으로 쓰면, 식 7.7a로부터

$$\underbrace{m_1 \mathbf{v}_{f1} + m_2 \mathbf{v}_{f2}}_{\mathbf{P}_f} = \underbrace{m_1 \mathbf{v}_{01} + m_2 \mathbf{v}_{02}}_{\mathbf{P}_0} \qquad (7.7b)$$

가 얻어진다. 이 결과는 **운동량 보존 법칙**(principle of conservation of linear momentum)으로 알려진 일반적인 법칙의 한 예이다.

■ 운동량 보존 법칙

고립계의 총 운동량은 일정하게 유지(보존)된다. 어떤 고립계란 계에 작용하는 평균 외력의 벡터 합이 0인 계를 말한다.

이 법칙은 계가 고립되었다고 가정할 수 있는 한, 임의 개수의 물체를 포함하는 계에 대해서도 항상 그 내력과는 무관하게 적용할 수 있다. 계가 고립되었는지 아닌지의 여부는 외력의 벡터 합이 0인지 아닌지에 달려 있다. 힘이 내력인지 아닌지를 판단하는 문제는 계에 포함된 물체에 달려 있다.

운동량 보존 법칙을 화물 열차를 연결하는 문제에 적용시켜 본다.

---

* 기술적으로 말하자면, 처음과 나중 운동량은 외력의 합에 의한 충격량이 0일 때는 동일하다. 즉 식 7.6의 좌변이 0인 경우이다. 하지만 때로는 외력의 합이 0이 아닌 경우일지라도 처음과 나중 운동량이 거의 같아질 수 있다. 이 경우는 힘이 작용하는 시간이 너무 짧아 사실상 0으로 취급되어 식 7.6의 좌변이 근사적으로 0이 되는 경우이다.

예제 7.2 | 두 화차의 연결

그림 7.6과 같이 어떤 화차가 선로 변경 구간에서 같은 직선 선로 상에 있는 다른 화차와 결합하고 있다. 질량 $m_1 = 65 \times 10^3$ kg인 화차 1은 속도가 $v_{01} = +0.80$ m/s로 움직이고 있고, 질량 $m_2 = 92 \times 10^3$ kg인 다른 화차 2는 속도 $v_{02} = +1.3$ m/s로 움직이면서 화차 1에 접근해서 결합하려 할 때, 마찰을 무시할 경우 화차가 결합한 뒤에 가지게 되는 속도 v_f를 구하라.

살펴보기   두 화차는 하나의 계를 이루고 있다. 각 화차의 무게는 지면이 작용하는 수직항력과 균형을 이루고 있고 마찰은 무시되므로, 계에 작용하는 외력의 합은 0이다. 따라서 계는 고립되어 있으므로, 운동량 보존 법칙을 적용할 수 있다. 각 화차가 서로에게 가하는 힘은 내력이므로, 운동량 보존 법칙을 적용

하는 데 아무런 영향을 주지 않는다.

풀이   운동량 보존 법칙은

$$\underbrace{(m_1 + m_2)v_f}_{\text{충돌 후 총 운동량}} = \underbrace{m_1v_{01} + m_2v_{02}}_{\text{충돌 전 총 운동량}}$$

이 식을 v_f에 대해 풀면, 충돌 후 두 화차의 공통 속도를 알 수 있다. 즉

$$\begin{aligned} v_f &= \frac{m_1v_{01} + m_2v_{02}}{m_1 + m_2} \\ &= \frac{(65 \times 10^3 \text{ kg})(0.80 \text{ m/s}) + (92 \times 10^3 \text{ kg})(1.3 \text{ m/s})}{(65 \times 10^3 \text{ kg} + 92 \times 10^3 \text{ kg})} \\ &= \boxed{+1.1 \text{ m/s}} \end{aligned}$$

그림 7.6 (a) 왼쪽의 화차는 결국 다른 화차를 따라잡아서 (b) 결합한다. 결합된 화차는 어떤 속도로 같이 움직인다.

(a) 충돌 전

(b) 충돌 후

⬆ 문제 풀이 도움말
운동량 보존은 계에 작용하는 알짜 외력이 0인 경우에만 적용된다. 그러므로 운동량 보존 법칙을 적용하는 첫 단계는 알짜 외력이 0인지를 확인하는 것이다.

예제 7.2에서 충돌 후 화차 1의 속도가 증가하는 반면에 화차 2의 속도는 감소함을 알 수 있다. 가속과 감속은 각 화차가 서로에게 내력을 가하므로, 화차가 결합되는 순간에 발생한다. 운동량 보존 법칙의 강력한 면모는 이 법칙이 내력과는 전혀 무관하게 운동 물체의 속도 변화량을 계산할 수 있도록 하는 점이다.

 예제 7.3 | 스케이트를 타는 두 남녀

마찰을 무시할 수 있는 얼음판 위에서 스케이트를 타고 있는 두 남녀가 처음에는 그림 7.7(a)처럼 정지 상태에서 서로를 밀어서 (b)처럼 동일한 직선 상에서 서로 멀어지고 있다. 여자의 질량이 $m_1 = 54$ kg, 남자의 질량이 $m_2 = 88$ kg일 때, 여자의 이탈 속도가 $\mathbf{v}_{f1} = +2.5$ m/s라면, 남자의 이탈 속도는 얼마인가?

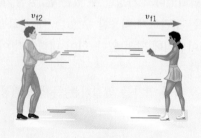

(a) 충돌 전

(b) 충돌 후

그림 7.7 (a) 마찰이 없을 경우, 서로 밀고 있는 두 남녀는 하나의 고립계를 이루고 있다. (b) 두 사람이 멀어지면서, 계의 총 운동량은 처음에 가졌던 값을 그대로 유지한다.

살펴보기   빙판 위의 두 남녀로 구성된 계에 대해 외력의 합은 0이다. 그 이유는 각자의 무게는 바닥이 각자에게 작용하는 수직항력과 균형을 이루고 있고, 스케이트와 바닥과의 마찰을 무시할 수 있기 때문이다. 따라서 두 남녀는 고립계를 구성하므로, 운동량 보존 법칙을 적용할 수 있다. 우리는 다음과 같은 이유로부터 남자가 더 작은 반동 속도를 가지게 됨을 예상할 수 있다. 남자와 여자는 서로 미는 동안 뉴턴의 작용-반작용 법칙에 따라 크기는 같고, 방향이 반대인 힘을 상대방에게 가하게 된다. 하지만 뉴턴의 가속도 법칙에 따라 무게가 더 무거운 남자는 더 작은 가속도를 얻게 되므로, 더 작은 반동 속도를 가지게 된다.

풀이   남녀가 서로 밀기 전의 총 운동량은 그들이 정지 상태에 있으므로 0이다. 운동량 보존 법칙에 의하면 두 사람이 그림

7.7(b)처럼 분리된 후에도 총 운동량이 0이어야 하므로

$$\underbrace{m_1 v_{f1} + m_2 v_{f2}}_{\text{밀고난 뒤의 운동량}} = \underbrace{0}_{\text{밀기 전의 운동량}}$$

이고 남자의 이탈 속도에 대해 다음과 같이 풀 수 있다.

$$v_{f2} = \frac{-m_1 v_{f1}}{m_2} = \frac{-(54\ \text{kg})(+2.5\ \text{m/s})}{88\ \text{kg}} = \boxed{-1.5\ \text{m/s}}$$

식에서 음의 부호는 남자가 그림에서 왼쪽으로 움직이고 있음을 나타낸다. 두 남녀가 분리된 후, 운동량은 벡터양이고 남자와 여자의 운동량이 크기는 같고 방향이 반대이므로, 계의 총 운동량은 0이 된다.

어떤 계에서 각 요소의 운동 에너지가 변하더라도 알짜 외력이 0일 경우, 계의 총 운동량은 보존될 수 있음을 아는 것이 중요하다. 한 예로 예제 7.3에서 처음에는 두 남녀가 모두 정지 상태에 있기 때문에 처음 운동 에너지는 0이다. 하지만 그들이 서로 밀기 시작한 뒤로는 각자가 서로 밀 때 발생하는 내력에 의해 일을 하여 움직이게 되므로, 두 사람 모두 0이 아닌 운동 에너지를 가지게 되므로 두 사람의 운동 에너지는 변하게 된다. 결론적으로 내력에 의해 운동 에너지는 변화될 수 있을지라도, 이 고립계의 총 운동량은 보존되어야 하므로 내력이 이 계의 총 운동량을 변화시킬 수는 없다.

7.3 일차원 충돌

앞 절에서 논의한 것처럼, 고립계를 이루고 있는 두 물체가 충돌할 때, 총 운동량은 보존된다. 만일 물체가 원자이거나 또는 준 원자이면, 한 입자의 운동 에너지가 다른 입자에 전달됨으로써 충돌 전에 가졌던 입자들의 총 운동 에너지는 충돌 후 입자의 총 운동 에너지와 같아지므로, 그 계의 총 운동 에너지 역시 보존된다.

반면에 자동차와 같은 거시적인 두 물체가 충돌하면, 충돌 후 총 운동 에너지는 일반적으로 충돌 전의 운동 에너지보다도 적다. 이 경우 운동 에너지는 주로 두 가지 방식, (1) 마찰에 의해 열에너지로 전환되어 소비되거나, (2) 충돌에서 볼 수 있는 차체의 영구 변형이나 파손을 통해 소비된다. 쇠공과 대리석 바닥과 같은 매우 단단한 물체인 경우, 충돌에서 발생되는 영구 변형은 더 약한 물체의 경우보다도 적으며, 운동 에너지의 손실도 더 적다.

충돌 현상은 보통 충돌하는 동안 총 운동 에너지의 변화 여부에 따라 다음과 같이 분류된다.

1. **탄성 충돌**(elastic collision)-충돌 후 계의 총 운동 에너지는 충돌 전의 것과 같다.

2. **비탄성 충돌**(inelastic collision)–계의 총 운동 에너지는 충돌 전과 후가 같지 않다. 만일 물체가 충돌 과정에서 뭉쳐져서 한 덩어리가 된 경우라면, 이 충돌은 완전 비탄성이라고 부른다.

그림 7.6에서 결합된 두 화차들은 완전 비탄성 충돌의 한 예이다. 어떤 충돌이 완전 비탄성이면, 운동 에너지의 손실은 최대이다. 예제 7.4는 운동량이 보존되며, 운동 에너지의 손실이 없다는 사실을 이용해서 하나의 특별한 탄성 충돌을 어떻게 기술하는지 보여준다.

 문제 풀이 도움말
알짜 외부 힘이 0인 한, 운동량 보존 법칙은 탄성 충돌 또는 비탄성 충돌과는 무관하게 모든 형태의 충돌에 적용할 수 있다.

예제 7.4 | 일차원 충돌

그림 7.8과 같이 질량 $m_1 = 0.250$ kg인 공이 속도 $v_{01} = +5.00$ m/s로 움직여서 정지 상태($v_{02} = 0$ m/s)에 있던 질량 $m_2 = 0.800$ kg인 공과 정면으로 탄성 충돌했다. 공에 어떤 외력도 작용하고 있지 않다면, 충돌 후 공의 속도는 각각 얼마인가?

살펴보기 계에 외력이 작용하고 있지 않으므로 문제는 일차원적이며, 계의 총 운동량은 보존된다. 운동량 보존은 충돌이 탄성인지 아닌지에 무관하게 적용할 수 있다.

$$\underbrace{m_1 v_{f1} + m_2 v_{f2}}_{\text{충돌 후 총 운동량}} = \underbrace{m_1 v_{01} + 0}_{\text{충돌 전 총 운동량}}$$

탄성 충돌인 경우에는 총 운동 에너지가 보존되므로

$$\underbrace{\tfrac{1}{2} m_1 v_{f1}^2 + \tfrac{1}{2} m_2 v_{f2}^2}_{\text{충돌 후 총 운동 에너지}} = \underbrace{\tfrac{1}{2} m_1 v_{01}^2 + 0}_{\text{충돌 전 총 운동 에너지}}$$

이며, 더 작은 질량을 가진 공 1이 더 무거운 공 2와 충돌한 후 더 크게 되튀고, 공 2는 충돌 후 오른쪽으로 움직일 것이다. 풀이 결과는 v_{f1}(그림 7.8에서 왼쪽 방향)이 음수이고, v_{f2}는 양수가 되어야 한다.

풀이 위의 식은 두 개의 미지량 v_{f1}과 v_{f2}를 가진 연립 방정식이다. 문제를 풀기 위해, 운동량 보존에 관한 식을 다시 정리하면 $v_{f2} = m_1(v_{01} - v_{f1})/m_2$가 된다. 이 결과를 운동 에너지 보존 법칙의 식에 대입하면, v_{f1}에 관한 다음 식을 얻는다.

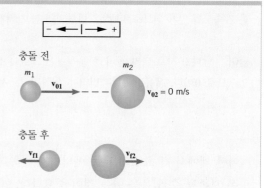

그림 7.8 처음 속도 $v_{01} = +5.00$ m/s로 움직이는, 질량 $m_1 = 0.250$ kg인 공이 처음에 정지하고 있던 질량 $m_2 = 0.800$ kg인 공과 충돌하고 있다.

$$v_{f1} = \left(\frac{m_1 - m_2}{m_1 + m_2} \right) v_{01} \tag{7.8a}$$

식 7.8a로 구한 v_{f1}를 살펴보기에서 보인 두 식 중 첫 식에 대입하면 다음 결과를 얻는다.

$$v_{f2} = \left(\frac{2m_1}{m_1 + m_2} \right) v_{01} \tag{7.8b}$$

주어진 m_1, m_2와 v_{01}의 값을 식 7.8b에 대입하면, v_{f1}과 v_{f2}에 관한 다음 결과를 얻을 수 있다.

$$\boxed{v_{f1} = -2.62 \text{ m/s}}, \quad \boxed{v_{f2} = +2.38 \text{ m/s}}$$

v_{f1}에서 음의 부호는 공 1이 그림 7.8의 충돌에서 충돌 후 왼쪽으로 되튐을 가리키며, v_{f2}의 양의 부호는 공 2가 예상한 대로 오른쪽으로 움직임을 가리킨다.

쇠공을 딱딱한 대리석 바닥에 떨어뜨려 보면 탄성 충돌의 특징들을 알 수 있다. 만일 충돌이 탄성적이면 공은 그림 7.9(a)처럼 원래의 높이까지 되튈 것이다. 하지만 약간 바람이 빠진 농구공은 7.9(b)처럼 상대적으로 부드러운 아스팔트 표면에서 조금만 되튈 것이다. 이 이유는 공의 운동 에너지가 비탄성 충돌 과정에서 상당히 많이 소비되었기 때문이다. 완전히 바람이 빠진 공은 7.9(c)처럼 전혀 되튀지 않는다. 이 경우에는 운동 에너지의

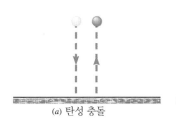
(a) 탄성 충돌

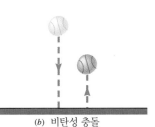
(b) 비탄성 충돌

(c) 완전 비탄성 충돌

그림 7.9 (a) 쇠공이 딱딱한 대리석 바닥에 떨어져 바닥과 탄성 충돌한 후 다시 원래의 높이로 되튀고 있다. (b) 약간 바람이 빠진 농구공이 부드러운 아스팔트 표면에서 조금 되튀고 있다. (c) 완전히 바람이 빠진 농구공은 전혀 되튀지 않는다.

거의 대부분을 완전 비탄성 충돌 과정에서 잃게 된다.

다음 예제는 완전 비탄성 충돌을 설명할 때 자주 사용되는 탄동 진자에 관한 것이다. 이 장치는 탄환의 속도를 측정하는 데 사용할 수 있다.

 예제 7.5 | 탄동 진자

탄동 진자는 탄환의 속도를 측정하는 데 사용된다. 그림 7.10(a)에 질량을 무시할 수 있는 줄에 매달린 질량 $m_2 = 2.5\ \text{kg}$의 나무토막으로 구성된 탄동 진자가 있다.

이 나무토막을 향해 질량 $m_1 = 0.0100\ \text{kg}$인 탄환이 속도 v_{01}로 발사되었다. 탄환이 나무토막과 충돌한 후 진자는 그림 7.10(b)처럼 원래 위치로부터 최대 높이 0.650 m까지 올라갔다. 공기 저항을 무시할 수 있다고 할 때, 탄환의 속도 v_{01}를 구하라.

살펴보기 탄동 진자에 관한 물리 현상을 두 부분으로 나눌 수 있다. 첫 번째는 탄환과 나무토막 사이의 완전 비탄성 충돌이고, 두 번째는 탄환과 나무토막이 위쪽으로 함께 움직이는 것이다. 탄환과 나무토막으로 이루어진 계의 총 운동량은 충돌 과정에서 보존된다. 줄이 계의 무게를 지탱하고 있다는 것은 계에 작용하는 외력의 합이 거의 0이라는 것을 의미한다. 즉 계가 위쪽으로 올라갈 때, 줄의 장력은 운동에 수직인 방향으로 작용하

므로 일을 하지 않는다. 더구나 공기 저항도 무시할 수 있으므로, 우리는 저항력에 의한 일도 무시할 수 있다. 따라서 줄의 장력이나 공기 저항력과 같은 비보전력은 일을 하지 않으므로, 이 문제에 총 역학적 에너지 보존 법칙을 적용할 수 있다.

풀이 운동량 보존 법칙을 적용하면

$$\underbrace{(m_1 + m_2)v_f}_{\text{충돌 후 총 운동량}} = \underbrace{m_1 v_{01}}_{\text{충돌 전 총 운동량}}$$

이 되고 이 식으로부터 탄환의 처음 속도 v_{01}에 관해 풀면

$$v_{01} = \frac{m_1 + m_2}{m_1} v_f$$

가 된다. 이 식으로부터 v_{01}을 구하려면 나중 속도 v_f를 알아야 하는데, 문제에서 $|v_{01}| = v_{01}$, $|v_f| = v_f$인 관계가 성립되므로, 이는 진자가 도달하는 최대 높이를 알기만 하면 총 역학적 에너지 보존 법칙으로부터 구할 수 있다.

$$\underbrace{(m_1 + m_2)gh_f}_{\substack{\text{최고점의 총 역학적} \\ \text{에너지, 모두 위치 에너지}}} = \underbrace{\tfrac{1}{2}(m_1 + m_2)v_f^2}_{\substack{\text{최저점의 총 역학적} \\ \text{에너지, 모두 운동 에너지}}}$$

이 식을 v_f에 관해 풀면, $v_f = \sqrt{2gh_f}$ 이고, 이 결과를 v_{01}에 관한 식에 대입하면 $h_f = 0.65\ \text{m}$이므로

$$\begin{aligned}
v_{01} &= \left(\frac{m_1 + m_2}{m_1}\right)\sqrt{2gh_f} \\
&= \left(\frac{0.0100\ \text{kg} + 2.50\ \text{kg}}{0.0100\ \text{kg}}\right)\sqrt{2(9.80\ \text{m/s}^2)(0.650\ \text{m})} \\
&= \boxed{+896\ \text{m/s}}
\end{aligned}$$

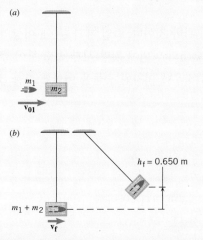

그림 7.10 (a) 탄환 한 개가 탄동 진자에 접근하고 있다. (b) 진자와 탄환이 충돌한 후 위쪽으로 같이 움직인다.

를 얻는다.

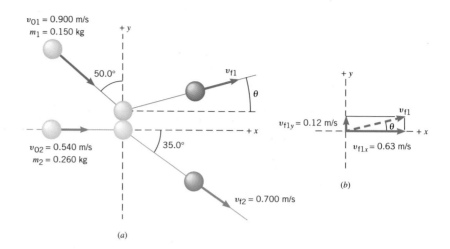

그림 7.11 (a) 마찰이 없는 평면 위에서 충돌하는 두 공을 위에서 본 모습 (b) 충돌 후 공 1의 속도 x 성분과 y 성분을 나타내고 있다.

7.4 이차원 충돌

지금까지 논의된 충돌은 그 물체의 충돌 전 후의 속도가 일직선 방향만 가리키는 것이었으므로, 정면 충돌 또는 일차원 충돌이었다. 하지만 충돌은 보통 이차원 또는 삼차원에서 일어난다. 그림 7.11은 두 공이 마찰이 없는 평면 위에서 충돌하는 이차원 충돌한 예를 보여준다.

두 공으로 이루어진 계에서 외력은 공들의 무게와 바닥이 각 공에 작용하는 수직항력이다. 각 공의 무게는 수직항력과 대응되므로 외력의 합은 0이 되며, 계의 총 운동량은 식 7.7b와 같이 보존된다. 그러나 운동량은 벡터양이므로, 이차원에서 총 운동량의 x 성분과 y 성분은 독립적으로 보존된다. 다시 말하자면, 식 7.7b는 다음 두 성분식으로 나누어 쓸 수 있다.

x 성분
$$\underbrace{m_1 v_{f1x} + m_2 v_{f2x}}_{P_{fx}} = \underbrace{m_1 v_{01x} + m_2 v_{02x}}_{P_{0x}} \tag{7.9a}$$

y 성분
$$\underbrace{m_1 v_{f1y} + m_2 v_{f2y}}_{P_{fy}} = \underbrace{m_1 v_{01y} + m_2 v_{02y}}_{P_{0y}} \tag{7.9b}$$

이 식들은 두 물체로 구성된 한 계에 관한 것이다. 만일 계가 두 개 이상의 물체로 구성되었다면, 추가된 각 물체마다 식 7.9a와 b의 양변에 질량-시간-속도 항이 추가되어야 한다. 예제 7.6은 계의 총 운동량이 보존될 경우에 이차원 충돌을 어떻게 다룰 것인지를 보여준다.

⊕ 예제 7.6 │ 이차원 충돌

그림 7.11에서 주어진 자료와 운동량 보존 법칙을 사용해서 충돌 후에 공 1의 나중 속도의 크기와 방향을 구하라.

와 v_{f1y} 성분만 알려지면 구할 수 있다. 운동량 보존 법칙을 사용해서 성분을 구한다.

살펴보기 공 1의 나중 속도의 크기와 방향은 이 속도의 v_{f1x}

풀이 x 방향에 운동량 보존 법칙을 적용하면(식 7.9a) 다음과 같다.

x 성분

$$\underbrace{(0.150 \text{ kg})(v_{f1x})}_{\text{공 1, 충돌 후}} + \underbrace{(0.260 \text{ kg})(0.700 \text{ m/s})(\cos 35.0°)}_{\text{공 2, 충돌 후}}$$

$$= \underbrace{(0.150 \text{ kg})(0.900 \text{ m/s})(\sin 50.0°)}_{\text{공 1, 충돌 전}} + \underbrace{(0.260 \text{ kg})(0.540 \text{ m/s})}_{\text{공 2, 충돌 전}}$$

이 식을 풀면 $v_{f1x} = +0.63 \text{ m/s}$ 이다. 같은 방식으로 운동량 보존 법칙을 y 방향에 적용하면(식 7.9b) 다음과 같다.

y 성분

$$\underbrace{(0.150 \text{ kg})(v_{f1y})}_{\text{공 1, 충돌 후}} + \underbrace{(0.260 \text{ kg})[-(0.700 \text{ m/s})(\sin 35.0°)]}_{\text{공 2, 충돌 후}}$$

$$= \underbrace{(0.150 \text{ kg})[-(0.900 \text{ m/s})(\cos 50.0°)]}_{\text{공 1, 충돌 전}} + \underbrace{0}_{\text{공 2, 충돌 전}}$$

이 식의 해는 $v_{f1y} = +0.12 \text{ m/s}$ 이다. 그림 7.13(b)는 구해진 공 1의 나중 속도의 x 성분과 y 성분을 보여주고 있다. 따라서 공 1의 나중 속도의 크기는

$$v_{f1} = \sqrt{(0.63 \text{ m/s})^2 + (0.12 \text{ m/s})^2} = \boxed{0.64 \text{ m/s}}$$

이고 속도의 방향을 각 θ 로 나타내면 다음과 같다.

$$\theta = \tan^{-1}\left(\frac{0.12 \text{ m/s}}{0.63 \text{ m/s}}\right) = \boxed{11°}$$

> ⬆ **문제 풀이 도움말**
> 운동량은 벡터양이기 때문에 크기와 방향을 갖는다. 이 예제의 풀이와 같이 이차원 문제에서는 벡터 성분의 방향을 고려하고, 각각 성분에 양과 음의 부호를 매겨야 한다.

7.5 질량 중심

앞 절에서 스케이트를 타는 두 남녀 문제, 충돌하는 두 공, 대리석 바닥에 낙하하는 농구 공, 탄동 진자 등 두 물체가 상호 작용하는 경우를 다루었다. 이와 같은 경우를 좀 더 상세히 다루어 본다면, 계의 질량은 여러 장소에 분포되어 있으며, 다양한 물체가 상호 작용 전, 후 또는 그 과정 중에 서로에 대해 각각 운동하고 있다. 만일 여러 물체의 운동을 지금까지 다루어온 방식대로 설명하려면, 그 계의 구성 입자나 물체 각각의 운동을 독립적으로 다루어야 한다. 하지만 계를 구성하고 있는 물체의 수가 많은 경우라면, 이 설명은 사실상 무의미해진다. 그 대신 여러 물체로 이루어진 계의 운동을 다루기 위해 우리는 **질량 중심**(center of mass, cm)이라고 하는 개념을 도입해서 계의 총 질량이 집중되어 있는 어떤 평균 위치를 나타내도록 한다. 이 개념을 사용하면, 계는 여러 장소에 분포된 질량을 어떤 한 장소에 모아 놓은 것과 같아지므로, 운동량 보존 법칙의 또 다른 면모를 살필 수 있다.

질량 중심은 계의 총 질량에 대해 평균된 어떤 위치를 나타낸다. 예를 들어 그림 7.12를 보면, x 축 상의 두 장소, x_1 과 x_2 에 질점 m_1 과 m_2 가 각각 놓여 있다. 이 경우 계의 질량 중심은 원점에 대해 다음과 같이 정의된다.

질량 중심(일차원 x 축) $\qquad x_{cm} = \dfrac{m_1 x_1 + m_2 x_2}{m_1 + m_2} \qquad\qquad$ (7.10)

위 식의 우변에서 분자의 각 항은 질점의 질량과 위치를 곱한 것이고, 분모는 계의 총 질량이다. 만일 두 질점의 질량이 동일하다면, 총 질량의 평균 위치는 두 질점 사이의 중앙이 될 것으로 예측된다. 이를 확인하기 위해서 식 7.10을 사용하면 $m_1 = m_2 = m$ 이므로, $x_{cm} = (mx_1 + mx_2)/(m + m) = (x_1 + x_2)/2$ 가 되어 예측과 정확히 일치됨을 알 수 있다. 만일 $m_1 = 5.0 \text{ kg}$, $x_1 = 2.0 \text{ m}$ 이고, $m_2 = 12 \text{ kg}$, $x_2 = 6.0 \text{ m}$ 라면, 우리는 질량 중심의 위치가 더 무거운 질점에 가까이 있을 것임을 예상할 수 있는 데, 이것 역시 식 7.10에 의하면

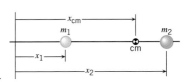

그림 7.12 두 입자의 질량 중심 cm은 그들을 연결하는 선 상에 있으며, 질량이 더 무거운 쪽에 가까이 있다.

$$x_{cm} = \frac{(5.0\ \text{kg})(2.0\ \text{m}) + (12\ \text{kg})(6.0\ \text{m})}{5.0\ \text{kg} + 12\ \text{kg}} = 4.8\ \text{m}$$

가 되어 우리의 예측이 타당함을 입증해준다.

만일 어떤 계가 두 개 이상의 질점을 포함하고 있다면, 그 질량 중심은 식 7.10을 일반화시켜 사용할 수 있다. 예를 들어 세 개의 질점인 경우, 식 7.10의 분자에는 $m_3 x_3$가 추가되며, 분모의 총 질량은 m_3가 추가되어 $m_1 + m_2 + m_3$이 된다.* 많은 수의 질점을 포함하고 있는 거시적인 물체인 경우, 만일 어떤 물체의 질량 분포가 그 물체의 중심에 대하여 대칭적으로 균일하게 분포되어 있다면, 질량 중심은 그 물체의 기하학적 중심에 있게 된다. 이 사실의 대표적인 한 예가 당구공이다. 골프채와 같은 물체에서는 질량이 대칭적으로 분포되어 있지 않으므로, 질량 중심은 골프채의 기하학적 중심에 있지 않다. 예를 들어, 처음 티에서 공을 치는 드라이버용 골프채는 손잡이보다도 공을 가격하는 부분이 더 무거워서 질량 중심은 이 부분에 더 가까이 있다.

질량 중심 개념이 운동량 보존과 어떻게 관련되는지를 알아보기 위해, 하나의 계에서 두 질점이 충돌하고 운동하는 경우를 생각하자. 이 계에 식 7.10을 적용하면, 우리는 질량 중심 점의 속력 v_{cm}를 계산할 수 있다. 시간 간격 Δt 동안, 질점은 그림 7.13처럼 Δx_1, Δx_2 만큼 변위한다. 이 시간 동안 두 입자의 속도가 다르므로 서로 다른 변위이다. 이제 식 7.10에 x_{cm} 대신 Δx_{cm}을 대입하고, x_1 대신 Δx_1, x_2 대신 Δx_2를 대입하면

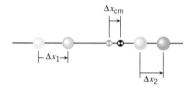

그림 7.13 시간 간격 Δt 동안, 질점들의 변위는 $+\Delta x_1$, $+\Delta x_2$인 반면에 질량 중심의 변위는 $+\Delta x_{cm}$ 이다.

$$\Delta x_{cm} = \frac{m_1 \Delta x_1 + m_2 \Delta x_2}{m_1 + m_2}$$

이다. 이제 이 식의 양변을 Δt로 나누고 Δt가 무한소일 때의 극한을 취하면, 질량 중심의 순간 속도 v_{cm}을 구할 수 있다. 마찬가지 방법으로 $\Delta x_1 / \Delta t$와 $\Delta x_2 / \Delta t$의 비를 구하면, 순간 속도 v_{1x}과 v_{2x}를 구할 수 있다. 계산 결과는 다음과 같다.

질량 중심의 속도
$$v_{cm,x} = \frac{m_1 v_{1x} + m_2 v_{2x}}{m_1 + m_2} \tag{7.11}$$

식 7.11에서 우변의 분자 $(m_1 v_{1x} + m_2 v_{2x})$는 질점 1의 운동량에 질점 2의 운동량을 더한 것으로 계의 총 운동량(의 x 성분)에 해당된다. 어떤 고립계에서 총 운동량은 충돌과 같은 상호 작용에서 변하지 않으므로, 식 7.11은 질량 중심의 속도 또한 변하지 않음을 가

---

* 참고적으로 N 개의 질점을 포함하고 있는 삼차원 거시적인 물체인 경우에는 질량 중심의 좌표는 (x_{cm}, y_{cm}, z_{cm})으로, 각 성분은 다음과 같이 주어진다(역자 주).

$$x_{cm} = \frac{m_1 x_1 + m_2 x_2 + \cdots m_N x_N}{m_1 + m_2 + \cdots m_N} = \frac{\sum_{i=1}^{N} m_i x_i}{\sum_{i=1}^{N} m_i} = \frac{1}{M} \sum_{i=1}^{N} m_i x_i$$

삼차원 물체의 질량 중심
$$y_{cm} = \frac{m_1 y_1 + m_2 y_2 + \cdots m_N y_N}{m_1 + m_2 + \cdots m_N} = \frac{\sum_{i=1}^{N} m_i y_i}{\sum_{i=1}^{N} m_i} = \frac{1}{M} \sum_{i=1}^{N} m_i y_i$$

$$z_{cm} = \frac{m_1 z_1 + m_2 z_2 + \cdots m_N z_N}{m_1 + m_2 + \cdots m_N} = \frac{\sum_{i=1}^{N} m_i z_i}{\sum_{i=1}^{N} m_i} = \frac{1}{M} \sum_{i=1}^{N} m_i z_i$$

리킨다. 이 점을 강조하기 위해 예제 7.4의 충돌 문제를 생각하자. 예에서 제시된 자료들로
부터 식 7.11에서 충돌 전과 후의 질량 중심의 속도는 다음과 같다.

충돌 전 $v_{cm} = \dfrac{(0.250\,\text{kg})(+5.00\,\text{m/s}) + (0.800\,\text{kg})(0\,\text{m/s})}{0.250\,\text{kg} + 0.800\,\text{kg}} = +1.19\,\text{m/s}$

충돌 후 $v_{cm} = \dfrac{(0.250\,\text{kg})(-2.62\,\text{m/s}) + (0.800\,\text{kg})(+2.38\,\text{m/s})}{0.250\,\text{kg} + 0.800\,\text{kg}} = +1.19\,\text{m/s}$

계산 결과에서 알 수 있듯이, 질량 중심의 속도는 충돌 과정 동안 상호 작용하기 전이나
후에도 동일하므로 변화가 없다. 따라서 총 운동량은 보존된다.

연습 문제

7.1 충격량–운동량 정리

1(1) 어떤 배구 선수가 +4.0 m/s로 날아온 질량이 0.35 kg인 배구
공을 받아서 상대방 쪽을 향해 −21 m/s인 속도로 넘겼다. 이
선수가 배구공에 가한 충격량은 얼마인가? 일차원 운동이
라고 가정한다.

2(2) 62.0 kg의 사람이 다이빙 보드에 서서 곧장 아래 물속으로
다이빙한다. 물에 닿기 직전의 속력은 5.50 m/s이고, 물속
에 들어간 후 1.65 s 후에 1.10 m/s의 속력으로 줄었다. 다
이빙한 사람이 물속에 있을 때 그 사람에게 작용된 알짜 평
균력(크기와 방향)은 얼마인가?

3(3) 어떤 골퍼가 티에서 골프공을 +38 m/s로 쳐서 날렸다. 공의
질량은 0.045 kg이고, 골프채와의 충돌 시간은 3.0×10^{-3}
초이다. (a) 공의 운동량 변화는 얼마인가? (b) 골프채가 공
에 가하는 평균력은 얼마인가?

4(4) 40.2 m/s(90 mi/h)의 속력으로 배트에 수평하게 날아오는
야구공($m = 149$ g)을 바로 다시 45.6 m/s(102 mi/h)의 속
력으로 받아쳐서 날려버렸다. 만일 공이 1.10 ms의 시간
동안 접촉하였다면 배트가 공에 가한 평균력은 얼마인가?
배트의 힘에 비해 작기 때문에 공의 질량은 무시한다. 들어
오는 공의 방향을 양의 방향으로 한다.

5(5) 어떤 축구 선수가 평균 +1400 N의 힘으로 공을 찼다. 그
선수의 발이 공과 7.9×10^{-3}초 동안 접촉되었다면 이 힘
에 의한 충격량은 얼마인가?

6(7) 질량이 46 kg인 어떤 스케이터가 벽 앞에 서 있다가 벽을
밀어서 뒤쪽으로 −1.2 m/s의 속도로 움직이도록 했다. 그
사람의 손이 벽과 0.80 초 동안 접촉되었다면 마찰과 바람

의 저항을 무시할 때, 사람이 벽에 가하는 평균력의 크기와
방향을 구하라(벽이 사람에게 가하는 힘과 크기는 같지만
방향은 반대이다).

*7(9) 그림과 같이 골프공을 편평한 바닥에 30.0° 각으로 쳐서 같
은 각으로 되튀었다. 공의 질량은 0.047 kg이고, 바닥에 부
딪치기 직전 직후의 속력은 45 m/s이다. 바닥과 부딪치는
동안 공에 가해진 충격량의 크기를 구하라. (힌트: 바닥에
충돌하는 동안 공의 수직 성분의 운동량은 변화하고, 공의
무게는 무시한다.)

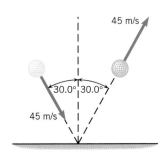

*8(11) 질량이 0.500 kg인 공을 바닥에서 1.20 m인 높이에서 떨어
뜨리니 공은 다시 바닥으로부터 0.700 m까지 되튀어 올랐
다. 바닥과 충돌하는 동안 공에 가해진 알짜 힘에 의한 충
격량의 크기와 방향을 구하라.

*9(12) 질량 85 kg인 조깅하는 사람이 2.0 m/s의 속력으로 동쪽을
향하고 있다. 질량 55 kg인 조깅하는 사람은 3.0 m/s의 속
력으로 동북쪽 32° 각도로 향하고 있다. 조깅하는 두 사람
의 운동량의 합의 크기와 방향을 구하라.

7.2 운동량 보존 법칙

10(16) 55 kg인 수영하는 사람이 정지된 210 kg의 뗏목에 서 있다가 수평하게 +4.6 m/s의 속도로 뗏목에서 뛰어내렸다. 물에 대한 마찰과 저항은 없다고 할 때 뗏목의 반동 속도를 구하라.

11(17) 어떤 공상 과학 소설의 두 주인공인 본조와 엔더가 우주 공간에서 서로 다투고 있다. 두 사람이 처음 정지 상태에서 서로 민 결과, 본조는 +1.5 m/s로 날아가고, 엔더도 동일한 선 상에서 −2.5 m/s로 날아 갔다면, (a) 누가 더 무거운지를 계산하지 않고 답하라. (b) 두 사람의 질량비를 구하라.

12(18) 친구인 알(Al)과 조(Jo)의 질량의 합이 168 kg이다. 스케이트 링크에서 둘은 스케이트를 신고 압축된 용수철을 사이에 두고 정지 상태로 마주보고 서 있다. 용수철은 각자가 지지하고 있기 때문에 압축된 상태를 유지한다. 붙들고 있던 팔을 놓을 때 알은 한쪽 방향으로 0.90 m/s의 속력으로 밀려나고, 조 역시 반대쪽 방향으로 1.2 m/s의 속력으로 밀려난다. 빙판의 마찰을 무시한다고 할 때, 알의 질량을 구하라.

13(19) 불꽃놀이용 로켓이 발사된 후 45.0 m/s의 속력으로 날아가다 그림과 같이 질량이 같은 두 조각으로 분리되었다. 분리된 조각 각각의 속도를 v_1, v_2 라 할 때, (a) v_1과 (b) v_2 의 크기를 구하라.

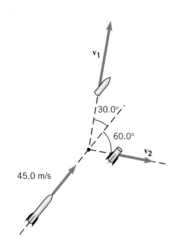

*14(21) 사고로 큰 접시가 바닥에 떨어져서 세 조각으로 부서졌다. 부서진 조각은 그림처럼 바닥과 평행하게 날아갔다. 접시가 떨어질 때 운동량은 오직 수직 성분뿐이었고, 떨어진 뒤로는 접시에 작용하는 알짜 외력은 바닥에 평행한 성분이 없으므로, 바닥에 평행한 총 운동량 성분은 0이어야만 한다. 그림에 제시된 자료를 이용해서 접시 조각 1과 2의 질량을 구하라.

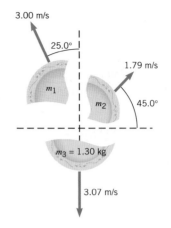

**15(23) 질량이 5.80×10^3 kg인 대포가 포탄을 발사할 때의 반동을 억제하기 위해 지면에 볼트 나사로 단단히 고정되어 있다. 만일 이 대포로 질량이 85.0 kg인 포탄을 처음 속도 +551 m/s로 지면에 나란하게 발사한다고 할 때, 대포가 지면에 고정되지 않고, 반동을 억제할 어떤 외력도 존재하지 않는다면, 발사된 포탄의 속도는 얼마인가? (힌트: 두 경우 모두에서 포탄의 장약이 연소되면서 포탄과 대포에 전달되는 운동 에너지는 동일하다.)

7.3 일차원 충돌
7.4 이차원 충돌

16(25) 축구 시합에서 한 선수가 공을 가지고 서 있다. 그가 움직이기 전에 상대방의 한 선수가 그 선수를 붙들어 두려고 +4.5 m/s의 속도로 달려와서 태클을 했다. 방금 태클을 건 상대방 선수가 이 선수를 계속 저지하려고 해서 결국 두 선수는 동일 선 상을 따라 같이 +2.6 m/s의 속도로 움직이게 되었다. 태클을 건 상대방 선수의 질량이 115 kg이라 하고, 운동량이 보존된다고 할 때, 이 선수의 질량은 얼마인가?

17(26) +2.25 m/s의 속도로 달리던 715 kg인 자동차가 신호등에 걸려 멈춰 있는 1055 kg인 봉고차 후면을 들이받았다. 이 때 봉고차의 기어는 중립이고 브레이크도 밟지 않은 상태이며 충돌은 탄성적이라 할 때, (a) 자동차 (b) 봉고차의 나중 속도를 구하라.

18(27) 골프공 하나가 철제 계단의 맨 위에서 굴러서 계단마다 되튀면서 아래로 떨어지고 있다. 공이 처음 계단에서 구를 때 수직 속도 성분이 0이고, 각 계단과의 충돌은 탄성적이며, 공기 저항을 무시할 수 있다면, 맨 아래 계단에서 공은 얼마의 높이까지 되튀겠는가? 계단의 수직 높이는 3 m이다.

19(29) 질량이 0.165 kg인 당구공 한 개가 마찰이 없는 당구대 위에 정지해 있다. 당구봉으로 이 공의 정 중앙을 때려서

+1.50 N · s의 충격량을 공에 가하였다. 공이 굴러가서 정지해 있던 질량이 같은 표적 당구공과 탄성 충돌했을 때, 충돌 직후의 표적 당구공의 속도는 얼마인가?

20(30) 그림은 에어 하키 테이블에서 두 퍽이 충돌하는 것을 나타낸다. 질량이 0.025 kg인 퍽 A가 x축을 따라 +5.5 m/s의 속도로 움직인다. 질량이 0.050 kg인 퍽 B는 처음 정지 상태에서 충돌한다. 비스듬히 충돌하고, 충돌 후 두 퍽은 그림과 같이 일정 각도를 유지하면서 움직인다. (a) 퍽 A (b) 퍽 B의 나중 속력을 구하라.

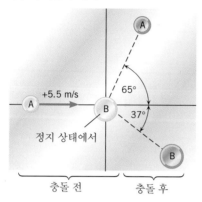

21(31) 질량 5.00 kg인 공이 마찰이 없는 테이블에서 오른쪽으로 +2.00 m/s의 속도로 굴러 질량 7.50 kg인 정지된 공에 정면으로 충돌한다. (a) 탄성 (b) 완전 비탄성 충돌할 때 두 공의 나중 속력을 구하라.

22(32) 0.150 kg인 발사체가 마찰이 없는 테이블 위에 정지하고 있는 2.00 kg인 나무토막에 +715 m/s의 속도로 발사했다. 발사체가 나무토막을 통과할 때, 나무토막의 속도가 +40.0 m/s라면 나무토막을 통과한 발사체의 속도는 얼마인가?

* **23(34)** 그림과 같이 질량이 440 kg인 석탄차가 수평 트랙 위를 0.50 m/s의 속력으로 굴러가고 있다. 비탈진 통로에서 떨어질 때 질량이 150 kg인 석탄 덩어리는 0.80 m/s의 속력을 가진다. 석탄 덩어리가 차 안에 담겨진 후 차/석탄 계의 속도를 구하라.

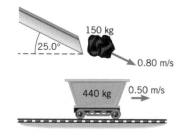

* **24(35)** 질량이 50.0 kg인 어떤 사람이 빙판에서 스케이트를 타고 정동쪽으로 속력 3.00 m/s로 이동하고 있고, 질량이 70.0 kg인 또 다른 사람도 스케이트를 타고 정남쪽으로 속력 7.00 m/s로 이동하고 있다. 이 두 사람이 충돌한 후, 서로

맞잡은 상태에서 동남 방향으로 각 θ만큼 방향이 바뀐 채 속력 v_f로 움직이고 있을 때, 만일 빙판과의 마찰을 무시할 수 있다면, (a) 각 θ는 얼마인가? (b) 속력 v_f는 얼마인가?

* **25(36)** 전자 1개가 정지한 수소 원자와 충돌한다. 수소 원자의 질량은 전자 1개 질량의 1837배이다. 충돌 전후 동일 선 상에서 운동한다고 할 때 충돌 전 전자와 충돌 후 수소 원자의 운동 에너지의 비를 구하라.

* **26(37)** 질량 60.0 kg인 사람이 수평으로 속도 +3.80 m/s로 달리면서 정지해 있던 질량 12 kg인 썰매 위에 올라타서, 사람과 썰매가 함께 움직이기 시작했다. 충돌하는 동안 마찰의 효과를 무시할 수 있다면, (a) 사람이 탄 썰매의 운동 속도를 구하라. 사람이 탄 이 썰매가 정지하기 전까지 편평한 눈 위를 30.0 m 정도를 이동했다면, (b) 썰매와 눈 사이의 운동 마찰 계수는 얼마인가?

** **27(38)** 서로 마주보고 −4.0 m/s와 +7.0 m/s의 속도로 움직이던 동일한 두 공이 정면으로 완전 탄성 충돌한다. 충돌 후 각 공의 속도(크기와 방향)을 구하라.

* **28(39)** 그림과 같이 질량이 1.50 kg인 공 하나를 질량이 4.60 kg인 정지해 있는 다른 공의 정지 위치로부터 0.300 m 높이로 들어 올린 후 처음 속력 5.00 m/s로 낙하시켜 정지해 있던 공과 충돌시켰다. 역학적 에너지 보존 법칙을 사용해서 (a) 질량이 1.50 kg인 공의 충돌 직전의 속력을 구하라. (b) 충돌이 탄성적일 경우, 충돌 직후 두 공의 속도(크기와 방향)를 구하라. (c) 공기 저항을 무시한다면, 각 공은 얼마나 높이 올라갈 것인가?

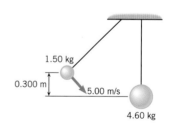

** **29(40)** 어떤 공이 높이가 6.10 m인 건물의 꼭대기에서 정지하고 있다 곧장 아래로 떨어졌다. 이때 지면과의 충돌은 비탄성 충돌이지만 공은 되튀어 오른다. 공이 지면과 충돌할 때마다 운동 에너지가 10.0 %씩 줄어든다. 지면으로부터 2.44 m 창턱 높이에 도달할 때까지 공은 몇 번을 되튀게 되는가?

7.5 질량 중심

30(41) 지구와 달 사이의 거리는 3.85×10^8 m이고, 지구의 질량은 5.98×10^{24} kg, 달의 질량은 7.35×10^{22} kg이다. 지구

와 달의 질량 중심은 지구 중심으로부터 얼마나 먼 곳에 있는가?

31(43) 일산화탄소 분자(CO)는 한 개의 탄소 원자와 한 개의 산소 원자로 구성되어 있다. 탄소 원자의 질량은 산소 원자의 질량의 0.750 배이다. 두 원자 사이의 거리가 1.13×10^{-10} m라면, 이 분자의 질량 중심은 탄소 원자로부터 얼마나 먼 곳에 있는가?

*32(44) 다음 그림은 평면에 놓인 질산(HNO_3) 분자의 결합 길이와 각도를 나타낸다. 원자의 질량은 $m_H = 1.67 \times 10^{-27}$ kg, $m_N = 23.3 \times 10^{-27}$ kg, $m_O = 26.6 \times 10^{-27}$ kg 이라면, 수소 원자를 기준으로 할 때 이 분자의 질량 중심은 어느 위치에 있는가? (힌트: 산소 원자는 H−O−N선의 각 끝에 대

칭적으로 위치한다.)

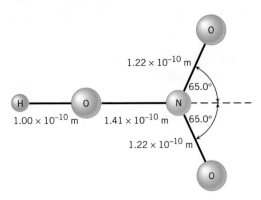

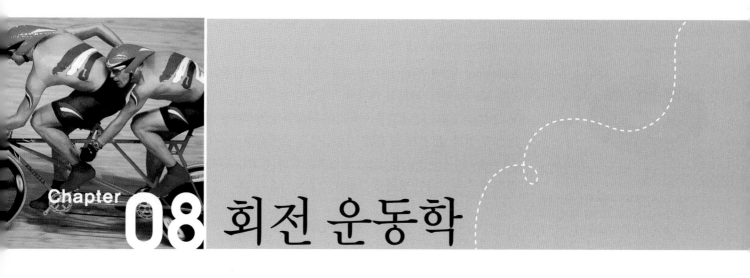

08 회전 운동학

8.1 회전 운동과 각변위

가장 단순한 형태의 회전에서도 강체(rigid object) 내의 모든 점은 원 궤도를 따라 운동한다. 그림 8.1은 제자리에서 회전하는 스케이터 위의 세 점 A, B, C가 그리는 원 궤도를 보여준다. 이러한 원 궤도들의 중심점들은 **회전축**(axis of rotation)이라 불리는 하나의 직선을 구성한다.

고정축을 중심으로 강체가 회전하는 각은 **각변위**(angular displacement)라고 한다. 그림 8.2는 회전하는 콤팩트디스크(CD)에서 각변위가 어떻게 측정되는지를 보여준다. 회전축은 디스크의 중심을 통과하며 디스크 면에 수직이다. 디스크의 표면에 표시된 반지름선(radial line)은 회전축과 수직으로 교차한다. CD가 회전함에 따라 반지름선이 고정된 기준선에 대해 움직이는 동안 이동한 각을 측정할 수 있다. 반지름선은 각 θ_0인 처음 방향에서 각 θ(그리스 문자 theta)인 방향으로 이동한다. 이 과정에서 반지름선은 각 $\theta - \theta_0$만큼 쓸고 지나간다. 앞에서 배웠던 차($\Delta x = x - x_0$, $\Delta v = v - v_0$, $\Delta t = t - t_0$)와 마찬가지로 나중각과 처음 각 사이의 차를 기호 $\Delta\theta$(delta theta, 델타 세타로 읽는다)로 나타내는 것이 관례이다. 즉 $\Delta\theta = \theta - \theta_0$이며, 이를 각변위라고 부른다. 회전하는 물체는 반시계 방향이나 시계 방향으로 회전할 수 있는데, 반시계 방향의 각변위를 양(+)의 값으로 정하고, 시계 방향의 각변위를 음(−)의 값으로 정하는 것이 일반적이다.

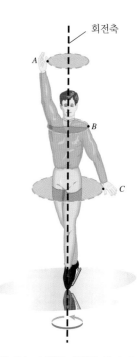

그림 8.1 물체가 회전할 때, A, B, C와 같은 물체 위의 점들은 원 궤도를 따라 운동한다. 원들의 중심점들은 회전축이라 불리는 하나의 직선을 형성한다.

■ **각변위**

강체가 고정축을 중심으로 회전할 때, 각변위는 물체의 임의의 한 점을 통과하고 회전축을 수직으로 가로지르는 직선이 쓸고 지나간 각 $\Delta\theta$로 정의된다. 편의상, 회전이 반시계 방향이면 각변위를 양(+)으로 정하고, 회전이 시계 방향이면 각변위를 음(−)으로 정한다.

각변위의 SI 단위: 라디안(rad)*

---

* rad는 기본 SI 단위도 아니고 유도 단위도 아니며, 보조 SI 단위로 간주된다.

131

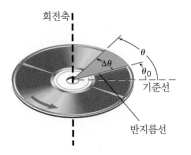

회전축

θ
$\Delta\theta$
θ_0
기준선

반지름선

그림 8.2 CD의 각변위는 디스크가 회전축을 중심으로 회전할 때 반지름선이 쓸고 지나간 각 $\Delta\theta$이다.

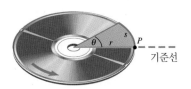

θ r s P
기준선

그림 8.3 각을 라디안으로 측정할 때, 각 θ는 호의 길이 s를 반지름 r로 나눈 값으로 정의된다.

각변위는 보통 세 개의 단위 중 하나로 표현된다. 첫 번째 단위는 우리에게 친숙한 각도(degree, °)인데, 원은 360°로 이루어진다. 두 번째 단위는 **회전**(revolution, rev)인데, 1 회전은 360°와 같다. 과학적 관점에서 가장 유용한 단위는 라디안(radian, rad)이라 부르는 SI 단위이다. 그림 8.3은 CD를 이용하여 라디안을 정의하는 방법을 나타내고 있다. 그림에서 디스크 위의 점 P가 고정된 기준선에서 출발하면 $\theta_0 = 0$ rad 이므로, 점 P의 각변위는 $\Delta\theta = \theta - \theta_0 = \theta$이다. 디스크가 회전하는 동안 점 P는 반지름이 r인 원호를 따라 길이 s만큼 움직인다. 라디안 단위를 사용한 각 θ는 다음과 같이 정의된다.

$$\theta(\text{rad 단위}) = \frac{\text{호의 길이}}{\text{반지름}} = \frac{s}{r} \tag{8.1}$$

이 정의에 따라 라디안 단위로 측정된 각은 두 길이의 비이다. 따라서 계산 과정에서 라디안은 단위가 없는 숫자로 취급하며, 라디안이 곱해지거나 나누어지더라도 다른 단위에 아무런 영향을 주지 않는다.

도(°)와 라디안 사이의 변환을 위해서는 반지름이 r인 원의 1 회전에 해당하는 호의 길이가 원주 $2\pi r$인 점을 기억하는 것으로 충분하다. 따라서 식 8.1에 의해 360° 또는 1 회전과 동일한 라디안 수는

$$\theta = \frac{2\pi r}{r} = 2\pi \text{ rad}$$

이다. 2π rad이 360°와 같으므로, 1 rad에 해당하는 도(°)의 수는

$$1 \text{ rad} = \frac{360°}{2\pi} = 57.3°$$

이다. 각 θ를 라디안으로 표현하는 것이 유용한 이유는 임의의 반지름 r에 해당하는 호의 길이 s를 쉽게 계산할 수 있기 때문이다. 즉 θ를 라디안으로 표현하는 경우, s는 r에 θ를 곱한 값과 같다. 예제 8.1은 이 점을 설명하는 동시에 도(°)와 라디안 사이의 변환 방법을 보여준다.

 정지위성의 물리

예제 8.1 | **이웃한 두 정지위성**

반지름이 $r = 4.23 \times 10^7$ m 인 궤도 위에 두 개의 정지위성이 놓여 있다. 그림 8.4와 같이, 두 위성의 궤도는 적도 평면상에 있고, 두 위성 사이의 각은 $\theta = 2.00°$ 일 때, 두 위성 사이의 호의 길이 s를 구하라.

살펴보기 반지름 r과 각 θ를 알고 있으므로 $\theta = s/r$ 를 이용하여 호의 길이 s를 구할 수 있다. 이를 위해 먼저 각의 단위를 도(°)에서 라디안으로 변환하여야 한다.

풀이 2.00°를 라디안으로 변환하기 위해 2π rad이 360°와 같다는 사실을 이용한다.

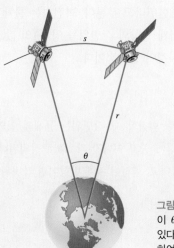

s
r
θ

그림 8.4 이웃한 두 정지위성이 $\theta = 2.00°$의 각만큼 벌어져 있다. 거리와 각은 편의상 과장하여 그렸다.

$$2.00° = (2.00°)\left(\frac{2\pi \text{ rad}}{360°}\right)$$
$$= 0.0349 \text{ rad}$$

식 8.1로부터, 두 위성 사이의 호의 길이 s는

$$s = r\theta = (4.23 \times 10^7 \text{ m})(0.0349 \text{ rad})$$
$$= \boxed{1.48 \times 10^6 \text{ m}}$$

이다. 단위가 없는 라디안은 최종 결과에서 생략되었고, 답에는 미터 단위만 남겨두었다.

8.2 각속도와 각가속도

각속도

2.2절에서는 속도를 도입하여 물체의 속력과 운동 방향을 기술하였다. 여기에서는 유사한 개념인 각속도를 도입하여 임의의 축에 대해 회전하는 강체의 운동을 기술하고자 한다.

식 2.2($\bar{\mathbf{v}} = \Delta\mathbf{x}/\Delta t$)에 의하면, 평균 속도는 물체의 직선 변위를 물체가 이동하는 데 걸리는 시간으로 나눈 값으로 정의한다. 고정축에 대한 회전 운동에 대해서도 이와 유사한 방식, 즉 회전하는 데 경과한 시간으로 나눈 각변위로 **평균 각속도**(average angular velocity) $\bar{\omega}$(그리스 문자 omega)를 정의한다.

> **■ 평균 각속도**
>
> $$평균\ 각속도 = \frac{각변위}{경과한\ 시간}$$
>
> $$\bar{\omega} = \frac{\theta - \theta_0}{t - t_0} = \frac{\Delta\theta}{\Delta t} \tag{8.2}$$
>
> **각속도의 SI 단위**: 라디안(rad)/초(s)

각속도의 SI 단위는 라디안(rad)/초(s)이지만, 분당 회전수(rpm; rev/min)와 같은 단위를 사용할 수도 있다. 각변위에 사용된 부호의 관례와 마찬가지로, 각속도는 물체가 반시계 방향으로 회전하면 양(+)의 값을 갖고, 시계 방향으로 회전하면 음(−)의 값을 갖는다. 예제 8.2는 체조 선수에 적용된 평균 각속도의 개념을 잘 설명하고 있다.

예제 8.2 | 철봉대 위의 체조 선수

그림 8.5와 같이 철봉대 위의 체조 선수가 1.90 초 동안 2 회전을 한다. 체조 선수의 평균 각속도를 rad/s 단위로 구하라.

살펴보기 체조 선수의 평균 각속도는 각변위를 시간으로 나눈 것이다. 그러나 각변위가 2 회전으로 주어져 있으므로 이 값을 라디안으로 변경하여 풀면 된다.

풀이 라디안으로 표현한 체조 선수의 각변위는

$$\Delta\theta = -2.00\ 회전\left(\frac{2\pi \text{ rad}}{1\ 회전}\right)$$
$$= -12.6 \text{ rad}$$

인데, 여기서 음(−)의 부호는 체조 선수가 시계 방향으로 회전하기 때문이다. 따라서 체조 선수의 평균 각속도는

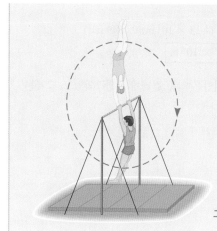

$$\overline{\omega} = \frac{\Delta\theta}{\Delta t} = \frac{-12.6 \text{ rad}}{1.90 \text{ s}} = \boxed{-6.63 \text{ rad/s}}$$

이다.

그림 8.5 철봉대에서의 회전

순간 각속도(instantaneous angular velocity) ω는 주어진 임의의 순간의 각속도이다. 이를 측정하기 위해, 순간 속도에 대한 2장의 과정과 동일한 과정을 사용한다. 이 과정에서, 미소 시간 간격 Δt 동안에 미소 각변위 $\Delta\theta$가 생긴다. 시간 간격이 매우 작아 0으로 가는 극한($\Delta t \to 0$)에서 측정된 평균 각속도인 $\omega = \Delta\theta/\Delta t$는 순간 각속도 ω가 된다.

$$\omega = \lim_{\Delta t \to 0} \overline{\omega} = \lim_{\Delta t \to 0} \frac{\Delta\theta}{\Delta t} \tag{8.3}$$

순간 각속도의 크기를 순간 각속력(instantaneous angular speed)이라 한다*. 회전하는 물체의 각속도가 일정할 때, 순간값과 평균값은 동일하다.

각가속도

직선 운동에서 속도가 변하는 것은 가속도가 있음을 의미하는데, 이는 회전 운동의 경우에도 그대로 적용된다. 즉 각속도가 변하는 것은 각가속도(angular acceleration)가 있음을 의미한다. 각가속도에 대한 예는 다양하다. 예를 들어, CD가 작동할 때 디스크는 점차적으로 감소하는 각속도로 회전한다. 또한 전기 믹서기의 누름 단추를 저속에서 고속으로 변환시킬 때에도 칼날의 각속도는 증가한다.

물체의 속도가 변하는 경우, 식 2.4 ($\overline{a} = \Delta v/\Delta t$)에 의해 평균 가속도는 단위 시간당 속도의 변화로 정의되었다. 시각 t_0에서 ω_0인 각속도로 회전하던 물체가 시간 t일 때 ω인 각속도로 회전하는 경우, 평균 각가속도 α (그리스 문자 alpha)도 이와 유사하게 정의된다.

■ **평균 각가속도**

$$\text{평균 각가속도} = \frac{\text{각속도의 변화}}{\text{경과한 시간}}$$

* 이 교재를 번역할 때 각속도와 각속력을 굳이 구별하지 않았다. 따라서 이후에 나오는 각속도란 용어는 각속도의 크기인 각속력을 의미할 때도 많이 있다(역자 주).

$$\overline{\alpha} = \frac{\omega - \omega_0}{t - t_0} = \frac{\Delta \omega}{\Delta t} \tag{8.4}$$

평균 각가속도의 SI 단위: rad/s^2

평균 각가속도의 SI 단위는 각속도의 단위를 시간의 단위로 나눈 것, 즉 $(\text{rad/s})/\text{s} = \text{rad/s}^2$ 으로 주어진다. 예를 들어, $+5\,\text{rad/s}^2$의 각가속도는 회전하는 물체의 각속도가 매 초마다 $+5\,\text{rad/s}$씩 증가하는 것을 의미한다.

순간 각가속도(instantaneous angular acceleration) α는 주어진 임의의 순간의 각가속도이다. 직선 운동에서 등가속도 운동은 평균 가속도와 순간 가속도가 동일한 ($\overline{\mathbf{a}} = \mathbf{a}$) 운동이었듯이, 등각가속도 운동이란 순간 각가속도 α와 평균 각가속도 $\overline{\alpha}$가 같은 값을 갖는 ($\alpha = \overline{\alpha}$) 회전 운동이다.

8.3 회전 운동학의 방정식들

2장과 3장에서 변위, 속도, 그리고 가속도에 대한 개념이 도입되었다. 이들을 이용하여 등가속도에 대한 운동학의 방정식으로 불리는 일련의 식을 얻었다(표 2.1과 3.1 참조). 이 식들은 일차원과 이차원에서 직선 운동에 관계된 문제 풀이에 큰 도움을 준다.

회전 운동에 대해서도 이와 유사한 방법으로 접근할 수 있다. 즉 각변위, 각속도, 그리고 각가속도의 개념을 조합하여 등각가속도에 대한 운동학의 방정식인 일련의 식들을 유도할 수 있는데, 이 식들은 2장과 3장에서 유도된 식과 마찬가지로 회전 운동에 관계된 문제 풀이에 매우 유용함을 알게 될 것이다.

회전 운동에 대한 완전한 기술을 위해서는 각변위 $\Delta\theta$, 각가속도 α, 나중 각속도 ω, 처음 각속도 ω_0, 경과 시간 Δt에 대한 값이 필요하다. 계산의 편의를 위해 회전하는 물체의 처음 방향이 시각 $t_0 = 0$초에서 $\theta_0 = 0$라디안으로 가정하면, 각변위는 $\Delta\theta = \theta - \theta_0 = \theta$가 되고, 시간 간격은 $\Delta t = t - t_0 = t$가 된다.

만약 $\omega_0 = -110\,\text{rad/s}$이고 $\omega = -330\,\text{rad/s}$이라면, 각가속도가 일정할 때, 평균 각속도는 처음값과 나중값의 평균으로 주어지므로

$$\overline{\omega} = \tfrac{1}{2}(\omega_0 + \omega) \tag{8.5}$$

가 된다. 식 8.2를 이용하면, 각변위는

$$\theta = \overline{\omega}t = \tfrac{1}{2}(\omega_0 + \omega)t \tag{8.6}$$

이다. 식 8.4와 8.6은 일정 각가속도 조건에서 회전 운동을 나타내는 데 완전한 식이 된다. 표 8.1의 처음 두 줄은 회전 운동과 직선 운동의 유사한 결과를 비교한 것이다. 이러한 비교의 목적은 식 8.4와 2.4가 수학적으로 동일한 형태를 갖고, 식 8.6과 2.7 또한 동일한 수학적 형태라는 점을 강조하기 위해서이다. 물론 표 8.2에 나타나듯, 회전 운동에서의 물리량과 직선 운동에서의 물리량 표기에 사용되는 기호는 서로 다르다.

2장에서 식 2.4와 2.7을 사용하여 운동학의 나머지 두 방정식인 식 2.8과 2.9를 얻었

표 8.1 회전 운동과 직선 운동에 대한 운동학 방정식

회전 운동 (α = 일정)		직선 운동 (a = 일정)	
$\omega = \omega_0 + \alpha t$	(8.4)	$v = v_0 + at$	(2.4)
$\theta = \frac{1}{2}(\omega_0 + \omega)t$	(8.6)	$x = \frac{1}{2}(v_0 + v)t$	(2.7)
$\theta = \omega_0 t + \frac{1}{2}\alpha t^2$	(8.7)	$x = v_0 t + \frac{1}{2}at^2$	(2.8)
$\omega^2 = \omega_0^2 + 2\alpha\theta$	(8.8)	$v^2 = v_0^2 + 2ax$	(2.9)

표 8.2 회전 운동과 직선 운동에 사용된 기호들

회전 운동	물리량	직선 운동
θ	변위	x
ω_0	처음 속도	v_0
ω	나중 속도	v
α	가속도	a
t	시간	t

다. 이 두 방정식은 새로운 정보를 알려주지는 않지만, 문제를 풀 때 매우 요긴하게 사용된다. 이와 유사한 유도가 회전 운동에 대해서도 가능하며, 그 결과는 아래의 식 8.7과 8.8, 그리고 표 8.1에 나열해 놓았다. 이 방정식들은 표 8.2에 제시된 기호들을 대체함으로써 직선 운동에서의 식들로부터 직접 유추할 수도 있다.

$$\theta = \omega_0 t + \frac{1}{2}\alpha t^2 \tag{8.7}$$

$$\omega^2 = \omega_0^2 + 2\alpha\theta \tag{8.8}$$

> **▶ 문제 풀이 도움말**
> 회전 운동학의 각 방정식들은 5개의 변수 $\theta, \alpha, \omega, \omega_0, t$ 중 4개를 포함하고 있으므로, 어떤 하나의 미지값을 알려면 4개 중 3개의 값을 알아야 한다.

표 8.1의 왼쪽 행의 네 개의 식을 일정 가속도에 대한 **회전 운동학의 방정식**(equations of rotational kinematics)이라 한다. 다음 예제는 이 방정식들이 직선 운동학의 방정식들과 동일한 방식으로 사용됨을 보여주고 있다.

예제 8.3 │ 믹서기에서의 혼합

그림 8.6과 같이 저속 버튼이 눌린 전기 믹서기의 칼날이 +375 rad/s의 각속도로 회전하고 있다. 고속 버튼을 누르면, 믹서기의 칼날이 가속되어 +44.0 rad(7 회전)의 각변위만에 나중 각속도 ω에 도달한다. 각가속도가 +1740 rad/s²으로 일정하다고 할 때, 칼날의 나중 각속도 ω를 구하라.

살펴보기 알려진 세 개의 변수와 우리가 구해야 하는 나중 각속도 ω의 값을 표시하는 물음표와 함께 아래의 표에 적어 놓았다.

θ	α	ω	ω_0	t
+44.0 rad	+1740 rad/s²	?	+375 rad/s	

회전 변수 θ, a, ω, 그리고 ω_0 사이의 관계식인 식 8.8을 이용한다.

풀이 식 8.8 ($\omega^2 = \omega_0^2 + 2\alpha\theta$)로부터

그림 8.6 전기 믹서기에서 칼날의 각속도는 속도가 다른 버튼을 누를 때마다 바뀐다.

$$\omega = +\sqrt{\omega_0^2 + 2\alpha\theta}$$
$$= \sqrt{(375 \text{ rad/s})^2 + 2(1740 \text{ rad/s}^2)(44.0 \text{ rad})}$$
$$= \boxed{+542 \text{ rad/s}}$$

이다. 칼날이 회전 방향을 바꾸지 않으므로 음(−)의 근은 버렸다.

회전 운동학의 방정식들은 θ, α, ω, ω_0, t에 대한 일관성 있는 단위의 조합을 사용한다. 예제 8.3에서 라디안을 사용한 이유는 자료가 라디안으로 주어졌기 때문이다. 만일 θ, α, ω_0에 대한 자료가 각각 rev, rev/s^2, rev/s로 주어졌다면, 식 8.8은 ω에 대한 답을 rev/s로 구하는 데 직접 사용될 수 있다.

8.4 각변수와 접선 변수

크랙더휩(crack-the-whip)으로 알려진 빙상 스케이트 묘기에서, 스케이터들이 빙판 위의 한 지점에 고정된 기준 스케이터(pivot)의 주위를 돌 때, 이들은 직선 형태를 유지하기 위해 노력한다. 그림 8.7에 원호 위를 움직이는 스케이터들의 모습과 그림이 그려진 순간 각 스케이터의 속도 벡터를 나타내었다. 스케이터의 속도 벡터는 스케이터가 그리는 원의 접선 방향을 향하는데, 이를 **접선 속도**(tangential velocity) $\mathbf{v}_T$라 한다. **접선 속력**(tangential speed)은 접선 속도의 크기를 말한다.

묘기에 참여한 스케이터들 중에서 기준 스케이터로부터 가장 멀리 떨어진 스케이터가 가장 힘이 든다. 그 이유는 직선을 유지하는 동안 이 스케이터가 어느 누구보다 먼 거리를 움직이기 때문이다. 직선 유지를 위해 이 스케이터는 어느 누구보다 빠르게 스케이트를 타야 하므로 가장 큰 접선 속력을 가져야 한다. 모든 스케이터가 정확한 접선 속력으로 움직일 때만 직선이 유지된다. 따라서 그림 8.7의 화살표 크기로부터 알 수 있듯이, 기준 스케이터에 가까이 있는 스케이터들은 자신보다 바깥쪽에 있는 스케이터들보다 작은 접선 속력으로 움직여야 한다.

그림 8.8은 스케이터들이 만드는 직선이 주어진 각속력으로 회전하는 경우, 스케이터의 접선 속력이 기준 스케이터로부터의 거리 r에 비례함을 보여준다. 시간 t 동안 회전한 직선은 각 θ만큼 쓸고 지나므로 스케이터가 원호를 따라 이동한 거리 s는 식 8.1($s = r\theta$)로부터 계산할 수 있다. 이 식의 양변을 t로 나누면 $s/t = r(\theta/t)$가 된다. 여기서 s/t는 스케이터의 접선 속력 v_T이고, θ/t는 반지름선의 각속도 ω이다. 즉

$$v_T = r\omega \ (\omega: \text{rad/s 단위}) \tag{8.9}$$

이다. 위 식에서, v_T와 ω는 각각 접선 속도와 각속도의 크기이며, 대수 부호가 없는 숫자이다.

식 8.9에서 각속도 ω는 반드시 라디안 단위(예를 들면, rad/s)로 표현해야 하며, rev/s와 같은 다른 단위를 이용한 표현은 허용되지 않음에 유의해야 한다. 그 이유는 식 8.9가 라디안 단위의 정의인 $s = r\theta$로부터 유도되었기 때문이다.

크랙더휩 묘기에서 스케이터들의 중요한 도전 과제는 각속도가 변할 때에도 반지름선을 직선으로 유지하는 것이다. 스케이터들이 만드는 반지름선의 각속도가 증가하기 위해서는 각각의 스케이터가 자신의 접선 속력을 증가시켜야만 한다. 각속도와 접선 속력 사이에 $v_T = r\omega$의 관계가 성립하기 때문이다. 스케이터가 점점 빠르게 스케이트를 타야 한다는 것은 스케이터가 가속해야 한다는 것을 의미하는데, 스케이터의 접선 가속도 a_T는 스케이터들이 만드는 반지름선의 각가속도 α와 연계된다. $t_0 = 0$초에 대해 시간을 측정하는 경우, 식 2.4에 주어진 가속도에 대한 정의는 $a_T = (v_T - v_{T0})/t$가 되는데, 여기서 v_T와 v_{T0}

○ 크랙더휩의 물리

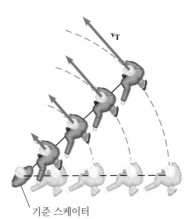

그림 8.7 크랙더휩로 알려진 묘기를 부리는 동안 반지름선 위의 각각의 스케이터는 원호 위를 움직인다. 원호 위의 접선 방향의 화살표는 스케이터의 접선 속도 $\mathbf{v}_T$를 나타낸다.

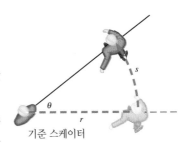

그림 8.8 스케이터들이 만드는 직선은 시간 t 동안 각 θ만큼 쓸고 지나간다. 기준 스케이터로부터 거리 r만큼 떨어진 위치의 스케이터는 원호 위에서 거리 s만큼 이동한다.

는 각각 나중 접선 속력과 처음 접선 속력이다. 이 식에 $v_T = r\omega$를 이용하면

$$a_T = \frac{v_T - v_{T0}}{t} = \frac{(r\omega) - (r\omega_0)}{t} = r\left(\frac{\omega - \omega_0}{t}\right)$$

가 된다. 식 8.4에 의해 $\alpha = (\omega - \omega_0)/t$이므로

$$a_T = r\alpha \qquad (\alpha: \text{rad/s}^2 \text{ 단위}) \qquad (8.10)$$

가 된다. 이 결과로부터, 주어진 각가속도 α에 대해, 접선 가속도 a_T는 반지름 r에 비례한다는 사실과 기준 스케이터로부터 가장 멀리 떨어진 스케이터가 가장 큰 접선 가속도를 가져야 한다는 사실을 알 수 있다. 위의 표현에서 a_T와 α는 대수적 부호가 없는 숫자들이며, $v_T = r\omega$에서 ω의 경우처럼, 식 8.10에서 α는 라디안 단위만을 사용할 수 있다.

강체의 회전 운동을 기술할 때 각속도 ω와 각가속도 α를 사용하면 유용하다. 그 이유는 접선 속도 v_T와 접선 가속도 a_T가 물체의 한 지점의 운동만 기술하는 반면 각속도 ω와 각가속도 α는 물체의 모든 점의 운동을 기술하기 때문이다. 식 8.9와 8.10은 회전축으로부터 다른 거리에 있는 점들은 서로 다른 접선 속도와 접선 가속도를 갖는다는 사실을 나타낸다. 예제 8.4는 이와 같은 이점을 강조하고 있다.

> **문제 풀이 도움말**
> 접선 물리량과 각 물리량 사이의 관계식인 식 8.9와 8.10을 사용할 때, 각 물리량은 항상 라디안 단위를 사용하여 표현됨을 기억하라. 각의 단위로 도(°)나 회전(rev)을 사용하면 이 식들은 올바르지 않다.

예제 8.4 | 헬리콥터 날개

헬리콥터의 날개가 $\omega = 6.50$ rev/s 의 각속도와 $\alpha = 1.30$ rev/s^2 의 각가속도로 회전한다. 그림 8.9에 표시된 날개 위 두 점 1과 2에 대해, (a) 접선 속력과 (b) 접선 가속도를 구하라.

살펴보기 헬리콥터 날개의 각속도 ω와 두 점의 반지름 r을 알고 있으므로, $v_T = r\omega$를 이용하면 두 지점의 접선 속력 v_T를 구할 수 있다. 그러나 이 식은 라디안 단위를 사용해야 하므로 우선 각속도 ω를 rev/s에서 rad/s로 변환한다. 유사한 방식으로, 각가속도 α를 rev/s^2 대신 rad/s^2 단위로 표현하면, $a_T = r\alpha$를 이용하여 두 점 1과 2에 대한 접선 가속도 a_T를 구할 수 있다.

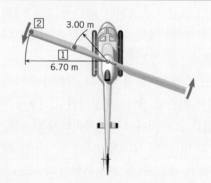

그림 8.9 헬리콥터에서 회전하는 날개 위 두 점 1과 2에 대해 각속도와 각가속도는 같지만 접선 속력과 접선 가속도는 서로 다르다.

풀이 (a) 각속도 ω를 rev/s에서 rad/s로 변환하면

$$\omega = \left(6.50 \frac{\text{rev}}{\text{s}}\right)\left(\frac{2\pi \text{ rad}}{1 \text{ rev}}\right) = 40.8 \frac{\text{rad}}{\text{s}}$$

이다. 따라서 두 점의 접선 속력은

점 1 $v_T = r\omega = (3.00 \text{ m})(40.8 \text{ rad/s}) = \boxed{122 \text{ m/s}}$ (8.9)

점 2 $v_T = r\omega = (6.70 \text{ m})(40.8 \text{ rad/s}) = \boxed{273 \text{ m/s}}$ (8.9)

이다. 차원 없는 라디안 단위는 최종 결과에서 표시하지 않았다.

(b) 각가속도 α를 rev/s^{2}에서 rad/s^{2}로 변환하면

$$\alpha = \left(1.30 \frac{\text{rev}}{\text{s}^2}\right)\left(\frac{2\pi \text{ rad}}{1 \text{ rev}}\right) = 8.17 \frac{\text{rad}}{\text{s}^2}$$

이다. 따라서 두 점의 접선 가속도는

점 1 $a_T = r\alpha = (3.00 \text{ m})(8.17 \text{ rad/s}^2)$
$= \boxed{24.5 \text{ m/s}^2}$ (8.10)

점 2 $a_T = r\alpha = (6.70 \text{ m})(8.17 \text{ rad/s}^2)$
$= \boxed{54.7 \text{ m/s}^2}$ (8.10)

이다.

8.5 구심 가속도와 접선 가속도

원운동을 하는 물체의 속력이 증가하면, 물체는 접선 가속도를 가질 뿐만 아니라, 5장에서 강조했듯이, 구심 가속도를 갖는다. 5장에서는 입자가 원 궤도를 따라 일정한 접선 속력으로 움직이는 **등속 원운동**(uniform circular motion)에 대해 다루었다. 접선 속력 v_T는 접선 속도 벡터의 크기이다. 접선 속도의 크기가 일정해도, 벡터의 방향이 끊임없이 변하기 때문에 가속도가 존재한다. 이때 가속도는 원의 중심을 향하기 때문에 이를 구심 가속도라고 한다. 그림 8.10(a)는 줄에 매달려 등속 원운동을 하며 날아가는 모형 비행기의 구심 가속도 $\mathbf{a}_c$를 보여준다. $\mathbf{a}_c$의 크기는

$$a_c = \frac{v_T^2}{r} \tag{5.2}$$

이다. 첨자 'T'는 물체의 속력이 접선 속력임을 상기하기 위해 표시하였다.

식 8.9의 $v_T = r\omega$를 이용하면 구심 가속도를 각속력 ω의 함수로 다음과 같이 표현할 수 있다. 즉

$$a_c = \frac{v_T^2}{r} = \frac{(r\omega)^2}{r} = r\omega^2 \quad (\omega: \text{rad/s 단위}) \tag{8.11}$$

이다. 식 $v_T = r\omega$은 라디안 단위를 사용했기 때문에 위의 결과에서 ω는 rad/s와 같은 라디안 단위만이 사용될 수 있다.

5장에서 등속 원운동을 고려할 때, 등속 원운동에 도달하기까지의 자세한 운동 상황은 생략하였다. 예를 들어, 그림 8.10(b)에서, 비행기의 엔진은 접선 방향으로 추진력을 주고, 이 추진력이 접선 가속도를 갖게 한다. 이에 따라 그림에서 보여지는 상황에 도달할 때까지 비행기의 접선 속력은 꾸준히 증가한다. 접선 속력이 변하는 동안 물체의 운동은 **부등속 원운동**(nonuniform circular motion)을 한다.

그림 8.10(b)는 부등속 원운동의 중요한 특징을 나타낸다. 접선 속도의 방향과 크기가 모두 변하기 때문에 비행기는 동시에 두 가지의 가속도 성분의 영향을 받는다. 방향 변화는 구심 가속도 $\mathbf{a}_c$의 존재를 의미한다. 임의의 순간에 $\mathbf{a}_c$의 크기는 순간 각속도와 반지름을 이용하여 구할 수 있다. 즉 $a_c = r\omega^2$이다. 접선 벡터의 크기가 변한다는 것은 접선 가속도 $\mathbf{a}_T$의 존재를 의미한다. 앞 절에서 설명했듯이, 관계식 $a_T = r\alpha$에 의해 각가속도 α로부터 $\mathbf{a}_T$의 크기를 구할 수 있다. 접선 방향의 알짜 힘의 크기 F_T와 질량 m을 알면, 뉴턴의 제2법칙 $F_T = ma_T$를 이용하여 a_T를 계산할 수도 있다. 그림 8.12(b)에 두 가속도 성분을 나타내었다. 총 가속도는 $\mathbf{a}_c$와 $\mathbf{a}_T$의 벡터 합으로 구할 수 있다. $\mathbf{a}_c$와 $\mathbf{a}_T$가 서로 수직이므로 총 가속도 $\mathbf{a}$의 크기는 피타고라스 정리에 의해 $a = \sqrt{a_c^2 + a_T^2}$으로 주어진다. 그림에서 각 ϕ는 $\tan\phi = a_T/a_c$에 의해 결정된다. 다음 예제는 이러한 개념들을 원반던지기에 적용하고 있다.

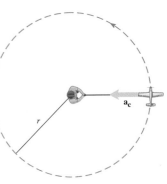

(a) 등속 원운동

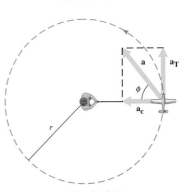

(b) 부등속 원운동

그림 8.10 (a) 줄에 매달려 날고 있는 모형 비행기가 일정한 접선 속력을 갖는다면, 운동은 등속 원운동이 되고, 비행기는 구심 가속도 $\mathbf{a}_c$만 받는다. (b) 접선 속력이 변하면 운동은 부등속 원운동이 된다. 이 경우 구심 가속도뿐만 아니라 접선 가속도 $\mathbf{a}_T$가 생긴다.

예제 8.5 | 원반던지기 선수

원반던지기 선수들은 보통 두 발을 편평하게 지면에 대고 서서 몸을 비틀며 원반을 던지는 준비 운동을 한다. 그림 8.11(a)는 준비 운동하는 모습을 위에서 본 것이다. 선수는 정지 상태의 원반에 0.270 초 동안 +15.0 rad/s의 각속도로 가속시킨 직후 원반을 손에서 놓는다. 가속하는 동안 원반이 반지름 0.810 m의 원호 위를 움직일 때, (a) 원반이 손에서 떠나는 순간의 총 가속도 a와 (b) 이 순간 총 가속도와 반지름이 이루는 각 ϕ를 구하라.

살펴보기 원반의 접선 속력이 증가하므로 원반에 서로 수직인 방향으로 작용하는 접선 가속도 $\mathbf{a}_T$와 구심 가속도 $\mathbf{a}_c$가 작용한다. 따라서 총 가속도의 크기는 $a = \sqrt{a_c^2 + a_T^2}$이며, a_c와 a_T는 각각 구심 가속도와 접선 가속도의 크기를 나타낸다. 그림 8.11(b)에서 각 ϕ는 $\phi = \tan^{-1}(a_T/a_c)$로 주어진다. 구심 가속도의 크기는 $a_c = r\omega^2$으로부터 계산할 수 있으며, 접선 가속도의 크기는 $a_T = r\alpha$로 계산된다. 여기서 α는 식 8.4의 각가속도 정의로부터 구할 수 있다.

풀이 (a) 원반이 손에서 떠나는 순간, 원반의 총 가속도의 크기는 $a = \sqrt{a_c^2 + a_T^2}$이다. 식 8.11에 의하면, 구심 가속도의 크기는 $a_c = r\omega^2$인데, 반지름과 각속도는 각각 $r = 0.810\,\text{m}$와 $\omega = +15.0\,\text{rad/s}$이다. 식 8.10에 의하면, 접선 가속도의 크기는 $a_T = r\alpha$로 주어지는데, 각가속도 α는 주어지지 않았다. 그러나 식 8.4의 각가속도에 대한 정의로부터 $\alpha = (\omega - \omega_0)/t$로 구할 수 있다. 이때 $t = 0.270\,\text{s}$이며 처음 각속도는 $\omega_0 = 0\,\text{rad/s}$이다. 따라서, 총 가속도는

$$a = \sqrt{a_c^2 + a_T^2} = \sqrt{(r\omega^2)^2 + (r\alpha)^2} = r\sqrt{\omega^4 + \alpha^2}$$

$$= r\sqrt{\omega^4 + \frac{(\omega - \omega_0)^2}{t^2}}$$

$$= (0.810\,\text{m})\sqrt{(15.0\,\text{rad/s})^4 + \left(\frac{15.0\,\text{rad/s} - 0\,\text{rad/s}}{0.270\,\text{s}}\right)^2}$$

$$= \boxed{188\,\text{m/s}^2}$$

이다.

(b) 그림 8.11(b)에서 각 ϕ는

$$\phi = \tan^{-1}\left(\frac{a_T}{a_c}\right) = \tan^{-1}\left(\frac{r\alpha}{r\omega^2}\right) = \tan^{-1}\left(\frac{\alpha}{\omega^2}\right)$$

$$= \tan^{-1}\left[\frac{(\omega - \omega_0)/t}{\omega^2}\right]$$

$$= \tan^{-1}\left[\frac{(15.0\,\text{rad/s} - 0\,\text{rad/s})/(0.270\,\text{s})}{(15.0\,\text{rad/s})^2}\right]$$

$$= \boxed{13.9°}$$

이다.

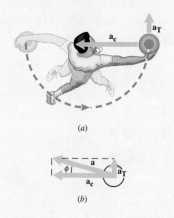

그림 8.11 (a) 원반던지기 선수와 원반에 작용하는 구심 가속도 $\mathbf{a}_c$와 접선 가속도 $\mathbf{a}_T$ (b) 원반이 손에서 떠나기 직전 원반의 총 가속도 $\mathbf{a}$는 $\mathbf{a}_c$와 $\mathbf{a}_T$의 벡터 합이다.

8.6 구름 운동

그림 8.12에서 자동차 타이어의 경우에 대해 설명하듯이, 구름(rolling) 운동은 회전을 포함하는 흔히 일어나는 운동이다. 구름 운동의 핵심은 타이어와 지면의 접촉점에서 미끄러짐(slipping)이 없다는 점이다. 실제로 정상적으로 움직이는 자동차는 미끄러짐 없이 구르는 것으로 근사해도 좋다. 반면에, 급가속하며 출발하는 자동차의 경우, 타이어가 지면에 대해 빠르게 회전하며 미끄러지는 동안에는 구르지 않는다.

그림 8.12에서 타이어가 구를 때, 타이어가 회전하는 각속력과 자동차가 앞으로 움직이는 선속력(일정하다고 가정한다) 사이에는 일정한 관계가 있다. 그림 8.12(b)에서 왼쪽

타이어 위의 두 점 A와 B를 살펴보자. 두 점 사이의 타이어 바닥에 빨간색 페인트칠을 하고, 점 B가 지면과 닿을 때까지 타이어를 오른쪽으로 굴린다. 타이어가 굴러감에 따라 타이어 바닥의 페인트가 지면에 빨간색 수평선을 만든다. 바퀴의 회전축은 직선 거리 d만큼 이동하는데, 이 거리는 지면에 그려진 빨간색 수평선의 길이와 같다. 타이어가 미끄러지지 않으므로 거리 d는 타이어의 바깥쪽 가장자리를 따라 측정한 원호의 길이 s와 같아야 한다. 즉 d = s이다. 이 식의 양변을 경과한 시간 t로 나누면 d/t = s/t가 된다. 여기서 d/t는 회전축이 지면에 평행하게 움직이는 속력, 즉 자동차의 선속력 v이다. 한편 s/t는 회전축에 대해 타이어의 바깥쪽 가장자리의 한 점이 움직이는 접선 속력 v_T이다. 그런데 v_T는 회전축에 대한 각속력 ω와 $v_T = rω$의 관계가 있으므로(식 8.9),

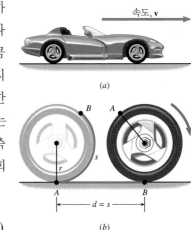

$$\underbrace{v}_{\text{선속력}} = \underbrace{rω}_{\text{접선 속력, } v_T} \qquad (ω : \text{rad/s 단위}) \tag{8.12}$$

의 관계를 얻는다.

그림 8.12의 자동차가 지면에 평행한 가속도 **a**를 가지면 타이어의 바깥쪽 가장자리 위의 한 점은 회전축에 대한 접선 가속도 **a**$_T$를 갖는다. 위 단락에서와 동일한 논리를 사용하면 두 가속도는 크기가 서로 같고, 회전축에 대한 바퀴의 각가속도 α와 다음의 관계를 가짐을 유도할 수 있다.

$$\underbrace{a}_{\text{선가속도}} = \underbrace{rα}_{\text{접선 가속도, } a_T} \qquad (α : \text{rad/s}^2 \text{ 단위}) \tag{8.13}$$

그림 8.12 (a) 자동차가 선속력 v로 움직이고 있다. (b) 타이어가 미끄러짐 없이 구르는 경우, 차 축이 이동하는 거리 d는 타이어의 바깥쪽 가장자리를 따른 원호의 길이 s와 같다.

구르는 동안 물체는 표면에 대해 미끄러지지 않으므로, 식 8.12와 8.13은 임의의 구름 운동에 적용할 수 있다. 아래의 예제 8.6은 구름 운동의 기본적 특징을 잘 설명한다.

예제 8.6 │ 가속되는 자동차

그림 8.12와 같이 정지해 있던 자동차가 출발하여 20.0 초 동안 0.800 m/s²의 일정한 가속도로 오른쪽으로 운동한다. 이 동안 타이어는 미끄러지지 않는다. 여기서 타이어의 반지름은 0.330 m 이다. 출발한 지 20.0 초가 될 때 타이어 바퀴가 회전한 각은 얼마인가?

살펴보기 자동차가 가속하므로, 타이어는 갈수록 빨리 회전한다. 따라서 타이어는 각가속도를 갖는데, 각가속도는 바퀴의 각변위를 결정하기 위해서는 반드시 고려해야 하는 물리량이다. 타이어가 미끄러짐 없이 구르기 때문에 각가속도의 크기 α는 자동차의 가속도의 크기 a와 a = rα의 관계가 있다(식 8.13). 따라서 각가속도의 크기는

$$α = \frac{a}{r} = \frac{0.800 \text{ m/s}^2}{0.330 \text{ m}} = 2.42 \text{ rad/s}^2$$

가 된다. 타이어가 시계 방향으로(또는 음의 방향으로) 점점 빨

리 회전하므로, 자동차의 방향은 그림 8.12에서 오른쪽 방향이며, 각가속도는 음의 값을 갖는다. 따라서 각과 관련된 자료는 다음과 같다.

θ	α	ω	$ω_0$	t
?	−2.42 rad/s²		0 rad/s	20.0 s

각변위 θ는 식 8.7에 의해 α, $ω_0$, 그리고 t로 주어진다.

풀이 식 8.7로부터, θ는

$$θ = ω_0 t + \frac{1}{2}α t^2$$
$$= (0 \text{ rad/s})(20.0 \text{ s}) + \frac{1}{2}(-2.42 \text{ rad/s}^2)(20.0 \text{ s})^2$$
$$= \boxed{-484 \text{ rad}}$$

이다. 바퀴가 시계 방향으로 회전하기 때문에 각변위 θ는 음의 값을 갖는다.

연습 문제

8.1 회전 운동과 각변위
8.2 각속도와 각가속도

1(1) 다이빙 선수가 3.5 회전의 공중제비를 도는 데 1.7 초가 걸렸다. 다이빙 선수의 평균 각속도를 rad/s 단위로 구하라.

2(2) 투수가 커브볼을 던져 0.60 s만에 포수에게 도달하였다. 야구공은 포수 글러브에 도착하기까지 평균 각속도 330 rev/min(일정하다고 가정)로 회전하기 때문에 휘어진다. 투수로부터 포수까지 던질 때 야구공의 각변위(rad)는 얼마인가?

3(3) 유럽의 측량사들은 보통 각을 그래드 단위로 측량한다. 한 원의 4분의 1은 100 그래드에 해당한다. 1라디안(rad)은 몇 그래드(grad)인가?

4(5) CD의 연주 시간은 보통 74 분이다. 음악이 시작될 때 CD는 480 rpm의 각속도로 회전하고, 음악이 끝날 때에는 210 rpm의 각속도로 회전한다. CD의 평균 각가속도의 크기를 rad/s² 단위로 구하라.*

5(6) 관람차가 0.24 rad/s의 각속도로 회전한다. 정지 상태에서 시작하여 회전시켜 0.030 rad/s²의 평균 각가속도를 가질 때 관람차의 작동 속력에 도달한다. 관람차가 작동 속력이 될 때까지 얼마나 돌려야 하는가?

6(7) 원형 전기톱이 정지 상태에서 나중 각속도에 도달하는 데 1.5 초의 시간이 걸리도록 고안되었다. 이 원형 전기톱의 각가속도가 328 rad/s²일 때, 이 톱의 나중 각속도를 구하라.

*7(9) 그림에 표시된 반지름을 갖는 두 개의 도넛 모양의 생활 공간 A와 B로 구성된 우주 정거장이 있다. 정거장이 회전함에 따라 공간 A에 있는 우주 비행사가 원호를 따라 2.40×10^2 m를 이동하였다면, 같은 시간 동안 공간 B에 있는 우주 비행사는 원호를 따라 얼마나 이동하겠는가?

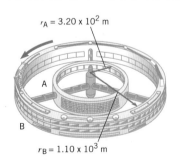

$r_A = 3.20 \times 10^2$ m

$r_B = 1.10 \times 10^3$ m

*8(10) 그림은 시간에 따른 회전 바퀴의 각속도의 그래프이다. 각속도가 t = 8.0 s까지 계속 같은 비율로 증가하지만 그래프에는 나타내지 않았다. 0에서 8.0 s까지 바퀴의 각변위는 얼마인가?

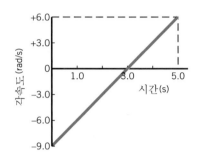

*9(11) 그림은 총알의 속력을 측정하는 데 사용하는 장치를 나타낸다. 이 장치는 거리 d = 0.850 m만큼 떨어진 채 95.9 rad/s의 각속력으로 회전하는 두 개의 원반으로 구성되어 있다. 총알이 왼쪽 원반을 통과한 다음 오른쪽 원반을 통과할 때, 두 총알 구멍 사이의 각변위가 θ = 0.240 rad이라면, 총알의 속력은 얼마인가?

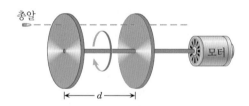

총알

모터

d

*10(12) 스트로보스코프는 주기적으로 깜박이는 빛을 이용하는 장치이다. 이것은 회전 물체를 조명하기 위해 사용될 수 있다. 만약 깜박이는 비율을 적절하게 조정한다면 물체가 정지되어 보이게 할 수 있다. (a) 프로펠러가 16.7 rev/s의 각속력으로 회전할 때 날개 세 개로 만든 프로펠러가 정지한 것처럼 보이게 하는 깜박이 빛의 가장 짧은 시간은 얼마인가? (b) 그다음 짧은 시간은 얼마인가?

*11(13) 고적대 지휘자가 지휘봉을 수직 위 방향으로 던져 올렸다. 하늘로 올라갔다가 지휘자의 손에 되돌아올 때까지 지휘봉이 4 회전을 하였다. 공기 저항을 무시하고 지휘봉의 평균 각속도를 1.80 rev/s라고 할 때, 공중으로 올라간 지휘봉 중심의 최고 높이는 얼마인가?

**12(15) 미식축구에서 쿼터백이 공의 양 끝을 관통하는 축에 대해

---

* 콤팩트디스크의 회전 모드는 두 가지가 있다. 하나는 CLV(constant linear velocity) 모드로 이 경우 픽업의 위치에 따라 회전 속력이 달라진다. 즉 픽업이 디스크의 가장자리에 있을 때는 빠르게 회전하고 중심 부근에 있을 때는 느리게 회전하여 픽업이 있는 부분의 회전 속도가 일정하게 유지된다. 또 다른 모드는 CAV(constant angular velocity) 모드인데 이 경우 픽업의 위치에 무관하게 CD는 일정한 각속력으로 회전한다(역자 주).

흔들림 없이 부드럽게 회전하는 완벽한 스파이럴(나선형) 패스에 성공했다. 지면에 대해 55° 각으로 19 m/s의 속력으로 던져진 공이 7.7 rev/s로 회전한다고 가정하자. 쿼터백의 손에서 공이 떠날 때의 높이와 리시버가 공을 잡을 때의 높이가 같다고 할 때, 공중에 떠 있는 동안 공은 몇 회전을 하겠는가?

8.3 회전 운동학의 방정식들

13(16) 체조 선수가 마루 운동을 하고 있다. 텀블링에서 선수가 한 바퀴의 절반을 회전할 때, 3.00에서 5.00 rev/s로 각속도를 증가하고 공중에서 회전한다. 이 동작을 하는 시간은 얼마나 걸릴까?

14(17) 고속 버튼이 눌린 상태에서 작동하던 선풍기의 저속 버튼을 눌렀더니, 선풍기 날개의 각속도가 1.75 초 동안 83.8 rad/s로 줄어들었다. 선풍기의 감각가속도가 42.0 rad/s²이라면, 선풍기 날개의 처음 각속력은 얼마인가?

15(19) 플라이휠이 각가속도 2.0 rad/s²으로 일정하게 줄어든다. (a) 220 rad/s 의 각속력에서 정지할 때까지 플라이휠이 회전한 각을 구하라. (b) 플라이휠이 정지할 때까지 걸리는 시간을 구하라.

16(20) 원심 분리기에 있는 회전자의 각속력이 5.00 s 동안 420 rad/s에서 1420 rad/s로 증가한다. (a) 회전자가 회전한 각을 구하라. (b) 각가속도의 크기는 얼마인가?

*17(21) 몸통에 감겨진 줄을 잡아당길 때, 줄이 풀어지면서 회전하도록 만든 장난감 팽이가 있다. 길이가 64 cm인 줄은 팽이의 중심축으로부터의 반지름이 2.0 cm인 지점에서 팽이의 몸통에 감겨 있다. 줄의 두께는 무시한다. 한 사람이 정지해 있던 팽이의 줄 끝을 잡아당겨 +12 rad/s²의 각가속도로 팽이를 회전시키기 시작했다. 팽이에 감겨 있던 줄이 다 풀렸을 때, 팽이의 나중 각속도는 얼마인가?

*18(23) 반시계 방향으로 회전하고 있는 불꽃놀이 바퀴의 각가속도는 −4.00 rad/s²이다. 바퀴의 각속도가 처음값으로부터 나중값인 −25.0 rad/s로 바뀔 때 바퀴의 각변위가 0이었다면, 이 과정에 걸린 시간은 얼마인가?

*19(25) 어떤 배의 추진 프로펠러가 정지 상태로부터 2.10×10^3 s 동안 2.90×10^{-3} rad/s² 로 가속되었다. 그다음 1.40×10^3 s 동안 프로펠러가 등각속력으로 회전하다가 각속력이 4.00 rad/s 될 때까지(역방향 없이) 가속도 2.30×10^{-3} rad/s² 로 줄어든다. 프로펠러의 총 각변위를 구하라.

8.4 각변수와 접선 변수

20(28) 태양은 은하계의 중심에 대해 원 궤도로 회전한다. 궤도의 반지름은 2.2×10^{20} m이고, 태양의 각속력은 1.2×10^{-15} rad/s이다. (a) 태양의 접선 속력은 얼마인가? (b) 태양이 중심 주위를 한 바퀴 도는 데 걸리는 시간(년)은 얼마인가?

21(29) 치과병원에서 사용되는 고속 연마기에 부착된 원반은 반지름이 2.00 mm이고, 작동할 때 7.85×10^4 rad/s의 각속도로 회전한다. 이 원반이 작동할 때, 바깥 테두리의 한 점에서 접선 속력은 얼마인가?

22(30) 제초기(string trimmer)는 잔디나 잡초를 깎는 기계이다. 이 기계는 나일론 '끈'을 이용하며 끈의 한쪽 끝을 수직축으로 해서 회전한다. 끈은 47 rev/s의 각속력으로 회전하고 그 끝의 접선 속력은 54 m/s이다. 회전하는 끈의 길이는 얼마인가?

23(33) 반지름이 6.38×10^6 m 인 지구는 23.9 시간마다 회전축에 대해 1 회전한다. (a) 적도 위에 있는 나라인 에콰도르에 사는 사람의 접선 속력을 m/s 단위로 구하라. (b) 에콰도르에 사는 사람의 접선 속력의 3분의 1인 접선 속력을 갖기 위한 위도(그림에서 각 θ)는 얼마인가?

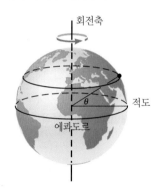

*24(34) 야구 투수가 42.5 m/s(약 95 mi/h)의 직선 속력으로 수평하게 야구공을 던진다. 공을 잡기 전에 야구공은 16.5 m의 수평 거리를 이동하고 49.0 rad의 각도로 회전한다. 야구공의 반지름은 3.67 cm이고, 지구가 자전하는 것처럼, 이동하면서 축을 중심으로 회전한다. 야구공의 '적도' 지점의 접선 속력은 얼마인가?

*25(35) CD는 나선형 트랙에 음악이 기록되어 있다. 트랙의 어느 지점에서나 일정한 접선 속력(CLV 모드)이 되게 회전하면서 CD에서 음악이 재생된다. 따라서 $v_T = r\omega$ 에 의해 디스크의 바깥쪽 영역을 읽을 때는 CD가 작은 각속도로 회전하고, 안쪽 영역을 읽을 때는 큰 각속도로 회전한다. 반지름이 $r = 0.0568$ m인 바깥쪽 영역에서 CD의 각속도는 3.50 rev/s이다. (a) 음이 재생되는 부분의 일정 접선 속력을 구하라. (b) 디스크의 중심으로부터 0.0249 m만큼 떨어진 곳을 읽을 때, 각속도를 rev/s 단위로 구하라.

8.5 구심 가속도와 접선 가속도

26(38) 천장 선풍기가 두 가지 다른 각속력, $\omega_1 = 440$ rev/min, $\omega_2 = 110$ rev/min 로 설정되어 있다. 선풍기 날개의 주어진 지점에서 구심 가속도의 비 a_1/a_2는 얼마인가?

27(39) 경주용 자동차가 반지름이 625 m인 원 궤도 위를 75.0 m/s의 일정한 접선 속력으로 달린다. (a) 자동차의 총 가속도의 크기를 구하라. (b) 지름 방향에 대한 총 가속도의 방향을 구하라.

28(40) 지구는 반지름이 1.50×10^{11} m인 거의 원 궤도를 1년 (3.16×10^7 s)에 한 번 태양을 중심으로 공전한다. 태양에 대해 (a) 지구의 각속력을 구하라. (b) 지구의 접선 속력을 구하라. (c) 지구의 구심 가속도의 크기와 방향을 구하라.

29(41) 질량이 220 kg인 쾌속정이 수면 위에 떠 있는 부표를 중심으로 반지름이 32 m가 되게 선회를 한다. 선회하는 동안 엔진은 크기가 550 N인 알짜 힘의 진행 방향(접선) 성분이 550 N이 되도록 작동한다. 선회를 시작할 때 쾌속정의 처음 접선 속력이 5.0 m/s이다. (a) 쾌속정의 접선 가속도를 구하라. (b) 선회를 시작한 지 2초 후에 쾌속정의 구심 가속도는 얼마인가?

*30(43) 직사각형 평판이 그림에 표시한 한 모서리를 수직으로 관통하는 축에 대해 일정한 각가속도를 가지고 회전한다. 모서리 A에서 측정되는 접선 가속도는 모서리 B에서 측정되는 값의 두 배이다. 직사각형의 두 측면의 길이 비인 L_1/L_2는 얼마인가?

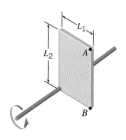

**31(45) 전기 연마기가 정지 상태로부터 일정한 각가속도로 회전하기 시작한다. 일정한 각을 회전한 연마기의 한 점에서 구심 가속도의 크기가 접선 가속도의 크기의 두 배가 된다. 이때 회전한 각은 얼마인가?

8.6 구름 운동

32(46) 어떤 자동차 타이어의 반지름이 0.330 m이고, $v = 15.0$ m/s의 선속력으로 앞으로 굴러간다. (a) 바퀴의 각속력을 구하라. (b) 차축에 대해, 차축으로부터 0.175 m에 위치하는 지점의 접선 속력은 얼마인가?

33(48) 멈춰 있는 운동용 자전거를 탄다고 가정하자. 전자 계기판에 바퀴가 9.1 rad/s로 회전되는 것으로 표시된다. 바퀴의 반지름은 0.45 m이다. 만일 당신이 35 min 동안 자전거를 탔다면 자전거가 이동한다고 할 때 얼마나 이동하였는가?

34(49) 한 자동차가 수평한 직선 도로를 따라 20.0 m/s의 속력으로 달린다. 바퀴의 반지름은 0.300 m이다. 만일 자동차가 8.00 s 동안 선가속도 1.50 m/s²으로 속력을 올린다면 이 시간 동안 이동한 바퀴의 각변위는 얼마인가?

*35(52) 페니 파딩(penny-farthing)은 1870년대에서 1890년대 사이에 인기 있던 자전거이다. 그림과 같이 이 자전거는 앞바퀴는 크고, 뒷바퀴는 작다. 어느 일요일에 공원에서 앞바퀴(반지름 = 1.20 m)를 276번 회전시켰다면 뒷바퀴(반지름 = 0.340 m)는 얼마나 많이 회전해야 하는가?

*36(53) 반지름이 0.200 m인 공이 3.60 m/s의 일정한 선속력으로 수평 탁자 위를 구르다가 바닥으로 떨어진다. 공이 바닥에 떨어질 때까지 이동한 수직 거리는 2.10 m이다. 공중에 떠 있는 동안 공이 회전한 각변위는 얼마인가?

*37(54) 그림과 같이 두 기어가 맞물려 짐 L을 위 방향으로 일정 속력 2.50 m/s로 감아올리고 있다. 짐을 묶은 줄 큰 기어 뒤 원통에 감겨 있다. 기어의 톱니 깊이는 기어 반지름에 비해 너무 작으므로 무시하자. (a) 큰 기어의 각속도(크기와 방향)을 구하라. (b) 작은 기어의 각속도(크기와 방향)을 구하라.

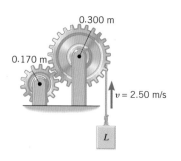

**38(55) 그림과 같이 반지름이 9.00 m인 원형 언덕을 따라 자전거가 굴러 내려 온다. 자전거의 각변위가 0.960 rad이고 바퀴의 반지름이 0.400 m일 때, 타이어가 회전한 각을 라디안으로 구하라.

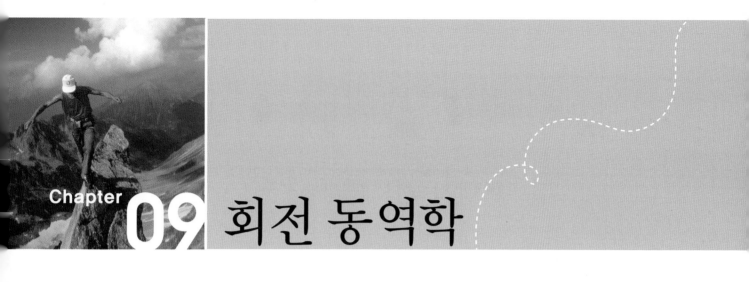

09 회전 동역학

9.1 강체에 작용하는 힘과 토크

프로펠러나 바퀴와 같은 대부분의 강체들의 질량은 하나의 점에 집중되어있지 않고 퍼져 있다. 이러한 물체들은 다양한 방식으로 움직일 수 있다. 그림 9.1(a)는 이 중에 하나인 병진 운동에 대한 설명으로, 물체의 모든 점들은 평행한 경로 상에서 움직이며 그 경로는 반드시 직선이 아니어도 된다. 순수한 병진 운동에서 물체 내부의 어떤 선에 대한 회전은 없다. 병진 운동은 곡선을 따라 일어날 수 있기 때문에 종종 곡선 운동 혹은 선운동이라 한다. 이와 다른 운동 방식은 회전 운동이고, 그림 9.1(b)에서 공중제비 운동하는 운동 선수의 경우처럼 병진 운동과 함께 일어나기도 한다.

우리는 알짜 힘이 물체를 가속시킴으로서 어떻게 선운동에 영향을 주는가에 대한 많은 예를 보아 왔다. 강체가 각가속도를 가질 수 있다는 것도 고려할 필요가 있다. 알짜 외력은 선운동을 변화시킨다. 하지만 회전 운동을 변화시키는 원인은 무엇인가? 예를 들면, 보트가 가속될 때 그 보트의 프로펠러의 회전 속도를 변화시키는 어떤 것이 있다. 이것이 단순히 알짜 힘일까? 그것은 알짜 외력이 아니라 회전 속도를 변화시키는 알짜 외부 토크이다. 외력이 크면 클수록 가속도는 더욱 커지게 되고 알짜 토크가 커질수록 회전 또는 각 가속도가 더 커지게 된다.

그림 9.2는 토크의 개념을 설명하는 데 도움이 된다. 그림 9.2(a)처럼 힘 **F**로 문을 당길 때 힘이 커질수록 문이 더 빨리 열린다. 다른 조건들이 같다면 힘이 커질수록 토크도 더 커지게 된다. 그러나 같은 힘이 (b)처럼 경첩에 가까운 점에 작용된다면 힘은 적은 토크를 만들어내기 때문에 문은 빨리 열리지 않는다. 더욱이 (c)처럼 문에 거의 평행한 방향으로 민다면 토크가 거의 0이기 때문에 문을 열기는 어렵게 된다. 요약하면 토크는 힘의 크기와 힘이 작용하는 곳의 회전축(그림 9.2에서 경첩)에 대한 상대 위치와 힘의 방향에 의존한다.

간단히 하기 위해 힘이 회전축에 수직인 평면 위에 놓여 있는 경우를 다루어 보자. 예를 들면 그림 9.3처럼 회전축이 책의 면에 수직이고 힘이 책의 평면에 놓인다. 그림에 작용선과 힘의 지레팔을 나타내었으며, 이 두 개념은 토크를 정의하는 데 중요하다. 작용선

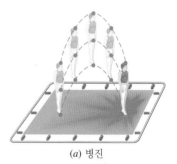

(a) 병진

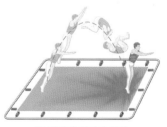

(b) 병진과 회전의 혼합

그림 9.1 (a) 병진 운동과 (b) 병진과 회전 운동이 혼합된 예

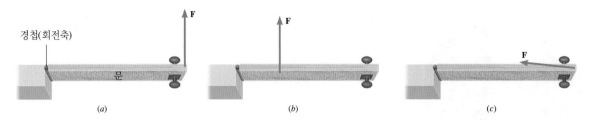

그림 9.2 회전축(경첩)에 가깝게 미는 (b)보다 문의 바깥 가장자리를 미는 (a) 경우가 주어진 같은 크기의 힘으로 문을 열기가 쉽다. (c) 문에 거의 평행한 방향으로 밀면 문을 열기는 매우 어렵다.

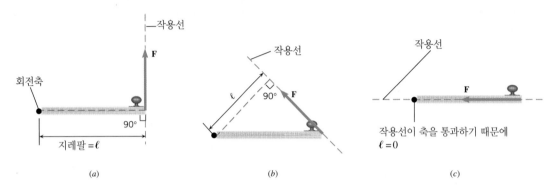

그림 9.3 위쪽에서 볼 때 문의 경첩은 검은 점(●)이고 그 점은 회전축을 나타낸다. 작용선과 지레팔 ℓ 은 힘이 문에 (a) 수직으로 (b) 어떤 각으로 작용할 때 그려져 있다. (c) 작용선이 회전축을 통과할 때 지레팔은 0이다.

(line of action)은 힘의 연장선이다. 지레팔(lever arm)은 작용선과 회전축 사이의 거리 ℓ 이고, 이 둘 다에 수직인 직선 거리로 측정된다. 토크는 기호 τ(그리스 문자 tau)로 나타내고 크기는 힘의 크기와 지레팔의 곱으로 정의한다.

■ **토크**

토크 = (힘의 크기) × (지레팔)

$$\tau = F\ell \tag{9.1}$$

방향: 토크는 힘이 축에 대해 반시계 방향의 회전을 일으킬 때 양의 값이고 시계 방향의 회전을 일으킬 때는 음이다.

토크의 SI 단위: 뉴턴(N) · 미터(m)

식 9.1은 같은 크기의 힘들이 다른 토크를 만들 수 있다는 것을 나타낸다. 토크는 지레팔에 의존한다. 예제 9.1은 이러한 중요한 특성을 설명한다.

예제 9.1 | **지레팔에 따른 토크의 변화**

그림 9.3에서 크기가 55 N의 힘이 문에 작용된다. 그러나 힘이 작용하는 위치와 방향에 따라 지레팔은 다르다. (a) $\ell = 0.80$ m, (b) $\ell = 0.60$ m, (c) $\ell = 0$ m일 때 각 경우의 토크의 크기를 구하라.

살펴보기 각각의 경우에 지레팔은 회전축과 힘의 작용선 사이의 수직 거리이다. (a)에서 이 수직 거리는 문의 폭과 같다. 그러나 (b)와 (c)에서는 지레팔이 폭보다 작다. 지레팔이 각각의 경우 다르기 때문에 가한 힘의 크기가 같다하더라도 토크는 다르다.

풀이 식 9.1을 사용하면 다음과 같은 토크의 값을 얻을 수 있다.

(a) $\tau = F\ell = (55\ \text{N})(0.80\ \text{m}) = \boxed{44\ \text{N}\cdot\text{m}}$

(b) $\tau = F\ell = (55\ \text{N})(0.60\ \text{m}) = \boxed{33\ \text{N}\cdot\text{m}}$

(c) $\tau = F\ell = (55\ \text{N})(0\ \text{m}) = \boxed{0\ \text{N}\cdot\text{m}}$

(c)에서 **F**의 작용선은 회전축(경첩)을 통과하므로 지레팔은 0이고 따라서 토크도 0이 된다.

9.2 평형 상태에 있는 강체

강체가 평형 상태에 있게 되면 선운동이나 회전 운동은 아무런 변화가 없게 된다. 아무런 변화가 없는 경우 강체가 평형 상태에 있기 위한 어떤 조건식이 필요하게 된다. 예를 들면 선운동이 변하지 않는 강체는 가속도 **a**가 없다. 그러므로 $\Sigma\mathbf{F} = m\mathbf{a}$ 이고 **a** = 0이기 때문에 물체에 가해진 알짜 힘 $\Sigma\mathbf{F}$은 0이어야 한다. 이차원 운동의 경우 알짜 힘의 x와 y 성분은 각각 0이다. 즉 $\Sigma F_x = 0$, $\Sigma F_y = 0$(식 4.9a와 4.9b)이다. 알짜 힘을 계산하는 데 있어서는 외부 작용자가 주는 힘, 즉 외력*만을 포함시킨다. 평형 상태는 선운동뿐만 아니라 회전 운동의 변화도 없어야 함을 고려해야 한다. 이것은 물체에 작용하는 알짜 외부 토크가 회전 운동을 변화시키는 원인이기 때문에 알짜 토크가 0임을 의미한다. 알짜 외부 토크(모든 양과 음의 토크의 합)를 나타내기 위해 기호 $\Sigma\tau$를 사용하면

$$\Sigma\tau = 0 \tag{9.2}$$

가 된다. 그러므로 강체의 평형은 다음과 같이 정의한다.

■ **강체의 평형**

강체의 병진 가속도가 0이고 각가속도도 0이면 그 강체는 평형 상태에 있다. 즉 평형에서는 외력의 합이 0이고 외부 토크의 합도 0이다.

$$\Sigma F_x = 0, \qquad \Sigma F_y = 0 \tag{4.9a와 4.9b}$$

$$\Sigma\tau = 0 \tag{9.2}$$

예제 9.2 | 다이빙 보드

몸무게가 530 N인 여자가 길이 3.90 m의 다이빙 보드 오른쪽 끝에 서 있다. 보드의 무게는 무시한다. 그림 9.4(a)처럼 이 보드의 왼쪽 아래는 볼트로 고정되어 있고 그곳으로부터 1.40 m 되는 곳에 지레받침이 놓여 있다. 볼트와 지레받침이 각각 보드에 작용하는 힘 $\mathbf{F_1}$과 $\mathbf{F_2}$를 구하라.

살펴보기 그림의 (b)는 다이빙 보드의 자유물체도를 나타낸다. $\mathbf{F_1}$과 $\mathbf{F_2}$ 그리고 다이버의 무게 **W**의 세 힘이 보드에 작용한다. $\mathbf{F_1}$과 $\mathbf{F_2}$의 방향을 선택할 때 다음과 같은 점을 생각해야 한다. 보드가 지레받침에 대해 시계 방향으로 회전하는 것을 막기 위해서 볼트가 보드를 당겨야 하므로 $\mathbf{F_1}$은 아래 방향이다. 보드

---

* 물체의 한 부분이 다른 부분에 작용하는 내력은 무시한다. 왜냐하면 그 힘들은 크기가 같고 방향이 반대인 작용과 반작용 힘이기 때문이다. 전체 물체의 가속도가 관계되는 한 어떤 힘의 영향은 다른 힘의 영향에 의해 상쇄된다.

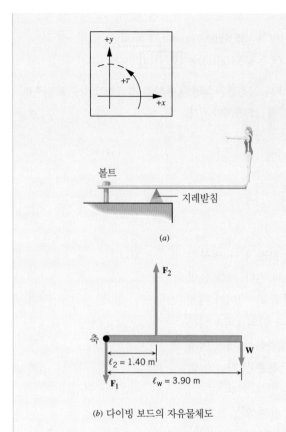

볼트

지레받침

(a)

F_2

축 ●

$\ell_2 = 1.40$ m

F_1

$\ell_w = 3.90$ m

W

(b) 다이빙 보드의 자유물체도

그림 9.4 (a) 다이버가 다이빙 보드의 끝에 서 있다. (b) 다이빙 보드의 자유물체도. 왼쪽 위의 네모 속의 그림은 힘에 대한 양의 x와 y의 방향과 토크에 대한 양의 방향(반시계 방향)을 보여준다.

는 지레받침을 아래로 누르며 그 반작용으로 지레받침은 보드를 위로 받치므로 $\mathbf{F}_2$는 위 방향이다. 보드는 정지 상태이기 때문에 평형 상태에 있다.

풀이 보드가 평형 상태에 있기 때문에 수직력의 합은 0이다. 즉

$$\Sigma F_y = -F_1 + F_2 - W = 0 \qquad (4.9b)$$

이다. 이와 마찬가지로 토크의 합은 0이다. 즉 $\Sigma \tau = 0$이다. 토크를 계산하기 위해 보드의 왼쪽 끝을 지나고 지면에 수직인 축을 정한다(이러한 선택은 임의적이다). $\mathbf{F}_1$은 축을 지나가고 지레팔이 0이기 때문에 토크가 발생하지 않는다. 반면 $\mathbf{F}_2$는 반시계 방향(양의 방향)으로 토크를 일으키고 $\mathbf{W}$는 시계 방향(음)의 토크를 일으킨다. 자유물체도에 각 토크에 대한 지레 팔의 길이가 주어져 있다.

$$\Sigma \tau = +F_2\ell_2 - W\ell_w = 0 \qquad (9.2)$$

이 식을 F_2에 대해 풀면

$$F_2 = \frac{W\ell_w}{\ell_2} = \frac{(530 \text{ N})(3.90 \text{ m})}{1.40 \text{ m}} = \boxed{1480 \text{ N}}$$

가 된다. F_2에 대한 이 값과 $W = 530$ N를 식 4.9b에 대입하면 $\boxed{F_1 = 950 \text{ N}}$이 됨을 알 수 있다.

　　예제 9.2에서 다이빙 보드의 왼쪽 끝을 지나는 축을 사용하여 외부 토크의 합을 계산하였다. 그러나 축은 선택은 임의로 선택할 수 있다. 왜냐하면 물체가 평형 상태에 있다면 어떤 임의의 축에 대해서도 평형 상태에 있기 때문이다. 그러므로 외부 토크의 합은 축을 어디에 두는가에 상관없이 0이다. 그러나 보통은 하나 이상의 알려지지 않은 힘의 작용선이 축을 지나는 위치를 선택한다. 그러한 선택은 이러한 힘에 의해 만들어진 토크가 0이기 때문에 토크에 관한 식을 단순화시킨다. 예를 들면 예제 9.2에서 F_1에 의한 토크는 이 힘의 지레팔이 0이기 때문에 식 9.2에는 나타나지 않는다.

　　토크의 계산에서 힘의 지레팔은 회전축에 대해서 결정되어야 한다. 예제 9.2에서의 지레팔은 명확하지만 어떤 예제에서는 지레팔을 결정하기 위해 약간의 주의가 필요할 때도 있다.

　　어느 정도까지는 평형 상태에 있는 물체에 작용하는 힘의 방향을 직관적으로 유추해낼 수 있다. 그러나 때때로 알려지지 않은 힘의 방향은 명확하지 않을 때가 있어서 부적절하게 자유물체도에 반대로 그려지기도 한다. 이런 종류의 실수는 그리 큰 문제가 되지 않는다. 자유물체도에서 모르는 힘의 방향을 실제와 반대로 선택하면, 계산 결과 그 힘의 값이 음수가 나오므로 방향을 바로 잡을 수 있다. 다음 예제는 이러한 사실을 설명한다.

예제 9.3 | 보디빌딩

보디빌더가 그림 9.5(a)처럼 무게 W_d의 아령을 들고 있다. 무게가 $W_a = 31.0$ N인 그의 팔은 수평으로 편 상태에 있다. 삼각근이 공급할 수 있는 최대 힘 **M**의 크기는 1840 N이다. 그림 9.5(b)에는 어깨관절로부터 여러 가지 힘들이 팔에 작용하는 점까지의 거리를 나타내었다. 팔이 지탱할 수 있는 가장 무거운 아령의 무게는 얼마인가? 그리고 수평과 수직 힘의 성분 S_x와 S_y는 얼마인가? 어깨관절은 팔의 왼쪽 끝에 위치한다.

살펴보기 그림 9.5(b)는 팔에 대한 자유물체도이다. 삼각근이 어깨관절 방향으로 팔을 당기고, 관절은 뉴턴의 제3법칙에 따라 팔을 되밀기 때문에 S_x의 방향은 오른쪽이다. 그러나 힘 S_y의 방향은 분명하지 않다. 자유물체도에서 선택한 방향이 반대일 가능성도 생각해야 한다. 그렇다면 S_y에 대해 구한 값은 음이 될 것이다.

풀이 팔은 평형 상태에 있으므로 팔에 작용하는 알짜 힘은 0이다.

$$\Sigma F_x = S_x - M\cos 13.0° = 0 \qquad (4.9a)$$

즉

$$S_x = M\cos 13.0° = (1840 \text{ N})\cos 13.0° = \boxed{1790 \text{ N}}$$

$$\Sigma F_y = S_y + M\sin 13.0° - W_a - W_d = 0 \qquad (4.9b)$$

식 4.9b는 두 개의 미지수 S_y, W_d를 포함하기 때문에 이대로는 풀리지 않는다. 그러나 팔이 평형 상태에 있기 때문에 팔에 작용하는 알짜 토크가 0이 되므로, 또 다른 식이 얻어진다. 토크를 계산하기 위해서 종이면에 수직이고 팔의 왼쪽 끝(어깨관절)을 지나는 축을 선택하자. 이 축에 대해 S_x와 S_y에 의한 토크는 각 힘의 작용선이 축을 지나고 각 힘의 지레팔이 0이기 때문에 0이다. 다음 표는 나머지 힘, 지레팔[그림 9.5(c)], 및 토크를 요약한 것이다.

힘	지레팔	토크
$W_a = 31.0$ N	$\ell_a = 0.280$ m	$-W_a\ell_a$
W_d	$\ell_d = 0.620$ m	$-W_d\ell_d$
$M = 1840$ N	$\ell_M = (0.150 \text{ m})\sin 13.0°$	$+M\ell_M$

알짜 토크가 0이 되게 하는 조건은

$$\Sigma\tau = -W_a\ell_a - W_d\ell_d + M\ell_M = 0 \qquad (9.2)$$

이다. W_d에 대해 이 식을 풀면

$$\begin{aligned} W_d &= \frac{-W_a\ell_a + M\ell_M}{\ell_d} \\ &= \frac{-(31.0 \text{ N})(0.280 \text{ m}) + (1840 \text{ N})(0.150 \text{ m})\sin 13.0°}{0.620 \text{ m}} \\ &= \boxed{86.1 \text{ N}} \end{aligned}$$

가 된다. W_d 값을 식 4.9b에 대입하고 S_y에 대해 풀면 $\boxed{S_y = -297 \text{ N}}$ 이다. 음의 부호는 자유물체도에서 S_y에 대한 방향의 선택이 잘못되었음을 나타낸다. 실제로 S_y는 297 N의 크기를 가지고 위 방향이 아니라 아래 방향을 향한다.

> **문제 풀이 도움말**
> 이 예제에서 $S_y = -297$ N과 같이 힘이 음일 때 힘의 방향은 원래 선택한 방향의 반대이다.

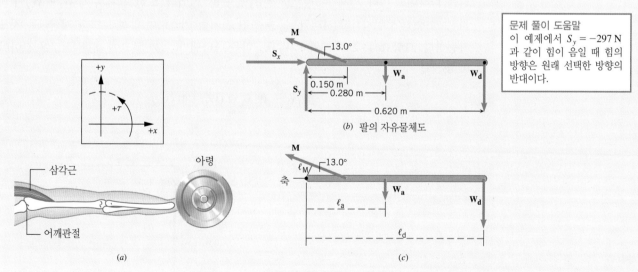

(b) 팔의 자유물체도

(c)

그림 9.5 (a) 완전하게 편 상태인 보디빌더의 수평 팔이 아령을 지탱한다. (b) 팔에 대한 자유물체도 (c) 팔과 지레팔에 작용하는 세 가지 힘. 팔의 왼쪽 끝에 있는 회전축이 지면과 수직이다. 이 그림에 나타난 힘 벡터의 크기는 정확하게 비례하지 않는다.

9.3 무게 중심

크기가 큰 물체의 경우 자체 무게에 의한 토크를 알아볼 필요가 있다. 예를 들어 예제 9.3에서 팔의 무게에 의한 토크를 구할 필요가 있다. 그 경우에 토크를 계산하기 위해 무게가 어떤 특정 점에 작용한다고 가정하는데, 그런 점을 **무게 중심**(center of gravity)이라 한다 (줄여서 'cg'로 쓴다).

■ **무게 중심**
강체의 무게 중심은 무게에 의한 토크가 계산될 때 강체의 무게가 작용한다고 간주되는 점이다.

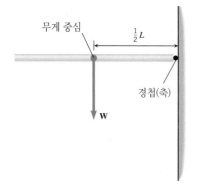

그림 9.6 가늘고, 균일한 길이 L의 수평 막대가 경첩에 의해 수직벽에 매달려 있다. 막대의 무게 중심은 기하학적 중심에 있다.

물체가 대칭적인 모양을 가지고 물체의 무게가 일정하게 분포될 때 무게 중심은 기하학적 중심에 놓인다. 예를 들면 그림 9.6은 가늘고 균일한 길이 L의 수평 막대가 경첩에 의해 수직벽에 매달려 있다. 무게 **W**에 대한 지레팔은 $L/2$이고 토크의 크기는 $\tau = W(L/2)$이다. 같은 방법으로 구, 판, 입방체와 원통 같이 어떤 대칭적인 모양이면서 균일한 물체의 무게 중심은 기하학적 중심에 위치한다. 그러나 무게 중심이 그 물체 내에 존재해야만 한다는 것을 의미하지는 않는다. 예를 들면 콤팩트디스크 음반의 무게 중심은 그 음반의 가운데 구멍의 중심에 있다. 따라서 무게 중심은 외부에 존재한다.

무게와 무게 중심을 아는 여러 개의 물체들이 있을 때 그 물체들 전체의 무게 중심을 알 필요가 있을 수 있다. 예를 들면 그림 9.7(a)는 수평이고 균일한 판(무게 $\mathbf{W}_1$)과 판의 왼쪽 끝에 놓인 균일한 상자(무게 $\mathbf{W}_2$)의 두 부분으로 이루어진 어떤 물체들을 나타낸다. 무게 중심은 임의로 선택한 판의 오른쪽 끝점을 지나는 축에 대해 판과 상자에 의해 만들어지는 알짜 토크를 계산함으로써 구해진다. 그림 (a)는 무게 $\mathbf{W}_1$, $\mathbf{W}_2$ 및 그에 대응하는 지레팔 x_1과 x_2를 나타내고 있다. 알짜 토크는 $\Sigma\tau = W_1 x_1 + W_2 x_2$이다. 또한 전체 무게 $W_1 + W_2$가 마치 무게 중심에 위치하고 지레팔 x_{cg}를 가진 것처럼 취급하여 알짜 토크를 계산하는 것도 가능하다. 그림 (b)는 $\Sigma\tau = (W_1 + W_2) x_{\text{cg}}$임을 나타낸다. 알짜 토크에 대한 두 값은 같아야만 하므로

$$W_1 x_1 + W_2 x_2 = (W_1 + W_2)x_{\text{cg}}$$

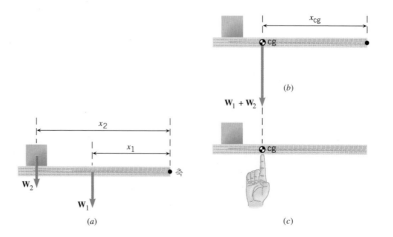

그림 9.7 (a) 상자가 수평 막대 위의 왼쪽 끝에 정지해 있다. (b) 총 무게 ($\mathbf{W}_1 + \mathbf{W}_2$)는 두 물체의 무게 중심에 작용한다. (c) 무게 중심에 다른 힘을 가하여(집게손가락으로 받침) 전체가 평형을 이룰 수 있다.

이다. 이 표현을 축으로부터 무게 중심까지의 거리 x_{cg}에 대해 풀면

$$무게 중심 \qquad x_{cg} = \frac{W_1 x_1 + W_2 x_2 + \cdots}{W_1 + W_2 + \cdots} \tag{9.3}$$

가 된다. 표기 '$+\cdots$'은 식 9.3이 수평선을 따라 분포한 많은 물체의 무게에 대해서도 적용할 수 있도록 확장할 수 있음을 의미한다. 그림 9.7(c)는 집게손가락에 의한 외력이 두 물체의 무게의 합, 즉 $\mathbf{W}_1 + \mathbf{W}_2$와 크기가 같고 방향이 반대이며, 힘의 작용선이 두 물체의 무게 중심을 지나는 경우에 두 물체가 집게손가락에 의한 하나의 외력에 의해 균형을 이룰 수 있음을 보여준다. 예제 9.4는 사람의 팔의 경우 무게 중심을 계산하는 방법을 보여준다.

 예제 9.4 | 팔의 무게 중심

그림 9.8에서 수평인 팔은 상완(무게 $W_1 = 17\,\text{N}$), 하완 ($W_2 = 11\,\text{N}$) 및 손($W_3 = 4.2\,\text{N}$)의 세 부분으로 구성된다. 그림은 어깨관절에 대해 측정된 각 부분의 무게 중심을 나타내고 있다. 어깨관절에 대한 전체 팔의 무게 중심을 구하라.

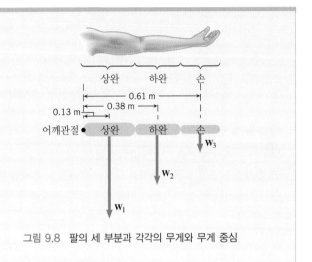

살펴보기와 풀이 무게 중심의 좌표 x_{cg}는

$$
\begin{aligned}
x_{cg} &= \frac{W_1 x_1 + W_2 x_2 + W_3 x_3}{W_1 + W_2 + W_3} \\
&= \frac{(17\,\text{N})(0.13\,\text{m}) + (11\,\text{N})(0.38\,\text{m}) + (4.2\,\text{N})(0.61\,\text{m})}{17\,\text{N} + 11\,\text{N} + 4.2\,\text{N}} \\
&= \boxed{0.28\,\text{m}}
\end{aligned}
$$

가 된다.

그림 9.8 팔의 세 부분과 각각의 무게와 무게 중심

여러 물체들로 구성된 계 내의 무게 분포가 변할 때 그 여러 물체들이 평형 상태를 유지하는 가를 결정하는 데 무게 중심이 중요한 역할을 한다. 무게 분포의 변화는 무게 중심의 변화를 일으키기 때문에, 그 변화가 너무 크면 물체는 평형 상태에 있지 않을 것이다. 다음 개념 예제 9.5는 무게 중심의 이동에 대해 논의하는 문제인데 그 결과가 매우 놀랍다.

 개념 예제 9.5 | 짐을 너무 많이 실은 화물 비행기

그림 9.9(a)는 앞쪽 착륙 기어가 지면으로부터 9 m 올라가 정지해 있는 화물 비행기의 모습이다. 이러한 일은 짐이 비행기 뒤쪽에 너무 많이 실었기 때문에 생긴다. 무게 중심의 이동이 어떻게 이런 일의 원인이 되었는가?

살펴보기와 풀이 그림 9.9(b)는 정상적인 화물 비행기의 그림이다. 이 경우 무게 중심이 앞과 뒤의 착륙 기어의 사이에 위치해 있다. 비행기와 짐의 무게 $\mathbf{W}$는 무게 중심에서 아래로 작용한다. 그리고 수직력 $\mathbf{F}_{N1}$과 $\mathbf{F}_{N2}$는 앞과 뒤쪽 기어에서 각각 위로 작용한다. 뒤쪽 기어의 축에 관해 $\mathbf{F}_{N1}$에 의한 반시계 방향의 토크는 $\mathbf{W}$에 의한 시계 방향 토크와 균형을 이루고 비행기는 평형 상태에 있게 된다. 그림 9.9(c)는 뒤쪽에 너무 많은 짐을 실은 비행기를 나타낸다. 비행기가 뒤로 기울어졌다. 과적 때문에 무게 중심이 뒤쪽 착륙 기어 쪽으로 이동했기 때문이다.

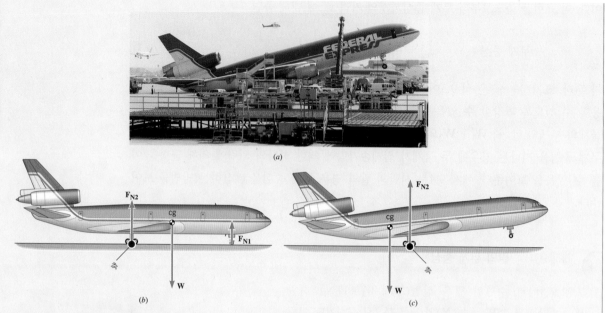

그림 9.9 (a) 정지해있는 화물 비행기의 뒤쪽에 너무 많은 짐을 실어 꼬리가 지면에 닿은 채 LA 공항에 서 있다. (b) 정상적인 화물 비행기에서 무게 중심은 앞쪽과 뒤쪽 착륙 기어 사이에 있다. (c) 비행기 뒤쪽에 짐을 많이 실었을 때 무게 중심은 뒤쪽 착륙 기어 뒤로 이동하고 사진 (a)와 같은 사고가 발생한다.

이제 **W**에 의한 토크는 반시계 방향이고 그 토크는 다른 시계 방향의 토크와 균형을 이루지 못하게 된다. 균형을 이루지 못하는 반시계 방향의 토크 때문에 비행기는 꼬리가 지면에 닿을 때까지 뒤로 기울어지고 지면은 위쪽 방향의 힘을 꼬리에 작용한

다. 위쪽 방향의 힘에 의한 시계 방향의 토크는 **W**에 의한 반시계 방향의 힘과 균형을 이루고 비행기는 다시 평형 상태를 이룬다. 이때 앞쪽 기어가 지면에서 9 m 위로 올라간다.

불규칙한 모양과 불균일한 무게 분포를 가진 물체의 무게 중심은 물체를 두 개의 다른 점 P_1과 P_2에 한 번씩 매달아서 찾을 수 있다. 그림 9.10(a)는 무게 중심에 작용하는 무게 **W**가 그림에서 보여주는 축에 대해 지레팔이 0이 아닌, 놓이기 직전의 물체의 모습을 나타낸 것이다. 이 순간 무게는 축에 대해 토크를 일으킨다. 매달린 줄에 의해 물체에 작용하는 장력 **T**는 작용선이 축을 지나가기 때문에 토크를 만들지 못한다. 따라서 그림 (a)에서 물

그림 9.10 물체의 무게 중심(cg)은 두 개의 다른 점 P_1, P_2으로부터 물체를 한 번에 하나씩 매달아서 찾을 수 있다.

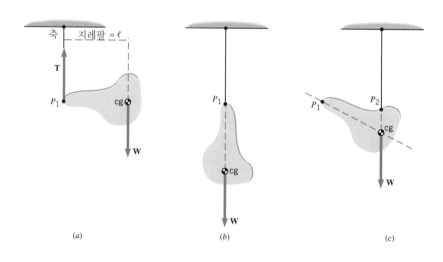

체에 작용하는 알짜 토크만 있고 물체는 회전하기 시작한다. 결국 그림 (b)처럼 마찰이 물체를 정지하게 만들고 무게 중심은 매달린 위치의 바로 아래에 있게 된다. 이 경우에 무게의 작용선이 축을 지나가므로 더 이상 알짜 토크가 없게 된다. 알짜 토크는 없으면 물체는 정지 상태가 된다. 두 번째 위치(그림 9.10(c)) P_2에 물체를 매달면 물체를 지나는 두 번째 선이 만들어질 수 있으며 그 선을 따라 어딘가에 무게 중심이 위치하게 된다. 그렇게 되면 무게 중심은 두 직선의 교차점에 놓여야 한다.

무게 중심은 7.5절에서 토론한 질량 중심의 개념과 밀접한 관계가 있다. 그들의 연관성을 보기 위해 식 9.3에서 무게로 나타낸 것을 $W = mg$로 바꾸자. 여기서 m은 주어진 물체의 질량이고 g는 물체의 위치에서 중력에 의한 중력 가속도이다. g가 물체가 위치한 모든 곳에서 동일한 값을 갖는다고 가정하자. 그러면 식 9.3의 우변의 각 항에 있는 g는 소거될 수 있다. 따라서 그 식은 질량과 거리만을 포함하는데 질량 중심의 위치를 정의하는 식 7.10과 같다. 그러므로 두 지점은 동등하다. 차와 보트 같은 보통 크기의 물체는 무게 중심이 질량 중심과 일치한다.

9.4 고정축 둘레로 회전 운동하는 물체에 대한 뉴턴의 제2법칙

이 절의 목적은 뉴턴의 제2법칙을 고정축에 대한 강체의 회전 운동을 설명하는 데 적절한 다른 형태로 적용하는 것이다. 원형 경로를 따라 운동하는 입자의 경우를 살펴보자. 그림 9.11은 질량을 무시할 수 있는 줄에 매여 돌고 있는 작은 모형 비행기를 사용하여 이러한 상황을 잘 나타내고 있다. 비행기의 엔진은 비행기에 접선 가속도 a_T를 주는 알짜 외부 접선력 $\mathbf{F_T}$를 제공한다. 뉴턴의 제2법칙에 의하면 $F_T = ma_T$이다. 이 힘에 의해 생성된 토크 τ는 $\tau = F_T r$이 된다. 여기서 원형 경로의 반지름 r이 지레팔이다. 결과적으로 토크는 $\tau = ma_T r$이다. 접선 가속도와 각가속도는 $a_T = r\alpha$의 관계가 있다(식 8.10). 이때 α는 rad/s²로 표현되어야 한다. 이것을 a_T에 대입하면 토크는

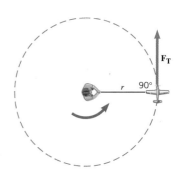

그림 9.11 질량이 m인 모형 비행기가 줄에 매여서 반지름 r인 원을 돌고 있다(위에서 본 모습). 이때 알짜 외부 접선력 $\mathbf{F_T}$가 비행기에 작용한다.

$$\tau = \underbrace{(mr^2)}_{\text{관성 모멘트}}\alpha \tag{9.4}$$

가 된다. 식 9.4는 뉴턴의 제2법칙의 형태이며 알짜 외부 토크가 각가속도 α에 비례함을 나타낸다. 여기서 비례 상수는 $I = mr^2$인데 이것을 입자의 **관성 모멘트**(moment of inertia)라 하며, 관성 모멘트의 SI 단위는 $kg \cdot m^2$이다.

만약 모든 물체가 하나의 입자라면 $F_T = ma_T$ 형태의 뉴턴의 제2법칙을 $\tau = I\alpha$의 형태로 사용하면 편리하다. $\tau = I\alpha$를 사용하는 이점은 고정축에 대해 회전하는 어떤 강체에도 적용할 수 있다는 것이다. 이러한 이점이 왜 생기는지를 설명하기 위하여 그림 9.12(a)에 종이에 수직인 축에 대해 회전하는 얇은 판을 나타내었다. 판은 질량이 각각 $m_1, m_2, \cdots,$ m_N인 여러 입자들로 이루어져 있다. 여기서 N은 매우 많은 수이지만 간단히 네 입자만 나타내었다. 각 입자는 그림 9.11에서 모형 비행기와 같은 방식으로 행동하고 식 $\tau = (mr^2)\alpha$를 따른다. 즉

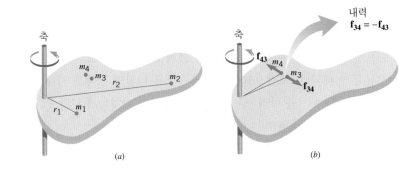

그림 9.12 (a) 강체는 수많은 입자들로 이루어져 있으나, 그림에서는 4개의 입자만 나타내었다. (b) 입자 3과 4가 서로 작용하는 내력은 작용과 반작용의 뉴턴의 제3법칙을 따른다.

$$\tau_1 = (m_1 r_1^2)\alpha$$
$$\tau_2 = (m_2 r_2^2)\alpha$$
$$\vdots$$
$$\tau_N = (m_N r_N^2)\alpha$$

이다. 이 식에서 각 입자는 회전하는 물체를 강체라고 가정했기 때문에 같은 각가속도 α를 가진다. N개의 식을 모두 더하고 α에 대해 묶으면

$$\underbrace{\Sigma\tau}_{\text{알짜 외부 토크}} = \underbrace{(\Sigma mr^2)}_{\text{관성 모멘트}}\alpha \qquad (9.5)$$

가 된다. 여기서 $\Sigma\tau = \tau_1 + \tau_2 + \cdots + \tau_N$은 외부 토크의 합이고 $\Sigma mr^2 = m_1 r_1^2 + m_2 r_2^2 + \cdots + m_N r_N^2$은 각각의 관성 모멘트의 합을 나타내며 이것이 물체의 관성 모멘트 I이다. 즉

물체의 관성 모멘트 $\qquad\qquad\qquad I = \Sigma mr^2 \qquad\qquad\qquad (9.6)$

이다. 이 식에서 r은 회전축으로부터 각 입자에 이르는 지름 방향의 수직 거리이다. 식 9.6과 식 9.5를 조합하면 다음과 같은 결과가 된다.

> ■ **고정축 둘레로 회전하는 강체에 관한 뉴턴의 제2법칙의 회전체 공식**
>
> 알짜 외부 토크 = 관성 모멘트 × 각가속도
>
> $$\Sigma\tau = I\alpha \qquad (9.7)$$
>
> **주의사항**: α는 rad/s²로 표현해야 한다.

회전 운동에 대한 제2법칙의 형태 $\Sigma\tau = I\alpha$는 병진(선) 운동에 대한 $\Sigma \mathbf{F} = m\mathbf{a}$와 유사하고 관성 기준틀에서만 유효하다. 관성 모멘트 I는 질량 m이 병진 운동에 대해 하는 것처럼 회전 운동에 대해 같은 역할을 한다. 그러므로 I는 물체의 회전 운동에 대한 관성의 척도가 된다. 식 9.7을 사용하면 α는 관계식 $a_T = r\alpha$(라디안으로 측정할 것)가 유도 과정에 사용하기 때문에 rad/s²로 표현해야 한다.

식 9.7에서 토크의 합을 계산할 때 물체 외부의 요인에 의해 가해진 외부 토크만을 포함시킬 필요가 있다. 내력에 의해 만들어진 토크는 항상 0의 알짜 토크를 만들기 때문에 고려될 필요가 없다. 내력은 물체 내의 어떤 입자가 같은 물체 내의 다른 입자에 작용하는

힘들이다. 내력은 뉴턴의 제3법칙[그림 9.12(b)의 m_3와 m_4 참조]에 따라 항상 같은 크기로 서로 반대 방향을 향하는 한 쌍의 힘으로 나타난다. 그러한 쌍에서 힘은 같은 작용선을 가지므로 같은 지레팔을 가지고 같은 크기의 토크를 만들어낸다. 하나의 토크는 반시계 방향이고 다른 하나는 시계 방향이므로 그 쌍으로부터의 알짜 토크는 0이 된다.

관성 모멘트가 각 입자의 질량과 회전축으로부터의 거리에 의존한다는 것을 식 9.6으로부터 알 수 있다. 입자가 축으로부터 멀리 떨어질수록 관성 모멘트에 대한 기여도는 더 커진다. 그러므로 강체의 전체 질량값이 하나뿐이지만 관성 모멘트는 위치와 물체를 구성하는 입자들에 관한 축의 방향에 따라 다르기 때문에 같은 물체에 대해 관성 모멘트값은 회전축에 따라 다르다.

예제 9.6 | 관성 모멘트는 회전축이 어디에 있는가에 따라 다르다

각각의 질량이 m인 두 입자가 질량을 무시할 수 있는 가느다란 강체 막대의 끝에 고정되어 있다. 막대의 길이는 L이다. 이 물체가 (a) 한쪽 끝에서 및 (b) 중심에서 막대에 수직인 축에 관해 회전할 때 관성 모멘트를 구하라(그림 9.13 참조).

살펴보기 회전축이 변할 때 축과 각 입자 사이의 거리 r은 변

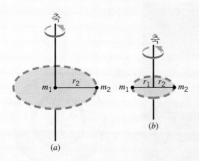

그림 9.13 질량이 m_1, m_2인 두 입자가 질량을 무시할 만한 강체 막대의 끝에 붙어 있다. 이 물체의 관성 모멘트는 다르고 (a) 막대의 끝을 지나는 축 혹은 (b) 막대의 중앙을 지나는 축에 대해 회전하느냐에 따라 다르다.

한다. $I = \Sigma mr^2$을 사용하여 관성 모멘트를 계산하는 데 있어서 각 축에 대해 거리를 적용할 때 주의해야 한다.

풀이 (a) 그림 (a)에서 보여주는 것처럼 입자 1은 축 상에 놓여 있다. 반지름이 0이다. 즉 $r_1 = 0$이다. 반면에 입자 2는 반지름 $r_2 = L$의 원 위를 운동한다. $m_1 = m_2 = m$임에 주의하라. 관성 모멘트는

$$I = \Sigma mr^2 = m_1 r_1^2 + m_2 r_2^2 = \boxed{mL^2} \qquad (9.6)$$

이다.

(b) 그림 (b)에서 입자 1이 더 이상 축에 놓여 있지 않고 반지름 $r_1 = L/2$인 원 위에서 움직이고 입자 2는 같은 반지름 $r_2 = L/2$인 원 위를 움직인다. 그러므로

$$I = \Sigma mr^2 = m_1 r_1^2 + m_2 r_2^2 = m(L/2)^2 + m(L/2)^2$$
$$= \boxed{\tfrac{1}{2}mL^2}$$

이다. 이 값은 회전축이 바뀌었기 때문에 (a)에서 값과는 다르다.

예제 9.6에서 설명된 과정은 연속적인 질량 분포를 가진 강체의 관성 모멘트를 측정하는 데 적분 계산을 사용하여 확장할 수 있다. 표 9.1은 몇 가지의 전형적인 결과이다. 이 결과들은 강체의 전체 질량, 모양, 축의 위치와 방향에 따라 다르다.

힘이 강체에 작용할 때 강체는 두 가지 방식으로 운동을 하게 된다. 그 힘은 병진 가속도 a(성분 a_x와 a_y)를 만들 수 있으며, 또한 각가속도 α를 만들 수 있는 토크를 만들어낸다. 일반적으로 뉴턴의 제2법칙을 이용하여 위 두 가지가 혼합된 운동을 다룰 수 있다. 병진 운동에 대해 $\Sigma \mathbf{F} = m\mathbf{a}$ 형태의 법칙을 사용하고 회전 운동에 대해서는 $\Sigma \tau = I\alpha$ 형태의 법칙을 사용한다. a(두 성분)와 α가 0일 때 어떤 종류의 가속도도 없고 그 물체는 평형 상태가 되며, 이미 9.2절에서 다루었다. a 혹은 α의 어떤 성분이 0이 아니라면 가속 운동을 하게 되고 물체는 평형 상태에 있지 않게 된다. 예제 9.7에서 이런 경우를 다루어 보자.

표 9.1 질량 M인 여러 가지 강체의 관성 모멘트

두께가 얇고 속이 빈 원통이나 고리	속이 찬 원통이나 원판	가느다란 막대, 회전축이 막대의 중심을 지나고 막대에 수직인 경우

 $I = MR^2$

 $I = \frac{1}{2}MR^2$

 $I = \frac{1}{12}ML^2$

가느다란 막대, 회전축이 한쪽 끝을 지나고 막대에 수직인 경우	속이 찬 구, 회전축이 구의 중심을 지나는 경우	속이 찬 구, 회전축이 표면의 접선을 지나는 경우

 $I = \frac{1}{3}ML^2$

 $I = \frac{2}{5}MR^2$

 $I = \frac{7}{5}MR^2$

두께가 얇은 구 껍질, 회전축이 구 껍질의 중심을 지나는 경우	얇은 직사각형판, 회전축이 한 모서리에 평행하고 다른 모서리의 중심을 지나는 경우	얇은 직사각형 판, 한 모서리를 따라 회전축이 지나는 경우

$I = \frac{2}{3}MR^2$

 $I = \frac{1}{12}ML^2$

 $I = \frac{1}{3}ML^2$

그림 9.14 휠체어에 탄 사람이 원형 핸드레일에 힘 **F**를 준다. 이 힘에 의해 만들어진 토크는 힘의 크기와 회전축에 대한 지레팔 ℓ의 곱이다.

휠체어를 가속하기 위하여 휠체어에 타고 있는 사람은 각 휠에 부착된 핸드레일에 힘을 가한다. 이 힘에 의해 만들어진 토크는 힘의 크기와 지레팔의 곱이다. 그림 9.14에서 보듯이 지레팔은 가능한 한 크게 디자인 된 원 궤도의 반지름이다. 그러므로 상대적으로 주어진 힘에 의해 큰 토크가 생성되고 타고 있는 사람이 빠르게 가속하도록 해준다.

회전 운동과 병진 운동은 때때로 함께 일어난다. 각가속도와 병진 가속도를 모두 고려해야만 되는 흥미 있는 상황을 다음 예제에서 다루어 보자.

예제 9.7 │ 나무상자 들어올리기

무게가 4420 N인 나무상자를 그림 9.15(a)처럼 기계 장치로 들어올리고 있다. 두 개의 케이블이 반지름이 0.600 m와 0.200 m인 각각의 도르래 둘레를 감싸고 있다. 도르래는 함께 묶여 이중 도르래를 형성하여 중심축 둘레로 조합된 관성 모멘트 I = 50.0 kg · m²인 하나의 장치로 돌고 있다. 모터에 부착된 케이블의 장력은 T_1 = 2150 N이다. 이중 도르래의 각가속도와 나무상자와 연결된 케이블의 장력을 구하라.

살펴보기 이중 도르래의 각가속도와 나무상자를 매달고 있는 케이블의 장력을 구하기 위해 도르래와 나무상자의 각각에 뉴턴의 제2법칙을 적용하여 보자. 자유물체도[그림 9.15(b)]에서 보듯이 세 가지 외력이 이중 도르래에 작용한다. 이 힘들은 모터에 연결되어 있는 케이블 내의 (1) 장력 $\mathbf{T}_1$과 나무상자에 붙어있는 케이블 내의 (2) 장력 $\mathbf{T}_2$ 그리고 (3) 축에 의해 이중 도르래에 작용하는 반작용력 $\mathbf{P}$이다. 힘 $\mathbf{P}$는 두 개의 케이블이 도르래를 각각 축의 아래 방향과 왼쪽 방향으로 당기기 때문에 생긴다. 축이 밀리지만 축이 걸린 고정대에 의해 도르래는 그 자리를 유지한다. 이러한 힘들에 의한 알짜 토크는 회전 운동에 대한 뉴턴의 제2법칙을 만족한다(식 9.7). 자유물체도[그림 9.15(c)]에서 보듯이 두 가지 외력이 나무상자에 작용한다. 이 힘은 (1) 케이블 장력 $\mathbf{T}_2'$와 (2) 나무상자의 무게 $\mathbf{W}$이다. 이들 힘으로부터 만들어지는 알짜 힘은 병진 운동(식 4.2b)에 대한 뉴턴의 제2법칙을 만족한다.

풀이 그림 (b)에서 지레팔 ℓ_1과 ℓ_2를 사용함으로써 도르래의 회전 운동에 대해 제2법칙을 적용할 수 있다. 힘 $\mathbf{P}$의 작용선이 축을 바로 지나가기 때문에 지레팔이 0이 됨에 유의하라. 따라서

$$\Sigma \tau = T_1 \ell_1 - T_2 \ell_2 = I\alpha \qquad (9.7)$$
$$(2150 \text{ N})(0.600 \text{ m}) - T_2(0.200 \text{ m}) = (50.0 \text{ kg} \cdot \text{m}^2)\alpha$$

가 된다. 이 식은 두 개의 미지량을 포함하고 있다. 그러므로 또 한 식이 더 필요하며 이 식은 나무상자의 위로 향하는 병진 운동에 뉴턴의 제2법칙을 적용함으로써 얻을 수 있다. 나무상자에 부착된 케이블의 장력의 크기가 $T_2' = T_2$이고 나무상자의 질량이 $m = (4420 \text{ N})/(9.80 \text{ kg/s}^2) = 451 \text{ kg}$임을 알게 된다. 즉

$$\Sigma F_y = ma_y \qquad (4.2b)$$
$$T_2 - (4420 \text{ N}) = (451 \text{ kg}) \, a_y$$

이다. 나무상자에 부착된 케이블이 미끄러짐없이 도르래 위에서 움직이기 때문에 나무상자의 가속도 a_y는 식 8.13[$a_y = r\alpha = (0.200 \text{ m})\alpha$]에 의해 도르래의 각가속도 α와 관련된다. 이것을 a_y에 대입하면 식 4.2b는

$$T_2 - (4420 \text{ N}) = (451 \text{ kg})(0.200 \text{ m})\alpha$$

가 된다. 이 결과와 식 9.7에 의해

$$\boxed{T_2 = 4960 \text{ N}} \quad \text{및} \quad \boxed{\alpha = 6.0 \text{ rad/s}^2}$$

이 얻어진다.

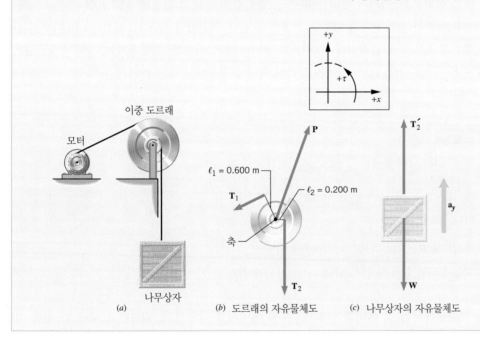

그림 9.15 (a) 나무상자가 모터와 도르래 장치에 의해 위로 올라가고 있다. (b) 이중 도르래, (c) 나무상자의 자유물체도

회전 운동에 대한 뉴턴의 제2법칙 $\Sigma \tau = I\alpha$은 병진 운동에 대한 $\Sigma F = ma$와 같은 형태를 가진다. 그러므로 회전 운동의 변수가 병진 운동의 변수와 대응된다. 즉 토크 τ는 힘 F에 대응되고 관성 모멘트 I는 질량 m에, 각가속도 α는 가속도 a에 대응된다. 운동 에너지와 운동량과 같은 병진 운동을 공부하기 위해 도입된 다른 물리적인 개념도 또한 회전 운동과 대응 관계를 가진다. 표 9.2는 이러한 개념과 회전 운동의 대응 관계를 항목별로 나타내고 있다.

표 9.2 회전과 병진의 대응 관계

물리적 개념	회전	병진
변위	θ	s
속도	ω	v
가속도	α	a
가속도의 원인	토크 τ	힘 F
관성	관성 모멘트 I	질량 m
뉴턴의 제2법칙	$\Sigma \tau = I\alpha$	$\Sigma F = ma$
일	$\tau\theta$	Fs
운동 에너지	$\frac{1}{2}I\omega^2$	$\frac{1}{2}mv^2$
운동량	$L = I\omega$	$p = mv$

9.5 회전 운동에서의 일과 에너지

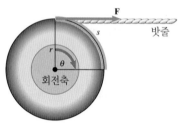

그림 9.16 힘 **F**는 휠을 각 θ만큼 회전시키기 위한 일을 한다.

일과 에너지는 물리에서 가장 기본적이고 유용한 개념이다. 6장에서는 이러한 개념을 병진 운동에 적용하였다. 이러한 개념은 각에 대한 변수(각 변수)를 써서 식을 나타낸다면 회전 운동에 대해서도 똑같이 사용될 수 있다.

F와 s를 힘과 변위의 크기라고 할 때 변위와 같은 방향을 향하는 일정한 힘에 의한 일 W는 $W = Fs$(식 6.1)이다. 이 식이 어떻게 각 변수로 다시 쓸 수 있는지를 보기 위해 그림 9.16을 살펴보자. 여기서 밧줄은 바퀴 둘레에 감겨져 있고 일정한 장력 F를 가진다. 밧줄이 거리 s만큼 당겨진다면 바퀴는 각 $\theta = s/r$만큼 회전한다(식 8.1). 여기는 r은 바퀴의 반지름이고 θ는 라디안각이다. 그러므로 $s = r\theta$이고 바퀴를 회전시키는 장력이 한 일은 $W = Fs = Fr\theta$이다. 그러나 Fr은 장력이 바퀴에 작용하는 토크 τ이다. 그러므로 회전에 의한 일은 다음과 같이 정의할 수 있다.

> ■ **회전에 의한 일**
>
> 일정한 토크 τ가 물체를 각 θ만큼 회전시키는 데 한 일 W_R은
>
> $$W_R = \tau\theta \tag{9.8}$$
>
> 이다.
>
> **주의사항:** θ는 라디안으로 나타내어야 한다.
> **회전에 의한 일의 SI 단위:** 줄(J)

6.2절에서는 일-에너지 정리 및 운동 에너지를 다루었고, 외력이 물체에 한 일은 그 물체의 병진 운동 에너지($\frac{1}{2}mv^2$)의 변화의 원인임을 배웠다. 비슷한 방법으로 회전 운동에서 알짜 외부 토크에 의해 행해진 일은 회전 운동을 변화시키게 된다. 회전하는 물체는 그 구성 입자들이 움직이기 때문에 운동 에너지를 가진다. 만약 물체가 각속력 ω를 가지고 회전한다면 축으로부터 거리 r만큼 떨어진 곳에서의 입자의 접선 속력 v_T는 $v_T = r\omega$(식 8.9)이다. 그림 9.17에서는 이러한 입자 두 개를 나타내었다. 입자의 질량이 m이라면 운동 에너지는 $\frac{1}{2}mv_T^2 = \frac{1}{2}mr^2\omega^2$이다. 회전체의 운동 에너지는 회전체를 구성하는 입자들의 각각의 운동 에너지의 합이 된다. 즉

$$\text{회전 운동 에너지 } KE = \Sigma(\tfrac{1}{2}mr^2\omega^2) = \tfrac{1}{2}\underbrace{(\Sigma mr^2)}_{\text{관성 모멘트 } I}\omega^2$$

그림 9.17 회전하는 바퀴는 수많은 입자들로 구성되어 있다. 그림에서는 두 개만 표시되었다.

이다. 여기서 각속도 ω는 강체 내의 모든 입자들에 대해 같으므로 합부호의 밖에다 쓸 수 있다. 식 9.6에 따라 괄호 안의 항은 관성 모멘트 $I = \Sigma mr^2$이므로 회전 운동 에너지는 다음과 같이 정의된다.

■ **회전 운동 에너지**

관성 모멘트 I를 가지고 고정축에 대해 각속도 ω로 회전하는 강체의 회전 운동 에너지 KE_R은

$$KE_R = \tfrac{1}{2}I\omega^2 \tag{9.9}$$

이다.

주의사항: ω는 rad/s으로 표현해야 한다.

회전 운동 에너지의 SI 단위: 줄(J)

운동 에너지는 물체의 전체 역학적 에너지의 한 부분이다. 전체 역학적 에너지는 운동 에너지와 위치 에너지의 합이고 역학적 에너지 보존 법칙을 만족한다(6.5절 참조). 병진 운동과 회전 운동이 동시에 일어날 수도 있다. 예를 들어 자전거가 언덕 아래로 내려올 때 타이어는 병진과 회전을 같이 한다. 굴러가는 자전거 타이어와 같은 물체는 병진과 회전 운동 에너지를 가지므로 전체 역학적 에너지는

$$\underbrace{E}_{\text{전체 역학적 에너지}} = \underbrace{\tfrac{1}{2}mv^2}_{\text{병진 운동 에너지}} + \underbrace{\tfrac{1}{2}I\omega^2}_{\text{회전 운동 에너지}} + \underbrace{mgh}_{\text{중력 위치 에너지}}$$

가 된다. 여기서 m은 물체의 질량, v는 질량 중심의 병진 속력, I는 질량 중심을 지나는 축에 대한 관성 모멘트, ω는 각속도, 그리고 h는 임의의 기준점에 대한 물체의 질량 중심의 높이이다. 만약 외부 비보존력과 토크에 의해 행해 일 W_{nc}가 0이라면 역학적 에너지는 보존된다. 물체가 움직일 때 전체 역학적 에너지가 보존된다면 나중 전체 역학적 에너지 E_f는 처음의 전체 역학적 에너지 E_0와 같다. 즉 $E_f = E_0$이다.

예제 9.8은 원통이 경사진 아래로 굴러내려 갈 때 전체 역학적 에너지가 어떻게 보존되는가의 관점에서 병진과 회전 운동이 혼합된 효과를 설명하고 있다.

예제 9.8 | 구르는 원통

두께가 얇은 속이 빈 원통(질량 = m_h, 반지름 = r_h)과 속이 찬 원통(질량 = m_s, 반지름 = r_s)이 경사면 정상에서 정지 상태에서 출발한다(그림 9.18). 두 원통이 같은 수직 높이 h_0에서 출발한다. 모든 높이는 경사면의 바닥에 있을 때 원통의 질량 중심을 지나는 임의로 선택된 기준 높이에 대해 측정한다(그림 참조). 저지력들에 의한 에너지 손실을 무시하고 원통이 바닥에 도달

할 때의 최대의 병진 속력을 구하라.

살펴보기 보존력인 중력만이 원통에 일을 한다. 그러므로 원통이 굴러내려 갈 때 전체 역학적 에너지는 보존된다. 기준 높이로부터 임의의 높이 h에서 전체 역학적 에너지 E는 병진 운동 에너지($\tfrac{1}{2}mv^2$), 회전 운동 에너지($\tfrac{1}{2}I\omega^2$), 그리고 중력 위치

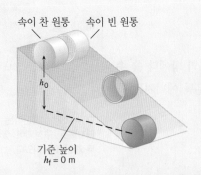

속이 찬 원통   속이 빈 원통

h_0

기준 높이
$h_f = 0$ m

그림 9.18 속이 빈 원통과 속이 찬 원통이 정지 상태에서 출발하여 경사진 면 아래로 굴러내려 온다. 더 큰 병진 속력을 가진 속이 찬 원통이 먼저 지면에 도달한다는 것을 보이기 위해 역학적 에너지의 보존이 사용된다.

에너지(mgh)의 합이다. 즉

$$E = \tfrac{1}{2}mv^2 + \tfrac{1}{2}I\omega^2 + mgh$$

이다. 원통이 아래로 굴러내려 올 때 위치 에너지가 운동 에너지로 전환된다. 그러나 운동 에너지는 병진 형태($\tfrac{1}{2}mv^2$)와 회전 형태($\tfrac{1}{2}I\omega^2$)로 나누어진다. 병진 형태로 더 많은 운동 에너지를 가진 물체가 경사의 바닥면에서 더 큰 병진 속력을 가질 것이다. 속이 찬 원통은 질량의 많은 부분이 회전축 가까이에 있으므로 회전 운동 에너지가 속이 빈 원통보다 작기 때문에 더 큰 병진 속력을 가지게 된다.

풀이   바닥에서($h_f = 0$ m) 전체 역학적 에너지 E_f는 정상($h = h_0$, $v_0 = 0$ m/s, $\omega_0 = 0$ rad/s)에서의 전체 역학적 에너지 E_0와 같다. 즉

$$\tfrac{1}{2}mv_f^2 + \tfrac{1}{2}I\omega_f^2 + mgh_f = \tfrac{1}{2}mv_0^2 + \tfrac{1}{2}I\omega_0^2 + mgh_0$$

$$\tfrac{1}{2}mv_f^2 + \tfrac{1}{2}I\omega_f^2 = mgh_0$$

이다. 각 원통이 미끄럼 없이 구르기 때문에 질량 중심축에 대한 나중 회전 속력 ω_f와 나중 병진 속력 v_f는 식 8.12에 따라 $\omega_f = v_f/r$의 관계가 있다. 여기서 r은 원통의 반지름이다. ω_f에 대한 이 표현을 에너지 보존식에 대입하면

$$v_f = \sqrt{\frac{2mgh_0}{m + I/r^2}}$$

이 된다. 속이 빈 원통에 대해 $m = m_h$, $r = r_h$, $I = mr_h^2$로 두고 속이 찬 원통에 대해 $m = m_s$, $r = r_s$, $I = \tfrac{1}{2}mr_s^2$로 두면 두 원통은 경사의 바닥면에서 다음과 같은 병진 속력을 갖게 된다.

속이 빈 원통 $v_f = \sqrt{gh}$

속이 찬 원통 $v_f = \sqrt{\dfrac{4gh_0}{3}} = 1.15\sqrt{gh_0}$

더 큰 병진 속력을 가진 속이 찬 원통이 먼저 바닥에 도착한다.

9.6 각운동량

7장에서 물체의 선운동량이 질량 m과 속도 v의 곱, 즉 $p = mv$로 정의되었다. 회전 운동에 대해서 이와 유사한 개념이 **각운동량**(angular momentum) L이다. 각운동량의 수학적 형태는 질량 m과 속도 v를 각각 관성 모멘트 I와 각속도 ω로 대치하여 선운동량과 유사하게 나타낼 수 있다.

> ■ **각운동량**
> 고정축에 대해 회전하는 물체의 각운동량 L은 고정축에 대한 그 물체의 관성 모멘트 I와 각속도 ω의 곱이다.
>
> $$L = I\omega \qquad\qquad (9.10)$$
>
> **주의사항:** ω는 rad/s로 표현해야 한다.
> **각운동량의 SI 단위:** 킬로그램(kg) · 제곱미터(m^2)/초(s)

운동량은 어떤 계의 총 운동량이 그 계에 작용하는 평균 외력의 합이 0일 때 보존되기 때문에 물리에서 중요한 개념이다. 그때 나중 총 운동량 P_f와 처음 총 운동량 P_0가 같다. 즉 $P_f = P_0$이다. 병진 운동에서의 변수가 그에 해당되는 회전 운동에서의 변수와 유사함

을 상기하여 힘을 토크로, 선운동량을 각운동량으로 대치하면, 알짜 평균 외부 토크가 0일 때 나중과 처음 각운동량은 같다는 결론을 내릴 수 있다. 즉 $L_f = L_0$이 된다. 이것이 각운동량 보존 원리이다.

> **■ 각운동량 보존 원리**
>
> 어떤 계의 전체 각운동량은 그 계에 작용하는 알짜 평균 외부 토크가 0이라면 일정하게 유지된다(보존된다).

다음 예제는 인공위성에 관한 것으로 각운동량 보존 원리를 적용한 것이다.

○ 지구를 중심으로 한 궤도 상에 있는 위성의 물리

예제 9.9 │ 타원 궤도에 있는 위성

인공위성이 지구에 대해 그림 9.19처럼 타원 궤도 상에 있다. 원격 측정 데이터에 의하면 위성이 가장 가까이 접근한 위치(근지점)가 지구 중심으로부터 $r_P = 8.37 \times 10^6$ m이고 가장 멀리 떨어진 위치(원지점)가 지구 중심으로부터 $r_A = 25.1 \times 10^6$ m이다. 근지점에서 위성의 속력이 $v_P = 8450$ m이다. 원지점에서의 위성의 속력 v_A를 구하라.

살펴보기 위성에 작용하는 의미 있는 유일한 힘은 지구의 중

력이다. 그러나 어느 순간에도 이 힘은 지구의 중심을 향하는 방향이고 동시에 위성이 회전하는 축을 지난다. 그러므로 중력은 위성에 어떠한 토크도 작용하지 않는다(지레팔이 0이다). 결과적으로 위성의 각운동량은 어떤 순간에도 일정하게 유지된다.

풀이 각운동량은 원지점(A)과 근지점(P)에서 같기 때문에 $I_A \omega_A = I_P \omega_P$이다. 더욱이 궤도 위성은 질점으로 간주할 수 있으므로 위성의 관성 모멘트는 $I = mr^2$이다(식 9.4 참조). 또한 위성의 각속력 ω가 접선 속력 v_T와 $\omega = v_T / r$(식 8.9)의 관계가 있다. 이 식이 원지점과 근지점에 적용된다면 각운동량 보존 원리는 다음과 같이 된다.

$$I_A \omega_A = I_P \omega_P, \quad 즉 \quad (mr_A^2)\left(\frac{v_A}{r_A}\right) = (mr_P^2)\left(\frac{v_P}{r_P}\right)$$

$$v_A = \frac{r_P v_P}{r_A} = \frac{(8.37 \times 10^6 \text{ m})(8450 \text{ m/s})}{25.1 \times 10^6 \text{ m}}$$

$$= \boxed{2820 \text{ m/s}}$$

이 결과는 위성의 질량과 무관하다.

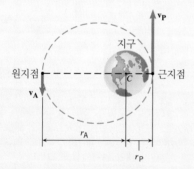

그림 9.19 위성이 지구에 대해 타원 궤도 상에서 움직인다. 중력은 위성에 어떠한 토크도 작용하지 않는다. 그러므로 위성의 각운동량은 보존된다.

예제 9.9의 결과는 위성이 타원 궤도에서 일정한 속력을 가지지 않음을 나타낸다. 속력은 근지점에서 최대이고 원지점에서는 최소로 변한다. 위성은 지구와 가까워질수록 더 빨리 움직인다. 타원 궤도로 태양 주위를 돌고 있는 행성은 이와 같은 형태로 운동한다. 요하네스 케플러(1571~1630)는 행성 운동의 이러한 특징을 관측해서 그의 유명한 두 번째 법칙을 공식화했다. 케플러의 제2법칙은 그림 9.20에서 보듯이 행성이 타원 궤도 상에 있는 한 주어진 시간 동안에 행성과 태양을 연결하는 선이 같은 양의 넓이를 쓸고 간다는 것을 설명한다. 각운동량의 보존 법칙은 이 법칙이 왜 유효한가를 예제 9.9와 유사한 계산 방법으로 증명할 수 있다.

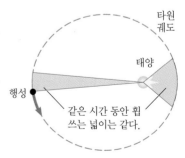

그림 9.20 행성 운동에 관한 케플러의 제2법칙에 의하면 행성과 태양을 연결하는 선은 같은 시간 동안 같은 넓이를 쓸고 지나간다.

연습 문제

9.1 강체에 작용하는 힘과 토크

1(2) 당신이 직접 크기가 45 N·m인 토크로 조이면서 차의 새 점화 플러그를 설치할 때 렌치에 가해야 하는 힘 F의 크기를 구하라.

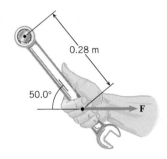

2(4) 샌프란시스코에서 케이블카가 노선의 종점에 도착하면 아주 간단한 기술을 이용해서 케이블카를 돌린다. 케이블카는 턴테이블 위에 오르고 중심의 수직축에 대해 회전한다. 그리고 그림에서와 같이 두 사람이 각자 차의 가장자리에서 서로 수직으로 민다. 턴테이블 위에 놓인 차를 돌릴 때는 반 바퀴만 회전시킨다. 만약 차의 길이가 9.20 m이고 두 사람이 각각 185 N으로 민다면 차에 가해지는 알짜 토크는 얼마인가?

3(5) 승용차의 핸들은 반지름이 0.19 m이고 트럭의 핸들은 0.25 m이다. 동일한 힘이 각각 같은 방향으로 작용된다면 이 힘에 의해 트럭의 핸들에 주어진 토크와 승용차의 핸들에 주어진 토크의 비는 얼마인가?

*4(7) 크기가 같고, 방향이 반대이며 작용선이 다른 한 쌍의 힘을 짝힘이라 한다. 짝힘이 강체에 작용할 때 짝힘은 축의 위치와 무관한 토크를 일으킨다. 그림은 타이어 렌치에 작용하는 짝힘을 나타내고 있다. 각 힘은 렌치에 수직이다. 축이 타이어에 수직이고 (a) 점 A, (b) 점 B, (c) 점 C를 지나갈 때 짝힘에 의해 만들어지는 토크에 대한 식을 구하라. 답을 힘의 크기 F와 렌치의 길이 L로 표현하라.

*5(8) 미터자의 한쪽 끝이 테이블 위에 핀으로 고정되어 있다. 미터자는 테이블 윗면과 평행한 평면에서 자유롭게 회전할 수 있다(그림 참조). 테이블 윗면에 평행한 두 힘이 알짜 토크가 0이 되게 미터자에 작용한다. 한 힘이 4.00 N의 크기이고 자유로운 끝에서 미터자의 길이에 수직으로 작용한다. 다른 힘은 6.00 N의 크기이고 자 길이에 대해 60.0°의 각도로 작용한다. 미터자를 따라 어느 곳에 6.00 N의 힘이 작용되어야 하는가? 회전축으로부터의 거리로 나타내 보라.

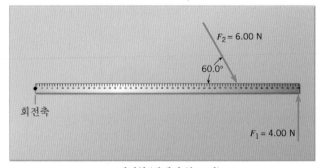

테이블(위에서 본 그림)

*6(9) 미터자의 한쪽 끝이 테이블 위에 핀으로 고정되어 있다. 미터자는 테이블 윗면과 평행한 평면에서 자유롭게 회전할 수 있다. 테이블 윗면에 평행한 두 힘이 알짜 토크가 0이 되게 미터자에 작용한다. 한 힘이 2.00 N의 크기이고 자유로운 끝에서 미터자의 길이에 수직으로 작용한다. 다른 힘은 6.00 N의 크기이고 자 길이에 대해 30.0°의 각도로 작용한다. 미터자를 따라 어느 곳에 6.00 N의 힘이 작용되어야 하는가? 핀으로 고정된 끝으로부터의 거리로 나타내 보라.

9.2 평형 상태에 있는 강체
9.3 무게 중심

7(11) 그림은 무게 $W = 584$ N인 사람이 팔굽혀펴기를 하는 것을 나타낸다. 사람이 그림에 나타난 위치를 유지한다고 가

정하고 바닥이 손과 발에 작용하는 수직력을 각각 구하라.

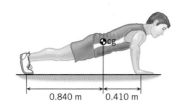

8(15) 두께가 일정한 문(폭이 0.80 m이고 높이가 2.1 m)이 무게가 140 N이고 문의 긴 왼쪽이 수직벽에 단단하게 고정된 두 개의 경첩에 의해 매달려 있다. 두 경첩 사이의 거리는 2.1 m이다. 낮은 쪽의 경첩이 문의 모든 무게를 지탱한다고 가정하자. (a) 위쪽 경첩 및 (b) 아래쪽 경첩에 의해 문에 작용하는 힘의 수평 성분의 크기와 방향을 구하라. 문이 (c) 위쪽 경첩 및 (d) 아래쪽 경첩에 작용하는 힘의 크기와 방향을 구하라.

9(16) 그림과 같이 한 손으로 쟁반을 잡고 있다. 쟁반 자체의 질량은 0.200 kg이고, 무게 중심은 기하학적 중심에 위치한다. 쟁반 위에는 1.00 kg인 음식 접시와 0.250 kg인 커피잔이 놓여 있다. 이때 엄지손가락에 가해지는 힘 **T**와 네 손가락에 가해지는 힘 **F**를 구하라. 이들 두 힘은 지면에 평행하게 잡고 있는 쟁반에 수직으로 작용한다.

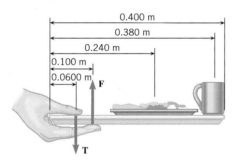

*10(20) 그림은 높이가 $h = 0.120$ m인 작은 계단에 걸쳐져 정지되어 있는 자전거 바퀴를 나타낸다. 바퀴의 무게와 반지름은 $W = 25.0$ N, $r = 0.340$ m이다. 수평 힘 **F**는 바퀴의 축에 작용된다. **F**의 크기가 증가하면 지면과의 접촉에서 이탈하여 바퀴가 계단을 오르기 시작하는 시간이 온다. 이때 힘의 크기는 얼마인가?

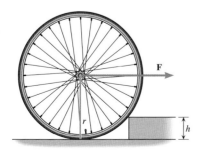

*11(21) 균일한 판자가 매끄러운 수직벽에 기대져 있다. 판자가 수평한 지면과 이루는 각은 θ이다. 지면과 판자의 아래 끝 면 사이의 정지 마찰 계수는 0.650이다. 판자의 아래 끝이 지면을 따라 미끄러지지 않는 각의 최솟값을 구하라.

*12(23) 그림처럼 사람이 팔뚝을 수평으로 편 채 손에 178 N의 공을 잡고 있다. 그는 팔뚝에 수직하게 작용하는 굴근의 힘 **M** 때문에 공을 들고 있을 수 있다. 팔뚝의 무게는 22.0 N이고 무게 중심은 그림에 나타낸 것과 같다. (a) **M**의 크기와 (b) 팔꿈치 관절에서 팔꿈치 방향으로 상완뼈에 의해 작용되는 힘의 크기와 방향을 구하라.

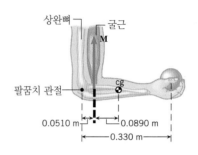

*13(24) 그림과 같이 무게가 5.00×10^2 N인 한 여자가 수직 벽면에 부드럽게 기대고 서 있다. (a) 벽면에 의해 어깨에 가해지는 힘 $\mathbf{F_N}$ (벽면에 수직 방향)과 (b) 지면에 의해 신발에 가해지는 힘의 수평 성분과 (c) 수직 성분을 구하라.

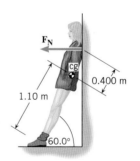

**14(25) 무게가 356 N인 균질한 판자로 뒤집힌 'V'자 모양이 만들어졌다. 그림처럼 각 변의 길이는 같고 수직과 30.0°를 이루고 있다. 뒤집힌 'V'의 각 다리의 아래 끝에 작용하는 정지 마찰력의 크기를 구하라.

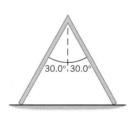

**15(26) 그림은 A 꼴 사다리로 두 변의 길이가 같다. 사다리는 마찰이 없는 수평한 표면에 세워져 있으며 가로대(질량은 무시)만으로 균형을 유지하고 있다. 사다리는 균일하고 20.0 kg의 질량을 가질 때, 가로대의 장력을 구하라.

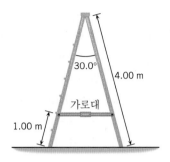

**16(27) 두 개의 수직 벽이 그림에서 보듯이 1.5 m 거리로 떨어져 있다. 벽 1은 매끄러운 반면에 벽 2는 그렇지 않다. 균질한 판자가 두 벽 사이에 걸쳐져 있다. 판자와 벽 2 사이의 정지 마찰 계수는 0.98이다. 벽 사이에 걸쳐질 수 있는 가장 긴 판자의 길이는 얼마인가?

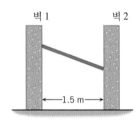

9.4 고정축 둘레로 회전 운동하는 물체에 대한 뉴턴의 제2법칙

17(28) 질량이 1.2 kg이고 반지름이 0.16 m인 속이 찬 원판이 있다. 각각 질량이 0.15 kg인 같은 모양의 세 개의 얇은 막대도 있다. 세 막대는 원판 아래로 다리가 되어 수직하게 붙어 있다(그림 참조). 그 중심에서 원판에 수직인 축에 대한 탁자의 관성 모멘트를 구하라. (힌트: 각 막대의 관성 모멘트를 고려할 때, 막대의 모든 질량은 축으로부터 같은 수직 거리에 놓여 있음을 주의하라.)

18(29) 도예가의 물레 위에 찰흙 꽃병이 10.0 N · m의 알짜 토크에 의해 8.0 rad/s²의 각가속도를 갖는다. 꽃병과 도예가의 물레의 전체 관성 모멘트를 구하라.

19(31) 질량이 24.3 kg이고 반지름이 0.314 m인 균질하고 속이 찬 원판이 마찰이 없는 축에 대해 자유롭게 회전하고 있다. 그림에서 보듯이 90.0 N과 125 N의 힘이 원판에 작용한다. 두 힘에 의해 만들어지는 (a) 알짜 토크와 (b) 원판의 각가

속도는 얼마인가?

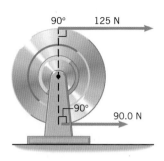

20(33) 자전거 바퀴의 반지름이 0.330 m이고 가장자리의 질량이 1.20 kg이다. 바퀴는 각각의 질량이 0.010 kg인 50개의 살을 가지고 있다. (a) 축에 대한 가장자리의 관성 모멘트를 계산하라. (b) 살이 한쪽 끝에 대해 회전할 수 있는 길고 가는 막대라고 가정한다면 임의의 한 개의 살의 관성 모멘트를 구하라. (c) 가장자리와 50 개의 살을 포함하여 바퀴의 전체 관성 모멘트를 구하라.

21(34) 질량이 17 g이고 반지름이 6.0 cm인 CD가 있다. 플레이어에 삽입할 때, CD는 정지 상태에서 시작하여 0.80 s에 21 rad/s의 각속도로 가속된다. CD가 속이 찬 원판이라 할 때 원판에 작용한 알짜 토크를 구하라.

*22(36) 똑같은 얇은 직사각형 시트(0.20 m × 0.40 m)가 두 개 있다. 처음 시트는 회전축이 0.20 m 면에 놓여 있고, 두 번째 시트는 회전축이 0.40 m 면에 놓여 있다. 각 시트에 같은 토크를 작용할 때, 처음 시트는 8.0 s에 정지 상태에서 시작하여 최종 각속도에 도달했다면 두 번째 시트는 같은 최종 각속도에 도달하려면 시간이 얼마나 걸리겠는가?

*23(37) 정지해 있는 자전거의 앞바퀴를 지면으로부터 들어올린 다음 앞바퀴(m = 1.3 kg)를 13.1 rad/s(그림 참조)의 각속도로 회전시킨 다음 앞 브레이크를 3.0 s 동안 작용하면 바퀴의 각속도가 3.7 rad/s로 떨어진다. 각 브레이크 패드와 패드가 닿는 바퀴테 사이의 운동 마찰 계수가 $\mu_k = 0.85$이다. 각 브레이

크패드가 바퀴테에 작용하는 수직력의 크기는 얼마인가?

*24(39) 질량이 2.00 kg이고 길이가 2.00 m인 얇고 단단하며 균질한 막대가 있다. (a) 한쪽 끝에서 막대에 수직인 축에 대한 막대의 관성 모멘트를 구하라. (b) 막대의 모든 질량이 한 점에 위치한다고 가정하고 이 점입자의 관성 모멘트가 막대와 같을 때 (a)에서의 축으로부터 이 점까지의 수직 거리를 구하라. 이 거리를 막대의 **회전 반지름**(radius of gyration)이라 한다.

*25(40) 평행축 정리는 임의의 축에 대한 관성 모멘트 I를 계산하는 유용한 방법을 제공한다. 이 정리 식은 $I = I_{cm} + Mh^2$이다. 여기서 I_{cm}는 회전축에 평행하고 질량 중심을 지나는 축에 관한 물체의 관성 모멘트이고, M은 물체의 총 질량이고, h는 두 축 사이의 수직 거리이다. 이 정리를 이용해서 원 끝에 수직이고 원통의 표면에 회전축이 있는 반지름이 R인 속이 찬 원통의 관성 모멘트를 구하라.

*26(41) 그림은 두 문의 평면도이다. 두 문은 균질하고 같은 모양의 문이다. 문 A는 왼쪽 끝을 지나는 축에 대해 회전하고 문 B는 중앙을 지나는 축에 대해 회전한다. 같은 힘 **F**가 오른쪽 끝에서 문의 넓은 면에 수직으로 작용한다. 그 힘은 문이 회전할 때 여전히 문의 넓은 면에 수직이다. 정지 상태에서 시작한 문 A는 3.00 초에 어떤 각으로 회전한다면 문 B가 같은 각으로 회전하는 데 얼마의 시간이 걸리는가?

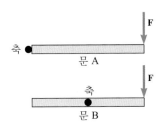

**27(42) 그림과 같이 질량이 무시된 밧줄에 의해 두 나무상자가 도르래에 매달려 있다. 도르래는 균일한 속이 찬 원판으로 간주한다. 44.0 kg의 나무상자의 아래로 향하는 가속도는 중력에 대해 정확하게 1/2의 가속도인 것을 관찰했다. 밧줄의 장력이 도르래의 각 부분에서 다르다고 할 때, 도르래의 질량을 구하라.

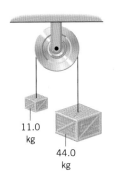

11.0 kg

44.0 kg

9.5 회전 운동에서의 일과 에너지

28(43) 세 가지 물체가 x, y 평면에 놓여 있다. 각각은 6.00 rad/s의 각속력으로 z 축에 대해 회전한다. 각 물체의 질량 m과 z축으로부터 수직 거리 r은 (1) $m_1 = 6.00$ kg 및 $r_1 = 2.00$ m, (2) $m_2 = 4.00$ kg 및 $r_2 = 1.50$ m, (3) $m_3 = 3.00$ kg 및 $r_3 = 3.00$ m이다. (a) 각 물체의 접선 속력을 구하라. (b) KE = $\frac{1}{2} m_1 v_1^2 + \frac{1}{2} m_2 v_2^2 + \frac{1}{2} m_3 v_3^2$ 의 표현을 사용하여 이 계의 전체 운동 에너지를 구하라. (c) 이 계의 관성 모멘트를 구하라. (d) 풀이가 (b)의 것과 같음을 보이기 위해 $\frac{1}{2} I \omega^2$의 관계식을 사용하여 이 계의 회전 운동 에너지를 구하라.

29(44) 지구가 (a) 자전축 둘레로 회전할 때와 (b) 태양 둘레로 움직일 때 운동 에너지를 계산하라. 지구는 균일한 구이고 태양 둘레로 원운동한다고 가정하자. 미국에서 1년 동안 쓰는 총 에너지 9.3×10^{19} J과 비교해 보라.

30(45) 속이 찬 원판으로 되어 있는 어떤 플라이휠이 중심에 수직인 축에 대해 회전하고 있다. 회전하는 플라이휠은 회전 운동 에너지의 형태로 에너지를 저장하는 수단을 제공하고 전기 자동차에 있어 배터리 대안으로 고려되고 있다. 전형적인 중형 자동차로 300마일을 여행하는 동안 연소되는 휘발유는 약 1.2×10^9 J의 에너지를 만들어낸다. 반지름이 0.3 m인 13 kg의 플라이휠은 이렇게 많은 에너지를 저장하기 위하여 얼마나 빨리 회전해야만 하는가? 풀이를 rev/min 단위로 나타내어라.

31(46) 날개가 두 개 달린 헬리콥터가 있다(그림 8.9 참조). 각 날개의 질량은 240 kg이고 길이 6.7 m인 얇은 막대로 근사할 수 있다. 날개는 44 rad/s의 각속력으로 회전한다. (a) 회전축에 대해 두 날개의 관성 모멘트는 얼마인가? (b) 회전하는 날개의 회전 운동 에너지를 구하라.

*32(48) 얇고 균일한 막대가 처음에는 아래끝 쪽을 마찰 없는 바닥에 세워 수직한 방향에 위치하고 있다. 길이가 2.00 m인 막대가 정지 상태에서 낙하한다. 90°까지 회전한 후 바닥에 부딪치기 직전 막대의 자유로운 끝의 접선 속력을 구하라.

*33(50) 그림과 같이 볼링공이 볼 랙(ball rack: 볼을 올려놓는 선반)으로 돌아오는 길에 수직으로 0.760 m인 곳을 만나게 된다. 마찰 손실은 무시하고 공의 질량이 일정하다고 하자. 아랫부분에서의 병진 속력이 3.50 m/s일 때, 선반 위에서의 병진 속력을 구하라.

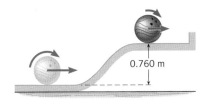

0.760 m

**34(51) 테니스공이 그림에서처럼 정지 상태에서 출발하여 언덕 아래로 굴러내려 온다. 언덕 끝에서 공이 지면과 35°의 각으로 떠오르기 시작한다. 공을 두께가 얇은 구 껍질로 간주하여 지면 위로 떠오른 공의 도달 거리 x를 구하라.

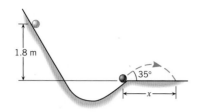

9.6 각운동량

35(52) 한 여자가 회전 원판 중심에 서 있다. 여자와 회전 원판은 5.00 rad/s의 각속력으로 함께 회전한다. 마찰은 무시한다. 그녀는 각 손에 아령을 붙잡고 팔을 펼치고 있다. 이 위치에서 회전계의 총 관성 모멘트(회전 원판, 여자, 아령)은 5.40 kg·m²이다. 이때 여자가 팔을 당겨 오므리면 관성 모멘트가 3.80 kg·m²으로 감소하게 될 때, 여자의 각속력을 구하라.

36(53) 두 원판이 같은 축 상에서 회전하고 있다. 원판 A는 3.4 kg·m²의 관성 모멘트를 가지고 각속도가 +7.2 rad/s이다. 원판 B는 −9.8rad/s의 각속도로 회전한다. 두 원판이 어떠한 외부 토크의 도움이 없이 하나의 세트로 연결되어서 각속도 −2.4 rad/s로 회전한다. 이 세트의 회전축은 각각의 원판의 것과 같다. 원판 B의 관성 모멘트는 얼마인가?

37(54) 속이 찬 원판이 중심에 수직인 축에 대해 0.067 rad/s의 각속도로 회전하고 있다. 원판의 관성 모멘트는 0.10 kg·m²이다. 이때 회전하는 원판 위에 축으로부터 0.40 m의 거리에 얇고 균일한 모래가 고리 모양으로 떨어지고 있다. 모래 고리의 질량은 0.50 kg이다. 원판 위에 모래가 다 떨어진 후 원판의 각속도는 얼마인가?

38(55) 길이가 0.25 m인 얇은 막대가 마찰이 없는 테이블 위에서 원형으로 회전한다. 축은 막대의 한쪽 끝 부분의 길이에 수직이다. 막대는 0.32 rad/s의 각속도를 가지고, 관성 모멘트는 1.1×10^{-3} kg·m²이다. 축에 있던 벌레가 막대의 다른 쪽 끝으로 기어가고 있다. 벌레(질량 $= 4.2 \times 10^{-3}$ kg)가 끝에 도달할 때, 막대의 각속도는 얼마인가?

****39(57)** 원통 모양의 우주 정거장이 인공 중력을 만드는 실린더 축에 대해 회전하고 있다. 거대한 원통의 반지름은 82.5 m이다. 사람이 없는 경우 그 우주 정거장의 관성 모멘트는 3.00×10^{9} kg·m²이다. 각각 70.0 kg의 평균 질량을 가진 500명의 사람이 이 정거장에 산다고 가정하자. 그들이 실린더의 바깥쪽 곡면으로부터 축을 향하여 반지름 방향으로 움직일 때 정거장의 각속도는 변한다. 사람들의 반지름 방향으로의 움직임으로 인한 정거장의 각속도의 최대 허용 백분위 변화율은 얼마인가?

*****40(59)** 회전 원판이 2.2 rad/s의 각속력으로 회전하고 있다. 블록이 회전 원판 위의 축으로부터 0.30 m인 곳에 놓여 있다. 블록과 회전 원판 사이의 정지 마찰 계수는 0.75이다. 이 계에 작용하는 어떠한 외부 토크도 없이 블록은 축 쪽으로 옮겨졌다. 회전 원판의 관성 모멘트를 무시하고 회전 원판이 회전할 때 블록이 한 자리에 가만히 있을 수 있는, 축으로부터의 최소 거리를 구하라.

*****41(60)** 0.500 kg의 작은 물체가 마찰이 없는 수평한 테이블에서 반지름 1.00 m의 원형 경로에서 원운동한다. 각속력은 6.28 rad/s이다. 물체는 원의 중심인 테이블의 작은 구멍을 통과하는 끈에 매달려 있다. 테이블 아래에 어떤 사람이 줄을 아래로 잡아당겨서 더 작은 원을 만든다. 줄이 장력 105 N 이상의 힘에 견딘다고 할 때 물체를 움직여 만들 수 있는 가장 작은 원의 반지름을 구하라.

10 단조화 운동과 탄성

10.1 이상적인 용수철과 단조화 운동

용수철은 전자 제품의 누름 스위치, 자동차의 버팀 장치, 침대 매트리스 등 많이 응용되는 흔한 물건이다. 용수철은 늘어나거나 수축되기 때문에 유용한 것이다. 예를 들면 그림 10.1에서 맨 위 그림은 용수철이 늘어나는 것을 보여준다. 여기서 손은 용수철에 당기는 외력 $F_{외부}$를 작용한다. 이로 인해 용수철은 변위 x만큼 원래 길이(변형 전 길이)로부터 늘어난다. 그림 10.1의 맨 아래에 그려져 있는 것은 용수철이 수축된 모양을 보여주고 있다. 이때 손은 미는 힘을 용수철에 작용하고 역시 변형 전의 위치로부터 변위하게 된다.

실험에 의하면 변위가 비교적 작은 경우 용수철을 늘이거나 수축시키는 힘 $F_{외부}$는 변위 x에 비례한다고 알려져 있다. 즉 $F_{외부} \propto x$이다. 항상 그렇지만 이 비례 관계에 비례 상수 k를 도입하여 하나의 식을 만들 수 있다. 즉

$$F_{외부} = kx \tag{10.1}$$

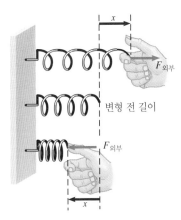

그림 10.1 이상적인 용수철은 식 $F_{외부} = kx$에 따른다. 여기서 $F_{외부}$는 용수철에 작용한 힘이고 x는 변형 전 길이로부터 늘어난 용수철의 변위이다. k는 용수철 상수이다.

이다. 상수 k를 **용수철 상수**(spring constant)라 한다. 식 10.1에 의하면 k는 단위 길이당 힘 (N/m)의 차원을 가짐을 알 수 있다. $F_{외부} = kx$의 식을 잘 따르는 용수철을 **이상적인 용수철**(ideal spring)이라 한다. 예제 10.1에 이러한 이상적인 용수철의 응용을 잘 설명해 놓았다.

예제 10.1 │ 타이어 압력 게이지

○ 타이어 압력 게이지의 물리

타이어 압력 게이지를 타이어 밸브에 끼우면 그림 10.2처럼 게이지 내의 용수철에 부착된 고무컵은 타이어의 공기에 의해 밀린다. 용수철의 용수철 상수가 $k = 320\,\text{N/m}$인 게이지를 타이어 밸브에 끼웠을 때 게이지의 눈금 막대가 2.0 cm 늘어난다고 가정하자. 타이어 내의 공기가 용수철에 얼마의 힘을 작용하겠는가?

살펴보기 용수철이 이상적인 용수철이라고 가정한다. 그러므로 $F_{외부} = kx$가 성립된다. 변위 x가 알려져 있는 것처럼 용수철 상수 k도 알려져 있다. 그러므로 용수철에 작용한 힘을 구할 수 있다.

풀이 용수철을 수축하는 데 필요한 힘은 식 10.1에 주어졌다.

$$F_{외부} = kx = (320\,\text{N/m})(0.020\,\text{m}) = \boxed{6.4\,\text{N}}$$

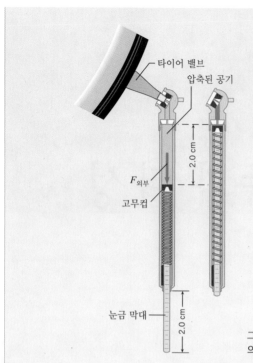

그러므로 밖으로 밀려 나온 눈금 막대의 길이는 타이어 내의 공기 압력이 용수철에 작용하는 힘을 나타낸다. 다음 장에서 압력이 단위 넓이당 힘이라는 것을 배우게 된다. 그러므로 힘은 압력과 넓이의 곱이 된다. 고무컵의 넓이가 정해져 있기 때문에 막대에다 압력의 단위로 눈금을 표시할 수 있다.

타이어 밸브

압축된 공기

2.0 cm

$F_{외부}$

고무컵

눈금 막대

2.0 cm

그림 10.2   타이어 속의 압축된 공기는 타이어 압력 게이지의 용수철을 압축하는 힘 $F_{외부}$를 작용한다.

때때로 용수철 상수 k는 그 값이 크면 용수철을 늘이거나 수축하는 데 큰 힘이 든다는 점에서 용수철이 딱딱하다는 것을 의미하기 때문에 용수철의 **경직도**(stiffness)라고도 한다.

용수철을 늘이거나 수축하기 위해서 외력이 용수철에 가해져야 한다. 뉴턴의 제3법칙에 따라 용수철에 힘을 작용하면 용수철은 크기는 같고 방향은 반대인 힘을 작용한다. 이 반작용력은 용수철을 당기거나 미는 작용자에 용수철이 가하는 힘이다. 다시 말해서 반작용력은 용수철에 부착된 물체에 작용하는 힘이다. 곧 알게 되겠지만 반작용력을 '복원력'이라고도 한다. 이상적인 용수철의 복원력은 식 10.2에 나타낸 것처럼 식 10.1 $F_{외부} = kx$의 우변에다 뉴턴의 제3법칙에 따라 음의 부호를 넣어서 얻을 수 있다.

> **■ 훅의 법칙*   이상적인 용수철의 복원력**
> 이상적인 용수철의 복원력은
>
> $$F = -kx \qquad\qquad (10.2)$$
>
> 이다. 여기서 k는 용수철 상수이고 x는 변형 전 위치로부터의 용수철의 변위이다. 음의 부호는 복원력이 항상 용수철의 변위에 반대되는 방향을 가리킨다는 것을 나타낸다.

그림 10.3은 '복원력'이라는 말이 왜 사용되는지를 설명하는 데 도움을 준다. 그림에서 질량 m인 물체가 마찰 없는 테이블 위의 용수철에 붙어 있다. 그림 A에서 용수철이 오른쪽으로 늘어나면 왼쪽으로 향하는 힘 F가 작용한다. 물체가 놓여질 때 이 힘은 물체를 왼쪽으로 당기고 평형 위치를 향하여 물체를 복원시킨다. 그러나 뉴턴의 제1법칙에 따라

---

* 10.8절에서 배우게 되겠지만, 식 10.2는 로버트 훅(1635~1703)에 의해 최초로 발견된 식과 유사하다.

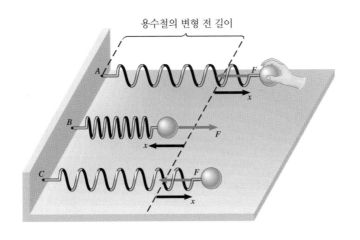

그림 10.3 이상적인 용수철에 의해 만들어진 복원력(파란색 화살표)은 항상 용수철의 변위(검은색 화살표)에 반대 방향으로 향하고 물체를 왕복 운동하게 한다.

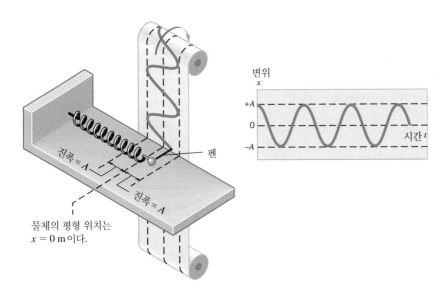

그림 10.4 물체가 단조화 운동을 할 때 물체의 위치를 시간의 함수로 나타낸 그림은 진폭 A를 가진 사인형이다. 물체에 달린 펜은 그래프를 기록한다.

움직이는 물체는 관성을 가지고 평형 위치를 지나서 그림 B처럼 용수철을 수축시킨다. 이제 용수철이 작용한 힘은 오른쪽으로 향하여 물체를 순간적으로 정지시킨 다음 다시 평형 위치로 복원시키도록 작용한다. 다시 물체의 관성은 물체를 평형 위치를 지나가게 하여 용수철을 늘어나게 하고 그림 C에서 보여주듯이 복원력 F를 만들어낸다. 물체나 용수철에 마찰이 없다면 그림에 나타낸 왕복 운동은 영원히 계속된다.

복원력이 $F = -kx$ 형태의 식으로 주어질 때 그림 10.3에 설명된 마찰이 없는 운동의 형태를 단조화 운동이라 한다. 펜을 물체에 매어 놓고 종이를 일정한 속도로 지나가도록 움직이게 하면 시간이 지남에 따라 진동하는 물체의 위치를 기록할 수 있다. 그림 10.4는 단조화 운동의 그래프를 기록하는 모습을 보여주고 있다. 평형으로부터 최대 변위는 운동의 **진폭**(amplitude) A이다. 이 그래프의 모양은 단조화 운동의 특징이고 삼각 함수 사인과 코사인으로 기술되기 때문에 '사인형'이라 말한다.

복원력은 또한 물체가 수직으로 용수철에 매달려 있을 때도 용수철이 수평으로 되어 있을 때처럼 단조화 운동을 일으킨다. 그러나 용수철이 수직일 때는 그림 10.5가 나타내듯이 물체의 무게가 용수철을 늘어나게 하는 원인이 되고, 운동은 늘어난 용수철에 매달린 물체의 평형 위치를 기준으로 일어난다. 매달린 물체의 무게에 의한 처음 늘어난 양 d_0는 물체를 지탱하는 복원력의 크기와 그 물체의 무게를 같게 놓아 계산한다. 그러므로

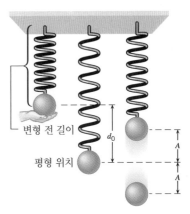

그림 10.5 수직 용수철에 달린 물체의 무게는 용수철을 d_0만큼 늘어나게 한다. 진폭 A의 단조화 운동은 늘어난 용수철의 평형 위치를 기준으로 일어난다.

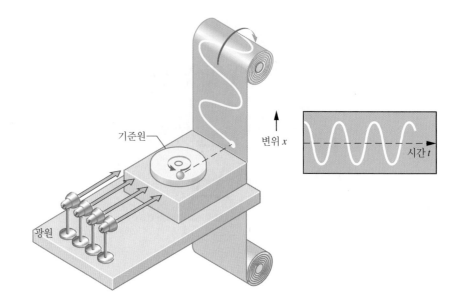

그림 10.6 턴테이블 위에 있는 공은 일정한 원운동을 한다. 그 공의 그림자는 움직이는 연속 기록지 위에 투사되고 단조화 운동을 나타낸다.

$mg = kd_0$이고 $d_0 = mg/k$가 된다.

10.2 단조화 운동과 기준원

다른 운동처럼 단조화 운동도 변위, 속도, 가속도의 형태로 나타낼 수 있다. 그림 10.6의 모형은 이러한 특징을 설명하는 데 도움을 준다. 그 모형은 회전하는 턴테이블과 그 위에 매달려 있는 작은 공으로 구성되어 있다. 그 공은 **기준원**(reference circle)이라고 하는 경로를 따라서 등속 원운동을 한다(5.1절). 공이 움직일 때 공의 그림자가 기록지 위에 생긴다. 기록지는 일정한 속력으로 위로 움직이고 그림자가 그 위에 기록을 남긴다. 그림 10.4에서의 종이와 이 기록지를 비교하면 같은 형태임을 알 수 있다. 공의 그림자는 단조화 운동의 좋은 모형임을 나타내고 있다.

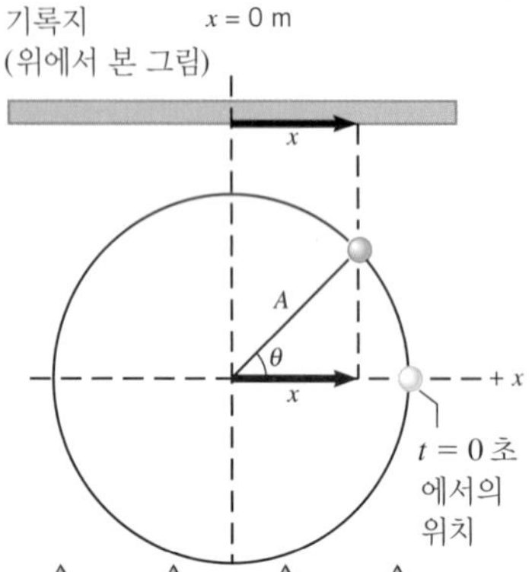

변위

기록지
(위에서 본 그림) $x = 0$ m

그림 10.7은 반지름 A의 기준원을 크게 확대시킨 것이고 기록지 위에 그림자의 변위를 결정하는 법을 나타내고 있다. 공은 $x = +A$에서 x 축을 따라서 출발하고 시간 t 동안에 각 θ 만큼 움직인다. 원운동은 일정하기 때문에 공은 일정한 각속도 ω(rad/s)로 움직인다. 그러므로 각은 $\theta = \omega t$(rad)의 값을 가진다. 그림자의 변위 x는 반지름 A를 x 축 위에 투영한 것이다. 즉

$$x = A \cos \theta = A \cos \omega t \tag{10.3}$$

이다. 그림 10.8은 이 식의 그래프이다. 공의 그림자는 $x = +A$와 $x = -A$ 값 사이에서 진동하며 이 값은 각각 각도의 코사인의 최댓값과 최솟값인 +1과 −1이다. 따라서 기준원의 반지름 A는 단조화 운동의 진폭이다.

공이 기준원에 대해 1 회전 혹은 순환할 때 공의 그림자는 왕복 운동을 한 번 하게 된다. 그림 10.8에서 보듯이 단조화 운동을 하는 어떤 물체가 하나의 순환 과정을 완전하게

그림 10.7 턴테이블 위의 공을 위에서 본 그림. 기록지 위의 공의 그림자의 변위 x는 공이 기준원 위를 움직이는 각 θ에 따라 변한다.

하는 데 걸리는 시간이 **주기**(period) T이다. T의 값은 각속도가 크면 클수록 한 순환 과정을 완전하게 하는 데 걸리는 시간이 더 짧아지기 때문에 공의 각속도 ω에 의존한다. $\omega = \Delta\theta/\Delta t$(식 8.2)에 의해 ω와 T 사이의 관계식을 구할 수 있다. 여기서 $\Delta\theta$는 공의 각변위이고 Δt는 시간이다. 한 순환에 대해 $\Delta\theta = 2\pi$ rad과 $\Delta t = T$이므로

$$\omega = \frac{2\pi}{T} \quad (\omega: \text{rad/s 단위}) \tag{10.4}$$

이다. 종종 주기 대신에 **진동수**(frequency) f로 말하는 게 더 편리하다. 진동수는 초당 왕복 운동의 횟수이다. 예를 들면 만약 용수철에 달린 물체가 1초에 10번 왕복 운동을 완전하게 했다면 진동수 $f = 10\,\text{cycle/s}$이다. 주기 T 혹은 1 왕복당 시간은 $\frac{1}{10}$ s가 될 것이다. 그러므로 진동수와 주기는

$$f = \frac{1}{T} \tag{10.5}$$

의 관계가 있다. 보통 초당 1번의 왕복을 1 헤르츠(Hz)라 하며, 이것은 하인리히 헤르츠(1875~1894)의 이름을 딴 단위이다. 초당 1000번의 왕복을 1킬로헤르츠(1 kHz)라 한다. 그러므로 예를 들어 초당 5000번 왕복은 5 kHz가 된다.

$\omega = 2\pi/T$와 $f = 1/T$의 관계식을 이용하면 각속도 ω(rad/s)를 진동수 f(cycle/s 또는 Hz)와 관련지을 수 있다. 즉

$$\omega = \frac{2\pi}{T} = 2\pi f \quad (\omega: \text{rad/s 단위}) \tag{10.6}$$

가 된다. ω는 진동수 f에 비례하기 때문에 종종 각진동수라 한다.

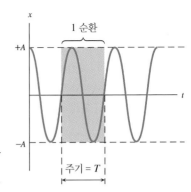

그림 10.8 단조화 운동에 대한 시간 t에 따른 변위 x의 그래프. 주기 T는 완전히 한 바퀴 도는 데 걸리는 시간이다.

속도

기준원 모형은 단조화 운동에서 물체의 속도를 결정하는 데 이용할 수 있다. 그림 10.9는 기준원 상의 공의 접선 속도 $\mathbf{v}_T$를 보여준다. 그림은 그림자의 속도 $\mathbf{v}$가 벡터 $\mathbf{v}_T$의 x 성분 벡터임을 나타낸다. 즉 $v = -v_T \sin\theta$이고 여기서 $\theta = \omega t$이다. 음의 부호는 $\mathbf{v}$가 음의 x 방향인 왼쪽을 가리키기 때문이다. 접선 속력 v_T와 각속도 ω는 $v_T = r\omega$(식 8.9)의 관계가 있고 $r = A$이기 때문에 $v_T = A\omega$가 된다. 그러므로 단조화 운동에서 속도는

$$v = -A\omega \sin\theta = -A\omega \sin\omega t \quad (\omega: \text{rad/s 단위}) \tag{10.7}$$

로 주어진다. 이 속도는 일정하지 않고 시간이 지남에 따라 최댓값과 최솟값 사이에서 변한다. 그림자가 진동 운동의 끝에서 방향이 바뀔 때 속도는 순간적으로 0이 된다. 그림자가 $x = 0$ m인 위치를 통과할 때 속도는 각도의 사인값이 +1과 −1 사이이기 때문에 $A\omega$의 최댓값을 가진다. 즉

$$v_{\text{최대}} = A\omega \quad (\omega: \text{rad/s 단위}) \tag{10.8}$$

이다. 최대 속도는 진폭 A와 각진동수 ω에 의해 결정된다. 다음 예제 10.2를 보자.

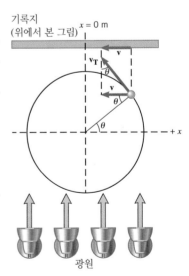

그림 10.9 공의 그림자의 속도 $\mathbf{v}$는 기준원 상의 공의 접선 속도 $\mathbf{v}_T$의 x 성분이다.

예제 10.2 | 스피커 진동판의 최대 속력

스피커의 진동판이 그림 10.10에서처럼 소리를 만들기 위해 단조화 운동으로 앞뒤로 운동한다. 운동의 진동수가 $f = 1.0\,\text{kHz}$이고 진폭이 $A = 0.20\,\text{mm}$이라면 (a) 진동판의 최대 속력은 얼마인가? (b) 이 최대 속력은 어느 위치에서 일어나는가?

살펴보기 단조화 운동으로 진동하는 물체의 최대 속력 $v_{최대}$는 식 10.8에 따라 $v_{최대} = A\omega$ (ω: rad/s 단위)이다. 각속도 ω는 진동수 f와 식 10.6에 따라 $\omega = 2\pi f$인 관계가 있다.

풀이 (a) 식 10.8과 10.6을 사용하면 진동판의 최대 속력이

$$v_{최대} = A\omega = A(2\pi f)$$
$$= (0.20 \times 10^{-3}\,\text{m})(2\pi)(1.0 \times 10^3\,\text{Hz})$$
$$= \boxed{1.3\,\text{m/s}}$$

가 된다.

(b) 진동판의 속력은 진동판이 그 운동의 두 끝인 $x = +A$와 $x = -A$에서 순간적으로 정지할 때 0이 된다. 이 두 지점의 중간 지점인 $x = 0\,\text{m}$에서 진동판의 속력이 최대이다.

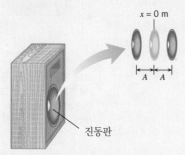

$x = 0\,\text{m}$

그림 10.10 스피커의 진동판은 단조화 운동으로 앞뒤로 움직이면서 소리를 만들어낸다.

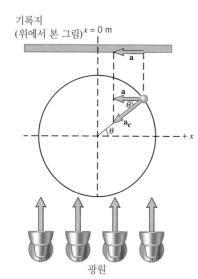

그림 10.11 공의 그림자의 가속도 **a**는 기준원 위의 공의 구심 가속도 **a**$_c$의 x성분 벡터이다.

진동 운동의 모든 경우가 다 단조화 운동은 아니다. 단조화 운동은 매우 특수한 경우로 속도가 식 10.7의 형태를 가져야만 한다.

가속도

단조화 운동에서 속도는 일정하지 않다. 결과적으로 가속도가 존재한다. 이 가속도 또한 기준원 모형을 써서 구할 수 있다. 그림 10.11에서 보듯이 기준원 상의 공은 일정한 원운동을 한다. 그러므로 원의 중심을 향하는 구심 가속도 **a**$_c$를 가진다. 가속도 벡터 **a**는 구심 가속도의 x 성분이므로, 그림자의 가속도는 $a = -a_c \cos\theta$이다. 음의 기호는 그림자의 가속도가 왼쪽 방향을 향하기 때문에 필요하다. 구심 가속도가 각속도 ω와 $a_c = r\omega^2$(식 8.11)의 관계가 있음을 상기하고 $r = A$를 이용하면 $a_c = A\omega^2$임을 알 수 있다. 이것을 대입함으로써 단조화 운동에서 가속도는

$$a = -A\omega^2 \cos\theta = -A\omega^2 \cos\omega t \quad (\omega: \text{rad/s 단위}) \tag{10.9}$$

가 된다. 속도와 같이 가속도도 시간에 따라 일정하지 않으며 가속도의 최대 크기는

$$a_{최대} = A\omega^2 \tag{10.10}$$

이다. 진폭 A와 각진동수 ω가 함께 최댓값을 결정하지만 진동수가 제곱으로 되어 있기 때문에 가속도는 진동수의 영향을 크게 받는다. 다음 예제 10.3은 실제 상황에서 가속도가 현저하게 큰 경우를 보여준다.

예제 10.3 | 스피커 문제 다시 보기 - 최대 가속도

🔵 스피커 진동판의 물리

그림 10.10에서 스피커 진동판은 $f = 1.0\,\text{kHz}$의 진동수로 진동하고 있다. 운동의 진폭이 $A = 0.20\,\text{mm}$이라면 (a) 진동판의 최대 가속도는 얼마인가? (b) 가속도의 크기가 최대인 곳은 어느 위치인가?

살펴보기 단조화 운동으로 진동하는 물체의 최대 가속도 $a_{최대}$ 는 식 10.10에 따라 $a_{최대} = A\omega^2$ (ω:rad/s 단위)이다. 식 10.6에 의하면 각진동수 ω는 진동수 f와 $\omega = 2\pi f$의 관계가 있다.

풀이 식 10.10과 10.6을 이용하면 진동판의 최대 가속도는

$$a_{최대} = A\omega^2 = A(2\pi f)^2$$
$$= (0.20 \times 10^{-3}\ \text{m})[2\pi(1.0 \times 10^3\ \text{Hz})]^2$$
$$= \boxed{7.9 \times 10^3\ \text{m/s}^2}$$

이다. 이것은 중력 가속도의 800 배가 넘는 믿기 어려운 가속도이다. 스피커의 진동판은 이러한 크기의 가속도를 견디도록 만들어져 있다.

(b) 가속도의 크기가 최대인 곳은 힘의 크기가 최대인 곳이며, 이 곳은 변위의 제곱이 가장 큰 곳이다. 그러므로 가속도의 크기가 최대인 곳은 $x = +A$와 $x = -A$이다.

진동의 진동수

뉴턴의 제2법칙 $\Sigma F = ma$ 에 의해 질량 m인 물체가 용수철에 매달려 진동하는 경우 진동수를 구할 수 있다. 용수철의 질량은 무시할 만하고 수평 방향으로 물체에 작용하는 유일한 힘은 용수철에 의한 것이라 가정하자. 그 힘은 훅의 법칙의 복원력이다. 그러므로 알짜 힘은 $\Sigma F = -kx$ 이고 뉴턴의 제2법칙을 적용하면 $-kx = ma$가 된다. 여기서 a는 물체의 가속도이다. 진동하는 용수철의 변위와 가속도는 각각 $x = A\cos\omega t$ (식 10.3)와 $a = -A\omega^2 \cos\omega t$(식 10.9)이다. x와 a에 대한 표현을 식 $-kx = ma$에 대입하면

$$-k(A\cos\omega t) = m(-A\omega^2 \cos \omega t)$$

가 되고

$$\omega = \sqrt{\frac{k}{m}} \qquad (\omega: \text{rad/s 단위}) \tag{10.11}$$

이 된다. 이 식에서 각진동수 ω의 단위는 초당 라디안이어야 한다. 용수철 상수 k가 더 크고 질량 m이 더 작을수록 진동수는 더 커진다. 다음의 예제 10.4는 식 10.11을 응용한 것이다.

> **□ 문제 풀이 도움말**
> 진동의 진동수 f와 각진동수 ω를 혼동하지 말라. f 의 단위는 헤르츠 (초당 사이클수)이고, ω의 단위는 초당 라디안이다. 이 둘의 관계는 $\omega = 2\pi f$이다.

 예제 10.4 | 몸의 질량을 측정하는 장치

우주 궤도에서 오랜 시간을 보내는 우주 비행사는 그들의 건강을 유지시키는 프로그램의 일부분으로 그들의 몸의 질량을 주기적으로 측정한다. 지구 상에서 몸무게 W를 체중계로 측정하는 것은 간단하다. $W = mg$ 이기 때문에 중력 가속도를 이용하여 질량을 구할 수 있다. 그러나 이러한 절차는 체중계와 우주 비행사가 자유 낙하 상태이고 서로서로를 압축할 수 없기 때문에 궤도 상에서는 할 수 없다. 하지만 우주 비행사는 그림 10.12 처럼 몸의 질량 측정 장치를 사용한다. 이 장치는 우주 비행사가 앉을 수 있는 용수철이 장착된 의자로 되어 있다. 의자는 단조화 운동으로 진동하기 시작한다. 운동의 주기는 전기적으로

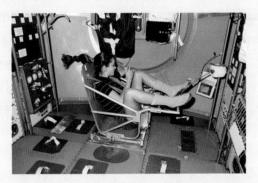

그림 10.12 우주 비행사 타마라 제니간은 우주 궤도에서 그녀의 질량을 측정하기 위해 신체 질량 측정 장치를 사용한다.

측정되고 의자의 질량이 고려된 후에 자동으로 우주 비행사의 질량의 값으로 변환시킨다. 이러한 장치에 사용된 용수철의 용수철 상수는 606 N/m이다. 의자의 질량이 12.0 kg이고 측정된 진동 주기가 2.41 s인 경우 우주 비행사의 질량을 구하라.

살펴보기 식 $\omega = \sqrt{k/m}$(식 10.11)은 용수철 상수 k와 각진동수 ω의 형태로 질량 m에 대해 풀 수 있다. 용수철 상수는 알고 있다. 각진동수를 모르지만 $\omega = 2\pi/T$(식 10.4)를 이용함으로써 $T = 2.41$ s로 주어진 진동 주기와 연관시킬 수 있다. 식 10.11을 사용하여 계산된 질량은 우주 비행사와 의자의 전체 질량이다. 그러므로 우주 비행사의 질량을 얻기 위해 의자의 질량을 빼야 한다.

풀이 식 10.11과 10.4를 이용하면

$$\omega = \frac{2\pi}{T} = \sqrt{\frac{k}{m}}$$

이 된다. 이것을 질량에 대해 풀면

$$m = \frac{kT^2}{4\pi^2} = \frac{(606 \text{ N/m})(2.41 \text{ s})^2}{4\pi^2} = 89.2 \text{ kg}$$

이 되고 의자의 질량 12.0 kg을 빼면 우주 비행사의 질량은

$$m_{\text{우주 비행사}} = 89.2 \text{ kg} - 12.0 \text{ kg} = 77.2 \text{ kg}$$

이다.

○ 소량의 화학 약품을 검출하고 측정하는 물리

예제 10.4는 진동하는 물체의 질량은 단조화 운동의 진동수에 영향을 준다는 것을 나타낸다. 전자 센서는 소량의 화학 약품을 검출하고 측정하는 데 이 효과의 이점을 이용하여 개발한 것들이다. 이러한 센서들은 전류가 흐를 때 진동하는 작은 수정 결정을 사용한다. 결정은 특별한 화학 제품을 흡수하는 물질로 코팅되어 있다. 화학 제품이 흡수될 때 질량은 증가한다(식 10.6과 10.11). 따라서 식 $f = \frac{1}{2\pi}\sqrt{k/m}$에 따라 단조화 운동의 진동수는 감소한다. 진동수 변화는 전기적으로 검출되고, 센서는 흡수된 화학 물질의 질량을 나타내도록 조정된다.

10.3 에너지와 단조화 운동

○ 문 닫힘 장치의 물리

6장에서 지구 표면 위에서 물체는 중력 위치 에너지를 가짐을 보았다. 그러므로 물체가 떨어지기 시작할 때 그림 6.9의 파일 박는 기계의 해머처럼 일을 할 수 있다. 또한 용수철은 용수철이 늘어나거나 수축될 때 **탄성 위치 에너지**(elastic potential energy)를 가진다. 탄성 위치 에너지 때문에 늘어나거나 수축된 용수철은 용수철에 매달린 물체에 일을 할 수 있다. 예를 들면 그림 10.13은 출입문에서 볼 수 있는 문 닫힘 장치를 보여주고 있다. 문이 열릴 때 장치 내 용수철은 수축되고 탄성 위치 에너지를 가진다. 문이 놓여지면 수축된 용수철은 팽창되면서 문을 닫는 일을 한다.

탄성 위치 에너지의 표현식을 구하기 위해 용수철의 힘이 물체에 한 일을 계산하면 될 것이다. 그림 10.14는 늘어난 용수철의 한쪽 끝에 매달린 물체를 보여준다. 물체가 놓여질 때 용수철은 수축하고 처음 위치 x_0로부터 나중 위치 x_f까지 물체를 당긴다. 일정한 힘이 한 일 W는 식 6.1에 의해 $W = (F \cos \theta)s$로 주어진다. 여기서 F는 힘의 크기이고 s는 변위의 크기 $(s = x_0 - x_f)$이며 θ는 힘과 변위 사이의 각이다. 용수철 힘의 크기는 일정하지는 않지만 식 10.2는 용수철 힘이 $F = -kx$임을 나타낸다. 용수철이 수축할 때 이 힘의 크기는 kx_0에서 kx_f로 변한다. 일을 구하기 위해 식 6.1을 사용하면 일정한 힘 F 대신에 평

그림 10.13 문 닫힘 장치. 수축된 용수철에 저장된 탄성 위치 에너지는 문을 닫을 때 사용된다.

균 크기 $\overline{F}$를 사용함으로써 변하는 크기를 설명할 수 있다. x에 관계되는 용수철 힘의 의존성이 선형적이기 때문에 평균력의 크기는 처음값과 나중값의 합의 반이다. 즉 $\overline{F} = \frac{1}{2}(kx_0 + kx_f)$이다. 그러므로 평균 용수철 힘이 한 일 $W_{탄성}$은

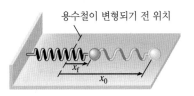

그림 10.14 물체가 놓여질 때 변위는 처음값 x_0로부터 나중값 x_f까지 변한다.

$$W_{탄성} = (\overline{F} \cos \theta)s = \frac{1}{2}(kx_0 + kx_f) \cos 0° (x_0 - x_f)$$

$$W_{탄성} = \underbrace{\frac{1}{2}kx_0^2}_{\substack{처음 \ 탄성 \\ 위치 \ 에너지}} - \underbrace{\frac{1}{2}kx_f^2}_{\substack{나중 \ 탄성 \\ 위치 \ 에너지}} \tag{10.12}$$

가 된다. 위의 계산에서는 그림 10.14처럼 용수철 힘이 변위와 같은 왼쪽 방향을 가리키기 때문에 θ는 0°이다. 식 10.12는 용수철 힘이 한 일이 $\frac{1}{2}kx^2$의 처음값과 나중값의 차와 같다는 것을 나타낸다. $\frac{1}{2}kx^2$은 6.3절에서 중력 위치 에너지로 정의된 양 mgh와 유사하다. 여기서 $\frac{1}{2}kx^2$을 탄성 위치 에너지라고 정의한다. 식 10.13은 탄성 위치 에너지가 완전하게 늘어나거나 수축될 때 최댓값을 가지며 늘어나거나 줄어들지 않은 ($x = 0\,\text{m}$) 용수철에 대해서는 0임을 나타낸다.

> ■ **탄성 위치 에너지**
>
> 탄성 위치 에너지 $\text{PE}_{탄성} = \frac{1}{2}kx^2$은 용수철이 늘어나거나 수축함에 따라서 용수철이 갖게 되는 에너지이다. 용수철 상수가 k이고 변형 전 길이에서 x만큼 늘어나거나 수축되는 이상적인 용수철에 대해 탄성 위치 에너지는
>
> $$\text{PE}_{탄성} = \frac{1}{2}kx^2 \tag{10.13}$$
>
> 이다.
>
> **탄성 위치 에너지의 SI 단위:** 줄(J)

   총 역학적 에너지 E는 병진 운동 에너지와 중력 위치 에너지의 합으로 정의된 잘 알고 있는 개념이다. 여기에 회전 운동 에너지를 포함시켜 보자.
   이제 식 10.14에서 탄성 위치 에너지는 총 역학적 에너지의 일부분으로 포함된다.

$$\underset{\substack{총 \ 역학적 \\ 에너지}}{E} = \underset{\substack{병진 \ 운동 \\ 에너지}}{\frac{1}{2}mv^2} + \underset{\substack{회전 \ 운동 \\ 에너지}}{\frac{1}{2}I\omega^2} + \underset{\substack{중력 \ 위치 \\ 에너지}}{mgh} + \underset{\substack{탄성 \ 위치 \\ 에너지}}{\frac{1}{2}kx^2} \tag{10.14}$$

6.5절에서 다루었듯이 총 역학적 에너지는 마찰력 같은 외부 비보존력이 알짜 일을 하지 않을 때, 즉 $W_{nc} = 0\,\text{J}$일 경우 보존된다. 그러므로 E의 나중값과 처음값은 같다. 즉 $E_f = E_0$이다. 다음 예제에서 총 역학적 에너지의 보존 원리를 응용해 보자.

예제 10.5 | 수평 용수철에 매달린 물체

그림 10.15는 마찰이 없는 수평 테이블 위에서 진동하는 질량 $m = 0.200\,\text{kg}$의 물체를 보여준다. 용수철의 용수철 상수는 $k = 545\,\text{N/m}$이다. 처음에 $x_0 = 4.50\,\text{cm}$까지 늘어뜨리고 정지 상태에서 놓는다(그림 A). 용수철의 나중 변위가 (a) $x_f = 2.25\,\text{cm}$ (b) $x_f = 0\,\text{cm}$일 때 물체의 나중 병진 속력 v_f을 구하라.

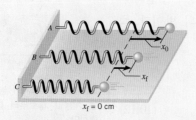

그림 10.15 이 계의 총 역학적 에너지는 A에서는 전적으로 탄성 위치 에너지이고, B에서는 일부는 탄성 위치 에너지이고 나머지는 운동 에너지이며, C에서는 전체가 운동 에너지이다.

살펴보기 역학적 에너지 보존에 의하면 마찰력(비보존력)이 없는 경우 나중과 처음의 총 역학적 에너지는 같다. 즉

$$E_f = E_0$$

$$\tfrac{1}{2}mv_f^2 + \tfrac{1}{2}I\omega_f^2 + mgh_f + \tfrac{1}{2}kx_f^2$$
$$= \tfrac{1}{2}mv_0^2 + \tfrac{1}{2}I\omega_0^2 + mgh_0 + \tfrac{1}{2}kx_0^2$$

이다. 물체가 수평 테이블 위에서 움직일 때 나중과 처음의 높이는 같다. 즉 $h_f = h_0$이다. 물체는 회전하지 않으므로 회전 속력은 0이다. 즉 $\omega_f = \omega_0 = 0$이다. 문제에서 설명하듯이 물체의 처음 병진 속력은 $v_0 = 0\,\text{m/s}$이므로 이것을 대입하면 에너지 보존의 식은

$$\tfrac{1}{2}mv_f^2 + \tfrac{1}{2}kx_f^2 = \tfrac{1}{2}kx_0^2$$

가 된다. 이 식으로부터 v_f를 계산하면

$$v_f = \sqrt{\frac{k}{m}(x_0^2 - x_f^2)}$$

을 얻을 수 있다.

풀이 (a) $x_0 = 0.0450\,\text{m}$이고 $x_f = 0.0225\,\text{m}$이기 때문에 나중 병진 속력은

$$v_f = \sqrt{\frac{545\,\text{N/m}}{0.200\,\text{kg}}[(0.0450\,\text{m})^2 - (0.0225\,\text{m})^2]}$$
$$= \boxed{2.03\,\text{m/s}}$$

이다. 이 시점에서 총 역학적 에너지는 일부는 병진 운동 에너지($\tfrac{1}{2}mv_f^2 = 0.414\,\text{J}$)이고 나머지는 탄성 위치 에너지($\tfrac{1}{2}kx_f^2 = 0.138\,\text{J}$)이다. 총 역학적 에너지 E는 이 두 에너지의 합이다. 즉 $E = 0.414\,\text{J} + 0.138\,\text{J} = 0.552\,\text{J}$이다. 총 역학적 에너지가 운동하는 동안 일정하게 유지되기 때문에 이 값은 물체가 정지 상태일 때 처음의 총 역학적 에너지와 같고 그 에너지는 전부 탄성 위치 에너지이다($E_0 = \tfrac{1}{2}kx_0^2 = 0.522\,\text{J}$).

(b) $x_0 = 0.0450\,\text{m}$이고 $x_f = 0\,\text{m}$일 때

$$v_f = \sqrt{\frac{k}{m}(x_0^2 - x_f^2)}$$
$$= \sqrt{\frac{545\,\text{N/m}}{0.200\,\text{kg}}[(0.0450\,\text{m})^2 - (0\,\text{m})^2]}$$
$$= \boxed{2.35\,\text{m/s}}$$

이다. 이제 총 역학적 에너지는 탄성 위치 에너지가 0이기 때문에 전적으로 병진 운동 에너지($\tfrac{1}{2}mv_f^2 = 0.522\,\text{J}$)에 의한 것이다. 총 역학적 에너지가 (a)에서와 같음을 유의하라. 마찰이 없는 경우에 용수철의 단조화 운동의 한 형태의 에너지는 다른 형태의 에너지로 전환된다. 그러나 전체는 항상 동일하게 유지된다.

앞의 예제에서는 용수철이 수평으로 놓여 있었기 때문에 중력 위치 에너지가 포함될 필요는 없었다. 다음 예제에서는 용수철이 수직으로 놓여 있기 때문에 중력 위치 에너지가 고려되어야 한다.

예제 10.6 | 수직 용수철에 매달려 낙하하는 물체

질량이 $0.20\,\text{kg}$인 공이 그림 10.16처럼 수직 용수철에 매달려 있다. 용수철 상수는 $28\,\text{N/m}$이다. 용수철이 늘어나지도 수축되지도 않은 상태에서 처음에 매달린 공이 정지 상태에서 놓여진다. 공기 저항이 없는 경우 용수철에 의해 순간적으로 정지하기 전까지 공은 얼마나 내려가는가?

살펴보기 공기 저항이 없을 때 중력과 용수철의 보존력만이 공에 작용한다. 그러므로 역학적 에너지 보존의 원리를 적용하면

$$E_f = E_0$$

$$\tfrac{1}{2}mv_f^2 + \tfrac{1}{2}I\omega_f^2 + mgh_f + \tfrac{1}{2}kx_f^2$$
$$= \tfrac{1}{2}mv_0^2 + \tfrac{1}{2}I\omega_0^2 + mgh_0 + \tfrac{1}{2}kx_0^2$$

이다. 문제에서, 공의 나중과 처음의 병진 속력은 $v_f = v_0 = 0\,\text{m/s}$이다. 그림 10.16에서 나타나듯이 공의 처음 위치는 h_0이

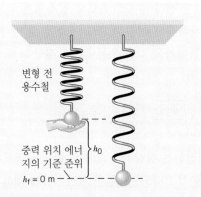

변형 전
용수철

중력 위치 에너
지의 기준 준위

h_0

$h_f = 0\,m$

그림 10.16 처음에 용수철이 변형되지 않도록 하기 위해 공을 손으로 받치고 있다. 정지 상태에서 공을 놓은 후에 공은 용수철에 의해 순간적으로 정지하기 전까지 거리 h_0만큼 떨어진다.

고 나중 위치는 $h_f = 0\,m$이다. 더욱이 용수철은 처음에 $x_0 = 0\,m$이므로 처음에 탄성 위치 에너지는 없다. 이것을 대입하면 역학

적 에너지 보존식은

$$\tfrac{1}{2}kx_f^2 = mgh_0$$

로 간단하게 된다. 이 결과는 처음 중력 위치 에너지(mgh_0)는 탄성 위치 에너지($\tfrac{1}{2}kx_f^2$)로 변한다는 것을 의미한다. 공이 가장 낮은 위치까지 떨어질 때 공의 변위는 $x_f = -h_0$이다. 여기서 음의 부호는 변위가 아래 방향임을 말한다. 이 결과를 위의 식에 대입하고 h_0에 대해 풀면 $h_0 = 2\,mg/k$가 된다.

풀이 공이 순간적으로 정지하기까지 떨어지는 거리는

$$h_0 = \frac{2mg}{k} = \frac{2(0.20\,kg)(9.8\,m/s^2)}{28\,N/m} = \boxed{0.14\,m}$$

가 된다.

문제 풀이 도움말
총 역학적 에너지 E를 계산할 때 항상 그 계에 작용하는 모든 보존력에 대한 위치 에너지 항을 포함해야 한다. 예제 10.6에서는 중력과 탄성에 관계되는 두 개의 항이 있다.

10.4 진자

그림 10.17이 보여주듯이 **단진자**(simple pendulum)는 길이가 L이고 질량을 무시할 수 있는 줄에 달려 있는 질량 m의 입자로 되어 있다. 입자가 평형 위치로부터 각도 θ만큼 옆으로 당겨졌다가 놓아지면 그 입자는 좌우로 왕복 운동한다. 진동하는 입자의 바닥에 펜을 매달고 정지 상태에서 그 아래에 종이를 움직이면 시간이 경과함에 따라 입자의 위치를 기록할 수 있다. 그려진 기록은 단조화 운동에 대한 조화 형태와 유사한 형태를 나타낸다.

점 P의 축에 대한 왕복 운동은 중력 때문에 일어난다. 입자가 가장 낮은 점을 통과할 때 회전 속력은 빨라지고 진동의 상승 부분에서는 느려진다. 결국 각속도는 0으로 줄어들고 입자는 되돌아 진동한다. 9.4절에서 토론한 것처럼 알짜 토크는 각속도를 변화시키는 데 필요하다. 중력 $m\mathbf{g}$는 이러한 토크를 만든다(케이블 내의 장력 $\mathbf{T}$의 방향은 회전축 P를 향하기 때문에 지레팔이 0이어서 토크를 주지 않는다). 식 9.1에 따라 토크 τ의 크기는 중력의 크기 mg와 지레팔 ℓ의 곱이다. 그러므로 $\tau = -(mg)\ell$이다. 음의 부호는 토크가 복원 토크이기 때문에 포함된다. 즉 각 θ을 줄이도록 작용한다[각 θ는 양(반시계 방향)인 반면 토크는 음(시계 방향)이다]. 지레팔 ℓ은 $m\mathbf{g}$의 작용선과 선회축 P의 수직 거리이다. 그림 10.17로부터 ℓ은 각 θ가 작을 때(약 10° 혹은 그 이내) 원형 경로의 호의 길이 s와 거의 같음을 알 수 있다. 더욱이 만약 θ가 라디안으로 표현된다면 호의 길이와 원형 경로의 반지름 L은 $s = L\theta$(식 8.1)의 관계가 있다. 이러한 조건 아래 $\ell \approx s = L\theta$이고 중력에 의해 만들어지는 토크는

$$\tau \approx -\underbrace{mgL}_{k'}\,\theta$$

이다. 위의 식에서 mgL 항은 θ에 무관한 상수 k'이다. 작은 각에 대해 진자를 수직 평형 위치까지 복원하는 토크는 각변위 θ에 비례한다. 식 $\tau = -k'\theta$는 이상적인 용수철에 대해 힘

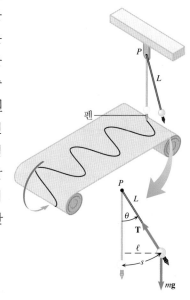

그림 10.17 선회축 P에 대해 앞뒤로 진동하는 단진자. 만약 각 θ가 작다면 진동은 거의 단조화 운동이다.

을 복원하는 훅의 법칙 $F = -kx$ 과 같은 형태이다. 그러므로 진자의 왕복 운동의 진동수가 식 10.11($\omega = 2\pi f = \sqrt{k/m}$)과 유사하게 주어질 것으로 예측할 수 있다. 이 식에서 용수철 상수 k 대신에 상수 $k' = mgL$가 들어가고 회전 운동이므로 질량 m 대신에 관성 모멘트 I가 들어가면

$$\omega = 2\pi f = \sqrt{\frac{mgL}{I}} \quad \text{(작은 각에서만)} \tag{10.15}$$

이 된다. 축에 대해 반지름 $r = L$로 회전하는 질량 m인 입자의 관성 모멘트는 $I = mL^2$(식 9.6)으로 주어진다. I에 대한 이 표현을 식 10.15에 대입하면 단진자에 대해

단진자 $$\omega = 2\pi f = \sqrt{\frac{g}{L}} \quad \text{(작은 각에서만)} \tag{10.16}$$

가 된다. 입자의 질량은 이 식에서는 소거되어 있다. 그래서 길이 L과 중력 가속도 g만이 단진자의 진동수를 결정한다. 만약 진동의 각이 커지면 진자는 단조화 운동을 나타내지 않고 식 10.16은 적용되지 않는다. 식 10.16은 예제 10.7이 설명하는 것처럼 진자를 이용하여 정확한 시간을 나타내는 근거를 제공한다.

예제 10.7 | 정확한 시간 간격

주기가 1.00 초인 단조화 운동을 하기 위한 단진자의 길이를 구하라.

살펴보기 단진자가 단조화 운동으로 진동할 때 진동수 f는 식 10.16 $f = \frac{1}{2\pi}\sqrt{g/L}$로 주어진다. 여기서 g는 중력 가속도이고 L은 진자의 길이이다. 식 10.5로부터 진동수가 주기 T의 역수임을 알고 있다. 즉 $f = 1/T$이다. 그러므로 위의 식은 $1/T = \frac{1}{2\pi}\sqrt{g/L}$이 된다. 이 식을 진자의 길이 L에 대해 풀면 된다.

풀이 진자의 길이는

$$L = \frac{T^2 g}{4\pi^2} = \frac{(1.00 \text{ s})^2 (9.80 \text{ m/s}^2)}{4\pi^2} = \boxed{0.248 \text{ m}}$$

이다. 그림 10.18은 정확한 시간을 나타내기 위하여 진자를 사용하는 시계를 보여주고 있다.

그림 10.18 이 진자시계는 진자가 좌우로 진동함에 따라 시간이 유지된다.

그림 10.17에서 물체가 반드시 점 입자일 필요는 없다. 큰 물체일 수도 있으며 그런 진자를 **물리 진자**(physical pendulum)라 한다. 이 경우 진폭이 작은 진동에 대해 식 10.15는 여전히 적용되지만 관성 모멘트 I는 더 이상 mL^2이 아니다. 강체에 대한 올바른 관성 모멘트 값이 사용되어야 한다(관성 모멘트에 대해 9.4절 참조). 게다가 물리 진자에 대한 길이 L은 P에 있는 축과 물체의 무게 중심과의 거리이다.

10.5 감쇠 조화 운동

단진자 운동에서 물체는 에너지 손실이 없기 때문에 일정한 진폭으로 진동한다. 그러나 실제로 마찰이나 어떤 다른 에너지 손실의 원인이 항상 존재한다. 에너지 손실이 있게 되면 진동의 진폭은 시간이 지남에 따라 감소하게 된다. 그러면 진동은 더 이상 단조화 운동이 아니다. 대신에 '감쇠'라고 하는 진폭의 감소가 있는 진동을 **감쇠 조화 운동**(damped harmonic motion)이라 한다.

폭넓게 이용되는 감쇠 진동의 응용은 자동차의 현가(버팀) 장치이다. 그림 10.19(a)는 자동차의 주요한 버팀 용수철에 달린 충격 흡수 장치를 보여준다. 충격 흡수 장치는 감쇠력을 도입하여 설계되었고 울퉁불퉁한 길을 달릴 때 생기는 덜컹거림을 줄여준다. 그림 (b)와 같이 충격 흡수 장치는 오일이 가득 들어 있는 피스톤으로 되어 있다. 피스톤이 울퉁불퉁한 길을 가면서 움직일 때 피스톤 헤드 부분의 구멍을 통해 오일이 지나가므로 피스톤이 움직일 수 있게 해준다. 움직이는 동안 발생하는 점성력이 감쇠의 원인이 된다.

그림 10.20은 감쇠의 몇 가지 형태를 나타내고 있다. 자동차의 버팀 장치의 예에 적용된 것처럼 이 그래프들은 시간 $t_0 = 0\,\text{s}$에서 차체를 A_0만큼 위로 들어올린 다음 놓았을 때 차체의 수직 위치의 변화를 보여주고 있다. 그림 (a)는 곡선 1(빨간색) 부분의 비감쇠 즉 단조화 운동과 곡선 2(초록색)로 나타낸 약간의 감쇠 운동을 비교하고 있다. 감쇠 조화 운동에서 차체는 진폭이 감소되면서 진동하고 결국에는 정지하게 된다. 감쇠의 정도가 곡선 2에서 곡선 3(노란색)까지 증가함에 따라 자동차는 몇 번 진동하다가 정지한다. 그림 (b)는 감쇠의 정도가 더욱 더 증가함에 따라 자동차가 놓여진 후 전혀 진동하지 않고 오히려 곡선 4에서처럼(파란색) 바로 평형 위치로 다시 돌아가는 것을 나타내고 있다. 완전하게 진동을 제거하는 감쇠의 가장 작은 정도를 '임계 감쇠'라 하며 운동이 임계적으로 감쇠되었다고 한다.

그림 10.20(b)의 곡선 5(자주색)에는 자동차가 평형 위치로 돌아가는 데 가장 오랜 시간이 걸림을 보여준다. 여기서 감쇠의 정도는 임계 감쇠에 대한 값보다 크다. 감쇠가 임계값을 초과할 때 운동은 과도 감쇠라고 말한다. 그와 반면에 감쇠가 임계값보다 작을 때 운동은 저감쇠(곡선 2, 3)되었다고 말한다. 전형적인 자동차의 충격 흡수 장치는 곡선 3에서와 같이 어느 정도 저감쇠 운동을 하도록 설계되었다.

○ 충격 흡수 장치의 물리

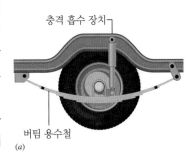

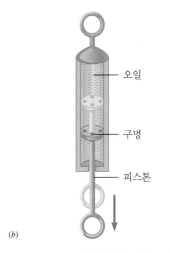

그림 10.19 (a) 충격 흡수 장치는 자동차의 버팀 장치 내에 설치된다. (b) 충격 흡수 장치의 내부 단면 모습

10.6 강제 조화 운동과 공명

감쇠 조화 운동에서 마찰과 같은 소모력은 진동계의 에너지를 소모하거나 감소시켜서 운동의 진폭이 시간이 지남에 따라 감소하게 한다. 이 절에서는 진동하는 계에 에너지가 계

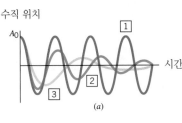

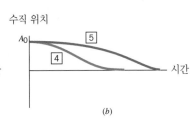

그림 10.20 감쇠 조화 진동. 감쇠의 정도는 곡선 1에서 5까지 증가한다. 곡선 1은 비감쇠 혹은 단조화 운동, 곡선 2와 3은 저감쇠 운동, 곡선 4는 임계 감쇠 조화 운동, 곡선 5는 과도 감쇠 운동을 나타낸다.

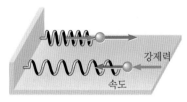

그림 10.21　공명은 강제력(파란색 화살)의 진동수가 물체의 고유 진동수와 일치할 때 발생한다. 빨간색 화살은 물체의 속도를 나타낸다.

속 더해질 때 진폭이 계속 증가하는 효과를 다루고자 한다.

이상적인 용수철에 매달린 물체가 단조화 운동이 되도록 하기 위해 어떤 요인이 처음에 용수철을 늘이거나 줄이는 힘을 작용해야 한다. 이 힘은 단순히 처음 순간만 아니라 항상 작용한다고 가정하자. 예를 들면 그 힘은 사람이 단순히 물체를 앞뒤로 밀거나 당기도록 하는 것이다. 그러한 운동은 부가적인 힘의 대부분이 물체의 행동을 강제하거나 조절할 수 있기 때문에 강제 조화 운동(driven harmonic motion)이라고 한다. 이러한 부가적인 힘을 강제력(driving force)이라 한다.

그림 10.21은 강제 조화 운동의 한 가지 중요한 예를 나타내고 있다. 여기에서 강제력은 용수철계와 같은 진동수를 갖고 있으며 항상 물체의 속도의 방향을 가리킨다. 용수철계의 진동수는 $f = (1/2\pi)\sqrt{k/m}$ 이고 용수철계는 자연스럽게 진동하기 때문에 고유 진동수라 한다. 강제력과 속도가 항상 같은 진동수를 가지기 때문에 항상 물체에 양의 일을 하고 계의 총 역학적 에너지는 증가한다. 결과적으로 진동의 진폭이 더 커지게 되고 만약 강제력에 의해 더해진 에너지를 줄이는 감쇠력이 없다면 끊임없이 증가할 것이다. 그림 10.21에 묘사된 그러한 상황을 공명(resonance)이라 한다.

■ 공명

공명은 시간에 따라 변하는 힘이 진동하는 물체에 많은 양의 에너지를 전달하여 큰 진폭의 운동을 일으키는 조건이다. 감쇠가 없는 경우 공명은 강제력의 진동수와 물체의 고유 진동수가 같을 때 일어난다.

강제력의 진동수의 역할은 매우 민감한 것으로 진동의 고유 진동수와 강제 진동수가 같아지면 아주 약한 힘조차도 진동 과정에서 미소한 진폭의 증가를 누적시키기 때문에 매우 큰 진폭의 진동을 일으킬 수 있다.

○ 펀디 만에서 밀물 때의 물리

공명은 진동 가능한 어떤 물체에서도 발생할 수 있고 용수철이 포함될 필요는 없다. 세계에서 가장 큰 밀물과 썰물은 캐나다 동부의 뉴 브룬스위크와 노바스코티아 사이에 있는 펀디 만에서 발생한다. 밀물 때와 썰물 때 수위의 엄청난 차이가 그림 10.22에 나타나 있듯이 어떤 곳에서는 약 15 m의 차이가 난다. 이런 현상은 부분적으로는 공명에 의한 것이다. 만으로부터 조수가 흘러들어 썰물이 되는 데 걸리는 시간 혹은 주기는 만의 크기, 바닥의 지형과 해안선의 윤곽에 의존한다. 펀디 만에서 썰물과 밀물은 달의 조수 주기인 12.42 시간

그림 10.22 (a) 밀물과 (b) 썰물 때의 펀디 만의 모습. 어떤 곳에서는 약 15 m까지 수위가 변한다.

과 거의 같은 12.5 시간이 걸린다. 그때 조수 현상은 만의 고유 진동수(12.5 시간당 한 번)와 거의 일치하는 진동수(12.42 시간당 한 번)로 물이 펀디 만으로 들어왔다 나가게 한다. 그 결과 펀디 만은 만조가 된다(욕조에서 물결을 만들어 놓고 물결과 같은 주기로 물을 앞뒤로 밀면 비슷한 효과를 얻을 수 있다).

10.7 탄성 변형

인장, 압축, 영률

용수철은 수축시키고 인장시키는 힘이 제거될 때 원래 형태로 돌아간다는 것을 알고 있다. 실제 모든 물질은 수축되거나 늘어날 때 어떤 방식으로든 변형된다. 고무와 같은 것들은 수축이나 인장의 원인이 제거될 때 원래 형태로 돌아간다. 그러한 물질을 '탄성'이 있다고 한다. 원자의 관점에서 본다면 탄성의 원인은 원자들이 서로에게 작용하는 힘 때문이다. 그림 10.23에서는 이러한 힘들을 용수철을 이용하여 상징적으로 나타내었다. 변형의 원인이 되는 힘이 제거될 때 물질이 원래의 형태로 돌아가려고 하는 경향은 이러한 원자 크기의 '용수철' 때문이다.

고체의 원자들이 움직이지 못하게 붙들어 매는 원자 간 힘은 아주 강해서 고체를 늘이기 위해서는 매우 큰 힘이 작용되어야 한다. 실험에 의하면 늘어난 길이가 물체의 원래의 길이에 비해 작다면 늘이는 데 드는 힘의 크기는 다음과 같은 식으로 나타낼 수 있음이 확인되었다.

$$F = Y\left(\frac{\Delta L}{L_0}\right)A \tag{10.17}$$

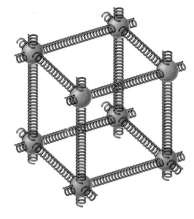

그림 10.23 원자들 사이의 힘들이 용수철처럼 행동한다. 원자는 빨간색 공으로 표시되었다. 잘 보이게 하기 위해 어떤 원자들 사이의 용수철은 생략되었다.

그림 10.24에서 보듯이 F는 끝의 표면에 수직인 방향으로 작용하는 인장력의 크기를 나타내고 A는 막대의 단면적, ΔL은 늘어난 길이 그리고 L_0는 원래 길이이다. 기호 Y는 토마스 영(1773~1829)의 이름을 기려 **영률**(Young's modulus)이라고 불리는 비례 상수이다. 식 10.17을 Y에 대해 풀면 영률은 단위 넓이당 힘(N/m^2)의 단위를 가진다. 식 10.17에서 힘의 크기는 순 증가량 ΔL보다 오히려 길이 증가율 $\Delta L/L_0$에 비례함을 유의해야 한다. 힘의 크기는 또한 단면적 A에도 비례한다. 단면은 원형뿐만 아니라, 임의의 어떤 형태(예를 들면 직사각형)를 가질 수 있다.

표 10.1은 영률의 값이 물질의 종류에 따라 다름을 나타낸다. 예를 들어 금속의 영률은 뼈의 영률보다 훨씬 크다. 식 10.17은 주어진 힘에 대하여 Y의 값이 크면 클수록 길이

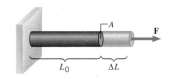

그림 10.24 이 그림에서 **F**는 잡아당기는 힘을, A는 단면적, L_0는 막대의 원래 길이, ΔL은 늘어난 양을 나타낸다.

◑ 외과용 보철의 물리

표 10.1 고체의 영률

물질	영률 $Y(N/m^2)$	물질	영률 $Y(N/m^2)$
알루미늄	6.9×10^{10}	모헤어	2.9×10^9
뼈		나일론	3.7×10^9
압축	9.4×10^9	내열유리(파이렉스)	6.2×10^{10}
팽창	1.6×10^{10}	강철	2.0×10^{11}
황동	9.0×10^{10}	테플론	3.7×10^8
벽돌	1.4×10^{10}	티타늄	1.2×10^{11}
구리	1.1×10^{11}	텅스텐	3.6×10^{11}

가 잘 늘어나지 않음을 의미한다. 인공 엉덩이 관절 같은 외과에서 사용하는 보철 물질은 주로 스테인리스 강철이나 티타늄 합금 등으로 만드는데 영률의 차이에 의한 길이 변화의 차이가 인공 기관과 접촉하고 있는 뼈에 만성적인 악화를 일으킬 수 있다.

 뼈 구조의 물리

그림 10.24에서와 같이 가해져서 늘어남의 원인이 되는 힘은 줄 내의 장력과 같이 물질 내의 장력을 만들 수 있기 때문에 '인장력'이라 한다. 식 10.17은 또한 힘이 길이 방향을 따라 물질을 압축시킬 때도 적용된다. 압축의 경우 힘은 그림 10.24에서 보여준 것과는 반대 방향에서 작용되며, ΔL은 원래 길이 L_0가 줄어든 양을 나타낸다. 예를 들면 표 10.1에 의하면 뼈의 경우 압축과 팽창에 대해 영률값이 다르다. 그러한 차이는 물질의 구조와 관련된다. 콜라겐 섬유 조직(단백질로 된 물질)으로 구성된 뼈의 고체 성분은 수산화인회석(미네랄 성분) 속에 분포되어 있다. 콜라겐은 콘크리트 내의 금속 막대처럼 행동하고 압축에 대한 Y값보다 팽창에 대한 Y값을 증가시킨다.

대부분 고체는 아주 큰 영률을 가진다. 다음의 예제 10.8를 보면 고체의 길이를 아주 조금 늘이는 데도 매우 큰 힘이 필요함을 알 수 있다.

예제 10.8 | 뼈 압축

서커스에서 한 명의 단원이 많은 동료들을 합한 무게(1640 N)를 지탱한다(그림 10.25). 이 단원의 넓적다리뼈(대퇴골)는 각각의 길이가 0.55 m이고 유효 단면적이 7.7×10^{-4} m²이다. 각 넓적나리뼈가 다른 농료의 무게에 의해 압축되는 양을 구하라.

살펴보기 각 넓적다리뼈에 의해 지탱되는 추가 무게는 $F = \frac{1}{2}(1640\,\text{N}) = 820\,\text{N}$이다. 표 10.1에 의하면 뼈 압축에 대한 영률은 9.4×10^9 N/m²이다. 넓적다리뼈의 길이와 단면적이 또한 알려져 있기 때문에 추가되는 무게가 넓적다리뼈를 압축하는 양을 계산하기 위하여 식 10.17을 사용하면 된다.

그림 10.25 균형을 유지한 단원 전체의 무게는 등을 대고 누워 있는 한 단원의 다리에 의해 지탱된다.

풀이 각 넓적다리뼈의 압축량 ΔL은

$$\Delta L = \frac{FL_0}{YA} = \frac{(820\,\text{N})(0.55\,\text{m})}{(9.4 \times 10^9\,\text{N/m}^2)(7.7 \times 10^{-4}\,\text{m}^2)}$$
$$= \boxed{6.2 \times 10^{-5}\,\text{m}}$$

이다. 이것은 매우 작은 변화이다. 감소율은 $\Delta L/L_0 = 0.00011$이다.

층밀리기 변형과 층밀리기 탄성률

고체를 늘이기나 압축시키지 않고 다른 방법으로 변형시키는 것은 가능하다. 예를 들면 거친 책상 위에 책을 두고 윗면을 그림 10.26(a)처럼 밀어보라. 윗면과 그 아래의 면들이 정지 상태의 바닥면에 비해서 이동됨을 관찰할 수 있다. 그러한 변형을 **층밀리기 변형**(shear deformation)이라 하며 그것은 책의 윗면에 손에 의해 작용한 힘 **F**와 책의 바닥면에 책상에 의해 작용된 힘 **−F**의 조합된 효과 때문이다. 힘들의 방향은 책 표지에 평행하

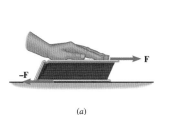
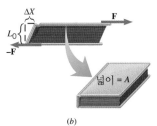

(a)   (b)

그림 10.26 (a) 층밀리기 변형의 예. 층밀리기힘 **F**와 −**F**가 책의 윗면과 바닥면에 평행하게 작용한다. 일반적으로 층밀리기힘은 고체 물체를 변형시키는 원인이 된다. (b) 층밀리기 변형은 ΔX이다. 표지의 넓이는 A이고, 책의 두께는 L_0이다.

다. 책 표지는 그림의 (b)에서 보듯이 넓이가 A이다. 이 두 힘은 같은 크기를 갖지만 방향은 반대이므로 책은 평형 상태에 놓이게 된다. 식 10.18은 두께 L_0인 물체에 대해 층밀리기 ΔX의 양을 만드는 데 필요한 힘 F를 나타낸다. 즉

$$F = S\left(\frac{\Delta X}{L_0}\right)A \tag{10.18}$$

이다. 이 식은 식 10.17과 매우 유사하다. 비례 상수 S를 **층밀리기 탄성률**(shear modulus)이라 한다. 영률과 같이 단위 넓이당 힘(N/m^2)의 단위를 가진다. S의 값은 물질의 종류에 따라 다르며 표 10.2에 대표적인 몇 개의 값들이 나열되어 있다. 예제 10.9는 디저트로 많이 사용되는 젤로(젤리의 일종)의 층밀리기 탄성률을 구하는 방법을 설명하고 있다.

표 10.2 고체 물질의 층밀리기 탄성률의 값

물질	층밀리기 탄성률 $S(N/m^2)$
알루미늄	2.4×10^{10}
뼈	1.2×10^{10}
황동	3.5×10^{10}
구리	4.2×10^{10}
납	5.4×10^{9}
니켈	7.3×10^{10}
강철	8.1×10^{10}
텅스텐	1.5×10^{11}

예제 10.9 │ 젤로(JELL-O)

젤로 한 덩어리가 접시 위에 놓여 있다. 그림 10.27(a)에 젤로의 크기가 표시되어 있다. 저녁 식사 후 애태우며 기다리다 젤로를 보자마자 손가락을 대었다. 그때 민 힘의 크기는 그림 (b)처럼 $F = 0.45\,N$이고 방향은 표면의 윗면을 따라 접선 방향이다. 윗면이 바닥면에 대해 $\Delta X = 6.0 \times 10^{-3}\,m$만큼 밀린다. 젤로의 층밀리기 탄성률을 구하라.

살펴보기 손가락은 젤로 덩어리의 윗면에 평행한 힘을 작용한다. 윗면이 바닥면에 비해 거리 ΔX만큼 이동하기 때문에 덩어리의 모양이 변한다. 모양에 있어 이러한 변화를 만드는 데 요구되는 힘의 크기는 식 10.18에 의해 $F = S(\Delta X/L_0)A$로 주어진다. 이 식에서 S를 제외한 모든 변수들의 값을 알고 있으므

로 S를 구할 수 있다.

풀이 층밀리기 탄성률을 구하기 위해 식 10.18을 풀면 $S = FL_0/(A\Delta X)$이다. 여기서 $A = (0.070\,m)(0.0700\,m)$는 윗면의 넓이, $L_0 = 0.030\,m$는 덩어리의 두께이다. 따라서

$$S = \frac{FL_0}{A\,\Delta X} = \frac{(0.45\,N)(0.030\,m)}{(0.070\,m)(0.070\,m)(6.0 \times 10^{-3}\,m)}$$
$$= \boxed{460\,N/m^2}$$

이다. 젤로는 쉽게 변형되므로 층밀리기 탄성률은 강철과 같은 강체보다도 훨씬 작다.

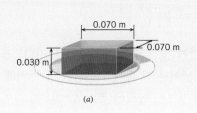

0.070 m
0.070 m
0.030 m

(a)

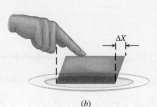

ΔX

(b)

그림 10.27 (a) 젤로 덩어리 (b) 젤로에 작용하는 층밀리기힘

식 10.17과 10.18은 대수적으로 유사하지만 다른 종류의 변형으로 언급된다. 그림 10.24에서 인장력은 넓이 A의 표면에 수직하지만 그림 10.26에서 층밀리기힘은 표면에 평행하다. 더욱이 식 10.17에서 비율 $\Delta L/L_0$은 식 10.18에서의 비율 $\Delta X/L_0$와 다르다. 거리 ΔL과 L_0는 평행하지만 ΔX와 L_0은 서로 수직 방향이다. 영률은 인장력 혹은 압축력의 결과로서 고체 물질의 일차원적인 길이 변화와 관련이 있다. 층밀리기 탄성률은 층밀리기힘의 결과로서 고체 물질의 모양 변화와 관련이 있다.

부피 변형과 부피 탄성률

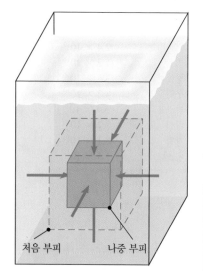

그림 10.28 화살표는 액체 속에 있는 물체의 표면에 수직하게 미는 힘을 나타낸다. 단위 넓이당 힘은 압력이다. 압력이 증가할 때 물체의 부피는 감소한다.

압축력이 어떤 고체의 한 변을 따라 작용할 때 그 변의 길이는 감소한다. 또한 압축력을 가하면 모든 변(길이, 폭, 깊이)의 크기가 감소되어 그림 10.28처럼 부피의 감소가 생기게 할 수 있다. 이러한 종류의 전체적인 압축은, 예를 들어 물체가 액체 속으로 스며들어갈 때 발생하고 액체는 물체 내의 모든 곳을 누른다. 그러한 경우에 작용하는 힘은 모든 표면에 수직으로 작용한다. 그래서 일일이 어떤 한 힘의 양보다는 단위 넓이당 작용하는 수직 방향 힘에 대해 말하는 게 더 편리하다. 단위 넓이당 작용하는 수직 방향 힘의 크기를 **압력**(pressure) P라 한다.

> **■ 압력**
>
> 압력 P는 표면에 수직으로 작용하는 힘의 크기 F를 힘이 작용하는 곳의 넓이 A로 나눈 것이다.
>
> $$P = \frac{F}{A} \tag{10.19}$$
>
> **압력의 SI 단위**: 뉴턴(N)/제곱미터(m^2) = 파스칼(Pa)

식 10.19에서 압력에 대한 SI 단위는 힘의 단위를 넓이의 단위로 나눈 것(N/m^2)임을 알 수 있다. 압력의 단위는 종종 프랑스 과학자 파스칼(1623~1662)의 이름을 붙여 파스칼(Pa)이라 한다.

물체에 작용하는 압력이 ΔP만큼 변한다고 가정하자. 여기서 보통 델타 기호 붙은 ΔP는 나중 압력 P와 처음 압력 P_0의 차, 즉 $\Delta P = P - P_0$를 나타낸다. 압력의 변화 때문에 물체의 부피는 $\Delta V = V - V_0$만큼 변한다. 여기서 V와 V_0는 각각 나중과 처음 부피이다. 예를 들어 수영 선수가 물속으로 깊게 잠수할 때 그러한 압력 변화가 생긴다. 실험에 의하면 ΔV만큼의 부피를 변화시키는 데 필요한 압력 변화 ΔP는 부피 변화율 $\Delta V/V_0$에 비례하는 것으로 알려져 있다. 즉

$$\Delta P = -B\left(\frac{\Delta V}{V_0}\right) \tag{10.20}$$

이다. 이 식은 넓이는 A가 겉으로 나타나지 않는 것을 제외하면 식 10.17 및 식 10.18과 유사하다. 넓이는 이미 압력의 개념(단위 넓이당 힘)속에 포함되어 있다. 비례 상수 B를 부피 탄성률(bulk modulus)이라 한다. 음의 부호는 압력이 증가(ΔP가 양)하면 항상 부피가 감소(ΔV가 음)하기 때문에 붙여진 것이고 B는 양의 값으로 주어진다. 영률 및 층밀리기 탄성률과 같이 부피 탄성률은 단위 넓이당 힘(N/m^2)의 단위를 가지고 그 값은 물질의 종류에 따라 다르다. 표 10.3은 부피 탄성률의 대표적인 값들이다.

처음 부피   나중 부피

표 10.3 몇 가지 고체와 액체의 부피 탄성률

물질	부피 탄성률 $B\,(N/m^2)$
고체	
알루미늄	7.1×10^{10}
청동	6.7×10^{10}
구리	1.3×10^{11}
납	4.2×10^{10}
나일론	6.1×10^9
강화유리(파이렉스)	2.6×10^{10}
강철	1.4×10^{11}
액체	
에탄올	8.9×10^8
오일	1.7×10^9
물	2.2×10^9

10.8 변형력, 변형, 훅의 법칙

식 10.17, 10.18과 10.20은 탄성 변형을 일으키는 데 필요한 힘의 크기를 설명한다. 이러한 식의 모양이 같은 모습을 강조하기 위해 표 10.4에 그 식들을 모아서 나타냈다. 각 식의 왼쪽 항은 탄성 변형을 일으키는 데 필요한 단위 넓이당 힘의 크기이다. 일반적으로 힘의 크기와 받는 넓이의 비율을 변형력(응력)이라 한다. 각 식의 오른쪽 항은 변화된 양(ΔL, ΔX 혹은 ΔV)을 변화가 비교되는 것에 관한 양(L_0 혹은 V_0)으로 나눈 것을 나타낸다. 항 $\Delta L/L_0$, $\Delta X/L_0$와 $\Delta V/V_0$는 차원이 없는 비율이고 각각은 작용한 변형력으로부터 생긴 변형을 나타낸다. 인장과 압축의 경우 변형은 길이의 변화율이지만 부피 변형에 있어서는 부피의 변화율이다. 층밀리기 변형에서의 변형은 물체 모양의 변화를 나타낸다. 실험에 의하면 이들 세 식은 영률, 층밀리기 탄성률과 부피 탄성률을 상수로 놓을 때 거의 모든 물질에 적용가능한 식으로 알려져 있다. 그러므로 변형력과 변형은 서로 비례한다. 지금은 훅의 법칙(Hooke's law)이라고 하는 이러한 관계는 로버트 훅(1635~1703)에 의해 최초로 발견되었다.

> **■ 변형력과 변형에 대한 훅의 법칙**
> 변형력은 변형에 비례한다.
> **변형력의 SI 단위**: 제곱미터당 뉴턴(N/m^2) = 파스칼(Pa)
> **변형의 SI 단위**: 변형은 차원이 없는 양이다.

실제로 물질은 그림 10.29에서 보듯이 어느 한계까지만 훅의 법칙을 따른다. 변형력이 변형에 비례하는 동안만 변형 대 변형력의 그림은 직선이다. 물질이 직선성으로부터 벗어나기 시작하는 그래프 상의 점을 비례 한계라 한다. 비례 한계를 넘어서면 변형력과 변형은 더 이상 비례 관계가 아니다. 그러나 변형력이 만약 물질의 탄성 한계를 벗어나지 않는다면 변형력이 제거될 때 물체는 원래의 크기와 모양으로 돌아갈 것이다. 탄성 한계는 탄성 한계를 넘어서면 변형력이 제거되었을 때 물체가 더 이상 원래의 크기와 모양대로 돌아가지 않는 점이다. 즉 그 물체는 영원히 변형된다.

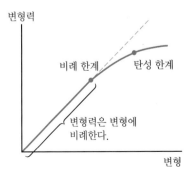

그림 10.29 훅의 법칙(변형력은 변형에 비례한다)은 물질의 비례 한계까지만 유효하다. 이 한계를 넘어서면 훅의 법칙은 더 이상 성립되지 않는다. 탄성 한계를 넘어서면 변형력이 제거 되었을 때조차도 물질은 변형된 채로 남아 있게 된다.

표 10.4 탄성에 대한 변형력과 변형의 관계

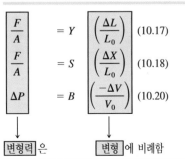

$$\frac{F}{A} = Y\left(\frac{\Delta L}{L_0}\right) \quad (10.17)$$

$$\frac{F}{A} = S\left(\frac{\Delta X}{L_0}\right) \quad (10.18)$$

$$\Delta P = B\left(\frac{-\Delta V}{V_0}\right) \quad (10.20)$$

변형력은   변형에 비례함

연습 문제

주의: 별다른 언급이 없으면 영률 Y, 층밀리기 탄성률 S, 부피 탄성률 B는 표 10.1, 10.2, 10.3의 값을 사용한다.

10.1 이상적인 용수철과 단조화 운동

1(1) 손 운동기기에 코일 용수철이 사용된다. 용수철을 0.0191 m 압축하는 데 89.0 N의 힘이 필요하다. 용수철을 0.0508 m 압축하려면 얼마의 힘이 필요한가?

2(3) 용수철 상수가 248 N/m인 용수철이 있다. (a) 변형 전 길이 로부터 3.00×10^{-2} m로 용수철을 늘이는 데 (b) 같은 길이 만큼 용수철을 압축하는 데 필요한 힘을 구하라.

3(4) 다음 그래프는 궁수가 긴 활의 현에 작용한 힘 F 대 현의 변위 x를 나타낸다. 이 활 뒤로 잡아 늘이는 것은 용수철을 잡아당기는 것과 유사하다. 그래프를 보고 활의 유효 용수철 상수를 구하라.

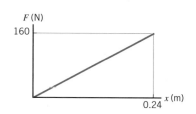

4(5) 자동차가 용수철에 연결된 92 kg의 트레일러를 끌고 있다. 용수철 상수는 2300 N/m이다. 자동차가 0.30 m/s² 의 가속도로 가속하면 용수철은 얼마만큼 늘어나는가?

5(6) 천장에 달린 용수철에 0.70 kg인 블록을 매달았더니 용수철이 늘어났다. 두 번째 블록을 첫 번째에 연결하였더니 용수철 처음 길이의 3배만큼 늘어났다. 두 번째 블록의 질량은 얼마인가?

*6(8) 천장에 달린 100-코일 용수철 끝에 물체가 붙어 있다. 이때 용수철은 0.160 m 늘어난다. 이 용수철을 잘라 각각 50-코일의 같은 용수철 두 개로 만든다. 그림과 같이 천장에 매달린 각 용수철에 물체가 붙어 있다. 각각의 용수철은 변형되지 않을 때보다 얼마나 늘어나는가?

50-코일 용수철

*7(10) 그림에 보인 것처럼 10.1 kg인 널빤지를 구석에 박아

50.0° 각도로 세워 용수철에 연결했다. 용수철의 용수철 상수는 176 N/m이고, 바닥에 평행하게 연결되어 있다. 용수철은 변형되지 않을 때보다 얼마나 늘어나는가?

50.0°

*8(11) 0.750 초 동안 7.00 kg인 블록이 마찰 없는 수평면 위에서 정지 상태로부터 4.00 m 당겨진다. 블록은, 붙어 있는 수평 방향의 용수철에 의해 당겨지며 가속도는 일정하다. 용수철 상수는 415 N/m이다. 당겨지는 동안 용수철은 얼마만큼 늘어나는가?

**9(13) 15.0 kg의 블록이 수평 탁자 위에 놓여 있고 질량을 무시할 만한 수평 용수철의 한쪽 끝에 붙어 있다. 용수철의 다른쪽 끝을 수평으로 당김으로써 블록을 일정하게 가속시켜 0.500 초 동안에 5.00 m/s의 속력에 도달한다. 그 과정에서 용수철이 0.200 m 늘어난다. 그런 다음 블록이 일정한 속력 5.00 m/s로 당겨진다. 그 시간 동안 용수철이 단지 0.0500 m 늘어난다. (a) 용수철의 용수철 상수와 (b) 블록과 탁자 사이의 운동 마찰 계수를 구하라.

10.2 단조화 운동과 기준원

10(14) 한 스피커 진동판이 앞뒤로 움직이는 단조화 운동에 의해 2.5 s 동안 소리를 낸다. 단조화운동의 각진동수가 7.54×10^4 rad/s일 때, 진동판이 앞뒤로 몇 번이나 이동하는가?

11(15) 자동차의 버팀 장치 내의 충격 흡수 장치가 차축에 부착된 용수철의 작동에 어떠한 효과도 나타나지 않는 나쁜 상태에 있다. 앞 축에 부착된 같은 용수철은 각각 320 kg을 지탱한다. 어떤 사람이 차의 앞쪽 끝 중간을 아래로 누르면 차가 3.0 초에 5 번 진동한다고 한다. 용수철 상수를 구하라.

12(17) 그림 10.4처럼 0.80 kg인 블록이 용수철의 끝에 붙어 있다. 이 계는 단조화 운동을 한다. 그림은 시간의 함수로서 블록의 변위 x를 나타낸다. 이들 데이터를 이용해서 (a) 운동의 진폭 A를 구하라. (b) 각진동수 ω를 구하라. (c) 용수철 상수 k를 구하라. (d) $t = 10.0$ s 일 때 물체의 속력을 구하라. (e) $t = 10.0$ s 일 때 물체의 가속도의 크기를 구하라.

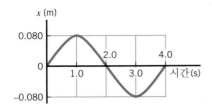

과 나타나는 단조화 운동의 진폭은 얼마인가?

19(30) 천장에 수직으로 달린 용수철 끝에 3.2 kg인 블록이 매달려 정지하고 있다. 이 용수철/질량 계의 탄성 위치 에너지는 1.8 J이다. 3.2 kg 블록을 대신에 5.0 kg인 블록으로 바꾸면 계의 탄성 위치 에너지는 얼마가 되는가?

*20(33) 질량이 1.1 kg인 물체가 용수철 상수가 120 N/m인 수직 용수철에 매달려 있다. (a) 용수철이 변형되기 전으로부터 늘어난 양은 얼마인가? (b) 물체가 0.20 m만큼 아래로 당겨진 정지 상태로부터 놓여질 때 물체가 위로 올라가면서 원래 위치를 지날 때의 속력을 구하라.

*13(19) 질량이 같은 두 물체가 두 개의 다른 수직 용수철에 매달려 단조화 운동으로 위아래로 진동하고 있다. 용수철 1의 용수철 상수는 174 N/m이다. 용수철 1에 매달린 물체의 운동은 용수철 2에 매달린 물체의 운동에 비해 2배의 진폭을 가진다. 최대 속도의 크기는 두 경우 모두 같다. 용수철 2의 용수철 상수를 구하라.

*21(35) 11.2 kg인 블록과 21.7 kg인 블록이 수평하고 마찰이 없는 표면에 정지하고 있다. 두 블록 사이에 용수철(용수철 상수 = 1330 N/m)을 끼워 놓았다. 용수철은 변형되기 전 길이로부터 0.141 m만큼 압축되고 양쪽 블록에 고정으로 연결되어 있지 않다. 압축되어 있는 용수철을 놓으면 두 블록은 양쪽으로 튀어 나간다. 이때 각 블록의 속력은 얼마인가?

*14(22) 3.0 kg인 블록이 두 수평 용수철 사이에 있다. 블록이 그림에서 $x = 0$로 표시된 위치에 놓일 때 두 용수철이 다 변형된다. 블록이 $x = 0$인 위치로부터 0.070 m의 거리로 변위되고 물체를 정지로부터 놓는다. (a) $x = 0$인 위치를 통해 지나갈 때 블록의 속력은 얼마인가? (b) 이 계의 각진동수 ω을 구하라.

**22(37) 질량이 70.0 kg인 서커스 단원이 수평과 40.0°의 각을 이루는 대포로부터 발사된다. 대포의 구조는 새총이 돌멩이를 발사하는 것과 같은 방식으로 단원을 추진시킬 수 있는 강한 탄성 밴드를 사용한다. 이러한 묘기를 위해 밴드는 변형되기 전 길이로부터 3 m까지 늘어나는 것으로 설치한다. 단원이 밴드로부터 자유롭게 날아가는 위치에서 바닥으로부터 그의 높이는 그가 발사되어 안전망 속으로 들어가는 높이와 같다. 단원이 이 지점과 안전망 사이에서 26.8 m의 수평 거리를 가는 데는 2.14 초 걸린다. 마찰과 공기 저항을 무시하고 발사 장치의 유효 용수철 상수를 구하라.

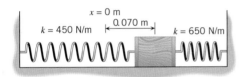

**15(23) 쟁반이 수평으로 진동수 $f = 2.00$ Hz인 단조화 운동을 하고 있다. 이 쟁반 위에 빈 컵이 있다. 쟁반과 컵 사이 정지 마찰 계수를 구하라. 컵은 운동의 진폭이 5.00×10^{-2} m일 때 미끄러지기 시작한다.

10.4 진자

23(39) 단진자의 주기가 2.0 초이면 진자의 길이는 얼마이어야 하는가?

24(40) 0.65 m의 줄과 줄의 끝부분에 작은 공을 매달아 단진자를 만들었다. 작은 각도로 한쪽으로 끌어당겼다가 살짝 놓았다. 공을 놓은 후 가장 빠른 속력에 도달하기 전까지 얼마나 시간이 경과할까?

10.3 에너지와 단조화 운동

16(24) 한 궁수가 화살을 활에 걸어 0.470 m의 거리까지 활줄을 당긴다. 활과 줄은 용수철 상수가 425 N/m인 용수철처럼 작용한다. (a) 잡아당겨진 활의 탄성 위치 에너지는 얼마인가? (b) 화살의 질량이 0.0300 kg일 때 활을 떠난 화살은 얼마나 빨리 날아가는가?

25(42) 길이 1.00 m의 단진자로 근사하고 $g = 9.83$ m/s^{2}인 위치에서 정확한 시간을 유지할 수 있는 진자시계가 있다. $g = 9.78$ m/s^{2}인 위치에서 정확한 시간을 계속 유지하도록(즉 주기가 동일하게 유지) 하려면 진자의 길이를 얼마로 해야 하는가?

17(27) 천장에 달린 용수철 끝에 0.450 kg인 블록이 매여져 있다. 정지 상태에서 놓을 때 벽돌이 순간적으로 정지할 때까지 0.150 m 떨어졌다. (a) 용수철의 용수철 상수는 얼마인가? (b) 진동하는 벽돌의 각진동수를 구하라.

*26(43) 진자 A는 길이가 d인 얇은 강체이고 균일한 막대로 만든 물리 진자이다. 이 막대의 한쪽 끝이 마찰이 없는 경첩에 의해 천장에 매달려 자유롭게 앞뒤로 진동 운동한다. 진자

18(29) 1.00×10^{-2} kg 인 블록이 수평한 마찰이 없는 표면에 정지해 있고 용수철 상수 124 N/m인 수평 용수철에 매달려 있다. 처음에 용수철이 변형되지 않은 상태에서 블록이 용수철을 8.00 m/s의 처음 속력으로 축에 평행하게 민다. 그 결

B도 또한 길이가 d인 단진자이다. 작은 각의 진동에 대해 두 진자의 주기의 비율 T_A/T_B를 구하라.

**27(45) 속이 찬 구(반지름 = R)의 표면 위 한 점이 천장의 선회축에 맞닿아 있다. 이 물리 진자가 작은 진폭으로 진동한다. 이러한 물리 진자와 같은 주기를 가지는 단진자의 길이는 얼마인가? 답을 R로 나타내 보라.

10.7 탄성 변형

10.8 변형력, 변형, 훅의 법칙

28(47) 3500 kg인 동상을 원통형 콘크리트($Y = 2.3 \times 10^{10}$ N/m^2) 스탠드 상단에 배치했다. 스탠드는 단면적이 7.3×10^{-2} m^{2}이고 높이는 1.8 m이다. 동상이 스탠드에 얼마나 많이 압축하는가?

29(49) 그림에서처럼 두 개의 금속 대들보가 4개의 리벳에 의해 함께 접합되어 있다. 각 리벳은 반지름이 5.0×10^{-3} m이고 최대 5.0×10^8 Pa의 층밀리기 변형력을 받게 된다. 각 대들보에 작용되어질 수 있는 최대 장력 **T**는 얼마인가? 각 리벳이 전체 하중의 1/4을 유지한다고 가정한다.

30(50) 어떤 크레인이 반지름이 6.0×10^{-3} m인 케이블에 1800 kg인 승용차를 매어 일정한 속력으로 끌어 올리고 있다. 케이블의 길이가 15 m이고 자동차의 무게 때문에 8.0×10^{-3} m가 늘어났다. 케이블에 대한 (a) 변형력을 구하라. (b) 변형을 구하라. (c) 영률을 구하라.

31(51) 바다의 표면으로부터 1미터 깊이마다 압력이 1.0×10^4 N/m^{2}만큼 증가한다. 해수면에서 한 변의 길이가 1.0×10^{-2} m인 강화 유리 입방체의 부피가 1.0×10^{-10} m^{3}만큼 줄어드는 것은 깊이가 얼마일 때인가?

32(52) 대퇴골은 최소 단면적이 약 4.0×10^{-4} m^{2}인 다리에 있는 뼈이다. 6.8×10^4 N 이상의 압축력을 받으면 대퇴골은 골절될 것이다. (a) 대퇴골이 견딜 수 있는 최대 변형력을 구하라. (b) 최대 변형력하에서 변형을 구하라.

33(53) 알루미늄 한 조각이 압력이 1.10×10^5 Pa인 대기 중에 놓여 있다. 알루미늄을 진공실에 넣고 압력을 0으로 감소시킬 때 알루미늄의 부피 변화율 $\Delta V/V_0$을 구하라.

34(55) 굴착기의 삽은 압력 장치 속의 오일에 의해 움직이는 유압 실린더로 제어된다. 굴착기의 삽이 도랑을 팔 때 압력이 1.8×10^5 Pa에서 6.5×10^5 Pa로 증가한다면 오일에 의해 일어나는 부피 변형 $\Delta V/V_0$을 구하라(대수적인 부호도 포함하라). 오일의 부피 탄성률 값은 표 10.3을 참조한다.

35(56) 그림과 같이 구리와 황동 원통을 끝과 끝을 이어 합쳐 놓았다. 각 원통은 반지름이 0.25 cm이다. 압축력 $F = 6500$ N으로 황동 원통의 오른쪽을 압축하였다. 이때 감소되는 적층 길이의 양을 구하라.

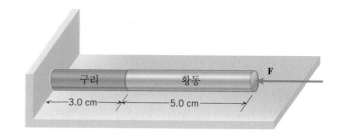

*36(57) 그림에서 보듯이 3.0×10^{-3} m의 두께를 가진 금속 판 내에 반지름 1.00×10^{-2} m의 구멍을 내도록 형판이 설계되었다. 금속판에 구멍을 내기 위해서 형판은 3.5×10^8 Pa의 층밀리기 변형력을 가해야 한다. 얼마만한 힘 **F**가 형판에 삭용되어야 하는가?

*37(59) 헬리콥터가 2100 kg의 지프를 들어 올린다. 강철로 된 지지줄은 길이가 48 m이고 반지름이 5.0×10^{-3} m이다. (a) 줄이 공기 중에서 움직임이 없이 매달려 있을 때 늘어나는 양은 얼마인가? (b) 지프가 1.5 m/s^{2}의 가속도를 가지고 위로 상승할 때 줄은 얼마만큼 늘어나는가?

*38(60) 구리 블록이 바닥에 안전하게 고정되어 있다. 그림에서 보는 것과 같이 블록의 표면 위로 1800 N의 힘을 가한다. (a) 블록의 바뀐 높이를 구하라. (b) 블록의 층밀리기 변형을 구하라.

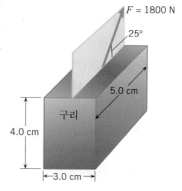

*39(61) 강철선 끝에 붙어 있는 8.0 kg인 돌이 12 m/s의 일정한 접선 속력으로 원형으로 빙글빙글 돌고 있다. 돌은 마찰이 없는 수평 탁자의 표면 위에서 움직이고 있다. 돌을 매고 있는 강철선의 반지름은 1.0×10^{-3} m이고 길이는 4.0 m이다. 강철선의 변형을 구하라.

*40(63) 질량이 1.0×10^{-3} kg인 거미가 영률이 4.5×10^9 N/m²이고 반지름이 13×10^{-6} m인 거미줄에 수직으로 매달려 있다. 질량이 95 kg인 사람이 알루미늄선에 수직으로 매달려 있다고 가정하자. 거미의 거미줄에서와 같은 변형을 나타내는 알루미늄선의 반지름은 얼마인가? 이때 거미줄은 거미의 전체 무게에 의해 변형력이 가해진다.

**41(65) 속이 찬 황동구가 지구의 대기에 의해 1.0×10^5 Pa의 압력을 받는다. 금성에서 대기에 의한 압력은 9.0×10^6 Pa이다. 구가 금성의 대기에 노출되었을 때 얼마만한 비율 $\Delta r/r_0$로(대수적인 부호를 포함) 구의 반지름이 변하는가? 반지름의 변화가 처음 반지름에 비해 매우 작다고 가정한다.

Chapter 11 유체

11.1 질량 밀도

유체는 흐를 수 있는 물질이며 기체와 액체를 포함한다. 공기는 가장 보편적인 기체로 바람으로 이동한다. 물은 가장 흔한 액체로 수력 발전으로부터 래프팅에 이르기까지 이용 범위가 아주 넓다. 액체나 기체의 **질량 밀도**(mass density)는 유체의 성질을 결정하는 중요한 인자이다. 아래에 나타낸 것처럼, 질량 밀도는 단위 부피당 질량이고 그리스 문자 ρ(rho)로 표기한다.

> ■ **질량 밀도**
>
> 질량 밀도 ρ는 질량 m을 부피 V로 나눈 것이다.
>
> $$\rho = \frac{m}{V} \tag{11.1}$$
>
> **질량 밀도의 SI 단위**: 킬로그램(kg)/세제곱미터(m^3)

부피가 같은 서로 다른 물질은 일반적으로 질량이 서로 다르므로 표 11.1과 같이 밀도*는 물질의 종류에 따라 다르다. 기체는 가장 작은 밀도를 가지는데 이는 기체 분자가 상대적으로 멀리 떨어져 있고 기체는 대부분이 빈 공간이기 때문이다. 반면에, 액체와 고체 내에서 분자들은 기체보다 더욱 많이 채워져 있으며, 이 때문에 밀도가 기체보다 크다. 기체의 밀도는 온도와 압력의 변화에 민감하다. 그러나 대개 이 교재가 다루는 압력과 온도 값들의 범위 내에서 액체와 고체의 밀도는 표 11.1에 나열된 값에서 크게 벗어나지 않는다.

밀도의 정의에는 물질의 무게가 아니라 질량을 사용한다. 무게가 필요한 상황에서 무게는 예제 11.1처럼 밀도, 부피, 중력 가속도로부터 구할 수 있다.

표 11.1 보통 물질의 질량 밀도[a]

물질	질량 밀도 $\rho(kg/m^3)$
고체	
알루미늄	2700
황동	8470
콘크리트	2200
구리	8890
다이아몬드	3520
금	19300
얼음	917
철(강철)	7860
납	11300
석영	2660
은	10500
나무(노란 소나무)	550
액체	
혈액(건강한 사람, 37°C)	1060
에틸알코올	806
수은	13600
기름(유압용)	800
물(4°C)	1.000×10^3
기체	
공기	1.29
이산화탄소	1.98
헬륨	0.179
수소	0.0899
질소	1.25
산소	1.43

* 특별한 지침이 없는 한 밀도란 질량 밀도를 의미한다(역자 주).

[a]지정하지 않은 경우 0°C, 1 기압에서의 값임.

예제 11.1 | **몸속에 있는 혈액의 몸무게에 대한 비**

체중 690 N인 남자의 혈액의 부피는 약 $5.2 \times 10^{-3}\,\text{m}^3$ (5.5 qt)이다. (a) 혈액의 무게를 구하고 (b) 몸무게에 대한 비를 백분율로 나타내어라.

살펴보기 무게는 $W = mg$이므로, 혈액의 무게를 구하기 위해 질량 m이 필요하다. g는 중력 가속도의 크기이다. 표 11.1에 보면, 혈액의 밀도는 $1060\,\text{kg/m}^3$이므로 혈액의 질량은 식 11.1에 부피 $5.2 \times 10^{-3}\,\text{m}^3$를 대입하여 구할 수 있다.

풀이 (a) 혈액의 질량과 무게는

$$m = \rho V = (1060\,\text{kg/m}^3)(5.2 \times 10^{-3}\,\text{m}^3) \quad (11.1)$$
$$= 5.5\,\text{kg}$$

$$W = mg = (5.5\,\text{kg})(9.80\,\text{m/s}^2) = \boxed{54\,\text{N}} \quad (4.5)$$

이다.

(b) 체중 내 혈액이 차지하는 백분율은

$$\text{백분율} = \frac{54\,\text{N}}{690\,\text{N}} \times 100 = \boxed{7.8\%}$$

이다.

밀도를 비교하는 편리한 방법은 **비중**(specific gravity)을 사용하는 것이다. 물질의 비중은 물질의 밀도를 기준 되는 물질, 보통 4°C에서의 물의 밀도로 나눈 것이다.

$$\text{비중} = \frac{\text{물질의 밀도}}{\text{4°C 물의 밀도}} = \frac{\text{물질의 밀도}}{1.000 \times 10^3\,\text{kg/m}^3} \quad (11.2)$$

비중은 두 밀도의 비로 단위가 없다. 예로 표 11.1에서 다이아몬드의 비중은 3.52로서 다이아몬드의 밀도는 4°C 물의 밀도보다 3.52배 더 크다.

다음 두 절에서는 중요한 개념인 압력에 대해 공부하게 되며 유체의 밀도가 유체가 작용하는 압력을 정하는 하나의 요소임을 알게 될 것이다.

11.2 압력

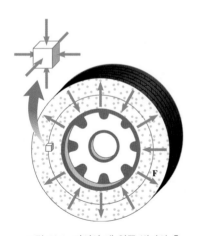

그림 11.1 타이어 내 안쪽 벽과의 충돌에서 기체 분자들(파란색 점)은 벽면의 모든 부분에 힘을 작용한다. 만약 작은 육면체를 타이어 내부에 끼어 넣으면 육면체는 6개의 각 면에 수직으로 작용하는 힘(파란색 화살표)을 받는다.

납작해진 타이어를 수리해 본 사람은 압력에 관해 무엇인가를 안다. 바람 빠진 타이어를 수리하려면 적당한 압력으로 타이어에 다시 공기를 넣어야 한다. 팽팽하지 않은 타이어는 부드러운데 이는 고무를 밖으로 밀어내어 타이어가 딱딱하게 느껴지기에는 공기 분자의 수가 부족한 상태이기 때문이다. 펌프로 공기를 보충하면 공기 분자의 수가 증가하게 되어 분자들 간 작용하는 힘이 증가하게 된다. 타이어 내 공기 분자는 전체 부피 속을 자유롭게 움직이면서 서로 충돌하거나 타이어의 내벽과 충돌한다. 그림 11.1과 같이 공기는 벽과의 충돌로 벽면 전체에 힘을 가한다. 10.7절(식 10.19)에 정의된 유체에 의한 압력 P는 면에 수직으로 작용하는 힘 F를 넓이로 나눈 것이다.

$$P = \frac{F}{A} \quad (11.3)$$

압력의 SI 단위는 N/m^2이며, 이는 파스칼(Pa)로 표기한다. 1 Pa는 아주 작은 압력이다. 대부분 일상에서 압력은 대략 $10^5\,\text{Pa}$ 정도로 이를 1 bar의 압력이라 한다. 힘을 파운드로, 넓이를 인치의 제곱으로 대신할 경우 압력의 단위는 1b/in.^2로 종종 psi(pounds per square inch)로 줄여 쓴다.

공기의 압력 때문에 타이어 내 공기는 접촉하는 모든 면에 힘을 가한다. 예를 들면 작은 육면체를 타이어 내에 끼워 넣는다고 가정하자. 그림 11.1과 같이 공기 압력은 육면체의 모든 면에 힘을 작용하도록 한다. 비슷한 예로 물과 같은 액체의 경우에도 압력이 있다. 예로 그림 11.2와 같이 수영하는 사람은 물이 몸의 모든 부분을 누르는 것을 느낀다. 일반적으로 정지 유체는 면과 평행한 방향으로 힘을 작용할 수 없으며, 힘을 작용하는 경우라면 뉴턴의 작용-반작용 법칙에 따라 표면도 또한 유체에 힘을 가한다. 이 반응으로 유체는 흐르게 되어 정지 상태가 아니다.

유체 압력이 힘을 일으키지만 압력 자신은 힘과 같은 벡터양이 아니다. 압력의 정의 $P = F/A$에서 F는 단지 힘의 크기를 나타내므로 압력은 방향성이 없다. 정지 유체의 압력에 의해 생긴 힘은 예제 11.2에서와 같이 항상 유체 표면에 수직이다.

예제 11.2 | 수영하는 사람이 받는 힘

수영하는 사람의 손등에 작용하는 압력은 수영장의 다이빙 끝바닥의 실제값과 근접한 $1.2 \times 10^5 \, \text{Pa}$라 가정하자. 손등의 겉넓이는 $8.4 \times 10^{-3} \, \text{m}^2$이다. (a) 손등에 작용하는 힘의 크기를 구하라. (b) 그 힘의 방향을 논의하라.

살펴보기 식 11.3 압력의 정의로부터 힘의 크기는 압력과 넓이의 곱이다. 힘의 방향은 항상 물과 접한 면에 수직이다.

풀이 (a) $1.2 \times 10^5 \, \text{Pa}$의 압력은 $1.2 \times 10^5 \, \text{N/m}^2$과 같다. 식 11.3으로부터 힘을 구하면

$$F = PA = (1.2 \times 10^5 \, \text{N/m}^2)(8.4 \times 10^{-3} \, \text{m}^2)$$
$$= \boxed{1.0 \times 10^3 \, \text{N}}$$

이고 이는 약 $102 \, \text{kg}$중의 무게에 해당하는 힘이다.

(b) 그림 11.2에서 손(손바닥은 아래로)은 수영장 바닥과 평행하게 향한다. 따라서 물은 손등과 수직 방향으로 밀며, 힘 **F**는 그림과 같이 아래 방향으로 작용한다. 이 아래로 작용하는 힘은

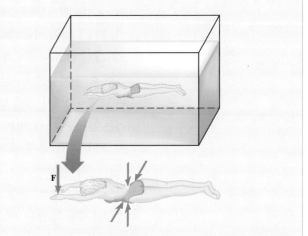

그림 11.2 물은 벽, 바닥, 수영하는 사람의 몸의 모든 부분 등 물 내의 모든 표면에 수직으로 힘을 작용한다.

손바닥에 위로 작용하는 힘과 균형을 이루어 손은 평형 상태에 있다. 만약 손이 90° 회전한다면 이 힘의 방향은 또한 90° 회전하며 항상 손과 수직이다.

사람들이 압력을 느끼기 위해 물속에 있을 필요는 없다. 땅을 걷고 있을 때 우리는 지구 대기의 바닥에 있으며, 이때 대기는 유체이므로 수영장의 물과 같이 우리 몸을 누른다. 그림 11.3과 같이 지표면 위의 공기는 해수면에서 압력을 만들기에 충분하다. 즉

해수면에서 대기 압력 $1.013 \times 10^5 \, \text{Pa} = 1$ 기압

이다. 이는 $14.70 \, \text{lb/in.}^2$에 해당하고 이를 1 기압(atm)으로 표기한다. 1 기압은 매우 큰 압력이다. 예를 들면 그림 11.3에서 빈 휘발유통의 공기를 밖으로 빼낸 결과를 보라. 밖으로 밀어낼 내부의 공기는 없고 밖의 공기는 안으로 밀면서 불균형이 되는데 그 불균형의 크기가 통을 찌그러뜨릴 만큼 충분히 강하다.

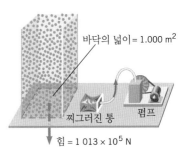

바닥의 넓이 = 1.000 m²

힘 = 1 013 × 10⁵ N

그림 11.3 해수면에서 대기 압력은 $1.013 \times 10^5 \, \text{Pa}$로 만약 통 안의 공기를 뽑아내면 통을 찌그러뜨리기에 충분하다.

그림 11.4 살쾡이는 눈신발 역할을 하는 넓은 발을 가지고 있다.

그림 11.3의 상황과 대조적으로 때때로 압력을 감소시키는 것이 유용할 때가 있다. 예를 들면 살쾡이는 큰 발바닥 때문에 특히 눈에서 사냥하기 적합하다(그림 11.4). 눈신발 역할을 하는 큰 발바닥의 기능은 넓은 면에 무게를 분산한다. 따라서 살쾡이가 표면에 작용하는 단위 넓이당 무게, 즉 압력은 감소하여 눈 속에 빠지는 현상을 막는다.

11.3 정상 유체 내에서의 압력과 깊이의 관계

수영 선수가 물속으로 더 깊이 내려가면 물이 몸을 더 강하게 누르고 더 큰 압력을 느끼게 된다. 압력과 깊이의 관계를 구하기 위해 뉴턴의 제2법칙을 사용해 보자. 제2법칙을 사용할 때 유체에 작용하는 2개의 힘을 잘 살펴보자. 하나는 중력, 즉 유체의 무게이고 다른 하나는 앞 절에서 논의한 유체의 압력의 원인이 되는 분자적 충돌에 의한 힘이다. 유체가 정지해 있으므로 가속도는 0이고 평형 상태에 있다. 제2법칙 $\Sigma \mathbf{F} = 0$을 적용하여 압력과 깊이 사이의 관계를 유도해 보자. 이 관계는 정지 유체의 성질을 설명하는 핵심인 파스칼의 원리(11.5절)와 아르키메데스의 원리(11.6절)를 이끌어 내므로 특히 중요하다.

그림 11.5는 유체가 담긴 용기를 보여주고 있으며 그 속의 액체 기둥을 잘 살펴보자. 그림 속의 자유물체도는 액체 기둥에 작용하는 연직 방향의 모든 힘을 나타내고 있다. 윗면(넓이 = A)에서 유체 압력 P_1은 크기가 $P_1 A$인 힘을 아래로 작용한다. 비슷하게, 아랫면에서는 압력 P_2가 크기 $P_2 A$의 힘을 위로 작용한다. 윗면보다 아랫면에 더 많은 유체의 무게가 주어지기 때문에 압력 P_2는 압력 P_1보다 더 크다. 사실상, 아랫면이 지탱하는 추가된 무게는 정확히 액체 기둥 내의 유체의 무게이다. 자유물체도에 표시된 무게는 mg이고, 이때 질량 m은 유체의 질량, g는 중력 가속도의 크기이다. 원통은 평형 상태에 있으므로 수직 방향의 힘들의 합을 0으로 놓으면 다음과 같이 된다.

$$\Sigma F_y = P_2 A - P_1 A - mg = 0, \quad \text{즉} \quad P_2 A = P_1 A + mg$$

질량 m은 $m = \rho V$로 원통의 부피 V와 밀도 ρ와 관계된다. 부피는 단면의 넓이 A와 수직 높이 h의 곱이므로 $m = \rho A h$이다. 이 값들을 대입하면 위의 평형 조건은 $P_2 A = P_1 A + \rho A h g$

그림 11.5 (a) 유체 용기 속의 유체 기둥의 일부를 점선으로 나타내었다. 이 부분의 유체는 정지해 있다. (b) 유체 기둥의 일부에 수직으로 작용하는 힘을 표시한 자유물체도

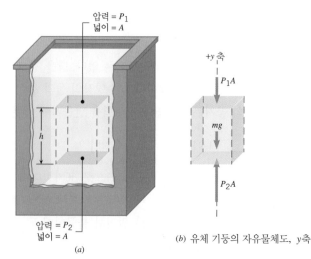

압력 = P_1
넓이 = A

h

압력 = P_2
넓이 = A

(a)

+y 축

$P_1 A$

mg

$P_2 A$

(b) 유체 기둥의 자유물체도, y축

가 된다. 이 식의 양변을 넓이 A로 나누면

$$P_2 = P_1 + \rho g h \qquad (11.4)$$

가 된다. 식 11.4는 더 높은 위치의 압력 P_1을 알면 더 깊은 위치에서 더 큰 압력 P_2는 증가분 $\rho g h$를 더해서 계산할 수 있음을 보여준다. 압력 증가분 $\rho g h$를 결정할 때 밀도 ρ는 수직 높이 h인 유체 기둥 어디에서나 같다고 가정한다. 즉 다른 말로 유체는 압축되지 않는다고 가정한다. 바닥층은 위층을 거의 압축되지 않은 채로 지탱할 수 있으므로 이 가정은 액체에 대해서는 타당하다. 반면 기체에서 아래층은 위층 무게에 의해 눈에 띄게 압축되며 그 결과 밀도는 수직 높이에 따라 변한다. 예를 들면 대기의 밀도는 고도가 높을 때보다 지표면 근처에서 더 크다. 기체에 적용할 때 관계식 $P_2 = P_1 + \rho g h$은 밀도 ρ의 변화가 무시되는 충분히 작은 값의 h에 대해서만 성립된다.

식 11.4의 중요한 특징은 압력 증가분 $\rho g h$는 수직 높이 h에만 영향을 받고 유체 내 어떤 수평 거리에도 영향을 받지 않는다는 것이다. 개념 예제 11.3은 이러한 특징을 명확하게 해준다.

 개념 예제 11.3 │ 후버 댐

미드 호는 전체가 인공 저수지로 미국에서 가장 크며 1936년 후버 댐 완공으로 조성되었다. 그림 11.6(a)와 같이 저수지의 물은 상당한 거리(약 200 km 혹은 120 mile)까지 담겨 있다. 댐과 면한 아주 좁은 수직 물기둥을 제외한 모든 물을 제거한다고 가정하자. 그림 11.6(b)는 이 가상 저수지를 보여주고 있는데 여기서 댐의 물은 그림 11.6(a)에서와 같은 깊이이다. 그림 11.6(b)에서와 같은 가상 물기둥의 물을 담기 위하여 그림 11.6(a)에서와 같은 구조의 후버 댐이 여전히 필요한가 아니면 훨씬 덜 단단한 구조물로도 가능한가?

살펴보기와 풀이 우리가 생각하는 가상 저수지는 미드 호보다 훨씬 적은 물을 가두고 있으므로 후버 댐보다 단단하지 않아도 된다고 말하기 쉽다. 그러나 그렇지 않다. 후버 댐은 가상 저수지[그림 11.6(b)]가 유지되기 위해 여전히 필요하다. 이유를 알기 위해 물 아래에 위치한 댐의 안쪽 면의 작은 사각형을 가정하자. 이 사각형 위에 작용하는 힘의 크기는 넓이와 물의 압력의 곱이다. 그러나 압력은 식 11.4의 수직 높이 h, 즉 깊이에만 의존한다. 댐 뒤 물의 수평 거리는 이 식에 나타나지 않으며 따라서 압력에 영향을 미치지 않는다. 그 결과, 주어진 깊이에서 작은 사각형은 그림 11.6의 두 경우와 동일한 힘을 느끼게 된다. 확실히 댐은 더 깊은 깊이에서 더 큰 물 압력에 의한 더 큰 힘을 받게 된다. 그러나 사각형이 댐 안쪽 면의 어디에 있는지는 문제가 아니며 힘은 댐 뒤에 위치한 물의 양이 아니라 깊이

(a)

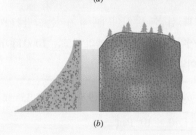

(b)

그림 11.6 (a) 네바다 주에 있는 후버 댐과 그 뒤에 있는 미드 호 (b) 이 그림에서는 미드 호의 대부분의 물을 제거한 가상 저수지를 보여주고 있다. 예제 11.3에서는 이 가상 저수지가 필요로 하는 댐과 후버 댐을 비교한다.

에만 의존한다. 따라서 가상 저수지는 후버 댐이 받는 힘과 같은 크기의 큰 힘을 견딜 수 있어야 한다.

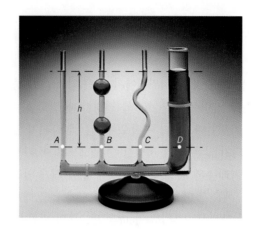

그림 11.7 점 A, B, C, D는 유체 표면으로부터 같은 깊이 h에 있으므로 이들 각 점의 압력은 동일하다.

그림 11.7은 액체가 불규칙한 모양의 용기에 담겨 있는 모습을 나타내고 있다. 그림의 각 점 A, B, C, D는 표면 아래의 같은 수직 깊이에 있기 때문에 그 점들에서의 압력은 같다. 사실, 사람 몸의 동맥은 혈액을 담는 불규칙한 모양의 '용기'들로 되어 있다. 다음 예제에서 이러한 '용기' 내의 각기 다른 장소에서 혈압을 알아보자.

 예제 11.4 │ **혈압**

동맥 내의 혈액은 흐르고 있지만, 이 흐름 효과를 거의 무시할 수 있다고 하면, 혈액을 정지 유체와 같이 다룰 수 있다. 발의 전방 경골 동맥에서 혈압 P_2가 사람이 (a) 그림 11.8(a)와 같이 수평으로 누워 있을 때와 (b) 그림 11.8(b)와 같이 서 있을 때 심장 내 대동맥 혈압 P_1보다 증가한 양을 구하라.

살펴보기와 풀이   (a) 몸이 수평일 때, 발과 심장 사이의 수직 거리는 거의 없다. 따라서 $h = 0$ m로 놓으면

$$P_2 - P_1 = \rho g h = \boxed{0 \text{ Pa}} \qquad (11.4)$$

이 된다.

(b) 어른이 서 있을 때, 심장과 발 사이의 수직 거리는 그림 11.8(b)에서와 같이 1.35 m이다. 표 11.1에서 혈액의 밀도는 1060 kg/m³이므로 심장과 발 사이의 압력 차이는

$$P_2 - P_1 = \rho g h = (1060 \text{ kg/m}^3)(9.80 \text{ m/s}^2)(1.35 \text{ m})$$
$$= \boxed{1.40 \times 10^4 \text{ Pa}}$$

가 된다.

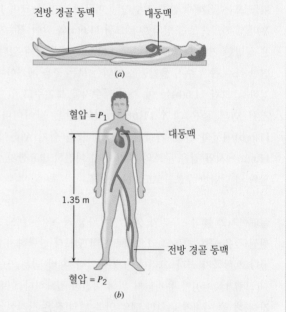

그림 11.8 발의 혈압은 사람이 (a) 수평으로 누워 있는지 (b) 서 있는지에 따라서 심장 내 혈압보다 증가할 수 있다.

11.4 압력계

가장 간단한 압력계의 하나는 대기압을 측정하는 데 사용하는 수은 기압계이다. 이 장치는 한쪽 끝이 막힌 관으로 수은으로 채워져 있으며 열린 다른 쪽 끝은 수은이 담긴 용기 아래

쪽으로 가도록 거꾸로 세워둔다(그림 11.9). 수은 증기의 양은 무시할 수 있을 정도로 작다고 하면 관 속 수은 위 공간은 비어 있다고 할 수 있으므로 그 속의 압력 P_1은 거의 0이라고 할 수 있다. 점 A와 점 B의 높이가 같기 때문에 수은 기둥의 바닥인 점 A에서의 압력 P_2는 대기압 상태에 있는 점 B에서의 압력과 동일하다. 따라서 $P_1 = 0\,\text{Pa}$이고 $P_2 = P_{\text{atm}}$이므로 식 11.4에 따라 $P_{\text{atm}} = 0\,\text{Pa} + \rho g h$이다. 그러므로 대기 압력은 관 속 수은의 높이 h, 수은 밀도 ρ, 중력 가속도 g로 구할 수 있다. 가끔 압력을 수은의 높이를 써서 mm 단위로 나타내기도 한다. 예를 들면 1 기압은 $P_{\text{atm}} = 1.013 \times 10^5\,\text{Pa}$이고 수은의 밀도는 $\rho = 13.6 \times 10^3\,\text{kg/m}^3$이므로 1 기압에 해당하는 수은 기둥의 높이는 $h = P_{\text{atm}}/(\rho g) = 760\,\text{mm}^*$가 된다. 기상 상태나 고도에 따라 대기압의 값은 약간씩 변한다.

그림 11.10은 또 다른 압력계의 일종인 열린 관 압력계이다. 열린 관이라고 하는 이유는 U자 관의 한쪽 끝이 대기압에 열려 있기 때문이다. 관은 종종 수은과 같은 액체로 채워져 있으며 다른 쪽 끝은 측정하고자 하는 압력 P_2의 용기와 연결되어 있다. 용기의 압력이 대기압과 같다면 U자 관의 양쪽 액체의 높이는 같을 것이다. 그림 11.10과 같이 용기의 압력이 대기압보다 높으면 관의 왼쪽 액체는 아래로 내려가고 오른쪽은 올라간다. 용기의 압력을 구하기 위해 식 $P_2 = P_1 + \rho g h$를 사용할 수 있다. 오른쪽 기둥 위에는 대기압이 작용하므로 $P_1 = P_{\text{atm}}$이다. 압력 P_2는 점 A와 점 B에서 동일하므로, $P_2 = P_{\text{atm}} + \rho g h$, 즉

$$P_2 - P_{\text{atm}} = \rho g h$$

이다. 높이 h는 $P_2 - P_{\text{atm}}$에 비례하는데 이 차이를 **계기 압력**(gauge pressure)이라 한다. 계기 압력은 용기 내 압력과 대기압의 차이이다. P_2의 실제값을 **절대 압력**(absolute pressure)이라 한다.

혈압계는 잘 알려진 혈압 측정 장치이다. 그림 11.11과 같이 공기주머니는 공기로 가압대를 부풀리는 데 사용되고 부푼 가압대는 그 아래 동맥을 지나가는 혈액의 흐름을 차단한다. 풀림 마개를 열어주면 가압대 압력은 떨어진다. 심박 사이클의 최고점에서 심장에서 생긴 최고 압력이 가압대 압력을 초과할 때 혈액은 다시 흐른다. 혈압을 측정하는 사람이 청진기를 통해 최초의 흐르는 소리를 들으면서 가압대의 계기 압력을 열린 관 압력계 등을 이용해 측정할 수 있다. 이때의 가압대 계기 압력을 수축기 혈압(최고 혈압)이라 부른다. 가압대의 압력이 더 낮아지면 심장에서 생긴 압력이 가장 낮을 때에도 혈액이 동맥에 흐른다. 그 소리는 청진기로 들을 수 있는데, 그때의 가압대 계기 압력이 바로 확장기 혈압(최저 혈압)이다. 건강한 심장의 최고와 최저 혈압은 각각 120과 80 mmHg이다.

11.5 파스칼의 원리

이미 알고 있지만 유체 내 압력은 측정하고자 하는 위치의 위에 있는 유체의 무게가 깊이에 따라 증가하므로 측정하고자 하는 위치가 깊어질수록 압력이 증가한다. 완전히 밀폐된 유체는 외력이 작용하면 압력이 더 증가할 것이다. 예로 그림 11.12(a)는 2 개의 연결된 원통형 관을 나타내고 있다. 굵기가 다른 두 관이 연결되어 있으며 그 속에 액체가 완전히

---

* 수은의 1 밀리미터에 해당하는 압력은 1 토르(torr)라 하는데 이는 토리첼리(1608~1647)를 기리기 위해 붙여진 것이다. 따라서 1 기압은 760 토르이다.

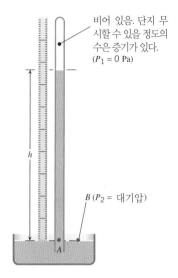

그림 11.9 수은 기압계

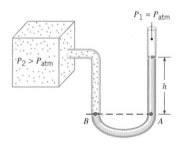

그림 11.10 이러한 U자 관을 열린 관 압력계라 부르며 용기 내 압력 P_2를 측정하는 데 사용한다.

> **문제 풀이 도움말**
> 압력과 관련된 문제를 다룰 때는 계기 압력과 절대 압력의 차이에 주의하라.

○ 혈압 측정의 물리

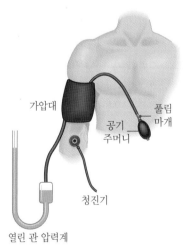

그림 11.11 혈압을 측정할 때 사용하는 혈압계

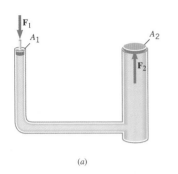

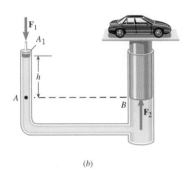

(b)

그림 11.12 (a) 외력 F_1이 왼쪽 피스톤에 작용한다. 그 결과 힘 F_2가 오른쪽 용기 위의 마개에 작용한다. (b) 유압 자동차 리프트

 문제 풀이 도움말
파스칼의 원리인 식 $F_1 = F_2(A_1/A_2)$는 유체 내 두 점 1과 2가 같은 깊이($h = 0\,\text{m}$)에 있을 때에만 적용할 수 있다.

채워져 있다. 굵은 관은 꼭대기가 마개로 봉해져 있고 가느다란 관은 움직이는 피스톤이 끼워져 있다. 피스톤 바로 아래 위치에서 압력 P_1을 구하여 보자. 압력의 정의에 따라, 외력 F_1의 크기를 피스톤의 넓이 A_1로 나누면 $P_1 = F_1/A_1$이다. 액체 내부의 어떤 깊이에서 압력 P_2를 알려면 압력 P_1에 피스톤 아래 깊이 h를 고려하여 증가분 ρgh를 더하며 $P_2 = P_1 + \rho gh$이다. 이때 중요한 것은 굵은 관이나, 연결관, 혹은 가느다란 관의 어느 위치에서나 깊이에 따른 압력 ρgh를 P_1에 더하면 된다는 것이다. 따라서 외부에서 작용한 압력 P_1이 증가하거나 감소한다면 밀폐된 액체 내 어떤 점에서도 압력은 더불어 변한다. 이를 파스칼의 원리(Pascal's principle)라 한다.

■ **파스칼의 원리**
완전히 밀폐된 유체에 작용된 압력의 변화는 유체 내 모든 점과 유체를 둘러싼 벽면에 감소 없이 전달된다.

그림 11.12(a)는 자동차를 받치고 있는 오른쪽 마개에 유체가 작용하는 힘 $\mathbf{F}_2$를 계산하기 위해 그려져 있다. 마개의 넓이는 A_2이고 그 부분의 압력은 P_2이다. 왼쪽과 오른쪽 관의 꼭대기가 같은 높이이면 깊이에 따른 압력 차이 ρgh는 0이며 식 $P_2 = P_1 + \rho gh$는 $P_2 = P_1$이 된다. 즉 $F_2/A_2 = F_1/A_1$이고

$$F_2 = F_1\left(\frac{A_2}{A_1}\right) \tag{11.5}$$

가 된다. 만약 넓이 A_2가 A_1보다 크다면, 작은 힘 $\mathbf{F}_1$을 왼쪽에 작용하여 오른쪽 관의 마개에 큰 힘 $\mathbf{F}_2$가 작용하게 할 수 있다. 넓이비 A_2/A_1에 따라 힘 $\mathbf{F}_2$를 크게 증가시킬 수 있다. 그림 11.12(b)는 흔히 보는 자동차용 유압 리프트이다. 이 장치에서 힘 $\mathbf{F}_2$는 더 굵은 관을 밀폐한 마개 대신에 플런저에 작용하여 플런저가 자동차를 들어 올리게 한다. 다음 예제 11.5는 유압 자동차 리프트에 관한 것이다.

예제 11.5 | 자동차 리프트

유압 자동차 리프트에서 입력 피스톤의 반지름이 $r_1 = 0.0120\,\text{m}$이며 그 무게는 무시할 수 있다고 가정한다. 출력 플런저의 반지름은 $r_2 = 0.150\,\text{m}$이다. 차와 플런저의 무게의 합은 $F_2 = 20500\,\text{N}$이다. 리프트는 밀도가 $8.00 \times 10^2\,\text{kg/m}^3$인 유압용 기름을 사용한다. 그림 11.12(b)와 같이 플런저와 피스톤 밑면이 (a) 같은 높이, (b) 그림 11.12(b)에서처럼 $h = 1.10\,\text{m}$ 높이에 있을 때 출력 플런저와 자동차를 들어 올리기 위해 필요한 입력 힘 F_1은 얼마인가?

살펴보기 문제 (a)에서는 플런저와 피스톤 바닥이 같은 높이에 있을 때 식 11.5를 사용한다. 그러나 이 식은 (b)의 경우에는 적용할 수 없는데 출력 플런저의 바닥 표면이 입력 피스톤 아래 $h = 1.10\,\text{m}$에 있기 때문이다. 따라서 (b)의 경우 답은 압력 증가분 ρgh을 고려하여야 한다. 두 가지 경우에서 입력 힘이 플런저와 자동차의 무게를 합한 것보다 작음을 알 수 있다.

풀이 (a) 피스톤과 플런저의 원형 단면의 넓이 $A = \pi r^2$을 사용하여, 식 11.5에 대입하여 정리하면

$$F_1 = F_2\left(\frac{A_1}{A_2}\right) = F_2\left(\frac{\pi r_1^2}{\pi r_2^2}\right)$$

$$= (20\,500\,\text{N})\frac{(0.0120\,\text{m})^2}{(0.150\,\text{m})^2} = \boxed{131\,\text{N}}$$

가 구해진다.

(b) 그림 11.14(b)의 점 B에서 플런저 바닥 표면은 점 A와 같은 높이이며, 이는 입력 피스톤 아래 h만큼의 깊이에 있다. 따라서 식 11.4인 $P_2 = P_1 + \rho g h$에 $P_2 = F_2/(\pi r_2{}^2)$과 $P_1 = F_1/(\pi r_1{}^2)$을 대입하면

$$\frac{F_2}{\pi r_2{}^2} = \frac{F_1}{\pi r_1{}^2} + \rho g h$$

가 된다. 이것을 F_1에 대해 풀면

$$F_1 = F_2 \left(\frac{r_1{}^2}{r_2{}^2} \right) - \rho g h (\pi r_1{}^2)$$

$$= (20\ 500\ \text{N}) \frac{(0.0120\ \text{m})^2}{(0.150\ \text{m})^2} - (8.00 \times 10^2\ \text{kg/m}^3)$$

$$\times (9.80\ \text{m/s}^2)(1.10\ \text{m})\ \pi\ (0.0120\ \text{m})^2 = \boxed{127\ \text{N}}$$

가 얻어진다. 이 답은 (a)에서보다 작은데 이것은 1.10 m 높이의 유압용 기름의 무게가 자동차를 들어 올리기 위한 입력 힘의 일부로 작용하기 때문이다.

유압 자동차 리프트와 같은 장치에서 마찰이 없을 때 입력과 출력 힘에 의해 행해진 일은 동일하다. 더 작은 입력 힘 $\mathbf{F}_1$이 더 긴 거리를 움직이는 동안 더 큰 출력 힘 $\mathbf{F}_2$는 더 짧은 거리를 움직인다. 힘의 크기와 거리의 곱으로 구하는 일은 이 경우에 동일하며 역학적 에너지는 보존된다.

새로운 발명품 중 많은 것들이 유압용 유체를 사용하며 자동차 리프트도 그중 하나이다. 예를 들면 굴착기에서 유체는 작은 입력 힘을 웅덩이를 파기 위해 필요한 큰 출력 힘으로 늘린다(그림 11.13 참조).

11.6 아르키메데스의 원리

물속으로 물놀이 공을 밀어 넣으려고 해 본 사람은 물이 얼마나 강하게 위로 힘을 가하는지 느껴보았을 것이다. 이 위로 향하는 힘을 **부력**(buoyant force)이라 부르며, 모든 유체는 유체 내에 잠기는 물체에 이 힘을 작용한다. 부력은 유체 압력이 깊이에 따라 커지기 때문에 존재한다.

그림 11.14(a)에서 높이 h의 원통이 유체 표면보다 아래인 곳에 잠겨 있다. 윗면의 압력 P_1에 의해 아래로 향하는 힘 $P_1 A$가 생긴다. 여기서 A는 겉넓이다. 비슷하게, 아랫면의 압력 P_2에 의해 위로 향하는 힘 $P_2 A$가 생긴다. 압력은 깊이가 깊을수록 더 크기 때문에 위로 향하는 힘이 아래로 향하는 힘을 능가한다. 따라서 유체는 위로 향하는 알짜 힘인 부력을 원통에 작용하며, 그 크기 F_B는

$$F_\text{B} = P_2 A - P_1 A = (P_2 - P_1) A = \rho g h A$$

이다. 식 11.4의 $P_2 - P_1 = \rho g h$을 이 결과에 대입하였다. 이를 통해 부력이 $\rho g h A$임을 알 수 있다. hA는 원통이 잠긴 상태에서 밖으로 움직이거나 밀려난 액체의 부피이고, ρ는 원통을 만든 물질의 밀도가 아니라 유체 밀도이다. 따라서 $\rho h A$는 주어진 유체의 질량이며 그 결과 부력은 밀려난 유체의 무게 mg와 같다. 밀려난 유체의 무게란 원통을 액체에 넣기 전에 용기의 가장자리까지 유체가 가득 채워져 있었다면 흘러나온 유체 무게이다. 부력은 새로운 형태의 힘이 아니다. 유체가 물체에 작용하는 위로 향하는 알짜 힘에 붙여진 이름이다.

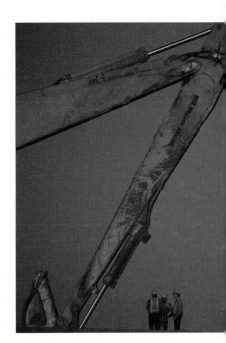

그림 11.13 굴착기는 작은 입력 힘으로 큰 출력 힘을 얻기 위해 유압 유체를 사용한다. 출력 힘은 사람이 낼 수 있는 힘에 비해 훨씬 크다.

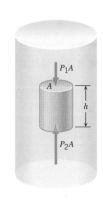

그림 11.14 유체는 그 속에 잠긴 원통 부분의 윗면에는 아래로 향하는 힘 $P_1 A$를 아랫면에는 위로 향하는 힘 $P_2 A$를 작용한다.

그림 11.14에서 물체의 모양은 중요하지 않다. 모양에 관계없이 부력은 **아르키메데스의 원리**(Archimedes' principle)에 따라 물체를 위로 밀어 올린다. 이것은 오래전 그리스의 과학자 아르키메데스에 의해 발견된 인상적인 업적이다.

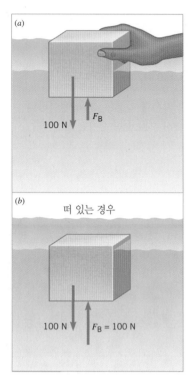

그림 11.15 (a) 무게 100 N의 물체가 액체에 잠겨 있다. 물체가 깊이 잠길수록 더 많은 액체를 밀어내고 부력도 증가한다. (b) 부력이 100 N과 같으면 물체는 떠 있다.

> ■ **아르키메데스의 원리**
> 모든 유체는 유체에 일부 또는 전체가 잠긴 물체에 부력을 작용한다. 부력의 크기는 물체가 밀어낸 유체의 무게와 같다.
>
> $$\underset{\text{부력의 크기}}{F_B} = \underset{\text{밀려 난 유체의 무게}}{W_{\text{유체}}} \qquad (11.6)$$

물체에 외력이 작용하여 물체가 유체 속에 잠기는 정도가 달라지면 물체에 작용하는 부력도 달라진다. 예를 들면 부력이 물체의 무게와 평형을 이룰 만큼 충분히 크다면 물체는 떠 있을 수 있다. 그림 11.15는 이 가능성을 보여준다. (a)에서 무게 100 N의 블록은 어느 정도의 유체를 밀어내며 아르키메데스의 원리에 따라 유체는 블록에 부력 F_B을 작용한다. 만약 블록을 놓았을 때 블록이 유체 속으로 가라앉는다면 부력이 중력과 평형을 이룰 만큼 충분히 크지 않기 때문이다. 그러나 (b)에서 부력이 블록의 무게 100 N과 평형을 이룰 수 있다면 손을 놓았을 때 블록은 평형 상태에 있게 되고 따라서 떠 있게 된다. 만약 블록이 유체 속에 완전히 잠겼는데도 부력이 무게와 평형을 이룰 만큼 충분히 크지 않다면 블록은 가라앉는다. 물론 물체가 가라앉더라도 부력은 여전히 작용한다. 단지 부력이 무게와 평형을 이룰 만큼 충분히 크지 않을 뿐이다. 다음 예제 11.6에서 물체가 유체 속에서 떠 있는지 가라앉는지를 무엇으로 판단하는지 살펴보자.

예제 11.6 | 뗏목

한 변의 길이가 4 m이고 두께가 0.3 m 인 정사각형 소나무 뗏목이 있다. (a) 이 뗏목은 물에 떠 있겠는가? (b) 떠 있을 수 있다면 뗏목이 물속에 잠기는 깊이 h는 얼마나 되겠는가? (그림 11.16에서 깊이 h를 보라.)

살펴보기 뗏목이 떠 있는가를 결정하기 위해 가능한 최대 부력을 뗏목의 무게와 비교하고, 무게와 평형을 이루기 위한 충분한 부력이 있는지를 살핀다. 만약 그렇다면 깊이 h는 뗏목의 무게와 뗏목에 작용하는 부력이 평형을 이룬다는 사실을 이용해 구할 수 있다.

풀이 (a) 뗏목의 무게는 밀도 $\rho_{\text{소나무}} = 550 \text{ kg/m}^3$(표 11.1), 나무의 부피, 중력 가속도를 써서 계산할 수 있다. 나무의 부피는 $V_{\text{소나무}} = 4.0 \text{ m} \times 4.0 \text{ m} \times 0.30 \text{ m} = 4.8 \text{ m}^3$이므로 뗏목의 무게 $= (\rho_{\text{소나무}} V_{\text{소나무}}) g = (550 \text{ kg/m}^3)(4.8 \text{ m}^3)(9.80 \text{ m/s}^2) =$

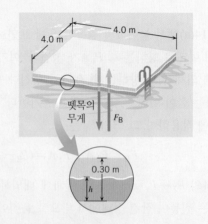

그림 11.16 뗏목이 물 아래 h만큼 잠긴 채 떠 있다.

26000 N 가 된다. 최대 허용 부력은 뗏목이 수면 아래로 완전히 잠길 때로 물은 4.8 m^3만큼 밀려난다. 아르키메데스의 원리에 따라 이 부피의 물 무게는 최대 부력 $F_B^{\text{최대}}$이다. 물의 밀도를 사

용하면 최대 부력은

$$F_B^{최대} = \rho_물 V_{소나무} g$$
$$= (1.000 \times 10^3 \text{ kg/m}^3)(4.8 \text{ m}^3)(9.80 \text{ m/s}^2)$$
$$= 47\,000 \text{ N}$$

임을 알 수 있다. 최대 허용 부력은 뗏목의 무게 26000 N을 초과하므로 뗏목은 수면 아래 h만큼 부분적으로 잠긴다.

(b) 이제 h값을 구해보자. 부력은 뗏목의 무게와 평형을 이루므로, $F_B = 26000$ N 이어야 한다. 식 11.6에 따라 부력의 크기는 또한 밀려난 유체의 무게이므로 $F_B = 26000$ N $= W_{유체}$이다. 물의 밀도를 이용하면 밀려난 유체의 무게는 $W_{유체} = \rho_물 V_물 g$

로 나타낼 수 있다. 여기서 그 부피는 $V_물 = 4.0 \text{ m} \times 4.0 \text{ m} \times h$ 이다. 따라서 물속에 잠긴 깊이 h는

$$26\,000 \text{ N} = W_{유체} = \rho_물 (4.0 \text{ m} \times 4.0 \text{ m} \times h)g$$

$$h = \frac{26\,000 \text{ N}}{\rho_물 (4.0 \text{ m} \times 4.0 \text{ m})g}$$

$$= \frac{26\,000 \text{ N}}{(1.000 \times 10^3 \text{ kg/m}^3)(4.0 \text{ m} \times 4.0 \text{ m})(9.80 \text{ m/s}^2)}$$

$$= \boxed{0.17 \text{ m}}$$

가 된다.

예제 11.6의 (a)에서 뗏목이 떠 있는지를 결정할 때 뗏목의 무게 ($\rho_{소나무} V_{소나무})g$와 가능한 최대 부력 ($\rho_물 V_{소나무})g$을 비교했다. 비교는 단지 두 밀도 $\rho_{소나무}$와 $\rho_물$에만 의존한다. 다음과 같은 것을 잘 생각해 보자. 속이 빈틈없이 찬 어떠한 물체라도 그 물체의 밀도가 어떤 액체의 밀도와 같거나 작으면 물체는 그 액체에서 뜰 것이다. 예로 0°C 얼음의 밀도는 917 kg/m³인 반면 물의 밀도는 1000 kg/m³이다. 따라서 얼음은 물 위에 뜬다.

철과 같은 밀도가 높은 속이 찬 쇳조각은 물에 가라앉음에도 불구하고 이런 물질을 물에 뜨게 만들 수도 있다. 예를 들어 초대형 유조선은 속이 찬 금속이 아니기 때문에 뜬다. 유조선은 속이 빈 거대한 공간을 가지고 있고 이런 배의 모양 때문에 자신의 큰 무게와 평형을 이룰 만큼 충분한 물을 밀어낸다.

아르키메데스의 원리를 응용한 예로 자동차 배터리를 살펴보자. 운전자에게 배터리의 교환 여부를 알리기 위해 어떤 배터리는 그림 11.17과 같은 배터리 잔존용량계가 들어 있다. 배터리에는 배터리 액에 닿아 있는 플라스틱 막대를 내려다 볼 수 있는 창이 있다. 이 막대 끝에 부착된 작은 용기 속에는 초록색 공이 들어 있으며 이 용기에는 배터리액이 들어 갈 수 있는 작은 구멍이 있다. 배터리를 충전하면 배터리 용액의 밀도가 커져서 부력이 공을 용기의 꼭대기로 떠 올려 플라스틱 막대의 아래 끝에 닿도록 한다. 그때 창을 들여다 보면 초록색이 보인다. 배터리가 충전되지 않으면 배터리액의 밀도가 감소하여 부력이 작

📕 **문제 풀이 도움말**
물체에 작용하는 부력 F_B를 구하기 위해 아르키메데스의 원리를 사용할 때 물체의 밀도가 아니라 밀려난 유체의 밀도를 사용해야 한다.

◐ 배터리 잔존용량계의 물리

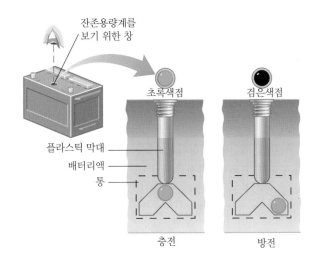

그림 11.17 자동차 배터리용 용량계

아지므로 초록색 공은 아래로 가라앉는다(그림 11.17과 같이). 그때 배터리 위에서 창을 들여다보면 공은 더 이상 보이지 않으며 창은 어둡거나 검은색으로 보여 배터리 충전량이 부족함을 지시한다.

아르키메데스의 원리는 물체가 액체에서 어떻게 뜰 수 있는지를 알려주고 있다. 그러나 이 원리는 또한 다음 예제에서처럼 기체에도 적용이 된다.

예제 11.7 | 비행선 ⊙ 비행선의 물리

그림 11.18과 같이 밀도 $0.179\,\text{kg/m}^3$의 헬륨이 약 5.40×10^3 m^3 정도 채워진 비행선이 있다. 공기의 밀도가 $1.20\,\text{kg/m}^3$인 어떤 높이에서 평형 상태로 비행선이 운반할 수 있는 짐의 무게 W_L을 구하라.

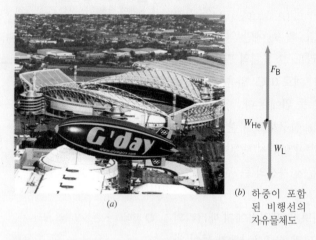

F_B

W_{He}

W_L

(b) 하중이 포함된 비행선의 자유물체도

(a)

그림 11.18 (a) 헬륨으로 채워진 비행선이 2000년 올림픽 경기 때 호주의 시드니 경기장 위를 날고 있다.

살펴보기 비행선과 짐은 평형 상태에 있다. 따라서 주변 공기로 인한 비행선의 부력은 헬륨의 무게 W_{He}, 비행선의 재질 부분을 포함한 짐의 무게 W_L와 균형을 이룬다. 그림 11.18(b)의 자유물체도에는 이러한 힘들이 나타나 있다.

풀이 자유물체도에서 힘들은 평형을 이루므로

$$W_{He} + W_L = F_B \quad 즉 \quad W_L = F_B - W_{He}$$

이다. 아르키메데스의 원리에 따라 부력은 밀려난 공기의 무게이다. 즉 $F_B = W_{공기} = \rho_{공기} V_{비행선} g$이다. 헬륨의 무게는 $W_{He} = \rho_{He} V_{비행선} g$이고, 헬륨의 부피와 비행선의 부피가 $V_{비행선} = 5.40 \times 10^3\,\text{m}^3$로 기의 같다고 가정한다. 따라서

$$W_L = \rho_{공기} V_{비행선} g - \rho_{He} V_{비행선} g = (\rho_{공기} - \rho_{He}) V_{비행선} g$$
$$W_L = (1.20\,\text{kg/m}^3 - 0.179\,\text{kg/m}^3)(5.40 \times 10^3\,\text{m}^3)$$
$$\times (9.80\,\text{m/s}^2)$$
$$= \boxed{5.40 \times 10^4\,\text{N}}$$

임을 알 수 있다.

11.7 운동 유체

유체는 여러 방법으로 움직이거나 흐를 수 있다. 물은 고요한 강에서 부드럽게 천천히 흐르거나 폭포에서 사납게 흐르기도 한다. 공기의 흐름은 부드러운 미풍이거나 광란하는 토네이도일 수도 있다. 이 같은 다양성을 취급하기 위해 유체 흐름의 기본 형태를 구별해야 한다.

유체의 흐름은 정상류이거나 비정상류이다. **정상류**(steady flow)는 각 지점에서 유체 입자의 속도가 시간에 대하여 일정하다. 예를 들면 그림 11.19(a)에서 유체 입자는 점 1을 속력 $v_1 = +2\,\text{m/s}$으로 흐른다. 정상류에서 이 점을 지나는 모든 입자는 이와 같은 속력을 갖는다. 강에서는 유속이 위치에 따라 다른데, 보통 강 한가운데에서 가장 빠르고 강 둑 가까이에서 가장 느리다. 따라서 그림의 점 2에서, 유체 속력은 $v_2 = +0.5\,\text{m/s}$이며, 정상류라면 이 점을 지나는 모든 입자는 $+0.5\,\text{m/s}$의 속력을 갖는다. **비정상류**(unsteady flow)는

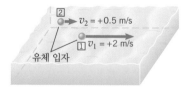

② $v_2 = +0.5\,\text{m/s}$

① $v_1 = +2\,\text{m/s}$

유체 입자

그림 11.19 흐름 내 두 유체 입자. 흐름 내 서로 다른 위치에서의 입자 속도 v_1과 v_2는 서로 다를 수 있다.

유체의 각 지점에서의 속도가 시간에 따라 변한다. 난류(turbulent flow)는 비정상류의 극단적인 형태로 그림 11.20의 급류와 같이 날카로운 장애물이 있거나 빨리 움직이는 유체 부분이 휘어질 때 생긴다. 난류에서 한 지점에서의 속도는 크기와 방향이 순간순간 불규칙적으로 변한다.

유체의 흐름은 압축성이거나 비압축성이다. 대부분 액체는 거의 비압축성이다. 즉 액체의 밀도가 압력이 변해도 거의 일정하게 유지된다. 근사적으로 액체는 비압축적인 방법으로 흐른다. 반면에 기체는 매우 압축성이 높다. 그러나 흐르는 기체의 밀도가 충분히 일정하게 유지되는 상황에서는 기체의 흐름은 비압축성으로 간주할 수 있다.

유체의 흐름은 점성이거나 비점성이다. 꿀과 같은 점성 유체는 쉽게 흐르지 않으며 그런 것을 점성도가 크다고 한다. 대조적으로 물은 거의 점성이 없고 쉽게 흐른다. 물은 꿀보다 점성도가 더 작다. 점성 유체가 흐를 때 에너지는 손실된다. 점성은 유체의 서로 이웃한 층이 자유롭게 미끄러지는 것을 방해한다. 점성도가 0이면 유체는 에너지 손실 없이 방해받지 않는 방식으로 흐른다. 비록 보통의 온도에서 점성도 0의 유체는 없지만 몇몇 유체는 무시할 만큼 작은 점성도를 갖는다. 비압축성이고 비점성인 유체를 **이상 유체**(ideal fluid)라 부른다.

흐름이 정상류일 때 유체 입자의 경로를 기술하는 데 **유선**(streamline)이 흔히 사용된다. 유선의 접선은 각 지점의 유체 속도와 평행하다. 그림 11.21은 세 점에서 속도 벡터가 유선을 따름을 보여주고 있다. 유체 속도(크기와 방향 모두)는 유선을 따라 점에서 점으로 변하지만, 주어진 점에서 속도는 시간에 대해 일정하며 정상류 조건을 만족한다. 사실상 정상류는 종종 **유선 흐름**(streamline flow)이라 불린다.

그림 11.22(a)는 움직이는 액체에 채색 물감을 풀어 넣은 작은 관을 사용해 가시적으로 유선을 만드는 방법을 보여주고 있다. 물감은 액체와 즉시 섞이지 않으며 유선을 따라 이동한다. 그림 (b)는 풍동에서와 같이 흐르는 기체의 경우에 유선의 모습이 연기의 흐름으로 보이고 있다.

그림 11.22(a)와 같이 정상류에서 유선의 모양은 시간에 따라 일정하며 두 유선은 서로 교차하지 않는다. 만약 그들이 교차하면 교차점에 도달한 모든 입자는 두 길 중의 하나로 갈 수 있다. 이는 교차점에서 속도가 순간순간 변함을 의미하며 그런 상황은 정상류에서는 존재하지 않는다.

그림 11.20 급류는 난류의 예이다.

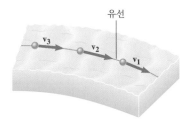

그림 11.21 유선 내 임의 점에서 유체 입자의 속도 벡터는 유선에 접선 방향이다.

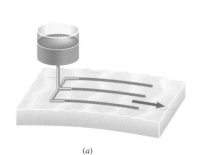

(a)

(b)

그림 11.22 (a) 액체의 정상류에 착색용 염료를 흘려 보내면 유선의 모습을 쉽게 볼 수 있다. (b) 연기는 풍동 속에서 자전거의 바람 저항을 시험하는 달리는 자전거 선수 주변의 공기 흐름의 양상을 나타낸다.

11.8 연속 방정식

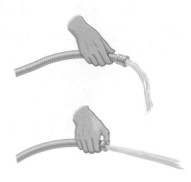

그림 11.23과 같이 호스 끝부분에 엄지손가락을 대고 흐르는 물을 조절해 본 적이 있는가? 그렇다면 엄지로 호스의 열린 단면적을 적게 했을 때 물의 속도가 증가한다는 것을 알고 있을 것이다. 유체의 이같은 양상은 **연속 방정식**(equation of continuity)으로 기술된다. 이 방정식은 다음과 같은 단순한 것을 표현한 것이다. 즉 유체가 관의 한 끝에 어떤 비율(예로 초당 5 kg)로 들어가면, 입구에서 출구까지 유체가 더해지거나 빠지는 구멍이 없다고 가정할 때 유체는 또한 동일한 비율로 나가야 한다. 관을 통해 흐르는 초당 유체 질량(예로 5 kg/s)을 **질량 흐름률**(mass flow rate)이라 한다.

그림 11.24는 관을 따라 움직이는 유체의 작은 질량, 즉 유체 요소(진한 파란색)를 나타내고 있다. 입구 위치 2에서는 관의 단면적이 A_2이고, 유체의 속도는 v_2, 밀도는 ρ_2이다. 출구 위치 1에서 각각의 양은 A_1, v_1, ρ_1이다. 짧은 시간 간격 Δt 동안 위치 2에서 거리 $v_2\Delta t$를 움직인다. 이 위치를 지나는 유체의 부피는 단면적과 이 거리의 곱인 $A_2v_2\Delta t$ 이다. 이 유체 요소의 질량 Δm_2는 밀도와 부피의 곱인 $\Delta m_2 = \rho_2 A_2 v_2\Delta t$ 이다. Δm_2를 Δt 로 나누면 질량 흐름률(단위 시간당 질량)이 된다.

$$\text{위치 2에서 질량 흐름률} = \frac{\Delta m_2}{\Delta t} = \rho_2 A_2 v_2 \tag{11.7a}$$

이와 비슷한 방법으로 위치 1에서의 질량 흐름률도 이끌어낼 수 있다.

$$\text{위치 1에서 질량 흐름률} = \frac{\Delta m_1}{\Delta t} = \rho_1 A_1 v_1 \tag{11.7b}$$

관의 측벽을 가로지르는 유체는 없으므로 위치 1과 2에서 질량 흐름률은 동일해야 한다. 그러나 이러한 위치는 임의로 선택되었기 때문에 질량 흐름률은 관의 어디에서나 동일한 값을 가지며, 이 중요한 결과는 연속 방정식으로 알려져 있다. **연속 방정식**(equation of continuity)은 유체가 흐를 때 질량은 보존된다(다른 말로 생성되거나 소멸되지 않는다)는 사실을 표현한 것이다.

> **■ 연속 방정식**
> 입구와 출구가 각각 하나뿐인 관에 대해서 질량 흐름률은 관의 모든 위치에서 동일한 값을 갖는다. 이러한 관의 두 위치에 대해
> $$\rho_1 A_1 v_1 = \rho_2 A_2 v_2 \tag{11.8}$$
> 가 성립한다. 여기서 ρ = 유체 밀도(kg/m³), A = 관의 단면적(m²), v = 유체 속도(m/s)이다.
> **질량 흐름률의 SI 단위**: 킬로그램(kg) /초(s)

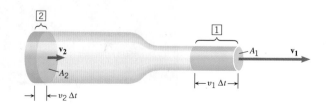

그림 11.24 일반적으로 점 1과 2에서 서로 다른 넓이 A_1과 A_2을 가진 관 속을 흐르는 유체는 이들 점에서 서로 다른 속도 v_1과 v_2를 갖는다.

비압축성 유체의 밀도는 흐르는 동안 변하지 않는다. 즉 $\rho_1 = \rho_2$이므로 연속 방정식은 다음과 같이 줄여서 쓸 수 있다.

비압축성 유체 $$A_1 v_1 = A_2 v_2 \qquad (11.9)$$

Av는 관을 통해 지나가는 단위 시간당 유체의 부피를 의미하며 **부피 흐름률**(volume flow rate) Q라 한다.

$$Q = \text{부피 흐름률} = Av \qquad (11.10)$$

식 11.9는 관의 단면적이 클 때 유체 속도가 작고, 반대로 관의 단면적이 작을 때 유체 속도가 큼을 나타낸다. 다음의 예제 11.8에서 그림 11.23에 있는 관을 좀 더 자세하게 살펴보자.

예제 11.8 | 정원용 호스

단면적이 $2.85 \times 10^{-4}\,\text{m}^2$ 이고 끝이 완전히 열린 정원의 물 뿌리는 호스가 30초 동안 양동이에 물을 채우고 있다. 양동이의 부피는 $8.00 \times 10^{-3}\,\text{m}^3$이다. (a) 호스가 완전히 열린 경우 (b) 호스 단면의 반만 열린 경우 호스를 빠져 나오는 물의 속력을 구하라.

살펴보기 만약 부피 흐름률 Q를 결정할 수 있다면 물의 속력을 식 11.10으로부터 구하면 $v = Q/A$이다. 이때 단면적 A는 주어져 있기 때문에 부피 흐름률은 양동이의 부피와 채워지는 시간으로 구할 수 있다.

풀이 (a) 부피 흐름률 Q는 양동이의 부피를 물을 채우는 데 걸린 시간으로 나눈 값과 같다. 따라서 물의 속력은

$$v = \frac{Q}{A} = \frac{(8.00 \times 10^{-3}\,\text{m}^3)/(30.0\,\text{s})}{2.85 \times 10^{-4}\,\text{m}^2} \qquad (11.10)$$
$$= \boxed{0.936\,\text{m/s}}$$

가 된다.

(b) 물은 비압축성이라고 가정할 수 있으므로 식 $A_1 v_1 = A_2 v_2$로 주어지는 연속 방정식을 적용할 수 있다. $A_2 = \frac{1}{2} A_1$이므로, 속도는

$$v_2 = \left(\frac{A_1}{A_2}\right) v_1 = \left(\frac{A_1}{\frac{1}{2}A_1}\right)(0.936\,\text{m/s}) \qquad (11.9)$$
$$= \boxed{1.87\,\text{m/s}}$$

가 된다.

11.9 베르누이 방정식

정상류의 경우 비압축성이고 비점성 유체의 속력, 압력, 높이는 다니엘 베르누이(1700~1782)에 의해 발견된 방정식에 의해 서로 상관되어 있다. 베르누이 방정식(Bernoulli's equation)을 유도하기 위해 일-에너지 정리를 사용해 보자. 6장에서 배운 이 정리는 외부의 비보존력이 물체에 행한 알짜 일이 물체의 전체 역학적 에너지 변화량(식 6.8 참조)과 같다는 것이다. 앞에서 배운 바에 따라 유체 내 압력은 비보존력인 충돌힘 때문이므로 유체가 압력의 차이에 의해 가속될 때, 비보존력에 의해 일($W_{nc} \neq 0\,\text{J}$)이 행해지고 이 일은 유체의 총 역학적 에너지를 처음값 E_0에서 나중값 E_f로 변화시킨다. 즉 총 역학적 에너지는 보존되지 않는다. 이제 일-에너지 정리가 어떻게 베르누이 방정식으로 바뀌게 되는지를 알게 될 것이다.

시작에 앞서 움직이는 유체에 대한 두 가지 관찰이 필요하다. 첫째, 유체가 수평관을

그림 11.25 (a) 수평관 내에서 영역 2의 압력은 영역 1의 압력보다 크다. 압력의 차이는 유체가 오른쪽으로 가속되도록 하는 알짜 힘을 만든다. (b) 유체의 높이가 변할 때 관의 단면적이 일정하다고 가정하면 바닥의 압력은 꼭대기보다 크다.

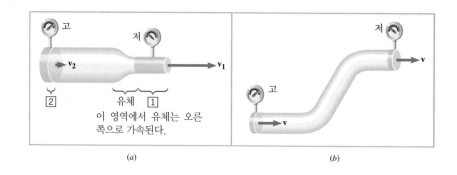

흐르며 좁아진 단면적을 만날 때마다 그림 11.25(a)의 압력계가 지시하는 것처럼 유체의 압력이 감소된다. 이것은 뉴턴의 제2법칙 때문이다. 넓은 2영역에서 좁은 1영역으로 움직이면 유체 속력은 증가하거나 가속되며, 이는 질량 보존과 일치한다(연속 방정식이 나타내는 것처럼). 제2법칙에 따라, 가속되는 유체는 비기지 않는 힘을 받는다. 이런 힘은 영역 2의 압력이 영역 1의 압력보다 커야만 가능할 수 있다. 베르누이 방정식에 의하면 압력의 차이가 있음을 우리는 곧 보게 될 것이다. 두 번째 관찰은 그림 11.25(b)와 같이 유체가 더 높은 높이로 움직인다면 낮은 위치의 압력이 높은 위치의 압력보다 더 크다는 것이다. 이러한 관찰의 근거는 관의 단면적이 변하지 않는다고 전제한 경우 정상 유체에 대해 앞에서 배운 것이며 베르누이 방정식이 이를 확인해 줄 것이다.

베르누이 방정식을 유도하기 위해 그림 11.26(a)를 살펴보자. 이 그림은 유체의 질량 요소 m이 관의 영역 2로 들어간다. 단면적과 높이는 모두 관의 위치에 따라 다르다. 이 영역에서 속력, 압력, 높이는 v_2, P_2, y_2이다. 출구인 관의 영역 1에서 이들 각각의 값은 v_1, P_1, y_1이다. 6장에 논의한 바와 같이 중력의 영향 아래서 움직이는 물체는 운동 에너지 KE와 중력 위치 에너지 PE의 합, 즉 $E = \text{KE} + \text{PE} = \frac{1}{2}mv^2 + mgy$인 총 역학적 에너지를 갖는다. 외부의 비보존력에 의해 유체에 일 W_{nc}이 행해질 때 총 역학적 에너지는 변한다. 일-에너지 정리에 따라, 행해진 일은 총 역학적 에너지의 변화량과 같다.

$$W_{\text{nc}} = E_1 - E_2 = \underbrace{(\tfrac{1}{2}mv_1^2 + mgy_1)}_{\substack{\text{영역 1에서의} \\ \text{총 역학적 에너지}}} - \underbrace{(\tfrac{1}{2}mv_2^2 + mgy_2)}_{\substack{\text{영역 2에서의} \\ \text{총 역학적 에너지}}} \qquad (6.8)$$

이해를 돕기 위해 그림 11.26(b)에 일 W_{nc}가 어떻게 생기는지를 나타내었다. 유체 요소의 꼭대기 표면에서 주변의 유체는 표면에 압력 P를 미친다. 이 압력은 크기가 $F = PA$

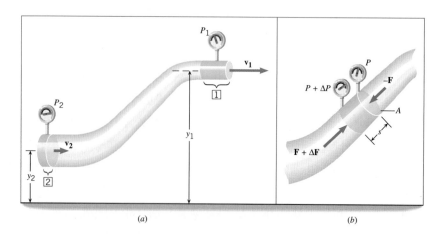

그림 11.26 (a) 단면적과 높이가 변하는 관을 이동하는 유체 요소(진한 파란색) (b) 유체 요소는 윗면에서 $-F$, 아랫면에서는 $F + \Delta F$의 힘을 받는다.

인 힘을 제공한다. 여기서 A는 관의 단면적이다. 바닥 표면에 주변 유체가 미치는 압력은 조금 더 큰 $P + \Delta P$이다. 여기서 ΔP는 요소 양단의 압력차이다. 결과적으로 바닥 표면에 작용하는 힘의 크기는 $F + \Delta F = (P + \Delta P)A$가 된다. 따라서 유체를 관 위로 밀어 올리는 알짜 힘의 크기는 $\Delta F = (\Delta P)A$가 된다. 유체 요소가 길이 s만큼 움직일 때 행해진 일은 알짜 힘의 크기와 거리의 곱인 $W = (\Delta F)s = (\Delta P)As$이다. As는 요소의 부피 V이므로 일은 $(\Delta P)V$이다. 영역 2에서 영역 1까지 움직인 유체 요소에 행해진 총 일은 관을 따라 움직인 요소에 행해진 일 $(\Delta P)V$의 작은 증가분들의 합이다. 이 합은 $W_{nc} = (P_2 - P_1)V$가 된다. 여기서 $P_2 - P_1$은 두 영역 사이의 압력 차이이다. W_{nc}에 대한 식을 사용하면 일-에너지 정리는

$$W_{nc} = (P_2 - P_1)V = (\tfrac{1}{2}mv_1^2 + mgy_1) - (\tfrac{1}{2}mv_2^2 + mgy_2)$$

가 된다. 양변을 부피 V로 나누면, m/V는 유체의 밀도 ρ가 되므로 각 항들을 정리하면 베르누이 방정식이 얻어진다.

■ **베르누이 방정식**

비점성, 비압축성 정상류에서 유체의 밀도 ρ, 압력 P, 유체의 속력 v 및 임의 두 점 간의 높이의 차 y의 관계는 다음과 같이 주어진다.

$$P_1 + \tfrac{1}{2}\rho v_1^2 + \rho g y_1 = P_2 + \tfrac{1}{2}\rho v_2^2 + \rho g y_2 \tag{11.11}$$

점 1과 2는 임의로 선택되므로, $P + \tfrac{1}{2}\rho v^2 + \rho g y$는 유체의 모든 위치에서 일정한 값을 갖는다. 이러한 이유로 베르누이 방정식은 때때로 $P + \tfrac{1}{2}\rho v^2 + \rho g y =$ 일정으로 표현된다.

식 11.11은 정상 유체 내에서 깊이에 따라 변하는 압력의 식 ($P_2 = P_1 + \rho g h$)에 유체의 속력에 의한 효과인 $\tfrac{1}{2}\rho v_1^2$과 $\tfrac{1}{2}\rho v_2^2$을 더해서 얻은 이전 결과의 확대로 간주될 수 있다. 베르누이 방정식은 단면적이 일정한 경우 유체 속력이 어디에서나 동일한 값을 가질 때 ($v_1 = v_2$), 정상 유체에 대한 결과로 바뀐다. 그러한 경우 베르누이 방정식은 $P_1 + \rho g y_1 = P_2 + \rho g y_2$이다. 다시 정리하면 이 결과는

$$P_2 = P_1 + \rho g(y_1 - y_2) = P_1 + \rho g h$$

가 되고, 이것은 정상 유체에 대한 식 11.4와 같다.

11.10 베르누이 방정식의 응용

유체가 수평관 속을 흐를 때 모든 점의 높이는 동일하며($y_1 = y_2$), 베르누이 방정식은

$$P_1 + \tfrac{1}{2}\rho v_1^2 = P_2 + \tfrac{1}{2}\rho v_2^2 \tag{11.12}$$

로 간단해진다. 따라서 $P + \tfrac{1}{2}\rho v^2$은 수평관 내에서 일정하다. 만약 v가 증가하면 P는 감소하고 혹은 그 반대이다. 이것은 11.9절의 앞부분에서 뉴턴의 제2법칙으로부터 정성적으로 이끌어낸 바로 그 결과이다.

다음 예제 11.9는 식 11.12를 동맥류로 알려진 위험한 생리적 상태에 응용한 것이다.

예제 11.9 | 늘어난 혈관

동맥류는 대동맥과 같은 혈관이 비정상적으로 확대된 것이다. 동맥류 때문에 대동맥의 단면적 A_1이 $A_2 = 1.7A_1$으로 늘어났다고 가정하자. 정상적인 대동맥의 경우 혈액($\rho = 1060\,\mathrm{kg/m^3}$)의 속력은 $v_1 = 0.4\,\mathrm{m/s}$이다. 대동맥이 수평이라고 가정하고(사람이 누워 있는 경우) 정상 영역의 압력 P_1보다 증가한 확대 영역의 압력 P_2를 구하라.

살펴보기 베르누이 방정식(식 11.12)은 수평으로 흐르는 유체의 두 점 사이 압력차를 구할 수 있다. 그러나 이 식을 사용하기 위해서는 동맥의 확대된 영역뿐만 아니라 정상 영역에서 혈액의 속력을 알아야 한다. 확대된 영역에서 속력은 연속 방정식(식 11.9)으로 얻을 수 있는데 확대 영역과 정상 영역의 속력은 혈관의 단면적과 관계된다.

풀이 베르누이 방정식을 사용하기 위해서 영역 2가 동맥류가 된다고 정하자. 수평으로 흐르므로 식은 $P_1 + \frac{1}{2}\rho v_1^2 = P_2 + \frac{1}{2}\rho v_2^2$이고, 압력의 차이는 $P_2 - P_1 = \frac{1}{2}\rho(v_1^2 - v_2^2)$이다. 연속 방정식으로부터 동맥류의 혈액 속력 v_2는 $v_2 = (A_1/A_2)v_1$으로 주어진다. 여기서 A_2는 확대된 동맥의 단면적이고, A_1과 v_1은 정상 동맥의 단면적과 혈액 속력이다. 베르누이 방정식에 v_2를 대입하면

$$
\begin{aligned}
P_2 - P_1 &= \tfrac{1}{2}\rho(v_1^2 - v_2^2) = \tfrac{1}{2}\rho v_1^2\left[1 - \left(\frac{A_1}{A_2}\right)^2\right] \\
&= \tfrac{1}{2}(1060\ \mathrm{kg/m^3})(0.40\ \mathrm{m/s})^2\left[1 - \frac{A_1^2}{(1.7A_1)^2}\right] \\
&= \boxed{55\ \mathrm{Pa}}
\end{aligned}
$$

이 된다. 이 결과는 양의 값으로 P_2가 P_1보다 더 큼을 나타내고 있다. 증가한 압력은 동맥류의 혈관 벽의 얇아진 조직에 즉시 변형력을 주게 된다.

압력에 의한 유체 흐름에 의한 영향은 매우 다양하다. 예를 들면 그림 11.27은 가정용 배관과 베르누이 방정식이 어떻게 연관되는지 보여준다. 싱크대 아래 U자 관은 '트랩'이라 부르는데 물의 뒷으로 집으로 새어드는 하수구 냄새를 막는 역할을 하기 때문이다. 그림 (a)는 간단한 배관 모습이다. 세탁기로부터 물은 하수관을 통해 급히 흐르고, 높은 속력의 흐름은 점 A의 압력을 낮추는 원인이 된다. 그러나 싱크대의 점 B의 압력은 더 높은 대기압 상태에 있다. 이 압력 차이의 결과로 트랩 속의 물은 하수관으로 흘러나가 버려서 하수구의 냄새가 싱크대 배수관을 통해 들어 올 수 있다. 그림 11.27(b)와 같이 제대로 설계된 배관은 집 밖으로 배기관을 연결하는 것이다. 통풍구는 세탁기로부터 물이 관을 통해 흐를 때 점 A의 압력이 점 B와 같게 되도록 한다. 따라서 통풍구의 목적은 하수구 냄새가 역류하는 것을 막기 위해 트랩이 비지 않도록 하는 것이다.

유체의 흐름이 압력에 어떤 영향을 주는지에 대한 가장 특별한 예는 비행기 날개에

◎ 가정용 배관의 물리

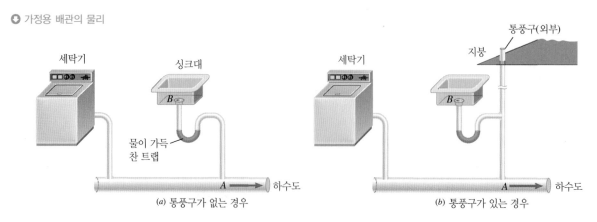

그림 11.27 가정용 배관 설비에서 통풍구는 점 A와 점 B의 압력을 같게 하여 트랩이 비워지는 것을 막기 위해 필요하다. 트랩이 비워지면 하수구 냄새가 집 안으로 들어온다.

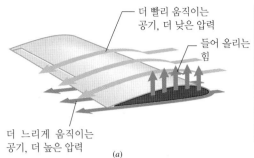

그림 11.28 (a) 비행기 날개 주변의 공기 흐름. 날개는 오른쪽으로 움직인다. (b) 이 날개의 끝은 (a)에서 대충 그려진 모습을 갖는다.

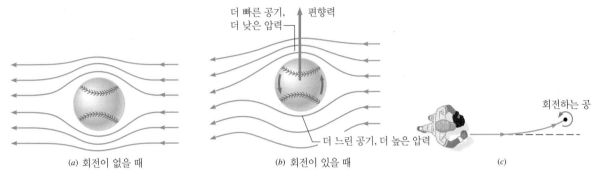

(a) 회전이 없을 때　　(b) 회전이 있을 때　　(c)

그림 11.29 위에서 지면을 향해 내려다 본 공의 모습으로 공은 오른쪽으로 날아간다 (a) 공이 회전하지 않으면 어느 쪽으로도 휘어지지 않는다. (b) 회전하는 공은 휘게 하는 힘의 방향으로 휘어진다. (c) (b)의 회전은 여기서 보인 것처럼 공을 휘어지게 하는 원인이 된다.

작용하는 양력이다. 그림 11.28(a)는 공기가 날개의 왼쪽 방향으로 흘러 오른쪽으로 움직이는 날개(단면)를 보여준다. 날개의 모양 때문에 공기는 아래쪽 더 편평한 표면보다 굽은 위쪽 표면을 더 빠르게 이동한다. 베르누이 방정식에 따라 날개 위 압력은 더 낮은(더 빨리 움직이는 공기) 반면 날개 아래 압력은 더 높다(더 느리게 움직이는 공기). 따라서 날개는 위로 향해 뜬다. 그림 (b)는 비행기 날개의 실제 모습이다.

　야구에서 투수의 주된 무기인 커브볼은 유체 흐름 효과의 또 다른 예이다. 그림 11.29(a)에서 야구공은 회전 없이 오른쪽으로 움직인다. 그림은 위에서 지면을 향해 내려다 본 그림이다. 이 상황에서 유체 흐름은 공의 양 주변에서 동일하게 흐르므로 양쪽의 압력은 동일하다. 어느 편에도 공을 휘게 만드는 알짜 힘이 없다. 그러나 공에 회전이 걸릴 때 공 표면에 가까운 공기는 공 주변으로 끌려간다. 공의 한쪽에서 공기는 빨라지는(더 낮은 압력) 반면 다른 쪽에서는 느려진다(높은 압력). 그림 (b)는 반시계 방향으로의 회전에 의한 효과를 보여주고 있다. 야구공은 알짜 편향력을 받게 되고 그림 (c)에서처럼 투수 마운드에서 타자까지의 직선 경로부터 벗어나서 곡선으로 진행한다.*

　베르누이 방정식의 마지막 예는 그림 11.30(a)에서처럼 바닥 가까이 작은 관을 통해 물이 흘러나오는 커다란 물통이다. 다음 예제와 같이 베르누이 방정식을 이용해 관을 통해 흘러나오는 물의 속력(유출 속력)을 구할 수 있다.

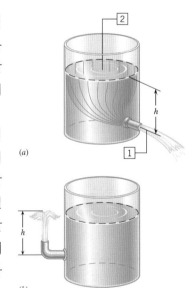

그림 11.30 (a) 베르누이 방정식으로 작은 관을 통해 나오는 액체의 속력을 구할 수 있다. (b) 이상 유체(점성이 없는)는 수직 방향의 배출구를 나와 통 속의 유체와 같은 높이까지 올라갈 것이다.

* 그림 11.29와 같이 던지는 투수를 야구 선수들끼리 하는 말로는 '슬라이더' 라 부른다.

예제 11.10 | 유출 속력

그림 11.30(a)에서 물통은 꼭대기가 대기 중에 열려 있다. 바닥의 관을 통해 나오는 액체의 속력을 구하라.

살펴보기   액체가 이상 유체와 같이 행동한다고 가정한다. 따라서 베르누이 방정식이 적용될 수 있다. 그림 11.30(a)의 액체에 두 위치를 표시하자. 위치 1은 유출관 밖이고 위치 2는 액체의 위 표면이다. 이 두 위치에서의 압력은 대기압과 같다고 할 수 있으므로 베르누이 방정식이 간단해진다.

풀이   위치 1과 2의 압력은 같으므로($P_1 = P_2$) 베르누이 방정식은 $\frac{1}{2}\rho v_1^2 + \rho g y_1 = \frac{1}{2}\rho v_2^2 + \rho g y_2$ 가 된다. 밀도 ρ를 식의 양변에서 소거하고 유출 속력 v_1의 제곱에 대해 풀면

$$v_1^2 = v_2^2 + 2g(y_2 - y_1) = v_2^2 + 2gh$$

가 된다. $h = y_2 - y_1$은 유출관 위 액체의 높이에 해당한다. 만약 통의 단면이 넓다면 액체 높이는 아주 느리게 변하므로 위치 2의 속력은 거의 0이 되고 따라서 $\boxed{v_1 = \sqrt{2gh}}$ 가 된다.

예제 11.10에서 액체는 이상 유체로 가정하였고 관의 유출 속력은 높이 h를 자유 낙하하는 속력과 같다(식 2.9에서 $x = h$, $a = g$를 대입한 것). 이 결과는 **토리첼리의 정리** (Torricelli's theorem)로 알려져 있다. 만약 그림 11.30(b)와 같이 외부 관이 위를 향해 있다면 액체의 관 위 유체 높이와 같은 높이 h만큼 올라간다. 그러나 만약 액체가 이상 유체가 아니라면 점성을 무시할 수 없다. 따라서 유출 속력은 베르누이 방정식에서 주어진 값보다 작으며, 액체는 h보다 더 낮은 높이를 올라간다.

연습 문제

11.1 질량 밀도

1(1)   인도의 숙련된 은 가공사는 은을 두께 3.00×10^{-7} m(종이 한 장 두께의 1/100에 해당)의 얇은 판으로 가공할 수 있다. 1 kg의 은으로 만들 수 있는 은판의 넓이를 구하라.

2(3)   해적이 금으로 채워진 금고(0.30 m × 0.30 m × 0.20 m)를 운반하고 있다. 금의 무게를 N 단위로 구하라. 1 N = 0.225 lb를 사용하여 이 무게가 얼마나 무거운지를 판단해 보라.

3(4)   크기가 1.83 m × 2.13 m × 0.229 m인 물침대가 있다. 침실 바닥은 6660 N 이상의 무게에 견딜 것이다. 침대의 물의 무게를 구하고, 침대를 구입할지에 대해 결정하라.

4(5)   호수의 얼음 두께는 0.010 m이다. 호수가 반지름 480 m의 원이라 할 때 얼음의 질량을 구하라.

11.2 압력

5(10)   음료수 유리병은 나선 뚜껑으로 밀봉된다. 병 내부의 이산화탄소의 절대 압력이 1.80×10^5 Pa이다. 병뚜껑의 바닥 표면과 꼭대기의 넓이가 각각 4.10×10^{-4} m^{2}이라 할 때, 나사산이 병을 유지하기 위해서 뚜껑에 미치는 힘의 크기를 구하라. 병 외부의 공기 압력은 1 기압이다.

6(11)   밀폐된 어떤 상자의 뚜껑의 넓이는 1.3×10^{-2} m^{2}이고 무게는 무시할 수 있을 정도라고 하자. 이 상자를 대기압이 0.85×10^5 Pa인 높은 산으로 가져간다고 하자. 상자 속이 완전한 진공이라고 가정할 때 상자의 뚜껑을 열기 위해 필요한 힘을 구하라.

7(13)   뒷굽이 높고 뾰족한 신발은 바닥에 엄청난 압력을 가할 수 있다. 뾰족한 뒷굽 끝의 반지름이 6.00×10^{-3} m이라고 가정하자. 보통 걸을 때 전체 체중이 구두에 수직인 방향으로 작용한다. 몸무게가 50 kg중인 어떤 여성이 구두 아래 바닥에 작용하는 압력을 구하라.

8(14)   무게가 625 N인 사람이 98 N인 산악자전거를 탄다. 사람과 자전거의 전체 무게를 두 바퀴가 지탱한다고 가정하자. 만약 각 바퀴의 계기 압력이 7.60×10^5 Pa이라면 각 바퀴와 지면 사이의 접촉 넓이는 얼마인가?

*9(16)   그림과 같이 용수철이 달린 피스톤을 끼워 놓은 원통이 있다. 원통은 뚜껑이 없고, 마찰도 없다. 용수철의 용수철 상수는 3600 N/m이다. 피스톤의 질량은 무시하고, 반지름이 0.025 m라 할 때 (a) 피스톤 아래의 공기를 완전히 뽑아내었다면 대기압으로 인해 압축된 용수철의 길이는 얼마인가? (b) 용수철을 압축하는 과정에서 대기압이 한 일은 얼

마인가?

*10(17) 동일한 물질로 만든 속이 찬 원통(끝이 둥글다)과 반구가 있다. 원통은 둥근 면이, 반구는 편평한 면이 바닥으로 향하여 놓여 있다. 각각의 무게가 지면에 동일한 압력을 작용한다고 하면, 원통의 높이가 0.500 m일 때 반구의 반지름은 얼마인가?

11.3 정상 유체 내에서의 압력과 깊이의 관계
11.4 압력계

11(21) 태평양에 있는 마리아나 해구의 깊이는 해수면 아래 11000 m이다. 바닷물의 밀도는 1025 kg/m³이다. (a) 만약 잠수함이 이 깊이에서 탐사 임무를 수행한다면 물이 잠수함의 창(반지름 = 0.10 m)에 가하는 힘을 구하라. (b) 위 결과를 비교하기 위해, 질량 1.2×10^5 kg의 제트 여객기의 무게를 구하라.

12(23) 많은 도시에서 급수탑은 익숙한 광경이다. 급수탑은 물을 저장하고 송수관에 충분한 압력을 공급하는 역할을 한다. 그림은 물이 꽉 채워질 때 5.25×10^5 kg을 담는 구 형태의 저장고를 나타낸다. 저장고의 꼭대기에는 환기구가 있다. 저장고가 물로 가득 차 있을 때 (a) 집 A의 수도꼭지에서 물의 계기 압력을 구하라. (b) 집 B의 수도꼭지에서 물의 계기 압력을 구하라. 송수관의 지름은 무시한다.

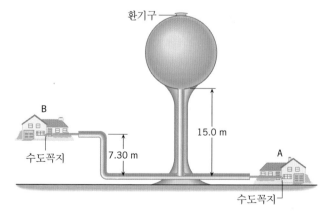

*13(27) 수은을 긴 유리관에 붓고 그 위에 에틸알코올을 높이가 110 cm 되도록 붓는다. 두 액체는 섞이지 않으며 에틸알코올 위의 공기의 압력은 1 기압이다. 에틸알코올과 수은 경

계선 아래 7.1 cm에서의 절대 압력을 구하라.

*14(29) 높이가 1 m인 긴 용기에 수은을 넣고 나머지 부분은 가장자리 끝까지 물로 채운다. 용기는 대기 중에 열려 있다. 용기 바닥의 절대 압력이 2 기압이 되려면 수은의 깊이를 얼마로 해야 하는가?

**15(30) 그림에 나타낸 것처럼, 끝부분을 절단한 원뿔을 거꾸로 세운 듯한 깊이 5.00 m의 연못이 있다. 연못 위의 대기압은 1.01×10^5 Pa이다. 연못의 윗면 원(반지름 = R_2)과 아랫면 원(반지름 = R_1)은 지면에 대해 둘 다 평행하다. 윗면에 작용하는 힘의 크기와 아랫면에 작용하는 힘의 크기는 같다. 이때 (a) R_2를 계산하라. (b) R_1을 계산하라.

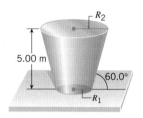

11.5 파스칼의 원리

16(31) 수영장 표면의 대기압이 755 mmHg에서 765 mmHg로 변한다고 하자. 풀장 바닥은 12 m × 24 m의 사각형이다. 풀장 바닥에 가해지는 힘은 얼마나 증가하는가?

17(32) 쓰레기 압축기에 사용하는 유압기는 입력 피스톤과 출력 플런저의 반지름이 각각 6.4×10^{-3} m과 5.1×10^{-2} m이다. 입력 피스톤과 출력 플런저 사이의 높이를 무시한다면 입력되는 힘이 330 N일 때 쓰레기에 가해지는 힘은 얼마인가?

18(34) 환자와 함께 치과의사의 의자는 무게가 2100 N이다. 유압계의 출력 플런저는 의사의 발로 입력 피스톤에 55 N의 힘을 가할 때 의자가 올라가기 시작한다. 플런저와 피스톤의 높이 차이를 무시할 때 플런저와 피스톤의 반지름 비는 얼마인가?

*19(35) 덤프트럭에는 그림과 같이 생긴 유압 실린더가 있다. 운전사가 덤프 스위치를 누르면 펌프는 3.54×10^6 Pa의 절대 압력으로 유압 기름을 원통 안으로 밀어 넣고 반지름 0.150 m의 출력 플런저를 밀게 한다. 플런저가 화물대의 바닥과 평형을 유지한다고 가정할 때 그림에서 그려진 축

에 플런저가 만드는 토크를 구하라.

*20(37) 그림과 같이 용수철(용수철 상수 = 1600 N/m)을 가진 유압 통이 입력 피스톤과 연결되어 있고 질량 40 kg의 바위는 출력 플런저 위에 놓여 있다. 피스톤과 플런저는 거의 같은 높이에 있고 이들 질량은 무시한다. 이때 용수철은 얼마나 압축되어 있는가?

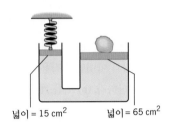

넓이 = 15 cm²   넓이 = 65 cm²

11.6 아르키메데스의 원리

21(38) 오리 한 마리가 전체 부피의 25 %만 물속에 잠겨서 호수 위에 떠 있다. 오리의 평균 밀도는 얼마인가?

22(40) 빙산의 큰 부분은 물속 아래에 놓여 있고, 단지 빙산의 작은 부분만 물 위로 밀어낸다. 빙산의 얼음 밀도는 917 kg/m³이고 바닷물의 밀도는 1025 kg/m³이다. 바닷물 아래에 있는 빙산의 부분이 차지하는 비율은 얼마인가?

23(41) 공기 중에서 문진의 무게는 $W = 6.9$ N이다. 그러나 물에 완전히 잠겼을 때 무게는 $W = 4.3$ N이다. 문진의 부피를 구하라.

24(43) 사람은 공기가 폐 안으로 유입됨에 따라 몸의 부피가 변할 수 있다. 변화량은 물속에서 사람의 무게를 측정하면 알 수 있다. 물속에 있는 사람이 폐에 공기가 채워지면 무게가 20.0 N이고 폐가 비워지면 40.0 N이라 가정할 때 몸의 부피 변화를 구하라.

*25(46) 어떤 물체가 전부 고체이다. 물체가 에틸알코올에 완전하게 잠기면 15.2 N의 무게이고, 물속에 잠기면 무게가 13.7 N이다. 물체의 부피는 얼마인가?

**26(47) 속이 찬 어떤 원통(반지름 = 0.150 m, 높이 = 0.120 m)의 질량이 7.00 kg이다. 이 원통이 물에 떠 있다. 그림과 같이 원통이 완전히 잠기도록 기름($\rho = 725$ kg/m³)을 물 위에 붓는다. 물과 기름 속에 있는 원통의 기름 부분의 높이는 얼마인가?

기름
물

**27(48) 텅 빈 수영장 바닥에 수직이 되도록 용수철을 설치하였다. 8.00 kg인 나무블록($\rho = 840$ kg/m³)을 용수철 꼭대기에 고정해서 올려놓으니 용수철이 압축되었다. 이때 수영장에 블록이 완전히 잠기도록 물을 채우니 용수철이 압축된 상태보다 두 배만큼 늘어났다. 빈 수영장에서 블록의 전체 부피의 백분율을 결정하라. 빈 공간에서 공기는 무시한다.

11.8 연속 방정식

28(51) 물이 부피 흐름률 1.50 m³/s로 관 속을 흐른다. 안쪽 반지름이 0.500 m인 관에서 물의 속력을 구하라.

29(53) 부피가 120 m³인 어떤 방이 있다. 에어컨 시스템이 단면이 정사각형인 덕트를 사용하여 이 방의 공기를 20분마다 교체한다. 이 공기는 비압축성 유체라 가정하자. 만약 덕트 속에서 공기의 속력이 (a) 3.0 m와 (b) 5.0 m일 때 덕트의 한 변의 길이를 구하라.

*30(54) 3개의 소방 호수가 소방 소화전에 연결되어 있다. 각 호수의 반지름은 0.020 m이다. 물은 반지름이 0.080 m인 지하 파이프를 통해 소화전으로 들어간다. 이 파이프에서 물은 3.0 m/s의 속력을 가진다. (a) 한 시간 동안 화재에 얼마나 많은 물을 부을 수 있는가? (b) 각 호수에서 나오는 물의 속력을 구하라.

*31(55) 안쪽 반지름이 6.3×10^{-3} m인 수도관이 12개의 작은 구멍을 가진 샤워기와 연결되어 있다. 관 속에서 물의 속력은 1.2 m/s이다. (a) 관 속에서의 부피 흐름률을 구하라. (b) 작은 구멍(유효 반지름 = 4.6×10^{-4} m)을 지날 때 물의 속력을 구하라.

11.9 베르누이 방정식
11.10 베르누이 방정식의 응용

32(59) 어떤 비행기의 날개가 날개 아래의 공기 속력이 225 m/s일 때 날개 위쪽 공기가 251 m/s로 지나도록 설계되었다. 공기의 밀도는 1.29 kg/m³이다. 밑넓이 24.0 m²의 날개를 들어 올리는 힘을 구하라.

33(60) 높이 15.0 m인 댐 기저부에서 작은 균열이 발생했다. 균열 유효 면적은 1.30×10^{-3} m²이다. 점성 손실을 무시한다면 균열부를 통해 빠져 나오는 물의 속력은 얼마인가? (b) 댐에서 배출되는 물은 초당 몇 m³인가?

34(61) 그림의 급수탑은 지면까지 관이 연결되어 있다. 흐름은 비점성이다. 위치 2에서 물의 표면의 압력은 대기압이다. (a) 밸브가 닫힌 경우 위치 1에서의 절대 압력을 구하라. (b) 밸브가 열려 물이 흐를 때 위치 1에서의 압력을 구하라. 단, 위치 2의 물의 속력은 무시한다. (c) 밸브 구멍의 유효 단면적

이 2.00×10^{-2} m^2 이라 가정하고 위치 1에서의 부피 흐름률을 구하라.

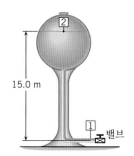

*35(62) 닫혀 있는 매우 큰 탱크에서 물 위 공기의 절대 압력이 6.01×10^5 Pa이다. 물이 위를 향해 곧게 뻗은 노즐을 통해 탱크 바닥에서 나온다. 노즐의 입구는 수면 아래 4.00 m에 있다. (a) 노즐에서 배출되는 물의 속력을 구하라. (b) 공기 저항과 점성 효과를 무시할 때 물이 올라가는 높이를 결정하라.

*36(63) 평평한 사각형(5.0 m × 6.3 m) 지붕의 건물이 22000 N의 최대 알짜 외력에 견딜 수 있다. 공기의 밀도는 1.29 kg/m^3 이다. 이 지붕 아래로 부는 바람의 속력은 얼마인가?

*37(65) 벤투리계는 관 내 유체의 속력을 측정하는 장치이다. 그림에서와 같이 어떤 기체가 속력 v_2로 단면적 $A_2 = 0.0700$ m^2 의 수평관을 흘러들어 간다. 기체의 밀도는 $\rho = 1.30$ kg/m^3 이다. 단면적이 $A_1 = 0.0500$ m^2 인 벤투리계가 관의 굵은

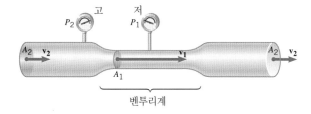

부분과 연결되어 있다. 굵은 부분과 가는 부분의 압력차가 $P_2 - P_1 = 120$ Pa이라면 (a) 관 속 기체의 속력 v_2와 (b) 기체의 부피 흐름률을 구하라.

*38(66) 한 액체가 반지름이 0.0200 m인 수평 관을 통해 흐르고 있다. 관이 10.0 m 높이까지 위로 휘어 있고, 반지름이 0.0400 m인 다른 수평관이 연결되어 있다. 두 수평관의 압력이 같을 때 부피 흐름률은 얼마인가?

*39(67) 어떤 비행기의 날개는 양력을 얻기 위한 유효 넓이가 16 m^{2}이다. 수평 비행 중에 날개 위쪽을 지나는 공기 속력은 62.0 m/s인 반면 날개 아래쪽의 공기 속력이 54.0 m/s이라면 비행기의 무게는 얼마이겠는가?

**40(68) 탱크에 있는 액체를 제거하는 데 사이펀 관이 유용하다. 그림에서처럼 사이펀 관은 먼저 액체를 채우고 한쪽 끝을 탱크에 집어넣고 액체가 다른 쪽 끝으로 이동하도록 한다. (a) 토리첼리의 정리와 유사한 논리를 이용해서 관으로부터 빠져 나오는 유체

의 속력 v의 식을 유도하라. 이 식은 수직 높이 y와 중력 가속도는 g로 v를 나타낸다. (이 속력은 액체의 표면 아래 관의 길이 d에 의존하지 않음에 주의하라.) (b) 사이펀이 작동하지 않으려면 수직 거리 y의 값은 얼마인가? (c) 대기압 P_0, 유체 밀도 ρ, 중력 가속도 g, h, y를 통해 사이펀의 최고 지점(점 A)에서 절대 압력의 식을 유도하라. (관의 단면적은 어디서나 같기 때문에 점 A에서 유체 속력은 관에서 빠져 나오는 유체의 속력과 같음을 주의하라.)

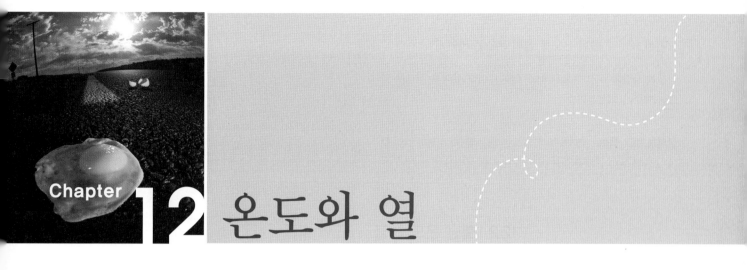

Chapter 12 온도와 열

12.1 보통의 온도 눈금

온도를 측정하기 위해 온도계를 사용한다. 대부분의 온도계들은 물질이 온도 증가에 따라 늘어난다는 사실을 이용해서 만든다. 예를 들면 그림 12.1과 같은 보통의 수은 온도계는 수은으로 가득 찬 유리구와 연결된 모세관으로 되어 있다. 수은이 뜨거워지면 모세관으로 팽창하고, 팽창의 정도는 온도의 변화에 비례한다. 유리 밖은 온도를 읽을 수 있는 적절한 눈금을 새겨둔다.

여러 가지 온도 눈금이 고안되었지만 가장 많이 사용되는 것은 **섭씨**(Celcius, 백분 눈금)와 **화씨**(Fahrenheit) 눈금이다. 그림 12.1에 이 눈금들을 비교하여 나타내었다. 역사적으로 두 눈금은 눈금 매기는 곳에 두 온도 점을 정하고 이들 사이의 거리를 일정한 간격으로 나누어서 정했다.* 한 점은 대기압하에서 얼음이 녹는 온도(어는점)로 선택되었고, 다른 한 점은 대기압하에서 물이 끓는 온도(끓는점)로 선택되었다. 섭씨 온도계는 어는점은 $0\,^\circ\mathrm{C}$, 끓는점은 $100\,^\circ\mathrm{C}$로 선택되었다. 화씨 온도계는 어는점이 $32\,^\circ\mathrm{F}$, 끓는점은 $212\,^\circ\mathrm{F}$로 선택되었다. 섭씨 온도계가 거의 모든 나라에서 사용되는 반면 미국에서는 가정용 체온계 등 대부분 화씨 온도계를 사용한다.

물체의 온도를 나타내는 방법에는 미묘한 차이가 있는 두 가지 방법이 있는데, 하나는 그냥 온도를 나타내는 것이고 다른 하나는 온도의 변화를 나타내는 것이다. 예를 들면 사람의 체온은 약 $37\,^\circ\mathrm{C}$이고, $^\circ\mathrm{C}$는 '도-섭씨'를 의미하며 두 온도 사이의 차이는 '도-섭씨'가 아니라 '섭씨-도'로 구별하여 나타내기도 한다.** 이 책에서는 만약 체온이 $39\,^\circ\mathrm{C}$로 오르면 온도의 변화는 $2\,^\circ\mathrm{C}$가 아니라 2 섭씨-도, 즉 $2\,\mathrm{C}^\circ$이다.

그림 12.1에 따라, 섭씨 눈금은 어는점과 끓는점 사이의 간격을 100 등분했고, 화씨 눈금은 180 등분했다. 따라서 섭씨 눈금 간격은 화씨 눈금 간격보다 $\frac{180}{100}$ 혹은 $\frac{9}{5}$배 더 크다. 예제 12.1은 이 값을 사용하여 섭씨와 화씨 사이를 어떻게 변환하는지를 알려준다.

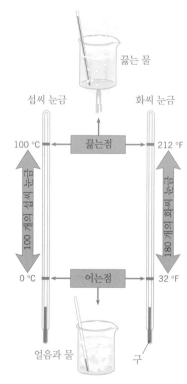

그림 12.1 섭씨 및 화씨 온도 눈금

* 오늘날에는 섭씨 눈금과 화씨 눈금은 켈빈 온도 눈금으로 정의한다. 켈빈 눈금은 12.2절에서 배운다.
** 온도차를 이렇게 표기하지 않는 문헌도 많다(역자 주).

예제 12.1 | 화씨 온도를 섭씨 온도로 바꾸기

건강한 사람의 구강 온도는 98.6 °F이다. 이를 섭씨 눈금으로 읽으면 얼마가 되겠는가?

$$(66.6 \text{ F}°)\left(\frac{1 \text{ C}°}{\frac{9}{5} \text{ F}°}\right) = 37.0 \text{ C}°$$

살펴보기와 풀이 98.6 °F의 온도는 어는점 32 °F보다 66.6화씨-도만큼 높다. $1°\text{F} = \frac{9}{5}\text{F}°$ 이므로, 66.6 F° 차이는

와 같다. 따라서 사람 체온은 어는점보다 37 씨-도 높다. 섭씨 눈금의 어는점 0 °C 에 37섭씨-도를 더하면 37.0 °C 이다.

12.2 켈빈 온도 눈금

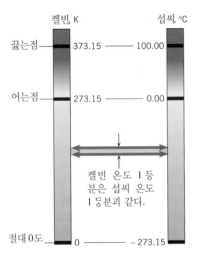

그림 12.2 켈빈 온도와 섭씨 온도 눈금의 비교

비록 섭씨와 화씨 눈금이 널리 쓰이지만, **켈빈 온도 눈금**(Kelvin temperature scale)이 과학적으로는 더 중요하다. 이는 스코틀랜드의 물리학자 윌리엄 톰슨(켈빈경, 1824~1907)에 의해 도입되었고, 그의 업적을 기려 켈빈(K) 눈금이라 부른다. 국제 협약에 따라 기호 K는 온도를 인용할 때 '도'라는 말을 쓰지 않을 뿐더러 (°) 부호를 사용하지도 않는다. 예를 들면 300 K(300 °K 가 아니라)는 '300 도K'가 아니라 '300 K'라 읽는다. 켈빈은 온도에 대한 SI 기본 단위이다.

그림 12.2는 켈빈 눈금과 섭씨 눈금을 비교한다. 1 켈빈의 크기는 1 섭씨-도와 같은데 두 눈금 모두 어는점과 끓는점 사이를 100 등분했기 때문이다. 그런데 실험에 의하면 어떠한 물질도 더 이상 냉각될 수 없는 가능한 가장 낮은 온도가 존재한다. 이 가장 낮은 온도를 켈빈 눈금에서 0 점으로 정하고 이를 절대 0 도라 한다. 켈빈 온도를 절대 온도(absolute temperature)라고도 부른다.

물의 어는점은 켈빈 눈금으로 273.15 K이다. 따라서 켈빈 온도 T와 섭씨 온도 T_c의 관계는

$$T = T_c + 273.15 \tag{12.1}$$

이다. 식 12.1의 273.15는 실험의 결과로 나온 수치이며 기체 온도계를 이용한 연구에서 얻어진 값이다. 부피가 일정한 용기 속의 기체가 가열되면 압력이 증가한다. 역으로, 기체가 냉각되면 압력은 감소한다. 예를 들면 자동차 타이어의 공기 압력은 자동차 주행 후 타이어가 따뜻해지므로 거의 20 %까지 증가할 수 있다. 온도에 따른 기체 압력의 변화는 **등적 기체 온도계**(constant-volume gas thermometer)의 원리이다.

등적 기체 온도계는 그림 12.3과 같이 압력계가 연결된, 기체가 채워진 구로 되어 있다. 주로 사용되는 기체는 낮은 밀도의 수소나 헬륨이고 압력계는 수은이 채워진 U자 관 압력계이다. 구는 온도를 측정하고자 하는 물질과 열 접촉되어 있다. 일정한 부피를 나타내는 왼쪽 U자 관의 기준선에 수은주의 높이가 맞추어지도록 오른쪽 U자 관을 올리거나 내림으로써 구 속 기체의 부피는 일정하게 유지된다. 기체의 절대 압력은 오른쪽 수은주의 높이 h에 비례한다. 등적 기체 온도계가 한 번 교정되고 난 후에는 온도가 변함에 따라 압력이 비례하여 변하므로 그 압력 변화가 온도 변화를 나타나게 하는 눈금을 매길 수 있다.

그림 12.3에서 기체의 절대 압력이 서로 다른 온도에서 측정된다고 가정하자. 그 결과를 온도에 따른 압력의 변화로 그린다면 그림 12.4와 같은 직선이 얻어진다. 이 직선을 더

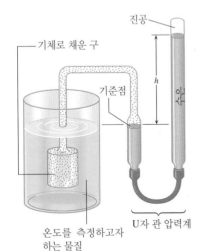

그림 12.3 등적 기체 온도계

낮은 온도로 연장, 즉 외삽하면 그 선은 온도축에서 −273.15°C 되는 곳과 만난다. 실제로 이 온도로 냉각될 수 있는 기체는 없는데, 그 이유는 모든 기체가 이 온도에 도달하기 전에 액체가 되기 때문이다. 그러나 수소와 헬륨은 이와 같은 낮은 온도에서 액화되므로 종종 온도계로 사용된다. 밀도가 낮은 기체를 사용하여 기체의 양을 달리하거나 기체의 종류를 달리하여서도 이런 종류의 그래프를 얻을 수 있다. 모든 경우에서, 직선은 온도축과 −273.15°C에서 만나도록 외삽됨이 밝혀졌으며, 이는 −273.15°C라는 값이 기본적으로 중요한 의미를 가짐을 암시하고 있다. 이 수의 중요성은 이 수가 온도 측정에 있어 **절대 0 점**(absolute zero point)이라는 것이다. '절대 0'이란 기체나 어떤 다른 물질을 −273.15°C보다 더 낮은 온도로 냉각할 수 없음을 의미한다. 만약 더 낮은 온도에 도달할 수 있다면 그림 12.4에서 직선의 연장된 외삽이 음수의 절대 기체 압력이 존재할 수 있음을 암시한다. 기체의 절대 압력이 음수라는 것은 아무런 의미가 없기 때문에 그러한 상황은 불가능하다. 따라서, 켈빈 눈금이 사용되면 온도가 0인 점이 도달 가능한 가장 낮은 온도가 된다.

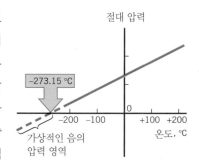

그림 12.4   부피가 일정할 때 낮은 밀도의 기체의 온도에 따른 절대 압력의 그래프. 그래프는 직선이고, 연장(점선)하면 −273.15°C에서 온도축을 지나간다.

12.3 온도계

모든 온도계는 온도에 따른 몇 가지 물리적 성질의 변화를 이용해 만든다. 온도에 따라 변하는 이 성질을 **측온 성질**(thermometric property)이라 부른다. 예를 들면 수은 온도계의 측온 성질은 수은주의 길이인 반면 등적 기체 온도계는 기체의 압력이다. 몇 가지 다른 온도계와 그 온도계의 열적 성질을 지금 논의하고자 한다.

열전쌍은 연구실에서 널리 사용되는 온도계이다. 열전쌍은 그림 12.5와 같이 한 금속선의 양 끝에 다른 금속선을 각각 용접하여 두 개의 접점을 형성하도록 만든다. 많이 사용되는 금속으로는 구리와 콘스탄탄(구리-니켈 합금)이 있다. 두 접점 중 하나인 '뜨거운' 접점을 온도를 측정하고자 하는 물체에 열 접촉시킨다. '기준' 접점이라고 하는 다른 접점은 온도를 알고 있는(보통 얼음과 물이 0°C에서 공존하는) 용기 속에 넣어진다. 그러면 열전쌍의 두 전극 사이에는 두 접점 사이의 온도 차에 따라 변하는 전압이 나타난다. 이 전압은 측온 성질이고 그림에서처럼 전압계로 측정된다. 열전쌍의 전압과 온도를 비교한 표

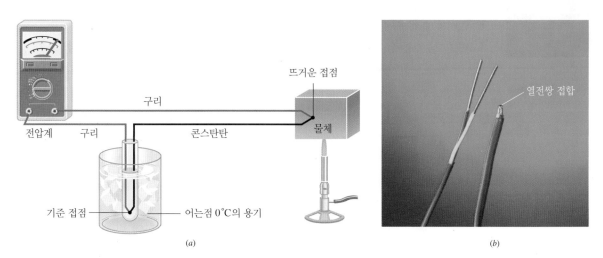

그림 12.5   (a) 열전쌍은 서로 다른 두 가지 도선으로 만들어진다. 여기서는 구리와 콘스탄탄(구리-니켈 합금) 도선으로 되어 있다. (b) 서로 다른 두 도선 간 열전쌍의 접합

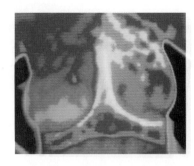

그림 12.6 침습성 유방 악성 종양 (암)이 높아진 온도에 따라 뚜렷하게 열화상 장치에 빨간색부터 노란색 및 흰색에 이르기까지 표시되어 있다.

🔵 **열화상 장치의 물리**

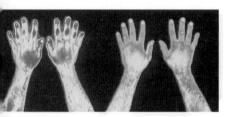

그림 12.7 담배를 피우기 전(왼쪽)과 피운 5분 후(오른쪽) 흡연자의 팔뚝을 보여주는 열화상이다. 온도 범위는 34 °C(흰색)에서 28 °C(파란색)까지이다.

그림 12.8 1997/98년 엘니뇨의 열화상에 의하면 태평양에서 비정상적으로 높은 온도의 넓은 영역이 빨간색으로 나타나 있다.

를 이용해 측정된 전압으로부터 뜨거운 접점의 온도를 알 수 있다. 여러 가지 열전쌍들이 최저 −270 °C에서 최고 2300 °C 범위의 온도를 측정하는 데 사용된다.

대부분 물질은 전기 흐름에 대한 저항을 갖고 있다. 이러한 전기 저항은 온도에 따라 변하기 때문에 전기 저항은 또 다른 측온 성질이다. 전기 저항 온도계는 흔히 백금선으로 만들어지는데 백금은 −270 °C에서 +700 °C 온도 범위에서 우수한 역학적 성질 및 전기적 성질을 가지고 있다. 백금선의 전기 저항은 온도의 함수로 잘 알려져 있다. 따라서 물질의 온도는 저항 온도계를 물질과 열 접촉시키고 백금선의 저항을 측정하여 구할 수 있다.

물질에 의해 방출되는 복사선 또한 온도를 재기 위해 사용될 수 있다. 보통 낮은 온도에서 방출되는 주된 복사선은 적외선이다. 온도가 올라가면 복사 강도가 그에 따라 증가한다. 흥미로운 응용의 하나로 적외선 카메라는 인체의 여러 부위에서 발생하는 적외선 강도를 기록할 수 있다. 그 카메라는 컬러 모니터에 연결되어 적외선 강도를 색으로 표현한다. 이러한 '열 그림'을 열화상 장치 혹은 적외선 체열 촬영기라 한다. 열화상 장치는 의학에서 아주 중요한 진단 장비 중 하나이다. 예를 들면 유해 조직의 높아진 온도가 열화상 장치에 표시되면 그 유해 조직이 유방암임을 의심하게 한다. 그림 12.6은 유해한 유방암의 진단에 사용되는 열화상도이다. 그림 12.7은 담배를 피우기 전(왼쪽)과 5분 후(오른쪽) 흡연자의 팔뚝에 나타나는 열화상 영상을 보여주고 있다. 흡연 후 팔뚝은 니코틴의 효과로 더 차가워졌다. 이는 혈관 수축으로 혈류가 줄기 때문이며, 그 결과 혈액이 응고되는 더 높은 위험을 초래할 수 있다. 이 영상에서 온도는 34 °C에서 28 °C 범위이고, 흰색, 빨간색, 노란색, 초록색, 파란색 순으로 감소함을 표시한다.

지표와 해수면의 온도 분포를 그려내기 위해 해양학자와 기상학자들은 주로 얼화상 장치를 사용한다. 예를 들면 그림 12.8은 태평양 해수면 온도의 위성 사진이다. 빨간색으로 표현된 영역은 1997/98년 엘니뇨로 거의 미국의 2배의 넓이에 해당하는 넓은 영역이 비정상적으로 높은 온도에 도달한 지역이다. 엘니뇨는 어떤 지역의 날씨 변화의 주된 원인이 된다.

12.4 선팽창

보통의 고체들

유리병의 금속 뚜껑이 너무 꼭 닫혀서 잘 안 열리는 경우가 가끔 있을 것이다. 한 가지 방법은 뚜껑을 뜨거운 물에 넣으면 금속이 유리보다 더 많이 팽창하기 때문에 뚜껑이 약간 느슨해진다. 변화 가능한 범위까지는 대부분 물질은 뜨거워지면 팽창하고 차가워지면 수축한다. 고체의 한 변을 따라 길이가 늘어나는 것을 **선팽창**(linear expansion)이라 하며 선형의 의미는 팽창이 한 선을 따라 일어남을 의미한다. 그림 12.9는 처음 온도가 T_0이고 길이가 L_0인 막대의 선팽창을 나타내고 있다. 온도가 $T_0 + \Delta T$로 증가하면 길이는 $L_0 + \Delta L$이 된다. ΔT와 ΔL은 온도와 길이 변화량이다. 반대로 온도가 $T_0 - \Delta T$로 내려가면 길이는 $L_0 - \Delta L$로 감소한다.

적당한 온도 변화에서 실험에 의하면 길이 변화가 온도 변화에 비례($\Delta L \propto \Delta T$)함이 알려져 있다. 덧붙여서 길이의 변화는 막대의 처음 길이에도 비례하며, 이 사실은 그림 12.10을 보면 이해할 수 있다. 그림 (a)는 처음에 길이가 같은 두 막대를 나타내고 있다. 각 막대는 처음 길이가 L_0이고 온도가 ΔT 만큼 증가할 때 길이가 ΔL 만큼 늘어난다. (b)는 두 개의 가열된 막대가 하나의 막대로 결합된 모습으로 총 팽창 길이는 각 막대의 팽창의 팽창 길이의 합, 즉 $\Delta L + \Delta L = 2\Delta L$ 이다. 막대가 처음 길이의 2 배라면 팽창도 2 배이다. 다른 말로, 길이의 변화는 정확히 처음 길이에도 비례한다($\Delta L \propto L_0$). 식 12.2는 **선팽창 계수**(coefficient of linear expansion)라 부르는 비례 상수 α를 써서 ΔL이 L_0와 ΔT 모두에 비례함을 표현하고 있다.

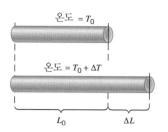

그림 12.9 막대의 온도가 ΔT 만큼 올라갈 때 막대의 길이는 ΔL 만큼 증가한다.

> ■ **고체의 선팽창**
> 물체의 길이 L_0는 온도가 ΔT 만큼 변할 때 ΔL 만큼 변한다. 즉
>
> $$\Delta L = \alpha L_0 \Delta T \tag{12.2}$$
>
> 이다. 여기서 α는 선팽창 계수이다.
> **선팽창 계수의 상용 단위** : $\dfrac{1}{\text{C}°} = (\text{C}°)^{-1}$

식 12.2를 α에 대해 쓰면, $\alpha = \Delta L/(L_0 \Delta T)$가 된다. ΔL과 L_0의 길이 단위는 대수적으로 소거되고, 선팽창 계수 α는 온도차 ΔT를 섭씨도(C°)로 표현할 때 $(\text{C}°)^{-1}$의 단위를 가진다. 동일한 처음 길이를 갖는 다른 물질은 온도의 변화에 따라 다른 양으로 팽창하므로, α 값은 물질의 종류에 따라 다르다. 표 12.1은 몇 가지 전형적 값을 보여준다. 선팽창

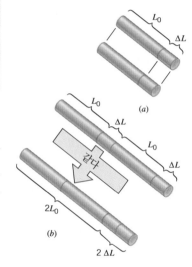

그림 12.10 (a) 가열되면 각 막대는 ΔL 만큼 늘어난다. (b) 두 막대를 이으면 길이가 $2L_0$인 막대가 되고 이어진 막대의 길이 팽창은 $2\Delta L$이 된다.

표 12.1 몇 가지 고체와 액체의 열팽창 계수[a]

물질	열팽창 계수(C°)$^{-1}$	
	선팽창 계수(α)	부피 팽창 계수(β)
고체		
알루미늄	23×10^{-6}	69×10^{-6}
놋쇠	19×10^{-6}	57×10^{-6}
콘크리트	12×10^{-6}	36×10^{-6}
구리	17×10^{-6}	51×10^{-6}
유리(보통)	8.5×10^{-6}	26×10^{-6}
유리(파이렉스)	3.3×10^{-6}	9.9×10^{-6}
금	14×10^{-6}	42×10^{-6}
철 또는 강철	12×10^{-6}	36×10^{-6}
납	29×10^{-6}	87×10^{-6}
니켈	13×10^{-6}	39×10^{-6}
석영(용융)	0.50×10^{-6}	1.5×10^{-6}
은	19×10^{-6}	57×10^{-6}
액체[b]		
벤젠	—	1240×10^{-6}
사염화탄소	—	1240×10^{-6}
에틸알코올	—	1120×10^{-6}
휘발유	—	950×10^{-6}
수은	—	182×10^{-6}
메틸알코올	—	1200×10^{-6}
물	—	207×10^{-6}

[a] α와 β 값은 약 20 °C 에서의 값이다.
[b] 액체는 고정된 모양이 없으므로 선팽창 계수를 정의할 수 없다.

계수는 온도 범위에 따라서 다소 변하지만 표 12.1은 적당한 근삿값이다. 예제 12.2는 작은 온도 변화에 의해서 일어날 수 있는 열팽창의 극적 효과를 보여주는 예이다.

예제 12.2 | 부풀어 오른 보도

기온이 25°C인 날에 두 건물 사이에 콘크리트 보도가 만들어졌다. 보도는 길이가 3 m이고 길이에 비해 두께를 무시할 수 있는 두 개의 석판으로 되어 있다. 기온이 38°C로 오르면 석판은 팽창하나 열팽창이 가능한 공간이 없다. 건물은 움직이지 않으므로 석판이 위로 향한다. 그림 (b) 부분의 수직 거리 y를 구하라.

살펴보기 각 석판의 늘어난 길이는 처음 길이 L_0에 온도 증가에 기인한 길이 변화량 ΔL을 더한 값으로 동일하다. 처음 길이를 알고 식 12.2로 길이 변화를 구할 수 있다. 늘어난 길이가 구해지면 피타고라스 정리를 써서 그림 12.11(b)의 수직 거리 y를 구할 수 있다.

풀이 온도 변화는 $\Delta T = 38\,°C - 25\,°C = 13\,C°$이고, 콘크리트의 선팽창 계수는 표 12.1에 주어져 있다. 온도 변화에 따른 각 석판의 길이 변화는

$$\Delta L = \alpha L_0 \Delta T \qquad (12.2)$$
$$= [12 \times 10^{-6}\,(C°)^{-1}](3.0\text{ m})(13\,C°)$$
$$= 0.000\,47\text{ m}$$

이다. 따라서 각 석판의 늘어난 길이는 3.00047 m이다. 수직 거리 y는 그림 12.11(b)의 직각 삼각형에 피타고라스 정리를 적용하여 구할 수 있다. 즉

$$y = \sqrt{(3.000\,47\text{ m})^2 - (3.000\,00\text{ m})^2} = \boxed{0.053\text{ m}}$$

이다.

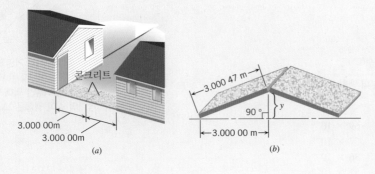

그림 12.11 (a) 두 콘크리트 석판이 건물 사이 공간에 꼭 끼워져 있다. (b) 온도가 올라가면 각 석판은 팽창하여 보도가 위로 부풀어 오르는 원인이 된다.

그림 12.12 다리의 팽창 이음새

보도가 부풀어 오른 것은 열팽창을 대비한 틈새를 만들어 두지 않은 결과이다. 이 같은 문제를 해결하기 위해 기술자들은 그림 12.12와 같이 다리 상판을 따라 일정한 거리마다 이음새를 만들어 넣거나 간격을 띄어 둔다.

비록 예제 12.2는 열팽창이 문제를 일으키는 경우를 보여주고 있지만 때로는 열팽창을 유용하게 이용하는 경우도 있다. 예를 들면 매년 수천 명의 아이들이 뜨거운 수도꼭지에 인한 화상으로 응급실에 실려 온다. 이와 같은 사고는 그림 12.13과 같은 화상 방지 장치의 도움으로 줄일 수 있다. 이 장치는 주둥이 끝에 나사가 조여져 있어 물이 너무 뜨거워지면 신속히 물의 흐름을 차단한다. 물의 온도가 올라가면 작동 용수철이 늘어나고 플런저가 앞을 향해 밀고 흐름이 차단된다. 물이 차가워지면 용수철이 수축되고 물은 다시 흘러나온다.

열변형력

그림 12.11의 콘크리트 석판이 위로 부풀어 오르지 않는다면 건물에 막대한 힘을 미칠 것이다. 팽창하는 고체 물질을 버티기 위해 필요한 힘은 온도 변화에 기인한 어떤 길이 변화에도 버틸 만큼 충분히 강해야 한다. 비록 온도 변화가 작더라도 힘-즉 변형력-은 아주 클 수도 있다. 사실상 이 힘은 심각한 구조적 위험을 초래한다. 예제 12.3을 보면 이 변형력이 얼마나 큰지를 알 수 있다.

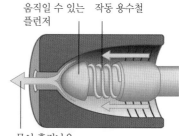

움직일 수 있는 작동 용수철
플런저

물이 흘러나옴

그림 12.13 화상 방지 장치

예제 12.3 | 강철빔에 작용하는 변형력

○ 열팽창의 물리

어떤 다리의 상판으로 강철빔이 사용되었다. 빔은 온도 23 °C일 때 열팽창을 위한 틈새가 없이 두 개 콘크리트 보 사이에 올려진다(그림 12.14). 온도가 42 °C로 오를 때 빔의 열팽창을 버티기 위해 빔의 양단에 있는 콘크리트 보가 얼마의 압축 변형력을 작용해야 하는가?

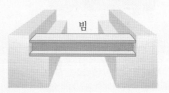

빔

콘크리트 보   콘크리트 보

그림 12.14 강철빔이 빔의 열팽창 틈새가 없이 콘크리트 보 사이에 올려진다.

살펴보기   10.8절에서 길이 L_0인 물체가 ΔL만큼 늘어나기 위해 필요한 변형력은

$$변형력 = \frac{F}{A} = Y \frac{\Delta L}{L_0} \qquad (10.17)$$

임을 배웠다. 여기서 Y는 영률이다. 만약 강철빔이 온도 변화 때문에 자유롭게 팽창할 수 있다면 길이는 $\Delta L = \alpha L_0 \Delta T$로 변한다. 콘크리트 보가 어떤 팽창에도 버틸 수 있으려면 ΔL만큼의 팽창을 저지하는 압축 변형력을 가해야 한다. 따라서 변형력은

$$변형력 = Y\frac{\Delta L}{L_0} = Y\frac{\alpha L_0 \Delta T}{L_0} = Y\alpha\Delta T$$

이다.

풀이   강철의 영률과 선팽창 계수는 $Y = 2.0 \times 10^{11}\,\text{N/m}^2$(표 10.1), $\alpha = 12 \times 10^{-6}\,(\text{C}°)^{-1}$(표 12.1)이다. 온도 변화는 23 °C에서 42 °C이므로 $\Delta T = 19\,\text{C}°$이다. 열변형력은

$$변형력 = Y\alpha\Delta T$$
$$= (2.0 \times 10^{11}\,\text{N/m}^2)[12 \times 10^{-6}\,(\text{C}°)^{-1}](19\,\text{C}°)$$
$$= \boxed{4.6 \times 10^7\,\text{N/m}^2}$$

가 된다. 이 변형력은 아주 크다. 만약 빔의 단면적이 $A = 0.10\,\text{m}^2$이면 콘크리트 보의 각 끝에 작용하는 힘은 $F = $ (변형력)(넓이) $= 4.6 \times 10^6\,\text{N}$ 이어야 한다.

바이메탈

바이메탈(bimetallic strip)은 그림 12.15(a)와 같이 선팽창 계수가 다른 얇은 두 금속 조각으로 만든다. 주로 놋쇠[$\alpha = 19 \times 10^{-6}\,(\text{C}°)^{-1}$]와 강철[$\alpha = 12 \times 10^{-6}\,(\text{C}°)^{-1}$]이 사용된다. 두 금속 조각은 함께 용접하거나 단단히 고정한다. 바이메탈이 뜨거워지면 큰 α값을 가진 놋쇠가 강철보다 더 많이 팽창한다. 두 금속이 함께 붙어 있으므로 (b)처럼 더 길어진 놋쇠 조각이 강철보다 더 큰 반지름을 가지며 아치형으로 굽는다. 금속이 식으면 바이메탈은 (c)처럼 반대 방향으로 굽는다.

바이메탈은 대개 가전 제품의 온도 조절기에 많이 사용된다. 그림 12.16은 원하는 농도로 커피가 끓으면 커피 메이커의 전원이 꺼지게 되는 원리를 보여주고 있다. (a)에서 가열 중임을 나타내는 불이 켜져 있는 동안 온도 조절 장치의 접점이 접촉되어 전기는 열선

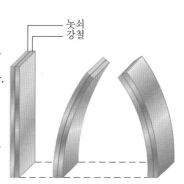

놋쇠
강철

(a)   (b) 가열된 모습   (c) 냉각된 모습

그림 12.15 바이메탈이 (a) 휘어지지 않은 모습 (b) 가열되었을 때 (c) 냉각되었을 때의 휘어진 모습

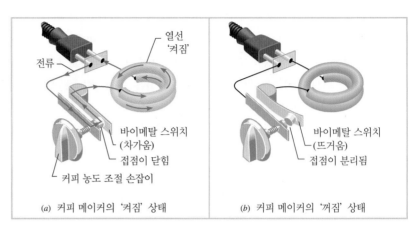

그림 12.16 바이메탈이 커피 메이커를 (a) 켜진 상태(차가운 조각, 곧다) 혹은 (b) 꺼진 상태(뜨거운 조각, 휜다)로 조절한다.

○ 자동 커피 메이커의 물리

을 통해 흐르고 물은 가열된다. 바이메탈 위의 접점이 농도 조절 손잡이에 붙어 있는 접점에 붙기 때문에 연결된 회로를 통해 전기가 흐를 수 있다. 그림 (b)처럼 바이메탈이 휘어져 떨어지기에 충분할 만큼 가열되면 두 접점이 분리되며 전기는 더 이상 회로를 통해 흐를 수 없기 때문에 가열 램프가 꺼진다. 가열 온도 조절 손잡이를 돌리면 접점들 간의 거리가 조절되어 바이메탈의 접점들이 분리될 온도가 변한다.

구멍의 팽창

선팽창의 흥미로운 예로 고체 물질 조각에 구멍이 있는 경우가 있다. 물질은 가열되면 스스로 팽창한다. 그러나 구멍에서는 어떨까? 늘어날까 수축할까 혹은 그대로 있을까? 다음의 예제를 살펴보자.

예제 12.4 | 뜨거워진 약혼 반지

금으로 된 어떤 약혼 반지의 내부 지름은 온도가 27°C일 때 1.5×10^{-2} m이다. 이 반지가 49°C의 뜨거운 물속으로 떨어졌다. 반지의 내부 지름은 얼마나 변하는가?

살펴보기 만약 구멍이 금으로 채워져 있다면 지름의 변화는 $\Delta L = \alpha L_0 \Delta T$가 될 것이다. 금의 경우 선팽창 계수는 $\alpha = 14 \times 10^{-6}$ (C°)$^{-1}$(표 12.1)이다. 여기서 L_0는 처음 길이, ΔT는 온도 변화량이다.

풀이 반지 지름의 변화량은

$$\Delta L = \alpha L_0 \Delta T$$
$$= [14 \times 10^{-6} \, (\text{C}°)^{-1}](1.5 \times 10^{-2} \text{ m})$$
$$(49°C - 27°C) = \boxed{4.6 \times 10^{-6} \text{ m}}$$

가 된다.

예제 12.4는 물체가 가열될 때 그 물체 속의 구멍이 주변 물질과 함께 팽창함을 보여주고 있다. 따라서 큰 선팽창 계수를 가진 물질의 구멍이 작은 선팽창 계수를 가진 구멍보다 더 크다.

12.5 부피 팽창

보통 물질의 부피는 온도 증가에 따라 증가한다. 대부분의 고체와 액체가 그렇다. 선팽창의 경우와 같은 방법으로 부피 변화 ΔV 는 온도 변화가 아주 크지 않는 범위 내에서 온도 변화 ΔT 와 처음 부피 V_0 에 비례한다. 이들 두 비례 관계를 **부피 팽창 계수**(coefficient of volume expansion)라고 하는 비례 상수 β 를 써서 식 12.3과 같이 나타낼 수 있다. 이 식의 모양은 선팽창에 대한 식 $\Delta L = \alpha L_0 \Delta T$ 와 비슷하다.

■ 부피 팽창

물체의 부피 V_0 는 온도가 ΔT 만큼 변할 때 ΔV 만큼 변한다. 즉

$$\Delta V = \beta V_0 \Delta T \qquad (12.3)$$

이다. 여기서 β 는 부피 팽창 계수이다.

부피 팽창 계수의 단위: $(\text{C}°)^{-1}$

β 의 단위는 α 의 단위, $(\text{C}°)^{-1}$ 와 같다. β 는 물질의 종류에 따라 다르다. 표 12.1에 약 20°C에서 측정된 몇 가지 예가 나열되어 있다. 액체의 β 값은 고체보다 월등히 큰데 처음 부피와 온도 변화가 같을 때 액체가 전형적으로 고체보다 더 많이 팽창하기 때문이다. 표 12.1은 또한 대부분 고체의 부피 팽창 계수가 선팽창 계수의 세배, 즉 $\beta = 3\alpha$ 임을 보여주고 있다.

만약 고체 물체 내에 빈 공간이 있으면 빈 공간의 부피는 마치 빈 공간이 주변 물질로 채워져 있는 것처럼 물체가 팽창할 때 증가한다. 빈 공간의 팽창은 물질의 얇은 판에 있는 구멍의 팽창과 유사하다. 따라서 빈 공간의 부피 변화량은 관계식 $\Delta V = \beta V_0 \Delta T$ 를 사용해 구할 수 있다. 여기서 β 는 빈 공간을 둘러싼 물질의 부피 팽창 계수이다. 다음 예제 12.5를 보면 그런 것을 알 수 있다.

> **■ 문제 풀이 도움말**
> 온도에 따른 용기 내 액체의 높이 변화는 액체와 용기의 부피 변화 모두에 의존한다.

예제 12.5 │ 자동차 냉각 장치

● 자동차 냉각 장치의 흘러넘침의 물리

냉각수 보조통으로 쓰이는 작은 플라스틱 용기는 자동차 엔진이 뜨거워지면 흘러넘치는 냉각수를 잡아둔다(그림 12.19 참조). 냉각 장치는 구리로 만들어졌고 냉각수의 부피 팽창 계수는 $\beta = 4.10 \times 10^{-4}\,(\text{C}°)^{-1}$ 이다. 만약 냉각 장치가 엔진이 6°C로 차가울 때 용량 15 리터(L)로 가득 채워졌다면 냉각수가 92°C의 동작 온도에 도달했을 때 냉각 장치에서 흘러넘쳐 보조 탱크로 흘러드는 양을 구하라.

살펴보기 온도가 증가할 때 냉각수와 냉각 장치 모두 팽창한다. 만약 동일한 값으로 팽창한다면 흘러넘치지 않을 것이다. 그러나 냉각수가 냉각 장치보다 더 많이 팽창하며 흘러넘치는 양은 냉각수가 팽창한 양에서 냉각 장치의 빈 공간이 팽창한 양

그림 12.17 자동차 라디에이터(냉각 장치)와 냉각 장치의 흘러넘치는 냉각수를 보관하기 위한 냉각수 보조통

을 뺀 양이다.

풀이　온도가 86 C°만큼 증가할 때 냉각수가 팽창한 양은

$$\Delta V = \beta V_0 \Delta T \qquad\qquad (12.3)$$
$$= [4.10 \times 10^{-4}\,(C°)^{-1}](15\,L)(86\,C°) = 0.53\,L$$

이다. 냉각 장치 빈 공간은 구리[$\beta = 51 \times 10^{-6}\,(C°)^{-1}$, 표 12.1]

로 채워진 것처럼 팽창한다. 냉각 장치 빈 공간의 팽창은

$$\Delta V = \beta V_0 \Delta T = [51 \times 10^{-6}\,(C°)^{-1}](15\,L)(86\,C°)$$
$$= 0.066\,L$$

가 되므로 흘러넘치는 양은 $0.53\,L - 0.066\,L = \boxed{0.46\,L}$ 이다.

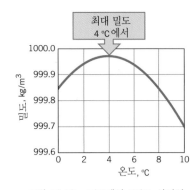

그림 12.18　0 °C에서 10 °C 사이의 온도 범위에서 물의 밀도 4 °C에서 물은 999.973 kg/m³의 최대 밀도를 갖는다(이 값은 자주 사용되는 세제곱 센티미터당 1.00000 g과 거의 같다).

◗ 호수가 어는 것과 얼음 밑의 물고기들의 생존에 관한 물리

◗ 수도관 파열의 물리

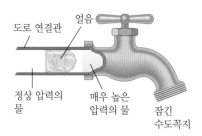

그림 12.19　물이 얼어서 팽창하면 얼음과 수도꼭지 사이의 물에 큰 압력이 작용한다.

비록 대부분의 물질이 가열되면 팽창하나 몇몇은 그렇지 않다. 예를 들면 만약 0 °C의 물이 가열되면 부피는 4 °C에 이를 때까지 감소한다. 4 °C 이상에서 물은 정상적으로 행동하여 온도가 증가하면 부피도 증가한다. 주어진 물의 질량이 4 °C에서 최소 부피를 가지므로 물의 밀도(단위 부피당 질량)는 그림 12.18에서처럼 4 °C에서 가장 크다.

물이 0 °C보다 4 °C에서 가장 큰 밀도를 갖는다는 사실은 호수가 어는 방법에 중요한 영향을 미친다. 물 위 공기의 온도가 내려갈 때 물의 표면층은 냉각된다. 표면층의 온도가 4 °C에 가까워질 때 표면층은 아래의 더 따뜻한 물보다 밀도가 커진다. 밀도가 더 커진 물은 가라앉고 깊은 곳의 따뜻한 물을 위로 밀어 올리게 되고 표면의 물은 더 냉각된다. 이 과정은 호수 전체의 온도가 4 °C가 될 때까지 계속된다. 더 추워서 물 표면이 4 °C 아래로 내려가면 깊은 곳의 물보다 밀도가 작아진다. 즉 표면층이 가라앉지 않고 위에 머문다. 0 °C까지 표면이 계속 차가워지면 얼음이 생기고 얼음은 어떤 온도의 물보다 밀도가 작기 때문에 물 위에 뜬다. 그러나 얼음 아래 물 온도는 0 °C 이상을 유지한다. 얼음은 단열재처럼 호수의 열손실을 줄이며 특히 얼음이 눈으로 덮인다면 이 또한 단열재이다. 그 결과 호수는 전부가 얼어붙지 않기 때문에 물고기와 다른 수생 생물이 살아남을 수 있다.

물의 밀도보다 얼음의 밀도가 더 작다는 사실 때문에 주택에서는 추운 겨울을 나는 동안 수도관이 터지지 않도록 조심해야 한다. 물은 보통 수도관이 다른 찬 온도에 노출된 부분에서 언다. 그림 12.19와 같이 수도관 속의 얼음은 마개처럼 물의 흐름을 막을 수 있다. 큰 밀도의 물이 작은 밀도의 얼음으로 바뀔 때 부피는 8.3 % 늘어나므로 더 많은 물이 막힌 곳 왼쪽에서 얼 때 팽창된 얼음은 도로 연결관 쪽으로 액체를 밀어내서 더 이상 해가 없다. 그러나 막힌 곳 오른쪽에 생긴 얼음은 액체를 오른쪽으로 민다. 그런데 만약 수도꼭지가 닫혀 있으면 어디로도 갈 수가 없다. 따라서 얼음이 계속 얼면 팽창하고 마개와 수도꼭지 사이의 물의 압력은 증가한다. 얼음 증가량이 작더라도 압력의 증가는 크게 증가한다. 이 상황은 강철빔의 작은 길이 변화가 콘크리트 보에 큰 변형력을 제공했던 예제 12.3의 열변형력과 유사하다. 얼어서 막힌 관의 오른쪽의 모든 부분은 파스칼의 원리(11.5절)에 따라 높아진 압력을 받게 된다. 따라서 관은 구조적으로 약한 곳 어디에서나 터질 수 있으며 심지어 건물의 난방 공간 안에서도 터질 수 있다. 겨울 동안 수도관이 터지지 않게 하는 간단한 방법이 있다. 그냥 수도꼭지를 조금 열어 두어 물이 조금씩 흘러나오도록 해 두면 압력이 과도하게 커지지 않아서 수도관이 터지지 않을 것이다.

12.6　열과 내부 에너지

높은 온도를 가진 물체는 뜨겁다고 말하며, '뜨거운' 이란 말은 '열' 이라는 단어를 생각게

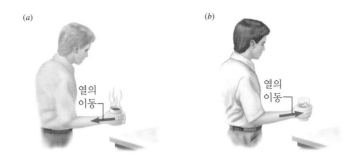

한다. 열(heat)은 두 물체가 접촉했을 때 더 뜨거운 물체에서 더 차가운 물체로 흐른다. 그런 이유로 뜨거운 커피잔은 뜨겁게 얼음이 든 유리컵은 차갑게 느껴진다. 그림 12.20(a)의 사람이 커피잔을 만질 때 열은 뜨거운 잔에서 차가운 손으로 흐른다. 그림 (b)에서 사람이 유리컵을 만질 때 열은 다시 뜨거운 쪽에서 차가운 쪽으로 흐르는데 이 경우 따뜻한 손에서 차가운 유리로 흐른다. 손에 열이 들어오거나 나가는 것에 대한 신경 반응에 의해 두뇌는 커피잔이 뜨겁거나 유리컵이 차다고 판단한다.

그러나 열이란 무엇일까? 다음 정의에 따라 열은 에너지의 한 형태이며, 뜨거운 곳에서 차가운 곳으로 전달된다.

> **▪ 열**
>
> 열은 높은 온도의 물체에서 낮은 온도의 물체로 온도 차이 때문에 흐르는 에너지이다.
>
> **열의 SI 단위**: 줄(J)

에너지의 일종이므로 열은 일, 운동 에너지, 위치 에너지와 같은 단위로 측정된다. 따라서 열의 SI 단위는 줄(J)이다.

그림 12.20에서 열은 뜨거운 쪽에서 차가운 쪽으로 흐르는데 이는 뜨거운 물질의 내부 에너지(internal energy)에서 비롯된다. 물질의 내부 에너지는 분자의 운동 에너지(분자들의 무작위 운동에 기인), 분자의 위치 에너지(분자의 원자들 사이와 분자들 사이에 작용하는 힘에 기인)와 다른 형태의 분자 에너지들의 합이다. 행해진 일이 무시되는 상황에서 열이 흐를 때 뜨거운 물질의 내부 에너지는 감소하고 차가운 물질의 내부 에너지는 증가한다. 비록 열이 물질의 내부 에너지 공급에 기인하더라도 물질이 열을 갖는다고 말하는 것은 옳지 않다. 그 물질은 내부 에너지를 갖고 있다고 하지 열을 갖고 있다고 하지 않는다. '열' 이란 말은 주로 뜨거운 곳에서 차가운 곳으로 에너지가 이동할 때 사용된다.*

12.7 열과 온도 변화: 비열

고체와 액체

고체나 액체의 온도를 올리기 위해서는 많은 열이 필요하다. 또한 질량이 큰 물질의 온도를 높이기 위해서도 많은 열이 필요하다. 열이 제거되어야만 하는 경우를 제외하고는 온

---

* 내부 에너지를 열에너지라고 부르는 문헌도 적지 않다(역자 주).

표 12.2 몇 가지 고체와 액체의 비열ª

물질	비열 c J/(kg·C°)
고체	
알루미늄	9.00×10^2
구리	387
유리	840
사람의 몸(평균 37°C)	3500
얼음(−15°C)	2.00×10^3
철 또는 강철	452
납	128
은	235
액체	
벤젠	1740
에틸알코올	2450
글리세린	2410
수은	139
물(15°C)	4186

a 언급된 부분을 제외하고는 25°C, 1기압
에 대한 값이다.

도가 내려갈 때에도 그와 비슷한 말이 적용된다. 제한된 온도 범위 내에서 실험에 의하면 열 Q는 온도 변화 ΔT와 질량 m에 비례한다. 두 비례 관계는 비례 상수 c를 사용하여 식 12.4로 나타내어진다. 여기서 상수 c를 물질의 비열(specific heat capacity)이라 한다.

> **■ 물질의 온도 변화 과정에서 공급되거나 제거되는 열**
>
> 질량 m의 물질이 ΔT만큼 온도가 변하기 위해 공급되거나 제거되어야 하는 열 Q는
>
> $$Q = cm\Delta T \qquad (12.4)$$
>
> 이다. 여기서 c는 물질의 비열이다.
>
> **비열의 단위**: 줄(J)/킬로그램(kg) · 섭씨-도(C°)

식 12.4를 비열에 대해 풀면, $c = Q/(m\Delta T)$가 되므로 비열의 단위는 J/(kg·C°)이다. 표 12.2를 보면 물질의 종류에 따라 비열이 다름을 알 수 있다. 다음 예제 12.6은 식 12.4를 응용한 것이다.

예제 12.6 | 열을 내며 달리는 사람

체중 65 kg의 사람이 반시간 동안 달리기를 하면 8.0×10^5 J의 열을 발생시킬 수 있다. 이 열은 신체의 온도 조절 방식에 의해 여러 가지 방법으로 달리는 사람의 몸에서 방출된다. 만약 열이 방출되지 않는다면 몸의 온도는 얼마나 올라가는가?

살펴보기 체온 증가는 질량 m과 몸의 비열 c 및 달리는 사람이 발생시킨 열량 Q에 의존한다. 알려진 이들 세 값으로 식 12.4를 사용해 온도의 잠재적인 증가를 구할 수 있다.

풀이 표 12.2에서 사람 몸의 평균 비열은 3500 J/(kg·C°)이다. 식 12.4에 이 값을 대입하면

$$\Delta T = \frac{Q}{cm} = \frac{8.0 \times 10^5 \text{ J}}{[3500 \text{ J/(kg·C°)}](65 \text{ kg})} = \boxed{3.5 \text{ C°}}$$

가 된다. 3.5 C°의 체온 증가는 생명을 위협할 수도 있다. 이로부터 달리는 사람의 몸을 보호하는 방법 중의 하나가 땀을 흘려 과잉열을 방출하는 것이다. 반면에 그림 12.21과 같이 개는 땀

을 흘리지 못하므로 과잉열을 방출하기 위해 자주 헐떡인다.

그림 12.21 개는 열을 방출하기 위해 헐떡인다.

기체

15.6절에서 알게 되겠지만 비열은 열 형태로 에너지가 물질로부터 흘러나가거나 흘러들어오는 동안 압력이나 부피가 일정하게 유지되는지의 여부에 따라 다르다. 일정한 압력과 일정한 부피 사이의 차이는 대개 고체와 액체에서는 중요하지 않지만 기체에서는 중요하다. 15.6절

에서 알게 되겠지만 압력이 일정할 때 얻어진 기체의 비열이 부피가 일정한 경우보다 크다.

줄이 아닌 다른 열의 단위

열은 보통 줄과 다른 세 가지 단위가 있다. 1 킬로칼로리(1 kcal)는 물 1 kg의 온도를 1C°* 높이는 데 필요한 열로 정의된다. $Q = 1.00\,kcal$, $m = 1.00\,kg$, $\Delta T = 1.00\,C°$이면 식 $Q = cm\Delta T$에 따라 물의 비열이 $c = 1.00\,kcal/(kg \cdot C°)$임을 알 수 있다. 비슷하게 1 칼로리 (1 cal)는 물 1 g의 온도를 1C° 높이는 데 필요한 열로 정의되며, 이때 비열은 $c = 1.00$ cal/(g·C°)이다(영양사들은 식품의 에너지 함량을 나타내는 데 대문자 C로 시작하는 Cal이라는 단위를 사용하는데 이것은 종종 혼란을 준다. 1 Cal = 1000 cal = 1 kcal이다) 영국 공학 단위(Btu)도 흔히 사용되는 열의 단위인데 이것은 물 1 lb의 온도를 1C° 높이는 데 필요한 열로 정의된다.

제임스 줄(1818~1889)의 시대 이전까지 일 형태의 에너지와 열 형태 에너지(kcal 단위) 사이의 관계식은 수립되지 않았다. 줄의 실험에 의하면 양손을 비비는 것과 같은 역학적 일이 열의 흡수와 마찬가지로 물질의 온도를 높일 수 있다. 그의 실험과 후대 사람들의 연구에 의하면

$$1\,kcal = 4186\,J, \quad 즉 \quad 1\,cal = 4.186\,J$$

임이 밝혀졌다. 이것의 역사적 중요성 때문에 이 상수가 **열의 일당량**(mechanical equivalent of heat)으로 알려져 있다.

열량계

6.8절에서 우리는 계의 에너지는 생성되지도 소멸되지도 않고 단지 한 형태에서 다른 형태로 전환되는 에너지 보존 법칙을 배웠다. 거기서는 운동 에너지와 위치 에너지를 다루었다. 이 장에서는 에너지 개념을 열로 확대했으며, 열은 온도 차이 때문에 온도가 높은 물체에서 낮은 물체로 흐르는 에너지이다. 운동 에너지이든 위치 에너지, 혹은 열이든 그 형태와는 무관하게 에너지는 생성되거나 소멸되지 않는다. 이 사실은 온도가 다른 물체들이 열 접촉할 때 평형 온도에 이르는 방법을 제시한다. 만약 주변으로 열을 잃지 않으면 뜨거운 물체가 잃은 열은 차가운 물체가 얻은 열과 동일하며 이 과정은 에너지 보존과 일치한다. 이런 과정의 한 예가 보온병에서 일어난다. 완벽한 보온병은 어떤 열도 안이나 밖으로 출입되는 것을 막는다. 그러나 열 형태의 에너지는 보온병 속의 물질들 사이를 흐를 수 있는데 이것은 물론 그들의 온도가 다를 때 일어난다. 예를 들면 얼음 조각과 뜨거운 차 사이에 열이 흐른다. 에너지 이동은 온도가 같아져서 열평형에 도달할 때까지 계속된다.

차에 얼음을 넣은 보온병에서 일어나는 열의 이동과 같은 것이 열량계 내에서도 일어나는데 이러한 실험 장치는 **열량 계측법**(calorimetry)이라고 하는 기술을 이용한다. 보온병과 같이 생긴 그림 12.22는 열량계가 반드시 단열 용기이어야 함을 보여주고 있다. 이것은 다음 예제와 같이 물질의 비열을 구할 때 사용된다.

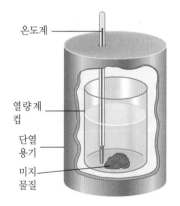

그림 12.22 열량계로 미지 물질의 비열을 측정할 수 있다.

온도계

열량계 컵

단열 용기

미지 물질

예제 12.7 | 비열 측정

그림 12.22의 열량계 컵은 0.15 kg의 알루미늄으로 만들어졌고, 0.20 kg의 물이 담겨 있다. 처음에 물과 컵의 온도는 18 ℃이다. 질량 0.04 kg의 미지 물질을 97 ℃로 가열해 물에 넣는다. 열평형에 도달했을 때 물, 컵, 미지 물질의 온도는 22 ℃이다. 온도계가 얻은 적은 열은 무시하고 미지 물질의 비열을 구하라.

살펴보기 에너지는 보존되고 열량계와 외부 주변과의 열 흐름은 무시한다. 찬물과 알루미늄 컵이 얻은 열량은 두 물질을 따뜻하게 하고 미지 물질이 잃은 열량은 물질을 차갑게 만들며, 이 두 열량은 동일하다. 각 열량은 관계식 $Q = cm\Delta T$를 사용해 계산할 수 있다. 여기서 온도 변화량 ΔT는 항상 높은 온도에서 낮은 온도를 뺀 값이다. '얻은 열 = 잃은 열' 식은 미지 물질의 비열이라고 하는 한 개의 미지수를 포함한다.

풀이

$$\underbrace{(cm\,\Delta T)_{\text{알루미늄}} + (cm\,\Delta T)_{\text{물}}}_{\substack{\text{알루미늄과} \\ \text{물이 얻은 열량}}} = \underbrace{(cm\,\Delta T)_{\text{미지 물질}}}_{\substack{\text{미지 물질이} \\ \text{잃은 열량}}}$$

$$c_{\text{미지 물질}} = \frac{c_{\text{알루미늄}}\, m_{\text{알루미늄}}\, \Delta T_{\text{알루미늄}} + c_{\text{물}}\, m_{\text{물}}\, \Delta T_{\text{물}}}{m_{\text{미지 물질}} \Delta T_{\text{미지 물질}}}$$

세 물질의 온도 변화는 $\Delta T_{\text{알루미늄}} = \Delta T_{\text{물}} = 22.0\,℃ - 18.0\,℃ = 4.0\,℃$이고, $\Delta T_{\text{미지 물질}} = 97.0\,℃ - 22.0\,℃ = 75.0\,℃$이다. 표 12.2에 있는 알루미늄과 물의 비열을 위 식에 대입하면

$$c_{\text{미지 물질}} = \frac{[9.00 \times 10^2 \text{ J/(kg·C°)}](0.15\text{ kg})(4.0\text{ C°})}{(0.040\text{ kg})(75.0\text{ C°})}$$
$$+ \frac{[4186\text{ J/(kg·C°)}](0.20\text{ kg})(4.0\text{ C°})}{(0.040\text{ kg})(75.0\text{ C°})}$$
$$= \boxed{1300\text{ J/(kg·C°)}}$$

가 얻어진다.

> **문제 풀이 도움말**
> '얻은 열 = 잃은 열'의 관계식은 양쪽 모두 대수적으로 같은 부호라야 한다. 따라서 열량을 계산할 때 항상 온도 변화량은 높은 온도에서 낮은 온도를 뺀 값이다.

12.8 열과 상변화: 숨은열

놀랍게도 열이 들어오거나 나갈 때 온도를 변화시키지 않는 경우가 있다. 차에 얼음을 넣고 잘 섞어서 열평형이 되었다고 가정하자. 비록 열이 따뜻한 실내로부터 유리잔으로 들어왔더라도 얼음 조각이 있는 한 차는 0 ℃에서 온도가 높아지지 않는다. 명백히 열은 온도를 높이는 것 이외의 다른 목적에도 사용되고 있다. 사실상 열은 얼음을 녹이기 위해 쓰였으며 얼음이 모두 녹았을 때만 액체의 온도가 올라가기 시작할 것이다.

얼음으로 차게 한 차의 예에서 보여주는 중요한 점은 물질의 형태나 상이 하나 이상이라는 것이다. 예를 들면 잔 속의 물의 일부는 고체(얼음)이고, 나머지 일부는 액체 상태이다. 기체 또는 증기는 물질의 세 번째 상이다. 기체상의 물은 수증기 또는 증기라고 한다. 물의 세 가지 상 모두가 그림 12.23의 사진에 나타나 있다.

물질은 한 상에서 다른 상으로 바뀔 수 있으며 열이 그 변화를 주도한다. 그림 12.24에 여러 가지 가능성의 모습을 요약하였다. 고체는 열이 가해지면 융해(fusion)되어(녹아서) 액체가 되는 반면 액체는 열이 빠져나가면 고체로 언다. 마찬가지로 액체는 열이 공급되면 기체로 기화(evaporation)되는 반면 기체는 열을 잃으면 액체로 액화(condensation)된다. 액체 내 증기 방울 형태의 빠른 증발을 끓음이라 한다. 마지막으로 고체는 열이 제공되면 때때로 기체로 바로 변할 수 있다. 그런 것을 고체가 기체로 승화(sublimation)되었다고 말한다. 승화의 예는 (1) 고체 이산화탄소 CO_2(드라이아이스)가 기체 이산화탄소로 변하는 것과 (2) 고체 나프탈렌(둥근 방충제)이 나프탈렌 향으로 변하는 것이 있다. 반대로 적

그림 12.23 물의 세 가지 상. 얼음은 물에 떠 있고 수증기(보이지 않음)는 공기 중에 있다.

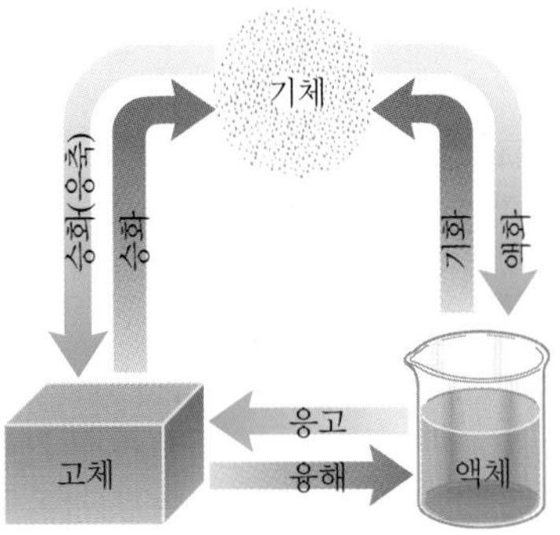

그림 12.24 물질의 잘 알려진 세 가지 상–고체, 액체, 기체–과 상변화를 나타내는 그림. 상변화는 어떤 두 상 사이에서도 일어날 수 있다.

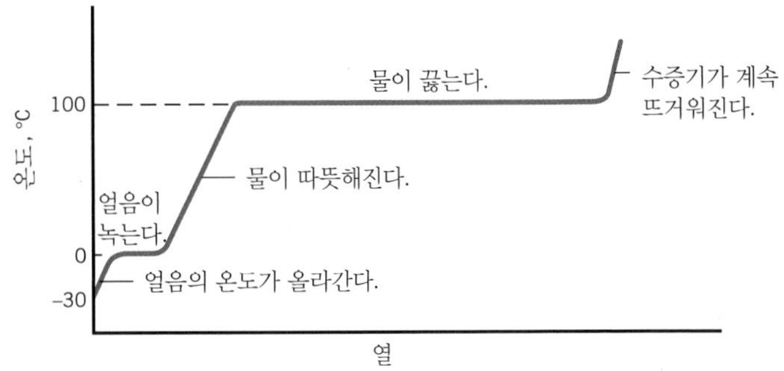

그림 12.25 이 그래프는 −30 °C 얼음에서 열이 가해질 때 물의 온도가 어떻게 변하는지를 보여준다. 압력은 대기압이다.

절한 조건하에서 열이 제거되면 기체는 직접 고체로 된다.

그림 12.25는 물질에 열이 가해져 상이 변할 때 주로 어떤 일이 일어나는지를 보여주는 그래프이다. 그래프는 가해진 열에 따라 변하는 온도를 기록하고 물은 1.01×10^5 Pa의 정상 대기압하에 있다. 물은 −30 °C의 얼음 상태로 시작한다. 열이 가해지면 얼음의 온도는 증가하며 얼음의 비열은 2000 J/(kg · C°)이다. 온도가 0 °C의 녹는점(어는점)에 도달할 때까지 상은 변하지 않는다. 열이 더 가해지면 고체는 액체로 변하고 온도는 모든 얼음이 녹을 때까지 0 °C에 머문다. 즉 모두 액체가 되면 추가된 열은 온도를 증가시키고, 이때 물의 비열은 4186 J/(kg · C°)이다. 온도가 100 °C의 끓는점(액화점)에 도달하면 물은 액체에서 기체로 변하고 열의 공급이 지속되는 한 계속 기체로 변한다. 모든 액체가 사라질 때까지 온도는 100 °C에 머물러 있다. 모두 기체가 되면 가해진 열은 다시 기체의 온도를 높이며 이때 일정한 압력하에서 수증기의 비열은 2020 J/(kg · C°)이다.

물질이 한 상에서 다른 상으로 변할 때 열은 물질의 종류와 상변화의 종류에 따라서 가해지거나 제거되어야 한다. 상변화와 관련된 단위 질량당 열을 **숨은열**(latent heat)이라 한다.

■ **물질의 상이 변할 때 공급되거나 제거되는 열**

질량 m인 물질의 상이 변하기 위하여 공급되거나 제거되어야 하는 열 Q는

$$Q = mL \qquad (12.5)$$

이다. 여기서 L은 물질의 숨은열이다.

숨은열의 SI 단위: J/kg

고체상과 액체상 간에는 **융해열**(latent heat of fusion) L_f, 액체상과 기체상 간에는 **기화열**(latent heat of vaporization) L_v, 그리고 고체상과 기체상 간에는 **승화열**(latent heat of sublimation) L_s가 변화에 관여된다.

표 12.3에 액화열과 기화열의 몇 가지 전형적인 값이 나열되어 있다. 예를 들면 물의 액화열은 $L_f = 3.35 \times 10^5$ J/kg이다. 따라서 0 °C 얼음 1 kg을 0 °C 물로 녹이기 위해서는 3.35×10^5 J의 열이 공급되어야 한다. 반대로 이 양의 열이 제거되면 0 °C의 물 1 kg이 0 °C의 얼음으로 얼게 된다. 그런데 물의 기화열은 $L_v = 22.6 \times 10^5$ J/kg로 더 크다. 물이

○ 수증기에 의한 화상의 물리

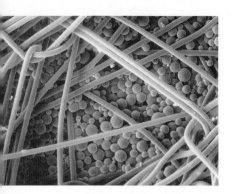

그림 12.26 초미세 내열 플라스틱 구형 입자로 코팅된 섬유의 고배율 확대 사진. 이 구형 입자는 열을 흡수하거나 방출하면 녹거나 굳는 '상변환 재료'로 알려진 물질을 포함하고 있다. 이러한 섬유로 만들어진 의복은 체열에 따라 반응하여 스스로를 자동적으로 조절함으로써 피부 온도에 가까운 일정한 온도를 유지하도록 할 수 있다.

표 12.3 융해열과 기화열[a]

물질	녹는점($°C$)	융해열 L_f (J/kg)	끓는점($°C$)	기화열 L_v (J/kg)
암모니아	−77.8	33.2×10^4	−33.4	13.7×10^5
벤젠	5.5	12.6×10^4	80.1	3.94×10^5
구리	1083	20.7×10^4	2566	47.3×10^5
에틸알코올	−114.4	10.8×10^4	78.3	8.55×10^5
금	1063	6.28×10^4	2808	17.2×10^5
납	327.3	2.32×10^4	1750	8.59×10^5
수은	−38.9	1.14×10^4	356.6	2.96×10^5
질소	−210.0	2.57×10^4	−195.8	2.00×10^5
산소	−218.8	1.39×10^4	−183.0	2.13×10^5
물	0.0	33.5×10^4	100.0	22.6×10^5

[a] 1 기압일 때의 값이다.

$100\,°C$에서 끓을 때 22.6×10^5 J의 열이 주어지면 1 kg의 물이 수증기로 변한다. 수증기가 $100\,°C$에서 액화할 때 이 양의 열이 수증기 1 kg당 제거되어야 물로 변한다. $100\,°C$의 물은 화상을 입기에 충분히 뜨거운데 큰 숨은열의 추가적 효과에 의해 만약 피부에서 액화되면 조직에 심한 해를 일으킬 수 있다.

 첨단 의류의 물리

융해열의 이점을 이용하여 디자이너는 체온에 근접한 편안한 온도를 유지할 수 있도록 열을 흡수하거나 방출할 수 있는 기능성 옷을 만들 수 있다. 그림 12.26의 사진에서 보여주는 것과 같은 형태의 의류용 섬유에는 상변환 재료(phase-change material, PCM)로 알려진 물질이 들어 있는 초미세 내열 플라스틱 구가 첨가된다. 예를 들면 여러분이 좋아하는 겨울 스포츠를 즐길 때 열을 많이 낼 수 있다. PCM은 이 과정에서 증가한 몸의 열을 흡수하여 과열을 막는다. 그러나 갑자기 정지하여 차가워지면 PCM은 굳어지면서 열을 방출하여 몸을 따뜻하게 유지한다. PCM이 안락하게 해줄 수 있는 온도 범위는 녹는점 및 어는점과 관련이 있으며 이는 화학 성분에 의해 결정된다.

예제 12.8에서 에너지 보존 원리를 이용할 때 숨은열이 어떻게 고려되는지 살펴보자.

예제 12.8 | 얼음 레모네이드

$27\,°C$의 레모네이드 0.32 kg이 들어 있는 스티로폼 컵에 $0\,°C$의 얼음을 넣는다. 레모네이드의 비열은 물의 비열 $c = 4186$ J/(kg·C°)와 거의 같다. 얼음과 레모네이드가 평형 온도에 도달한 후에도 약간의 얼음이 여전히 남아 있다. 물의 융해열 $L_f = 3.35 \times 10^5$ J/kg이다. 컵의 질량이 매우 작아서 컵이 흡수한 열량은 무시할 수 있고 주변으로의 어떤 열손실도 없다고 가정하자. 녹은 얼음의 질량을 구하라.

살펴보기 에너지 보존 원리에 의하면 얼음이 녹을 때 얻은 열은 레모네이드가 차가워질 때 잃은 열과 같다. 식 12.5에 따라 얼음이 녹는 데 얻은 열은 $Q = mL_f$이다. 여기서 m은 녹은 얼음의 질량이고 L_f는 물의 융해열이다. 레모네이드가 잃은 열량은 $Q = cm\Delta T$로 주어진다. 여기서 ΔT는 높은 온도 $27\,°C$에서 낮은 평형 온도를 뺀 값이다. 얼음이 남아 있으므로 평형 온도는 $0\,°C$이고 그때 얼음은 물과 평형 상태에 있다.

풀이

$$\underbrace{(mL_f)_{얼음}}_{\substack{얼음이 \\ 얻은\ 열량}} = \underbrace{(cm\,\Delta T)_{레모네이드}}_{\substack{레모네이드가 \\ 잃은\ 열량}}$$

녹은 얼음의 질량은

$$m_{얼음} = \frac{(cm\,\Delta T)_{레모네이드}}{L_f}$$

$$= \frac{[4186\ \text{J/(kg·C°)}](0.32\ \text{kg})(27\,°C - 0\,°C)}{3.35 \times 10^5\ \text{J/kg}}$$

$$= \boxed{0.11\ \text{kg}}$$

이다.

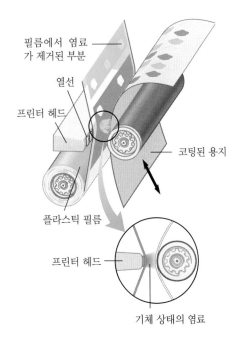

그림 12.27　염료승화형 프린터. 플라스틱 필름이 프린터 헤드 앞을 지나가면 발열체에 주어진 열은 필름 위의 안료나 염료를 고체에서 기체로 승화시킨다. 흡수된 기체 상태의 염료는 작은 색점들로 종이를 덮는다. 종이 위 점의 크기는 이해를 돕기 위해 과장되었다.

　　고체와 기체 사이의 상변화의 흥미로운 응용은 컬러 프린터에서 볼 수 있다. 염료승화형 프린터는 청록색, 노란색, 자홍색 안료(염료)의 각각의 띠를 얇게 바른 얇은 플라스틱 필름을 사용한다. 색의 모든 스펙트럼이 이들 염료의 작은 점의 조합을 이용해 만들어진다. 그림 12.27에서 보듯이 코팅된 필름이 2400개의 발열체를 가지고 있는 프린터 헤드 앞을 지나간다. 발열체가 켜지면 이 앞에 놓인 염료는 열을 흡수하여 액체를 거치지 않고 고체에서 기체로 승화한다. 접촉을 통해 기체 상태의 염료를 흡수하여 종이 위에 코팅하면 작은 색점이 만들어진다. 각 발열체가 256가지의 온도를 낼 수 있기 때문에 점의 강도는 발열체에 의해 조절되며 뜨거울수록 발열체가 종이에 더 많은 염료를 옮긴다. 프린터 헤드가 종이의 한 면을 세 번 지나가는데 매번 다른 염료가 사용된다. 그렇게 만들어진 최종 결과는 사진 품질에 근접한 상이 된다.

◉ 염료승화형 컬러 프린터의 물리

 연습 문제

주의: 별다른 언급이 없으면 선팽창 계수와 부피 팽창 계수 값은 표 12.1, 비열은 표 12.2, 융해열과 기화열은 표 12.3의 값을 사용한다.

12.1 보통의 온도 눈금
12.2 켈빈 온도 눈금
12.3 온도계

1(1)　사람들의 정상 체온은 몇 도일까? 19세기에 측정된 평균 체온은 98.6 °F이었으나 최근의 연구 결과에 의하면 평균 체온은 98.2 °F이다. 이 두 온도의 차이를 섭씨 온도로 계산하라.

2(2)　달 표면의 온도는 낮 동안에는 375 K로부터 밤에 1.00×10^2 K의 범위에 있다. 이 온도를 (a) 섭씨 온도와 (b) 화씨 온도로 표시하라.

3(3)　개인용 컴퓨터는 50 °F에서 104 °F 온도 범위에서 작동하도록 고안되었다. (a) 섭씨 온도와 (b) 켈빈 온도로 표시하라.

4(5)　절대 0도의 온도는 −273.15 °C가 된다. 화씨 온도로 계산하라.

*5(7)　등적 기체 온도계(그림 12.3과 그림 12.4)는 기체의 온도가 0.00 °C일 때 압력이 5.00×10^3 Pa이다. 압력이 2.00×10^3 Pa일 때 온도(°C)를 구하라.

12.4 선팽창

6(9) 온도 2.0 ℃의 북대서양을 항해하는 강철로 된 항공모함의 길이가 370 m이다. 이 배가 21 ℃의 따뜻한 지중해를 항해한다면 배의 길이는 얼마가 되는가?

7(10) 온도가 23 ℃일 때 콩코드는 62 m 길이이다. 비행 시 이 초음속 항공기의 외피는 공기 마찰로 105 ℃까지 올라갈 수 있다. 비행기 표면의 선팽창 계수는 2.0×10^{-5} (C°)$^{-1}$이다. 콩코드의 팽창된 양을 구하라.

8(12) 온도가 11 ℃인 구리판에 구멍을 뚫었다. (a) 구리판의 온도가 증가할 때 구멍의 반지름은 11 ℃에서보다 커지는가 작아지는가? 그 이유는? (b) 구리판을 110 ℃까지 가열할 때 구멍 반지름의 변화율 $\Delta r/r_0$을 구하라.

9(14) 두 부분으로 구성된 어떤 얇은 막대가 함께 연결되어 있다. 이 막대의 1/3은 은이고 2/3는 금이다. 온도가 26 C°만큼 감소할 때 막대의 길이에서 감소 비율 $\dfrac{\Delta L}{L_{0,\text{Silver}} + L_{0,\text{Gold}}}$을 구하라. 단, $L_{0,\text{Silver}}$과 $L_{0,\text{Gold}}$는 은과 금의 막대의 처음 길이이다.

10(15) 특수 합금으로 만들어진 막대의 온도가 25 ℃에서 물의 끓는점까지 가열될 때 길이는 8.47×10^{-4} m만큼 늘어났다. 이 막대가 25 ℃에서 물의 어는점까지 냉각되면 얼마나 수축되겠는가?

*11(16) 그림과 같이 얇은 두 금속 조각을 같은 온도에서 한쪽 끝을 함께 볼트로 접합해 놓았다. 하나는 강철이고 다른 하나는 알루미늄이다. 강철 조각은 알루미늄 조각보다 0.10 % 더 길다. 조각의 길이가 같아지도록 하려면 조각 온도를 얼마나 올려야 하는가?

강철
알루미늄

*12(17) 놋쇠 막대와 알루미늄 막대가 그림과 같이 고정된 벽에 붙어 있다. 28 ℃에서 두 막대 사이의 간격은 1.3×10^{-3} m이다. 이 간격이 0이 되는 온도를 구하라.

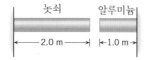

놋쇠　　알루미늄
|← 2.0 m →|← 1.0 m →|

*13(19) 가는 놋쇠 줄의 한쪽 끝에 추가 연결된 단진자가 있다. 진자의 주기는 2.0000 초이다. 온도가 140 ℃ 올라가면 줄의 길이는 증가한다. 가열된 진자의 주기를 구하라.

**14(23) 어떤 도선이 두 다른 도선의 끝을 서로 붙여 만들어졌다. 한 도선은 알루미늄이고 다른 도선은 강철이다. 두 도선의 유효

선팽창 계수가 19×10^{-6} (C°)$^{-1}$일 때 전체 길이에 대한 알루미늄의 길이의 비를 구하라.

12.5 부피 팽창

15(25) 24 ℃의 물이 구리 주전자에 담겨 있다. 물이 끓는점까지 가열되면 주전자의 부피는 1.2×10^{-5} m^{3}으로 증가한다. 24 ℃에서 주전자의 부피를 구하라.

16(27) 온도 18 ℃에서 은으로 된 얇은 구 껍질의 안 반지름이 2.0×10^{-2} m이다. 구 껍질을 147 ℃까지 가열할 때 껍질 내 부피는 얼마나 변하는가?

17(28) 각각 초기 부피가 같은 납 물체와 수정 물체가 있다. 온도를 올렸더니 각 물체의 부피가 같은 양만큼 증가했다. 납 물체의 온도를 4.0 C° 올렸다면 수정 물체의 온도는 얼마나 올려야 하는가?

18(29) 일정한 압력에서 가열될 때 어떤 기체의 부피는 동일한 부피의 액체보다 더 많이 팽창한다. 공기의 부피 팽창 계수는 실온과 대기압 상태에서 약 3.7×10^{-3} (C°)$^{-1}$이다. 온도가 변할 때, 처음 부피가 같을 경우 물의 부피 변화에 대한 공기의 부피 변화의 비를 구하라.

19(30) 많은 온수 난방 시스템에서 온수 및 배관 등에서 발생하는 팽창을 흡수하기 위해서 팽창 탱크를 설치한다. 이 난방 시스템은 안 반지름이 9.5×10^{-3} m인 구리 파이프로 76 m 배관되어 있다. 물과 파이프가 24 ℃에서 78 ℃로 가열되면 물이 넘치는 것을 방지하기 위한 팽창 탱크의 최소 부피는 얼마인가?

20(31) 17 ℃에서 강철로 된 연료통에 자동차의 연료가 가득 채워져 있다고 가정하자. 온도가 35 ℃로 증가했을 때 20 갤런의 통으로부터 휘발유는 얼마나 넘치는가?

*21(33) 수은 온도계의 바닥에 45 mm^3 저장 공간에 수은이 채워져 있다. 온도계를 혀 아래에 놓았을 때, 따뜻해진 수은은 반지름이 1.7×10^{-2} mm인 소위 모세관인 매우 좁은 원통 통로 안에서 팽창한다. 온도 표시는 모세관을 따라 배치했다. 유리의 열팽창을 무시한다면 온도가 1.0 C° 변할 때 수은은 모세관을 따라 (mm 단위로) 얼마나 팽창되는가?

*22(34) 놋쇠 구 껍질의 안 부피가 1.60×10^{-3} m^{3}이다. 구 껍질 안에 부피가 0.70×10^{-3} m^{3}인 딱딱한 강철 공이 있다. 강철 공과 놋쇠 구 껍질 내부 사이 공간에 수은이 꽉 채워져 있다. 놋쇠에 작은 구멍을 뚫고, 온도를 12 C°까지 올렸다. 구멍 밖으로 유출된 수은의 부피는 얼마인가?

*23(35) 물의 부피 탄성률은 $B = 2.2 \times 10^9$ N/m^{2}이다. 물이 15 ℃에서 25 ℃로 가열될 때 물이 팽창하지 못한다면 압력 증가량은 (대기압 단위로) 얼마인가?

**24(37) 부피가 같은 수은과 메틸알코올이 든 온도계가 있다. 온도계는 각각 파이렉스 유리 용기로 만든 것이다. 유리가 팽창되는 것을 고려할 때 수은 온도계에 비해 메틸알코올 온도계의 온도 표시 사이의 거리는 몇 배나 될까?

12.6 열과 내부 에너지
12.7 열과 온도 변화: 비열

25(40) 온도 83.0 ℃인 유리 조각에 온도 43.0 ℃인 액체를 유리 조각이 충분히 잠기도록 부었다. 열평형 온도는 53.0 ℃이다. 유리와 액체의 질량은 같다. 유리나 액체를 담은 용기를 무시하고 주변에서 열을 잃거나 얻는 것을 무시한다고 가정하자. 이때 액체의 비열을 구하라.

26(41) 전기료가 킬로와트시(kWh)당 10센트라면 수영장 (12.0 m × 9.00 m × 1.5 m)의 물의 온도를 15 ℃에서 27 ℃로 가열하는 데 드는 비용은 얼마인가?

27(44) 목욕을 할 때, 목욕물의 온도가 36.0 ℃라 하면 뜨거운 물 (49.0 ℃)에 차가운 물(13.0 ℃)을 몇 킬로그램이나 섞어야 하는가? 단, 뜨거운 물과 차가운 물이 합쳐진 물의 질량은 191 kg이고, 외부 환경과 물 사이의 열 이동은 무시한다.

28(45) 열처리 공장에서 어떤 고온의 금속 단조재의 질량과 비열이 각각 75 kg, 430 J/(kg·C°)이다. 재료의 강도를 높이기 위해 단조재를 온도가 32 ℃이고, 비열이 2700 J/(kg·C°)인 710 kg의 기름 속에 담근다. 열 평형 상태에서 단조재와 기름의 나중 온도는 47 ℃이다. 열이 단지 단조재와 기름 사이로만 이동했다고 가정할 때 단조재의 처음 온도를 구하라.

*29(49) 질량 0.20 kg의 바위가 정지 상태에서 높이 15 m를 낙하하여 0.35 kg의 물이 들어 있는 통 속으로 떨어졌다. 바위와 물의 처음 온도는 동일하며 바위의 비열은 1840 J/(kg·C°)이다. 통이 흡수한 열을 무시할 때 바위와 물의 온도는 얼마나 변하는가?

**30(50) 길이가 2.0 m인 어떤 강철 막대($\rho = 7860$ kg/m³)가 있다. 이 막대의 양 끝을 움직이지 못하게 고정시켜 놓았다. 처음에는 잘 고정해 두어서 장력은 없다. 막대가 열에너지를 3300 J만큼 잃었을 때 나타나는 장력을 구하라.

12.8 열과 상변화: 숨은열

31(51) 0.45 kg의 알루미늄이 130 ℃의 고체 상태에서 660 ℃(녹는점)의 액체 상태로 변하기 위해 필요한 열량은 얼마인가? 알루미늄의 융해열은 4.0×10^5 J/kg이다.

32(52) 압력이 1기압이라고 가정할 때 (a) 100.0 ℃ 물 2.00 kg과 (b) 0.0 ℃ 액상 물 2.00 kg으로 100.0 ℃ 수증기 2.00 kg을 생산할 수 있는 열에너지를 구하라.

33(55) 205 ℃ 수은 2.10 kg에 80 ℃ 물 0.110 kg을 넣었을 때 수증기로 변한 물의 질량은 얼마인가?

34(57) 자동차의 전면 유리가 −12.0 ℃의 얼음으로 뒤덮였다. 얼음의 두께는 4.50×10^{-4} m이고 유리의 면적은 1.25 m²이다. 얼음의 밀도는 917 kg/m³이다. 얼음을 녹이는 데 필요한 열량은 얼마인가?

35(58) −155 ℃인 알루미늄 조각 0.200 kg을 3.0 ℃인 물 1.5 kg에 넣었다. 열평형 온도는 0.0 ℃이다. 용기도 무시하고 환경으로부터의 변화되는 열을 무시한다고 가정할 때, 얼음으로 냉동된 물의 질량을 구하라.

*36(59) 종종 거대한 빙하는 해류에 떠서 발견된다. 그러한 빙하의 하나는 길이가 120 km, 폭이 30 km, 두께가 230 m라 가정하자. (a) 이 빙하(0 ℃로 가정)를 0 ℃ 물로 녹이는 데 필요한 열량은 얼마인가? 얼음의 밀도는 917 kg/m³이다. (b) 1994년 미국 내 연간 에너지 소비량은 9.3×10^{19} J이었다. 만약 이 에너지가 매년 빙하에 주어진다면 빙하가 녹기까지 몇 년이나 걸리는가?

*37(60) 추운 날 헛간을 따뜻하게 하려고 한 농부가 통에 태양열 온수($L_f = 3.35 \times 10^5$ J/kg) 840 kg을 저장한다. 물을 10.0 ℃에서 0.0 ℃로 낮추어 완전히 얼리는 동안 사용한 양과 동일한 열을 2.0 kW 전기 히터로 제공한다면 몇 시간이나 히터를 작동할 수 있을까?

*38(62) 0 ℃ 액상 물 2 g과 100 ℃ 물 2 g이 있다. 열은 0 ℃에서 완전하게 얼고 0 ℃ 물에서는 제거된다. 이 열은 100 ℃ 물을 약간 증발시키기도 한다. 그렇게 해서 남는 액상 물의 질량은 (g 단위로) 얼마인가?

*39(63) 42 kg, 0 ℃ 얼음 블록이 수평한 표면 위에서 미끄러진다. 얼음의 처음 속력은 7.3 m/s이고 나중 속력은 3.5 m/s이다. 녹는 블록의 일부가 녹는 것은 매우 적은 질량이고, 운동 마찰로 발생된 모든 열은 얼음 블록으로 이동한다고 가정하자. 이때 0 ℃ 물에서 녹는 얼음의 질량을 구하라.

*40(65) 만약 납 탄환이 충분히 빠르다면 갑자기 정지할 때 완전히 녹을 수 있는데, 이때 모든 운동 에너지는 마찰을 통해 열로 전환된다. 이런 일이 납 탄환(처음 온도 = 30.0 ℃)에 일어나기 위한 최소 속력을 구하라.

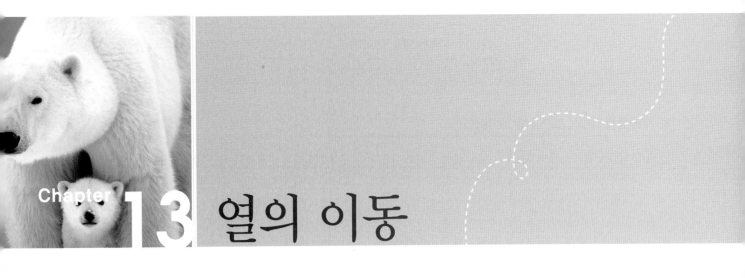

13 열의 이동

13.1 대류

12장에서 배운 바와 같이, 열이 어떤 물질로 들어오거나 나갈 때 그 물질의 내부 에너지가 변할 수 있다. 내부 에너지 변화는 상변화 또는 온도 변화를 동반한다. 열의 이동은 여러 가지 방법으로 우리에게 영향을 미친다. 예를 들면 추운 날에는 집 안의 난로가 열을 공급하여 집을 따뜻하게 해주고 무더운 여름에는 에어컨이 집 안의 더운 공기를 차게 해준다. 우리 몸은 저체온이나 고체온으로 가는 것을 방지하기 위하여 계속해서 몸 안으로 열을 들여오거나 몸 밖으로 열을 내 보낸다. 또한 거의 모든 에너지는 태양에서 나와서 1억 5천만 km의 빈 공간을 통하여 우리에게 전달된다. 오늘날의 햇빛은 우리가 먹는 식물에 광합성을 위한 에너지를 공급하고 우리는 그 식물을 먹고 대사 에너지를 공급받는 반면 옛날의 햇빛은 화석 연료, 천연 가스, 석탄 등이 된 유기 물질에 영양을 공급했다. 이 장에서는 열이 전달되는 대류, 전도, 복사 등의 세 가지 과정을 알아보기로 한다. 또한 이 세 가지 열의 이동 방법이 이전에 배운 열과 내부 에너지에 어떻게 연관되는지를 보게 될 것이다.

불 위의 공기와 같이 유체의 한 일부가 더워지면 유체의 부피는 증가하고 밀도는 감소한다. 아르키메데스의 원리(11.6절 참조)에 의하면 차고 밀도가 높은 유체는 따뜻한 유체에 부력을 작용하여 유체를 위로 밀어 올린다. 따뜻한 유체가 위로 올라감에 따라 주변의 차가운 유체가 그 자리에 오게 되고 이 차가운 유체가 따뜻해지면 또 위로 올라가게 된다. 그래서 연속적인 흐름이 형성되고 그 흐름은 열을 운반한다. 기체나 액체가 흐르면서 열이 이동될 때 그 열은 대류(convection)에 의하여 이동된다고 한다. 유체의 흐름 그 자체를 대류(convection current)라고 한다.

그림 13.1 화산 폭발이 진행되는 동안 버섯구름 꼭대기의 연기는 대류에 의해 수천 킬로미터까지 올라간다.

■ 대류

대류란 유체가 흐르면서 한 곳에서 다른 곳으로 열이 운반되는 과정이다.

그림 13.1에서 화산 폭발로 인해 올라가는 연기는 대류의 예이다. 그림 13.2에서는 가스 버너로 데워지는 물 냄비 속에도 대류가 있음을 알 수 있다. 그림에서 대류는 타고 있

그림 13.2 주전자 속의 물이 끓을 때 대류의 흐름이 생긴다.

는 가스에서 생긴 열을 물의 모든 부분으로 골고루 전달한다. 다음 개념 예제 13.1은 집 안에서 일어나는 대류의 중요한 역할에 대해 이야기 한다.

 개념 예제 13.1 | 온수 난방 및 냉장고   ◐ 대류에 의한 냉난방의 물리

그림 13.3(a)와 같이 가정에서는 온수 난방 장치가 주로 사용되는데 그것은 방 둘레의 벽면 밑에 설치되어 있다. 이와는 대조적으로 그림 (b)와 같이 냉장고 안의 냉각 코일은 냉장고 맨 윗부분에 설치된다. 이들 냉각과 가열 장치의 위치는 다르지만 그 위치는 대류가 가장 잘 되는 곳으로 정한다. 왜 그런지 설명하라.

살펴보기와 풀이 난방 장치의 최대 목표는 방 안 구석구석까지 열을 공급하는 것이고 냉각 코일의 목표는 냉장고 안 모든 공간에서 열을 제거하는 것이다. 난방이든 냉각이든 어느 경우에서나 대류가 가장 잘 이루어지는 위치에 그 장치들을 놓게 된다. 불 위의 공기가 가열되듯이 방구석의 난방 장치 주변의 공기도 가열된다. 난방 장치 주변의 차가운 공기에 의한 부력은 더운 공기를 위로 밀어 올린다. 천정 부근의 차가운 공기는 아래로

내려오게 되며 다시 방구석의 난방 장치에 의해 덥혀져서 그림 13.3(a)와 같이 대류가 이루어진다. 난방 장치가 천장 근처에 장치되었다면 더운 공기는 위에 머무르게 되어 난방을 위한 대류가 거의 일어나지 않게 된다.

그런데 냉장고 안에서는 윗부분에 설치된 냉각 코일에 의해 주변의 공기가 냉각되면 부피는 감소되고 밀도는 증가한다. 따뜻해서 밀도가 낮은 공기는 찬 공기를 밀어 올릴 만큼의 충분한 부력을 제공할 수 없어서 찬 공기는 밑으로 가라앉는다. 그 과정에서 바닥 근처의 더운 공기는 위로 올라가서 냉각 코일에 의해 차가워지게 되어 그림 13.3(b)에 그려진 것처럼 대류를 형성한다. 냉각 코일이 냉동기의 바닥에 설치된다면 찬 공기는 밑에 모여 있게 되어 냉장고의 다른 부분에 있는 열을 냉각 코일로 옮기는 대류가 거의 일어나지 않는다.

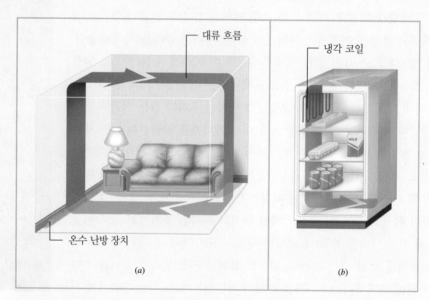

그림 13.3 (a) 온수 난방 장치에 의해 따뜻해진 공기는 더 시원하고 무거운 공기에 의하여 방의 위로 밀려올라 간다. (b) 냉각 코일에 의하여 냉각된 공기는 냉장고의 아래쪽으로 가라앉는다. (a)와 (b) 둘 다 대류 흐름이 형성된다.

◐ 상승 온난 기류의 물리   대류의 다른 예는 태양 광선에 의하여 가열된 지구 표면이 그 주변의 공기를 따뜻하게 하는 것이다. 차고 밀도가 큰 공기는 덥혀진 공기를 위로 밀어 올린다. 이 결과 지구 표면이 공급할 수 있는 열의 양에 따라 상승 온난 기류는 아주 강력한 것일 수도 있다. 그림 13.4에 나타난 것처럼 이 상승 온난 기류를 글라이더 조종사가 비행 고도를 높이는 데 이용할 수

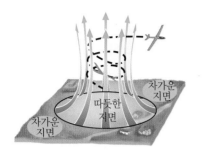

그림 13.4 상승 온난 기류는 지면이 따뜻한 곳의 공기의 대류 이동에 의해 생긴다.

그림 13.5 공기 중에 상승 대류가 없으니까 오염 물질이 축적되어 연무 층을 형성한다. LA시내의 모습인 이 사진의 윗부분에 연무(smog)가 보인다.

있다. 독수리와 같은 새가 이와 비슷한 방법으로 상승 온난 기류를 이용한다.

　고도가 높아질수록 공기의 온도가 낮아진다. 이 때문에 위로 올라가는 대류는 자동차 배기 장치와 공장에서 나오는 오염 물질을 분산시키는 데 중요한 역할을 한다. 그러나 때로는 기상 조건이 고도가 높아짐에 따라 온도가 올라가 층을 형성하는 경우도 있는데 그러한 층은 보통의 경우와 반대로 되어 있기 때문에 **역전층**(inversion layer)이라 한다. 어떤 역전층은 정상적인 상승 대류를 가두기 때문에 공기를 정체시키는 원인이 되어 오염 물질의 농도를 증가시키기도 한다. 가끔은 넓은 도시 전체를 덮는 스모그 층을 볼 수 있는데 그것이 바로 역전층 때문이다(그림 13.5 참조).

　지금까지 **자연 대류**(natural convection)에 대해 이야기 했는데 자연 대류에서는 온도 차이가 위치에 따른 유체의 밀도 차이의 원인이었다. 어떤 경우에는 자연 대류가 많은 양의 열을 옮기기에 충분치 못할 수도 있다. 그런 경우에 차가운 유체와 더운 유체를 섞어주는 펌프 같은 장치를 이용하는 강제 대류 방법을 쓰면 된다. 그림 13.6은 자동차 엔진을 보여주고 있는데, 여기서 **강제 대류**(forced convection)가 두 가지 방법으로 일어난다. 하나는 펌프가 연소 과정에서 생긴 열을 이동시키기 위해 엔진 속의 냉각수(물과 부동액)를 순환시킨다. 다른 하나인 방열기 송풍기는 방열기의 더운 공기를 불어낸다. 뜨거워진 냉각수의 열이 차가운 공기 속으로 전달되어 냉각수가 냉각된다.

◐ 역전층의 물리

◐ 강제 대류에 의한 냉각의 물리

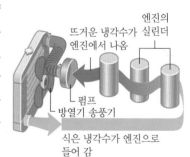

그림 13.6 자동차 엔진의 과열을 방지하기 위해 엔진 내부와 냉각기 속의 냉각수를 펌프로 순환시키는 것이 강제 대류이다.

13.2 전도

손잡이까지 금속으로 된 프라이팬으로 햄버거를 데우면 프라이팬의 손잡이가 뜨거워진다. 어떻게 해서든 열은 버너에서 손잡이로 이동된다. 확실히 열은 공기의 흐름이나 금속 자체의 직접적인 이동에 의해 전달되지 않는다. 그러므로 이 전달은 대류에 의한 것이 아니다. 그 대신 이 경우는 열이 **전도**(conduction)라는 과정에 의해 직접 금속을 투과하여 전달된다.

■ 전도

전도는 열이 직접 물질을 통해 전달되는 과정이며, 물체를 구성하는 재료 자체의 이동에 의해 열전달이 이루어지는 것은 아니다.

물체 내부의 뜨거운 부분의 원자나 분자가 차가운 부분의 원자나 분자보다도 더 많은 에너지를 갖고 진동하거나 운동하므로 전도가 일어날 수 있다. 충돌에 의해서 에너지가 많은 분자들이 에너지의 일부를 에너지가 적은 주위 분자들에게 전달한다. 예로 서로 마주 보고 있으며 온도 차이가 있는 두 벽 사이의 공간에 기체를 채운다고 가정해 보자. 분자들은 좀 더 더운 벽에 충돌하고, 벽으로부터 에너지를 흡수한다. 그래서 충돌할 때보다 더욱 더 큰 운동 에너지로 되튄다. 이 높은 에너지의 분자들이 에너지가 낮은 이웃 분자들에 충돌할 때마다 그 에너지의 일부가 전달된다. 결국 이 에너지는 차가운 벽 주위의 분자들에 도달될 때까지 계속 전달된다. 마지막으로 벽과 충돌하는 기체 분자들은 그 과정에서 에너지의 일부를 잃게 된다. 이러한 분자 충돌 과정을 통해 열이 뜨거운 벽에서 차가운 벽으로 전도된다.

이와 비슷한 열전도 현상이 금속 내에서도 일어난다. 금속은 금속 내부를 통해 쉽게 돌아다닐 수 있는 다소 자유로운 전자들이 가득 들어 있다는 면에서 다른 재료들과 차이가 있다. 이들 자유 전자들은 에너지를 수송할 수 있고, 금속으로 하여금 열을 잘 전도할 수 있게 한다. 즉 금속이 가진 우수한 전기 전도도는 자유 전자 때문이다.

이러한 열을 잘 전도하는 물체를 **열전도체**(thermal conductors)라고 부르며, 열을 잘 전달하지 못하는 물체를 열의 **부도체**(thermal insulators)라고 한다. 대부분의 금속은 우수한 열전도체이다. 나무, 유리 그리고 대부분의 플라스틱 종류는 일반적으로 열의 부도체(단열재)이다. 이러한 단열재의 이용 분야는 매우 다양하다. 실질적으로 새 집을 건축하는 데는 다락방이나 벽면에 냉난방 비용을 줄이기 위해 단열재를 사용한다. 그리고 대부분의 냄비나 튀김 팬에 사용되는 나무나 플라스틱 손잡이는 열이 요리사의 손으로 전도되는 것을 감소시킨다.

열전도에 영향을 미치는 요인을 설명하기 위해, 그림 13.7에 직육면체 막대를 그려놓았다. 막대의 끝은 두 물체와 열 접촉되어 있으며, 한쪽 물체는 더 높은 일정한 온도를 유지하고, 다른 쪽 물체는 그보다 낮은 일정한 온도를 유지하게 한다. 비록 그림에 명확하게 나타내지는 않았지만 막대의 측면들은 단열되어 있어서 측면을 통한 열손실은 무시할 수 있다고 가정한다. 더운 쪽 끝에서 차가운 쪽 끝으로 막대를 통해 이동하는 열량 Q는 다음 몇 가지 요인들에 의존한다.

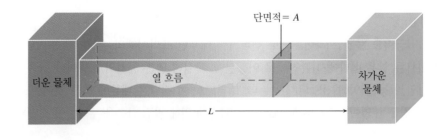

그림 13.7 열은 막대의 양 끝의 온도가 서로 다르면 막대를 통해 열이 전도된다. 열은 더운 곳에서 차가운 곳으로 흐른다.

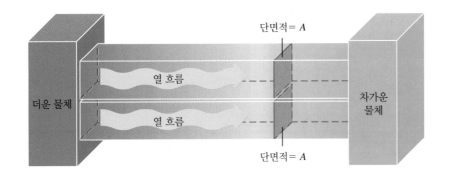

단면적 = A

열 흐름

열 흐름

더운 물체

차가운 물체

단면적 = A

그림 13.8　두 개의 동일한 막대를 통해서 한 개의 막대를 통하는 것의 두 배의 열이 흐른다.

1. Q는 전도가 일어나는 동안의 시간 t에 비례한다($Q \propto t$). 시간 간격이 길면 길수록 많은 열량이 흐른다.

2. Q는 막대 양 끝 사이의 온도 차이 ΔT에 비례한다($Q \propto \Delta T$). 온도 차이가 크면 클수록 많은 열량이 흐른다. 양 끝이 똑같은 온도에 도달하면 $\Delta T = 0\,C°$이고 열은 더 이상 흐르지 않는다.

3. Q는 막대의 단면적 A에 비례한다($Q \propto A$). 그림 13.8에서는 더운 물체와 차가운 물체 사이에 놓인 두 개의 동일한 막대(단열된 측면 벽은 나타나지 않음)로 이 사실을 설명하고 있다. 두 개의 막대를 병렬로 연결하면 한 개의 막대보다 단면적이 두 배가 되기 때문에 분명히 두 배의 열량이 흐른다.

4. Q는 막대의 길이 L에 반비례한다($Q \propto 1/L$). 물체의 길이가 길면 길수록 전달되는 열은 작다. 이 효과를 경험해 보기 위해 한 손에 두쪽의 절연 장갑(요리사들이 화덕 주변에 놓아두는 뜨거운 것을 잡기 위한 장갑)을 잡고 뜨거운 냄비에 접촉해 보면 한 개의 장갑만으로 잡았을 때보다 덜 뜨거움을 느낄 수 있다. 두께가 두꺼울수록 열이 덜 전달됨을 알 수 있다.

이 비례 관계들을 종합하면 $Q \propto (A\Delta T)\,t/L$로 쓸 수 있다. 식 13.1은 비례 상수 k를 넣어서 완성된 것인데, 여기서 k를 **열전도도**(thermal conductivity)라 한다.

■ 물체를 통한 열의 전도

길이가 L이고 단면적이 A인 막대를 통해 시간 t 동안에 전달되는 열 Q는

$$Q = \frac{(kA\Delta T)t}{L} \tag{13.1}$$

이다. 여기서 ΔT는 막대 양 끝 사이의 온도 차이이며 k는 물체의 열전도도이다.

열전도도의 SI 단위: 줄(J)/초(s)미터(m)섭씨·도(C°)

$k = QL/(tA\Delta T)$이므로 열전도도의 SI 단위는 $J \cdot m/(s \cdot m^2 \cdot C°)$ 즉 $J/(s \cdot m \cdot C°)$이다. 일률의 SI 단위가 J/s, 즉 W이므로 열전도도는 $W/(m \cdot C°)$로도 쓸 수 있다.

　열전도도는 물체의 종류에 따라 다르며 대표적인 몇 가지 물체의 열전도도를 표 13.1에 나열하였다. 금속은 우수한 열전도체이므로 매우 큰 열전도도를 가진다. 반면에 액체나 기체는 일반적으로 낮은 열전도도를 가진다. 실제로 대부분의 액체에서는 전도에 의해 일어나는 열전달은 강한 대류의 흐름이 형성되었을 때 대류에 의한 열전달에 비하면 무시할 수 있을 정도이다. 예를 들면 공기는 작은 열전도도 때문에 뚜렷한 대류의 흐름이 없는 작

표 13.1 몇 가지 물질의 열전도도

물 질	열전도도, $k\,[J/(s \cdot m \cdot C°)]$
금속	
알루미늄	240
황동	110
구리	390
철	79
납	35
은	420
강철(스테인리스)	14
기체	
공기	0.0256
수소(H_2)	0.180
질소(N_2)	0.0258
산소(O_2)	0.0265
기타 물질	
석면	0.090
체지방	0.20
콘크리트	1.1
다이아몬드	2450
유리	0.80
거위 솜털	0.025
얼음(0 °C)	2.2
스티로폼	0.010
물	0.60
나무(참나무)	0.15
모직 옷감	0.040

[a]온도 표시가 된 것을 제외하고는 20 °C 부근의 값이다.

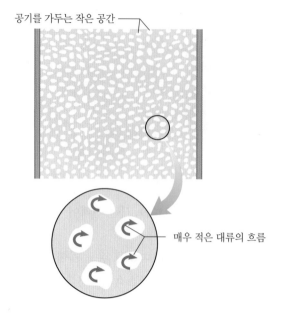

공기를 가두는 작은 공간

매우 적은 대류의 흐름

그림 13.9 스티로폼은 공기를 가두는 아주 작은 공간이 매우 많기 때문에 아주 좋은 단열재이다. 공기는 열전도도가 매우 작기도 하지만 공기를 가두는 작은 공간 속의 공기들은 구멍을 빠져나가지 못하기 때문에 열전달에 도움이 되지 못한다.

은 공간에 갇히면 좋은 단열재가 된다. 그림 13.9에서와 같이 거위의 솜털, 스티로폼, 양털 등은 그 속에 공기를 가두는 작은 공간 때문에 부분적으로 좋은 단열 특성을 나타내게 된다. 매우 추운 날씨에는 겹으로 옷을 입었을 때 단열 공기층의 효과를 느낄 수 있으며, 한 겹의 두꺼운 옷보다는 얇은 옷을 여러 겹 입을 때 효과적이다. 층 사이에 갇혀진 공기들은 좋은 단열재의 역할을 한다.

 따뜻하게 옷을 입는 방법의 물리

다음 예제 13.2는 체지방을 통한 전도가 체온 조절의 역할을 하는 문제를 다룬다.

예제 13.2 │ 인체 내 열전달

● 인체 내 열전달에 관한 물리

지나치게 높은 열이 체내에서 발생되면, 체내의 온도가 정상 체온 값인 37 ℃가 유지되기 위해서 이 열은 피부로 이동되고 그리고 발산되어야 한다. 이때 가능한 열전달 방법 중 하나는 체지방을 통한 전도에 의해 일어난다. 열이 0.03 m의 지방층을 통과해 피부에 도달한다고 가정하자. 피부는 전체 겉넓이가 1.7 m²이고 온도가 34 ℃이다. 반시간(1800 초)동안 피부에 도달된 열량을 구하라.

살펴보기와 풀이 표 13.1에서 체지방의 열전도도는 $k = 0.20 \, \mathrm{J/(s \cdot m \cdot C°)}$로 주어졌다. 식 13.1에 의하면

$$Q = \frac{(kA \, \Delta T)t}{L}$$

$$Q = \frac{[0.20 \, \mathrm{J/(s \cdot m \cdot C°)}](1.7 \, \mathrm{m}^2)(37.0 \, ℃ - 34.0 \, ℃)(1800 \, \mathrm{s})}{0.030 \, \mathrm{m}}$$

$$= \boxed{6.1 \times 10^4 \, \mathrm{J}}$$

이다. 조깅하는 사람에게는 반시간 동안 이 열량의 10 배 이상이 발생할 수 있다. 그러므로 체지방을 통한 전도는 과도한 열을 제거하는 방법으로 특별하게 효과적이지는 못하다. 혈액 순환을 통한 피부로의 열전달이 더 효과적이며 인체는 필요에 따라 혈액 순환의 속도를 다양하게 조절할 수 있다는 장점이 있다.

실질적으로 대부분 주택은 열손실을 줄이기 위해 벽에 단열재를 사용하고 있다. 다음의 예제 13.3에서는 단열재를 사용했을 때와 안 했을 때의 열손실을 구하는 방법을 설명한다.

예제 13.3 | 단열재의 사용

�𝐎 여러 겹의 단열에 관한 물리

그림 13.10에 나타낸 것과 같이 주택의 한쪽 벽이 0.076 m 두께의 단열재를 뒤에 붙인 0.019 m 두께의 합판으로 구성되었다. 실외의 표면 온도가 4 °C이고, 실내의 표면 온도가 25 °C로 일정하게 유지되었다. 단열재와 합판의 열전도도가 각각 0.030 및 0.080 J/(s·m·°C)이고 벽의 넓이는 35 m²이다. 한 시간 동안에 벽을 통해 전도되는 열량을 (a) 단열재를 사용한 경우와 (b) 단열재를 사용하지 않는 경우에 대해 구하라.

살펴보기 단열재와 합판 경계면에서 온도 T는 열이 벽을 통해 전도되는 열량을 계산하기 전에 구해야 한다(그림 13.10 참조). 이 온도는 실내와 실외의 온도가 일정하기 때문에 벽에서 열이 축적되지 않는다는 사실을 이용하여 계산한다. 그러므로 같은 시간 동안에 단열재를 통해 전도된 열량은 합판을 통해 전도된 열량과 똑같아야 한다. 즉 $Q_{단열재} = Q_{합판}$이다. 각각의 Q 값은 식 13.1에 의해 경계면의 온도를 계산할 수 있는 $Q = (kA\Delta T)t/L$로 나타낼 수 있다. T의 값을 한 번 구하면, 벽을 통해 전도된 열량을 구하는 데 식 13.1을 사용할 수 있다.

풀이 (a) 식 13.1과 $Q_{단열재} = Q_{합판}$인 사실을 이용해 다음과 같이 구한다.

$$\left[\frac{(kA\Delta T)t}{L}\right]_{단열재} = \left[\frac{(kA\Delta T)t}{L}\right]_{합판}$$

$$\frac{[0.030 \text{ J/(s·m·C°)}]A(25.0 \text{ °C} - T)t}{0.076 \text{ m}}$$

$$= \frac{[0.080 \text{ J/(s·m·C°)}]A(T - 4.0 \text{ °C})t}{0.019 \text{ m}}$$

대수적으로 넓이 A와 시간 t를 소거하고 T에 대해 풀면 단열재와 합판의 경계면에서의 온도가 $T = 5.8$ °C로 구해진다. 벽을

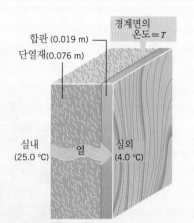

합판 (0.019 m)
단열재 (0.076 m)
경계면의 온도 = T
실내 (25.0 °C)
열
실외 (4.0 °C)

그림 13.10 더운 실내에서 차가운 실외로 단열재와 합판을 통하여 열이 흐른다. 단열재와 합판의 경계면에서의 온도는 T이다.

통해 전도된 열은 $Q_{단열재}$ 또는 $Q_{합판}$이다. 왜냐하면 두 열량은 동일하기 때문이다. $Q_{단열재}$를 택하고 $T = 5.8$ °C를 사용하면 다음과 같은 값을 얻는다.

$$Q_{단열재} = \frac{[0.030 \text{ J/(s·m·C°)}](35 \text{ m}^2)(25.0 \text{ °C} - 5.8 \text{ °C})(3600 \text{ s})}{0.076 \text{ m}}$$

$$= \boxed{9.5 \times 10^5 \text{ J}}$$

(b) 단열재를 사용하지 않을 경우는 식 13.1을 이용해 한 시간 동안에 합판을 통해 흐르는 열량을 간단하게 계산할 수 있다.

$$Q_{합판} = \frac{[0.080 \text{ J/(s·m·C°)}](35 \text{ m}^2)(25.0 \text{ °C} - 4.0 \text{ °C})(3600 \text{ s})}{0.019 \text{ m}}$$

$$= \boxed{110 \times 10^5 \text{ J}}$$

단열재를 사용하지 않을 경우는 열손실이 대략 12배로 증가한다.

> **문제 풀이 도움말**
> 여러 겹으로 된 물체들을 통하여 열이 전도될 때 고온부와 저온부의 온도가 일정하게 유지되면 각각의 층을 통하여 전도되는 열량은 같다.

밤사이 온도가 빙점 이하로 떨어질 것으로 예측될 때 과일 재배 농가들은 때때로 과일에 물을 뿌려줌으로써 농작물을 보호한다. 그림 13.11의 블루베리 농가와 같이 어떤 농작물은 온도가 빙점(0 °C)까지 내려가도 견딜 수 있다. 그러나 온도가 빙점 이하로 내려가면 피해의 위험이 두드러지게 증가한다. 농작물에 물을 뿌려주면, 이 물이 얼어 얼음이 농작물을 덮게 된다. 물이 얼 때는 열을 방출(12.8절 참조)하는데 그중 일부의 열은 농작물을 따뜻하게 한다. 더구나 표 13.1에 나타나 있는 것처럼 물과 얼음의 열전도도는 비교적 작다. 그러므로 농작물 표면의 얼음이 농작물로부터의 열손실을 줄이는 단열재의 역할을 하여 농작물을 보호할 수 있다.

비록 얼음층이 블루베리 작물에는 유익할지 몰라도 냉장고 속에서는 그렇게 바람직

�𝐎 결빙으로부터의 농작물 보호에 관한 물리

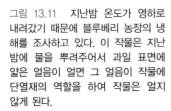

그림 13.11 지난밤 온도가 영하로 내려갔기 때문에 블루베리 농장의 냉해를 조사하고 있다. 이 작물은 지난밤에 물을 뿌려주어서 과일 표면에 얇은 얼음이 얼면 그 얼음이 작물에 단열재의 역할을 하여 작물은 얼지 않게 된다.

한 것은 아니다. 왜냐하면 냉장고 안의 열을 빼앗는 알루미늄판에 얼음층이 덮여 있으면 단열재의 역할을 하여 열을 제거하는 기능이 떨어지기 때문이다.

13.3 복사

태양에서 지구에 도달하는 에너지는 주로 가시광선에 의해 전달되고 부분적으로는 적외선이나 자외선에 의해서도 전달된다. 이 빛들은 전자기파에 속한다. 그 밖에 AM이나 FM 방송에 사용되는 무선 전파와 요리에 사용되는 마이크로파 등도 전자기파에 포함된다. 그림 13.12에서 일광욕을 즐기는 한 여성은 몸이 뜨거움을 느끼는데 그것은 태양의 전자기파로부터 오는 에너지를 흡수하기 때문이다. 그리고 활활 타고 있는 불 옆에 서 있거나 백열등 전구 근처에 손을 가져가면 누구든지 그러한 효과를 느낄 수 있다. 따라서 불이나 전구도 전자기파를 방출하며 그러한 전자기파를 흡수하게 되면 열을 느끼는 효과가 있게 된다.

그림 13.12 자외선으로 피부 태우기

전자기파를 매개로 에너지가 전달되는 과정을 **복사**(방사; radiation)라 하고, 대류나 전도와는 달리 매질을 필요로 하지 않는다. 예를 들어 태양에서 오는 전자기파는 지구까지 오는 동안 진공 상태 공간을 통하여 이동한다.

> ■ **복사**
> 복사는 전자기파에 의하여 에너지가 전달되는 과정이다.

모든 물체는 전자기파의 형태로 연속적으로 에너지를 방출한다. 얼음 조각도 에너지를 방출하는데 가시광선 형태의 에너지가 너무 작아서 어둠 속에서 잘 볼 수 없을 뿐이다. 마찬가지로 인체도 어두운 곳에서 잘 보이지 않을 정도의 가시광선을 방출한다. 그러나 그림 12.6과 12.7에서 보여주는 바와 같이 물체에서 방출되는 적외선파는 어두운 곳에서도 적외선 사진기로 검출될 수 있다. 일반적으로 물체는 그 물체의 온도가 1000 K를 넘기 전엔 많은 양의 가시광선을 복사하지 않지만 1000 K를 넘으면 전기 난로에 있는 가열 코일 같이 빨간색 불꽃이 나타난다. 온도가 1700 K에 도달하면 빛을 내는 백열 전구에 있는 텅스텐 필라멘트 같이 흰색이며 뜨거운 불빛을 내기 시작한다.

복사에 의한 에너지 전달에서 전자기파의 흡수는 복사만큼 중요하다. 물체의 표면의 성질에 따라 전자기파를 흡수하거나 복사하는 정도가 달라진다. 예를 들면 그림 13.13의 햇빛 아래 두 상자는 똑같은 것인데 하나는 거친 표면에 검정 그을음을 잘 발라놓았고, 다른 하나는 잘 연마된 은색 표면으로 되어 있다. 온도계가 가리키고 있는 바와 같이 검은색 상자의 온도는 은색 상자보다 빨리 올라간다. 이것은 은색 표면이 입사광의 10 %를 흡수하는 반면 검은색 표면은 97 %를 흡수하기 때문이다. 각 경우 입사 에너지의 나머지 부분은 반사된다. 검은 그을음은 그 위에 비춘 빛의 극히 일부분만 반사하기 때문에 검게 보이고, 은색 표면은 많은 빛을 반사하기 때문에 거울같이 보인다. 검은색은 가시광선을 거의 완전히 흡수하는 것과 관련이 있기 때문에 물체 위에 닿는 모든 전자기파를 흡수하는 물체를 말할 때 **완전 흑체**(perfect blackbody) 혹은 단순히 **흑체**(blackbody)라는 용어를 사용한다.

모든 물체는 전자기파의 흡수와 방출이 동시에 일어난다. 한 물체가 주변과 같은 일정한 온도를 유지하고 있을 때 흡수되는 복사 에너지의 총량은 같은 시간 동안에 방출되는 총량과 같아야 한다. 검은 그을음을 바른 상자는 같은 양의 에너지를 흡수하고 방출하며 은색으로 칠한 상자도 마찬가지이다. 어느 경우에서나 흡수가 복사보다 크다면 상자의 에너지는 증가한다. 따라서 상자의 온도는 일정하지 않고 높아지게 된다. 마찬가지로 흡수보다 복사가 더 많다면 온도는 내려갈 것이다. 흡수와 복사의 양은 같아야 하기 때문에 검정과 같이 흡수를 잘하는 물질은 복사도 잘되며, 연마된 은색 부분같이 잘 흡수하지 않는 물질은 복사도 잘 안 된다. 완전 흡수체인 완전 흑체는 역시 완전 복사체이다.

검은색 표면은 좋은 흡수체이며 동시에 좋은 복사체라는 사실이 사람들이 여름에 어두운 색의 옷을 좋아하지 않는 이유이다. 어두운 색의 옷은 태양 복사 중 많은 양을 흡수하며 모든 방향으로 복사한다. 방출되는 복사의 반 정도는 인체의 내부를 향하여 들어와서 따뜻한 느낌을 갖게 한다. 이에 반하여 밝은 색의 옷은 조금 흡수하고 조금 복사하기 때문에 시원하게 느껴진다.

밝은 색을 사용하여 몸을 따뜻하게 하는 예가 자연에도 있다. 예를 들어 대부분의 여우원숭이는 야행성이고 그림 13.14(a)처럼 어두운 색의 털을 갖고 있다. 그 여우원숭이는 주로 밤에 활동하기 때문에 어두운 색의 털이 햇빛이 조금만 있어도 잘 흡수한다. 그림 13.14(b)의 여우원숭이는 흰색 시파카라고 하는 반 건조한 지역의 그늘진 곳에서 살고 있

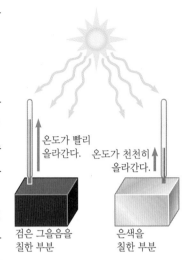

그림 13.13 검은 그을음을 칠한 부분의 온도는 은색을 칠한 부분의 온도보다 더 빨리 올라간다. 왜냐하면 검은 표면은 태양으로부터 오는 복사 에너지에 대한 흡수율이 크기 때문이다.

⊙ 여름에 옷을 입는 방법에 대한 물리

(a)

(b)

그림 13.14 (a) 이 사진에 있는 것과 같은 대부분의 여우원숭이는 야행성이고 털이 검다. (b) 그러나 흰색 시파카라고 하는 여우원숭이는 낮에 활동하며 털이 희다.

◑ 흰색 여우원숭이(시파카)가 몸을
따뜻하게 하는 방법에 관한 물리

는 여우원숭이의 한 종이다. 흰색 털은 한낮의 뜨거운 시간 동안에는 햇빛을 반사하여 체온을 조절할 수 있다. 그러나 시원한 아침에는 햇빛을 반사하면 몸을 따뜻하게 할 수가 없게 된다. 그런데 이들 여우원숭이의 피부는 검은색이고 배 부분에는 털이 드물게 나 있으므로 아침에는 체온을 유지하기 위하여 어두운 색의 배를 햇빛이 있는 쪽으로 내 놓는다는 사실은 매우 흥미롭다. 그 어두운 색이 햇빛의 흡수를 증가시킨다.

완전 흑체가 방출하는 복사 에너지의 양 Q는 복사 시간 t에 비례한다($Q \propto t$). 시간이 길수록 복사의 총량은 커진다. 실험에 의하면 Q는 겉넓이 A에도 비례한다($Q \propto A$). 다른 것도 마찬가지로 겉넓이가 넓은 물체는 겉넓이가 작은 물체보다 더 많은 에너지를 복사한다. 실험에 의하면 Q가 켈빈 온도 T의 4제곱에 비례한다는 것이 알려져 있다($Q \propto T^4$). 그래서 온도가 상승하면 방출되는 에너지는 현저하게 증가한다. 예를 들어 물체의 켈빈 온도가 2배라면 방출되는 에너지는 2^4, 즉 16배 더 크다. 이 인수들을 하나의 비례 상수로 결합하면 $Q \propto T^4 At$라는 것을 알 수 있다. 이 비례 상수는 슈테판-볼츠만의 상수로 알려진 비례 상수 σ를 사용하여 하나의 식으로 만들어질 수 있다. 즉

$$Q = \sigma T^4 At$$

이다. 실험에 의하면 비례상수 σ의 값은 $\sigma = 5.67 \times 10^{-8}\,\text{J/(s} \cdot \text{m}^2 \cdot \text{K}^4)$로 주어진다.

위의 관계는 완전 방출체에만 적용된다. 그러나 대부분의 물체는 완전 방출체가 아니다. 그래서 어떤 물체가 완전 방출체가 복사할 수 있는 가시광선 에너지의 80 %만을 복사한다고 가정하면 Q(그러한 물체) $= (0.80)\sigma T^4 At$가 된다. 이 식에서 0.80과 같은 인자를 **방출률**(emissivity) e라 하며 이것은 차원이 없는 0과 1 사이의 값을 갖는다. 물체가 완전 방출체라면, 방출률은 물체가 완전 방출체일 때 방출했을 에너지에 대한 물체가 실제로 방출하는 에너지 비율이다. 예를 들면 가시광선의 경우 인체에 대한 e값은 0.65와 0.80 사이에서 변하며 피부색이 밝을수록 작은 값을 갖는다. 적외선 복사에 대한 e는 모든 피부 색깔에 대해 거의 1이다. 완전 방출체의 경우는 $e = 1$이다. 식 $Q = \sigma T^4 At$의 우변에 인수 e를 포함시킨 것이 **슈테판–볼츠만의 복사 법칙**(Stefan-Boltzmann law of radiation)이다.

■ 슈테판–볼츠만의 복사 법칙

겉넓이가 A이고 방출률이 e인 물체가 켈빈 온도 T일 때 시간 t 동안 방출하는 복사 에너지 Q는

$$Q = e\sigma T^4 At \qquad (13.2)$$

로 주어진다. 여기서 σ는 슈테판-볼츠만 상수이고 그 값은 $5.67 \times 10^{-8}\,\text{J/(s} \cdot \text{m}^2 \cdot \text{K}^4)$이다.

식 13.2에서 슈테판-볼츠만 상수 σ는 그 값이 표면의 성질에 관계없이 모든 물체에 동일하다는 의미에서 보편 상수이다. 그러나 방출률 e는 표면의 조건에 따라 달라진다.

다음 예제 13.4는 슈테판-볼츠만 법칙이 어떤 별의 크기를 측정하는 데 어떻게 사용되는지 보여준다.

예제 13.4 | 초거성

초거성 베텔기우스는 표면 온도가 2900 K(태양 온도의 약 $\frac{1}{2}$)이며, 약 4×10^{30} W(태양의 10000 배 정도)의 복사 일률을 방사한다. 베텔기우스가 구형이고 완전 방사체($e = 1$)라고 가정할 때 반지름을 구하라.

살펴보기 슈테판-볼츠만의 법칙에 의하면 방사되는 복사 일률은 $Q/t = e\sigma T^4 A$이다. 온도 T가 비교적 낮은 별은 겉넓이 A가 크다면 비교적 큰 복사 일률 Q/t를 가질 수 있다. 베텔기우스는 겉넓이가 매우 커서 반지름이 엄청나게 크다는 것을 알 수 있다.

풀이 슈테판-볼츠만의 법칙을 넓이에 대해 풀면

$$A = \frac{Q/t}{e\sigma T^4}$$

가 된다. 그런데 구의 겉넓이는 $A = 4\pi r^2$이므로 $r = \sqrt{A/4\pi}$가 된다. 그러므로

$$r = \sqrt{\frac{Q/t}{4\pi e \sigma T^4}}$$
$$= \sqrt{\frac{4 \times 10^{30} \text{ W}}{4\pi(1)[5.67 \times 10^{-8} \text{ J/(s·m}^2\text{·K}^4)](2900 \text{ K})^4}}$$
$$= \boxed{3 \times 10^{11} \text{ m}}$$

이다. 화성이 태양으로부터 2.28×10^{11} m의 거리에서 돌고 있다는 것과 비교하면 베텔기우스는 확실히 초거성이다.

> **문제 풀이 도움말**
> 우선 미지수에 대한 식을 알고 있는 변수에 대해 푼 다음 알고 있는 값을 그 식에 대입한다.

다음 예제는 화목 난로와 같이 어떤 물체가 복사 에너지를 동시에 흡수하고 방사할 때 슈테판-볼츠만 법칙이 어떻게 적용되는지를 설명한다.

 예제 13.5 | 화목 난로   ● 화목 난로의 물리

화목 난로가 온도가 18 °C(291 K)인 방에서 사용하지 않은 채로 있다가 불을 때기 시작한다. 불이 활활 탈 때의 난로 표면의 온도는 거의 일정한 198 °C(471 K)에 도달하고 방 안의 온도는 29 °C(302 K)로 따뜻해진다. 난로의 방출률은 0.900이고 겉넓이는 3.50 m²이다. (a) 난로가 가열되지 않고 실온으로 유지될 때와 (b) 198 °C로 유지될 때 난로에서 발생하는 알짜 복사 일률을 계산하라.

살펴보기 난로는 가열되지 않을 때보다 가열될 때 복사 일률이 더 크다. 어쨌든 두 경우 모두 방사되는 총 복사 일률을 계산할 때 슈테판-볼츠만 법칙이 사용될 수 있다. 복사 일률은 단위 시간당 에너지 변화(식 6.10b) 즉 Q/t이다. 그러나 이 문제에서는 난로에 의해서 생산된 알짜 복사 일률을 계산할 필요가 있다. 알짜 복사 일률이란 난로가 방출한 복사 일률에서 난로가 흡수한 복사 일률을 뺀 것이다. 난로가 흡수한 복사 일률은 벽, 천장, 마루 등 방사되는 모든 복사에서 온다.

풀이 (a) 슈테판-볼츠만의 법칙을 사용할 때 온도는 반드시 켈빈 온도로 표시해야 한다. 따라서

18 °C의 가열되지 않은 난로에서 방사되는 복사 일률
$$= \frac{Q}{t} = e\sigma T^4 A \qquad (13.2)$$
$$= (0.900)[5.67 \times 10^{-8} \text{ J/(s·m}^2\text{·K}^4)](291 \text{ K})^4(3.50 \text{ m}^2)$$
$$= 1280 \text{ W}$$

가 된다. 가열되지 않은 난로가 1280 W를 방사하고 아직 일정한 온도를 유지한다는 사실은, 난로가 또한 주변에서 1280 W를 흡수한다는 것을 의미한다. 그러므로 가열되지 않은 난로에서 나오는 알짜 복사 일률은 '0'이다. 즉

18 °C의 난로에서 나오는 알짜 복사 일률

$$= \underset{\substack{\text{18 °C의 난로}\\\text{에서 나오는}\\\text{복사 일률}}}{1280 \text{ W}} - \underset{\substack{\text{18 °C의 방에서 방사}\\\text{하여 난로가 흡수하는}\\\text{복사 일률}}}{1280 \text{ W}} = \boxed{0 \text{ W}}$$

(b) 뜨거운 난로(198 °C, 즉 471 K)는 더 차가운 방에서 흡수하는 복사 일률보다 더 많은 복사 일률을 방사한다. 난로가 방사하는 복사 일률은

198°C의 난로가 방사한 복사 일률

$= \dfrac{Q}{t} = e\sigma T^4 A$

$= (0.900)[5.67 \times 10^{-8} \text{ J/(s·m}^2\cdot\text{K}^4)](471 \text{ K})^4(3.50 \text{ m}^2)$

$= 8790 \text{ W}$

방에서 난로가 흡수한 복사 일률은 29°C(302 K)의 실온에서 난로가 방사한 복사 일률과 같다. 그 이유는 정확히 (a)에서와 같다. 즉

난로가 흡수하는 29°C 방에서 방사된 복사 일률

$= \dfrac{Q}{t} = e\sigma T^4 A$

$= (0.900)[5.67 \times 10^{-8} \text{ J/(s·m}^2\cdot\text{K}^4)](302 \text{ K})^4(3.50 \text{ m}^2)$

$= 1490 \text{ W}$

이다. 따라서 난로가 연료를 태워서 생긴 알짜 복사 일률은 다음과 같다.

198°C의 난로에서 생긴 알짜

$= \underline{\quad 8790 \text{ W} \quad} - \underline{\quad 1490 \text{ W} \quad} = \boxed{7300 \text{ W}}$

198°C에서   29°C의 방에
난로가 방사   서 방사하여
한 복사 일률   난로가 흡수
　　　　　 한 복사 일률

> **문제 풀이 도움말**
> 복사에 관한 슈테판-볼츠만의 법칙에서 온도 T는 섭씨나 화씨 온도가 아닌 켈빈 온도로 나타내어야 한다.

예제 13.5는 알짜 복사 일률이 $P_{알짜} = (Q/t)_{알짜}$인 물체의 온도가 주변 온도보다 높은 경우에 대해 설명한 것이다. 알짜 복사 일률은 (물체가 방사하는 복사 일률)−(물체가 흡수하는 복사 일률)이다. 예제 13.5에서와 같이 슈테판-볼츠만 법칙을 적용하여 물체 온도가 T, 주변 온도가 T_0일 때 $P_{알짜}$에 대하여 유도하면

$$P_{알짜} = e\sigma A(T^4 - T_0^4) \tag{13.3}$$

가 된다.

13.4 응용

냉난방을 잘 하면서 비용을 최소화하려면 우수한 단열재에 투자하는 것이 좋다. 단열은 외벽과 내벽 사이의 대류에 의한 열교환을 차단하고 전도에 의한 열전달을 최소화한다. 전도란 집의 단열 등급을 나타내는 논리로 식 13.1이 사용된다. 이 방정식에 의하면 Q/t, 즉 단위 시간당 두꺼운 매질을 통해 흐르는 열은 $Q/t = kA\Delta T/L$이다. Q/t의 값을 최소로 한다는 것은 작은 열전도도 k와 큰 두께 L을 가진 물질을 사용한다는 것을 의미한다. 그러나 집 짓는 기술자들은 식 13.1과는 약간 다른 다음과 같은 식을 많이 사용한다.

$$\frac{Q}{t} = \frac{A\Delta T}{L/k}$$

◐ R값을 써서 단열 등급을 매기는 물리

여기서 분모 L/k는 단열의 R값이라 불린다. 건축자재의 경우 R값을 사용하는 것이 편리한데, 하나의 숫자로 열전도도와 두께가 통합된 효과를 나타내기 때문이다. R값이 크면 클수록 물질을 통해 단위 시간당 흐르는 열이 줄어들므로 단열이 잘 됨을 의미한다. 또한 R은 서로 다른 열전도도와 두께를 가진 여러 물질들이 겹쳐진 층을 표현하는 데에도 편리하게 사용된다. 각 층의 R값들을 모두 더하면 전체 층의 R값을 하나의 값으로 나타낼 수 있다. 그러나 R값은 두께, 시간, 온도 및 열에 대해 각각 ft, hr, F° 및 Btu의 단위를 사용하여 표현한다는 것에 주의해야 한다.

그림 13.15 인공 위성을 덮고 있는 매우 높은 반사율을 가진 금속 박막은 인공 위성의 온도 변화를 최소화한다.

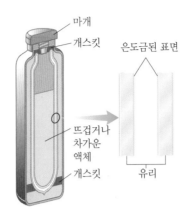

그림 13.16 보온병은 전도, 대류, 복사에 의한 에너지 전달을 최소화한다.

궤도를 도는 인공 위성이 지구의 그늘에 있을 때 태양으로부터 방출되는 강렬한 전자기파로부터 차단된다. 그러나 인공 위성이 지구의 그늘을 벗어나면 이러한 파에 의한 영향을 온전히 받게 된다. 그 결과 궤도 주기 동안 인공 위성 내의 온도는 감소했다가 급격하게 증가하게 되며, 이때 보호 장치가 없는 민감한 전자 회로는 영향을 받게 된다. 급격한 온도 변화를 최소화하기 위해 인공 위성은 그림 13.15와 같이 종종 흡수가 거의 없는 금속 박막과 같은 매우 높은 반사체로 덮는다. 엄청난 태양광을 반사시킴으로써 박막은 온도 상승을 최소화한다. 박막은 흡수를 거의 하지 않아 방출도 거의 없으므로 복사 에너지 손실도 줄여준다. 이러한 손실을 줄여주는 것은 인공 위성이 지구의 그늘에 있을 때 온도가 심하게 떨어지는 것을 막아준다.

때로는 듀어병(Dewar flask)이라고 하는 보온병은 뜨거운 액체가 식거나 차가운 액체가 따뜻해지는 속도를 줄여준다. 통상 보온병은 내벽이 은으로 처리된 이중벽 구조의 유리 용기로 되어 있으며(그림 13.16), 전도, 대류, 복사에 의한 열전달을 최소화한다. 보온병 벽 사이의 공간은 전도, 대류에 의한 에너지 손실이 최소화하도록 공기를 빼낸다. 은으로 처리된 표면은 복사 에너지의 대부분을 반사시켜서 보온병 안에 있는 액체로의 출입을 막는다. 그래도 매우 적은 열이, 상대적으로 적은 열전도도를 가진, 유리 또는 합성 고무와 같은 것으로 된 테두리나 주둥이를 통해 손실된다.

요리용 할로겐 열판은 주전자와 팬을 데우는 데 복사 에너지를 사용한다. 열판은 몇 개의 석영과 옥소(요오드)로 된 램프를 사용하는데 이 할로겐 램프는 매우 밝은 자동차 전조등과 같은 것이다. 이러한 램프들은 전기를 사용하며, 세라믹 판 밑에 설치된다(그림 13.17 참조). 이것들에 의해 방출된 엄청난 전자기 에너지는 세라믹 판을 통해 주전자의 바닥에 직접 흡수된다. 결과적으로 주전자는 매우 빨리 데워지고, 가스 버너와 비슷한 시간이 소요된다.

○ 궤도를 도는 인공 위성의 온도 조절의 물리

○ 보온병과 요리용 할로겐 열판의 물리

그림 13.17 요리용 할로겐 열판에서 석영-옥소 램프는 엄청난 전자기 에너지를 방출하며 이것은 주전자나 팬에 직접 흡수된다.

연습 문제

주의: 별다른 언급이 없으면 필요한 열전도도는 표 13.1의 값을 사용한다.

13.2 전도

1(1) 어떤 사람의 몸이 넓이가 1.6 m²인 털옷으로 덮여 있다. 털옷의 두께는 2.0×10^{-3} m이다. 털옷의 외부 표면의 온도는 11 ℃이고 피부 온도는 36 ℃이다. 사람이 전도에 의해 잃는 시간당 열량은 얼마인가?

2(2) 전기오븐 안의 온도는 160 ℃이다. 부엌에서 외부 표면 온도는 50 ℃이다. 오븐(겉넓이 = 1.6 m²)은 두께가 0.020 m이고 열전도도는 0.045 J/(s·m·C°)인 절연 물질이다. (a) 6시간 동안 오븐을 작동할 때 에너지 얼마인가? (b) 전기 에너지 1 kWh의 사용 요금이 $0.10일 때 작동된 오븐의 전기료는 얼마인가?

3(3) 전기 난방을 하는 집에서 지하실과 맞닿은 콘크리트 바닥벽의 온도는 12.8 ℃이다. 벽의 안쪽 면의 온도는 20.0 ℃이다. 벽의 두께는 0.10 m이고, 넓이는 9.0 m²이다. 전기 에너지 1 kWh의 사용 요금은 $0.10이다. 사용 요금 $1.00에 해당하는 에너지가 벽을 통해 전도되려면 몇 시간이 필요한가?

4(4) 피하 모세혈관으로부터 전도되는 초당 열량은 240 J/s이다. 에너지는 겉넓이가 1.6 m²인 몸을 통해서 2.0×10^{-3} m의 거리를 이동한다. 체지방의 열전도도라고 가정할 때 모세혈관과 피부 표면 사이의 온도 차이를 구하라.

5(5) 온도차 ΔT에 의해 열이 두께가 0.035 m인 알루미늄판을 통해 전도된다. 알루미늄판을 똑같은 온도차와 단면적을 가진 스테인리스강판으로 교체하였다. 초당 판을 통해 전도되는 열의 양이 같으려면 스테인리스강판의 두께는 얼마여야 하는가?

6(6) 거위 털로 만든 스키복 재킷의 두께가 15 mm이다. 다른 스키복인 울 스웨터의 두께는 5.0 mm이다. 두 옷의 겉넓이는 같다. 각 의류의 안과 밖의 표면에서 온도차는 같다고 가정하자. 이때 같은 시간 간격 동안 전도에 의해 손실된 열의 비율(울/거위 털)을 계산하라.

7(7) 열전도 방정식 $Q = (kA\Delta T)t/L$에서 kA/L 인자를 전도도라 한다. 인체는 혈관 확장과 수축을 통해 피하 모세혈관과 정맥으로의 혈류를 감소시키거나 증가시키므로써 피하 조직의 전도도를 변화시키는 능력이 있다. 피하 조직에 의한 전도도의 조정 범위는 두께 0.080 mm의 스티로폼이나 두께 3.5 mm의 공기와 대등하다. 인체의 어떤 인자가 전도도를 변화시키는가?

8(8) 스테인리스강과 철로 결합된 길이 0.05 m의 막대가 있다. 이 복합 막대의 단면적은 원 안에 정사각형이 들어간 모양으로 구성되어 있다(그림 참조). 스테인리스강의 정사각형 단면은 한 변이 1.0 cm이다. 막대의 한쪽 끝의 온도는 78 ℃이고 다른 쪽 끝은 18 ℃이다. 원통형 외부 표면을 통해 열이 배출 없다고 가정할 때, 2분 동안 막대를 통해 열전도되는 전체 열량을 구하라.

철

스테인리스강

*9(9) 세 가지 건축자재, 석고보드[$k = 0.30$ J/(s·m·C°)], 벽돌[$k = 0.60$ J/(s·m·C°)], 나무[$k = 0.10$ J/(s·m·C°)]가 그림처럼 서로 붙어 있다. 내부와 외부의 온도는 각각 27 ℃와 0 ℃이다. 각 자재는 두께와 넓이가 모두 같다. (a) 석고보드와 벽돌 경계면 그리고 (b) 벽돌과 나무 경계면의 온도를 구하라.

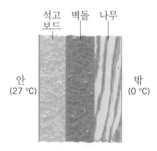

석고 벽돌 나무
보드

안
(27 ℃)

밖
(0 ℃)

*10(10) 실내에서 창문 표면의 온도는 25 ℃이다. 실외에서 창문 표면의 온도는 5.0 ℃이다. 열은 창문을 통한 전도에 의해 손실된다. 그리고 단위 시간당 손실된 열은 어떤 값을 가진다. 실내 온도는 동일하게 유지되지만 실외 온도는 떨어지기 시작한다. 그 결과 단위 시간당 손실된 열량은 증가한다. 단위 시간당 손실된 열량이 두 배가 될 때 실외에서 창문 표면의 온도는 얼마인가?

*11(11) 알루미늄과 구리 봉의 끝 면이 서로 연결되어 있다. 두 봉의 모양과 크기는 같고, 단면적과 길이는 각각 4.0×10^{-4} m²과 0.040 m이다. 연결되지 않은 알루미늄 봉의 끝은 302 ℃이며, 구리의 다른 끝은 25 ℃이다. 옆면을 통한 봉의 열손실은

무시한다. (a) 알루미늄과 구리 경계면의 온도, (b) 2.0 s 동안 전도되는 열량, (c) 알루미늄 봉의 뜨거운 끝으로부터 0.015 m 인 곳에서의 온도를 구하라.

* **12(12)** 길이 1.5 m, 단면적 4.0×10^{-4} m²인 구리 막대가 있다. 막대의 한쪽 끝을 끓는 물에 접촉하고 다른 쪽 끝은 얼음과 물이 섞인 부분에 접촉한다. 막대의 표면을 통해 열을 잃지 않는다고 하면 단위 시간당 녹는 얼음의 질량은 얼마인가?

** **13(15)** 질량이 같은 두 개의 원통형 봉이 있다. 하나는 은(밀도 = 10500 kg/m³)이고 다른 하나는 철(밀도 = 7860 kg/m³) 이다. 두 봉이 모두 양 끝단 사이의 온도차가 같을 때 단위 시간당 같은 양의 열을 전달한다. 두 봉(은-철)의 (a) 길이 의 비와 (b) 반지름의 비는 얼마인가?

13.3 복사

14(16) 어떤 사람이 온도가 28 ℃인 그늘이 있는 외부에 서 있다. (a) 머리카락으로 덮인 그의 머리에 단위 시간당 흡수되는 복사 에너지는 얼마인가? 머리(평평하다고 하자)의 단면적 은 160 cm²이고 흡수율은 0.85이다. (b) 같은 사람이 대머 리이고 흡수율이 0.65라면 그의 머리에 단위 시간당 흡수 되는 복사 에너지는 얼마인가?

15(17) 정육면체(한 변이 0.010 m, 30 ℃)인 완전 흑체가 100 W 전 구가 1 시간 동안 내는 에너지와 같은 양의 에너지를 내려 면 며칠이 걸리겠는가?

16(18) 전구의 필라멘트는 3.0×10^3 ℃의 온도이고 60 W의 일률 을 복사한다. 필라멘트의 흡수율은 0.36이다. 필라멘트의 겉넓이를 구하라.

17(19) 어떤 물체의 복사 일률이 30 W이다. 다른 조건이 같은 경 우 그것이 완전 흑체라면 그 물체는 90 W의 복사 일률을 방출한다. 물체의 방출률은 얼마인가?

18(20) 태양에 의해 생산되는 복사 일률의 양은 약 3.9×10^{26} W 이다. 태양이 반지름이 6.96×10^8 m인 완전 흑체 구라 할 때, 태양의 표면 온도(켈빈)을 구하라.

19(21) 태양 빛이 내리쬐는 곳에 주차된 차는 1 m²당 560 W의 에 너지를 흡수한다. 자동차가 같은 비율로 에너지를 방출하 는 온도에 이르렀다. 자동차를 완전한 복사체($e = 1$)로 취 급하면 자동차의 온도는 얼마가 되겠는가?

20(23) 어떤 건물의 콘크리트 벽의 두께가 0.10 m이다. 건물 외부 의 온도는 0 ℃인 반면 내부의 온도는 20 ℃이다. 열이 벽 을 통해 전달된다. 건물이 난방이 안 될 때 내부의 온도가 0 ℃로 내려가자 열의 이동이 멈추었다. 그러나 온도가 0 ℃일 때도 벽은 복사 에너지를 방출한다. m² · s당 방출 되는 복사 에너지는 m² · s당 전도에 의한 열손실과 같다. 벽의 방출률은 얼마인가?

* **21(24)** 온도가 773 K인 속이 찬 구가 있다. 구를 녹여서 같은 흡수 율과 같은 복사 일률을 갖는 정육면체로 개주(改鑄)했다. 정육면체의 온도를 구하라.

** **22(25)** 속이 찬 원통이 어떤 복사 일률로 방출하고 있다. 원통의 길이는 반지름의 10 배이다. 이것을 길이가 같은 여러 개의 작은 원통으로 잘랐다. 각각의 작은 원통의 온도는 원래 원 통과 같다. 작은 원통들이 내는 총 복사 일률이 원래 원통 이 방출하는 복사 일률의 2 배이다. 작은 원통은 몇 개인가?

이상 기체 법칙과 열운동론

14.1 분자 질량, 몰, 아보가드로수

종종 우리는 한 원자의 질량과 또 다른 원자의 질량을 비교하기를 원한다. 그 비교를 위하여 **원자 질량 척도**(atomic mass scale)로 알려진 질량 척도가 정해져 있다. 이 척도를 정하기 위해서는 기준값(단위와 함께)이 어떤 원소에 대하여 선택된다. 그러한 단위를 **원자 질량 단위**(atomic mass unit: 기호 u)라 부르며, 국제적 합의에 의해 기준 원소로는 가장 많이 존재하는 탄소의 동위 원소*인 탄소-12가 선택되었다. 탄소-12의 원자 질량**은 정확히 원자 질량 단위의 12 배, 즉 12 u이다. 원자 질량 단위와 킬로그램 사이의 관계는

$$1\,u = 1.6605 \times 10^{-27}\,kg$$

이다.

　　모든 원소의 원자 질량은 주기율표에 나와 있고, 그 일부분이 그림 14.1에 나타나 있다. 전체 주기율표는 이 책의 뒤표지 안쪽에 있다. 일반적으로 주기율표에 나와 있는 질량은 자연에 존재하는 여러 동위 원소들의 평균값이다. 간단히 나타내기 위해 표에는 단위 'u'를 생략하기도 한다. 예를 들어 마그네슘 원자(Mg)의 평균 원자 질량은 24.305 u이다. 반면 리튬 원자(Li)의 평균값은 6.941 u이다. 이와 같이 마그네슘 원자는 리튬 원자보다 (24.305 u)/(6.941 u) = 3.502 배만큼 질량이 크다. 주기율표에서 탄소(C)의 원자 질량은 12 u가 아니고 12.011 u이다. 그것은 자연에는 탄소-13이라 불리는 작은 양(약 1 %)의 동위 원소가 존재하기 때문이다. 12.011 u라는 값은 작은 양의 탄소-13의 기여를 고려한 평균값이다.

　　분자의 분자 질량은 그 분자를 구성하는 원자들의 원자 질량의 합이다. 예를 들어 수소와 산소는 각각 1.00794 u와 15.9994 u의 원자 질량을 갖는다. 따라서 물분자(H_2O)의 분자 질량은 2(1.00794 u) + 15.9994 u = 18.0153 u가 된다.

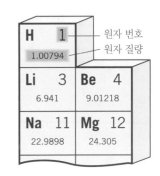

그림 14.1 각 원소의 원자 번호와 원자 질량을 보여주는 주기율표의 일부. 주기율표에서 관례적으로 원자 질량의 단위를 표시하는 기호 'u'를 생략한다.

---

* 동위 원소는 31.1절에서 다룬다.

** 화학에서는 '원자 질량' 대신 '원자 무게' 라는 표현이 자주 사용된다.

　　육안으로 보이는 물질의 양은 많은 수의 원자 또는 분자를 포함한다. 예를 들어 1 cm³의 작은 양의 기체에도 엄청나게 많은 수의 원자나 분자가 들어 있다. 그렇게 많은 수를 표현할 때는 **그램-몰**(gram-mole) 또는 간단히 **몰**(mole:기호 mol)이라 표시 하는 것이 편리하다. 물질의 1 그램-몰은 동위 원소 탄소-12의 12 그램에 들어 있는 원자의 개수만큼 많은 수의 입자(원자 또는 분자)들을 포함한다. 실험에 의하면, 탄소-12의 12 그램에 6.022×10^{23}개의 원자가 포함되어 있다. 몰당 원자의 수를 아보가드로수 N_A라 하는데 이는 이탈리아 과학자 아메데오 아보가드로(1776~1856)의 이름을 딴 것이다.

$$N_A = 6.022 \times 10^{23} \, mol^{-1}$$

　　따라서 어떤 시료에 포함되어 있는 몰수 n은 입자의 수 N을 몰당 입자수인 N_A(아보가드로수)로 나눈 것과 같다.

$$n = \frac{N}{N_A}$$

　　비록 탄소의 원자로 정의되었지만 1몰의 개념은 1몰이 물체의 아보가드로수를 포함한다는 의미로 모든 물체에 대해 적용될 수 있다. 따라서 황원자 1몰은 6.022×10^{23}개의 황 원자들을 포함하고, 물 1몰은 6.022×10^{23}개의 H_2O 분자를 포함하며, 골프공 1몰은 6.022×10^{23}개의 골프공을 포함한다. 미터가 SI 단위계에서 길이의 기본 단위이듯 몰은 '물질의 양'을 나타내는 SI의 기본 단위이다.

　　어떤 시료에 포함되어 있는 몰수 n은 그것의 질량으로부터 알아낼 수도 있다. 앞의 식의 우변에 입자 한 개의 질량 $m_{입자}$을 분자, 분모에 곱해주면 다음과 같이 된다.

$$n = \frac{m_{입자} N}{m_{입자} N_A} = \frac{m}{몰질량}$$

분자(numerator)의 $m_{입자} N$은 한 입자의 질량에 입자의 수를 곱한 것으로 시료의 질량이다. 분모의 $m_{입자} N_A$는 한 입자의 질량에 몰당 입자의 수를 곱한 것으로 몰질량이며 몰당 그램수를 나타낸 것이다. 탄소-12의 몰질량은 12 g/mol로 정의에 따라 탄소-12의 12 그램은 원자 1 몰을 포함한다. 한편 나트륨(Na)의 몰질량은 다음과 같은 이유로 22.9898 g/mol이다. 그림 14.1에 표시되어 있는 것과 같이 나트륨 원자 한 개는 탄소-12 원자 한 개보다 (22.9898 u)/(12 u) = 1.91582 배만큼 더 질량이 크다. 이와 같이 나트륨의 몰질량은 탄소-12보다 1.91582 배 크다. 즉 (1.91582) (12 g/mol) = 22.9898 g/mol이다. 나트륨의 몰질량 (22.9898)의 수치는 원자 질량의 수치와 같음에 주의하라. 이것은 일반적인 사실이므로 물질의 몰질량(g/mol)은 그 물질의 원자 질량 또는 분자 질량(원자 질량 단위)과 같은 수치를 갖는다.

　　물질 1그램-몰은 아보가드로수만큼의 입자(원자 또는 분자)를 포함하고 있으므로 어떤 입자의 질량 $m_{입자}$(그램)은 그 몰질량(g/mol)을 아보가드로수로 나누면 된다. 즉

$$m_{입자} = \frac{몰질량}{N_A}$$

이다. 다음의 예제 14.1은 유명한 두 보석에 있는 원자와 분자의 질량을 구하기 위하여 몰의 개념과 원자 질량, 아보가드로수를 어떻게 사용하는지를 설명한다.

예제 14.1 | **홉 다이아몬드와 로저리브스 루비**

그림 14.2(a)는 거의 순수한 탄소인 홉 다이아몬드(44.5 캐럿)를 나타낸 것이고, 그림 14.2(b)는 기본적으로 산화알루미늄(Al_2O_3)인 로저리브스 루비(138 캐럿)를 나타낸 것이다. 1 캐럿은 0.200 g의 질량과 같다. (a) 다이아몬드에 있는 탄소 원자의 수와 (b) 루비에 있는 Al_2O_3 분자의 수를 구하라.

살펴보기 시료에 있는 원자(또는 분자)의 수 N은 몰수 n과 몰당 원자수 N_A(아보가드로수)의 곱 $N = nN_A$이다. 시료의 질량 m을 물질의 몰질량으로 나누어 몰수를 구할 수 있다.

풀이 (a) 홉 다이아몬드의 질량은 m = (44.5 캐럿) [(0.200 g)/(1 캐럿)] = 8.90 g이다. 자연 상태에서 탄소의 평균 원자 질량은 12.011 u(뒤표지 안쪽의 주기율표 참고)이므로 이 물질의 몰

그림 14.2 (a) 16개의 작은 다이아몬드로 둘러싸인 홉 다이아몬드 (b) 로저리브스 루비

질량은 12.011 g/mol이다. 홉 다이아몬드에 있는 탄소의 몰수는

$$n = \frac{m}{몰질량} = \frac{8.90 \text{ g}}{12.011 \text{ g/mol}} = 0.741 \text{ mol}$$

이다. 따라서 홉 다이아몬드에 있는 탄소의 원자수는

$$N = nN_A = (0.741 \text{ mol})(6.022 \times 10^{23} \text{ 개/mol})$$
$$= \boxed{4.46 \times 10^{23} \text{ 개}}$$

이다.

(b) 로저리브스 루비의 질량은 m = (138 캐럿)[(0.200 g)/(1 캐럿)] = 27.6 g이다. 산화알루미늄(Al_2O_3) 분자의 분자 질량은 그 원자들의 원자 질량의 합이며, 알루미늄의 원자 질량은 26.9815 u이고 산소의 원자 질량은 15.9994 u이다(뒤표지 안쪽의 주기율표 참고).

$$분자 질량 = \underbrace{2(26.9815 \text{ u})}_{\substack{\text{알루미늄 원자}\\\text{2개의 질량}}} + \underbrace{3(15.9994 \text{ u})}_{\substack{\text{산소 원자}\\\text{3개의 질량}}}$$
$$= 101.9612 \text{ u}$$

따라서 Al_2O_3의 몰질량은 101.9612 g/mol이다. (a)에서와 같은 계산은 로저리브스 루비는 0.271몰, 즉 $\boxed{Al_2O_3 \text{ 분자 } 1.63 \times 10^{23}}$ 개 임을 나타낸다.

14.2 이상 기체 법칙

이상 기체(ideal gas)는 밀도가 충분히 낮은 실제 기체에 대한 이상적인 모형이다. 낮은 밀도의 조건은 기체 분자들이 분자의 크기에 비해 멀리 떨어져 있어 상호 작용하지 않는다(탄성적으로 충돌하는 동안 이외에는)는 것을 뜻한다. 이상 기체 법칙은 절대 압력, 켈빈 온도, 부피, 기체의 몰수 사이의 관계를 나타낸다.

12.2절에서 등적 기체 온도계를 논의할 때 밀도가 낮은 기체의 절대 압력과 켈빈 온도와의 관계를 이미 설명하였다. 이 온도계는 일정한 부피로 유지되고 있는 관 안에 들어있는 작은 양의 기체(예를 들면 수소나 헬륨)를 이용한다. 기체는 밀도가 낮기 때문에 이상 기체로 행동한다. 실험에 의하면 온도에 따른 기체 압력의 그래프가 그림 12.4와 같이 직선으로 나타난다. 이 그래프를 온도 축을 섭씨 대신 켈빈 온도로 표기하여 그림 14.3에 다시 나타내었다. 그래프는 부피와 몰수가 일정할 때 절대 압력 P가 켈빈 온도 T에 정비례($P \propto T$)함을 나타내고 있다.

절대 압력과 이상 기체의 몰수 사이의 관계는 간단하다. 타이어에 공기를 넣을 때 일어나는 것과 같이 기체 분자의 수를 증가시키면 기체의 압력이 증가한다는 것을 경험으로 알고 있다. 밀도가 낮은 기체의 부피와 온도가 일정하게 유지될 때, 분자수를 2배로 하면

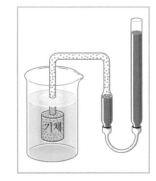

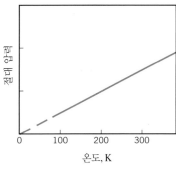

그림 14.3 등적 기체 온도계 안의 압력은 켈빈 온도에 정비례한다. 이것이 이상 기체의 특성이다.

 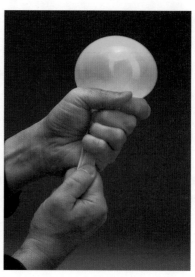

(a)　　　　　　　　　　(b)

그림 14.4 (a) 부분적으로 채워진 풍선의 공기 압력은 (b)에서와 같이 풍선의 부피를 감소시키는 방법으로 증가시킬 수 있다.

압력도 2배가 된다. 따라서 이상 기체의 절대 압력은 분자의 수, 즉 기체의 몰수 n에 비례한다($P \propto n$).

　기체의 절대 압력이 기체의 부피에 어떻게 의존하는지를 보기 위하여 그림 14.4(a)의 부분적으로만 기체가 채워진 풍선을 살펴보자. 이 풍선은 공기의 압력이 낮기 때문에 '물렁물렁하다.' 그러나 그림 14.4(b)처럼 풍선을 쥐어짜서 풍선 안의 모든 공기가 좀 더 작은 공간에 갇히게 하면 크기가 작아진 풍선은 매우 단단해짐을 느낄 수 있다. 이 단단함은 작은 부피에서의 압력이 고무를 충분히 늘일 정도로 매우 높다는 것을 나타낸다. 따라서 부피를 감소시켜서 압력을 증가시키는 것이 가능하고 몰수와 온도를 일정하게 유지한다면, 이상 기체의 절대 압력은 부피 V에 반비례한다($P \propto 1/V$).

　이상 기체의 절대 압력에 대해 방금 논의된 세 가지 관계는 간단한 비례식, $P \propto nT/V$로 나타낼 수 있다. 이 비례성은 **보편 기체 상수**(universal gas constant)라고 하는 비례 상수 R을 넣어서 하나의 식으로 나타낼 수 있다. 실험에 의하면 R의 값은 이상 기체처럼 행동할 만큼 충분히 낮은 밀도의 실제 기체의 경우 $8.31\,\mathrm{J/(mol \cdot K)}$로 정해졌다. R이 포함된 식을 **이상 기체 법칙**(ideal gas law)이라 한다.

> **■ 이상 기체 법칙**
>
> 이상 기체의 절대 압력 P는 켈빈 온도 T와 기체의 몰수에 정비례하고, 기체의 부피 V에 반비례한다. 즉 $P = R(nT/V)$이다. 다시 쓰면
>
> $$PV = nRT \tag{14.1}$$
>
> 가 된다. 여기서 R은 보편 기체 상수이고, 그 값은 $8.31\,\mathrm{J/(mol \cdot K)}$이다.

　때로는 이상 기체 법칙을 기체의 몰수 n보다 총 입자수로 표현하는 것이 편리할 때가 있다. 그러한 표현식을 얻기 위해서 식 14.1의 오른쪽 항에 아보가드로수 $N_A = 6.022 \times 10^{23}$ 입자수/mol* 를 곱하고 나누어 주면서 nN_A가 입자의 총 수 N과 같다는 것

---

* '입자수'는 SI 단위가 아니며, 종종 생략되기도 한다. 그러면 입자수/mol = 1/mol = mol^{-1}이다.

을 고려하면 위 식은

$$PV = nRT = nN_A \left(\frac{R}{N_A} \right) T = N \left(\frac{R}{N_A} \right) T$$

와 같이 바뀐다. 상수항 R/N_A는 오스트레일리아 물리학자 루트비히 볼츠만(1844~1906)을 기념하여 **볼츠만 상수**(Boltzmann's constant)라 하며, 기호 k로 나타낸다. 즉

$$k = \frac{R}{N_A} = \frac{8.31 \text{ J/(mol} \cdot \text{K)}}{6.022 \times 10^{23} \text{ mol}^{-1}} = 1.38 \times 10^{-23} \text{ J/K}$$

이다. 이렇게 바꾸면 이상 기체 법칙은

$$PV = NkT \tag{14.2}$$

가 된다. 다음의 예제 14.2는 이상 기체 법칙을 응용한 것이다.

 예제 14.2 | 폐 안의 산소 ● 폐 안의 산소에 대한 물리

폐 안에서의 호흡막은 모세혈관 안의 피와 아주 작은 공기 주머니(절대 압력 1.00×10^5 Pa)를 구분한다. 이 주머니들을 폐포라 하며, 이것으로부터 산소가 혈액으로 들어간다. 폐포의 평균 반지름은 0.125 mm이고 그 속의 공기 중에는 산소가 14 % 포함되어 있다. 공기가 체온(310 K)에서 이상 기체로 행동한다고 가정할 때, 폐포 하나 안에 들어 있는 공기 분자의 수를 구하라.

살펴보기 폐포 안의 공기의 압력과 온도는 알려져 있고, 폐포의 반지름을 알고 있으므로 부피도 구할 수 있다. 따라서 이상 기체 법칙 $PV = NkT$은 폐포 하나 안에 들어 있는 공기 입자의 수 N을 구하는 데 직접 사용될 수 있다. 산소 분자의 수는 공기 입자의 수의 14 %이다.

풀이 구형 폐포의 부피는 $V = \frac{4}{3}\pi r^3$이다. 공기 입자의 수에 대하여 식 14.2를 풀면

$$N = \frac{PV}{kT} = \frac{(1.00 \times 10^5 \text{ Pa})[\frac{4}{3}\pi(0.125 \times 10^{-3} \text{ m})^3]}{(1.38 \times 10^{-23} \text{ J/K})(310 \text{ K})}$$
$$= 1.9 \times 10^{14}$$

을 얻을 수 있다. 산소 분자의 수는 이 값의 14 %이다. 즉 $0.14 N = \boxed{2.7 \times 10^{13}}$ 이다.

이상 기체 법칙의 도움으로 이상 기체 1몰은 온도 273 K(0 °C), 대기압(1.013×10^5 Pa)에서 22.4 리터의 부피를 차지한다는 것을 확인할 수 있다. 이러한 온도와 압력의 조건을 **표준 온도와 표준 압력**(standard temperature and pressure, STP)이라 한다.

옛날부터 많은 연구자들의 연구에 의해 이상 기체 법칙이 공식화되었다. 아일랜드 과학자 로버트 보일(1627~1691)은 일정한 온도에서 일정한 질량(일정한 몰수)의 밀도가 낮은 기체의 절대 압력은 부피에 반비례한다($P \propto 1/V$)는 것을 발견하였다. 이 사실은 보일의 법칙이라고도 하며, 이상 기체 법칙에서 n과 T가 일정할 때 $P = nRT/V = $상수$/V$ 라는 것으로부터 유도될 수 있다. 다른 한편으로 이상 기체가 처음 압력과 부피 (P_i, V_i)로부터 나중 압력과 부피(P_f, V_f)로 변할 때, $P_iV_i = nRT$와 $P_fV_f = nRT$로 쓰는 것이 가능하다. 이 식들의 우변이 같으므로 좌변들을 같게 놓으면 **보일의 법칙**(Boyle's law)을 다음과 같이 간결하게 나타낼 수 있다. 즉

T와 n이 일정할 때 $\qquad P_iV_i = P_fV_f \tag{14.3}$

이다. 그림 14.5는 고정된 몰수의 이상 기체를 온도 100 K로 유지할 때 압력과 부피가 보

● 문제 풀이 도움말
이상 기체 법칙에서 온도 T는 켈빈 온도로 표기되어야 한다. 섭씨나 화씨 온도는 사용될 수 없다.

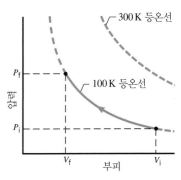

그림 14.5 일정한 온도에서의 기체의 압력에 따른 부피의 곡선을 등온선이라 한다. 이상 기체에 대하여 각 등온선은 식 $P = nRT/V = $상수$/V$를 그린 것이다.

일의 법칙에 따라 어떻게 변하는가를 보여주고 있다. 그 기체는 처음 압력과 부피 P_i와 V_i에서 압축되었다. 부피가 감소함에 따라 압력이 증가하여 나중 압력과 부피는 P_f와 V_f에 도달한다. 처음점과 나중점을 지나가는 곡선은 '같은 온도'라는 의미의 **등온선**(isotherm)이라 부른다. 만일 온도가 100 K가 아니라 300 K이라면, 압축은 300 K 등온선을 따라 일어날 것이다. 등온선들은 서로 교차하지 않는다.

이상 기체 법칙의 공식화에 기여했던 또 다른 연구자는 프랑스의 자크 샤를(1746~1823)이다. 그는 일정한 압력에서 고정된 질량(고정된 몰수)의 압력이 낮은 기체의 부피는 켈빈 온도에 정비례한다($V \propto T$)는 것을 발견했다. 이 관계는 샤를의 법칙으로 알려져 있으며 n과 P가 일정할 때 $V = nRT/P = (상수)T$ 라는 것으로부터 얻어질 수 있다. 마찬가지로 이상 기체가 처음 부피와 온도(V_i, T_i)로부터 나중 부피와 온도(V_f, T_f)로 변할 때, $V_i/T_i = nR/P$와 $V_f/T_f = nR/P$로 쓸 수 있다. 따라서 **샤를의 법칙**(Charles' law)을 표기하는 한 방법은

$$P와 n이 일정할 때 \qquad \frac{V_i}{T_i} = \frac{V_f}{T_f} \qquad\qquad (14.4)$$

이다.

14.3 기체 분자 운동론

이상 기체 법칙은 매우 유용하지만, 압력이나 온도가 기체 분자의 특성, 즉 질량이나 속도에 어떻게 연관되어 있는지에 대해 어떤 정보도 제공하지 않는다고 할 수 있다. 이와 같은 미시적 특성이 압력이나 온도와 어떤 연관이 있는지 알기 위해 이 절은 분자 운동의 동역학에 대해 살펴보고자 한다. 기체가 용기의 벽에 가하는 압력은 기체 분자가 용기의 벽에 충돌할 때 기체 분자가 벽에 가하는 힘에 기인한다. 그러므로 유체에 의해 가해지는 충돌에 의한 힘이라는 개념(11.2절)과 뉴턴의 제2, 3법칙(4.3 및 4.5절)과 결합하면서 시작해 보자. 이러한 개념은 미시적 변수들로 압력에 대한 식을 얻을 수 있게 한다. 그 다음에는 이상 기체 입자의 평균 병진 운동 에너지가 $\overline{KE} = \frac{3}{2}kT$(여기서 k는 볼츠만 상수, T는 켈빈 온도)임을 증명하기 위해 압력에 대한 식과 이상 기체 법칙을 결합한다. 이 과정에서 단원자 이상 기체의 내부 에너지는 $U = \frac{3}{2}nRT$임을 알 수 있다. 여기서 n은 몰수, R은 보편 기체 상수이다.

분자 속력의 분포

큰 용기 속에 매우 많은 수의 입자(원자 혹은 분자)가 표준 온도와 표준 압력의 상태로 있다. 이 입자들은 일정 속력으로 임의의 방향으로 운동하며 서로 충돌하거나 용기의 벽과 충돌한다. 1초 동안에 충돌하는 입자의 수는 무수히 많으며 충돌할 때마다 속도와 방향이 바뀌게 된다. 결과적으로 원자 또는 분자들은 속력은 서로 다르게 된다. 어떤 순간에, 어떤 입자는 평균 속도보다 작거나 혹은 비슷하거나 혹은 보다 큰 속도를 가질 것이다. 스코틀랜드의 제임스 클럭 맥스웰(1831~1879)은 기체의 밀도가 낮을 때 일정 온도의 많은 기체 분자의 속력 분포를 계산하였다. 그림 14.6에 두 온도에서 산소 분자의 맥스웰 속력 분포

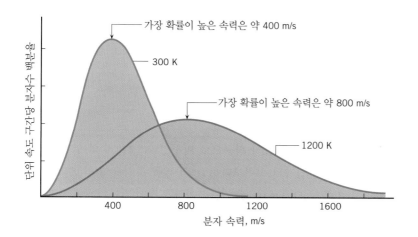

그림 14.6 온도 300 K과 1200 K에서 산소 기체의 분자 속력의 맥스웰 분포 곡선

곡선이 나타나 있다. 온도가 300 K일 때 곡선의 최댓값은 가장 확률이 높은 값이며 그 값은 약 400 m/s이다. 온도 1200 K에서 분포 곡선은 약간 오른쪽으로 이동하며 그때 가장 확률이 높은 속력은 약 800 m/s로 증가함을 알 수 있다.

운동론

공을 벽으로 던지면, 충돌로 인해 벽에 압력을 가하게 된다. 그림 14.7에서 보듯이 기체 입자도 같은 작용을 한다. 다만 질량이 공보다 훨씬 작고 속도가 더 클 뿐이다. 입자의 수는 매우 많아서 벽에 수없이 충돌을 함으로써 각각 충돌의 충격이 연속적으로 힘을 가하는 것처럼 보인다. 이 힘의 크기를 벽의 넓이로 나누면 기체 분자에 의한 압력을 얻을 수 있다.

힘을 계산하기 위하여 한 변의 길이가 L인 정육면체 안에 있는 N개의 동일 입자로 이루어진 이상 기체를 고려하자. 분자 간 탄성 충돌을 제외하고 분자들은 상호 작용하지 않는다고 가정한다.* 그림 14.8에 질량 m인 입자가 오른쪽 벽에 수직으로 탄성 충돌 후 되튀어 나온 모습을 보였다. 벽에 충돌하기 직전에 입자의 속도는 $+v$이며 선운동량은 $+mv$이다(선운동량 개념은 7.1절 참조). 충돌 후 입자는 속도 $-v$와 선운동량 $-mv$로 반대 방향으로 되튀어 나오며 왼쪽 벽에 충돌 후 다시 되튀어 오른쪽으로 향한다. 오른쪽 벽과 재충돌하는 데 걸리는 시간 t는 왕복 거리 $2L$을 속도 v로 나누어 구한다. 즉 $t = 2L/v$이다. 뉴턴의 운동 제2법칙에 의해, 충격량-운동량 정리 형태로 표현하면, 벽이 입자에 작용하는 평균힘은 단위 시간당 입자 운동량 변화량이 된다. 즉

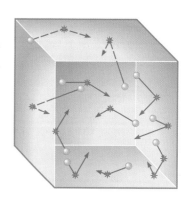

그림 14.7 기체의 압력은 기체 분자와 용기 벽과의 충돌에 기인한다.

$$
\text{평균힘} = \frac{\text{나중 운동량} - \text{처음 운동량}}{\text{충돌 간 시간}} \tag{7.4}
$$

$$
= \frac{(-mv) - (+mv)}{2L/v} = \frac{-mv^2}{L}
$$

이다. 뉴턴의 작용-반작용의 법칙에 따라서, 입자가 벽에 가하는 힘은 이 값과 크기는 같으나 방향이 반대이다(즉 $+mv^2/L$이다). 오른쪽 벽에 가해지는 총 힘 F의 크기는 입자당

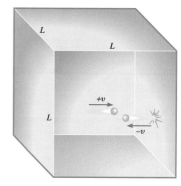

그림 14.8 기체 분자가 용기 오른쪽 벽에 탄성 충돌하여 되튀어오는 모습을 표현하였다.

---

* 여기서 사용된 '탄성'이란 말은 입자들이 굉장히 많을 때 충돌에 의한 병진 운동 에너지의 이득이나 손실이 평균적으로 0이라는 뜻이다.

가한 힘과 시간 t 동안 충돌하는 입자의 수를 곱하여 구한다. N 개의 입자가 삼차원 속에서 무질서하게 운동하므로 시간 t 동안 오른쪽 벽에 충돌하는 수는 평균적으로 N의 1/3이다. 그러므로 총 힘은 다음과 같다.

$$F = \left(\frac{N}{3}\right)\left(\frac{m\overline{v^2}}{L}\right)$$

여기서 v^2은 $\overline{v^2}$ 즉 속력 제곱의 평균으로 바꾸었다. 많은 수의 입자들은 맥스웰 속도 분포를 따르므로 각각의 입자의 속력보다는 v^2의 평균이 사용되어야한다. $\overline{v^2}$의 제곱근은 **제곱 평균 제곱근 속력**(root mean square speed)이라고 하며 간단히 rms 속력, 즉 $v_{rms} = \sqrt{\overline{v^2}}$ 이라고 쓴다. 이 값을 사용하면 총 힘은 다음과 같다.

$$F = \left(\frac{N}{3}\right)\left(\frac{mv_{rms}^2}{L}\right)$$

압력은 단위 넓이당 힘이므로 벽 넓이 L^2에 가하는 압력 P는 다음과 같다.

$$P = \frac{F}{L^2} = \left(\frac{N}{3}\right)\left(\frac{mv_{rms}^2}{L^3}\right)$$

상자의 부피는 $V = L^3$이므로, 위 식은 다음과 같이 다시 쓸 수 있다.

$$PV = \tfrac{2}{3}N(\tfrac{1}{2}mv_{rms}^2) \tag{14.5}$$

식 14.5에서 압력, 부피 같은 거시적 양과 질량, 속도 같은 미시적 양이 어떻게 서로 연관되어 있는지 알 수 있다. 항 $\tfrac{1}{2}mv_{rms}^2$은 개별 입자의 평균 병진 운동 에너지 $\overline{\text{KE}}$이므로 다음과 같이 바꿔 쓸 수 있다.

$$PV = \tfrac{2}{3}N(\overline{\text{KE}})$$

이 결과는 이상 기체 법칙 $PV = NkT$과 매우 비슷해 보인다. 두 식 모두 왼쪽 항이 같으므로 오른쪽 항끼리도 같아야 한다. 즉 $\tfrac{2}{3}N(\overline{\text{KE}}) = NkT$이다. 그러므로

$$\overline{\text{KE}} = \tfrac{1}{2}mv_{rms}^2 = \tfrac{3}{2}kT \tag{14.6}$$

이다. 식 14.6은 기체 입자의 운동으로 온도를 해석할 수 있으므로 매우 중요하다. 이 식은 켈빈 온도가 이상 기체 입자당 평균 병진 에너지에 비례하며 압력이나 부피와 무관하다는 의미이다. 평균적으로 기체가 뜨거울 때는 차가울 때보다 운동 에너지가 더 크다.

만약 두 이상 기체가 같은 온도를 가진다면 식 $\tfrac{1}{2}mv_{rms}^2 = \tfrac{3}{2}kT$로부터 각각 기체는 동일한 평균 운동 에너지를 가지게 된다는 것을 알 수 있다. 그러나 일반적으로 다른 입자의 rms 속력은 서로 다르다. 왜냐하면 질량이 서로 다르기 때문이다. 다음 예제에서 이러한 결과로부터 실온에서 기체 입자가 얼마나 빨리 움직이는지를 구해볼 것이다.

예제 14.3 | 공기 중 분자의 속도

공기는 주로 질소 N_2(분자량 = 28 u)와 산소 분자 O_2(분자량 = 32 u)의 혼합물이다. 모두 이상 기체라고 가정하고 온도 293 K에서 질소와 산소의 v_{rms} 속력을 구하라.

살펴보기 v_{rms}은 식 14.6으로 구할 수 있다. 즉 $v_{rms} = \sqrt{2\overline{KE}/m_{입자}}$이며 여기서 $m_{입자}$는 단일 입자(산소 혹은 질소 분자)의 질량이다. 이 식에서 평균 운동 에너지는 $\overline{KE} = \frac{3}{2}kT$이고 같은 온도에서 두 분자 모두 같은 값을 가진다. 그러나 산소와 질소 분자는 질량이 서로 다르다. 각 입자의 질량은 분자량을 몰당 입자수(아보가드로수)로 나누면 구할 수 있다.

풀이 산소와 질소의 각 입자당 평균 운동 에너지는 다음과 같다.

$$\overline{KE} = \tfrac{3}{2}kT = \tfrac{3}{2}(1.38 \times 10^{-23} \text{ J/K})(293 \text{ K}) \quad (14.6)$$
$$= 6.07 \times 10^{-21} \text{ J}$$

질소 분자량은 28.0 u이므로 몰당 질량은 28.0 g/mol이다. 그러므로 질소 분자 한 개의 질량은 다음과 같다.

$$m_{입자} = \frac{\text{몰당 질량}}{N_A} = \frac{28.0 \text{ g/mol}}{6.022 \times 10^{23} \text{ mol}^{-1}}$$
$$= 4.65 \times 10^{-23} \text{ g} = 4.65 \times 10^{-26} \text{ kg}$$

같은 방법으로 산소 분자 한 개의 질량은 5.31×10^{-26} kg이다. 각각의 v_{rms}의 계산은 다음과 같다.

질소
$$v_{rms} = \sqrt{\frac{2(\overline{KE})}{m_{입자}}} = \sqrt{\frac{2(6.07 \times 10^{-21} \text{ J})}{4.65 \times 10^{-26} \text{ kg}}}$$
$$= \boxed{511 \text{ m/s}}$$

산소
$$v_{rms} = \sqrt{\frac{2(\overline{KE})}{m_{입자}}} = \sqrt{\frac{2(6.07 \times 10^{-21} \text{ J})}{5.31 \times 10^{-26} \text{ kg}}}$$
$$= \boxed{478 \text{ m/s}}$$

이 값들을 293 K에서 소리의 속력 343 m/s(1230 km/h)과 비교해 보라.

> **⬆ 문제 풀이 도움말**
> 같은 온도의 이상 기체 분자의 평균 병진 운동 에너지는 질량에 관계없이 모두 같다. 그러나 병진 속도의 제곱 평균 제곱근은 모두 같지 않고 질량에 따라 다르다.

식 $\overline{KE} = \frac{3}{2}kT$은 원자 혹은 분자보다 훨씬 큰 입자에도 적용될 수 있다. 영국의 식물학자 로버트 브라운(1773~1858)은 현미경을 통하여 물에 떠있는 꽃가루 입자가 매우 불규칙적으로 지그재그 경로로 운동하는 것을 관찰하였다. 이러한 브라운 운동은 공기 중 연기 같이 다른 입자에서도 관찰될 수 있다. 1905년에 알버트 아인슈타인(1879~1955)은 브라운 운동은 유체 매질(즉 물이나 공기)의 움직이는 분자와 거대 부유 입자와의 충돌로 설명될 수 있음을 증명하였다. 충돌의 결과로 부유 입자는 유체 분자와 동일한 평균 병진 운동 에너지를 가진다. 즉 $\overline{KE} = \frac{3}{2}kT$이다. 그러나 이 입자는 현미경으로 볼 수 있을 만큼 거대하기 때문에, 즉 상대적으로 큰 질량으로 인해 상대적으로 작은 평균 속력을 가진다.

단원자 이상 기체의 내부 에너지

15장에서 열역학을 다룰 예정이다. 열역학에서 내부 에너지는 매우 중요한 개념이다. 이 절에서는 평균 병진 운동 에너지를 사용하여 나중에 적절히 사용할 수 있도록 단원자 이상 기체의 내부 에너지를 구하고 이 장을 마치도록 하겠다.

어떤 물질의 내부 에너지는 물질 구성 원자나 분자가 가지는 모든 종류의 에너지의 총합으로 정의된다. 단원자 이상 기체는 단일 원자로 구성되어 있다. 이 원자들은 매우 작아 질량이 하나의 점에 집중되어 있어 질량 중심에 대한 관성 모멘트 I가 무시할 수 있을 정도로 작다고 가정한다. 즉 회전 운동 에너지 $\frac{1}{2}I\omega^2$도 무시할 수 있다. 원자가 화학 결합으로 연결되어 있지 않으므로 진동 운동 에너지와 위치 에너지도 존재하지 않는다. 그리고 탄성 충돌을 제외하고 서로 상호 작용하지 않는다. 결과적으로 내부 에너지 U는 기체를 구성하고 있는 N개 원자의 병진 운동 에너지의 총합이 된다. 즉 $U = N(\frac{1}{2}mv_{rms}^2)$이다.

또한 $\frac{1}{2}mv_{rms}^2 = \frac{3}{2}kT$이므로 식 14.6에 따라 내부 에너지는 켈빈 온도로 다음과 같이 표현될 수 있다.

$$U = N(\tfrac{3}{2}kT)$$

보통 U는 입자수 N 대신 몰수 n으로 표현된다. 볼츠만 상수가 $k = R/N_A$(R은 기체 상수, N_A는 아보가드로수)이고 $N/N_A = n$이므로 다음과 같이 쓸 수 있다.

단원자 이상 기체 $\qquad\qquad U = \tfrac{3}{2}nRT \qquad\qquad\qquad$ (14.7)

따라서 내부 에너지는 기체의 몰수와 켈빈 온도에만 의존한다. 사실 어떤 종류(즉 단원자, 이원자 분자 기체 등)의 기체에서도 내부 에너지는 켈빈 온도에 비례한다는 것을 증명할 수 있다. 예를 들면 열기구를 띄우기 위해 버너를 켜면 열기구 내 공기의 온도가 상승하고 또한 몰당 내부 에너지가 증가한다(그림 14.9 참조).

그림 14.9 공기는 근사적으로 이상 기체이므로 열기구 내 분자당 내부 에너지는 온도가 상승함에 따라 증가한다.

 연습 문제

주의: 별다른 언급이 없으면 문제에서 압력은 절대 압력이다.

14.1 분자 질량, 몰, 아보가드로수

1(1) 어떤 원소 135 g이 30.1×10^{23}개의 원자를 가진다. 어떤 원소인가?

2(3) 뉴트라스위트라는 인공 감미제는 아스파테임($C_{14}H_{18}N_2O_5$)이라 불리는 화합물이다. (a) 아스파테임 분자의 분자량(원자량 단위로)과 (b) 그 분자 한 개의 질량(kg 단위로)은 얼마인가?

3(5) 헤모글로빈의 분자량은 64500 u이다. 헤모글로빈 분자 한 개의 질량(kg 단위)은 얼마인가?

*4(6) 물(H_2O)이 담긴 원통형 유리잔의 반지름이 4.50 cm이고 높이는 12.0 cm이다. 물의 밀도는 1.00 g/cm³이다. 유리잔에 있는 물 분자의 몰수는 얼마인가?

*5(7) 고체 알루미늄 조각에서 가장 가까운 원자 사이의 간격을 가늠해 보라. 알루미늄의 밀도(2700 kg/ m³)와 원자량 (26.9815 u)을 이용하여라. (힌트: 고체는 많은 수의 작은 정육면체로 되어 있고 가운데에 원자가 있다고 가정한다.)

*6(8) 밀도가 806 kg/m³이고 부피가 2.00×10^{-3} m³인 에틸알코올(C_2H_5OH) 시료가 있다. (a) 에틸알코올 분자의 질량 (kg 단위)을 구하라. (b) 액체에서 분자수를 구하라.

14.2 이상 기체 법칙

7(9) 광고용 소형 연식 비행선이 절대 압력 1.1×10^5 Pa에서 5400 m³의 헬륨으로 차 있다. 헬륨의 온도는 280 K이다. 비행선 내 헬륨의 질량(kg 단위)은 얼마인가?

8(10) 여행 시작 전 외부 온도가 284 K일 때 타이어의 절대 압력을 2.81×10^5 Pa로 조정하였다. 여행이 끝나고 타이어의 압력은 3.01×10^5 Pa이었다. 타이어의 팽창을 무시할 때 여행이 끝난 후 타이어 내부의 공기 온도를 구하라.

9(11) 부피가 4.1×10^{-4} m³인 자전거 바퀴 속의 온도는 296 K, 절대 압력은 4.8×10^5 Pa이다. 자전거 타는 사람이 온도나 부피의 변화 없이 압력을 6.2×10^5 Pa로 올렸다. 얼마나 많은 공기 분자가 타이어 안으로 주입되었는가?

10(12) 생일 파티에서 광대가 풍선에 헬륨을 채우기 위해 헬륨 통을 가져왔다. 헬륨을 채웠을 때, 각 풍선은 절대 압력 1.2×10^5 Pa이고 0.034 m³을 담는다. 통은 절대 압력 1.6×10^7 Pa이고 부피 0.0031 m³로 헬륨이 채워져 있다. 탱크와 풍선에 헬륨의 온도가 동일하고 일정하게 유지된다. 풍선을 얻을 수 있는 최대 인원은 몇 명인가?

11(13) 온도가 15.5 °C, 압력이 1.72×10^5 Pa인 이상 기체가 부피 2.81 m³를 차지하고 있다. (a) 얼마나 많은 기체 분자가 있는가? (b) 만일 부피가 4.16 m³로 늘어나고 온도가 28.2 °C

로 올라간다면 기체의 압력은 얼마가 되겠는가?

12(15) 젊은 성인 남자는 정상 호흡에서 약 $5.0 \times 10^{-4} \, m^3$의 신선한 공기를 마신다. 신선한 공기는 대략 21 %의 산소를 함유하고 있다. 폐의 압력이 $1.0 \times 10^5 \, Pa$이고 공기를 310 K의 이상 기체로 가정하면 정상 호흡 1 회에 폐에 들어가는 산소 분자의 개수는 얼마인가?

13(16) 그림과 같이 마찰이 없는 기체가 채워진 원통에 피스톤이 장착되어 있다. 피스톤 위에 놓인 블록은 기체가 가지는 일정한 압력을 결정한다. 온도가 273 K일 때 높이 h는 0.120 m이고 온도가 증가하면 높이도 증가한다. 온도가 318 K일 때 높이 h를 구하라.

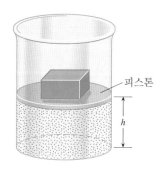

14(17) 두 이상 기체의 질량 밀도와 절대 압력이 각각 같다. 하나는 헬륨(He)이고 온도가 175 K이며, 다른 하나는 네온(Ne)이다. 네온의 온도는 얼마인가?

15(19) 디젤 엔진에서 피스톤은 305 K에서 공기를 원래 부피의 1/16로, 원래 압력의 48.5 배로 압축한다. 압축된 공기의 온도는?

*****16(21)** 어떤 아파트는 규모가 2.5 m × 4.0 m × 5.0 m인 거실이 있다. 이 거실에 공기는 질소(N_2) 79 %와 산소(O_2) 21 %로 구성되어 있다고 가정하자. 온도가 22 °C이고 압력이 $1.01 \times 10^5 \, Pa$이라 할 때, 공기의 질량(g 단위)은 얼마인가?

*****17(23)** 초창기 종모양의 잠수기는 한쪽은 막혀 있고 다른 한 쪽은 열려 있는 원통형 탱크로 만들어졌다. 탱크의 열린 쪽을 아래로 하여 민물 호수에 담갔다. 탱크 안으로 물이 차오르면서 갇힌 공기를 압축하였고 내려가는 동안 온도는 일정하였다. 잠수기는 탱크 안의 수면과 호수면 사이 거리가 40 m 되는 곳에서 멈추었다. 호수면의 압력은 대기압으로 $1.01 \times 10^5 \, Pa$이다. 탱크의 부피 대 공기로 채워진 부피의 비를 구하라.

*****18(24)** 그림은 열적으로 절연된 두 개의 탱크를 나타낸다. 처음에 두 탱크는 밸브가 잠긴 채 연결되어 있다. 각 탱크에는 네온 기체가 담겨 있으며 그림에 압력, 온도, 부피가 나타나 있다. 밸브가 열리면 두 탱크에 있는 기체는 섞이고, 압력

은 전체적으로 일정하게 된다. (a) 나중 온도는 얼마인가? 탱크 자체의 온도 변화는 무시한다. (힌트: 한 탱크에서 기체가 얻은 열은 다른 탱크에서 잃은 열과 같다.) (b) 나중 압력은 얼마인가?

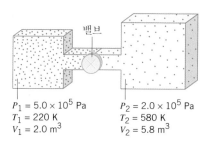

$P_1 = 5.0 \times 10^5 \, Pa$ $P_2 = 2.0 \times 10^5 \, Pa$
$T_1 = 220 \, K$ $T_2 = 580 \, K$
$V_1 = 2.0 \, m^3$ $V_2 = 5.8 \, m^3$

****19(25)** 질량이 3.00 kg인 재료를 사용하여 원형 풍선을 만들었다. 재료의 두께는 풍선의 반지름 1.50 m에 비해 무시할 수 있을 정도로 얇다. 풍선은 305 K의 헬륨(He)으로 채워졌고, 공기 중에 떠서 상승도 하강도 하지 않는다. 주위 공기의 밀도는 $1.19 \, kg/m^3$이다. 풍선 속 헬륨 기체의 절대 압력을 구하라.

****20(26)** 기체가 반지름이 5.00 cm인 수평 실린더의 오른쪽 부분에 채워져 있다. 기체의 처음 압력은 $1.01 \times 10^5 \, Pa$이다. 그림과 같이 이상적 용수철에 연결된 마찰이 없는 피스톤이 실린더의 왼쪽 부분과 기체를 격리시킨다. 처음에 피스톤은 핀으로 고정되어 있고 용수철은 변형되지 않은 상태에 있다. 기체가 채워진 부분의 실린더 길이는 20.0 cm이다. 핀을 제거하면 기체는 팽창하여 기체가 채워진 공간의 길이는 2배가 된다. 처음과 나중 온도는 같다. 이때 용수철의 용수철 상수를 구하라.

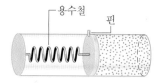

****21(27)** 높이가 1.520 m인 유리로 된 비커가 탁자 위에 놓여 있다. 비커의 아래쪽 반은 기체로 채워져 있고 위쪽 반은 액체 수은으로 대기에 노출되어 있다. 기체와 수은은 마찰이 없고 질량과 두께를 무시할 수 있는 피스톤으로 분리되어 있어 섞이지 않는다. 처음 온도는 273 K이다. 온도는 수은의 반이 넘쳐 나올 때까지 증가한다. 유리와 수은의 열팽창을 무시하면 이때의 온도는 얼마가 되겠는가?

14.3 기체 분자 운동론

22(28) 공기 중에서 수증기 분자(H_2O)의 병진 rms 속력이 648 m/s라 하면 같은 공기에서 이산화탄소 분자(CO_2)의 병진

rms 속력은 얼마인가? 두 기체의 온도는 같다.

23(29) 속력의 제곱의 평균 $\overline{v^2}$은 속력의 평균의 제곱 $(\overline{v})^2$과 같지 않다. 이 사실을 증명하기 위해 다음과 같은 속력을 가진 3개의 입자를 살펴보자. $v_1 = 3.0\,\text{m/s}$, $v_2 = 7.0\,\text{m/s}$, $v_3 = 9.0\,\text{m/s}$. (a) $\overline{v^2} = \frac{1}{3}(v_1^2 + v_2^2 + v_3^2)$과 (b) $(\overline{v})^2 = [\frac{1}{3}(v_1 + v_2 + v_3)]^2$을 계산하라.

24(31) 태양 표면의 온도는 약 $6.0 \times 10^3\,\text{K}$이다. 이 뜨거운 기체는 주로 수소 원자($m = 1.67 \times 10^{-27}\,\text{kg}$)로 되어 있다. 이 원자의 rms 속력을 구하여라.

25(33) 탱크 속에 압력이 $1.01 \times 10^5\,\text{Pa}$인 $680\,\text{m}^3$의 네온이 있다. 온도가 293.2 K에서 294.3 K로 변하였다. 네온의 내부 에너지의 증가량은 얼마인가?

26(34) 처음에 이상 기체의 분자에서 병진 rms 속력이 463 m/s이다. 기체의 압력과 부피가 일정하게 유지될 때 분자의 수는 2배가 되었다. 분자의 나중 병진 rms 속력은 얼마인가?

*27(36) 단원자 기체인 헬륨(He)이 $0.010\,\text{m}^3$인 용기에 채워져 있다. 기체의 압력은 $6.2 \times 10^5\,\text{Pa}$이다. 0.25 hp 엔진이 기체의 내부 에너지와 같은 에너지로 작동하면 얼마나 오래 작동되는가? 단, 1 hp = 746 W이다.

**28(37) TV에서 전자는 $8.4 \times 10^7\,\text{m/s}$의 속력으로 브라운관 내부의 화면을 때려 빛을 낸다. 전자들은 화면에 부딪친 후 정지한다. 각각의 전자의 질량은 $9.11 \times 10^{-31}\,\text{kg}$이고, $1.2 \times 10^{-7}\,\text{m}^2$의 넓이의 화면에 초당 6.2×10^{16}개의 전자가 부딪친다. 전자가 화면에 미치는 압력은 얼마인가?

Chapter **15** 열역학

15.1 열역학 계와 그 환경

12장에서는 열 그리고 6장에서는 일을 별개의 주제로 공부하였다. 그렇지만 열과 일은 종종 함께 한다. 예를 들어 자동차 엔진 안에서 연료가 상대적으로 높은 온도에서 타면서 내부 에너지 중 일부는 피스톤을 위아래로 움직이는 일을 하는 데 사용되며, 나머지 열은 과열을 방지하는 냉각 시스템에 의해 방출된다. **열역학**(thermodynamics)은 열과 일이 만족하는 기본 법칙에 근거를 둔 물리학의 한 분야이다.

열역학에서 관심이 집중되어야 하는 대상체의 모임을 **계**(system)라 하며 그 외부의 모든 다른 것을 **환경**(surroundings)이라고 한다. 예를 들어 자동차 엔진의 경우 타는 휘발유가 계가 되고 피스톤과 배기 시스템, 방열판, 외부 공기 등을 포함하여 환경이라 한다. 계와 환경은 어떤 종류의 벽에 의해 분리된다. 엔진 몸체처럼 열을 통과시키는 벽을 **열투과벽**(diathermal walls)이라고 한다. 계와 환경 사이에 전혀 열을 통과시키지 않도록 완전히 단열된 벽은 **단열벽**(adiabatic walls)이라고 한다.

열역학 법칙들이 열과 일 사이의 관계에 대해 말하는 것을 완전히 이해하기 위해서는 물리적 조건 혹은 계의 **상태**(state of a system)를 기술할 필요가 있다. 예를 들어 그림 15.1의 기구 속 뜨거운 공기에 대해 관심을 둔다고 하자. 이때 뜨거운 공기 자체는 계가 되고 기구 표피는 계와 환경의 찬 공기를 구분하는 벽이 된다. 계의 상태는 뜨거운 공기의 압력, 부피, 온도에 대한 값을 정함으로써 규정된다.

이번 장에서 열역학의 네 가지 법칙에 대해 논의한다. 우선 열역학 제0법칙부터 시작하여 나머지 세 법칙에 대해 생각해 보자.

그림 15.1 기구 속의 뜨거운 공기는 열역학 계의 한 예이다.

15.2 열역학 제0법칙

열역학 제0법칙은 **열평형**(thermal equilibrium)에 대한 개념을 다루고 있다. 두 계가 서로 열 접촉했을 때 그들 사이에 아무런 알짜 열 이동이 없으면 서로 열평형에 있다고 한다.

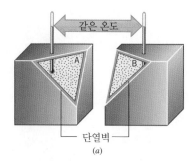

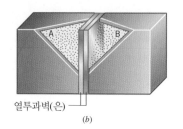

그림 15.2 (a) 계 A와 계 B가 단열벽으로 싸여 있고 두 온도계는 같은 눈금을 가리킨다. (b) A와 B가 열투과벽으로 접촉되어 있을 때 두 계 사이에 알짜 열의 흐름은 없다.

예를 들어 사람은 1월의 미시간 호수의 물과 열평형 상태에 있지 않다. 그 속에 뛰어 들면 사람의 몸이 얼음물에 얼마나 빨리 열을 잃어버리는지 알게 될 것이다. 열역학 제0법칙의 핵심 내용을 설명하기 위해 그림 15.2(a)의 A와 B로 표시된 두 계를 보자. 각각은 열의 흐름을 막기 위한 단열재로 만들어진 단열벽의 용기에 담겨져 있으며 온도계에 표시되어 있듯이 같은 온도를 유지하고 있다. 그림 (b)는 각 용기의 한쪽 벽이 얇은 은종이로 대치되고 두 은종이는 서로 접촉되어 있다. 은의 열전도도는 아주 커서 열이 잘 통하므로 은종이는 열투과벽의 역할을 한다. 비록 열투과벽이 열의 흐름을 허용한다 하더라도 그림 (b)는 알짜 열전달이 없고 두 계가 열평형에 있음을 나타낸다. 이때 두 계의 온도는 같다. 결론적으로 같은 온도의 두 계가 열 접촉을 하더라도 알짜 열흐름이 없다는 의미에서 온도는 열평형의 여부를 나타내는 지표이다.

그림 15.2에서 온도계는 중요한 역할을 한다. 계 A는 온도계와 열평형에 있고 계 B도 그러하다. 각각의 경우 온도계는 같은 온도를 표시한다. 이는 두 계가 같은 정도로 뜨거움을 의미한다. 따라서 A, B 두 계가 열평형 상태에 있음을 알 수 있다. 사실 온도계는 제3의 계이다. 두 계 A, B가 각각 제3의 계와 같은 온도로 열평형을 이루고 있다는 사실이 두 계가 서로 열평형에 있음을 의미한다. 이러한 발견이 **열역학 제0법칙**(zeroth law of thermodynamics)의 한 예이다.

■ **열역학 제0법칙**
제3의 계*와 독립적으로 열평형에 있는 두 계는 서로 열평형에 있다.

열역학 제0법칙은 온도를 열평형의 지표로 하고 있다. 어떤 계가 단일 온도를 갖기 위해서는 계의 모든 부분이 열평형에 있어야 함을 의미한다. 달리 말해, 열평형에 있는 계 안에서는 알짜 열흐름이 없다.

15.3 열역학 제1법칙

6장에서는 힘이 일을 하고, 일은 물체의 운동 에너지나 위치 에너지를 바꿀 수 있음을 배웠다. 예를 들면 물체의 원자나 분자는 서로에게 힘을 가한다. 결과적으로 그들은 운동 에너지나 위치 에너지를 갖는다. 그들과 또 다른 종류의 분자 에너지가 물체의 내부 에너지를 구성한다. 물체가 일이나 열 형태로 된 에너지를 수반하는 과정에 관여할 경우 물체의 내부 에너지가 변할 수 있다. 일, 열, 내부 에너지의 변화 사이의 관계를 열역학 제1법칙이라 한다. 이제 열역학 제1법칙이 에너지 보존 법칙의 한 표현임을 알게 될 것이다.

어떤 계가 열 Q를 얻고 그 외의 다른 효과는 없다고 하자. 에너지 보존 법칙이 성립하기 위해서는 계의 내부 에너지가 처음값인 U_i로부터 나중값인 U_f로 증가하고 그 변화량은 $\Delta U = U_f - U_i = Q$가 되어야 한다. 이 식을 적을 때 열 Q는 계가 열을 얻을 때 양의 값을, 열을 잃을 때는 음의 값을 갖도록 하였다. 계의 내부 에너지는 일 때문에 변할 수도 있

---

* 제3의 계의 상태(온도: 역자 주)가 두 계의 어느 하나와 열평형을 이루면 다른 두 계의 상태도 같다. 예를 들어 그림 15.2에서 어느 계에서나 온도계의 수은주의 높이는 같다.

다. 만약 어떤 계가 그 환경에 W의 일을 하고 있을 때 열의 흐름이 없다면 에너지 보존에 따라 계의 내부 에너지는 U_i에서 U_f로 감소하고 그 변화가 이번에는 $\Delta U = U_f - U_i = -W$가 되어야 한다. 계가 일을 할 때에는 일이 양의 값을 갖고 계에 대해 일이 행해질 때에는 음의 값을 갖는다. 계는 동시에 열 Q와 일 W의 형태로 에너지를 얻거나 잃을 수 있다. 두 요소에 의한 내부 에너지의 변화는 식 15.1로 표현된다. 결국 **열역학 제1법칙**(first law of thermodynamics)은 열, 일 그리고 내부 에너지의 변화에 적용된 에너지 보존 원리이다.

■ 열역학 제1법칙

열 Q와 일 W에 의해 내부 에너지는 처음값 U_i에서 나중값 U_f로 변한다. 즉

$$\Delta U = U_f - U_i = Q - W \tag{15.1}$$

이다. 열 Q는 계가 열을 얻을 때 양이 되고 열을 잃어버릴 때 음이 된다. 계가 일을 할 때에는 W가 양이고 계에 대해 일이 행해질 때에 음이 된다.

> **문제 풀이 도움말**
> 열역학 제1법칙을 식 15.1의 표현 대로 사용할 때 열 Q와 일 W의 부호를 조심하라.

다음 예제 15.1은 식 15.1과 Q와 W의 부호에 대해 설명하고 있다.

예제 15.1 │ W가 양의 값과 음의 값을 갖는 경우

그림 15.3에 계와 환경이 표시되어 있다. 그림 (a)에서는 계가 환경으로부터 1500 J의 열을 얻고, 계가 그 환경에 대해 2200 J의 일을 한다. 그림 (b)에서 역시 1500 J의 열을 얻는 반면, 환경이 계에 대해 2200 J의 일을 한다. 각 경우에 내부 에너지의 변화를 구하라.

살펴보기 그림 15.3(a)에서 계는 열에 의해 얻는 것보다 더 많은 일을 하므로 내부 에너지가 감소한다. 따라서 내부 에너지의 변화 $\Delta U = U_f - U_i$는 음의 값을 갖는다. 그림 (b)의 경우

계는 열과 일 모두에 의해서 에너지를 얻는다. 이 경우 내부 에너지는 증가하고 ΔU는 양이다.

풀이 (a) 계가 열을 얻기 때문에 열은 양의 값으로 $Q = +1500$ J이다. 계가 일을 하므로 일은 양이고 $W = +2200$ J이다. 열역학 제1법칙에 따라

$$\Delta U = Q - W = (+1500 \text{ J}) - (+2200 \text{ J}) \tag{15.1}$$
$$= \boxed{-700 \text{ J}}$$

을 얻는다. ΔU의 음의 부호는 예상대로 내부 에너지가 감소함을 뜻한다.

(b) 계가 열을 얻기 때문에 열은 양의 값으로 $Q = +1500$ J이다. 그러나 일은 계에 대해 행해지므로 음이고 $W = -2200$ J이다. 따라서

$$\Delta U = Q - W = (+1500 \text{ J}) - (-2200 \text{ J}) \tag{15.1}$$
$$= \boxed{+3700 \text{ J}}$$

이 된다. ΔU의 양의 부호는 예상대로 내부 에너지가 증가함을 뜻한다.

그림 15.3 (a) 계는 열 형태로 에너지를 얻지만 계가 하는 일로 에너지를 잃는다. (b) 계는 열 형태로 에너지를 얻고 계에 행해지는 일로 에너지를 또 얻는다.

열역학 제1법칙에서 내부 에너지 U, 열 Q, 일 W는 모두 에너지양이고 줄(J)과 같은 에너지 단위로 표시된다. 그러나 U가 변화하는 방법과 Q와 W가 변화하는 방법에는 서로 근본적인 차이가 있다. 다음 예제가 이 차이를 확실하게 설명한다.

예제 15.2 | 이상 기체

3몰의 단원자 이상 기체의 온도가 두 가지 다른 방법에 의해 $T_i = 540\,\text{K}$로부터 $T_f = 350\,\text{K}$로 줄었다. 첫 번째 방법에서는 5500 J의 열이 기체로 흘러들었고, 두 번째 방법에서는 1500 J의 열이 기체로 흘러들었다. 각 경우 (a) 내부 에너지의 변화량과 (b) 기체가 한 일을 구하라.

살펴보기 단원자 이상 기체의 내부 에너지가 $U = \frac{3}{2}nRT$(식 14.7)이고 몰수 n이 고정되어 있으니 온도 T의 변화만이 내부 에너지를 바꿀 수 있다. 두 방법에서 온도 변화는 같으므로 내부 에너지의 변화도 같다. 주어진 온도로부터 내부 에너지의 변화량 ΔU가 정해진다. 열역학 제1법칙을 ΔU와 주어진 열과 함께 사용하여 각 방법에서의 일을 구할 수 있다.

풀이 (a) 식 14.7을 사용하여 각 방법에서의 단원자 이상 기체의 내부 에너지 변화를 알 수 있다.

$$\Delta U = \frac{3}{2}nR(T_f - T_i)$$
$$= \frac{3}{2}(3.0\ \text{mol})[8.31\ \text{J/(mol}\cdot\text{K)}](350\ \text{K} - 540\ \text{K})$$
$$= \boxed{-7100\ \text{J}}$$

(b) ΔU를 알고 각 방법에서 열을 알기 때문에 식 15.1을 사용하여 일을 구할 수 있다.

첫 번째 방법: $W = Q - \Delta U = 5500\ \text{J} - (-7100\ \text{J})$
$$= \boxed{12\ 600\ \text{J}}$$

두 번째 방법: $W = Q - \Delta U = 1500\ \text{J} - (-7100\ \text{J})$
$$= \boxed{8600\ \text{J}}$$

어느 경우나 기체가 일을 하지만 첫 번째 방법에서 더 많이 한다.

U와 Q 또는 W와의 차이점을 이해하기 위해서 예제 15.2의 ΔU 값을 생각해 보자. 두 방법에서 ΔU는 같다. 이상 기체의 내부 에너지는 온도에만 의존하기 때문에 그 값은 처음 온도와 나중 온도가 정해지면 결정된다. 온도는 계의 상태를 정의하는 변수들(압력과 부피와 더불어) 중 하나이다. 내부 에너지는 주어진 상태에서 그 상태에 도달하는 방법에 관계없이 계의 상태에만 의존한다. 이러한 성질을 가지고 있는 내부 에너지는 상태 함수*의 일종으로 규정한다. 반면에 열이나 일은 상태 함수가 아니다. 왜냐하면 예제 15.2의 경우와 같이 계를 한 상태에서 다른 상태로 변화시킬 때 다른 방법을 사용하면 다른 값을 갖기 때문이다.

15.4 열적 과정

계는 여러 가지 다른 방법으로 환경과 상호 작용하고, 이때 열과 일은 항상 열역학 제1법칙에 따른다. 이 절에서 자주 거론되는 네 가지 열적 과정을 소개한다. 각 경우 변화 과정은 **준정적인**(quasi-static) 것으로 가정한다. 이 말은 그 과정이 언제나 모든 영역에서 균일한 압력과 온도가 정의될 수 있을 정도로 충분히 천천히 진행됨을 뜻한다.

---

* 예제 15.2에서 사용된 이상 기체라는 요인이 결론을 제한하지는 않는다. 실제 기체(이상 기체가 아니라)나 다른 물질이 사용되더라도 유일한 차이는 내부 에너지를 표현하는 식이 복잡해진다는 것뿐이다. 예를 들어 그 식은 온도 T와 더불어 부피 V를 포함할 수 있다.

일정한 압력을 유지하는 과정을 **등압 과정**(isobaric process)이라 한다. 예를 들어 그림 15.4에 표시한 것처럼 어떤 물체(기체든, 액체든, 고체든)가 마찰 없는 피스톤이 끼워진 통 속에 들어 있다. 물체가 느끼는 압력은 대기압과 피스톤, 또 그 위에 놓인 벽돌의 무게에 의해 항상 일정하게 유지된다. 물체가 열을 받으면 팽창하면서 피스톤과 벽돌을 변위 **s**만 큼 밀어 올리면서 W의 일을 한다. 이때 일은 $W = Fs$(식 6.1)로 계산할 수 있다. 이때 F는 작용하는 힘의 크기이고 s는 변위의 크기이다. 힘은 넓이 A인 피스톤에 작용하는 압력에 의해 생성되고 $F = PA$(식 10.19)로 계산된다. 이 힘을 대입하면 일은 $W = (PA)s$가 된다. 그런데 곱한 양 $A \cdot s$는 물체의 부피 변화량 $\Delta V = V_f - V_i$가 된다. 이때 V_f와 V_i는 나중과 처음 부피를 표시한다. 결국 하는 일은

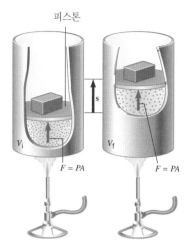

등압 과정의 일
$$W = P\Delta V = P(V_f - V_i) \qquad (15.2)$$

로 표시된다. 흔히 사용하는 부호의 규정에 따라 이 결과는 계가 등압으로 팽창(V_f가 V_i보 다 크다)하였을 때 계가 하는 일이 양의 값을 갖도록 정하고 있다. 식 15.2는 등압 압축(V_f 가 V_i보다 작다)인 경우에도 적용된다. 그때는 일이 음수가 되고 압축하기 위해서는 일이 계에 대해 행해져야 함을 뜻한다. 다음의 예제 15.3은 부피가 변할 때 압력이 일정하게 유 지되는 한 $W = P\Delta V$가 고체, 액체, 기체 모두에 적용됨을 강조하고 있다.

그림 15.4 외부 대기와 피스톤과 벽 돌의 무게가 일정하게 누르기 때문에 통 속의 물질은 등압 팽창한다.

예제 15.3 | 물의 등압 팽창

그림 15.4처럼 1 그램의 물이 실린더 안에 놓여 있다. 압력은 2.5×10^5 Pa로 일정하게 유지된다. 물의 온도가 $31 \mathrm{C}°$만큼 올라 갔다. 한 경우 물은 액체 상태에 있고 $1.0 \times 10^{-8}\,\mathrm{m}^3$만큼 팽창 한다. 다른 경우 물은 기체 상태에 있고 훨씬 큰 $7.1 \times 10^{-5}\,\mathrm{m}^3$ 만큼 팽창하였다. 각 경우의 물에 대해 (a) 한 일, (b) 내부 에너 지의 변화를 구하라.

살펴보기 두 경우 모두 물체는 팽창하였고, 따라서 계(이 경 우 물)가 환경에 한 일은 $W = P\Delta V$로 주어진다. 일의 양을 알기 때문에 사용되는 열 Q만 알면 열역학 제1법칙 $\Delta U = Q - W$를 사용하여 내부 에너지의 변화를 구할 수 있다. 온도를 올리는 데 필요한 열은 $Q = cm\Delta T$(식 12.4)로부터 얻을 수 있다. 액체 인 물의 비열은 $c = 4186\,\mathrm{J/(kg \cdot C°)}$(표 12.2 참조), 수증기의 정압 비열은 $c_P = 2020\,\mathrm{J/(kg \cdot C°)}$이다.

풀이 (a) 두 과정 모두 등압 과정이므로 일은 식 15.2에 의해 주어진다.

$$W_{액체} = P\,\Delta V = (2.0 \times 10^5\,\mathrm{Pa})(1.0 \times 10^{-8}\,\mathrm{m}^3)$$
$$= \boxed{0.0020\,\mathrm{J}}$$

$$W_{기체} = P\,\Delta V = (2.0 \times 10^5\,\mathrm{Pa})(7.1 \times 10^{-5}\,\mathrm{m}^3)$$
$$= \boxed{14\,\mathrm{J}}$$

두 경우를 비교하면 액체(또한 고체)는 기체보다 훨씬 적게 부 피가 변하고 따라서 팽창하면서 하는 일의 양도 기체보다 훨씬 작다.

(b) $\Delta U = Q - W$(식 15.1)과 $Q = cm\Delta T$(식 12.4)를 사용하여 $\Delta U = cm\Delta T - W$를 얻을 수 있다. 따라서

$$\Delta U_{액체} = [4186\,\mathrm{J/(kg \cdot C°)}](0.0010\,\mathrm{kg})(31\,\mathrm{C°})$$
$$- 0.0020\,\mathrm{J}$$
$$= 130\,\mathrm{J} - 0.0020\,\mathrm{J} = \boxed{130\,\mathrm{J}}$$

$$\Delta U_{기체} = [2020\,\mathrm{J/(kg \cdot C°)}](0.0010\,\mathrm{kg})(31\,\mathrm{C°})$$
$$- 14\,\mathrm{J}$$
$$= 63\,\mathrm{J} - 14\,\mathrm{J} = \boxed{49\,\mathrm{J}}$$

이다. 액체의 경우 부피의 변화가 적고 팽창하면서 하는 일도 적 어 130 J의 열은 거의 모두 내부 에너지의 변화에 사용되었다. 반 면에 수증기의 경우 63 J의 열 중 상당히 많은 부분이 팽창하면 서 하는 일로 사용되었고 49 J만이 내부 에너지를 증가시키는 데 사용되었다.

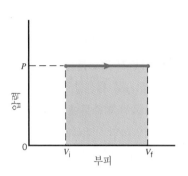

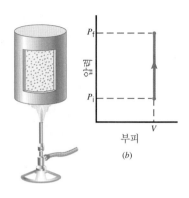

그림 15.5 등압 과정의 경우 압력 대 부피의 그래프는 수평한 직선이고 한 일 $[W = P(V_f - V_i)]$은 직선 아래 색칠한 사각형의 넓이이다.

그림 15.6 (a) 통 속의 물질은 단단한 통이 부피를 일정하게 유지하기 때문에 부피가 일정한 채로 가열된다. (b) 등체적 과정의 압력 대 부피 그래프는 수직선이다. 이 그래프 아래의 넓이가 0이므로 아무런 일도 하지 않음을 의미한다.

열적 과정을 그래프로 표시하면 편리하다. 그림 15.5는 등압 팽창 과정에서 부피와 압력의 그림을 나타내고 있다. 압력이 일정하기 때문에 그래프는 처음 부피 V_i에서 시작하여 나중 부피 V_f에서 끝나는 수평으로 똑바른 선이다. 이 그림에서 일 $W = P(V_f - V_i)$는 높이가 P이고 너비가 $V_f - V_i$인 색칠한 사각형의 넓이가 된다.

잘 사용되는 다른 열적 과정으로 **등체적 과정**(isochoric process)이 있다. 이 과정은 부피를 일정하게 유지하는 과정이다. 그림 15.6(a)은 물체(고체, 액체, 기체든)가 가열되는 등체적 과정을 보여주고 있다. 할 수만 있으면 물체는 팽창하려 할 것이지만 단단한 용기가 그 부피를 일정하게 유지하고 있다. 따라서 부피와 압력과의 관계는 그림 15.6(b)에 표시된 대로 수직 방향의 직선이 된다. 부피가 일정하게 유지되고 있기 때문에 내부의 압력이 증가하고 물체는 벽에 대해 점점 더 많은 힘을 주게 된다. 대단한 힘이 닫힌 용기 내부에서 작용하지만 벽이 움직이지 않기 때문에 하는 일은 없다. 그래서 그림 15.6(b)의 수직선 밑의 넓이도 0이다. 하는 일이 없기 때문에 열역학 제1법칙은 등체적 과정에서 가해진 열이 전부 내부 에너지의 증가에 사용됨을 뜻한다. 즉 $\Delta U = Q - W = Q$이다.

세 번째 중요한 열적 과정은 일정 온도에서 그 과정이 이루어지는 **등온 과정**(isothermal process)이다. 다음 절에서 그 계가 이상 기체인 경우 등온 과정에 대해 자세히 다루겠다.

마지막으로 과정 중 열의 이동이 없이 일어나는 과정인 **단열 과정**(adiabatic process)이 있다. 열의 전달이 없기 때문에 Q가 0이고 제1법칙으로부터 $\Delta U = Q - W = -W$를 얻는다. 따라서 계에 의해 일이 단열 과정으로 이루어진 경우 W는 양의 값을 갖고 내부 에너지는 정확히 수행된 일의 양과 같은 만큼 감소한다. 계에 대해 일이 단열 과정으로 행해진 경우에는 W는 음수가 되고 내부 에너지는 따라서 증가한다. 다음 절에서 이상 기체의 단열 과정에 대해 다루겠다.

어떤 변환 과정은 너무 복잡하여 위에서 언급된 네 가지 과정으로 인식되지 않을 수도 있다. 그림 15.7의 경우 어떤 기체가 X부터 Y로 가는 직선을 따라 압력, 부피, 온도가 변화하는 과정이 표시되어 있다. 적분을 사용하면 압력 대 부피 그래프 밑의 넓이가 어떤 종류의 과정이든 하는 일에 해당됨을 알 수 있다. 일을 표시하는 영역이 그림에서 색으로

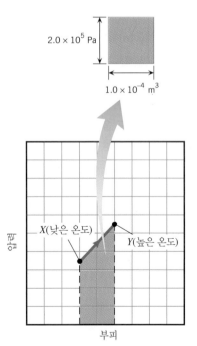

그림 15.7 색칠한 영역은 기체가 X에서 Y로 가는 과정에서 하는 일이다.

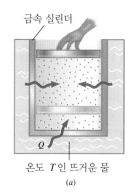
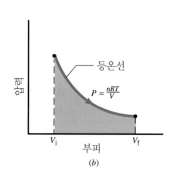

금속 실린더

등온선

$P = \frac{nRT}{V}$

압력

온도 T인 뜨거운 물

V_i 부피 V_f

(a) (b)

그림 15.8 (a) 실린더 안의 이상 기체는 온도 T에서 등온 팽창한다. 피스톤을 누르는 힘을 천천히 줄이면 팽창이 준정적으로 일어난다. (b) 색칠한 부분의 넓이는 기체가 한 일이다.

표현되어 있다. 부피가 증가하면 기체가 일을 한다. 이 일은 약속에 따라 양수이고 그 아래의 넓이와 같다. 반면에 기체가 감소하는 과정의 경우 일은 기체에 대해 행해지고 그 일은 음수가 된다. 따라서 압력 대 부피 그래프 밑의 넓이는 음의 값을 갖도록 정한다.

15.5 이상 기체를 사용하는 열적 과정

등온 팽창 또는 등온 압축

어떤 계가 온도 변화 없이 일을 하는 경우를 등온 과정이라 한다. 그림 15.8(a)에서 보듯이 금속 실린더에 n몰의 이상 기체가 들어 있고 상당한 양의 뜨거운 물이 실린더와 기체를 일정한 온도 T로 유지하고 있다. 피스톤은 처음에는 부피가 V_i가 되는 위치에 놓여 있다. 가해지는 외력이 감소해서 기체가 준정적으로 팽창하여 부피가 V_f로 변하였다. 그림 15.8(b)에 이 과정에 대한 압력 대 부피($P = nRT/V$)의 그래프가 그려져 있다. 그래프에서 빨간색 선은 등온 과정(온도가 일정함을 뜻함)으로 불리고 온도가 일정하게 유지되면서 변하는 압력과 부피의 관계를 나타낸다. 기체가 한 일은 $W = P\Delta V = P(V_f - V_i)$로 주어지지 않는다. 압력이 일정하게 유지되지 않기 때문이다. 그럼에도 일의 양은 그래프 밑의 넓이와 같다. 적분을 사용하여 W에 대한 다음 결과*를 얻는다.

이상 기체의 등온 팽창 또는 압축의 일 $W = nRT \ln\left(\dfrac{V_f}{V_i}\right)$ (15.3)

이러한 일을 하기 위한 에너지는 어디서 나올까? 이상 기체의 내부 에너지는 켈빈 온도에 비례하기 때문에 등온 과정에서 내부 에너지는 일정하고 그 변화량은 0이다. 따라서 열역학 제1법칙으로부터 $\Delta U = 0 = Q - W$이다. 다시 말해 $Q = W$가 되고 일에 필요한 에너지는 뜨거운 물에서 나온다. 그림 15.8(a)의 표시처럼 열이 물로부터 기체로 유입된다. 기체가 등온으로 압축되더라도 식 15.3은 계속 적용되고 열은 기체로부터 물로 흘러들어 간다. 다음 예제는 이상 기체의 등온 팽창을 다루고 있다.

---

* 이 식에서 'ln'은 밑수가 $e = 2.71828$인 자연 로그를 나타낸다. 자연 로그와 밑수를 10으로 하는 상용 로그의 관계는 $\ln(V_f/V_i) = 2.303 \log(V_f/V_i)$이다.

예제 15.4 | **이상 기체의 등온 팽창**

2 몰의 단원자 기체인 아르곤이 298 K에서 등온 팽창한다. 처음 부피는 $V_i = 0.025 \, m^3$이고 나중 부피는 $V_f = 0.050 \, m^3$이다. 아르곤을 이상 기체로 가정하고 (a) 기체가 한 일, (b) 기체 내부 에너지의 변화량, (c) 기체에 공급된 열을 구하라.

살펴보기와 풀이 (a) 기체가 한 일은 식 15.3으로부터 얻어진다.

$$W = nRT \ln\left(\frac{V_f}{V_i}\right)$$

$$= (2.0 \, \text{mol})[8.31 \, \text{J/(mol} \cdot \text{K)}](298 \, \text{K}) \ln\left(\frac{0.050 \, m^3}{0.025 \, m^3}\right)$$

$$= \boxed{+3400 \, \text{J}}$$

(b) 단원자 이상 기체의 내부 에너지는 $U = \frac{3}{2}nRT$(식 14.7)로 주어지고 온도가 일정할 경우 변하지 않는다. 따라서 $\boxed{\Delta U = 0 \, \text{J}}$이다.

(c) 공급된 열 Q는 열역학 제1법칙으로부터 구해진다.

$$Q = \Delta U + W = 0 \, \text{J} + 3400 \, \text{J} = \boxed{+3400 \, \text{J}} \quad (15.1)$$

단열 팽창 또는 단열 압축

계가 단열된 상태에서 일을 할 때 열은 계로 유입되거나 계로부터 방출되지 않는다. 그림 15.9(a)에서 보듯이 n 몰의 이상 기체가 단열된 채로 준정적 팽창을 하여 부피가 V_i에서 V_f로 되었다. 구성은 그림 15.8에 표시한 등온 팽창의 경우와 유사하다. 그러나 여기서는 실린더가 절연체로 싸여 있어 열의 흐름을 차단하므로 $Q = 0 \, \text{J}$이고 기체가 하는 일은 다르다. 열역학 제1법칙에 따라 내부 에너지의 변화는 $\Delta U = Q - W = -W$가 된다. 단원자 이상 기체의 내부 에너지는 $U = \frac{3}{2}nRT$(식 14.7)이기 때문에 $\Delta U = U_f - U_i = \frac{3}{2}nR(T_f - T_i)$가 된다. 여기서 T_i와 T_f는 처음과 나중의 켈빈 온도이다. 이것을 대입하면 $\Delta U = -W$로부터

단원자 이상 기체의 단열 팽창 또는
단열 수축의 일

$$W = \frac{3}{2}nR(T_i - T_f) \quad (15.4)$$

를 얻는다.

이상 기체가 단열 팽창할 경우 외부에서 일을 하므로 식 15.4의 W는 양이 된다. 따라서 $T_i - T_f$도 양수가 되고 기체의 나중 온도가 처음 온도보다 낮게 된다. 기체의 내부 에너지는 일을 하는 데 필요한 에너지를 공급하기 위해 줄어들고 내부 에너지가 켈빈 온도에 비례하기 때문에 온도가 낮아진다. 그림 15.9(b)는 단열 과정에서의 압력 대 부피 그래프를 보여주고 있다. 단열 곡선(빨간색)은 등온 곡선(파란색)과 높은 처음 온도 $[T_i = P_iV_i/(nR)]$에서 만나고 더 낮은 나중 온도 $[T_f = P_fV_f/(nR)]$에서 만난다. 단열 곡선 아래의 색

그림 15.9 (a) 실린더 안의 이상 기체가 단열 팽창한다. 피스톤을 누르는 힘을 천천히 줄이면 팽창이 준정적으로 일어난다. (b) 압력 대 부피 그래프에서 빨간색으로 단열 곡선을 표시하였고 이 선은 처음 온도 T_i와 나중 온도 T_f의 등온 곡선(파란색)과 만난다. 색칠한 부분의 넓이가 기체가 한 일이다.

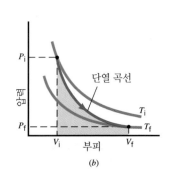

표 15.1 열적 과정의 요약

열적 과정의 형태	한 일	열역학 제1법칙 $(\Delta U = Q - W)$
등압 과정 (일정 압력)	$W = P(V_f - V_i)$	$\Delta U = Q - \underbrace{P(V_f - V_i)}_{W}$
등체적 과정 (일정 부피)	$W = 0\ \text{J}$	$\Delta U = Q - \underbrace{0\ \text{J}}_{W}$
등온 과정 (일정 온도)	$W = nRT \ln\left(\dfrac{V_f}{V_i}\right)$ (이상 기체)	$\underbrace{0\ \text{J}}_{\substack{\text{이상 기체의}\\ \Delta U}} = Q - \underbrace{nRT \ln\left(\dfrac{V_f}{V_i}\right)}_{W}$
단열 과정 (열흐름 없음)	$W = \frac{3}{2}nR(T_i - T_f)$ (단원자 이상 기체)	$\Delta U = \underbrace{0\ \text{J}}_{Q} - \underbrace{\frac{3}{2}nR(T_i - T_f)}_{W}$

칠한 부분의 넓이는 한 일을 나타낸다.

　단열 팽창의 역과정은 단열 압축(W는 음의 값)이고 식 15.4는 나중 온도가 처음 온도보다 높음을 보여준다. 외부에서 일을 하면서 공급한 에너지는 기체의 내부 에너지를 증가시킨다. 그 결과 기체는 뜨거워진다.

　그림 15.9(b)에서 처음 압력과 부피(P_i, V_i) 및 나중 압력과 부피(P_f, V_f)를 이어주는 단열 곡선(빨간색)을 나타내는 수식은 적분을 사용하여 유도될 수 있다. 그 결과는

이상 기체의 단열 팽창 또는 단열 압축 　　　$P_i V_i^{\gamma} = P_f V_f^{\gamma}$ 　　　　　　　(15.5)

이다. 이 식에서 지수인 γ(그리스 문자 gamma)는 정압의 비열과 정적 비열의 비 $\gamma = c_P/c_V$이다. 식 15.5는 단열 곡선 상의 각 점이 $PV = nRT$을 만족하는 이상 기체 방정식과 함께 사용된다.

　표 15.1에 지금까지 논의해 온 네 가지 형태의 열적 과정에서 행해진 일을 요약하였다. 각 과정에서 열역학 제1법칙이 어떻게 일과 다른 변수에 영향을 끼치는지를 보여주고 있다.

15.6 비열

이 절에서는 열역학 제1법칙을 사용하여 물질의 비열을 결정하는 요소들에 대한 이해를 돕고자 한다. 열 이동의 결과로 물체의 온도가 변할 때 온도의 변화량 ΔT와 열의 양 Q와의 관계가 $Q = cm\Delta T$(식 12.4)로 주어짐을 기억하자. 이 식에서 c는 J/(kg·C°)의 단위를 갖는 물체의 비열이다. m은 질량을 나타내고 단위는 kg이다. 기체의 경우 물질의 양을 kg보다 몰 수를 사용하여 표시하는 것이 더 편리하다. 따라서 $Q = cm\Delta T$로 나타낸 식을

$$Q = Cn\,\Delta T \tag{15.6}$$

로 바꾼다. 여기서 대문자 C(소문자 c에 대비해서)는 **몰당 열용량**(molar specific heat capacity)을 나타내고 단위는 J/(mol·K)이다. 기체의 비열은 대부분의 경우 몰당 열용량을 의미한다. 또한 온도 변화 ΔT를 표시하는 단위도 섭씨가 아니라 켈빈 온도이고 그 변

화량은 $\Delta T = T_f - T_i$이다. 이때 T_i와 T_f는 처음 온도와 나중 온도이다. 기체의 경우에는 비열을 정압 과정에서 적용되는 C_P와 정적 과정에서 적용되는 C_V로 구별할 필요가 있다. 열역학 제1법칙과 이상 기체 법칙을 살펴보면 C_P와 C_V가 왜 달라야 하는지를 알 수 있다.

비열을 정하기 위해 먼저 이상 기체의 온도를 T_i로부터 T_f로 변화시키는 데 필요한 열 Q를 계산하여야 한다. 제1법칙에 따르면 $Q = \Delta U + W$가 된다. 또한 이상 기체의 내부 에너지가 $U = \frac{3}{2}nRT$(식 14.7)임을 알고 있다. 그 결과 $\Delta U = U_f - U_i = \frac{3}{2}nR(T_f - T_i)$가 된다. 압력을 일정하게 유지하면서 열을 가하면 계가 하는 일은 식 15.2에 의해 $W = P\Delta V = P(V_f - V_i)$가 된다. 이상 기체의 경우 $PV = nRT$이므로 하는 일은 $W = nR(T_f - T_i)$가 된다. 한편 부피가 일정($\Delta V = 0\,\mathrm{m}^3$)한 경우에 하는 일은 0이다. 열에 대한 계산 결과를 요약하면 다음과 같다.

$$Q = \Delta U + W$$
$$Q_{정압} = \tfrac{3}{2}nR(T_f - T_i) + nR(T_f - T_i) = \tfrac{5}{2}nR(T_f - T_i)$$
$$Q_{정적} = \tfrac{3}{2}nR(T_f - T_i) + 0$$

비열, 즉 몰당 열용량은 식 15.6이 말해 주듯이 $C = Q/[n(T_f - T_i)]$에 의해 정해진다. 즉

단원자 이상 기체의 정압 비열 $C_P = \dfrac{Q_{정압}}{n(T_f - T_i)} = \tfrac{5}{2}R$ (15.7)

단원자 이상 기체의 정적 비열 $C_V = \dfrac{Q_{정적}}{n(T_f - T_i)} = \tfrac{3}{2}R$ (15.8)

앞의 두 비열의 비는 다음과 같다.

단원자 이상 기체 $\gamma = \dfrac{C_P}{C_V} = \dfrac{\frac{5}{2}R}{\frac{3}{2}R} = \dfrac{5}{3}$ (15.9)

상온에 있는 실제의 단원자 기체의 경우 C_P와 C_V의 실험값의 비는 이론적인 값 $\frac{5}{3}$와 아주 가깝다.

C_P와 C_V의 차이가 발생하는 것은 부피가 일정한 경우 일을 하지 않는 반면 압력이 일정한 경우는 기체가 팽창하면서 일을 하기 때문에 더 많은 열이 필요하기 때문이다. 단원자 이상 기체의 경우 C_P는 C_V보다 기체 상수 R만큼 더 크다. 즉

$$C_P - C_V = R$$ (15.10)

사실 식 15.10은 단원자이든 이원자이든 모든 종류의 이상 기체에 적용될 수 있음을 증명할 수 있다.

15.7 열역학 제2법칙

따뜻한 날 아이스크림을 밖에 두면 녹아버린다. 무더운 날 소풍갈 때 차가운 음료수 통은 따뜻해진다. 아이스크림과 음료수는 뜨거운 환경에 있을 때 절대로 차가워지지 않는다. 열

은 항상 뜨거운 것에서 찬 것으로는 저절로 흐르지만 찬 것에서 뜨거운 것으로는 저절로 흐르지 않는다. 자발적인 열의 흐름은 과학 전 분야를 통해 가장 심오한 **열역학 제2법칙**(second law of thermodynamics)의 초점이다.

> ■ **열역학 제2법칙: 열의 이동에 관한 표현**
> 열은 높은 온도의 물체로부터 낮은 온도의 물체로 자발적으로 이동하지만 반대 방향으로는 자발적으로 이동하지 않는다.

　　열역학 제2법칙은 열역학 제1법칙이 다루는 것과 다른 자연계의 양상을 다룬다는 점을 확실히 아는 것은 중요하다. 제2법칙은 열이 뜨거운 것에서 차가운 것으로 흘러가려는 자연적 경향에 대한 표현인 반면 제1법칙은 에너지 보존을 다루고 열과 일 모두에 초점을 두고 있다. 많은 중요 장치들이 작동할 때 열과 일에 의해 작동하기 때문에 이러한 장치들을 이해하기 위해서는 두 가지 법칙 모두가 필요하다. 예를 들어 자동차 엔진은 열을 사용하여 일을 하는 열기관의 일종이다. 15.8절과 15.9절에서 열기관을 논의할 때 그 효율을 분석하기 위하여 제1법칙과 제2법칙을 함께 사용한다. 다음의 15.10절에서는 냉장고, 에어컨, 열펌프도 열과 일을 이용하고 열기관과 밀접하게 관계되어 있음을 보여준다. 이들 세 가지 장치들도 열역학의 제1법칙과 제2법칙에 따라 작동한다.

15.8　열기관

열기관(heat engine)은 열을 사용하여 일을 하는 모든 장치를 말한다. 열기관의 세 가지 중요한 특징은 다음과 같다.

　◯ 열기관의 물리

1. 상대적으로 높은 온도의 열을 공급하는 고온부에서 열이 공급된다.
2. 공급된 열의 일부는 열기관 내부에서 실제로 일을 하는 물체(예: 자동차 엔진 속에서 휘발유와 공기의 혼합 기체)인 작동 물질이 일을 하도록 하는 데 사용된다.
3. 공급된 열의 나머지는 고온부로부터 유입된 온도보다 낮은 저온부로 배출된다.

　　그림 15.10은 이러한 특징을 간단하게 잘 나타내 주고 있다. Q_H는 (열기관 속으로) 들어오는 열의 양을 나타내는데 여기서 첨자 H는 고온부를 의미한다. Q_C는 배출되는 열의 양을 나타내며 첨자 C는 저온부를 의미한다. W는 하는 일의 양을 표시 한다. 이들 세 기호는 수학적인 부호가 없이 크기만을 표시한다. 이 기호들이 수식에 나타날 때 음의 값을 갖는 경우는 없다.

　　높은 효율을 얻기 위해 열기관은 될수록 적은 열을 공급받고 상대적으로 많은 양의 일을 하여야 한다. 따라서 열기관의 **효율**(efficiency) e는 엔진이 한 일 W와 공급된 열 Q_H의 비에 의해 정의된다.

$$e = \frac{\text{한 일}}{\text{공급된 열}} = \frac{W}{Q_H} \tag{15.11}$$

만약 공급된 열 전부가 일로 바뀐다면 $W = Q_H$가 되어 그 엔진은 1.00의 효율을 갖는

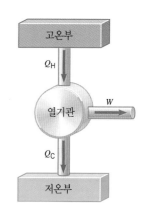

그림 15.10　이 열기관의 개념도는 고온부로부터 유입된 열(크기 = Q_H), 기관이 한 일(크기 = W), 기관이 저온부에 버린 열(크기 = Q_C)을 나타내고 있다.

다. 그런 열기관의 효율은 100%이다. 흔히 효율은 비 W/Q_H에 100을 곱하여 퍼센트로 표시한다. 따라서 68%의 효율은 식 15.11에서 정의한 효율이 0.68의 값을 갖는 것을 뜻한다.

　　어떠한 열기관도 다른 장치처럼 에너지 보존 원리를 따라야 한다. 공급된 열 Q_H의 일부는 일 W로 전환되고 나머지 Q_C는 저온부로 버려진다. 열기관에서 달리 소모되는 것이 없으면 에너지 보존 원리로부터

$$Q_H = W + Q_C \tag{15.12}$$

가 되어야 한다. 이 식을 W에 대해 풀어 그 결과를 식 15.11에 대입하면 열기관의 효율을 표시하는 또 다른 표현인

$$e = \frac{Q_H - Q_C}{Q_H} = 1 - \frac{Q_C}{Q_H} \tag{15.13}$$

가 얻어진다.

　　다음 예제 15.5에서 효율의 개념과 에너지 보존이 어떻게 열기관에 적용되는지를 알 수 있다.

예제 15.5 ｜ 자동차 엔진

어떤 자동차 엔진의 효율이 22.0%이고 2510 J의 일을 한다. 이 엔진은 얼마나 많은 열을 배출하는가?

살펴보기 에너지 보존으로부터 저온부로 버려지는 열은 유입된 열 중 일로 전환되지 못한 부분이 된다. 버려진 양 Q_C는 식 15.12에 따라 $Q_C = Q_H - W$이다. 이 식을 사용하기 위해서는 공급된 열 Q_H의 값을 알아야 한다.

풀이 식 15.11에서 효율이 e이면 $Q_H = W/e$이다. 이 결과를 식 15.12에 대입하여 배출되는 열은 다음과 같다.

$$Q_C = Q_H - W = \frac{W}{e} - W = (2510 \text{ J})\left(\frac{1}{0.220} - 1\right)$$

$$= \boxed{8900 \text{ J}}$$

🔼 문제 풀이 도움말
효율이 22%처럼 퍼센트로 주어진 경우 식에 대입할 때는 소수 0.22로 바꿔야 한다.

　　예제 15.5에서 엔진의 효율이 22.0%밖에 안 되기 때문에 공급된 열 중 1/4 이하가 일로 전환되었다. 만약 엔진의 효율이 100%이면 유입된 열이 전부 일로 전환된다. 그러나 불행하게도 다음 절에서 논의하듯이 자연은 효율이 100%인 열기관의 존재를 허락하지 않는다.

15.9 카르노 원리와 카르노 기관

열기관을 최대 효율로 작동하도록 하는 것은 무엇인가? 프랑스 기술자 사디 카르노(1796~1832)는 열기관 속의 과정이 가역적일 때 최대 효율로 작동한다고 주장하였다. 가역 과정이란 계와 환경이 처음 과정이 일어나기 시작한 원래 상태로 정확히 돌아갈 수 있는 과정을 뜻한다.

　　가역 과정에서는 계와 환경 모두가 처음 상태로 돌아 갈 수 있다. 그러므로 에너지 소모를 수반하는 과정은 비가역적이다. 왜냐하면 마찰로 소모되는 에너지는 계나 환경 또는

둘 모두를 바꾸기 때문이다. 과정이 비가역적이 되는 것은 마찰뿐이 아니다. 예를 들어 뜨거운 물체에서 차가운 물체로의 열의 자발적인 이동은 마찰이 없다 하더라도 비가역적이다. 열을 반대 방향으로 이동시키기 위해서는, 다음의 15.10절에서 배우게 되겠지만, 일이 행해져야만 한다. 그러한 일을 하는 장치가 고온부와 저온부 환경에 놓여 있어야만 하므로 열이 저온부에서 고온부로 이동될 때 환경이 바뀌어야 한다. 그런데 계와 환경 모두가 원래 상태로 돌아 갈 수 없기 때문에 자발적 열의 흐름은 비가역적이다. 사실 모든 불안정한 화학 물질의 폭발 또는 공기 방울의 터짐과 같은 자발적 변화는 비가역적이다. '가역적'이란 단어가 열기관과 관계되어 사용될 때 기관이 장치를 역방향으로 작동하도록 돌려주는 기어만을 의미하지 않는다. 모든 차가 후진 기어를 가지고 있지만 어느 방향으로 차가 움직이더라도 마찰이 있어 어떤 자동차 엔진도 열역학적으로 가역적이지 않다.

오늘날, 어떤 열기관이 가역적으로 작동할 때 열기관의 효율이 최대가 된다는 생각을 **카르노 원리**(Carnot's principle)라 한다.

■ **카르노 원리: 열역학 제2법칙의 또 다른 표현**
각각 일정 온도를 유지하는 두 열원 사이에서 작동하는 어떠한 비가역적 기관의 효율도 같은 온도의 열원들 사이에서 작동하는 가역적 기관의 효율보다 클 수 없다. 더구나 같은 온도 사이에서 작동하는 모든 가역 기관의 효율은 모두 같다.

카르노 원리는 기관의 작동 물질이 무엇으로 이루어졌느냐에 상관없다는 점에서 아주 대단하다. 작동 물질이 기체이든, 액체 또는 고체이든 상관이 없다. 과정이 가역적이기만 하면 기관의 효율은 최대이다. 카르노 원리는 가역 기관이 100 % 효율을 갖는다고 결코 말하지 않는다.

만약 카르노 원리가 성립되지 않으면, 차가운 물체에서 뜨거운 물체로 열이 자발적으로 이동할 수 있어서 열역학 제2법칙을 위반한다는 것을 증명할 수 있다. 그래서 결국 카르노 원리는 제2법칙을 표현하는 또 다른 방법이 된다.

실제의 어떤 기관도 가역적이지 않다. 그렇지만 가역 기관의 개념은 실제 기관의 효율을 판정하는 유용한 기준이 된다. 그림 15.11은 특히 이상적 모형에서 쓸모 있는 가역 기관, 즉 **카르노 기관**(Carnot engine)을 보여주고 있다. 카르노 기관의 중요한 양상은 유입되는 열 Q_H가 모두 단일 온도 T_H의 고온부에서 얻어지고 모든 버려지는 열 Q_C는 단일 온도 T_C의 저온부로 배출된다는 점이다.

식 15.13에 따르면 효율은 $e = 1 - Q_C/Q_H$가 되는데 Q_C/Q_H의 비는 두 열원의 온도에만 의존된다. 이러한 관측에 따라 켈빈 경은 **열역학적 온도 눈금**(thermodynamic temperature scale)을 제안하였다. 그는 저온부와 고온부의 열역학적 온도를 그들 사이의 비가 Q_C/Q_H와 같은 값을 갖도록 정의할 것을 제안하였다. 그러면 열역학적 온도의 눈금은 카르노 기관의 유입되고 방출되는 열과 관계되고 작동 물질과는 상관없게 된다. 만약 기준 온도를 잘 선택하면 열역학적 온도 눈금이 12.2절에서 도입한 켈빈 온도와 같음을 보일 수 있다. 이 결과 방출된 열 Q_C과 유입된 열 Q_H 사이의 비는

$$\frac{Q_C}{Q_H} = \frac{T_C}{T_H} \tag{15.14}$$

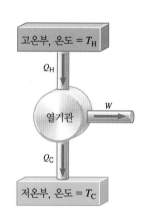

그림 15.11 카르노 기관은 가역적 기관이고 모든 공급된 열은 단일 온도 T_H인 고온부로부터 온 것이고 모든 배출되는 열은 단일 온도 T_C인 저온부로 간다. 기관이 한 일은 W이다.

가 된다. 여기서 온도 T_C와 T_H는 켈빈으로 표시되어야 한다.

카르노 기관의 효율 $e_{카르노}$는 식 15.14를 식 15.13의 $e = 1 - Q_C/Q_H$에 대입함으로써 아주 유용한 형태로 쓸 수 있다. 즉

$$카르노 \ 기관의 \ 효율 = e_{카르노} = 1 - \frac{T_C}{T_H} \qquad (15.15)$$

이다. 이 관계식은 두 켈빈 온도 T_C와 T_H 사이에서 작동하는 열기관의 최대 가능 효율을 제시한다. 다음의 예는 이 결과가 어떻게 응용되는지를 보여주고 있다.

예제 15.6 │ 열기관으로서의 적도 부근 바다
◐ 따뜻한 바다에서 일을 추출하는 물리

적도 부근 바다의 표면 근처의 물의 온도가 298.2 K(25.0 °C)인 반면 700 m 깊이의 물은 온도가 280.2 K(7.0 °C)이다. 따뜻한 물을 고온부로 하고 차가운 물을 저온부로 하는 열기관이 제안된 적이 있다. 이 기관의 최대 가능 효율을 구하라.

살펴보기 최대 가능 효율은 두 온도 $T_H = 298.2$ K와 $T_C = 280.2$ K 사이에서 작동하는 카르노 기관이 가질 수 있는 효율

(식 15.15)이다.

풀이 식 15.15에서 $T_H = 298.2$ K와 $T_C = 280.2$ K를 사용하면 다음의 결과를 얻는다.

$$e_{카르노} = 1 - \frac{T_C}{T_H} = 1 - \frac{280.2 \text{ K}}{298.2 \text{ K}}$$
$$= \boxed{0.060 \ (6.0\%)}$$

⬆ 문제 풀이 도움말
카르노 기관의 효율을 정할 때 저온부와 고온부의 온도 T_C와 T_H가 켈빈 온도로 표시되어야 함을 명심하라. 섭씨나 화씨 온도는 사용할 수 없다.

예제 15.6에서 최대 가능 효율은 6.0 %에 불과하다. 효율이 이렇게 낮은 이유는 저온부와 고온부의 온도가 가깝기 때문이다. 두 열원 사이에 더 많은 온도차가 있을 경우에 더 높은 효율을 기대할 수 있다. 그러나 열기관의 효율을 증가시키는 데는 제약이 있다. 완벽한 열기관도 효율은 1.0, 즉 100 %보다 작아야 한다. 이와 관련해서 T_C가 절대 0 도(0 K)로 접근하면 식 15.15에 주어진 최대 가능 효율이 1.0으로 접근함을 알 수 있다. 그러나 실험을 해보면 물체를 절대 0 도(15.12절 참조)로 냉각하는 것이 불가능하다. 따라서 자연이 효율 100 %인 열기관의 존재를 거부함을 알 수 있다. 열기관이 일을 하는 데 사용되면 아무리 마찰이 없고 다른 비가역적 과정이 완벽하게 제거 되었다 하더라도 언제나 저온부에 폐기되는 열이 있다. 이러한 폐기되는 열이 열공해이다. 열역학 제2법칙에 따라 열기관을 사용하여 일을 하면 어느 정도 열공해 발생을 피할 수 없다. 이러한 열공해를 줄이기 위해서는 우리 스스로 열기관 사용을 자제해야 하겠다.

◐ 열공해의 물리

15.10 냉장고, 에어컨, 열펌프

열역학 제2법칙에 따라 뜨거운 곳에서 차가운 곳으로 열이 흐르는 것은 자연스러운 성향이다. 하지만 일을 사용하면, 이러한 자연스런 성향에 반하여 열이 차가운 곳에서 뜨거운 곳으로 흐르도록 할 수 있다. 실제로 냉장고, 에어컨, 열펌프가 그런 장치들이다. 그림 15.12에서 보듯이 이러한 장치들은 일 W를 사용하여 저온부에서 Q_C만큼의 열량을 뽑아내어 고온부에 Q_H만큼의 열량을 쌓아둔다. 일반적으로 표현해서 이러한 과정을 **냉동 과정**(refrigeration process)이라고 한다. 이 그림을 그림 15.11과 비교하면 냉동 과정의 열과

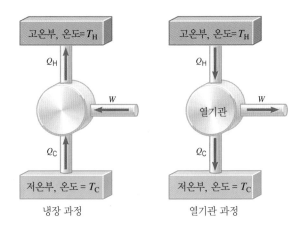

그림 15.12　왼쪽의 냉장 과정에서 일 W가 저온부에서 열 Q_C을 빼앗아 고온부에 열 Q_H를 버리는데 일 W를 사용한다. 이것을 오른쪽 열기관의 과정과 비교해 보라.

일을 상징하는 화살표들의 방향이 열기관 과정의 화살표들과는 반대인 것을 알 수 있다. 그럼에도 열기관의 과정에서와 마찬가지로 냉동 과정에서도 에너지는 보존된다. 따라서 $Q_H = W + Q_C$이다. 더욱이 이 과정이 가역적이면 카르노 냉장고, 카르노 에어컨, 카르노 열펌프라고 부를 수 있는 이상적인 장치들이 있을 수 있다. 이러한 이상적인 장치의 경우 식 $Q_C/Q_H = T_C/T_H$(식 15.14)가 카르노 기관의 경우와 마찬가지로 성립한다.

　냉장고(refrigerator)의 경우 장치의 내부는 저온부에 해당하고 따뜻한 바깥은 고온부에 해당한다. 그림 15.13에서 냉장고가 내부의 음식에서 열을 빼앗아 냉장고 밖의 부엌으로 내보낸다. 이 경우 열이 차가운 곳에서 뜨거운 곳으로 흐르도록 일을 하기 위한 에너지가 필요하다. 이러한 이유로 대부분의 냉장고 외벽(보통 옆이나 뒷면)은 냉장고가 작동할 경우 만져보면 따뜻하다. 따라서 냉장고는 부엌을 따뜻하게 한다.

● 냉장고의 물리

　에어컨(air conditioner)은 냉장고와 유사하지만 방 자체가 저온부이고 바깥이 고온부라는 점이 다르다. 그림 15.14는 열을 뽑아서 바깥으로 보냄으로써 방을 식히는 창문 장치를 보여 준다. 여기서도 열이 차가운 곳에서 뜨거운 곳으로 흐르게 하기 위해서는 일이 사용된다.

● 에어컨의 물리

　냉장고나 에어컨의 성능은 성능 계수에 의해 등급이 정해진다. 이러한 도구는 가능한 적은 W를 사용하면서 상대적으로 많은 양의 열 Q_C를 저온부에서 뽑아낼 수 있으면 잘 작동하는 셈이다. 성능 계수는 Q_C와 W의 비로 정의한다. 이 비가 클수록 성능이 좋다.

$$냉장고 \ 또는 \ 에어컨의 \ 성능 \ 계수 = \frac{Q_C}{W} \qquad (15.16)$$

판매되고 있는 냉장고나 에어컨의 성능 계수는 작용하는 온도에 따라 다르지만 2와 6 사이이다. 이러한 실제 장치의 성능 계수는 이상적인 혹은 카르노 냉장고나 에어컨의 경우보다 훨씬 작다.

　어떤 의미에서는 냉장고나 에어컨은 펌프처럼 작동한다. 물펌프가 낮은 위치에서 높은 위치로 물을 퍼 올리듯이 냉장고나 에어컨은 열을 저온부에서 고온부로 퍼 올린다. 이들을 열펌프라고 부르는 것이 적당해 보인다. 그러나 '열펌프'라는 이름은 그림 15.15에 표시된 집에서 사용하는 난방 장치에 붙여졌다. **열펌프**(heat pump)는 일 W를 사용하여 쌀쌀한 바깥(저온부에 해당)에서 열 Q_C를 따뜻한 집 안(고온부에 해당)으로 강제로 옮긴다. 에너지 보존에 따라 집 안에 쌓인 열의 양은 $Q_H = Q_C + W$로 정해진다. 에어컨과 열펌프는 밀접하게 관련된 구실을 한다. 에어컨은 집 안을 냉각시키고 집 밖을 가열한다. 반면에

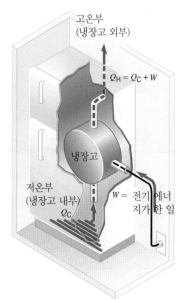

그림 15.13　냉장고

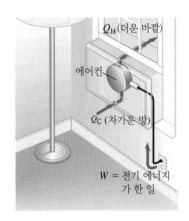

그림 15.14 창문형 에어컨은 저온부인 방에서 열을 빼앗아 고온부인 바깥으로 열을 방출한다.

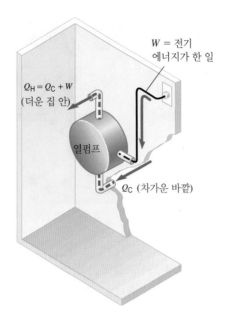

그림 15.15 열펌프의 경우 저온부가 추운 바깥이 되고 고온부는 집 안이 된다.

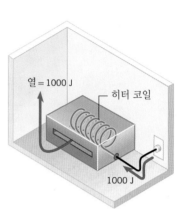

그림 15.16 보통의 전기 난방 장치가 1000 J의 열을 거실에 보내고 있다.

열펌프는 집 밖을 냉각시키고 집 안을 가열한다. 이러한 기능은 밀접히 연관되어 있어 대부분의 열펌프는 두 가지 역할을 수행하도록 스위치를 장착하여 여름에는 에어컨으로 겨울에는 난방 장치로 이용한다.

오늘날처럼 에너지가 중요한 시대에 열펌프는 널리 사용되는 가정용 난방 기구이다. 에너지가 중요하다는 사실은 모두 잘 알고 있다. 1000 J의 에너지가 난방을 위해 사용하도록 확보되어 있다고 가정해보자. 그림 15.16은 마치 토스터처럼 전기 코일을 가열하는 데 이 1000 J을 사용하는 통상의 전기 난방 기구의 모습이다. 송풍기가 뜨거운 코일 위로 바람을 불어 1000 J의 열을 대류에 의해 강제로 집 안에 불어 넣는다. 반면에 그림 15.15의 열펌프는 1000 J을 바로 열로 사용하지 않는다. 대신에 1000 J을 차가운 집 밖에서 열 Q_C를 따뜻한 집 안으로 퍼 올리는 일 W로 사용한다. 열펌프는 집 안에 $Q_H = Q_C + W$의 열을 나른다. $W = 1000$ J 이더라도 $Q_H = Q_C + 1000$ J이 된다. 따라서 보통의 전기 난방 기구는 단지 1000 J의 열을 공급하지만 열펌프는 1000 J보다 더 많은 열을 집 안에 공급한다. 다음 예는 기본 관계식인 $Q_H = Q_C + W$와 $Q_C/Q_H = T_C/T_H$가 열펌프에 어떻게 이용되는지를 보여준다.

○ 열펌프의 물리

예제 15.7 | 열펌프

이상적인 카르노 열펌프를 사용하여 온도 $T_H = 294$ K (21 °C)인 집 안에 열을 공급하고 있다. 집 밖의 온도 T_C가 (a) 273 K (0 °C), (b) 252 K (−21 °C)인 경우 $Q_H = 3350$ J의 열을 집 안에 공급하기 위해서 열펌프가 하여야 하는 일은 얼마인가?

살펴보기 에너지 보존 법칙($Q_H = W + Q_C$)을 열펌프에 적용한다. 그러면 바깥에서 펌프가 뽑아내는 열 Q_C의 값을 알면 하

여야 하는 일은 $W = Q_H - Q_C$로 결정된다. Q_C를 정하기 위해 이상적 카르노 열펌프가 가역적으로 작동한다는 사실을 사용한다. 관계식 $Q_C/Q_H = T_C/T_H$를 적용할 수 있다. 이 식을 Q_C에 대해 풀면, $Q_C = Q_H(T_C/T_H)$를 얻는다. 이 결과를 사용하면,

$$W = Q_H - Q_C = Q_H - Q_H\left(\frac{T_C}{T_H}\right) = Q_H\left(1 - \frac{T_C}{T_H}\right)$$

을 얻는다.

풀이   (a) 집 안 온도가 $T_H = 294\,K$이고 바깥 온도가 $T_H = 273\,K$인 경우 필요한 일은

$$W = Q_H\left(1 - \frac{T_C}{T_H}\right) = (3350\,J)\left(1 - \frac{273\,K}{294\,K}\right)$$
$$= \boxed{240\,J}$$

이다.

(b) 이 경우는 바깥 온도가 $T_C = 252\,K$인 점만 빼면 (a)의 경우와 같다. 필요한 일은 $W = \boxed{479\,J}$이다. 이 양은 (a)의 경우보다 많다. 바깥이 추울 때가 상대적으로 따뜻할 경우보다 더 큰 온도차 '언덕'으로 열을 퍼 올려야 하기 때문에 더 많은 일을 하여야 한다.

열펌프의 성능 계수를 정의하는 것도 가능하다. 그러나 냉장고나 에어컨과는 달리 열펌프의 용도는 식히는 것이 아니라 데우는 것이다. 따라서 열펌프의 성능 계수를 집 안에 공급하는 열 Q_H와 이를 운반하는 데 사용되는 일 W 사이의 비로 정의 하는 것이 타당하다.

> **문제 풀이 도움말**
> 식 15.14 $Q_C/Q_H = T_C/T_H$를 열펌프, 냉장고, 에어컨에 적용할 때 온도 T_C와 T_H가 켈빈 온도로 표시되어야 한다. 섭씨나 화씨 온도는 사용할 수 없다.

열펌프의 성능 계수   성능 계수 $= \dfrac{Q_H}{W}$ (15.17)

성능계수는 집 안과 집 밖의 온도에 따라 다르다. 시중에서 판매되는 열펌프의 성능 계수는 흔히 3에서 4이다.

15.11 엔트로피

카르노 기관은 그 안에서 일어나는 과정이 가역적이기 때문에 최대 가능 효율을 갖는다. 마찰과 같은 비가역 과정은 열을 일로 전환하는 능력을 감소시키기 때문에 실제 열기관이 최대 효율보다 작은 효율로 작동하게 한다. 극단적 예로 뜨거운 물체가 찬 물체와 열 접촉을 하고 있다고 가정해 보자. 열은 뜨거운 곳에서 차가운 곳으로 자연스럽게 그래서 비가역적으로 흐른다. 결국은 두 물체가 같은 온도 $T_C = T_H$에 도달한다. 이 두 물체를 열원으로 사용하는 카르노 기관은 효율이 0 $[e_{카르노} = 1 - T_C/T_H = 0]$이 되어 작동하지 않게 된다. 일반적으로 비가역 과정은 일할 수 있는 능력의 일부–전부일 필요는 없지만–를 상실하게 한다. 이러한 부분 손실은 **엔트로피**(entropy)의 개념으로 표현될 수 있다.

엔트로피의 개념을 도입하기 위해 카르노 기관에서 사용했던 관계식 $Q_C/Q_H = T_C/T_H$를 다시 생각하자. 열 Q를 켈빈 온도 T로 나눈 값에 주목하면서 이 식을 $Q_C/T_C = Q_H/T_H$로 다시 배열한다. 새로운 양 Q/T을 엔트로피의 변화 ΔS라 한다. 즉

$$\Delta S = \left(\frac{Q}{T}\right)_R$$ (15.18)

이다. 이 표현에서 온도 T는 반드시 켈빈 온도라야 하고 첨자 R은 '가역적(reversible)'임을 의미한다. 식 15.18은 일정 온도하에서 열 Q가 가역적으로 들어가거나 나가는 모든 과정에 적용될 수 있다. 그런 경우는 카르노 기관의 열원부에 열이 들어가거나 나오는 경우에 해당한다. 식 15.18에서 엔트로피의 SI 단위는 J/K임을 알 수 있다.

내부 에너지와 마찬가지로 엔트로피도 계의 상태 함수이다. 계의 상태만으로 계가 가진 엔트로피 값을 정할 수 있다. 따라서 엔트로피의 변화량 ΔS는 계의 나중 상태의 엔트로피와 처음 상태의 엔트로피와의 차이와 같다.

카르노 기관의 엔트로피의 변화에 대해 살펴보자. 기관이 작동함에 따라 고온부의 엔트로피는 감소한다. 열 Q_H가 켈빈 온도 T_H에서 나오기 때문이다. 고온부의 엔트로피 변화는 $\Delta S_H = -Q_H/T_H$이다. 여기서 Q_H는 열의 크기만을 나타내기 때문에 음의 부호는 엔트로피의 감소를 나타내기 위해 필요하다. 반면에 저온부의 엔트로피는 $\Delta S_C = +Q_C/T_C$만큼 증가한다. 버려진 열이 켈빈 온도 T_C인 저온부로 들어가기 때문이다. 식 15.14에서 $Q_C/T_C = Q_H/T_H$이기 때문에 엔트로피의 총 변화량은

$$\Delta S_C + \Delta S_H = \frac{Q_C}{T_C} - \frac{Q_H}{T_H} = 0$$

이다. 카르노 기관의 엔트로피의 총 변화량이 0이라는 사실은 일반적 결과의 어떤 특별한 예이다. 어떠한 가역 과정이 일어나더라도 우주의 엔트로피의 변화는 0임을 증명할 수 있다. 즉 임의의 가역 과정에서 $\Delta S_{우주} = 0 \, \text{J/K}$이다. 여기서 '우주' 의 의미는 $\Delta S_{우주}$가 계의 모든 부분과 환경의 모든 부분의 엔트로피의 변화를 전부 반영한 것을 말한다. 가역 과정은 우주의 총 엔트로피를 변화시키지 않는다. 엄밀히 말하면 가역 과정 때문에 우주 한 부분의 엔트로피가 변화할 수 있다. 그러나 그런 경우 다른 부분의 엔트로피 변화가 같은 양만큼 반대 방향으로 일어난다.

비가역 과정이 일어날 때의 우주의 엔트로피의 변화는 훨씬 복잡하다. 식 $\Delta S = (Q/T)_R$이 바로 적용될 수 없기 때문이다. 그러나 계가 처음 상태에서 나중 상태로 비가역적으로 변한 경우 이 식은 그림 15.17처럼 ΔS를 계산하는 데 간접적으로 사용될 수 있다. 계가 같은 처음과 나중 상태 사이에서 변화하도록 해주는 가상적 가역 과정을 가정하고 이 가역 과정에서의 엔트로피 변화를 알아내면 된다. 얻어진 ΔS의 값은 실제로 일어난 비가역 과정에 대해서도 적용될 수 있다. ΔS를 정하는 것은 처음과 나중 상태의 성격일 뿐이지 그 사이의 경로가 아니기 때문이다. 예제 15.8은 이러한 간접적인 방법을 설명하고 자발적(비가역) 과정이 우주의 엔트로피를 증가시킨다는 것을 보여준다.

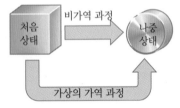

비가역 과정의 ΔS = 가상적인 가역 과정의 ΔS

그림 15.17 $\Delta S = (Q/T)_R$인 관계가 가역 과정에 적용되지만 또한 비가역 과정의 엔트로피 변화를 구하기 위한 간접적인 과정의 일부로 사용되기도 한다. 이 그림은 본문에 논의된 과정을 표현하고 있다.

예제 15.8 │ 우주의 엔트로피는 증가한다

그림 15.18에서 1200 J의 열이 650 K의 고온부에서 350 K의 저온부로 구리 막대를 통하여 이동한다. 다른 과정은 없다고 가정하고 이 비가역 과정이 발생시키는 우주의 엔트로피의 변화량을 구하라.

살펴보기   고온에서 저온으로의 열의 이동은 비가역적이다. 따라서 1200 J의 열이 고온부에서 저온부로 이동되는 가상적 가역 과정을 설정하고 식 $\Delta S = (Q/T)_R$을 적용한다.

풀이   우주의 엔트로피의 총 변화량은 각 열원의 엔트로피 변화량의 대수적 합이다.

$$\Delta S_{우주} = \underbrace{-\frac{1200 \, \text{J}}{650 \, \text{K}}}_{\substack{\text{고온부에서 잃은}\\\text{엔트로피}}} + \underbrace{\frac{1200 \, \text{J}}{350 \, \text{K}}}_{\substack{\text{저온부에서 얻은}\\\text{엔트로피}}}$$

$$= \boxed{+1.6 \, \text{J/K}}$$

비가역 과정이 우주의 엔트로피를 1.6 J/K만큼 증가시킨다.

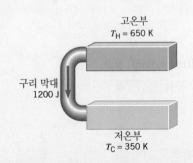

고온부
$T_H = 650 \, \text{K}$

구리 막대
1200 J

저온부
$T_C = 350 \, \text{K}$

그림 15.18 열이 고온부에서 저온부로 자발적으로 이동한다.

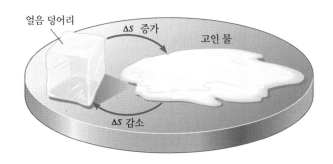

그림 15.19 얼음 덩어리는 고인 물에 비해 더 질서있는 계이다.

예제 15.8은 일반적 결과의 특별한 예이다. 어떤 비가역 과정도 우주의 엔트로피를 증가시킨다. 달리 표현하면, 비가역 과정의 경우 $\Delta S_{우주} > 0$ J/K이다. 가역 과정은 우주의 엔트로피를 변화하지 않지만 비가역 과정은 우주의 엔트로피를 증가시킨다. 그러므로 마치 시간처럼 우주의 엔트로피는 계속 증가한다. 그래서 엔트로피는 '시간의 화살'로 불리기도 한다. 이러한 우주 엔트로피의 행동 양식은 열의 이동뿐 아니라 모든 종류의 변환 과정에 적용되는 가장 일반적인 열역학 제2법칙의 표현을 제공한다.

■ **엔트로피로 표현된 열역학 제2법칙**
우주의 총 엔트로피는 가역 과정에서는 변하지 않고($\Delta S_{우주} = 0$ J/K) 비가역 과정에서는 증가한다($\Delta S_{우주} > 0$ J/K).

엔트로피는 질서 무질서의 용어로 해석되기도 한다. 예를 들어 그림 15.19와 같이 얼음 속의 H_2O 분자들이 질서 정연하게 배열되고 아주 구조적인 한 덩어리의 얼음을 생각해보자. 상대적으로 얼음이 녹으면서 생성한 물은 무질서하고 정렬되어 있지 않다. 액체 속의 분자는 이리저리 잘 움직이기 때문이다. 얼음을 녹여 무질서하게 만드는 데 열이 필요하다. 더욱이 계에 유입된 열은 $\Delta S = (Q/T)_R$에 따라 계의 엔트로피를 증가시킨다. 그러면 엔트로피의 증가와 무질서의 증가를 연관시킬 수 있다. 역으로 엔트로피의 감소를 무질서의 감소 또는 질서의 증가와 연관시키기도 한다. 다음의 예제 15.9에서는 질서에서 무질서로의 변화와 이를 이루기 위한 엔트로피의 증가를 다루어 보자.

 예제 15.9 │ 질서에서 무질서

273 K (0 °C)에서 2.3 kg의 얼음이 천천히(가역적으로) 녹을 때 엔트로피의 변화를 구하라.

살펴보기 상의 변화가 일정 온도에서 가역적으로 이루기 때문에 엔트로피의 변화는 식 15.18 $\Delta S = (Q/T)_R$을 사용하여 계산할 수 있다. 여기서 Q는 녹는 얼음이 흡수한 열이다. 이 열은 $Q = mL_f$(식 12.5)의 관계를 사용하여 구한다. m은 질량이고 $L_f = 3.35 \times 10^5$ J/kg은 물로 녹을 때의 숨은열이다.

풀이 식 15.18과 식 12.5를 사용하여 엔트로피의 변화를 구하면

$$\Delta S = \left(\frac{Q}{T}\right)_R = \frac{mL_f}{T} = \frac{(2.3 \text{ kg})(3.35 \times 10^5 \text{ J/kg})}{273 \text{ K}}$$

$$= \boxed{+2.8 \times 10^3 \text{ J/K}}$$

가 된다. 이 결과는 얼음이 녹을 때 열을 흡수하기 때문에 양의 값이다.

그림 15.20 파괴전문가들이 100 파운드의 다이너마이트를 사용하여 라스베이거스의 카지노 호텔을 질서 상태(낮은 엔트로피)에서 무질서 상태(높은 엔트로피)로 바꾸고 있다.

그림 15.20은 엔트로피로 표현될 수 있는 또 다른 질서에서 무질서로의 변화를 보여주고 있다.

15.12 열역학 제3법칙

열역학 제0, 제1, 제2법칙에 (마지막으로) 제3법칙을 더한다. 열역학 제3법칙(third law of thermodynamics)은 절대 0도에 도달하는 것이 불가능하다는 것을 나타낸다.

> ■ 열역학 제3법칙
> 어떤 계의 온도도 유한한 단계를 거쳐 절대 0도($T = 0$ K)로 낮추는 것은 불가능하다.

이 법칙은 제2법칙과 같이 여러 가지 방법으로 표현될 수 있다. 그러나 이 논의는 이 책의 범주를 벗어난다. 제3법칙은 다른 열역학 법칙으로는 설명될 수 없으며 그것을 이해하기 위해서는 상당히 많은 실험 결과들을 설명할 필요가 있다.

 연습 문제

15.3 열역학 제1법칙

1(1) 어떤 계가 165 J의 열을 얻고 312 J의 일을 하면서 그 내부 에너지가 변한다. 처음 상태로 돌아가는 과정에서 114 J의 열이 방출되었다. 이러한 돌아가는 과정 중 (a) 얼마만큼의 일이 관련되는가? (b) 계가 일을 하는가? 혹은 계에 일이 주어지는가?

2(3) 어떤 계가 환경에 164 J의 일하고 그 과정에서 77 J의 열을 얻는다. (a) 계와 (b) 환경에서의 내부 에너지 변화를 구하라.

3(4) 온도가 345 K인 3몰의 단원자 이상 기체가 있다. 이때 2438 J의 열을 기체에 추가하면 962 J의 일을 하게 된다. 기체의 나중 온도는 얼마인가?

4(5) 자동차 엔진 속에서 1갤런의 휘발유가 탈 때 1.19×10^8 J만큼 내부 에너지가 방출된다. 이 에너지 중 1.00×10^8 J이 열의 형태로 환경(기관 몸체와 배기 기관)으로 직접 방출된다고 가정하자. 이 차가 1 마일을 가기 위해서 6.0×10^5 J의 일이 필요하다면 1 갤런의 휘발유로 이 차는 몇 마일을 갈 수 있는가?

15.4 열적 과정

5(7) 어떤 물체의 비열이 1100 J/(kg · C°)이다. 이 고체 물질 2.0 kg의 온도가 6.0 C°만큼 상승하였다. 이 물체의 작은 부피 변화에 따른 일을 무시하고 내부 에너지의 변화량을 구하라.

6(8) 등압 조건하에서 팽창하는 동안 어떤 기체가 480 J의 일을 한다. 기체의 압력은 1.6×10^5 Pa이고, 처음 부피는 1.5×10^{-3} m³이다. 기체의 나중 부피는 얼마인가?

7(9) 어떤 기체의 부피가 그림에서와 같이 A와 B 사이 곡선을 따라 변하고 있다. 곡선이 등온선 또는 기체가 이상적이라고 가정하지 말라. (a) 이 과정 동안 일의 크기를 구하라. (b) 일의 값이 양인지 음인지를 결정하라.

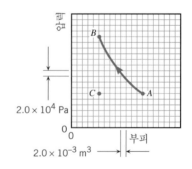

8(10) 어떤 기체의 압력과 부피가 경로 $ABCA$를 따라 변한다. 각 경로 (a) AB, (b) BC, (c) CA에서 행하는 일(대수 부호 포함)을 구하라.

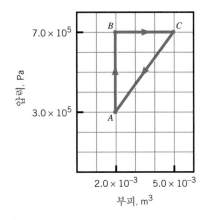

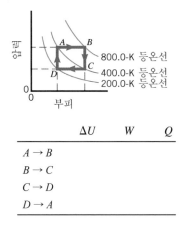

정(A에서 B, C에서 D)과 두 개의 등적 과정(B에서 C, D에서 A)인 4단계의 과정을 나타낸다. 4단계 각각에 대해 ΔU, W, Q (대수 부호 포함)를 계산하여 다음 표를 완전하게 채워라.

	ΔU	W	Q
$A \to B$			
$B \to C$			
$C \to D$			
$D \to A$			

9(11) 그림 15.4와 같이 용기에 기체가 담겨 있다. 용기 외부는 진공이고 벽돌과 피스톤의 질량의 합이 135 kg이라 하자. 2050 J의 열이 기체로 흘러들어 가고 내부 에너지는 1730 J 증가하였다면 피스톤이 올라가야 하는 거리 s를 구하라.

10(13) 어떤 계가 1500 J의 열을 흡수하면서 내부 에너지는 4500 J 증가하고 부피는 0.010 m³ 감소하였다. 압력이 일정하다고 가정하고 그 값을 구하라.

*11(15) 어떤 단원자 이상 기체가 등압 팽창한다. 열이 기체로 방출하는 것이 불가능하다고 할 때, 열역학 제1법칙을 이용하여 열량 Q가 양의 값임을 증명하라.

**12(17) 공기 압력은 1 기압이고 물은 개방 팬에서 가열된다. 가열된 물은 소량은 팽창되지만 액체를 유지한다. 물이 한 일과 물이 흡수한 열의 비를 구하라.

15.5 이상 기체를 사용하는 열적 과정

13(18) 기체 밖으로 4700 J의 열량이 방출되는 과정 동안 단원자 이상 기체의 온도가 일정하게 유지된다. 한 일(적절한 + 또는 − 부호 포함)은 얼마인가?

14(19) 3 몰의 이상 기체가 5.5×10^{-2} m³에서 2.5×10^{-2} m³로 압축되었다. 압축되면서 6.1×10^3 J의 일이 기체에 행해졌고 기체의 온도를 일정하게 유지하기 위하여 열이 방출되었다. (a) ΔU, (b) Q, (c) 기체의 온도를 구하라.

15(20) 5 몰의 단원자 이상 기체가 단열 팽창하면서 온도가 370 K에서 290 K로 감소하였다. (a) 기체가 한 일(대수 부호 포함)을 구하라. (b) 내부 에너지의 변화량을 구하라.

16(21) 단원자 이상 기체($\gamma = \frac{5}{3}$)의 압력이 단열 압축하는 동안 2배가 된다. 나중 부피와 처음 부피의 비는 얼마인가?

17(23) 처음 온도 405 K인 단원자 이상 기체가 있다. 이 기체가 단열 혹은 등온 팽창을 하면서 같은 양만큼 일을 한다. 단열 팽창인 경우 기체의 나중 온도는 245 K이다. 이 팽창이 등온인 경우 나중 부피와 처음 부피의 비는 얼마인가?

*18(24) 그림은 1 몰의 단원자 이상 기체를 통해서 두 개의 등압 과

*19(26) 단원자 이상 기체가 그림에서 보여준 경로를 따라 점 A에서 B로 팽창한다. (a) 기체가 한 일을 구하라. (b) 점 A에서 기체의 온도는 185 K이다. 점 B에서의 온도는 얼마인가? (c) 이 과정에서 기체로부터 추가 또는 제거해야 하는 열은 얼마인가?

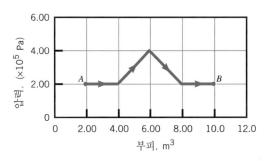

**20(28) 1 몰의 단원자 이상 기체의 처음 압력, 부피, 온도가 각각 P_0, V_0, 438 K이다. 기체의 부피는 등온 팽창하면서 3배가 된다. 그다음 기체는 등압 압축하여 처음 상태로 되돌아온다. 마지막으로 기체의 나중 압력, 부피, 온도가 각각 P_0, V_0, 438 K가 되기 위해서 같은 부피에서 압력을 증가시킨다. 이 세 단계의 과정에 대한 전체 열량을 구하고, 기체가 열을 흡수했는지 열을 발산했는지에 대해 언급하라.

**21(29) 1 몰의 단원자 이상 기체가($\gamma = \frac{5}{3}$) 단열 팽창하면서 825 J의 일을 하였다. 이 기체의 처음 온도와 부피가 각각 393 K, 0.100 m³이었다. 이 기체의 (a) 나중 온도와 (b) 나중 부피를 구하라.

15.6 비열

22(31) 압력이 일정한 경우 1.5 몰의 단원자 이상 기체의 온도를 77 K만큼 바꾸기 위해 필요한 열은 얼마인가?

23(34) 2.5 몰의 헬륨(단원자 기체)의 온도가 일정한 부피하에서 35 K로 더 낮아진다. 헬륨이 이상 기체와 같은 행동을 한다고 가정할 때, 기체로부터 얼마나 열을 제거해야 하는가?

24(35) 단원자 이상 기체를 압력을 일정하게 하고 열 Q를 가열했다. 그 결과, 기체는 일 W를 했다. Q/W의 비를 구하라.

*25(37) 압력을 일정하게 유지하면서 단원자 이상 기체가 팽창한다. (a) 기체에 공급된 열 중 몇 퍼센트가 이 기체의 내부 에너지를 증가시키는 데 사용되는가? (b) 몇 퍼센트가 팽창하는 데 일로 소모되는가?

*26(38) 피스톤이 장착된 수직 원통 안에 단원자 이상 기체를 담았다고 가정하자. 피스톤은 마찰이 없고 질량은 무시한다. 피스톤의 단면적은 3.14×10^{-2} m^2이고 원통 밖의 압력은 1.01×10^5 Pa이다. 열(2093 J)은 기체로부터 제거하였다. 피스톤이 내려오는 거리는 얼마인가?

15.8 열기관

27(40) 튠업을 할 때 자동차 기관의 효율은 5.0 %만큼 증가한다. 1300 J의 열을 입력하면 튠업 전보다 튠업 후의 기관에서 얻는 일은 얼마나 될까?

28(41) 어떤 기관이 16600 J의 일을 하면서 9700 J의 열을 방출하였다. 이 기관의 효율은 얼마인가?

29(42) 기관 A는 저온부로 흡수된 열의 72 %을 버린다. 기관 B는 기관 A의 효율보다 2배가 된다. 기관 B에서 버려지는 열은 흡수된 열의 몇 %인가?

*30(44) 기관의 설계를 바꾸니 기관의 효율이 0.23에서 0.42로 증가하였다. 같은 열량 Q_H를 흡수할 때, 이들 변화는 보다 효율적인 기관에 의해 행하는 일을 증가시킬 수 있고 저온부로 방출되는 열의 양을 감소시킨다. 처음 기관에 대한 개선된 기관의 저온부로 방출되는 열의 비를 구하라.

**31(45) 효율이 e_1인 기관이 있다. 고온부에서 Q_H의 열을 흡수하면서 W_1의 일을 한다. 이 기관에서 방출된 열이 다시 효율이 e_2이고 W_2만큼 일을 하는 두 번째 기관의 흡입열로 사용된다. 두 기관을 합하여 전체 효율을 그동안 한 총 일 $W_1 + W_2$과 흡수된 열 Q_H의 비로 정한다. 전체 효율 e를 e_1과 e_2로 표시하라.

15.9 카르노 원리와 카르노 기관

32(47) 고온부의 온도가 950 K이고 저온부의 온도가 620 K인 기관이 있다. 이 기관이 최대 효율의 3/5으로 작동한다. 이 기관의 효율을 구하라.

33(48) 어떤 카르노 기관이 저온부의 온도가 275 K일 때 27.0 %의 효율로 작동한다. 고온부의 온도는 같은 온도를 유지한

다고 할 때 32.0 %의 효율로 증가시키기 위해서 저온부의 온도를 얼마로 해야 하는가?

34(49) 효율이 0.7이고 저온부의 온도가 378 K인 카르노 기관이 있다. (a) 고온부의 온도를 정하라. (b) 만약 5230 J의 열이 저온부로 방출된다면 기관으로 유입된 열은 얼마인가?

35(51) 어떤 카르노 기관이 650 K와 350 K의 온도 사이에서 작동한다. 기관의 효율을 개선하기 위해 고온부의 온도를 40 K만큼 올릴 것인지 저온부의 온도를 40 K만큼 더 낮출 것인지 결정한다. 가장 크게 개선할 수 있는 변화는 어느 것인가? 각각의 경우에 효율성을 계산하여 답을 정당화하라.

*36(53) 발전소에서 지열 에너지를 사용하여 수증기를 505 K(고온부의 온도)로 가열하고 이 스팀을 사용하여 발전기의 터빈을 돌리는 일을 하도록 한다. 이 스팀은 323 K(저온부의 온도)의 응축기에서 물로 바뀐다. 그리고는 이 물은 땅 밑으로 보내져 그곳에서 다시 가열된다. 이 발전소의 출력(단위 시간당 한 일)은 84000 kW이다. (a) 이 발전소의 최대 효율을 구하라. (b) 매 24 시간 동안 응축기에서 제거되어야 하는 방출열은 얼마인가?

15.10 냉장고, 에어컨, 열펌프

37(57) 276 K의 온도에서 음식을 보관하고 있는 카르노 냉장고가 있다. 부엌의 온도는 298 K이다. 냉장고는 3.00×10^4 J의 열을 음식으로부터 뽑아낸다. 냉장고가 부엌에 버린 열은 얼마인가?

38(61) 265 K의 외부와 298 K의 집 안 사이에서 작동하는 카르노 열펌프가 있다. 성능 계수를 구하라.

**39(67) 1684 K의 고온부와 842 K의 저온부에서 작동하는 카르노 기관이 있다. 이 기관에 유입되는 열량은 Q_H이다. 이 기관에서 발생하는 일을 사용하여 또 다른 카르노 열펌프를 작동한다. 이 열펌프는 842 K의 열원에서 열을 뽑아내 온도 T'의 고온부에 열을 전달한다. 842 K의 열원에서 얻어내는 열도 Q_H이다. 온도 T'을 구하라.

15.11 엔트로피

40(69) 어느 추운 날, 24500 J의 열이 집에서 밖으로 새고 있다. 집 안의 온도는 21 °C이고 집 밖의 온도는 −15 °C이다. 새는 열로 인해 증가하는 우주의 엔트로피는 얼마인가?

41(71) 다음 각 경우 H_2O 분자들의 엔트로피의 증가량을 구하라. (a) 273 K에서 3 kg의 얼음이 녹아 물로 변하였다. (b) 373 K에서 3 kg의 물이 수증기로 변하였다. (c) (a)와 (b)의 결과로부터 어떤 변화가 H_2O 분자들의 무질서를 증가시키는지 논의하라.

Chapter 16 파동과 소리

16.1 파동의 성질

수면파는 모든 파동이 지니고 있는 두 가지 공통적인 특성을 가지고 있다.

1. 파동은 교란하면서 진행한다.
2. 파동은 한 곳에서 다른 곳으로 에너지를 전달한다.

그림 16.1에서는 모터보트가 진행하면서 생성된 파동이 호수를 가로질러 낚시꾼을 교란시킨다. 그러나 모터보트로부터 퍼져 나가는 물 전체의 흐름은 없다. 파동은 강물과 같은 물 전체의 흐름의 아니라, 호수의 표면 위를 진행하는 교란이다. 그림 16.1에서 파동 에너지의 일부분은 낚시꾼과 보트로 전달된다.

파동의 두 가지 기본 형태인 횡파와 종파를 살펴보자. 길고 느슨한 코일 용수철 모양의 장난감인 슬링키(slinky)를 사용하여 어떻게 종파가 발생하는지를 그림 16.2에서 설명하고 있다. 그림 16.2(a)처럼 슬링키의 한쪽 끝을 위아래로 움직이면, 위쪽 방향의 펄스가 오른쪽을 향해서 진행한다. 그림 16.2(b)처럼 끝이 아래위로 움직이면, 아래쪽으로 향하는

그림 16.1 모터보트가 진행하면서 생성된 파동이 호수를 가로질러 낚시배를 교란시킨다.

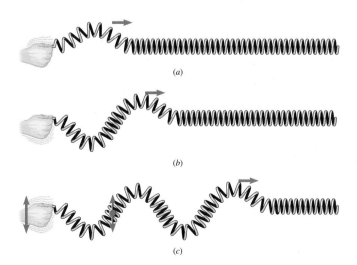

그림 16.2 (a) 오른쪽 방향으로 움직이는 위쪽 펄스, 뒤이어 생기는 (b) 아래쪽 펄스, (c) 슬링키의 끝이 위와 아래로 연속적으로 움직일 때 횡파가 발생한다.

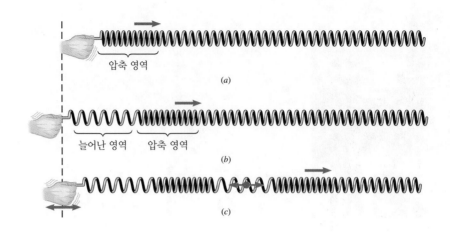

그림 16.3 (a) 오른쪽으로 움직이는 압축 영역, 뒤이어 생기는 (b) 늘어난 영역, (c) 슬링키의 끝이 연속적으로 앞과 뒤로 움직일 때, 종파가 발생한다.

펄스가 생성되고, 역시 오른쪽으로 움직인다. 만일 끝이 단조화 운동처럼 계속해서 위아래로 움직이면 완전한 파동이 생성된다. 그림 16.2(c)와 같이, 파동은 위아래를 번갈아 오가면서 오른쪽으로 진행하고, 이 과정에서 슬링키의 수직 위치를 교란시킨다. 교란을 주의 깊게 살펴보기 위하여, 빨간색 점을 16.2(c)의 슬링키 그림에 그려놓았다. 파동이 진행함에 따라서 점은 단조화 운동처럼 위아래로 움직인다. 점의 운동은 파동의 진행 방향과 수직으로, 즉 횡적으로 일어난다. 그래서 횡파는 파동의 진행 방향에 수직인 방향으로 교란이 발생하는 파동이다. 라디오파, 빛, 마이크로파들이 횡파이다. 기타나 밴조 같은 악기의 줄 위에서 진행하는 파동 역시 횡파이다.

종파도 역시 슬링키에서 생성될 수 있는데, 그림 16.3은 어떻게 종파가 발생하는지를 보여주고 있다. 슬링키의 한쪽 끝을 길이 방향으로(즉 종적으로) 밀고 원래 위치로 다시 당기면, 그림 16.3(a)처럼 용수철이 압축된 영역은 오른쪽으로 진행한다. 만일 끝을 뒤로 끌어당긴 다음 다시 앞으로 밀면, 그림 16.3(b)처럼 용수철이 늘어난 영역이 형성되고, 그 역시 오른쪽으로 움직인다. 만일 단조화 운동처럼 끝을 연속적으로 앞뒤로 움직이면 용수철 전체에 파동이 생성된다. 그림 16.3(c)에서 보듯이 파동은 교대로 진행되는 일련의 압축된 영역과 늘어난 영역으로 구성된다. 이 영역들은 오른쪽으로 진행하며, 두 영역 사이의 거리가 좁혀지고 넓어지고를 반복한다. 이러한 교란의 진동 특성을 잘 보이게 하기 위하여 빨간색 점을 슬링키에 표시하였다. 점은 파동이 움직이는 선을 따라서 단조화 운동처럼 앞뒤로 움직인다. 따라서 파동이 진행하는 방향과 평행하게 교란이 발생하는 파동이 종파이다.

횡파도 아니고 종파도 아닌 파동들이 있다. 예를 들면 수면파에서 물 입자의 운동은 엄밀히 파동이 진행하는 방향에 대해 수직도 아니고 수평도 아니다. 그 대신에 운동은 수직과 수평 성분들을 각각을 포함하고 있다. 왜냐하면 그림 16.4에 나타나 있듯이 표면에 있는 물 입자들은 거의 원형 궤도를 따라 움직이기 때문이다.

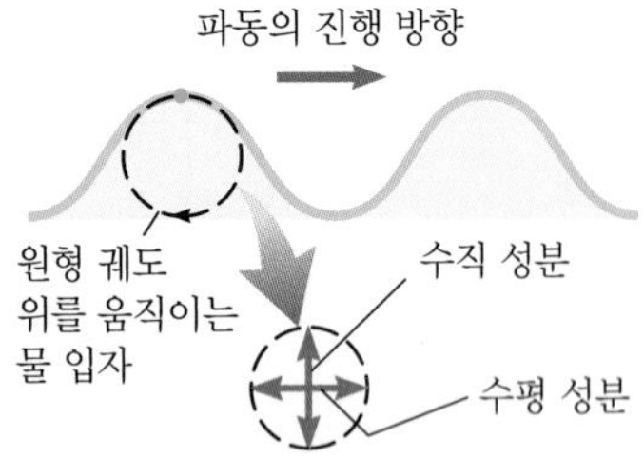

파동의 진행 방향

원형 궤도 위를 움직이는 물 입자

수직 성분

수평 성분

그림 16.4 표면에 있는 물 입자들은 파동이 왼쪽에서 오른쪽으로 움직일 때 거의 원형 궤도 위를 시계 방향으로 움직이기 때문에, 수면파는 횡파도 아니고 종파도 아니다.

16.2 주기적인 파동

우리가 논의한 횡파와 종파를 주기적인 파동(periodic waves)이라 부른다. 왜냐하면 파원에 의해 같은 모양이 반복해서 생기기 때문이다. 그림 16.2와 16.3에서 반복적인 패턴은

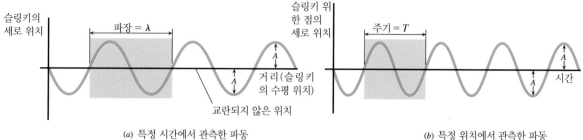

(a) 특정 시간에서 관측한 파동　　　　　　　(b) 특정 위치에서 관측한 파동

그림 16.5 파동의 한 사이클 부분을 색으로 표시하였다. 진폭은 A이다.

슬링키 왼쪽 끝의 단조화 운동의 결과로서 발생한다. 슬링키의 모든 부분은 단조화 운동처럼 진동한다. 10.1절과 10.2절에서 용수철에 매달린 물체의 단조화 운동을 논의했고, 사이클, 진폭, 주기 그리고 진동수를 도입했다. 이러한 용어들은 우리가 듣는 음파나 보는 광파와 같은 주기적인 파동을 기술하기 위하여 사용된다.

　이러한 용어들을 잘 이해하기 위하여 그림 16.5에서 횡파를 그래프로 표현하였다. 그림 (a)와 (b)에서 색칠한 부분이 파동의 한 **사이클**(cycle)이다. 이러한 사이클이 이어져서 하나의 파동이 된다. 그림 16.5(a)에서 슬링키의 세로 위치는 세로축으로 그려져 있고, 슬링키의 길이에 해당하는 거리는 수평축으로 그려져 있다. 이러한 그래프는 파동을 어느 한 순간에 찍은 사진과 같고, 슬링키의 수평 길이 각 점에 있는 교란을 보여주고 있다. 이 그래프에서 보듯이 **진폭**(amplitude) A 는 교란되지 않은 위치로부터 매질 입자의 최대 변위이다. 그러한 진폭은 파동의 모양에 있는 마루 혹은 가장 높은 점과 교란되지 않은 위치 사이의 거리이다. 또한 진폭은 파동의 모양에 있는 골 혹은 가장 낮은 점과 교란되지 않은 위치 사이의 거리이기도 하다. 그림 16.5(a)에 나타나 있듯이 **파장**(wavelength) λ 는 파동의 한 사이클의 수평 거리이다. 파장은 역시 두 연속적인 마루들, 두 연속적인 골들 혹은 파동 위에 있는 두 연속적인 동등한 점들 사이의 거리이다.

　그림 16.5(b)는 거리가 아니라 시간에 대한 그래프인데, 수평축이 시간을 나타낸다. 이 그래프는 슬링키 위의 한 점만을 관찰함으로써 얻어진다. 파동이 진행함에 따라 관측점은 단조화 운동처럼 위아래로 진동한다. 그래프에서 나타난 것처럼 **주기**(period) T 는 용수철에 매달린 물체가 진동하는 것과 같이 완전하게 위아래로 한 사이클 동안 운동하는 데 걸리는 시간이다. 이 주기는 파동이 한 파장의 거리를 움직이는 데 걸리는 시간이기도 하다. 단조화 운동의 모든 경우에서와 같이, 주기 T 는 **진동수**(frequency) f 와 다음과 같은 관계가 있다.

$$f = \frac{1}{T} \tag{10.5}$$

주기는 보통 초로 측정되고, 진동수는 초당 사이클수(cycle/s) 혹은 헤르츠(Hz)로 측정된다. 예로, 만일 파동의 한 사이클이 10분의 1 초로 관측된다면, 식 10.5가 나타내듯이 [$f = 1/(0.1\,\text{s}) = 10\,\text{cycles/s} = 10\,\text{Hz}$] 초당 10 사이클이 지나간다.

　파동의 주기, 파장 그리고 속력 사이에 간단한 관계식이 존재하는데, 그림 16.6은 이 관계식을 이해하는 데 도움이 된다. 화물 열차가 일정한 속력 v 로 움직이는 동안, 철도 건널목에서 기다린다고 생각해 보자. 열차는 동일한 칸이 여러 개 연결되어 있으므로, 각각의 칸의 길이가 λ 라 할 수 있고, 한 칸이 지나가는 데 걸리는 시간이 T 라면 기차의 속력은

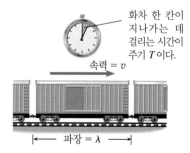

화차 한 칸이 지나가는 데 걸리는 시간이 주기 T 이다.

속력 = v

파장 = λ

그림 16.6 일정한 속력 v 로 움직이는 열차와 진행파는 비슷한 점이 있다.

$v = \lambda/T$가 된다. 이와 같은 식을 파동에 적용하면 파동의 속력은 파장 λ와 주기 T와 관련된다. 파동의 진동수는 $f = 1/T$이기 때문에, 속력에 대한 표현은

$$v = \frac{\lambda}{T} = f\lambda \tag{16.1}$$

이다. 방금 논의된 용어와 기본 관계식인 $f = 1/T$와 $v = f\lambda$는 횡파뿐만 아니라 종파에도 적용된다. 예제 16.1은 파원에 의해서 생성된 파동의 속력과 진동수로부터 파장이 어떻게 계산되는지를 설명하고 있다.

 예제 16.1 | **라디오파의 파장**

AM과 FM 라디오파는 전기와 자기의 교란으로 이루어지는 횡파이다. 이 파동은 3.00×10^8 m/s의 속력으로 진행한다. 방송국은 AM 라디오파의 진동수를 1230×10^3 Hz로, FM 라디오파의 진동수를 91.9×10^6 Hz로 방송한다. 각 파동의 인접한 마루 사이의 거리를 구하라.

살펴보기 인접한 마루 사이의 거리가 파장 λ이다. 각 파동의 속력은 $v = 3.00 \times 10^8$ m/s이고, 진동수는 알려져 있다. 파장을 계산하기 위하여 관계식 $v = f\lambda$를 사용하라.

풀이 AM $\quad \lambda = \dfrac{v}{f} = \dfrac{3.00 \times 10^8 \text{ m/s}}{1230 \times 10^3 \text{ Hz}} = \boxed{244 \text{ m}}$

FM $\quad \lambda = \dfrac{v}{f} = \dfrac{3.00 \times 10^8 \text{ m/s}}{91.9 \times 10^6 \text{ Hz}} = \boxed{3.26 \text{ m}}$

AM 라디오파의 파장은 미식축구 경기장의 길이보다 2.5 배 더 긴 것에 주목하라.

⬆ **문제 풀이 도움말**
식 $v = f\lambda$는 모든 종류의 주기적인 파동에 적용된다.

16.3 줄 위의 파동의 속력

파동이 진행하는 물질(즉 매질)*의 특성은 파동의 속력을 결정한다. 예를 들어 그림 16.7은 줄 위에 있는 횡파를 나타내고 있으며, 강조하기 위하여 줄 위의 입자를 4 개의 빨간색 점으로 표시하였다. 파가 오른쪽으로 움직임에 따라 각 입자들은 번갈아 교란되지 않은 위치로부터 변위한다. 이 그림에서 입자 1과 입자 2는 이미 위쪽으로 이동하였고, 반면에 입자 3과 입자 4는 아직 파동의 영향을 받지 않았다. 줄의 왼쪽 부분(입자 2)이 입자 3을 위쪽으로 끌어올리기 때문에 입자 3은 다음 차례에 움직일 것이다.

파동이 오른쪽으로 움직이는 속력은 인접한 이웃 입자들에 의해 가해지는 알짜 당김 힘에 따라서 줄 위의 입자가 얼마나 빨리 위쪽으로 가속되느냐에 의존한다는 것을 그림 16.7로부터 알 수 있다. 뉴턴의 제2법칙에 따라, 알짜 힘이 강하면 강할수록 가속도가 커지고, 따라서 파동은 빨리 움직인다. 이웃 입자들을 끌어당기는 입자의 능력은 줄이 얼마나 팽팽하게 되어 있는가의 척도인 장력에 의존한다. 다른 요소들이 일정할 경우, 장력이

그림 16.7 횡파가 속력 v로 오른쪽으로 움직임에 따라, 각 줄 입자의 각 부분은 원래 위치에 대해 위아래로 번갈아 이동한다.

---

* 전자기파(24장에 나옴)는 매질 없이 진공 속에서도 전파될 수 있다.

커질수록 입자 사이에 작용하는 당김 힘이 커져서, 파동은 더 빨리 진행한다. 장력과 더불어 파의 속력에 영향을 주는 두 번째 요소가 있다. 뉴턴의 제2법칙에 따라, 그림 16.7에 있는 입자 3의 관성 혹은 질량은 입자 2를 위쪽으로 끌어당김에 얼마나 빨리 반응하느냐에 영향을 미친다. 주어진 알짜 당김 힘에 대해서, 작은 질량은 큰 질량에 비해 큰 가속도를 갖는다. 그러므로 다른 모든 요소들이 동일할 경우, 작은 입자 질량을 갖는 줄, 혹은 단위 길이당 작은 질량을 갖는 줄 위에서 파동은 더 빨리 진행한다. 단위 길이당 질량을 줄의 선밀도라고 부른다. 선밀도는 줄의 질량 m을 줄의 길이 L로 나눈 것으로서 m/L이다. 장력 F와 단위 길이당 질량의 효과는 줄에서 작은 진폭을 갖는 파동의 속력 v에 대한 식

$$v = \sqrt{\frac{F}{m/L}}$$
(16.2)

에 분명히 나타나 있다. 기타, 바이올린, 피아노 같은 악기를 연주하는 데 줄에서의 횡파의 운동은 중요하다. 이들 악기는 횡파를 만들기 위하여 줄을 잡아당기거나 줄을 튕긴다. 다음 예제 16.2에서는 기타 줄에서 파동의 속력에 대해 논의한다.

예제 16.2 | 기타 줄 위에서 진행하는 파   ◑ 기타 줄에서 파동의 물리

전기 기타의 줄을 튕긴 후, 횡파가 줄에서 진행한다(그림 16.8 참조). 각각 고정된 줄의 끝 사이 길이는 0.628 m이고, 가장 높은 음을 내는 줄 E의 질량은 0.208 g, 가장 낮은 음을 내는 마(E) 줄 질량은 3.32 g이다. 각 줄의 장력은 226 N이다. 두 줄 위에서의 파동의 속력을 계산하라.

살펴보기 기타 줄에서의 파동의 속력은, 식 16.2에서 표현된 것처럼, 줄의 장력 F와 선밀도 m/L에 의존한다. 장력은 각각의 줄에서 같고, 선밀도가 작을수록 속력이 크기 때문에, 선밀도가 작은 줄에서 파동의 속력이 커질 것으로 예상된다.

줄의 횡진동

그림 16.8 기타 줄을 튕기면 횡파가 발생된다.

풀이 파동의 속력은 식 16.2에 의해 다음과 같이 주어진다.

고음 E

$$v = \sqrt{\frac{F}{m/L}} = \sqrt{\frac{226\ \text{N}}{(0.208 \times 10^{-3}\ \text{kg})/(0.628\ \text{m})}}$$
$$= \boxed{826\ \text{m/s}}$$

저음 E

$$v = \sqrt{\frac{F}{m/L}} = \sqrt{\frac{226\ \text{N}}{(3.32 \times 10^{-3}\ \text{kg})/(0.628\ \text{m})}}$$
$$= \boxed{207\ \text{m/s}}$$

파동이 얼마나 빨리 움직이는지 주목하라. 속력은 각각 2970 km/h와 745 km/h에 해당한다.

16.4 파동의 수학적 표현

파동이 매질 속에서 진행할 때, 파동은 교란되지 않은 위치로부터 매질 입자를 이동시킨다. 입자가 좌표 원점으로부터 거리 x에 위치하고 있다고 하자. 파동이 진행함에 따라 어떤 시간 t에서 교란되지 않은 위치로부터 입자의 변위 y를 알고 싶다. 단조화 운동에 의한 주기적 파동에 대해, 변위에 대한 표현이 사인 함수나 코사인 함수를 포함하는데, 이것은 놀라운 사실이 아니다. 10장에서 단조화 운동을 사인 함수를 사용하여 기술하였다. 그림 16.5에서 파동에 대한 그래프는 마치 용수철에 있는 진동하는 물체에 대하여 변위를 시간의 함수로 그린 그래프처럼 보인다.

이제부터는 변위에 대한 식을 나타내고, 그것을 그래프로 그려서 정확하게 표현하고자 한다. 식 16.3은 진폭 A, 진동수 f, 파장이 λ인 $+x$ 방향(오른쪽)으로 진행하는 파동에 의한 입자의 변위를 나타낸다. 식 16.4는 $-x$ 방향(왼쪽)으로 움직이는 파동에 해당하는 것이다.

$+x$ 방향을 향하는 파동
$$y = A \sin\left(2\pi f t - \frac{2\pi x}{\lambda}\right) \tag{16.3}$$

$-x$ 방향을 향하는 파동
$$y = A \sin\left(2\pi f t + \frac{2\pi x}{\lambda}\right) \tag{16.4}$$

이 식들은 횡파와 종파 모두에 적용되며, $x = 0\,\mathrm{m}$와 $t = 0\,\mathrm{s}$일 때 $y = 0\,\mathrm{m}$라고 가정한 식이다.

줄을 따라 $+x$ 방향으로 움직이는 횡파를 살펴보자. 식 16.3에 있는 항 $(2\pi f t - 2\pi x/\lambda)$을 파동의 위상이라 한다. 원점 $(x = 0\,\mathrm{m})$에 있는 줄 입자는 $2\pi f t$의 위상을 갖는 단조화 운동을 나타낸다. 즉 시간의 함수에 대한 변위는 $y = A\sin(2\pi f t)$이다. 거리 x에 위치한 입자역시 단조화 운동을 하는데, 위상은

$$2\pi f t - \frac{2\pi x}{\lambda} = 2\pi f\left(t - \frac{x}{f\lambda}\right) = 2\pi f\left(t - \frac{x}{v}\right)$$

이다. x/v는 파동이 거리 x를 진행하는 데 필요한 시간이다. 달리 표현하면, 거리 x에서 발생하는 단조화 운동은 원점에서의 운동에 비해 x/v의 시간 간격만큼 늦다.

그림 16.9는 1/4 주기의 시간 간격 $(t = 0\,\mathrm{s}, \frac{1}{4}T, \frac{2}{4}T, \frac{3}{4}T, T)$으로 줄을 따라서 위치 x의 함수로 변위 y를 그린 그래프를 나타내고 있다. 대응하는 t의 값들을 식 16.3에 대입하여 그래프를 그렸다. 식 16.3에서 $f = 1/T$을 대입하고, 연속적인 x의 값에 대해 y를 계산한다. 이 그래프는 파동이 오른쪽으로 움직임에 따라 일정한 시간 간격으로 찍은 사진들과 같다. 참고로 각 그래프에 있는 빨간색 사각형 점은 $t = 0\,\mathrm{s}$일 때, $x = 0$에 있는 파동의 위치를 표시한다. 시간이 지남에 따라 사각형 점은 파동을 따라 오른쪽으로 움직인다. 유사한 방법으로 식 16.4는 $-x$ 방향으로 움직이는 파동을 나타낸다는 것을 알 수 있다. 식 16.3에 있는 위상$(2\pi f t - 2\pi x/\lambda)$과 식 16.4에 있는 위상$(2\pi f t + 2\pi x/\lambda)$은 도(degree)가 아니라 라디안(radian)으로 측정됨을 명심하라. 계산기를 사용하여 $\sin(2\pi f t - 2\pi x/\lambda)$ 혹은 $\sin(2\pi f t + 2\pi x/\lambda)$를 계산할 때는 각을 라디안 모드로 설정하여야 한다.

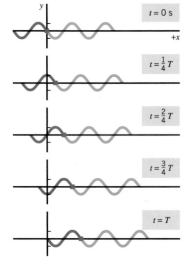

그림 16.9 식 16.3을 1/4 주기의 시간 간격으로 그려 놓았다. 각 그래프에 있는 사각형 점은 $t = 0\,\mathrm{s}$일 때 $x = 0\,\mathrm{m}$에 있는 파동의 위치를 나타낸다. 시간이 지남에 따라 파동은 오른쪽으로 움직인다.

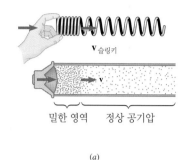 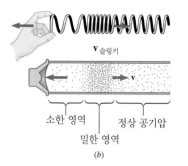

밀한 영역   정상 공기압

(a)

소한 영역   정상 공기압

밀한 영역

(b)

그림 16.10   (a) 스피커 진동판이 앞으로 움직일 때 밀한 영역을 만든다. (b) 진동판이 뒤로 움직일 때, 소한 영역을 만든다. 비교를 위해 슬링키에서의 압축된 영역과 늘어난 영역을 함께 그렸다. 실제로 슬링키에서의 파동의 속도 **v**슬링키는 공기 중에서의 소리 속도 **v**보다 **훨씬** 작다. 간단히 하기 위해 여기서는 두 파동의 속도가 같은 것으로 그렸다.

16.5 소리의 성질

종파로서 음파

소리는 기타줄, 사람의 성대, 혹은 확성기의 진동판 같은 진동하는 물체에 의해 생성되는 종파이다. 더구나 소리는 기체, 액체 혹은 고체 같은 매질 내에서만 생성되고 전달된다. 나중에 알 수 있겠지만, 파동의 교란이 한 곳에서 다른 곳으로 움직이기 위해서는 매질 입자들이 반드시 존재해야 한다. 진공에서는 소리가 존재할 수 없다.

음파가 어떻게 생성되고, 왜 종파인지를 알기 위하여, 진동하는 확성기의 진동판을 살펴보자. 그림 16.10(a)처럼, 진동판이 바깥쪽으로 움직일 때 진동판 앞에 있는 공기를 직접 압축한다. 이러한 압축은 공기압을 약간 높인다. 증가된 압력의 영역을 밀한 **영역** (condensation)이라 부르고, 소리의 속력으로 스피커로부터 멀어져 진행한다. 밀한 영역은 슬링키 위 종파에서 압축된 영역과 유사하며, 비교를 위해 그림 16.10(a)에 함께 그려져 있다. 그림 16.10(b)에서 그려져 있는 것처럼, 밀한 영역을 만든 후에는 진동판은 운동의 방향을 반대로 하여, 안쪽으로 움직인다. 안쪽으로의 운동은 보통 상태의 공기 압력보다 약간 작은 소한 **영역**(rarefaction)을 만든다. 소한 영역은 슬링키 종파에서의 용수철의 늘어난 영역과 유사하다. 밀한 곳 바로 뒤를 따라서 소한 곳이 스피커로부터 소리의 속도로 진행한다. 그림 16.11은 음파와 슬링키 종파 사이의 유사성을 강조하고 있다. 파동이 지나감에 따라, 슬링키와 공기 분자에 붙어있는 빨간색 점들은 교란되지 않은 위치에 대해서 단조화 운동을 한다. 점의 양쪽에 있는 빨간색 화살표들은 단조화 운동이 파동이 진행하는 방향과 평행하게 행해진다는 것을 보여주고 있다. 이 그림에서 파장 λ는 역시 연속적인 두 밀한 영역 중심 사이의 거리 또는 연속적인 두 소한 영역 중심 사이의 거리라는 것을 나타내고 있다.

그림 16.12는 확성기에 의해 생성된 후에 공간으로 퍼져 나가는 음파를 나타내고 있다. 밀한 곳과 소한 곳들이 귀에 도달하면 스피커 진동판에서와 같은 진동수로 진동하도록 고막에 힘을 가한다. 뇌는 고막의 진동 운동을 소리로 해석한다. 소리는 바람처럼, 공기 분자 집단이 진행 방향으로 이동하는 것이 아님을 명심하라. 그림 16.12처럼 음파의 밀한 곳과 소한 곳이 진동판으로부터 퍼져 나와 진행할 때, 개개의 공기 분자들은 파동과 같이 운반되지 않는다. 대신에 개개의 분자들은 고정 위치를 중심으로 단조화 운동을 한다. 그렇게 함으로써, 분자는 이웃 분자와 충돌하면서 밀한 곳과 소한 곳을 앞으로 보낸다. 그 다음에는 그 이웃 분자가 이 과정을 되풀이 한다.

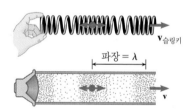

파장 = λ

그림 16.11   슬링키의 파동과 음파 모두는 종파이다. 슬링키와 공기 분자에 붙어있는 빨간색 점들은 파동의 진행 방향과 평행하게 앞뒤로 진동한다.

● 스피커 진동판의 물리

개별 공기 분자의
진동

그림 16.12 밀한 곳과 소한 곳이 스피커로부터 수신자에게 전달된다. 그러나 개개의 공기 분자들은 파동과 함께 움직이지 않는다. 공기 분자는 고정 위치를 중심으로 앞과 뒤로 진동한다.

● 버튼식 전화기의 물리

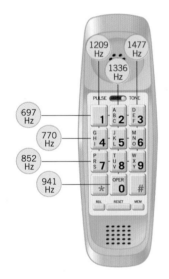

그림 16.13 버튼식 전화기와 각 버튼을 누를 때 두 순음이 생성되는 것을 보여주는 개념도

음파의 진동수

음파의 각 사이클은 하나의 밀한 영역과 하나의 소한 영역을 포함하고 있고, **진동수**(frequency)는 단위 시간당 사이클수이다. 예를 들면 스피커의 진동판이 1000 Hz의 진동수로 앞뒤로 단조화 운동한다면, 소한 영역에 이어서 발생하는 밀한 영역이 매초 1000 개가 생성된다. 그래서 형성되는 음파의 진동수는 역시 1000 Hz이다. 단일 진동수를 갖는 소리를 **순음**(pure tone)이라 한다. 실험에 의하면 건강한 젊은 사람은 대략 20 Hz에서 20000 Hz (20 kHz) 사이의 모든 소리의 진동수를 듣는다. 높은 진동수를 듣는 능력은 나이가 많아질수록 감소하며, 보통 중년의 성인은 12~14 kHz까지의 진동수를 듣는다.

순음들은 그림 16.13에서 보는 바와 같이 버튼식 전화기에 사용된다. 이 전화기는 각 버튼을 누를 때 동시에 두 개의 순음을 생성한다. 이 음들은 중앙전화국으로 전달되고, 거기에서 전자 회로를 작동하게 하여, 전화를 걸게 한다. 예를 들면 그림에서 '5'번 버튼을 누르면 770 Hz와 1336 Hz의 순음을 동시에 생성하고, 반면에 '9'번 버튼은 852 Hz와 1477 Hz의 음을 발생시킨다.

사람이 정상적으로 들을 수 없는 20 Hz보다 작거나 20 kHz보다 큰 진동수를 가진 소리가 생성될 수 있다. 20 Hz보다 작은 진동수를 가진 소리를 **초저주파음**(infrasonic)이라 하고, 20 kHz보다 큰 진동수를 가진 소리를 **초음파**(ultrasonic)라 한다. 코뿔소는 다른 코뿔소를 부르기 위해서 5 Hz의 초저주파음을 사용하고(그림 16.14), 반면에 박쥐는 먹을 것의 위치를 알고 탐색하기 위해서 100 kHz 이상의 초음파 진동수를 사용한다(그림 16.15).

진동수는 전자 진동수 측정기로 측정될 수 있기 때문에 소리의 객관적 특성이다. 그러나 진동수에 대한 듣는이의 청각은 주관적이다. 뇌는 귀로 감지된 진동수를 소리 **높이**(pitch)로 주관적으로 해석한다. 큰(높은) 진동수를 가진 순음은 높은 소리로 해석하고, 작은(낮은) 진동수는 낮은 소리로 해석한다. 피콜로(piccolo)는 높은 소리를, 튜바(tuba)는 낮은 소리를 낸다.

음파의 압력 진폭

그림 16.16은 관을 진행하는 순음 음파를 설명하고 있다. 관에 부착된 부착물들은 파동에서 압력 변위를 나타내는 계기들이다. 공기압은 관의 길이에 따라서 사인 함수적으로 변한다는 것을 그래프는 보여주고 있다. 이 그래프만 보면 횡파처럼 보이지만, 소리 자체는

그림 16.14 코뿔소는 초저주파음을 사용하여 다른 코뿔소를 부른다.

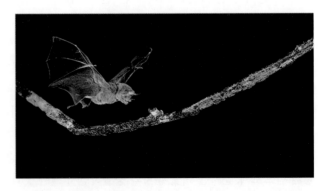

그림 16.15 박쥐는 먹을 것을 탐색하고 위치를 알기 위해서 초음파를 사용한다.

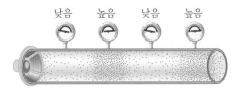

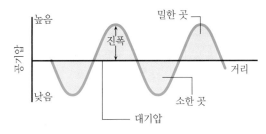

그림 16.16   음파는 밀한 곳과 소한 곳이 번갈아 일어나는 것이다. 이 그래프에서 밀한 곳은 정상 공기 압력보다 높은 영역이고, 소한 곳은 정상 공기 압력보다 낮은 영역이다.

종파임을 유의하라. 이 그래프는 음의 **압력 진폭**(pressure amplitude)을 역시 보여주고 있고, 이 진폭은 교란되지 않은 압력, 즉 대기압에 대한 압력의 최대 변화의 크기이다. 음파에서 압력의 변동폭은 보통 매우 작다. 예를 들면 보통 두 사람이 대화할 때 압력 진폭은 약 3×10^{-2} Pa인데, 이 값은 $1.01 \times 10^{+5}$ Pa의 대기압에 비해 매우 작은 값이다. 귀는 놀랍게도 이런 작은 변화를 감지할 수 있다.

　음량(소리 크기; loudness)은 원래 파동의 진폭과 관계된 소리의 속성이다. 즉 진폭이 커질수록 소리는 커진다. 압력 진폭은 측정될 수 있기 때문에 음파의 객관적인 특성이다. 반면에, 음량은 주관적인 것이다. 개개인은 얼마나 예민하게 듣느냐에 따라 같은 소리의 음량을 서로 다르게 느낀다.

16.6 소리의 속력

기체

표 16.1에 나타낸 것처럼, 소리는 기체, 액체, 고체에서 매우 다른 속력으로 진행한다. 실온 부근의 공기 중에서 소리의 속력은 343 m/s (767 mi/h)이고, 액체나 고체에서의 속력은 이에 비해 현저히 크다. 예를 들면 소리는 공기에서의 속력에 비해 물에서는 4배 빠르게, 강철에서는 17배 빠른 속력으로 진행한다. 일반적으로 소리는 기체에서 느리고, 액체에서 빠르고, 고체에서는 더 빠르게 진행한다.

　기타 줄에서 파동의 속력과 같이, 음속은 매질의 성질에 의존한다. 기체에서 분자들이 충돌할 때, 음파의 밀한 곳과 소한 곳이 한 곳에서 다른 곳으로 움직인다. 기체에서 음파의 속력은 충돌과 다음 충돌 사이 분자의 평균 속력과 같은 정도의 크기를 가질 것이라고 예측할 수 있다. 이상 기체에서 이 평균 속력은 식 14.6에 의해 주어지는 제곱 평균 제곱근 (rms) 속력이다. 즉 $v_{rms} = \sqrt{3kT/m}$ 이고, 여기서 T 는 켈빈 온도, m 은 분자의 질량, k 는 볼츠만 상수이다. v_{rms} 에 대한 표현식은 실제 음속보다 큰 값이지만 이 식은 켈빈 온도와 입자의 질량에 대한 음속의 의존성을 잘 보여준다. 자세한 분석에 의하면 이상 기체에서 음속은

이상 기체에서의 음속

$$v = \sqrt{\frac{\gamma kT}{m}}$$

(16.5)

표 16.1 기체, 액체, 고체에서의 음속

매질	속력(m/s)
기체	
공기(0 °C)	331
공기(20 °C)	343
이산화탄소(0 °C)	259
산소(0 °C)	316
헬륨(0 °C)	965
액체	
클로로포름(20 °C)	1004
에틸알코올(20 °C)	1162
수은(20 °C)	1450
민물(20 °C)	1482
바닷물(20 °C)	1522
고체	
구리	5010
유리(파이렉스)	5640
납	1960
강철	5960

로 주어진다. 여기서 $\gamma = c_P/c_V$는 정적 비열에 대한 정압 비열의 비이다.

　　인자 γ는 이상기체의 단열 압축과 팽창이 논의되었던 15.5절에서 소개되었었다. 음파의 밀한 곳과 소한 곳은 기체의 단열 압축과 팽창에 의해 생성되기 때문에 이 개념이 식 16.5에 나타나 있다. 압축된 영역(밀한 영역)은 조금 따뜻해지고, 팽창된 영역(소한 영역)은 조금 차가워진다. 그러나 밀한 영역으로부터 인접한 소한 영역으로의 뚜렷한 열흐름은 없다. 왜냐하면 가청 음파의 경우에 두 영역 사이의 거리가 비교적 크고, 기체는 나쁜 열전도체이기 때문이다. 그래서 압축과 팽창 과정은 단열 과정이다. 다음 예제 16.3은 식 16.5를 응용하는 문제이다.

예제 16.3 | 초음파 거리 측정기　　　　　　　　　　　● 초음파 거리 측정기의 물리

그림 16.17은 관측자 자신과 벽 같은 표적 사이의 거리를 측정하는 초음파 거리 측정기를 보여주고 있다. 측정을 하기 위해서 거리 측정기는 벽까지 진행하는 초음파 펄스를 발생시킨다. 이 펄스는 메아리처럼 벽으로부터 반사되어 되돌아온다. 되돌아온 펄스를 수신하여 왕복하는 데 걸리는 시간을 측정한 다음 미리 입력된 음속을 사용하여 벽까지 거리를 계산하며, 그 결과를 디지털 값으로 나타낸다. 공기 온도가 섭씨 23도인 날에, 왕복하는 데 걸리는 시간이 20.0 ms라고 가정하자. 공기는 $\gamma = 1.40$인 이상 기체이고, 평균 공기 분자 질량이 28.9 u라고 가정할 때, 벽까지의 거리 x를 구하라.

살펴보기　　거리 측정기와 벽까지의 거리는 $x = vt$이고, 여기서 v는 음속이고, t는 음파 펄스가 벽까지 도달하는 데 걸리는 시간이다. 시간 t는 왕복 시간의 절반이어서 $t = 10.0$ ms이다. 온도와 질량이 켈빈과 kg인 SI 단위로 표현된다면 공기 중에서 음속을 식 16.5로부터 바로 구할 수 있다.

풀이　　기온을 섭씨 온도에서 켈빈 온도로 바꾸기 위하여 섭씨 온도 수치 23에 273.15를 더한다. 즉 $T = 23 + 273.15 = 296$ K 이다. 분자의 질량(kg)은 원자 질량 단위와 kg 사이의 관계인 $1\,u = 1.6605 \times 10^{-27}$ kg을 이용하여 바꾸면

$$m = (28.9\text{ u}) \left(\frac{1.6605 \times 10^{-27}\text{ kg}}{1\text{ u}} \right)$$
$$= 4.80 \times 10^{-26}\text{ kg}$$

이 된다. 따라서 음속은

$$v = \sqrt{\frac{\gamma k T}{m}} = \sqrt{\frac{(1.40)(1.38 \times 10^{-23}\text{ J/K})(296\text{ K})}{4.80 \times 10^{-26}\text{ kg}}} \quad (16.5)$$
$$= 345\text{ m/s}$$

이고, 벽까지의 거리는

$$x = vt = (345\text{ m/s})(10.0 \times 10^{-3}\text{ s}) = \boxed{3.45\text{ m}}$$

가 된다.

> **문제 풀이 도움말**
> 이상 기체에서 음속을 계산하기 위하여 $v = \sqrt{\gamma k T / m}$ 식을 사용할 때, 온도 T는 섭씨나 화씨가 아닌 켈빈 온도로 표현되어야 한다.

그림 16.17　초음파 거리 측정기는 벽까지의 거리 x를 측정하기 위하여 20 kHz보다 큰 진동수를 갖는 음파를 사용한다. 파란색 호와 화살표는 밖으로 나가는 음파를 나타내고, 빨간색 호와 화살표는 벽으로부터 반사되어 오는 파동을 나타낸다.

소나(sonar; 수중 초음파 탐지기)는 해저의 깊이를 측정하고 암초, 해저 동식물, 물고기떼 같은 해저 물체의 위치를 찾아내는 기술이다. 소나의 핵심은 배 밑바닥에 설치된 초음파 송신기와 수신기이다. 송신기에서 초음파의 짧은 펄스를 방출하고, 조금 지나서 반사된 펄스가 되돌아오며, 이 펄스는 수신기에 의해 감지된다. 해저의 깊이는 측정된 펄스의 왕복 시간과 물에서의 음속으로부터 결정된다. 깊이는 미터로 자동적으로 기록된다. 그러한 깊이 측정은 예제 16.4의 초음파 거리 측정기에서 논의한 거리 측정 방법과 유사하다.

◐ 소나의 물리

액체

액체에서 음속은 밀도 ρ와 단열 부피 탄성률(adiabatic bulk modulus) B_{ad}에 따라 다르다.

액체 속에서의 음속
$$v = \sqrt{\frac{B_{ad}}{\rho}} \tag{16.6}$$

부피 탄성률은 10.7절에서 액체나 고체의 부피 변형을 논의할 때 소개하였다. 그때 물질의 부피가 변하여도 온도는 일정하다고 묵시적으로 가정하였다. 말하자면 압축 혹은 팽창은 등온적이다. 그러나 음파에서 밀한 영역과 소한 영역이 등온적이기 보다는 단열적 상황 하에서 일어난다. 그래서 액체에서 음속을 계산할 때 단열 부피 탄성률 B_{ad}를 사용해야 한다. 이 책에서 B_{ad} 값들은 필요할 때 제시할 것이다.

고체 막대

소리가 길고 가느다란 고체 막대를 따라 진행할 때 음속은 다음 식처럼 매질의 특성에 의존한다.

길고 가느다란 고체 막대 속에서의 음속
$$v = \sqrt{\frac{Y}{\rho}} \tag{16.7}$$

여기서 Y는 영률이고 ρ는 밀도이다.

16.7 소리의 세기

고막이 진동하도록 힘을 가하는 것과 같이, 음파는 일을 할 수 있는 에너지를 운반한다. 충격파와 같은 극단적인 경우, 그러한 음파의 에너지는 유리창과 건물에 피해를 줄 만큼 큰 것일 수도 있다. 음파에 의해서 단위 시간당 운반되는 에너지양을 파동의 **일률**(power)이라 부르며, 그 단위는 SI 단위로 J/s 혹은 와트(W)이다.

음파가 그림 16.18처럼 확성기와 같은 음원에서 나올 때, 에너지는 퍼져 나가면서 넓이가 점점 증가하는 가상의 단면을 관통한다. 예를 들면 그림에 1과 2로 표시된 단면을 통과하는 소리의 일률은 같다. 그러나 일률은 단면 1보다는 2에서 더 큰 넓이를 통과하기 때문에, 퍼져 나가는 효과가 고려되어야 한다. 소리의 일률과 일률이 통과하는 넓이의 개념을 함께 고려하여 소리 세기의 개념을 공식화하여 보자. 파동 세기의 개념은 음파에만 국한되는 것은 아니다. 24장에서 다른 종류의 중요한 파동인 전자기파를 논의할 때, 이 개념

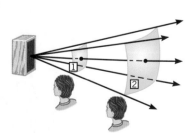

그림 16.18 음파에 의해 운반되는 에너지가 스피커와 같은 음원을 떠난 후 퍼져 나간다. 에너지는 표면 1을 수직으로 지나가고, 그리고 나서 보다 넓은 표면 2를 통과한다.

을 다시 논의하게 될 것이다.

소리의 세기(sound intensity) I 는 어떤 단면을 수직으로 통과하는 일률 P 를 그 단면의 넓이 A 로 나눈 값으로 정의된다. 즉

$$I = \frac{P}{A} \tag{16.8}$$

이며, 소리 세기의 단위는 단위 넓이당 일률, 혹은 W/m^2 이다.

1000 Hz 음에 대해, 인간의 귀가 감지할 수 있는 가장 작은 소리의 세기는 약 $1 \times 10^{-12} \, \text{W/m}^2$ 이다. 이 세기를 **가청문턱**(threshold of hearing)이라 부른다. 다른 극단적인 경우로, $1 \, \text{W/m}^2$ 보다 큰 세기의 소리를 계속 듣게 되면 고통스럽고 결국 청각에 영원한 손상을 줄 수도 있다. 인간의 귀는 아주 민감하여 넓은 범위의 소리의 세기를 들을 수 있다.

만일 음원이 모든 방향으로 균일하게 소리를 방출한다면 세기는 단순히 거리에 의존한다. 그림 16.19는 가상의 구(여기서는 이해를 돕기 위해 반쪽 구만 그렸다)의 중심에 있는 음원을 보여주고 있다. 구의 반지름은 r 이다. 퍼져 나가는 소리의 일률 P 는 구의 겉넓이 $A = 4\pi r^2$ 을 통과하기 때문에, 거리 r 에서 세기는

구 표면에 균일하게 퍼지는 소리의 세기 $\qquad I = \frac{P}{4\pi r^2} \tag{16.9}$

이다. 이 식으로부터 모든 방향으로 균일하게 소리를 내는 음원의 강도는 $1/r^2$ 에 따라 변한다는 것을 알 수 있다. 예를 들어 거리가 2배 증가하면, 소리의 세기는 $1/2^2 = 1/4$ 의 인자로 감소한다. 다음 예제 16.4는 세기가 $1/r^2$ 에 따라 변하는 효과를 설명하고 있다.

구의 중심에 있는 음원

그림 16.19 구의 중심에 있는 음원은 모든 방향으로 균일하게 소리를 방출한다. 이해를 돕기 위해 반쪽만 그렸다.

예제 16.4 | 불꽃놀이

그림 16.20처럼, 불꽃놀이 대회 동안에 로켓이 공중의 높은 곳에서 폭발되었다. 소리는 모든 방향으로 균일하게 퍼져 나갔고, 땅으로부터의 반사는 무시한다고 가정하자. 폭발 위치로부터 $r_2 = 640 \, \text{m}$ 떨어진 수신자 2에 소리가 도달할 때, 소리의 세기가 $I_2 = 0.10 \, \text{W/m}^2$ 이라면 폭발 위치로부터 $r_1 = 160 \, \text{m}$ 떨어진 수신자 1에 의해 감지되는 소리의 세기는 얼마인가?

살펴보기 수신자 1은 수신자 2에 비해 폭발 위치에 4배 가까이 있다. 그러므로 수신자 1에 의해 감지되는 소리 세기는 수신자 2에 의해 감지되는 세기에 비하여 $4^2 = 16$ 배 크다.

풀이 식 16.9를 사용하면 소리 세기의 비를 알 수 있다.

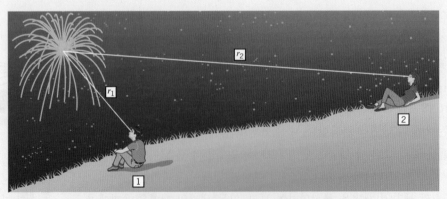

그림 16.20 불꽃놀이 대회에서 불꽃이 폭발하여 소리가 모든 방향으로 균일하게 퍼져 나간다면, 거리 r 에서 세기는 $I = P/(4\pi r^2)$ 이다. 여기서 P 는 폭발음의 일률이다.

$$\frac{I_1}{I_2} = \frac{\dfrac{P}{4\pi r_1{}^2}}{\dfrac{P}{4\pi r_2{}^2}} = \frac{r_2{}^2}{r_1{}^2} = \frac{(640\,\text{m})^2}{(160\,\text{m})^2} = 16$$

결과적으로, $I_1 = (16)I_2 = (16)(0.10\,\text{W/m}^2) = \boxed{1.6\,\text{W/m}^2}$ 이다.

> **문제 풀이 도움말**
> 식 16.9는 소리가 모든 방향으로 균일하게 퍼져 나가고, 음파가 퍼져 나가는 과정에서 반사가 없을 때만 사용된다.

16.8 데시벨

데시벨(decibel, dB)은 두 소리의 세기를 비교할 때 사용되는 측정 단위이다. 비교하는 간단한 방법은 세기의 비를 계산하는 것이다. 예를 들면 $I = 8 \times 10^{-12}\,\text{W/m}^2$과 $I_0 = 1 \times 10^{-12}\,\text{W/m}^2$를 $I/I_0 = 8$로 계산함으로써 비교할 수 있고, 이 경우 I는 I_0에 비해 8 배 크다고 말한다. 그러나 소리의 세기에 반응하는 인간의 청각 메커니즘의 방식 때문에, 두 값을 비교하기 위하여 로그 눈금을 사용하는 것이 적절하다. 이를 위해 **세기 준위**(intensity level) β(데시벨 단위로 나타낸다)는 다음과 같이 정의된다.

$$\beta = (10\,\text{dB}) \log\left(\frac{I}{I_0}\right) \tag{16.10}$$

여기서 'log'는 밑수가 10인 상용 로그를 나타낸다. I_0는 세기 I와 비교되는 기준 준위의 세기이며, 가청문턱인 $I_0 = 1.00 \times 10^{-12}\,\text{W/m}^2$이다. 위에서 주어진 I와 I_0 값의 경우에 대해 음의 준위를 계산하면

$$\beta = (10\,\text{dB}) \log\left(\frac{8 \times 10^{-12}\,\text{W/m}^2}{1 \times 10^{-12}\,\text{W/m}^2}\right) = (10\,\text{dB}) \log 8 = (10\,\text{dB})(0.9) = 9\,\text{dB}$$

이 된다. 이 결과는 I는 I_0보다 9 데시벨만큼 더 크다는 것을 나타낸다. β를 '세기 준위'라 부르지만, 이것은 세기도 아니고, 그리고 세기 단위인 W/m^2을 갖지도 않는다. 사실 데시벨은 라디안처럼 차원이 없다.

I와 I_0 모두가 가청문턱 값을 갖는다면, $I = I_0$이고 따라서 세기 준위는 식 16.10에 의해 0 데시벨이다.

$$\beta = (10\,\text{dB}) \log\left(\frac{I_0}{I_0}\right) = (10\,\text{dB}) \log 1 = 0$$

0 데시벨의 세기 준위는 소리의 세기 I가 0이라는 것이 아니고, $I = I_0$를 의미한다.

세기 준위는 그림 16.21과 같은 음준위계*를 사용하여 측정된다. 가청문턱을 0 dB라고 가정하여 세기의 준위 β에 대한 눈금이 표시되어 있다. 가청문턱을 기준 준위로 사용하여 몇 가지 소리들에 대한 세기 I와 이에 따른 세기 준위 β가 표 16.2에 나열되어 있다.

음파가 수신자의 귀에 도달할 때, 뇌는 파동의 세기에 따라 이 소리가 고성인지 가냘픈 소리인지를 판단한다. 세기가 커지면 고성으로 들린다. 그러나 세기와 음량은 단순히

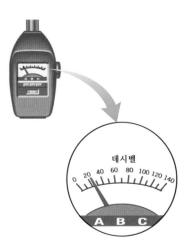

그림 16.21 음준위계와 확대해서 본 데시벨 눈금

---

* 기술자들은 음압계 또는 소음계라고 한다(역자 주).

표 16.2 전형적인 소리의 세기와 가청문턱에 대한 세기 준위

	세기 I (W/m^2)	세기 준위 β(dB)
가청문턱	1.0×10^{-12}	0
나뭇잎의 살랑거림	1.0×10^{-11}	10
속삭임	1.0×10^{-10}	20
보통대화(1 m에서)	3.2×10^{-6}	65
도심 차속	1.0×10^{-4}	80
머플러 없는 자동차	1.0×10^{-2}	100
라이브 록 콘서트	1.0	120
고통의 시작	10	130

비례하지 않는다. 곧 알게 되겠지만 세기를 2배로 한다고 음량이 2배가 되는 것이 아니다.

만일 어떤 사람이 90 dB의 세기 준위를 발생시키는 오디오 장치 앞에 서 있다고 하자. 음량 조절 다이얼을 세기 준위가 91 dB이 되도록 조금 높이면, 그 사람은 음량의 변화를 거의 느끼지 못할 것이다. 청각 실험에 의하면 세기 준위에서 1 dB의 변화는 대략 정상적인 청각을 가진 수신자에게는 매우 작은 음량의 변화를 감지한다는 것이 알려져 있다. 1 dB은 음량에서 분별할 수 있는 가장 작은 증가량이기 때문에, 3 dB의 변화 즉 90 dB에서 93 dB로의 변화 역시 음량의 변화가 작은 것이다. 다음의 예제 16.5에서는 그러한 변화가 일어나도록 하기 위해서는 소리세기를 어느 정도 증가시켜야 하는지에 대한 인자를 결정한다.

 예제 16.5 | 소리 세기의 비교

오디오 시스템 1은 $\beta_1 = 90.0$ dB의 세기 준위를 발생시키고, 시스템 2는 $\beta_2 = 93.0$ dB의 세기 준위를 발생시킨다. 각각에 해당하는 세기(W/m^2)들은 I_1과 I_2이다. 세기의 비 I_2/I_1을 구하라.

살펴보기 세기 준위는 세기를 로그로 나타낸 것이며(식 16.10 참조) 로그 함수는 $\log A - \log B = \log(A/B)$의 성질을 갖고 있다. 두 세기 준위를 빼고, 이러한 로그 함수의 공식을 사용하면

$$\beta_2 - \beta_1 = (10 \text{ dB}) \log\left(\frac{I_2}{I_0}\right) - (10 \text{ dB}) \log\left(\frac{I_1}{I_0}\right)$$
$$= (10 \text{ dB}) \log\left(\frac{I_2/I_0}{I_1/I_0}\right)$$

$$= (10 \text{ dB}) \log\left(\frac{I_2}{I_1}\right)$$

가 얻어진다.

풀이 위에서 얻어진 결과를 사용하면

$$93.0 \text{ dB} - 90.0 \text{ dB} = (10 \text{ dB}) \log\left(\frac{I_2}{I_1}\right)$$
$$0.30 = \log\left(\frac{I_2}{I_1}\right) \quad \text{즉} \quad \frac{I_2}{I_1} = 10^{0.30} = \boxed{2.0}$$

이 된다. 즉 세기를 2 배로 변화시키면 음량의 변화는 2 배가 아닌 매우 작은 양(3 dB)이 된다. 따라서 세기와 음량 사이에는 단순한 비례 관계가 성립하지 않는다.

소리의 음량을 2배로 하기 위해서는 세기를 2 배 이상으로 증가시켜야 한다. 실험에 의하면 세기 준위를 10 dB로 증가시키면 새로운 소리는 원래 소리보다 대략 2배 정도의 음량이 된다고 한다. 예를 들면 70 dB의 세기 준위는 60 dB 준위보다 음량이 2배인 소리이고, 80 dB의 세기 준위는 70 dB의 준위보다 음량이 2배인 소리이다. 음량을 2배로 증가시키는 소리 세기의 인자는 예제 16.5에서 사용된 방법에 의해 구할 수 있다. 즉

$$\beta_2 - \beta_1 = 10.0 \text{ dB} = (10 \text{ dB}) \left[\log\left(\frac{I_2}{I_0}\right) - \log\left(\frac{I_1}{I_0}\right) \right]$$

이므로 이 식을 풀면 $I_2/I_1 = 10.0$ 이 된다. 그래서 소리 세기를 10 배 증가시키면 음량이 2 배가 된다. 결국, 그림 16.22 에 있는 최대 볼륨까지 올린 두 오디오 시스템에서, 200 와트 시스템은 값싼 20 와트 시스템보다 단지 음량이 2배인 소리를 낼 수 있다.

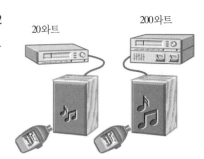

그림 16.22 두 오디오 시스템을 최대 볼륨까지 올렸을 때, 출력이 10배인 200 와트 오디오는 20 와트 오디오에 비해 단지 2배의 큰 소리를 발생시킬 수 있다.

16.9 도플러 효과

다가오는 소방차의 사이렌 소리와 멀어지는 소방차의 사이렌 소리가 아주 다르게 들린 경험이 있는가? 이 효과는 두 음절 '이(eee)'와 '유(yow)'가 합쳐져서 '이유(eee-yow)'의 소리를 낼 때 들리는 것과 유사하다. 소방차가 접근하는 동안 사이렌 소리의 높이는 비교적 높고('eee'), 그 차가 지나가 멀어지면 사이렌 소리의 높이는 갑자기 떨어진다('yow'). 관측자가 정지해 있는 음원으로 접근하거나 혹은 멀어질 때와 조금은 유사하고 덜 친숙한 어떤 현상이 일어난다. 그러한 현상은 1842년 오스트리아 물리학자 도플러에 의해 확인되었으며, 도플러 효과라고 부른다.

왜 도플러 효과가 일어나는지를 설명하기 위하여, 이전에 논의되었던 개념인 물체의 속도, 음파의 파장과 진동수(16.5절)를 모두 사용할 것이다. 음원 및 파장과 진동수를 갖는 음을 관측하는 관측자의 속도의 영향을 조합하여 보자. 그렇게 하면서, **도플러 효과**(Doppler effect)는 음원과 관측자의 속도가 소리가 전파되는 매질에 대해 다르기 때문에 관측자에 의해 감지되는 소리의 진동수, 즉 소리 높이의 변화라는 것을 알게 될 것이다.

음원이 움직이는 경우

도플러 효과가 어떻게 일어나는지를 알기 위해서, 그림 16.23(a)처럼 정지해 있는 소방차 위에 있는 사이렌이 울린다고 하자. 소방차가 정지해 있고 공기도 지면에 대해 정지해 있다고 하자. 그림에서 각각의 파란색 동그라미의 위치는 음파의 밀한 곳의 위치를 나타낸다. 소리의 패턴이 대칭적이기 때문에, 소방차의 앞 혹은 뒤에 서 있는 수신자는 단위 시간당 동일한 횟수의 밀한 곳을 수신하므로 결과적으로 동일한 진동수의 소리를 듣는다. 그림 16.23(b)처럼 일단 소방차가 움직이기 시작하면 상황은 달라진다. 트럭 앞에서는 밀한 곳들이 서로 가까워지고, 따라서 소리의 파장이 짧아진다. 왜냐하면 다음 파동이 방출되기 이전에 움직이는 트럭이 이미 방출된 밀한 곳으로 접근하기 때문이다. 밀한 곳들이 서로 가까워지기 때문에, 트럭 앞에 서 있는 관측자는 트럭이 정지해 있을 때에 비하여 단위 시간당 더 많은 수의 밀한 곳을 수신하게 된다. 밀한 곳들이 도달하는 비율의 증가는 진동수

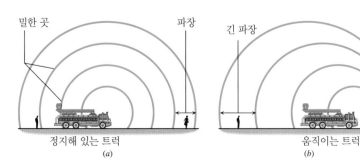

그림 16.23 (a) 트럭이 정지해 있을 때, 트럭의 앞과 뒤에서 소리의 파장은 같다. (b) 트럭이 움직일 때, 트럭 앞에서 파장은 짧아지는 반면 트럭 뒤에서는 파장이 길어진다.

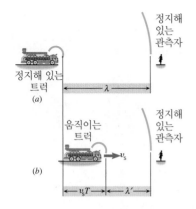

그림 16.24 (a) 소방차가 정지해 있을 때 두 연속하는 밀한 곳 사이의 거리가 한 파장 λ이다. (b) 트럭이 속도 v_s로 움직일 때, 트럭 앞에서 소리의 파장은 짧아진 파장 λ'이다.

의 증가에 해당하고, 관측자에게는 더 높은 소리로 들리게 된다. 움직이는 트럭 뒤쪽에서는, 밀한 곳들이 트럭이 정지해 있는 경우보다 서로 멀어진다. 뒤쪽으로 방출되는 밀한 곳들로부터 트럭이 멀리 떨어지려 하기 때문에 이러한 파장이 길어지는 현상이 일어난다. 결과적으로 트럭 뒤쪽에 있는 관측자의 귀에는 단위 시간당 보다 작은 수의 밀한 곳들이 도달되며, 이는 낮은 진동수 또는 낮은 음으로 관측자에게 들린다.

만일 그림 16.23(a)에서처럼 정지해 있는 사이렌이 시간 $t = 0\,\text{s}$에서 밀한 곳을 만든다면, T를 사이렌 음의 주기라고 할 때, 이 사이렌은 시간 T 후에 다음 밀한 곳을 만들 것이다. 그림 16.24(a)에 나타난 것처럼, 이러한 밀한 두 곳 사이의 거리는 정지해 있는 음원에서 발생되는 소리의 파장 λ이다. 트럭이 정지해 있는 관측자를 향해 속도 v_s(첨자 s는 음원을 나타냄)로 움직일 때, 사이렌은 역시 시간 $t = 0$과 T에서 밀한 곳을 만든다. 그러나 그림 16.24(b)에서 보는 바와 같이, 두 번째 밀한 곳을 만들기 전에 트럭은 거리 $v_s T$ 만큼 관측자를 향해 움직여 접근한다. 결과적으로 연속되는 두 밀한 곳 사이의 거리는 정지해 있는 사이렌에 의해 생성된 파장 λ가 아니고, $v_s T$ 만큼 짧아진 파장 λ'다. 즉

$$\lambda' = \lambda - v_s T$$

이다. 정지해 있는 관측자에 의해 감지된 진동수를 f_o로 나타내기로 하자. 여기서 첨자 'o'는 관측자(observer)를 나타낸다. 식 16.1에 따르면 f_o는 음속 v를 짧아진 파장 λ'으로 나눈 것과 같다. 즉

$$f_o = \frac{v}{\lambda'} - \frac{v}{\lambda - v_s T}$$

이다. 그러나 정지해 있는 사이렌의 경우, $\lambda = v/f_s$, $T = 1/f_s$ 이다. 이때 f_s는 음원에 의해 방출되는 소리의 진동수이다(관측자에 의해 수신되는 진동수 f_o가 아닌). 이것들을 λ와 T에 대입하면 f_o에 대한 식은 다음과 같이 된다. 즉

정지해 있는 관측자를 향해 움직이는 음원 $f_o = f_s \left(\dfrac{1}{1 - \dfrac{v_s}{v}} \right)$ (16.11)

이다. 식 16.11의 분모에 $1 - v_s/v$ 항이 존재하고 이 값은 1보다 작기 때문에, 관측자가 듣는 진동수 f_o는 음원이 방출하는 진동수 f_s보다 크다. 이러한 두 진동수 사이의 차 $f_o - f_s$를 도플러 이동(Doppler shift)이라 부르며, 이 크기는 음속 v에 대한 음원의 속력 v_s의 비에 의존한다.

사이렌이 관측자에게 접근하지 않고 관측자로부터 멀어질 때, 파장 λ'은 다음과 같이 파장 λ보다 길어진다.

$$\lambda' = \lambda + v_s T$$

이 식에서는 이전 식에서 '−' 부호가 있는 곳에 '+' 부호가 있다는 것에 유의하라. 식 16.11을 유도하였을 때와 같은 논리가 관측자가 듣는 진동수 f_o에 대한 식을 얻는 데 사용될 수 있다. 즉

정지해 있는 관측자로부터 멀어지는 음원 $f_o = f_s \left(\dfrac{1}{1 + \dfrac{v_s}{v}} \right)$ (16.12)

이다. 식 16.12의 분모 $1 + v_s/v$는 1보다 커서, 관측자가 듣는 진동수 f_o는 음원이 방출하는 진동수 f_s보다 작다. 다음 예제는 쉽게 경험할 수 있는 상황에서 도플러 이동이 얼마나 큰 지를 설명하고 있다.

 예제 16.6 | **지나가는 열차의 소리**

고속 열차가 415 Hz의 경적을 울리면서 44.7 m/s(100 mi/h)의 속력으로 진행하고 있다. 소리의 속도는 343 m/s이다. (a) 열차가 접근할 때와 (b) 열차가 멀어질 때, 건널목에 서 있는 사람이 듣는 소리의 진동수와 파장은 얼마인가?

살펴보기 열차가 접근할 때, 건널목에 있는 사람은 도플러 효과 때문에 415 Hz보다 큰 진동수의 소리를 듣게 된다. 열차가 멀리 지나가면 415 Hz보다 작은 진동수의 소리를 듣는다. 진동수를 계산하기 위해 식 16.11과 식 16.12를 각각 사용할 수 있다. 어느 경우에나 관측되는 파장은 소리의 속력을 관측된 진동수로 나눈 식 16.1로부터 얻을 수 있다.

풀이 (a) 열차가 접근할 때, 관측되는 진동수는

$$f_o = f_s \left(\frac{1}{1 - \dfrac{v_s}{v}} \right) \qquad (16.11)$$

$$= (415 \text{ Hz}) \left(\frac{1}{1 - \dfrac{44.7 \text{ m/s}}{343 \text{ m/s}}} \right) = \boxed{477 \text{ Hz}}$$

이고, 관측되는 파장은

$$\lambda' = \frac{v}{f_o} = \frac{343 \text{ m/s}}{477 \text{ Hz}} = \boxed{0.719 \text{ m}} \qquad (16.1)$$

이다.

(b) 열차가 건널목에서 멀어져 갈 때, 관측되는 진동수는

$$f_o = f_s \left(\frac{1}{1 + \dfrac{v_s}{v}} \right) = (415 \text{ Hz}) \left(\frac{1}{1 + \dfrac{44.7 \text{ m/s}}{343 \text{ m/s}}} \right)$$

$$= \boxed{367 \text{ Hz}} \qquad (16.12)$$

이며, 이 경우 관측되는 파장은

$$\lambda' = \frac{v}{f_o} = \frac{343 \text{ m/s}}{367 \text{ Hz}} = \boxed{0.935 \text{ m}}$$

가 된다.

관측자가 움직이는 경우

그림 16.25는 공기가 정지해 있다는 가정하에, 음원이 정지해 있고 관측자가 움직일 때 도플러 효과가 어떻게 생기는지를 보여주고 있다. 관측자는 속도 v_o(첨자 'o'는 관측자를 나타냄)로 정지해 있는 음원을 향해 움직이고, 시간 t 동안 $v_o t$만큼의 거리를 움직인다. 이 시간 동안 움직이는 관측자는 정지해 있을 때의 밀한 곳의 수에다 추가되는 밀한 곳의 수를 더한 만큼을 수신한다. 수신하게 되는 추가된 밀한 곳의 수는 거리 $v_o t$를 두 연속적인 밀한 곳 사이의 거리 λ로 나눈 값인 $v_o t / \lambda$이다. 그래서 단위 시간당 수신하는 추가된 밀한 곳의 수는 v_o / λ이다. 정지해 있는 관측자는 음원에 의해 방출되는 진동수 f_s를 듣기 때문에, 움직이는 관측자는 다음과 같이 주어지는 높은 진동수 f_o를 듣는다.

그림 16.25 정지해 있는 음원을 향해 속도 v_o로 움직이는 관측자는 정지해 있는 관측자에 비해 단위 시간당 더 많은 파동의 밀한 곳을 수신한다.

$$f_o = f_s + \frac{v_o}{\lambda} = f_s \left(1 + \frac{v_o}{f_s \lambda} \right)$$

$v = f_s \lambda$ 라는 사실을 이용하면

정지해 있는 음원을 향해 움직이는 관측자 $\qquad f_o = f_s \left(1 + \frac{v_o}{v} \right) \qquad (16.13)$

가 얻어진다.

정지해 있는 음원으로부터 멀어지게 움직이는 관측자는 음파와 같은 방향으로 움직이고, 결과적으로 정지해 있는 관측자가 수신하는 것보다 작은 단위 시간당 밀한 곳을 수신한다. 이 경우, 움직이는 관측자는 다음과 같이 주어지는 낮아진 진동수 f_o를 듣게 된다.

정지해 있는 음원으로부터 멀어지는 관측자 $\quad f_o = f_s \left(1 - \dfrac{v_o}{v} \right)$ (16.14)

움직이는 관측자의 경우에 도플러 효과를 발생시키는 물리적 메커니즘은 움직이는 음원의 경우와 다르다. 음원이 움직이고 관측자가 정지할 때, 그림 16.24(b)에 있는 파장 λ가 변하게 되어 관측자가 듣는 진동수는 f_o가 된다. 반면에 관측자가 움직이고 음원이 정지해 있을 때는 그림 16.25에 있는 파장 λ는 변하지 않는다. 대신에 움직이는 관측자는 정지해 있는 관측자와 다른 단위 시간당 밀한 곳의 수를 수신하게 된다. 그러므로 움직이는 관측자는 다른 진동수 f_o로 수신한다.

일반적인 경우

음원과 관측자가 소리의 전파 매질에 대하여 함께 움직이는 경우도 가능하다. 매질이 정지해 있다면, 관측 진동수 f_o는 식 16.11~16.14들을 결합하여 다음과 같이 표현할 수 있다.

음원과 관측자 둘 다 움직임 $\quad f_o = f_s \left(\dfrac{1 \pm \dfrac{v_o}{v}}{1 \mp \dfrac{v_s}{v}} \right)$ (16.15)

분자에 있는 '+' 부호는 관측자가 음원을 향해 움직일 때, '−' 부호는 관측자가 음원으로부터 멀어질 때 적용된다. 분모에 있는 '−' 부호는 음원이 관측자를 향해 움직일 때, 그리고 '+' 부호는 음원이 관측자로부터 멀어질 때 사용된다. 기호 v_o, v_s, v는 대수적 부호가 없는 속력이다. 왜냐하면 이 식에 나타나 있는 '+', '−' 부호에 의해 파동의 진행 방향이 고려되기 때문이다.

NEXRAD

● NEXRAD(차세대 기상 레이더)의 물리

NEXRAD는 차세대 기상 레이더(Next Generation Weather Radar)의 약자이다. NEXRAD는 그림 16.26에서의 토네이도와 같은 심각한 폭풍에 대한 정보를 조기에 알리기 위해 미국의 기상청에서 사용하는 전국적인 시스템이다. 이 시스템은 일종의 전자기파(24장 참조)인 레이더파에 기초를 두고 있고, 레이더파도 음파와 같이 도플러 효과를 나타낸다. 도플러 효과는 NEXRAD에서 핵심적인 역할을 한다. 그림에서 설명되었듯이 토네이도는 공기와 물방울의 소용돌이이다. 레이더 펄스는 축구공같이 생긴 보호용 덮개 속에 있는 NEXRAD 장치에 의해 발사된다. 파동은 물방울에 의해 반사되어 장치로 되돌아가서 그 진동수가 측정되며, 이 값은 발사 진동수와 비교된다. 예를 들면 그림에서 점 A에 있는 물방울이 장치를 향해 이동하고, 물방울로부터 반사된 레이더파는 도플러 이동으로 높은 진동수를 갖게 된다. 그러나 점 B에서의 물방울은 장치로부터 멀어져 움직인다. 이러한 물방울로부터 반사된 파동의 진동수는 도플러 이동에 의해 진동수가 낮아진다. 진동수의 도플러 이동을 컴퓨터로 계산하여 모니터 스크린에는 진한 색깔로 표시한다. 이러한 색깔 표

(a)

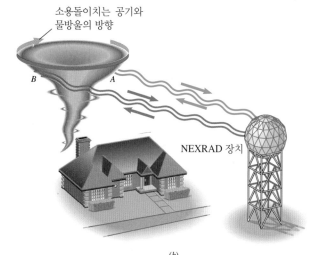

소용돌이치는 공기와
물방울의 방향

B   A

NEXRAD 장치

(b)

시는 풍속의 방향과 크기를 나타내게 되고, 140 마일 위쪽까지 토네이도를 발생시킬 수 있
는 공기 질량의 소용돌이를 식별할 수 있게 된다. 진동수의 도플러 이동을 명확히 기술하
는 식은 음파에 대한 식 16.11~16.15들과는 다르다. 레이더파는 음파와 다른 메커니즘으
로 한 곳에서 다른 곳으로 전파되기 때문이다(24.5절 참조).

그림 16.26 (a) 토네이도는 자연에서
가장 위험한 폭풍의 하나이다. (b) 미
국의 기상청은 NEXRAD 시스템을 사
용한다. 이 시스템은 도플러 이동 레이
더에 기초를 두어 토네이도를 발생시
킬 것 같은 폭풍을 식별한다.

연습 문제

16.1 파동의 성질
16.2 주기적인 파동

1(2)   빛은 전자기파이고 3.00×10^8 m/s의 속력으로 진행한다.
인간의 눈은 파장이 5.45×10^{-7} m인 황록색 빛에 가장
민감하다. 이 빛의 진동수는 얼마인가?

2(3)   3.0 Hz의 진동수를 갖는 종파가 길이 2.5 m의 슬링키(그림
16.3 참조)를 진행하기 위해서는 1.7 s의 시간이 걸린다. 파
동의 파장을 구하라.

3(6)   바다에서 매트리스 위에 누워 있는 어떤 사람이 매 5초를
주기로 올라왔다 내려갔다 한다. 이동하는 파동의 마루 사
이의 간격은 20.0 m이다. (a) 진동수와 (b) 파의 속력을 구
하라.

4(7)   그림 16.2(c)에서 횡파의 진폭과 진동수가 각각 1.3 cm와
5.0 Hz이다. 빨간색 점이 3.0 s 동안 움직이는 총 수직 거리
(cm 단위)를 구하라.

*5(8) 제트 스키어가 호수 위의 파가 이동하는 방향으로 8.4 m/s
로 이동한다. 그는 마루를 통과할 때마다 부딪치는 느낌을
갖는다. 부딪침 진동수는 1.2 Hz이고 두 마루 사이의 거리
는 5.8 m이다. 파의 속력은 얼마인가?

*6(9) 줄 위의 횡파의 속력이 450 m/s이고, 파장이 0.18 m이다.
파동의 진폭은 2.0 mm이다. 줄 입자가 총 1.0 km의 거리를
움직이기 위해서는 얼마의 시간이 소요되는가?

16.3 줄 위의 파동의 속력

7(12) 줄의 질량은 5.0×10^{-3} kg이고 줄을 팽팽하게 하는 장력
은 180 N이다. 줄 위에서 진행하는 횡파의 진동수는 260
Hz이며 파장은 0.60 m이다. 줄의 길이는 얼마인가?

8(13) 바이올린 가(A) 줄의 선밀도는 7.8×10^{-4} kg/m이다. 줄
위에 있는 파동의 진동수와 파장은 각각 440 Hz 및 65 cm
이다. 줄의 장력은 얼마인가?

9(15) 횡파가 수평 줄 위에서 300 m/s의 속력으로 진행하고 있다.
줄의 장력을 4 배 증가시킨다면 파동의 속력은 얼마인가?

10(16) 두 개의 와이어는 평행하고 한 와이어는 다른 와이어 바로
위에 있다. 각 와이어의 길이는 50.0 m이고 단위 길이당 질
량은 0.020 kg/m이다. 또한 와이어 A의 장력은 6.00×10^2 N이고, 와이어 B의 장력은 3.00×10^2 N이다. 횡파
펄스는 와이어 A는 왼쪽 끝에서 와이어 B는 오른쪽 끝에
서 동시에 발생된다. 펄스들은 서로 다른 방향으로 진행한

다. 펄스가 서로 통과할 때까지 걸리는 시간은 얼마인가?

*11(19) 그림은 마찰이 없는 경사면과 도르래를 나타낸다. 두 블록은 줄(단위 길이당 질량 = 0.0250 kg/m)에 연결되어 있고 정지된 상태이다. 줄 위 횡파의 속력은 75.0 m/s이다. 줄에서 장력에 대해 줄의 무게는 무시한다고 할 때 블록의 질량 m_1과 m_2를 구하라.

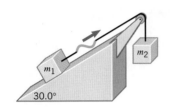

**12(21) 그림은 15.0 kg인 공이 줄의 끝에서 원형 경로로 획하고 도는 것을 나타낸다. 수평한 테이블이고 마찰이 없는 운동이다. 공의 각속력은 $\omega = 12.0$ rad/s이다. 줄의 질량은 0.0230 kg이다. 줄의 원 중심으로부터 공까지 파동이 진행하는 데 걸리는 시간은 얼마인가?

공
줄

16.4 파동의 수학적 표현

13(23) 진폭이 0.37 m, 주기가 0.77 s, 속력이 12 m/s인 특성을 갖고 있는 파동이 있다. 파동은 −x 방향으로 진행한다. 이 파동에 대한 수학적인(식 16.3 혹은 16.4와 유사한) 표현식은 무엇인가?

14(24) 그림은 줄 위의 횡파에 대한 두 그래프를 나타낸다. 파동은 +x 방향으로 이동한다. 이들 그래프에 담긴 정보를 이용해서 파동에 대한 수학적 표현식을 (식 16.3 또는 16.4처럼) 써라.

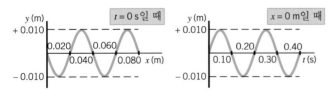

15(25) $y = (0.45) \sin(8.0\,\pi t + \pi x)$로 주어지는 파동이 있다. x와 y의 단위는 미터이고, t의 단위는 초이다. (a) 파동의 진폭, 진동수, 파장 그리고 속력을 구하라. (b) 이 파동은 '+x' 혹은 '−x' 중 어느 방향으로 진행하는가?

*16(26) 줄의 장력은 15 N이고 선밀도는 0.85 kg/m이다. 줄 위의 파동은 −x 방향으로 진행한다. 진폭은 3.6 cm이고 진동수는 12 Hz이다. 변수 A, f, λ의 값을 대입해서 (a) 속력과 (b) 파동의 파장을 구하라. (c) 파동에 대한 수학적 표현식을 (식 6.3 또는 16.4처럼) 써라.

*17(27) 횡파가 줄 위를 진행하고 있다. 평형 위치로부터 입자의 변위 y는 $y = (0.021\,\text{m}) \sin(25\,t - 2.0\,x)$로 주어진다. 위상 $25t - 2.0x$는 라디안 단위이고, t는 초 단위, x는 미터 단위이다. 줄의 선밀도는 1.6×10^{-2} kg/m이다. 이 줄의 장력은 얼마인가?

16.5 소리의 성질

16.6 소리의 속력

18(29) 온도가 201 K인 수소가 들어있는 용기 속에서 음속은 1220 m/s이다. 온도가 405 K로 올라간다면 음속은 얼마인가? 수소는 이상 기체 같이 행동한다고 가정한다.

19(31) 스피커와 수신자의 왼쪽 귀 사이의 거리가 2.70 m이다. (a) 공기 온도가 섭씨 20 도라면 소리가 이 거리를 진행하는 데 걸리는 시간은 얼마인가? (b) 소리의 진동수가 523 Hz라고 한다면 얼마나 많은 소리의 파장이 이 거리 속에 포함되어 있겠는가?

20(34) 20 °C인 공기에서 음파의 파장은 2.74 m이다. 20 °C인 담수에서 이 음파의 파장은 얼마인가? (힌트: 소리의 진동수는 두 매체에서 같다.)

21(35) 폭음이 교각의 한쪽 끝에서 발생한다. 소리는 3개의 매체, 즉 공기, 담수, 가느다란 금속 난간을 통해서 교각의 다른 쪽 끝에 도달한다. 공기, 담수, 가느다란 금속 난간에서 소리의 속력은 각각 343 m/s, 1482 m/s, 5040 m/s이다. 소리는 각 매체에서 125 m 거리를 진행한다. (a) 소리가 빨리 도착하는 매체의 순서를 결정하라. (b) 소리가 처음 도착한 후, 소리가 두 번째, 세 번째 도착하는 소리는 얼마나 늦는가?

*22(38) 그림에서 나타낸 것처럼, 마이크로폰 1은 원점에 위치하고, 마이크로폰 2는 +y축 위에 위치한다. 두 마이크로폰은 D

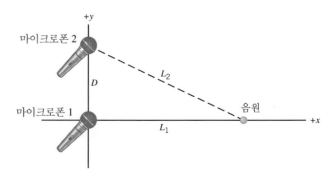

= 1.50m의 거리에 떨어져 있다. 음원은 +x축 위에 놓여 있고, 음원과 마이크로폰 1과 마이크로폰 2로부터의 거리는 각각 L_1, L_2이다. 소리의 속력은 343 m/s이다. 소리가 처음 마이크로폰 1에 도달한 다음 1.46 ms 이후, 마이크로폰 2에 도달하였다. 거리 L_1과 L_2를 구하라.

23(39) 길고 가느다란 막대가 알지 못하는 물질로 만들어졌다. 막대의 길이가 0.83 m, 단면적이 $1.3 \times 10^{-4}\,m^2$, 질량이 2.1 kg이다. 음파가 막대의 한쪽 끝에서 다른 쪽 끝까지 진행하는 데 $1.9 \times 10^{-4}\,s$가 걸린다. 막대가 어떤 물질로 만들어졌는지를 표 10.1에서 찾아라.

*24(40) 지진이 발생 할 때, 음파는 두 가지 형태로 생기며 지구를 통해 진행된다. 1차 파(P파)의 속력은 약 8.0 km/s이며, 2차 파(S파)의 속력은 4.5 km/s이다. 먼 거리에 있는 지진계는 P파가 도달한 것이 기록되고 78초 후, S파가 도달되는 것이 기록된다. 이 파들이 직선적으로 진행한다고 할 때, 지진 진원지로부터 지진계까지 떨어진 거리는 얼마인가?

*25(42) 한 음파는 동일한 시간 간격 동안 크립톤(Kr)에서 보다 네온(Ne)에서 파의 진행이 2배 정도 된다. 네온과 크립톤 둘 다 단원자 이상 기체로 취급한다. 네온의 원자 질량은 20.2 u이고 크립톤은 83.8 u이다. 크립톤의 온도는 293 K이다. 이때 네온의 온도는 얼마인가?

*26(43) 부피가 $2.5\,m^3$인 상자 속에 단원자 이상 기체($\gamma = 1.67$)가 들어있다. 기체의 압력은 $3.5 \times 10^5\,Pa$이고, 기체의 총 질량은 2.3 kg이다. 이 기체 속에서의 음속을 구하라.

*27(44) 민물 호수의 표면 위 10 m 높이에서 소리 펄스가 생성되었다. 호수 바닥으로부터 반향된 소리는 0.140 s 후에 원점으로 되돌아갔다. 공기와 물의 온도는 20 ℃이다. 호수의 깊이는 얼마인가?

**28(45) 제트 비행기가 그림에서처럼 수평 방향으로 날아가고 있다. 비행기가 사람의 머리 바로 위에 있는 점 B에 있을 때, 지상에 서 있는 사람이 점 A로부터 나오는 소리를 듣는다. 공기의 평균 온도는 섭씨 20 도이다. 점 A에서 비행기의 속력이 164 m/s라면, 점 B에서 속력은 얼마인가? 단, 비행기는 일정한 가속도를 갖는다고 가정하라.

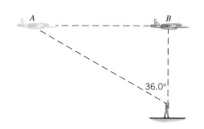

16.7 소리의 세기

29(48) 보통 성인 귀는 겉넓이가 $2.1 \times 10^{-3}\,m^2$이다. 정상적인 대화를 하는 동안 소리의 세기는 듣는 사람의 귀에서 볼 때 약 $3.2 \times 10^{-6}\,W/m^2$이다. 소리가 귀의 표면에 수직으로 충돌한다고 하자. 귀 때문에 방해받는 일률은 얼마인가?

30(49) 한 확성기는 반지름이 0.0950 m인 원형으로 되어 열려 있다. 스피커를 작동하는 데 필요한 전력은 25.0 W이다. 열려진 부분에 평균 소리의 세기는 $17.5\,W/m^2$이다. 소리의 일률로 스피커에 의해 전환되는 소리의 일률은 전력의 몇 % 인가?

31(51) 옥외 스피커에서 소리가 모든 방향으로 균일하게 방출된다고 가정하자. 음원에서 22 m 떨어진 위치에서 세기는 $3.0 \times 10^{-4}\,W/m^2$이다. 78 m 떨어진 지점에서 세기는 얼마인가?

32(53) 사이렌으로부터 3.8 m인 곳에서 소리의 세기는 $3.6 \times 10^{-2}\,W/m^2$이다. 사이렌은 모든 방향으로 균등하게 방사된다고 가정하자. 방사되는 전체 일률을 구하라.

16.8 데시벨

33(61) 인간은 1.0 dB만큼의 작은 소리의 세기 준위의 차이를 구별한다. 그러한 차이에 해당하는 소리 세기의 비는 얼마인가?

*34(65) 토론회에서 A는 B에 비해 1.5 dB만큼 큰 소리로 말하고, C는 A에 비해 2.7 dB 크게 말을 한다. B의 소리 세기에 대한 C의 소리 세기의 비는 얼마인가?

**35(69) 어떤 소리 세기 준위(dB)가 3 배가 될 때 소리 세기(W/m^2)도 역시 3 배가 된다고 가정하자. 이런 경우의 소리 세기 준위를 구하라.

16.9 도플러 효과

36(70) 당신은 정지된 음원으로부터 자전거를 타고 점점 멀어지고 방출되는 진동수보다 1.0 % 낮은 진동수를 듣는다. 소리의 속력은 343 m/s이다. 당신의 속력은 얼마인가?

37(71) 주차된 자동차의 보안 경보기가 울리면서 960 Hz의 진동수의 음을 방출한다. 소리의 속력은 343 m/s이다. 어떤 사람이 주차된 자동차를 향하여 운전하고, 이 차를 통과하여 멀리 운전함에 따라, 95 Hz만큼의 진동수 변화를 관측한다면 그가 운전하는 자동차의 속력은 얼마인가?

38(74) 어떤 새가 정지 상태인 새 관찰자를 향해 점점 날아오고 있고 1250 Hz의 진동수를 방출한다. 그러나 관찰자는 1290 Hz의 진동수를 듣는다. 새의 속력은 얼마인가? 단, 소리의 속력에 대한 %로 표현하라.

*39(75) 물에 대한 항공 모함의 속력이 13.0 m/s이다. 제트기가 갑판에서 급격히 움직여 물에 대해 67.0 m/s의 속력을 낸다. 제트엔진은 1550 Hz의 소리를 발생시키며, 소리의 속력은 343 m/s이다. 배 위에 있는 승무원이 듣는 소리의 진동수는 얼마인가?

*40(76) 번지 점프하는 사람이 정지 상태에서 점프를 하면서 589 Hz의 진동수로 소리를 질렀다. 공기의 온도는 20 ℃이다. 점프한 사람이 11.0 m의 거리를 낙하했을 때 아래에 있는 사람들이 듣는 진동수는 얼마인가? 번지 코드의 효과는 아직 없고, 그 사람은 자유낙하 한다고 가정하자.

*41(79) 모터사이클이 정지 상태에서 출발하여 일직선을 따라 2.81 m/s²으로 가속된다. 소리의 속력은 343 m/s이다. 시작점에서 사이렌은 정지해 있다. 모터사이클이 정지해 있을 때의 사이렌 진동수의 90 %를 운전자가 들을 때, 모터사이클은 얼마나 멀리 갔겠는가?

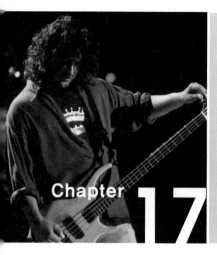

Chapter 17 선형 중첩의 원리와 간섭 현상

17.1 선형 중첩의 원리

모임에서 여러 사람이 동시에 말을 하거나, 스테레오 스피커로부터 음악이 흘러나올 때에는 두 개 이상의 음파(소리 파동)가 같은 시간, 같은 장소에 존재한다. 여러 개의 파동이 동시에 같은 장소를 지날 때 어떠한 현상이 일어나는지를 설명하기 위해서, 같은 높이의 두 횡파 펄스가 서로 반대 방향으로 진행하는 그림 17.1과 17.2를 보자. 파동들은 긴 슬링키 코일을 흔들어서 만든 것이다. 그림 17.1에서는 두 펄스가 모두 위쪽에 있는 반면 그림 17.2에서는 하나는 위쪽이고 다른 하나는 아래쪽이다. 두 그림에서 (a)는 두 펄스가 겹쳐지기 시작하는 것을 보이고 있다. 그림 17.1(b)처럼 위쪽 두 펄스가 완전히 겹쳐질 때 펄스의 높이는 각 펄스의 높이(진폭)의 두 배이다. 마찬가지로 그림 17.2(b)처럼 위쪽 펄스와 아래쪽 펄스가 완전히 겹쳐지면, 순간적으로 펄스는 사라지고, 일직선 형태가 된다. 두 경우 다, 겹쳐진 이후에는 다시 원래의 개별 펄스로 분리되어 반대 방향으로 진행한다.

파동이 겹쳐지는 것을 파동의 중첩이라고 말한다. 두 개의 펄스가 같이 겹쳐져서 하나의 펄스가 되는 현상은 선형 중첩의 원리(principle of linear superposition)라는 일반적 개념의 예이다.

(a) 겹쳐지기 시작한다.

(b) 완전히 겹침; 각 펄스의 높이의 두 배가 된다.

(c) 멀어지는 두 펄스

그림 17.1 서로 반대 방향으로 진행하다가 중첩된 후 다시 멀어지는 두 개의 '위'쪽 펄스 횡파

■ **선형 중첩의 원리**

두 개 이상의 파동이 같은 시간, 같은 장소에 존재할 때, 각 위치의 교란은 개별 파동에 의한 교란의 합이 된다. 달리 말하면 결과 파동의 형태는 각 파동의 형태의 합과 같다.

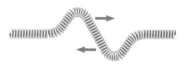

(a) 겹쳐지기 시작한다.

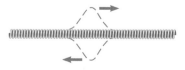

(b) 완전히 겹침

(c) 멀어지는 두 펄스

그림 17.2 서로 반대 방향으로 진행하다가 중첩되는 '위'쪽 펄스 횡파와 '아래'쪽 펄스 횡파

이 원리는 음파, 물결 파동 그리고 빛과 같은 전자기파를 포함하는 모든 형태의 파동에 적용될 수 있다. 이 원리는 물리학의 매우 중요한 개념 중 하나이며, 이 장의 나머지 부분은 이 원리와 관련된 현상을 다루게 된다.

17.2 음파의 보강 간섭과 상쇄 간섭

그림 17.3에서와 같이 듣는 쪽의 가운데 부분에서, 두 스피커에서 나오는 음파들이 중첩되는 상황을 생각해 보자. 음파들의 진폭과 진동수는 측정점 근처에서 같다고 가정한다. 생각하기 편하도록 음파의 파장은 λ = 1 m로 놓고, 또 스피커의 진동판은 같은 위상으로 진동한다고 가정하자. 듣는 곳에서 두 스피커까지 거리가 같다고 하면(그림에서 3 m), 두 음파가 만날 때 파동의 밀한 곳(C)은 항상 밀한 곳과 만나며, 마찬가지로 소한 곳(R)은 항상 소한 곳과 만난다. 선형 중첩의 원리에 따라 겹쳐진 파동의 형태는 두 파동의 형태의 합으로 나타난다. 결과적으로 중첩점(듣는 곳)에서 진동하는 공기 압력의 진폭은 개별 파동의 진폭 A의 두 배이며, 이곳에서 청취자는 스피커 하나에서 오는 소리를 들을 때보다 더 큰 소리를 듣는다. 한 파동의 마루(음파의 경우 가장 밀한 곳)와 다른 파동의 마루, 골과 다른 파동의 골이 서로 일치하면 두 파동이 정확히 같은 위상(in phase)이며 **보강 간섭**(constructive interference)이 일어난다고 말한다.

　스피커 하나가 움직인다면 어떤 현상이 일어나는지 생각해 보자. 매우 놀라운 결과가 나타난다. 그림 17.4에서 듣는 곳으로부터 왼쪽 스피커를 반 파장, 즉 0.5 m 더 멀리 두면, 왼쪽에서 오는 밀한 곳이 오른쪽에서 오는 소한 곳과 만난다. 마찬가지로 반주기 후에는

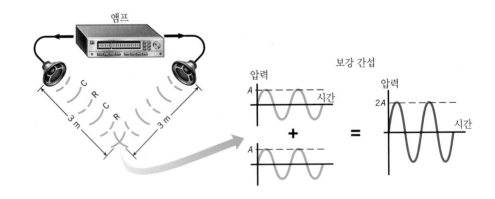

그림 17.3 진폭이 A인 두 음파의 보강 간섭에 의해, 같은 위상으로 진동하는 두 스피커에서 같은 거리에 위치한 부분에서는 큰 소리(진폭 = 2A)가 들린다. (C: 밀한 곳, R: 소한 곳)

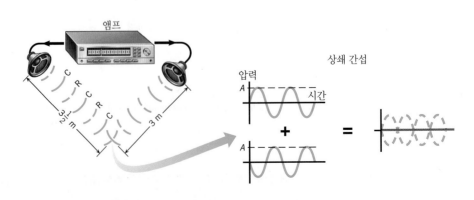

그림 17.4 스피커는 같은 위상으로 진동하지만 왼쪽 스피커는 오른쪽 스피커보다 듣는 곳으로부터 반 파장 더 멀리 있다. (C: 밀한 곳, R: 소한 곳)

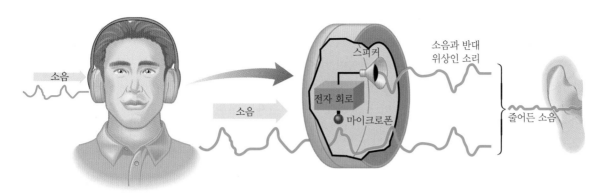

그림 17.5 소음 제거용 헤드폰은 상쇄 간섭을 이용한다.

왼쪽에서 오는 소한 곳이 오른쪽에서 오는 밀한 곳과 만난다*. 선형 중첩의 원리에 따르면, 알짜 효과는 두 파동의 상호 상쇄이다. 한쪽 파동의 밀한 곳이 다른 쪽 파동의 소한 곳을 상쇄시켜 공기 압력이 일정하게 되어 청취자는 소리를 감지하지 못한다. 한 파동의 마루(음파의 경우 가장 밀한 곳)와 다른 파동의 골이 서로 일치하면 두 파동이 정확히 **반대 위상**(out of phase)이며 **상쇄 간섭**(destructive interference)이 일어난다고 말한다.

두 파동이 중첩될 때, 이들이 정확히 항상 같은 위상으로 만난다면 보강 간섭이 일어나며, 항상 반대 위상으로 만난다면 상쇄 간섭이 일어난다. 이런 경우에는, 시간이 지날 때 한 파동의 형태가 다른 파동에 대해 상대적으로 움직이지 않는다. 이런 파동을 만들어내는 파원을 **가간섭성**(coherent) 파원이라 한다.

상쇄 간섭은 소음의 크기를 줄이는 유용한 기술의 바탕이다. 그림 17.5는 소음 제거용 헤드폰을 보여주고 있다. 작은 마이크로폰을 헤드폰의 안쪽에 부착시켜 비행기 조종사가 듣는 엔진 소리 등의 소음을 감지하게 한다. 또한 헤드폰에는 마이크로폰의 소음 신호와 정확하게 반대 위상을 갖는 신호를 만들어 내는 전자 회로가 들어있다. 이 신호대로 헤드폰 스피커에서 음파를 내면, 원래의 파동과 겹쳐서 상쇄 간섭을 일으키기 때문에 조종사가 듣는 소음이 줄어든다.

그림 17.4에서 왼쪽 스피커를 관측점에서 다시 반 파장($3\frac{1}{2}\,\text{m} + \frac{1}{2}\,\text{m} = 4\,\text{m}$)을 움직인다면, 두 파동은 다시 같은 위상이 되며, 보강 간섭을 일으킨다. 왼쪽 파원이 한 파장($\lambda = 1\,\text{m}$) 이동하므로 왼쪽에서 오는 파동이 오른쪽에서 오는 파동보다 한 파장 더 많이 움직여서 중첩점에서 만나게 된다. 그러므로 밀한 곳은 밀한 곳과, 소한 곳은 소한 곳이 만나기 때문에 청취자는 보다 큰 소리를 듣게 된다. 일반적으로, 중요한 것은 중첩점에 도달하는 각 파동이 이동한 거리의 차이이다.

같은 위상으로 진동하는 두 파원으로부터의 경로차가 0이거나 파장의 정수배(1, 2, 3, ...배)인 경우는 보강 간섭이 생기며, 경로차가 파장의 반정수배($\frac{1}{2}, 1\frac{1}{2}, 2\frac{1}{2}, ...$ 배)면 상쇄 간섭이 생긴다.

간섭 효과는 두 스피커를 고정시키고 청취자가 움직여도 관측할 수 있다. 그림 17.6에

---

* 왼쪽 스피커가 뒤로 가면 이 스피커에서 오는 소리는 작아진다. 여기서는 왼쪽 스피커 소리를 좀 세게 조정해서 양쪽 스피커에서 오는 소리의 세기가 듣는 곳에서 같다고 가정한다.

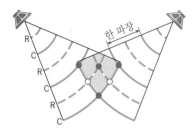

그림 17.6 두 음파가 겹치고 있는 곳을 보자(어두운 부분). 실선은 밀한 영역의 중앙을 표시한 것이고(C), 점선은 소한 영역의 중앙을 표시한 것이다(R). 색칠한 점(●)에서는 보강 간섭이, 열린 점(○)에서는 상쇄 간섭이 일어난다.

서는 음파가 동심 호를 그리면서 각 스피커로부터 퍼져 나가고 있다. 각 실선 호는 밀한 영역의 중심을 나타내며, 점선 호는 소한 영역의 중심을 나타낸다. 두 파동이 겹쳐지는 위치에 보강 간섭과 상쇄 간섭이 일어난다. 보강 간섭은 두 개의 실선(밀한 곳), 또는 두 개의 점선(소한 곳)이 교차하는 모든 점에서 일어나며, 그림에서는 색칠된 네 개의 점으로 보여주고 있다. 이들 중 어느 한 곳에 있는 청취자는 매우 큰 소리를 듣는다. 한편, 상쇄 간섭은 실선과 점선이 교차하는 모든 점에서 일어난다. 그림에서 두 개의 열린 점으로 표시했다. 상쇄 간섭이 일어나는 위치에 있는 청취자는 소리를 들을 수 없다. 보강 간섭 또는 상쇄 간섭이 없는 위치에서는, 스피커의 상대적 위치에 따라, 두 파동이 부분적으로 보강되거나 부분적으로 소멸된다. 즉 청취자가 두 음파가 중첩되는 지역을 걸어가면서 소리 세기의 변화를 들을 수 있다.

그림 17.6에서 각 스피커에서 나오는 음파는 에너지를 운반하며, 중첩점까지 운반된 에너지는 두 파동 에너지의 합이 된다. 간섭의 흥미로운 결과 중 하나는 에너지가 재분포되면서, 소리가 크게 들리는 지역도 있고 소리가 전혀 들리지 않는 지역도 있게 되지만 그 에너지의 총 합은 이 과정에서 항상 보존된다. 예제 17.1은 청취자가 듣는 소리의 세기를 알아내는 방법을 보여주고 있다.

예제 17.1 │ 소리를 들을 수 있을까?

그림 17.7에서 A와 B로 표시한 위상이 같은 두 스피커가 3.20 m 떨어져 있다. 청취자는 B 스피커 앞 2.40 m 떨어진 점 C에 위치해 있다. 삼각형 ABC는 직각 삼각형이다. 두 스피커는 214 Hz의 음파를 내고 있으며, 소리의 속력은 343 m/s이다. 청취자는 큰 소리를 들을 수 있을까 아니면 소리를 듣지 못할까?

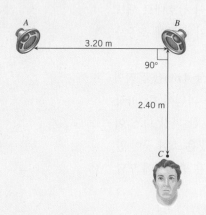

3.20 m

90°

2.40 m

그림 17.7 예제 17.1은 진동수 214 Hz인 두 음파가 점 C에서 보강 간섭하는지 상쇄 간섭하는지를 논의한다.

살펴보기 청취자는 점 C에서 일어나는 간섭이 보강 간섭인지 상쇄 간섭인지에 따라 큰 소리를 듣거나 아니면 전혀 소리를 듣지 못하게 될 것이다. 이것을 판단하기 위해서는, 점 C에 도달하는 두 음파가 진행한 경로차를 구해야 되며, 경로차가 파장의 정수배인지 반정수배인지를 알아야한다. 어느 경우든, 파장은 $\lambda = v/f$(식 16.1)의 관계를 사용해서 구할 수 있다.

풀이 삼각형 ABC는 직각 삼각형이므로, 길이 AC는 피타고라스 정리에 의해 $\sqrt{(3.20\,\text{m})^2 + (2.40\,\text{m})^2} = 4.00\,\text{m}$이다. 길이 BC는 2.4 m로 주어져 있으므로 두 음파의 경로차는 4.00 m − 2.40 m = 1.60 m 이다. 음파의 파장은

$$\lambda = \frac{v}{f} = \frac{343\,\text{m/s}}{214\,\text{Hz}} = 1.60\,\text{m} \tag{16.1}$$

이다. 경로차가 한 파장이므로 점 C에서는 보강 간섭이 일어나며, 청취자는 큰 소리를 듣는다.

⬆ **문제 풀이 도움말**
두 음원에서 오는 소리가 어떤 곳에서 보강 간섭을 일으키는지 상쇄 간섭을 일으키는지 알아보려면 그곳과 두 음원과의 거리 차를 소리의 파장과 비교한다.

보강 또는 상쇄 간섭 현상은 단지 음파뿐만 아니라, 모든 형태의 파동에서 나타난다. 빛의 간섭 현상은 27장에서 공부하게 될 것이다.

17.3 회절

파동이 장애물이나 구멍을 지날 때, 파동은 장애물이나 구멍의 가장자리 주위로 휘어진다. 예를 들어 스테레오 스피커에서 나오는 음파는 그림 17.8(a)에 보이는 것처럼, 열린 문의 가장자리를 따라 휘어진다. 만일 휘어지는 현상이 일어나지 않는다면, 그림 17.8(b)에서 나타낸 것처럼, 문의 출입구를 정면으로 마주하고 있는 위치에서만 소리를 들을 수 있다 (여기서는 소리가 벽을 통해서는 전달되지 않는다고 가정하였다). 장애물이나 구멍의 가장자리 주위에서 파동이 휘는 현상을 **회절**(diffraction)이라 한다. 모든 종류의 파동은 회절 현상을 보인다.

파동의 회절이 어떻게 일어나는지를 보여주기 위해서, 그림 17.9는 그림 17.8(a)를 확대한 것이다. 소리가 출입구에 도달했을 때, 출입구에 있는 공기는 좌우로 진동을 일으킨다. 이 진동은 파동의 진행 방향과 같은 방향이므로 종진동(세로 진동; longitudinal vibration)이라고 부른다. 따라서 출입구에 있는 공기 분자가 새로운 음파의 파원이 되며, 그것을 보여주는 예로 그림 17.9는 분자 두 개가 삼차원으로 퍼지는 음파를 만드는 상황을 묘사한다. 이는 연못에 돌을 던졌을 때 물결파가 2차원적으로 만들어지는 것과 비슷하다. 출입구에 있는 모든 분자에 의해서 만들어진 음파는, 선형 중첩의 원리에 따라, 방 밖의 모든 곳에서 합쳐져서 전체 음파가 된다. 그림에서 단지 두 개의 분자에 의해서 만들어진 파동만을 고려해도, 퍼져 나가는 파동은 출입구 앞쪽뿐 아니라 양쪽으로도 진행하는 것이 분명하게 보인다. 이 회절에 대해 보다 더 깊이 이해하려면 하위헌스의 원리를 알아야 된다(이 원리에 대해서는 27.5절 참조).

출입구에서 모든 분자에 의해서 발생하는 음파가 함께 더해졌을 때, 앞 절에서 논의했던 것과 비슷한 형태로, 소리의 세기가 최대가 되는 곳과 소리가 들리지 않는 곳이 있는 것을 발견하게 된다. 출입구에서 매우 멀리 떨어진 점에서 소리의 세기는 문의 중심을 바로 마주하고 있는 곳에서 최대가 된다. 이 중심 양쪽으로 거리가 멀어짐에 따라, 세기는 감소하다가 0에 도달하고, 다시 극대가 되었다가, 다시 0으로 떨어지고, 다시 극대가 되는 형태가 반복된다. 중심에서 최대 세기만이 매우 강하고 다른 극대치들은 약하며, 중심에서 멀어질수록 더 약해진다. 그림 17.9에서, 각 θ는 중심과 양쪽 첫 극소점 사이의 각도이다. 이 각도를 대개 회절각이라고 한다. 식 17.1은 각 θ를 출입구의 폭 D와 파장 λ로 표현한 것이며, 출입구를 높이가 폭에 비해 매우 큰 슬릿이라고 가정한 것이다:

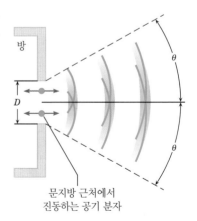

문지방 근처에서
진동하는 공기 분자

그림 17.9 출입구에서 진동하는 모든 공기 분자는 음파를 만들고, 이 파동들은 출입구 밖으로 퍼지고 휜다. 즉 회절이 일어난다. 간섭 효과에 의해서 파동 에너지의 대부분은 각도가 양쪽으로 각각 θ인 두 방향 사이에 있다.

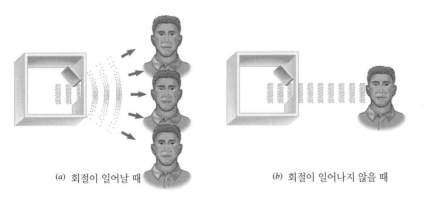

(a) 회절이 일어날 때   (b) 회절이 일어나지 않을 때

그림 17.8 (a) 출입구 가장자리 주변에서 음파가 휘는 현상은 회절의 예이다. 방안에 있는 음원은 그리지 않았다. (b) 회절이 일어나지 않는다면, 음파는 휘어지지 않고 출입구를 통해 직진한다.

단일 슬릿 첫 극소 $$\sin\theta = \frac{\lambda}{D} \tag{17.1}$$

파동은 구멍의 가장자리 주위에서도 휘어진다. 특히 중요한 것은, 큰 스피커의 경우처럼, 원형 구멍 주위에서 음파가 회절하는 경우이다. 이 경우, 첫 극소가 되는 각 θ는 구멍의 지름 D와 파장 λ와 관계있고 다음과 같이 주어진다.

원형 구멍 첫 극소 $$\sin\theta = 1.22\frac{\lambda}{D} \tag{17.2}$$

식 17.1과 17.2에서 기억해야 할 중요한 점은 회절의 범위는 구멍의 크기와 파장의 비에 의해 결정된다는 것이다. λ/D 비가 작으면, 각 θ가 작아지며 회절이 별로 일어나지 않는다. 즉 회중전등에서 빛이 나오는 것처럼, 파동은 열린 구멍을 지나서 주로 앞 방향으로 진행하게 된다. 이러한 음파를 좁은 분산(narrow dispersion)을 갖는다고 말한다. 높은 진동수의 소리는 파장이 짧기 때문에 좁은 분산을 갖는 경향이 있다. 한편, λ/D 비가 큰 값을 갖는 경우에는, 각 θ가 커진다. 파동은 더 넓은 지역으로 퍼지며 이것을 넓은 분산(wide dispersion)을 갖는다고 말한다. 낮은 진동수의 소리는 상대적으로 파장이 길기 때문에, 전형적인 넓은 분산을 갖는다.

스테레오 스피커는 넓은 분산을 갖는 것이 바람직하다. 예제 17.2에서는 스피커 설계에서 얻을 수 있는 분산의 한계를 설명하고 있다.

지금까지 본 것처럼, 회절은 간섭 효과의 한 유형이다. 이 과정에서도 에너지는 재분포되지만 그 총량은 보존된다.

> **⬇ 문제 풀이 도움말**
> 파동이 구멍을 지날 때 λ/D의 비가 크면 회절각이 커진다. 여기서 λ는 파장, D는 구멍의 지름 또는 폭이다.

◈ **예제 17.2** | **넓은 분산을 위한 스피커 설계**　　　　　◉ 트위터가 있는 스피커의 물리

진동수가 1500 Hz와 8500 Hz인 소리가 지름 0.30 m인 원형 구멍의 스피커로부터 나오고 있다(그림 17.10 참조). 각 소리에 대한 회절각 θ를 구하라. 공기 중에서 소리의 속력은 343 m/s로 가정한다.

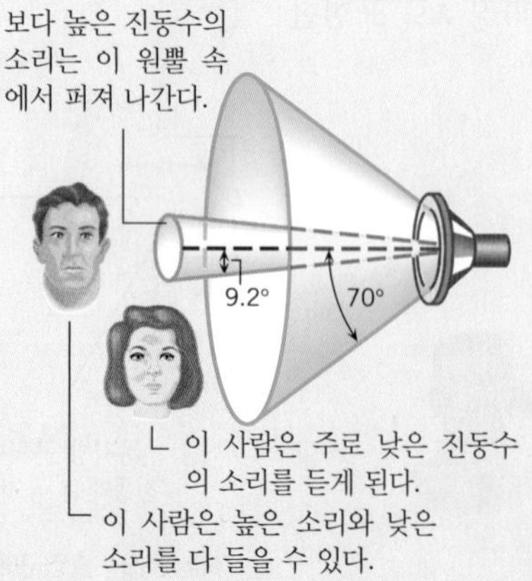

살펴보기 각 음파에 대한 회절각 θ는 $\theta = 1.22(\lambda/D)$로 주어진다. 먼저 식 16.1로부터 소리의 파장을 계산하는 것이 필요하다.

풀이 두 음파의 파장은

$$\lambda_{1500} = \frac{343\ \text{m/s}}{1500\ \text{Hz}} = 0.23\ \text{m}$$

그리고

$$\lambda_{8500} = \frac{343\ \text{m/s}}{8500\ \text{Hz}} = 0.040\ \text{m}$$

이다. 따라서 각 음파에 대한 회절각은 다음과 같이 구해진다.

1500 Hz의 경우

$$\sin\theta = 1.22\frac{\lambda_{1500}}{D} = 1.22\left(\frac{0.23\ \text{m}}{0.30\ \text{m}}\right) = 0.94 \tag{17.2}$$

$$\theta = \sin^{-1} 0.94 = \boxed{70°}$$

8500 Hz의 경우

$$\sin\theta = 1.22\frac{\lambda_{8500}}{D} = 1.22\left(\frac{0.040\ \text{m}}{0.30\ \text{m}}\right) = 0.16 \tag{17.2}$$

보다 높은 진동수의 소리는 이 원뿔 속에서 퍼져 나간다.

9.2°　70°

└ 이 사람은 주로 낮은 진동수의 소리를 듣게 된다.

└ 이 사람은 높은 소리와 낮은 소리를 다 들을 수 있다.

그림 17.10 높은 진동수의 소리가 낮은 진동수의 소리보다 좌우로 덜 퍼지기 때문에, 높은 음과 낮은 음을 똑같이 잘 듣기 위해서는 스피커 정면 바로 앞에 있어야 한다.

$$\theta = \sin^{-1} 0.16 = \boxed{9.2°}$$

그림 17.10은 이 결과를 보여주고 있다. 지름이 0.30 m인 열린 구멍이 있는 스피커에서, 높은 진동수 8500 Hz인 소리에 대한 분산은 9.2°가 한계이다. 분산을 증가시키기 위해서는 보다 작은 구멍의 스피커가 필요하다. 이와 같은 이유 때문에 스피커 제작자들은 높은 진동수의 소리를 발생시키기 위해서 트위터 (tweeter)라고 하는 작은 지름의 스피커를 사용한다. 그림 17.11 은 이것을 보여주고 있다.

트위터

그림 17.11 트위터라 부르는 지름이 작은 스피커는 높은 진동수의 소리를 발생시키는 데 사용된다. 지름이 작을수록 넓은 분산을 만든다. 즉 소리가 좌우로 잘 퍼지게 한다.

17.4 맥놀이

같은 진동수를 갖는 파동이 중첩되는 상황에서, 선형 중첩의 원리가 보강 간섭과 상쇄 간섭 그리고 회절을 어떻게 설명하는지를 보았다. 이 절에서는 진동수의 차이가 조금 있는 두 파동의 선형 중첩이 맥놀이(beat) 현상을 일으키는 것을 보게 될 것이다.

소리굽쇠는 단일 진동수의 음파를 낸다. 그림 17.12는 이웃한 두 소리굽쇠로부터 나오는 음파를 보여주고 있다. 두 소리굽쇠는 동일한 것이며, 진동수 440 Hz인 소리를 내도록 만들어진 것이다. 작은 퍼티(페인트칠할 때 사용하는 접착제 일종) 조각을 한 소리굽쇠에 붙이면, 질량이 증가하기 때문에 이 소리굽쇠의 진동수는 작아진다. 이 소리굽쇠의 진동수가 438 Hz로 되었다고 하자. 두 소리굽쇠가 동시에 소리를 낼 때, 결과적인 소리의 세기는 주기적으로 '커졌다 작아졌다'를 반복한다. 소리 세기가 주기적으로 변하는 진동을 맥놀이라고 하며, 이는 진동수 차가 조금 있는 두 음파가 간섭해서 생긴 결과이다.

그림 17.12는 두 음파의 밀한 영역과 소한 영역을 따로 보여주고 있다. 그러나 실제로 파동은 퍼져 나가면서 겹쳐진다. 우리 귀는 두 파동이 선형 중첩의 원리에 따라 겹쳐진 것

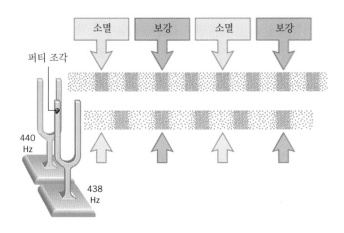

소멸 | 보강 | 소멸 | 보강

퍼티 조각

440 Hz

438 Hz

그림 17.12 진동수 차가 약간 있는 두 소리굽쇠가 동시에 울릴 때 맥놀이 현상이 일어난다.

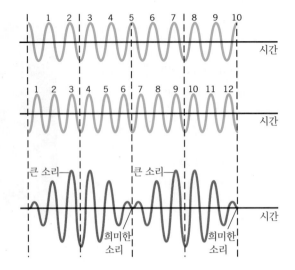

그림 17.13　10 Hz의 음파와 12 Hz의 음파를 더했을 때, 맥놀이 진동수가 2 Hz인 파동이 만들어진다. 그림은, 각 개별 음파들의 압력의 진동(파란색)과 두 파동이 중첩될 때에 만들어진 압력의 진동(빨간색)을 보이고 있다. 1초 동안에 발생된 상황을 보인 것이다.

을 감지하게 된다. 두 파동이 보강 간섭한 곳과 상쇄 간섭한 곳이 있다는 것을 주목하라. 보강 간섭한 곳이 귀에 도달했을 때는 큰 소리가 들린다. 반면에, 상쇄 간섭된 곳이 도달했을 때는 소리 세기가 0이 된다(각 파동은 같은 진폭을 갖는다고 가정함). 1초당 소리의 세기가 커지고 작아지는 횟수가 **맥놀이 진동수(beat frequency)**이며, 두 음파의 진동수의 차와 같다. 그림 17.12에 보여준 상황에서, 관측자는 1초당 두 번 비율로 소리의 높고 낮음을 듣는다(440 Hz − 438 Hz = 2 Hz).

그림 17.13은 두 진동수 차가 맥놀이 진동수가 되는 이유를 설명해준다. 그림은 10 Hz 파동과 12 Hz 파동 그리고 두 파동이 겹쳤을 때의 시간에 따른 압력의 진동을 그래프로 나타낸 것이다. 이 진동수는 가청 영역 아래여서 실제로 우리가 들을 수 없으나, 간섭 현상은 우리가 들을 수 있는 음파의 경우와 정성적으로 똑같다. 그림에서 위의 두 파동(파란색)은 각 파동이 1초 동안 진동하는 것을 나타낸 것이다. 세 번째 그림(빨간색)은 선형 중첩의 원리에 따라 파란색 파동이 함께 더해진 결과를 나타낸 것이다. 빨간색 그래프를 보면, 진폭이 최소에서 최대로 변하는 것이 반복됨을 알 수 있다. 이 진동의 변화가 가청 영역에서 일어나서 관측자가 듣는다면, 진폭이 최대가 되는 곳에서는 큰 소리를, 진폭이 최소가 되는 곳에서는 매우 희미한 소리를 듣게 된다. '큰 소리–희미한 소리'의 순환이 1초 동안에 두 번 일어나므로 맥놀이 진동수는 2 Hz이다. 이 맥놀이 진동수는 두 파동의 진동수의 차(12 Hz − 10 Hz = 2 Hz)이다.

● 악기 조율의 물리　　종종 음악가들은 맥놀이 진동수를 들으면서 자신의 악기를 조율한다. 예를 들면 기타 연주자는 진동수를 정확히 알고 있는 파원의 음높이에 맞추기 위해서 줄의 장력을 늘리거나 줄인다. 두 소리의 맥놀이가 없어질 때까지 줄의 장력을 조절하는 것이다.

17.5 횡정상파

정상파(standing wave)는 두 파동이 중첩될 때 일어날 수 있는 다른 형태의 간섭 현상이다. 정상파는 기타 줄에서와 같은 횡파는 물론 관악기 속의 음파처럼 종파의 경우에도 일어날 수 있다. 선형 중첩의 원리는 정상파가 생기는 이유도 설명한다.

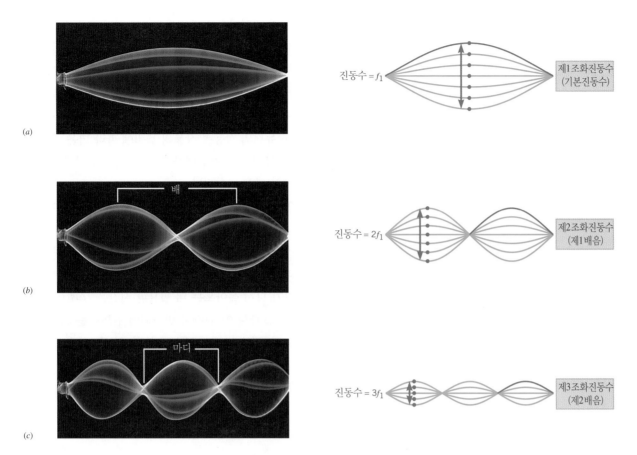

그림 17.14 왼쪽 3개의 사진에서 보이는 것처럼, 일정한 진동수로 진동하는 줄은 횡정상파를 만든다. 오른쪽 각 그림은 여러 순간의 줄의 모양들을 보이고 있다. 줄 위의 빨간색 점은 배에서 최대 진동이 일어나는 것을 강조하기 위한 것이다. 각 그림에서 한 사이클의 절반을 빨간색으로 그렸다.

그림 17.14는 횡파인 정상파의 기본 방식 몇 개를 보여주고 있다. 이 그림에서 각 줄의 왼쪽 끝은 앞뒤로 진동하는 반면, 오른쪽 끝은 벽에 부착되어 있다. 사진에서 줄의 움직임이 매우 빠르기 때문에 흐리게 보이고 있다. 그림에 나타낸 모든 형태는 **횡정상파**(가로정상파; transverse standing wave)라 부른다. 이 형태에는 마디와 배라고 부르는 곳들이 있다. **마디**(node)는 전혀 진동하지 않는 위치이며, **배**(antinode)는 최대 진동이 일어나는 위치이다. 사진 오른쪽은 정상파가 진동할 때 줄의 움직임을 쉽게 알 수 있도록 여러 개의 그림을 겹쳐 놓은 것이다. 각 그림들은 여러 시간의 파동 모양들이며 배에서 최대 진동이 일어나는 것을 강조하기 위해서 줄에 빨간색 점으로 표시하였다.

각 정상파의 형태는 특정의 진동수로 흔들 때 만들어진다. 이 진동수들은 한 계열을 형성하게 된다. 그림 17.14처럼 고리 한 개의 형태에 해당하는 최소 진동수는 f_1이며 보다 큰 진동수들은 f_1의 정수배로 주어진다. 따라서 f_1이 10 Hz이면, 고리 두 개의 형태를 만들기 위해 필요한 진동수는 $2f_1$, 즉 20 Hz이며, 고리 세 개의 형태를 만들기 위해 필요한 진동수는 $3f_1$, 30 Hz 등이다. 이렇게 계열을 이루는 진동수들을 **배조화진동수**(harmonics)라고 부른다. 가장 낮은 진동수 f_1을 제1조화진동수(first harmonic) 또는 기본 진동수(fundamental frequency)라 부르며, 그 두 배는 제2조화진동수(second harmonic, $2f_1$), 그 세 배는 제3조화진동수($3f_1$)라고 한다. 여기서의 조화 번호는 정상파 형태에서 고리의 수에 해당한다. 음파의 경우는 이런 진동수를 가지는 정상파들이 내는 소리를 **배음**

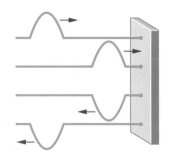

그림 17.15 앞쪽으로 진행하는 반 사이클의 펄스가 벽에서 반사되면, 파형이 거꾸로 되어 반대 방향으로 진행한다.

(overtones)이라고 하고, 일반적으로는 이런 정상파들을 배진동이라고 한다(그림 17.14).

정상파는 파장이 같은 두 파동들이 줄 위를 서로 반대 방향으로 진행하면서 선형 중첩의 원리에 따라 겹쳐져서 생긴다. 정상파란 용어는 파동이 어느 방향으로도 진행하지 않음에서 나온 말이다. 그림 17.15는 줄 위에서 양쪽으로 진행하는 파동을 보여주고 있다. 그림의 위쪽은 한 펄스 파동이 오른쪽에 있는 벽을 향해 움직이고 있다. 이 파동이 벽에 도착하면, 줄은 벽을 위쪽으로 밀게 된다. 뉴턴의 작용-반작용의 원리에 따라 벽은 줄을 아래 방향으로 밀게 되고, 반대 위상의 파동이 왼쪽으로 진행하게 된다. 벽에서 반사되어 원래 위치에 돌아온 파동은 줄을 잡은 손에서 다시 반사된다.

손이 계속해서 진동을 일으킬 때 연속적으로 한 파장 길이의 '사이클'이 만들어진다고 볼 수 있다. 벽에서 반사된 사이클은 손에 도달하면 다시 반사된다. 줄의 길이를 L, 줄에서의 파동 속력이 v, 그리고 왼쪽 끝에서 진동수 f_1로 진동한다고 가정하자. 새로운 한 사이클을 만드는 데 소요되는 시간이 파동의 주기 T이며, 여기서 $T = 1/f_1$이다(식 10.5). 한편, 만들어진 한 사이클이 벽으로 갔다가 다시 돌아오는 데 필요한 시간은 $2L/v$이다. 만약 주기가 이 시간과 같으면, 새로운 사이클과 손에서 다시 반사되어 출발하는 사이클이 겹쳐져서 진폭이 커지게 된다. 이때의 진동수는 $1/f_1 = 2L/v$로부터 알 수 있으며, $f_1 = v/(2L)$가 된다.

새롭게 만들어지는 사이클과 반사된 사이클이 이렇게 계속 겹쳐지면, 손 자체는 작은 진폭으로 진동을 한다 해도, 진폭이 큰 정상파를 만든다. 이 현상은 10.6절에서 논의한 공명의 일종이다. 공명을 일으키는 진동수를 줄의 **고유 진동수**(natural frequency)라 하는데, 이 용어는 용수철에 달린 물체가 진동할 때와 동일하다.

하지만 줄에서의 공명과 용수철에서의 공명은 차이가 있다. 용수철에 달린 물체는 단 하나의 고유 진동수를 갖지만, 줄은 여러 개의 고유 진동수를 갖는다. 이것은 직전의 사이클이 반사되어 새로운 사이클과 겹쳐질 때만 공명이 일어나는 것은 아니기 때문이다. 예를 들어 줄이 f_1의 두 배, 즉 $f_2 = 2f_1$로 진동한다면, 사이클들의 겹침은 하나 건넌 사이클들 사이에서 일어난다. 마찬가지로, 진동수가 $f_3 = 3f_1$이면, 한 사이클은 그 다음 세 번째 사이클과 겹쳐져서 공명을 일으킨다. 이러한 규칙은 모든 진동수 $f_n = nf_1$에 적용된다. 여기서 n은 정수이다. 결과적으로 양쪽이 고정된 줄에서 정상파를 만드는 여러 개의 진동수는 식 17.3으로 주어진다.

양쪽이 고정된 줄 $\qquad f_n = n\left(\dfrac{v}{2L}\right) \qquad n = 1, 2, 3, 4, \ldots$ (17.3)

식 17.3은 다른 방법으로도 얻을 수 있다. 정상파에서 각 고리가 반 파장에 해당된다는 것을 보이기 위해서 그림 17.14에서, 한 사이클의 반($\frac{1}{2}$)을 빨간색으로 그렸다. 고정된 줄의 양 끝은 마디이고, 줄의 길이 L은 반 파장의 정수배가 됨을 알 수 있다. 즉 $L = n(\frac{1}{2}\lambda_n)$ 또는 $\lambda_n = 2L/n$이다. 이 결과와 공식 $f_n\lambda_n = v$를 이용하면 $f_n(2L/n) = v$가 되며, 이 식을 정리하면 식 17.3과 일치한다.

현악기나 피아노 등의 악기들의 음높이를 이해할 때 줄의 정상파들을 알아야 된다. 예를 들어 기타 줄은 양쪽 지지에 부착되어 있으며 줄을 퉁기면, 식 17.3에 의해 주어지는 진동수로 진동하게 된다.

> **문제 풀이 도움말**
> 정상파에서 이웃하는 두 마디 사이의 거리, 또는 이웃하는 두 배 사이의 거리는 파장의 절반이다.

예제 17.3 | **기타 연주**

전자 기타의 가장 무거운 줄의 선밀도는 $m/L = 5.28 \times 10^{-3}$ kg/m 이며 줄의 장력은 $F = 226$ N 이다. 이 줄은 마(E)의 음을 내며, 이때 줄에 따라 발생하는 정상파의 기본 진동수는 164.8 Hz이다. (a) 줄의 길이 L 을 구하라[그림 17.16(a)]. (b) 기타 연주자가 한 옥타브 높은 마(E) 음인 2×164.8 Hz = 329.6 Hz 의 소리를 내려고 한다. 이를 연주하기 위해서 줄이 지판의 적절한 프렛(fret)에 닿게 손가락 끝으로 눌러야 한다[그림 17.16(b)]. 그 프렛과 브리지 사이의 길이, 즉 진동하는 줄의 길이를 구하라.

살펴보기 기본 진동수 f_1은 식 17.3에서 $n = 1$ 일 때 $f_1 = v/(2L)$에 의해 결정된다. 문제 (a)와 (b) 모두에서 f_1이 주어졌기 때문에, 속력 v의 값을 안다면, 줄의 길이는 이 식으로 직접

계산할 수 있다. 속력은 16.2 식에 의해 장력 F와 선밀도 m/L의 관계에서 계산된다.

풀이 (a) 속력은

$$v = \sqrt{\frac{F}{m/L}} = \sqrt{\frac{226 \text{ N}}{5.28 \times 10^{-3} \text{ kg/m}}} = 207 \text{ m/s} \quad (16.2)$$

이며, 따라서 $f_1 = v/(2L)$에 의해 줄의 길이는

$$L = \frac{v}{2f_1} = \frac{207 \text{ m/s}}{2(164.8 \text{ Hz})} = \boxed{0.628 \text{ m}}$$

이다.

(b) 브리지와 프렛 사이의 거리 L은 속력 $v = 207$ m/s와 진동수 $f_1 = 329.6$ Hz를 이용하면 $L = 0.314$ m이다. 진동수 비가 2 : 1이기 때문에 이 길이는 (a)에서 계산한 값의 $\frac{1}{2}$ 이다.

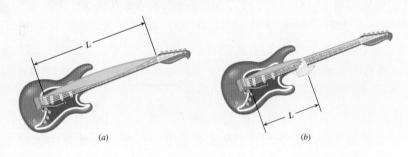

(a) (b)

그림 17.16 이 그림은 두 가지 연주 조건에서 기타 줄에 두 가지 정상파(파란색)가 만들어지는 것을 보여준다.

17.6 종정상파

정상파는 종파의 경우에도 만들어진다. 예를 들면 소리가 벽에서 반사될 때, 앞뒤로 진행하는 파동이 정상파를 만든다. 그림 17.17은 슬링키 코일에서 **종정상파**(세로 정상파; longitudinal standing wave)의 진동을 보여주고 있다. 횡정상파에서 보았던 것처럼, 마디와 배가 있다. 슬링키 코일의 마디에서는 전혀 진동이 일어나지 않으므로 파동의 변위가 없다. 코일의 배에서는 최대 진폭으로 진동한다. 그림 17.17에서 빨간색 점은 마디에서 진동이 없는 것과 배에서 최대 진동이 있는 것을 보여주고 있다. 진동은 각 파동이 진행하는 방향으로 일어난다. 소리의 정상파에서는, 매질의 분자나 원자들이 빨간색 점과 비슷하게 움직인다.

관악기들이 소리를 낼 때 종정상파가 생긴다. 관악기(트럼펫, 클라리넷, 파이프오르간

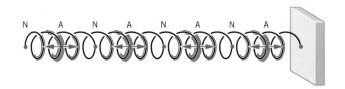

그림 17.17 슬링키 코일에 생긴 종정상파의 마디(N)와 배(A)

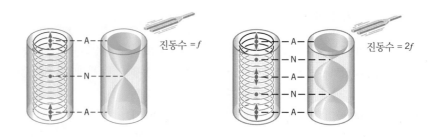

그림 17.18 양쪽 끝이 열린 공기 관과 슬링키 코일에서의 종정상파(A: 배, N: 마디)

등)들의 내부 관의 형태, 즉 그 속의 공기 기둥의 형태는 다양하며, 관 속에서 형성된 정상파들을 알면, 관악기의 소리를 잘 설명할 수 있다. 그림 17.18은 양쪽 끝이 열린 두 개의 원통형 공기 기둥을 보여주고 있다. 관의 끝이 열려 있어도, 마치 물 깊이에 따라 물결 파동의 속력이 달라지듯이 관 속과 관 바깥에서 음파의 속력이 다르므로 음파의 반사가 일어난다. 소리굽쇠에서 발생한 음파는 각 관의 양쪽 끝에서 반사되어 위아래로 왕복한다. 소리굽쇠의 진동수 f 가 공기 기둥의 고유 진동수와 일치된다면, 아래 방향과 위 방향으로 진행하는 파동은 정상파를 형성하여 공명이 일어나 소리는 커진다. 종정상파의 성질을 강조하기 위해서, 그림 17.18의 각 쌍의 그림에서 왼쪽은 슬링키의 정상파를 대비시키고 있고, 배와 마디는 빨간색 점으로 표시하였다. 각 쌍의 그림에서 오른쪽은 각 관 내의 정상파의 형태를 파란색으로 보이고 있다. 이 형태들은 여러 위치에서 진동하는 공기 분자들의 진폭을 형상화한 것이다. 형태의 폭이 가장 넓은 곳에서, 진동의 진폭이 최대가 되며(배), 형태의 폭이 최소인 곳에서는 진동이 없다(마디).

　　그림 17.18에서 공기 기둥의 고유 진동수를 알아보자. 우선, 공기 분자들은 열린 관의 양 끝에서 자유롭게 움직일 수 있기 때문에 관의 양 끝이 배가 됨에 유의하라.* 횡정상파에서와 마찬가지로, 두 개의 이웃한 배 사이의 거리는 반($\frac{1}{2}$)파장이며, 따라서 관의 길이는 반파장의 정수배가 되어야 한다. 즉 $L = n(\frac{1}{2}\lambda_n)$ 또는 $\lambda_n = 2L/n$ 이다. 관계식 $f_n = v/\lambda_n$를 이용하면, 관의 고유 진동수는

양쪽 끝이 열린 관　　　　$f_n = n\left(\dfrac{v}{2L}\right)$　　$n = 1, 2, 3, 4, \ldots$　　　　(17.4)

● 플루트의 물리　　가 된다. 관 속에서는 이 진동수에서 공명이 일어나서 진폭이 큰 정상파가 만들어진다.

 예제 17.4 │ 플루트 연주

플루트의 모든 구멍을 막았을 때 내는 소리는 가장 낮은 음인 중간 다(C)이며, 이때 기본 진동수는 261.6 Hz이다. (a) 공기의 온도는 293 K이며, 소리의 속력은 343 m/s이다. 플루트를 양쪽 끝이 열린 원형 관으로 가정하고 그림 17.19에서 길이 L, 즉 부는 구멍(mouthpiece)에서 관 끝까지의 길이를 구하라. (b) 플루트 연주자는 부는 구멍이 있는 헤드조인트를 악기 본체에 어느 정도 깊이 끼워 넣는지를 조절함으로써 길이를 변화시킬 수 있다. 공

기의 온도가 305 K로 상승한다면, 중간 다 음을 연주하기 위해서 플루트의 길이를 얼마만큼 조절하여야 하는가?

살펴보기 기본 진동수 f_1은 식 17.4에 $n = 1$을 대입하여 얻을 수 있다. 즉 $f_1 = v/(2L)$이다. 따라서 길이를 구하는 식은 $L = v/(2f_1)$이다. 온도가 변하여, 음파의 속력 v 가 변하면, 플루트의 길이를 반드시 변화시켜야 한다. 공기 중에서 온도에 따른

*실제로 관의 열린 끝에 정확하게 배가 생기지 않는다. 그러나 관의 지름이 관이 길이에 비해 작을 때는 그 끝은 배가 된다고 보아도 무방하다.

그림 17.19 플루트에서 부는 구멍과 악기의 끝 사이의 길이(L)가 연주할 수 있는 가장 낮은 음의 진동수를 결정한다.

음속의 변화는 $v = \sqrt{\gamma kT/m}$ (식 16.5)로 주어진다. 즉 음속은 켈빈 온도의 제곱근에 비례하며($v \propto \sqrt{T}$), 이를 이용해서 다른 온도에서의 음속을 구할 수 있다.

풀이 (a) 293 K에서, 음속은 v = 343 m/s 이다. 플루트의 길이는

$$L = \frac{v}{2f_1} = \frac{343 \text{ m/s}}{2(261.6 \text{ Hz})} = \boxed{0.656 \text{ m}}$$

이다. (b) $v \propto \sqrt{T}$ 이므로,

$$\frac{v_{305 \text{ K}}}{v_{293 \text{ K}}} = \frac{\sqrt{305 \text{ K}}}{\sqrt{293 \text{ K}}} = 1.02$$

이다. 그러므로 $v_{305 \text{ K}} = 1.02 \, (v_{293 \text{ K}}) = 1.02 \, (343 \text{ m/s}) = 3.50 \times 10^2$ m/s 이다. 조절된 길이 L 은

$$L = \frac{v}{2f_1} = \frac{3.50 \times 10^2 \text{ m/s}}{2(261.6 \text{ Hz})} = \boxed{0.669 \text{ m}}$$

이다. 따라서 이 기온에서 293 K일 때와 같은 음을 연주하기 위해서, 플루트 연주자는 플루트의 길이를 0.013 m 길게 해야 한다.

정상파는 그림 17.20처럼 한쪽만 열린 관에서도 만들어진다. 이 형태와 그림 17.18의 형태의 차이를 주의 깊게 살펴보면, 열린 끝에서는 배가 되고 닫힌 끝에서는 공기 분자들이 자유롭지 못하기 때문에 마디가 된다. 마디와 이웃한 배 사이의 길이는 파장의 $\frac{1}{4}$ 이며, 관의 길이 L은 파장의 $\frac{1}{4}$의 홀수배가 되어야 한다. 그림 17.20에 보인 두 개의 정상파에 대해서는 $L = 1(\frac{1}{4}\lambda)$과 $L = 3(\frac{1}{4}\lambda)$이다. 일반적으로, $L = n(\frac{1}{4}\lambda_n)$이며, 여기서 n은 임의의 홀수(n = 1, 3, 5, ...)이다. 이로부터 $\lambda_n = 4L/n$ 가 되며, 고유 진동수 f_n은 관계식 $f_n = v/\lambda_n$ 로부터 얻을 수 있다.

한쪽 끝만 열린 관 $\qquad f_n = n\left(\dfrac{v}{4L}\right) \qquad n = 1, 3, 5, \ldots$ (17.5)

한쪽 끝만 열린 관은 조화 번호가 홀수, 즉 고유 진동수가 f_1, f_3, f_5 등인 정상파를 만든다. 반면에 양쪽 모두 열린 관은 모든 조화 번호, 즉 고유 진동수가 f_1, f_2, f_3 등의 정상파를 만들 수 있다. 한쪽 끝만 열린 관의 기본 진동수 f_1(식 17.5)은 양쪽 모두 열린 관의 기본 진동수(식 17.4)의 $\frac{1}{2}$이다. 다시 말해서, 한쪽 끝만 열린 관이 양쪽 모두 열린 관과 같은 진동수를 내기 위해서는 절반의 길이가 필요하다.

줄이나 공기 관에서 만들어지는 정상파의 에너지도 보존된다. 정상파의 에너지는 정상파를 만드는 개별 파동 에너지들의 합이다. 간섭 현상에 의해 개별 파동의 에너지들이 에너지가 가장 많이 있는 위치(배)와 에너지가 없는 위치(마디)로 재분포된다.

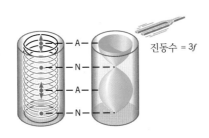

그림 17.20 한쪽 끝만 열린 공기 관과 슬링키 코일에서의 종정상파(A: 배, N: 마디)

연습 문제

17.1 선형 중첩의 원리
17.2 음파의 보강 간섭과 상쇄 간섭

1(1) 당신은 두 펄스가 서로 반대 방향으로 움직이고, 합성된 펄스를 형성하기 위해 결합하는 방법을 탐구한다. 두 펄스는 서로를 향해 진행하고, 속력은 1 cm/s이다. $t = 0$ s에서 펄스의 위치는 그림에서 보여주고 있다. $t = 1$ s일 때, (a) $x = 3$ cm와 (b) $x = 4$ cm에서 합성 펄스의 높이는 얼마인가?

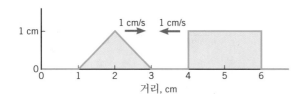

2(3) 그래프는 $t = 0$ s에서 일정한 속력 1 cm/s로 움직이는 두 개의 사각형 펄스를 나타낸 것이다. 선형 중첩의 원리를 이용하여 시간 $t = 1$ s, 2 s, 3 s, 그리고 4 s에서 중첩된 펄스의 모양을 그려보라.

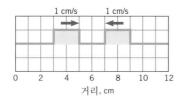

3(5) 두 개의 스피커가 같은 위상으로 진동하고 있다. 두 스피커는 그림 17.7처럼 놓여 있다. 점 C에서 상쇄 간섭이 일어났을 때 가장 작은 진동수는 얼마인가? 음속은 343 m/s이며, 두 스피커는 같은 진동수의 소리를 낸다.

4(6) 그림에서 스피커에서 생성된 소리는 12000 Hz의 진동수로 다른 두 경로를 통해 마이크로폰으로 도달한다. 소리는 길이가 고정된 왼쪽 튜브 *LXM*을 통해 진행한다. 동시에 소리는 슬라이딩 부분인 길이가 변경될 수 있는 오른쪽 튜브 *LYM*을 통해 진행한다. 두 경로에서 온 음파는 간섭한다. 경로 *LYM*의 길이가 변화할 때, 마이크로폰에 의해 검

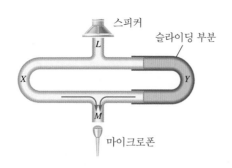

출된 음량은 변하게 된다. 슬라이딩 부분을 0.020 m 빼내면 음량이 최대에서 최소로 변한다. 튜브 안에서 기체를 통해 진행하는 소리의 속력을 구하라.

5(7) 아래 그림에서 점 A는 스피커, 점 C는 청취자의 위치를 보이고 있다. 두 번째 스피커 B는 A의 오른쪽에 놓여 있다. 두 스피커는 같은 위상으로 진동하며 68.6 Hz의 진동수로 소리를 내고 있다. 청취자가 소리를 들을 수 없도록 스피커 A를 스피커 B에 접근시킬 수 있는 가장 짧은 거리는 얼마인가?

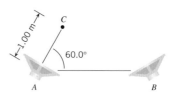

*6(8) 그림에서 두 스피커는 같은 위상으로 진동하고 청취자는 점 P에 서 있다. 스피커가 진동수 (a) 1466 Hz와 (b) 977 Hz인 음파를 발생할 때 P에서의 간섭은 보강 간섭인가 소멸 간섭인가? 적절히 계산하여 결정하라. 소리의 속력은 343 m/s로 한다.

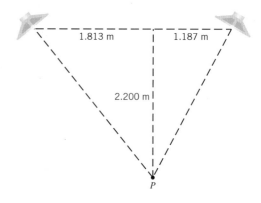

**7(9) 두 개의 스피커 A와 B가 같은 위상으로 진동한다. 두 스피커는 일직선 상에서 7.8 m 떨어져 서로 마주보고 있으며, 진동수 73.0 Hz인 같은 소리를 내고 있다. 두 스피커 사이 선상에서 보강 간섭이 일어나는 곳이 세 군데 있다. 스피커 A에서 이 세 점까지의 거리는 각각 얼마인가? 소리의 속력은 343 m/s이다.

17.3 회절
8(10) 두 개의 문이 양 측면에 있는 대형 강의실이 있다. 한쪽 문은 왼쪽 경첩에 매달려 있고 다른 쪽 문은 오른쪽 경첩에 매달려 있다. 각 문은 폭이 0.700 m이다. 진동수 607 Hz인 소리가 강의실 안에서부터 입구를 통해 들려온다. 소리의

속력은 343 m/s이다. (a) 한쪽 문만 열려 있을 경우와 (b) 양쪽 문이 열려 있을 경우 출구를 통해 소리가 지나간 후 소리의 회절 각 θ를 구하라.

9(11) 지름이 0.30 m인 스피커가 있다. (a) 소리의 속력은 343 m/s 로 가정하고, 진동수 2.0 kHz인 음파에 대한 회절각(첫 번째 극소가 되는 각도)을 구하라. (b) 6.0 kHz인 음파를 낼 때, 2.0 kHz인 음파일 때와 같은 크기의 회절각을 얻으려면 스피커의 지름은 얼마로 해야 하는가?

*10(14) 무대와 평행하게 8.7 m 떨어진 거리에 좌석 열이 있다. 무대의 중심과 정면에는 회절 혼 스피커가 있다. 이 스피커는 7.5 cm의 폭 D인 작은 구멍을 통로 삼아 소리를 송출한다. 스피커는 진동수가 1.0×10^4 Hz인 소리를 내고 있다. 소리의 속력은 343 m/s이다. 소리를 들을 수 없는 줄의 중심 근처에 위치한 두 좌석 사이의 거리는 얼마인가?

*11(15) 진동수 3.00 kHz인 음파가 지름 0.175 m인 스피커에서 발생한다. 공기의 온도가 0 C°에서 29 C°로 변한다. 공기를 이상 기체로 가정하고, 회절각의 변화를 구하라.

17.4 맥놀이

12(16) 두 플루트가 같은 음을 재생하고 있다. 하나는 음파가 262 Hz의 진동수이고 다른 하나는 266 Hz의 진동수이다. 진동수 262 Hz인 소리굽쇠를 함께 소리를 낼 때 1 Hz의 맥놀이 진동수를 만들었다. 같은 소리굽쇠의 진동수를 266 Hz로 소리를 내면 맥놀이 진동수는 3 Hz가 되었다. 소리굽쇠의 진동수는 얼마인가?

13(17) 진동수가 다른 두 개의 음파가 겹쳐진다. 그림은 시간에 따른 두 음파의 (계기)압력 변화를 보여주고 있다. 맥놀이 진동수는 얼마인가?

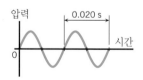
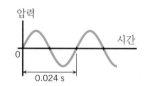

14(18) 440.0 Hz인 소리굽쇠와 기타 줄이 함께 소리를 낼 때 3 Hz의 맥놀이 진동수를 들었다. 기타 줄을 팽팽하게 하면 진동수가 증가하고, 맥놀이 진동수는 감소되는 것을 듣는다. 기타 줄의 원래 진동수는 얼마인가?

15(19) 두 개의 초음파를 합성해서 가청 영역 내의 맥놀이 진동수를 만들었다. 한 초음파의 진동수가 70 kHz이다. 맥놀이를 들을 수 있기 위해서는 다른 초음파의 진동수가 어떤 범위에 있어야 되는가? (a) 가장 작은 값과 (b) 가장 큰 값을 구하라.

17.5 횡정상파

16(23) 콘트라베이스의 가(A) 줄은 기본 진동수 55.0 Hz로 진동하도록 묶여 있다. 줄의 장력이 네 배로 되면, 새로운 기본 진동수는 얼마가 되는가?

17(24) 길이가 0.28 m인 줄의 양쪽 끝이 고정되어 있다. 줄을 당겨 정상파는 제2조화진동수로 진동하도록 설정한다. 정상파를 구성한 진행파는 140 m/s의 속력을 가진다. 진동의 진동수는 얼마인가?

18(25) 기타의 사(G) 줄의 기본 진동수는 196 Hz이며 프렛과 브리지 사이의 길이는 0.62 m이다. 이 줄로 기본 진동수 262 Hz인 다(C) 음을 내기 위해서 지판을 눌러 한 프렛이 줄에 닿았다. 이 프렛과 브리지에 있는 줄의 끝 사이의 길이는 얼마인가?

19(27) 첼로에서, 가장 큰 선밀도(1.56×10^{-2} kg/m)를 갖는 줄은 다(C) 줄이다. 이 줄의 기본 진동수는 65.4 Hz이며 고정된 양 끝 사이 길이는 0.800 m이다. 줄의 장력을 구하라.

20(29) 어떤 줄의 선밀도는 8.5×10^{-3} kg/m이다. 양 끝 사이의 길이는 1.8 m이며 280 N의 장력을 받고 있다. 이 줄이 그림과 같이 정상파 형태로 진동하고 있다. (a) 파동의 속력, (b) 파장, (c) 진동수를 구하라.

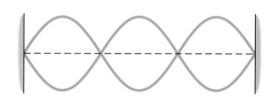

*21(30) 그림과 같이 길이와 선밀도가 다른 두 줄이 있다. 줄은 같이 팽팽하게 연결되어 있고 각 줄은 190.0 N의 장력을 받는다. 결합된 줄의 양 끝은 고정되어 있다. 경계에서 마디와 함께 양 줄에 정상파를 허용하는 가장 낮은 진동수를 구하라. 각 줄에서 정상파의 형태는 고리의 개수와 다를 수도 있다.

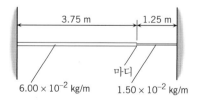

**22(33) 그림은 마찰이 없는 경사면에 끈(길이 = 0.600 m)으로 매달려 있는 블록(질량 = 15.0 kg)을 보여준다. 끈의 질량은 블록의 질량에 비해 무시할 만하기 때문에 끈의 단위 길이당 질량은 1.2×10^{-2} kg/m이다. 끈은 165 Hz의 진동수로 진동한다(진동자는 그림에 나타나지 않는다). 끈에 나타나

는 정상파가 존재하는 각 15.0°와 90.0° 사이의 각도 θ를 구하라.

17.6 종정상파

23(34) 오르간 파이프는 양 끝이 열려 있다. 오르간 파이프는 262 Hz의 진동수로 제3조화진동수로 소리가 발생한다. 소리의 속력은 343 m/s이다. 파이프의 길이는 얼마인가?

24(35) 기본 진동수 400 Hz로 진동하는 계가 있다. 다음 각 경우에 발생할 수 있는 진동수를 작은 것부터 세 개씩 구하라. (a) 양 끝이 고정된 줄, (b) 양 끝이 열린 원통형 관, (c) 한쪽 끝만 열린 원통형 관.

25(37) 공기 관이 한쪽만 열려 있으며 길이는 1.5 m이다. 이 관 속에서 제3조화진동수의 정상파가 유지되고 있다. 인접한 마디에서 배까지 거리는 얼마인가?

26(38) 어떤 관이 한쪽만 열려 있다. 관에서 발생한 어떤 조화진동수의 진동수가 450 Hz이다. 그다음 조화진동수의 진동수는 750 Hz이다. 공기 중에서 소리의 속력은 343 m/s이다. (a) 진동수가 450 Hz인 조화진동수를 의미하는 정수 n은

얼마인가? (b) 관의 길이는 얼마인가?

27(39) 네온(Ne)과 헬륨(He)은 단원자 기체이며 이상 기체로 가정할 수 있다. 네온 관의 기본 진동수는 268 Hz이다. 다른 조건은 같게 하고, 이 관을 헬륨으로 채운다면 기본 진동수는 얼마인가?

*28(40) 서로 마주보는 두 스피커는 같은 위상으로 440 Hz의 음파를 내고 있다. 청취자는 일정한 속도로 한 스피커로부터 다른 쪽 스피커를 향해 걸어가면서 3.0 Hz의 진동수(강-약-강)인 소리의 세기를 듣는다. 소리의 속력은 343 m/s이다. 이때 청취자가 걷는 속력은 얼마인가?

*29(41) 사람이 우물 꼭대기에서 소리를 내어 진동수가 42.0, 70.0, 그리고 98.0 Hz인 정상파들이 형성되는 것을 알았다. 42.0 Hz는 기본 진동수가 아니다. 음속이 343 m/s라면 우물의 깊이는 얼마인가?

*30(42) 양 끝이 열려 있는 관에 $\gamma = 1.40$인 잘 모르는 이상 기체가 담겨 있다. 293 K에서 294 Hz의 소리굽쇠를 놓았을 때 정상파가 형성되는 가장 짧은 관의 길이는 0.248 m이다. 기체 분자의 질량을 구하라.

**31(44) 한쪽만 열려 있는 관을 둘로 잘랐다(길이는 같지 않음). 잘린 관 중에서 양 끝이 열린 관은 기본 진동수가 425 Hz이고 반면에 한 끝만 열린 관은 기본 진동수가 675 Hz이다. 원래 관의 기본 진동수는 얼마인가?

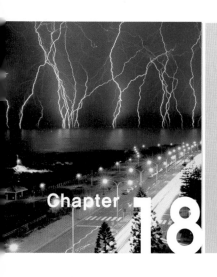

Chapter 18 전기력과 전기장

18.1 전기의 기원

물질의 전기적 성질은 그 물질의 원자 구조에 의해 결정된다. 원자 속에는 양성자와 중성자라고 하는 입자들로 구성된 상대적으로 작고 단단한 핵이 있다. 양성자는 $1.673 \times 10^{-27} \, \text{kg}$의 질량을 가지며, 중성자는 이보다 약간 큰 $1.675 \times 10^{-27} \, \text{kg}$의 질량을 갖고 있다. 그림 18.1에서 보듯이, 핵 주위는 전자라고 하는 입자들이 움직이고 있으며 그 움직이는 흔적이 구름처럼 보인다. 전자는 $9.11 \times 10^{-31} \, \text{kg}$의 질량을 갖는다. 전하(electric charge)는 질량처럼 양성자와 전자의 고유한 성질이며, 양전하와 음전하의 두 가지 형태만 있는 것으로 밝혀졌다. 양성자는 양전하를, 전자는 음전하를 갖는다. 중성자는 알짜 전하를 갖고 있지 않다.

양성자와 전자의 전하는 정확하게 같은 크기를 갖는 것이 실험적으로 밝혀졌는데, 양성자는 $+e$의 전하를, 전자는 $-e$의 전하를 갖는다. 전하의 크기를 측정하는 SI 단위는 **쿨롬***(coulomb, C)이며 e는 $1.6 \times 10^{-19} \, \text{C}$의 값을 갖는 것으로 측정되었다. 기호 e는 양성자나 전자가 갖는 전하의 크기만을 표현하고 전하가 양인지 음인지를 표시하는 대수적인 부호를 포함하지는 않는다. 사실상 원자는 보통 같은 수의 양성자와 전자를 갖는 것으로 알려져 있다. 그래서 통상적으로 핵의 양전하와 전자들의 음전하의 대수적 합이 0이기 때문에 원자는 알짜 전하를 갖지 않는다. 원자 또는 물체가 어떤 전하도 갖고 있지 않을 때 물체는 전기적으로 중성이라고 한다. 핵 안에 있는 중성자들은 전기적으로 중성 입자들이다.

전자나 양성자의 전하량은 밝혀진 가장 작은 크기의 자유 전하량이다. 전자들을 더하거나 제거함으로써 더 큰 전하량이 물체에 쌓인다. 따라서 전하량 q는 e의 정수배이다. 즉 $q = Ne$이며, 여기서 N은 정수이다. 어떠한 전하량 q라도 쪼갤 수 없는 최소 단위의 전하량 e의 정수배로 존재한다. 이런 경우 전하는 양자화되어 있다고 말한다. 예제 18.1은 전하의 양자화 성질을 강조하고 있다.

⊖ 전자
⊕ 양성자
◉ 중성자

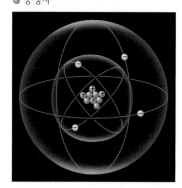

그림 18.1 원자는 양으로 대전된 작은 핵과 둘레를 움직이는 음으로 대전된 전자들을 갖는다. 여기서 보이는 닫힌 경로는 단지 상징적인 것이다. 실제로 원자 속의 전자는, 30.5절에서 알게 되겠지만, 구별된 경로를 따라 움직이지는 않는다.

---

* 쿨롬의 정의는 전류와 자기장 등 뒤에서 다룰 개념들에 의존한다. 따라서 21.7절까지 그 정의를 미룬다.

예제 18.1 | 수많은 전자들

1 C의 음전하에는 얼마나 많은 전자가 있는가?

살펴보기 음전하는 음전기를 가진 과잉 전자들에 기인한다. 하나의 전자가 1.6×10^{-19} C의 전하량을 갖기 때문에 전자의 수는 전하량 q를 전자의 전하량 e로 나눠주면 된다.

풀이 전자의 수 N은

$$N = \frac{q}{e} = \frac{1.00 \text{ C}}{1.60 \times 10^{-19} \text{ C}} = \boxed{6.25 \times 10^{18}}$$

이다.

18.2 대전된 물체와 전기력

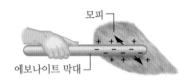

그림 18.2 에보나이트 막대를 모피와 마찰시키면 모피의 원자로부터 막대로 전자가 이동한다. 이 이동으로 막대에 음전하(-)가 생기고 모피에 양전하(+)를 남긴다.

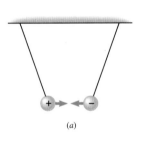

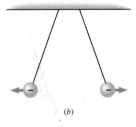

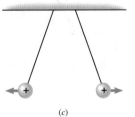

그림 18.3 (a) 양전하(+)와 음전하(-)는 서로 끌어당긴다. (b) 두 음전하는 서로 밀어낸다. (c) 두 양전하는 서로 밀어낸다.

전기는 여러 곳에서 유용하게 응용되는데 이들은 전하가 한 물체에서 다른 물체로 이동할 수 있다는 사실과 관계된다. 보통 이동되는 전하는 전자이며 전자를 얻은 물체는 음전하가 양전하보다 많다. 반면 음전하를 잃은 물체는 양전하가 과잉되게 된다. 이러한 전하의 이탈은 일반적으로 다른 두 물체를 비빌 때 일어난다. 예로, 그림 18.2와 같이 에보나이트 막대(딱딱하고 검은 고무)를 모피에 비비면 몇몇 전자들이 모피로부터 막대로 이동되어 에보나이트 막대는 음으로 대전되고 모피는 양으로 대전된다. 유사하게 유리 막대를 비단에 비비면 몇몇 전자들이 유리의 원자로부터 제거되어 비단에 쌓이게 되고 비단은 음, 유리는 양으로 대전되게 된다. 나일론 양탄자를 걷거나 마른 머리를 빗질할 때와 같이 전하 이탈의 예는 많이 있다. 각 경우에 물체는 서로 표면을 비빔으로써 전기를 띠게 된다.

에보나이트 막대와 모피를 비비는 과정에서 물질 내에 이미 있던 전자와 양성자는 분리된다. 전자나 양성자는 창조되거나 소멸되지 않는다. 전자 한 개가 막대로 이동될 때마다 모피에는 양성자 한 개가 남게 된다. 전자와 양성자의 전하는 크기가 같고 부호는 반대이므로 두 전하의 대수합은 0이며, 이러한 이동은 모피-막대 계의 알짜 전하를 변화시키지는 않는다. 만일 처음부터 각 물질이 같은 수의 양성자와 전자를 갖고 있다면, 그 계의 알짜 전하는 처음에는 0이며 마찰 과정 중에도 여전히 0을 유지한다.

전하는 두 물질의 표면을 비비는 것 외에도 많은 상황들에서 역할을 한다. 예를 들면, 화학 반응, 전기 회로 그리고 방사성 붕괴에서도 전하들은 수반된다. 어떠한 상황에서도 **전하 보존의 법칙**(law of conservation of electric charge)이 성립한다는 것은 수 많은 실험들을 통하여 밝혀졌다.

■ 전하 보존의 법칙
어떠한 과정 중에도 고립계의 알짜 전하량은 일정하게 유지된다.

전기적으로 대전된 물체들이 서로 힘을 작용한다는 것을 보이기는 쉽다. 그림 18.3(a)는 가볍고 자유롭게 움직이는 반대 부호로 대전된 작은 두 개의 공들을 보여주고 있다. 공들은 서로 끌어당긴다. 반면에 둘 다 양이거나 음인 같은 부호의 전하를 가진 공들은 그림 (b)와 (c)에서와 같이 서로 밀어낸다. 그림 18.3에 나타난 반응은 전하들이 주고받는 힘의 기본적인 성질이 다음과 같음을 보여준다.

같은 전하들끼리는 서로 밀어내고 다른 전하들끼리는 서로 끌어당긴다.

우리가 보아온 다른 힘들처럼 전기력(또는 정전기력)도 물체에 작용하는 알짜 외력 $\Sigma\mathbf{F}$에 기여함으로써 물체의 운동을 변화시킬 수 있다. 뉴턴의 제2법칙인 $\Sigma\mathbf{F} = m\mathbf{a}$로 알짜 외력으로 인해 발생하는 가속도 $\mathbf{a}$를 알 수 있다. 물체에 작용하는 어떠한 외부 전기력이라도 제2법칙에서 사용되는 알짜 외력을 계산할 때는 반드시 포함되어야 한다.

전기력에 근거한 새로운 기술이 책과 다른 인쇄물을 만드는 방법을 크게 변혁시켰다고 해도 좋다. 전자 잉크라 불리는 이 기술은 컴퓨터의 모니터에 나타난 수많은 기호들을 즉시 종이 면에 글자와 그림으로 바꿔 놓는다. 그림 18.4(a)는 전자 잉크의 본질적 특징을 보여주고 있다. 전자 잉크는 수백만 개의 투명한 마이크로캡슐로 이루어져 있는데 각각은 사람의 머리카락 만한 지름을 가지며 잉크 액체로 채워져 있다. 각 마이크로캡슐 안에는 약하게 음전하를 띤 수십 개의 극히 작은 하얀 알갱이들이 있다. 마이크로캡슐은 불투명한 바닥층과 들여다 볼 수 있는 투명한 위층으로 된 두 판 사이에 끼워져 있다. 그림 (b)처럼 바닥층의 일부 영역에 양전하가 생기면, 음으로 대전된 하얀 알갱이들은 그곳으로 끌려가고 위층에 검은 잉크가 남는다. 그래서 관측자는 검은 액체만 보게 된다. 바닥층의 일

○ 전자 잉크의 물리

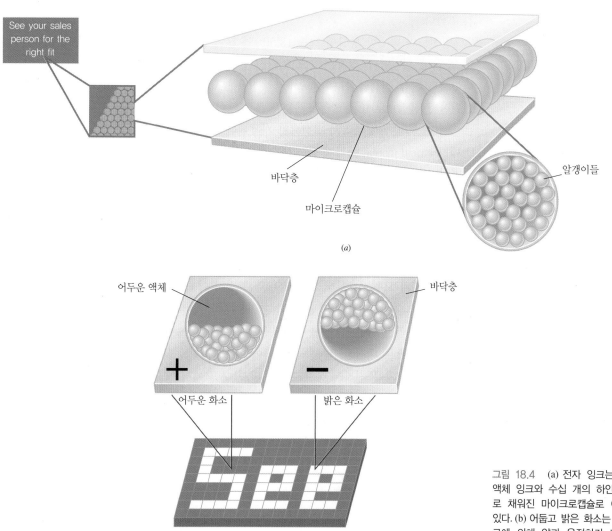

그림 18.4 (a) 전자 잉크는 어두운 액체 잉크와 수십 개의 하얀 알갱이로 채워진 마이크로캡슐로 이루어져 있다. (b) 어둡고 밝은 화소는 전자 회로에 의해 양과 음전하가 바닥층에 생길 때 형성된다.

부 영역에 음전하가 생기면, 음으로 대전된 하얀 알갱이들은 바닥으로부터 밀려나서 마이크로캡슐의 위쪽으로 간다. 이제 관측자는 알갱이에 의한 하얀 영역을 본다. 이처럼 전자 잉크는 같은 전하는 밀어내고 다른 전하끼리는 끌어당기는 원리에 기초를 두고 있다. 양전하가 한 색을 나타내도록 하고 음전하는 다른 색을 나타내도록 한다. 어둡거나 밝은 각각의 작은 영역을 화소(pixel; picture element의 약자)라 한다. 컴퓨터 칩은 각 화소의 바닥층에 양전하나 음전하가 생기도록 지시한다. 두 가지 색상으로 만들어진 패턴에 의해 글자와 그림이 만들어진다.

18.3 도체와 절연체

전하는 물체 위에 존재할 뿐만 아니라 물체를 통하여 이동할 수도 있다. 그럼에도 불구하고, 물질들은 전하가 이동하거나 그들을 통하여 전도되도록 하는 능력에 있어서 아주 다르다. 전도 능력의 차이를 이해하기 위해 그림 18.5(a)에 양 끝의 온도가 서로 다른 막대 모양의 물질을 통한 열의 전도를 보였다. 13.2절에서 논의한 것같이 금속은 쉽게 열을 전도하기 때문에 열전도체로 알려져 있다. 반면에 열을 잘 전도하지 않는 물질을 열절연체라고 한다.

　열전도와 비슷한 상황이 그림 18.5(b)와 같이 금속 막대가 대전된 두 물체 사이에 놓여 있을 때 일어난다. 전자는 음으로 대전된 물체로부터 양으로 대전된 물체로 막대를 통하여 전도된다. 전하를 쉽게 전도하는 물질을 **도체**(electrical conductor)라고 한다. 예외가 있지만, 일반적으로 좋은 열전도체는 좋은 도체이다. 구리, 알루미늄, 은, 금과 같은 금속들은 우수한 도체이며, 따라서 전선으로 사용된다. 전하를 잘 전도하지 않는 물질을 **전기 절연체**(electrical insulator)라 한다. 많은 경우에 있어서, 열절연체는 또한 전기 절연체이다. 일반적인 전기 절연체로는 고무, 각종 플라스틱 그리고 나무가 있다. 전선을 피복하는 고무나 플라스틱 같은 절연체는 전하가 원하지 않는 곳으로 나가는 것을 막는다.

　도체와 절연체의 차이는 원자 구조와 관계되어 있다. 전자가 핵 주위를 돌 때 바깥쪽 궤도의 전자는 안쪽 궤도의 전자보다 핵으로부터 더 약한 인력을 받는다. 결과적으로, 최외각 전자(또는 가전자)는 안쪽의 전자보다 더 쉽게 제거될 수 있다. 좋은 도체에서는 몇 개의 가전자가 모원자로부터 떨어져 나와 특별히 어느 한 원자에 속하지 않고 물질을 통하여 얼마간 자유롭게 돌아다닌다. 각 원자로부터 떨어져 나오는 전자의 정확한 수는 물질의 성질에 의존하지만 통상 1개에서 3개 사이이다. 그림 18.5(b)와 같이 전도성 막대의 한쪽 끝이 음으로 대전된 물체와 접촉되어 있고 다른 쪽 끝이 양으로 대전된 물체와 접촉되어 있을 때 '자유' 전자는 음으로 대전된 막대 끝에서 양으로 대전된 막대 끝으로 쉽게 이동할 수 있다. 이처럼 전자의 재빠른 운동은 좋은 도체의 특징이다. 절연체에서는 물질을 통해 자유롭게 움직이는 자유 전자가 매우 적기 때문에 상황이 다르다. 실제로 모든 전

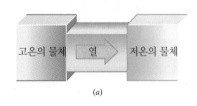
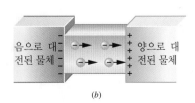

그림 18.5 (a) 열은 더 뜨거운 금속 막대 끝에서 더 차가운 막대 끝으로 전도된다. (b) 전자들은 음으로 대전된 금속 막대 끝에서 양으로 대전된 끝으로 전도된다.

자는 모원자에 구속되어 있다. 자유 전자가 없다면 물질이 서로 반대로 대전된 두 물체 사이에 놓일 때 전하의 흐름이 거의 없으며, 그 물질을 전기 절연체라 한다.

18.4 접촉과 유도에 의한 대전

음으로 대전된 에보나이트 막대를 그림 18.6(a)의 금속 구에다 갖다 대면 일부 과잉 전자들은 막대로부터 금속 구로 이동한다. 일단 전자들이 금속 구 위에 있으면 그들은 쉽게 움직일 수 있고 서로 밀어내어 구 표면 전체로 퍼진다. 절연된 스탠드는 전자들이 한층 더 퍼져서 지면으로 흘러 나가는 것을 막는다. 그림 (b)처럼 막대를 제거하면 구 표면 전체에 음전하가 분포된다. 비슷한 방법으로 양으로 대전된 막대를 구에 갖다 대면 구에 양전하가 남게 된다. 이 경우 전자는 구로부터 막대로 이동하게 된다. 한 물체에 이미 대전된 다른 물체를 접촉해서 알짜 전하를 주는 과정을 **접촉에 의한 대전**(charging by contact)이라한다.

접촉시키지 않고 도체를 대전시키는 것 또한 가능하다. 그림 18.7에서 음으로 대전된 막대를 금속 구에 닿지 않게 가까이 가져간다. 구에서 막대에 가장 가까이 있는 자유 전자는 그림 (a)와 같이 반대편으로 이동한다. 결과로 막대에 가장 가까이 있는 부분은 양으로 대전되고 가장 먼 부분은 음으로 대전된다. 구 내부의 자유 전자와 음의 막대 사이에 작용하는 척력 때문에 이들 양과 음으로 대전된 영역이 '유도' 되었다. 만일 막대를 제거하면 자유 전자는 원래 위치로 되돌아가고 대전된 영역은 사라지게 된다.

대개의 조건에서 지구는 좋은 도체이다. 그래서 그림 18.7(b)처럼 금속선으로 구와 지면 사이를 연결하면 일부 자유 전자는 구를 떠나 훨씬 더 큰 지구 전체에 퍼진다. 접지선을 제거하고 나서 에보나이트 막대까지 제거하면 그림 (c)에 보인 바와 같이 구는 양의 알짜 전하를 가진 채로 남게 된다. 대전된 물체에 물체를 접촉하지 않고 알짜 전하를 한 물체에 주는 과정을 **유도에 의한 대전**(charging by induction)이라 한다. 만일 양으로 대전된 막대를 사용하면 구에 음의 알짜 전하가 주어질 것이다. 이 경우는 전자는 접지선을 통하여 지면으로부터 와서 구에 있게 될 것이다.

그림 18.7처럼 구가 금속 대신에 플라스틱 같은 절연 물질로 만들어졌다면 유도에 의한 알짜 전하 생산 방법이 통하지 않는다. 왜냐하면 절연 물질을 통해서 흐르는 전하가 거의 없으며 접지선으로 흘러가는 전하도 없기 때문이다. 그러나 대전된 막대의 전기력은 그림 18.8에 보인 바와 같이 어떤 효과를 갖는다. 전기력은 절연 물질의 분자에서 음전하막대로부터 음전하를 밀어내어 양전하와 음전하를 약간 분리시킨다. 비록 알짜 전하가 생

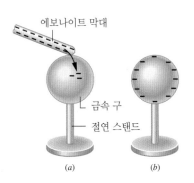

그림 18.6 (a) 음으로 대전된 막대를 금속 구에 갖다 대면 전자는 이동한다. (b) 막대를 제거하면 전자는 스스로 구 표면 전체에 분포한다.

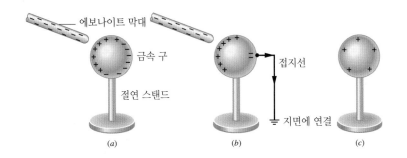

그림 18.7 (a) 대전된 막대를 접촉하지 않고 금속 구에 가까이 가져가면 구 안에 있는 일부 양전하와 음전하가 분리된다. (b) 일부 전자들이 접지선을 통하여 구를 떠나며, 그 결과 (c) 구는 양의 알짜 전하를 얻는다.

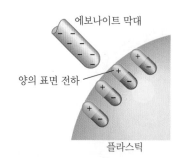

그림 18.8 음으로 대전된 막대는 플라스틱 위에 약간의 양의 표면 전하를 유도한다.

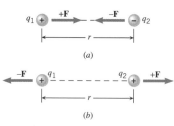

그림 18.9 각 점전하는 다른 전하에 힘을 작용한다. 힘이 (a) 인력이든 (b) 척력이든 관계없이 힘의 방향은 전하 사이를 잇는 선의 방향과 같고, 두 힘의 크기는 같다.

기지는 않더라도 플라스틱 표면은 약간 유도된 양전하를 얻게 되어 음전하 막대로 당겨지게 된다. 유사한 이유로 옷들이 빨래 건조기에서 뒹굴면서 다른 것과 달라붙을 수 있는데, 이 '정전기적 붙음'이라는 현상은 옷이 전하를 얻을 때 일어난다.

18.5 쿨롱의 법칙

점전하가 서로에게 작용하는 힘

정지 상태의 대전 물체들이 서로에게 작용하는 정전기력은 대전된 물체들의 전하와 그들 사이의 거리에 의존한다. 전하가 더 클수록, 더 가까울수록 더 큰 힘이 작용한다는 것이 실험적으로 밝혀졌다. 이러한 특징을 더욱 상세하게 설명하기 위해 두 대전된 물체를 그림 18.9에 나타내었다. 이들 물체는 그들 사이의 거리 r에 비해 아주 작고 그래서 점으로 간주될 수 있다. 두 '점전하'는 각각 $|q_1|$과 $|q_2|$의 크기*를 갖는다. 만약 전하가 그림 (a)처럼 부호가 서로 다르면 각각의 전하는 그들을 잇는 선 방향의 힘을 받아 서로를 끌어당긴다. $+\mathbf{F}$는 전하 2가 전하 1에 작용하는 전기력이며 $-\mathbf{F}$는 전하 1이 전하 2에 작용하는 힘이다. 만일 그림 (b)처럼 전하의 부호가 같으면(둘 다 양이든 음이든) 한 전하는 다른 전하를 밀어낼 것이다. 인력과 같이 척력도 전하를 잇는 선을 따라서 작용한다. 척력이든 인력이든 두 힘은 크기가 같고 방향이 반대이다. 이러한 힘들은 뉴턴의 운동 제3법칙에 따라 서로 다른 전하에 작용하며, 항상 쌍으로 존재한다.

프랑스의 물리학자 쿨롱(1736~1806)은 한 점전하가 다른 점전하에 미치는 전기력이 각 전하와 그들 사이의 거리에 어떻게 의존하는지를 측정하기 위하여 수많은 실험을 수행하였다. 그 결과가 **쿨롱의 법칙**(Coulomb's law)이며 다음과 같다.

> **■ 쿨롱의 법칙**
>
> 한 점전하 q_1이 다른 점전하 q_2에 작용하는 정전기력의 크기 F는 전하량의 크기 $|q_1|$과 $|q_2|$에 비례하고 그들 사이의 거리의 제곱에 반비례 한다.
>
> $$F = k\frac{|q_1||q_2|}{r^2} \tag{18.1}$$
>
> 여기서 k는 비례 상수이며 SI 단위계에서 값은 $k = 8.99 \times 10^9\,\mathrm{N \cdot m^2/C^2}$이다. 정전기력은 전하를 잇는 선을 따르는 방향이며, 전하의 부호가 다르면 인력이고, 부호가 같으면 척력이다.

k를 또 다른 상수 ϵ_0로 표현하는 것이 보통이며 $k = 1/(4\pi\epsilon_0)$이다. ϵ_0는 자유 공간의 유전율(permittivity of free space)이라 하며 $\epsilon_0 = 1/(4\pi k) = 8.85 \times 10^{-12}\,\mathrm{C^2/(N \cdot m^2)}$의 값을 갖는다. 식 18.1은 각각의 점전하가 다른 점전하에 작용하는 정전기력의 크기를 알려준다. 이 식을 사용할 때는 예제 18.2에서 보인 바와 같이 단지 전하량의 크기 $|q_1|$과 $|q_2|$(부호 없이)만을 대입하는 것을 기억하는 게 중요하다.

---

*어떤 변수의 크기는 보통 절댓값이라 부르며 변수의 왼쪽과 오른쪽에 수직 막대를 붙여서 나타낸다. 따라서 $|q|$는 변수 q의 절댓값 또는 크기의 표시이다. 만일 $q = -2.0\,\mathrm{C}$이면 $|q| = 2.0\,\mathrm{C}$이다.

예제 18.2 | 큰 인력

전하량이 각각 +1.0 C과 −1.0 C로 대전된 두 물체가 1.0 km 떨어져 있다. 떨어진 거리 1.0 km에 비해 물체의 크기는 작다. 한 전하가 다른 전하에 작용하는 인력의 크기를 구하라.

살펴보기 물체의 크기가 떨어진 거리에 비해 작다는 것을 고려하면 전하를 점전하로 취급할 수 있다. 따라서 전하량들의 크기 $|q_1|, |q_2|$를 알면 쿨롱의 법칙을 사용하여 인력의 크기를 구할 수 있다.

풀이 힘의 크기는

$$F = k \frac{|q_1||q_2|}{r^2} \tag{18.1}$$

$$= \frac{(8.99 \times 10^9 \, \text{N·m}^2/\text{C}^2)(1.0 \, \text{C})(1.0 \, \text{C})}{(1.0 \times 10^3 \, \text{m})^2}$$

$$= \boxed{9.0 \times 10^3 \, \text{N}}$$

이다.

예제 18.2에서 계산된 힘은 대략 질량 900 kg의 무게에 해당하는 아주 큰 힘인데 이는 ±1.0 C의 전하가 아주 큰 전하이기 때문이다. 그렇게 큰 전하는 번개와 같이 아주 보기 드문 조건에서만 만나게 되는데, 벼락이 칠 때는 25 C 정도의 전하가 지면과 구름 사이를 오갈 수 있다. 실험실에서 만들어지는 전하는 훨씬 더 작으며 수 마이크로 쿨롬 정도이다(1 마이크로 쿨롬 = $1 \mu\text{C} = 10^{-6}$ C).

쿨롱의 법칙은 뉴턴의 만유 인력 법칙($F = Gm_1 m_2/r^2$)과 상당히 유사한 형태를 갖는다. 두 법칙에서 힘은 두 물체 사이의 거리의 역제곱($1/r^2$)에 비례하고 그들 사이를 잇는 선의 방향이다. 덧붙여서 그 힘은 각 물체의 본질적인 양의 곱에 비례하는데, 쿨롱의 법칙의 경우엔 전하량의 크기인 $|q_1|$과 $|q_2|$의 곱이고 중력의 법칙에선 질량 m_1과 m_2의 곱이다. 그러나 두 법칙 사이엔 중요한 차이가 있다. 정전기력은 전하가 같은 부호를 가지는지 또는 아닌지에 따라 인력 또는 척력이 될 수 있지만 중력은 항상 인력이다. 5.5절에서 지구와 위성 사이의 인력이 위성의 궤도를 유지시키는 구심력을 제공하는 것을 알았다.

정전기력은 전하 사이 거리의 역제곱에 의존하기 때문에 작은 접착 테이프 조각이 매끄러운 표면에 달라붙을 때 수반되는 것처럼 거리가 가까울수록 더욱 커진다. 전자는 테이프와 표면 사이의 짧은 거리를 뛰어 넘는다. 결과적으로 물질은 반대로 대전된다. 전하 사이의 거리가 상대적으로 짧기 때문에 정전기적 인력은 접착시키는 결합에 기여할 만큼 충분히 크다. 그림 18.10은 테이프를 금속 표면에서 떼어낸 후 얻은 끈적끈적한 테이프 표면의 영상이다. 이 상은 원자-힘 현미경(atomic-force microscope)을 사용하여 얻어진 것으로, 강한 접착 결합력으로 인해 아주 작은 접착 잔유물이 금속 표면에 붙어서 테이프에 생긴 작은 우묵한 곳들이 보인다.

문제 풀이 도움말
쿨롱의 법칙을 이용해서 전기력의 크기만을 구할 때는 전하량의 절댓값들만 사용하면 되고 부호를 고려할 필요가 없다.

● 접착의 물리

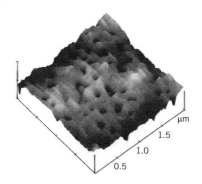

그림 18.10 영상에서 보는 바와 같이, 금속 표면에서 떼어낸 끈끈한 테이프 표면에 작은 움푹 팬 곳(지름이 약 천만 분의 일 미터)들이 보인다. 이 영상은 원자-힘 현미경을 사용하여 얻었다.

둘 또는 그 이상의 전하로 인해 한 전하가 받는 힘

지금까지 우리는 한 점전하(크기 $|q_1|$)가 다른 점전하(크기 $|q_2|$)에 의해 받는 힘에 대해 논의해 왔다. 세 번째 점전하(크기 $|q_3|$)가 존재한다고 가정하자. 두 전하 q_2, q_3가 전하 q_1에 작용하는 알짜 힘은 얼마가 될까? 그러한 문제는 일부분씩 나누어 다루는 게 편리하다. 우선 q_2가 q_1에 작용하는 힘의 크기와 방향을 구한다(q_3가 없다고 가정하고). 그런 다음 q_3가 q_1에 작용하는 힘을 결정한다(q_2가 없다고 가정하고). q_1에 작용하는 알짜 힘은 이들 힘의 벡터 합이다. 예제 18.3은 전하가 일직선 상에 놓여 있을 때 이러한 접근 방법을 보여준다.

예제 18.3 | 직선 상의 세 전하

그림 18.11(a)는 진공 중에 x축을 따라 놓여 있는 세 전하를 보여준다. 전하 q_1에 작용하는 알짜 정전기력의 크기와 방향을 구하라.

살펴보기 그림 (b)는 전하 q_1에 작용하는 힘의 자유물체도이다. q_1과 q_2의 부호가 반대이기 때문에 그들은 서로 끌어당긴다. 이때 q_2가 q_1에 작용하는 힘은 $\mathbf{F}_{12}$이고 왼쪽을 향한다. 마찬가지로 q_3가 q_1에 작용하는 힘은 $\mathbf{F}_{13}$이며 인력이다. 그림 18.11(b)에서 그 힘은 오른쪽을 향한다. 이들 힘의 크기는 쿨롱의 법칙으로 얻어진다. 알짜 힘은 $\mathbf{F}_{12}$와 $\mathbf{F}_{13}$의 벡터 합이다.

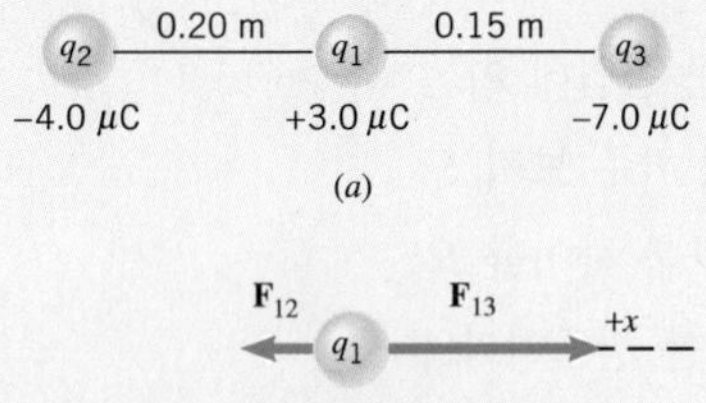

풀이 힘들의 크기는

$$
\begin{aligned}
F_{12} &= k\frac{|q_1||q_2|}{r_{12}^2} \\
&= \frac{(8.99 \times 10^9 \text{ N·m}^2/\text{C}^2)(3.0 \times 10^{-6} \text{ C})(4.0 \times 10^{-6} \text{ C})}{(0.20 \text{ m})^2} \\
&= 2.7 \text{ N}
\end{aligned}
$$

$$
\begin{aligned}
F_{13} &= k\frac{|q_1||q_3|}{r_{13}^2} \\
&= \frac{(8.99 \times 10^9 \text{ N·m}^2/\text{C}^2)(3.0 \times 10^{-6} \text{ C})(7.0 \times 10^{-6} \text{ C})}{(0.15 \text{ m})^2} \\
&= 8.4 \text{ N}
\end{aligned}
$$

이다. $\mathbf{F}_{12}$는 $-x$ 방향을 향하고 $\mathbf{F}_{13}$는 $+x$ 방향을 향하므로 알짜 힘 $\mathbf{F}$는

$$\mathbf{F} = \mathbf{F}_{12} + \mathbf{F}_{13} = (-2.7 \text{ N}) + (8.4 \text{ N}) = \boxed{+5.7 \text{ N}}$$

이다. 답에서 +부호는 알짜 힘이 그림에서 오른쪽을 향함을 나타낸다.

그림 18.11 (a) x축 상에 놓여있는 세 전하들 (b) q_2가 q_1에 작용하는 힘이 $\mathbf{F}_{12}$이고 q_3가 q_1에 작용하는 힘이 $\mathbf{F}_{13}$이다.

18.6 전기장

정의

한 전하는 다른 전하 때문에 정전기력을 받는다. 예를 들어 그림 18.12에서 양전하 q_0는 힘 $\mathbf{F}$를 받는데, 이 힘은 막대와 두 구에 있는 전하에 의해 작용되는 힘들의 벡터 합이다. 주위의 전하가 힘을 생기게 하는 정도를 재기 위한 **시험 전하**(test charge)로서 q_0를 생각하자. 실험하는 경우는 시험 전하를 매우 작은 크기의 전하로 선택해서 시험 전하가 다른 전하의 위치를 바꾸지 않도록 주의해야 된다. 다음 예제는 시험 전하의 개념이 어떻게 적용되는가를 보여준다.

예제 18.4 | 시험 전하

그림 18.12에서 양의 시험 전하 $q_0 = +3.0 \times 10^{-8}$ C가 그림의 방향으로 $F = 6.0 \times 10^{-8}$ N의 힘을 받는다. (a) 시험 전하가 받는 쿨롱당 힘을 구하라. (b) (a)의 결과를 이용하여 q_0가 $+12 \times 10^{-8}$ C일 때 받을 힘을 예측하라.

살펴보기 주위의 전하들은 시험 전하 q_0에 힘 $\mathbf{F}$를 가한다. 시험 전하가 받는 쿨롱당 힘은 $\mathbf{F}/q_0$이다. 만일 q_0가 새로운 전하 q로 대치된다면 그때 이 새 전하에 작용하는 힘은 쿨롱당 힘의 q배이다.

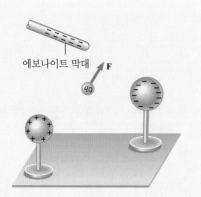

풀이 (a) 쿨롬당 받는 힘은

$$\frac{F}{q_0} = \frac{6.0 \times 10^{-8}\,\text{N}}{3.0 \times 10^{-8}\,\text{C}} = \boxed{2.0\,\text{N/C}}$$

이다.

(b) 풀이 (a) 결과 주위의 전하들은 단위 전하당 2.0 N의 힘을 받을 수 있음을 나타낸다. 따라서 $+129 \times 10^{-8}$ C의 전하가 받는 힘은

$$F = (2.0\,\text{N/C})(12 \times 10^{-8}\,\text{C}) = \boxed{24 \times 10^{-8}\,\text{N}}$$

이다. 이 힘의 방향은 시험 전하가 받는 힘의 방향과 같은데, 그것은 둘 다 같은 부호의 양전하이기 때문이다.

그림 18.12 양전하 q_0는 에보나이트 막대와 두 구를 둘러싸고 있는 전하들에 의한 정전기력 **F**를 받는다.

예제 18.4(a)에서 계산된 단위 전하당 전기력 $\mathbf{F}/q_0$는 전자기학에서 매우 중요한 개념 중 하나로 **전기장**(electric field)이라 한다. 전기장의 개념은 정전기력과 시험 전하의 개념을 결합할 때 나온다. 식 18.2는 전기장의 정의를 나타낸다.

■ **전기장**

한 점에서의 전기장 **E**는 그 점에 놓인 작은 시험 전하 q_0가 받는 힘 **F**를 전하량으로 나눈 것이다.

$$\mathbf{E} = \frac{\mathbf{F}}{q_0} \tag{18.2}$$

전기장은 벡터이며 방향은 양의 시험 전하가 받는 힘 **F**의 방향과 같다.

전기장의 SI 단위: 뉴턴(N)/쿨롬(C)

식 18.2는 전기장의 단위가 힘의 단위를 전하의 단위로 나눈 것임을 보여주며 SI 단위로는 N/C이 된다.

주어진 점에서의 전기장을 만드는 것은 주위의 전하들이다. 그 점에 놓인 양전하나 음전하는 전기장과 상호 작용하며, 결과적으로 힘을 받게 된다. 알짜 전기장을 계산하려면 각각의 전하가 주는 전기장들을 모두 구한 후 그 벡터 합을 구하는 것이 필요하다. 이것이 선형 중첩의 원리이다(이 원리는 파동과 관련하여 17.1절에 소개하였다). 예제 18.5는 전기장이 벡터양임을 강조하고 있다.

 예제 18.5 | **벡터 덧셈으로 더하는 전기장**

그림 18.13은 두 대전체 A와 B를 보여주고 있다. 각각은 점 P에서의 전기장에 다음과 같이 기여한다. $E_A = 3.00$ N/C이며 오른쪽을 향하고 $E_B = 2.00$ N/C이며 아래 방향을 향한다. 따라서 $\mathbf{E}_A$와 $\mathbf{E}_B$는 수직이다. 점 P에서의 알짜 전기장은 얼마인가?

살펴보기 알짜 전기장 **E**는 $\mathbf{E}_A$와 $\mathbf{E}_B$의 벡터 합이다. 즉 $\mathbf{E} = \mathbf{E}_A + \mathbf{E}_B$이다. 그림 18.13과 같이 $\mathbf{E}_A$와 $\mathbf{E}_B$는 수직이어서 **E**는 그림에서의 직사각형의 대각선이 된다. 따라서 우리는 피타고라스의 정리를 사용하여 **E**의 크기를 구하고 삼각법을 이용하여 각 θ를 구한다.

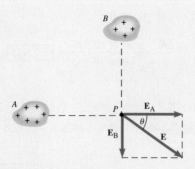

풀이   알짜 전기장의 크기는

$$E = \sqrt{E_A{}^2 + E_B{}^2} = \sqrt{(3.00 \text{ N/C})^2 + (2.00 \text{ N/C})^2}$$
$$= \boxed{3.61 \text{ N/C}}$$

이다. **E**의 방향은 그림에서 각 θ로 주어진다.

$$\theta = \tan^{-1}\left(\frac{E_B}{E_A}\right) = \tan^{-1}\left(\frac{2.00 \text{ N/C}}{3.00 \text{ N/C}}\right) = \boxed{33.7°}$$

그림 18.13 점 P에서의 알짜 전기장 **E**를 얻기 위해 두 전하 분포에 의한 전기장 $\mathbf{E_A}$와 $\mathbf{E_B}$의 벡터 합을 구한다.

점전하

다음 예제처럼, 점전하에 의해 만들어지는 전기장을 생각함으로써 전기장의 개념을 더욱 완전히 이해할 수 있다.

예제 18.6 │ 점전하에 의한 전기장

그림 18.14(a)의 왼쪽처럼 $q = +15\,\mu\text{C}$의 고립된 점전하가 진공 중에 놓여있다. 시험 전하 $q_0 = +0.80\,\mu\text{C}$을 사용하여 점전하에서 0.2 m 떨어진 점 P에서의 전기장을 구하라.

살펴보기   전기장의 정의에 의해 우리는 점 P에 시험 전하

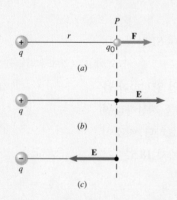

그림 18.14   (a) 위치 P에서 양의 시험 전하 q_0는 양의 점전하 q에 의한 척력 **F**를 받는다. (b) P에서 전기장 **E**는 오른쪽 방향이다. (c) 전하 q가 음이라면 전기장은 (b)에서와 크기는 같지만 왼쪽을 향한다.

q_0를 놓고 시험 전하에 작용하는 힘을 구한다. 그리고 나서 그 힘을 전하량으로 나눈다.

풀이   쿨롱의 법칙(식 18.1)으로 힘의 크기를 구한다.

$$F = k\frac{|q_0||q|}{r^2}$$
$$= \frac{(8.99 \times 10^9 \text{ N·m}^2/\text{C}^2)(0.80 \times 10^{-6} \text{ C})(15 \times 10^{-6} \text{ C})}{(0.20 \text{ m})^2}$$
$$= 2.7 \text{ N}$$

식 18.2로부터 전기장의 크기를 구한다.

$$E = \frac{F}{|q_0|} = \frac{2.7 \text{ N}}{0.80 \times 10^{-6} \text{ C}} = \boxed{3.4 \times 10^6 \text{ N/C}}$$

전기장 **E**의 방향은 양의 시험 전하에 작용하는 힘 **F**의 방향과 같다. 시험 전하는 오른쪽 방향으로 척력(밀어내는 힘)을 받으므로 그림 18.14(b)에서처럼 전기장 벡터 또한 오른쪽을 향한다.

점전하 q에 의해 생기는 전기장의 식은 쿨롱의 법칙으로부터 얻을 수 있다. 우선 시험 전하 q_0가 전하 q에 의해 받는 힘의 크기는 $F = k|q||q_0|/r^2$이다. 그런 다음 전기장의 크기를 얻기 위해 이를 $|q_0|$로 나눈다. 그 결과는 $|q_0|$가 약분되기 때문에 시험 전하에 의존하

지 않는다.

점전하 q에 의한 전기장 $$E = \frac{k|q|}{r^2} \qquad (18.3)$$

쿨롱의 법칙에서처럼 식 18.3에서 기호 $|q|$는 q가 양이든 음이든 상관없이 q의 크기를 나타낸다. 만일 q가 양이면 **E**는 그림 18.14(b)처럼 q로부터 나가는 방향이다. 반대로 q가 음이면 음전하는 양의 시험 전하를 끌어당기므로 **E**는 q를 향하는 방향이다. 그림 18.14(c)는 그림 왼쪽에 $+q$ 대신에 $-q$의 전하가 있었을 때 점 P에 존재하는 전기장을 보여준다.

평행판 축전기

점전하에 의한 전기장을 나타내는 식 18.3은 매우 유용한 결과이다. 이 식은 점전하가 하나 또는 그 이상의 평면에 분포되어 있는 다양한 상황에 대해서도 적분학의 도움을 얻어서 적용할 수 있다. 실제로 상당히 중요한 한 예가 **평행판 축전기**(parallel plate capacitor)이다. 그림 18.15와 같이 이 장치는 각각의 넓이가 A인 2개의 평행한 금속판으로 구성된다. 한 판에는 $+q$의 전하가, 다른 판에는 $-q$의 전하가 고르게 분포되어 있다. 판의 가장자리가 아닌 판 사이의 영역에서 전기장의 방향은 양의 판으로부터 음의 판으로 향하며 두 판에 수직이다. 가우스 법칙(18.9절 참조)을 이용하면 판 사이에서의 전기장의 크기는

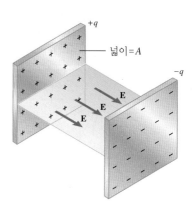

그림 18.15 평행판 축전기

평행판 축전기 $$E = \frac{q}{\epsilon_0 A} = \frac{\sigma}{\epsilon_0} \qquad (18.4)$$

이다. 여기서 ϵ_0는 자유 공간에서의 유전율이다. 여기서 그리스 문자 σ(sigma)는 단위 넓이당 전하량($\sigma = q/A$)을 나타내며 표면 전하 밀도라고 한다. 판의 가장자리 주위를 제외하고는 판 사이 모든 곳에서 전기장은 같은 크기를 갖는다. 전기장은 고립된 전하에 의해 생성되는 것과는 대조적으로 전하로부터의 거리에 의존하지 않는다.

18.7 전기력선

우리가 보아 온 것과 같이 전하는 그 주위 공간에 전기장을 만든다. 여러 곳에서 장의 크기와 방향을 나타내는 일종의 '지도'를 갖는 것은 유용하다. 영국의 위대한 물리학자 마이클 패러데이(1791~1867)는 그러한 지도를 위해서 **전기장선**(electric field lines)이란 개념을 제안했다. 전기장은 단위 전하가 받는 힘이기 때문에 전기장선을 **전기력선**(lines of force)이라고도 부른다. 여기서는 전기력선이란 용어를 사용하기로 한다.

　전기력선의 개념을 소개하기 위하여 그림 18.16(a)에 양전하 $+q$를 보이고 있다. 양의 시험 전하는 번호 1~8 위치에서 화살표 방향으로 척력을 받는다. 그러므로 $+q$에 의해 생성되는 전기장은 방사상으로 바깥쪽을 향한다. 전기력선은 그림 (b)에서 알 수 있듯이 이 방향을 보여주기 위해 그려진 선이다. 전기력선은 전하 $+q$에서 시작되어 방사상으로 바깥쪽을 향한다. 그림 18.17은 음전하 $-q$ 근처에서의 전기력선을 보여주고 있다. 이 경우에 전기력선들은 양의 시험 전하에 작용하는 힘이 인력이기 때문에 방사상으로 안쪽을 향하

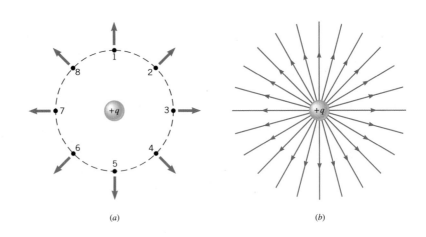

그림 18.16 (a) 양의 점전하 +q 주위에 표시한 8개의 점 어디에서나 양의 시험 전하는 방사상으로 바깥쪽을 향하는 척력을 받는다. (b) 전기력선은 양의 점전하 +q로부터 방사상으로 바깥쪽을 향한다.

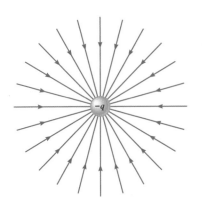

그림 18.17 전기력선은 음의 점전하 −q를 향하여 방사상으로 안쪽을 향한다.

며, 전기장이 안쪽을 향한다는 것을 알려준다. 일반적으로 전기력선은 양전하일 때는 나오는 방향이고 음전하일 때는 들어가는 방향이다.

　그림 18.16과 18.17에서 전기력선은 편의상 이차원으로만 그렸다. 삼차원에서 전기력선은 전하로부터 방사상으로 퍼지며 아주 많은 선으로 그려질 수 있다. 그러나 명확하게 하기 위해 작은 수의 선들만이 그림에 포함된다. 그 수는 전하의 크기에 비례하여 결정된다. 그래서 +q보다 +5q 전하에서 나오는 선들의 수를 5배 많게 나타낸다.

　전기력선의 형태는 전기장의 세기에 관한 정보를 제공한다. 그림 18.16과 18.17에서 전하 근처에서 전기장이 더 강하며 선들이 더 조밀하다. 전하로부터 먼 거리에서의 전기장은 더 약하고 선들은 보다 덜 조밀하다. 전기장에 수직인 면을 통과하는 단위 면적당 전기력선의 수는 전기장의 세기에 비례한다.

　전기력선이 균일하게 분포된 곳은 어느 곳에서나 단위 넓이당 선의 수가 같고 모든 점의 전기장의 방향과 세기는 같다. 예를 들면 그림 18.18의 평행판 축전기에서 평행판 사이의 전기력선은 가장자리 근처를 제외하고는 평행하고 같은 간격을 가짐을 보여준다.

　일반적으로 전기력선은 전기 쌍극자(electric dipole)의 경우처럼 곡선이다. 전기 쌍극자는 크기가 같고 부호가 반대인 두 개의 분리된 점전하로 이루어져 있다. 쌍극자의 전기장은 전하 사이의 거리와 한 전하의 크기의 곱에 비례한다. 이 곱을 전기 쌍극자 모멘트(electric dipole moment)라 한다. H_2O와 HCl 같은 다수의 분자들은 전기 쌍극자 모멘트를 갖는다. 이들을 극성 분자라고 부른다. 그림 18.19는 쌍극자 근처의 전기력선을 그린 것이다. 전기력선 위 어느 한 점에서의 전기장 벡터는 그 점(그림 중 점 1, 2, 3 참조)에서의 접선 방향이다. 쌍극자에 의한 전기력선의 형태를 보면 두 전하 근처와 두 전하 사이에서 전기장의 세기가 가장 강하고 전기력선들이 가장 조밀하다.

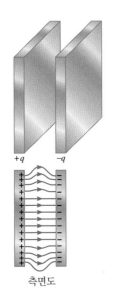

그림 18.18 평행판 축전기의 중앙에서 전기력선은 평행하고 같은 간격이며, 이는 모든 점에서 전기장의 크기와 방향이 같음을 나타낸다.

　그림 18.19에서 전기력선은 양전하에서 시작하여 음전하에서 끝나는 것을 주목하라. 일반적으로 전기력선은 항상 양전하에서 시작하여 음전하에서 끝나며 중간에서 시작되거나 끝나지 않는다. 더군다나 양전하에서 나가는 선들이나 음전하로 들어가는 선들의 수는 그 전하의 크기에 비례한다. 예를 들어 만일 100개의 선이 +4μC의 전하에서 나간다면 75개의 선이 −3μC의 전하에서 끝나야 하고 25개의 선은 −1μC에서 끝나야 함을 의미한다. 이와 같이 100개의 선이 +4μC의 전하를 떠나서 전체 −4μC의 전하에서 끝난다.

　전기력선은 두 개의 같은 전하 근방에서는 곡선을 그린다. 그림 18.20은 두 개의 양의 점전하와 관계된 패턴을 보여주고 있는데, 두 점전하 사이의 영역에서는 전기력선이 없음

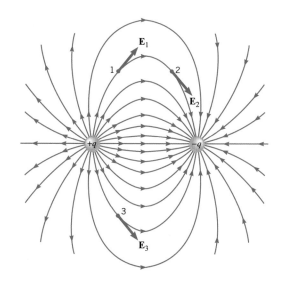

그림 18.19 전기 쌍극자의 전기력선은 곡선이며 양전하에서 나오고 음전하쪽으로 들어간다. 점 1, 2, 또는 3과 같은 점에서 쌍극자에 의한 전기장은 그 점을 지나는 전기력선의 접선 방향이다.

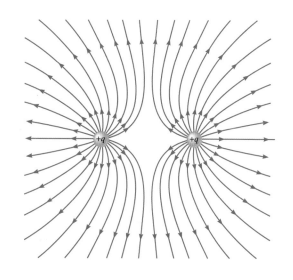

그림 18.20 두 개의 같은 양의 점전하들에 대한 전기력선. 만일 전하가 둘 다 음이라면 전기력선의 방향은 화살표가 반대로 될 것이다.

을 보여주고 있다. 전기력선이 없음은 두 전하 사이의 전기장이 상대적으로 약함을 의미한다. 전기력선의 몇몇 중요한 성질에 관해서 개념 예제 18.7에서 다시 묻는다.

⬙ 개념 예제 18.7 │ **전기력선 그리기**

그림 18.21(a)는 전하들 사이에 그려진 몇몇 전기력선과 3 개의 음전하($-q$, $-q$, $-2q$) 그리고 하나의 양전하($+4q$)를 보여주고 있다. 이 그림은 입체적으로, 즉 삼차원적으로 이해해야 된다. 그러나 틀린 점이 세 가지 있다. 무엇인가?

살펴보기와 풀이   그림 18.21(a)에서 외관상 잘못된 것 중 하나는 점 P에서 전기력선이 교차하는 것이다. 전기력선은 결코 교차할 수 없다. 점 P에 놓인 전하는 주위의 다른 전하로 인해

단 하나의 알짜 힘을 받는다. 그러므로 그 점에서 전기장(단위 전하가 받는 힘)은 단 하나의 값만 갖는다.

그림 18.21(a)에서 또 다른 잘못은 음전하들에서 끝나는 전기력선의 수이다. 양전하에서 나가거나 음전하로 들어가는 전기력선의 수는 전하의 크기에 비례한다는 것을 기억하라. $-2q$의 전하는 $+4q$ 전하 크기의 절반이다. 그러므로 여덟 개의 선이 $+4q$의 전하를 나가므로 그들 중 네 개(그들 중 반)의 선이 $-2q$의 전하로 들어가야 한다. 양전하를 나가는 남은 네 선 중 두 개씩

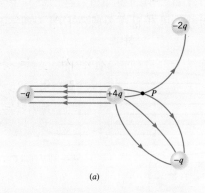

(a)

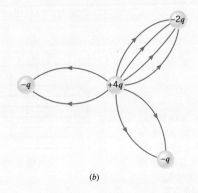

(b)

그림 18.21 (a) 잘못 그려진 전기력선 (b) 올바르게 그려진 전기력선

은 각각 $-q$ 전하에 들어간다.

그림 18.21(a)에서 세 번째 잘못은 그림 왼쪽에 $+4q$ 전하와 $-q$ 전하 사이에 그려진 전기력선의 모양이다. 그림에서는 이 전기력선들이 평행이고 균일한 간격이다. 이것은 평행판 축전기의 중앙에서처럼 이 영역 모든 곳에서 전기장이 일정한 방향과 크기를 가짐을 나타낸다. 그러나 $+4q$와 $-q$ 전하 사이의 전기장은 어느 곳에서나 일정하지 않다. 그들의 중간보다는 $+4q$ 또는 $-q$ 전하에 가까운 곳에서 전기장이 더 강하다. 그러므로 전기력선은 쌍극자 주위에 그려지는 것과 유사하게 곡선 형태로 그려져야 한다. 그림 18.21(b)는 네 전하에 대한 전기력선을 올바르게 그린 것을 보여준다.

18.8 도체 내부의 전기장: 차폐

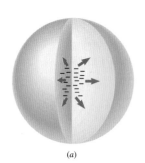

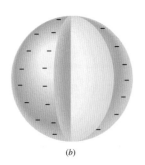

그림 18.22 (a) 도체(구리) 내에 있는 과잉 전하는 (b) 표면으로 빠르게 이동한다.

구리와 같은 도체에서 전하는 전기장이 가하는 힘에 반응하여 쉽게 움직인다. 도체 물질의 이러한 성질은 그들 주위나 안에 존재할 수 있는 전기장에 중요한 영향을 미친다. 그림 18.22(a)처럼 구리 한 조각이 어딘가에 다수의 과잉 전자를 갖고 있다고 가정하자. 각 전자는 이웃하는 전자들에 의한 전기장 때문에 척력을 받게 된다. 구리는 도체이므로 과잉 전자는 그 힘에 의해 쉽게 움직인다. 쿨롱의 법칙에서 $1/r^2$에 비례하는 거리 의존성의 결과로 그들은 구리의 표면으로 향한다. 일단 정전기적 평형이 표면 위의 모든 과잉 전하에 대하여 일어나면 그림 18.22(b)에서 가리키는 바와 같이 더 이상 전하의 운동은 일어나지 않는다. 유사하게 과잉 양전하 또한 도체 표면으로 움직인다. 일반적으로 정전기적 평형 상태에서 모든 과잉 전하는 도체 표면에 존재한다.

이제 그림 18.22(b)에서 구리 내부를 고려하자. 금속 내부에 자유 전자가 있더라도 전기적으로는 중성이다. 평형 상태여서 이들 자유 전자의 알짜 운동이 없는 것은 도체 내부에는 알짜 전기장이 없음을 의미한다. 실제로 과잉 전하는 물질 내 전기장이 0이 되도록 도체의 표면에 그들 스스로 배열한다. 이와 같이 정전기적 평형 상태에서 전기장은 도체 물질 내부의 어느 점에서나 0이다. 이 사실은 몇 가지 흥미로운 내용을 함축하고 있다.

그림 18.23(a)는 평행판 축전기의 중앙에 있는 대전되지 않은 단단한 원통형 도체를 보여주고 있다. 원통 표면에 유도된 전하는 축전기의 전기력선을 바꾼다. 평형 조건하에서 전기장이 도체 내에 존재할 수 없기 때문에 전기력선은 원통을 관통하지 않는다. 대신에 전기력선은 유도 전하에서 끝나거나 시작한다. 결과적으로 도체 내부에 놓인 시험 전하는 축전기의 전하로 인한 어떤 힘도 느끼지 않는다. 다시 말하면 도체는 내부에 있는 어떤 전하도 도체 밖에서 생성된 전기장의 영향을 받지 않게 차폐한다. 이 차폐는 도체 표면에 유

그림 18.23 (a) 원통형 도체(평면도)가 반대로 대전된 축전기의 두 판 사이에 놓여 있다. 전기력선은 도체를 관통하지 않는다. 확대한 그림은 도체의 바로 바깥쪽에서의 전기력선이 도체 표면에 수직임을 보여주고 있다. (b) 도체 내부의 공동에서의 전기장은 0이다.

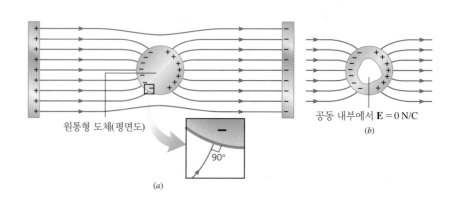

원통형 도체(평면도)

공동 내부에서 $\mathbf{E} = 0$ N/C

(a)

(b)

도된 전하의 결과로 생긴다.

전기장이 도체 내부에서 0이므로 그림 (b)처럼 도체 내부에서 도체를 빼내어 공동(빈 곳; cavity)으로 만든다고 해도 전기적으로 달라지는 것은 아무것도 없다. 따라서 공동의 내부는 외부 전기장으로부터 역시 차폐되며, 이 사실은 특히 전자 회로를 차폐할 때 이용된다. 외부에서 오거나, 여러 전기 장치(예. 헤어드라이어, 믹서, 진공 청소기)들이 내는 잡음 전자기파의 전기장은 스테레오 증폭기, 텔레비전, 컴퓨터 같은 민감한 전자 회로의 작동에 간섭할 수 있다. 그러한 간섭을 제거하기 위해 외부 장으로부터 차폐를 해주는 금속 상자로 회로를 둘러싼다.

그림 18.23(a)에 있는 확대 부분은 도체가 외부 전하에 의한 전기력선을 어떻게 바꾸는가를 또 다른 관점에서 보여준다. 정전 평형 상태에서 도체 표면 바로 밖의 전기장이 표면에 수직이기 때문에 전기력선은 바뀌게 된다. 만일 표면에 수직이 아니면 표면에 평행한 전기장 성분이 존재할 것이다. 도체 표면에 있는 자유 전자는 이 평행한 성분에 의해 힘을 받아 움직일 것이다. 그러나 평형 상태란 전자의 흐름이 일어나지 않는 상태이므로 전기장의 평행 성분은 있을 수 없고 전기장은 항상 도체 표면에 수직이다.

이 절의 토론은 도체가 움직이기 쉬운 자유 전자를 갖고 있다는 사실과 직접 관계되므로 자유 전자가 거의 없는 절연체에는 적용되지 않는다. 개념 예제 18.8은 전기장이 있을 때 도체 물질의 거동을 더욱 깊이 탐구한다.

● 전자 회로 차폐에 관한 물리

 개념 예제 18.8 | 전기장 내의 도체

그림 18.24와 같이 전하 $+q$가 전기적으로 중성인 구형 도체의 공동 중심에 정지해 있다. 이 전하는 (a) 도체 내부 표면에 $-q$의 전하를 (b) 바깥쪽 표면에 $+q$의 전하를 유도함을 보여라.

살펴보기와 풀이   (a) 전기력선은 양전하 $+q$로부터 나온다. 정전기적 평형 상태에서 금속 도체 내부의 전기장은 0이 되어야 하므로 각 전기력선은 그림에서 보는 바와 같이 도체에 닿는 곳에서 끝난다. 전기력선은 음전하에서만 끝나기 때문에 도체의 내부 표면에는 음전하가 유도되어야 한다. 더구나 전기력선은 같은 양의 전하에서 끝나고 시작한다. 그러므로 전체 유도된 전하의 크기는 중심에 있는 전하의 크기와 똑같다. 따라서 내부 표면에 유도된 전체 전하는 $-q$이다.

(b) 전하 $+q$가 도입되기 전에 도체는 전기적으로 중성이다. 그러므로 어떤 알짜 전하도 없다. 우리는 또한 금속 내에 어떤 과잉 전하도 존재하지 않음을 알았다. 도체 안쪽에 $-q$의 유도 전하가 나타나기 때문에 $+q$의 전하가 바깥쪽 표면에 유도되어야

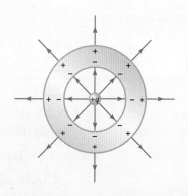

그림 18.24 양의 전하 $+q$가 전기적 중성인 속이 빈 구형 도체의 중심에 정지해 있다. 도체의 안쪽 면과 바깥쪽 면에 유도된 전하가 생긴다. 도체 내부의 전기장은 0이다.

한다. 바깥쪽 표면의 양전하는 마치 도체가 없이 중심 전하로부터 생긴 것 같은 방사상으로 밖을 향하는 전기장을 만든다(그림 참조). 도체는 안쪽 전하에 의해 생성된 전기장을 외부에 대해 차폐하지 않는다.

18.9 가우스 법칙

18.6절에서는 한 점전하가 그 주위에 어떻게 전기장을 만드는지에 관해 다루었다. 이 절에서는 전기장은 어떤 영역에 퍼져 있는 전하에 의해 생성되는 경우를 살펴본다. 그러한 전하의 확장된 모임을 전하 분포라고 한다. 예를 들면 그림 18.15에서의 평행판 축전기 내부의 전기장은 한쪽 판에 균일하게 퍼져 있는 양전하와 다른 쪽 판에 퍼져 있는 같은 수의 음전하에 의해 생성된다. 지금 우리가 배울 가우스 법칙은 전하 분포와 그것이 만드는 전기장 사이의 관계를 기술한다. 이 법칙은 독일의 수학자이며 물리학자인 카를 프리드리히 가우스(1777~1855)에 의해 공식화되었다.

가우스의 법칙을 나타내는 데 전기 선속이라는 새로운 개념을 소개하는 것이 필요하다. 전기 선속의 개념은 전기장과 그것이 통과하는 표면 모두와 관련된다.

우선 양의 점전하 한 개만 있는 경우를 사용해서 가우스 법칙이 어떤 모양일지 알아보자. 양전하에 의한 전기력선은 그림 18.16(b)와 같이 전하에서 시작해서 모든 방향으로 밖으로 나가는 방사형이다. 전하로부터 거리 r 만큼 떨어진 곳에서의 전기장의 크기 E 는 식 18.3에 의하면 $E = kq/r^2$ 이다. 여기서 전하가 양이기 때문에 기호 $|q|$ 를 q 로 바꾸어 놓았다. 18.5절에서 언급했듯이 상수 k 는 $k = 1/(4\pi\epsilon_0)$ 로 표현되며, 여기서 ϵ_0 는 자유 공간에서의 유전율이다. 이 표현으로 바꿔놓으면 전기장의 크기는 $E = q/(4\pi\epsilon_0 r^2)$ 이 된다. 그림 18.25와 같이, 반지름이 r 인 가상적인 구 표면의 중심에 이 점전하를 놓자. 이러한 가상의 폐곡면을 **가우스 면(Gaussian surface)**이라고 하며, 일반적으로는 구면일 필요가 없다. 구의 겉넓이는 $A = 4\pi r^2$ 이므로 전기장의 크기는 $E = q/(A\epsilon_0)$ 와 같이 넓이의 항으로 쓸 수 있다. 즉

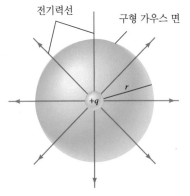

그림 18.25 양의 점전하가 반지름이 r 인 가상의 구면의 중심에 있다. 이 면은 가우스 면의 한 예이다. 여기서 전기장은 면에 수직이고 면 위의 어느 곳에서나 같은 크기를 갖는다.

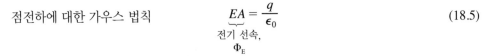

점전하에 대한 가우스 법칙
$$\underbrace{EA}_{\substack{\text{전기 선속,}\\ \Phi_E}} = \frac{q}{\epsilon_0} \tag{18.5}$$

식 18.5의 좌변은 가우스 면 위 어떤 점에서의 전기장 크기 E 와 겉넓이 A 의 곱이다. 가우스 법칙에서 이 곱은 특히 중요하며 **전기 선속(electric flux)** Φ_E 이라 한다. 즉 $\Phi_E = EA$ 이다(가우스 면이 구면이 아닌 임의의 면일 때는 이 선속의 정의를 수정해야 된다).

식 18.5는, 상수 ϵ_0 를 제외하면, 전기 선속 Φ_E 가 가우스 면 속의 전하량 q 에만 의존하며 면의 반지름 r 에는 독립적임을 나타낸다. 그러면 이제 점전하가 아니며 가우스 면도 임의의 모양인 경우 식 18.5를 일반화하자.

그림 18.26은 알짜 전하량이 Q 인 전하 분포를 보여주고 있다. 전하 분포는 가우스 면, 즉 가상의 폐곡면으로 둘러싸여 있다. 그 면은 임의의 모양을 가질 수 있으며 반드시 닫혀 있어야 한다. 열린 면이란 반쪽의 달걀 껍데기 표면 같은 것이다. 전기장의 방향은 가우스 면에 수직일 필요는 없다. 더욱이 전기장의 크기는 표면에서 위치에 따라 다를 수 있다.

그러한 면을 통과하는 전기 선속을 계산하기 위하여 면을 넓이 ΔA_1, ΔA_2 등의 작은 구역으로 나누자. 각 구역이 아주 작으면 구역들은 완전히 평평하며 한 구역에서 전기장 $\mathbf{E}$ 의 크기와 방향이 일정하다. 각 구역 바깥쪽으로 구역 면에 수직인 법선이 점선으로 그려져 있다. 각 구역에서의 전기 선속을 구하기 위하여 면에 수직인 $\mathbf{E}$ 의 성분만 사용한다. 이 성분만 면을 통과한다고 볼 수 있기 때문이다. 그림에서 이 성분은 $E\cos\phi$ 이며, 여기서 ϕ

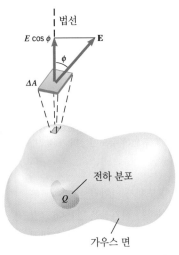

그림 18.26 임의의 모양의 가우스 면이 전하 분포 Q 를 둘러싸고 있다. 면의 한 작은 조각을 통과하는 전기 선속 Φ_E 는 $E\cos\phi$ 와 조각의 넓이 ΔA 의 곱이다. 즉 $\Phi_E = (E\cos\phi)\Delta A$ 이다. 각 ϕ 는 그 조각 면에 수직인 법선과 전기장이 이루는 각이다.

는 전기장과 법선 사이의 각이다. 그러면 어느 한 구역을 통과하는 전기 선속은 $(E \cos \phi)\Delta A$이 된다. 가우스 면 전체를 통과하는 전기 선속 Φ_E는 이들 각각의 선속을 모두 더하면 된다. 즉 $\Phi_E = (E_1 \cos \phi_1)\Delta A_1 + (E_2 \cos \phi_2)\Delta A_2 + \cdots$, 또는

$$\Phi_E = \Sigma(E \cos \phi)\Delta A \qquad (18.6)$$

이다. 여기서 기호 Σ는 합을 의미한다. 가우스 법칙은 전기 선속 Φ_E와 임의의 모양의 가우스 면으로 둘러싸인 알짜 전하량 Q의 관계를 나타낸다.

■ **가우스 법칙**

가우스 면을 통과하는 전기 선속 Φ_E는 면으로 둘러싸인 알짜 전하량 Q를 자유 공간의 유전율 ϵ_0로 나눈 것과 같다.

$$\underbrace{\sum(E \cos \phi)\Delta A}_{\text{전기 선속, } \Phi_E} = \frac{Q}{\epsilon_0} \qquad (18.7)$$

전기 선속의 SI 단위: 뉴턴(N) · 제곱미터(m²)/쿨롬(C)

가우스 법칙은 전하 분포에 의해 생성된 전기장의 크기를 구하는 데 가끔 사용된다. 특히 전하 분포가 균일하고 대칭적일 때 유용하다. 다음 예제에서 그러한 상황에서 가우스 법칙을 어떻게 적용하는지 보게 될 것이다.

◈ **예제 18.9** │ **대전된 얇은 구 껍질의 전기장**

그림 18.27은 반지름이 R인 얇은 구 껍질을 보여준다. 양의 전하 q가 구 껍질 전체에 고르게 퍼져 있다. (a) 구 껍질 밖과 (b) 구 껍질 안의 한 점에서의 전기장의 크기를 구하라.

살펴보기 전하가 구 껍질 전체에 균일하게 분포되어 있기 때문에 전기장은 대칭적이다. 이것은 전기장이 모든 방향에서 방사상으로 바깥쪽을 향함을 의미하며, 전기장의 크기는 구 껍질에서 같은 거리에 있는 모든 점에서는 똑같다. 그러한 모든 점들은 구면상에 있으며, 그래서 이 대칭을 구 대칭이라 한다. 대칭성을 염두에 두고, 전기 선속 Φ_E를 계산하기 위하여 구형 가우스 면을 사용한다. 그리고 전기장의 크기를 구하기 위하여 가우스 법칙을 사용한다.

풀이 (a) 대전된 구 껍질 밖에서의 전기장의 크기를 구하기 위하여 구 껍질과 동심인 반지름 $r (r > R)$의 구형 가우스 면을 사용하여 전기 선속 $\Phi_E = \Sigma(E \cos \phi)\, \Delta A$를 계산한다. 그림 18.27의 면 S를 보자. 전기장 **E**가 어디에서나 가우스 면에 수직

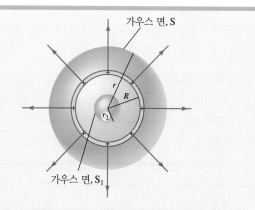

그림 18.27 반지름 R인 얇은 구 껍질에 균일하게 양전하가 분포되어 있다. 구형 가우스 면 S와 S_1은 예제 18.9에서 각각 구 껍질 밖과 안쪽의 전기 선속을 계산하는 데 사용된다.

이므로 $\phi = 0°$이고 $\cos \phi = 1$이다. 덧붙여서 가우스 면 위의 모든 점들은 대전된 구 껍질로부터 같은 거리에 있기 때문에 E는 가우스 면 위의 모든 점에서 같은 값을 갖는다. 가우스 면 전체에서 일정하므로 E는 Σ 밖으로 낼 수 있고 그 결과

$$\Phi_E = \Sigma(E\cos 0°)\Delta A = E\underbrace{(\Sigma\Delta A)}_{\text{가우스 면의}} = E\underbrace{(4\pi r^2)}_{\text{구의}}$$

이다. $\Sigma\Delta A$ 항은 바로 가우스 면을 이루는 작은 넓이들의 합이다. 이것은 바로 구의 겉넓이 $4\pi r^2$이므로 $\Sigma\Delta A = 4\pi r^2$이다. 가우스 법칙에서 명시한 대로 전기선속은 Q/ϵ_0와 같으므로 $E(4\pi r^2) = Q/\epsilon_0$가 된다. 가우스 면 내의 전하는 구 껍질의 전하 q 밖에 없으므로 가우스 면 내의 알짜 전하량은 $Q = q$가 된다. 따라서 E에 대해서 풀면

$$E = \frac{q}{4\pi\epsilon_0 r^2} \qquad (r > R)$$

이다. 이는 놀라운 결과로 점전하에 의한 것($|q| = q$인 식 18.3 참조)과 같다. 그러므로 균일하게 대전된 구 껍질 밖에서의 전기장은 마치 모든 전하 q가 구 껍질의 중심에 점전하로 모여 있는 것과 같다.

(b) 대전된 구 껍질 안쪽에서의 전기장의 크기를 구하기 위하여 구 껍질 내부에 있으며 구 껍질과 동심인 구형 가우스 면을 선택한다. 그림 18.27의 면 S_1을 보라. 대전된 구 껍질 안쪽에서 전기장은(만일 존재한다면) 역시 구 대칭이어야 한다. 그러므로 (a)에서와 같이 가우스 면을 통과하는 전기선은 $\Phi_E = \Sigma(E\cos\phi)\Delta A = E(4\pi r_1^2)$이다. 가우스의 법칙에 의해서 전기 선속은 Q/ϵ_0와 같아야 하며, 여기서 Q는 가우스 면 내부의 알짜 전하량이다. 그러나 모든 전하가 면 S_1 밖에 있는 구 껍질에 놓여 있으므로 $Q = 0$ C이다. 결과적으로 $E(4\pi r_1^2) = Q/\epsilon_0 = 0$이다. 즉

$$E = 0 \text{ N/C} \qquad (r < R)$$

이다. 가우스 법칙으로부터 균일하게 전하를 띤 구 껍질 내부에는 전기장이 존재하지 않음을 추론할 수 있다. 전기장은 밖에서만 존재한다.

연습 문제

주의: 모든 전하는 특별히 지정하지 않으면 점전하로 가정한다.

18.1 전기의 기원
18.2 대전된 물체와 전기력
18.3 도체와 절연체
18.4 접촉과 유도에 의한 대전

1(1)   전기적으로 중성인 은화에 $+2.4\ \mu$C의 전하량을 주기 위해서는 얼마나 많은 전자를 제거해야 하는가?

2(2) $+8.0\ \mu$C의 전하량을 갖는 금속 구가 있다. 6.0×10^{13}개의 전자를 그곳에 배치한 후에 알짜 전하량은 얼마인가?

3(3)   판이 $-3.0\ \mu$C의 전하량을 갖고 있고 막대는 $+2.0\ \mu$C의 전하량을 갖고 있다. 두 물체가 같은 전하량을 가지려면 얼마나 많은 전자가 판에서 막대로 이동해야 하는가?

4(5)   세 개의 동일한 금속 구 A, B, C가 있다고 하자. 구 A는 $+5q$의 전하량을 가지고 있고, B는 $-q$의 전하량을 가지며 C는 어떤 알짜 전하량도 가지고 있지 않다. 구 A와 B가 접촉한 후 분리되었다. 그런 다음 구 C가 구 A와 접촉된 후 분리되었고 마지막으로 구 C가 B와 접촉된 후 분리되었다. (a) 결국 구 C에 얼마의 전하량이 있는가? 세 구의 총 전하량은 그들이 (b) 서로 접촉하기 전과 (c) 접촉한 후 얼마인가?

*5(6)   물은 18.0 g/mol의 몰당 질량이고 각 물 분자(H_2O)는 10개의 전자를 가진다. (a) 1리터(1.00×10^{-3} m^3)의 물에는 전자가 몇 개 있는가? (b) 전체 전자의 알짜 전하량은 얼마인가?

18.5 쿨롱의 법칙

6(7)   두 전하가 1.5 N의 힘으로 서로 끌어당긴다. 만일 그들 사이의 거리가 처음값의 1/9로 감소된다면 힘은 얼마가 되겠는가?

7(9)   같은 부호의 두 전하가 서로에게 작용하는 척력이 3.5 N이다. 만일 전하 사이의 거리가 처음값의 5배로 증가한다면 힘은 얼마가 되겠는가?

8(10)   진공 상태에서 두 입자는 q_1, q_2의 전하량을 가진다. 여기서 $q_1 = +3.5\ \mu$C이다. 두 입자는 거리 0.26 m만큼 떨어져 있고, 입자 1에는 3.4 N의 인력이 작용한다. q_2의 전하량은 얼마인가(크기와 부호)?

9(12)   동일한 두 개의 작은 도체구가 $-20.0\ \mu$C과 $+50.0\ \mu$C의 전하량을 가지고 있다. 두 도체 구는 거리 2.50 cm만큼 떨어져 있다. (a) 각 구에 작용된 정전기력의 크기를 구하라. 그 힘은 인력인가? 척력인가? (b) 두 구를 접촉한 후 다시

거리 2.50 cm만큼 떨어뜨렸다. 이때 각 구에 작용하는 힘의 크기를 구하고, 그 힘은 인력인지 척력인지를 설명하여라.

10(13) 동일한 양전하량을 가지고 2.60×10^{-2} m의 거리에 떨어져 있는 두 입자를 정지 상태에서 놓았다. 놓자마자 입자 1은 크기가 4.60×10^3 m/s^{2}인 가속도 $\mathbf{a}_1$을 가지며 입자 2는 크기가 8.50×10^3 m/s^{2}인 가속도 $\mathbf{a}_2$를 가진다. 입자 1은 6.00×10^{-6} kg의 질량을 가진다. (a) 각 입자의 전하량과 (b) 입자 2의 질량을 구하라.

11(14) $-3.00\ \mu$C의 전하가 나침반의 중심에 고정되어 있다. 추가된 두 전하는 나침반의 원(반지름 = 0.100 m) 위에 고정되어 있다. 북쪽에 $-4.00\ \mu$C, 동쪽에 $+5.00\ \mu$C의 전하량이 있다. 중심에서 전하에 작용하는 알짜 정전기력의 크기와 방향을 구하라.

12(15) 두 작은 물체 A와 B는 진공 상태에서 3.00 cm의 거리를 두고 고정되어 있다. 물체 A는 $+2.00\ \mu$C의 전하량을 가지고 물체 B는 $-2.00\ \mu$C의 전하량을 가진다. 각 물체에 크기가 68.0 N의 인력이 작용하는 정전기력을 만들려면 A에서와 B에 얼마나 많은 전자를 제거해야 하는가?

*__13(16)__ 그림은 한 변의 길이가 2.00 cm인 정삼각형을 나타낸다. 그림처럼 점전하는 각 꼭짓점에 고정되어 있다. $4.00\ \mu$C 전하량은 q_A와 q_B에 대해 알짜 힘이 작용된다. 이 알짜 힘은 그림에서 수직 아래로 향하고 크기는 405 N이다. 전하량 q_A와 q_B의 크기와 대수 부호를 구하라.

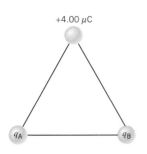

+4.00 μC

q_A q_B

*__14(17)__ $-0.70\ \mu$C의 점전하가 정사각형의 한 모퉁이에 고정되어 있다. 같은 전하가 대각선 반대쪽에 고정되어 있다. 한 점전하 q는 남은 모퉁이에 각각 고정되어 있다. 둘 중 어느 한 전하 q에 작용하는 알짜 힘은 0이다. 전하 q의 부호와 크기를 구하라.

*__15(19)__ 그림의 직사각형에서 모퉁이 점 A에 있는 전하에 수직 방향의 알짜 힘이 작용하도록 빈 모퉁이에 전하를 놓으려고 한

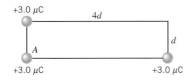

+3.0 μC   4d

A d

+3.0 μC   +3.0 μC

다. 빈 모퉁이에 어떤 전하(크기와 부호)를 놓아야 하는가?

*__16(20)__ 크기가 같은 네 개의 전하가 있다. 그림과 같이 3개는 양전하이고 하나는 음전하이다. 전하는 같은 직선 상에 고정되어 있고, 이웃하는 전하는 같은 간격으로 거리 d 만큼 떨어져 있다. 각 전하에 작용하는 알짜 정전기력을 고려할 때, 가장 큰 힘과 가장 작은 힘의 비를 계산하라.

A   d   B   d   C   d   D

**__17(23)__ 질량이 8.00×10^{-2} kg이고 $+0.600\ \mu$C의 전하를 가진 작은 구형 절연체가 질량을 무시할 수 있는 가는 줄에 매달려 있다. $-0.900\ \mu$C의 전하가 구로부터 오른쪽 방향으로 0.150 m 떨어져 놓여 있어서 줄이 그림과 같이 수직선과 각 θ를 이루고 있다. (a) 각 θ와 (b) 줄의 장력을 구하라.

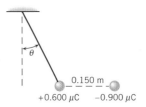

θ

0.150 m

+0.600 μC   −0.900 μC

18.6 전기장

18.7 전기력선

18.8 도체 내부의 전기장: 차폐

18(25) 260000 N/C의 전기장이 어느 한 점에서 서쪽을 향하고 있다. 이 점에 있는 $-7.0\ \mu$C의 전하에 작용하는 힘의 크기와 방향을 구하라.

19(27) 한 작은 공(질량 = 0.012 kg)이 $-18\ \mu$C의 전하량을 띠고 있다. 공이 지면 위에 떠 있기 위해 필요한 전기장(크기와 방향)을 구하라.

20(28) 점전하로부터 거리 r_1에서 전하에 의해 생기는 전기장의 크기는 248 N/C이다. 전하로부터 거리 r_2인 곳에서의 전기장은 132 N/C의 크기를 갖는다. 거리의 비 r_2/r_1을 구하라.

21(29) 두 전하가 x축 상에 놓여 있다. 한 전하($q_1 = +8.5\ \mu$C)는 $x_1 = +3.0$ cm에 있고 다른 전하($q_2 = -21\ \mu$C)는 $x_2 = +9.0$ cm에 있다. (a) $x = 0$ cm 에서와 (b) $x = +6.0$ cm 에서의 알짜 전기장(크기와 방향)을 구하라.

22(30) 두 전하 $-16\ \mu$C와 $+4.0\ \mu$C인 두 전하가 3.0 m 떨어진 거리에 고정되어 놓여 있다. (a) 알짜 전기장이 0인 지점을 그 직선 상에서 구하라. 양전하에 상대되는 지점에 위치한다. (힌트: 지점은 두 전하 사이에 꼭 놓여야 하는 것은 아니다.) (b) 이 지점에 $+14\ \mu$C의 전하를 놓는다면 전하에 작

용하는 힘은 얼마인가?

23(31) 3.0 μC인 전하가 1.6×10^4 N/C의 균일한 전기장 외부에 놓여 있다. 전하로부터 알짜 전기장이 0인 위치의 거리는 얼마인가?

24(32) $q = +7.50 \mu$C의 전하가 전기장 내에 놓여 있다. 전기장의 x와 y성분은 각각 $E_x = 6.00 \times 10^3$ N/C와 $E_y = 8.00 \times 10^3$ N/C이다. (a) 전하에 작용하는 힘의 크기는 얼마인가? (b) 힘이 $+x$축과 이루는 각도를 결정하라.

25(33) 작은 물방울이 크기가 8480 N/C이고 위 방향을 향하고 있는 균일한 전기장에 의해 공기 중에서 움직이지 않고 정지해 있다. 물방울의 질량은 3.50×10^{-9} kg이다. (a) 물방울 위의 과잉 전하는 양인가 또는 음인가? 그 이유는 무엇인가? (b) 물방울 위에는 얼마나 많은 과잉 전자 혹은 과잉 양성자가 존재하는가?

*26(35) 두 전하가 x축 상에 위치해 있다. $x_1 = +4.0$ cm에 $q_1 = +6.0$ μC이 있고 $x_2 = -4.0$ cm에 $q_2 = +6.0 \mu$C이 있다. 다른 두 전하는 y축 상에 있다. $y_3 = +5.0$ cm에 $q_3 = +3.0 \mu$C이 있고 $y_4 = +7.0$ cm에 $q_4 = -8.0 \mu$C이 있다. 원점에서의 알짜 전기장(크기와 방향)을 구하라.

*27(37) 양성자가 균일한 전기장에 평행하게 움직이고 있다. 전기장은 양성자를 가속시키고 6.3×10^{-6} s 동안에 운동량을 1.5×10^{-23} kg·m/s에서 5.0×10^{-23} kg·m/s로 증가시킨다. 전기장의 크기는 얼마인가?

*28(38) 어떤 전자가 평행판 축전기의 음전하를 띤 판에서 놓았다. 각 면에서의 면전하 밀도는 $\sigma = 1.8 \times 10^{-7}$ C/m^{2}이고, 두 면 사이의 거리는 1.5×10^{-2} m이다. 양의 전하를 띤 판에 막 도달하기 전 전자의 이동은 얼마나 빠른가?

*29(40) 균일한 전기장이 2.3×10^3 N/C의 크기를 갖는다. 진공에서 양성자가 전기장의 방향으로 속력 2.5×10^4 m/s로 움직이기 시작한다. 2.0 mm의 거리를 이동한 후의 양성자 속력을 구하라.

*30(41) 그림은 두 양전하 q_1과 q_2가 원 위에 고정되어 있는 것을 나타낸다. 원의 중심에 전기장이 세로축을 따라 위로 향하는 방향이다. 전하량의 크기 비 $|q_2|/|q_1|$을 구하라.

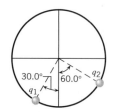

**31(42) 그림은 평행판 축전기에서 전자가 아래 왼쪽 부분으로 들어와 위 오른쪽으로 빠져나가는 것을 보여준다. 전자의 처

음 속력은 7.00×10^6 m/s이다. 축전기의 길이는 2.00 cm이고 판 사이의 간격은 0.150 cm이다. 축전기 내는 어디서나 균일한 전기장을 갖는다고 할 때 전기장의 크기를 구하라.

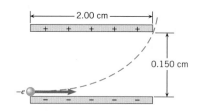

**32(43) 질량이 6.50×10^{-3} kg이고 $+0.150 \mu$C의 전하를 가진 작은 플라스틱 공이 절연체 실에 매달려 축전기판 사이에 늘어뜨려져 있다(그림 참조). 실에 매달린 공은 연직선에 대해 $30.0°$ 각을 이루며 평형 상태에 있다. 각 판의 넓이가 0.0150 m^{2}이라면 각 판의 전하는 얼마인가?

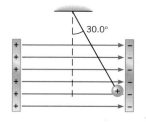

**33(45) 그림과 같이 크기가 같고 부호가 반대인 두 개의 점전하가 이등변 삼각형 밑변의 양 끝에 위치해 있다. 전하들 사이의 중앙 점 M에서 전기장의 크기가 E_M이다. 중앙 점 바로 위의 점 P에서 전기장의 크기는 E_P이다. 이들 두 전기장의 크기의 비는 $E_M/E_P = 9.0$이다. 그림에서 각 α를 구하라.

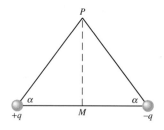

18.9 가우스 법칙

34(46) 사각형 평면(0.16 m $\times$ 0.38 m)이 580 N/C의 균일한 전기장 내에 놓여 있다. 평면을 통과하는 최대 허용 전기 선속은 얼마인가?

35(47) 그림은 서로 교차하고 수직인 두 평면의 모서리를 보여주고 있다. 면 1의 넓이는 1.7 m^{2}이고 면 2는 3.2 m^{2}이다. 그림에서 전기장 $\mathbf{E}$는 균일하며 250 N/C의 크기를 갖고 있다. (a) 면 1과 (b) 면 2를 통과하는 전기 선속을 구하라.

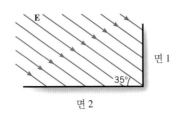

36(48) 구형 폐곡면이 전하체를 완전히 둘러싸고 있다. 만일 (a) 단일 $+3.5 \times 10^{-6}$ C인 전하, (b) 단일 -2.3×10^{-6} C인 전하와 (c) (a)와 (b)에서 두 전하로 구성된 전하체의 표면을 통과하는 전기 선속을 구하라.

37(49) 한 폐곡면이 $+2.0 \times 10^{-6} \mu$C의 전하를 완전히 둘러싸고 있다. 면이 (a) 반지름이 0.50 m의 구면일 때, (b) 반지름이 0.25 m의 구면일 때, (c) 한 변이 0.25 m인 정육면체의 표면일 때 이 면을 통과하는 전기 선속을 구하라.

*__38(52)__ 공통 중심을 가지는 속이 빈 두 구가 있다. -1.6×10^{-6} C인 전하는 0.050 m의 반지름을 가지는 구각 내부에 균일하게 퍼져 있다. $+5.1 \times 10^{-6}$ C인 전하는 반지름이 0.15 m인 구각 외부에 균일하게 퍼져 있다. (a) 0.20 m, (b) 0.10 m, (c) 0.025 m의 거리(보편적 중심으로부터)에서 전기장의 크기와 방향을 구하라.

*__39(53)__ 구 전체에 양전하 q가 균일하게 분포한 부도체 구가 있다. 전하밀도, 즉 부피당 전하는 $\dfrac{q}{\frac{4}{3}\pi R^3}$ 이다. 반지름이 r인 구 안의 한 점에서 전기장의 크기가 $\dfrac{qr}{4\pi\epsilon_0 R^3}$ 임을 가우스 법칙을 이용해서 증명하라.

**__40(54)__ 길고, 얇은 길이가 L인 직선 도선을 따라 양전하 Q가 균일하게 분포되어 있다. 이 도선에서 거리 r인 곳에서 생기는 전기장의 크기가 $E = \lambda/(2\pi\epsilon_0 r)$임을 가우스 법칙을 이용해서 증명하라. 여기서 $\lambda = Q/L$이다.

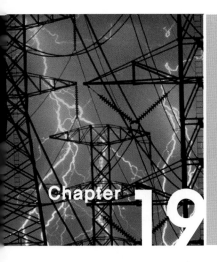

Chapter 19

전기 위치 에너지와 전위

19.1 위치 에너지

18장에서 두 점전하가 서로에게 작용하는 크기가 $F = k|q_1||q_2|/r^2$인 정전기력을 다루었다. 이 방정식은 뉴턴의 만유 인력 법칙(4.7절 참조)에 의한 두 질점 사이에 작용하는 중력 $F = G|m_1||m_2|/r^2$과 형태가 유사하다. 6.4절에서 설명하고 있는 바와 같이 이 두 힘은 보존력이며, 위치 에너지는 보존력과 관계가 있다. 따라서 중력 위치 에너지와 유사하게 전기 위치 에너지도 정의할 수 있다. 전기 위치 에너지를 다루기 위하여 중력 위치 에너지에 관한 중요한 점들을 되돌아보자.

그림 19.1은 그림 6.6을 요약한 것으로 질량 m인 농구공이 점 A에서 점 B로 떨어지고 있는 것을 보여주고 있다. 중력 $m\mathbf{g}$는 공에 작용하는 유일한 힘이고, 여기서 $\mathbf{g}$는 중력 가속도 벡터이다. 6.3절에서 다루고 있는 것처럼 공이 높이 h_A에서 h_B까지 떨어지는 데 중력이 한 일 W_{AB}는

$$W_{AB} = \underbrace{mgh_A}_{\substack{\text{처음 중력} \\ \text{위치 에너지} \\ \text{GPE}_A}} - \underbrace{mgh_B}_{\substack{\text{나중 중력} \\ \text{위치 에너지} \\ \text{GPE}_B}} = \text{GPE}_A - \text{GPE}_B \qquad (6.4)$$

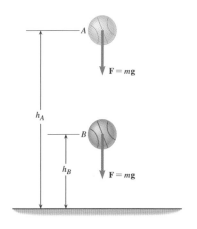

그림 19.1 질량 m인 농구공이 중력 $\mathbf{F} = m\mathbf{g}$를 받는다. 공이 점 A에서 점 B까지 떨어질 때 중력이 일을 한다.

이다. 물리량 mgh는 공의 중력 위치 에너지* GPE $= mgh$(식 6.5)이며, 공의 지구 표면에 대한 상대적 위치에 의하여 공이 갖는 에너지를 나타낸다는 것을 상기하자. 따라서 중력이 한 일의 양은 처음 중력 위치 에너지에서 나중 중력 위치 에너지를 뺀 양이 된다.

그림 19.2는 전기 위치 에너지와 중력 위치 에너지 사이의 유사성을 명확하게 보여준다. 이 그림에서 양의 시험 전하 $+q_0$는 서로 반대로 대전된 두 판 사이의 점 A에 놓여있다. 판들의 전하에 의하여 두 판 사이에 전기장 $\mathbf{E}$가 존재한다. 결과적으로 시험 전하는 전기력 $\mathbf{F} = q_0\mathbf{E}$를 받게 되는데, 그 방향은 아래 판을 향한다. 여기서 중력은 전기력에 비해 너무 작아서 무시된다. 전하가 A로부터 B로 움직일 때 그림 19.1에서 중력이 하는 일과 유

---

* 중력 위치 에너지는 전기 위치 에너지 EPE와 구분하기 위하여 GPE로 쓴다.

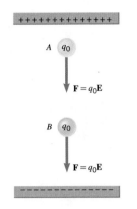

그림 19.2 전기장 **E**로 인해 전기력 **F** = q_0**E**가 양의 시험 전하 +q_0에 작용한다. 전하가 점 A에서 점 B로 이동하는 동안 이 전기력이 일을 한다.

사하게 이 전기력이 일을 한다. 전기력에 의한 일 W_{AB}는 점 A와 점 B에서의 전기 위치 에너지 EPE 사이의 차와 같다.

$$W_{AB} = \text{EPE}_A - \text{EPE}_B \qquad (19.1)$$

이 표현은 식 6.4와 유사하다. 전기력은 보존력이기 때문에 시험 전하가 점 A에서 점 B로 이동할 때 경로는 중요하지 않으며, 일의 양 W_{AB}는 모든 경로에서 같다.

19.2 전위차

전기력은 **F** = q_0**E**이므로, 그림 19.2에서 전하가 점 A로부터 점 B로 이동할 때 하는 일은 전하 q_0에 의존한다. 따라서 식 19.1의 양변을 전하로 나눔으로써 단위 전하당의 일로 표현하는 것이 유용하다.

$$\frac{W_{AB}}{q_0} = \frac{\text{EPE}_A}{q_0} - \frac{\text{EPE}_B}{q_0} \qquad (19.2)$$

이 방정식의 오른쪽 항은 시험 전하에 의해 나눠진 두 지점에서의 전기 위치 에너지 EPE/+q_0의 차를 나타내고 있다. 양 EPE/+q_0는 단위 전하당 전기 위치 에너지이며 전기학에서 중요한 개념이다. 이것은 **전위**(전기퍼텐셜; electric potential) 또는 간단히 **퍼텐셜** (potential)이라 하며, 식 19.3에서처럼 기호 V로 표시된다. 전위의 정의에는 전기 위치 에너지와 시험 전하라는 개념이 필요함을 주목해 두자.

> **■ 전위**
> 주어진 점에서의 전위 V는 그 점에 놓여 있는 작은 시험 전하 q_0의 전기 위치 에너지 EPE를 전하 그 자신으로 나눈 것이다.
>
> $$V = \frac{\text{EPE}}{q_0} \qquad (19.3)$$
>
> **전위의 SI 단위**: 줄(J)/쿨롬(C) = 볼트(V)

전위의 SI 단위는 줄(J)/쿨롬(C)이며 이는 볼트(V)로 알려져 있다. 이 이름은 볼타 전지 (voltaic pile)를 발명한 볼타(1745~1827)를 기리기 위한 것이다. 전기 위치 에너지 EPE와 전위 V는 이름이 유사함에도 불구하고 같지 않다. 이름이 의미하듯이 전기 위치 에너지는 에너지이며, 따라서 단위는 줄(J)이다. 반면에 전위는 단위 전하당 에너지이며 단위는 J/C, 즉 볼트(V)이다.

이제 시험 전하 q_0가 점 A에서 점 B까지 이동할 때 전기력이 한 일 W_{AB}와 두 점 사이의 전위차를 연관시켜 보자. 식 19.2와 19.3을 결합하면

$$V_B - V_A = \frac{\text{EPE}_B}{q_0} - \frac{\text{EPE}_A}{q_0} = \frac{-W_{AB}}{q_0} \qquad (19.4)$$

이다. 전위와 위치 에너지의 나중값과 처음값의 차를 Δ(델타)를 사용해 표현하면 $\Delta V = V_B - V_A$와 $\Delta(\text{EPE}) = \text{EPE}_B - \text{EPE}_A$이다. 이러한 기호를 사용하면 식 19.4는 다음과

같이 좀 더 간결한 형태가 된다.

$$\Delta V = \frac{\Delta(\text{EPE})}{q_0} = \frac{-W_{AB}}{q_0} \qquad (19.4)$$

ΔV와 $\Delta(\text{EPE})$는 일 W_{AB}에 의해서 정해지는 양이므로 전위 V와 전기 위치 에너지 EPE는 두 지점에서의 차이만이 의미가 있고, 그 절대적인 값이 정해질 수 없다. 중력 위치 에너지도 이와 같은 특성을 갖는데, 그것은 어떤 기준 높이에 대한 값에 대하여 상대적으로 다른 높이에서의 값만이 의미를 갖기 때문이다. 예제 19.1은 전위의 상대적인 성질을 강조하고 있다.

 예제 19.1 | 일, 전기 위치 에너지 그리고 전위

그림 19.2에서 시험 전하 ($q_0 = +2.0 \times 10^{-6}$ C)가 점 A에서 점 B로 이동할 때 전기력이 한 일이 $W_{AB} = +5.0 \times 10^{-5}$ J라고 한다. (a) 두 점 사이에 전하가 갖는 전기 위치 에너지 차 $\Delta(\text{EPE})$ = $\text{EPE}_B - \text{EPE}_A$를 구하라. (b) 두 점 사이의 전위차 $\Delta V = V_B - V_A$를 구하라.

살펴보기 식 19.1에 의하면 전하가 점 A로부터 점 B로 이동하는 동안 전기력이 한 일은 $W_{AB} = \text{EPE}_A - \text{EPE}_B$이다. 전기 위치 에너지의 차(나중값 빼기 처음값)는 $\Delta(\text{EPE}) = \text{EPE}_B - \text{EPE}_A = -W_{AB}$이다. 식 19.4에 의하면 전위차 $\Delta V = V_B - V_A$는 전기 위치 에너지 차를 전하 q_0로 나눈 값이다.

풀이 (a) 점 A와 점 B에서 전하가 갖는 전기 위치 에너지의 차는

$$\underbrace{\text{EPE}_B - \text{EPE}_A}_{= \Delta(\text{EPE})} = -W_{AB} = \boxed{-5.0 \times 10^{-5} \text{ J}} \quad (19.1)$$

이다. 따라서 전하는 점 B에서 보다 점 A에서 더 높은 전기 위치 에너지를 갖는다.

(b) 점 A와 점 B 사이의 전위차 ΔV는

$$\underbrace{V_B - V_A}_{= \Delta V} = \frac{\text{EPE}_B - \text{EPE}_A}{q_0}$$
$$= \frac{-5.0 \times 10^{-5} \text{ J}}{2.0 \times 10^{-6} \text{ C}} = \boxed{-25 \text{ V}} \quad (19.4)$$

이다. 전위가 점 B보다 점 A에서 더 높은 것을 알 수 있다.

그림 19.1에서 농구공의 속력은 점 A에서 점 B로 떨어지는 동안 증가한다. 물체는 점 B에서보다 점 A에서 더 큰 중력 위치 에너지를 갖기 때문에 질량 m인 물체는 위치 에너지가 높은 영역에서 낮은 영역으로 이동할 때 빨라지는 것을 알 수 있다. 마찬가지로 그림 19.2에서 양전하는 위 판으로부터의 전기적 척력과 밑판으로의 전기적 인력 때문에 점 A에서 점 B로 이동하는 동안 빨라진다. 점 A가 점 B보다 전위가 높기 때문에 양전하는 전위가 높은 영역으로부터 전위가 낮은 영역으로 가속됨을 알 수 있다. 한편 그림 19.2에서 두 판 사이에 있는 음전하는 반대의 행동을 보이는데, 그것은 음전하에 작용하는 전기력이 양전하에 작용하는 전기력과 반대 방향이기 때문이다. 가만히 둔 음전하는 전위가 낮은 영역으로부터 높은 영역으로 가속된다.

전기 위치 에너지와 전위에 대한 응용으로, 그림 19.3은 두 단자 사이에 전조등이 연결된 자동차 축전지를 보여주고 있다. 양극 단자인 점 A의 전위는 음극 단자 점 B의 전위보다 12 V 높다. 즉 $V_A - V_B = 12$ V이다. 양전하들은 양극 단자로부터 반발되어 전선과 전조등을 통하여 음극 단자로 이동하게 된다.* 전하들이 전조등을 통과할 때 그들이 갖고 있던

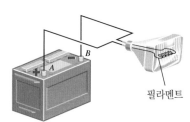
필라멘트

12 V 축전지

그림 19.3 12 V 축전지에 연결된 전조등

---

* 옛날에는 양전하가 전기 회로에서 전선을 따라 이동한다고 여겼다. 오늘날에는 음전하가 음극으로부터 양극으로 전선을 따라 이동한다고 밝혀졌다. 그러나 음전하의 흐름과 양전하가 반대 방향으로 흐르는 것은 대부분의 경우

모든 위치 에너지들은 거의 전부 열로 바뀌어서, 필라멘트가 백열 상태가 되어 빛을 방출한다. 그 전하들이 음극에 도착할 때, 그들은 이제 전기 위치 에너지를 갖고 있지 않다. 그러면 전지는 전하들을 보다 높은 전위를 갖는 양극으로 이동시킴으로써 전하들에게 다시 에너지를 주게 되며, 이러한 과정은 되풀이된다. 전하들의 위치 에너지를 증가시킬 때 전지가 그들에게 일을 하며 그 일을 하기 위하여 전지는 비축된 화학적 에너지를 끌어낸다. 예제 19.2는 전지에 적용된 전기 위치 에너지와 전위의 개념을 보여준다.

예제 19.2 | 전조등의 작동

12 V의 자동차 축전지에 60.0 W의 전조등이 연결되어 1시간 동안 켜져 있을 때, 두 단자 사이를 지나가는 전하량이 1.60×10^{-19} C(전자가 갖는 전하량의 크기)인 입자의 수를 계산하라.

살펴보기 하전 입자의 수를 구하기 위하여 1시간 동안 전조등이 소비한 에너지를 제공하는 데 필요한 총 전하를 구한다. 총 전하를 각 입자가 가지고 있는 전하량으로 나누면 입자의 수가 나온다.

풀이 전조등이 1초에 소비하는 에너지가 60.0 J이므로 1시간 동안 소비하는 에너지는

$$\text{에너지} = \text{전력} \times \text{시간}$$

$$= (60.0 \text{ W})(3600 \text{s}) = 2.2 \times 10^5 \text{ J} \qquad (6.10\text{b})$$

이 에너지는 전지로부터 나오는 것이므로, 이것은 두 점 A, B에서 전하들의 전기 위치 에너지 차이다. 그러므로 2.2×10^5 J $= \text{EPE}_A - \text{EPE}_B$이다. 식 19.4에 의하면

$$\frac{\text{EPE}_A - \text{EPE}_B}{q_0} = V_A - V_B$$

$$q_0 = \frac{\text{EPE}_A - \text{EPE}_B}{V_A - V_B} = \frac{2.2 \times 10^5 \text{ J}}{12 \text{ V}}$$

$$= 1.8 \times 10^4 \text{ C}$$

이다. 이 총 전하를 제공하는 입자의 수는

$$(1.8 \times 10^4 \text{ C})/(1.60 \times 10^{-19} \text{ C}) = \boxed{1.1 \times 10^{23}}$$

이다.

전지와 연관되어 사용된 볼트(V)는 전위차의 단위와 같다. 또 '볼트'는 전자와 양성자 같은 원자 구성 입자의 에너지를 측정하는 단위의 일부로 나타난다. 이 에너지 단위를 전자 볼트(electron volt, eV)라 부른다. 1 eV는 전자 1개가 전위차가 1 V인 곳을 통하여 움직일 때, 이 전자가 갖는 위치 에너지 변화량의 크기이다. 이 크기는 $|q_0 \Delta V| = |(-1.60 \times 10^{-19} \text{C}) \times (1.00 \text{ V})| = 1.60 \times 10^{-19}$ J이므로

$$1 \text{ eV} = 1.60 \times 10^{-19} \text{ J}$$

이다. 백만(10^{+6}) eV의 에너지는 1 MeV로, 십억(10^{+9}) eV의 에너지는 1 GeV로 나타낸다. 여기서 'G'는 'giga'란 접두어의 약어이다.

물체의 운동 에너지와 위치 에너지의 합인 총 에너지는 중요한 개념이다. 중요한 점은 마찰력과 같은 비보존력이 작용하지 않거나, 알짜 일을 하지 않으면, 물체의 총 에너지는 물체가 운동하고 있는 동안에 일정하게 유지된다(보존된다)는 사실이다. 매 순간 각 에너지의 합은 일정하지만, 에너지는 한 형태에서 다른 형태의 에너지로 바뀔 수 있는데, 예를 들면 공이 떨어짐에 따라 중력 위치 에너지가 운동 에너지로 바뀐다. 물체가 가질 수 있는

그 효과가 동등하다. 그래서 우리는 관례에 따라 양전하의 흐름이라고 가정한다. 이것이 관습적인 전류이며 20.1 절에서 보게 될 것이다.

총 에너지에 전기 위치 에너지(EPE)를 포함시키면 다음과 같이 된다.

$$\underbrace{E}_{\substack{\text{총 에너지}}} = \underbrace{\tfrac{1}{2}mv^2}_{\substack{\text{병진 운동} \\ \text{에너지}}} + \underbrace{\tfrac{1}{2}I\omega^2}_{\substack{\text{회전 운동} \\ \text{에너지}}} + \underbrace{mgh}_{\substack{\text{중력 위치} \\ \text{에너지}}} + \underbrace{\tfrac{1}{2}kx^2}_{\substack{\text{탄성 위치} \\ \text{에너지}}} + \underbrace{\text{EPE}}_{\substack{\text{전기 위치} \\ \text{에너지}}}$$

총 에너지가 물체가 운동하고 있는 동안 보존된다면 나중 에너지(E_f)는 처음 에너지 (E_0)와 같으며, 즉 ($E_f = E_0$)이다.

19.3 점전하에 의한 전위차

양의 점전하 $+q$가 주위에 형성하는 전위에 대해 이해하기 위하여 그림 19.4를 보자. 이 그림에는 전하로부터 r_A와 r_B만큼 떨어진 두 점 A, B가 있다. 점 A와 점 B 사이의 임의의 점에 있는 양의 시험 전하 $+q_0$는 척력인 정전기력 **F**를 받는다. 그 힘의 크기는 쿨롱의 법칙에 따라 $F = kq_0 q / r^2$로 주어지며, 여기서 편의상 q_0와 q는 양전하라고 가정하여 $|q_0| = q_0$와 $|q| = q$이다. 시험 전하가 점 A에서 점 B까지 이동할 때, 이 힘이 일을 한다. r은 r_A와 r_B 사이에서 변하기 때문에, 힘 F 또한 변하며, 일은 힘과 점들 사이의 거리의 곱이 아니다(힘이 일정한 경우에만 일은 힘과 거리의 곱이라는 6.1절을 상기하자). 그럼에도 불구하고, 일 W_{AB}는 미적분학을 써서 계산할 수 있다. 그 결과는

$$W_{AB} = \frac{kqq_0}{r_A} - \frac{kqq_0}{r_B}$$

이다. 이 결과는 q나 q_0가 양전하이든 음전하이든 상관없이 잘 맞는다. 점 A와 점 B 사이의 전위차 $V_B - V_A$는 이제 식 19.4에 W_{AB}에 관한 표현을 대치시킴으로 얻을 수 있다.

$$V_B - V_A = \frac{-W_{AB}}{q_0} = \frac{kq}{r_B} - \frac{kq}{r_A} \tag{19.5}$$

점 B가 전하 q로부터 더 멀어지면 r_B는 더 커지게 된다. r_B가 무한히 큰 극한에서 kq/r_B 항은 0이 되며, 관례적으로 이렇게 점 B가 무한히 멀리 있을 때의 V_B를 0으로 놓는다. 이 극한에서 식 19.5는 $V_A = kq/r_A$가 되며, 그 아래 첨자를 제거하여 다음과 같은 형태로 전위를 쓰기로 한다.

점전하에 의한 전위

$$V = \frac{kq}{r} \tag{19.6}$$

이 방정식에서 기호 V는 어떤 절대적인 의미의 전위를 의미하지 않는다. 그보다는, $V = kq/r$는 점전하로부터 r만큼 떨어진 점에서의 전위와 무한히 먼 거리에서의 전위의 차를 나타낸다. 다시 말하자면, V는 무한히 먼 거리에서의 전위를 0이라고 정했을 때 어느 점의 전위이다.

식 19.6을 고려하면, 점전하 q가 주위의 공간에 미치는 효과를 설명할 수 있다. q가 양전하일 때, $V = kq/r$의 값은 또한 양이며, 이것은 양전하는 어디에서든지 0인 기준 전위 위로 전위를 증가시킨다는 것을 가리킨다. 반면에 q가 음전하이면, 전위 V의 값도 또한 음이며, 이것은 음전하는 어디에서든지 0인 기준 전위 아래로 전위를 감소시킨다는 것을 가

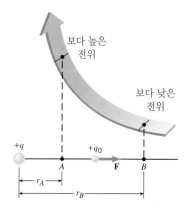

그림 19.4 양의 시험 전하 $+q_0$는 양의 점전하 $+q$에 의한 척력 **F**를 받는다. 결과적으로 시험 전하가 점 A로부터 점 B까지 이동할 때 이 힘이 일을 한다. 결과적으로 전위는 점 A에서는 보다 높고 점 B에서는 보다 낮다고 할 수 있다.

리킨다. 다음 예제는 이러한 효과를 정량적으로 다룬 것이다.

예제 19.3 | 점전하에 의한 전위

무한히 먼 거리에서의 전위가 0 임을 써서, 4.0×10^{-8} C의 점전하가 1.2 m 떨어진 점에서의 전위를 변화시키는 양을 전하가 (a) 양일 때 그리고 (b) 음일 때 구하라.

살펴보기 점전하 q는 주위의 모든 위치에서의 전위를 변화시킨다. $V = kq/r$ 에서 전위의 증가 또는 감소에 있어서의 전하의 효과는 q 값의 대수적인 부호에 따른다.

풀이 (a) 그림 19.5(a)는 전하가 양일 때의 전위를 보여주고 있다.

$$V = \frac{kq}{r} = \frac{(8.99 \times 10^9 \text{ N} \cdot \text{m}^2/\text{C}^2)(+4.0 \times 10^{-8} \text{ C})}{1.2 \text{ m}}$$
$$= \boxed{+300 \text{ V}} \tag{19.6}$$

(b) 그림 (b)는 전하가 음일 때의 결과를 보여주고 있다. 그림 (a)와 같이 계산하면 전위는 음이며, −300 V이다.

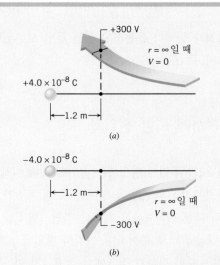

그림 19.5 4.0×10^{-8} C인 점전하가 1.2 m 떨어진 점의 전위를 변화시킨다. 무한히 떨어진 점의 전위를 0 이라 할 때, 전위는 (a) 전하가 양일 때 300 V 증가하고 (b) 전하가 음일 때는 300 V 감소한다.

하나의 점전하는 그 전하의 부호가 양 또는 음인가에 따라 주어진 위치에서 전위를 높이거나 낮춘다. 두 개 이상의 전하가 있을 때, 모든 전하에 의한 전위는 각각의 전하에 의한 전위를 합하면 얻어진다. 예제 19.4에서는 세 개의 전하에 의한 전체 위치 에너지를 계산할 것이다.

예제 19.4 | 한 무리의 전하에 의한 위치 에너지

그림 19.6은 세 개의 점전하를 보여주고 있다. 처음에 그들은 무한히 멀리 떨어져 있다. 이후에 그들을 정삼각형의 꼭짓점에 옮겨 놓았다. 정삼각형의 한 변의 길이는 0.5 m이다. 삼각형으로 배열된 전하 무리의 전기 위치 에너지를 계산하라. 다시 말하면, 처음에 무한히 멀리 떨어져 있던 세 전하가 가지고 있던 전기 위치 에너지와 무리를 이루었을 때 가지고 있는 위치 에너지의 차를 계산하라.

살펴보기 한 번에 하나씩 삼각형의 꼭짓점에 전하를 옮겨놓고, 각 단계에서 전기 위치 에너지를 계산한다. 식 19.3 EPE = $q_0 V$ 에 의하면 전기 위치 에너지는 전하량과 전하가 놓여 있는 점에서의 전위의 곱이다. 삼각형으로 배열된 전하 무리의 총 위

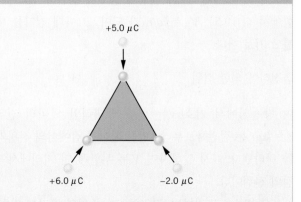

그림 19.6 세 개의 전하가 정삼각형의 꼭짓점에 놓여 있다. 예제 19.4는 이 무리의 전하들이 갖는 총 전기 위치 에너지를 어떻게 계산하는지를 보여준다.

치 에너지는 무리를 형성하는 각 단계의 에너지의 합이다.

풀이　삼각형 위에 옮겨놓는 전하의 순서는 상관없으며, $q_1 = +5.0\,\mu\text{C}$인 전하부터 시작한다. 이 전하를 삼각형의 한 꼭짓점에 옮겨놓을 때, EPE $= q_0 V$에 의하여 전기 위치 에너지를 갖지 않는다. 왜냐하면 삼각형으로부터 무한히 멀리 떨어져 있는 다른 두 전하가 삼각형의 꼭짓점에 만드는 총 전위 V는 0이기 때문이다. 첫 번째 전하가 다른 빈 꼭짓점($r = 0.50\,\text{m}$)에 만드는 전위 V는

$$V = \frac{kq}{r} = \frac{(8.99 \times 10^9\,\text{N} \cdot \text{m}^2/\text{C}^2)(+5.0 \times 10^{-6}\,\text{C})}{0.50\,\text{m}}$$

$$= +9.0 \times 10^4\,\text{V} \qquad (19.6)$$

이다. 따라서 $q_2 = +6.0\,\mu\text{C}$인 전하를 삼각형의 두 번째 꼭짓점에 가져다 놓을 때 그것의 전기 위치 에너지는

$$\text{EPE} = qV = (+6.0 \times 10^{-6}\,\text{C})(+9.0 \times 10^4\,\text{V})$$

$$= +0.54\,\text{J} \qquad (19.3)$$

이다. 남은 빈 꼭짓점에서의 전위 V는 이미 놓여 있는 두 전하에 의한 전위의 합이다.

$$V = \frac{(8.99 \times 10^9\,\text{N} \cdot \text{m}^2/\text{C}^2)(+5.0 \times 10^{-6}\,\text{C})}{0.50\,\text{m}}$$

$$+ \frac{(8.99 \times 10^9\,\text{N} \cdot \text{m}^2/\text{C}^2)(+6.0 \times 10^{-6}\,\text{C})}{0.50\,\text{m}}$$

$$= +2.0 \times 10^5\,\text{V}$$

세 번째 전하를 남은 빈 꼭짓점에 놓일 때, 그것의 전기 위치 에너지는

$$\text{EPE} = qV = (-2.0 \times 10^{-6}\,\text{C})(+2.0 \times 10^5\,\text{V}) \quad (19.3)$$

$$= -0.40\,\text{J}$$

이다. 이 삼각형 전하 무리의 총 위치 에너지는, 세 개가 멀리 떨어져 있을 때와는 위에서 계산된 위치 에너지의 합만큼 차가 나므로

$$\text{총 위치 에너지} = 0\,\text{J} + 0.54\,\text{J} - 0.40\,\text{J} = \boxed{+0.14\,\text{J}}$$

이다. 이 에너지는 전하들을 함께 모으는 데 외부에서 한 일과 같다.

19.4 등전위면과 전기장의 관계

등전위면(equipotentioal surface)은 모든 점에서 전위가 같은 면이다. 상상하기에 가장 쉬운 등전위면은 고립된 점전하 주위의 면이다. 식 19.6에 의하면 점전하 q로부터 r만큼 떨어진 점에서의 전위는 $V = kq/r$이다. 그러므로 r이 같은 어떤 곳에서나 전위는 같으며, 등전위면은 점전하에 중심을 둔 구면이 된다. 등전위면은 무한히 많이 있는데, 그림 19.7은 그중 두 개를 보여주고 있다. 거리 r이 크면 클수록 등전위면에서의 전위는 더 작다.

알짜 전기력은 전하가 등전위면 위에서 움직일 때는 일을 하지 않는다. 이 중요한 특성은 전기력이 전하가 점 A로부터 점 B까지 이동할 때 한 일이 W_{AB}라면 전위차는 식 19.4에 의해 $V_B - V_A = -W_{AB}/q_0$로 주어지는 것으로부터 알 수 있다. 등전위면 위라서 전위는 $V_A = V_B$로 같으므로, $W_{AB} = 0\,\text{J}$이 된다. 예로, 그림 19.7에서 시험 전하가 등전위면 위의 원호 ABC를 따라 움직일 때 전기력은 일을 하지 않는다. 반면에 전하가 그림에서 두 등전위면 사이의 경로 A에서 D로 이동할 때는 전기력이 일을 한다.

고립된 점전하를 둘러싸고 있는 구형 등전위면은 등전위면의 또 다른 일반적인 특성을 보여준다. 그림 19.8은 양의 점전하 주위의 몇 개의 전기력선과 함께 두 개의 등전위면을 보여준다. 전기력선은 전기장의 방향을 나타내며, 양의 점전하에 의한 전기장은 방사형으로 밖으로 향한다. 그러므로 구형 등전위면 위의 각 위치에서 전기장은 면에 수직이고, 그림이 강조하고 있는 것처럼, 전위가 감소하는 방향인 바깥 방향을 향한다. 이와 같은 수

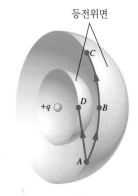

등전위면

그림 19.7 점전하 $+q$를 둘러싸고 있는 등전위면은 구면이다. 전기력은 경로 ABC와 같이 등전위면 위의 경로를 따라 전하가 이동할 때 일을 하지 않는다. 그러나 전기력은 전하가 경로 AD를 따라 움직일 때처럼 두 등전위면 사이를 이동할 때는 일을 한다.

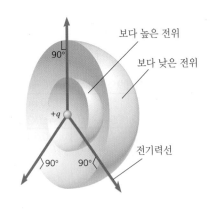

그림 19.8 점전하에 의한 지름 방향의 전기장은 전하를 둘러싸고 있는 구형의 등전위면에 수직이다. 이 전기장의 방향은 전위가 감소하는 쪽이다.

보다 높은 전위
보다 낮은 전위
전기력선

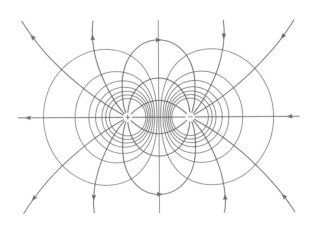

그림 19.9 전기 쌍극자에 의한 등전위면(파란색)의 단면도. 면들은 모든 점에서 전기 쌍극자의 전기력선(빨간색)에 수직이 되도록 그려진다.

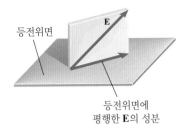

등전위면
등전위면에 평행한 **E**의 성분

그림 19.10 이 가정된 상황에서, 전기장 **E**는 등전위면에 수직이 아니다. 즉 표면에 평행한 **E**의 성분이 존재한다.

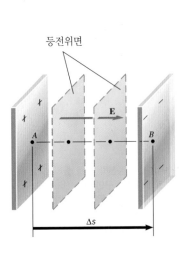

등전위면

그림 19.11 평행판 축전기의 금속 평행판들은 등전위면이다. 두 장의 추가된 등전위면이 평행판 사이에 그려져 있다. 이 두 등전위면은 평행판에 평행하고 판 사이의 전기장 **E**에 수직이다.

직 관계는 등전위면이 양전하에 의한 것이거나 구형이거나에 관계없이 유효하다. 즉 점전하 또는 무리 전하에 의한 전기장은 어디에서나 연관된 등전위면에 수직이며 전위가 줄어드는 방향을 향한다. 예로, 그림 19.9는 전기 쌍극자 주변의 몇 개의 등전위면(단면으로 보임)과 함께 전기력선을 보여주고 있다. 전기력선이 단순하게 지름 방향이 아니기 때문에 등전위면 역시 구면이 아니며 모든 곳에서 전기력선에 수직이 되는 모양을 갖는다.

왜 등전위면이 전기장에 수직이어야 하는지를 알기 위해, 서로 수직인 관계가 아니라는 가상적 상황을 보여주는 그림 19.10을 고려해 보자. 만약 **E**가 등전위면에 수직이지 않다면, 표면에 평행한 **E**의 성분이 있을 것이다. 전기장 **E**의 평행한 성분은 표면에 있는 시험 전하에 전기력을 미친다. 전하가 표면을 따라 움직이게 되면, 전기력의 평행한 성분에 의해 일이 행해진다. 식 19.4에 의해 일은 전위를 변화시키며 따라서 그 면은 가정했던 바와 같이 등전위면이 될 수 없다. 이 딜레마에서 빠져나올 수 있는 유일한 방법은 전기장이 등전위면에 수직이어서 등전위면에 평행한 전기장 성분이 없게 되는 것뿐이다.

우리는 이미 하나의 등전위면을 다루었다. 18.8절에서 보듯이 도체가 정전기적 평형 상태에 있을 때, 도체 바로 밖에서 전기장의 방향은 도체의 표면에 수직이다. 따라서 그러한 조건하에서 모든 도체의 표면은 등전위면이다. 실제로, 전하가 평형 상태에 있는 도체 내부의 모든 곳에서 전기장은 0이기 때문에 모든 도체는 하나의 등전위체로 간주될 수 있다.

전기장과 등전위면 사이에는 양적인 관계가 있다. 이러한 관계를 보여주는 한 예가 그림 19.11의 평행판 축전기이다. 18.6절에서 다루었던 것처럼 금속판 사이의 전기장 **E**는 이들 금속판에 수직이고, 가장자리에서의 전기장을 무시하면 어디에서나 같다. 등전위면이 전기장 방향에 수직이 되려면 등전위면은 그들 자신이 등전위면인 도체 판에 평행한 평면이어야 한다. 도체 판 사이의 전위차는 식 19.4에 의해 $\Delta V = V_B - V_A = -W_{AB}/q_0$로 주어지며, 여기서 A는 양으로 대전된 도체 판의 한 점이고, B는 음으로 대전된 도체 판의 한 점이다. 양의 시험 전하 q_0를 점 A에서 점 B까지 이동시키는 데 전기력이 한 일은 $W_{AB} = F\Delta s$인데 여기서 F는 전기력을 말하고, Δs는 도체 판에 수직인 직선 위의 변위이다. 전기력은 시험 전하와 전기장 E의 곱과 같고($F = q_0 E$), 따라서 일은 $W_{AB} = F\Delta s = q_0 E\Delta s$이다. 그러므로 축전기 판들 사이의 전위차는 식 $\Delta V = -W_{AB}/q_0 = -q_0 E\Delta s/q_0$처

럼 전기장의 항으로 쓰여 질 수 있으며, 즉

$$E = -\frac{\Delta V}{\Delta s} \qquad (19.7)$$

이다. $\Delta V/\Delta s$ 양은 전위 기울기(potential gradient)라고 하며, 단위는 V/m 이다. 일반적으로 $E = -\Delta V/\Delta s$ 의 관계는 변위 Δs 방향의 전기장 성분만을 주며, 수직인 성분을 주지는 않는다. 다음 예제는 축전기의 판 사이의 등전위면에 관하여 좀 더 다룬다.

 예제 19.5 | 전기장과 전위는 연관되어 있다

그림 19.11에서 축전기의 판들은 0.032 m 떨어져 있고, 두 판 사이의 전위차는 $\Delta V = V_B - V_A = -64$ V 이다. 색이 칠해진 두 등전위면 사이의 전위차는 −3.0 V이다. 색이 칠해진 두 면 사이의 간격을 구하라.

살펴보기 전기장은 $E = -\Delta V/\Delta s$ 이다. 색이 칠해진 두 등전위면 사이의 간격을 구하기 위해, $\Delta V = -3.0$ V 이고 평행판 축전기에서 두 판 사이의 전기장 E 가 일정하다는 사실을 이용해서 Δs 에 관한 방정식을 풀자. E 의 값은 주어진 두 판사이의 거

리와 전위차의 값을 이용하여 얻을 수 있다.

풀이 축전기의 판들 사이의 전기장은

$$E = -\frac{\Delta V}{\Delta s} = -\frac{-64 \text{ V}}{0.032 \text{ m}} = 2.0 \times 10^3 \text{ V/m} \quad (19.7)$$

이며, 색이 칠해진 두 등전위면 사이의 간격은

$$\Delta s = -\frac{\Delta V}{E} = -\frac{-3.0 \text{ V}}{2.0 \times 10^3 \text{ V/m}} = \boxed{1.5 \times 10^{-3} \text{ m}}$$

이다.

19.5 축전기와 유전체

축전기의 전기 용량

18.6절에서 평행판 축전기는 서로 접촉하지 않고, 가까이 있는 두 장의 평행한 금속판으로 구성되어 있는 것을 보았다. 이러한 형태의 축전기는 많은 축전기 중의 하나이다. 일반적으로 **축전기**(capacitor)는 서로 접촉하지는 않고, 가까이 있는 임의의 형태로 된 두 도체판으로 구성된다. 나중에 명확하게 알게 되겠지만, 그림 19.12에서 보듯이, 도체 또는 판 사이에 전기적으로 부도체인 **유전체**(dielectric)라 불리는 것을 채워 넣는 것이 일반적이다.

축전기는 전하를 저장한다. 축전기의 한쪽 판은 양전하, 다른 쪽 판은 음전하를 갖고 있으며 두 극의 전하량의 크기는 같다. 그림 19.12에서 보듯이, 전하들 때문에, 양전하를 갖는 판이 음전하를 갖는 판보다 전위가 V 만큼 높다. 실험을 통해 보면, 축전기 각 판의 전하량 q 를 두 배로 하면 전위차도 두 배가 되며, q 는 V 에 비례한다. 즉 $q \propto V$ 이다. 식 19.8은 축전기의 **전기 용량**(capacitance)이라는 비례 상수 C 를 써서 이 비례 관계를 표현한 식이다.

■ **축전기의 전하와 전위차 사이의 관계**

축전기의 각 판에 있는 전하량 q 는 두 판 사이의 전위차 V 에 비례한다.

$$q = CV \qquad (19.8)$$

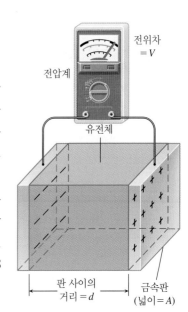

그림 19.12 평행판 축전기는 한쪽에는 $+q$ 의 전하를, 다른 쪽에는 $-q$ 의 전하를 가진 두 장의 도체 판으로 구성되어 있다. 양으로 대전된 판의 전위는 음으로 대전된 판의 전위보다 V 만큼 크다. 두 판 사이는 유전체로 채워져 있다.

이며, 여기서 *C*는 전기 용량이다.

전기 용량의 SI 단위: 쿨롬(C)/볼트(V) = 패럿(F)

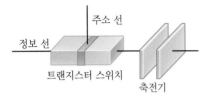

정보 선 주소 선

트랜지스터 스위치 축전기

그림 19.13 트랜지스터-축전기 결합은 컴퓨터의 주기억 장치로 사용되는 램(RAM) 칩의 일부분이다.

◐ 램(RAM) 칩의 물리

식 19.8은 전기 용량의 SI 단위가 C/V임을 보여준다. 이 단위는 영국 과학자 패러데이 (1791~1867)의 이름을 따서 패럿(F)으로 불린다. 1 패럿은 아주 큰 전기 용량이다. 통상적으로는 전기 회로에서는 이보다 매우 작은 또는 $1 \mu F = 10^{-6} F$을 사용한다. 전기 용량은 주어진 전위차 *V*에 대하여 판 위에 보다 많은 전하를 저장할 수 있으면 전기 용량 *C*가 더 크다는 의미로 축전기의 전기 저장 능력을 반영한다.

축전기의 전하 저장 능력은 컴퓨터 내의 램(막기억 장치; random-access memory) 칩의 핵심 요소의 하나다. 램 속에서 정보는 이진수를 구성하는 0 또는 1의 형태로 저장된다. 그림 19.13은 램 칩 내의 축전기의 역할을 보여준다. 축전기는 주소 선(address line)과 정보 선(data line)의 두 선이 연결된 트랜지스터 스위치에 연결되어 있다. 램 칩 한 개가 1억 개 이상의 트랜지스터-축전기 단위 장치들을 포함하는 것도 있다. 주소 선은 특수한 트랜지스터-축전기 조합의 주소를 지정하기 위하여 컴퓨터가 사용하며, 정보 선은 저장될 정보들을 운반한다. 주소 선 상의 펄스는 트랜지스터 스위치를 켠다. 스위치가 켜지면, 정보 선으로 들어오는 펄스는 축전기로 하여금 대전하도록 한다. 대전된 축전기는 '1'이 저장되었다는 것을 의미하고, 반면에 대전되지 않은 축전기는 '0'이 저장되었다는 것을 의미한다.

유전 상수

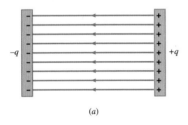

유전체 위에 있는 양의 표면 전하　유전체 위에 있는 음의 표면 전하

분자

(b)

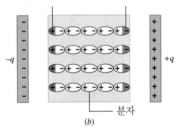

(c)

그림 19.14 (a) 속이 빈 축전기의 내부에서 전기장은 직선이다. (b) 판 위의 전하에 의해 만들어진 전기장에 의하여, 유전체 내부의 분자 쌍극자들은 꼬리를 물듯이 정렬한다. (c) 유전체 표면의 전하는 유전체 내부의 전기장을 감소시킨다. 유전체와 판 사이의 공간은 명확하게 보이기 위하여 넓게 그렸다. 실제로는, 두 판 사이의 전 영역을 유전체로 채운다.

축전기의 판 사이에 유전체가 들어가게 되면, 유전체가 판 사이의 전기장을 변화시키므로 전기 용량은 현저하게 증가할 수 있다. 그림 19.14는 이러한 효과가 어떻게 일어나는지를 보여주고 있다. 그림 19.14(a)에서는 대전된 판 사이의 영역이 비어 있다. 그 전기력선은 양으로 대전된 판으로부터 음으로 대전된 판을 향하고 있다. 그림 19.14(b)에서는 판 사이에 유전체가 들어가 있다. 이 축전기는 어떤 것과도 접촉되어 있지 않기 때문에, 유전체가 끼워질 때 판 위의 전하는 일정하게 유지된다. 분자들 중에는, 비록 전기적으로 중성이라 할지라도, 영구 쌍극자 모멘트를 가지고 있는 극성 분자들이 있다. 분자가 쌍극자 모멘트를 가진다는 말은 분자의 한 끝에는 약간의 과잉 음전하를 가지고 있고, 다른 한쪽 끝에는 약간의 과잉 양전하를 가지고 있다는 뜻이다. 그러한 분자들이 축전기의 대전된 판 사이에 놓이면, 음극을 띤 끝은 양전하로 대전된 판으로 당겨지게 되고 양극을 띤 끝은 음전하로 대전된 판으로 당겨지게 된다. 결과적으로 극성 분자들은 그림 19.14(b)처럼 꼬리를 물듯이 그들 스스로 나란히 정렬하려 한다. 분자가 영구 쌍극자 모멘트를 가지고 있든 없든, 전기장은 분자 내 전자들의 위치를 이동시켜서 한쪽 끝은 약간 음으로 반대쪽 끝은 약간 양으로 만들기 때문에 정렬이 일어난다. 이와 같은 정렬 때문에 유전체의 왼쪽 표면은 양으로 대전되게 되고, 오른쪽 표면은 음으로 대전되게 된다. 표면 전하는 그림에서 빨간색으로 그려져 있다.

유전체 위의 표면 전하들 때문에, 판 위에 있는 전하들이 만든 모든 전기력선이 유전체를 통하여 지나갈 수는 없다. 그림 19.14(c)처럼, 전기력선의 일부는 음의 표면 전하 위에서 끝나고, 양의 표면 전하 위에서 다시 시작한다. 따라서 두 판 위의 전하는 변화가 없다고 가정하면, 유전체 내부에서의 전기장은 내부가 빈 축전기 내부에서의 전기장보다 덜 강하다. 이러한 전기장의 감소는 유전 상수(dielectric constant) κ에 의해 기술되는데, 여기서 κ는 유전체 내부에서 전기장의 크기 E에 대한 유전체가 없는 상태에서의 전기장의 크기 E_0의 비율이다.

$$\kappa = \frac{E_0}{E} \qquad (19.9)$$

두 전기장의 세기 비율인 유전 상수는 단위가 없는 상수이다. 또한 유전체가 없는 축전기 내부의 전기장 E_0는 유전체 내부에서의 전기장 E 보다 크기 때문에 유전 상수 κ는 1보다 크다. κ의 값은 표 19.1에서 볼 수 있듯이 유전체 물질의 특성에 의존한다.

표 19.1 몇 가지 물질들의 유전 상수(상온)

물질	유전 상수, κ
진공	1
공기	1.00054
테플론	2.1
벤젠	2.28
종이	3.3
운모	5.4
네오렌 고무	6.7
메틸알코올	33.6
물	80.4

평행판 축전기의 전기 용량

축전기의 전기 용량은 판의 기하학적 형태와 판 사이에 들어가는 물질의 유전 상수에 영향을 받는다. 예로 그림 19.12는 각각의 판의 넓이가 A이고, 판 사이의 간격이 d인 평행판 축전기이다. 유전체 내부에서 전기장의 크기는 식 19.7에 의해(−부호 없이) $E = V/d$로 주어지며, 여기서 V는 두 판 사이 전위차의 크기를 나타낸다. 각 판의 전하가 고정되어 있으면, 유전체 내부에서의 전기장은 유전체가 없을 때의 전기장과 식 19.9와 같은 관계가 있다. 그러므로

$$E = \frac{E_0}{\kappa} = \frac{V}{d}$$

이다. 식 18.4에 의하면 유전체가 들어있지 않은 축전기의 내부 전기장은 $E_0 = q/(\epsilon_0 A)$이므로, 앞 식은 $q/(\kappa\epsilon_0 A) = V/d$가 되며, 이 식을 q에 관해 풀면

$$q = \left(\frac{\kappa\epsilon_0 A}{d}\right)V$$

가 된다. 이 식을 식 19.8 $q = CV$와 비교하면 전기 용량 C는 다음과 같다.

유전체로 채워진 평행판 축전기 $\qquad C = \dfrac{\kappa\epsilon_0 A}{d} \qquad (19.10)$

단지 판들 사이의 기하학적 특징(A와 d)과 유전 상수 κ만이 전기 용량에 영향을 미치는 것을 주목하라. 속이 빈($\kappa = 1$) 축전기의 전기 용량을 C_0라고 하면, 식 19.10은 $C = \kappa C_0$로 표현된다. 다시 말하면, 유전체가 있는 축전기의 전기 용량은 유전체가 없는 전기 용량의 κ배가 된다. 식 $C = \kappa C_0$의 관계는 평행판 축전기뿐 아니라 어떠한 축전기에도 적용된다. 축전기를 유전체로 채우는 이유 중 하나는 전기 용량을 증가시키기 위한 것이다. 예제 19.6은 전기 용량을 증가시킴으로써 축전기에 의해 저장되는 전하에 미치는 효과를 보여준다.

예제 19.6 | 전하의 저장

속이 빈 축전기의 전기 용량이 1.2 μF이다. 축전기를 12 V의 전지에 연결하여 충전시켰다. 이 축전기가 전지에 연결된 상태에서, 판 모양의 유전체를 축전기 판들 사이에 끼워 넣었다. 그 결과, 2.6×10^{-5} C 의 추가 전하가 한쪽 축전기판으로부터 전지

를 통하여 다른 판으로 흐른다. 이 물질의 유전 상수는 얼마인가?

살펴보기   축전기에 의해서 저장된 전하는 식 19.8에 따라 $q = CV$이다. 이 전지는 축전기 판들 사이에 유전체가 끼워지는 동안 12 V 의 일정한 전위차를 유지하고 있다. 유전체를 삽입함으로써 전기 용량 C 는 증가하게 되어, V 가 일정하게 유지되면 전하 q 는 증가해야 한다. 따라서 추가 전하가 축전기의 판으로 흐른다. 유전 상수를 구하기 위해, 식 19.8을 속이 빈 축전기에 적용한 후 유전체가 채워진 축전기에 적용한다.

풀이   속이 빈 축전기는 전기 용량이 $C_0 = 1.2\,\mu\text{F}$ 이고, 식

19.8에 따라 $q_0 = C_0 V$의 전하량을 저장한다. 유전체가 채워진 축전기의 전기 용량은 $C = \kappa C_0$이며, $q = (\kappa C_0)V$의 전하량을 저장한다. 따라서 전지가 제공하는 추가 전하는

$$q - q_0 = (\kappa C_0)\,V - C_0 V$$

이다. 유전 상수에 대하여 풀면

$$\kappa = \frac{q - q_0}{C_0 V} + 1 = \frac{2.6 \times 10^{-5}\,\text{C}}{(1.2 \times 10^{-6}\,\text{F})(12\,\text{V})} + 1$$
$$= \boxed{2.8}$$

을 얻는다.

축전기들은 자주 전기장치에 사용되는데, 예제 19.7은 친숙한 응용 한 가지를 다루고 있다.

예제 19.7 | 컴퓨터 키보드   ● 컴퓨터 키보드의 물리

널리 쓰이는 컴퓨터 키보드는 전기 용량의 개념에 기본을 두고 있다. 각 글쇠는 플런저의 한쪽 끝 위에 올려져 있고, 플런저의 다른 쪽 끝은 움직일 수 있는 금속판에 부착되어 있다(그림 19.15 참조). 움직일 수 있는 금속판은 고정된 판으로부터 떨어져 있어서, 이 두 금속판들은 축전기를 형성하고 있다. 글쇠를 누르면 움직일 수 있는 판은 밀려져서 고정판으로 접근하여 전

기 용량이 증가한다. 전자 회로는 컴퓨터가 이러한 전기 용량의 변화를 감지할 수 있도록 하며, 그것에 의해서 글쇠가 눌러졌다는 것을 인식하게 된다. 정상적인 판 사이의 간격은 $5.00 \times 10^{-3}\,\text{m}$인데, 글쇠가 눌러지면 그 간격이 $0.15 \times 10^{-3}\,\text{m}$까지 감소된다. 이 축전기는 넓이가 $9.5 \times 10^{-5}\,\text{m}^2$이며, 유전 상수가 3.50 인 물질로 채워져 있다. 컴퓨터에 의해서 감지되는 전기 용량의 변화를 구하라.

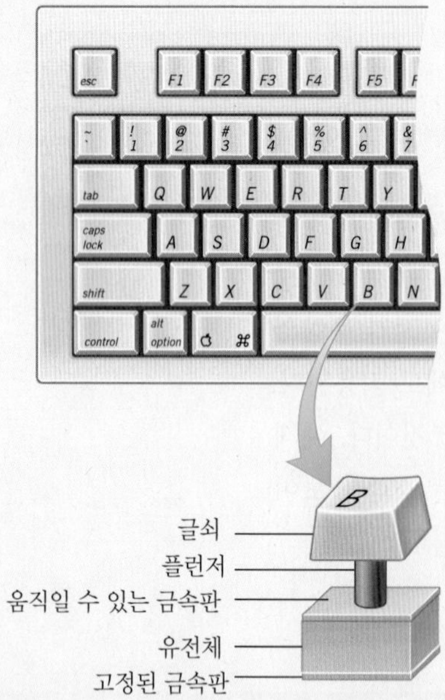

살펴보기   유전체의 유전 상수 κ, 판의 넓이 A, 그리고 판 사이의 간격 d를 알고 있으므로 글쇠의 전기 용량을 구하기 위하여 바로 식 19.10을 사용할 수 있다. 글쇠가 눌러졌을 때와 눌러지지 않았을 때의 전기 용량을 구하기 위하여 이 관계식을 두 번 사용한다. 전기 용량의 변화량은 이 두 값들의 차이다.

풀이   글쇠가 눌러졌을 때, 전기 용량은

$$C = \frac{\kappa \epsilon_0 A}{d}$$
$$= \frac{(3.50)[8.85 \times 10^{-12}\,\text{C}^2/(\text{N}\cdot\text{m}^2)](9.50 \times 10^{-5}\,\text{m}^2)}{0.150 \times 10^{-3}\,\text{m}}$$
$$= 19.6 \times 10^{-12}\,\text{F} \quad (19.6\,\text{pF}) \tag{19.10}$$

글쇠
플런저
움직일 수 있는 금속판
유전체
고정된 금속판

그림 19.15 한 종류의 키보드에서, 각 글쇠를 누르면 축전기판들 사이의 거리가 변한다.

글쇠가 눌러지지 않았을 때에도 마찬가지로 계산하면, 전기 용량은 $0.589 \times 10^{-12}\,\text{F}\,(0.589\,\text{pF})$이다. 전기 용량은 $19.0 \times$

10^{-12} F (19.0 pF) 증가한다. 전기 용량의 변화는 유전체가 있을 때 더 크게 나타나기 때문에, 컴퓨터 내부에 있는 전기 용량의 변화를 탐지할 수 있는 회로가 더 쉽게 탐지할 수 있도록 한다.

축전기 내의 에너지 저장

축전기가 전하를 저장할 때, 에너지도 저장한다. 예로 축전기를 대전시킬 때, 전지는 축전기의 한쪽 판으로부터 다른 쪽 판으로 전하를 이동시키면서 일을 한다. 이 일은 전하의 증가분과 판 사이의 전위차를 곱한 값과 같다. 그러나 전하가 조금씩 이동됨에 따라 전위차도 조금씩 증가하므로, 같은 전하 증가량을 이동시킬 때 점점 더 많은 일이 필요하게 된다. 그러므로 축전기에 전하를 완전히 채우는 데 해야 할 총 일의 양 W는 이동된 총 전하 q와 평균 전위차 $\bar{V}$을 곱한 것이며, 즉 $W = q\bar{V}$이다. 평균 전위차는 나중 전위차 V의 반, 즉 $\bar{V} = \frac{1}{2}V$이므로 전지가 한 총 일의 양은 $W = \frac{1}{2}qV$이다. 이 일은 사라지는 것이 아니라 축전기의 전기 위치 에너지로 저장되며, EPE $= \frac{1}{2}qV$ 가 된다. $q = CV$ 이므로 저장된 에너지는

$$\text{에너지} = \tfrac{1}{2}(CV)V = \tfrac{1}{2}CV^2 \tag{19.11}$$

이다. 이 에너지는 판들 사이의 전기장에 저장된다. 에너지와 장의 세기 사이의 관계는 평행판 축전기에 대해서 $V = Ed$ (−부호가 없는 식 19.7)와 $C = \kappa\epsilon_0 A/d$을 식 19.11에 대입하면 얻을 수 있다.

$$\text{에너지} = \frac{1}{2}\left(\frac{\kappa\epsilon_0 A}{d}\right)(Ed)^2$$

넓이 A와 거리 d의 곱은 판들 사이의 부피가 되므로, 단위 부피당 에너지 즉 에너지 밀도(energy density)는

$$\text{에너지 밀도} = \frac{\text{에너지}}{\text{부피}} = \tfrac{1}{2}\kappa\epsilon_0 E^2 \tag{19.12}$$

이다. 이 표현은 평행판 축전기의 판 사이의 전기장뿐만 아니라 어떠한 전기장 세기에 대해서도 유효함을 보일 수 있다.

축전기의 에너지 저장 능력은 전자 회로에서 유용하게 자주 사용된다. 예로 사진기의 전자 플래시(섬광 장치)에서, 전지로부터 나온 에너지는 축전기에 저장된다. 그 후 이 축전기는 에너지를 빛으로 바꾸는 섬광 전구의 전극 사이에서 방전된다. 섬광 시간은 1/200 초에서 고속 사진 촬영(그림 19.16 참조)에 사용되는 1/1000000 초 사이이다(보다 더 짧은 장치도 있다). 좋은 장치들은 피사체로부터 반사된 빛을 감지함으로써 자동적으로 섬광 지속 시간을 조절한다. 즉 반사된 빛 세기가 미리 정해진 값 이상이 되면 자동적으로 축전기의 방전을 정지시킨다.

심장 발작이 일어나는 동안, 심장은 빠르고 불규칙적 박동을 하는데, 이것을 심장 세동이라고 부른다. 심장 세동은 종종 심장을 통해 전기 에너지를 매우 빠르게 방전시켜주면 멈춰질 수도 있다. 응급실 의료 직원들은 그림 19.17에서와 같은 제세동기를 사용한다. 큰 축전기의 금속판에 연결되어 있는 패들(paddle)이 심장 근처의 가슴 위에 놓여 있다. 축전기는 약 천 볼트의 전위차로 대전되어 있다. 그런 다음 축전기는 수천 분의 1 초만에 방

○ 사진기 전자 플래시의 물리

그림 19.16 자전거 타는 사람의 연속동작 사진은 전자 플래시가 부착된 사진기를 사용하여 찍는다. 각 '섬광'의 에너지는 축전기에 저장된 전기 에너지로부터 나온 것이다.

○ 제세동기의 물리

전된다. 그 방전 전류는 한 패들을 지나 심장을 통과하여 다른 패들로 간다. 수초 내에 정지된 심장은 이 전류에 의한 전기 충격에 의하여 박동이 다시 정상적으로 돌아올 수 있다.

그림 19.17 심장 발작 환자에게 정상적인 심장의 박동으로 복원시켜줄 수 있는 통제된 전류를 보내기 위하여 제세동기는 축전기 내부에 저장된 전기 에너지를 사용한다. 항공사 직원들은 공중에서 생명을 구하기 위하여 그림에서 보는 것과 같은 이동식 장치들의 사용법을 훈련한다.

 연습 문제

주의: 모든 전하는 특별히 지정하지 않으면 점전하로 가정한다.

19.1 위치 에너지
19.2 전위차

1(1) 살아 있는 세포의 바깥쪽 전위가 세포의 안쪽보다 0.070 V 높다고 하자. 나트륨 이온이(전하 = $+e$) 밖으로부터 안쪽으로 이동할 때 전기력이 한 일은 얼마인가?

2(2) 전하($+1.80 \times 10^{-4}$ C)가 점 A에서 점 B로 이동할 때 전기력이 한 일이 5.80×10^{-3} J이라고 한다. (a) 두 점 사이에 전하가 갖는 전기 위치 에너지 차 $EPE_A - EPE_B$는 얼마인가? (b) 두 점 사이의 전위차 $V_A - V_B$를 구하라. (c) 전위가 높은 곳은 어느 점인가?

3(3) X선 관의 양극은 음극에 대하여 전위가 +125000 V 높다. (a) 전자 한 개가 음극으로부터 양극으로 가속될 때 전기력이 하는 일은 몇 J인가? (b) 만약 전자가 처음에 정지해 있었다면 양극에 도착한 전자의 운동 에너지는 얼마인가?

4(4) 특별한 뇌우가 치는 동안, 구름과 지면 사이에 전위차는 구름이 더 높은 전위를 가지며 $V_{cloud} - V_{ground} = 1.3 \times 10^8$ V 이다. 전자가 지면으로부터 구름으로 이동할 때 전자의 전기 위치 에너지에서 전하량은 얼마인가?

5(5) 텔레비전 브라운관에서 정지 상태에 있던 전자들이 전위차 25000 V 를 통과한 후 스크린을 때린다. 전자들의 속력은 아주 커서 정확하게 계산하기 위해서는 특수 상대성 이론의 효과를 고려해야 할 것이다. 여기서는 그런 효과는 무시하고, 전자가 스크린에 부딪치기 직전의 속도를 구하라.

6(6) 점 A는 +250 V의 전위에 있고, 점 B는 -150 V의 전위에

있다. α 입자는 2개의 양성자와 2개의 중성자를 포함한 헬륨 핵이다. 중성자는 전기적 중성이다. α 입자가 A에서 정지로부터 출발해 B를 향해 가속된다. α 입자가 B에 도착할 때 α 입자가 갖는 운동 에너지(eV)는 얼마인가?

*7(9) 점 A에서의 전위는 452 V 이다. 양으로 대전된 입자가 정지 상태로부터 출발하여 점 B에 v_B의 속도로 도착하였다. 점 C에서의 전위가 791 V 이고, 이 점에서 정지해 있던 입자가 점 B에 도착할 때 속력이 $2v_B$이었다. 점 B에서의 전위를 구하라.

19.3 점전하에 의한 전위차

8(11) 한 전하로부터 0.25 m 떨어진 점에서의 전위가 +130 V 이다. 이 전하의 크기와 부호를 구하라.

9(12) 두 점전하, $+3.40\ \mu$C과 $-6.10\ \mu$C가 1.20 m 거리에 놓여 있다. 두 전하 사이 중간 지점에서 전위는 얼마인가?

10(13) 전자와 양성자가 처음에는 매우 멀리(실질적으로 무한대로) 떨어져 있다. 그 후 이것들을 전자가 양성자 주위를 평균 거리 5.29×10^{-11} m에서 돌고 있는 수소 원자를 형성하도록 모아 놓았다. 이때 전기 위치 에너지의 변화량 $EPE_{나중} - EPE_{처음}$은 얼마인가?

11(14) 위치 A는 점전하 q의 오른쪽에서 3.00 m이다. 위치 B는 같은 선 상에 있고 전하의 오른쪽에서 4.00 m이다. 두 위치 사이의 전위차는 $V_B - V_A = 45.0$ V 이다. 전하량의 크기와 부호를 구하라.

12(15) 동일한 두 전하가 한 변이 0.500 m인 정사각형의 한 꼭짓점과 대각선으로 반대 꼭짓점에 고정되어 있다. 각 전하의

전하량은 $+3.0 \times 10^{-6}$ C이다. 한 전하를 빈 꼭짓점으로 이동할 때 전기력이 한 일은 얼마인가?

13(16) 그림은 4개의 전하를 나타낸다. q의 값은 2.0 μC이고, 거리 d는 0.96 m이다. 위치 P에서 전체 전위를 구하라. 점전하의 전위는 무한히 멀리 있을 때의 전위는 0으로 가정한다.

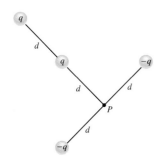

14(17) $+9q$의 전하가 정사각형의 한 꼭짓점에 고정되어 있고, $-8q$의 전하는 대각선으로 반대 꼭짓점에 고정되어 있다. 다른 전하를 정사각형의 중심에 고정시켜서 두 빈 꼭짓점에서의 전위가 0이 되게 하고자 한다. 이 전하의 크기를 q로 표현하라.

***15(19)** 그림과 같이 배치되어 있는 세 개의 전하에 대한 전기 위치 에너지를 구하라. 전하들이 서로 무한히 멀리 떨어져 있을 때의 전기 위치 에너지를 0으로 둔다.

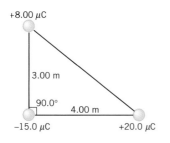

***16(20)** 4개의 동일한 전하($+2.0 \mu$C)를 무한히 먼 곳으로부터 가져와 직선 상에 고정하였다. 전하들은 0.40 m인 곳에 위치한다. 이 전하들의 전체 전기 위치 에너지를 구하라.

***17(21)** 두 개의 양성자가 서로를 향해 이동하고 있다. 이들 양성자는 매우 멀리 떨어져 있고, 처음 속력은 3.00×10^6 m/s이다. 가장 가까이 접근되는 거리는 얼마인가?

***18(22)** $+1.7 \mu$C의 동일한 점전하가 정사각형의 한 꼭짓점과 대각선으로 반대 꼭짓점에 고정되어 있다. 세 번째 전하는 크기의 변화 없이 부호를 바꾸어 빈 꼭짓점에 놓으면 진위가 생기기 때문에 정사각형 중심에 고정되어 있다. 세 번째 전하의 부호와 전하량의 크기를 구하라.

***19(23)** -3.00μC의 전하가 한 점에 고정되어 있다. 이 전하에서 거리 0.0450 m 떨어진 곳으로부터, 질량 7.20×10^{-3}kg이

고, 전하 -8.00μC인 입자가 처음 속력 65.0 m/s로 고정된 전하를 향하여 움직이기 시작했다. 이 입자가 정지하기까지 이동한 거리를 구하라.

****20(25)** 전하 q_1과 q_2가 고정되어 있는데, q_2는 q_1의 오른쪽으로 d만큼 떨어진 지점에 놓여 있다. 그리고 세 번째 전하 q_3는 q_1과 q_2를 연결하는 직선 위에 있고, q_2로부터 오른쪽으로 d만큼 떨어져 있다. 이 세 번째 전하는 이 무리의 전기 위치 에너지가 0이도록 선택된다. 즉, 이 위치 에너지는 세 개의 전하가 아주 멀리 떨어져 있을 때의 값과 같다. (a) $q_1 = q_2 = q$일 때, (b) $q_1 = q$, $q_2 = -q$일 때 q_3의 값을 q로 각각 표현하라.

19.4 등전위면과 전기장의 관계

21(27) 전하량 $+3.0 \times 10^{-7}$C인 점전하를 둘러싸고 있는 등전위면의 반지름이 0.15 m이다. 이 등전위면의 전위는 얼마인가?

22(28) 전하량 $+1.50 \times 10^{-8}$C인 점전하를 둘러싸고 있는 두 개의 등전위면이 있다. 75.0-V 면으로부터 190-V 면까지 얼마나 떨어져 있는가?

23(29) 자동차 엔진의 점화 플러그는 0.75 mm 떨어진 두 개의 금속 도체로 구성되어 있다. 그들 사이에 전기 점화가 일어날 때, 전기장의 세기는 4.7×10^7 V/m이다. 두 도체 사이의 전위차 ΔV는 얼마인가?

24(30) 세포막의 안쪽과 바깥쪽 표면에는 각각 음전하와 양전하로 대전된다. 이들 전하 때문에 막 사이에는 약 0.070 V의 전위차가 생긴다. 막의 두께는 8.0×10^{-9} m이다. 막에서 전기장의 세기는 얼마인가?

***25(32)** 그림은 $-y$ 방향으로 균일한 전기장이 걸려 있는 것을 나타낸다. 전기장의 세기는 3600 N/C이다. (a) 점 A와 B 사이, (b) 점 B와 C 사이, (c) 점 C와 A 사이의 전위차를 구하라.

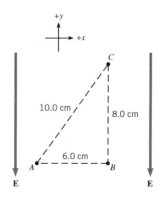

***26(34)** 그림은 전위의 x축을 따른 거리의 함수를 나타낸다. (a) A에서 B, (b) B에서 C, (c) C에서 D 영역에서 전기장의 세기

를 구하라.

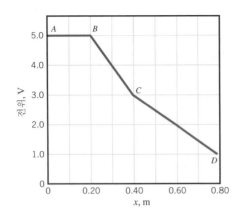

*27(35) 등전위면 A의 전위가 5650 V이고, 등전위면 B의 전위는 7850 V이다. 질량이 5.00×10^{-2} kg이고 전하량은 $+4.00 \times 10^{-5}$ C인 한 입자가 있다. 등전위면 A에서의 이 입자의 속력은 2.00 m/s이다. 입자가 외력을 받아 등전위면 B로 이동한다. 등전위면 B에 도착할 때 입자의 속력은 3.00 m/s이다. 이 입자를 점 A로부터 점 B까지 이동시키면서, 밖에서 작용한 힘이 한 일을 구하라.

19.5 축전기와 유전체

28(36) 6.0 μC인 축전기의 판 위에 7.2×10^{-5} C의 전하가 축적되려면 전위차는 얼마이어야 하는가?

29(37) 제세동기의 축전기에 73 J의 전기 위치 에너지가 저장되어 있고, 축전기의 전기 용량은 120μF이다. 축전기판 사이의 전위차는 얼마인지 구하라.

30(39) 어느 평행판 축전기의 극판 사이에 유전체가 채워져 있을 때 전기 용량이 7.0μF이다. 이 축전기의 각 판의 넓이는 1.5 m²이고, 판 사이의 거리는 1.0×10^{-5} m이다. 유전체의 유전 상수는 얼마인가?

31(40) 전기 용량이 2.5×10^{-8} F인 축전기가 있다. 충전 과정에서 전자는 한쪽 판을 떠나 다른 쪽 판으로 이동한다. 판 사이의 전위차가 450 V일 때, 전자는 얼마나 이동하는가?

32(42) 한 축전기는 비워져 있고 다른 축전기는 유전체($\kappa = 4.50$)가 채워져 있는 것 외에 두 축전기는 동일하다. 빈 축전기는 12.0 V의 전지에 연결되어 있다. 빈 축전기처럼 같은 양의 전기 에너지를 저장할 수 있는 유전체가 채워진 축전기의 판 사이 전위차는 얼마이어야 되는가?

*33(43) 1분 동안 75 W 전구를 켜기에 충분한 에너지를 저장하는 3.3 F 축전기의 판 사이의 전위차는 얼마인가?

*34(45) 동심인 두 개의 속이 빈 도체구가 있다. 안쪽 구의 반지름은 0.1500 m이고, 전위는 85.0 V이다. 바깥 구의 반지름은 0.1520 m이고 전위는 82.0 V이다. 두 구 사이가 테플론으로 채워져 있다면 이 공간에 포함되어 있는 전기 에너지를 구하라.

*35(46) 빈 축전기를 12.0 V의 전지에 연결하고 충전하였다. 그 다음 축전기를 전지로부터 분리하고 유전 물질($\kappa = 2.8$)인 판을 축전기 판 사이에 삽입하였다. 변화된 판 사이의 전위차의 변화량을 구하라. 변화량이 증가인지 또는 감소인지를 정하라.

**36(47) 그림은 평행판 축전기를 보여주고 있다. 판 사이 영역의 반은 유전 상수 κ_1인 물질로 채워져 있고, 나머지 반은 유전 상수 κ_2인 물질로 채워져 있다. 각 판의 넓이는 A이고, 판 사이의 거리는 d이다. 판 사이의 전위차는 V이다. 축전기에 저장된 전하는 $q_1 + q_2 = CV$인 것에 특히 주목하자. 여기서 q_1과 q_2는 각각 물질 1과 2와 접촉하고 있는 판의 절반에 있는 전하량이다. 이 축전기의 전기 용량이 $C = \epsilon_0 A(\kappa_1 + \kappa_2)/(2d)$임을 보여라.

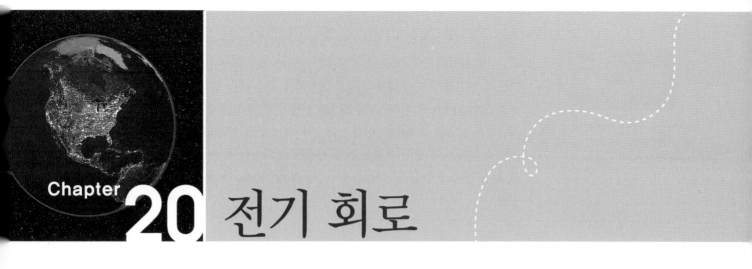

20 전기 회로

20.1 기전력과 전류

일상생활에서 늘 사용하는 라디오, 헤어드라이어, 컴퓨터 등은 전기 에너지로 작동하는 문명의 이기이다. 그림 20.1에서 보듯이, 휴대용 콤팩트디스크(CD) 플레이어는 전지로부터 필요한 에너지를 얻어 동작한다. 에너지의 근원인 전지 팩과 에너지를 소모하는 CD 플레이어 사이의 에너지 전달은 전선을 통해 이루어진다. 이처럼 전기 에너지가 전달이 되는 연결을 전기 회로라 한다.

전지는 화학 반응으로 전기 에너지를 만들어 전자를 이동시키는데, 전자가 전지 밖으로 나가는 음극과 전지 안으로 들어오는 양극으로 이루어진다. 그림 20.2는 자동차 축전지와 손전등 건전지의 두 극을 보여준다. 회로 속에서 기호((┴╀┬))는 전지를 나타낸다. 양전하와 음전하에 의하여 두 극 사이에는 전위차가 존재하며, 최대 전위차를 전지의 **기전력**(electromotive force, emf)*이라 한다. 기전력을 나타내는 기호로는 ℰ를 주로 사용한다. 손

그림 20.1 전선 내부에서 전하들의 이동으로 전지 팩에서 CD 플레이어로 에너지가 전달된다.

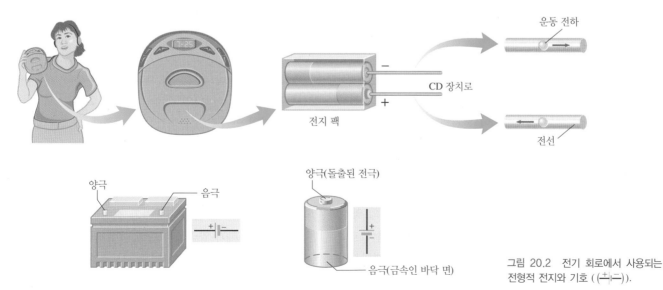

운동 전하

CD 장치로

전지 팩

전선

양극   음극

양극(돌출된 전극)

음극(금속인 바닥 면)

그림 20.2 전기 회로에서 사용되는 전형적 전지와 기호 ((┴╀┬)).

* '힘(force)' 이라는 용어는 정확한 표현은 아니지만 역사적인 이유로 사용한다.

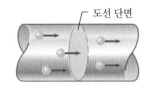

그림 20.3 전류는 전하의 운동 방향과 수직인 면을 단위 시간 동안에 통과하는 전하량이다.

전등 건전지의 기전력은 1.5 V이고, 자동차 축전지의 기전력은 12 V이다.

그림 20.1과 같은 회로에서 전지는 양극과 음극을 연결하는 도선 내부에서 전기장을 만든다. 전기장은 도선 내부의 자유 전자에게 힘을 주어 움직이게 하므로, 결국 전지는 전자를 밀어 움직이게 한다. 그림 20.3은 힘을 받은 전하들이 가상인 도선 단면을 통과하여 지나가는 모습을 보여준다. 이와 같은 전하의 흐름을 **전류(electric current)**라 한다. 강물의 유량을 단위 시간 동안 흐르는 물의 양으로 정의하는 것과 비슷하게 전류를 정의한다. 시간 Δt 동안 가상 면을 통과해서 지나가는 전하량을 Δq 라 하면 전류 I 는 다음과 같이 정의된다.

$$I = \frac{\Delta q}{\Delta t} \qquad (20.1)$$

전하량과 시간의 단위는 각각 쿨롬(coulomb, C)과 초(s)이므로 전류의 SI 단위는 C/s인데, 프랑스 물리학자 앙페르(1775~1836)의 이름을 따서 1 C/s를 1 암페어(ampere, A)라고 한다. 즉 전류의 SI 단위는 A이다. 그리고 전류 중에서 항상 같은 방향으로만 흐르는 전류를 **직류(direct current, dc)**라 하고, 주기적으로 그 방향이 바뀌는 전류를 **교류(alternating current, ac)**라 한다. 전지에 의한 전류는 직류이고 전력 회사에서 만들어서 가정에 공급하는 전류는 교류이다.

예제 20.1 | 휴대용 전자 계산기

휴대용 전자 계산기의 3.0 V 전지 팩으로부터 0.17 mA의 전류가 나온다. 한 시간 동안 사용할 경우 (a) 회로에 흐른 전하량은 얼마인가? (b) 전지가 계산기 회로에 공급한 전기 에너지는 얼마인가?

살펴보기 전류는 단위 시간당 흐른 전하량이므로 한 시간 동안 흐른 전하량은 전류와 시간(3600 s)의 곱이다. 3.0 V 전지 팩으로부터 흘러나온 단위 전하(1C)는 3.0 J의 에너지를 갖는다. 따라서 계산기 회로에 보낸 총 에너지는 단위 전하당 에너지(기전력)와 총 전하량을 곱하면 된다.

풀이 (a) 한 시간 동안 흐른 전하량은 식 20.1을 사용해서 구한다.

$$\Delta q = I(\Delta t) = (0.17 \times 10^{-3} \text{ A})(3600 \text{ s}) = \boxed{0.61 \text{ C}}$$

(b) 계산기 회로에 전달된 에너지는 다음과 같다.

$$\text{에너지} = \text{전하량} \times \underbrace{\frac{\text{에너지}}{\text{전하량}}}_{\text{전지의 기전력}} = (0.61 \text{ C})(3.0 \text{ V})$$

$$= \boxed{1.8 \text{ J}}$$

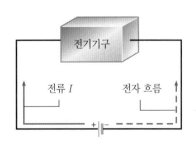

그림 20.4 금속 도선 내부에서는 음전하인 전자들이 움직인다. 그러나 관습적으로 전류를 양전하의 흐름이라고 정의한다.

금속 도선에 흐르는 전하는 양전하가 아니고 음전하인 전자이다. 그림 20.4는 전자들이 전지의 음극에서 나와 회로를 통해 전지의 양극으로 들어감을 보여준다. 그러나 회로에서는 전자들의 흐름을 바로 고려하지 않고 양전하의 흐름으로서 전류라는 개념을 사용하는데 이는 과거에 금속 도선을 통해 흐르는 전하가 양전하라고 생각했던 사실에 기인한다. 따라서 그림은 전류가 양극으로부터 흘러나오는 것을 보여준다. 그림 20.4에서 설명하듯이, 실제로 도선 속의 양전하는 움직이지 못하고 음전하인 전자가 전지의 음극에서 출발하여 양극에 도착한다. 이는 같은 크기의 양전하가 양극에서 출발하여 음극에 도착하는 것과 특별한 경우를 제외하면 같은 효과를 주기 때문에 양전하의 흐름으로 보는 관습적인 전류를 사용해도 무방하다. 전류의 방향은 전위가 높은 곳에서 전위가 낮은 곳으로 향하는 전기장과 같이 양극에서 음극으로 향한다.

20.2 옴의 법칙

전지가 도선 내부의 전하를 움직이게 하는 것은 펌프가 관 속에서 물을 밀어 흘러가게 하는 것과 유사하다. 전위차가 크면 전하를 미는 힘이 크므로 전위차를 일반적으로 전압이라고 부른다. 전지의 전압이 높을수록 도선에 더 큰 전류가 흐르며, 전류 I는 전압 V에 비례한다. 즉 $I \propto V$이다. 같은 회로에 연결시켰다면, 12 V인 전지는 6 V인 전지에 비해 두 배의 전류를 흐르게 한다.

저항(resistance, R)은 전하의 흐름에 대한 방해를 나타내는 물리량인데, 어떤 물질 조각의 양단에 걸린 전압 V와 그 물질을 통과하는 전류 I의 비로 정의한다. 즉 $R = V/I$이다. 금속을 비롯한 많은 종류의 물질들은 상당히 넓은 범위의 전압에서 저항이 일정하다. 이 사실을 발견한 사람은 독일의 물리학자 옴(1789~1845)이며, 그의 이름을 따서 관계식 $R = V/I$를 옴의 법칙(Ohm's law)이라고 부른다. 저항의 SI 단위는 V/A이며 이를 옴이라 부르고 기호로는 그리스 문자 Ω(omega)를 사용한다. 옴의 법칙은 뉴턴의 운동 법칙처럼 자연의 기본적인 법칙은 아니고, 단지 전기 회로 속에 있는 물질을 통한 전기 전도의 정도를 말해준다.

■ **옴의 법칙**

도선과 같은 물질 조각 양단에 걸린 전압이 V이고, 물질을 통과하는 전류가 I이면

$$\frac{V}{I} = R = \text{일정} \quad \text{즉} \quad V = IR \tag{20.2}$$

R은 물체의 저항이다.

저항의 SI 단위 : 볼트(V)/암페어(A) = 옴(Ω)

전하의 흐름에 저항을 주는 도선이나 전기 기구를 **저항기**(resistor)라 한다. 저항은 그 크기의 범위가 매우 넓다. 구리선은 매우 작은 저항을 갖는 반면에 수 킬로 옴($1\,k\Omega = 10^3\,\Omega$) 혹은 수 메가 옴($1\,M\Omega = 10^6\,\Omega$) 정도의 상업용 저항기도 있다. 저항은 전기 회로에서 전류의 양을 제한하거나 적당한 전압을 유지하기 위한 역할을 한다. 전기 회로도를 그릴 때에 톱니 모양의 선(——ᐱᐱᐱ——)은 저항기를 나타내고, 직선(————)은 저항이 무시되는 이상적인 도선을 나타낸다.

예제 20.2 | 손전등

가는 도선으로 만든 전구의 필라멘트는 일종의 저항기라고 볼 수 있다. 흐르는 전류에 의하여 필라멘트는 뜨거워져 빛을 방출한다. 그림 20.5는 1.5 V 전지 두 개로 필라멘트에 0.40 A의 전류를 흐르게 하는 손전등을 보여준다. 밝게 빛나는 필라멘트의 저항을 구하라.

살펴보기 이 전기 회로 내에서 유일한 저항은 전구 필라멘트

의 저항이다. 필라멘트 양단의 전위차는 3.0 V 전지의 전위차와 같다. 식 20.2에 의해서 주어진 저항은 바로 전위차를 전류로 나눈 값이다.

풀이 필라멘트의 저항은 다음과 같다.

$$R = \frac{V}{I} = \frac{3.0\text{ V}}{0.40\text{ A}} = \boxed{7.5\ \Omega} \tag{20.2}$$

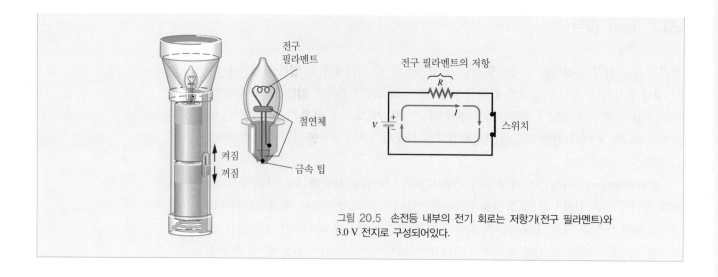

그림 20.5 손전등 내부의 전기 회로는 저항기(전구 필라멘트)와 3.0 V 전지로 구성되어있다.

20.3 저항과 비저항

관 속에서 물이 흐르는 경우, 관의 길이가 길면 길수록 단면적이 작으면 작을수록 더 큰 저항을 준다. 관의 길이와 단면적이 물의 흐름을 방해하는 저항의 정도를 결정한다. 전류의 경우도 이와 유사하다. 길이 L과 단면적 A인 물질에 전기가 통할 때, 저항은

$$R = \rho \frac{L}{A} \tag{20.3}$$

으로 주어지며 ρ는 비례 상수로서 물질의 **비저항**(resistivity)이라고 한다. 비저항의 SI 단위는 $\Omega \cdot m$ 이다. 표 20.1에는 여러 물질의 비저항 값이 보인다. 금속 도체들은 작은 비저항을 갖고 있고, 고무와 같은 절연체들은 큰 비저항을 갖고 있다. 반도체라고 부르는 게르마늄이나 실리콘과 같은 물질들은 중간 정도의 비저항을 갖는다.

비저항은 물질의 고유한 전기적 특성이다. 반면에 저항은 비저항 이외에 단면적이나 길이 등 물체의 기하학적 성질에 의존한다. 비저항이 $1.72 \times 10^{-8} \, \Omega \cdot m$ 인 구리로 두 개의 도선을 만들면, 식 20.3에서 보듯이, 단면적이 크고 길이가 짧은 도선의 저항이 길고 얇은

표 20.1 물질들의 비저항[a]

물질	비저항 $\rho(\Omega \cdot m)$	물질	비저항 $\rho(\Omega \cdot m)$
도체		**반도체**	
알루미늄	2.82×10^{-8}	탄소	3.5×10^{-5}
구리	1.72×10^{-8}	게르마늄	0.5^{b}
금	2.44×10^{-8}	실리콘	$20 \sim 2300^{b}$
철	9.7×10^{-8}	**절연체**	
수은	95.8×10^{-8}	운모	$10^{11} \sim 10^{15}$
니크롬	100×10^{-8}	단단한 고무	$10^{13} \sim 10^{16}$
은	1.59×10^{-8}	테플론	10^{16}
텅스텐	5.6×10^{-8}	나무(단풍나무)	3×10^{10}

[a] 20 °C 에서의 측정치
[b] 순도에 의존함.

도선의 저항보다 훨씬 작다. 주요 전력 케이블과 같이 큰 전류를 운반하는 도선은 저항이 가능한 작아지도록 굵게 만들어야 한다. 같은 이유로 벽의 소켓(콘센트)에서 멀리 떨어져 있는 전기 기구는 굵은 전선이 필요하다.

예제 20.3 | 더 긴 전기 연장 코드

◯ 전기 연장 코드의 물리

잔디 깎는 기계의 사용법에 의하면, 거리 35m까지는 표준 치수 20인 연장 코드를 사용하고, 더 먼 거리일 경우에 더 두꺼운 표준 치수 16인 연장 코드를 사용한다. 표준 치수 20인 연장 코드의 단면적은 $5.2 \times 10^{-7} \, m^2$이고 표준 치수 16인 연장 코드의 단면적은 $13 \times 10^{-7} \, m^2$이다. (a) 길이가 35m이고 표준 치수 20인 구리 도선의 저항과 (b) 길이 75m이고 표준 치수 16인 구리 도선의 저항을 계산하라.

살펴보기 식 20.3에 의해 구리 도선의 저항은 구리의 비저항과 구리 도선의 길이 및 단면적에 의존한다. 비저항은 표 20.1로부터 구한다.

풀이 표 20.1에 따르면 구리의 비저항은 $1.72 \times 10^{-8} \, \Omega \cdot m$이

므로 도선의 저항은 식 20.3을 이용해서 구할 수 있다.

표준 치수 20인 도선

$$R = \frac{\rho L}{A} = \frac{(1.72 \times 10^{-8} \, \Omega \cdot m)(35 \, m)}{5.2 \times 10^{-7} \, m^2} = \boxed{1.2 \, \Omega}$$

표준 치수 16인 도선

$$R = \frac{\rho L}{A} = \frac{(1.72 \times 10^{-8} \, \Omega \cdot m)(75 \, m)}{13 \times 10^{-7} \, m^2} = \boxed{0.99 \, \Omega}$$

더 두꺼운 표준 치수 16인 도선이 표준 치수 20인 도선보다 길이는 두 배보다 덜 길지만 저항은 더 작다. 도선의 열 발생으로 인한 화재의 위험을 줄이기 위해 가능한 한 저항을 작게 해야 한다.

식 20.3은 임피던스 혈류량 측정기로 알려진 의학용 진단기의 원리가 된다. 그림 20.6은 어떻게 무릎 근처 혈관 속에 응고된 작은 핏덩이(심부정맥혈전증)를 진단하는지를 보여준다. 혈압을 측정할 때처럼 가압대가 허벅지 중간에 감겨 있고 두 쌍의 전극이 종아리 둘레에 붙어 있다. 바깥쪽 두 전극을 교류 전원에 연결한 후, 거리 L만큼 떨어진 안쪽에 있는 두 전극 사이의 전압을 측정한다. 측정한 전압을 전류로 나누어 저항을 계산한다. 이 기술의 핵심은 저항이 안쪽 전극들 사이에 있는 종아리의 부피 $V_{종아리}$와 관련된다는 사실이다. 부피는 종아리의 단면적 A와 길이 L의 곱이므로 $V_{종아리} = LA$이다. 이 식에서 A를 구하여 식 20.3에 대입하면 다음과 같다.

◯ 임피던스 혈류량 측정기의 물리

$$R = \rho \frac{L}{A} = \rho \frac{L}{V_{종아리}/L} = \rho \frac{L^2}{V_{종아리}}$$

따라서 저항은 부피에 반비례한다. 피가 심장으로부터 동맥을 통하여 다리의 종아리로 흐르고 다시 정맥을 통해 돌아온다. 동맥의 흐름은 그대로 두고 정맥의 흐름이 멈출 때까지 그림 20.6에 있는 가압대를 조인다. 그 결과 더 많은 피가 종아리로 들어가고 종아리의 부피가 증가해서 전기 저항을 증가시킨다. 압력 띠를 갑자기 풀어버리면 부피는 원래 값으로 돌아가고 저항도 마찬가지이다. 만약 원래 상태로 정상인보다 느리게 돌아간다면 이는 응고된 핏덩이가 있음을 의미한다.

물질의 비저항은 온도에 의존한다. 많은 물질들의 경우, 제한된 온도 범위에서 비저항의 온도 의존성은 다음과 같다.

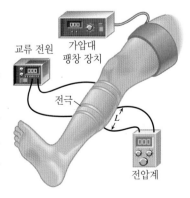

그림 20.6 임피던스 혈류량 측정기로 종아리의 전기 저항을 측정함으로써 심부정맥혈전증을 진단한다.

$$\rho = \rho_0[1 + \alpha(T - T_0)] \tag{20.4}$$

여기서 ρ와 ρ_0는 각각 온도 T와 T_0에서의 비저항값이다. α를 비저항의 온도 계수 (temperature coefficient of resistivity)라고 부른다. 금속의 경우 온도가 증가함에 따라 비 저항이 증가하므로 α는 양수이고 반도체인 탄소, 게르마늄, 실리콘 등은 온도가 증가함에 따라 비저항이 감소하므로 α는 음수이다. 저항은 $R = \rho L/A$이므로 식 20.4의 양변에 L/A 를 곱하면 저항의 온도 의존식이 구해진다.

$$R = R_0[1 + \alpha(T - T_0)] \tag{20.5}$$

어떤 물질에서는 특정 온도 이하에서 비저항이 갑자기 없어지는데, 그 온도를 임계 온 도(critical temperature) T_c라 하며, 금속의 경우 보통 절대 0도보다 기껏해야 몇 도 정도 높은 온도이다. 임계 온도 이하에서 비저항이 0인 물질을 초전도체라 하며, 저항이 전혀 없는 도체이다. 따라서 초전도체로 만든 고리에 일단 전류가 흐르기 시작하면 기전력 없 이도 전류가 흐르는데, 실험적으로도 전류가 몇 년 동안 계속해서 흐르는 것을 관측하였 다. 초전도체가 아닌 물질은 기전력이 제거되면 즉시 전류가 0으로 떨어진다.

일반적으로 알루미늄($T_c = 1.18\,\mathrm{K}$), 주석($T_c = 3.72\,\mathrm{K}$), 납($T_c = 7.20\,\mathrm{K}$), 니오븀($T_c = 9.25\,\mathrm{K}$)과 같은 많은 금속들은 매우 낮은 온도에서만 초전도체가 된다. 그와 대조적으로 비 교적 높은 온도인 175 K에서도 초전도 상태가 되는 산화구리 화합물이 만들어지고 있다. 초전도체를 이용하면 자기 공명 영상(21.7절), 자기 부상 열차(21.9절), 경제적인 전력 수 송, 빠른 컴퓨터 칩들을 포함해서 많은 기술에 응용이 가능하다.

20.4 전력

전지에서 시간 Δt 동안 전하량 Δq가 나오고, 전지의 두 극 사이의 전위차는 V라 하자. 식 19.3에서 주어진 전위의 정의에 따라 전하가 기전력으로부터 얻어서 회로에 공급하는 에 너지는 전하와 전위차의 곱, 즉 $(\Delta q)V$이다. 단위 시간 동안에 이루어지는 에너지의 변화 량이 전력 P이므로 회로에 공급되는 전력은 다음과 같이 주어진다.

$$P = \frac{(\Delta q)V}{\Delta t} = \underbrace{\frac{\Delta q}{\Delta t}}_{\text{전류 } I} V$$

식 20.1에 의하면 $\Delta q/\Delta t$는 회로의 전류 I이다. 따라서 전력은 전류와 전압의 곱이다.

> ■ **전력**
>
> 전압 V가 걸린 회로에 전류 I가 흐르면 회로에 공급되는 전력 P는
>
> $$P = IV \tag{20.6}$$
>
> **전력의 SI 단위** : 와트(W)

전력은 와트(W) 단위로 측정되며 와트는 암페어(A)와 볼트(V)의 곱이다.

많은 전기 장치들은 기본적으로 저항이 있으므로 충분한 전력을 공급 받으면 뜨거워

진다. 그러므로 토스터기, 철, 전기 난로, 백열 전구 등은 모두 저항기라 할 수 있다. 이 경우 전력 공식 $P = IV$ 관계식에 $V = IR$ 혹은 $I = V/R$을 대입하면 두 가지 다른 표현식을 얻을 수 있다.

$$P = IV \tag{20.6 a}$$

$$P = I(IR) = I^2 R \tag{20.6 b}$$

$$P = \left(\frac{V}{R}\right)V = \frac{V^2}{R} \tag{20.6 c}$$

다음 예제 20.4에서 손전등용 전구에 공급되는 전력을 다루어 보자.

예제 20.4 | 손전등에서 사용되는 전력과 에너지

그림 20.5의 손전등에 흐르는 전류는 0.40 A이고 전압은 3.0 V이다. (a) 전구에 공급되는 전력을 계산하라. (b) 손전등을 5.5 분 동안 사용할 경우 전구에서 소모되는 에너지는 얼마인가?

살펴보기 전구에 공급되는 전력은 전류와 전압의 곱이다. 전력은 단위 시간당 사용한 에너지이므로 전구에 공급된 에너지는 전력과 시간의 곱이다.

풀이 (a) 전력은

$$P = IV = (0.40\,\text{A})(3.0\,\text{V}) = \boxed{1.2\,\text{W}} \tag{20.6a}$$

이다. 따라서 전구의 전력은 1.2 W이다.

(b) 전력은 시간당 사용 에너지이므로 5.5 분(즉, 330 s) 동안 소모한 에너지는 다음과 같다.

$$\text{에너지} = P\,\Delta t = (1.2\,\text{W})(330\,\text{s}) = \boxed{4.0 \times 10^2\,\text{J}}$$

매달 청구되는 전기료는 그 달에 소비한 에너지에 대하여 부과한 비용이다. 에너지는 전력과 시간의 곱이다. 전력은 킬로와트 단위로, 시간은 시간(hour) 단위로 사용하여 전기 에너지를 킬로와트시(kWh)의 단위로 표시한다. 예를 들어 평균 전력 1440 와트(1.44 kW)를 30일(720 h) 동안 사용했다면 에너지 소비는 (1.44 kW) (720 h) = 140 kWh이다.

20.5 교류

가정에 공급되는 전류는 교류이므로, 많은 전기기구는 교류를 사용한다. 본래의 교류 전원은 발전소에 있는 발전기이지만, 보통 교류 전기 회로를 해석할 때는 벽에 설치된 소켓이 전원이라고 생각할 수 있다. 교류 전원은 직류 전원인 전지와 마찬가지로, 전자에게 전기 에너지를 공급하여 움직이게 한다.

그림 20.7은 토스터의 플러그를 벽의 소켓에 꽂았을 때 형성되는 교류 회로를 보여준다. 토스터의 발열체는 저항이 R 인 가는 저항선이며, 저항에 의해서 전기 에너지가 열에너지로 바뀌면서 빨갛게 달아오른다. 그림의 회로도에서 교류 전원을 기호(◯)로 표현했다. 이 경우 교류 전원은 벽의 소켓이다.

그림 20.8의 그래프는 그림 20.7에 있는 것과 같은 교류 전원의 두 극 사이에서 만들어지는 전압 V를 시간에 따라 기록한 것이다. 이것이 교류 전압의 일반적인 형태인데 사인 함수 형태로 시간에 따라 진동한다.

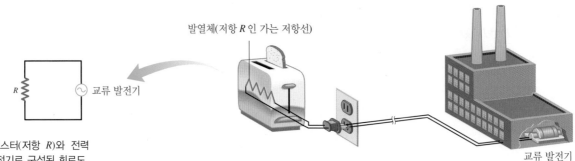

그림 20.7 토스터(저항 R)와 전력 회사의 교류 발전기로 구성된 회로도

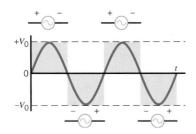

그림 20.8 일반적인 교류 전압은 시간에 대한 사인 함수이다. 사인 파동의 부호와 교류 전원의 상대적인 극성이 표시되어 있다.

$$V = V_0 \sin 2\pi ft \tag{20.7}$$

여기서 V_0는 전압의 최댓값이고 f는 진동하는 전압의 주파수로 단위는 사이클(cycle)/초 (s) 또는 헤르츠(Hz)이다.* 식 20.7에서 각 $2\pi ft$는 라디안 각임에 유의하자. 우리나라에서 사용하는 교류의 주파수는 60 Hz이다. 따라서 진동의 주기는 1/60 s이고 발전기 두 극의 극성은 주기마다 두 번씩 뒤바뀐다(그림 20.8 참조).

회로에서 전압이 진동하므로 전류도 진동한다. 저항만을 포함하는 회로이면 전압의 극성이 뒤바뀔 때마다 전류도 동시에 방향이 바뀐다. 따라서 그림 20.7에서처럼 회로 안 전류의 주파수도 60 Hz이며 각 주기마다 두 번씩 방향이 바뀐다. 식 20.7에 식 $V = IR$을 대입하면 전류는 다음과 같이 주어진다.

$$I = \frac{V_0}{R} \sin 2\pi ft = I_0 \sin 2\pi ft \tag{20.8}$$

전류의 최댓값은 $I_0 = V_0/R$에 의해 주어지므로 전압의 최댓값 V_0와 저항값 R을 알면 계산할 수 있다.

발전기로부터 교류 회로에 공급되는 전력은 직류 회로에서처럼 $P = IV$에 의해 주어진다. 그러나 전류 I와 전압 V는 모두 시간에 의존하기 때문에 전력도 시간에 따라 진동한다. 식 $P = IV$에 전압 V와 전류 I에 대해 식 20.7과 식 20.8을 대입하면 전력은 다음과 같이 주어진다.

$$P = I_0 V_0 \sin^2 2\pi ft \tag{20.9}$$

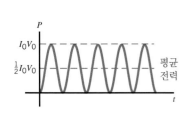

그림 20.9 교류 회로에서 저항에 공급되는 전력은 0과 최댓값 $I_0 V_0$ 사이를 진동한다. I_0와 V_0는 각각 전류와 전압의 최댓값이다.

이 식에 대한 그래프가 그림 20.9에 그려져 있다. 교류 회로에서는 전력이 진동하므로 평균 전력을 고려하는 것이 좋다. 그림 20.9에서 보듯이 평균 전력 $\overline{P}$는 전력 최댓값의 절반이다.

$$\overline{P} = \tfrac{1}{2} I_0 V_0 \tag{20.10}$$

이 수식을 바탕으로 일종의 평균 전류와 평균 전압을 정의할 수 있으며, 이 양들은 교류에서 매우 유용하다. 식 20.10을 약간 다르게 바꾸면 다음 식이 된다.

$$\overline{P} = \left(\frac{I_0}{\sqrt{2}}\right)\left(\frac{V_0}{\sqrt{2}}\right) = I_{\text{rms}} V_{\text{rms}} \tag{20.11}$$

여기서 I_{rms}와 V_{rms}는 각각 제곱 평균 제곱근(root mean square, rms) 전류와 전압이고 이들

* 이 책에서는 교류 회로의 경우에 진동수 대신 관습에 따라 주파수란 용어를 사용한다(역자 주).

은 각각의 최댓값을 $\sqrt{2}$ 로 나눈 값이다.* 이 값들을 각각 전류와 전압의 실효값이라고도 부른다.

$$I_{\text{rms}} = \frac{I_0}{\sqrt{2}} \qquad (20.12)$$

$$V_{\text{rms}} = \frac{V_0}{\sqrt{2}} \qquad (20.13)$$

우리나라의 경우 가정용 소켓의 실효 전압은 $V_{\text{rms}} = 220\,\text{V}$이므로 전압의 최댓값 $V_0 = \sqrt{2}\,V_{\text{rms}} = 311\,\text{V}$이다. 전기 제품에 대한 설명서에 220 V라고 하면 그것은 평균값인 실효 전압이다.

　평균값이라는 것을 제외하고는 $\overline{P} = I_{\text{rms}}V_{\text{rms}}$는 식 20.6a $(P = IV)$와 같다. 나아가서 옴의 법칙 또한 실효값으로 다음과 같이 쓸 수 있다.

$$V_{\text{rms}} = I_{\text{rms}}R \qquad (20.14)$$

식 20.14를 $\overline{P} = I_{\text{rms}}V_{\text{rms}}$에 대입하면 평균 전력은 다음과 같이 표현된다.

$$\overline{P} = I_{\text{rms}}V_{\text{rms}} \qquad (20.15a)$$

$$\overline{P} = I_{\text{rms}}^2 R \qquad (20.15b)$$

$$\overline{P} = \frac{V_{\text{rms}}^2}{R} \qquad (20.15c)$$

위와 같은 표현은 직류 회로에서 $P = IV = I^2R = V^2/R$과 매우 유사하다.

> ⬛ **문제 풀이 도움말**
> 교류 전압과 교류 전류의 실효값, V_{rms}와 I_{rms}은 각각 최댓값 V_0와 I_0의 $1/\sqrt{2}$ 배이다.

 예제 20.5 │ 스피커로 공급되는 전력

어떤 스테레오 음향기기가 최댓값이 34 V인 교류 전압을 스피커로 공급한다. 그림 20.10의 회로도에서처럼 스피커는 근사적으로 $8.0\,\Omega$의 저항을 갖는다.** 이 회로에 대해서 (a) 실효 전압, (b) 실효 전류, (c) 실효 전력을 구하라.

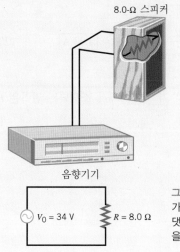

8.0-Ω 스피커

음향기기

그림 20.10 음향기기가 $8.0\,\Omega$인 스피커로 최댓값 34 V인 교류 전압을 보낸다.

$V_0 = 34\,\text{V}$　　$R = 8.0\,\Omega$

살펴보기 실효 전압은 전압의 최댓값을 $\sqrt{2}$로 나눈 값이다. 회로에 저항기로 스피커 하나만 있다면 식 20.14의 옴의 법칙을 사용하여 실효 전압을 저항으로 나누어서 실효 전류를 계산한다. 그리고 실효 전류에 실효 전압을 곱해서 평균 전력을 계산한다.

풀이 (a) 전압의 최댓값은 $V_0 = 34\,\text{V}$이므로 실효 전압은 다음과 같다.

$$V_{\text{rms}} = \frac{V_0}{\sqrt{2}} = \frac{34\,\text{V}}{\sqrt{2}} = \boxed{24\,\text{V}} \qquad (20.13)$$

(b) 실효 전류는 옴의 법칙으로부터 구한다.

$$I_{\text{rms}} = \frac{V_{\text{rms}}}{R} = \frac{24\,\text{V}}{8.0\,\Omega} = \boxed{3.0\,\text{A}} \qquad (20.14)$$

(c) 따라서 평균 전력은 다음과 같다.

$$\overline{P} = I_{\text{rms}}V_{\text{rms}} = (3.0\,\text{A})(24\,\text{V}) = \boxed{72\,\text{W}} \qquad (20.15a)$$

*식 20.12와 20.13은 사인 함수 형태의 전류와 전압에만 적용된다.
**저항 이외의 다른 회로 소자들도 교류 회로의 전류와 전압에 영향을 미칠 수 있다.

20.6 저항기의 직렬 연결

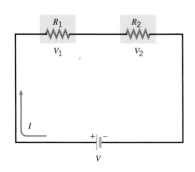

그림 20.11 두 저항기가 직렬로 연결될 때, 두 저항기에 똑같은 전류가 흐른다.

지금까지는 전구나 스피커와 같은 한 장치가 연결된 회로를 다루었다. 이제는 여러 장치가 연결된 회로을 다루어보자. 우선 장치가 직렬로 연결된 경우만을 이 절에서 다루자. 직렬 연결이란 두 장치에 같은 전류가 흐르도록 연결한 것이다. 그림 20.11은 저항이 R_1과 R_2인 두 저항기를 하나의 전지에 직렬로 연결한 것이다. 한 저항기에 흐르는 전류가 차단되면 다른 저항기에도 역시 전류가 흐르지 않는다. 예를 들어 두 전구가 직렬로 연결되어 있을 때 한 전구의 필라멘트가 끊어지면 두 전구 모두에 전류가 흐르지 않는다. 직렬 연결하면 전지에 의해 공급되는 전압 V는 두 저항기 사이에서 나누어진다. 그림에서 R_1 양단 사이의 전압을 V_1이라하고 R_2 양단 사이의 전압을 V_2라면 $V = V_1 + V_2$이다. 저항의 정의 또는 옴의 법칙에 의해서, 각각의 저항기 양단에 걸리는 전압은 식 $V = IR$로 구할 수 있다. 따라서 다음과 같이 주어진다.

$$V = V_1 + V_2 = IR_1 + IR_2 = I(R_1 + R_2) = IR_S$$

여기서 R_S는 직렬 회로의 **전체 저항**(등가 저항; equivalent resistance)이라고 한다. 따라서 R_1과 R_2 저항을 직렬로 연결한 것은 저항이 $R_S = R_1 + R_2$인 한 개의 저항과 같은 것으로 볼 수 있다. 이와 같은 추론으로 여러 저항기를 직렬로 연결한 경우 전체 저항은 다음과 같다.

직렬 연결 $$R_S = R_1 + R_2 + R_3 + \cdots \qquad (20.16)$$

예제 20.6 | 직렬 회로에서 저항기

그림 20.12처럼 $6.00\,\Omega$인 저항기와 $3.00\,\Omega$인 저항기가 12 V인 전지에 직렬로 연결되어 있다. 전지의 저항을 무시하고 (a) 회로에 흐르는 전류와 (b) 각 저항기에서 소모되는 전력, (c) 전지에서 저항기로 보내는 총 전력을 구하라.

살펴보기 전류 I는 옴의 법칙, $I = V/R_S$에서 구하고, 두 저항기의 전체 저항은 $R_S = R_1 + R_2$이다. 각 저항기에 전달되는 전력은 식 20.6b, $P = I^2 R$을 사용해서 구한다. 전지에 의해 전달되는 총 전력은 $6.00\,\Omega$인 저항기에 공급하는 전력과 $3.00\,\Omega$인 저항기에 공급하는 전력의 합이다.

풀이 (a) 전체 저항은

$$R_S = 6.00\,\Omega + 3.00\,\Omega = 9.00\,\Omega \qquad (20.16)$$

이고, 옴의 법칙에 의해 전류는

$$I = \frac{V}{R_S} = \frac{12.0\,V}{9.00\,\Omega} = \boxed{1.33\,A} \qquad (20.2)$$

이다.

(b) 전류를 알았으므로 각 저항기에서 소모되는 전력은 $P = I^2 R$로부터 구한다.

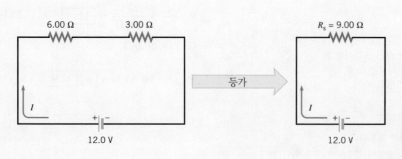

그림 20.12 직렬로 연결된 $6.00\,\Omega$인 저항기와 $3.00\,\Omega$인 저항기의 효과는 $9.00\,\Omega$인 한 개의 저항기의 효과와 같다.

6.00 Ω인 저항기	$P = I^2 R = (1.33\ \text{A})^2(6.00\ \Omega)$	(20.6b)
	$= \boxed{10.6\ \text{W}}$	
3.00 Ω인 저항기	$P = I^2 R = (1.33\ \text{A})^2(3.00\ \Omega)$	
	$= \boxed{5.31\ \text{W}}$	

(c) 전지에 의해 공급한 총 전력은 (b)에서 각각 구한 값들의 합이므로 $P = 10.6\ \text{W} + 5.31\ \text{W} = 15.9\ \text{W}$가 된다. 또한 총 전력을 전체 저항 $R_S = 9.00\ \Omega$과 (a)에서 구한 전류로부터 구할 수도 있다.

$$P = I^2 R_S = (1.33\ \text{A})^2(9.00\ \Omega) = \boxed{15.9\ \text{W}}$$

편리한 컴퓨터 입력 장치의 하나인 감압(pressure-sensitive) 패드는 개인 휴대 정보 단말기(PDA), 신용카드 서명 장치 등에 사용된다. 이들은 저항기의 직렬 연결의 흥미로운 예이다. 그림 20.13처럼 평범한 플라스틱 펜으로 패드 위에 글씨를 쓰면 펜의 움직임에 따라 글씨가 나타나는데, 펜의 움직임이 컴퓨터에 입력되기 때문이다. 패드는 두 개의 투명한 도체 층으로 만들어졌고 두 층 사이는 매우 작은 간격으로 떨어져 있는데 펜의 압력이 두 층을 접촉하게 만든다(그림에서 점 P를 보라). 전류 I는 위층의 양극쪽으로 들어가서 점 P를 통해 아래층의 음극쪽으로 나온다. 각각의 층은 저항을 가지고 있으며 점 P가 어디에 위치하느냐에 따라 그 값이 달라진다. 그림의 오른쪽을 보면 층들로 된 저항은 직렬 연결이므로 각 층에 흐르는 전류는 같다. 위층의 전압을 V_T라 하고 아래층의 전압을 V_B라 하자. 각각의 경우 전압은 전류와 저항의 곱이다. 이 두 전압은 점 P의 위치를 알려주고 투명한 층 아래에 놓여 있는 LCD의 화소를 어두워지도록 작용한다(LCD에 대해서는 24.6절 참조). 플라스틱 펜의 움직임에 따라 LCD 화소들이 차례로 반응해서 글씨를 볼 수 있게 된다.

◆ PDA 감압 패드의 물리

20.7 저항기의 병렬 연결

병렬 연결은 전기 장치를 연결하는 또 다른 방법이다. 병렬로 연결하면 각 장치에 걸리는 전압이 같다. 그림 20.14는 두 개의 저항기가 전지의 양 극에 병렬로 연결된 것을 보여준다. 그림 20.14(a)는 각 저항기 양단에 전지의 전체 전압이 걸리는 것을 강조하는 그림이다. 실제로 병렬 연결을 이런 방식으로는 그리지 않고 대신 그림 20.14(b)처럼 그린다. 그림 (a)와 (b)는 같은 회로이다.

병렬 연결은 매우 흔하다. 예를 들어 전자제품의 플러그를 벽의 소켓에 꽂을 때 그 전

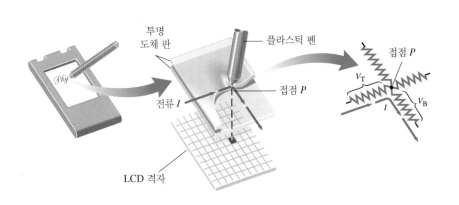

그림 20.13 개인 휴대 정보 단말기 등에서 문자를 입력할 때 사용하는 감압 패드는 저항의 직렬 연결을 이용한다.

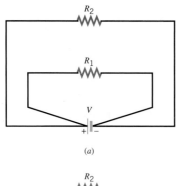

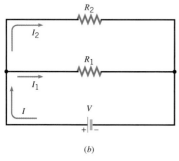

그림 20.14 (a) 병렬로 연결된 두 저항기에 작용하는 전압 V는 모두 같다. 회로도 (a)와 (b)는 동등하다. I_1과 I_2는 각각 저항 R_1과 R_2에 흐르는 전류이다.

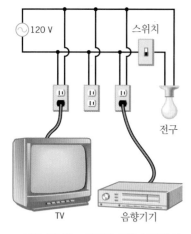

그림 20.15 미국의 일반 가정에서 볼 수 있는 병렬 연결이다. 모든 벽 소켓은 연결된 제품들에게 120 V의 전압을 공급한다. 또한 스위치가 켜지는 경우 전구에도 120 V의 전압이 공급된다.

그림 20.16 (a) 길이가 같고 단면적이 각각 A_1과 A_2인 두 관이 펌프에 병렬로 연결되어 있다. (b) 그림 (a)에 있는 관과 길이는 같고 단면적은 $A_1 + A_2$인 한 개의 관은 병렬 연결된 두 개의 관 (a)와 등가이다.

자제품은 다른 전자제품과 병렬로 연결된다. 그림 20.15에서 텔레비전과 음향기기 그리고 전구의 양단에 걸리는 전압은 120 V이다. 사용하지 않는 소켓이나 꺼져 있는 전자제품은 켜져 있는 전자제품의 작동에 전혀 영향을 미치지 않는다. 또한 하나의 장치에 흐르는 전류가 끊어지더라도(스위치를 열거나 혹은 전선이 끊어지는 경우) 다른 장치에 흐르는 전류는 끊어지지 않는다. 만일 가전제품이 직렬로 연결되어 있다면, 한 전자제품에 전류가 흐르지 않으면 모든 전자 제품에 전류가 흐르지 않는 불편을 겪게 된다.

그림 20.14처럼 두 저항기 R_1과 R_2가 연결되면 각각의 저항에는 마치 다른 저항은 없는 것처럼 전류가 흐른다. 따라서 두 저항기 R_1과 R_2 중 하나가 있을 때의 전류보다, 두 개 다 있을 때 흐르는 전류의 합이 더 크다. 저항의 정의, $R = V/I$에 따라서 전류가 더 크다는 것은 저항이 더 작다는 것을 의미한다. 따라서 병렬 연결된 두 저항기는 각각의 저항인 R_1과 R_2보다 더 작은 하나의 전체 저항처럼 행동하게 된다. 그림 20.16은 병렬 연결을 이해하기 위해 이와 유사한 물의 흐름을 보여준다. 그림 (a)에서 길이가 같은 두 개의 관을 펌프와 병렬로 연결했다. 그림 (b)에서는 두 개의 관을 같은 길이인 하나의 관으로 바꾸었는데, 이 관의 단면적은 1번 관의 단면적과 2번 관의 단면적의 합과 같다. 그림 (b)의 더 넓은 관을 통해서 흐르는 물의 유량이 그림 (a)의 좁은 관 중 하나를 지나는 유량보다 더 많다. 따라서 넓은 관이 물의 흐름을 방해하는 정도는 좁은 관 중 어느 하나가 흐름을 방해하는 정도보다 작다.

직렬 연결 회로에서처럼 병렬로 연결된 저항기를 같은 전압과 같은 총 전류를 갖는 등가인 저항기로 바꿀 수 있다. 그림 20.14(b)의 두 저항기에 대해서 전체 저항을 알아보자. 저항기 R_1에 흐르는 전류를 I_1, 저항기 R_2에 흐르는 전류를 I_2라 하면 전체 전류는 I_1과 I_2의 합이다. 즉 $I = I_1 + I_2$이다. 각 저항기 양단에 걸리는 전압은 같으므로 저항의 정의에 따라서 $I_1 = V/R_1$이고 $I_2 = V/R_2$이다. 따라서 다음과 같은 결과를 얻는다.

$$I = I_1 + I_2 = \frac{V}{R_1} + \frac{V}{R_2} = V\left(\frac{1}{R_1} + \frac{1}{R_2}\right) = V\left(\frac{1}{R_P}\right)$$

여기서 R_P는 병렬 연결의 전체 저항이다. 따라서 R_1, R_2 두 개의 저항을 병렬로 연결한 경우의 전체 저항은 $1/R_P = 1/R_1 + 1/R_2$로부터 얻은 R_P와 등가이다. 여러 저항기가 병렬로 연결되면 전체 저항은 다음과 같은 관계식을 갖는다.

병렬 연결된 저항기
$$\frac{1}{R_P} = \frac{1}{R_1} + \frac{1}{R_2} + \frac{1}{R_3} + \cdots \tag{20.17}$$

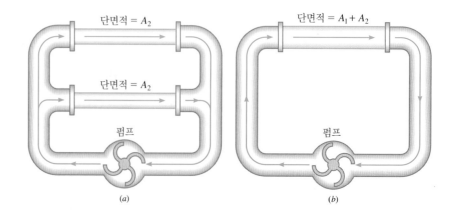

예제 20.7 | 주 스피커와 원거리 스피커

○ 주 스피커와 원거리 스피커의 물리

대부분의 음향기기들은 주 스피커와 함께 원거리 스피커를 연결할 수 있다. 그림 20.17은 오른쪽 스테레오 채널을 위해 원거리 스피커와 주 스피커를 병렬로 연결한 것을 보여준다(왼쪽 채널을 위한 스피커는 생략되어 있다). 스피커에 걸려 있는 교류 전압은 6.00 V이다. 주 스피커의 저항은 8.00 Ω이고 원거리 스피커의 저항은 4.00 Ω이다.* 이때 (a) 두 스피커의 전체 저항과 (b) 음향기기에 의해 공급된 총 전류, (c) 각 스피커의 전류, (d) 각 스피커에서 소모된 전력, (e) 음향기기로부터 전달된 총 전력을 구하라.

살펴보기 음향기기에 의해 두 스피커에 공급된 총 전류는 $I_\text{rms} = V_\text{rms}/R_\text{P}$로 계산하는데 R_P는 병렬로 연결된 두 스피커의 전체 저항으로 $1/R_\text{P} = 1/R_1 + 1/R_2$로 계산된다. 각 스피커의 저항이 다르므로 각각의 전류도 다르다. 각 스피커에 전달된 평균 전력은 전류와 전압의 곱이다. 병렬 연결이므로 각 스피커의 전압은 같다.

풀이 (a) 식 20.17에 따라서 두 스피커의 전체 저항은 다음과 같이 주어진다.

$$\frac{1}{R_\text{P}} = \frac{1}{8.00 \ \Omega} + \frac{1}{4.00 \ \Omega} = \frac{3}{8.00 \ \Omega}$$

$$R_\text{P} = \frac{8.00 \ \Omega}{3} = \boxed{2.67 \ \Omega}$$

이 결과는 그림 (b)에서 설명하고 있다.

(b) 옴의 법칙에서 전체 저항을 이용하면 총 전류는 다음과 같다.

$$I_\text{rms} = \frac{V_\text{rms}}{R_\text{P}} = \frac{6.00 \ \text{V}}{2.67 \ \Omega} = \boxed{2.25 \ \text{A}} \qquad (20.14)$$

(c) 각 스피커에 옴의 법칙을 적용하면 각 스피커의 전류는 다음과 같이 주어진다.

8.00 Ω 스피커 $I_\text{rms} = \dfrac{V_\text{rms}}{R} = \dfrac{6.00 \ \text{V}}{8.00 \ \Omega} = \boxed{0.750 \ \text{A}}$

4.00 Ω 스피커 $I_\text{rms} = \dfrac{V_\text{rms}}{R} = \dfrac{6.00 \ \text{V}}{4.00 \ \Omega} = \boxed{1.50 \ \text{A}}$

두 전류의 합은 (b)에서 구한 총 전류와 같다.

(d) 각 스피커에서 소모된 평균 전력은 (c)에서 구한 각 전류를 $\overline{P} = I_\text{rms} V_\text{rms}$에 대입하여 구할 수 있다.

8.00 Ω 스피커

$$\overline{P} = (0.750 \ \text{A})(6.00 \ \text{V}) = \boxed{4.50 \ \text{W}} \qquad (20.15\text{a})$$

4.00 Ω 스피커

$$\overline{P} = (1.50 \ \text{A})(6.00 \ \text{V}) = \boxed{9.00 \ \text{W}} \qquad (20.15\text{a})$$

(e) 음향기기로부터 전달된 총 전력은 (d)에서 구한 값들을 더한 것과 같다. 즉 $\overline{P} = 4.50 \ \text{W} + 9.00 \ \text{W} = 13.5 \ \text{W}$이다. 다른 방법으로는, 전체 저항 $R_\text{P} = 2.67 \ \Omega$과 (b)에서 구한 총 전류를 이용하여 다음과 같이 구할 수 있다.

$$\overline{P} = I_\text{rms}^2 R_\text{P} = (2.25 \ \text{A})^2 (2.67 \ \Omega) = \boxed{13.5 \ \text{W}} \qquad (20.15\text{b})$$

일반적으로 병렬로 연결된 저항들에 전달되는 전력의 합은 등가인 전체 저항에 전달된 전력과 같다.

> **문제 풀이 도움말**
> 여러 저항을 병렬로 연결했을 때 전체 저항의 역수는 $R_P^{-1} = R_1^{-1} + R_2^{-1} + R_3^{-1} + \cdots$와 같이 주어지며, 이때 R_1, R_2, R_3는 개별 저항이다. 주의할 것은 역수 $R_1^{-1}, R_2^{-1}, R_3^{-1}$를 더한 뒤에 다시 역수를 취해야 전체 저항 R_P을 구할 수 있다.

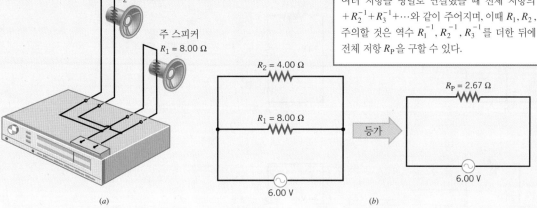

그림 20.17 (a) 음향기기에 병렬로 연결된 주 스피커와 원거리 스피커 (b) 6.00 V의 교류 전압이 스피커에 걸려 있는 경우를 보여주는 전기 회로도

* 실제로 스피커의 작동은 주파수에 의존하지만, 여기서는 소리가 충분히 낮다고 가정하고 스피커를 순수한 저항으로만 취급한다.

저항을 병렬로 연결하는 경우, 저항 중에서 가장 작은 저항이 전체 저항에 가장 큰 영향을 미친다. 실제로 하나의 저항 값이 0에 접근하면 식 20.17에 따라서 전체 저항 또한 0으로 접근한다. 그런 경우에 거의 0인 저항은 다른 저항들에 흐르던 전류들까지 흐르게 하는 지름길 역할을 한다.

20.8 직렬과 병렬 연결이 혼합된 전기 회로

전기 회로는 종종 직렬과 병렬이 혼합되어 있다. 간단한 경우에는 저항이 직렬 연결된 부분과 병렬 연결된 부분을 각각 따로 다루어 전류와 전압 그리고 전력을 구할 수 있다. 예제 20.8은 그와 같은 분석이 진행되는 예를 보여준다.

예제 20.8 | 네 개의 저항이 있는 전기 회로

그림 20.18은 네 개의 저항, $110\,\Omega$, $180\,\Omega$, $220\,\Omega$ 그리고 $250\,\Omega$과 24 V 전지로 구성된 전기 회로이다. (a) 전지에 의해 공급되는 총 전류와 (b) 점 A와 점 B 사이에 걸리는 전압을 구하라.

살펴보기 R이 네 저항의 전체 저항이라면, 전지에 의해 공급되는 총 전류는 옴의 법칙, $I = V/R$에 의해 구한다. 전체 저항

은 회로를 부분적으로 고려하여 구하고, 점 A와 점 B 사이의 전위차 V_{AB}는 전류 I와 양단 사이의 등가 저항 R_{AB}를 이용하여 옴의 법칙 $V_{AB} = IR_{AB}$로부터 구한다.

풀이 (a) 그림 20.18(a)처럼 저항 $220\,\Omega$과 저항 $250\,\Omega$은 직렬로 연결되었으므로 $220\,\Omega + 250\,\Omega = 470\,\Omega$인 단일 저항과 등

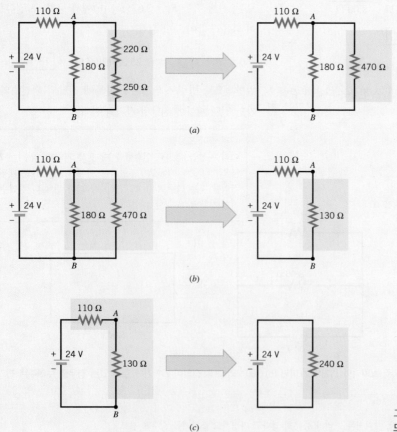

그림 20.18 세 개의 그림 (a), (b), (c)는 모두 등가인 전기 회로를 나타낸다.

가이다. 470 Ω인 저항과 180 Ω인 저항은 병렬 연결이므로 등가 저항은 식 20.17로부터 구한다.

$$\frac{1}{R_{AB}} = \frac{1}{470\ \Omega} + \frac{1}{180\ \Omega} = 0.0077\ \Omega^{-1}$$

$$R_{AB} = \frac{1}{0.0077\ \Omega^{-1}} = 130\ \Omega$$

이제 전기 회로는 그림 20.18(b)처럼 110 Ω인 저항과 130 Ω인 저항이 직렬로 연결된 것과 등가이다. 이러한 조합은 그림 20.18(c)처럼 저항 값이 $R = 110\ \Omega + 130\ \Omega = 240\ \Omega$인 단일

저항과 같이 작용한다. 따라서 전지로부터 공급되는 총 전류는 다음과 같다.

$$I = \frac{V}{R} = \frac{24\ \text{V}}{240\ \Omega} = \boxed{0.10\ \text{A}}$$

(b) 점 A와 점 B 양단을 흐르는 전류 I는 0.10 A이고 양단 사이의 등가 저항은 130 Ω이다. 양단 사이에 걸리는 전압은 옴의 법칙으로 주어진다.

$$V_{AB} = IR_{AB} = (0.10\ \text{A})(130\ \Omega) = \boxed{13\ \text{V}}$$

20.9 내부 저항

지금까지 우리가 다룬 회로에서는 기전력만을 제공하는 전지나 발전기를 다루었다. 그러나 실제로 그런 장치도 저항을 가지고 있다. 전지나 발전기 자체가 가지고 있는 저항을 **내부 저항**(internal resistance)이라 한다. 전지의 내부 저항은 전지 내부에 있는 화학 물질로부터 기인하고, 발전기의 내부 저항은 발전기를 구성하고 있는 전선이나 다른 구성 요소들의 저항이다.

　그림 20.19는 전지의 내부 저항 r이 포함된 회로도를 보여주는데, 외부 저항 R과 내부 저항 r이 직렬로 연결되었음을 강조하고 있다. 기능성 전지의 경우 내부 저항은 일반적으로 작다. 새 자동차 축전지의 경우 내부 저항은 수천분의 일 옴이다. 그럼에도 불구하고 내부 저항의 영향을 무시할 수 없다. 예제 20.9는 전지로부터 전류가 흐를 때 내부 저항으로 인해 실제 전지의 양극에 걸리는 전압은 기전력으로 표시된 최댓값보다 떨어짐을 나타낸다. 전지의 양극에 걸리는 실제 전압은 **단자 전압**(terminal voltage)이라고 하며, 그림 20.19에서 외부 저항 R 양단의 전위차와 같다.

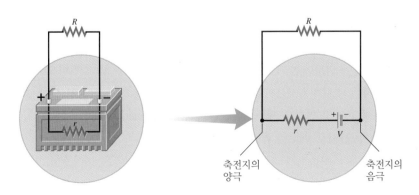

그림 20.19　외부 저항 R이 축전지의 두 극에 연결되면 축전지의 내부 저항 r은 외부 저항과 직렬로 연결된다.

예제 20.9 | 축전지의 단자 전압

그림 20.20은 기전력이 12.0V이고 내부 저항이 0.010Ω인 자동차 축전지를 보여준다. 이 전지는 오래되어 낡고 극이 부식되어서 저항이 상대적으로 매우 크다. 전지로부터 나오는 전류가 (a) 10.0 A일 때와 (b) 100.0 A일 때 단자 전압은 얼마인가?

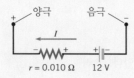

그림 20.20 기전력이 12.0V이고 내부 저항이 r인 자동차 전지

살펴보기 전류가 내부 저항을 통과하는 데 기전력의 일부가 필요하므로 전지의 단자 사이에 걸리는 전압은 12.0V보다 낮다. 내부 저항에 걸리는 전압은 전지를 통해서 흘러가는 전류 I와 전지의 내부 저항 r의 곱으로 구한다. 저항에 따라 전압이 나누어지므로 단자 사이의 기전력은 줄어든다.

풀이 (a) $r = 0.010\ \Omega$인 내부 저항을 $I = 10.0\ A$인 전류가 통과하기 위해 필요한 전압은 $V = Ir = (10.0\ A)(0.010\ \Omega) = 0.10\ V$이다. 전류의 방향은 항상 높은 전위에서 낮은 전위로 향한다는 점을 강조하기 위해 내부 저항 r의 오른쪽과 왼쪽 각각에 양의 부호와 음의 부호를 표시하였다. 전압은 우선 전지의 기전력에 의해 12.0 V만큼 증가하나, 이어 내부 저항에 걸친 전위차가 0.10 V이므로 그만큼 감소하게 된다. 그러므로 단자 전압은 $12.0\ V - 0.10\ V = \boxed{11.9\ V}$이다.

(b) 전지를 통과하는 전류가 100.0 A일 때 전류가 내부 저항을 통과하기 위해서 전압 $V = (100.0\ A)(0.010\ \Omega) = 1.0\ V$가 필요하다. 따라서 단자 전압은 $12.0\ V - 1.0\ V = \boxed{11.0\ V}$로 감소하게 된다.

예제 20.9는 전지에서 빼내가는 전류가 크면 클수록 전지의 단자 전압은 더 작아진다는 것을 보여주는데 자동차 운전자들은 누구나 이러한 효과를 시험해볼 수 있다. 우선 시동을 끈 채로 전조등을 켜 보라. 이때 전지를 통과해 흐르는 전류는 대략 10 A이다. 이제 시동을 켜면 시동 전동기가 전지로부터 많은 양의 전류를 가져오게 되므로, 총 전류를 상당히 증가시킨다. 결과적으로 그동안은 전지의 단자 전압이 감소하여 전조등의 밝기가 약해진다.

20.10 키르히호프의 법칙

간단한 전기 회로는 20.8절에서와 같이 저항을 직렬과 병렬로 묶어서 전류와 전위차를 다룰 수 있다. 복잡한 회로이면 그와 같은 방법이 불가능할 때도 많다. 일반적으로 회로가 간단하든 복잡하든 키르히호프(1824~1887)의 법칙을 이용하면 어렵지 않게 회로를 다룰 수 있다. 키르히호프의 법칙은 제1법칙(만남점의 법칙, junction rule)과 제2법칙(고리의 법칙, loop rule) 두 가지로 나누어 기술된다.

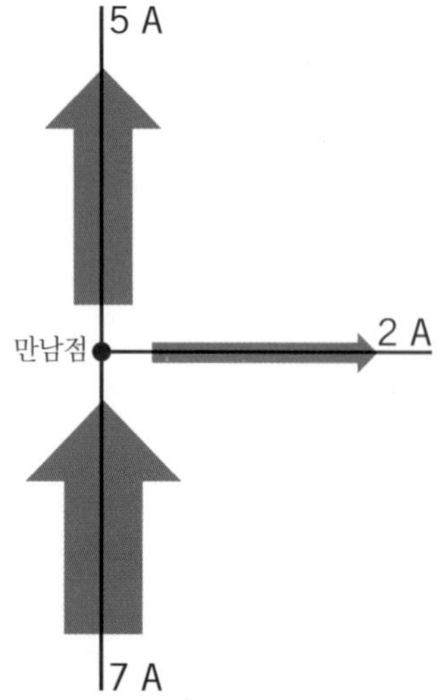

그림 20.21은 키르히호프 제1법칙에 담겨 있는 기본 개념을 보여준다. 만남점에 전하가 축적되지 않기 때문에 만남점으로 단위 시간당 흘러들어가는 총 전하량은 그곳을 통해서 단위 시간당 흘러나가는 총 전하량과 같아야만 한다. 즉 제1법칙은 만남점을 향해 들어가는 총 전류는 만남점 밖으로 흘러나가는 총 전류가 같다는 것이다. 그림에서는 7 A = 5 A + 2 A임을 의미한다.

그림 20.21 여러 도선이 합쳐지는 점을 만남점이라고 한다. 만남점으로 7 A의 전류가 들어가면, 만남점 밖으로 총 전류 7 A(5 A + 2 A)가 나간다.

그림 20.22를 이용하여 키르히호프 제2법칙을 설명해보자. 각 저항기마다 관련된 양의 부호와 음의 부호는 전류가 높은 전위에서 낮은 전위로 흘러감을 나타낸다. 전위가 높은 곳에서 낮은 곳으로 전류가 흐르면 전위차만큼 전위가 감소한다. 전지의 음극에서 출발하여 시계 방향으로 회로를 따라가자.* 전지의 음극에서 양극으로 전지를 통과하면 전위가 12 V 상승하고, 각 저항을 지나면서 각각 10 V와 2 V의 전위 하강이 일어난 후에 처음 출발점인 전지의 음극으로 돌아오게 된다. 제자리에 돌아왔으므로 전위 변화를 다 합한 값은 0이 된다. 그것은 마치 스키를 타는 사람이 리프트를 타고 언덕을 오르면서 중력 위치 에너지를 얻고 스키를 타고 내려오거나 멈출 때 마찰에 의해 에너지를 잃어버리는 것과 유사하다. 스키를 타는 사람이 출발점으로 돌아왔을 때 얻은 에너지를 모두 잃어버리므로 위치 에너지의 순수한 변화량은 없다. 전위는 단위 전하당 전기 위치 에너지이므로, 양의 전하는 처음 출발점으로 돌아왔을 때 얻은 것과 잃은 것이 똑같기 때문에 전기 위치 에너지의 순수한 변화량은 없다. 제2법칙은 전기 위치 에너지 보존 법칙을 전위로써 표현한 것이다. 즉, 그림 20.22의 경우에 증가한 전위와 하강한 전위 사이에 12 V = 10 V + 2 V를 만족한다.

키르히호프의 법칙은 어떠한 전기 회로에도 적용할 수 있으며, 두 법칙을 아래에 요약해 놓았다. 예제 20.10은 두 법칙을 어떻게 사용하는지 보여준다.

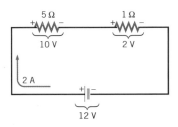

그림 20.22 양의 단위 전하가 시계 방향으로 전기 회로를 돌아간다면 두 저항을 지나갈 때 하강한 전압 10 V + 2 V는 전지에 의해 상승한 전압 12 V와 같다. 저항기에 표시한 양과 음의 부호는 전류가 높은 전위(+)에서 낮은 전위(−) 쪽으로 흐름을 강조하기 위한 것이다.

■ **키르히호프의 법칙**
제1법칙: 만남점을 향해 들어가는 전류의 합은 만남점 밖으로 나가는 전류의 합과 같다.
제2법칙: 닫혀 있는 회로 고리를 따라 제자리에 돌아오면 전위 변화의 합은 0이다. 다시 말하면 전위 상승의 합과 전위 하강(절댓값)의 합은 같다.

예제 20.10 | 키르히호프 제2법칙 적용

그림 20.23은 두 전지와 두 저항을 직렬로 연결한 전기 회로를 보여준다. 회로에 흐르는 전류 I를 구하라.

살펴보기 우선 전류의 방향을 표시한다. 방향 선택은 임의적(arbitrary)이지만, 보통 시계 방향으로 전류의 방향을 선택한다. 만약 전류 방향이 잘못되었다면 구한 전류 I가 음의 값을 가진다. 그 다음 저항 양단에서 전위는 하강하고 전지에 의한 전위는 음극에서 양극으로 가는 것이라면 전위 상승, 양극에서 음극으로 가는 것이라면 하강으로 정한다. 이제 키르히호프 제2법칙을 회로에 적용해보자. 점 A에서 출발하여 시계 방향으로 고리를 따라 진행하면서 전위의 상승과 하강을 구분한다. 각 저항 양단의 전위차는 식 $V = IR$로 계산한다.

풀이 점 A에서 출발하여 고리를 따라 시계 방향으로 움직이면

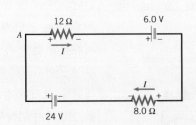

그림 20.23 두 전지와 두 저항을 포함하는 단일 고리 전기 회로

1. 12 Ω의 저항을 지나면 $IR = I(12\,\Omega)$만큼 전위 하강
2. 6.0 V 전지를 지나면 6.0 V만큼 전위 하강
3. 8.0 Ω의 저항을 지나면 $IR = I(8.0\,\Omega)$만큼 전위 하강
4. 24 V의 전지를 지나면 24 V만큼 전위 상승

키르히호프의 법칙에 따라 상승 전위의 합과 하강 전위의 합이 같다.

---

* 시계 방향을 선택한 것은 임의적이다.

$$\underbrace{I(12\,\Omega) + 6.0\,\text{V} + I(8.0\,\Omega)}_{\text{전위 하강}} = \underbrace{24\,\text{V}}_{\text{전위 상승}}$$

전류에 관하여 이 방정식을 풀면 $\boxed{I = 0.90\,\text{A}}$ 이다. 또한 구한 전류값이 양수이므로 처음에 정한 전류의 방향대로 전류가 흐름을 알 수 있다.

20.11 전류와 전압의 측정

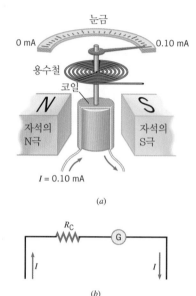

전류와 전압은 각각 전류계와 전압계를 사용하여 측정할 수 있다. 이 장치들은 디지털 측정기와 아날로그 측정기로 나눈다. 기본적 아날로그 장치로 직류 검류계(dc galvanometer)가 있다. 그림 20.24(a)처럼 검류계는 자석과 도선 코일, 용수철, 지시 바늘, 측정 눈금으로 구성되어 있다. 회전할 수 있는 도선 코일이 지시 바늘을 측정 눈금 위로 움직이게 한다. 21.6절에서 공부하겠지만 도선 코일에 전류가 흐르면 자기장에 의해 생기는 토크로 인해 코일이 회전한다. 이 자기장에 의한 토크와 용수철에 의한 토크가 균형을 이루면 회전이 멈추고 바늘이 균형에 해당되는 눈금을 가리킨다.

검류계는 측정 장치의 일부로 사용될 때 반드시 고려해야 하는 중요한 두 가지 특징이 있다. 첫째는 지시 바늘이 최대 눈금을 가리킬 때 직류 전류의 크기는 검류계의 민감도를 나타낸다. 예를 들어 그림 20.24(a)는 코일에 전류가 0.10 mA 흐를 때 바늘은 최대 눈금까지 움직인다. 두 번째 특징은 코일 전선에 저항 R_C가 있다는 것이다. 그림 20.24(b)는 코일 저항 R_C가 있는 검류계를 회로도에서 표현한 것이다.

전류계(ammeter)는 전류를 측정하는 장치이다. 따라서 그림 20.25처럼 전류계는 전기 회로에 직렬로 연결해야 한다. 전류계는 검류계와 분류 저항(shunt resistors)을 포함하는데, 이들 분류 저항은 검류계와 병렬로 연결되어 있으며 과도 전류에 대해 우회로를 제공한다. 우회로는 검류계의 전체 측정 범위를 넘어서는 전류의 측정에 사용될 수 있다. 그림 20.26에서 보면 60.0 mA의 전류가 전류계의 단자 A로 들어가는데, 전류계 내부에 있는 검류계의 전체 측정 범위는 0.100 mA이다. 이때, 분류 저항 R은 검류계로 0.100 mA의 전류만 들어가도록 하고 나머지 59.9 mA의 전류는 우회해서 분류 저항을 통해 흐르도록 선택된다. 그러한 경우, 전류계의 측정 범위는 0에서 60.0 mA까지 표시된다. 분류 저항의 값을 결정하기 위해서는 코일의 저항 R_C의 값을 알아야 한다.

그림 20.24 (a) 직류 검류계. 도선에 전류가 흐르면 도선 코일과 지시 바늘이 회전한다. (b) 코일의 저항이 R_C인 검류계는 그림과 같이 회로 기호로 표현할 수 있다.

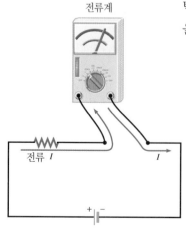

그림 20.25 전류계는 전기 회로에 직렬로 연결되어야 한다.

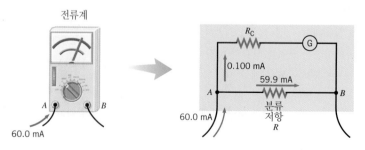

그림 20.26 전체 측정 눈금 한계가 0.100 mA인 검류계로 60.0 mA의 전류를 측정하려면 59.9 mA의 초과 전류는 검류계 코일을 우회하여 분류 저항 R_C를 통하여 흐른다.

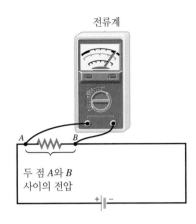

전류계

A *B*

두 점 *A*와 *B*
사이의 전압

그림 20.27 전기 회로에서 두 점 *A*와 *B*
사이의 전압을 측정하려면 전압계를 두 지
점 사이에 병렬로 연결한다.

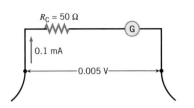

$R_C = 50\,\Omega$

G

0.1 mA

0.005 V

그림 20.28 0.1 mA의 전류에서 최대 눈금
을 가리키고 코일 저항이 50 Ω인 검류계

전류계를 전기 회로에 연결하면 코일과 분류 저항의 전체 저항을 전기 회로 저항에
더하게 되어, 전기 회로의 저항이 증가하고 전류가 감소하기 때문에 문제가 된다. 따라서
이상적인 전류계는 저항이 0이어야 한다. 실제로 좋은 전류계는 전체 저항이 충분히 작게
만들어져서 전류계를 연결할 때 전기 회로 전류의 감소를 무시할 수 있다.

전압계(voltmeter)는 전기 회로에서 두 점 *A*와 *B* 사이의 전압을 측정하는 장치이다.
그림 20.27은 전압계를 전기 회로의 두 지점 사이에 병렬로 연결함을 보이고 있다. 전압계
는 눈금이 볼트 눈금으로 보정되어 있는 검류계를 포함하고 있다. 예를 들어 그림 20.28에
있는 검류계는 최대 전류 눈금이 0.1 mA이고 코일의 저항이 50 Ω이다. 최대 눈금일 때 코
일 양단에 걸리는 전압은 $V = IR_C = (0.1 \times 10^{-3}\,\text{A})(50\,\Omega) = 0.005\,\text{V}$이다. 따라서 이 검류
계는 0에서 0.005 V 범위의 전압을 측정하기 위해 사용될 수 있다. 전압계는 측정될 전압
의 범위를 조정하기 위해 큰 저항 *R*을 코일 저항 R_C와 직렬로 연결된다. 전체 측정 눈금의
전압 *V*를 넓히기 위해서 필요한 저항 *R*은 전체 측정 전류 *I*로부터 옴의 법칙 $V = I(R + R_C)$을 이용하여 정할 수 있다.

이상적으로는 전압계에 의해 측정되는 전압은 전압계가 연결되어 있지 않을 때의 전
압과 같아야 한다. 그러나 일부 전류가 전압계로 흘러들어가기 때문에 어느 정도까지는
전기 회로의 전압을 변하게 만든다. 이상적인 전압계는 무한대의 저항을 가지고 전류가
통과하지 않아야 한다. 실제로 좋은 전압계는 충분히 큰 저항을 가져, 회로에서 감지할 수
있을 정도의 전압 변화를 주지 않는다.

● 중간 전류계의 물리

● 전압계의 물리

20.12 축전기의 직렬 및 병렬 연결

그림 20.29는 전지에 병렬로 연결된 두 개의 축전기를 보여준다. 축전기들이 병렬로 연결
되어 있으므로 각 판 사이의 전압 *V*는 같다. 용량이 다르므로 각 축전기에 저장된 전하량
은 다르다. 축전기에 의해 저장된 전하량은 $q = CV$(식 19.8)이므로 $q_1 = C_1 V$이고 $q_2 = C_2 V$이다.

저항기에서처럼 병렬 연결된 축전기를 주어진 전압에서 가지고 있는 전하량이 똑 같
은 축전기 하나로 볼 수 있다. 합성 전기 용량을 C_P라 하면 두 축전기에 저장된 총 전하량
*q*는 다음과 같다.

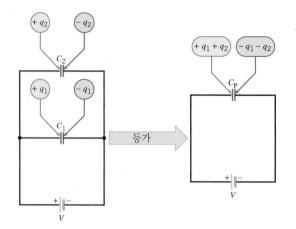

그림 20.29 전기 용량이 C_1과 C_2인 축전기의 병렬 연결에서 각 축전기의 전압 V는 같고 각 축전기의 전하량은 q_1과 q_2로 다르다.

$$q = q_1 + q_2 = C_1V + C_2V = (C_1 + C_2)V = C_PV$$

이러한 결과는 병렬로 연결된 두 개의 축전기를 전기 용량이 $C_P = C_1 + C_2$인 하나의 축전기로 대체할 수 있음을 의미한다. 병렬로 연결된 여러 축전기에 대해 합성 전기 용량은 다음과 같다.

병렬 연결된 축전기 $\qquad C_P = C_1 + C_2 + C_3 + \cdots$ $\qquad\qquad$ (20.18)

병렬로 연결된 축전기의 합성 전기 용량을 구하려면 단순히 각각의 전기 용량을 더하면 된다. 이것은 저항을 병렬로 연결하는 경우와 대조적이다. 병렬 연결된 저항의 경우 전체 저항의 역수가 각 저항의 역수를 더한 것과 같았다(식 20.17 참조).

병렬 연결의 경우 등가인 축전기는 각 축전기의 전하량의 합과 같은 전하량을 저장하고 있을 뿐만 아니라 같은 양의 에너지를 저장하고 있다. 예를 들어 단일 축전기에 저장된 에너지가 $\frac{1}{2}CV^2$(식 19.11)이므로 병렬로 연결된 두 축전기에 저장된 총 에너지는

$$\tfrac{1}{2}C_1V^2 + \tfrac{1}{2}C_2V^2 = \tfrac{1}{2}(C_1 + C_2)V^2 = \tfrac{1}{2}C_PV^2$$

이며 이것은 용량이 C_P인 등가인 축전기에 저장된 에너지와 같다.

축전기가 직렬로 연결되었을 경우 합성 전기 용량은 병렬일 때와는 다르다. 예로 그림 20.30을 보자. 두 축전기가 직렬로 연결되면 모든 축전기는 그들의 전기 용량에 상관없이 각 판에 $+q$와 $-q$인 같은 양의 전하를 저장한다. 전지는 전기 용량 C_1인 축전기의 판 a에 $+q$의 전하를 쌓이게 하고 이들 전하는 반대편 판 a'으로부터 $+q$의 전하가 떠나게 하여

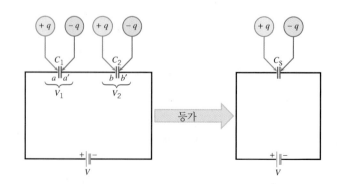

그림 20.30 전기 용량이 C_1과 C_2인 축전기의 직렬 연결에서 각 축전기 판의 전하량은 q로 모두 같지만 각 축전기의 전압은 V_1과 V_2로 다르다.

$-q$의 전하가 남는다. 판 a'으로부터 떠나온 전하량 $+q$는 (도선으로 연결된) 전기 용량 C_1인 판 b에 저장되며 반대편 판 b'으로부터 $+q$의 전하가 멀어지게 해서 판 b'에는 $-q$의 전하가 남게 한다. 따라서 직렬로 연결된 모든 축전기는 각 판에 같은 크기의 전하를 저장하게 된다. 직렬로 연결하면 아무리 많은 축전기라도 단지 전하량 q만을 저장한다.

그림 20.30에서 직렬 연결일 때 합성 전기 용량 C_S은 전지의 전압이 두 축전기에 의해 나누어지는 것을 이용하여 구한다. 그림에서 C_1과 C_2인 축전기에 걸친 전압은 V_1과 V_2이다. 따라서 $V = V_1 + V_2$이다. 따라서 축전기의 전압은 $V_1 = q/C_1$과 $V_2 = q/C_2$이므로 다음과 같은 식을 만족한다.

$$V = V_1 + V_2 = \frac{q}{C_1} + \frac{q}{C_2} = q\left(\frac{1}{C_1} + \frac{1}{C_2}\right) = q\left(\frac{1}{C_S}\right)$$

따라서 직렬로 연결된 두 축전기는 $1/C_S = 1/C_1 + 1/C_2$으로부터 얻은 합성 전기 용량 C_S를 가진 등가인 축전기 하나로 대체할 수 있다. 직렬로 연결된 여러 개의 축전기에 대해 합성 전기 용량은 다음과 같이 주어진다.

직렬 연결된 축전지
$$\frac{1}{C_S} = \frac{1}{C_1} + \frac{1}{C_2} + \frac{1}{C_3} + \cdots \tag{20.19}$$

식 20.19는 축전기의 직렬 연결의 경우 저항을 직렬로 연결하는 경우와 달리 전기 용량을 역수로 더해서 구해야 한다. 직렬 연결의 경우 합성 전기 용량은 각각의 축전기가 저장하고 있는 에너지의 합과 같은 전기 에너지를 저장하게 된다.

20.13 RC 회로

많은 전기 회로가 저항기와 축전기를 함께 포함하고 있다. 그림 20.31은 저항기-축전기 회로, 즉 *RC* 회로를 보여준다. (a) 부분은 스위치를 닫아 전지로부터 축전기 판에 전하를 충전하기 시작한 후 시간 t에서 전기 회로를 보여준다. 축전기 판에 전하는 최댓값 $q_0 = CV_0$가 될 때까지 쌓인다. 여기서 V_0는 전지의 전압이다. 스위치가 닫히는 순간 시간 $t = 0\,\text{s}$에서부터 축전기에 전하가 충전된다면 어떤 시간 t에서 축전기 판에 쌓이는 전하량 q는 다음과 같이 주어짐을 보일 수 있다.

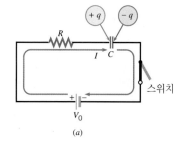

축전기의 충전
$$q = q_0[1 - e^{-t/(RC)}] \tag{20.20}$$

여기서 밑수 e 값은 2.718...이다. 이 식을 그래프로 나타낸 그림 (b)를 보면 시간 $t = 0\,\text{s}$일 때 $q = 0\,\text{C}$이고 차츰 $q_0 = CV_0$의 값에 가까워지는 것을 볼 수 있다. $V = q/C$이고 $V_0 = q_0/C$이므로 어떤 시간에 축전기에 걸리는 전압은 식 20.20의 q와 q_0를 전기 용량 C로 나누어 구한다.

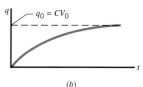

그림 20.31 축전기의 충전

식 20.20의 지수의 항 RC를 이 회로의 시간 상수(time constant) τ라고 한다.

$$\tau = RC \tag{20.21}$$

시간 상수의 단위는 시간 단위인 초(s)이다. 옴(Ω) 곱하기 패럿(F)이 초(s)와 같다는 것인데

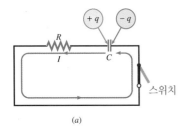

(a)

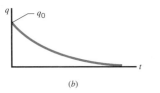

(b)

그림 20.32 축전기의 방전

● 심장 박동 조절 장치의 물리

● 자동차 유리창 와이퍼의 물리

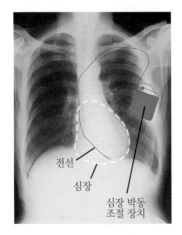

그림 20.33 외과적으로 이식된 심장 박동 조절 장치를 보여주는 X선 사진

● 안전한 접지의 물리

증명은 여러분에게 맡긴다. 식 20.20에 $t = \tau = RC$를 대입하면 $q_0(1 - e^{-1}) = q_0(0.632)$임으로부터 알 수 있는 것과 같이, 시간 상수는 축전기에 충전될 수 있는 최대 전하량의 63.2 %가 충전되는 데 걸리는 시간이다. 시간 상수가 작다면 충전되는 전하량이 최댓값에 빨리 도달하고 시간 상수가 크다면 느리게 도달한다.

그림 20.32는 축전기에 전하가 충전되어있는 전기 회로의 스위치를 닫은 후 어떤 시간 t에서 전하가 방전되는 상태를 보여준다. 이 전기 회로에는 전지가 없으므로 축전기의 왼쪽 판 위의 전하 $+q$가 저항기를 지나 반시계 방향으로 흘러가서 오른쪽 판의 $-q$를 중성으로 만든다. 스위치가 닫히는 순간의 시간 $t = 0\,\mathrm{s}$일 때 축전기가 전하 q_0를 가지고 있었다면 다음과 같은 식을 얻을 수 있다.

축전기의 방전 $\qquad\qquad q = q_0 e^{-t/(RC)}$ (20.22)

여기서 q는 어떤 시간 t에서 판에 남아 있는 전하량이다. 그림 (b)에 이 식에 대한 그래프가 있는데 $t = 0\,\mathrm{s}$일 때 전하량은 q_0에서 시작되어 점차 0으로 접근한다. 시간 상수 RC가 작으면 작을수록 방전이 더 빠르게 일어난다. 식 20.22에서 $t = \tau = RC$일 때 각 판에 남아 있는 전하량은 $q_0 e^{-1} = q_0(0.368)$이다. 따라서 시간 상수는 충전되어 있는 전하량의 63.2 %가 방전되기 위해 필요한 시간이다.

축전기의 충전과 방전은 많은 곳에 응용된다. 예를 들어 그림 20.33과 같이 심장 박동 조절 장치는 기능 불량인 심장의 박동을 규칙적으로 해주기 위하여 가하는 전압 펄스의 시간을 조정하려고 RC 회로를 사용한다. 전압 펄스는 미리 입력된 수준으로 축전기가 방전되면 전달되고, 축전기는 빠르게 재충전된다. 이런 과정을 반복하여 시간 상수 RC의 값으로 펄스의 빈도를 조절하는데, 대략 초당 1 회씩이다.

축전기의 충전과 방전은 또한 이슬비가 올 때 간헐적으로 작동하는 자동차 앞 유리창 와이퍼의 전기 장치에도 응용된다. 와이퍼가 멈췄다가 다시 움직이기를 반복하는데 그 주기는 저항기-축전기 회로의 시간 상수에 의해 결정된다.

20.14 전류의 안전성과 생체에 대한 영향

비록 전기 회로가 매우 유용할지라도 또한 매우 위험하기도 하다. 전기를 사용하는데 내재하는 위험을 줄이기 위해 적당한 **접지**(electrical grounding)가 필요하다. 다음 두 그림은 전기 접지가 무엇인지 어떻게 하는 것인지에 대한 이해를 도와준다.

그림 20.34(a)는 두 가닥 플러그에 의해 벽의 소켓과 연결되어 있는 세탁기를 보여준다. 세탁기는 정상 작동하고 있으며, 내부 전선은 세탁기 금속 케이스와 절연되어 있어서 금속 케이스를 통해서는 전류가 흐르지 않고 있다. 그림 (b)는 전선이 느슨해져서 금속 케이스와 접촉된 상황을 보여준다. 사람이 케이스를 만진다면 전류가 케이스와 사람을 통해서 땅으로 흐르게 되므로 충격을 받게 된다.

그림 20.35는 전기 접지가 되도록 만들어진 세 가닥 플러그를 벽의 소켓에 꽂는 경우를 보여준다. 세 번째 전선 가닥은 금속 케이스를 땅속에 있는 전도되는 구리 막대 혹은 땅속에 있는 구리 수도관과 직접 연결해준다. 이러한 배선은 끊어진 전선이 금속 케이스에 닿는 경우에 일어나는 전기 충격을 막아준다. 전하는 케이스를 통과하고 세 번째 전선

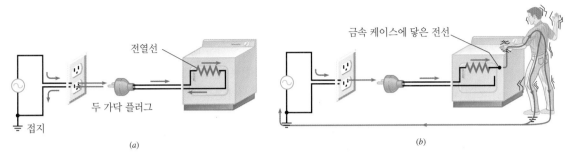

그림 20.34 (a) 두 가닥 플러그로 벽의 소켓과 연결되어 정상 작동하는 세탁기. (b) 세탁기 내부 전선이 우연히 금속 케이스에 접촉하면 이를 만진 사람이 전기 충격을 받는다.

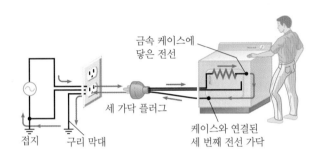

그림 20.35 사람은 작동하는 세탁기를 만져도 충격을 받지 않는다. 이는 전류가 사람의 몸을 통하지 않고 세 번째 가닥을 거쳐 구리 막대를 통과하여 땅으로 흘러가기 때문이다.

가닥을 통하여 땅으로 흘러 들어가서 퍼져버리게 된다. 어떠한 전하도 사람의 몸을 통과해서 흐르지 않는데, 이것은 사람의 몸보다 구리 막대의 전기 저항이 훨씬 작기 때문이다.

　전기 충격은 심각하고 때로는 치명적인 부상을 유발할 수 있다. 부상의 정도는 움직이는 전하가 신체의 어느 부분을 통과하는가와 전류의 양이 얼마나 큰가에 따라 다르다. 약 0.001 A의 전류량이면 약간 따끔거리는 느낌을 주게 되고 0.01~0.02 A 정도의 전류량이면 근육이 경련을 일으키고 전기 충격을 야기한 물체를 떼어놓을 수 없게 된다. 대략 0.2 A 정도의 전류량이면 심장 세동을 일으키거나 비정상적인 심장 박동을 만들기 때문에 잠재적으로 치명적이다. 본질적으로 큰 전류는 심장을 완전히 멎게 만든다. 그러나 전류의 흐름이 멈추면 심장은 정상적인 박동을 다시 시작하기도 하므로 큰 전류는 심장 세동을 야기하는 작은 전류보다 오히려 덜 위험할 수도 있다.

◐ 전류의 생리적 효과에 대한 물리

 연습 문제

주의: 별다른 언급이 없으면 교류의 전류와 전압은 실효값이며 전력은 평균값이다.

20.1 기전력과 전류
20.2 옴의 법칙

1(1) 팩스기는 작용 중에는 0.110 A의 전류를 사용하고, 준비 중에는 0.067 A의 전류를 사용한다. 전압은 120 V를 사용한다. (a) 작동 상태에서는 준비 상태와 비교해서 1 분 동안에 얼마나 더 많은 전하량이 기계를 통과하는가? 또한 (b) 얼마나 더 많은 에너지를 사용했는가?

2(3) 전구 필라멘트의 저항이 580 Ω이다. 필라멘트에 120 V의 전압이 걸린다면 필라멘트에 흐르는 전류는 얼마인가?

3(5) 북극에서 전기 양말은 유용하다. 양말 한 켤레는 각 양말을 위해 9.0 V 전지 팩을 이용한다. 도선으로 짠 양말에 대해 0.11 A의 전류가 전지 팩으로부터 흐른다. 양말 한 짝에서 도선의 저항을 구하라.

＊4(7) 베이글 토스터의 저항이 14 Ω이다. 베이글을 준비하려면 토스터는 120 V의 콘센트에 1분 동안 작동해야 한다. 토스

터에 전달되는 에너지는 얼마인가?

*5(8) 한 저항기가 6시간 동안 저항기에 1.1×10^5 J의 에너지를 제공하는 9.0 V의 전지의 단자에 연결되어 있다. 저항기의 저항은 얼마인가?

20.3 저항과 비저항

6(11) 길이와 저항의 크기가 같은 두 선이 있다. 하나는 알루미늄으로 만들어지고 다른 하나는 구리로 만들어졌다. 두 도선의 단면적의 비를 구하라.

7(12) 하나는 알루미늄이고 또 하나는 구리인 것 외에는 두 도선이 동일하다. 알루미늄 도선의 저항은 0.20 Ω이다. 구리 도선의 저항은 얼마인가?

8(13) 원통형 구리 케이블이 1200 A의 전류를 수송한다. 0.24 m만큼 떨어진 케이블 위의 두 점 사이에 1.6×10^{-2} V의 전위차가 있다. 케이블의 반지름은 얼마인가?

9(14) 25 ℃에서 저항 38.0 Ω이고 55 ℃에서 43.7 Ω의 저항을 갖는 코일이 있다. 비저항의 온도 계수는 얼마인가?

*10(16) 금에 대한 비저항의 온도 계수는 0.0034(C°)$^{-1}$이고, 텅스텐에 대해서는 0.0045(C°)$^{-1}$이다. 금 도선의 저항은 온도가 증가하면 7.0%만큼 증가한다. 같은 값으로 온도가 증가할 때, 텅스텐 도선의 저항은 얼마나 증가하는가?

**11(20) 길이 175 m인 알루미늄 도선이 두 건물 사이에 걸려 있다. 도선에 흐르는 전류는 125 A이고, 도선의 양단 사이 전위차는 0.300 V이다. 알루미늄의 밀도는 2700 kg/m^{3}이다. 도선의 질량을 구하라.

20.4 전력

12(21) 저항이 24 Ω인 철 열선을 120 V 전원에 연결하였다. 철 열선에 의해 소모되는 전력은 얼마인가?

13(22) 12 V 배터리에 연결되어 있는 자동차용 담배 라이터는 활성화되면 하나의 저항기가 된다. 라이터는 33 W의 전력을 소모한다고 가정하자. (a) 라이터의 저항과 (b) 배터리를 통해 라이터에 흐르는 전류를 구하라.

14(25) 헤어드라이어와 진공 청소기를 120 V 전원에 연결했다. 드라이어의 전류는 11 A이고 진공 청소기의 전류는 4.0 A이다. (a) 헤어드라이어와 (b) 진공 청소기에 의해 소모되는 전력을 구하라. (c) 15분 동안 사용한 헤어드라이어와 30분 동안 사용한 진공 청소기가 사용한 에너지를 각각 구하라.

*15(26) 한 전기히터는 적은 양의 물을 끓이는 데 사용하며 물속에 잠겨 있는 15 Ω의 코일로 구성되어 있다. 120 V인 소켓으로부터 작동한다. 이 히터가 13 ℃에서 끓는점까지 0.50 kg의 물의 온도를 올리는 데 필요한 시간은 얼마인가?

*16(27) 텅스텐은 0.0045(C°)$^{-1}$의 비저항의 온도 계수를 가진다. 텅스텐 도선이 스위치를 통해 일정한 전압에 접속된다. 순간 스위치를 닫을 때, 도선의 온도는 28 ℃가 되고 처음 전력은 도선에 P_0를 소모한다. 도선에 전력이 감소한 $\frac{1}{2}P_0$가 될 때 도선의 온도는 얼마인가?

*17(28) 반지름이 6.5×10^{-4} m인 니크롬선 조각이 있다. 120 V의 전원에 연결할 때 소모 전력이 4.00×10^2 W인 히터를 만들어 실험실에서 이용하려고 한다. 저항에 걸리는 온도를 무시할 때 필요한 도선의 길이를 계산하라.

20.5 교류

18(31) 전기 회로에 최댓값 2.50 A인 교류 전류가 흐른다. 실효 전류값을 구하라.

19(33) 저항이 16 Ω인 철 열선을 120 V인 벽의 소켓에 연결하였다. (a) 철 열선에 의해 소모된 평균 전력을 구하라. (b) 최대 전력은 얼마인가?

*20(36) 한 전구를 120.0 V인 벽의 소켓에 연결하였다. 전구에서 전류는 관계식 $I = (0.707 \text{ A}) \sin[(314 \text{ Hz})t]$에 따라 시간 t에 의존한다. (a) 교류 전류의 진동수는 얼마인가? (b) 전구의 필라멘트의 저항을 구하라. (c) 전구에 의해 소비되는 평균 전력을 구하라.

20.6 저항기의 직렬 연결

21(39) 한 저항이 연결된 회로에 흐르는 전류가 15.0 A이다. 이 회로에 8.00 Ω인 저항기를 직렬로 연결하면 전류가 12.0 A로 떨어진다. 첫 저항기의 저항은 얼마인가?

22(40) 47 Ω인 저항기에 흐르는 전류가 0.12 A이다. 이 저항기에 28 Ω인 저항기를 직렬로 연결하고, 이를 전지에 연결하였다. 전지의 전압은 얼마인가?

23(41) 36.0 Ω인 저항기와 18.0 Ω인 저항기를 15.0 V 전지에 직렬로 연결했다. (a) 36.0 Ω인 저항기와 (b) 18.0 Ω인 저항기의 양단에 걸리는 전압은 얼마인가?

24(43) 직렬 연결된 25 Ω, 45 Ω, 75 Ω인 세 저항기를 통해 0.51 A의 전류가 지나간다. (a) 등가 저항 (b) 세 저항기 양단의 전위차를 구하라.

20.7 저항기의 병렬 연결

25(48) 등가 저항이 115 Ω이 되도록 하려면 155 Ω인 저항에 병렬로 연결되는 저항은 얼마가 되어야 하는가?

26(51) 16 Ω인 스피커와 8 Ω인 스피커가 병렬로 증폭기에 연결되어 있다. 스피커를 저항기로 생각하여 두 스피커의 전체 저항을 구하라.

27(53) 병렬로 연결된 두 저항기의 저항이 각각 42.0 Ω과 64.0 Ω이다. 64.0 Ω인 저항기에 흐르는 전류가 3.00 A일 때 (a) 다른 저항기에 흐르는 전류를 구하고 (b) 두 저항기에 의해 소모되는 총 전력을 구하라.

*28(54) 두 저항기의 저항이 각각 R_1, R_2이다. 저항기들은 12.0 V인 전지에 직렬로 연결되어 있고, 전지로부터 흐르는 전류는 2.00 A이다. 저항기들을 전지에 병렬로 연결할 때, 전지로부터 흐르는 전체 전류는 9.00 A이다. 저항 R_1과 R_2를 구하라.

20.8 직렬과 병렬 연결이 혼합된 전기 회로

29(59) 저항기들이 그림과 같이 연결되었다. 점 A와 B 사이의 전체 저항을 구하라.

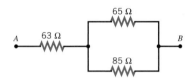

30(60) 14 Ω인 커피 메이커와 16 Ω인 프라이팬이 120 V의 전원에 직렬로 연결하였다. 여기에 23 Ω인 제빵기도 120 V인 전원에 연결하고 병렬로 연결하였다. 전원에 전압을 인가할 때 전체 전류를 구하라.

31(61) 저항기들이 그림과 같이 연결되었다. 점 A와 B 사이의 전체 저항을 구하라.

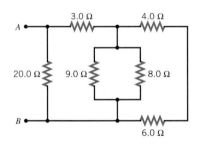

*32(64) 그림에서 각 저항기에 소모되는 전력을 구하라.

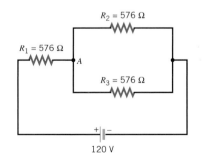

20.9 내부 저항

33(69) 내부 저항이 0.50 Ω인 전지가 있다. 이 전지의 양극에 저항이 15 Ω으로 같은 여러 전구들이 병렬로 연결되었다. 전지의 단자 전압을 측정하니 전지의 기전력의 1/2이었다면 몇 개의 전구가 연결되었는가?

20.10 키르히호프의 법칙

*34(71) 회로에 55.0 A의 전류가 흐르는 전지의 단자 전압이 23.4 V이다. 전지의 내부 저항에 의해 소모되는 전력은 34.0 W이다. 전지의 기전력을 구하라.

35(73) 그림의 전기 회로에 (a) 흐르는 전류와 (b) 두 점 A와 B 사이에 걸리는 전압을 구하라. 그리고 (c) A와 B 중 어느 곳이 전위가 더 높은가?

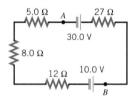

*36(77) 그림에서 5.0 Ω인 저항기 양단에 걸리는 전압을 구하라. 저항기의 어느 끝의 전위가 더 높은가?

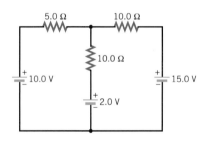

**37(79) 그림은 휘트스톤 브리지 회로이다. B와 D 사이의 전압을 구하고, 어느 곳이 전위가 높은지 말하라.

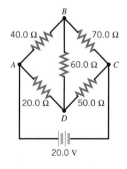

20.11 전류와 전압의 측정

38(81) 코일 저항이 180 Ω이고 전체 전류 눈금이 8.30 mA를 갖는 검류계를 사용하는 전압계는 30.0 V까지 전압을 측정할 수

있다. 검류계와 직렬로 연결된 저항기의 저항 값을 구하라.

20.12 축전기의 직렬 및 병렬 연결

39(87) 그림의 축전기들에 대해 점 *A*와 *B* 사이의 합성 전기 용량을 구하라.

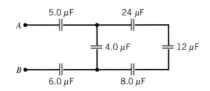

40(89) 세 축전기의 전기 용량이 각각 3.0, 7.0 그리고 9.0 μF이다. 이들이 직렬로 연결되었을 경우 합성 전기 용량은 얼마인가?

20.13 RC 회로

41(95) 그림의 전기 회로에는 두 개의 저항기와 두 개의 축전기가 스위치와 함께 전지에 연결되었다. 스위치가 닫힐 때 축전기들은 충전되기 시작한다. 충전 과정에서 시간 상수는 얼마인가?

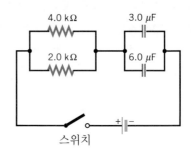

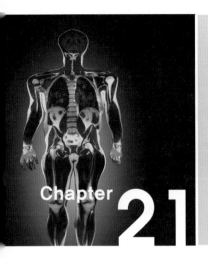

Chapter
21 자기력과 자기장

21.1 자기장

오랫동안 항해용 나침반에 영구 자석을 이용해 왔다. 그림 21.1과 같이 나침반 바늘은 영구 자석이며 평면 상에서 자유롭게 회전할 수 있도록 되어 있다. 나침반을 평면 위에 놓으면, 나침반 바늘은 한쪽 끝이 대략의 북쪽을 가리킬 때까지 회전한다. 북쪽을 가리키는 바늘의 끝에는 N(north magnetic pole)이 그 반대쪽 끝에는 S(south magnetic pole)가 표기되어 있다.

자석 간에는 서로 힘이 작용한다. 그림 21.2에 묘사된 것과 같이, N극들과 S극들 사이에 작용하는 자기력은, 같은 극끼리는 서로 밀어내고, 다른 극끼리는 서로 끌어당기는 성질을 갖고 있다. 이는 서로 부호가 같거나 또는 다른 경우의 전하 사이에 작용하는 정전기력과 성질이 같다. 그러나 자극과 전하 사이의 중요한 차이는, 양전하를 음전하로 부터 분리시켜서 격리된 한 부호의 전하로 만들 수 있는데 반하여, 격리된 N극 또는 S극의 자기 홀극은 발견되지 않았다는 것이다. 막대 자석을 반으로 잘라 N극과 S극을 분리시키고자 하면, 각각의 조각은 N극과 S극을 갖는 더 작은 자석이 되기 때문에 자기홀극을 만들 수 없다.

자석 주위에는 **자기장**(magnetic field)이 존재한다. 자기장은 전하 주변 공간에 존재하는 전기장과 닮은 점이 있으며, 전기장과 같이 자기장도 크기와 방향을 모두 갖고 있다. 자기장의 크기에 대한 논의는 21.2절에서 다루기로 하고, 여기서는 자기장의 방향에 관하여 자세히 알아보자. 공간상 어떤 점에서 자기장 방향은 그 지점에 놓인 나침반의 N극이 향하는 방향이다. 나침반 바늘은 화살표 기호로 표시하며 화살표의 머리는 N극을 의미한다. 그림 21.3은 막대 자석 주변 공간에서 나침반을 사용하여 자기장 분포를 알아보는 방법을 설명하고 있다. 같은 극끼리는 서로 반발하고 다른 극끼리는 서로 끌어당기기 때문에 나침반 바늘들은 그림에서 보는 바와 같이 막대 자석에 연관되어 배열되며, 막대 자석이 만드는 자기장을 묘사해 준다.

전기장의 이해를 돕기 위하여 18.7절에서 전기력선을 도입하였듯이, 자기력선을 그리는 것이 가능하며 그림 21.4(a)는 막대 자석 주변에서 자기력선을 보여주고 있다. 자기력선은 N극에서 시작하여 S극에서 끝이 나며, 중간에서 새로 생기거나 끝나지 않는다. 자석

그림 21.1 나침반의 바늘은 영구 자석이며, 한쪽 끝은 N극이고 다른 한쪽 끝은 S극이다.

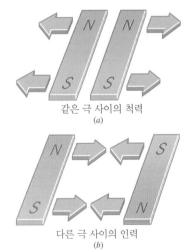

같은 극 사이의 척력
(a)

다른 극 사이의 인력
(b)

그림 21.2 막대 자석의 한쪽 끝은 N극이고 다른 한쪽 끝은 S극이다. (a) 같은 극끼리는 서로 민다. (b) 다른 극끼리는 서로 끌어당긴다.

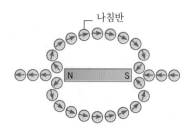

그림 21.3 자석 주변의 임의 지점에서 나침반의 N극이 향하는 방향이 자기장의 방향이다.

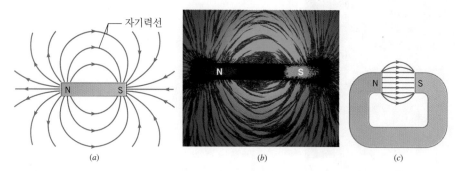

그림 21.4 (a) 자기력선과 (b) 막대 자석 주변에서 철가루의 모양 (c) 말굽 자석 틈 사이에서 자기력선의 모양

을 덮고 있는 종이 위에 미세한 철가루를 흩뿌리면 자기장 속에서 철가루는 작은 나침반처럼 작용하며 그림 21.4(b)와 같이 자기력선을 따라 정렬한다.

전기력선의 경우와 같이, 임의 지점에서 자기장은 그 지점에서의 자기력선에 접선 방향이다. 자기장의 크기는 자기력선에 수직인 면을 통과하는 단위 넓이당 자기력선의 수에 비례한다. 이와 같이 자기장의 크기는 자기력선이 조밀한 영역에서는 강하고, 자기력선이 상대적으로 서로 먼 영역에서는 약하다. 예를 들면 그림 21.4(a)와 같이 자기력선이 N극과 S극 근처에서 가장 인접해 있는 것은, 자기장의 크기가 이 영역에서 가장 강하다는 사실을 의미한다. 두 극에서 멀어질수록 자기장의 크기는 점점 약해진다. 그림 21.4(c)와 같이, 말굽 자석의 두 극 사이 틈에서 자기력선은 거의 평행하고 간격이 일정한데, 이것은 자기장의 크기가 거의 일정한 것을 의미한다.

나침반 바늘의 N극은 북쪽을 향하지만, 정확하게 지리적 북극을 향하지는 않는다. 지리적 북극은 지구의 자전축이 북반구의 표면과 교차하는 지점이다(그림 21.5 참조). 지구 주위의 자기장에 대한 측정량은 지구가 거의 막대 자석과 같이 자기적으로 작용한다는 것을 나타낸다.* 이와 같은 가상적인 막대 자석으로부터 지구의 자기축을 정의할 수 있다. 자기축이 북반구의 표면과 교차하는 곳을 자북극(north magnetic pole)이라고 한다. 자북극이라 부르는 이유는 그곳이 나침반 바늘의 N극이 가리키는 곳이기 때문이다. 서로 다른 극끼리는 인력이 작용하므로 가상적인 막대 자석인 지구의 S극은 그림 21.5에 나타낸 것처럼 자북극의 밑에 있다.

자북극은 지리적 북극과 일치하지 않으며, 대략 위도 80°정도인 캐나다 최북단 엘레프 링그네스 섬의 북서쪽에 위치한다. 자북극의 위치는 고정되어 있지 않으며, 흥미롭게도 수 년에 걸쳐 조금씩 이동한다. 나침반 바늘이 가리키는 자북극은 지리적 북극에서 벗어나 있으며, 나침반 바늘이 지리적 북극으로부터 벗어난 각도를 편각(angle of declination)이라 부른다. 뉴욕시에 대한 편각은 서쪽으로 약12° 정도인데, 이것은 나침반 바늘이 지리적 북극에 대해 서쪽으로 12° 되는 곳을 가리킨다는 것을 의미한다.

그림 21.5는 지구의 자기력선이 모든 점에서 지표면에 평행하지 않음을 보여준다. 예를 들면 자북극 근처에서 자기력선은 거의 지표면에 수직이다. 자기장과 임의 지점의 지표면이 만드는 각을 복각(angle of dip)이라 한다.

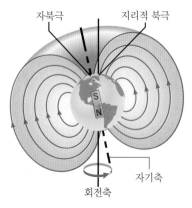

그림 21.5 지구 자기장은 지구의 중심 부근에 막대 자석이 있는 것과 같은 결과를 보인다. 이 가상적인 막대 자석의 축은 지구의 회전축과 일치하지 않으며, 두 축이 이루는 각도는 현재 약 11.5°이다.

* 현재로써는 무엇이 지구의 자기장을 생기게 하는지 명백해지는 않지만, 지구 핵 주위의 액체 영역에서 순환하는 전류로부터 생기는 것으로 추측된다. 어떻게 전류가 자기장을 만드는지는 21.7절에서 논의한다.

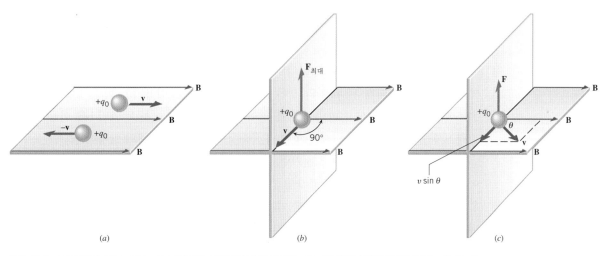

그림 21.6 (a) 전하의 이동 속도 **v**가 자기장과 평행하거나 반평행일 때는 자기력이 전하에 작용하지 않는다. (b) 전하가 자기장에 수직으로 움직일 때 전하에 최대 힘 **F**$_{최대}$이 작용한다. (c) 전하가 자기장에 대해 각도 θ로 움직이면 자기장에 수직인 속도 성분($v \sin \theta$)만이 자기력을 발생시키며, 크기는 **F**$_{최대}$의 크기보다 작다.

21.2 자기장이 움직이는 전하에 작용하는 힘

18.6절에서 전기장에 놓인 전하는 힘을 받는다는 사실을 공부하였다. 자기장 속에 놓인 전하도 특정 조건이 만족되면 힘을 받는다는 사실을 알아보자. 이미 배운 중력, 탄성력, 전기력 등의 힘과 마찬가지로, **자기력**(magnetic force)도 물체를 가속시킬 수 있으며, 뉴턴의 제2법칙을 적용할 수 있다. 자기장 속에 놓인 전하가 자기력의 영향을 받기 위해서는 다음의 두 가지 조건이 만족되어야 한다.

  1. 정전하에는 자기력이 작용하지 않으므로, 전하는 움직이고 있어야 한다.
  2. 움직이는 전하의 속도는 자기장 방향에 대해 수직인 성분을 갖고 있어야 한다.

두 번째 조건을 좀 더 자세히 알아보기 위해서, 그림 21.6과 같이 속도 **v**로 움직이는 양의 시험 전하가 자기장을 통과하는 경우를 고려하자. 자기장 벡터를 기호 **B**로 나타내고 자기장의 크기와 방향이 일정하다고 가정하자. 만일 전하의 이동 방향이 자기장과 평행하거나 반대 방향(반평행)이면, 그림 (a)에서 보는 것과 같이 전하는 자기력을 받지 않는다. 반면에, 그림 (b)와 같이 자기장에 수직으로 운동하는 전하는 최대의 자기력 **F**$_{최대}$를 받는다. 일반적으로, 전하가 자기장에 대해 θ인 각도로 움직이면*[그림 (c) 참조], 자기장에 수직인 속도 성분 $v \sin \theta$ 만이 자기력을 발생시킨다. 이 힘 **F**의 크기는 **F**$_{최대}$의 크기보다 작다. 자기장에 평행한 속도 성분은 힘을 생성하지 않는다.

  그림 21.6의 설명과 같이, 자기력 **F**의 방향은 속도 **v**와 자기장 **B**가 만드는 평면에 수직이다. 자기력 방향을 결정하는 방법으로는 그림 21.7에 나타낸 것처럼 **오른손 법칙-1**(Right-Hand Rule No. 1)을 이용하면 편리하다.

  오른손 법칙-1 엄지손가락은 전하의 속도 **v**의 방향으로 향하게 하고, 나머지 손가락

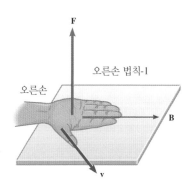

그림 21.7 오른손 법칙-1에 대한 설명. 엄지손가락은 전하의 속도 **v** 의 방향으로 향하게 하고, 나머지 손가락들을 자기장 **B** 의 방향으로 향하도록 한다. 이때 손바닥 방향은 양전하에 작용하는 자기력 **F** 의 방향이다.

* 전하의 속도 벡터와 자기장 사이의 각 θ는 $0 \leq \theta \leq 180°$인 범위에 있도록 선택한다.

들은 자기장 **B**의 방향으로 향하도록 한다. 그러면, 손바닥 방향은 양전하에 작용하는 자기력 **F**의 방향이며, 이는 오른손 바닥이 양전하를 자기력 방향으로 밀치는 것과 같다.

만일 움직이는 전하의 부호가 양이 아니고 음이라면, 자기력 방향은 오른손 법칙-1이 예상한 방향과 반대가 된다. 이와 같이 움직이는 음전하에 작용하는 힘의 방향을 찾는 방법은 다음과 같다. 우선 전하의 부호를 양이라고 가정하고, 오른손 법칙-1을 이용하여 자기력 방향을 결정한다. 그 반대 방향이 음전하에 작용하는 자기력의 방향이 된다.

18.6절에서 시험 전하와 정전기력으로부터 전기장을 정의한 것과 유사하게 자기력을 이용하여 자기장을 정의하자. 공간상 임의 지점에 작용하는 전기장은 그 지점에 놓인 단위 시험 전하에 작용하는 힘과 같다. 다시 말하면, 전기장 **E**는 정전기력 **F**를 전하량 q_0로 나눈 양과 같다. 즉 $\mathbf{E} = \mathbf{F}/q_0$이다. 그러나 자기장의 경우에는 시험 전하가 움직일 때만 자기력을 주며, 이 자기력이 전하량 q_0뿐만 아니라 자기장에 수직인 속도 성분 $v \sin \theta$에도 의존한다. 따라서 자기장의 크기를 결정하기 위해서는 자기력의 크기에 q_0뿐만 아니라 $v \sin \theta$로도 나누어야 한다.

■ 자기장

공간의 임의 지점에서 자기장의 크기는 다음과 같이 정의된다.

$$B = \frac{F}{q_0(v \sin \theta)} \tag{21.1}$$

여기서 F는 양의 시험 전하 q_0에 작용하는 자기력의 크기이고, v는 전하의 속력이며 θ ($0 \leq \theta \leq 180°$)는 속도 벡터와 자기장 벡터 사이의 각이다. 자기장 **B**는 벡터이며, 방향은 나침반을 이용하여 결정할 수 있다.

자기장의 SI 단위: $\dfrac{\text{뉴턴 (N)} \cdot \text{초 (s)}}{\text{쿨롬 (C)} \cdot \text{미터 (m)}} = 1 \text{테슬라 (T)}$

자기장의 단위는 식 21.1로부터 $\text{N} \cdot \text{s}/(\text{C} \cdot \text{m})$이며, 크로아티아 태생의 미국인 전기공학자 니콜라 테슬라(1856~1943)의 공헌을 기리기 위하여 이 단위를 테슬라(T)라고 부른다. 즉 1 테슬라는 1 C의 전하량을 가진 시험 전하가 단위 속력(1 m/s)로 자기장에 수직인 방향으로 운동할 때 1 N의 힘을 주는 자기장의 크기이다. 1 C/s가 1 A이므로(20.1절 참조), 테슬라를 $1 \text{T} = 1 \text{N}/(\text{A} \cdot \text{m})$로도 표기한다.

1 테슬라의 자기장은 매우 큰 값이다. 예를 들면 지구 표면 근처에서 자기장의 크기는 대략 10^{-4}T 정도이다. 이러한 작은 자기장의 크기를 취급할 때는 가우스(G)라는 자기장의 단위가 사용된다. 1 가우스 $= 10^{-4}$ 테슬라이다. 가우스는 SI 단위는 아니지만 실제 생활에서 많이 사용하는 편리한 크기의 단위이기에 기억해 두면 유익하다. 예제 21.1은 운동하는 양성자와 전자에 작용하는 자기력에 관한 문제이다.

예제 21.1 | 하전 입자에 작용하는 자기력

입자 가속기 속에서 양성자의 속력은 5.0×10^6 m/s이다. 만약 양성자가 0.40 T인 자기장 속으로, 자기장과 $\theta = 30.0°$의 각을 이루면서 입사할 때[그림 21.6(c) 참조] (a) 양성자에 작용하는 자기력의 크기와 방향을 구하라. (b) 양성자의 가속도를 구하라. (c) 만약 입사 입자가 양성자가 아니고 전자인 경우, 자기력과 가속도는 얼마인가?

살펴보기 양성자와 전자 모두 자기력의 크기는 식 21.1로 주어진다. 그러나 이 두 입자에 작용하는 힘은 서로 반대 방향이다. 가속도는 뉴턴의 제2법칙으로 계산한다. 이때 양성자와 전자의 질량이 다르다는 사실에 유의한다.

풀이 (a) 양성자의 전하량은 1.6×10^{-19} C이고, 식 21.1에 따라 자기력의 크기는 $F = q_0 v B \sin u$이다. 그러므로 힘의 크기는 다음과 같다.

$$F = (1.60 \times 10^{-19} \text{ C})(5.0 \times 10^6 \text{ m/s})(0.40 \text{ T})(\sin 30.0°)$$
$$= \boxed{1.6 \times 10^{-13} \text{ N}}$$

자기력의 방향은 오른손 법칙-1에 의해 주어지며, 그림 21.6(c)처럼 자기장이 오른쪽을 향할 때 자기력은 위를 향한다.

(b) 양성자의 가속도의 크기 a는 알짜 힘을 양성자 질량 m_p으로 나누면 구할 수 있다.

$$a = \frac{F}{m_p} = \frac{1.6 \times 10^{-13} \text{ N}}{1.67 \times 10^{-27} \text{ kg}} = \boxed{9.6 \times 10^{13} \text{ m/s}^2} \quad (4.1)$$

가속도의 방향은 알짜 힘(자기력)의 방향과 같다.

(c) 전자에 대한 자기력의 크기는 양성자에 대한 것과 같다. 그 이유는 속력과 전하량의 크기가 같기 때문이다. 그러나 힘의 방향은 양성자의 경우와 반대이다. 그림 21.6(c)에서 보는 바와 같이 힘의 방향은 전자의 전하가 음이기 때문에 아래로 향한다. 전자는 양성자보다 작은 질량을 가지므로, 더 큰 가속도를 갖는다.

$$a = \frac{F}{m_e} = \frac{1.6 \times 10^{-13} \text{ N}}{9.11 \times 10^{-31} \text{ kg}} = \boxed{1.8 \times 10^{17} \text{ m/s}^2}$$

가속도는 그림 21.6(c)에서 아래로 향한다.

21.3 자기장 속에서 전하의 운동

전기장과 자기장에서 입자의 운동 비교

전기장 속에서 하전 입자의 운동은 자기장 속에서 운동과 많은 차이가 있다. 예를 들면 그림 21.8(a)는 평행판 축전기의 극판 사이에서 운동하는 양성자를 나타내고 있다. 처음에 전기장과 수직으로 운동하는 양성자의 경우, 양전하에 대한 전기력의 방향은 전기장과 같은 방향이므로 양성자는 음극판 쪽으로 편향한다. 그림 21.8(b)는 처음에 자기장에 대해서

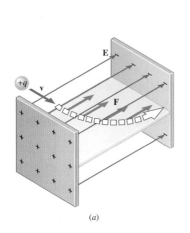

(a)

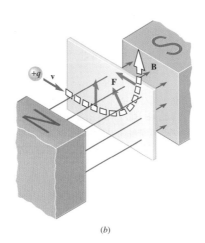

(b)

그림 21.8 (a) 양전하에 작용하는 전기력 **F**는 전기장 **E**에 평행하므로 궤도는 수평면 위에 있고 흰다. (b) 자기력 **F**는 자기장 **B**와 속도 **v**에 모두 평행하므로 입자의 궤도는 수직면 위에 있고 흰다.

수직으로 운동하는 양성자를 나타내고 있다. 오른손 법칙-1을 적용하면, 전하가 자기장 속으로 들어가는 순간 자기력에 의해 위쪽으로 편향한다. 전하가 위쪽으로 움직이는 순간 자기력의 방향은 바뀐다. 그리고 자기력은 자기장과 속도에 항상 수직인 방향을 유지한다. 개념 예제 21.2에서는 전기장과 자기장이 움직이고 있는 전하에 어떻게 힘을 작용하는가 를 알아본다.

개념 예제 21.2 | 속도 선택기   ⊙ 속도 선택기의 물리

속도 선택기는 전기력과 자기력이 서로 균형을 이루도록 하여 하전 입자의 속도를 측정하는 장치이다. 그림 21.9(a)는 양의 전하 +q와 일정한 자기장 B*에 수직으로 움직이는 속도 v를 갖는 입자를 나타낸다. 전기장 E의 방향을 어떻게 선택해야 입자에 작용하는 전기력이 자기장 B에 의한 자기력과 균형을 이룰 수 있겠는가?

살펴보기와 풀이   만일 전기력과 자기력이 균형을 유지하려 면, 서로 반대 방향이어야 한다. 오른손 법칙-1을 적용하면 그림 21.9(a)에서 양전하에 작용하는 자기력은 위쪽 방향이고 전기 력은 아래쪽을 향해야 한다. 따라서 전기력이 자기력과 균형을 이루려면 전기장은 아래쪽을 향해야 한다. 즉 전기장과 자기장 은 수직이다. 그림 21.9(b)는 서로 수직인 전기장과 자기장을 이용하는 속도 선택기를 나타낸다. 이것은 자기장 B 속에 놓인 원통형 관으로 구성되어 있다. 관 속에는 전기장 E를 형성하는 평행판 축전기가 들어 있다. 하전 입자는 전기장과 자기장에 모 두 수직인 관의 왼쪽 끝에서 들어간다. E와 B의 크기를 적당히 조절하면, 전기력과 자기력을 서로 상쇄시킬 수 있다. 입자에 작용하는 알짜 힘이 없으므로, 뉴턴의 제2법칙에 따라 속도는 변하지 않는다. 결과적으로 입자는 일정한 속력으로 직선 운동 하여 관의 오른쪽 끝으로 나온다. 선택된 속도의 크기는 전기장

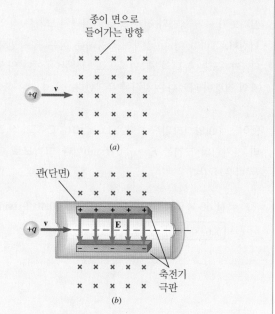

그림 21.9   (a) 양의 전하량 q를 가진 전하가 속도 v로 자기장 속으로 들어간다. 속도 벡터는 자기장 B에 수직이다. (b) 속도 선택기는 내부에 자기장과 수직인 전기장 E가 있으며, 입자에 작용하는 전기력과 자기력 이 균형을 이루도록 장의 크기가 조절되는 관이다.

과 자기장의 크기로부터 결정된다. 정해진 속도와 다른 속도를 갖는 입자는 편향되어 관의 오른쪽 끝으로 나오지 못하게 된다.

자기장 속에서 움직이는 하전 입자는 항상 자기장에 수직인 자기력의 영향을 받는다 는 것을 살펴보았다. 하지만 전기장에 의한 힘은 전기장 방향과 평행(또는 반평행)하다.

* 일반적으로 책에서는 종이 면에 수직인 방향의 자기장 **B**가 편리하다. 이 경우 종이 면에서 나오는(독자를 향하는) 방향을 기호로 나타내기 위해 점을 이용한다. 이 점은 **B** 벡터를 나타내는 화살의 촉을 기호로 표시한 것이다. 종이 면에 들어가는 방향의 자기장은 화살의 꼬리깃털을 의미하는 가위표를 그린다. 따라서 자기장이 종이 면에서 나오 는 방향과 들어가는 방향을 나타내는 영역은 그림에 나타낸 것과 같이 그려진다.

· · · · ·   × × ×
· · · · ·   × × ×
· · · · ·   × × ×

종이 면에서 나오는 방향   종이 면으로 들어가는 방향

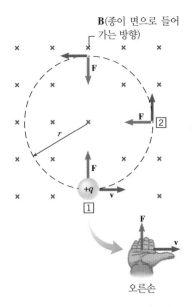

전기장과 자기장에서 운동하는 하전 입자에 가해진 일

그림 21.8(a)에서 전기장은 양의 하전 입자에 힘을 작용하며, 입자의 경로는 힘의 방향으로 휘게 된다. 전기력 방향으로 입자의 변위 성분이 존재하므로, 식 6.1에 따라 힘은 입자에 대해 일을 한다. 이 일은 일-에너지 정리(6.2절 참조)에 의해서, 운동 에너지를 증가시키며 따라서 속력도 증가시킨다. 반면에 그림 21.8(b)에서 자기력은 전하의 운동 방향에 항상 수직으로 작용하며, 움직이는 전하의 변위는 자기력 방향의 성분을 갖지 않는다. 따라서 그림 21.8(b)에서 자기력은 일을 할 수 없으며 하전 입자의 운동 에너지를 변화시키지 못한다. 이와 같이 자기력은 운동 방향을 바꿀 수는 있지만, 입자의 속력은 변화시키지 못한다.

그림 21.10   양으로 대전된 입자가 균일한 자기장에 수직으로 운동하고 있다. 자기력 **F**는 입자가 원형 경로 위를 운동하게 한다.

원형 궤도

일정한 자기장 속에서 하전 입자의 운동을 더 알아보기 위하여 균일한 자기장에 수직으로 입사하는 경우를 고려하자. 그림 21.10의 설명과 같이 자기력은 입자가 원형 궤도를 따라 운동하도록 한다. 궤도가 원형이 되는 이유를 알아보기 위해서, 1과 2로 표시된 원주 위의 두 지점을 고려하자. 양의 하전 입자가 1 지점에 있을 때, 자기력 **F**는 속도 **v**에 수직이며 그림에서 위쪽을 가리킨다. 이 힘은 경로를 위쪽으로 휘어지게 만든다. 입자가 2 지점에 도달하면, 자기력은 여전히 속도에 수직으로 작용하며, 그림에서 왼쪽을 향하게 된다. 자기력은 항상 속도에 수직으로 작용하며 원형 경로의 중심을 향한다.

그림 21.10에서 궤도 반지름을 구하기 위해서 5.3절의 구심력의 개념을 적용하자. 구심력은 원의 중심을 향하며 입자가 원형 궤도를 따라 운동하게 만든다. 구심력의 크기 F_c는 입자의 속력 v와 질량 m에 의존하며, 원의 반지름 r에도 의존한다.

$$F_c = \frac{mv^2}{r} \tag{5.3}$$

이 경우 자기력은 구심력을 제공한다. 자기력은 속도에 수직이므로 전하 $+q$가 원운동하는 동안 일을 하지 않는다. 식 21.1로 부터 자기력의 크기는 $qvB \sin 90°$이므로 $qvB = mv^2/r$이고, 이로부터

$$r = \frac{mv}{qB} \tag{21.2}$$

를 얻는다. 이 결과는 원의 반지름이 자기장의 크기에 반비례한다는 것을 나타내며, 강한 자기장일수록 반지름이 더 짧아진다. 예제 21.3은 식 21.2를 응용한 문제이다.

 예제 21.3 │ 양성자의 운동

평행판 축전기의 양극판 옆에 있는 A 지점에서 속력 0인 양성자를 방출한다. 양성자는 음극판 쪽으로 가속되고, B 지점에서 판의 작은 구멍을 통해 축전기를 떠난다. 양극판의 전위는 음극판보다 2100 V 크다. 즉 $V_A - V_B = 2100$ V이다. 축전기를 벗어난 양성자는 일정한 속도로 운동하여 크기가 0.10 T로 일정한 자기장 영역으로 들어간다. 속도 벡터는 자기장에 수직이며, 그림 21.11에서 종이 면의 밖을 향한다. (a) 축전기의 음극판을 떠날 때의 양성자의 속력 v_B를 구하고, (b) 자기장 속에서 입자가 운동하는 원형 경로의 반지름 r을 구하라.

살펴보기 축전기의 극판 사이에 있는 동안 양성자(전하량 $= +e$)에 작용하는 유일한 힘은 전기력이다. 따라서 에너지 보존을 이용하여 음극판을 떠날 때 양성자의 속력을 구할 수 있다. 양성자의 총 에너지는 운동 에너지 $\frac{1}{2}mv^2$과 전기 위치 에너지 EPE의 합이다. B 지점의 총 에너지를 A 지점의 총 에너지와 같다고 놓자.

$$\underbrace{\tfrac{1}{2}mv_B{}^2 + \text{EPE}_B}_{\text{B 지점의 총 에너지}} = \underbrace{\tfrac{1}{2}mv_A{}^2 + \text{EPE}_A}_{\text{A 지점의 총 에너지}}$$

양성자는 정지 상태에서 출발하므로 $v_A = 0$ m/s이며, 식 19.3을 이용하면 $\text{EPE}_A - \text{EPE}_B = e(V_A - V_B)$이다. 그러면 에너지 보존식은 $\frac{1}{2}mv_B^2 = e(V_A - V_B)$가 된다. v_B에 대해 풀면 $v_B = \sqrt{2e(V_A - V_B)/m}$이다. 이 속력을 가진 양성자가 자기장 속에 들어가서 식 21.2에 의해 주어진 반지름을 갖는 원형 경로를 움직인다.

풀이 (a) 양성자의 속력은

$$v_B = \sqrt{\frac{2e(V_A - V_B)}{m}} = \sqrt{\frac{2(1.60 \times 10^{-19}\ \text{C})(2100\ \text{V})}{1.67 \times 10^{-27}\ \text{kg}}}$$

$$= \boxed{6.3 \times 10^5\ \text{m/s}}$$

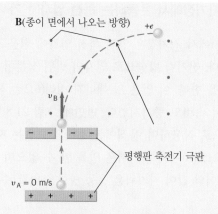

그림 21.11 축전기의 양극판에서 정지해 있던 양성자가 음극판을 향해 가속된다. 축전기를 떠난 양성자는 자기장 속으로 들어가서 반지름 r인 원형 경로 위를 운동한다.

이다.

(b) 양성자가 자기장 속에서 운동할 때, 원형 경로의 반지름은

$$r = \frac{mv_B}{eB} = \frac{(1.67 \times 10^{-27}\ \text{kg})(6.3 \times 10^5\ \text{m/s})}{(1.60 \times 10^{-19}\ \text{C})(0.10\ \text{T})}$$

$$= \boxed{6.6 \times 10^{-2}\ \text{m}} \tag{21.2}$$

이다.

오늘날 물리학에서 흥미로운 분야 중 하나는 기본 입자에 관한 연구인데, 이 기본 입자는 모든 물질을 구성하는 건축용 블록과 같다. 기본 입자에 대한 중요한 정보는, 거품 상자(bubble chamber)로 알려진 장치의 도움을 받아 자기장 속에서 입자 운동으로부터 얻을 수 있다. 거품 상자는 초고온으로 가열되어 거품 상태가 된 수소와 같은 액체를 담고 있다. 전기적으로 대전된 입자가 거품 상자를 통과할 때 가는 거품 궤적을 남긴다. 이 궤적은 자기장이 입자의 운동에 어떻게 영향을 주는가를 보여주기 위해 사진으로 찍을 수 있다.

21.4 질량 분석기

○ 질량 분석기의 물리 물리학자들은 동위 원소들의 상대적인 질량과 존재비를 측정하기 위해서 질량 분석기를 이용한다.* 화학자들은 화학 반응에서 생긴 분자를 확인할 때 이 장치를 이용한다. 질량 분석기는 외과에서도 이용되는데 마취의사에게 환자의 폐 속에 있는 마취제를 포함한 기체에 대한 정보를 제공한다.

그림 21.13에 설명된 질량 분석기의 경우, 우선 이온 발생기 속에서 원자 또는 분자를

---

* 동위 원소란 원자 번호는 같으나 핵 속의 중성자 개수가 달라서 질량이 다른 원자들을 말한다. 31.1절을 참조하라.

증발시킨 다음 이온화시킨다. 이온화 과정은 입자로부터 전자 한 개를 제거하므로, 입자는 순수한 양의 전하 $+e$를 가지고 움직인다. 그러면 양이온은 이온 발생기와 금속판 사이에 가해진 전위차 V를 통과하며 가속된다. 이온은 속력 v로 판의 구멍을 통과하여 균일한 자기장 **B**가 있는 영역으로 들어가서, 반원형 경로를 따라 운동한다. 반지름 r인 경로를 따르는 이온만이 검출기에 충돌하게 되고, 검출기는 초당 도착한 이온의 수를 기록한다.

검출된 이온의 질량 m은 전하가 $+e$인 입자의 궤도 반지름이 $r = mv/(eB)$(식 21.2)라는 사실로부터 r, B 그리고 v로 표현할 수 있다. 그리고 예제 21.3의 이론 부분에 의하면 이온의 속력 v는, 전위차 V를 포함한 식 $v = \sqrt{2eV/m}$로 주어진다. 이 v에 대한 표현은 예제 21.3에서 전위차 $V_A - V_B$를 V로 바꾼 것이다. 두 식에서 v를 소거하면 질량에 대한 표현은

$$m = \left(\frac{er^2}{2V}\right) B^2$$

이다. 이 결과는 검출기에 도착하는 각 이온의 질량이 B^2에 비례한다는 것을 나타낸다. 실험적으로 B의 값을 변화시키고 괄호 안의 항은 일정하게 유지시키면 다른 질량을 가진 이온이 검출기에 들어가게 된다. 그러면 B^2의 함수로 나타낸 검출기의 결과 그래프는 어떤 질량이 존재하는가를 표시하고, 각 질량의 양도 나타낸다.

그림 21.14는 대기 속에 존재하는 네온 가스에 대해 질량 분석기에 의해서 얻은 결과를 나타낸다. 이 결과는 네온 원자가, 질량수가 각각 20, 21, 그리고 22인 세 가지 동위 원소를 가진다는 것을 나타낸다. 이들 동위 원소는 네온 원자가 핵 속에 서로 다른 수의 중성자를 갖기 때문에 나타난다. 동위 원소의 존재비는 서로 다르며 질량수 20인 원자의 양이 가장 많다.

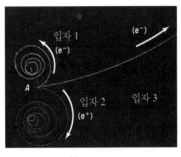

(a)

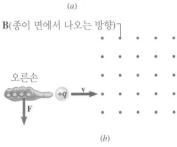

(b)

그림 21.12 (a) 거품 상자 안의 궤적. 자기장은 종이 면에서 나오는 방향이다. A 지점에서 감마선(보이지 않음)은 전자(e^-)와 양전자(e^+)로 변한다. 이 두 입자는 나선형의 궤도를 그리며 움직인다. 수소 원자 속에 있던 전자 하나도 충돌해서 진행한다. (b) 오른손 법칙-1을 따라 자기장은 오른쪽으로 움직이고 있는 양의 전하에 대해 아래 방향의 힘을 작용한다.

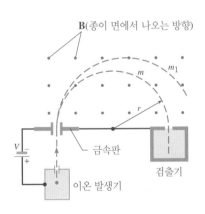

그림 21.13 이 질량 분석기 안에서 점선은 다른 질량을 갖는 두 이온이 움직인 경로이다. 질량 m을 가진 이온은 반지름 r인 경로를 따라 검출기로 들어간다. 더 큰 질량 m_1을 갖는 이온은 밖의 경로를 따라 검출기를 벗어난다.

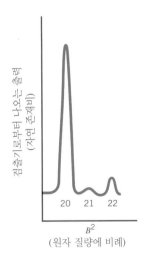

그림 21.14 대기 속 네온의 질량 분석 스펙트럼(눈금은 정확하지 않음). 원자 번호가 각각 20, 21, 그리고 22인 세 가지 동위 원소를 나타낸다. 봉우리가 클수록 그 동위 원소의 양이 더 많다.

21.5 자기장 속에서 전류에 작용하는 힘

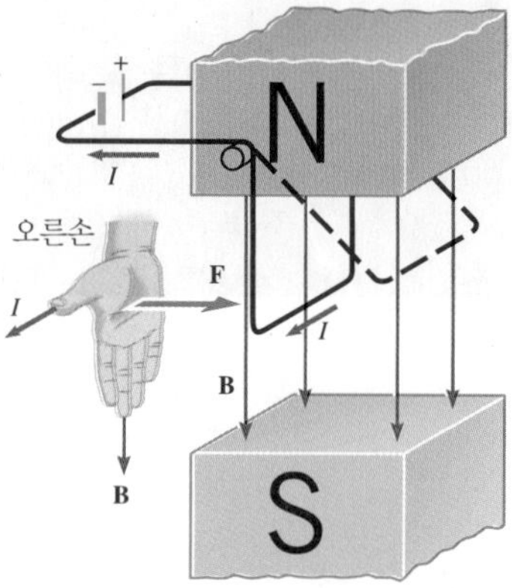

앞에서 논의된 것처럼, 자기장 속에서 운동하는 전하는 자기력을 받는다. 전류는 전하들의 집단적인 움직임이므로 자기장 속에 있는 전류도 전기력의 영향을 받게 된다. 그림 21.15에는 자석의 두 극 사이에 전류가 흐르는 도선이 놓여 있다. 전류 I의 방향이 그림과 같을 때, 움직이는 전하에 작용하는 자기력은 도선을 오른쪽으로 민다. 양전하의 속도 방향을 전류 I의 방향으로 바꾸고, 오른손 법칙-1을 이용하면 힘의 방향을 알 수 있다. 그림에서 전지의 극을 바꾸어 전류의 방향을 바꾸면 힘의 방향이 반대가 되어 도선은 왼쪽으로 밀리게 된다.

전하가 자기장 속을 운동할 때 전하에 작용하는 힘의 크기는 $F = qvB \sin \theta$(식 21.1)이다. 이 식을 이용하여 전류에 적용되는 편리한 식을 얻을 수 있다. 그림 21.16에는 전류 I가 흐르는 길이가 L인 도선을 보인다. 도선과 자기장 $\mathbf{B}$가 이루는 각은 θ이다. 이 그림은 전하가 도선 속을 운동한다는 것을 제외하면 그림 21.6(c)와 유사하다. 이와 같은 도선에 작용하는 자기력은 도선 속을 운동하는 총 전하에 작용하는 알짜 힘과 같다. 시간 간격 Δt 동안 전하량 Δq가 도선의 길이만큼 이동한다고 가정하자. 이만큼의 전하에 작용하는 자기력의 크기는 식 21.1에 의해 $F = (\Delta q) vB \sin\theta$로 나타난다. 이 식의 우변에 Δt을 곱하고 나누면, 다음과 같이 된다.

$$F = \underbrace{\left(\frac{\Delta q}{\Delta t}\right)}_{I} \underbrace{(v \, \Delta t)}_{L} B \sin \theta$$

식 20.1에 따라 위 식의 $\Delta q / \Delta t$는 도선의 전류 I가 되며, $v\Delta t$는 도선의 길이 L이 된다. 그러므로 전류가 흐르는 도선에 작용하는 자기력에 대한 식은

전류가 흐르는 길이 L인 도선이 받는 자기력 $F = ILB \sin\theta$ (21.3)

이 된다. 자기장 속을 운동하는 단일 전하의 경우처럼, 전류가 흐르는 도선에 대한 자기력은 도선이 자기장에 수직($\theta = 90°$)인 경우에 최대가 되며, 자기장에 평행하거나 또는 반평행($\theta = 0°$ 또는 $180°$)인 경우에는 없다. 그림 21.16에 나타낸 것처럼 자기력의 방향은 오른손 법칙-1에 따라 결정된다.

대부분의 스피커는 자기장이 전류가 흐르는 도선에 힘을 주는 원리에 따라 작동한다. 그림 21.17(a)는 원뿔형 진동판, 음성 코일, 영구 자석으로 구성된 스피커의 내부를 보여주

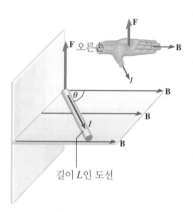

그림 21.15 도선에 전류 I가 흐르고 있으며, 도선의 아랫부분은 자기장 $\mathbf{B}$에 수직이다. 자기력에 의해 도선은 오른쪽으로 움직인다.

그림 21.16 도선의 전류 I는 자기장 $\mathbf{B}$에 대해 각 θ인 방향을 향하며 도선이 받는 자기력 $\mathbf{F}$는 위쪽으로 향한다.

● 스피커의 물리

그림 21.17 (a) 스피커의 분해도. 원뿔형 진동판, 음성 코일, 그리고 영구 자석으로 구성된다. (b) 음성 코일의 전류($\otimes$와 $\odot$으로 나타낸)에 의한 자기장이 음성 코일과 원뿔형 진동판에 자기력을 작용하게 한다.

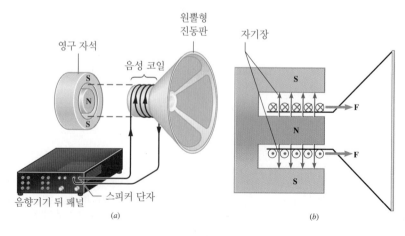

고 있다. 진동판은 앞뒤로 진동할 수 있도록 되어 있으며, 진동하는 동안 공기를 밀고 당기면서 음파를 발생시킨다. 음성 코일이 붙어 있는 진동판의 끝부분은 주변에 코일이 감겨져 있으며 속이 빈 원기둥 모양을 하고 있다. 음성 코일은 고정된 영구 자석의 한 극(그림에서 N극)을 싸고 있으며 자유롭게 움직일 수 있다. 음성 코일의 두 끝은 음향기기의 패널 위에 있는 스피커 단자에 연결된다.

음향기기는 교류 전원처럼 작용하여 음성 코일에 교류 전류를 보낸다. 교류 전류는 자기장과 상호 작용하여, 음성 코일과 진동판을 잡아당기고 미는(진동하는) 힘을 발생시킨다. 자기력이 어떻게 발생하는지 알아보기 위해서 음성 코일과 자석의 단면을 나타내는 그림 21.17(b)를 고려하자. 음성 코일의 위쪽 반 부분에서 전류는 종이 면으로 들어가는 방향(⊗⊗⊗)으로 향하며 아래쪽 반 부분은 종이 면에서 나오는 방향(⊙⊙⊙)으로 향한다. 두 경우 모두 자기장이 전류에 수직이기 때문에 최대 힘이 도선에 작용한다. 음성 코일의 위쪽 반과 아래쪽 반에 오른손 법칙-1을 적용하면 그림에서 자기력은 오른쪽으로 향하고 이는 진동판을 같은 방향으로 가속시킨다. 반주기 뒤에 전류의 방향이 바뀌면 자기력의 방향도 바뀌게 되어 진동판은 왼쪽으로 가속된다. 예를 들어 만일 수신기로부터 교류 전류가 1000 Hz의 진동수를 가지면, 교류 자기력은 같은 진동수로 진동판을 앞뒤로 진동시킨다. 즉 1000 Hz의 음파가 발생한다. 이와 같이 전기 신호를 음파로 바꾼 것은 전류가 흐르는 도선에 작용한 자기력이다. 예제 21.4에서 스피커 속의 전형적인 힘과 가속도를 계산한다.

◉ 음향기기의 물리

> 문제 풀이 도움말
> 자기장 속에 놓여 있는 도선에 흐르는 전류의 방향이 바뀌면, 도선에 작용하는 힘의 방향은 바뀐다.

예제 21.4 | 스피커에서 힘과 가속도

전선이 55번 감긴 지름 $d = 0.025$ m인 스피커의 음성 코일이 0.10 T인 자기장 속에 놓여 있다. 음성 코일 속에 흐르는 전류가 2.0 A일 때, (a) 코일과 진동판에 작용하는 자기력을 계산하라. (b) 음성 코일과 진동판의 질량의 합이 0.020 kg일 때, 이들의 가속도를 구하라.

살펴보기 음성 코일에 작용하는 자기력은 식 21.3에 의해서 $F = ILB \sin\theta$로 주어진다. 음성 코일의 도선 유효 길이 L은 감은 수 N과 원둘레(πd)를 곱한 것과 같다. 즉 $L = N\pi d$이다. 음성 코일과 진동판의 가속도는 뉴턴의 제2법칙에 따라 자기력을 전체 질량으로 나눈 것과 같다.

풀이 (a) 자기장이 도선의 모든 부분과 수직으로 작용하므로, $\theta = 90°$이고 음성 코일에 대한 힘은

$$\begin{aligned} F &= ILB \sin\theta \\ &= (2.0 \text{ A})[55\pi(0.025 \text{ m})](0.10 \text{ T})\sin 90° \quad (21.3) \\ &= \boxed{0.86 \text{ N}} \end{aligned}$$

이다.

(b) 뉴턴의 제2법칙에 따라, 음성 코일과 진동판의 가속도는

$$a = \frac{F}{m} = \frac{0.86 \text{ N}}{0.020 \text{ kg}} = \boxed{43 \text{ m/s}^2} \quad (4.1)$$

이다. 이 가속도는 중력 가속도보다 4배 이상 크다.

자기 유체 역학(MHD) 추진력은 배나 잠수함에 동력을 전달할 때 프로펠러를 이용하지 않고 전류에 대한 자기력을 이용하는 새로운 추진 방법이다. 이 방법으로 프로펠러, 전동기, 구동 축, 그리고 기어를 제거하여 저 비용, 고 신뢰, 저 소음 체계의 추진력을 얻을 수 있다. 그림 21.18(a)는 MHD 기술을 최초로 이용한 배인 야마토 1호를 보여주고 있다. (b)는 배 밑에 장착된 두 대의 MHD 추진기 중 하나의 측면도이다. 바닷물은 장치 앞쪽으로 들어와 뒷부분으로 배출된다. 제트 엔진도 유사한 방법을 이용하는데 비행기가 앞으로 나가도록 공기를 앞부분으로 받아들이고 뒤로 밀어낸다.

◉ 자기 유체 역학 추진력의 물리

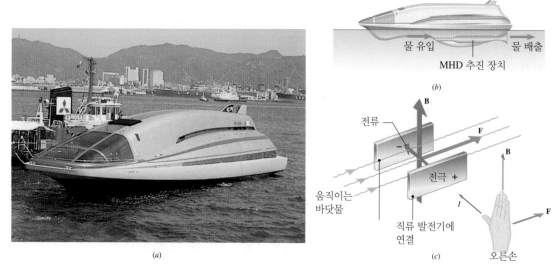

그림 21.18 (a) 야마토 1호는 자기 유체 역학(MHD) 추진력을 이용한 최초의 배이다. (b) 야마토 1호의 측면도. (c) MHD 장치에서 전류에 작용하는 자기력이 물을 뒤쪽으로 밀어낸다.

그림 21.18(c)는 추진 장치를 개략적으로 설명하고 있다. 배 안에 강한 자기장을 만들기 위해 초전도 도선을 이용한 전자석을 갖고 있다. 장치의 양쪽에 장착된 전극은 직류 전기 발전기에 연결되어 있다. 발전기는 바닷물을 통해 한쪽 전극에서 다른 쪽 전극으로 전류를 보낸다. 그림에 나타낸 것처럼 오른손 법칙-1에 따라서 자기장은 전류에 힘 **F**를 작용한다. 그림 21.15에서 도선을 미는 것과 유사한 방식으로 자기력은 바닷물을 밀어낸다. 결과적으로 튜브에서 물이 배출된다. MHD 장치가 물에 자기력을 작용하기 때문에 물은 추진 장치와 그것과 부착된 배에 힘을 작용한다. 뉴턴의 제3법칙에 따른 이 반작용력은 자기력과 크기가 같고 방향은 반대이며 배를 움직이게 하는 추진력을 제공한다.

21.6 전류가 흐르는 코일에 대한 토크

전류가 흐르는 도선이 자기장 속에 놓일 때 자기력의 영향을 받는 것을 보았다. 도선의 고리가 자기장 속에 적당히 놓이면 자기력은 고리를 회전시키려는 토크를 준다. 이 토크는 널리 이용되는 전기 모터를 작동시키는 원리이다.

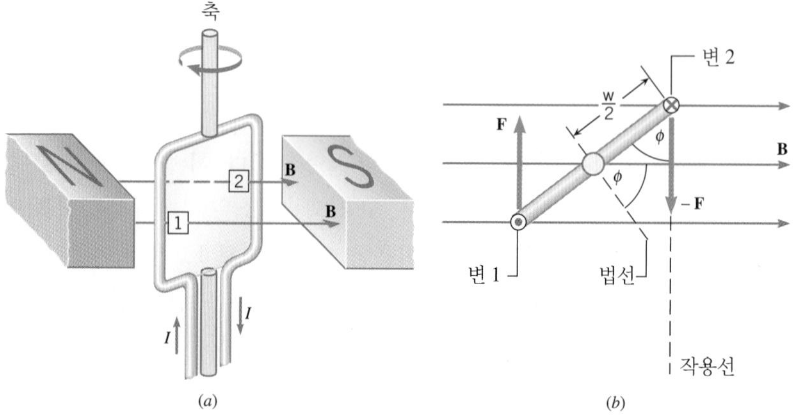

그림 21.19 (a) 전류가 흐르는 도선 고리. 고리는 수직축에 대해 회전할 수 있으며 자기장 속에 있다. (b) 고리를 위에서 본 평면도. 변 1에서 전류는 종이 면에서 나오는 방향(⊙)으로 흐르고, 변 2에서는 종이 면으로 들어가는 방향(⊗)으로 흐른다. 변 1의 전류에 작용하는 힘 **F**는 변 2에 작용하는 힘과 방향이 반대이다. 두 힘들은 축에 대해서 시계 방향의 토크를 준다.

그림 21.19(a)는 수직축에 붙어 있는 사각형 도선 고리이다. 균일한 자기장 속에서 자유롭게 회전할 수 있도록 축이 장착된다. 고리에 전류가 흐르면, 고리는 그림에서 1과 2로 표시된 자기장에 수직인 두 변에 작용하는 자기력 때문에 회전한다. 그림 (b)는 고리를 위에서 본 평면도와 두 변에 작용하는 힘 **F**와 −**F**를 나타낸다. 이 두 힘은 같은 크기를 갖지만, 오른손 법칙-1을 적용하면 서로 반대 방향을 향하기 때문에 고리에는 알짜 힘이 작용하지 않는다. 그러나 고리는 수직축에 대해서 시계 방향으로 회전시키려는 알짜 토크를 받는다. 그림 21.20(a)는 고리 면이 자기장에 수직일 때 토크는 최대가 된다는 것을 나타낸다. 전류가 흐르는 고리가 자기장 속에 있으면, 고리는 회전하여 고리의 법선이 자기장과 나란하게 되려는 경향이 있다. 이러한 경향은 자기장 속에 놓인 자석(예, 나침반 바늘)과 마찬가지이다.

고리에 대한 토크의 크기를 계산하는 것은 가능하다. 식 21.3으로부터 수직인 변에 작용하는 자기력은 $F = ILB \sin 90°$인 크기를 가지는데, 여기서 L은 변 1 또는 변 2의 길이이고, 고리가 회전할 때 전류 I는 항상 자기장에 수직이므로 $\theta = 90°$이다. 9.1절에서 논의된 바와 같이, 힘에 의해 발생하는 토크는 힘의 크기와 지레팔의 곱이 된다. 그림 21.19(b)에서 지레팔은 힘의 작용선으로부터 회전축까지의 수직 거리이다. 이 거리는 $(w/2)\sin\phi$로 주어지는데, 여기서 w는 고리의 폭이며, ϕ는 고리면의 법선과 자기장의 방향 사이의 각이다. 알짜 토크는 두 변에 작용하는 토크의 합이므로

$$\text{알짜 토크 } \tau = ILB \left(\tfrac{1}{2}w \sin \phi\right) + ILB \left(\tfrac{1}{2}w \sin \phi\right) = IAB \sin \phi$$

이다. 이 결과에서 곱 Lw는 고리의 넓이 A로 바뀌었다. 만일 도선을 구부려 모두 넓이가 A인 N개의 고리로 된 코일을 만들면, 각 변에 작용하는 힘이 N배로 되고, 토크도 비례해서 커진다.

$$\tau = NIAB \sin \phi \qquad (21.4)$$

식 21.4는 사각 코일에 대해서 유도된 것이지만, 원형 코일과 같은 어떤 모양의 평평한 코일에 대해서도 성립한다. 토크는 NIA의 값에 비례하며 이는 코일의 기하학적 성질과 전류에 의존한다. 이 양은 코일의 **자기 모멘트**(magnetic moment)로 알려져 있으며, 단위는 암페어(A) · 제곱미터(m^2)이다. 전류가 흐르는 코일의 자기 모멘트가 커질수록 자기장 속에 놓인 코일은 더 큰 토크를 받는다. 예제 21.5는 자기장이 코일에 작용하는 토크에 대해 논의한다.

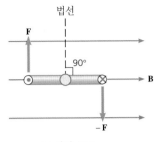

(a) 최대 토크

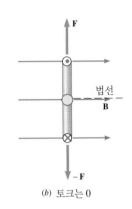

(b) 토크는 0

그림 21.20 (a) 고리 면의 법선이 자기장에 수직인 경우에 토크는 최대이다. (b) 고리 면의 법선이 자기장에 평행일 때 토크는 0이 된다.

예제 21.5 | 전류가 흐르는 코일에 작용하는 토크

도선의 코일이 $2.0 \times 10^{-4}\,m^2$인 넓이를 가지며, 100개의 고리로 구성되어 있고, 0.045 A의 전류가 흐른다. 코일이 크기가 0.15 T인 균일한 자기장 속에 놓여 있다. (a) 코일의 자기 모멘트를 계산하라. (b) 자기장이 코일에 작용하는 최대 토크를 구하라.

살펴보기와 풀이 (a) 코일의 자기 모멘트는

$$\text{자기 모멘트} = NIA = (100)(0.045\,\text{A})(2.0 \times 10^{-4}\,m^2)$$
$$= \boxed{9.0 \times 10^{-4}\,\text{A} \cdot m^2}$$

(b) 식 21.4에 따라 토크는 자기 모멘트와 $B \sin\phi$의 곱이다. 최대 토크는 $\phi = 90°$일 때의 토크이다. 즉

$$\tau = \underbrace{(NIA)}_{\text{자기 모멘트}}(B \sin 90°) = (9.0 \times 10^{-4}\,\text{A} \cdot m^2)(0.15\,\text{T})$$
$$= \boxed{1.4 \times 10^{-4}\,\text{N} \cdot m}$$

이다.

⊙ 직류 전동기의 물리

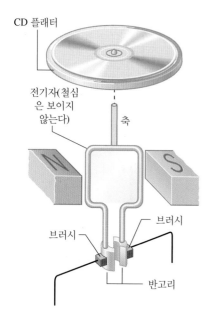

CD 플래터

전기자(철심
은 보이지
않는다)

축

브러시

브러시

반고리

그림 21.21 직류 전동기의 기본 구성. CD 플래터는 나타낸 것처럼 전동기에 붙일 수 있다.

전동기는 콤팩트디스크(CD) 플레이어, 카세트덱, 자동차, 세척기, 그리고 에어컨과 같은 많은 장치에 이용되고 있다. 그림 21.21이 나타내는 것처럼 직류(dc) 전동기는, 자기장 속에 놓여 있으며 축에 대해 자유롭게 회전하는 도선 코일로 구성된다. 도선 코일은 코일과 함께 회전하는 원통형 철 주위에 여러 번 감겨 있는데 그림에서는 이러한 특징이 생략되었다. 코일과 원통형 철의 조립품을 전기자(armature)라 부른다. 도선 코일의 각 끝에는 금속 반고리가 붙어 있다. 회전할 때 두 반고리를 브러시로 불리는 흑연 접점이 문지르게 되어 있다. 반고리가 코일과 회전하는 동안 흑연 브러시는 정지해 있다. 두 개의 반고리와 관련된 브러시들은 스플릿-링(split-ring) 정류자로 불리며 이것의 용도를 간단히 설명한다.

전동기의 작동은 그림 21.22를 고려하면 이해된다. 그림 (a)에서 전지로부터 전류가 왼쪽 브러시와 반고리를 통해 코일로 들어가고 코일을 돌아서 오른쪽 반고리와 브러시를 통해 흘러 나간다. 오른손 법칙-1에 따라 코일의 두 변에 작용하는 자기력 **F**와 −**F**의 방향은 그림에 나타낸 것과 같다. 이 힘들이 코일을 돌리는 토크를 준다. 결국 코일은 그림 (b)에 나타낸 위치에 도달한다. 이 위치에서 반고리들은 순간적으로 브러시와의 전기적 접촉을 잃게 되며 코일에는 전류가 흐르지 않고 토크가 작용하지 않는다. 그러나 회전하는 코일은 관성 때문에 바로 멈추지 않고 계속 움직인다. 반고리가 다시 브러시와 접촉하면 코일에는 다시 전류가 흐르고 자기장에 의한 토크는 다시 코일을 같은 방향으로 회전시킨다. 스플릿-링 정류자는 전류가 항상 적당한 방향으로 흐르게 하여, 토크가 코일을 지속적으로 회전하게 한다.

21.7 전류에 의한 자기장

영구 자석과 같은 외부 원인에 의해서 발생한 자기장 속에 전류가 흐르는 고리가 놓이면 자기력이 작용하는 것을 보았다. 이 절에서는 전류 고리가 주위에 자기장을 만드는 것에 대해서 논의한다. 외르스테드(1777~1851)는 1820년에 최초로 이 현상을 발견하였는데, 그는 전류가 흐르는 고리가 주변의 나침반 바늘의 방향에 영향을 주는 것을 목격했다. 나침반 바늘은 전류와 지구의 자기장이 만드는 알짜 자기장을 따라 배열된다. 외르스테드의

그림 21.22 (a) 전류가 코일에 흐를 때 코일은 토크의 작용을 받는다. (b) 관성 때문에 전류가 흐르지 않을 때에도 코일은 계속 돈다.

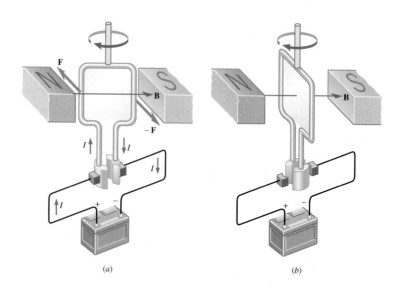

(a)

(b)

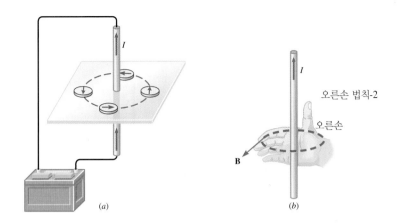

그림 21.23 (a) 매우 긴 직선 전류가 흐르면 도선 주위에 원형 자기력선을 발생시키며, 그러한 원형 자기력선의 하나를 나침반 바늘들이 가리키고 있다. (b) 만일 오른손의 엄지가 전류 I의 방향을 가리키면 오른손 법칙-2에 따라 둥글게 감싼 손가락들은 자기장의 방향을 가리킨다.

발견은 전하의 운동과 자기장의 생성을 연결시켰고, **전자기학**(electromagnetism)이라 불리는 중요한 분야의 새 장을 열었다.

긴 직선 도선

그림 21.23(a)는 매우 긴 직선 도선에 대한 외르스테드의 발견을 설명한다. 전류가 존재하면, 각 위치의 나침반 바늘들은 도선을 둘러싸는 고리 모양으로 나타난다. 그 모양은 전류에 의해서 발생한 자기력선이 도선에 중심을 둔 원임을 나타낸다. 만약 전류의 방향을 바꾸면 나침반 바늘의 방향이 바뀌는데, 이는 자기장의 방향이 바뀐다는 것을 나타낸다. 자기장의 방향은 다음에 기술하는 오른손 법칙-2를 이용하여 얻을 수 있는데, 그림 (b)가 나타내는 것과 같다.

> **오른손 법칙-2** 반원 모양으로 오른손의 손가락을 감싸 쥔다. 엄지로 전류 I의 방향을 가리키면, 손가락들의 끝은 자기장 **B**의 방향을 가리키게 된다.

실험적으로 확인되는 것처럼, 무한히 긴 직선 도선에 의해 발생한 자기장의 크기 B는 전류 I에 비례하고 도선으로부터 떨어진 거리 r에 반비례한다. 즉 $B \propto I/r$이다. 비례 상수를 도입하여 식으로 만들 수 있는데 실험에 의하면 이 상수는 $\mu_0/(2\pi)$이다. 따라서 자기장의 크기는

무한히 긴 직선 도선
$$B = \frac{\mu_0 I}{2\pi r} \tag{21.5}$$

이다. 상수 μ_0는 **진공의 투자율**(permeability of free space)로 알려져 있으며, 그 값은 $\mu_0 = 4\pi \times 10^{-7}\,\text{T}\cdot\text{m/A}$이다. 도선 주위에서는 r이 작으므로 자기장은 세다. 따라서 도선 부근의 자기력선이 먼 곳의 자기력선들에 비해 더 조밀하다. 도선으로부터 멀수록 자기장은 보다 약하다. 그림 21.24는 직선 도선 주위의 자기력선들의 모양을 나타낸다.

다음 예제에서 설명하는 것처럼 전류가 흐르는 고리를 둘러싼 자기장은 운동하는 전하에 힘을 작용한다.

그림 21.24 거리 r이 감소하면 자기장은 더 세지고, 도선 주위에서 자기력선들이 더 조밀하다.

예제 21.6 | 전류는 운동하는 전하에 자기력을 작용한다

그림 21.25는 전류 $I = 3.0$ A를 운반하는 매우 긴 직선 도선을 나타낸다. 전하량 $q_0 = +6.5 \times 10^{-6}$ C인 입자가 거리 $r = 0.050$ m인 곳에서 도선에 평행하게 운동하며 그 입자의 속력은 $v = 280$ m/s이다. 도선의 전류가 운동하는 전하에 작용하는 자기력의 크기와 방향을 구하라.

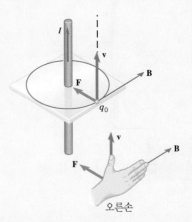

그림 21.25 도선의 전류에 의해 발생한 자기장 **B** 때문에 운동하는 양 전하에 자기력 **F**가 작용한다.

살펴보기 전류는 도선 주위의 공간에 자기장을 형성한다. 이 자기장을 통해 운동하는 전하에 자기력 **F**가 작용하며, 그 크기는 식 21.5로부터 $F = q_0 vB \sin \theta$로 주어지는데, 여기서 θ는 자기장과 전하의 속도 사이의 각이다. 자기장의 크기는 식 21.5로부터 $B = \mu_0 I/(2\pi r)$이다. 이와 같이 자기력의 크기는

$$F = q_0 vB \sin \theta = q_0 v \left(\frac{\mu_0 I}{2\pi r} \right) \sin \theta$$

이다. 자기력의 방향은 오른손 법칙-1에 의해 알 수 있다(21.2절 참조).

풀이 그림 21.25는 도선과 입자의 속도 **v**에 모두 수직인 평면에 놓여 있는 자기장을 나타낸다. 따라서 **B**와 **v** 사이의 각도는 $\theta = 90°$이며, 자기력의 크기는

$$F = q_0 v \left(\frac{\mu_0 I}{2\pi r} \right) \sin 90°$$

$$F = (6.5 \times 10^{-6} \text{ C})(280 \text{ m/s})$$

$$\left[\frac{(4\pi \times 10^{-7} \text{ T·m/A})(3.0 \text{ A})}{2\pi(0.050 \text{ m})} \right]$$

$$= \boxed{2.2 \times 10^{-8} \text{ N}}$$

이다. 자기력의 방향은 오른손 법칙-1에 의해서, 도선을 향해 들어가는 방향이다.

우리는 전류가 자기장을 발생시킬 수 있다는 사실을 확인했다. 또한 전류가 다른 자기장에 의해 힘을 받는다는 것도 확인했다. 따라서 한 전류가 만드는 자기장은 주변의 다른 전류에 힘을 작용할 수 있다. 예제 21.7은 이러한 전류 사이의 자기적 상호 작용을 다룬다.

예제 21.7 | 전류가 흐르는 두 도선은 서로 자기력을 작용한다

그림 21.26은 매우 긴, 두 개의 평행한 직선 도선을 나타낸다. 두 도선이 거리 $r = 0.065$ m만큼 떨어져 있고 각각 전류 $I_1 = 15$ A와 $I_2 = 7.0$ A가 흐른다. 전류의 방향이 (a) 반대인 경우와 (b) 같은 경우에 대해서 도선 1의 자기장이 길이 1.5 m인 도선 2에 작용하는 힘의 크기와 방향을 구하라.

살펴보기 도선 1의 전류에 의해 발생한 자기장 속에 도선 2의 전류 I_2가 놓여 있다. 길이가 L인 도선 2에 작용하는 자기력의 크기 F는 식 21.3에 의해 $F = I_2 LB \sin \theta$로 된다. 여기서 B는 도선 1에 의한 자기장의 크기이며, 식 21.5에 따라 $B = \mu_0 I_1/(2$

$\pi r)$이다. 자기력의 방향은 오른손 법칙-1을 이용하여 결정한다.

풀이 (a) 도선 2에서, 도선 1에 의한 자기장의 크기는

$$B = \frac{\mu_0 I_1}{2\pi r} = \frac{(4\pi \times 10^{-7} \text{ T·m/A})(15 \text{ A})}{2\pi(0.065 \text{ m})} \quad (21.5)$$

$$= 4.6 \times 10^{-5} \text{ T}$$

이다. 그림 21.26(a)처럼, 자기장의 방향은 도선 2에서 위쪽을 향한다. 자기장의 방향은 오른손 법칙-2를 이용하여 알 수 있다. 즉 엄지가 I_1을 향하면, 도선을 싸고 쥐는 손가락들은 도선 2에

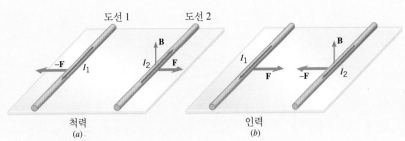

도선 1 도선 2

척력
(a)

인력
(b)

그림 21.26 (a) 전류 I_1과 I_2가 반대 방향인 길고 평행한 두 도선은 서로 민다. (b) 두 전류의 방향이 같은 경우에는 두 도선은 서로 잡아당긴다.

서 위쪽을 향하는데 이것이 자기장 **B**의 방향이다. 자기장은 도선 2에 수직($\theta = 90°$)이므로 길이가 1.5 m인 부분에 작용하는 자기력은

$$F = I_2 LB \sin \theta$$
$$= (7.0 \text{ A})(1.5 \text{ m})(4.6 \times 10^{-5} \text{ T}) \sin 90° \quad (21.3)$$
$$= \boxed{4.8 \times 10^{-4} \text{ N}}$$

이다. 도선 2에 작용하는 자기력은, 그림 (a)에 나타낸 것과 같이 도선 1에서 멀어지는 방향이며 힘의 방향은 오른손 법칙-1을 이용하여 알 수 있다. 즉 오른손의 손가락들은 **B**를 따라 위를 향하고, 엄지는 전류 I_2를 향하게 하면 손바닥은 힘의 방향을 가리킨다. 같은 방식으로 도선 2의 전류도 도선 1에 자기장

을 만들며, 자기력이 도선 1에 작용한다. 이와 같이, 길이가 1.5 m인 도선 1도 크기가 4.8×10^{-4} N인 도선 2의 힘에 의해서 밀린다. 각각의 도선은 서로에게 작용하는 힘을 만드는데, 만일 전류의 방향이 반대이면 도선들은 서로 반발한다. 이와 같이 두 도선이 크기는 같고 방향이 반대인 힘을 서로에게 작용한다는 사실은 뉴턴의 제3법칙인 작용-반작용의 법칙과 일치한다.*
(b) 도선 2에서 전류의 방향을 바꾸면, 그림 (b)와 같이 도선 2는 도선 1쪽으로 끌리는데 그 이유는 자기력의 방향이 바뀌기 때문이다. 그러나 힘의 크기는 위의 (a)에서 계산한 것과 같다. 마찬가지로, 도선 1도 도선 2쪽으로 끌린다. 따라서 같은 방향으로 전류가 흐르는 두 도선은 서로 잡아당긴다.

고리 도선

전류가 흐르는 도선이 원형 고리 모양으로 굽어 있다면, 고리 주변의 자기력선은 그림 21.27(a)에 나타낸 것과 같은 형태를 띤다. 반지름 R인 고리의 중심에서 자기장은 고리 면에 수직이며 $B = \mu_0 I / (2R)$인 값을 갖는데, 여기서 I는 고리의 전류이다. 만약 고리 모양으로 N번 조밀하게 도선을 감아서 하나의 반지름을 갖는 코일을 만들면, 고리 하나하나에 의한 자기장들이 각각 더해져 고리 한 개일 때보다 N배 큰 알짜 자기장이 나타난다. 이런 코일에 의한 자기장은

원형 고리의 중심에서 $$B = N \frac{\mu_0 I}{2R} \quad (21.6)$$

이다. 고리의 중심에서 자기장의 방향은 오른손 법칙-2를 이용하여 알 수 있다. 그림 21.27(b)처럼 오른손 엄지로 전류의 방향을 가리키고, 감아 쥔 손가락들을 고리의 중심에 위치시키면, 손가락들은 오른쪽으로부터 왼쪽으로 향하는 자기장을 나타낸다.

* 이 예제에서 두 도선의 전류와 그들 사이의 거리를 알고 있기 때문에 서로에게 작용하는 자기력의 크기를 계산할 수 있다. 만일 힘과 거리를 알고 있고 도선들이 같은 전류를 운반한다면 그 전류를 계산할 수 있다. 이것이 전류의 단위인 암페어(A)를 정의할 때 이용하는 과정이다. 이러한 과정이 선택된 이유는 힘과 거리가 높은 정밀도로 측정할 수 있는 양들이기 때문이다. 1 암페어는 평행한 두 직선 도선이 1 m 떨어진 상태에서 서로 2×10^{-7} N/m인 단위 길이당 힘을 작용할 때, 도선에 흐르는 전류의 양이다. 힘과 거리의 관계로 정의되는 암페어와 비교하여, 쿨롬은 단위 시간 동안 지정된 지점을 통과하는 전하량으로 정의되며, 1 암페어의 전류가 흐른다면 1 초당 1 쿨롬의 전하량이 통과한다. 두 전류가 평행하지 않으면 작용과 반작용의 법칙이 성립하지 않는다(역자 주).

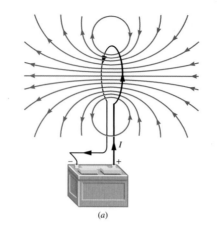

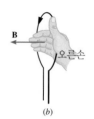

그림 21.27 (a) 전류가 흐르는 원형 고리 주변의 자기력선. (b) 고리 중심에서 자기장의 방향은 오른손 법칙-2에 의해 주어진다.

예제 21.8은 도선 고리의 전류와 긴 직선 도선의 전류에 의해 발생하는 자기장이 결합하여 어떻게 알짜 자기장을 만드는지를 보여준다.

 예제 21.8 │ 알짜 자기장 계산하기

긴 직선 도선에 전류 $I_1 = 0.8\,A$가 흐른다. 그림 21.28(a)가 나타내는 것처럼, 원형 고리 도선이 직선 도선의 오른쪽에 가깝게 있다. 고리 도선에 흐르는 전류는 $I_2 = 2.0\,A$이고, 고리의 반지름은 $R = 0.030\,m$이다. 도선의 두께를 무시할 수 있다고 가정하고, 고리의 중심 C에서 알짜 자기장의 크기와 방향을 구하라.

살펴보기 고리의 중심 C에서 알짜 자기장은 (1) 긴 직선 도선에 의해 발생된 자기장 $\mathbf{B}_1$과 (2) 원형 고리 도선에 의해 발생된 자기장 $\mathbf{B}_2$의 합이다. 오른손 법칙-2를 이용하여 두 자기장의 방향을 알아보자. C 지점에서 자기장 $\mathbf{B}_1$은 위쪽을 향하고, 직선 도선과 고리를 포함하는 평면에 수직이다[그림 (b) 참조]. 반면에 자기장 $\mathbf{B}_2$는 아래쪽, 즉 $\mathbf{B}_1$과 반대 방향이다.

풀이 만일 그림 21.28(b)에서 위쪽 방향을 양의 방향으로 선택하면, C 지점에서 알짜 자기장은

$$B = \underbrace{\frac{\mu_0 I_1}{2\pi r}}_{\text{긴 직선 도선}} - \underbrace{\frac{\mu_0 I_2}{2R}}_{\text{원형 고리의 중심}} = \frac{\mu_0}{2}\left(\frac{I_1}{\pi r} - \frac{I_2}{R}\right)$$

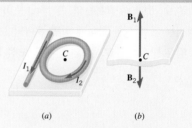

그림 21.28 (a) 전류 I_1이 흐르는 긴 직선 도선 옆에 전류 I_2가 흐르는 원형 고리가 있다. (b) 고리 중심 C에서 직선 도선에 의해서 생기는 자기장($\mathbf{B}_1$)과 고리에 의한 자기장($\mathbf{B}_2$)

$$B = \frac{(4\pi \times 10^{-7}\,T\cdot m/A)}{2}$$
$$\times \left[\frac{8.0\,A}{\pi(0.030\,m)} - \frac{2.0\,A}{0.030\,m}\right]$$
$$= \boxed{1.1 \times 10^{-5}\,T}$$

이다. 알짜 자기장은 양의 부호를 가지므로 위쪽을 향하고 도선들이 있는 평면에 수직이다.

⬆ **문제 풀이 도움말**
원형 고리의 중심에 발생하는 자기장에 대한 식과 긴 직선 전류에 의해 생기는 자기장의 식을 구별하라. 두 식은 비슷한 모양이며, 단지 분모에서 π 인자만큼만 다르다.

그림 21.27(a)에서 전류 고리 주변의 자기력선과 그림 21.29(a)에서 짧은 막대 자석의 자기력선을 비교해 보면 두 형태가 매우 유사하다. 형태가 유사할 뿐만 아니라 고리 자체가 한쪽 편에 N극 그리고 다른 한쪽 편에 S극을 가진 막대 자석처럼 작용한다. 고리를 막

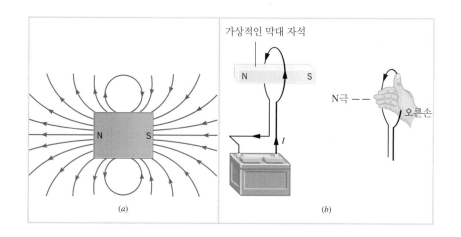

그림 21.29   (a) 막대 자석 주위의 자기력선들이 그림 21.26(a)에 보인 고리 주위의 것들과 유사하다. (b) 전류 고리를 N극과 S극을 가진 '가상적인' 막대 자석이라고 생각할 수 있다.

대 자석처럼 생각할 수 있다는 사실을 강조하고자 그림 21.29(b)에서 고리의 중심에 '가상적인' 막대 자석을 그렸다. N극처럼 작용하는 고리의 부분은 오른손 법칙-2를 이용하여 정할 수 있는데 오른쪽 손가락들을 반원 모양으로 감싸 쥐고, 엄지는 전류 I와 같은 방향을 향하게 하며 감싸 쥔 손가락들을 고리의 중심에 위치시킨다. 손가락들은 **B**의 방향을 가리키고, N극 쪽을 향한다.

전류가 흐르는 고리는 막대 자석처럼 작용하기 때문에 인접한 두 고리는 전류의 상대적인 방향에 따라서 서로 당기거나 또는 민다. 그림 21.30은 각 고리마다 가상적인 자석을 그려서, 전류의 방향이 같은 경우에는 두 도선이 서로 잡아당기고, 전류의 방향이 다른 경우에는 서로 반발한다는 것을 나타낸다. 이와 같은 작용은 예제 21.7에서 논의한(그림 21.26 참조), 긴 두 직선 도선의 경우와 유사하다.

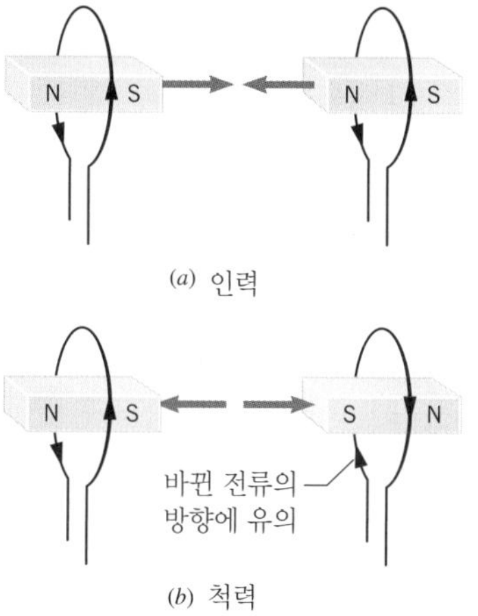

솔레노이드에 의한 자기장

솔레노이드는 나선 모양의 긴 코일이다(그림 21.31 참조). 도선을 조밀하게 그리고 지름에 비해 아주 긴 원통 모양으로 감으면, 솔레노이드는 그림 속에서와 같은 자기력선을 갖는다. 솔레노이드 내부와 끝부분에서 자기장은 크기가 일정하고 솔레노이드 축과 나란한 방향을 갖는 균일한 자기장이라는 사실에 유의하라. 솔레노이드 내부의 자기장은 원형 전류

(a) 인력

(b) 척력

그림 21.30   (a) 전류의 방향이 같을 경우에 두 전류 고리는 서로 잡아당기고, (b) 방향이 다른 경우에는 서로 반발한다. 가상적인 자석들이 인력과 척력을 설명한다.

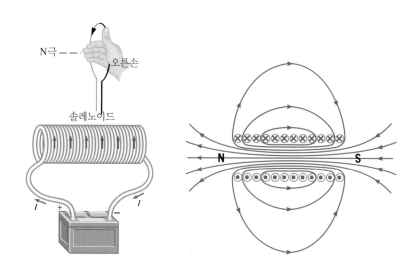

그림 21.31   솔레노이드. 오른쪽 단면은 자기력선과 N극, S극을 보여준다.

에서와 같이 오른손 법칙에 따라 주어진다. 길이가 긴 솔레노이드 내부의 자기장의 크기는

긴 솔레노이드 내부 $$B = \mu_0 nI \qquad\qquad (21.7)$$

이다. 여기서 n은 솔레노이드 단위 길이당 감은 도선의 수이고, I는 전류의 크기이다. 예를 들어 0.05 m 길이의 솔레노이드에 감긴 도선의 수가 100 번이라면, 단위 길이당 감은 수 n은 $n = (100$ 회$/0.05$ m$) = 2000$ 회$/$m이다. 솔레노이드 외부에서 자기장은 균일하지 않으며, 내부보다 훨씬 약하다. 실제로 솔레노이드 길이가 지름에 비해 아주 길 때, 솔레노이드 외부의 자기장은 거의 0에 가깝다.

　원형 전류와 마찬가지로 솔레노이드 역시 막대 자석처럼 볼 수 있다. 즉 솔레노이드는 여러 개의 원형 전류를 연결한 형태이다. 솔레노이드가 만드는 자기장의 N극 방향은 원형 전류에서와 같이 오른손 법칙을 사용하여 찾을 수 있다. 그림 21.31은 솔레노이드의 왼쪽 끝이 N극 그리고 오른쪽 끝이 S극처럼 행동하는 것을 보여준다. 흔히 솔레노이드를 전자석(electromagnet)이라고 부르는데 영구 자석에 비해 몇 가지 장점이 있다. 그 중의 하나가 자기장의 크기를 쉽게 바꿀 수 있다는 점이다. 즉 솔레노이드에 흐르는 전류의 크기나 단위 길이당 감은 도선의 수를 조절하여 쉽게 바꿀 수 있다. 또한 전류의 방향을 반대로 하여 전자석의 N, S극의 방향을 쉽게 바꿀 수도 있다.

　솔레노이드에 의한 자기장은 아주 광범위하게 응용되고 있다. 아주 흥미로운 의료용 응용의 예를 자기 공명 영상(MRI) 기술에서 볼 수 있다. 이 기술 덕분에 X선을 사용할 때 수반되는 여러 가지 위험이 없는 비투과적인 방식으로 신체 내부의 여러 부분에 대한 상세한 사진을 얻을 수 있다. 그림 21.32는 자기 공명 영상 장치로부터 방금 나온 환자를 보여준다. 환자 뒤에 있는 입구는 초전도체 도선으로 만들어진 솔레노이드 내부 속으로 환자가 들어갈 수 있게 해준다. 초전도체 도선에는 강한 전류가 흐를 수 있어서 아주 센 자기장을 만들 수 있다. 이와 같은 강력한 자기장 속에서 어떤 원자의 원자핵이 작은 라디오 송신기처럼 행동하게 할 수 있고 그들은 FM 방송국에서 사용하는 전파와 유사한 전파를 방출한다.* 우리 몸의 대부분을 이루는 수소 원자는 바로 이와 같은 행동을 한다. 자기장의 크기에 따라서, 수소 원자가 가상적 FM 주파수로 방송하는지 여부가 정해진다. 장소에 따라 크기가 약간씩 차이가 나는 자기장을 이용하여 이러한 가상적 FM 송신기의 위치를 신체 내부의 실제 위치와 연결시킬 수 있다. 이와 같은 위치를 컴퓨터로 처리하여 자기 공명 영상을 만든다. 이러한 방식으로 수소 원자를 사용하여 만들어진 영상은 본질적으로 신체 내부에 수소 원자의 분포를 보여주는 하나의 지도이다. 그림 21.33에서 볼 수 있는 바와 같이 오늘날 우리는 놀라우리만큼 아주 상세한 자기 공명 영상을 얻을 수 있다. 이러한 영상은 X선 또는 다른 장치로부터 얻은 영상을 보완해주는 강력한 진단 도구를 제공한다. 외과 의사는 특별히 고안된 MRI 스캐너를 이용하여 수술 부위의 생생한 자기 공명 영상을 보면서 좀 더 정확하게 수술을 할 수 있게 되었다.

　텔레비전이나 컴퓨터의 음극선관(cathode ray tube, CRT) 모니터는 움직이는 전자에 자기력을 작용하여 영상을 만드는데 이때 전자석(솔레노이드)을 이용한다. 음극선관의 일종인 브라운관 속에는 그림 21.34(a)와 같이 브라운관의 스크린을 향해 좁은 고에너지 전

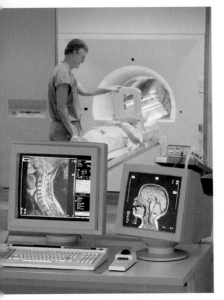

그림 21.32　자기 공명 영상 장치. 환자가 막 나오고 있다. 환자 뒤의 원형 입구 속은 초전도체 도선으로 만든 솔레노이드 내부이다. 모니터 화면에 척수와 머리의 영상이 보인다.

　● 자기 공명 영상(MRI)의 물리

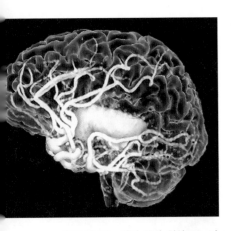

그림 21.33　자기 공명 영상으로 뇌의 질병을 진단할 수 있다. 그림의 삼차원 자기 공명 혈관 조영도는 뇌졸중이 일어난 후의 두뇌를 촬영한 것이다. 흰색 부분은 주 동맥들이고, 중앙 부분(노란색)은 출혈 부위이다.

---

* 실제로는 자기장에 의해 정해지는 핵의 공명 진동수와 동일한 주파수의 라디오파를 흡수했다가 다시 방출한다(역자 주).

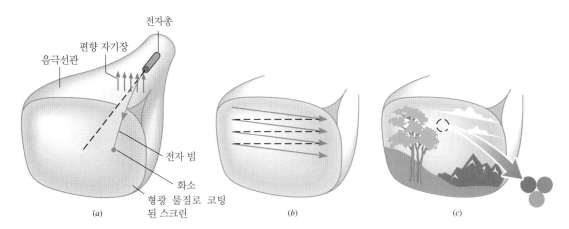

전자총

편향 자기장

음극선관

전자 빔

화소

형광 물질로 코팅
된 스크린

(a)　　　　　　　　*(b)*　　　　　　　　*(c)*

그림 21.34　(a) 음극선관, 전자 빔을 휘어지게 하는 자기장 그리고 형광 물질이 코팅된 스크린. 컬러 TV에서는 실제로 세 개의 전자총을 사용하나 그림에서는 간단히 한 개만 나타내었다. (b) 전자 빔이 스크린을 따라 가로로 주사하면서 영상을 만들어낸다. (c) 컬러 TV의 빨간색, 초록색 그리고 파란색의 형광 물질

● 텔레비전 브라운관과 컴퓨터 CRT 모니터의 물리

자 빔을 쏠 수 있는 전자 총이 들어 있다. 스크린의 내부는 형광 물질로 코팅되어 있어 전자가 충돌하면 가시 광선이 방출된다. 이와 같은 점을 화소(picture element, pixel)라고 한다.

흑백 영상을 만들기 위해서, 전자 빔은 재빨리 스크린을 가로로 왼쪽에서 오른쪽으로 주사(scan)한다. 전자 빔이 한 번 가로로 주사할 때 초당 스크린에 부딪치는 전자의 수는 전자 총을 조절하는 장치에 의해 변화되고 이로 인해 주사하는 선을 어떤 곳은 더 밝게 하고 어떤 곳은 더 어둡게 만든다. 빔이 스크린의 오른쪽 끝에 이르렀을 때 전자빔이 꺼진 후, 왼쪽으로 되돌아오고 이어서 아래쪽으로 약간 내려와서 주사를 다시 시작한다[그림 (b)]. 전자 빔은 또다시 다음 선을 가로로 주사하고, 이와 같은 방식으로 계속 이어진다. 오늘날 일반 화질 TV에서 화면은 525 개의 주사선으로 구성(유럽에서는 625 개)되어 있으며 $\frac{1}{30}$ 초당 한 번 전 화면을 주사한다. 고화질 TV는 약 1100 개의 주사선을 가지고 있어 좀 더 선명하고 좀 더 상세한 그림을 만들어낼 수 있다.

전자 빔은 브라운관의 목 부근에 있는 한 쌍의 전자석에 의해 편향되는데, 이 전자석은 전자총과 스크린 사이에 있다. 한 개의 전자석은 수평 방향의 편향을 만들어내고 또 다른 전자석은 수직 방향의 편향을 만들어낸다. 그림 21.34(a)에서는 간단하게 어느 한 순간에 전자석이 만든 합성 자기장을 보여줄 뿐 전자석 자체는 보여주진 않는다. 전자석에 흐르는 전류는 자기장을 만들고 이 자기장은 움직이는 전자에 자기력을 작용하며 이 힘은 전자 빔의 경로를 휘게 하여 스크린 상의 곳곳에 다다르게 한다. 전류를 변화시키는 것은 자기장을 바꾸는 것이고 이로 인해 전자는 스크린 상 임의의 장소로 갈 수 있다.

컬러 TV는 한 개가 아닌 세 개의 전자총으로 작동한다. 컬러 TV 브라운관의 화소는 그림 21.34(c)와 같이 전자빔이 충돌하였을 때 각각 빨간색, 초록색 그리고 파란색으로 빛을 발하는 세 점의 형광체 덩어리이다. 한 개의 덩어리 속에서, 빨간색, 초록색 그리고 파란색 빛은 세 개의 전자총으로부터 나온 전자들이 대응하는 색깔의 형광 물질과 충돌할 때 나온다. 이 세 점들은 아주 가까이 있어 일반적으로 보는 거리에서는 따로 구분이 되지 않는다. 빨간색, 초록색, 파란색은 빛의 삼원색이다. 따라서 한 개의 덩어리에 집중되는 세 빔의 세기를 바꾸어서 다른 모든 색깔을 만들 수 있다.

21.8 앙페르 법칙

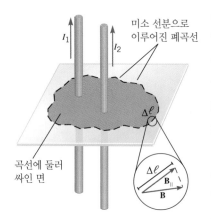

그림 21.35 앙페르 법칙을 기술하기 위한 그림

우리는 전류가 자기장을 만든다는 사실을 알았다. 또한 이렇게 만들어진 자기장의 방향이나 크기는 전류가 흐르는 도선의 특별한 기하학적 모양에 따라 달라진다는 사실도 알았다. 예를 들면 무한히 긴 직선 도선이나 원형 전류 또는 솔레노이드가 만드는 자기장은 분명히 서로 다르다. 그러나 도선의 모양이 서로 달라도 이들 자기장들은 **앙페르 법칙**(Ampere's law)을 만족한다. 앙페르 법칙은 도선에 흐르는 전류와 그로 인해 만들어지는 자기장 사이의 관계를 정해준다.

앙페르 법칙을 기술하기 위해 그림 21.35와 같이 전류 I_1, I_2 가 흐르는 두 개의 도선을 생각해 보자. 전류를 둘러싸는 임의의 모양의 폐곡선을 고려한다. 이 폐곡선은 그림에서 한 면의 경계선이며, 길이가 $\Delta \ell$인 무수히 많은 선분으로 이루어져 있다. 앙페르 법칙은 각 선분에 대해서 $\Delta \ell$과 $B_\parallel$의 곱을 다룬다. 여기서 $B_\parallel$은 $\Delta \ell$에 평행한 자기장 성분이다(그림에서 확대된 부분). 시간에 따라 변하지 않는 자기장에 대해 앙페르 법칙은, 폐곡선을 따라서 $B_\parallel \Delta \ell$ 값을 모두 더한 양은 그 곡선에 의해 둘러싸인 면을 통과하는 알짜 전류에 비례한다는 것을 말한다. 그림 21.35에 있는 예에서 알짜 전류는 $I = I_1 + I_2$이다. 앙페르 법칙을 방정식 형태로 나타내면 다음과 같다.

> ■ **시간에 의존하지 않는 자기장에 대한 앙페르 법칙**
> 시간에 따라 변하지 않는 자기장을 만드는 임의의 전류에 대해서
>
> $$\Sigma B_\parallel \Delta \ell = \mu_0 I \qquad (21.8)$$
>
> 이다. 여기서 $\Delta \ell$은 전류를 둘러싸는 임의의 모양의 폐곡선의 미소 선분 길이이고, $B_\parallel$은 $\Delta \ell$에 평행한 자기장 성분, I는 폐곡선으로 둘러싸인 면을 통과하는 알짜 전류, 그리고 μ_0는 진공의 투자율이다. 기호 Σ는 각 미소 선분에서의 $B_\parallel \Delta \ell$ 항들을 폐곡선을 따라가며 더하는 것을 나타낸다.

앙페르 법칙을 사용하는 예로 예제 21.9는 무한히 긴 직선 도선에 앙페르 법칙을 적용하여 자기장을 구하는 과정을 보여준다.

예제 21.9 | 무한히 긴 직선 전류

무한히 긴 직선 전류가 만드는 자기장을 앙페르 법칙을 사용하여 구하라.

살펴보기 그림 21.23(a)는 나침반의 자침이 도선 주위에 원형으로 배열되어 있는 것을 보여주며, 이것은 자기력선 역시 원형이라는 사실을 보여준다. 따라서 앙페르 법칙을 적용할 때 그림 21.36에서 보는 바와 같이, 반지름 r인 원형 폐곡선을 사용하는 것이 편리하다.

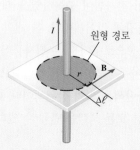

그림 21.36 예제 21.9는 앙페르 법칙을 사용하여 아주 긴 직선 전류 주변에서 자기장을 구한다.

풀이 그림 21.36의 원형 경로를 따라, 자기장은 모든 곳에서 $\Delta\ell$에 평행하고, 경로 상 각 점은 도선으로부터 같은 거리만큼 떨어져 있으므로 크기 또한 일정하다. 따라서 $B_\parallel = B$이고, 앙페르 법칙에 의해

$$\Sigma B_\parallel \Delta\ell = B(\Sigma\Delta\ell) = \mu_0 I$$

이다. 이제 $\Sigma\Delta\ell$은 폐곡선의 길이, 즉 원둘레 $2\pi r$이므로, 앙페르 법칙은 다음과 같이 쓸 수 있다.

$$B(\Sigma\Delta\ell) = B(2\pi r) = \mu_0 I$$

양변을 $2\pi r$로 나누면 식 21.5에 나온 $\boxed{B = \mu_0 I/(2\pi r)}$을 얻게 된다.

21.9 자성 물질

강자성체

막대 자석 주변의 자기력선과 원형 전류 주변의 자기력선 사이의 유사성은 이들 자기장을 만들어내는 원인에 공통성이 있다는 것이다. 원형 전류 주위의 자기장은 도선 속에서 움직이는 전하가 만든다. 막대 자석 주변의 자기장 역시 전하의 운동에 기인한다. 그러나 이 운동은 자성 물체를 통해 흐르는 전류가 아니라, 자성 물질의 원자 속에 있는 전자의 운동이다.

원자 속에 있는 전자들이 만드는 자성은 두 가지 운동에 기인한다. 첫 번째는 원자핵 주위를 도는 전자의 궤도 운동이다. 그림 21.27(a)의 원형 전류가 만드는 자기장과 유사하게, 전자의 궤도 운동은 원자 규모의 원형 고리 전류 같아서, 주위에 작은 자기장을 형성한다. 두 번째로 전자는 자기장을 발생시키는 스핀을 가지고 있다. 한 개의 원자 속에 있는 전자들이 만드는 자기장은 이들 두 요인 즉 전자들의 궤도 운동과 스핀에 의해 생성되는 자기장을 합한 것이다.

대부분의 물질에서는 원자 수준에서 만들어지는 이와 같은 자기장들이 서로 상쇄되어 물질 전체적으로는 거의 자성이 없다. 그러나 **강자성체**(ferromagnetic material)라고 알려진 물질의 경우에는, 본질적으로 원자들 서로 간에 나란한 스핀 배열을 갖고 있기 때문에 대략 $10^{16} \sim 10^{19}$개의 이웃 원자들 무리에 대해서 자기장의 상쇄가 일어나지 않는다. 이러한 배열은 스핀들 사이의 특별한 양자역학적 상호 작용*에 기인한다. 상호 작용의 결과 크기가 대략 0.01에서 0.1 mm 정도로 작으나 고도로 자기화된 영역이 생기며, 이러한 영역을 **자구**(magnetic domain)라고 부른다. 각각의 자구는 N극과 S극을 갖는 작은 자석처럼 행동한다. 일반적으로 강자성체 물질들로는 철, 니켈, 코발트, 크롬산화물(chromium dioxide) 그리고 알니코(알루미늄, 니켈, 코발트의 합금)가 있다.

유도자성

흔히 강자성체 속의 자구는 그림 21.37(a)와 같이 불규칙하게 배열되어 있다. 따라서 자구가 만드는 자기장은 서로 상쇄되어 전체적으로 없거나 있어도 아주 미약한 자성을 나타낸다. 그러나 자기화되지 않은 철 조각을 영구 자석이나 전자석이 만드는 외부 자기장 속에

---

* 양자역학이 물리학의 어떤 분야인지는 29.5절에 간략하게 소개되어 있지만, 이에 관한 상세한 논의는 이 책의 범위를 벗어난다.

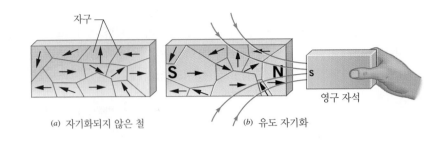

그림 21.37 (a) 각각의 자구는 고도로 자기화된 영역으로 작은 자석(화살 끝이 N극을 향하도록 그려진 화살표로 나타냄)처럼 행동한다. 자기화되지 않은 철 조각은 불규칙하게 배열된 많은 자구로 이루어져 있다. 각 자구의 크기는 이해를 돕기 위해 실제보다 과장되게 그려져 있다. (b) 영구 자석의 외부 자기장은 외부 장에 나란하거나 거의 나란한 자구의 크기를 점점 커지게 한다(노란색으로 표시된 부분).

자구

S N s

영구 자석

(a) 자기화되지 않은 철

(b) 유도 자기화

놓아두면 자기화된다. 외부 자기장은 자기화되지 않은 철 속으로 들어가 두 가지 요인에 의해 철 속에서 자성을 띠는 상태를 유도한다. 자성이 외부 자기장과 나란하지 못한 영역이 점차적으로 없어지고 외부 자기장과 나란하거나 거의 나란한 영역이 점점 커지게 된다. 그림 (b)는 점점 넓어지는 영역을 노란색으로 보여준다. 자구들이 이렇게 특정 방향으로 배열되면, 철은 전체적으로 자성을 갖게 되어서 N극과 S극을 갖는 자석처럼 행동한다. 카세트테이프에서 사용되는 크롬산화물처럼 어떤 종류의 강자성체에서는 외부 자기장이 제거되어도 대부분 자구들이 그대로 남아있게 된다. 따라서 이러한 물질은 (반)영구적으로 자기화되게 된다.

강자성체에서 유도된 자기장은 비록 아주 약한 외부 자기장하에서도 아주 크게 될 수 있다. 예를 들면 한 방향으로 정렬시킬 수 있는 외부 장의 크기보다 수백에서 수천 배 큰 유도된 자기장을 만드는 것이 어렵지 않다. 이러한 까닭으로 고자기장 전자석은 철이나 다른 강자성체로 만들어진 고체 철심에 전류가 흐르는 도선을 감아서 만든다.

유도자성은 왜 영구 자석이 냉장고 문에 달라붙고 전자석이 고물 수집장에서 철 조각들을 들어 올릴 수 있는지를 설명해준다. 그림 21.38에 있는 사진은 유도자성을 이용하는 또 다른 예를 보여준다. 그림 21.37(b)에서 영구 자석의 S극 가까이에 있는 철의 끝에 N극이 있는 것을 주의하라. 두 가지 결과는 철과 영구 자석 사이에 인력을 일으킨다. 반대로 영구 자석의 N극은 철의 가까운 쪽에 유도 자기화로 인해 S극을 유도하여 철을 끌어당긴

자기
그리퍼

그림 21.38 유도자성에 의하여, 작업자는 강력한 자기 그리퍼(붙는 도구)를 착용하고 배의 금속 외판을 올라 갈 수 있다.

다. 알루미늄이나 구리와 같은 비자성체에서는 자구가 형성되지 않는다. 따라서 자성은 이들 물질에게는 유도되지 않는다. 결론적으로, 자석은 알루미늄 깡통이나 구리 동전에 달라붙지 않는다.

자기 테이프 기록

그림 21.39와 같은 자기 테이프 기록 과정은 자기 유도를 이용한다. 마이크로폰에서 나오는 약한 전기적 신호는 증폭기로 보내져 증폭된다. 증폭기의 출력 단자로부터 나오는 전류는 철심을 둘러싸고 있는 코일로 이루어진 기록 헤드로 간다. 철심은 두 끝 사이에 작은 틈이 있는 말굽 모양이다. 강자성체 철심은 도선에 흐르는 전류가 만든 자기장을 크게 강화시킨다.

코일에 전류가 흐를 때 기록 헤더는 한쪽 끝이 N극, 다른 쪽 끝이 S극인 전자석이 된다. 자기력선은 철심을 통과하여 틈을 가로질러 간다. 틈 속에서 자기력선은 N극에서 S극으로 향한다. 그림 21.39와 같이 틈 속에서 자기력선의 일부는 활처럼 바깥쪽으로 휘어지는데 이렇게 휘어진 영역을 가장자리 자기장(fringe field)이라고 부른다. 가장자리 자기장은 테이프 위에 있는 자기 코팅에 침투해 들어가 코팅 속에 자성을 유도한다. 이렇게 유도된 자성은 테이프가 기록 헤드의 근처를 지난 후에도 유지되어서, 음향 정보가 기록된다. 어떤 순간에 테이프가 자기화되는 방법은 기록 헤드에 흐르는 전류의 방향과 그 크기에 의존하기 때문에 음향 정보를 저장할 수 있다. 이러한 전류는 마이크로폰이 잡아낸 소리에 의존하고 순간순간 발생하는 소리의 변화는 테이프의 유도 자성의 변화로 저장된다.

자기 부상 열차

자기적으로 공중에 뜨는 열차인 자기 부상 열차(magnetically levitated train, maglev)는 가이드웨이(guideway)에서 뜨기 위해서 유도 자기화로 생긴 힘을 이용한다. 자기 부상 고속 열차는 가이드웨이에서 수 센티미터 위로 뜬 채로 달리므로 바퀴를 필요로 하지 않는다. 가이드웨이와의 마찰이 없기 때문에 보통 열차보다 훨씬 더 빠른 속력을 얻을 수 있다. 예를 들면 그림 21.40에서 볼 수 있는 트랜스래피드 자기 부상 열차는 110 m/s (400 km/h)로

● 자기 테이프 기록의 물리

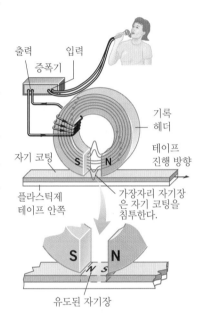

그림 21.39 기록 헤더의 가장자리 자기장은 테이프 위의 자기 코팅을 침투해 들어가 자기화시킨다.

● 자기 부상 열차의 물리

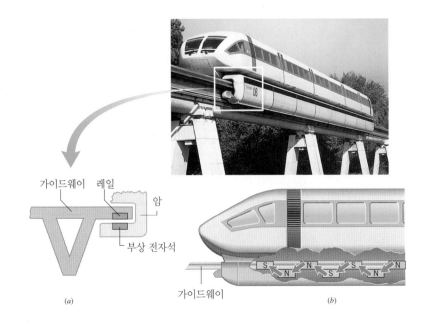

그림 21.40 (a) 트랜스래피드 자기 부상 열차(독일)의 속력은 110 m/s (400 km/h)이다. 전자석이 가이드웨이의 레일을 향해 위로 당겨져서 열차를 뜨게 한다. (b) 자기 추진 장치

달릴 수 있다.

그림 21.40(a)를 보면, 트랜스래피드 자기 부상 열차는 가이드웨이를 둘러싸고 있는 암(arm)에 장착된 전자석을 이용하여 뜨게 된다. 전자석에 전류가 흐르며 발생한 자기장은 가이드웨이에 부착된 레일에 유도 자성을 일으킨다. 유도 자성으로 인한 위로 끄는 힘이 열차의 무게와 균형을 이루면 열차는 레일 또는 가이드웨이와 접촉하지 않은 채로 움직이게 된다.

자기 부상은 오로지 열차를 들어올리기만 하지 열차를 추진하지는 않는다. 그림 21.39(b)는 열차의 자기적 추진이 어떻게 이루어지는지를 보여준다. 열차에 부착된 부상 전자석 외에, 추진 전자석이 가이드웨이를 따라 붙어 있다. 열차와 가이드웨이 전자석에 흐르는 전류의 방향을 조절하여 열차에 장착되어 있는 각각의 전자석 바로 앞에 있는 가이드웨이의 전자석에는 열차의 전자석과 반대의 극 그리고 바로 뒤에는 같은 극을 만든다. 열차에 장착된 각각의 자석은 가이드웨이에 있는 전자석에 의해 앞으로 끌리고 뒤에서 미는 힘을 받게 된다. 가이드웨이에서 극이 바뀌는 시간을 조정함으로써 열차의 속력을 조절할 수 있다. 가이드웨이의 전자석의 극을 반대로 하면 브레이크로 사용할 수 있다.

 연습 문제

21.1 자기장
21.2 자기장이 움직이는 전하에 작용하는 힘

1(1) 비행기는 비행하는 동안 공기와의 마찰 때문에 1.70×10^{-5} C의 알짜 전하를 얻게 된다. 이 비행기가 5.00×10^{-5} T의 크기를 갖는 지구 자기장과 각 θ를 이루면서 2.80×10^2 m/s의 속력으로 비행하고 있다고 하자. 이때 비행기에 작용하는 자기력의 크기는 2.30×10^{-7} N이다. 각 θ를 구하라. (두 개의 각이 가능하다.)

2(2) 전하량이 $+8.4\ \mu$C이고 속력이 45 m/s인 어떤 입자가 크기가 0.30 T인 균일한 자기장 내에 들어간다. 그림에 보인 각 경우에 대해 입자에 작용한 자기력의 크기와 방향을 구하라.

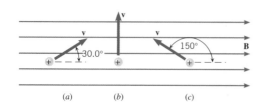

3(3) 텔레비전에서 전자는 19 kV의 전위차에 의해서 정지 상태로부터 가속된다. 이어 크기가 0.28 T인 자기장을 통과하여 스크린 위의 적당한 지점에 편향된다. 전자가 느끼는 자기력의 최대 크기를 구하라.

4(4) 두 대전 입자가 같은 크기의 자기장에 대해 같은 방향으로 이동한다. 입자 1은 입자 2보다 3배나 빨리 이동한다. 각 입자는 같은 크기의 자기력을 받는다. 전하량의 비 q_1/q_2를 구하라.

5(5) 어떤 특정한 지점에서 지자기의 수평 성분은 정북 방향으로 2.5×10^{-5} T이다. 양성자가 동쪽 방향으로 어떤 속력으로 움직이고 있다. 이때 양성자에 작용하는 자기력은 양성자의 무게와 균형을 이룬다고 한다. 양성자의 속력을 구하라.

6(7) 한 개의 전자가 8.70×10^{-4} T 크기의 자기장 속을 지나가고 있다. 전자는 단지 자기력만 받아서 가속도의 크기가 3.50×10^{14} m/s^{2}이 된다. 어떤 순간에 전자의 속력은 6.80×10^6 m/s이다. 전자의 속도와 자기장 사이의 각 θ(90° 보다 작음)를 구하라.

*7(8) 그림은 3.6 T인 자기장을 통해 32 m/s의 속력으로 이동하는 평행판 축전기를 나타낸다. 속도 **v**는 자기장에 수직이다. 축전기 내의 전기장의 값은 170 N/C이며 각 판의 단면적은 7.5×10^{-4} m^{2}이다. 축전기의 양전하를 띤 판에 작용

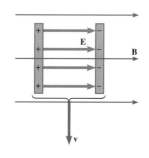

하는 자기력(크기와 방향)은 얼마인가?

21.3 자기장 속에 전하의 운동
21.4 질량 분석기

8(10) 자기장의 크기는 1.2×10^{-3} T이고, 전기장의 크기는 4.6×10^3 N/C이다. 두 장의 방향은 같다. 1.8 μC인 양전하는 두 장에 수직인 방향으로 3.1×10^6 m/s의 속력으로 움직인다. 전하에 작용하는 알짜 힘을 구하라.

9(12) 대전 입자가 그림에 보인 원형 경로를 따라 균일한 자기장 내로 들어간다. (a) 입자는 양전하인가 음전하인가? 이유는? (b) 입자의 속력은 140 m/s이고, 자기장의 크기는 0.48 T이며 경로의 반지름은 960 m이다. 입자의 전하량이 8.2×10^{-4} C일 때 입자의 질량을 구하라.

B (종이 면에서 나오는 방향)

10(13) 전하와 질량의 비인 비전하가 $q/m = 5.7 \times 10^8$ C/kg인 대전 입자가 0.72 T인 자기장과 수직을 이루는 원형 경로를 따라 움직이고 있다. 입자가 한 번 회전하는 데 걸리는 시간은 얼마인가?

11(15) 양성자 빔이 반지름 0.25 m인 원형 궤도를 돌고 있다. 양성자는 크기가 0.30 T인 자기장에 대해 수직을 이루면서 운동하고 있다. (a) 양성자의 속력은 얼마인가? (b) 양성자에 작용하는 구심력의 크기는 얼마인가?

12(17) 탄소 동위 원소 탄소-12($^{12}_6$C)와 탄소-13($^{13}_6$C)의 질량이 각각 19.93×10^{-27} kg과 21.59×10^{-27} kg이다. 이들 동위 원소는 +1가로 이온화되어 있고 속력은 둘 다 6.667×10^5 m/s라고 하자. 이온들은 질량 분석기에서 원운동하는 영역, 즉 자기장의 크기가 0.8500 T인 곳에 들어간다. 그들이 반원을 돈 후에 두 동위 원소 사이의 떨어진 거리를 계산하라.

*13(19) 그림에서 보는 바와 같이 전하량이 +7.3 μC이고 질량이 3.8×10^{-8} kg인 입자가 1.6 T인 자기장에 수직으로 이동한다. 입자의 속력은 44 m/s이다. (a) 입자의 후속 경로가 y의 값 중 가능한 가장 크게 y축에 교차되는 각도 θ는 얼마인가? (b) y의 값을 구하라.

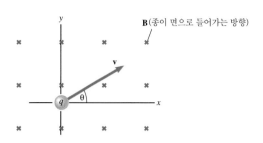

B (종이 면으로 들어가는 방향)

*14(21) 3.5×10^6 m/s의 속력을 갖는 양성자가 0.23 m의 거리만큼 떨어져 있는 두 판 사이의 영역으로 들어갔다. 그림과 같이 판 사이에는 자기장이 존재하고 양성자의 속도에 수직이다. 양성자가 반대쪽 판에 충돌하려면 자기장의 크기는 얼마가 되어야 하는가?

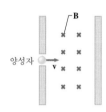

양성자 / B / v

*15(22) 전자의 운동 에너지가 2.0×10^{-17} J이다. 전자가 크기가 5.3×10^{-5} T인 균일한 자기장에 수직으로 들어가 원형 경로로 운동한다. 이 경로의 반지름을 구하라.

*16(24) 질량 7.2×10^{-8} kg의 양으로 대전된 입자가 85 m/s의 속력으로 0.31 T인 균일한 자기장으로 내에서 동쪽으로 이동한다. 입자는 2.2×10^{-3} s 시간에서 원의 1/4을 이동하고 남쪽을 향해 장을 떠난다. 입자가 이동하는 동안 장에 수직으로 움직인다. (a) 입자에 작용한 자기력의 크기는 얼마인가? (b) 입자의 전하량을 구하라.

21.5 자기장 속의 전류에 작용하는 힘

17(27) 지구 자기의 크기가 5.0×10^{-5} T인 지점에서 송전선에 흐르는 전류는 1400 A이다. 송전선이 지구 자기장과 이루는 각은 75°이다. 길이 120 m인 송전선에 작용하는 자기력의 크기는 얼마인가?

18(28) 도선에 흐르는 전류는 0.66 A이다. 이 도선은 크기 4.7×10^{-5} T인 자기장에 대해 58°의 각을 이룬다. 도선은 7.1×10^{-5} N의 자기력을 받는다. 도선의 길이는 얼마인가?

19(29) 그림에서 보는 바와 같이 정사각형 코일이 0.25 T 크기의 균일한 자기장 속에 놓여 있다. 각 변의 길이는 0.32 m이고 코일에 흐르는 전류의 크기는 12 A이다. 네 변 각각에 작용하는 자기력의 크기를 구하라.

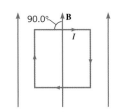

20(30) 그림에서 보는 바와 같이 삼각형 고리에 $I = 4.70$ A의 전류가 흐른다. 균일한 자기장은 삼각형 고리의 변 AB와 평행한 방향이고 크기는 1.80 T이다. (a) 삼각형 고리의 각 변에 작용하는 자기력의 크기와 방향을 구하라. (b) 삼각형 고리에 작용하는 알짜 힘의 크기를 구하라.

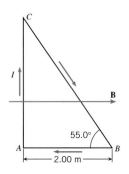

21(31) 0.655 m 길이의 도선에 21.0 A 전류가 흐르고 있다. 이 도선이 0.470 T 크기의 자기장 속에 있을 때 5.46 N의 힘을 받는다. 도선과 자기장이 이루는 각(90° 보다 작음)은 얼마인가?

*****22(33)** 그림에서와 같이 길이 0.85 m의 구리 막대가 마찰이 없는 테이블에 놓여 있다. 막대의 양 끝은 용수철 상수가 $k = 75$ N/m인 용수철로 고정하여 부착해 놓았다. 0.16 T인 자기장은 테이블 표면에 수직으로 균일하게 작용한다. (a) 용수철이 늘어날 때 구리 막대에 흐르는 전류의 방향을 결정하라. (b) 전류가 12 A이면 각 용수철은 얼마나 늘어나는가?

테이블(위에서 본 모습)

******23(35)** 그림에서 두 금속 레일이 지면에 대해 30.0°의 각도로 기울어진 경사면에 놓여 있다. 수직 자기장의 크기는 0.050 T이다. 0.20 kg인 알루미늄 막대(길이 = 1.6 m)가 일정한 속도로 레일 아래로 마찰이 없이 미끄러져 내려온다. 막대를

통해 흐르는 전류는 얼마인가?

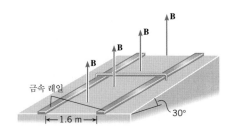

21.6 전류가 흐르는 코일에 대한 토크

24(36) 직류 모터에서 1200번 감은 코일의 단면적이 1.1×10^{-2} m^{2}이다. 모터는 코일이 0.20 T인 자기장에 놓일 때 최대 토크의 크기가 5.8 N·m으로 설치되었다. 코일에 흐르는 전류는 얼마인가?

25(37) 반지름이 0.10 m인 원형 코일이 있다. 코일에 감긴 도선의 수는 50 회이고 흐르는 전류의 크기는 15 A이다. 코일을 크기가 0.20 T인 자기장 속에 두었다고 하자. (a) 코일의 자기모멘트를 구하라. (b) 코일이 자기장 속에서 받는 최대 토크는 얼마인가?

26(39) 0.75 T 크기의 자기장 속에서 원형 고리가 받는 최대 토크는 8.4×10^{-4} N·m이다. 고리에 흐르는 전류의 크기는 3.7 A이다. 고리를 이루는 도선의 길이는 얼마인가?

27(41) 그림에서처럼 75번 감겨 있고 $I = 4.4$ A의 전류가 흐르는 사각 고리가 있다. 크기 1.8 T인 자기장의 방향은 $+y$축 방향이다. 고리는 z축에 대해 자유롭게 회전한다. (a) 고리에 작용하는 알짜 토크의 크기를 구하라. (b) 35° 각도에서 증가하는지 감소하는지를 말하라.

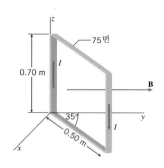

*****28(44)** 길이가 같은 도선으로 정사각형 코일과 사각형 코일을 만들었다. 사각형 코일의 긴 변은 짧은 변보다 2배 더 길다. 이들 코일에 같은 전류가 흐를 때 같은 자기장 속에서 최대 토크의 비 $\dfrac{\tau_{\text{square}}}{\tau_{\text{rectangle}}}$을 구하라.

21.7 전류에 의한 자기장

29(46) 길고 곧은 도선에 48 A의 전류가 흐른다. 어떤 지점에서 이 전류에 의해 발생하는 자기장은 8.0×10^{-5} T이다. 도

선으로부터 이 지점은 얼마나 떨어져 있는가?

30(47) 번개 속에서 15 C의 전하가 1.5×10^{-3} s 동안에 흐른다. 번개를 하나의 긴 직선 전류로 볼 수 있다고 가정하고, 번개로부터 25 m 떨어진 곳에서 자기장의 크기는 얼마인가?

31(48) 원형 고리 도선에 12 A의 전류가 흐를 때 고리의 중심에서 자기장은 1.8×10^{-4} T이었다면 원형 고리 도선의 반지름은 얼마인가?

32(49) 단위 길이당 1400번 감은 긴 솔레노이드가 있다. 여기에 3.5 A의 전류가 흐른다. 작은 원형 코일이, 코일의 법선이 솔레노이드 축에 대해 90.0° 방향이 되도록 솔레노이드 속에 놓여 있다. 코일의 감은 수는 50이고, 단면적은 1.2×10^{-3} m²이며, 흐르는 전류의 크기는 0.50 A이다. 코일에 작용하는 토크를 구하라.

33(51) 두 개의 막대가 지면에 대해서 뿐만 아니라 서로 간에도 나란하게 놓여 있다. 막대에는 같은 방향으로 같은 크기의 전류가 흐르고 있다. 막대의 길이는 0.85 m이고 각각의 질량은 0.073 kg이다. 한 막대는 지면 위로 매달려 있고, 다른 하나는 그 아래 8.2×10^{-3} m 되는 곳에 떠 있다. 막대에 흐르는 전류를 구하라.

34(53) 원형 고리 도선과 긴 직선 도선에 각각 I_1과 I_2의 전류가 흐르고(그림 참조), 여기서 $I_2 = 6.6\,I_1$이다. 고리와 직선 도선은 같은 면에 놓여 있다. 고리의 중심에서 자기장은 0이다. 거리 H를 구하라. 고리의 반지름인 R에 관한 식으로 답을 표현하라.

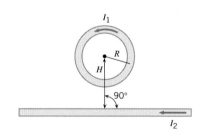

*35(54) 직사각형 전류 고리는 12 A의 전류가 흐르는 긴 직선 도선 근처에 놓여 있다(그림 참조). 고리에 흐르는 전류는 25 A이다. 고리에 작용하는 알짜 자기력의 크기를 구하라.

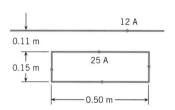

*36(56) 두 긴 직선 도선 A와 B는 평행하고 거리 1 m만큼 떨어져 있다. 이들 도선은 전류가 서로 반대로 흐르고, 도선 A에 흐르는 전류는 도선 B에 흐르는 전류의 1/3이다. 도선이 수직으로 놓일 때 알짜 자기장이 0인 지점을 구하라. 도선 A를 기준으로 이 점을 결정하라.

*37(57) 한 조각의 구리 도선의 단위 길이당 저항이 5.90×10^{-3} Ω/m이다. 이 도선을 감아서 반지름이 0.140 m인 얇고 납작한 모양의 코일을 만들었다. 도선의 끝에는 12 V 전원이 연결되어 있다. 코일 중심에서 자기장의 크기를 구하라.

21.8 앙페르 법칙

38(61) 그림 21.36에 있는 도선에 12 A의 전류가 흐른다. 두 번째 긴 직선 도선이 첫 번째 도선 바로 옆에 있다고 가정하자. 두 번째 도선에 흐르는 전류의 크기는 28 A이다. 앙페르 법칙을 사용하여 (a) 두 도선에 흐르는 전류의 방향이 같을 때와 (b) 서로 반대일 때 두 도선으로부터 $r = 0.72$ m 떨어진 곳에서 자기장의 크기를 구하라.

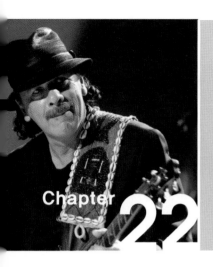

Chapter 22

전자기 유도

22.1 유도 기전력과 유도 전류

자기장을 이용하여 전류를 만들 수 있는 방법은 여러 가지가 있다. 그림 22.1은 그중 하나로 자석과 나선형 코일, 그리고 연결된 전류계를 보여주고 있다. 그림 22.1(a)와 같이 자석과 코일 사이에 상대 운동이 없으면 전류계는 0을 가리킨다. 그러나 그림 22.1(b)와 같이 자석이 코일쪽으로 움직이면 전류계에는 전류 I가 흐른다. 또한 자석을 코일에 접근시킬수록 코일에 생성되는 자기장은 더 강해지고 자기장의 변화에 의해 전류가 생성된다. 그림 22.1(c)와 같이 자석이 코일로부터 멀어져도 역시 전류가 생성되지만 방향은 반대이다. 자석이 코일로부터 멀어질수록 코일의 자기장은 더 약해지고, 자기장이 변하므로 전류가 생성된다.

만약 자석이 정지해 있고 코일이 움직이는 경우도 코일이 자석에 가까이 접근하거나 멀어짐에 따라 코일의 자기장이 변하기 때문에 그림 22.1과 같이 전류가 생성된다. 이로부터 전류를 발생시키는데 자석 또는 코일 어느 쪽이 움직이는지는 중요하지 않고 단지 자석과 코일의 상대적 운동만 중요하다는 것을 알 수 있다.

코일에 흐르는 전류는 자기장의 변화에 의해 만들어졌기 때문에 유도 전류(induced current)라 한다. 전류를 흐르게 하려면 기전력이 필요한데, 이 경우는 전류를 생성하는 코일 그 자체가 기전력원의 역할을 하는 셈이다. 이것을 유도 기전력(induced emf)이라고 부

그림 22.1 (a) 코일과 자석 사이에 상대적인 운동이 없을 때 코일에는 전류가 흐르지 않는다. (b) 자석이 코일 쪽으로 움직일 때 코일에 전류가 생성된다. (c) 자석이 코일로부터 멀어질 때도 역시 전류가 생성되지만 전류의 방향은 그림 (b)와 반대가 된다.

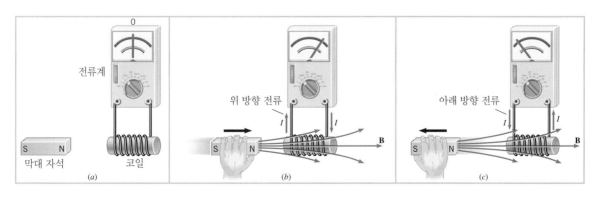

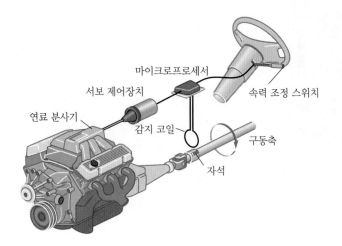

그림 22.2 유도 기전력을 이용하는 자동차의 정속 주행 장치. 자석이 붙어 있는 구동축이 돌면, 감지 코일을 통과하는 자기장이 변하여 유도 기전력이 생긴다.

◐ 자동차 정속 주행 장치의 물리

른다. 즉 자기장의 변화가 코일에 기전력을 유도하고 이 기전력이 유도 전류를 만들어낸다.

유도 기전력과 유도 전류는 일부 자동차에 사용되는 정속 주행 장치(cruise control devices)에 이용된다. 그림 22.2를 보면서 정속 주행 장치가 어떻게 작동하는지 알아본다. 일반적으로 두 개의 자석이 자동차의 구동축 양쪽에 붙어 있으며 자석 주변에 자기장의 변화를 감지할 수 있는 코일이 고정되어 있다. 구동축이 회전함에 따라 코일을 통과하는 자기장이 변하기 때문에 유도 기전력이 생성되어 전류가 흐른다. 마이크로프로세서(컴퓨터의 두뇌 역할을 하는 칩)는 전류 펄스의 개수를 세고, 마이크로프로세스 내부에 있는 시계를 이용해서 회전 각속도와 자동차의 속력을 계산한다. 운전자가 핸들 가까이에 있는 속력 조절 스위치로 원하는 속력을 설정해두면 내장된 마이크로프로세스는 속력과 측정 속력의 차이를 신호로 바꾸어, 연료 공급량을 조절하는 연료 분사 제어 장치(또는 기화기)로 보내어 엔진에 공급하는 연료의 양을 조절한다. 그러므로 운전자가 원하는 순항 속력과 다를 때는 차의 속력을 올리거나 내려서 자동차가 일정한 속력으로 움직이게 한다.

그림 22.3은 코일에 기전력과 전류를 유도하는 다른 방법을 보여주고 있다. 기전력은 자기장이 일정할 때도 코일의 넓이 변화에 의해서 유도될 수 있다. 여기서는 코일의 모양이 변해서 자기장이 통과하는 넓이가 줄고 있다. 유도 기전력과 유도 전류는 코일의 넓이가 변하는 동안 코일에 존재하며 넓이가 더 이상 변하지 않으면 유도 기전력과 유도 전류는 코일에서 사라진다. 만약 변형되었던 코일이 원래 상태로 되돌아가면서 넓이가 늘어나고 있다면, 코일에 반대 방향의 전류가 발생한다.

앞의 예에서는 코일이 완전한 회로의 일부며 전체적으로 폐회로를 이루고 있기 때문에 유도 기전력이 생기면서 유도 전류가 흐른다. 스위치가 열린 회로인 경우에는 유도 전류는 흐르지 않는다. 그렇지만 유도 기전력은 유도 전류와 관계없이 여전히 코일에 생긴다. 즉 코일을 통과하는 자기장의 크기나 자기장이 통과하는 코일의 넓이를 변화시키면 유도 기전력을 만들 수 있다. 자기장을 이용하여 유도 기전력을 만드는 현상을 **전자기 유도**(electromagnetic induction)라 한다. 다음 절에서는 유도 기전력이 생성될 수 있는 또 다른 방법에 대하여 논의한다.

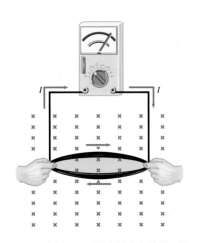

그림 22.3 코일의 넓이가 변하는 동안 유도 기전력과 유도 전류가 생성된다.

22.2 운동 기전력

움직이는 도체에 유도된 기전력

자기장이 일정한 곳에서 도체 막대가 움직일 때 유도 기전력은 도체 막대 내부에 있는 움직이는 전하에 작용하는 자기력(21.2절 참조)에 의하여 일어난다. 길이가 L이고 속도가 **v**인 도체 막대는 그림 22.4(a)와 같이 균일한 자기장 **B**와 수직인 오른쪽 방향으로 움직인다. 이때 도체 막대 내부에 있는 전하 q도 같은 속도 **v**로 움직이므로 식 21.1에 의해 크기가 $F = qvB$인 자기장을 받는다. 금속의 경우처럼 전자가 움직일 수 있는 전하일 때 오른손 법칙-1을 적용해보면 이동가능한 자유 전자는 도체 막대의 아래로 이동하고 동일한 양만큼의 양전하가 위에 남게 된다. (전자는 음의 전하를 가지기 때문에 자기력의 방향은 오른손 바닥이 가리키는 방향과 반대이다.) 이러한 전자의 이동은, 양 끝에 생긴 양과 음의 전하 때문에 전자가 받는 전기력과 앞서 설명한 자기력이 비길 때까지 계속된다.

움직이는 도체 막대의 양쪽 끝으로 분리된 양(+)과 음(−) 전하에 의해 유도 기전력이 만들어지는데, 이 기전력은 자기장 내에서 움직이는 전하에 의해 만들어지기 때문에 **운동 기전력**(motional emf)이라 부르며, 도체 막대가 움직이는 동안 계속해서 생성된다. 그러나 도체 막대가 정지하게 되면 자기력은 사라지고 전기적 인력에 의해 양과 음의 전하가 다시 만나게 되어 유도 기전력은 사라지게 된다. 도체 막대의 움직임에 의해 생긴 기전력은 건전지의 양쪽 단자 사이에 형성되는 기전력과 유사하나 건전지의 기전력은 화학 작용에 의해 만들어지는 반면 운동 기전력은 자기장 내에서 도체 막대를 운동하게 하는 사람이나 기관(엔진) 등에 의해서 생긴다는 차이가 있다. (그림 22.4의 경우는 사람의 손이 도체 막대를 움직이게 한다.)

그림 22.4(a)와 같이 평행 상태에서는 움직일 수 있는 전하가 받는 전기력과 자기력이 균형을 이룬다는 사실로부터 운동 기전력 $\mathscr{E}$를 구할 수 있다. 전하 한 개에 작용하는 전기력의 크기는 식 18.2에 의해 Eq이다. (편의상 전하량의 크기를 q라고 두자.) 여기서 E는 도체 막대 양쪽으로 분리된 전하에 의해 형성된 전기장의 크기이다. 식 19.7로부터 전기장은 막대의 양쪽 끝 사이에 형성된 전압(기전력)을 막대의 길이 L로 나눈 것으로 전기력은 $Eq = (\mathscr{E}/L)q$이고 자기력의 크기는 전하가 자기장과 수직인 방향으로 움직이므로 식 21.1에 의해 qvB이다. 도체 막대 속에 있는 전자가 받는 두 힘이 균형을 이루고 있으므로 $(\mathscr{E}/L)q = qvB$이고 기전력은 식 22.1과 같이 주어진다.

v, **B**, L이 서로 수직일 때의 운동 기전력　　　　$\mathscr{E} = vBL$　　　　　(22.1)

예상한 바와 같이 $v = 0\,\text{m/s}$이면 $\mathscr{E} = 0\,\text{V}$이다. 즉 정지된 도체 막대에서는 운동 기전력이 생기지 않는다. 도체 막대의 길이 L이 일정하면 전하가 움직이는 속력이 클수록 더 큰 기전력이 유도된다. 전지와 마찬가지로 운동 기전력의 단위는 볼트(V)이다. 그림 22.4(b)에서 거리가 L만큼 떨어진 두 금속 레일 위에서 금속 막대가 미끄러지면 유도 기전력에 의하여 움직일 수 있는 전자가 회로를 따라 시계 방향으로 흐른다. 전류 I의 방향은 전자의 운동 방향과 반대 방향이므로, 그림에서 전류의 방향은 반시계 방향이다. 예제 22.1은 운동 기전력이 그림 22.6의 전등과 같은 전기 장치에 전기 에너지를 주는 예를 보인다.

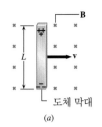

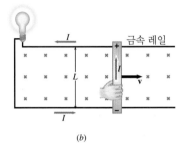

그림 22.4 (a) 도체 막대를 균일한 자기장과 직각인 방향으로 움직이면 자기력에 의해 도체 막대 양쪽 끝에는 다른 부호의 전하가 나타나게 되어 기전력을 유도한다. (b) 유도 기전력에 의해서 회로에 유도 전류 I가 흐른다.

예제 22.1 │ 운동 기전력에 의해 불이 오는 전등

그림 22.4(b)에서 도체 막대는 0.8 T의 자기장과 수직 방향으로 5.0 m/s의 속력으로 움직이고 있다. 길이 1.6 m인 도체 막대가 저항 96 Ω인 전등에 도선으로 연결되어 있다. 도체 막대와 도선의 저항은 무시한다. (a) 도체 막대에 생기는 기전력, (b) 회로에 유도되는 전류, (c) 전등에 전달되는 전력, (d) 60 초 동안 전등이 사용한 에너지 들을 각각 구하라.

살펴보기　움직이는 막대는 건전지처럼 작동하여, 운동 기전력 vBL을 회로에 공급한다. 유도 전류는 옴의 법칙에 의해 운동 기전력을 전등의 저항으로 나누어서 계산한다. 전등에 전달되는 전력은 유도 전류와 전등 양단의 전위차를 곱한 값으로 주어지며, 소모되는 에너지는 전력과 시간의 곱이다.

풀이　(a) 운동 기전력은 식 22.1에 의해

$$\mathscr{E} = vBL = (5.0\ \text{m/s})(0.80\ \text{T})(1.6\ \text{m}) = \boxed{6.4\ \text{V}}$$

로 주어진다.

(b) 옴의 법칙에 따라, 유도 전류는 운동 기전력을 회로의 저항으로 나눈 값과 같다.

$$I = \frac{\mathscr{E}}{R} = \frac{6.4\ \text{V}}{96\ \Omega} = \boxed{0.067\ \text{A}} \qquad (20.2)$$

(c) 전등에 공급되는 전력은 전류와 전등 양단의 전위차를 곱한 것이다.

$$P = I\mathscr{E} = (0.067\ \text{A})(6.4\ \text{V}) = \boxed{0.43\ \text{W}} \qquad (20.6a)$$

(d) 전력이 단위 시간당 사용되는 에너지이므로, 60 초 동안 사용된 에너지는 전력과 시간의 곱으로 주어진다.

$$E = Pt = (0.43\ \text{W})(60.0\ \text{s}) = \boxed{26\ \text{J}} \qquad (6.10b)$$

운동 기전력과 전기 에너지

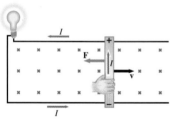

그림 22.5　움직이는 막대에 흐르는 전류 I에 작용하는 자기력 **F**의 방향은 막대의 속도 **v**와 반대이다. 손으로 막대를 밀지 않으면 자기력에 의해 막대의 운동은 느려지게 된다.

운동 기전력은 자기장 내에서 도체 막대 내부에 있는 움직이는 전하에 작용하는 자기력에 의해 발생한다. 이 기전력에 의해 전류가 흐르면, 이 유도 전류는 자기장 속에서 자기력을 받는다. 예를 들면 그림 22.4(b)와 같이 자기장에 수직인 도체 막대에 흐르는 전류 I는 식 21.3에 의해 크기가 $F = ILB \sin 90°$인 자기력을 받는다. 예제 22.1에 주어진 I, L, B 값을 이용하여 계산한 자기력의 크기는 $F = (0.067\ \text{A})(1.6\ \text{m})(0.80\ \text{T}) = 0.086\ \text{N}$이다. 여기서 자기력 **F**의 방향은 오른손 법칙-1로 주어지고 그림 22.5에서와 같이 도체 막대의 속도 **v**와 반대 방향이어서 자기력은 막대의 운동이 느려지도록 작용하는데 이 사실이 중요하다. 그래서 도체 막대가 일정한 속력으로 오른쪽 방향으로 움직이기 위해서는, 외부에서 자기력에 반대 방향으로 0.086 N의 힘(그림에서 손으로 미는 힘)을 주어야 한다. 그림에서 손으로 미는 힘처럼, 이러한 반대 방향의 힘이 없으면 도체 막대의 속력은 점점 줄어들게 되어서 마침내 도체 막대는 정지하게 된다. 또한 도체 막대의 속력이 줄어드는 동안 운동 기전력도 감소하게 되어 전등의 불빛도 점점 사라지게 된다.

　　이제 우리는 다음과 같은 중요한 질문, 즉 누가 또는 무엇이 예제 22.1에서 60 초 동안 전등이 소모하는 26 J의 전기 에너지를 주느냐에 대해서 답할 수 있다. 막대가 계속적으로 운동하는 데 필요한 0.086 N의 외부 힘이 도체 막대의 운동 방향과 같은 방향으로 작용하여 일을 하는 것으로 이 일이 예제 22.2에서 계산한 전등이 사용한 전기 에너지로 변환된다.

예제 22.2 │ 전등을 켜 놓는 데 필요한 일

예제 22.1에서와 같이 0.086 N의 외부 힘[그림 22.4(b)과 그림 22.5에서 손으로 미는 힘]이 작용하여 막대를 일정한 속력 5.0 m/s로 움직이게 하였을 때 60 초 동안 외부 힘이 한 일의 양을 구하라.

살펴보기 그림 22.5에서 사람 손이 한 일 W는 식 6.1에 의해 $W = (F \cos \theta)x$로 주어진다. 이 식에서 F는 외력의 크기이고, θ는 도체 막대의 변위와 외부 힘 사이의 각(여기서 $\theta = 0°$), 그리고 x는 시간 t 동안 도체 막대가 움직인 거리로 도체 막대의 속력과 시간의 곱, 즉 $x = vt$로 주어지므로 일은 $W = (F \cos 0°) vt$

$= Fvt$로 주어진다.

풀이 외부 힘이 한 일은

$$W = F\,vt = (0.086\ \text{N})(5.0\ \text{m/s})(60.0\ \text{s}) = \boxed{26\ \text{J}}$$

이다. 외부 힘이 한 26 J의 일은 전등에 사용된 에너지 26 J과 같다. 그러므로 전지의 화학적 에너지가 전기 에너지로 변환되듯이, 외부에서 하는 일이 움직이는 도체 막대 속의 자기력에 의해 전기 에너지로 변환된다.

그림 22.5에서 전류의 방향이 에너지 보존 법칙과 일치한다는 것을 이해하여야 한다. 그림 22.6에서 전류의 방향이 반대로 되면 어떤 일이 일어나는지 생각해 보자. 전류 흐름의 방향이 반대로 되면 자기력 **F**의 방향도 반대로 되어 도체 막대의 속도 **v**와 같은 방향이므로 자기력이 도체 막대의 속력을 줄이기보다는 오히려 더 증가시킨다. 즉 도체 막대는 그림에 보이는 손으로 미는 힘과 같은 외부 힘이 없어도 가속되면서 전등에 에너지를 공급할 운동 기전력을 만든다. 따라서 이와 같은 가상의 발전기는 외부 힘이 작용하지 않아도 무로부터 에너지를 창조하게 된다는 뜻이다. 그러나 이런 종류의 가상 발전기는, (에너지는 만들어지거나 소멸되지 않고 단지 한 종류에서 다른 종류로 변환된다는) 에너지 보존 법칙에 위배되므로 존재할 수 없다. 그러므로 그림 22.6과 같은 회로에서 전류는 시계 방향으로 흐를 수 없다. 예제 22.1과 22.2에 주어진 상황과 같이 운동 기전력이 만드는 유도 전류는, 에너지 보존 법칙에 따라 항상 막대의 운동에 방해되는 방향으로 자기력을 받는다.

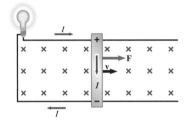

그림 22.6 회로에서 전류는 시계 방향으로 흐를 수 없다. 왜냐하면 도체 막대에 작용하는 자기력 **F**가 도체 막대의 속도 방향과 같은 방향이 되므로 도체 막대가 오른쪽으로 가속되면서 스스로 에너지를 생성하는데, 이 현상은 에너지 보존 법칙에 위배되기 때문이다.

22.3 자기 선속

운동 기전력과 자기 선속

운동 기전력이나 유도 기전력의 다른 형태는 모두 자기 선속(자속; magnetic flux)의 개념을 이용하여 설명할 수 있다. 자기 선속은 18.9절에서 다루었던 전기장과 전기장이 통과하는 표면의 넓이의 곱으로 정의되었던 전기 선속과 유사한 방법으로 정의된다. 자기장은 움직이고 있는 시험 전하에 작용하는 자기력에 의해서 정의된다. 자기장과 자기장이 통과하는 표면이란 개념을 사용해서 자기 선속의 개념이 어떻게 정의되는지 알아본다.

식 22.1에 주어진 운동 기전력 $\mathscr{E} = vBL$이 자기 선속을 이용하여 표현될 수 있음을 알아보자. 식 22.1을 유도하는 데 사용된 도체 막대를 그림 22.7(a)에 나타내었다. 도체 막대는 시간 $t = 0$에서부터 시작하여 시간 t_0까지 자기장 속에서 오른쪽으로 x_0까지 움직이고 시간 t가 흐른 후 도체 막대는 x까지 움직여 그림 (b)와 같이 된다. 여기서 도체 막대의 속

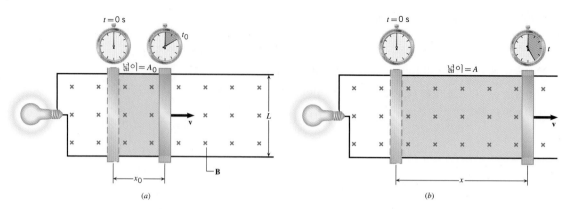

그림 22.7 (a) 시간 t_0 동안 움직이는 도체 막대가 지나간 넓이는 $A_0 = x_0 L$ 이다. (b) 시간 t 동안 움직이는 도체 막대가 지나간 넓이는 $A = xL$ 이다. 두 그림에서 움직이는 도체 막대가 지나간 넓이를 색으로 나타내었다.

력은 이동 거리를 경과 시간으로 나눈 것이다. 즉 $v = (x - x_0)/(t - t_0)$ 이다. 이 속력을 $\mathscr{E} = vBL$ 에 대입하면

$$\mathscr{E} = \left(\frac{x - x_0}{t - t_0} \right) BL = \left(\frac{xL - x_0L}{t - t_0} \right) B$$

이 된다. 그림에서 $x_0 L$ 은 도체 막대가 거리 x_0 동안 지나간 넓이이고, xL 은 도체 막대가 거리 x 동안 지나간 넓이이다. 이 넓이를 이용하여 기전력을 나타내면

$$\mathscr{E} = \left(\frac{A - A_0}{t - t_0} \right) B = \frac{(BA) - (BA)_0}{t - t_0}$$

로 된다. 이 식의 분자에 들어있는 자기장의 세기와 넓이의 곱인 BA 를 자기 선속(magnetic flux)이라 부르며 자기 선속의 기호는 그리스 문자 Φ(phi)를 이용하여 $\Phi = BA$ 로 나타낸다. 유도 기전력은 자기 선속의 변화량 $\Delta\Phi = \Phi - \Phi_0$ 를 시간 간격 $\Delta t = t - t_0$ 로 나눈값으로 정의된다. 즉

$$\mathscr{E} = \frac{\Phi - \Phi_0}{t - t_0} = \frac{\Delta\Phi}{\Delta t}$$

로 유도 기전력은 자기 선속의 시간 변화율로 나타낼 수 있다.

대부분의 경우 위 식에 음의 부호를 붙인 식, 즉 $\mathscr{E} = -\Delta\Phi/\Delta t$ 로 표현하는 것을 볼 수 있는데 음의 부호는 회로에 유도되는 전류의 방향이 자기력 **F**가 도체 막대의 운동을 감소시키는 방향, 즉 도체 막대의 속력을 감소시키는 방향으로 작용하도록 형성된다는 의미이다(그림 22.5 참조).

이런 이유 말고도, 유도 기전력을 표현하는 데 음의 부호를 붙인 것이 일반적으로 유용하다는 이점이 있다. 22.4절에서 유도 기전력을 만들어내는 모든 가능한 경우에 식 $\mathscr{E} = -\Delta\Phi/\Delta t$ 를 적용할 수 있음을 알게 될 것이다.

자기 선속에 대한 일반적 표현

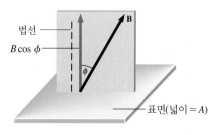

그림 22.8 자기 선속을 계산할 때 표면에 수직인 자기장 성분만 사용하는데 그 성분의 크기는 $B\cos\phi$ 이다.

그림 22.7에서 자기장 **B**의 방향은 도체 막대가 움직이며 지나간 표면에 수직이다. 그러나 일반적으로 **B**는 표면에 수직이 아니다. 예를 들면 그림 22.8에서는 자기장의 방향이 표면에 수직인 법선 방향과 ϕ의 각을 이루고 있다. 이 경우 자기 선속은 표면에 수직인 성분인

$B\cos\phi$를 이용하여 계산한다. 즉 자기 선속의 일반적인 표현식은

$$\Phi = (B\cos\phi)A = BA\cos\phi \qquad (22.2)$$

로 주어진다. 자기장의 크기 B나 각 ϕ가 표면 전체에서 일정하지 않은 경우에는 $B\cos\phi$의 평균값을 이용하여 자기 선속을 계산한다. 식 22.2에서 알 수 있듯이 자기 선속의 단위는 $T\cdot m^2$이다. 자기 선속의 다른 단위로는 독일 물리학자 빌헬름 베버(1804~1891)의 이름을 딴 웨버(Wb)가 있는데, $1\,Wb = 1\,T\cdot m^2$이다. 예제 22.3은 자기장과 각각 다른 방향에 위치한 세 가지 표면에서 자기 선속을 계산하는 방법을 나타낸 것이다.

 예제 22.3 │ 자기 선속

단면적 $2.0\,m^2$인 사각형 모양의 코일이 $0.50\,T$ 크기의 자기장에 놓여 있다. 그림 22.9와 같이 자기장이 표면과 각각 $\phi = 0°$, $60.0°$, $90.0°$의 각을 이루는 경우 자기 선속을 구하라.

살펴보기 자기 선속은 $\Phi = BA\cos\phi$로 정의된다. 여기서 B는 자기장의 크기이고 A는 자기장이 통과하는 겉넓이, 그리고 ϕ는 자기장과 표면의 법선 방향이 이루는 각이다.

풀이 세 가지 경우에 대한 자기 선속은

$\phi = 0°$ $\Phi = (0.50\,T)(2.0\,m^2)\cos 0° = \boxed{1.0\,Wb}$

$\phi = 60.0°$ $\Phi = (0.50\,T)(2.0\,m^2)\cos 60.0° = \boxed{0.50\,Wb}$

$\phi = 90.0°$ $\Phi = (0.50\,T)(2.0\,m^2)\cos 90.0° = \boxed{0\,Wb}$

> **문제 풀이 도움말**
> 자기 선속 Φ는 자기장의 크기 B와 넓이 A뿐만 아니라 각 ϕ에도 의존한다(그림 22.8과 그림 22.2 참조).

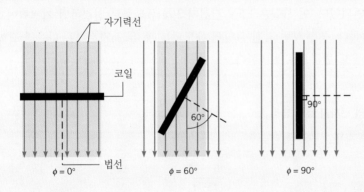

그림 22.9 자기장의 방향과 각각 다른 세 가지 방향의 사각형 모양의 코일(측면도). 코일을 통과하는 자기력선은 파란색으로 표시된 영역 속에 있다.

자기 선속의 도표 해석

자기장의 크기가 자기장에 수직인 단위 넓이를 통과하는 자기력선의 개수에 비례하기 때문에(21.1절 참조), 자기 선속을 도표로 해석할 수 있다. 예를 들면 그림 22.10(a)에 나타낸 자기장의 크기는 그림 (b)에 보인 경우의 세 배인데 그 이유는 동일한 두 넓이를 통과하는 자기력선 개수의 비율이 3 : 1이기 때문이다. 자기 선속 Φ는 넓이가 일정할 때 자기장 크기 **B**에 비례하므로 그림 (a)의 자기 선속은 그림 (b)의 자기 선속의 세 배이다. 그러므로 자기 선속은 표면을 통과하는 자기력선의 수에 비례하게 된다.

자기장과 표면이 임의의 각을 가질 때도 자기 선속의 도표 해석이 가능하다. 예를 들면 그림 22.9에서 보여주는 코일이 $\phi = 0°$, $60°$, $90°$로 회전할 경우 표면을 통과하는 자기력선의 개수 비는 8 : 4 : 0 또는 2 : 1 : 0로 된다. 예제 22.3의 결과를 보면 자기 선속도 동일한 비율로 변한다. 자기 선속이 그 표면을 통과하는 자기력선의 수에 비례하므로, '도선

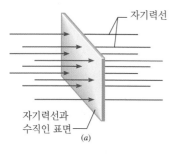

자기력선

자기력선과
수직인 표면
(a)

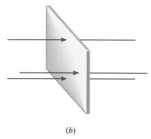

(b)

그림 22.10 그림 (a)의 자기장 크기는 그림 (b)의 자기장 크기의 세 배이다. 그 이유는 동일 넓이를 통과하는 자기력선의 갯수의 비가 3 : 1이기 때문이다.

고리를 (즉 도선 고리가 경계선이 되는 한 표면을) 통과하는 자기 선속'이란 표현을 사용하기도 한다.

22.4 패러데이의 전자기 유도 법칙

전자기 유도는 마이클 패러데이(1791~1867)와 조지프 헨리(1797~1878)에 의해 처음 발견되었다. 헨리가 전자기 유도를 처음 관찰했지만, 패러데이가 더 깊이 조사하여 그 결과를 먼저 논문으로 출판하였기 때문에 이 현상을 설명하는 법칙에 그의 이름이 붙었다.

　패러데이는 '도선 고리를 통과하는 자기 선속이 시간에 따라 변할 때 도선에 기전력이 유도된다'는 사실을 발견하였다. 자기 선속이 일정하면 기전력이 생기지 않는다. **패러데이의 전자기 유도 법칙**(Faraday's law of electromagnetic induction)은 자기 선속의 개념과 자기 선속이 변하는 시간 간격을 함께 고려한 것이다. 패러데이가 발견한 것은 유도 기전력의 크기가 자기 선속의 시간 변화율과 같다는 사실이며 22.3절에서 운동 기전력일 때 얻은 식 $\mathscr{E} = -\Delta\Phi/\Delta t$와 일치한다.

　자기 선속이 한 개 이상의 고리(또는 감은 수)로 만들어진 코일을 통과하는 경우도 흔하다. 고리 하나가 있을 때와 같은 자기 선속이 N개의 고리가 있는 코일을 통과한다면, 이때 코일에 유도되는 기전력은 한 개의 고리에 유도되는 기전력의 N배와 같다는 것이 실험적으로 확인되었다. 이 사실은 1.5 V 건전지 2 개를 직렬로 연결하면 기전력이 3 V가 되는 것과 유사하다. 통상 N번 감긴 코일에 유도되는 총 유도 기전력은 다음과 같이 패러데이의 전자기 유도 법칙으로 설명한다.

> **■ 패러데이의 전자기 유도 법칙**
> N번 감긴 코일에 유도되는 평균 유도 기전력 $\mathscr{E}$는
> $$\mathscr{E} = -N\left(\frac{\Phi - \Phi_0}{t - t_0}\right) = -N\frac{\Delta\Phi}{\Delta t} \qquad (22.3)$$
> 이다. 여기서 $\Delta\Phi$는 한 개의 도선 고리를 통과한 자기 선속의 변화이며, Δt는 변화가 일어나는 데 걸린 시간이므로 한 개의 도선 고리를 통과한 자기 선속의 평균 시간 변화율은 $\Delta\Phi/\Delta t$이다.
> **유도 기전력의 SI 단위**: 볼트(V)

　패러데이의 법칙은 어떤 경우에도 자기 선속이 시간에 따라 변하면 기전력이 생성된다는 것을 의미한다. 자기 선속은 식 22.2에 의해 $\Phi = BA\cos\phi$로 주어지므로 세 가지 변수 B, A, ϕ 중 어느 하나만 변하여도 유도 기전력이 생긴다. 예제 22.4는 자기장이 변하는 경우이다.

예제 22.4 | **자기장 변화에 의해 유도된 기전력**

코일에 전선이 20회 감겨있으며 고리의 넓이는 $1.5 \times 10^{-3} \, \text{m}^2$이다. 자기장은 고리 면에 수직($\phi = 0°$) 방향으로 작용한다. 시간 $t_0 = 0$일 때 코일을 통과하는 자기장은 $B_0 = 0.050 \, \text{T}$이며 시간이 $t = 0.10 \, \text{s}$일 때 코일을 통과하는 자기장은 $B = 0.060 \, \text{T}$로 증가한다. (a) 이 시간 간격 동안 코일에 유도된 평균 기전력을 구하고, (b) 시간 간격 $0.10 \, \text{s}$ 동안 자기장이 $0.060 \, \text{T}$로부터 $0.050 \, \text{T}$로 감소하였을 때 평균 유도 기전력 값을 구하라.

살펴보기 유도 기전력을 구하기 위하여 식 22.2에 주어진 자기 선속의 정의와 패러데이의 전자기 유도 법칙(식 22.3)을 결합하여 이용한다. 자기장의 크기만 시간에 따라 변함에 유의하라.

풀이 (a) $\phi = 0°$이므로 유도 기전력은

$$
\begin{aligned}
\mathscr{E} &= -N \left(\frac{\Phi - \Phi_0}{t - t_0} \right) \\
&= -N \left(\frac{BA \cos \phi - B_0 A \cos \phi}{t - t_0} \right) \\
&= -NA \cos \phi \left(\frac{B - B_0}{t - t_0} \right)
\end{aligned}
$$

$$
\begin{aligned}
\mathscr{E} &= -(20)(1.5 \times 10^{-3} \, \text{m}^2)(\cos 0°) \\
&\times \left(\frac{0.060 \, \text{T} - 0.050 \, \text{T}}{0.10 \, \text{s} - 0 \, \text{s}} \right) = \boxed{-3.0 \times 10^{-3} \, \text{V}}
\end{aligned}
$$

(b) 자기장이 변하기 시작하는 시간과 끝나는 시간의 B 값이 서로 바뀌는 것을 제외하면 계산 방법은 (a)와 같다. 단지 기전력의 부호만 반대로 되므로 $\boxed{\mathscr{E} = +3.0 \times 10^{-3} \, \text{V}}$ 이다. 기전력의 극성이 바뀌었기 때문에 유도 전류의 방향도 (a)와 반대이다.

콘센트용 누전 차단기(ground fault interrupter)는 패러데이의 법칙을 응용한 예로 의류 건조기 등과 같은 가전제품을 만질 때 올 수 있는 전기 충격으로부터 보호해주는 장치이다. 이 장치는 그림 22.11과 같이 방의 벽면에 있는 전원 콘센트에 직접 연결되거나, 최신 건물일 경우 전원 콘센트를 대체하는 경우도 있다. 이 장치 내부에는 감지 코일에 전류가 유도되는지 여부에 따라 건조기에 공급하는 전류를 차단할 수 있는 회로 차단기가 있다. 감지 코일은 철로 만든 원형 고리 주위에 둘러싸여 있으며 전류가 흐르는 전선과 가까이 위치한다. 그림에서 건조기로 들어가는 전류는 빨간색으로, 돌아 나오는 전류는 초록색으로 표시하였다. 두 전류는 오른손 법칙-2(21.7절 참조)에 따라 원형 자기장을 각각의 전선 주위에 만든다. 두 전류의 방향이 반대이므로 이 두 자기장의 방향은 반대이다. 두 전류에 의한 자기력선의 일부는 원형 철 고리를 따라서 감지용 코일을 통과한다. 이때 전류는 교류이므로 빨간색과 초록색 전류에 의해 형성되는 두 자기장은 크기가 같고 방향이 반대

> **문제 풀이 도움말**
> 어떤 물리량의 변화란 나중값에서 처음값을 뺀 것이다. 예를 들면 자기 선속의 변화는 $\Delta\Phi = \Phi - \Phi_0$로 시간 변화는 $\Delta t = t - t_0$로 주어진다.

◐ 콘센트용 누전 차단기의 물리

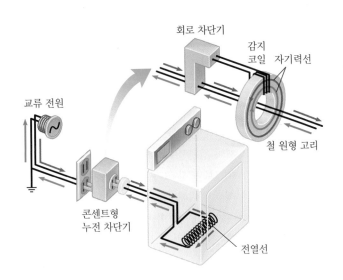

그림 22.11 의류 건조기가 콘센트형 누전 차단기를 거쳐 가정 전원과 연결되어 있다. 건조기는 정상적으로 작동하고 있다.

이다. 두 자기장이 상쇄되므로 코일을 통과하는 알짜 자기력선은 존재하지 않고 유도 기전력도 존재하지 않는다. 그러므로 건조기가 정상적으로 동작할 경우 회로 차단기는 동작하지 않으며 전류를 차단하지 않는다. 그러나 건조기 내부 전선이 우발적으로 금속통과 접촉하여 건조기가 오작동하는 경우는 상황이 다르다. 사람이 건조기의 금속통에 손을 대면 차단기에 흐르는 전류 중 일부는 인체를 통해 접지 쪽으로 흘러가므로 되돌아오면서 누전 차단기를 통과하는 초록색 표시 전류의 양이 줄어들게 된다. 그러므로 감지 코일에 형성되는 알짜 자기장은 더 이상 0이 아니며 교류이기 때문에 전류가 시간에 따라 변하므로 유도된 전압이 감지 코일에 생기고, 이 신호가 회로 차단기를 작동시켜 전원을 차단한다. 누전 차단기의 응답 속도가 1/1000 초보다 빠르므로 전류가 위험한 크기에 도달하기 전에 전원이 차단된다.

22.5 렌츠의 법칙

전지와 마찬가지로 유도 기전력도 회로에 전류를 공급할 수 있다. 전지로 구성된 보통 회로의 경우 전류는 양극(+) 단자에서 나와 회로에 부착된 장치를 통과하여 음극(−) 단자로 흐른다. 비록 양극이나 음극의 위치가 그만큼 명확하지는 않지만 회로에 전류가 흐르는 것은 유도 기전력의 경우도 같다. 그러므로 유도 기전력의 극성을 정하는 방법을 알아야 양극과 음극을 구분할 수 있다. 여기서 코일을 통과하는 알짜 자기장은 두 자기장의 합이라는 사실에 주의하여야 한다. 첫 번째는 처음부터 주어진 자기장으로 이것이 변하면 유도 기전력과 자기 선속의 변화를 가져온다. 두 번째는 이 유도 기전력에 의한 유도 전류가 만드는 자기장이다. 이와 같이 유도 전류에 의해 형성된 자기장을 **유도 자기장**(induced magnetic field)이라 부른다. 유도 기전력의 극성은 러시아 물리학자 하인리히 렌츠(1804~1865)가 발견한 **렌츠의 법칙**(Lenz's law)을 사용하여 정한다.

> ■ **렌츠의 법칙**
> 자기 선속의 변화로부터 생성된 유도 기전력의 극성은, 유도 전류에 의해 생기는 유도 자기장이 원래 자기 선속의 변화를 방해하도록 정해진다.

개념 예제 22.5는 렌츠의 법칙을 설명한다.

 개념 예제 22.5 | **움직이는 자석에 의해 생기는 기전력**

그림 22.12(a)에서, 영구 자석이 도선 고리를 향하여 움직이고 있다. 도선 고리에 (예컨대 전구의 필라멘트와 같은) 저항 R이 연결되어 있을 때, 유도 전류의 방향과 유도 기전력의 극성을 정하라.

살펴보기 및 풀이 렌츠의 법칙에 의하면 유도 자기장은 자기 선속의 변화를 방해한다. 그림에서 영구 자석을 도선 고리에 가까이 접근할수록 도선 고리를 통과하는 자기장의 세기가 증가하므로 도선 고리를 통과하는 자기 선속도 증가한다. 이것을 방해하기 위해서는, 즉 자기 선속이 감소되기 위해서는 유도되는 자기장의 방향이 영구 자석에 의한 자기장의 방향과 반대이어야 한다. 그림 22.12(a)의 경우 막대 자석에 의한 자기장은 도선

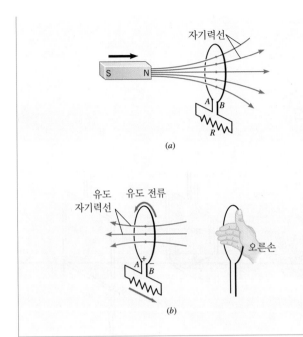

그림 22.12 (a) 자석이 오른쪽으로 움직일수록 도선 고리의 자기 선속은 증가한다. 도선 고리에 연결된 외부 회로의 저항은 R이다. (b) 유도 기전력의 극성을 +와 − 부호로 나타내었다.

고리의 왼쪽에서부터 오른쪽으로 통과하므로 유도 자기장은 그림 22.12(b)와 같이 오른쪽에서 왼쪽 방향으로 지나가야 한다. 이와 같은 유도 자기장을 만들려면 유도 전류는 막대 자석에서 볼 때 도선 고리에서 반시계 방향으로 흘러야 한다(그림과 같이 오른손 법칙-2를 적용하라). 도선 고리는 전지와 마찬가지로 기전력원 역할을 하게 된다. 외부 회로의 저항을 지나가는 전류는 양극에서 음극쪽으로 흐르므로 그림 22.12(b)와 같이 점 A는 양극이고 점 B는 음극이 된다.

개념 예제 22.5에서 유도 전류에 의해 형성된 유도 자기장의 방향은 막대 자석이 만드는 외부 자기장의 방향과 반대였다. 그러나 유도 자기장이 모든 경우에 외부 자기장과 반대 방향인 것이 아니라, 유도 기전력을 만드는 자기 선속의 변화와 반대로 되어야 한다는 것이 렌츠의 법칙이다. 렌츠의 법칙을 독립된 법칙으로 생각할 필요는 없다. 왜냐하면 이 법칙은 에너지 보존 법칙으로부터 나왔기 때문이다. 에너지 보존 법칙과 유도 기전력 사이의 관계는 이미 22.2절에서 운동 기전력을 설명할 때 논의한 바 있다. 렌츠의 법칙에 의해 정해지는 유도 기전력의 극성 자체가 에너지 보존 법칙의 또 다른 표현이기 때문이다.

22.6 발전기

발전기에서 생기는 기전력

그림 22.13과 같은 발전기들이 전 세계 전기 에너지의 대부분을 만들어낸다. 전동기(모터)가 전기 에너지를 역학적 에너지로 변환하는데 반하여 발전기는 역학적인 일을 통해 전기 에너지를 만든다. 전동기는 입력 전류에 의해 코일이 회전함으로써 전동기의 축에 연결된 물체에 역학적인 일을 전달하는 장치이다. 그러나 발전기는, 엔진이나 터빈과 같은 기계적인 방법에 의해 축이 회전하여 코일에 유도 기전력을 일으킨다. 외부 회로와 연결되면 발전기는 전류를 공급한다.

그림 22.13과 같은 발전기들은 패러데이의 법칙에 따라 유도 기전력을 만들어 전력을 공급한다. 간단한 형태의 교류 발전기는 그림 22.14(a)와 같이 균일한 자기장 내에서 회전하는 도선 코일로 구성되어 있다. 그림에는 보이지 않지만 철심에 코일이 감겨져 있다. 전동기와 마찬가지로 코일/코어 결합부를 전기자라 하며 코일의 끝 부분은 코일과 같이 회전을 하면서 외부 회로(전구)에 연결된 흑연 브러시와 미끄러지면서 부드럽게 접촉을 유

○ 발전기의 물리

그림 22.13 발전기는 패러데이의 법칙에 따라 유도 기전력을 만들어 전력을 공급한다.

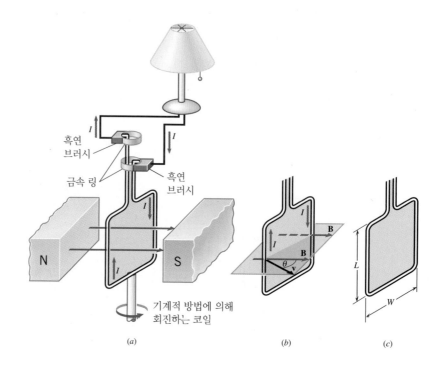

그림 22.14 (a) 기계적 방법에 의해 자기장 **B** 속에서 회전하는 코일(하나의 도선 고리만 보임)로 구성된 발전기 (b) 움직이는 전선 내부의 전하에 작용하는 자기력에 의해 발생되는 전류 *I* (c) 코일의 크기

지하는 금속 링으로 되어 있다.

발전기에서 전기가 어떻게 만들어지는지 알아보기 위하여 그림 22.14(b)의 사각형 코일에서 자기장에 수직인 두 변을 생각하자. 사각형 코일이 자기장 속에서 회전하기 때문에 사각형 코일의 수직 변에 있는 전하에 자기력이 작용하여 전류가 흐르게 된다. 오른손 법칙-1(손가락 4 개를 자기장 방향으로 향하게 하고 엄지를 속도의 방향으로 두면 손바닥 방향이 힘의 방향이 된다)에 따르면 사각형 코일의 왼쪽 변에 있는 전하는 위로 자기력을 받아 위쪽으로, 사각형 코일의 오른쪽 변에 있는 전하는 아래 방향으로 자기력을 받아 아래쪽으로 움직여서 코일에 전류가 흐르게 된다. 사각형 코일의 윗변과 밑변에 있는 전하도 역시 자기력을 받지만 힘의 방향이 변의 방향과 수직이므로 코일에 흐르는 전류에는 기여하지 못한다.

자기장 내에서 움직이는 도체 막대의 운동 기전력은 식 22.1로 주어진다. 이 식을 길이 *L*인 코일의 왼쪽 변에 적용하려면 자기장 **B**에 수직인 속도 성분 $v_\perp$이 필요하다. 여기서 θ를 **v**와 **B** 사이의 각이라 하면 $v_\perp = v \sin \theta$가 되므로 식 22.1은 다음과 같이 된다.

$$\mathscr{E} = BLv_\perp = BLv \sin \theta$$

사각형 코일의 오른쪽 변도 왼쪽 변과 같은 크기의 기전력이 유도되며 같은 방향이므로 사각형 코일에 발생되는 전체 기전력은 $\mathscr{E} = 2BLv \sin \theta$이다. 코일의 감은 수가 *N*이라면 알짜 기전력은

$$\mathscr{E} = N(2BLv \sin \theta)$$

가 된다. 변수 θ와 v를 코일의 각속도 ω로 표현하는 것이 편리하다. 식 8.2에서 $t = 0\,\text{s}$일 때 $\theta = 0$라디안이라면 각은 각속도에 시간을 곱한 $\theta = \omega t$와 같다. 즉 사각형 코일이 회전하므로 두 수직 변에 있는 전하는 반지름 $r = W/2$인 원형 경로로 움직인다. 여기서 W는 그림 22.14(c)에서 밑변을 나타낸다. 그러므로 각 변에 있는 전하의 속력 v는 각속도와 식

8.9에 의해 $v = r\omega = (W/2)\omega$를 만족한다. 두 관계식과 넓이 $A = LW$를 $\mathcal{E}$에 관한 식에 대입하면 다음과 같은 관계식이 구해진다.

회전하는 평면 코일에
유도되는 기전력 $\qquad \mathcal{E} = NAB\omega \sin \omega t = \mathcal{E}_0 \sin \omega t \quad$ 여기서 $\quad \omega = 2\pi f \qquad$ (22.4)

식 22.4에서 각속도 ω의 단위는 라디안(rad)/초(s)로, 헤르츠(Hz) 또는 사이클(cycle)/초(s)의 단위를 가지는 주파수와 $\omega = 2\pi f$의 관계가 있다(식 10.6).

식 22.4는 사각형 코일에 대하여 유도되었지만 이 식은 넓이가 A인 어떤 형태의 평면 코일에도 성립한다. 이 기전력은 시간에 대한 사인 함수 형태이며 최대 기전력은 $\sin \omega t = 1$일 때의 값으로 $\mathcal{E}_0 = NAB\omega$이다. 그림 22.15는 식 22.4를 그래프로 나타낸 것으로 코일이 회전함에 따라 극성이 바뀐다는 것을 보여주고 있으며 20.5절에서 논의한 교류 전압과 같다. 발전기에 연결된 외부 회로가 폐회로(closed circuit)이면 기전력의 극성을 바꾸는 것과 같은 주파수로 교류 전류도 방향이 바뀌므로 이런 종류의 발전기를 교류 발전기라 부른다. 예제 22.6은 식 22.4가 어떻게 적용되는지 보여준다.

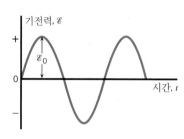

그림 22.15 교류 발전기는 $\mathcal{E} = \mathcal{E}_0 \sin \omega t$인 교류 기전력을 만든다.

예제 22.6 | 자전거 발전기

○ 자전거 발전기의 물리

야간에 자전거의 전조등을 밝히기 위해 자전거에 발전기가 부착되어 있다. 발전기의 축에 달려 있는 자그마한 바퀴가 자전거 고무 바퀴에 의해 눌리면서 자전거 바퀴가 한 회전하는 동안 발전기의 전기자는 44번 회전을 하게 되어 있다. 자전거 바퀴의 반지름은 0.33 m이다. 전기자 코일의 감은 수는 75 회이며 도선 고리의 단면적은 $2.6 \times 10^{-3}\,\text{m}^2$로, 0.10 T의 자기장 속에서 회전을 하고 있다. 최대 기전력이 6.0 V라면 자전거의 속력은 얼마인가?

살펴보기 다음과 같은 두 가지 사항만 알고 있으면 이 문제는 식 $\mathcal{E}_0 = NAB\omega$에 의해 쉽게 풀리게 된다. 첫 번째로 발전기 전

기자의 각속도 ω는 타이어의 각속도 $\omega_{\text{타이어}}$ 보다 44배 더 빠르다는 사실이다. 두 번째는 타이어가 회전하고 있으므로 $\omega_{\text{타이어}}$와 자전거의 속력 v 사이에는 $\omega_{\text{타이어}} = v/r$(식 8.12)의 관계가 있다. 여기서 r은 타이어의 반지름이다.

풀이 관계식 $\omega = 44\omega_{\text{타이어}} = 44(v/r)$에 의해 최대 전력은 $\mathcal{E}_0 = NAB[44(v/r)]$이 되며, 이 식을 v에 대해 풀면

$$v = \frac{\mathcal{E}_0 r}{44NAB} = \frac{(6.0\ \text{V})(0.33\ \text{m})}{44(75)(2.6 \times 10^{-3}\ \text{m}^2)(0.10\ \text{T})}$$
$$= \boxed{2.3\ \text{m/s}}$$

가 된다.

발전기가 주는 전기 에너지와 역토크

일반적으로 화력 발전소는 석탄이나 가스 또는 석유 같은 화석 연료를 연소시켜 물을 끓여서 만든 압축 증기로 발전기의 회전축에 연결된 터빈의 날개를 돌려 전기를 만든다. 핵연료나 물의 낙차를 이용하는 핵발전소나 수력 발전소도 있다. 터빈이 회전하면 발전기의 코일도 같이 회전하게 되어 역학적인 일이 전기 에너지로 바뀐다.

발전기로부터 전기를 공급받아 사용하는 장치를 통틀어서 부하(load)라고 하는데 그 이유는 장치가 발전기로부터 전기 에너지를 공급받기 때문에 이것이 발전기에 짐(load)이 된다는 뜻이다. 발전기에 연결된 모든 장치의 전원이 꺼져 있다면 발전기는 무부하 상태로 되어서 외부 회로에 전류가 흐르지 않으므로 발전기가 부하에 전기 에너지를 공급할

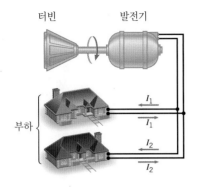

터빈　　　발전기

그림 22.16 발전기는 $I = I_1 + I_2$의 총 전류를 부하로 공급한다.

부하

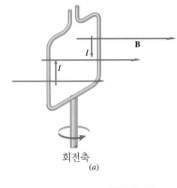

I

I

B

회전축

(a)

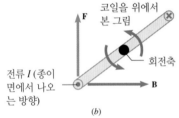

코일을 위에서 본 그림

F

회전축

전류 I (종이 면에서 나오는 방향)

B

(b)

그림 22.17 (a) 발전기의 회전 코일에 전류 I가 흐르고 있다. (b) 코일의 왼쪽 변이 받는 자기력을 코일의 위쪽에서 본 그림

필요가 없다. 이런 상태에서는 발전기 내부에 존재하는 마찰이나 다른 역학적인 손실을 극복할 정도의 미세한 일만 터빈이 해주면 되므로 연료 소모는 최소가 된다.

그림 22.16은 발전기에 부하가 연결된 회로이다. 발전기의 코일에 $I = I_1 + I_2$의 전류가 흐르고 코일이 자기장 속에 있으므로 전류는 자기력 **F**를 받게 된다. 그림 22.17은 코일의 왼쪽 변에 작용하는 자기력을 보여주고 있다. 여기서 **F**의 방향은 오른손 법칙-1에 의해 결정된다. 비록 그림에서 보이지 않지만 크기는 동일하고 방향이 반대인 힘이 코일의 오른쪽 변에 작용하고 있다. 렌츠의 법칙에 의해 자기력 **F**는 회전 운동을 방해하는 방향의 역토크로 작용한다. 발전기에서 만들어지는 유도 전류가 증가할수록 역토크의 크기도 증가하여 터빈이 코일을 돌리기가 더 어려워진다. 이와 같은 역토크를 보상하여 코일의 회전을 일정하게 유지하기 위해서는 더 많은 연료를 사용하여 터빈이 더 많은 일을 하도록 해야 한다. 이 현상은 에너지 보존 법칙의 또 다른 예로 부하 저항에 의해 소모되는 전기 에너지는 터빈을 돌리는 데 사용되는 에너지원으로부터 나온다는 것이다.

전동기에 의해서 생기는 역기전력

발전기는 역학적 에너지를 전기 에너지로 전환시키는 반면 전동기는 전기 에너지를 역학적인 일로 바꾸는 장치로 자기장 내에서 회전하는 코일로 구성된 비슷한 구조이다. 실제로 전동기의 경우도 전기자가 회전함에 따라 코일을 통과하는 자기 선속이 시간에 따라 변하여 코일에 기전력이 유도되는 것이다. 따라서 전동기가 동작하면 두 종류의 기전력원이 존재하게 된다. 즉 (i) 전동기가 동작하도록 외부에서 전류가 흐르도록 걸어준 기전력 V(예를 들면 가정에 공급되는 220 V 전압)과 (ii) 회전하는 코일이 발전기 같은 역할을 하여 만들어지는 유도 기전력 $\mathscr{E}$로 그림 22.18에 이 두 기전력이 표시되어 있다.

렌츠의 법칙에 따라서 유도 기전력 $\mathscr{E}$는 외부에서 걸어준 기전력 V를 방해하는 방향으로 작용하므로 이것을 전동기의 **역기전력**(back emf or counter emf)이라 한다. 전동기의 속력이 빠를수록 코일을 통과하는 선속의 변화가 증가하고 역기전력도 증가한다. 회로에서 V와 $\mathscr{E}$의 극이 서로 반대이므로 회로의 알짜 기전력은 $V - \mathscr{E}$이다. 그림 22.18에서 R은 코일의 저항이고, 전동기를 지나가는 전류 I는 옴의 법칙에 따라 알짜 기전력을 저항으로 나누면 다음과 같다.

$$I = \frac{V - \mathscr{E}}{R} \tag{22.5}$$

예제 22.7은 이 결과를 이용하여 전동기의 전류는 걸어준 기전력 V와 역기전력 $\mathscr{E}$ 둘 다에 의존한다는 것을 보여준다.

그림 22.18 걸어준 기전력 V는 전동기가 동작하는 데 필요한 전류 I를 공급한다. 오른편 그림은 등가인 회로도로, 걸린 기전력, 코일의 저항 R과 역기전력 $\mathscr{E}$가 표시되어 있다.

V

I

I

교류 전동기

R

V

I

I

$\mathscr{E}$

교류 전동기

예제 22.7 | **전동기의 동작**

코일 저항 $R = 4.1\,\Omega$인 교류용 전동기가 교류 전원 $V = 120\,\text{V}$ (rms)에 연결되어 있다. 전동기가 규정 속력으로 동작하면서 코일에 $\mathscr{E} = 118.0\,\text{V}$ (rms)의 역기전력이 발생한다. (a) 전동기가 처음 구동될 때 전류를 구하라. (b) 전동기가 규정 속력으로 동작 중일 때 전류를 구하라.

살펴보기 일단 규정 속력에 도달하면 전동기는 마찰에 의한 손실을 보전하는 일만 하면 된다. 그러나 정지 상태인 바퀴를 회전시키기 위해서는 전동기가 일을 하여 바퀴의 회전 운동 에너지를 증가시켜야 한다. 그러므로 바퀴가 원하는 속력에 도달하도록 하기 위해서는 규정 동작 속력을 유지하는 데 필요한 양보다 더 많은 일, 즉 더 많은 전류가 필요하다. 풀이의 답 (a)와 (b)를 보면 이 사실을 잘 알 수 있다.

풀이 (a) 전동기가 움직이기 시작하는 순간 코일은 회전하지

않으므로 코일에 역기전력도 발생하지 않는다. 즉 $\mathscr{E} = 0\,\text{V}$ 이다. 그러므로 전동기의 시동 전류는

$$I = \frac{V - \mathscr{E}}{R}$$
$$= \frac{120\,\text{V} - 0\,\text{V}}{4.1\,\Omega} = \boxed{29\,\text{A}} \qquad (22.5)$$

이다.

(b) 규정 속력에 도달한 후 전동기에 $\mathscr{E} = 118.0\,\text{V}$의 역기전력이 발생하므로 동작 전류는

$$I = \frac{V - \mathscr{E}}{R}$$
$$= \frac{120.0\,\text{V} - 118.0\,\text{V}}{4.1\,\Omega} = \boxed{0.49\,\text{A}}$$

이다.

> ⬆ **문제 풀이 도움말**
> 전동기의 전류는 걸어준 기전력 V와 전동기가 동작하면서 코일에 발생하는 역기전력 $\mathscr{E}$ 둘 다에 의존한다.

예제 22.7과 같이 전동기가 동작을 시작할 때는 역기전력이 작기 때문에 코일에 많은 전류가 흐른다. 그러나 전동기의 속력이 증가할수록 역기전력도 증가하는데, 전동기가 규정 속력으로 회전할 때까지 계속 증가하기 때문에 역기전력이 최댓값에 도달한다. 역기전력이 공급 기전력과 비슷한 값까지 증가하므로 이때 회로에 흐르는 전류는 아주 작다. 이 작은 전류는 마찰이나 다른 종류의 손실을 극복하고 부하(팬 등)를 구동하는 데 필요한 토크를 주기에 충분한 크기이다.

22.7 상호 유도 계수와 자체 유도 계수

상호 유도 계수

코일을 정지시킨 후 자석을 옆에서 움직이거나 정지된 자석 옆에서 코일을 움직여도 코일에 기전력을 유도할 수 있음을 알았다. 그림 22.19는 기전력을 유도하는 다른 방법을 보여준다. 두 개의 코일이 서로 가까이 있을 때 전류 I_p를 내보내는 교류 전원에 연결되어 있는 것을 일차 코일이라 하며, 다른 하나는 이차 코일이다. 이차 코일에는 유도 기전력을 측정하기 위하여 전압계가 부착되어 있지만, 발전기는 직접 연결되어 있지 않다.

전류가 흐르는 일차 코일은 전자석인 셈이어서 주변에 자기장을 형성한다. 만약 두 코일이 서로 가까이 접근하면 자기장의 많은 부분이 이차 코일을 통과하여 이차 코일에 자기 선속을 만든다. 자기장은 일차 코일에 흐르는 전류에 의해 변하고, 자기 선속도 따라서 변하기 때문에 이차 코일에 유도 기전력이 생긴다.

한 회로의 전류 변화가, 다른 회로에 기전력을 유도하는 현상을 **상호 유도**(mutual

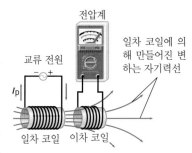

그림 22.19 일차 코일에 흐르는 교류 전류 I_p는 진동하는 자기장을 만들며, 이렇게 시간에 따라 변하는 자기장에 의해 이차 코일에 기전력이 유도된다.

induction)라 하며 패러데이의 전자기 유도 법칙에 따라 이차 코일에 유도되는 평균 기전력 $\mathscr{E}_s$는 이차 코일을 통과하는 자기 선속의 변화량 $\Delta\Phi_s$에 비례한다. 그러나 $\Delta\Phi_s$는 일차 코일에 흐르는 전류 I_p의 변화에 의하여 생성되므로 패러데이 법칙을 써서 $\mathscr{E}_s$를 ΔI_p와 연관시켜 보자. 그림에서 이차 코일을 통과하는 알짜 자기 선속을 $N_s\Phi_s$라 쓸 수 있다. 여기서 N_s는 이차 코일의 감은 횟수이고 Φ_s는 도선 고리 한 개를 통과하는 자기 선속의 평균값이다. 이것은 자기장의 평균값에 비례할 것이고, 다시 일차 코일에 흐르는 전류 I_p에 비례할 것이다. 즉 $N_s\Phi_s \propto I_p$이다. 이와 같은 비례 관계를 비례 상수를 도입하여 표현해 보면 다음과 같이 된다.

$$N_s\Phi_s = MI_p \quad 즉 \quad M = \frac{N_s\Phi_s}{I_p} \tag{22.6}$$

여기서 비례 상수 M을 상호 유도 계수(mutual inductance)라 한다. 식 22.6을 패러데이 법칙에 대입하면 다음 식을 구할 수 있다.

$$\mathscr{E}_s = -N_s\frac{\Delta\Phi_s}{\Delta t} = -\frac{\Delta(N_s\Phi_s)}{\Delta t} = -\frac{\Delta(MI_p)}{\Delta t} = -M\frac{\Delta I_p}{\Delta t}$$

상호 유도에
의한 기전력

$$\mathscr{E}_s = -M\frac{\Delta I_p}{\Delta t} \tag{22.7}$$

패러데이 법칙을 식 22.7로 표현하면 이차 코일에 유도되는 평균 기전력 $\mathscr{E}_s$는 일차 코일의 전류 변화 ΔI_p에 의해 발생되는 것을 알 수 있다.

식 22.7에서 상호 유도 계수 M의 단위는 $V\cdot s/A$로, 이 현상을 처음 발견한 조지프 헨리를 기념하기 위하여 헨리(H)라 하며 $1\,H = 1\,V\cdot s/A$이다. 상호 유도 계수는 코일의 기하학적 모형과 코일 내부에 있는 강자성체심의 자기적 특성에 의존하며, 코일의 배치가 아주 대칭적인 경우에는 계산으로 구할 수도 있지만, 대개 실험으로 측정된다. 대부분의 상황에서 M의 값은 $1\,H$보다 작아서 $mH(1\,mH = 1\times10^{-3}\,H)$ 또는 $\mu H\,(1\,\mu H = 1\times10^{-6}\,H)$ 정도의 값을 가진다.

● 경두개 자기 자극법(TMS)의 물리

우울증 같은 정신질환 치료에 유용한 새로운 경두개 자기 자극법(transcranial magnetic stimulation, TMS)이란 기술은 상호 유도 현상을 이용한다. 경두개 자기 자극법은 뇌에 간접적으로 부드러운 전기 자극을 가해주는 치료법이다. 기존의 전기 치료법은 머리에 직접 전류를 흘려 뇌를 통과하면서 뇌 속의 전기적인 회로를 자극하여 정신 질환 증세를 완화시킨다. 그러나 뇌에 전류가 투과해 들어가도록 하기 위하여 상대적으로 높은 전류를 사용하여야 하기 때문에 마취가 필요하다. 그러나 경두개 자기 자극법은 시간에 따라 변하는 자기장을 이용하여 전류를 만들기 때문에 그림 22.20과 같이 일차 코일을 (뇌의) 치료하고자 하는 부위에 놓고 시간에 따라 변하는 전류를 흐르게 한다. 이 장치도는 그림 22.19와 유사하지만 이차 코일 자리에 전도성 코일 대신 뇌가 놓여 있다는 점이 다르다. 경두개 자기 자극법은 일차 코일에서 생성된 시간에 따라 변하는 자기장이 뇌에 기전력을 유도하여 통과하면 뇌에 있는 전도성 뇌조직에 전류가 흐르게 되어 재래식 전기 치료법과 유사한 치료 효과가 있다. 그러면서도 뇌에 적은 전류가 흐르므로 환자들을 마취할 필요도 없고 두통이나 기억력 상실 등과 같은 후유증 없이 치료를 받을 수 있다. 현재

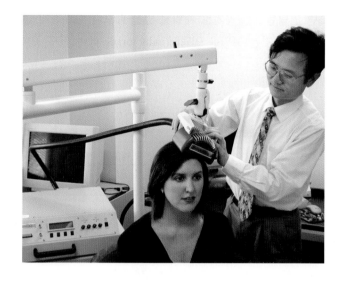

그림 22.20 경두개 자기 자극법 (TMS)은 그림과 같이 시간에 따라 변하는 전류를 머리의 치료 부위에 위치하는 일차 코일에 흐르게 한다. 코일에 의해 만들어지는 시간에 따라 변하는 자기장이 뇌 속에 침투하여 유도 기전력을 생성하여 뇌 속의 전기 회로를 자극하여 우울증과 같은 정신 질환 증상을 완화시킨다.

경두개 자기 자극법은 시험 단계에 있으며 최적의 임상 결과는 아직 보고되지 않았다.

자체 유도 계수

지금까지 알아본 유도 기전력의 예에서, 자기장은 영구 자석이나 전자석 같은 외부 공급원에 의해 만들어졌다. 그러나 외부 공급원으로부터 자기장이 공급되지 않더라도 코일에 흐르는 전류가 시간에 따라 변하면 자기장이 변하므로 유도 기전력이 생긴다. 예를 들면 그림 22.21과 같이 코일을 교류 발전기에 연결하면 교류 전류에 의해 진동하는 자기장이 생긴다. 결국 이 전류가 코일에 시간에 따라 변하는 자기 선속을 만들고 패러데이 법칙에 따라 코일에 기전력이 유도된다. 이와 같이 회로에서 시간에 따라 변하는 전류가 같은 코일에서 기전력을 유도하는 것을 **자체 유도**(self induction)라 한다.

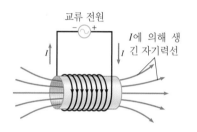

그림 22.21 코일에 교류 전류가 흐르면 진동하는 자기장이 생기고 이 자기장에 의해 회로에 기전력이 유도된다.

상호 유도와 마찬가지로 자체 유도인 경우에도 패러데이의 법칙을 수정하여 유도 기전력이 자기 선속의 변화가 아니라 코일의 전류 변화에 의존하는 형태로 표현할 수 있다. 만약 Φ가 한 개의 코일을 통과하는 자기 선속이라면 N번 감긴 코일의 총 자기 선속은 $N\Phi$이다. 그런데 Φ가 자기장에 비례하고 자기장은 전류 I에 비례하므로 $N\Phi \propto I$가 된다. 비례 상수 L을 도입하면 다음 식 22.8과 같은 관계식을 얻게 되며, 이때 비례 상수 L을 **자체 유도 계수**(self-inductance) 또는 간단히 코일의 유도 계수라 한다.

$$N\Phi = LI \quad 즉 \quad L = \frac{N\Phi}{I} \tag{22.8}$$

이제 패러데이의 법칙에서 평균 유도 기전력은 다음과 같이 된다.

$$\mathscr{E} = -N\frac{\Delta\Phi}{\Delta t} = -\frac{\Delta(N\Phi)}{\Delta t} = -\frac{\Delta(LI)}{\Delta t} = -L\frac{\Delta I}{\Delta t}$$

자체 유도에
의한 기전력

$$\mathscr{E} = -L\frac{\Delta I}{\Delta t} \tag{22.9}$$

상호 유도 계수와 마찬가지로 L의 단위도 헨리이며 그 값은 코일의 기하학적 형태뿐 아니라 코일 내부에 있는 자성체 물질의 종류에 따라 변한다. 철과 같은 강자성체 물질이 코일 속에 있으면 인덕턴스는 공기로 채워져 있을 때보다 현저하게 증가하게 된다. 이와 같이 자체 유도 계수를 갖는 코일을 인덕터(inductor)라 하며 전자 공학에서 소자로 광범위하게 사용되는 부품이다.

예제 22.8 | 긴 솔레노이드의 자체 유도 계수

길이가 $\ell = 8.0 \times 10^{-2}$ m 이고 단면적이 $A = 5.0 \times 10^{-5}$ m^{2}인 긴 솔레노이드가 단위 미터당 $n = 6500$ 회 감겨 있다. (a) 코일의 내부가 공기로 채워져 있을 때 솔레노이드의 자체 유도 계수를 구하라. (b) 전류가 0.20 s 동안 0에서 1.5 A까지 증가하였을 때 솔레노이드에 유도된 기전력을 구하라.

살펴보기 (a) 자기 선속 Φ를 계산할 수 있으면 식 22.8을 사용하여 자체 유도 계수 $L = N\Phi/I$를 계산할 수 있다. 선속 Φ는 식 22.2에 의해 $\Phi = BA \cos\phi$로 주어진다. 솔레노이드인 경우 내부 자기장은 도선 고리의 단면적에 수직이므로(21.7절 참조) $\phi = 0°$이고 $\Phi = BA$가 된다. 긴 솔레노이드 내부의 자기장은 식 21.7에 의해 $B = \mu_0 nI$로 주어진다. 여기서 n은 단위 길이당 감은 수이다.

(b) 솔레노이드의 유도 기전력은 $\mathscr{E} = -L(\Delta I/\Delta t)$로부터 구해지는데 여기서 L은 (a)에서 구할 수 있으며 ΔI와 Δt는 주어져 있다.

풀이 (a) 솔레노이드의 자체 유도 계수는

$$L = \frac{N\Phi}{I} = \frac{N(BA)}{I} = \frac{N(\mu_0 nI)A}{I} = \mu_0 nNA$$
$$= \mu_0 n^2 A\ell$$

이다. 여기서 코일의 전체 감은 수 $N = n\ell$로 바꾸었다. 문제에서 주어진 값들을 식에 대입하면

$$\begin{aligned} L &= \mu_0 n^2 A\ell \\ &= (4\pi \times 10^{-7}\ \text{T}\cdot\text{m/A})(6500\ \text{회/m})^2 \\ &\quad \times (5.0 \times 10^{-5}\ \text{m}^2)(8.0 \times 10^{-2}\ \text{m}) \\ &= \boxed{2.1 \times 10^{-4}\ \text{H}} \end{aligned}$$

로 된다.

(b) 전류 증가에 의해 만들어진 유도 기전력은

$$\begin{aligned} \mathscr{E} &= -L\frac{\Delta I}{\Delta t} = -(2.1 \times 10^{-4}\ \text{H})\left(\frac{1.5\ \text{A} - 0\ \text{A}}{0.20\ \text{s}}\right) \\ &= \boxed{-1.6 \times 10^{-3}\ \text{V}} \end{aligned} \tag{22.9}$$

이다. 여기서 음의 부호는 유도 기전력의 방향이 전류 증가를 방해하는 쪽임을 의미한다.

인덕터에 저장되는 에너지

인덕터도 축전기와 마찬가지로 에너지를 저장할 수 있다. 전원이 인덕터에 전류를 흐르게 할 때 일을 하기 때문에 인덕터에 에너지가 축적되는 것이다. 인덕터와 연결된 전원의 공급 전압이 0에서부터 최댓값까지 연속적으로 변할 수 있다고 하자. 전압이 증가할수록 회로에 흐르는 전류 I도 계속 0에서부터 최댓값까지 증가하기 때문에 유도 기전력 $\mathscr{E} = -L(\Delta I/\Delta t)$가 인덕터 주위에 나타난다. 렌츠의 법칙에 의해 유도 기전력은 전류 증가를 억제하는 방향으로 생기므로 전원에 의해 공급되는 전압의 극성과 반대이다. 그러므로 전원의 전압은 유도 기전력에 대항하여 전하를 인덕터로 밀기 위하여 일을 해야 한다. 전하 ΔQ가 인덕터를 지나가는 동안 전원이 한 일은 식 19.4에 의해 $\Delta W = -(\Delta Q)\mathscr{E} = -(\Delta Q)[-L(\Delta I/\Delta t)]$이다. 여기서 $\Delta Q/\Delta t$는 전류 I이므로 한 일은

$$\Delta W = LI(\Delta I)$$

이다. 이 식은 인덕터 내부 전류를 ΔI만큼 증가시키기 위해 전원이 한 일의 양이 ΔW이라는 것을 의미한다. 전류가 0에서 최댓값까지 변하는 동안 전원이 한 일을 구하려면 모든

ΔW를 더해야 하며 계산하면 $W = \frac{1}{2}LI^2$으로 일이 에너지 형태로 인덕터에 축적된다. 여기서 I는 인덕터에 흐르는 최종 전류값이다. 그러므로 인덕터에 저장되는 에너지는

인덕터에 저장되는
에너지
$$\text{에너지} = \tfrac{1}{2}LI^2 \tag{22.10}$$

이다. 에너지는 인덕터의 자기장에 축적되어 있다. 예제 22.8에서 긴 솔레노이드의 자체 유도 계수는 $L = \mu_0 n^2 A\ell$이었다. 여기서 n은 단위 길이당 감은 수, A는 단면적, 그리고 ℓ은 솔레노이드의 길이이다. 따라서 솔레노이드에 축적되는 에너지는

$$\text{에너지} = \tfrac{1}{2}LI^2 = \tfrac{1}{2}\mu_0 n^2 A\ell I^2$$

으로 표현할 수 있다. 식 21.7에 의해 긴 솔레노이드 내부의 자기장은 $B = \mu_0 nI$이므로 위 식은 다음과 같이 자기장에 관한 식으로 표현될 수 있다.

$$\text{에너지} = \frac{1}{2\mu_0}B^2 A\ell$$

여기서 $A\ell$은 자기장이 존재하는 솔레노이드 내부의 부피이므로 단위 부피당 에너지인 **에너지 밀도**(energy density)로 표현하면 다음과 같다.

$$\text{에너지 밀도} = \frac{\text{에너지}}{\text{부피}} = \frac{1}{2\mu_0}B^2 \tag{22.11}$$

식 22.11은 긴 솔레노이드에 대해서 구하였지만 일반적으로 자기장이 존재하는 대기 중이나 진공 또는 비자성체에서도 성립한다. 에너지는 전기장에 축적될 수 있을 뿐만 아니라 자기장에도 축적된다.

22.8 변압기

자체 유도와 상호 유도를 이용한 중요한 응용은 **변압기**(transformer)로 교류 전압을 증가시키거나 감소시키는 데 사용한다. 예를 들면 휴대용 진공 청소기와 같은 무선 가전제품을 충전하기 위하여 집의 벽에 있는 220 V의 교류 전압을, 변압기를 사용하여 진공 청소기 배터리를 충전하기 위해 필요한 3 또는 9 V의 전압으로 낮출 수 있다. 또 다른 예로 TV 브라운관이 동작하려면 15000 V의 고전압에 의해 전자가 가속되어야 하는데, 이때도 변압기를 이용하여 집에서 사용하는 220 V 전압을 고전압으로 바꾸면 된다.

  그림 22.22는 철심에 두 개의 코일이 감겨진 변압기를 나타낸 것이다. 일차 코일은 교류 전원에 연결되어 있으며 N_p회 감겨 있고, 이차 코일은 스위치가 열린 개방 상태로 N_s회 감겨 있으며 회로에 전류는 흐르지 않는다. 일차 코일에 흐르는 교류 전류에 의해 철심에 진동하는 자기장이 형성된다. 철심은 쉽게 자화되므로 코일 내부가 공기로 채워져 있을 때보다 더 센 자기장을 만들며, 자기장을 이차 코일 속으로 이끈다. 철심을 잘 설계하면 일차 도선 고리에서 나오는 모든 자기 선속이 이차 코일 속으로도 통과한다. 자기장이 변하고 있으므로 일차와 이차 코일을 통과하는 자기 선속도 변하며 따라서 유도 기전력이 양쪽 코일에 유도된다. 이차 코일에 유도되는 유도 기전력 $\mathscr{E}_s$는 상호 유도에 의한 것이며

○ 변압기의 물리

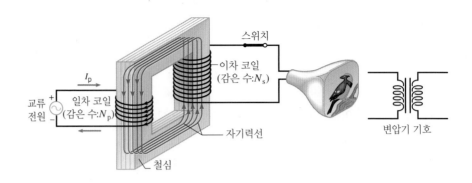

그림 22.22 변압기는 철심에 감겨 있는 일차 코일과 이차 코일로 구성되어 있다. 일차 코일의 전류에 의해 생긴 자기 선속의 변화가 이차 코일에 기전력을 유도한다. 오른쪽 그림은 변압기의 기호이다.

그 크기는 패러데이의 법칙에 의해 주어진다.

$$\mathscr{E}_s = -N_s \frac{\Delta\Phi}{\Delta t}$$

일차 코일에 유도되는 기전력 $\mathscr{E}_p$는 자체 유도에 의한 것으로 역시 패러데이 법칙을 따르므로

$$\mathscr{E}_p = -N_p \frac{\Delta\Phi}{\Delta t}$$

이다. 양쪽 코일에 동일한 자기 선속이 통과하며 $\Delta\Phi/\Delta t$ 가 두 식에 공통으로 들어 있으므로 두 식을 서로 나누면

$$\frac{\mathscr{E}_s}{\mathscr{E}_p} = \frac{N_s}{N_p}$$

가 된다. 고품질의 변압기는 코일의 저항이 거의 영이며 두 기전력 $\mathscr{E}_p$, $\mathscr{E}_s$는 코일의 단자 전압 V_p, V_s와 거의 일치한다. $\mathscr{E}_s/\mathscr{E}_p = N_s/N_p$를 **변압기 방정식**(transformer equation)이라 하며 단자 전압으로 나타내면

변압기
방정식
$$\frac{V_s}{V_p} = \frac{N_s}{N_p} \tag{22.12}$$

가 된다. 변압기 방정식에 의하면, N_s가 N_p보다 크면 이차 전압(출력 전압)이 일차 전압(입력 전압)보다 더 크며 승압용 변압기가 된다. 그러나 N_s가 N_p보다 작다면 이차 전압(출력 전압)이 일차 전압(입력 전압)보다 더 작아져서 강압용 변압기가 되며 일차와 이차 코일의 감은 횟수 비 N_s/N_p가 변압기의 권수비(감은 수 비; turn ratio)이다. 예를 들어 권수비 8/1(통산 이를 8 : 1이라 함)은 이차 코일이 일차 코일보다 8 배 더 감겨 있다는 것이다. 역으로 권수비 1 : 8은 이차 코일이 일차 코일의 1/8 배로 감겨 있다는 것이다.

변압기는 직류가 아닌 교류 회로에서 동작한다. 일차 코일에 일정한 직류 전류가 흐르게 되면 시간에 따라 변하는 자기 선속이 만들어지지 않으므로 이차 코일에 유도 기전력이 발생하지 않는다. 변압기에 교류만 사용하여야 하는 이유가 여기에 있다.

그림 22.22의 이차 코일에 있는 스위치를 닫으면 전류 I_s가 회로에 흘러 전기 에너지가 TV에 공급되며 이 에너지는 일차 코일에 연결된 전원에 의해서 공급된다. 이차 전압

V_s가 일차 전압 V_p보다 크거나 작더라도 변압기에 의해 에너지가 생성되거나 소멸되지 않는다. 열에너지에 의한 에너지 손실이 없는 한 이차 코일에 전달된 에너지는 일차 코일에 전달된 에너지와 동일하다는 것이 에너지 보존 법칙이다. 잘 설계된 변압기에서 열에너지 손실은 1% 미만이다. 전력은 단위 시간당의 에너지이므로, 100 % 에너지 전달이 가능하다면 일차 코일의 평균 전력 $\overline{P}_p$는 이차 코일의 평균 전력 $\overline{P}_s$와 동일하다. 즉 $\overline{P}_p = \overline{P}_s$이다. 그러나 식 20.15a에 의해 $P_p = IV$이므로 $I_p V_p = I_s V_s$, 즉

$$\frac{I_s}{I_p} = \frac{V_p}{V_s} = \frac{N_p}{N_s} \qquad (22.13)$$

이다. I_s/I_p는 권수비의 역수인 N_p/N_s에 비례하지만 V_s/V_p는 권수비 N_s/N_p에 비례한다. 즉 승압용 변압기는 전류를 감소시키지만 강압용 변압기는 전류를 증가시킨다. $\overline{P}_p = \overline{P}_s$이므로 변압기의 일차나 이차 코일의 전력은 증가하거나 감소하지 않는다. 예제 22.9는 이 사실을 강조하고 있다.

예제 22.9 | 강압용 변압기

음향기기 내부에 들어 있는 강압용 변압기의 일차 코일은 600회, 이차 코일은 25회 감겨 있다. 변압기의 일차 코일은 벽에 있는 220 V 전원에 연결이 되어 있으며 음향기기가 켜져 있을 때 일차 코일에 0.50 A의 전류가 흐른다. 이차 코일에 연결된 음향기기의 내부는 트랜지스터로 구성된 회로이다. (a) 이차 코일에 걸린 전압 (b) 이차 코일의 전류 (c) 트랜지스터 회로에 전달되는 평균 전력을 구하라.

살펴보기 변압기 방정식인 식 22.12에서 이차 전압 V_s는 일차 전압 V_p와 권수비 N_s/N_p의 곱으로 주어짐을 알 수 있다. 그러나 이차 전류 I_s는 일차 전류 I_p와 권수비의 역수인 N_p/N_s의 곱이다. 트랜지스터 회로에 전달되는 평균 전력은 이차 전류와 이차 전압의 곱이다.

풀이 (a) 이차 코일에 걸리는 전압은 변압기 방정식으로부터 구해진다.

$$V_s = V_p \frac{N_s}{N_p} = (220 \text{ V})\left(\frac{25}{600}\right) = \boxed{9.2 \text{ V}} \quad (22.12)$$

(b) 이차 코일의 전류는

$$I_s = I_p \frac{N_p}{N_s} = (0.50 \text{ A})\left(\frac{600}{25}\right) = \boxed{12 \text{ A}} \quad (22.13)$$

이다.

(c) 이차 코일의 평균 전력은 I_s와 V_s의 곱이므로

$$\overline{P}_s = I_s V_s = (12 \text{ A})(9.2 \text{ V}) = \boxed{1.1 \times 10^2 \text{ W}} \quad (20.15a)$$

이다. 이차 코일에 생긴 전력은 벽의 전원에 연결된 일차 코일의 전력과 동일하므로 $\overline{P}_p = I_p V_p = (0.50 \text{ A})(220 \text{ V}) = 1.1 \times 10^2 \text{ W}$ 이다.

전기를 생산하는 발전소에서 전기를 사용하는 도시까지 전력을 전송할 때 변압기의 역할이 중요하다. 발전소에서 가정으로 전기를 송전할 때 송전선의 저항에 의한 발열 때문에 전력 손실이 발생하게 된다. 전선의 저항은 길이에 비례하므로 전선이 길이가 길수록 전력 손실이 더 많아진다. 송전선의 저항을 R이라고 할 때, 식 $P = I^2 R$에 의해 전류가 작을수록 전력 손실이 작아진다. 그러므로 전력 회사는 변압기를 사용하여 전류가 작은 고전압으로 바꾸어 송전한다. 그림 22.23은 전력 전송의 예로 발전소에서 12000 V의 전압을 생산하여 20 : 1의 승압용 변압기로 240000 V의 고전압으로 승압시켜 장거리 송전선을 따라 도시로 보낸다. 도시에 도착한 240000 V의 고전압은 변전소에서 1 : 30의 강압용 변

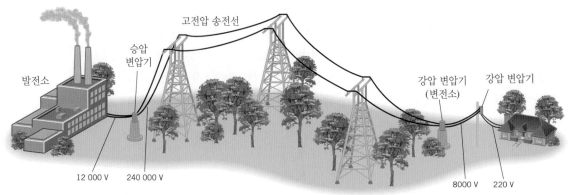

그림 22.23 변압기는 전력 전송에 중요한 역할을 한다.

압기에 의해 8000 V 낮추어지고 가정에 사용할 때는 다시 집 앞 전신주에 있는 변압기에서 220 V로 강압된 후 소비자에게 공급된다.

연습 문제

22.2 운동 기전력

1(1) 두 금속 사이의 전위차가 충분히 크다면 접촉하지 않아도 스파크가 발생할 수 있다. 두 금속이 1.0×10^{-4} m 간격으로 공기 중에 떨어져 있을 때 전위차가 약 940 V 이상이 되면 스파크가 일어난다. 그림 22.4(b)에서 전구 대신 이 간격으로 떨어진 두 금속판이 붙어 있다고 하자. 금속판 사이에 스파크가 발생하려면, 4.8 T의 자기장 속에서 1.3 m의 도체 막대가 얼마나 빨리 움직여야 하는가?

2(3) 날개 길이가 59 m인 보잉 747 제트 여객기가 220 m/s의 속력으로 수평 비행을 하고 있다. 지구 자기장의 수직 성분이 5.0×10^{-6} T일 때 날개 끝 사이에 유도되는 기전력을 구하라.

3(5) 그림은 서로 다른 면에서 이동하는 동일한 세 도체 막대, A, B, C를 나타낸다. A의 균일한 자기장의 크기는 0.45 T이고 +y축 방향을 향한다. 각 도체 막대의 길이는 $L = 1.3$ m이고, 속력은 $v_A = v_B = v_C = 2.7$ m/s로 모두 같다. 각 도체 막대에 대해, 운동 기전력을 구하고, 도체 막대가 양(+)인 끝(1 또는 2)을 나타내어라.

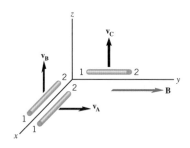

*4(7) 그림 22.4(b)에서 전등 대신 내부 저항이 $6.0\,\Omega$이고 12 W의 전력을 소모하는 전열기를 연결하고 도체 막대를 오른쪽으로 등속으로 움직인다. 자기장의 세기는 2.4 T이고, 레일 사이의 도체 막대 길이는 1.2 m이다. (a) 도체 막대가 움직이는 속력을 구하라. (b) (a)에서 구한 등속력으로 도체 막대를 오른쪽으로 움직이려면 도체 막대에 얼마의 힘을 주어야 하는가?

*5(8) 그림에 보인 회로에서 전지의 전압이 3.0 V, 자기장(종이 면으로 들어가는 수직 방향)의 크기는 0.60 T이고 레일 사이의 도체 막대의 길이는 0.20 m라 하자. 레일의 길이는 매우 길고, 저항은 무시한다고 가정할 때, 스위치를 닫은 후 도체 막대가 갖는 최대 속력을 구하라.

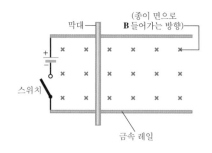

22.3 자기 선속

이 절의 문제를 풀 때, 자기 선속이 양의 값이라고 가정하라.

6(10) 그림은 같은 넓이를 갖는 두 면을 나타낸다. 균일한 자기장 **B**는 이들 표면이 점유하는 공간을 채우고 있고, 그림처럼

yz면에 평행한 방향이다. 이 면을 통해 지나는 자기 선속의 비 Φ_{xz}/Φ_{xy}를 구하라.

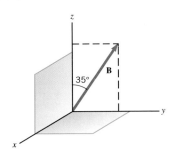

7(13) 그림에서 정사각형 세 개가 xy 평면, xz 평면, yz 평면에 놓여 있다. 정사각형 한 변의 길이는 2.0×10^{-2} m 이며, 이 영역에 균일한 자기장이 걸려 있고 그 성분은 $B_x = 0.50$ T, $B_y = 0.80$ T, $B_z = 0.30$ T 이다. (a) xy 평면 (b) xz 평면 (c) yz 평면을 지나는 자기 선속을 구하라.

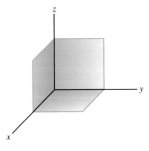

8(14) 그림과 같은 모양을 한 도선 고리가 있다. 도선의 윗부분은 반지름 $r = 0.20$ m의 반원으로 휘었다. 고리의 법선 평면은 크기 0.75 T의 자기장($\phi = 0°$)에 평행하다. 그림에 나타난 위치에서 시작하여 반 바퀴를 회전할 때 고리를 통해 지나간 자기 선속의 변화 $\Delta\Phi$ 는 얼마인가?

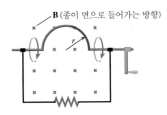

B (종이 면으로 들어가는 방향)

*9(16) 길고 좁은 직사각형 고리 도선이 0.020 m/s의 속력으로 종이 아래쪽을 향해 이동한다(그림 참조). 고리는 2.4 T인 자기장이 존재하는 영역을 벗어난다. 이 영역 밖의 자기장은 0이다. 2.0 s의 시간 동안 자기 선속의 변화량은 얼마인가?

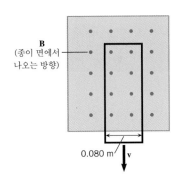

B (종이 면에서 나오는 방향)

0.080 m v

22.4 패러데이의 전자기 유도 법칙

10(17) 균일하며 시간에 따라 변하지 않는 1.7 T의 자기장이 한 번 감긴 코일 면에 수직인 방향으로 걸려 있다. 이때 코일의 단면적이 줄어들어 2.6 V의 기전력이 유도되었다면 넓이 변화율 $\Delta A/\Delta t$ 는 m^2/s의 단위로 얼마인가?

11(19) 반지름이 0.060 m이고 950회 감긴 원형 코일이 균일한 자기장 내에서 회전하고 있다. $t = 0$ s일 때 코일 면의 법선 방향이 자기장과 수직이다. $t = 0.010$ s 일 때 이 법선 방향이 1/8 회전을 하여 자기장과 $\phi = 45°$ 를 이루며 0.065 V의 평균 기전력이 코일에 유도되었다. 코일에 걸린 자기장을 구하라.

12(20) 자기장은 한 번 감긴 원형 코일의 평면에 수직이다. 코일에 기전력 0.80 V와 전류 3.2 A를 걸면 자기장의 크기는 변화한다. 한 번 감긴 정사각형 코일로 개조한 도선에 같은 자기장을 이용하였다(다시 코일의 평면에 수직으로 걸고 같은 비율로 크기가 변화함). 정사각형 코일에 유도되는 기전력과 전류는 얼마인가?

13(22) 크기 0.35 m × 0.55 m인 직사각형 고리에 일정한 자기장이 통과한다. 자기장의 크기는 2.1 T이고 고리의 법선 평면에 대해 65° 의 각도로 기울어져 있다. (a) 0.45 s일 때 자기장이 0으로 감소한다면 고리에 유도되는 평균 기전력의 크기는 얼마인가? (b) 자기장이 2.1 T의 처음값을 일정하게 유지한다면 평균 기전력의 크기가 (a)와 같을 때 $\Delta A/\Delta t$의 크기는 얼마인가?

*14(23) 단위 길이당 3.3×10^{-2} Ω/m의 저항을 갖는 구리선으로 반지름이 12 cm인 원형 고리를 만들었다. 원형 고리의 평면에 수직인 방향으로 걸리는 자기장이 0.45 s 동안 0에서 0.60 T 까지 증가하였을 때 구리선에 의해 소모되는 전기 에너지는 얼마인가?

*15(24) 그림 a와 b는 균일하고 일정한 (동시에) 자기장 **B**가 사각형 영역인 종이 면으로 들어가는 수직 방향을 향하는 것을 나타낸다. 이 영역의 밖은 자기장이 존재하지 않는다. 또 직사각형 단일 고리로 종이 평면에 놓여 있는 것을 보여준다. a에서 코일의 긴 변(길이= L)은 자기장 영역의 끝부분에 놓여 있고, b에서 짧은 변(폭 = W)은 자기장 영역의 끝부분에 놓여 있다. 여기서 $L/W = 3.0$은 알고 있다. 그림에 있는 두 코일은 자기장 영역 내에 완전히 들어올 때까지 같은 속도 **v**로 자기장 영역으로 밀었다. a에서 코일에 유도되는 평균 기전력은 0.15 V이다. b에서 코일에 유도되는 평균 기전력은 얼마인가?

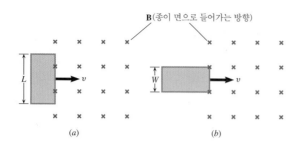

(a)   (b)

*16(25) 넓이가 0.018 m²인 도선 고리 단면에 수직인 방향으로 걸린 자기장이 0.20 T/s의 비율로 증가하고 있다. (a) 도선 고리에 유도되는 기전력의 크기를 구하라. (b) 도선 고리의 넓이가 줄어들거나 늘어날 수 있으며 자기장이 0.20 T/s의 비율로 증가한다고 한다. $B = 1.8$ T일 때 유도 기전력이 0이 되기 위해서는 넓이의 시간 변화율(m²/s 단위)이 얼마이어야 하는가? 넓이가 늘어나는지 줄어드는지 설명하라.

*17(26) 그림은 반지름이 0.50 m인 원 모양으로 된 구리 도선(저항 무시)이다. 반지름 부분 BC는 고정된 위치에 있고, 반면에 구리 막대 AC는 15 rad/s의 각속력으로 휩쓸면서 돈다. 막대는 항상 도선과 전기적으로 접촉된다. 도선과 막대의 저항은 무시할 수 있다. 어디서나 존재하는 균일한 자기장은 원형 평면과 수직이고 크기는 3.8×10^{-3} T이다. 고리 ABC에서 유도되는 전류의 크기는 얼마인가?

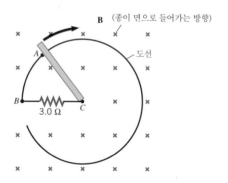

**18(27) 길이가 0.68 m인 도체 막대 두 개가 서로 반대 방향으로 회전하고 있으며 4.7 T의 자기장과 수직이다. 그림에서와 같이 두 도체 막대가 회전하면서 끝부분이 접근하여 간격이 1.0 mm가 되었다. 두 도체 막대의 회전축은 전선으로 연결되어 있으며 전위가 같다. 공기 중에서 두 도체가 1.0 mm

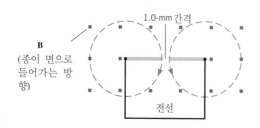

떨어져 있을 때 도체 사이에 스파크가 일어나기 위해서는 4.5×10^{3} V의 전압이 필요하다. 얼마의 각속도로 도체 막대가 회전해야 두 도체 막대 끝 사이에서 스파크가 일어나겠는가?

22.5 렌츠의 법칙

19(28) 그림과 같이 균일한 자기장이 종이 면으로 들어가는 수직 방향이고 y축의 왼쪽 전체 영역에 걸려 있다. y축의 오른쪽에는 자기장이 없다. 직각 삼각형 ABC는 구리 도선으로 되어 있다. 삼각형은 점 C를 기준으로 해서 반시계 방향으로 회전한다. 삼각형이 (a) +y축, (b) −x축, (c) −y축, (d) +x축을 지날 때 유도되는 전류의 방향(시계 방향 또는 반시계 방향)은 무엇인가? 각각의 경우, 정확하게 답하라.

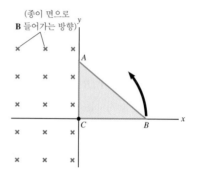

20(29) 그림 22.1에서 막대 자석은 고정되어 있고 코일이 자유롭게 움직인다고 하자. (a) 코일이 오른쪽에서 왼쪽으로 (b) 왼쪽에서 오른쪽으로 움직일 경우 전류계를 지나가는 전류의 방향은 어느 쪽인가? 설명해 보라.

21(31) 테이블 위에 있는 긴 직선 도선에 전류 *I*가 흐른다. 그림에서 보는 바와 같이 작은 원형 고리 도선을 위치 1에서 위치 2로 굴러가도록 밀었다. 고리가 (a) 위치 1, (b) 위치 2를 지날 때 유도 전류가 시계 방향인지 반시계 방향인지를 결정하라. 정확하게 답하라.

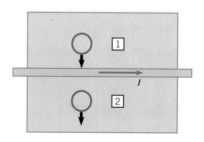

22.6 발전기

22(35) 교류 발전기에 있는 코일의 단면적은 1.2×10^{-2} m²이고 500번 감겨 있다. 코일이 0.13 T의 자기장 내에서 34 rad/s

의 각속도로 회전하고 있다. 코일 고리면의 법선 방향과 자기장의 방향이 27°의 각을 이루는 순간 유도되는 기전력의 크기는 얼마인가?

23(36) 진공청소기가 120.0 V의 전원에 연결되어 있다. 전기모터로 인해 72.0 V의 역기전력이 발생할 때 정상 작동되는 전류는 3.0 A이다. 모터의 코일 저항을 구하라.

24(37) 한 발전기는 0.10 T의 자기장에서 사용되며, 코일 고리 하나의 단면적은 0.045 m²이다. 두 번째 발전기의 코일 고리 하나의 단면적은 0.015 m²이다. 두 발전기의 코일이 감은 수가 같고 동일한 각속도로 회전한다면 두 번째 발전기의 내부 자기장이 얼마이어야 첫 번째 발전기의 최대 기전력과 동일하게 되겠는가?

25(39) 그림은 시간 t의 함수로서 발전기의 출력 기전력을 그린 것을 나타낸 것이다. 이 기구의 코일은 횟수당 단면적이 0.020 m²이고, 코일은 150회 감겨 있다. (a) 발전기의 주파수 f(Hz), (b) 각 속력 ω(rad/s), (c) 자기장의 크기를 구하라.

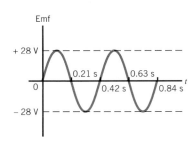

*26(40) 한 발전기는 100번 감기고 0.50 T 자기장을 갖는 코일을 이용한다. 이 발전기의 주파수는 60.0 Hz이고 기전력은 rms 120 V의 값을 갖는다. 코일을 정사각형(근사적으로)으로 감는다고 할 때 도선의 길이를 구하라.

*27(41) 120 V 전원에 연결된 선풍기가 규정 속도로 회전 중일 때의 전류는 처음 돌기 시작할 때 전류의 15%이다. 이 선풍기가 규정 속도로 회전하기 위하여 필요한 역기전력은 얼마인가?

**28(43) 전기 드릴의 전기자는 15 Ω의 저항을 가지며 120 V 전원에 연결되어 규정 속도에 도달하면 108 V의 역기전력이 생긴다. (a) 전동기의 소모 전류는 얼마인가? (b) 전동기 베어링의 윤활 기름이 말라버려 전기자가 멈추었다면 정지한 전기자에 걸린 전류는 얼마인가? (c) 규정 속도의 절반 속도로 동작하면 소모 전류는 얼마인가?

22.7 상호 유도 계수와 자체 유도 계수

29(44) 일차 코일에서 전류가 0.14 s 동안 3.4 A에서 1.6 A로 변화할 때 이차 코일에 유도되는 평균 기전력은 0.12 V이다. 이 코일의 상호 유도 계수는 얼마인가?

30(45) 모든 자기장과 마찬가지로 지구 자기장 역시 에너지를 축적한다. 지구 자기장의 최댓값은 7.0×10^{-5} T이다. 높이가 1500 m이고 넓이가 5.0×10^{8} m²인 도시 상공에 축적된 최대 자기 에너지를 구하라.

31(46) 그래프에서 보이는 것처럼 3.2 mH 유도기를 통한 전류는 시간에 따라 변화한다. (a) 0~2.0 ms, (b) 2.0~5.0 ms, (c) 5.0~9.0 ms인 시간 동안 평균 유도 기전력은 얼마인가?

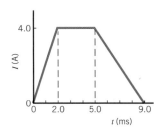

32(48) 72 ms 시간 간격 동안 일차 코일에서 전류의 변화가 생겼다. 이 변화로 근처의 이차 코일에 6.0 mA의 전류가 나타나게 된다. 이차 코일은 저항이 12 Ω인 회로의 한 부분이다. 두 코일 사이에 상호 유도 계수는 3.2 mH이다. 일차 코일에 흐르는 전류의 변화는 얼마인가?

33(49) 길이가 0.052 m, 단면적이 1.2×10^{-3} m², 자체 유도 계수가 1.4 mH인 솔레노이드에서, 코일의 감은 수는 얼마일까?

*34(51) 반지름이 0.0180 m이고 1750회 감긴 솔레노이드가 공기 중에 있다. 이 솔레노이드 바깥쪽에 125회 감긴 다른 솔레노이드를 놓을 때 상호 유도 계수를 구하라. 두 솔레노이드는 서로 꼭 맞게 끼워진다고 가정한다.

**35(53) 코일 1은 반지름이 R_1이고 N_1번 감겨 있는 평면 원형 코일이다. 이 코일 중심에 반지름이 R_2이고 N_2번 감긴 훨씬 작은 평면 원형 코일 2가 놓여 있다. 코일 2의 크기가 너무 작아서 코일 1의 자기장이 코일 2 안쪽의 모든 넓이에서 균일하게 영향을 미친다고 가정하자. 이 두 코일의 상호 유도 계수를 $\mu_0, N_1, R_1, N_2,$ 그리고 R_2의 함수로 나타내어라.

22.8 변압기

36(54) 네온사인을 작동하기 위해서는 12000 V가 필요하다. 네온사인이 220 V 콘센트에서 작동한다. (a) 변압기는 승압 변압기와 강압 변압기 중 어느 것이 필요한가? (b) 변압기의 권수비 N_s/N_p는 얼마인가?

37(56) 휴대용 CD 플레이어의 전지를 벽 소켓에 연결하여 장치를 재충전한다. 장치 내부에 권수비 1 : 13인 강압 변압기가 있다. 벽 소켓은 120 V를 공급한다. 변압기의 이차 코일에 공급되는 전압은 얼마인가?

38(57) 가정의 초인종은 10.0 V에서 동작한다. 120 V 가정 전원에

서 10.0 V의 전압을 얻기 위해서 강압 변압기와 승압 변압기 중 어느 것이 필요하며 이 변압기의 권수비 N_s/N_p는 얼마인가?

39(61) 발전기가 N_p회 감긴 일차 코일에 연결되어 있다. N_s회 감긴 이차 코일에는 저항 R_2가 연결되어 있다. 이 회로는 변압기 없이 발전기에 저항 R_1이 연결되어 있는 것과 등가이다. 이차 코일에 옴의 법칙을 적용하여 관계식 $R_1 = (N_p/N_s)^2 R_2$가 성립함을 보여라.

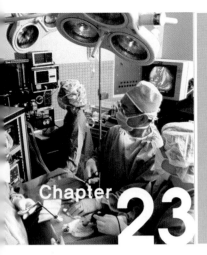

Chapter 23 교류 회로

23.1 축전기와 용량 리액턴스

20.13절에서 기술한 바와 같이 축전기가 있는 직류 회로에서는, 직류 전원에 의해 축전기 양단에 전압이 걸리면 충전되는 동안만 전하의 흐름이 있다. 축전기가 완전히 충전된 후에는 더 이상 전원으로부터 전하의 흐름은 없다. 축전기가 완전히 충전된 후 축전기에 연결된 전원의 양극과 음극을 순간적으로 바꾸면 축전기 두 극판의 전하가 처음과 반대 부호로 완전히 충전될 때까지 회로에 전하가 흐르게 될 것이다. 이러한 현상은 교류 회로와 유사하며 교류 회로에서는 축전기에 연결된 전압의 극성이 주기적으로 계속 바뀌게 되므로 회로에 흐르는 전하 흐름 역시 방향을 바꾸게 된다. 이렇게 주기적으로 전하가 흐르는 방향이 바뀌는 것이 교류이며 축전기를 포함하는 교류 회로에서 전류는 계속해서 흐르게 된다.

이러한 논의에 대한 이해를 돕기 위해서, 저항기로 이루어진 교류 회로에서 저항기의 양단에 걸리는 실효 전압 V_{rms}는 $V_{rms} = I_{rms} R$(식 20.14)에 의해 실효 전류 I_{rms}와 관련되어 있다는 점을 상기하자. 교류 전류가 보통의 저항기를 지날 때 주파수(교류나 전자기파의 진동수)가 변하여도 저항값은 변하지 않고 항상 일정한 값을 갖는다. 그림 23.1은 교류 회로에서 주파수에 따른 저항의 변화를 측정한 것으로 저항은 수평 직선을 유지하고 있는데 이것은 주파수가 변하여도 저항이 일정하다는 사실을 강조한다.

축전기 양단에 걸리는 실효 전압은 $V_{rms} = I_{rms} R$과 유사하게 다음 식과 같이 나타낼 수 있다.

$$V_{rms} = I_{rms} X_C \qquad (23.1)$$

위의 식에서 R에 대응되는 X_C를 용량 리액턴스(capacitive reactance)라 하며 저항과 같은 옴(Ω) 단위로 측정되고, 축전기 양단에 흐르는 실효 전압과 실효 전류에 의해 결정된다. 용량 리액턴스 X_C는 식 23.2와 같이 주파수 f와 전기 용량 C에 반비례한다는 것이 실험적으로 알려져 있다.

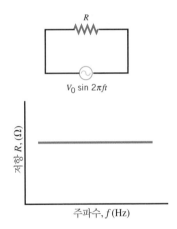

그림 23.1 저항기로 이루어진 교류 회로에서 저항은 모든 주파수 영역에서 같은 값을 갖는다. 교류 전원의 최대 기전력은 V_0이다.

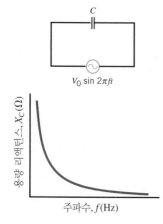

그림 23.2 용량 리액턴스 X_C는 식 $X_C = 1/(2\pi f C)$에 따라 주파수 f와 전기 용량 C에 반비례한다.

$$X_C = \frac{1}{2\pi f C} \qquad (23.2)$$

그림 23.2는 축전기의 전기 용량 C가 일정할 때 주파수에 따른 용량 리액턴스 X_C를 그린 것으로 그림 23.1과 비교해 보면 교류 회로에서 축전기와 저항기는 주파수에 따라 서로 다르게 행동한다는 것을 알 수 있다. 그림 23.2에 의하면 높은 주파수 영역에서 축전기의 X_C는 0에 접근하게 된다. 즉 주파수가 높은 교류의 흐름에 대해서 축전기는 거의 방해를 하지 않는다. 그러나 주파수가 아주 낮은 영역에서 (이를테면 직류 전류) X_C는 무한히 커지게 되고, 축전기에 전류가 흐를 수 없을 정도로 전하의 운동을 방해하게 된다. 예제 23.1은 교류 회로에서 주파수와 축전기의 전기 용량이 주어져 있을 때 축전기에 흐르는 전류를 계산하는 방법을 보여준다.

> ⬇ **문제 풀이 도움말**
> 용량 리액턴스 X_C는 교류 전원의 주파수 f에 반비례한다. 예를 들면 주파수가 50 배 증가하면 용량 리액턴스는 50 배 감소하게 된다.

 예제 23.1 │ 교류 회로에서 축전기

그림 23.2 회로에서, 축전기의 전기 용량은 $1.50\,\mu$F, 교류 전원의 실효 전압은 25.0 V이다. 교류 전원의 주파수가 (a) 1.00×10^2 Hz (b) 5.00×10^3 Hz 일 때 회로에 흐르는 실효 전류는 얼마인가?

살펴보기 먼저 용량 리액턴스가 정해지면, 실효 전류는 $I_{rms} = V_{rms}/X_C$로부터 구할 수 있다. 주파수가 낮을수록 용량 리액턴스의 값이 증가하여 축전기에 흐르는 전류를 더 크게 방해한다.

풀이 (a) 주파수가 1.00×10^2 Hz일 때,

$$X_C = \frac{1}{2\pi f C} = \frac{1}{2\pi(1.00 \times 10^2 \text{ Hz})(1.50 \times 10^{-6} \text{ F})}$$
$$= 1060 \ \Omega \qquad (23.2)$$
$$I_{rms} = \frac{V_{rms}}{X_C} = \frac{25.0 \text{ V}}{1060 \ \Omega} = \boxed{0.0236 \text{ A}} \qquad (23.1)$$

이다.
(b) 주파수가 5.00×10^3 Hz일 때도 같은 방법으로 계산한다.

$$X_C = \frac{1}{2\pi f C} = \frac{1}{2\pi(5.00 \times 10^3 \text{ Hz})(1.50 \times 10^{-6} \text{ F})}$$
$$= 21.2 \ \Omega \qquad (23.2)$$
$$I_{rms} = \frac{V_{rms}}{X_C} = \frac{25.0 \text{ V}}{21.2 \ \Omega} = \boxed{1.18 \text{ A}} \qquad (23.1)$$

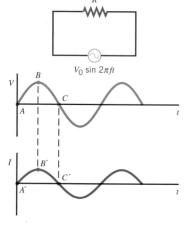

그림 23.3 저항으로 이루어진 교류 회로에서 순간 전압과 순간 전류는 같은 위상이며 전류와 전압은 동시에 증가하거나 감소한다.

지금부터 전류나 전압의 실효값이 아닌 순간 전압 또는 순간 전류에 대해서 살펴보자. 그림 23.3은 저항만 있는 교류 회로에서 시간에 따른 전류와 전압 변화를 나타낸 것으로 매 순간 전압과 전류는 서로 비례한다는 것을 보여준다. 예를 들면 그림에서 같은 시간 동안 전압이 A에서 B까지 증가할 때 전류도 동시에 A'에서 B'까지 증가한다. 마찬가지로, 전압이 B에서 C까지 감소할 때, 전류도 B'에서 C'까지 감소한다. 따라서 저항 R에 흐르는 전류는 저항기 양단에 걸리는 전압과 같은 **위상**(in phase)이다.

저항과 다르게 축전기의 순간 전압과 순간 전류 사이의 위상은 서로 다르다. 그림 23.4는 축전기로 이루어진 교류 회로에서 시간에 따른 교류 전압과 교류 전류를 보여주고 있다. 전압이 A에서 B까지 증가함에 따라 축전기에 저장된 전하량도 증가하여 점 B에서 최댓값에 도달하게 된다. 전류는 전하 그 자체가 아니라 전하 흐름의 시간 비율이다. 축전기가 충전되기 시작되는 A'에서 축전기에는 전하가 없기 때문에 전류는 양(+)의 최댓값을 갖는다. 축전기가 B에서 완전히 충전되었을 때, 축전기에 걸리는 전압은 전원 전압과 같

아지고 따라서 전원 전압에 의한 전류의 흐름을 완전히 방해하여 B'에서 전류는 0이 된다. 축전기의 전압이 B에서 C로 감소하는 동안, 전하는 충전될 때와 반대 방향으로 흘러나오기 때문에 전류는 그림처럼 B'에서 C'로 변하며 음의 값이다. 따라서 전류와 전압은 같은 위상이 아니고 $\frac{1}{4}$사이클, 즉 $\pi/2$만큼 위상차가 생긴다. 그림을 자세히 살펴보면, 교류 전원이 $V_0 \sin(2\pi ft)$와 같이 진동한다면, 축전기에 흐르는 전류는 $I_0 \sin(2\pi ft + \pi/2) = I_0 \cos(2\pi ft)$와 같이 진동하여 위상이 전압보다 $\pi/2$라디안, 즉 $90°$ 앞선다.

축전기에 흐르는 전류와 전압의 위상이 $90°$ 차이가 있으면, 전류와 전압의 곱인 전력에 큰 변화가 있다. 그림 23.4에서 A에서 B(또는 A'과 B') 시간 동안 전류와 전압 모두 양의 값을 가지므로 순간 전력 역시 양의 값을 가지며 이것은 교류 전원이 축전기에 에너지를 전달한다는 것을 의미한다. 그러나 B와 C 구간(또는 B'과 C')에서 전류는 음의 값을 가지나 전압은 양의 값을 유지하므로 두 값의 곱인 전력은 음의 값이 되어 이 시간 동안 축전기는 에너지를 교류 전원에 되돌려주게 된다. 따라서 전력은 양과 음의 값 사이에서 진동하게 된다. 즉 축전기는 주기적으로 에너지를 흡수하고 방출하여 한 주기 동안 교류 회로에서 축전기에 의해 사용된 평균 전력(평균 에너지)은 0이 된다.

교류 회로를 분석할 때 전압과 전류에 대한 모형을 사용하는 것이 유용하다. 이러한 모형에서, 전류와 전압은 흔히 **페이저(phasor)**라는 회전하는 화살표로 나타내어지는데 화살의 길이는 전압의 최댓값 V_0나 전류의 최댓값 I_0에 대응한다(그림 23.5 참조). 페이저는 진동수 f로 반시계 방향으로 회전한다. 저항기에서 전류와 전압은 동일 위상이므로 두 페이저는 그림 (a)와 같이 같은 방향이지만, 축전기에서는 그림 (b)와 같이 전류와 전압 사이에 $90°$ 위상차가 있으므로 회전하는 동안 두 페이저의 사이각은 직각을 유지한다. 축전기에서 전류가 전압보다 위상이 앞서므로 전류의 페이저는 회전 방향으로 전압의 페이저보다 앞서게 된다.

그림 23.5에 있는 두 개의 그림으로부터 저항기 또는 축전기의 양단에 걸리는 순간 전압은 $V_0 \sin(2\pi ft)$이므로 페이저 도표(phasor diagram)로부터 순간 전압 값을 직접 찾을 수 있다. 그림에서 전압 페이저는 직각 삼각형의 빗변을 나타내며, 페이저의 수직 성분은 $V_0 \sin(2\pi ft)$가 된다. 유사한 방법으로 순간 전류도 전류 페이저의 수직 성분으로부터 구할 수 있다.

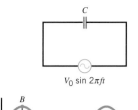

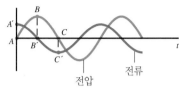

그림 23.4 축전기로 이루어진 회로에서 순간 전압과 순간 전류는 위상이 다르며 전류의 위상은 1/4사이클 또는 90°만큼 전압보다 앞선다.

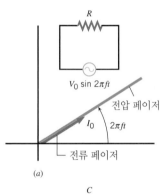

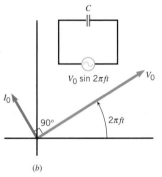

그림 23.5 회전하는 화살 모양인 페이저들은 교류 회로에서 (a) 저항기만 있는 경우와 (b) 축전기만 있는 경우의 전압과 전류를 나타낸다.

23.2 인덕터와 유도 리액턴스

22.7절에서 논의한 것과 같이 인덕터(inductor)는 보통 가느다란 도선을 코일 모양으로 감아 만든 것으로, 그 작동 원리는 패러데이의 전자기 유도 법칙이다. 이 법칙에 의하면 인덕터는 전류의 변화를 방해하는 방향으로 유도 기전력을 일으킨다. 이 유도 전압은 $V = -L(\Delta I/\Delta t)$로 주어진다*(식 22.9 참조). 여기서 $\Delta I/\Delta t$는 전류의 시간 변화율, L은 인덕터의 자체 유도 계수이다. 교류 회로에서 전류는 시간에 따라 항상 변하므로, 패러데이 법칙을 사용하여 인덕터 양단에 걸리는 실효 전압을

$$V_{\text{rms}} = I_{\text{rms}} X_L \tag{23.3}$$

---

* 회로에 인덕터를 사용할 때, 인덕터 양단의 전위차인 기전력(emf) $\mathscr{E}$ 대신에 전압 V로 나타내면 기호가 단순화된다.

로 나타낼 수 있다. 식 23.3은 $V_{rms} = I_{rms} R$ 과 유사하며, 저항 R에 대응되는 X_L을 유도 리액턴스(inductive reactance)라 부른다. 유도 리액턴스의 단위는 저항의 단위와 같이 옴(Ω)이다. 유도 리액턴스는 인덕터 양단에 걸리는 실효 전압으로 부터 인덕터의 실효 전류를 구하는 데 필요하다. 유도 리액턴스 X_L은 다음 식과 같이 주파수 f와 자체 유도 계수 L에 비례한다.

$$X_L = 2\pi fL \tag{23.4}$$

이 식을 보면 자체 유도 계수가 클수록 유도 리액턴스도 증가함을 알 수 있다. 유도 리액턴스는 주파수에 비례하나($X_L \propto f$), 용량 리액턴스는 주파수에 반비례($X_C \propto 1/f$) 한다는 점을 기억해야 한다.

　그림 23.6은 자체 유도 계수 값이 일정할 때 주파수에 따른 유도 리액턴스의 변화를 나타낸 것이다. 주파수가 증가함에 따라 유도 리액턴스 역시 증가하게 되며, 인덕터에 교류 전류가 흐르는 것이 점점 어려워지게 된다. 주파수가 아주 작으면(예를 들면 직류 전류) X_L은 0이 된다. 즉 인덕터는 직류 전류를 방해하지 않는다. 다음 예는 교류 회로에서 전류에 대한 유도 리액턴스의 효과를 보여준다.

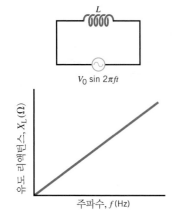

그림 23.6 교류 회로에서 유도 리액턴스 X_L은 $X_L = 2\pi fL$ 에 따라 주파수 f에 비례한다.

예제 23.2 | 교류 회로에서 인덕터

그림 23.6은 교류 전원의 실효 전압이 25.0 V이고 자체 유도 계수가 3.60 mH인 인덕터가 있는 회로를 보여주고 있다. 교류 전원의 주파수가 (a) 1.00×10^2 Hz 일 때 (b) 5.00×10^3 Hz 일 때 회로에 흐르는 실효 전류를 각각 구하라.

살펴보기　먼저 유도 리액턴스를 알게 되면, 식 $I_{rms} = V_{rms}/X_L$ 로부터 전류를 계산할 수 있다. 교류 회로에서 주파수가 증가할수록 유도 리액턴스가 증가하여 전류가 잘 흐르지 못하도록 한다는 사실을 알 수 있다.

풀이　(a) 주파수가 1.00×10^2 Hz 일 때

$$X_L = 2\pi fL = 2\pi(1.00 \times 10^2 \text{ Hz})(3.60 \times 10^{-3} \text{H})$$
$$= 2.26 \ \Omega \tag{23.4}$$
$$I_{rms} = \frac{V_{rms}}{X_L} = \frac{25.0 \text{ V}}{2.26 \ \Omega} = \boxed{11.1 \text{ A}} \tag{23.3}$$

가 된다.

(b) 주파수가 5.00×10^3 Hz 일 때도 유사한 방법으로 계산하면,

$$X_L = 2\pi fL = 2\pi(5.00 \times 10^3 \text{ Hz})(3.60 \times 10^{-3} \text{ H})$$
$$= 113 \ \Omega \tag{23.4}$$
$$I_{rms} = \frac{V_{rms}}{X_L} = \frac{25.0 \text{ V}}{113 \ \Omega} = \boxed{0.221 \text{ A}} \tag{23.3}$$

가 된다.

> ✿ 문제 풀이 도움말
> 유도 리액턴스 X_L은 전압의 주파수 f에 비례한다. 예를 들면 주파수가 50배 증가하면 유도 리액턴스도 50배 증가한다.

　　　　교류 회로에서 인덕터에 흐르는 전류는 유도 리액턴스 때문에 영향을 받는다. 그 외에도 그림 23.7에 보인 바와 같이 인덕터는 다른 측면에서 전류에 영향을 준다. 그림은 인덕터가 포함된 회로에서 시간에 따른 전압과 전류 변화를 보여주고 있다. 전류 곡선에서 전류가 최대 또는 최소가 되는 점에서 시간에 따른 전류의 변화가 크지 않으므로 전류를 방해하기 위해 인덕터에 유도되는 전압은 0이다. 전류가 0일 때 전류의 시간에 대한 기울기가 가장 가파르다. 즉 전류의 증가율 또는 감소율이 최대이며 전류의 변화를 방해하기 위해 인덕터에 발생된 전압의 절댓값이 최대가 된다. 그러므로 전류와 전압은 동일 위상이 되지 않고 $\pi/2$만큼 위상차가 생긴다. 만약 전압이 $V_0 \sin(2\pi ft)$ 와 같이 시간에 따라 변한다면, 전류는 $I_0 \sin(2\pi ft - \pi/2) = -I_0 \cos(2\pi ft)$ 로 주어지게 된다. 전류는 전압이 최대치에 도

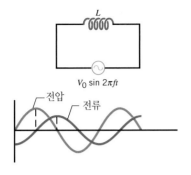

그림 23.7 인덕터로 이루어진 교류 회로에서 순간 전압과 전류의 위상은 다르다. 전류의 위상은 전압보다 90° 뒤처진다.

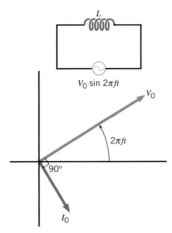

그림 23.8 이 페이저 모형은 인덕터만 있는 교류 회로에서 전압과 전류를 나타낸다.

달한 후에 최대치에 도달하게 되고 이것은 전류의 위상이 90°($\pi/2$ 라디안)만큼 전압에 뒤처진다는 것을 의미한다. 이와 반대로 축전기로 이루어진 회로에서 그림 23.4처럼 전류의 위상은 전압보다 90° 앞선다.

전류와 전압 사이에 생기는 90° 위상차 때문에, 인덕터에서 소모되는 평균 전력도 축전기에서와 같이 0 이 된다. 인덕터도 축전기와 같이 한 주기 동안 교대로 에너지를 흡수하고 방출하므로 교류 회로에서 인덕터에서 소모되는 평균 전력은 0 이 된다.

그림 23.7의 그래프 대신에, 인덕터만 있는 교류 회로에서도 순간 전압과 순간 전류를 기술하기 위하여 그림 23.8과 같이 페이저를 사용할 수 있다. 전압과 전류의 위상차가 90° 때문에 페이저들이 돌아갈 때 두 페이저는 항상 서로 수직이며, 축전기의 전압, 전류 페이저를 나타내는 그림 23.5(b)와는 달리 인덕터의 전류 페이저는 전압 페이저보다 뒤처지게 된다.

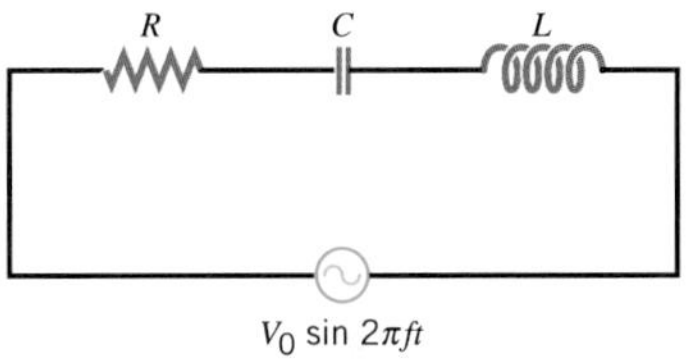

23.3 저항, 축전기, 인덕터를 포함하는 회로

한 회로 속에 축전기와 인덕터가 저항과 함께 연결될 수 있다. 가장 간단한 결합 방식은 그림 23.9와 같이 한 개의 저항기와 한 개의 축전기 그리고 한 개의 인덕터를 직렬로 연결한 RLC 직렬 회로이다. 교류 회로에서 전하의 흐름을 방해하는 정도를 회로의 **임피던스** (impedance)라 하고 이것은 (1) 저항 R, (2) 용량 리액턴스 X_C, (3) 유도 리액턴스 X_L 에 의해 표현된다. 저항의 직렬 연결과 같이 전체 임피던스를 계산할 때 모든 항을 단순히 더하는 방법은 정확하지 않으며 대신 그림 23.10과 같이 페이저를 사용하여야 한다. 그림에 있는 전압 페이저의 길이는 각각 저항기와 축전기 그리고 인덕터 양단에 걸리는 최대 전압 V_R, V_C, V_L을 나타내며 각 요소가 직렬로 연결되어 있으므로 회로에 흐르는 전류는 모두 같다. 그림에서 전류 페이저의 길이는 최대 전류 I_0를 나타낸다. 그림에서 전류 위상은 (1) 저항에 걸리는 전압 위상과 같고, (2) 축전기에 걸리는 전압 위상보다 90° 앞서고, (3) 인덕터에 걸리는 전압 위상보다 90° 뒤처진다. 이러한 세 가지 사실은 23.1절과 23.2절에서 논의한 내용과 같다.

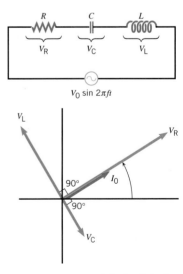

그림 23.9 저항기와 축전기 그리고 인덕터로 이루어진 RLC 직렬 회로

그림 23.10 RLC 직렬 회로에서 세 개의 전압 페이저(V_R, V_C, V_L)와 전류 페이저(I_0)

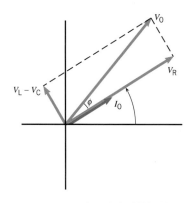

그림 23.11 서로 반대 방향을 향하는 페이저 V_L과 V_C를 더한 합성 페이저 $V_L - V_C$를 만들어 그림 23.10의 내용을 단순화한 것이다.

그림 23.10에서 전압 페이저를 다루는 기본은 키르히호프의 전압 법칙이다. 교류 회로에서 이 법칙은 회로의 각 요소와 교류 전원 양단에 걸리는 순간 전압에 적용된다. 따라서 이 전압은 위상이 서로 같지 않기 때문에 그림에서 V_R, V_C, V_L을 나타내는 페이저의 방향이 서로 다르다. 키르히호프의 전압 법칙은 위상을 고려하여 V_R, V_C, V_L을 모두 더하면 교류 전원이 회로에 공급하는 전체 전압 V_0와 같다는 것을 의미한다. 이 덧셈은 V_R, V_C, V_L의 방향이 서로 다르기 때문에 단순한 대수적인 합이 아니라 벡터 합이 되어야 한다. V_L과 V_C는 서로 반대 방향을 향하므로 그림 23.11에서와 같이 V_L과 V_C를 더한 합성 페이저는 $V_L - V_C$가 된다. 그림에서 합성 페이저 $V_L - V_C$는 V_R에 수직이고 V_R과 결합하면 전체 전압 V_0가 된다. 그림 23.11에서 피타고라스 정리를 사용하면, $V_0^2 = V_R^2 + (V_L - V_C)^2$을 얻을 수 있고 이 식에 포함된 각 성분은 최대 전압을 나타내고 이 값을 $\sqrt{2}$로 나누면 대응하는 실효 전압을 얻을 수 있다. 따라서 식의 양변을 $(\sqrt{2})^2$으로 나누어 실효 전압 $V_{\mathrm{rms}} = V_0/\sqrt{2}$를 얻을 수 있다. 이 결과는 앞의 형태와 같으나 단지 각 성분들을 $V_{R-\mathrm{rms}}$, $V_{C-\mathrm{rms}}$, $V_{L-\mathrm{rms}}$로 나타낸 것이다. 그러나 이와 같은 어색한 기호의 사용을 피하기 위하여 단순히 V_R, V_C, V_L을 다음 식에서는 실효값으로 해석하기로 한다.

$$V_{\mathrm{rms}}^2 = V_R^2 + (V_L - V_C)^2 \tag{23.5}$$

회로의 임피던스를 결정하는 마지막 단계로, $V_R = I_{\mathrm{rms}} R$, $V_C = I_{\mathrm{rms}} X_C$, $V_L = I_{\mathrm{rms}} X_L$의 세 식을 식 23.5에 대입하면 다음 식을 얻는다.

$$V_{\mathrm{rms}} = I_{\mathrm{rms}} \sqrt{R^2 + (X_L - X_C)^2}$$

따라서 전체 RLC 직렬 회로에서

$$V_{\mathrm{rms}} = I_{\mathrm{rms}} Z \tag{23.6}$$

가 된다. 여기서 회로의 임피던스 Z는 다음과 같이 정의된다.

RLC 직렬 회로 $$Z = \sqrt{R^2 + (X_L - X_C)^2} \tag{23.7}$$

R, X_C, X_L과 같이 회로의 임피던스 역시 단위는 저항과 같은 옴(Ω)이다. 그리고 식 23.7에서 $X_L = 2\pi f L$이고 $X_C = 1/(2\pi f C)$ 이다.

RLC 직렬 회로의 양단에 걸리는 전압과 흐르는 전류 사이의 위상각은 그림 23.11에서 전류 페이저 I_0와 전압 페이저 V_0 사이의 각 ϕ이다. 그림에 의하면 이 각은 다음 관계식으로부터 구할 수 있다.

$$\tan \phi = \frac{V_L - V_C}{V_R} = \frac{I_{\mathrm{rms}} X_L - I_{\mathrm{rms}} X_C}{I_{\mathrm{rms}} R}$$

RLC 직렬 회로 $$\tan \phi = \frac{X_L - X_C}{R} \tag{23.8}$$

위상각 ϕ는 회로가 소비하는 평균 전력 $\overline{P}$에 영향을 주기 때문에 중요하다. 평균적으로 보면 저항기만 전력을 소비하므로 $\overline{P} = I_{\mathrm{rms}}^2 R$(식 20.15b)이며 그림 23.11에 따라 $\cos \phi = V_R/V_0 = (I_{\mathrm{rms}} R)/(I_{\mathrm{rms}} Z) = R/Z$가 되고, 따라서 $R = Z\cos\phi$이다. 그러므로 평균 전력은 다음과 같이 나타낼 수 있다.

$$\overline{P} = I_{rms}^2 Z \cos\phi = I_{rms}(I_{rms}Z)\cos\phi$$

$$\overline{P} = I_{rms}V_{rms}\cos\phi \tag{23.9}$$

여기서 V_{rms}는 교류 전원의 실효 전압이며, 인자 $\cos\phi$를 회로의 **전력 인자**(power factor)라 부른다. 식 23.9의 유용성을 알아보자. 회로에 저항이 없다면 즉 $R = 0\,\Omega$이면, $\cos\phi = R/Z = 0$ 이 되어 평균 전력 $\overline{P} = I_{rms}V_{rms}\cos\phi = 0$ 이 된다. 이것은 인덕터와 축전기는 평균적으로 전력을 소비하지 않는다는 앞 절들의 결과와 일치한다. 반대로 회로에 저항만 존재한다면, 임피던스는 $Z = \sqrt{R^2 + (X_L - X_C)^2} = R$가 되어 $\cos\phi = R/Z = 1$ 이 된다. 이 경우 $\overline{P} = I_{rms}V_{rms}\cos\phi = I_{rms}V_{rms}$ 가 되어 저항기에 소비되는 평균 전력의 표현이 된다. 예제 23.3은 RLC 직렬 회로에서 전류, 전압 그리고 전력에 관한 내용을 다룬다.

예제 23.3 | RLC 직렬 회로에서 전류, 전압 그리고 전력

주파수가 512 Hz이고 실효 전압이 35.0 V인 교류 전원에 저항이 148 Ω인 저항기와 전기 용량이 1.50 μF인 축전기 그리고 자체 유도 계수가 35.7 mH인 인덕터가 연결된 RLC 직렬 회로를 구성하고 있다. 다음을 구하라.

(a) 회로의 각 요소에 걸리는 실효 전압

(b) 회로가 소비하는 평균 전력

살펴보기 실효 전류와 X_C, X_L을 알고 있다면, 각 성분에 걸리는 실효 전압은 $V_R = I_{rms}R$, $V_C = I_{rms}X_C$, $V_L = I_{rms}X_L$로부터 구할 수 있다. 또한 실효 전류는 $I_{rms} = V_{rms}/Z$과 $V_{rms} = 35.0$ V 로부터 얻을 수 있다. 따라서 문제 해결의 첫 번째 단계는 각각의 리액턴스로부터 임피던스를 찾는 것이다. 소비된 평균 전력은 $\overline{P} = I_{rms}V_{rms}\cos\phi$에 의해 주어진다. 여기서 위상각 ϕ는 $\tan\phi = (X_L - X_C)/R$ 로부터 얻을 수 있다.

풀이 (a) 각 성분의 리액턴스는

$$X_C = \frac{1}{2\pi f C} = \frac{1}{2\pi(512\text{ Hz})(1.50 \times 10^{-6}\text{ F})} \tag{23.2}$$
$$= 207\ \Omega$$

$$X_L = 2\pi f L = 2\pi(512\text{ Hz})(35.7 \times 10^{-3}\text{ H}) \tag{23.4}$$
$$= 115\ \Omega$$

이다. 회로의 임피던스는

$$Z = \sqrt{R^2 + (X_L - X_C)^2}$$
$$= \sqrt{(148\ \Omega)^2 + (115\ \Omega - 207\ \Omega)^2} \tag{23.7}$$
$$= 174\ \Omega$$

이다. 각 성분의 실효 전류는

$$I_{rms} = \frac{V_{rms}}{Z} = \frac{35.0\text{ V}}{174\ \Omega} = 0.201\text{ A} \tag{23.6}$$

이다.

이제 각 성분의 실효 전압은 다음과 같이 얻어진다.

$$V_R = I_{rms}R = (0.201\text{ A})(148\ \Omega) = \boxed{29.7\text{ V}} \tag{20.14}$$

$$V_C = I_{rms}X_C = (0.201\text{ A})(207\ \Omega) = \boxed{41.6\text{ V}} \tag{23.1}$$

$$V_L = I_{rms}X_L = (0.201\text{ A})(115\ \Omega) = \boxed{23.1\text{ V}} \tag{23.3}$$

여기서 위에서 얻은 세 실효 전압을 더하였을 때 얻어지는 값은 교류 전원의 실효 전압 35.0 V가 아니다. 그 대신 실효 전압들은 식 23.5를 만족시킨다. 키르히호프의 전압 법칙에 따라 교류 전원의 순간 전압과 같은 것은 각 성분에 걸리는 실효 전압의 합이 아니라 각 성분에 걸리는 순간 전압의 합이다.

(b) 회로가 소비하는 평균 전력은 $\overline{P} = I_{rms}V_{rms}\cos\phi$이다. 따라서 위상각 ϕ값이 필요한데, 이 값은 $\tan\phi = (X_L - X_C)/R$ 로부터 얻을 수 있다.

$$\phi = \tan^{-1}\left(\frac{X_L - X_C}{R}\right) \tag{23.8}$$
$$= \tan^{-1}\left(\frac{115\ \Omega - 207\ \Omega}{148\ \Omega}\right)$$
$$= -32°$$

이 회로는 인덕터보다 축전기의 영향이 더 크므로(즉 X_C가 X_L보다 크다) 위상각은 음이 되어 전류의 위상은 전압보다 앞선다. 소비된 평균 전력은

$$\overline{P} = I_{rms}V_{rms}\cos\phi = (0.201\text{ A})(35.0\text{ V})\cos(-32°)$$
$$= \boxed{6.0\text{ W}} \tag{23.9}$$

이다.

지금까지 상세히 다룬 RLC 직렬 회로 외에도 아주 다양한 방법으로 저항기와 축전기 그리고 인덕터를 연결할 수 있다. 이러한 회로를 분석하기 위해서 주파수의 극한값에서 축전기와 인덕터가 어떤 행동을 하는지 조사하는 것이 유용하다. 주파수가 0이면, 즉 직류일 때는 축전기의 용량 리액턴스는 축전기에 전하가 흐르지 못할 정도로 증가하게 된다. 이것은 마치 회로에서 축전기를 제거하고 그 자리를 도선으로 연결하지 않는 것과 같다. 주파수가 0인 극한에서 인덕터의 리액턴스는 무시할 수 있을 정도로 작아진다. 인덕터는 직류 전류에서 저항 역할을 하지 못하므로 이러한 상황은 마치 저항이 0인 도선을 인덕터 대신 연결한 것과 같다. 주파수가 큰 극한의 경우 축전기와 인덕터의 행동은 서로 반대가 되어 축전기는 적은 리액턴스를 갖고 전류에 대한 저항을 나타내지 않는다. 이것은 마치 축전기를 전기 저항이 없는 도선으로 바꾼 것과 같다. 이와 대조적으로 주파수가 클 때 인덕터는 아주 큰 리액턴스를 갖게 되며 이것은 마치 인덕터를 회로에서 제거하고 그 자리를 도선으로 연결하지 않은 것과 같다.

23.4 전기 회로 속의 공진

직렬 RLC 회로에서 전류와 전압의 성질은 **공진**(resonance) 조건을 만들어낼 수 있다. 물체가 진동하는 외력에 의해 진동할 때, 힘의 진동수가 물체의 고유(공명) 진동수와 일치하면 공명 현상이 일어난다.* 공명이 일어날 때 진동하는 힘은 물체에 많은 양의 에너지를 전달할 수 있으므로 물체는 큰 진폭으로 진동하게 된다. 우리는 이미 앞에서 이러한 예를 몇 가지 공부하였다. 첫 번째로 용수철 상수가 k인 용수철(10.6절)에 질량 m인 물체가 연결되었을 때 물체에 진동하는 힘이 작용하면 공진이 일어난다. 이 경우 고유 진동수는 f_0 하나밖에 없으며 그 값은 $f_0 = [1/(2\pi)]\sqrt{k/m}$이었다. 두 번째 예로 팽팽한 줄(17.5절)이나 공기가 들어 있는 관(17.6절)에 정상파가 만들어질 때 공진이 일어난다. 줄이나 공기가 들어 있는 관은 많은 고유 진동수를 가지는데 각 허용 정상파에 대해서 한 개의 고유 진동수만 존재한다. RLC 직렬 회로에서도 유사한 공진 조건이 만들어질 수 있다. 이 경우 고유 주파수는 오직 한 개이고 진동하는 힘은 교류 전원의 전압과 연관된 진동하는 전기장에 의해 주어진다.

그림 23.12는 교류 회로에서 공진 주파수가 존재하는 이유를 이해하는 데 도움을 준다. 이 그림은 (전기 저항을 무시한) 전기적 상황과 수평 용수철에 연결된 물체의 (마찰력을 무시한) 역학적 상황 사이의 유사성을 보여준다. 그림 (a)는 용수철을 늘였다가 가만히 놓아서 물체가 속력 $v = 0$으로 움직이기 시작하는 상황을 보여준다. 모든 에너지는 용수철의 탄성 위치 에너지로 저장되어 있으며 물체가 움직이기 시작함에 따라 점차적으로 위치 에너지를 잃고 운동 에너지를 얻게 된다. 그림 (b)는 물체가 최대 운동 에너지를 가지고 용수철의 평형점(탄성 위치 에너지가 0인 곳)을 지나는 것을 나타낸 것이다. 물체의 관성 때문에 움직이고 있는 물체는 평형점을 지나서 그림 (c)와 같이 용수철이 가장 짧게 압축되는 점에 도달하여 멈추게 되고 이 점에서 물체의 모든 운동 에너지는 다시 탄성 위치 에너지로 전환되게 된다. 그림 (d)는 그림 (b)와 같으나 물체의 운동 방향이 반대이다. 용수철

---

* 이 책에서 회로의 공명은 공진으로 표기한다(역자 주).

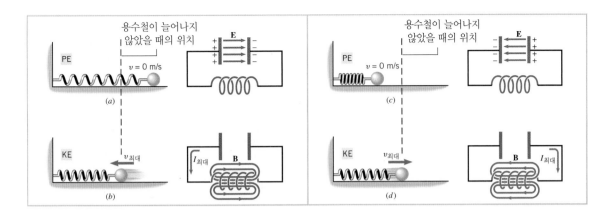

그림 23.12 용수철에 매달린 물체계의 진동은 축전기 속의 전기장과 인덕터 내부의 자기장의 진동과 유사하다.

에 연결된 물체의 공명 진동수는 물체가 진동하는 고유 진동수이고, 식 10.6과 식 10.11에 의해 $f_0 = [1/(2\pi)]\sqrt{k/m}$ 이다. 이 식에서 m은 물체의 질량이고, k는 용수철 상수이다.

전기적 진동인 경우 그림 23.12(a)는 먼저 인덕터와 연결된 완전히 충전된 축전기로부터 시작한다. 바로 이 순간 에너지는 축전기의 극판 사이의 전기장에 저장되어 있다. 축전기가 방전함에 따라 극판 사이의 전기장은 감소하고, 회로에 흐르는 전류가 증가함에 따라 인덕터 주위에 자기장 **B**가 만들어진다. 최대 전류와 최대 자기장은 그림 (b)와 같이 축전기가 완전히 방전될 때 만들어진다. 이때 에너지는 모두 인덕터의 자기장에 저장되게 된다. 인덕터에 발생한 전압은 축전기가 다시 완전히 충전이 될 때까지 계속 전하가 흐르게 한다. 이때는 그림 (c)에서 보듯이 축전기 극판의 전하는 처음과 반대 부호가 된다. 다시 한 번 에너지는 극판 사이의 전기장에 저장되게 되고 인덕터에는 아무런 에너지도 남지 않게 된다. 순환 과정 중 (d)는 (b)와 같은 것이며 단지 전류와 자기장의 방향이 반대로 된다. 따라서 교류 회로에는 공진 주파수가 있는데, 이것은 에너지가 축전기의 전기장과 인덕터의 자기장 사이를 교대로 왔다 갔다 하는 성질 때문이다. 축전기와 인덕터 사이에 왕복하는 에너지의 공진 주파수를 알아보자. RLC 직렬 회로에서 전류는 $I_{rms} = V_{rms}/Z$(식 23.6)로 표현되며, 여기서 Z는 회로의 임피던스로 $Z = \sqrt{R^2 + (X_L - X_C)^2}$(식 23.7)로 주어진다. 그림 23.13과 같이 교류 전원의 전압이 주어져 있다면, 임피던스가 최소일 때 실효 전류값이 최대가 된다. 주파수 f_0가 $X_L = X_C$, 즉 $2\pi f_0 L = 1/(2\pi f_0 C)$를 만족할 때 임피던스는 최솟값인 $Z = R$이 된다. 이 조건으로부터 공진 주파수 f_0는 다음과 같이 주어진다.

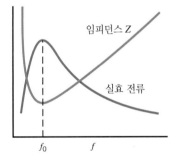

그림 23.13 RLC 직렬 회로에서 주파수 f가 회로의 공진 주파수 f_0와 같을 때 임피던스는 최소, 전류는 최대가 된다.

$$f_0 = \frac{1}{2\pi\sqrt{LC}} \qquad (23.10)$$

공진 주파수는 자체 유도 계수와 전기 용량에 의해 결정되고 전기 저항과 무관하다. 그림 23.14와 같이, 전기적 공진에서 전기 저항은 전류 응답의 예리함을 무디게 한다. 저항이 적을 때 주파수에 따른 전류 곡선은 최대 전류의 좌우에서 급격히 감소한다. 저항이 클 때는 전류 곡선의 떨어지는 정도가 완만하고 최대 전류도 급격히 감소한다.

다음 예제는 전기 회로에서 공진을 적용하는 예를 다룬다. 이 예제의 초점은 축전기와 인덕터 사이의 에너지 진동이다. 일단 축전기/인덕터가 결합된 상태에서 에너지를 갖게 되면, 만약에 저항에 의해서 소모되는 에너지를 채워줄 어떤 장치가 있다고 가정하면, 에너지는 그림 23.12에서와 같이 무한히 진동을 계속할 것이며 이러한 형태의 조건을 갖는 회로를 공진 회로라 한다.

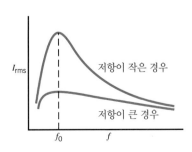

그림 23.14 RLC 직렬 회로에서 전류에 대한 전기 저항의 영향

예제 23.4 | 헤테로다인 금속 탐지기

● 헤테로다인 금속 탐지기의 물리

그림 23.15는 현재 사용 중인 헤테로다인 금속 탐지기를 보여 주고 있다. 그림 23.16에 설명된 것과 같이 이 장치는 두 개의 축전기/인덕터 진동 회로 A, B를 이용하며 각 회로의 고유 주파수는 각각 $f_{0A} = 1/(2\pi\sqrt{L_A C})$ 와 $f_{0B} = 1/(2\pi\sqrt{L_B C})$ 이다. 이 두 주파수의 차 $f_{0B} - f_{0A}$의 주파수를 갖는 맥놀이 전류를 이어폰을 통해서 검출하는데, 이것은 두 음이 만들어내는 맥놀이 진동수와 유사하다. 헤테로다인 금속 탐지기 근처에 어떤 금속도 없으면, 두 인덕터의 L_A와 L_B는 같고, 따라서 주파수 f_{0A}와 f_{0B}는 같으며 맥놀이가 나타나지 않는다. 그러나 인덕터 B(탐지 인덕터)가 금속 조각 근처에 접근하면 L_B가 감소하므로, 주파수 f_{0B}는 증가하게 되어 맥놀이를 듣게 된다. 처음에 헤테로다인 금속 탐지기에 있는 두 인덕터가 $L_A = L_B$이고 두 진동자의 고유 주파수가 855.5 kHz가 되도록 조절되어져 있다. 탐지 인덕터 B의 인덕턴스가 근처에 있는 금속 때문에 1.00 % 정도 감소된다면 이어폰을 통해서 듣게 되는 맥놀이 진동수는 얼마인가?

그림 23.15 헤테로다인 금속 탐지기는 땅속에 매장된 금속 물체를 찾는 데 사용될 수 있다. 그림에서 보이는 물체는 녹이 슨 깡통이다.

살펴보기 맥놀이 진동수 $f_{0B} - f_{0A}$를 구하기 위해서 인덕턴스 L_B가 1.00 % 감소할 때 공진 주파수의 변화를 알 필요가 있다.

풀이 먼저 f_{0B}와 f_{0A} 비를 구하여 보자.

$$\frac{f_{0B}}{f_{0A}} = \frac{\dfrac{1}{2\pi\sqrt{L_B C}}}{\dfrac{1}{2\pi\sqrt{L_A C}}} = \sqrt{\frac{L_A}{L_B}}$$

인덕터 B의 리액턴스가 1.00 % 줄어들면 $L_B = 0.9900 L_A$가 되고, 따라서

$$\frac{f_{0B}}{f_{0A}} = \sqrt{\frac{L_A}{0.9900 L_A}} = 1.005$$

가 된다. 그러므로 f_{0B}의 값은 $f_{0B} = 1.005\, f_{0A} = 1.005 \times$ (855.5 kHz) = 859.8 kHz가 된다. 결과적으로 검출되는 맥놀이 진동수는

$$f_{0B} - f_{0A} = 859.8\ \text{kHz} - 855.5\ \text{kHz} = \boxed{4.3\ \text{kHz}}$$

이다.

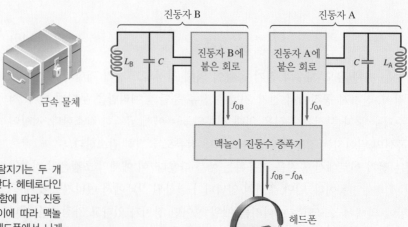

그림 23.16 헤테로다인 금속 탐지기는 두 개의 전기 진동자 A와 B를 사용한다. 헤테로다인 금속 탐지기가 금속 물체에 접근함에 따라 진동자 B의 공진 주파수가 변하고 이에 따라 맥놀이 진동수 $f_{0B} - f_{0A}$인 소리가 헤드폰에서 나게 된다.

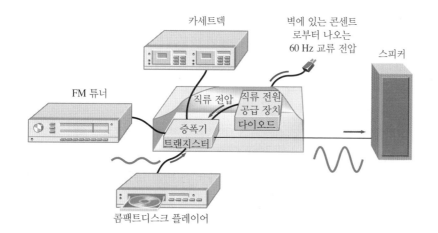

그림 23.17   오디오 시스템 속에서 직류 전원 공급 장치의 다이오드는 교류 전압을 직류 전압으로 바꾼다. 이 직류 전압은 증폭기 속에 있는 트랜지스터가 콤팩트디스크 플레이어 등에서 나오는 미약한 교류 전압을 큰 신호로 증폭하는 데 필요하다.

23.5 반도체 장치

다이오드와 트랜지스터와 같은 반도체 장치는 그림 23.17에서 예로 보인 오디오 시스템처럼 현대 전자 공학에 광범위하게 사용되고 있다. 이 오디오 시스템에서는 콤팩트디스크 플레이어, FM 튜너 또는 카세트덱에서 나오는 작은 교류 전압을 스피커를 구동할 수 있을 정도로 증폭하는데, 이 증폭 회로는 직류 전원의 도움으로 이루어진다. 일반적으로 휴대용 전자기기의 전력 공급 장치는 간단한 건전지이다. 그러나 휴대할 수 없는 전자기기의 전력 공급 장치는 다이오드를 포함하는 여러 가지 장치로 이루어진 독립된 전기 회로이다. 다음에 보는 바와 같이 다이오드는 벽에 있는 콘센트의 60 Hz 교류 전원을 증폭기가 필요로 하는 직류 전압으로 바꾸며, 증폭기는 트랜지스터의 도움으로 증폭 작업을 수행한다.

n형과 p형 반도체

다이오드에 사용되는 물질은 실리콘(규소)이나 게르마늄과 같은 반도체이다. 순수한 실리콘이나 게르마늄은 전기가 잘 통하지 않는다. 이들의 전기 전도성을 향상시키기 위해서 약간의 불순물(impurity) 원자(약 100만 분의 1 정도)를 첨가한다. 그림 23.18(a)는 순수한 실리콘의 결정 구조를 2차원적으로 나타낸 원자 배열을 보여준다. 각 원자는 네 개의 최외각 전자*를 가지고 있으며, 이들 각 전자는 이웃 원자로부터 나오는 전자와 함께 결정을 이루는 결합에 참여한다. 이들 최외각 전자는 결합에 참여하기 때문에 일반적으로 결정 속에서 움직이지 못하므로 순수한 실리콘이나 게르마늄은 좋은 도체가 되지 못한다. 그러나 최외각 전자가 5 개인 인(P)이나 비소(As)와 같은 불순물 원자를 실리콘이나 게르마늄 원자에 첨가함으로서 전기 전도도를 증가시킬 수 있다. 예를 들면 인 원자가 결정 구조 속에서 실리콘 원자를 치환할 때 인 원자의 최외각 전자 5 개 중 4 개만 결정 구조 속에 들어가고 나머지 한 개의 전자는 그림 (b)와 같이 비교적 자유롭게 결정 속에서 확산될 수 있다. 그러므로 적은 양의 인을 포함하고 있는 반도체는 양전하로 대전된 움직일 수 없는 인 원자와 물질 속에서 자유롭게 움직일 수 있는 전자의 집합으로 볼 수 있으며 이와 같이 움직일 수 있는 전자로 인하여 반도체는 전기가 잘 통하게 된다.

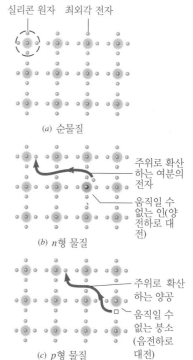

실리콘 원자   최외각 전자

(a) 순물질

주위로 확산하는 여분의 전자

움직일 수 없는 인(양전하로 대전)

(b) n형 물질

주위로 확산하는 양공

움직일 수 없는 붕소 (음전하로 대전)

(c) p형 물질

그림 23.18 (a) 순수한, (b) n형 물질을 만들기 위해 인으로 도핑된, (c) p형 물질을 만들기 위해 붕소로 도핑된 실리콘 결정

---

* 30.6절에서는 '껍질'이라는 개념으로 원자의 전자 구조를 논의한다.

불순물 원자들을 순수한 반도체에 첨가하는 과정을 도핑(doping)이라 한다. 움직일 수 있는 전자를 제공하는 불순물로 도핑된 반도체를 **n형 반도체**(n-type semiconductor)라 하는데 그 이유는 전하 운반자가 음(negative)전하를 가지고 있기 때문이다. n형 반도체는 실제로 같은 양의 양전하와 음전하를 포함하고 있으므로 전체적으로 전기적 중성이라는 사실에 주의하라.

실리콘 결정에 최외각 전자가 3개인 원자(붕소, 갈륨 등)를 불순물로 도핑하는 것도 가능하며 붕소의 최외각 궤도에 네 번째 전자가 없으므로, 그림 23.18(c)와 같이 결정 구조 속의 붕소 원자 자리에 한 개의 전자가 비어 있는 양공(hole)이 생긴다. 이웃한 실리콘 원자로부터 나온 전자는 양공 속으로 들어갈 수 있고 이로 인해 전자를 얻게 된 붕소 원자 주위는 음으로 대전된다. 물론 주위의 전자가 움직일 때, 그 장소에는 한 개의 양공이 남는다. 이러한 양공은 양으로 대전되는데 그 이유는 중성 실리콘 원자 주변으로부터 한 개의 전자를 제거함으로써 양공이 생겼기 때문이다. 결정 격자 속에 있는 대다수의 원자는 실리콘이고, 따라서 양공 곁에는 항상 또 다른 실리콘 원자가 있다. 결과적으로 인접한 원자에서 나온 전자 한 개가 양공 속으로 들어갈 수 있다. 이 결과는 양공이 다른 위치로 이동한 셈이다. 이런 방식으로 양으로 대전된 양공은 결정 속에서 움직일 수 있게 된다. 따라서 이 반도체는 움직일 수 없는 음으로 대전된 붕소 원자와 양으로 대전된 움직일 수 있는, 같은 수의 양공으로 이루어져 있다. 움직일 수 있는 양공 때문에 반도체는 전기가 통하게 된다. 이 경우 전하 운반자는 양전하를 갖는다. 이렇게 양(+)으로 대전된 운반자를 만들 수 있는 불순물로 도핑된 반도체를 **p형 반도체**(p-type semiconductor)라 한다.

반도체 다이오드

○ 반도체 다이오드의 물리

p-n 접합 다이오드(p-n junction diode)는 p형 반도체와 n형 반도체를 사용하여 만든 장치이다. 두 물질 사이의 p-n 접합은 다이오드와 트랜지스터 작동에 있어서 근본적으로 중요하다. 그림 23.19는 각각 전기적으로 중성인 p형과 n형 반도체를 보여준다. 그림 23.20(a)는 이들을 결합하여 하나의 다이오드로 만든 것을 보여주고 있다. n형 반도체로부터 오는 움직일 수 있는 전자와 p형 반도체로부터 오는 움직일 수 있는 양공이 p-n 접합부를 지나면서 서로 결합한다. 이러한 과정은 그림 (b)와 같이 n형 물질에서는 양전하층, p형 물질에서는 음전하층을 만든다. 접합부의 양면에 존재하는 양전하층과 음전하층은 전기장 **E**를

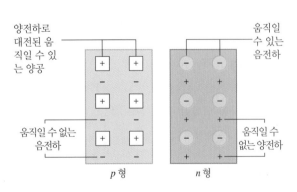

그림 23.19   p형 반도체와 n형 반도체

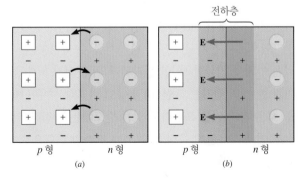

그림 23.20   (a) n형과 p형 물질 사이의 접합부에서 움직일 수 있는 전자와 양공이 서로 결합하여, (b) 양전하와 음전하의 전하층을 만든다. 이러한 전하층에 의해 만들어진 전기장이 **E**이다.

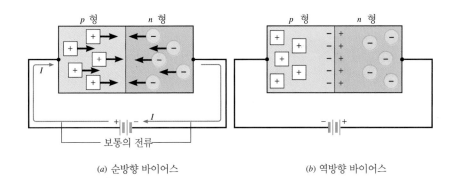

그림 23.21 (a) 다이오드에 순방향 바이어스가 걸릴 때 다이오드를 통해서 전류가 흐른다. (b) 역방향 바이어스가 걸릴 때 다이오드를 통하는 전류는 거의 없다.

만드는데 이것은 평행판 축전기와 유사하다. 이렇게 만들어진 전기장은 접합부를 지나가려는 전하들의 흐름을 방해하여 모든 전하의 흐름을 멈추게 한다.

그림 23.21(a)와 같이 전원이 *p-n* 접합 양단에 음극은 *n*형 물질, 양극은 *p*형 물질에 연결되어 있을 때 **순방향 바이어스**(forward bias)가 걸려 있다고 말하며 회로에 전류가 흐르게 된다. 전원의 음극은 *n*형 물질 속에 있는 움직일 수 있는 전자를 밀어내고 그로 인해 밀린 전자는 접합부로 이동하게 된다. 마찬가지로 전원의 양극은 *p*형 물질로부터 나오는 양전하로 대전된 양공을 밀어내고 그로 인해 밀린 양공 역시 접합부로 이동하게 되어 접합부에서 전자는 양공을 채우게 된다. 동시에 음극은 새로운 전자를 *n*형 물질에 공급하고, 양극은 *p*형 물질로부터 전자를 끌어서 나오게 함으로써 새로운 양공을 만들어내어 전하의 연속적인 흐름, 즉 전류가 지속적으로 유지된다.

그림 23.21(b)와 같이 전원의 양극에 *n*형, 음극에 *p*형 반도체가 연결되어 있을 때 *p-n* 접합은 **역방향 바이어스**(reverse bias)가 걸려 있다고 말한다. 이렇게 연결된 전원은 *n*형 물질에 있는 전자와 *p*형 물질에 있는 양공이 접합부로부터 서로 멀어지게 한다. 결과적으로 전원 전위와 같은 전위가 접합 영역에 생기게 되고 그로 인해 다이오드를 통하여 전류가 거의 흐르지 않게 된다. 따라서 다이오드는 한쪽 방향으로만 전류를 통과시키는 단방향 장치이다.

그림 23.22의 곡선은 *p-n* 접합 다이오드에 걸린 전압의 크기와 극성에 대한 전류의 의존성을 보여주고 있다. 전류의 정확한 값은 반도체의 특성과 도핑의 정도에 따라 달라진다. 그림에서 다이오드를 나타내는 기호는 (▶—) 이다. 다이오드 기호에서 화살표 머리의 방향은 순방향 바이어스일 때 다이오드에 흐르는 전류의 방향을 나타낸다. 순방향 바이어스에서 화살표 머리 쪽이 다른 쪽에 비해서 양의 전위를 갖는다.

발광 다이오드(light-emitting diode)는 주로 **LED**라고 부르는데, 빛을 방출하는 특별한 다이오드이다. 컴퓨터나 TV 또는 오디오 시스템 등과 같은 많은 전자 장치에서 빨간색, 초록색 그리고 노란색을 내는 작고 밝게 빛나는 전구 모양의 LED를 볼 수 있다. LED도 다른 종류의 다이오드와 마찬가지로 전류는 한쪽 방향으로만 흐른다. 그림 23.21(a)처럼 순방향 바이어스인 경우 전류가 흐르며 전자와 양공이 결합할 때 LED는 빛을 발생시키는데 이 빛은 *p-n* 접합부에서 나온다. 상업용 LED는 비소화갈륨, 인화갈륨, 질화갈륨 등의 반도체에 불순물 원자를 도핑해서 만든다.

태아 산소 모니터(fetal oxygen monitor)는 태아의 혈액 속에 있는 산소 농도를 측정하기 위해서 발광 다이오드를 사용한다. 그림 23.23과 같이 산모의 자궁 속으로 감지기를 삽입하여 태아의 뺨에 위치시킨다. 감지기 속에 두 개의 LED가 들어 있고 각각 파장(또는

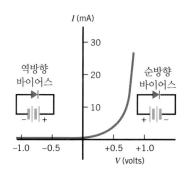

그림 23.22 전형적인 *p-n* 접합 다이오드의 전압에 대한 전류 특성

◑ 발광 다이오드(LED)의 물리

◑ 태아 산소 모니터의 물리

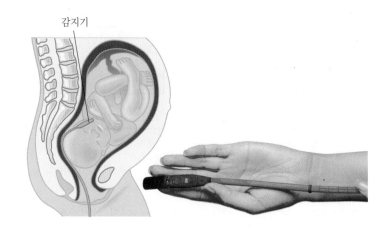

감지기

그림 23.23 태아 산소 모니터는 태아의 혈액 속의 산소 농도를 측정하기 위해서 LED가 포함된 감지기를 사용한다.

색깔)이 다른 빛을 태아의 조직에 비춘다. 이렇게 비추어진 빛은 산소를 운반하는 적혈구에 의해 반사되고 곁에 있는 광 감지기로 반사된 빛을 검출하게 된다. 하나의 LED로부터 나온 빛은 혈액 속에 있는 산소 헤모글로빈의 수치를 측정하는 데 사용되고 또 다른 LED로부터 나오는 빛은 해리된 산소 헤모글로빈 수치를 측정하는 데 사용된다. 이 두 수치를 비교하여 혈액 속의 산소 포화 농도를 산정하게 된다.

◉ 정류 회로의 물리　　다이오드는 단방향 장치이므로 교류 전압을 직류 전압으로 바꾸는 **정류 회로**(rectifier circuits)에 흔히 사용된다. 그림 23.24는 교류 전원이 다이오드에 순방향으로 걸릴 때 저항 R에 전류가 흐르는 회로를 보여주고 있다. 전류는 전원 전압의 1/2 주기 동안만 흐르므로, 이 회로를 반파 정류 회로라 한다. 저항기의 양단에 걸리는 출력 전압은 그림에서 각 주기의 절반인 양(+)의 값만 존재한다. 그림과 같이 축전기가 저항기에 병렬로 연결되어 있다면 다이오드에서 전류가 흐를 때 축전기는 충전되고, 다이오드에서 전류가 흐르지 않더라도 축전기가 방전하면서 출력 전압이 0으로 떨어지지 않게 한다. 일반적으로는 두 개이상의 다이오드를 사용해서, 한 주기 동안 계속 같은 방향으로 전류를 흐르게 하는 전파 정류 회로를 사용한다.

변압기와 그림 23.24에 있는 것과 같은 정류 회로를 사용하여 원하는 전압을 얻을 수 있도록 한 장치를 전원 공급 장치라 한다. 그림 23.17에 있는 오디오 시스템에서 전원 공급 장치는 60 Hz 교류 전압을 가정용 전원으로부터 공급받아 증폭기에 들어 있는 트랜지스터가 사용할 직류 전압을 출력시킨다. 다이오드를 사용하는 전원 공급 장치는 텔레비전이나 전자레인지 등과 같은 거의 모든 가전제품에서 볼 수 있다.

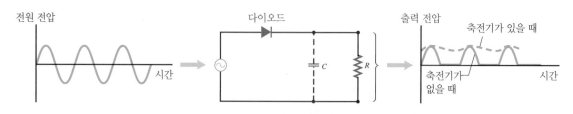

그림 23.24 축전기와 변압기(나타나있지 않음)를 가지고 있는 반파 정류 회로는 교류 전압을 직류 전압으로 전환하기 때문에 직류 전원 공급 장치가 된다.

태양 전지

태양 전지는 그림 23.25와 같이 햇빛을 직접 전기로 변환하기 위하여 *p-n* 접합 다이오드를 사용한다. 그림에서 태양 전지는 *n*형 반도체를 *p*형 반도체로 둘러싼 구조이다. 앞에서 논의한 바와 같이 전하층은 *p*형과 *n*형 반도체의 접합부에 이루어지고, 이것은 다시 *n*형으로부터 *p*형으로 향하는 전기장을 만들어낸다. *p*형 물질의 외부 층은 아주 얇아서 햇빛이 전하층으로 투과해 들어와 그곳에 있는 원자 중 일부를 이온화시킨다. 이온화되는 과정에서 태양 에너지는 원자로부터 음의 전자를 방출하게 되고, 이로 인해 양으로 대전된 양공이 남게 된다. 그림이 보여주는 바와 같이 전하층에 있는 전기장에 의해서, 전자와 양공은 접합으로부터 멀어지게 되어 전자는 *n*형 물질로 이동해가고, 양공은 *p*형 물질로 이동해간다. 결과적으로 태양 빛은 태양 전지에 양극과 음극을 만드는데 이것은 마치 건전지의 두 극과 같다. 한 개의 태양 전지가 만들 수 있는 전류의 양은 매우 작기 때문에 그림 23.26과 같이 흔히 태양 전지를 사용할 때는 여러 개의 전지가 부착된 커다란 패널을 제작한다.

트랜지스터

오늘날 사용하고 있는 트랜지스터에는 많은 종류가 있다. 그중 한 가지 유형이 2극 접합 트랜지스터(bipolar junction transistor)로, 도핑된 반도체의 세 층에 의해서 형성된 두 개의 *p-n* 접합으로 이루어져 있다. 그림 23.27과 같이 *pnp*와 *npn* 트랜지스터가 있으며 어느 것이든지 가운데 영역은 바깥 부분에 비해서 매우 얇게 제작되어 있다.

트랜지스터는 매우 작은 전압을 큰 전압으로 증폭시키는 회로에 사용되기 때문에 유용한 장치이며 회로에서 수도관에 흐르는 물의 유량을 조절하는 밸브와 비슷한 역할을 한다. 밸브를 조정하면 파이프를 통해서 흐르는 물의 유량을 크게 변화시킬 수 있다. 유사하게, 트랜지스터에 입력되는 전압의 작은 변화도 트랜지스터로부터 출력되는 전압에 커다란 변화를 일으킨다.

그림 23.28은 두 개의 전지, V_E와 V_C에 연결된 *pnp* 트랜지스터를 보여주고 있다. 전압 V_E와 V_C는 왼쪽에 있는 *p-n* 접합이 순방향이 되도록, 오른쪽의 *p-n* 접합은 역방향이 되도록 연결되어 있다. 일반적으로 전압 V_C는 V_E보다 훨씬 크다. 그림 23.28에는 트랜지스터 속 세 층의 이름, 즉 이미터(emitter), 베이스(base), 컬렉터(collector)가 표기되어 있다. 오른쪽은 트랜지스터의 표준 기호인데 화살표는 이미터를 통해 흐르는 전류의 방향을 나타낸다.

V_E의 양극은 이미터의 *p*형 물질에 있는 움직일 수 있는 양(+)으로 대전된 양공을 이미터/베이스 접합부 쪽으로 밀어내며 이 접합은 순방향 연결이므로 양공은 쉽게 베이스 영역으로 들어간다. 일단 베이스 영역 속에서 양공은 컬렉터 전압 V_C의 강력한 영향을 받게 되어 음극 쪽으로 향하게 된다. 베이스는 아주 얇아서(10^{-6} m 정도) 양공의 98 % 정도가 베이스를 통과해서 컬렉터로 끌려가게 되고 남은 2 % 정도의 양공은 베이스 영역에서 자유 전자와 결합하고 이로 인해 아주 적은 베이스 전류 I_B를 만들어낸다. 그림에서 보여주는 바와 같이 이미터와 컬렉터 안에서 움직이는 양공은 각각 I_E와 I_C로 표시되는 전류를 흐르게 하며 키르히호프의 제 1법칙으로부터 $I_C = I_E - I_B$가 된다.

베이스 전류가 아주 작기 때문에 컬렉터 전류는 주로 이미터로부터 나오는 전류에 의

● 태양 전지의 물리

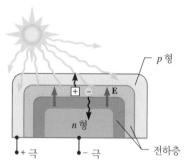

⊞ = 양공 ⊖ = 전자

그림 23.25 *p-n* 접합으로 이루어진 태양 전지. 햇빛을 받으면 태양 전지는 마치 +, – 극을 갖는 건전지처럼 작용한다.

● 트랜지스터의 물리

그림 23.26 헬리오스 프로토타입 (Helios prototype) 비행 날개는 태양 에너지로 추진된다. 태양 전지는 날개 위에 장착되어 있다.

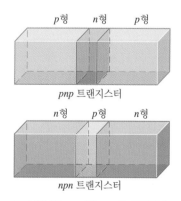

그림 23.27 *pnp*와 *npn* 두 종류의 2극 접합 트랜지스터

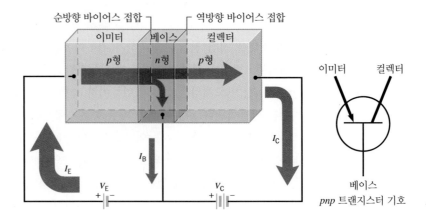

순방향 바이어스 접합   역방향 바이어스 접합

이미터   베이스   컬렉터

p형 n형 p형

이미터   컬렉터

베이스

pnp 트랜지스터 기호

그림 23.28 pnp 트랜지스터와 바이어스 전압 V_E와 V_C. pnp 트랜지스터 기호에서 이미터에 붙은 화살표의 방향은 이미터를 통해서 흐르는 전류의 방향을 나타낸다.

해 결정되며($I_C = I_E - I_B \approx I_E$) 이미터 전류 I_E의 변화는 거의 같은 양의 컬렉터 전류 I_C에 변화를 일으킨다는 것을 의미한다. 또한 순방향 전압 V_E에 약간의 변화만 있어도 이미터 전류에 큰 변화가 생긴다. 이것이 사실인지 확인하기 위하여, 그림 23.22의 p-n 접합에서 전압에 따른 전류 곡선이 얼마나 급격히 변하는지, 즉 순방향 전압의 미소 변화가 전류에서 얼마나 큰 변화를 일으키는지 살펴보라.

이제 그림 23.29의 도움으로 트랜지스터에서 입력 전압의 미소 변화가 출력 전압에 커다란 변화를 일으킨다는 사실의 의의를 알아보자. 그림 23.29는 전지 V_E와 직렬로 연결된 교류 전원, 그리고 컬렉터와 직렬로 연결된 저항 R을 보여주고 있다. 전원 전압은 전기 기타의 픽업이나 콤팩트디스크 플레이어 같은 것일 수 있고, 저항 R은 스피커의 저항이 될 것이다. 교류 전원은 순방향 바이어스가 걸려 있는 이미터/베이스 접합 양단에 약간의 전압 변화를 일으키고, 이 변화는 컬렉터를 떠나서 저항 R을 통과하는 전류 I_C에 큰 변화를 일으킨다. 결과적으로 이 회로는 교류 전원에서 나오는 입력 전압을 저항 R에 걸리는 출력 전압으로 증폭한다. npn 트랜지스터의 작동 역시 pnp 트랜지스터 작동과 유사하지만 바이어스 전압과 전류 방향이 npn 트랜지스터와 반대이다.

트랜지스터 증폭기의 출력 단자에서 얻게 되는 증가된 전력은 트랜지스터 자체에서

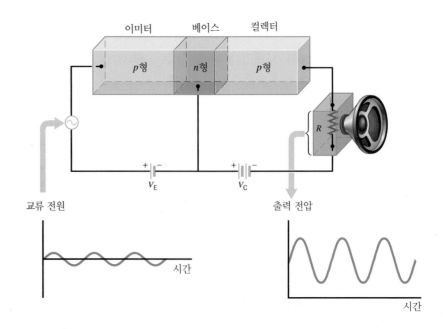

이미터   베이스   컬렉터

p형 n형 p형

교류 전원   출력 전압

시간   시간

그림 23.29   기본적인 pnp 트랜지스터 증폭기는 교류 전원의 작은 전압을 증폭시켜서 저항 R에 큰 교류 전압이 생기게 한다.

그림 23.30 집적 회로 칩은 반도체 물질의 웨이퍼 위에서 제작된다. 그림에 보인 웨이퍼 한 개는 많은 칩을 포함하고 있다. 칩들이 그 속에 있는 스마트카드들도 보인다.

나온 것이 아니라 전원 V_C에서 나온다는 것을 이해하는 것이 중요하다. 자동 밸브처럼 작동하는 트랜지스터는 입력 전원의 작고 약한 신호가, V_C에서 나와서 저항 R에서 소모되는 전력을 조절하도록 한다.

오늘날에는 한 변의 길이가 1 cm보다 작은 실리콘 칩 위에 수만 개의 트랜지스터, 저항기 그리고 다이오드를 결합하여 배열하는 것이 가능하다. 이러한 배열들을 집적 회로 (integrated circuit, IC)라 하며 원하는 어떠한 전자공학적 기능도 할 수 있도록 만들 수 있다. 그림 23.30과 같은 모양의 집적 회로는 전자 산업의 혁명을 일으켰으며, 컴퓨터나 휴대 전화, 디지털시계, 자동제어 전자제품 등의 핵심 부품이다.

 ## 연습 문제

주의: 이 장에 있는 문제에서 특별한 언급이 없으면, 교류 전류와 전압은 실효값이고, 전력은 평균 전력을 의미한다.

23.1 축전기와 용량 리액턴스

1(1) 전기 용량이 7.50 μF인 축전기가 168 Ω의 용량 리액턴스를 갖는다. 이때 주파수는 얼마인가?

2(2) 주파수가 3.4 kHz일 때 전기 용량이 0.86 μF인 축전기만을 포함한 회로에서 35 mA의 전류를 생성하려면 전압은 얼마가 되어야 하는가?

3(3) 한 개의 축전기가 주파수 440 Hz, 전압 24 V를 공급하는 교류 전원의 양단에 연결되어 있다. 여기에 또 다른 축전기를 병렬로 연결하였더니 전원으로부터 나오는 전류가 0.18 A만큼 증가하였다. 두 번째 축전기의 전기 용량을 구하라.

4(4) 2개의 같은 축전기가 주파수 610 Hz, 전압 24 V인 교류 전원에 병렬로 연결되어 있다. 회로에서 전류는 0.16 A이다. 각 축전기의 전기 용량은 얼마인가?

5(5) 축전기가 5.00 Hz인 교류 전원에 연결되어 있으며 한 순간

순간 전류가 최댓값에 도달하는 것이 측정되었다. 그 이후 축전기 양단에 걸리는 순간 전압이 최댓값에 도달하는 데 걸리는 최소 시간은 얼마인가?

*6(6) 한 축전기가 주파수 750 Hz, 최대 출력 전압 140 V인 교류 전원 양단에 연결되어 있다. 회로에 걸리는 실효 전류는 3.0 A이다. (a) 축전기의 전기 용량은 얼마인가? (b) 축전기의 한 판에 대전되는 최대 전하는 얼마인가?

**7(7) 전기 용량 C_1인 축전기가 교류 전원 양단에 연결되어 있다. 전원의 전압과 주파수를 바꾸지 않고 전기 용량 C_2인 다른 축전기를 직렬로 연결하였더니 전류가 처음의 3분의 1로 줄었다. 두 번째 축전기가 처음 축전기와 병렬로 연결되었다면 전류는 몇 배로 되는가?

23.2 인덕터와 유도 리액턴스

8(8) 인덕터에 전류가 0.20 이고 주파수는 750 Hz이다. 만약 자체 유도 계수가 0.080 H이면 인덕터에 걸리는 전압은 얼마인가?

9(9) 52 mH인 인덕터와 76 μF인 축전기의 리액턴스가 같아지

는 주파수는 몇 Hz인가?

10(10) 같은 전압이 공급되는 두 교류 전원이 있다. 여기서 첫 번째 전원의 주파수는 1.5 kHz이며, 두 번째 전원의 주파수는 6.0 kHz이다. 인덕터를 첫 번째 전원 양단에 연결할 때, 전류는 0.30 A가 흐른다. 이 인덕터를 두 번째 전원의 양단에 연결하면 얼마의 전류가 흐르는가?

11(11) 40.0 μF 축전기가 60.0 Hz 교류 전원 양단에 연결되어 있으며 여기에 인덕터를 축전기와 병렬로 연결한다고 하자. 이때 인덕터와 축전기에 흐르는 실효 전류값이 같아진다면, 인덕터의 자체 유도 계수는 얼마인가?

12(12) 30.0 mH인 인덕터의 유도 리액턴스가 2.10 kΩ이다. (a) 인덕터에 흐르는 교류 전류의 진동수는 얼마인가? (b) 이 진동수에서 같은 리액턴스를 가지는 축전기의 전기 용량은 얼마인가? 진동수가 3배가 되고, 인덕터와 축전기의 리액턴스가 더 이상 같지 않다. (c) 인덕터와 (d) 축전기의 새로운 리액턴스는 얼마인가?

*13(13) 18 kHz의 교류 전원을 솔레노이드에 연결하면 솔레노이드에 흐르는 실효 전류가 0.036 A이다. 솔레노이드의 단면적은 $3.1 \times 10^{-5} \text{ m}^2$이고, 길이는 2.5 cm이며, 감은 수는 135회이다. 교류 전원의 전압의 최댓값을 계산하라.

**14(14) 두 인덕터를 전원의 양단에 병렬로 연결하였다. 하나는 $L_1 = 0.030$ H의 자체 유도 계수를 가지고, 다른 하나는 $L_2 = 0.060$ H의 자체 유도 계수를 가진다. 자체 유도 계수가 L인 단일 인덕터를 첫 번째 전원과 진동수와 전압이 같은 두 번째 전원의 양단에 연결하였다. 두 번째 전원에 흐르는 전류는 첫 번째 전원에 흐르는 전체 전류와 같다. 이때 L을 구하라.

23.3 저항, 축전기, 인덕터를 포함하는 회로

15(15) 저항 275 Ω, 유도 리액턴스 648 Ω 그리고 용량 리액턴스 415 Ω으로 이루어진 RLC 직렬 회로에서 회로의 전류는 0.233 A이다. 전압은 얼마인가?

16(16) 240 Ω의 저항을 갖는 한 전구가 있다. 이 전구를 표준 벽소켓(120 V, 60.0 Hz)에 연결하였다. (a) 전구에 흐르는 전류를 구하라. (b) 10.0 μF 축전기를 이 회로에 직렬로 연결한 후 전구에 흐르는 전류를 구하라. (c) 전구 및 축전기와 직렬로 인덕터를 추가하여 (a)에서 계산된 값으로 전구에 전류를 다시 흐르게 할 수 있다. 이 인덕터의 자체 유도 계수의 값은 얼마인가?

17(17) 그림 23.10의 RLC 직렬 회로에서 자체 유도 계수가 0(L = 0)이라고 가정하자. 이때 전원 전압과 저항기의 양단에 걸리는 전압은 각각 45 V와 24 V이다. 축전기 양단에

걸리는 실효 전압은 얼마인가?

18(18) 2700 Ω인 저항기와 1.1 μF인 축전기를 전원(60.0 Hz, 120 V)의 양단에 직렬로 연결하였다. 회로에서의 소비 전력을 구하라.

19(19) 215 Ω 저항기와 0.200 H인 인덕터로 이루어진 회로가 있다. 저항기와 인덕터가, 주파수 106 Hz이고 전압이 234 V인 교류 전원에 직렬로 연결되어 있을 때 (a) 회로에 흐르는 전류는 얼마인가? (b) 전원의 전압과 전류 사이의 위상각을 구하라.

20(20) 전원(1350 Hz, 15.0 V)이 16.0 Ω인 저항기, 4.10 μF인 축전기, 5.30 mH인 인덕터로 연결된 직렬 회로가 있다. 각 회로 요소에 걸린 전압을 구하라.

*21(21) 전압이 일정한 교류 전원 양단 사이에 85 Ω인 저항기와 4.0 μF인 축전기가 직렬로 연결된 회로가 있다. 회로에 흐르는 전류가, 주파수가 무한대일 때의 전류의 1/2이 되는 주파수를 구하라.

*22(22) 그림과 같은 회로에 대해 진동수가 (a) 매우 클 때, (b) 매우 작을 때 전원에 공급되는 전류를 구하라.

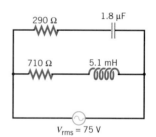

*23(23) 어떤 RLC 직렬 회로가 축전기(C = 6.60 μF), 인덕터(L = 7.20 mH) 그리고 교류 전원(전압의 최댓값 = 32.0 V, 주파수 = 1.50×10^3 Hz)으로 이루어져 있다. t = 0초일 때 순간 전압은 0이고, 이 값은 1/4주기 후에 최댓값에 도달한다. (a) $t = 1.20 \times 10^{-4}$ 초일 때, 축전기와 인덕터가 결합된 양단에 걸리는 순간 전압을 구하라. (b) $t = 1.20 \times 10^{-4}$ 초일 때 순간 전류값을 구하라. (힌트: 전류와 전압의 순간값은 각각 전류와 전압 페이저의 수직 성분이다.)

*24(24) 저항기와 인덕터로만 구성된 직렬 회로가 있다. 전원의 전압 V는 고정되어 있다. 만약 R = 16 Ω과 L = 4.0 mH이라 하면, 주파수가 0에서 전류는 1/2의 값이 될 때 주파수를 구하라.

**25(25) 한 개의 저항기가 교류 전원에 단독으로 연결되어 있을 때 소비되는 평균 전력은 1.000 W이다. 축전기 한 개가 저항기에 직렬로 연결되면 소비되는 평균 전력은 0.500 W이고, 축전기 없이 인덕터 한 개가 저항기에 직렬로 연결되면 소비되는 평균 전력은 0.250 W이다. 축전기와 인덕터 둘 다

동시에 저항기와 직렬로 연결될 때 소비되는 평균 전력은 얼마인가?

23.4 전기 회로 속의 공진

26(26) RLC 직렬 회로는 공진 주파수가 690 kHz이다. 만약 전기 용량의 값이 2.0×10^{-9} F이면, 자체 유도 계수의 값은 얼마인가?

27(27) 10.0 Ω 저항기, 12.0 μF 축전기 그리고 17.0 mH 인덕터가 155 V 교류 전원과 직렬로 연결된 회로가 있다. (a) 전류가 최대가 되는 주파수는 얼마인가? (b) 실효 전류의 최댓값은 얼마인가?

28(28) 어떤 RLC 직렬 회로가 가변 저항 175 Ω이 설정된 가변 저항을 포함해서 공진이 생겼다. 회로에서 소비된 전력은 2.6 W이다. 전압이 일정하게 유지된다고 가정할 때 가변 저항을 562 Ω으로 설정하면 소비되는 전력은 얼마인가?

29(29) RLC 직렬 회로의 공진 주파수가 9.3 kHz이다. 회로의 자체 유도 계수와 전기 용량이 각각 3 배가 될 때 새로운 공진 주파수는 얼마인가?

30(30) 어떤 RLC 직렬 회로의 공진 주파수가 1500 Hz이다. 1500 Hz 이외의 주파수에서 동작될 때, 회로는 5.0 Ω의 용량 리액턴스와 30.0 Ω의 유도 리액턴스를 가진다. (a) L과 (b) C의 값은 얼마인가?

31(31) RLC 직렬 회로의 공진 주파수가 1.3 kHz이고, 자체 유도 계수가 7.0 mH 이다. 자체 유도 계수의 값이 1.5 mH일 때 공진 주파수(kHz)는 얼마인가?

*32(32) RLC 직렬 회로에서 유도 리액턴스 대 용량 리액턴스의 비는 5.36으로 측정되었다. 회로의 공진 주파수는 225 Hz이다. 회로에 연결된 전원의 진동수(비 공진)는 얼마인가?

*33(33) RLC 직렬 회로가 5.10 μF 축전기와 11.0 V의 교류 전원으로 구성되어 있다. 공진 주파수가 1.30 kHz일 때 회로에 소비되는 전력은 25.0 W이다. (a) 자체 유도 계수와 (b) 저항값을 구하라. 그리고 (c) 교류 전원의 주파수가 2.31 kHz일 때 전력 인자를 계산하라.

**34(35) 주파수가 공진 주파수의 2 배가 될 때 어떤 RLC 직렬 회로의 임피던스는 공진 주파수일 때의 2 배이다. 주파수가 공진 주파수의 2 배가 될 때 저항에 대한 유도 리액턴스의 비 X_L/R과 용량 리액턴스의 비 X_C/R을 구하라.

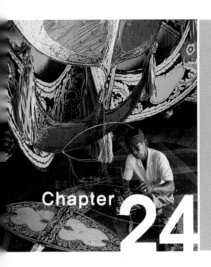

Chapter 24. 전자기파

24.1 전자기파의 본질

13.3절에서 에너지가 전자기파 형태로 태양으로부터 지구에 전달됨을 알았다. 전자기파는 가시광선, 자외선 그리고 적외선 등을 포함하고 있다. 18.6절과 21.1절 그리고 21.2절에서 우리는 전기장과 자기장의 개념에 대하여 공부하였다. 스코틀랜드의 물리학자 맥스웰 (1831~1879)은 함께 요동하는 전기장과 자기장이 진행하는 **전자기파**(electromagnetic wave)를 만들 수 있음을 보여주었다. 이러한 중요한 형태의 파동을 이해하기 위해 전기장과 자기장에 대해 배운 지식을 활용할 것이다.

그림 24.1은 전자기파를 발생시키는 방법을 설명하고 있다. 두 개의 직선 금속선이 교류 전원에 연결되어 안테나의 역할을 한다. 전극 사이의 전위차는 시간 t에 따라 사인 함수 형태로 변하며 주기는 T이다. 그림 (a)는 시간 $t = 0$일 때 금속선에는 전하가 없음을 보인다. 따라서 안테나의 오른쪽에 있는 점 P에는 전기장이 없다. 시간이 지나면 위쪽 전선은 양으로 대전되고 아래쪽 전선은 음으로 대전된다. 주기의 $\frac{1}{4}$인 시간이 지난 후 ($t = \frac{1}{4}T$) 그림 (b)와 같이 전하량은 최대치를 갖는다. 점 P에서의 전기장 **E**는 빨간색 화살표로 표시되어 있다. 이때, 아래 방향으로 최대 세기를 갖는다*. 그림 (b)를 다시 보면 이보다 앞서 발생된 전기장(그림의 검은색 화살표)은 사라지지 않고 오른쪽으로 움직였음을 보여주고 있다. 중요한 사실은 안테나와 떨어져 있는 점에서는 안테나 부근의 전기장을 즉각적으로 검출할 수 없다는 점이다. 전기장은 도선 부근에서 먼저 생겨난 후, 연못에 조약돌을 떨어뜨릴 때의 경우처럼, 모든 방향으로 파동의 형태로 퍼져 나간다. 그림에는 명료하게 하기 위해 단지 오른쪽으로 움직이는 전기장만을 나타내었다.

그림 24.1의 (c)에서 (e)까지는 그 이후부터 한 주기가 끝날 때까지 점 P에서 형성된 전기장(빨간색 화살표)을 보여주고 있다. 일찍 발생된 장은 연속적으로(검은색 화살표) 오른쪽 방향으로 진행한다. 그림 (d)는 전원의 극성이 바뀌었을 때의 도선에 있는 전하를 보이고 있는데 위쪽 선에는 음, 아래쪽 선에는 양으로 대전되어 있다. 결과적으로 점 P에서

* 전기장의 방향은 P에 양의 시험 전하가 있을 때 안테나선에 있는 전하들에 의해서 받는 힘의 방향과 같다.

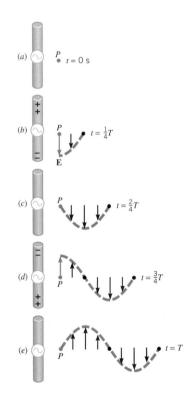

그림 24.1 그림의 각 부분에서 빨간색 화살표는 지정된 시간에 안테나에서 진동하는 전하에 의해 점 P에 생성된 전기장 **E**를 나타낸다. 검은색 화살표는 좀 더 일찍 생성된 전기장을 나타낸다. 단순화하기 위하여 단지 오른쪽으로 진행하는 전기장만을 그렸다.

그림 24.2 안테나선에서 진동하는 전류 *I*는 전선을 중심으로 하는 원의 접선 방향으로 점 *P*에서 자기장 **B**를 형성한다. 전류가 전선 위쪽으로 흐를 때 자기장 **B**는 반시계 방향으로 형성되며(빨간 화살표), 반대로 전류가 전선 아래쪽으로 흐르면 자기장은 그와 반대 방향으로 형성된다.

의 전기장은 그 방향이 역전되어 위쪽을 향한다. 그림 (e)에서 전기장 벡터의 끝을 이을 때 완전한 사인 함수 형태가 이루어짐을 볼 수 있다.

그림 24.1에서 전기장 **E**와 함께 자기장 **B**가 발생된다. 이는 안테나에서 움직이는 전하가 전류를 형성하고, 이 전류가 자기장을 만들기 때문이다. 그림 24.2는 안테나에서의 전류가 위쪽을 향할 때 오른손 법칙-2에 의한 점 *P*에서의 자기장의 방향을 보여주고 있다. 전류가 진동하면서 변하기 때문에 자기장도 역시 변하게 된다. 먼저 생성된 자기장은 전기장이 그렇듯이 바깥쪽으로 전파한다.

그림 24.2에서 자기장 방향이 지면에 수직이다. 반면에 그림 24.1에서 전기장 방향은 지면 위에 있다. 따라서 안테나에서 생성되는 전기장과 자기장은 서로 수직인 형태를 유지하면서 바깥쪽으로 전파된다. 더욱이 이 두 장은 파동의 진행 방향에 수직이다. 서로 수직인 전기장과 자기장이 함께 움직이며 전자기파를 형성한다.

그림 24.1과 24.2에서의 전기장과 자기장은 안테나로부터의 거리가 멀어짐에 따라 빠르게 영으로 감소한다. 따라서 위와 같은 전자기파는 주로 안테나 근처에 존재하며, **근접장**(near field)이라고 한다. 전기장과 자기장은 안테나에서 먼 곳에서도 파동을 형성한다. 이러한 장들은 근접장을 형성하는 것과는 다른 효과로 발생되며, **복사장**(방사장; radiation field)이라 부른다. 패러데이의 유도 법칙이 복사장에 대한 기본 원리 중 하나이다. 22.4절에서 논의한 것처럼 이 법칙은 시간에 따라 변하는 자기장에 의해 생성되는 운동 기전력 또는 전위차를 기술한다. 그리고 19.4절에서 전위차는 전기장과 관련이 있음을 배웠다. 따라서 변하는 자기장은 전기장을 발생시킨다. 맥스웰은 그 역의 효과, 즉 변하는 전기장이 자기장을 발생시킨다는 것을 예언하였다. 진동하는 자기장이 동시에 진동하는 전기장을 발생시키며, 진동하는 전기장이 자기장을 발생시키기 때문에 복사장이 만들어진다.

그림 24.3은 안테나로부터 멀리 떨어져 있는 복사장의 전자기 파동을 보여주고 있다. 그림에서는 단지 +*x*축을 따라 진행하는 파동만을 보이고 있다. 다른 방향으로 진행하는 것은 명료하게 하기 위해 생략하였다. 전기장과 자기장이 모두 파동의 진행 방향과 수직이기 때문에, 전자기파는 횡파이다. 또한 전자기파는 줄에서의 파동이나 음파와는 달리 진행하는데 매질이 필요하지 않다. 전자기파는 진공 속에서도 물질 속에서도 진행할 수 있다. 왜냐하면 전기장과 자기장은 앞의 두 곳에 다 존재할 수 있기 때문이다.

전자기파는 전선 안테나가 없는 다른 상황에서도 생성될 수 있다. 일반적으로 전하가 전선 안에 있든 밖에 있든 관계없이 가속도 운동을 하는 전하는 전자기파를 발생시킨다. 교류가 걸린 안테나 속의 전자는 안테나의 길이 방향을 따라 단조화 진동하므로 가속 운동하는 전하의 한 예에 해당한다.

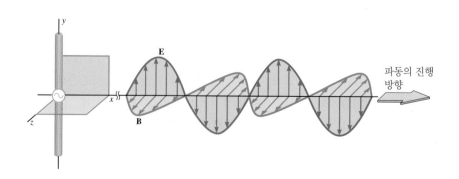

그림 24.3 이 그림은 안테나로부터 멀리 퍼져 나가는 복사장의 파동을 보여주고 있다. **E**와 **B**가 서로 수직이고 둘 다 진행 방향에 수직이다.

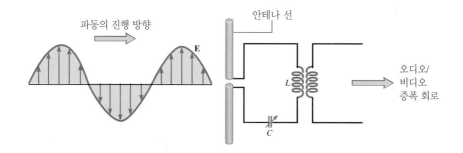

모든 전자기파는 같은 속력으로 진공을 통과하며 그 값을 기호 c로 표시한다. 이 속력을 진공에서의 **빛의 속도**(speed of light in a vacuum)라고 하며 $c = 3.00 \times 10^8 \, \text{m/s}$이다. 공기 중에서 전자기파는 거의 빛의 속력으로 진행한다. 그러나 일반적으로 유리와 같은 물질을 통과할 때는 c 보다 충분히 느린 속력으로 진행한다.

전자기파의 진동수(주파수)는 파동의 근원이 되는 전하의 진동수에 의해 결정된다. 그림 24.1~24.3에서 파동의 진동수는 교류 전원의 진동수와 같다. 예로, 만일 안테나가 라디오파로 알려진 전자기파를 방송한다고 하자. AM 라디오파의 진동수는 라디오 다이얼에서 AM 방송 영역의 한계에 해당하는 545 kHz와 1605 kHz 사이에 있게 된다. FM 라디오파의 진동수는 88 MHz와 108 MHz 사이에 있다. 한편 텔레비전 채널 2~6번은 54 MHz와 88 MHz 사이의 진동수를 사용하며, 채널 7~13번은 174 MHz와 216 MHz 사이에 있는 진동수의 전자기파를 사용한다.

라디오와 텔레비전 방송을 수신하는 과정은 전자기파를 발생시키는 과정의 역과정이다. 방송파가 안테나에 수신되면 방송파는 안테나 전선에 있는 전하와 상호 작용한다. 파동의 전기장 또는 자기장 중 어느 것이나 상호 작용할 수 있다. 전기장이 효율적으로 작용하기 위해서는, 수신 안테나의 전선이 그림 24.4처럼 전기장과 평행이 되어야 한다. 전기장이 전선에 있는 전자에 작용하여 전선의 방향을 따라 전자를 앞뒤로 진동시킨다. 결과적으로 안테나와 연결된 회로에 교류가 발생하게 된다. 회로에 있는 가변 축전기 C (⧫)와 인덕터 L 에 의해 원하는 전자기파의 진동수가 선택된다. 가변 축전기의 전기 용량을 조절함으로써 회로의 공진 주파수 $f_0 [f_0 = 1/(2\pi\sqrt{LC})$, 식 23.10]를 파동의 진동수에 맞춘다. 공진 조건이 되면 인덕터에 최대 진동 전류가 흐르게 된다. 상호 인덕턴스에 의해 이차 코일에 최대 전압이 생성되고, 이 전압은 증폭된 후 연결된 라디오 또는 텔레비전 회로에 보내진다.

⊙ 라디오와 텔레비전 수신의 물리

그림 24.5와 같은 고리 형태의 수신 안테나는 라디오파의 자기장을 검출한다. 수신을 잘하려면 전선 고리 면의 법선이 자기장에 평행하도록 조절해야 한다. 파동이 지나감에 따라 자기장이 고리를 관통하면서, 패러데이 법칙에 따라 고리를 통과하는 자기선속의 변

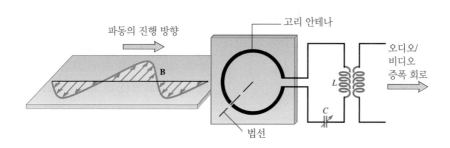

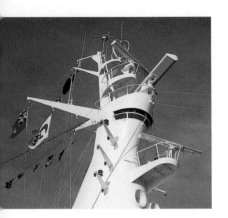

그림 24.6 이 유람선은 다른 배나 해변의 방송기지와 통신하기 위하여 직선 및 고리 안테나를 모두 사용하고 있다.

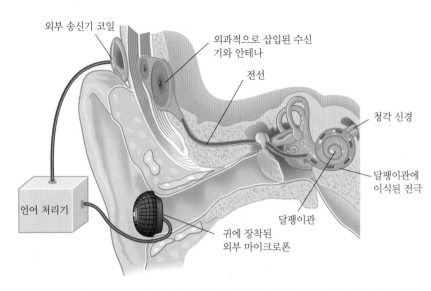

외부 송신기 코일

외과적으로 삽입된 수신기와 안테나

전선

청각 신경

달팽이관에 이식된 전극

달팽이관

귀에 장착된 외부 마이크로폰

언어 처리기

그림 24.7 난청인 사람은 때때로 달팽이관 전극 이식으로 청각을 부분적으로 회복하기도 한다. 전자기파의 송신과 수신은 이러한 장치의 핵심이다.

화가 고리에 유도 전압을 일으켜 전류가 흐르도록 한다. 전기장 검출의 경우와 마찬가지로 축전기와 인덕터의 조합에 의한 공명 주파수가 원하는 전자기파의 진동수에 맞도록 조절한다. 그림 24.6은 배에 설치한 직선 및 고리 안테나를 보여주고 있다.

● 달팽이관 전극 이식의 물리

　난청자를 돕기 위한 달팽이관 전극 이식 시술은 라디오파의 송신과 수신을 이용한다. 이식을 통해 그림 24.7처럼 라디오파가 손상된 청각 부분을 우회하여 직접 청각 신경에 접근할 수 있도록 한다. 주로 귀 안쪽에 장착되는 외부 마이크로폰이 음파를 검출하여, 암호화된 전기 신호로 바꾸어 포켓 속에 운반할 수 있는 음향 처리기에 보낸다. 음향 처리기는 전기 신호를 라디오파로 바꾸어 유선으로 귀 바깥에 부착된 외부 송신기 코일로 보낸다. 수술을 통해 피부 밑에 삽입된 매우 작은 수신기(와 수신 안테나)는 외부 송신기 코일 바로 옆에서 송신기가 보낸 라디오파를 받는다. 수신기는 라디오의 경우와 거의 비슷하게 라디오파를 검출하고, 암호화된 음성 정보로부터 음파를 만들 수 있는 전기 신호를 생성한다. 이 신호는 전선을 따라 내이의 달팽이관에 이식된 전극에 보내진다. 신호에 따라 진동하는 전극은 달팽이관 안쪽 구조와 두뇌 사이를 연결하는 청각 신경을 자극한다. 신경의 손상 정도가 심하지 않으면 소리를 들을 수 있게 된다.

● 무선 캡슐 내시경의 물리

그림 24.8 삼킬 수 있는 무선 캡슐 내시경이 환자의 장을 통과하면서 장 내부의 화상을 전송한다.

　라디오파의 송신과 수신은 내시경 검사에서도 이용된다. 의학 진단 기술에서 내시경은 신체 내부를 관찰하는 데 사용된다. 기존의 내시경술은, 예컨대 결장의 내부에 암이 있는지 여부를 검사하기 위해 내시경과 연결선을 직장을 통해 삽입한다(26.3절 참조). 그림 24.8에 보인 캡슐형 내시경은 선이 없어서 신체에 손상을 줄 수 있는 과정이 필요 없다. 약 $11 \times 26\,mm$ 정도의 크기인 이 캡슐을 삼키면 장기의 연동 운동에 의해서 소화 기관의 경로를 따라 내려간다. 이 캡슐은 자체로 조절되고 외부로 전선이 나와 있지 않다. 대단히 소형화되어 있으면서도 이것은 라디오 송신기, 안테나, 전지, 조명을 위한 백색광 발광 다이오드(23.5절 참조) 그리고 디지털 영상을 얻기 위한 광학 시스템 등을 모두 포함하고 있다. 캡슐이 내장을 따라 움직이면서 송신기가 보내는 영상을 환자의 몸에 부착된 작은 수신 안테나 배열이 수신한다. 이 수신 안테나는 캡슐의 위치를 파악하는 데도 이용된다. 사용되는 라디오파는 극고주파수 영역으로 $3 \times 10^8 \sim 3 \times 10^9\,Hz$ 영역에 있다.

라디오파는 전자기파의 광범위한 스펙트럼 영역의 일부분일 뿐이다. 다음 절에서는 전체 스펙트럼에 대해 알아본다.

24.2 전자기 스펙트럼

주기적인 파동처럼 전자기파는 진동수 f와 파장 λ를 갖는데 파동의 속력 v와의 관계는 $v = f\lambda$로 주어진다(식 16.1). 진공 속에서 전자기파의 속력은 $v = c$이다. 공기 중에서 진행하는 전자기파의 속력도 거의 동일하다. 이런 경우에는 $c = f\lambda$가 성립한다.

그림 24.9에서 알 수 있듯이 전자기파는 10^4Hz 이하에서 10^{24}Hz 이상까지 매우 넓은 영역에 걸친 진동수를 갖고 있다. 이들 파동은 모두 진공에서 $c = 3.00 \times 10^8$ m/s의 속력을 갖는다. 대응하는 파장을 알기 위해서는 식 16.1이 이용된다. 그림 24.9에서 보이는 전자기파의 진동수 또는 파장의 연속적인 계열을 **전자기 스펙트럼**(electromagnetic spectrum)이라 한다. 역사적으로 스펙트럼의 영역은 라디오파 또는 적외선 등의 이름이 주어져 있다. 인접한 영역 사이의 경계가 그림에서는 뚜렷한 선으로 보이지만, 실제로 경계는 명확하지는 않고 영역은 가끔 중복되기도 한다.

그림 24.9의 왼쪽 첫 부분 라디오파의 영역을 살펴보자. 낮은 진동수의 라디오파는 일반적으로 전기 진동자 회로에 의해서 생성되는 반면에 높은 진동수의 라디오파(마이크로파)는 보통 클라이스트론(klystron)이라고 하는 전자관에 의해 생성된다. 열선이라고도 불리는 적외선은 물질의 내부에서 분자의 진동과 회전 운동에 의해 생성된다. 가시광선은 태양, 불타는 장작, 또는 백열 전구의 필라멘트와 같은 뜨거운 물체에서, 원자 속에 있는 전자를 들뜨게 할 수 있을 만큼 온도가 충분히 높은 경우에 방출된다. 자외선은 전기적으로는 아크 방전할 때 생성된다. X선은 고속 전자가 급히 감속될 때 생성되며, 감마선은 핵이 붕괴될 때 방출된다.

모든 물체와 같이 인간의 몸도 적외선을 방출하며, 방출량은 몸의 온도에 의존한다. 적외선은 볼 수는 없으나 센서로 감지된다. 그림 24.10과 같은 귀 체온계는 고막과 주변 조직으로부터 방출되는 적외선의 양을 측정함으로써 체온을 잰다. 귀는 시상하부에 가깝

◉ 열전기 귀 체온계의 물리

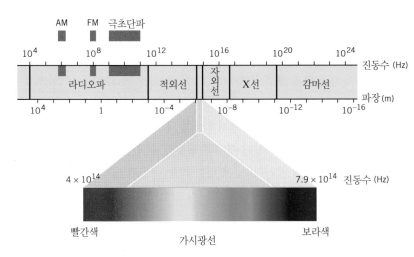

그림 24.9 전자기 스펙트럼

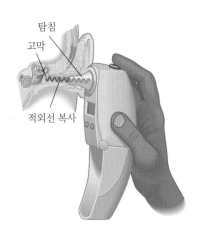

그림 24.10 열전기 귀 체온계 (pyroelectric thermometer)는 고막과 주변 조직에 의해 방출되는 적외선 복사의 양을 탐지함으로써 신체의 온도를 측정한다.

고 몸 온도를 조절하는 뇌의 아래쪽 영역에 있기 때문에 체온을 측정하기에 가장 좋은 곳이다. 귀는 식사, 음주 그리고 호흡 등에 의해 뜨거워지지도 않는다. 관 모양으로 된 온도계의 탐침(probe)을 귀 속에 삽입하면 조직에서 나온 적외선이 탐침을 통해서 센서를 자극하게 된다. 적외선을 흡수하면 센서가 따뜻해지고 그 결과 전기 전도도가 변한다. 전기 전도도의 변화가 전기 회로에 의해 측정된다. 회로로부터의 출력은 소형 처리기에 보내지며 체온이 계산되어 디지털로 결과를 알려준다.

전자기 스펙트럼의 모든 진동수 영역 중에서 가장 익숙한 것은, 비록 가장 작은 범위이지만 가시광선 영역이다(그림 24.9 참조). 약 4.0×10^{14} Hz와 7.9×10^{14} Hz 사이의 진동수를 갖는 파동인 가시광선만이 인간의 눈에 인식된다. 가시광선은 일반적으로 진동수보다는 파장(진공에서의 파장)으로 더 많이 다룬다. 예제 24.1에서 알 수 있듯이 가시광선의 파장은 매우 작아서 나노미터(nanometer, nm)로 표시한다. $1\,\text{nm} = 10^{-9}$ m 이다. SI 단위는 아니지만 파장의 단위로 옹스트롬(angstrom, Å)도 많이 사용하는데 $1\,\text{Å} = 10^{-10}$ m 이다.

예제 24.1 | 가시광선의 파장

진동수 영역이 4.0×10^{14} Hz(빨간색)와 7.9×10^{14}Hz(보라색) 사이에 있는 가시광선에 대해 진공에서의 파장 범위를 구하라.

살펴보기 식 16.1에서 빛의 파장 λ는 진공에서 빛의 속도 c를 진동수 f로 나눈 것과 같다. 즉 $\lambda = c/f$이다.

풀이 진동수 $(4.0 \times 10^{14}$ Hz$)$에 대응하는 파장은

$$\lambda = \frac{c}{f} = \frac{3.00 \times 10^8 \text{ m/s}}{4.0 \times 10^{14} \text{ Hz}} = 7.5 \times 10^{-7} \text{ m}$$

이다. $1\,\text{nm} = 10^{-9}$ m이므로

$$\lambda = (7.5 \times 10^{-7} \text{ m})\left(\frac{1 \text{ nm}}{10^{-9} \text{ m}}\right)$$

$$= \boxed{750 \text{ nm}}$$

이다. 같은 방법으로 진동수 7.9×10^{14}Hz에 해당하는 빛의 파장값은

$$\lambda = \frac{c}{f} = \frac{3.00 \times 10^8 \text{ m/s}}{7.9 \times 10^{14} \text{ Hz}} = 3.8 \times 10^{-7} \text{ m}$$

즉

$$\boxed{\lambda = 380 \text{ nm}}$$

이다.

사람의 눈은 다른 파장의 빛을 다른 색으로 감지한다. 대략적으로, 진공에서 750 nm의 파장은 빨간색 빛 중 가장 긴 파장에 해당하며, 380 nm의 파장은 보라색 빛 중 가장 짧은 파장에 해당한다. 그림 24.9에서 보듯이 이 두 파장 사이에 여러 가지 색이 존재한다. 전자기파 스펙트럼의 가시 영역에서 색과 파장 사이의 관계는 잘 알려져 있다. 파장은 스펙트럼의 모든 영역에서 전자기파의 특성과 이용을 좌우하는 중요한 역할을 한다.

파동으로서의 빛에 대한 특성은 27장에서 토론할 실험으로 설명된다. 그러나 빛이 마치 파동보다는 불연속적인 입자로 구성된 것처럼 행동할 수 있음을 보여주는 실험이 있다. 이 실험들은 29장에서 다루어질 것이다. 빛에 대한 파동 이론과 입자 이론은 수백 년 동안 다루어져 왔는데, 현재는 빛이 전자기파일뿐 아니라 실험에 따라서는 입자와 같은 성질을 보여주는 이중성을 가지고 있음이 잘 알려져 있다.

24.3 빛의 속도

3.00×10^8 m/s의 속력으로 움직이는 빛은 지구로부터 달까지 1 초 남짓만에 도달하며, 따라서 지구상의 두 장소 사이를 빛이 이동할 때 걸리는 시간은 매우 짧다. 그러므로 빛의 속도를 측정하고자 한 시도들이 극히 제한적으로 성공하였다. 처음으로 정확히 측정한 실험에서는 회전하는 거울을 사용하였다. 그림 24.11은 이 장치를 단순화하여 보여주고 있다. 이 장치는 프랑스의 과학자 푸코(1819~1868)에 의해 사용되었으며 나중에 미국의 물리학자 마이컬슨(1852~1931)에 의해 좀 더 개선되었다. 그림 24.11에서 회전하는 팔면 거울의 각속도가 정확히 조절되면, 거울 한쪽 면으로부터 반사된 빛은 고정된 거울로 진행하며, 이 빛은 고정된 거울에서 반사하여 정확한 시간에 회전하는 거울의 다른 쪽 면에서 다시 반사한 후 측정된다. 빛이 거울 사이에서 1 회 왕복하는 데 걸리는 시간 동안에 거울 한쪽 면이 8분의 1 바퀴의 정수배만큼 회전하도록 회전 각속도가 설정되어야 한다. 이 실험에서 마이컬슨은 거울을 35 km 떨어져 있도록 캘리포니아의 안토니오 산과 윌슨 산에 설치하였다. 1926년에 이 실험에서 측정한 최소 각속도로부터 $c = (2.99796 \pm 0.00004) \times 10^8$ m/s의 값을 얻었다.

오늘날 빛의 속도는 매우 정확히 측정되고 있으며 미터를 정의하는 데 이용된다. 1.2절에서 다루었듯이 빛의 속도는 현재

진공에서 빛의 속도 $c = 299\ 792\ 458$ m/s

로 정의된다. 대부분의 계산에서는 3.00×10^8 m/s의 값이면 충분하다. 초는 세슘 시계를 사용하여 정의되고, 미터는 진공 속에서 빛이 1/299792458 초 동안에 이동한 거리로 정의된다. 진공에서 빛의 속도는 크지만 유한한 값이므로, 빛이 한 곳에서 다른 곳으로 이동하는데 걸리는 시간은 유한한 값을 갖는다. 개념 예제 24.2에서 논의하는 것처럼 천체 사이에서 진행하는 빛의 진행 시간은 특히 길다.

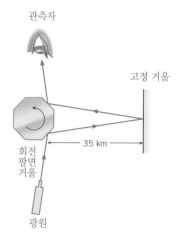

그림 24.11 1878년과 1931년 사이에 마이컬슨은 빛의 속도를 측정하기 위해 회전하는 팔면 거울을 사용하였다. 그가 사용했던 장치를 단순화하여 나타낸다.

 개념 예제 24.2 │ 과거를 보기

초신성(supernova)은 어떤 별이 죽을 때 일어나는 격렬한 폭발이다. 폭발 후 며칠 동안 방출되는 빛의 세기는 태양보다 십억 배 이상 더 크기도 한다. 그러나 수 년이 지나면 그 세기는 0으로 된다. 하지만 이러한 초신성 현상은 우주에서 상당히 드물게

(a)   (b)

그림 24.12 1987년 초신성 (a) 폭발 이전과 (b) 폭발 후 수 시간 이후의 하늘

일어나며 우리 은하계에서는 과거 400년 동안에 단지 6회 관측되었다. 그중 하나로 1987년에 이러한 현상이 관측되었는데 약 1.66×10^{21} m 떨어진 이웃 은하에서 일어난 것이었다. 그림 24.12는 (a) 폭발 전과 (b) 폭발 후 수 시간 후의 사진이다. 왜 천문학자들은 초신성과 같은 사건을 보는 것이 시간이 지난 과거를 보는 것과 같다고 말하는 것일까?

살펴보기와 풀이　　초신성으로부터 지구로 오는 빛은 $c = 3.00 \times 10^8$ m/s의 속력을 갖는다. 이러한 속력으로 빛이 진행할지라도 거리가 $d = 1.66 \times 10^{21}$ m 정도로 매우 멀기 때문에 빛이

여행하는 시간은 오래 걸리며, 시간 $t = d/c = (1.66 \times 10^{21}$ m)/$(3.00 \times 10^8$ m/s) $= 5.53 \times 10^{12}$ s이다. 이는 약 175000년에 해당한다. 따라서 천문학자들이 1987년에 폭발을 보았을 때 그들은 실제로 175000년 이전에 초신성을 떠난 빛을 보았던 것이다. 즉 다른 말로 그들은 과거를 본 것이다. 사실, 우리가 별과 같은 어떤 천체를 볼 때 그 천체의 오랜 시간 전에 있었던 상황을 보고 있는 것이다. 물체가 지구로부터 멀수록 빛이 우리에게 도달하는 시간은 더 많이 걸리며 우리는 더 오래된 과거를 보고 있는 것이다.

1865년에 맥스웰은 이론적으로 전자기파가 진공에서

$$c = \frac{1}{\sqrt{\epsilon_0 \mu_0}} \tag{24.1}$$

의 속력을 갖는다고 하였다. 여기서 $\epsilon_0 = 8.85 \times 10^{-12}$ C^2/(N·m^2)는 자유 공간에서 (전기적) 유전율이고, $\mu_0 = 4\pi \times 10^{-7}$ T·m/A는 자유 공간에서 (자기적) 투자율이다. ϵ_0는 쿨롱의 법칙에서 비례 상수 k와 관련 [$k = 1/(4\pi\epsilon_0)$]이 있으며, 점전하에 의해 생성되는 전기장의 세기를 결정하는 데 기본적인 역할을 한다. μ_0의 역할은 자기장의 경우와 유사한데 21.7절에서 긴 직선 도선에 흐르는 전류에 의해 생기는 자기장에 대한 표현에서 비례 상수의 부분과 관련 있다. 식 24.1에 ϵ_0와 μ_0의 값을 대입하면

$$c = \frac{1}{\sqrt{[8.85 \times 10^{-12} \text{ C}^2/(\text{N·m}^2)][4\pi \times 10^{-7} \text{ T·m/A}]}} = 3.00 \times 10^8 \text{ m/s}$$

를 얻는다. c에 대한 실험과 이론적인 값은 일치한다. 맥스웰이 c를 성공적으로 예견함으로써 빛은 진동하는 전기장과 자기장으로 구성된 파동과 같이 거동한다는 추론이 가능하였다.

그림 24.13　전자레인지. 회전하는 날개가 그 속의 모든 부분으로 마이크로파를 반사한다.

24.4 전자기파에 의해 전달되는 에너지

물결파 또는 음파와 같이 전자기파는 에너지를 전달하는데, 에너지는 파동을 구성하는 전기장과 자기장에 의해 전달된다. 예를 들면 그림 24.13에서 전자레인지(microwave oven) 속의 마이크로파는 음식을 관통하면서 그 안으로 에너지를 전달한다. 마이크로파의 전기장은 에너지를 전달하는 데 큰 역할을 하며 음식 속 수분이 그것을 흡수한다. 흡수는 각각의 물분자가 영구적인 쌍극자 모멘트를 가지기 때문에 일어난다. 즉 물분자의 한쪽 끝이 약하게 양전하를 가지고 있고 그 반대쪽이 같은 크기의 음전하를 가지고 있다. 따라서 서로 다른 분자의 양전하와 음전하의 끝이 결합(bond)을 형성할 수 있다. 그러나 마이크로파

의 전기장은 물분자의 양전하와 음전하로 대전된 끝에 작용하여 분자를 회전시킨다. 전기
장이 초당 약 2.4×10^9 회로 빠르게 진동하고 있기 때문에 물분자는 높은 속도로 회전을
지속하게 된다. 이 과정에서 마이크로파의 에너지는 이웃한 물분자 사이의 결합을 깨는
데 이용되고 궁극적으로는 내부 에너지로 바뀐다. 내부 에너지가 증가하면 물의 온도가
증가하여 음식이 익게 된다.

◑ 전자레인지의 물리

태양의 적외선과 가시광선 영역의 전자기파에 의해 전달되는 에너지는 지구 온난화
의 주된 원인으로 알려진 온실 효과에 중요한 역할을 한다. 태양으로부터 온 적외선 대부
분은 대기 중의 수분과 이산화탄소로 인해 지구 표면까지 도달하지 못하고 우주로 되돌아
간다. 가시광선은 지구 표면까지 도달하게 되고 그들이 옮겨온 에너지가 지구를 데우게
된다. 이로 인한 열은 지구 내부로부터 지표면으로 다시 흐른다. 이렇게 해서 데워진 표면
은 계속해서 바깥쪽으로 적외선을 방출하게 된다. 이 적외선은 그들이 가진 에너지를 우
주로 내보내지를 못한다. 왜냐하면 대기 중 이산화탄소와 수분이, 태양으로부터 온 적외선
을 우주로 되돌려 보낸 것과 똑같이, 이러한 적외선을 지구로 되돌려 보내기 때문이다. 그
러므로 이들 에너지는 갇히게 되고 지구는 온실 내 식물과 같이 더 데워진다. 실제 온실에
서 에너지가 갇히게 되는 주된 이유는, 데워진 공기를 차가운 유리벽 너머로 내보낼 수 있
는 대류 효과가 부족하기 때문이다.

◑ 온실 효과의 물리

마이크로파와 같은 전자기파의 전기장 **E** 속에 저장된 에너지의 척도는 전기 에너지
밀도이다. 19.5절에서 언급했듯이 이 밀도는 전기장이 존재하는 공간의 단위 부피에 존재
하는 전기 에너지이다.

$$\text{전기 에너지 밀도} = \frac{\text{전기 에너지}}{\text{부피}} = \frac{1}{2}\kappa\epsilon_0 E^2 = \frac{1}{2}\epsilon_0 E^2 \qquad (19.12)$$

진공(또는 대기)에서의 전기장을 다루고 있기 때문에 이 식에서 유전 상수 κ는 1로 두었
다. 22.7절로부터 자기 에너지 밀도는 다음과 같이 주어진다.

$$\text{자기 에너지 밀도} = \frac{\text{자기 에너지}}{\text{부피}} = \frac{1}{2\mu_0}B^2 \qquad (22.11)$$

진공 상태에서의 전자기파의 **총 에너지 밀도**(total energy density) u 는 위 두 에너지 밀도
의 합이다.

$$u = \frac{\text{총 에너지}}{\text{부피}} = \frac{1}{2}\epsilon_0 E^2 + \frac{1}{2\mu_0}B^2 \qquad (24.2)$$

진공이나 공기 속을 진행하는 전자기파의 전기장과 자기장은 공간의 단위 부피당 동
일한 양의 에너지를 운반한다. $\frac{1}{2}\epsilon_0 E^2 = \frac{1}{2}(B^2/\mu_0)$이므로 식 24.2를 아래 식과 같이 표현
하는 것이 가능하다.

$$u = \frac{1}{2}\epsilon_0 E^2 + \frac{1}{2\mu_0}B^2 \qquad (24.2a)$$

$$u = \epsilon_0 E^2 \qquad (24.2b)$$

$$u = \frac{1}{\mu_0}B^2 \qquad (24.2c)$$

두 에너지의 밀도가 같다는 사실은 전기장과 자기장이 서로 관련되어 있다는 것을 암

시한다. 어떻게 관련되어 있는가를 보기 위해 우리는 전기 에너지 밀도와 자기 에너지 밀도를 서로 같다고 두면 다음과 같은 식을 얻는다.

$$\frac{1}{2}\epsilon_0 E^2 + \frac{1}{2\mu_0} B^2 \quad \text{즉} \quad E^2 = \frac{1}{\epsilon_0 \mu_0} B^2$$

그러나 식 24.1에 따르면, $c = 1/\sqrt{\epsilon_0 \mu_0}$ 이고 따라서 $E^2 = c^2 B^2$이다. 이 결과는 전자기파의 전기장과 자기장의 크기 사이의 관계가 다음과 같다는 것을 보여준다.

$$E = cB \qquad (24.3)$$

전자기파에서 전기장과 자기장은 시간에 대해 사인 곡선 모양으로 진동한다. 따라서 식 24.2a-c는 어느 순간에서 파동의 에너지 밀도를 나타낸다. 만약 총 에너지 밀도에 대한 평균값 $\bar{u}$를 얻으려면 E^2과 B^2의 평균값이 필요하다. 20.5절에서 교류 전류와 전압을 다룰 때와 유사하게 제곱 평균 제곱근(root mean square) 양을 다루었다. 교류에서의 실효값과 같이, 전기장과 자기장의 제곱 평균 제곱근 값인 E_{rms}와 B_{rms}는 각각의 최댓값인 E_0와 B_0를 $\sqrt{2}$로 나누면 된다.

$$E_{rms} = \frac{1}{\sqrt{2}} E_0, \qquad B_{rms} = \frac{1}{\sqrt{2}} B_0$$

E와 B가 위에서 주어진 제곱 평균 제곱근을 의미하는 것으로 해석하면 식 24.2a-c는 평균 에너지 밀도 $\bar{u}$를 의미하는 것으로 해석할 수 있다. 다음 예제에서는 지구에 도달하는 태양광의 평균 에너지 밀도를 다룬다.

 예제 24.3 | 태양광의 평균 에너지 밀도

제곱 평균 제곱근 값이 $E_{rms} = 720 \text{ N/C}$인 전기장을 가진 태양광이 지구 대기의 윗부분으로 들어온다. (a) 전자기파의 평균 총 에너지 밀도와 (b) 태양광의 자기장의 제곱 평균 제곱근 값을 구하라.

살펴보기 전기장에 대한 제곱 평균 제곱근 값을 사용하면 태양광의 평균 총 에너지 밀도 $\bar{u}$는 식 24.2b로부터 얻는다. 자기장과 전기장의 크기가 식 24.3으로 관련되므로 자기장의 제곱 평균 제곱근 값은 $B_{rms} = E_{rms}/c$이다.

풀이 식 24.2b에 의해 평균 총 에너지 밀도는

$$\bar{u} = \epsilon_0 E_{rms}^2 = [8.85 \times 10^{-12} \text{ C}^2/(\text{N}\cdot\text{m}^2)](720 \text{ N/C})^2$$
$$= \boxed{4.6 \times 10^{-6} \text{ J/m}^3}$$

이다.

(b) 식 24.3을 이용하면 자기장의 제곱 평균 제곱근 값은

$$B_{rms} = \frac{E_{rms}}{c} = \frac{720 \text{ N/C}}{3.0 \times 10^8 \text{ m/s}} = \boxed{2.4 \times 10^{-6} \text{ T}}$$

이다.

전자기파가 공간을 진행할 때 한 영역에서 다른 영역으로 에너지를 전달한다. 이 에너지 전달은 파동의 세기(intensity)에 의해 분석된다. 16.7절에는 음파와 관련하여 세기의 개념이 나온다. 파동의 세기는 파동의 일률과 파동이 지나가는 넓이에 관계한다. 소리의 세기는 표면을 수직으로 통과하는 소리의 일률을 음파가 통과하는 표면의 넓이로 나눈 것이다. 전자기파의 세기도 유사하게 정의한다. 전자기파의 세기는 전자기파의 일률을 전자기파가 통과하는 표면의 넓이로 나눈 것이다.

세기의 정의를 이용하여 전자기파의 세기 S를 에너지 밀도 u와 관련지을 수 있다. 식

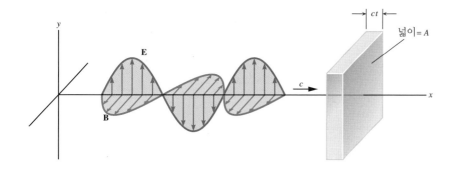

그림 24.14 시간 t 동안 전자기파가 x축을 따라 ct의 거리를 이동하면서 넓이 A인 면을 통과한다.

16.8에 의해 세기는 표면을 수직으로 통과하는 일률 P를 표면의 넓이로 나눈 값, 즉 $S = P/A$이다. 또한 일률은 표면을 통과하는 총 에너지를 경과 시간 t로 나눈 값으로 $P =$ (총 에너지)$/t$이다. 이 두 관계를 이용하여

$$S = \frac{P}{A} = \frac{총\ 에너지}{tA}$$

를 얻는다.

이제 그림 24.14처럼 x축을 따라 진공에서 진행하는 전자기파를 생각하자. 시간 t 동안에 파동은 넓이 A인 표면을 통과하여 거리 ct를 진행한다. 결과적으로 파동이 통과하는 공간의 부피는 ctA이다. 이 부피 속의 총 에너지(전기와 자기)는

$$총\ 에너지 = (총\ 에너지\ 밀도) \times 부피 = u(ctA)$$

이다. 이 결과를 사용하여 세기는

$$S = \frac{총\ 에너지}{tA} = \frac{uctA}{tA} = cu \tag{24.4}$$

를 얻는다. 따라서 세기는 에너지 밀도와 빛의 속도의 곱이다. 식 24.4에 식 24.2a-c를 대입하면 전자기파의 세기는 전기장과 자기장에 의존하는 아래 식으로 표현된다.

$$S = cu = \frac{1}{2}c\epsilon_0 E^2 + \frac{c}{2\mu_0}B^2 \tag{24.5a}$$

$$S = c\epsilon_0 E^2 \tag{24.5b}$$

$$S = \frac{c}{\mu_0}B^2 \tag{24.5c}$$

만일 전기장과 자기장의 제곱 평균 제곱근의 값을 식 24.5a-c에 적용하면 세기는 다음 예제 24.4에서처럼 평균 세기 $\overline{S}$가 된다.

예제 24.4 | 네오디뮴-유리 레이저

네오디뮴-유리 레이저는 높은 세기의 짧은 펄스 전자기파를 방출한다. 전기장의 제곱 평균 제곱근 값은 $E_{rms} = 2.0 \times 10^9$ N/C 이다. 레이저 빔이 수직으로 1.6×10^{-5} m²인 표면을 통과한다. 각 펄스의 평균 일률을 구하라.

살펴보기 파동의 세기는 표면을 수직으로 통과하는 단위 면적당 일률이기 때문에, 파동의 평균 일률 $\overline{P}$는 평균 세기 $\overline{S}$와 넓이 A의 곱이다.

풀이 평균 일률은 $\overline{P} = \overline{S}A$이다. 그리고 식 24.5b에서 $\overline{S} = c\epsilon_0 E_{rms}^2$이므로 평균 일률은 다음과 같이 계산할 수 있다.

$$\overline{P} = c\epsilon_0 E_{rms}^2 A$$

$$\overline{P} = (3.0 \times 10^8 \text{ m/s})[8.85 \times 10^{-12} \text{ C}^2/(\text{N} \cdot \text{m}^2)]$$
$$(2.0 \times 10^9 \text{ N/C})^2(1.6 \times 10^{-5} \text{ m}^2)$$
$$= \boxed{1.7 \times 10^{11} \text{ W}}$$

⬆ 문제 풀이 도움말
일률과 세기의 개념은 유사하지만 서로 다른 양이다. 세기는 표면을 수직으로 지나는 일률을 표면의 넓이로 나눈 것이다.

24.5 도플러 효과와 전자기파

음파의 매질(예, 공기)에 대하여 음원이나 관측자, 또는 둘 다 움직이는 경우의 도플러 효과를 16.9절에서 다루었다. 이 효과에 의해서, 관측되는 진동수는 음원에 의해 방출되는 진동수보다 더 크거나 더 작다. 음원이 움직일 경우에는 관측자가 움직일 경우와는 다른 방식으로 도플러 효과가 일어난다.

전자기파도 역시 도플러 효과가 일어난다. 그러나 두 가지 이유로 음파의 경우와 다르다. 첫째, 음파는 전파하기 위해서 공기와 같은 매질을 필요로 한다. 음파에 대한 도플러 효과에서 중요한 것은 매질에 대해 상대적인(음원, 관측자, 그리고 파동 그 자체의) 운동이다. 전자기파에 대한 도플러 효과에서는 매질에 대한 상대적 운동은 어떠한 역할도 없다. 왜냐하면 파동이 전파할 때 매질을 필요로 하지 않기 때문이다. 전자기파는 진공에서 진행할 수 있다. 둘째, 16.9절의 도플러 효과에 대한 식에서 소리의 속력이 중요한 역할을 하는데 소리의 속력은 측정이 이루어지는 기준계에 의존한다. 예로 움직이는 공기에 대한 소리의 속력은 정지해 있는 공기에 대한 속력과 다르다. 28.2절에서 다루겠지만, 전자기파는 다른 방식으로 행동한다. 전자기파는 정지해 있는 관측자나 일정한 속도로 움직이는 관측자에 대해 같은 속력을 갖는다. 이러한 두 가지 이유 때문에 파원이 움직이든지 관측자가 움직이든지 관계없이 전자기파에 대한 도플러 효과가 동일하게 일어난다. 단지 파원과 관측자의 서로에 대한 상대적 운동이 중요하다.

전자기파, 파원, 파동 관측자 모두 진공(또는 공기)에서 같은 선을 따라 움직일 때 도플러 효과를 나타내는 식은

$$f_o = f_s \left(1 \pm \frac{v_{rel}}{c} \right) \qquad v_{rel} \ll c \tag{24.6}$$

로 주어진다. 여기서 f_o는 관측된 진동수이고 f_s는 파원에서 방출된 진동수이다. 기호 v_{rel}은 파원과 관측자의 서로에 대한 상대 속력이고 c는 진공에서의 빛의 속도이다. 식 24.6은 v_{rel}이 c에 비해 매우 작을 때, 즉 $v_{rel} \ll c$인 경우에 성립하는 식이다. 식 24.6에서 양의 부호는 광원과 관측자가 서로 가까워질 때, 음의 부호는 그들이 서로 멀어질 때에 적용된다.

v_{rel}이 광원과 관측자 사이의 **상대(relative)** 속력이라는 것이 중요하다. 따라서 만일 파원이 지표면에 대해 28 m/s의 속력으로 정동쪽으로 움직이고 관측자가 22 m/s의 속력으로 정동쪽으로 움직이면 v_{rel}의 값은 28 m/s − 22 m/s = 6 m/s가 된다. v_{rel}은 상대 **속력(speed)**이기 때문에 대수적인 부호가 없다. 상대적인 운동의 방향은 식 24.6에서 양 또는 음의 부호를 선택함으로써 고려된다. 광원과 관측자가 서로 가까워질 때 양의 부호가 사용되고 서로 멀어질 때 음의 부호가 사용된다. 예제 24.5는 전자기파에 대한 도플러 효과를 이용하는 한 예를 설명하고 있다.

예제 24.5 | **스피드건**

● 스피드건의 물리

경찰은 과속 차량을 단속하기 위해서 스피드건(레이더건)과 도플러 효과를 이용한다. 이 총은 그림 24.15에서 보듯이 $f_s = 8.0 \times 10^9$ Hz의 진동수를 가진 전자기파를 방출한다. 그림에서 한 대의 차가 길가에 정차되어 있는 경찰차에 접근하고 있다. 접근 방향은 서로 마주보는 형태이다. 스피드건에서 나온 파동은 달리는 차에서 반사되어 경찰차로 돌아온다. 이때 경찰차의 장비는 방출된 파동의 진동수보다 2100 Hz만큼 더 큰 진동수를 측정하게 된다. 도로에 대한 차의 속력을 구하라.

살펴보기 도플러 효과는 달리는 차와 경찰차 사이의 상대 속력 v_{rel}에 의존한다. 먼저 상대 속력을 구하고 경찰차가 정지해 있다는 사실을 이용하여 도로에 대해 움직이는 차의 속력을 구할 것이다. 이러한 상황에서는 두 가지 도플러 진동수 변화가 있다. 첫째로, 달리는 차의 운전자는 스피드건에서 방출된 진동수 f_s와는 다른 진동수 f_o를 갖는 파동을 관측한다. 식 24.6(두 차가 접근하므로 양의 부호)에 따라 $f_o - f_s = f_s(v_{rel}/c)$이다. 둘째, 그 후 파동은 반사되어 경찰차로 돌아오는데, 반사되는 순간의 진동수 f_o와는 다른 진동수 f_o'이 관측된다. 다시 식 24.6을 이용하면 $f_o' - f_o = f_o(v_{rel}/c)$가 된다. 앞의 두 식을 합하

여 총 도플러 효과에서의 진동수 변화에 대해 다음 결과를 얻는다.

$$(f_o' - f_o) + (f_o - f_s) = f_o' - f_s = f_o\left(\frac{v_{rel}}{c}\right) + f_s\left(\frac{v_{rel}}{c}\right)$$

$$\approx 2f_s\left(\frac{v_{rel}}{c}\right)$$

여기서 v_{rel}이 빛의 속도 c에 비해 작으므로 f_o와 f_s는 매우 작은 차이가 있다고 가정하였다. 상대 속력에 대해 풀면 v_{rel}은

$$v_{rel} \approx \left(\frac{f_o' - f_s}{2f_s}\right)c$$

이 된다.

풀이 경찰차에 대해 움직이는 차의 속력은

$$\begin{aligned}
v_{rel} &\approx \left(\frac{f_o' - f_s}{2f_s}\right)c \\
&= \left[\frac{2100 \text{ Hz}}{2(8.0 \times 10^9 \text{ Hz})}\right](3.0 \times 10^8 \text{ m/s}) \\
&= 39 \text{ m/s}
\end{aligned}$$

이다. 경찰차는 정지해 있기 때문에 속력은 $v_p = 0$ m/s이므로 도로에 대한 상대 속력은 $v_{rel} = v - v_p = v = 39$ m/s이다.

반사된 전자기파 방출된 전자기파

그림 24.15 경찰이 사용하는 스피드건은 라디오파 영역의 전자기파를 방출한다. 움직이는 차로부터 반사된 파동에서 관측되는 도플러 효과로 자동차의 속력을 측정할 수 있다.

전자기파의 도플러 효과는 천문학자에게도 매우 유용하게 이용된다. 예로 5장의 예제 5.7은 천문학자가 허블 망원경을 사용하여 은하 M87의 중심에 있는 거대한 블랙홀을 어떻게 알아낼 수 있는가를 제시한다(그림 5.12 참조). 두 영역에서 방출되는 빛으로부터 도플러 효과를 이용하여 한쪽이 지구로부터 멀어져가고 다른 쪽은 지구를 향하여 접근함을 알아낼 수 있었다. 즉 은하가 회전하고 있다. 후퇴와 접근의 속력으로부터 천문학자들은 은하의 회전 속력을 계산할 수 있다. 5장의 예제 5.7에서 이 속력의 값이 어떻게 블랙홀을 알아내게 되는가를 보여주고 있다. 천문학자들은 일상적으로 우주의 먼 곳으로부터 지구에 도달하는 빛의 도플러 효과를 연구한다. 이러한 연구를 통해 그들은 멀리서 빛을 발산하는 물체들이 지구로부터 후퇴하고 있는 속력을 계산한다.

> ♠ **문제 풀이 도움말**
> 전자기파에 대한 도플러 효과는 관측자와 파원의 상대적인 속력 v_{rel}에 의존한다. 식 24.6에서 지면에 대한 관측자나 파원의 속력은 전혀 쓰이지 않는다.

24.6 편광

편광 전자기파

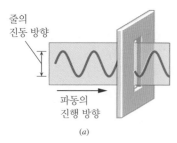

줄의
진동 방향

파동의
진행 방향

(a)

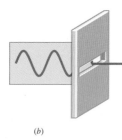

(b)

그림 24.16 횡파의 진동이 항상 한 방향으로 일어날 때 선편광되어 있다고 말한다. 줄에서 선편광된 파동은 (a) 줄이 진동하는 방향에 평행한 슬릿을 통과할 수 있다. 그러나 (b) 진동 방향에 수직인 슬릿은 통과할 수 없다.

전자기파의 중요한 특징 중 하나는 횡파라는 것인데 이러한 특징 때문에 전자기파는 편광될 수 있다. 그림 24.16은 줄 위에서 진행하는 횡파가 슬릿을 향해 움직일 때를 보여줌으로써 편광을 설명하고 있다. 이러한 파동을 선편광(linear polarization)되었다고 하며, 진동이 항상 한 방향으로 일어나고 있음을 의미한다. 이 방향을 편광의 방향이라고 한다. 그림의 (a)에서 편광의 방향은 수직이고 슬릿에 평행하다. 결과적으로 파동은 쉽게 통과한다. 그러나 (b)처럼 편광의 방향에 수직으로 슬릿이 놓이면 파동은 지나갈 수 없게 되는데 그 이유는 슬릿이 줄의 진동을 막기 때문이다. 음파와 같은 종파에서는 편광 개념은 의미가 없다. 종파에서 진동의 방향은 파동의 진행 방향과 같아서 슬릿의 방향은 파동에 어떠한 영향도 주지 않는다.

그림 24.3에서 전자기파의 전기장은 y 축 방향으로 진동하고 있으며 자기장은 z 축 방향으로 진동하고 있다. 따라서 이 파동은 선편광되어 있고 편광의 방향은 전기장이 진동하는 방향으로 정해진다. 만일 파동이 일직선의 안테나로부터 발생되는 라디오파일 경우 편광의 방향은 안테나의 방향에 의해 결정된다. 반면에 백열 전구로부터 방출되는 가시광선은 전혀 편광되지 않은 전자기파이다. 이 경우에 파동은 전구의 뜨거운 필라멘트에 있는 많은 수의 원자로부터 방출된다. 한 개의 원자에서 전자가 진동할 때 그 원자는 약 10^{-8}초 정도의 짧은 시간 동안 빛을 방출하는 소형 안테나로 행동한다. 그러나 이 원자 안테나의 방향은 충돌 때문에 무질서하게 변한다. 이때 각 원자 자신의 고유한 편광 방향을 지닌 수많은 '원자 안테나'에서 짧은 순간에 방출하는 수많은 개개의 파동이 모여 편광되지 않은 빛을 만든다. 그림 24.17은 편광된 빛과 편광되지 않은 빛을 비교하고 있다. 편광되지 않은 경우에, 파동이 진행하는 방향 주변의 화살표는 개개 파동의 무질서한 편광 방향을 나타내고 있다.

선편광된 빛은 어떤 물질을 사용하여 편광되지 않은 빛으로부터 얻어질 수 있다. 상업적으로 통용되는 물질의 이름은 폴라로이드이다. 이러한 물질은 전기장의 한 방향의 성분만 통과시키고 이 방향에 수직인 전기장 성분은 흡수한다. 그림 24.18에서처럼 편광 물질이 투과를 허용하는 편광의 방향을 **편광축**(투과축; transmission axis)이라고 한다. 이 축의 방향에 관계없이 투과된 편광 빛의 세기는 입사한 편광되지 않은 빛의 세기의 절반이 된다. 그 이유는 편광되지 않은 빛은 모든 편광 방향의 빛을 똑같은 세기로 포함하고 있기 때문이다. 더욱이 각 방향에 대한 전기장은 편광축에 수직인 성분과 평행인 성분으로 나누어질 수 있으므로, 축에 수직인 평균 성분과 평행한 평균 성분은 같다.* 결과적으로 편광 물질은 투과하는 양만큼과 같은 양의 전기(장과 자기)장의 세기를 흡수한다.

말뤼스의 법칙

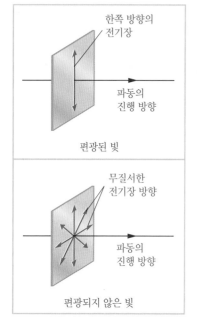

한쪽 방향의
전기장

파동의
진행 방향

편광된 빛

무질서한
전기장 방향

파동의
진행 방향

편광되지 않은 빛

그림 24.17 편광된 빛에서는 전자기파의 전기장이 한쪽 방향을 따라 진동한다. 편광되지 않은 빛은 서로 다른 많은 원자에 의해 방출된 짧은 파동열로 이루어져 있다. 파동열의 전기장 방향은 파의 진행 방향과 수직이고 무질서하게 분포한다.

편광 물질을 사용하여 편광된 빛을 만들 수 있으며, 편광된 빛은 두 번째 편광 물질을 사용하여 편광 방향과 동시에 빛의 세기를 조절할 수 있다. 그림 24.19는 그 방법을 보여준

* 이 평균은 단순한 산술 평균이 아니라 제곱 평균 제곱근 값이다(역자 주).

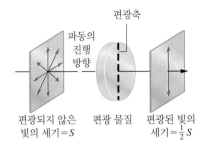

그림 24.18 편광 물질을 사용하여 편광되지 않은 빛으로부터 편광된 빛을 얻을 수 있다. 편광 물질의 편광축은 그 물질을 통과하는 빛의 편광 방향이다.

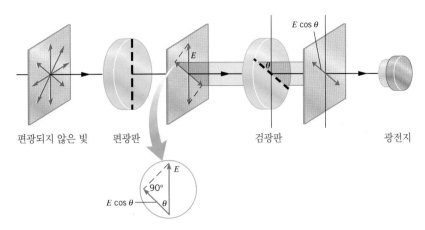

그림 24.19 편광판과 검광판이라고 부르는 두 장의 편광 물질을 사용하여 광전지에 도달하는 빛의 편광 방향과 세기를 조절할 수 있다. 이것은 편광판과 검광판의 편광축 사이의 각 θ를 변화시킴으로써 가능하다.

다. 그림에서 보듯이 첫 번째 편광 물질 조각을 **편광판**(polarizer), 두 번째 조각을 **검광판** (analyzer)이라 부른다. 검광판의 편광축은 편광판의 편광축에 대해 각 θ 만큼 기울어져 있다. 만일 검광판에 입사하는 편광된 빛의 전기장의 세기가 E이면, 통과하는 전기장의 세기는 편광축에 평행한 성분으로 $E\cos\theta$이다. 식 24.5b에 따라 일률의 세기는 전기장 세기의 제곱에 비례한다. 결과적으로 검광판을 통과하는 편광된 빛의 평균 세기는 $\cos^2\theta$에 비례한다. 따라서 빛의 편광 방향과 세기는 편광판의 축에 대해 검광판의 편광축을 회전시킴으로써 조절할 수 있다. 검광판을 떠나는 빛의 평균 세기 $\overline{S}$는

말뤼스의 법칙 $$\overline{S} = \overline{S}_0 \cos^2\theta \qquad (24.7)$$

이다. 여기서 $\overline{S}_0$는 검광판으로 들어가는 빛의 평균 세기이다. 식 24.7은 프랑스의 공학자 말뤼스(1775~1812)에 의해 발견되었기 때문에 보통 **말뤼스의 법칙**(Malus' law)으로 불린다. 예제 24.6은 말뤼스의 법칙을 이용하는 예이다.

> ⬇ **문제 풀이 도움말**
> 편광되지 않은 빛이 편광판에 부딪치면 입사된 빛의 반이 통과되고 나머지 반은 편광판에 흡수됨을 기억하라.

 예제 24.6 | 편광판과 검광판의 사용

광전지에 도달하는 편광된 빛의 평균 세기가 편광되지 않은 빛의 평균 세기의 10분의 1이 되려면 그림 24.19에서 각 θ의 값은 얼마인가?

살펴보기 편광판과 검광판은 모두 빛의 세기를 감소시킨다. 편광판은 빛의 세기를 반으로 감소시킨다. 따라서 만일 편광되지 않은 빛의 평균 세기가 $\overline{I}$이면 편광판을 떠나 검광판에 도달하는 편광된 빛의 평균 세기는 $\overline{S}_0 = \overline{I}/2$이다. 각 θ는 검광판을 떠나는 빛의 평균 세기가 $\overline{S} = \overline{I}/10$이 되도록 선택되어야 한다.

말뤼스의 법칙을 이용하여 해를 구한다.

풀이 말뤼스의 법칙에 $\overline{S}_0 = \overline{I}/2$와 $\overline{S} = \overline{I}/10$을 적용하면

$$\tfrac{1}{10}\overline{I} = \tfrac{1}{2}\overline{I}\cos^2\theta$$

$$\tfrac{1}{5} = \cos^2\theta \quad \text{즉} \quad \theta = \cos^{-1}\left(\frac{1}{\sqrt{5}}\right) = \boxed{63.4°}$$

를 얻는다.

그림 24.20 폴라로이드 선글라스가 교차되지 않을 때(왼쪽 사진)는 색을 띤 플라스틱의 두께가 증가하기 때문에 통과된 빛은 좀 어둡게 보인다. 그러나 교차될 때(오른쪽 사진)는 편광의 효과 때문에 투과된 빛의 세기가 0으로 감소한다.

◑ 삼차원 아이맥스 영화의 물리

그림 24.19에서 $\theta = 90°$ 일 때 편광판과 검광판은 교차되었다(crossed)고 하는데, 이때는 빛이 전혀 통과되지 않는다. 이 효과를 설명하기 위해서 그림 24.20은 한 쌍의 폴라로이드 선글라스 안경이 교차되지 않은 모양과 교차된 모양을 보여주고 있다.

교차된 편광판의 응용 예로 삼차원 아이맥스 영화 감상에 적용한 경우를 살펴보자. 이런 영화는 두 개의 분리된 필름 롤에 기록되어 있다. 그리고 우리가 삼차원으로 볼 수 있도록, 우리의 두 눈에 각각 다르게 관측되는 것에 대응하는 두 영상을 동시에 찍는 카메라를 사용한다. 이 카메라는 대략적으로 우리의 눈 사이의 간격으로 위치하는 두 개의 열린 구멍을 가지고 있다. 두 필름 롤은 그림 24.21처럼 두 렌즈를 가진 영사기를 사용하여 투사된다. 각 렌즈들은 자체의 편광판을 가지고 있으며 두 개의 편광판은 서로 교차되어 있다. 영화관에서 관객은 그림에서 보듯이 왼쪽과 오른쪽 눈에 대응하는 편광판을 가진 안경을 사용하여 스크린의 영상을 본다. 교차된 편광판 때문에 왼쪽 눈은 영사기의 왼쪽 렌즈로부터 나오는 영상만을 보며, 오른쪽 눈은 단지 오른쪽 렌즈로부터 나오는 영상만을 보게 된다. 관객의 왼쪽과 오른쪽 눈이 보는 것은, 현실로 일어날 때 그 장면을 보는 두 눈의 영상과 거의 같기 때문에, 뇌는 실제적인 삼차원 효과가 있는 영상으로 조합하게 되는 것이다.

개념 예제 24.7은 한 조각의 편광 물질을 교차된 편광판과 검광판 사이에 넣었을 때 생기는 흥미로운 내용을 다루고 있다.

영사기

그림 24.21 삼차원 아이맥스 영화에서는 두 개의 분리된 필름이 편광판을 가진 두 렌즈가 있는 영사기를 사용하여 투사된다. 두 편광판은 교차되어 있다. 관객은 좌우에 교차된 편광판이 있는 안경을 사용하여 영화를 관람한다.

 개념 예제 24.7 | **교차된 편광판과 검광판이 어떻게 빛을 통과시킬 수 있는가?**

앞에서 설명했듯이 그림 24.19에서 편광판과 검광판이 교차되었을 때 어떠한 빛도 광전지에 도달하지 않는다. 그림 24.22(a)처럼 세 번째 조각의 편광 물질을 편광판과 검광판 사이에 넣는

다고 가정하자. 이제 빛이 광전지에 도달하겠는가?

살펴보기와 풀이 편광판과 검광판이 교차되었음에도 불구하

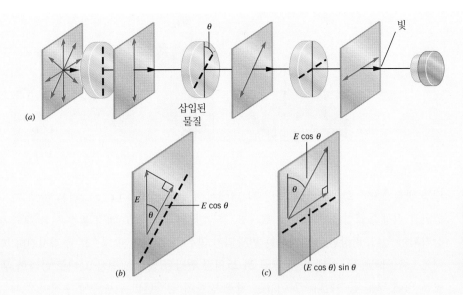

그림 24.22 (a) 교차된 편광판과 검광판 사이에 편광 물질이 삽입되었을 때 빛이 광전지에 도달한다. (b) 삽입된 물질의 편광축에 평행한 전기장 성분은 $E\cos\theta$이다. (c) 검광판에 입사한 빛은 편광축에 평행한 전기장 성분 $(E\cos\theta)\sin\theta$를 가진다.

고 답은 '그렇다'이다. 만일 어떤 빛이 검광판을 통과하려면 검광판의 편광축에 평행한 전기장 성분을 가져야만 한다. 세 번째 편광 물질을 삽입하지 않으면 검광판의 투과축에 평행한 성분이 없으나 삽입하게 되면 그림의 (b)와 (c)에서처럼 평행한 성분이 있게 된다. (b)는 편광판을 떠나는 빛의 전기장 E가 삽입된 편광 물질의 편광축과 θ의 각을 이루고 있음을 보여주고 있다. 삽입된 편광축에 평행한 전기장 성분은 $E\cos\theta$이고 이 성분이 삽입 물질을 통과한다. 그림의 (c)는 검광판에 입사하는 전기장($E\cos\theta$)이 검광판의 편광축에 평행한 성분으로 $(E\cos\theta)\sin\theta$를 가짐을 보여주고 있다. 이 성분이 검광판을 통과함으로써 빛이 광전지에 도달하게 되는 것이다.

각 θ가 0과 90° 사이에 있을 때는 빛이 광전지에 도달할 것이다. 그러나 만일 각이 0 또는 90°이면 빛은 광전지에 도달하지 않는다. 수식을 사용하지 않고 이러한 경우에 광전지에 빛이 도달하지 않는 이유를 설명할 수 있겠는가?

교차된 편광판과 검광판 조합의 응용은 LCD(liquid crystal display)의 한 종류에서도 ● LCD의 물리
사용된다. LCD는 휴대용 계산기와 디지털시계에서도 광범위하게 사용된다. 디스플레이는 보통 엷은 회색 배경에 검은색 숫자와 글자가 나타나게 되어 있다. 그림 24.23처럼 각글자나 수는 '켜짐' 상태일 때 검게 나타나는 액정 단편(segment)의 조합으로 형성되어있다. LCD의 액정 부분은 그림 24.24에서처럼 두 개의 투명한 전극과 그 사이에 삽입된 액정 물질로 구성되어 있다. 전극 사이에 전압이 가해질 때 액정은 '켜짐' 상태가 된다. 그림 (a)에서 선편광된 입사광이 '켜짐' 상태일 때 그것의 편광 방향에 영향을 받지 않고 액정물질을 통과한다. (b)처럼 전압이 제거되면 액정은 '꺼짐' 상태가 되며 액정 물질은 빛의

그림 24.23 액정 디스플레이(LCD)가 액정 단편을 사용하여 숫자를 나타낸다.

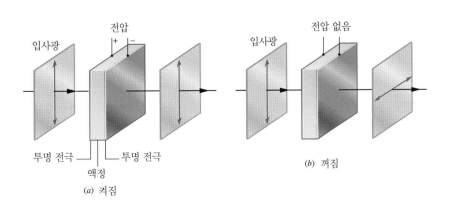

(a) 켜짐

(b) 꺼짐

그림 24.24 액정의 (a) '켜짐' 상태와 (b) '꺼짐' 상태

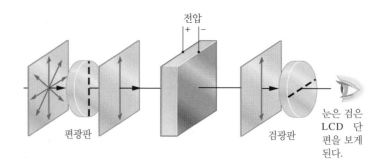

그림 24.25 LCD는 교차된 편광판과 검광판 조합을 이용한다. LCD 단편이 켜질 때(전압이 가해짐) 빛은 검광판을 통과하지 못하며 관측자는 검은 단편을 보게 된다.

그림 24.26 휴대용 오락기에는 가볍고 공간 효율성이 좋은 컬러 LCD 화면을 적용한다.

편광 방향을 90° 회전시킨다. 그림 24.25에서 보듯이 완전한 LCD 단편은 항상 교차된 편광판과 검광판 조합을 포함한다. 편광판, 검광판, 전극, 그리고 액정 물질은 한 개의 장치로 장착되어 있다. 편광판은 입사하는 편광되지 않은 빛을 편광된 빛으로 투과시킨다. 디스플레이 단편이 '켜짐' 상태일 때 그림 24.25처럼 편광된 빛은 단편을 그대로 통과한 후 검광판에 의해 모두 흡수된다. 그 이유는 편광 방향이 검광판의 편광축에 수직이기 때문이다. 따라서 어떠한 빛도 검광판을 투과하지 않기 때문에 관측자는 그림 24.23에서처럼 엷은 회색 배경에 대해 검은 색만을 보게 된다. 한편 전압을 제거하면 단편은 '꺼짐' 상태가 되는데, 그 경우에 액정에서 나온 빛의 편광 방향이 검광판의 축과 일치되도록 90°만큼 회전된다. 빛은 이제 검광판을 통과하여 관측자의 눈으로 들어간다. 그러나 단편에서 나오는 빛이 디스플레이의 배경과 같은 색과 음영(밝은 회색)을 갖도록 고안되어 있기 때문에 단편은 배경과 분간할 수 없다.

컬러 LCD 디스플레이 스크린과 컴퓨터 모니터는 이전의 장치보다 작은 공간을 차지하며 무게가 작기 때문에 인기가 있다. 그림 24.26과 같은 LCD 디스플레이 스크린은 그래프 종이 위의 사각형처럼 정렬된 수천 개의 LCD 단편을 사용한다. 컬러를 생성하기 위하여 세 개의 단편이 서로 모여 하나의 작은 화소(pixel)를 형성한다. 각 화소에 있는 세 개의 각 단편은 각각 빨간색, 초록색, 파란색의 빛을 생성하기 위해 각각의 컬러필터를 사용한다. 눈은 각 화소로부터 나온 색들을 복합된 색으로 혼합한다. 빨간색, 초록색, 파란색의 세기를 변화시킴으로써 화소는 전체 스펙트럼의 색을 만들어낼 수 있다.

자연에서 생기는 편광된 빛

● 폴라로이드 선글라스의 물리

폴라로이드는 선글라스에 널리 사용되기 때문에 친숙한 물질이다. 이러한 선글라스는 일반적으로 폴라로이드의 편광축이 착용할 때 수직 방향이 되도록 고안되어 있다. 따라서 선글라스는 수평으로 편광된 빛이 눈에 도달하지 못하도록 한다. 태양으로부터 온 빛은 편광되어 있지 않지만, 태양광이 호수의 표면과 같은 수평 표면에서 반사될 때 빛의 상당 부분이 수평으로 편광된다. 26.4절에서 이러한 효과를 토의한다. 폴라로이드 선글라스는 수평으로 편광된 반사광이 눈에 도달하는 것을 방지하여 눈부심을 감소시킨다.

편광된 태양광은 대기의 분자에 의해 빛이 산란될 때도 생긴다. 그림 24.27은 한 개의 대기 분자에 의해 산란되는 빛을 보여준다. 편광되지 않은 태양광의 전기장이 분자에 있는 전자들을 빛의 진행 방향에 수직으로 진동시킨다. 그림에서 보듯이 전자들은 전자기파를 다른 방향으로 재복사한다. 방향 A로 직진하는 복사된 빛은 처음 입사된 빛처럼 편광되어 있지 않다. 그러나 입사한 빛에 수직인 방향 C로 복사된 빛은 편광된다. 중간 정도의

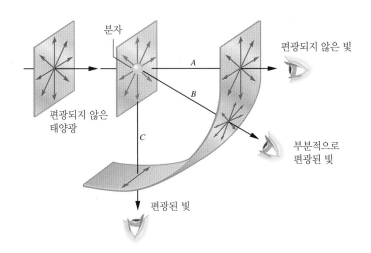

분자

편광되지 않은 빛

A

B

C

편광되지 않은
태양광

부분적으로
편광된 빛

편광된 빛

그림 24.27 태양으로부터 온 산란되지 않은 빛이 대기의 분자들로부터 산란되는 과정에서 부분적으로 편광된다.

방향 *B*로 복사된 빛은 부분적으로 편광된다. 어떤 새는 이동할 때 이러한 편광된 빛을 이용한다는 실험적 증거가 있다.

연습 문제

24.1 전자기파의 본질

1(2) (a) 닐 암스트롱은 달 위를 걸은 첫 번째 사람이다. 지구와 달 사이의 거리는 3.85×10^8 m이다. 그의 목소리가 전파를 통해 지구에 도달하는 데 걸리는 시간을 구하라. (b) 언젠가는 누군가 지구로부터 가장 가까운 5.6×10^{10} m 지점의 화성 위를 걷게 될 것이다. 그의 목소리가 지구에 도달하는 데 필요한 최소의 시간을 구하라.

2(3) 라디오 AM 방송국이 1400 kHz의 진동수로 방송을 하고 있다. 그림 24.4에서 전기 용량 값은 8.4×10^{-11} F이다. 라디오가 이 방송의 전파를 수신할 수 있는 인덕턴스 값은 얼마일까?

3(4) 라디오 FM 방송국은 그들 자신의 신호를 방송하기 위해 진동수 88.0~108 MHz 사이의 전파를 이용한다. 그림 24.4에서 인덕턴스의 값이 6.00×10^{-7} H라고 가정할 때, 안테나가 FM 방송국에서 방송되는 모든 전파를 잡기 위해 필요한 전기 용량 값의 범위를 결정하라.

*4(5) 식 16.3 $y = A \sin(2\pi ft - 2\pi x/\lambda)$는 y 축 방향으로 진동하고 양의 x 축 방향으로 진행하는 파동의 수학적인 표현이다. 이 식에서 y가 진공에서 진행하는 전자기파의 전기장과 같다고 하자. 전기장 크기의 최댓값 $A = 156$ N/C이며 진동수 $f = 1.50 \times 10^8$ Hz이다. 위치 x에 대한 전기장 크기의 그래프를 (a) $t = 0$ s와 (b) 시간 t가 파동의 주기의 1/4인 경우에 대해 그려라. (단, x 좌표가 0, 0.5, 1.00, 1.50, 2.00 m인 곳만 그린다.)

24.2 전자기 스펙트럼

5(7) X선 기기에서 발생되는 X선의 파장이 2.1 nm이다. 이 전자기파의 진동수는 얼마인가?

6(8) TV 채널 3(VHF)은 진동수 63.0 MHz에서 방송한다. TV 채널 23(UHF)은 진동수 527 MHz에서 방송된다. 이들 채널에 대한 파장의 비(VHF/UHF)를 구하라.

7(9) 인간의 눈은 진동수가 대략 5.5×10^{14} Hz인 빛을 가장 잘 볼 수 있다. 즉 전자기파 스펙트럼의 연두(yellow-green)색 영역의 빛에 제일 민감하다. 대략 2.0 cm 거리인 엄지손가락의 너비는 이 빛의 파장의 몇 배인가?

8(12) 휴대 전화 작동에는 두 전파가 사용된다. 전화를 받기 위해서 단말기는 송신소 또는 기지국에서 방출하는 주파수의 전파를 감지한다. 기지국으로 메시지를 보내려면 단말기는 다른 주파수에서 자신의 파를 방출한다. 이들 두 주파수 상의 차이는 휴대 전화 작동의 모든 채널에 고정되어 있다. 기지국에서 방출되는 파의 파장이 0.34339 m이고 단말기에서 방출되는 파의 파장이 0.36205 m라 하자. 빛의 속력은 2.9979×10^8 m/s를 사용할 때 휴대 전화의 작동에 사용되는 두 주파수 사이의 차를 구하라.

*9(13) 17.5절에서 줄에서의 횡정상파를 다루었다. 전자기파의 정상파도 있다. 마이크로파의 정상파 형태에서 어떤 마디와 인접한 배 사이의 거리가 0.50 cm이다. 이 마이크로파의 진동수는 얼마인가?

24.3 빛의 속도

10(15) 우주선 내에서 두 명의 우주 비행사가 서로 1.5 m 떨어져 있다. 서로 대화를 하는데 이 대화는 전자기파의 형태로 지구에 전송된다. 음파가 343 m/s의 속도로 우주 비행사들 사이의 공기를 통과하는 데 걸리는 시간과 전자기파가 지구로 이동하는 데 걸리는 시간은 같다. 우주선과 지구 사이의 거리를 구하라.

11(16) 어떤 통신 위성이 적도 바로 위 3.6×10^7 m인 동기 궤도에 있다. 위성은 에콰도르의 키토와 브라질의 벨렘 중간 사이에 위치하고 거의 적도 상에 있는 두 도시는 3.5×10^6 m의 거리로 구분된다. 두 도시 간 위성을 통해 전화를 걸어 통화를 하는 데 걸리는 시간을 구하라. 지구의 곡률은 무시한다.

12(17) 그림 24.11은 서로 35 km 떨어진 캘리포니아의 안토니오 산과 윌슨 산에 설치된 거울들을 사용하여 빛의 속도를 측정한 마이컬슨의 장치 배열을 설명하고 있다. 빛의 속도 3.00×10^8 m/s를 이용하여 회전 거울의 각속도(rev/s)의 최솟값을 구하라.

*13(19) 거울이 어느 정도 거리를 두고 벼랑과 마주보고 있다. 벼랑 위에는 두 번째 거울이 있고 이 거울은 첫 번째 거울과 정확히 서로 마주보고 있다. 첫 번째 거울에 매우 근접한 곳에서 총을 쐈다. 음속은 343 m/s이다. 총소리의 메아리가 들리기 전까지 총을 쐈을 때 나온 빛은 두 거울 사이의 거리를 몇 번이나 왕복하겠는가?

24.4 전자기파에 의해 전달되는 에너지

14(21) 레이저는 좁은 빔을 방사한다. 레이저 빔의 반지름이 1.0×10^{-3} m이고 일률은 1.2×10^{-3} W이다. 이 레이저 빔의 세기는 얼마인가?

15(22) 전자기파에서 자기장의 최대 세기는 3.3×10^{-6} T이다. 이때 전자기파의 전기장의 최대 세기는 얼마인가?

16(23) 우주의 빅뱅 현상으로 발생한 마이크로파 복사는 평균 4×10^{-14} J/m³의 에너지 밀도를 갖는다. 이 복사의 전기장의 제곱 평균 제곱근 값은 얼마인가?

17(24) 구름 낀 날 지구 표면에 도달하는 태양 빛의 평균 세기는 약 1.0×10^3 W/m²이다. 지구 표면 바로 위의 5.5 m³인 공간에 포함된 평균 전자기파 에너지는 얼마인가?

18(25) 지구 궤도에 있을 미래 우주 정거장은 지구로부터 보내지는 전자기파 빔의 에너지로 작동될 것이다. 그 빔의 횡단면의 넓이는 135 m²이고 평균 1.20×10^4 W의 일률을 갖는다. 전기장과 자기장의 제곱 평균 제곱근 값은 얼마인가?

*19(26) 지구의 대기 꼭대기에서 태양 빛의 세기는 약 1390 W/m²이다. 태양과 지구 사이의 거리는 1.50×10^{11} m이고, 태양과 화성 사이의 거리는 2.28×10^{11} m이다. 화성의 표면에서 태양 빛의 세기는 얼마인가?

*20(27) 그림은 통신 위성 위 태양 전지 패널의 가장자리를 나타낸다. 점선은 패널의 법선을 보인다. 태양 빛은 법선에 대해 θ의 각도로 패널에 들어온다. 만약 패널에 치는 태양 전지의 전력이 $\theta = 65°$일 때 2600 W라면, $\theta = 25°$일 때는 얼마인가?

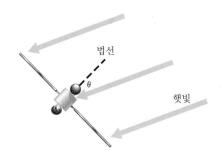

법선

θ

햇빛

*21(29) 지구와 태양 사이의 평균 거리는 1.50×10^{11} m이다. 지구 대기 상층으로 들어오는 태양 복사의 평균 세기는 1390 W/m²이다. 태양이 모든 방향에서 동일하게 빛을 방출한다고 가정할 때 태양에 의해 복사되는 총 에너지의 일률을 구하라.

**22(30) 지구에 도달하는 태양 빛의 평균 세기는 1390 W/m²이다. 2.6×10^{-8} C의 전하가 이 전자기파의 경로에 놓여 있다. (a) 전하에 받는 최대 전기력의 크기는 얼마인가? (b) 만약 전하가 3.7×10^4 m/s의 속력으로 움직인다면 전하에 받는 최대 자기력의 크기는 얼마인가?

24.5 도플러 효과와 전자기파

23(31) 먼 은하에서 434.1 nm의 파장의 빛을 방출한다. 지구에서 이 빛의 파장은 438.6 nm로 측정되었다. (a) 이 은하는 지구로 접근하는지 지구로부터 멀어지는지를 결정하라. 그 이유를 제시하여라. (b) 지구에 대한 은하의 속력을 구하라.

*24(33) 멀리 있는 어느 은하가 회전하면서 동시에 지구로부터 멀어지고 있다. 그림에서와 같이 은하의 중심은 상대 속력 $u_G = 0.6 \times 10^6$ m/s로 지구로부터 멀어지고 있다. 중심에서 같은 거리에 있는 A와 B 위치에서의 접선 속력은 $v_T = 0.4 \times 10^6$ m/s이다. A와 B 위치에서 복사된 빛의

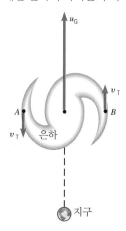

u_G

v_T

A 은하 B

v_T

지구

진동수를 지구에서 측정해 보면, 두 진동수는 서로 같지 않고 복사된 진동수 값인 $6.200 \times 10^{14}\,\text{Hz}$와도 다르다. A와 B 위치에서 복사된 빛의, 지구 상에서 측정한 진동수 값을 각각 구하라.

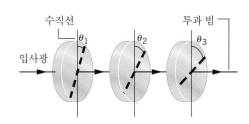

24.6 편광

25(34) 세기가 $1.10\,\text{W/m}^2$인 편광되지 않는 빛이 그림 24.19와 같이 편광판에 입사된다. (a) 편광판을 떠난 빛의 세기는 얼마인가? (b) 만약 검광판이 편광판에 대해 $\theta = 75°$ 각도로 구성된다면 광전지에 도달한 빛의 세기는 얼마인가?

26(35) 그림 24.19와 같은 편광판과 검광판의 조합에서 검광판에 부딪친 빛의 세기의 90.0 %가 흡수되었다. 편광판과 검광판의 편광축 사이의 각도를 구하라.

27(36) 그림에서 보여주고 있는 세 편광 물질 각각에 대해 투과축의 방향은 수직에 대해 표시된다. 빛의 입사 빔은 편광되지 않으며 세기는 $1260.0\,\text{W/m}^2$이다. $\theta_1 = 19.0°$, $\theta_2 = 55.0°$, $\theta_3 = 100.0°$일 때 세 조각을 통해 투과되는 빔의 세기를 구하라.

28(37) 이 문제를 풀기 위해 개념 예제 24.7을 참고하라. 그림 24.22(a)에서 편광되지 않은 세기 $150\,\text{W/m}^2$인 빛이 θ 값 30.0°로 편광판에 부딪쳤다. 이때 광전지에 도달하는 빛의 세기는 얼마인가?

29(38) 수직 방향을 따라 편광된 빛은 한 조각의 편광 물질에 입사한다. 조각을 통해 지나간 빛의 세기는 단지 94 %이고 편광 물질의 조각을 때린다. 두 번째 조각을 통해 지나간 빛은 없다. 두 번째 조각의 투과축은 수직에서 얼마의 각도를 갖는가?

*30(40) 편광된 빛의 빔은 평균 세기가 $15\,\text{W/m}^2$이고 편광판을 통해 보낸다. 투과축은 편광 방향에 대해 25°의 각도를 이루고 있다. 투과 빔의 전기장의 유효 값을 구하라.

Chapter 25 빛의 반사: 거울

25.1 파면과 광선

우리는 거울과 가까이 지낸다. 예를 들어 화장할 때, 면도할 때, 차를 운전할 때 거울이 없다면 상당히 불편할 것이다. 우리는 빛이 거울에 부딪쳐 반사되어 우리 눈을 향하여 오는 빛에 의하여 거울 안에 비춰진 상을 본다. 반사를 이야기하기 위해서는, 빛의 파면과 광선에 대해 알아보는 것이 필요하다. 16장에서 다루었던 음파에 관한 유사한 내용이 많은 도움이 될 것이다. 소리와 빛은 모두 파동으로, 소리는 압력 파동인 반면 빛은 본질적으로 전자기적 현상이다. 그렇지만 파면과 광선의 개념은 양쪽 모두에 적용된다.

표면이 수축과 팽창을 단진동처럼 반복하는 작은 구형의 물체를 고려해 보자. 일정한 속력을 가진 구형의 음파가 바깥쪽을 향하여 방출된다. 이 파동을 묘사하기 위하여 동일 위상을 갖는 모든 점으로 이루어지는 면을 그려보자. 이처럼 동일 위상을 갖는 면을 **파면**(wave front)이라 한다. 그림 25.1은 반구 모양의 파면을 보여주고 있다. 파면은 진동하는 물체 주위에 동심구의 형태로 나타난다. 그림처럼 파동의 마루, 음파의 경우 가장 밀한 곳마다 파면을 그리면, 인접한 파면 사이의 거리는 파장 λ와 같다. 파원으로부터 바깥을 향하면서 파면에 수직이 되게 그린 방사형 선들을 **광선**(ray)이라 부른다. 광선 방향은 파동의 진행 방향을 나타낸다.

그림 25.2(a)는 인접한 두 개의 파면의 작은 일부분을 보여주고 있다. 파원으로부터 멀리 떨어져 있다면, 파면의 곡률이 작아져서 (b)와 같이 거의 평면이 될 것이다. 파면이

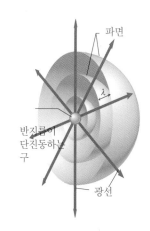

그림 25.1 수축과 팽창을 반복하는 구에 의해 방출되는 음파의 반구 모양의 파면. 파면은 파동의 마루 부분 (최대 압력인 곳)에 대해 그렸다. 두 개의 연속되는 파면 사이의 거리가 파장 λ이다. 광선은 파면에 대해 수직이고 파동의 진행 방향을 나타낸다.

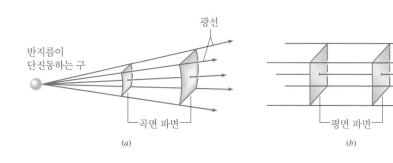

(a)　　　　　　　　*(b)*

그림 25.2 (a) 두 개의 구면파면의 일부를 보여준다. 광선은 파면에 수직이고 발산한다. (b) 평면파의 경우, 파면은 평면이고 광선은 서로 평행하다.

485

평면인 파동을 **평면파**(plane wave)라 부르며, 이것은 거울과 렌즈의 특성을 이해하는 데 중요하다. 광선이 파면에 수직이므로, 평면파에서는 광선들이 서로 평행하게 된다.

파면과 광선의 개념은 광파를 설명하는 데 유익하다. 광선 개념은 빛의 경로를 나타낼 때 특히 유용하다. 광선을 사용할 때는, 레이저에서 나오는 빛과 비슷하게 단면적이 아주 작은 광파 빔(beam)이라고 생각하면 된다.

25.2 빛의 반사

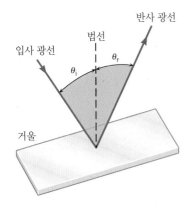

그림 25.3 반사각 θ_r은 입사각 θ_i와 같다. 이 각들은 입사지점에서 거울 표면에 수직 방향인 법선을 기준으로 측정된다.

대부분의 물체들은 그들에게 비춰진 빛의 일부를 반사한다. 그림 25.3의 거울과 같이 평평하고 광택이 있는 곳에 광선이 입사한다고 가정하자. 그림처럼 입사각(angle of incidence) θ_i는 입사 지점의 경계면에 수직인 법선과 입사 광선이 이루는 각이다. 반사각(angle of reflection) θ_r은 법선과 반사 광선이 이루는 각이다. 반사의 **법칙**(law of reflection)은 입사 광선과 반사 광선의 관계를 나타낸다.

■ 반사의 법칙

입사 광선, 반사 광선, 그리고 법선은 모두 동일 평면 상에 있으며, 반사각 θ_r은 입사각 θ_i와 같다.

$$\theta_r = \theta_i$$

평행 광선이 그림 25.4(a)와 같이 매끄럽고 평평한 표면에 입사하면, 반사 광선은 서로 평행하게 된다. 이러한 반사 유형은 정반사(또는 거울 반사)의 한 예인데, 그 완벽한 정도가 거울의 성능을 평가하는 데 중요하다. 그렇지만 대부분의 표면은 빛의 파장보다 크거나 비슷한 크기의 불규칙한 부분을 포함하고 있으므로 완벽하게 매끄럽지 못하다. 따라서 반사의 법칙은 각각의 광선에 대해 적용되나, 불규칙한 표면은 그림 (b)에서 보는 것처럼 광선을 여러 다른 방향으로 반사시킨다. 이러한 유형의 반사를 난반사(또는 확산 반사)라 한다. 난반사를 일으키는 표면으로는 대부분의 종이, 나무, 연마되지 않은 금속 그리고 무광 페인트로 칠해진 벽 등이 있다.

○ 디지털 영사기와 마이크로거울의 물리

필름을 제작하는 데 디지털 기법이 사용됨에 따라 영화 산업에서 디지털 기술의 혁명이 일어나고 있다. 최근까지, 영화는 본래 영상을 담고 있는 필름의 띠에 직접 빛을 비춰 통과시키는 영사기에 의해 상영되어 왔다. 그러나 오늘날의 디지털 영사기는 필름을 전혀 사용하지 않고 디지털 기법으로 제작된 영화를 디지털 신호(0과 1)를 사용하여 상영하고

그림 25.4 (a) 이 그림은 거울과 같이 연마된 평면에서의 정반사를 보여 준다. 반사된 광선들은 서로 평행하다. (b) 거친 표면은 광선을 모든 방향으로 반사시킨다. 이러한 유형의 반사를 난반사라 한다.

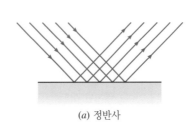

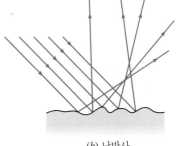

(a) 정반사   (b) 난반사

있다. 이러한 영사기에서는 반사의 법칙과 사람 머리카락 지름의 4분의 1 정도 되는 크기의 마이크로거울(micromirror)이라 불리는 작은 거울이 중요한 역할을 한다. 각각의 마이크로거울은 스크린 상의 개개의 영화 프레임(frame)의 작은 일부분을 만들어내거나 TV 화면 또는 컴퓨터 모니터의 화상을 구성하는 밝은 점의 하나와 같은 화소의 역할을 한다. 이러한 화소의 기능은 마이크로거울이 프레임의 디지털 표현에서 '0'이나 '1'에 대한 반응으로 한 방향이나 다른 방향으로 선회함으로써 가능해진다. 그 방향 중 하나는 강력한 크세논램프로부터 오는 빛의 일부를 스크린 위에 전달하며, 다른 것은 그렇게 하지 않는다. 선회 작용은 초당 1000 회만큼이나 빠르게 일어나며, 각 화소에 대해 일련의 광펄스를 만들어 내고, 눈과 대뇌가 이들을 결합하여 연속적으로 변화하는 영상으로 해석한다. 최신 디지털 영사기는 컬러 영상을 구성하는 세 가지 기본색(빨간색, 초록색, 파란색) 각각을 재생하기 위해 약 800000 개의 마이크로거울을 사용한다.

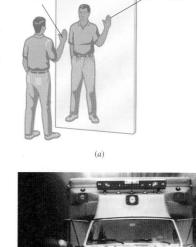

그림 25.5 (a) 사람의 오른손은 거울에 비춰질 때 '상의 왼손'이 된다. (b) 지역에 따라서는 응급차들에 대해서, 자동차의 백미러로 볼 때 정상적으로 보이게 하기 위하여 활자들의 좌우와 순서를 거꾸로 해놓을 때가 있다.

25.3 거울에 의한 상의 형성

평면 거울을 들여다 볼 때, 거울에 나타난 상은 다음 세 가지 특성을 가진다.
1. 상이 정립이다.
2. 상의 크기가 물체의 크기와 같다.
3. 상은 물체와 거울이 떨어져 있는 거리만큼 거울에서 거울 뒤에 위치한다.

또한 그림 25.5(a)와 같이, 거울 속의 모습은 오른쪽이 왼쪽으로 그리고 왼쪽이 오른쪽으로 뒤바뀌어 있다. 오른손을 흔들면, '상의 왼손'이 화답해준다. 마찬가지로 거울에 비춰진 활자나 단어들도 반대로 나타난다. 지역에 따라서는 앰뷸런스 등의 응급 차량에는, 그림 25.5(b)처럼 차의 백미러(rearview mirror)로 볼 때 올바르게 보이도록 글자들의 모양과 순서의 좌우를 바꾸어 쓰기도 한다.

왜 상이 평면 거울의 뒤편에서부터 시작되어 오는 것으로 보이는가를 설명해 보자. 그림 25.6(a)는 물체의 윗부분에서부터 출발한 광선을 보여주고 있다. 이 광선은 거울에서 입사각과 동일한 반사각으로 반사되어 눈으로 들어온다. 눈에는, 광선이 거울 뒤 어느 곳에서 출발하여 점선을 따라서 온 것처럼 보인다. 실제로 광선은 물체의 각 지점에서부터 모든 방향으로 나아가며, 이러한 광선 중 일부만이 우리 눈으로 들어온다. 그림 25.6(b)는 물체의 꼭대기 부분을 떠난 두 광선을 보여준다. 거울에 입사되는 각 θ가 얼마이든지 간에, 물체 표면의 한 점에서 출발한 모든 광선들은, 거울 뒤의 대응점에서 나와서 그림 (b)의 점선 경로를 따라 오는 것처럼 보인다. 물체의 각 지점마다 하나의 대응점이 있다. 이런

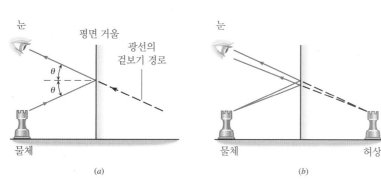

그림 25.6 (a) 체스 말의 상단부로부터 나온 광선이 거울에서 반사된다. 눈에서는, 이 광선이 거울 뒤쪽에서부터 나오는 것처럼 보인다. (b) 물체의 상단부로부터 나온 광선 다발은 거울 뒤쪽의 상에서부터 시작되는 것처럼 보인다.

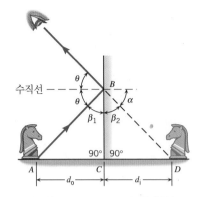

그림 25.7 이 그림은 평면 거울에서 상거리 d_i가 물체 거리 d_o와 같다는 것을 보여주기 위한 기하학적인 도해이다.

방법으로 평면 거울은 선명하고 찌그러지지 않은 상을 만든다.

광선이 상으로부터 나온 것처럼 보이지만, 그림 25.6(b)로부터 그것들이 상이 나타나는 평면 거울 뒤쪽에서부터 시작된 것이 아님을 분명히 알 수 있다. 어떠한 광선도 실제로 상에서부터 나오지 않기 때문에, 이 상을 **허상**(virtual image)이라 부른다. 이 책에서는 허상으로부터 나오는 것처럼 보이는 광선들을 점선으로 표시하고 있다. 이에 반하여, 곡면 거울은 실제로 광선이 나오는 상을 형성할 수 있다. 이러한 상을 **실상**(real image)이라 부르는데, 이에 대해서는 다음에 논의할 것이다.

반사의 법칙을 이용하면, 물체와 거울 사이의 거리만큼 상이 평면 거울 뒤에 위치하는 것을 보여줄 수 있다. 그림 25.7에서 물체 거리는 d_o이고 상거리는 d_i이다. 광선이 물체의 밑부분에서부터 진행하여 거울에 입사각 θ로 부딪친 다음 같은 크기의 반사각으로 반사된다. 우리 눈에는 이 광선이 상의 밑부분에서부터 온 것처럼 보인다. 그림에서 각 β_1과 β_2에 대하여 $\theta + \beta_1 = 90°$이고 $\alpha + \beta_2 = 90°$이다. 그러나 각 α는 가로지르는 선에 의해 만들어지는 맞꼭지각이므로 반사각 θ와 같다. 그러므로 $\beta_1 = \beta_2$이다. 이 결과로 삼각형 ABC와 DBC는 변 BC가 공통이고, 맨 위의 각이 같고($\beta_1 = \beta_2$), 한 밑각이 같으므로(90°) 합동이다. 따라서 물체 거리 d_o는 상거리 d_i와 같게 된다.

물체의 밑부분이 아닌 윗부분에서 나오는 광선을 사용하여, 위와 같은 방법으로 물체의 크기와 상의 크기가 같음을 보여줄 수 있다.

개념 예제 25.1에서 평면 거울의 흥미로운 특징들에 대해 논의해 보자.

 개념 예제 25.1 | 전체 길이 대 절반 길이 거울

그림 25.8에서 한 여자가 평면 거울 앞에 서 있다. 그녀가 자신의 전신을 보기 위한 최소한의 거울 길이는 얼마인가?

살펴보기와 풀이 그림에서 거울은 $ABCD$로 표시되어 있고 여자의 키와 같은 크기이다. 그녀의 몸에서부터 방출된 빛은 거울에 의해 반사되어 그 일부가 그녀의 눈 E로 들어간다. 그녀의 발 F에서부터 시작된 광선을 고려해 보자. 이 광선은 B에서 반사되어 그녀의 눈 E로 들어간다. 반사의 법칙에 따르면, 입사각과 반사각은 모두 θ이다. 발에서부터 출발하여 B 아래의 거울에서 반사된 빛은 눈보다 낮은 신체 부위를 향하게 된다. B보다 낮은 지점에서 반사된 빛은 눈으로 들어오지 못하므로 B와 A 사이의 거울 부분은 제거해도 된다. 상을 만드는 거울의 BC 부분은 F와 E 사이 거리의 절반이다. 이러한 이유는 직각 삼각형 FBM과 EBM이 합동이기 때문이다. 이것들은 BM이 공통이고 두 각 θ와 90°를 공통으로 가지므로 서로 합동이다.

그림 25.8의 CE 위의 그림을 사용해서 여자의 머리인 H로부터 시작된 광선에 대해 동일하게 논의할 수 있다. 이 광선은 거울의 P에서 반사되어 눈으로 들어온다. 거울의 상단 부분 PD는 이러한 반사에 영향을 미치지 못하므로 제거할 수 있다. 필요한

부분 CP는 여자의 머리 H와 눈 E 사이의 길이의 절반이 된다. 따라서 단지 BC 부분과 CP 부분만이 여자가 자신의 전체 모습을 보는 데 필요하게 된다. BC 부분과 CP 부분을 더한 높이는 정확하게 여자의 키의 절반이 된다. 그러므로 거울로 자신의 전체 모습을 보기위해서는, 키의 절반 길이의 거울이 필요하게 된다. 이러한 결론은 사람이 거울로부터 서 있는 거리에 관계없다.

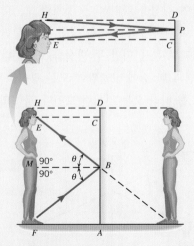

그림 25.8 전신의 상을 보기 위해서는 키의 절반 크기의 거울이 필요하다.

25.4 구면 거울

곡면 거울의 가장 보편적인 유형은 구면 거울이다. 그림 25.9처럼, 구면 거울의 모양은 구 표면의 일부분이다. 구면 거울에는 구면의 안쪽 표면이 연마된 **오목 거울**(concave mirror)과 바깥 표면이 연마된 **볼록 거울**(convex mirror)이 있다. 그림은 연마된 표면으로부터 반사되는 빛과 함께 두 가지 유형의 거울을 보여준다. 평면 거울에서와 마찬가지로 반사의 법칙이 적용된다. 구면 거울의 두 가지 유형 모두에 대해 법선은 입사되는 지점에서 거울 면에 수직인 선이다. 각각의 유형에 대해, 곡률 중심은 점 C에 위치하고, 곡률 반지름은 R이다. 거울의 **주축**(principal axis)은 거울의 정점(거울 면의 중심)과 곡률 중심을 통과하도록 그려진 직선이다.

그림 25.10은 구면 거울 앞에 있는 나무를 보여주고 있다. 나무의 한 지점이 거울의 주축 위에서, 곡률 중심 C보다 멀리 위치하고 있다. 이곳에서 광선이 방출되어 반사의 법칙에 따라 거울에서 반사된다. 광선이 주축 가까이에 있으면, 그들은 반사 후 동일 지점에서 주축을 가로지르게 된다. 이 점을 상점(image point)이라 한다. 상점에 물체가 있는 것처럼 상점으로부터 광선이 나와서 계속 진행한다. 광선이 실제로 상점으로부터 나오므로, 이 상은 실상이다.

그림 25.10에서 나무가 거울로부터 무한히 멀리 있다면, 광선들은 서로 평행하게, 그리고 광축에 대해 평행하게 거울에 도달한다. 그림 25.11은 주축에 가까이 있는 평행한 광선이 거울에서 반사되어 상점을 통과하는 것을 보여준다. 이러한 특별한 경우의 상점을 거울의 **초점**(focal point) F라 한다. 그러므로 주축 위에 무한히 멀리 있는 물체는 거울의 초점에 상을 형성한다. 초점과 거울의 정점 사이의 거리를 거울의 **초점 거리**(focal length) f라 한다.

이제 초점 F가 곡률 중심 C와 오목 거울 정점 사이의 중점에 위치하는 것을 보이자. 그림 25.12에서 주축에 평행한 광선이 점 A에서 거울과 부딪친다. 선 CA는 거울의 반지름이고, 따라서 입사 지점의 구면에 수직이다. 광선은 입사각과 같은 반사각 θ로 거울로부터 반사된다. 그리고 각 ACF는 반지름선 CA가 두 개의 평행선을 가로지르므로 역시 θ이다. 두 각이 같으므로 칠해져 있는 삼각형 CAF는 이등변 삼각형이다. 따라서 변 CF와 FA

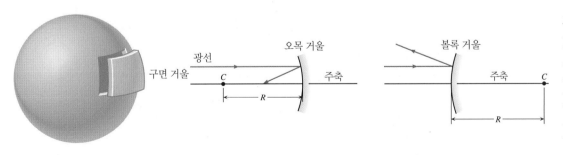

그림 25.9 구면 거울의 모양은 구 표면의 일부와 같다. 곡률 중심은 점 C이고 반지름은 R이다. 오목 거울의 경우 반사면이 안쪽에 있는 면이고 볼록 거울의 경우는 바깥쪽에 있는 면이다.

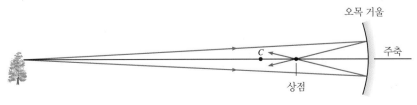

그림 25.10 나무의 한 점이 오목 거울의 주축 위에 있다. 이 점으로부터 나온 주축에 가까이 있는 광선은 거울에 반사되어 상점에서 주축을 가로지른다.

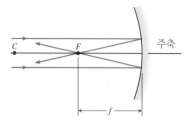

그림 25.11 주축에 가까이 있는 평행한 광선들은 오목 거울에 반사되어 초점 F 에 모인다. 초점 거리 f는 초점 F와 거울 사이의 거리이다.

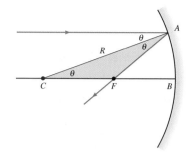

그림 25.12 오목 거울의 초점 F는 곡률 중심 C와 거울의 점 B 사이의 중점이다.

는 같다. 입사 광선이 주축에 가까이 있으면, 입사각 θ는 작고, 거리 FA는 FB와 거의 차이가 나지 않는다. 그러므로 θ가 작은 경우에는, $CF = FA = FB$이고, 따라서 초점 F는 곡률 중심과 거울 사이의 중간에 위치한다. 즉 초점 거리 f는 반지름 R의 절반이 된다.

오목 거울의 초점 거리 $$f = \tfrac{1}{2}R \qquad\qquad (25.1)$$

주축에 가까운 광선을 **근축 광선***(paraxial ray)이라 부르며, 식 25.1은 이러한 광선에 대해서만 유효하다. 주축에서 멀리 떨어져 있는 광선들은 그림 25.13과 같이 거울에 반사된 후 단일점으로 수렴되지 않는다. 그 결과 상이 흐려진다. 구면 거울이 주축에 평행한 모든 광선을 단일 상점으로 가져오지 못하는 것을 **구면 수차**(spherical aberration)라 한다. 구면 수차는 곡률 반지름에 비해 크기가 작은 거울을 사용하여 최소화할 수 있다.

거울이 구면이 아닌 포물면 모양이라면, 커다란 거울을 사용하여 선명한 상점을 얻을 수 있다. 포물면 모양의 거울은, 축에서 떨어진 거리에 관계없이, 주축에 평행한 모든 광선을 단일 상점으로 반사시킨다. 그렇지만 포물면 거울은 제작 비용이 많이 들어서 연구용 망원경과 같이 대단히 선명한 상이 요구되는 경우에 사용된다. 포물면 거울은 또한 상업적 목적으로 태양열 에너지를 집속하는 하나의 방법으로 사용된다. 그림 25.14는 태양 광

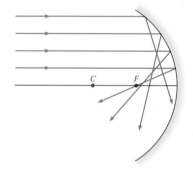

그림 25.13 주축으로부터 멀리 떨어져 있는 광선들은 입사각이 크고, 거울에서 반사된 후에 초점 F를 지나가지 않는다.

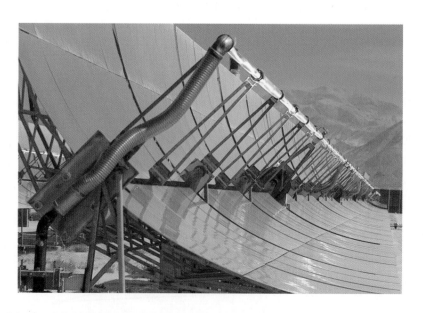

그림 25.14 포물면 거울의 긴 행렬이 각 거울의 초점에 위치한 기름이 차있는 파이프를 가열하기 위하여 태양광선을 초점에 모으고 있다. 이것은 모자브 사막에 있는 태양열 발전소에서 사용되고 있는 것들 중의 하나이다.

---

* 근축 광선들은 주축에 가까운 광선으로 주축에 꼭 평행일 필요는 없다.

선을 초점으로 반사시키는 오목한 포물면 거울의 긴 배열을 보여준다. 기름이 가득 찬 파이프가 초점에 위치하여 배열의 길이만큼 이어져 있다. 초점에 모인 태양 광선은 기름을 가열시킨다. 태양열 발전소에서는 많은 이러한 배열로부터 얻은 열을 증기를 발생시키는데 사용한다. 이때 발생된 증기는 발전기에 연결된 터빈을 구동한다. 포물면 거울의 다른 응용 예로는 자동차 전조등이 있다. 그렇지만 여기서는 태양열 집속 기능과는 상황이 반대이다. 전조등에서는, 고강도 전구가 거울의 초점에 위치하여 빛을 주축에 평행하게 방출한다.

● 태양열 집속 장치와 자동차 전조등의 물리

볼록 거울 역시 초점이 있으며, 그림 25.15가 그것의 의미를 보여준다. 이 그림에서 평행 광선이 볼록 거울에 입사된다. 명백히 광선은 반사 후에 발산된다. 입사 평행 광선이 근축 광선이라면, 반사된 광선은 거울 뒤의 한 점 F에서부터 나오는 것처럼 보인다. 이 점이 볼록 거울의 초점이고, 거울의 정점에서부터 초점까지의 거리가 초점 거리 f이다. 또한 볼록 거울의 초점 거리도 곡률 반지름의 절반이고, 이는 오목 거울의 경우와 똑같다. 그렇지만 나중에 편리하게 사용할 때가 있으므로 볼록 거울의 초점 거리는 음수로 표시하기로 한다.

볼록 거울의 초점 거리
$$f = -\tfrac{1}{2}R \qquad (25.2)$$

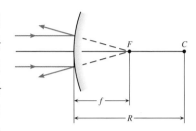

그림 25.15 주축에 평행한 평행 광선이 볼록 거울에 부딪칠 때, 반사된 광선은 초점 F에서 나오는 것처럼 보인다. 곡률 반지름은 R이고 초점 거리는 f이다.

25.5 구면 거울에 의한 상의 형성

우리가 알아본 바와 같이, 거울 앞에 있는 물체로부터 방출된 광선의 일부는 거울에서 반사되어 상을 형성한다. 우리는 **광선 추적**(ray tracing)이라는 작도법을 이용하여 오목 거울이나 볼록 거울에 의해 만들어지는 상을 분석할 수 있다. 이 방법은 반사의 법칙과 구면 거울이 곡률 중심 C와 초점 F를 갖는다는 개념에 기초를 둔다. 물체 위의 한 점에서 근축 광선이 나오고 반사 후에 상 위의 대응점에서 교차한다는 사실을 활용하는 광선 추적에 의해서, 상의 크기는 물론 상의 위치도 알아낼 수 있다.

오목 거울

세 가지 특정한 근축 광선이 특히 사용하기 편리하다. 그림 25.16에서 오목 거울 앞에 놓인 물체와 물체의 상단의 한 점에서 나온 세 가지 광선을 보여준다. 이 광선은 1, 2, 3으로 표시되고, 그들의 경로를 추적할 때 다음 관례를 사용한다.

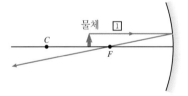

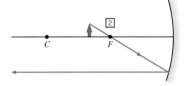

그림 25.16 1, 2, 3으로 표기된 광선들은 오목 거울 앞에 위치한 물체의 상의 위치를 정하는 데 유용하다. 물체는 수직 화살표로 표현되어 있다.

오목 거울에서의 광선 추적
광선 1. 이 광선은 처음에 주축과 평행하며, 거울에서 반사된 후 초점 F를 통과하여 진행한다.
광선 2. 이 광선은 처음에 초점 F를 통과하여 진행하며, 주축에 평행하게 반사된다. 광선 2는 입사 광선이 아닌 반사된 광선이 주축에 평행하다는 것을 제외하고는 광선 1과 유사하다.
광선 3. 이 광선은 곡률 중심 C를 통과하는 직선을 따라 진행하고 구면 거울의 반지름을 따라간다. 그 결과 광선은 거울 면에 수직으로 입사한 후 입사 경로를 따

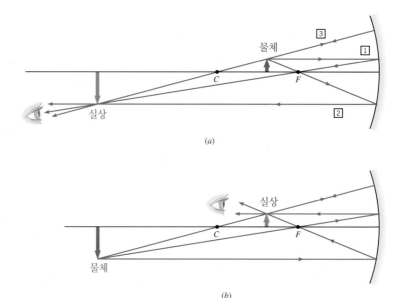

그림 25.17 (a) 물체가 오목 거울의 초점 F와 곡률 중심 C 사이에 놓여 있을 때, 실상이 만들어진다. 상은 물체에 비해 확대된 도립상이다. (b) 물체가 곡률 중심 뒤쪽에 놓여 있을 때, 물체에 비해 축소된 도립 실상이 만들어진다.

라 되돌아간다.

만약 광선 1, 2, 3을 정확하게 그리면, 그림 25.17(a)와 같이 광선은 상의 한 점에 모인다.* 여기에서는 상을 만들기 위해 세 광선을 사용하였지만, 실제로는 두 광선만으로도 충분하다. 세 번째 광선은 일반적으로 확인하는 데 사용된다. 같은 방법으로 물체의 모든 지점으로부터 나오는 광선은 상 위에 각각의 대응점을 형성하고, 따라서 거울은 물체의 전체 상을 만든다. 만약 당신의 눈의 위치가 그림에서와 같다면, 당신은 물체에 비해 상대적으로 크고 도립된(inverted) 상을 보게 될 것이다. 이 상은 광선이 실제로 상을 통과하므로 실상이다.

만약 그림 25.17(a)에서 물체와 상의 위치가 바뀐다면, (b)에 그려진 것과 같이 될 것이다. (b)의 세 광선은 방향이 반대라는 것을 제외하고는 (a)의 것들과 동일하다. 이 두 그림은 **가역성의 원리**(principle of reversibility)의 한 예인데, 이 원리는 광선의 방향이 반대가 되면, 빛은 원래 경로를 거꾸로 진행한다는 것을 나타낸다. 이 원리는 아주 보편적이며 거울로부터의 반사에만 한정된 것이 아니다. (b)에서의 상은 실상이고, 물체에 비해 크기가 더 작고 도립이다.

그림 25.18(a)와 같이, 물체가 초점 F와 오목 거울 사이에 위치할 때도, 다시 세 광선으로 상을 구해 보자. 그러나 지금은 광선 2의 경우 물체가 초점 안쪽에 있으므로 거울을 향한 경로에서 초점을 지나가지 못한다. 그렇지만 뒤쪽으로 연장해보면, 광선 2는 초점에서부터 나오는 것처럼 보인다. 그러므로 반사 후에, 광선 2는 주축에 평행한 방향이 된다. 이 경우에 세 개의 반사 광선은 서로 발산하게 되며, 한 개의 공통점으로 모아지지 않는다. 그렇지만 반사 광선을 거울 뒤쪽으로 연장하면 세 광선이 한 개의 공통점에서부터 나오는 것처럼 보인다. 이것은 허상이며, 물체보다 크고 정립(upright)이다. 화장이나 면도용 거울은 오목 거울이다. 당신이 얼굴을 거울과 그것의 초점 거리 사이에 두면, 그림 (b)와 같이 당신의 확대된 허상을 보게 된다.

🔵 화장 거울(면도 거울)의 물리

---

* 이후 광선 작도에서, 명확하게 하기 위해서 광선을 주축에서 다소 떨어지게 그리더라도, 근축 광선이라고 가정한다.

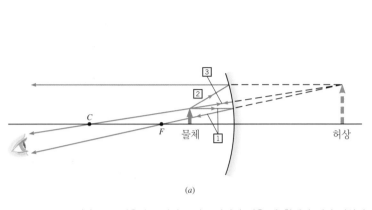

그림 25.18 (a) 물체가 오목 거울과 그것의 초점 *F* 사이에 있을 때, 확대된 정립 허상이 만들어진다. (b) 면도 거울(또는 화장 거울)은 오목 거울이며 사진에서 보이는 것처럼 확대된 허상을 만든다.

오목 거울은 또한 자동차의 속력을 나타내는 방식에도 사용된다. 이 방식은 그림 25.19(a)와 같이 운전자가 자동차 앞 유리로부터 속력의 수치를 직접 볼 수 있게 해준다. 헤드업 디스플레이(HUD)라고 하는 이 방식의 이점은 운전자가 속도계를 보기 위하여 도로에서 시선을 뗄 필요가 없다는 것이다. 그림 25.19(b)는 헤드업 디스플레이의 작동 방식을 보여준다. 속력을 숫자로 나타내는 장치가 앞 유리 밑에 있는 오목 거울의 초점 안쪽에 있다. 이러한 배열은 그림 25.18(a)와 유사하며, 그림 25.19(b)에서 보듯이 속력 수치의 확대된 정립 허상 1을 형성한다. 이 허상으로부터 나오는 것으로 보이는 광선들은 앞 유리에 붙어 있는 결합기(combiner)로 간다. 이 결합기는 광선이 비스듬히 입사할 때 한 가지 색깔만 반사하고 모두 통과시키도록 되어 있다. 그 한 가지 색깔이 바로 속력 수치의 색이다. 이 색에 대해 결합기는 거울처럼 작용하고 상 1에서부터 시작된 것으로 보이는 광선을 반사한다. 따라서 결합기는 운전자가 보는 허상 2를 만들어낸다. 상 2의 위치는 자동차 앞 범

◉ 헤드업 디스플레이의 물리

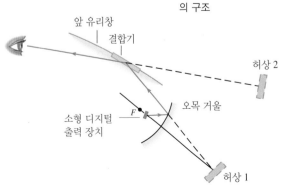

그림 25.19 (a) 헤드업 디스플레이(HUD)는 운전자가 자동차의 앞 유리 쪽에서 속력의 수치를 볼 수 있게 해준다. (b) 오목 거울을 사용한 HUD의 구조

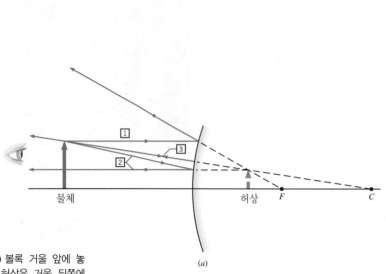

그림 25.20 (a) 볼록 거울 앞에 놓여 있는 물체의 허상은 거울 뒤쪽에 있으며 허상은 크기가 작고 정립이다. (b) 비행기 조종사의 헬멧에 있는 일광 차단막은 볼록 거울로 작용하고 비행기의 상을 반사시킨다.

퍼 부근이다. 운전자는 도로를 보는 것과 똑같은 상태의 눈으로 속력 수치를 읽을 수 있게 된다.

볼록 거울

볼록 거울에서 상의 위치와 크기를 결정하는 과정은 오목 거울의 경우와 유사하다. 동일한 세 광선이 사용된다. 그렇지만 볼록 거울의 초점과 곡률 중심은 거울 앞이 아니라 거울 뒤쪽에 위치한다. 그림 25.20(a)에서는 이 광선을 보여주고 있다. 광선의 경로를 추적할 때, 초점과 곡률 중심의 다른 위치를 고려한 다음의 규약에 따른다.

볼록 거울에서의 광선 추적
광선 1. 이 광선은 처음에 주축과 평행하며, 거울에서 반사된 후 초점 F에서부터 나오는 것처럼 진행한다.
광선 2. 이 광선은 처음에 초점 F를 향하며, 반사 후에 주축에 평행하게 진행한다. 광선 2는 입사 광선이 아닌 반사된 광선이 주축에 평행하다는 것을 제외하고는 광선 1과 유사하다.
광선 3. 이 광선은 곡률 중심 C를 향하여 진행한다. 그 결과 광선은 거울 면에 수직으로 입사한 후 원래 경로를 따라 되돌아간다.

그림 25.20(a)에서 이 세 광선은 거울 뒤쪽의 허상의 한 점에서부터 나오는 것처럼 보인다. 이 허상은 물체에 비해 상대적으로 줄어든 크기이고 정립이다. 볼록 거울은 항상 물체의 위치가 거울 앞 어디인지에 관계없이 물체의 허상을 형성한다. 그림 25.20(b)는 이러한 상의 한 예를 보여준다.

◐ 자동차 조수석 사이드미러의 물리

볼록 거울은 다른 종류의 거울보다 더 넓은 시야를 제공한다. 그러므로 도난 방지의 목적으로 상점에서 종종 볼록 거울을 사용한다. 또 운전자에게 넓은 후방 시야를 제공하기 위해서도 사용된다. 승용차 조수석의 외부 사이드미러로는 볼록 거울이 종종 사용된다. 이 거울에는 대개 '물체가 거울에 보이는 것보다 가까이 있음'이라 적혀 있다. 이러한 경고를 붙이는 이유는 그림 25.20(a)와 같이 허상의 크기가 더 작게 보임에 따라, 물체가 실제보다 멀리 있는 것처럼 보이기 때문이다.

25.6 거울 방정식과 배율 방정식

광선 작도는 거울에 의해 형성되는 상의 위치와 크기를 알아내는 데 유용하다. 보다 정확한 위치와 크기를 구하려면 해석적 방법이 필요하다. 우리는 이제 거울 방정식(mirror equation)과 배율 방정식(magnification equation)이라는 두 방정식을 유도할 것이며, 이것들은 상을 완전히 묘사할 수 있게 해준다. 이 방정식들은 반사의 법칙에 기초를 두고 있는데 다음 변수로 이루어져 있다.

f = 거울의 초점 거리
d_o = 물체 거리, 거울과 물체 사이의 거리
d_i = 상거리, 거울과 상 사이의 거리
m = 거울의 배율, 물체 높이와 상높이의 비

오목 거울

물체의 상단을 떠나 오목 거울의 정중앙에서 반사되는 광선을 보여주고 있는 그림 25.21(a)를 참조하여 거울 방정식의 유도를 시작해 보자. 주축은 거울에 수직이므로, 이것은 또한 입사 지점에서 법선이 된다. 그러므로 이 광선은 같은 각으로 반사하고 상을 통과해 지나간다. 색칠이 되어 있는 두 직각 삼각형은 같은 각을 가지므로 닮은꼴이다. 따라서

$$\frac{h_o}{-h_i} = \frac{d_o}{d_i}$$

이다. 여기서 h_o는 물체 높이고 h_i는 상높이다. 그림 25.21(a)에서 상이 도립이므로 이 방정식의 좌변에서 상높이에 음의 부호를 붙인다. (b)에서는 또 다른 광선이 물체의 상단을 떠나, 초점 F를 통과해 거울에 입사하여, 주축에 평행하게 반사되어 상을 통과해 지나간다. 광선이 주축에 가깝게 있다고 가정하면, 두 개의 색칠된 면적은 닮은꼴 삼각형이라 볼 수 있으며, 그 결과 다음과 같다.

$$\frac{h_o}{-h_i} = \frac{d_o - f}{f}$$

위의 두 식이 서로 같다고 놓으면 $d_o/d_i = (d_o - f)/f$이다. 이 결과를 정리하면 다음과 같은 **거울 방정식**(mirror equation)을 얻는다.

거울 방정식 $$\frac{1}{d_o} + \frac{1}{d_i} = \frac{1}{f} \tag{25.3}$$

우리는 오목 거울 앞에 만들어지는 실상에 대해 이 방정식을 유도하였다. 이 경우, 상거리는 물체 거리나 초점 거리와 같이 양의 값이다. 그렇지만 앞 절에서 보았듯이, 만약 물체가 초점과 거울 사이에 위치하면, 오목 거울은 허상을 만들게 된다. 허상과 같이 거울 뒤에 있는 상에 대해서는 d_i가 음수라는 규약을 채택한다면, 식 25.3은 이러한 경우에도 적용

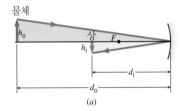
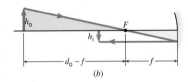

그림 25.21 이 그림들은 거울 방정식과 배율 방정식을 유도하는 데 사용된다. (a) 두 개의 색칠된 삼각형은 닮은꼴이다. (b) 만약 광선이 주축에 가깝게 있다면, 두 개의 색칠된 부분은 거의 닮은꼴 삼각형이다.

된다.

배율 방정식의 유도에서는, 거울의 배율(magnification) m 이 물체 높이와 상높이의 비라는 것을 기억해야 한다. 즉 $m = h_i/h_o$ 이다. 상의 크기가 물체의 크기보다 작다면, $|m|$ 값은 1보다 작다. 이와 반대로, 상이 물체보다 크다면, $|m|$ 값은 1보다 크다. 우리는 이미 $h_o/(-h_i) = d_o/d_i$ 임을 보였으니, 다음과 같은 **배율 방정식**(magnification eqution)을 얻게 된다.

배율 방정식

$$m = \frac{\text{상 높이}, h_i}{\text{물체 높이}, h_o} = -\frac{d_i}{d_o} \tag{25.4}$$

다음 예제 25.2에서 보듯이, m 값은 상이 도립이면 음수이고, 상이 정립이면 양수이다.

 예제 25.2 | **오목 거울에 의해 만들어지는 실상**

2.0 cm 높이의 물체가 곡률 반지름이 10.20 cm인 오목 거울로부터 7.10 cm 되는 곳에 있다. (a) 상의 위치와 (b) 상높이를 구하라.

살펴보기 $f = \frac{1}{2} R = \frac{1}{2} (10.20 \text{ cm}) = 5.10 \text{ cm}$ 이므로, 물체는 그림 25.17(a)처럼 거울의 곡률 중심 C 와 초점 F 사이에 놓여 있다. 그림에 의하면, 상은 실상일 것이고, 물체와 비교하면 상은 거울에서 더 멀리 떨어져 있고, 확대된 도립상일 것이다.

풀이 (a) $d_o = 7.10 \text{ cm}$ 이고 $f = 5.10 \text{ cm}$ 이므로, 거울 방정식(식 25.3)을 이용하여 상거리를 구하면

$$\frac{1}{d_i} = \frac{1}{f} - \frac{1}{d_o} = \frac{1}{5.10 \text{ cm}} - \frac{1}{7.10 \text{ cm}}$$
$$= 0.055 \text{ cm}^{-1}$$

즉

$$\boxed{d_i = 18 \text{ cm}}$$

이다. 이 계산에서, f 와 d_o 는 양수이고, 이는 초점과 물체가 거울 앞에 있다는 것을 나타낸다. d_i 가 양수인 결과는 상 또한 거울 앞에 있다는 것을 의미하고, 그림 25.17(a)처럼 반사 광선이 실제로 상을 통과해 지나간다. 즉 d_i 가 양의 값이라는 것은 상이 실상임을 나타낸다.

(b) 상높이는 거울의 배율 m 이 알려지면 바로 구할 수 있다. m 을 구하기 위해 배율 방정식(식 25.4)을 이용하면 다음과 같다.

$$m = -\frac{d_i}{d_o} = -\frac{18 \text{ cm}}{7.10 \text{ cm}} = -2.5$$

상높이는 $h_i = m h_o = (-2.5)(2.0 \text{ cm}) = \boxed{-5.0 \text{ cm}}$ 이다. 상은 물체보다 2.5 배 더 크며, m 과 h_i 가 음수라는 것은 상이 그림 25.17(a)처럼 물체에 대해 도립이라는 것을 나타낸다.

📋 **문제 풀이 도움말**
거울 방정식에 의하면 상거리 d_i 의 역수는 $d_i^{-1} = f^{-1} - d_o^{-1}$ 이다. 상거리의 역수를 구한 후에는, 다시 그 역수를 취하는 것을 잊지 않아야 올바르게 d_i 를 구할 수 있다.

볼록 거울

거울 방정식과 배율 방정식은, 이미 식 25.2에서 언급했던 것처럼 초점 거리 f 를 음수로 놓으면, 볼록 거울에서도 사용할 수 있다. 볼록 거울의 초점은 거울 뒤쪽에 있다는 것을 상기하기만 하면 된다. 예제 25.3은 볼록 거울에 대해 다루고 있다.

 예제 25.3 | **볼록 거울에 의해 만들어지는 허상**

볼록 거울이 거울 앞 66 cm인 곳에 위치한 물체로부터 나온 빛을 반사시키는 데 사용되고 있다. 초점 거리는 $f = -46 \text{ cm}$(음의 부호를 주의하라)이다. (a) 상의 위치와 (b) 배율을 구하라.

살펴보기 그림 25.20(a)처럼 볼록 거울은 항상 허상을 만들며, 그 상은 정립이고 물체보다 작다. 이러한 특성은 또한 이 예제의 해석 결과에 의해서도 나타나게 된다.

풀이   (a) $d_o = 66\,\text{cm}$이고 $f = -46\,\text{cm}$이므로, 거울 방정식에서

$$\frac{1}{d_i} = \frac{1}{f} - \frac{1}{d_o} = \frac{1}{-46\,\text{cm}} - \frac{1}{66\,\text{cm}}$$
$$= -0.037\,\text{cm}^{-1}$$

즉

$$\boxed{d_i = -27\,\text{cm}}$$

이다. d_i의 부호가 음인 것은 상이 거울 뒤에 있고, 따라서 허상

임을 나타낸다.

(b) 배율 방정식에 따르면, 배율은

$$m = -\frac{d_i}{d_o} = -\frac{(-27\,\text{cm})}{66\,\text{cm}} = \boxed{0.41}$$

이다. m이 1보다 작으므로 상은 물체에 비해 작고, 양이므로 정립상이다.

> ♤ 문제 풀이 도움말
> 거울 방정식을 사용할 때는 항상 광선 작도를 해서 계산 결과를 검증해 보는 것이 좋다.

평면 거울처럼 볼록 거울은 항상 거울 뒤쪽에 허상을 만든다. 그렇지만 볼록 거울의 허상은 평면 거울인 경우보다 거울에 더 가까이 있게 된다.

다음은 거울 방정식과 배율 방정식에서 사용되는 부호 규약의 요약이다. 이러한 규약은 오목 거울과 볼록 거울 모두에 적용된다.

구면 거울에서의 부호 규약 요약
초점 거리
> 오목 거울에 대해 f는 +
> 볼록 거울에 대해 f는 −

물체 거리
> 물체가 거울 앞에 있다면(실물체) d_o는 +
> 물체가 거울 뒤에 있다면(허물체)* d_o는 −

상거리
> 상이 거울 앞에 있다면(실상) d_i는 +
> 상이 거울 뒤에 있다면(허상) d_i는 −

배율
> 상이 물체에 대해 정립이면 m은 +
> 상이 물체에 대해 도립이면 m은 −

 ## 연습 문제

25.2 빛의 반사

25.3 거울에 의한 상의 형성

1(1)   두 개의 평면 거울이 120° 벌어져 있다. 광선이 입사각 65°로 거울 M_1에 부딪친다면, 거울 M_2를 떠날 때의 각 θ는 얼마인가?

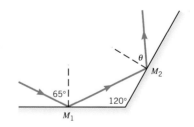

---

* 광학계에서는 많은 경우에 2개 이상의 거울을 사용한다. 첫 번째 거울에 의해 만들어진 상이 두 번째 거울의 물체가 된다. 경우에 따라, 첫 번째 거울에 의해 형성된 상이 두 번째 거울 면의 뒤에 있게 된다. 이런 경우 두 번째 거울의 입장에서 보면 물체 거리가 음이 되는데, 이런 물체를 허물체라 한다.

2(2) 바닥에서 1.70 m의 눈의 높이를 가진 사람이 평면 거울 앞에 서 있다. 그녀의 머리 꼭대기는 그녀의 눈 위 0.12 m이다. (a) 그녀가 자신의 전신을 보기 위한 최소한의 거울 길이는 얼마인가? (b) 거울의 하단이 바닥 위 어느 위치에 있어야 하는가?

3(3) 한 사람이 바닥에서 천장까지 평면 거울로 된 벽 앞 3.6 m에 서 있다. 그의 눈의 높이는 바닥에서 1.8 m이다. 회중 전등을 양발 사이에 잡고 그것이 거울을 향하도록 조정한다. 빛이 거울에 부딪힌 후 그의 눈에 들어오기 위한 입사각은 얼마인가?

4(5) 동일한 점에서 나와서 발산하는 두 개의 광선이 서로 10°의 각을 이루고 있다. 이 광선들이 평면 거울에 의해 반사된 후에는 그들 사이의 각은 얼마가 되는가? 해답을 확인하기 위해 이에 따른 광선 작도를 하라.

5(6) 당신은 나뭇가지에 앉아 있는 새를 촬영하려고 하지만 키큰 울타리가 당신의 시야를 막고 있다. 하지만 그림에서처럼 평면 거울이 빛을 반사하여 카메라를 통해 새를 볼 수 있다. 당신은 새의 사진을 찍기 위해 카메라 렌즈의 초점을 어느 거리에 설정해야 하는가?

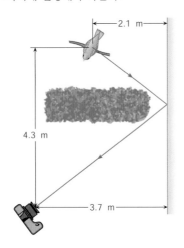

*6(7) 그림은 정사각형 방의 평면도를 도시한 것이다. 한쪽 벽은 없으며, 다른 세 벽은 각각 거울로 되어 있다. 열린 측면의 중앙에 있는 점 *P*로부터 한쪽 벽의 중심에 위치한 작은 표적을 맞추기 위해

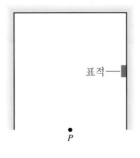

레이저를 비춘다. 빛이 거울을 한 번 이상은 거치지 않는다는 것을 가정하고, 레이저를 쪼일 수 있는 여섯 방향을 확인하고 명중한다. 광선 작도를 하여 당신의 선택을 확인하라.

*7(8) 광선이 평면 거울에 대해 입사각 45°로 부딪친다. 그리고 현재의 위치에서 15° 회전한 거울은 입사 광선은 그대로인 반면 반사 광선을 빨간색으로 나타내었다. (a) 회전된 반사선의 각도 ϕ는 얼마인가? (b) 입사각을 45° 대신에 60°라 하면 (a)의 답은 얼마인가?

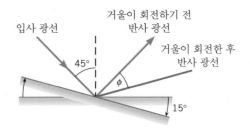

25.4 구면 거울
25.5 구면 거울에 의한 상의 형성

8(10) 2.0 cm 높이의 물체가 곡률 반지름이 10.0 cm인 오목 거울의 앞 15.0 cm 되는 곳에 있다. 척도에 맞게 광선 작도를 하여 (a) 상의 위치와 (b) 상높이를 구하라. 거울은 척도에 맞게 그려야 한다.

9(11) 2.0 cm 높이의 물체가 초점 거리가 20.0 cm인 오목 거울 앞 12.0 cm되는 곳에 있다. 척도에 맞게 광선 작도를 하여 (a) 상의 위치와 (b) 상높이를 구하여라. 거울은 척도에 맞게 그려야 한다.

10(12) 매우 멀리 있는 자동차의 상이 볼록 거울의 뒤 12 cm인 곳에 있다. (a) 거울의 곡률 반지름은 얼마인가? (b) 이 상황을 척도에 맞게 광선 작도를 이용하여 그려라.

11(13) 8번 문제를 곡률 반지름이 1.00×10^2 cm이고 물체 거리가 25.0 cm, 그리고 물체의 크기가 10.0 cm인 볼록 거울의 경우에 대해서 풀어라.

*12(15) 평면 거울과 오목 거울($f = 8.0$ cm)이 서로 마주보고 있으며, 거리가 20.0 cm 떨어져 있다. 물체가 평면 거울 앞 10.0 cm에 놓여 있다. 물체에서 나온 빛이 처음에 평면 거울에서 반사되고 그 다음에 오목 거울에서 반사된다고 가정하자. 척도에 맞게 광선 작도를 하여 오목 거울에 의해 만들어지는 상의 위치를 구하라. 오목 거울로부터의 거리로 나타내어라.

25.6 거울 방정식과 배율 방정식

13(16) 동전 하나가 오목 거울 앞 8.0 cm인 곳에 있다. 거울은 동전보다 지름이 4.0배 더 큰 실상을 나타낸다. 이 상거리는 얼마인가?

14(17) 오목 거울의 초점 거리가 42 cm이다. 이 거울에 의한 상이

거울 앞 97 cm에 만들어졌다. 물체 거리는 얼마인가?

15(18) 오목 거울의 초점 거리가 17 cm이다. 어떤 물체가 거울 앞 38 cm인 곳에 위치한다. 상의 위치는 어디인가?

16(19) 투명한 슬라이드를 벽 위에 투영하기 위해 오목 거울($R = 56.0$ cm)을 사용한다. 슬라이드가 거울로부터 거리가 31.0 cm 되는 곳에 위치하고 작은 램프로 슬라이드를 통해 거울 위에 빛을 비춘다. 이러한 구성은 그림 25.17(a)와 유사하다. (a) 거울의 위치는 벽으로부터 얼마나 멀리 떨어져 있어야 하는가? (b) 슬라이드에서 물체 높이 0.95 cm이다. 상높이는 얼마인가? (c) 벽에 비춰진 그림이 정상적이기 위해서는 슬라이드가 얼마나 회전해야 하는가?

17(20) 볼록 거울 앞 25 cm에 있는 어떤 물체의 상이 거울 뒤 17 cm인 곳에 있다. 물체가 거울 앞 19 cm인 곳에 있을 때 상은 거울 뒤 얼마의 거리에 위치하는가?

18(21) 오목 거울에 의해 만들어진 상이 거울 앞 26 cm인 곳에 있다. 거울의 초점 거리는 12 cm이다. 물체의 위치는 거울 앞에서 얼마나 떨어져 있는가?

19(22) 오목 거울($f = 45$ cm)이 거울로부터 거리가 물체의 거리의 1/3인 상을 만든다. (a) 물체의 거리와 (b) 상거리(양)를 구하라.

20(23) 구면 거울로 볼 때, 지는 태양의 상이 허상이다. 상은 거울 뒤 12.0 cm인 곳에 놓여 있다. (a) 이 거울은 오목 거울인가 아니면 볼록 거울인가? 그 이유는? (b) 거울의 곡률 반지름은 얼마인가?

∗21(24) 촛불이 볼록 거울의 앞 15.0 cm인 곳에 놓여 있다. 볼록 거울 대신 평면 거울을 비출 때 상은 거울로부터 7.0 cm 더 멀리 이동한다. 볼록 거울의 초점 거리를 구하라.

∗22(25) 한 물체가 볼록 거울 앞에 있고, 상높이는 물체의 $\frac{1}{4}$이다. 거울의 초점 거리에 대한 물체 거리의 비 d_o/f는 얼마인가?

∗23(26) 같은 물체가 A와 B인 두 구면 거울로부터 같은 거리에 위치한다. 거울에 나타난 크기는 $m_A = 4.0$와 $m_B = 2.0$이다. 거울의 초점 거리의 비 f_A/f_B를 구하라.

∗24(27) 한 물체가 볼록 거울 앞 14.0 cm인 곳에 있고, 상은 거울 뒤 7.00 cm에 있다. 처음 것보다 두 배나 크지만, 위치가 다른 두 번째 물체가 거울 앞에 있다. 두 번째 물체의 상이 처음 상과 똑같은 높이를 갖는다. 두 번째 물체의 위치는 거울 앞에서 얼마나 떨어져 있는가?

∗∗25(29) 거울 방정식과 배율 방정식을 이용하여, 볼록 거울에 대해 상은 항상 (a) 허상(즉, d_i가 항상 음수)이고 (b) 물체에 대하여 정립이고, 더 작음(즉 m이 양수이고 1보다 작음)을 보여라.

Chapter 26

빛의 굴절: 렌즈와 광학기기

26.1 굴절률

앞서 24.3절에서 논의한 바와 같이, 빛은 진공 속을 $c = 3.00 \times 10^8$ m/s의 속도로 진행하며 공기, 물, 그리고 유리 등과 같은 많은 종류의 물질을 통과해 진행할 수 있다. 그렇지만 물질 속의 원자들은 빛을 흡수하고, 재방출하고, 산란시킨다.* 그러므로 빛은 물질 속에서는 c 보다 작은 속도로 통과해 지나가고, 이 속도는 물질의 성질에 의해 결정된다. 일반적으로, 한 물질에서 다른 물질로 광선이 진행할 때 처음 입사 방향과는 달라지며 이로부터 광선의 속도 변화를 알 수 있게 된다. 이러한 방향의 변화를 **굴절**(refraction)이라 하며, 다음 절에서 논의하게 될 스넬의 굴절 법칙을 따른다.

물질 속에서 빛의 속도가 진공에서와 다른 정도를 표시하기 위해서, 우리는 **굴절률** (index of refraction)이라 부르는 용어를 사용한다. 굴절률은 진공 속에서의 빛의 속도 c 와 물질에서의 빛의 속도 v와 관련된다. 굴절률은 이 장에서 논의되는 모든 현상의 기초가 되는 스넬의 굴절 법칙에 나타나 있으므로 중요한 매개 변수이다.

■ 굴절률

물질의 굴절률 n은 물질에서의 빛의 속도 v에 대한 진공에서의 빛의 속도 c의 비율이다.

$$n = \frac{\text{진공에서의 빛의 속도}}{\text{물질에서의 빛의 속도}} = \frac{c}{v} \tag{26.1}$$

표 26.1은 여러 일상적인 물질의 굴절률을 열거하고 있다. n 값이 1보다 큰 것은 물질 매질 안에서의 빛의 속도가 진공에서 보다 작기 때문이다. 예를 들어 다이아몬드의 굴절률 $n = 2.419$이므로 다이아몬드에서의 빛의 속도는 $v = c/n = (3.00 \times 10^8 \text{ m/s}) / 2.419 = 1.24 \times 10^8$ m/s이다. 이와는 대조적으로, 공기(그리고 또한 다른 기체에 대해서도)의 굴절률은 대부분의 경우에 $n_{공기} = 1$에 가깝다. 굴절률은 빛의 파장에 따라 약간 달라지며, 표 26.1에서

표 26.1 여러 가지 물질의 굴절률 (파장이 589 nm인 빛으로 측정하였을 때)

물질	굴절률 n
20 °C의 고체	
다이아몬드	2.419
크라운 유리	1.523
얼음(0 °C)	1.309
암염	1.544
석영	
석영 결정	1.544
융용 석영	1.458
20 °C의 액체	
벤젠	1.501
이황화탄소	1.632
사염화탄소	1.461
에탄올	1.362
물	1.333
0 °C, 1 기압의 기체	
공기	1.000 293
이산화탄소	1.000 45
산소 O_2	1.000 271
수소 H_2	1.000 139

*이 장에서 빛의 진행과 관련해서 사용하는 용어 '속도' 는 엄밀하게 말하면 '속력' 으로 써야 되지만 빛의 속도(광속, 빛속도)란 용어가 있으므로 편의상 속도로 번역하였다(역자 주).

의 값은 진공에서 파장 $\lambda = 589\,\text{nm}$ 인 빛에 대한 값이다.

26.2 스넬의 법칙과 빛의 굴절

스넬의 법칙

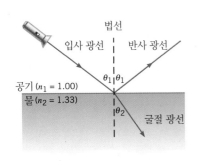

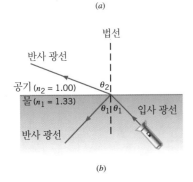

그림 26.1 (a) 광선이 공기에서 물을 향해 진행할 때, 빛의 일부는 경계면에서 반사되고, 나머지가 물속으로 굴절되며 굴절 광선은 법선을 향하여 꺾인다($\theta_2 < \theta_1$). (b) 광선이 물에서 공기를 향해 위로 진행할 때, 굴절 광선은 법선에서 멀어지게 꺾인다($\theta_2 > \theta_1$).

빛이 두 개의 투명한 물질, 예를 들어 공기와 물 사이의 경계면에 부딪칠 때, 그림 26.1(a)에 나타난 바와 같이 빛은 일반적으로 두 부분으로 나누어진다. 빛의 한 부분은 입사각과 같은 반사각으로 반사된다. 나머지 부분은 경계면을 지나 투과해 간다. 만약 입사 광선이 경계면에 수직으로 입사하지 않는다면, 투과 광선은 입사 광선과는 다른 방향을 갖게 된다. 이를 두 번째 물질로 들어간 광선이 굴절되었다고 말한다.

그림 26.1(a)에서 빛은 굴절률이 더 작은 매질(공기)로부터 더 큰 매질(물)로 진행하고, 굴절 광선은 법선 방향으로 꺾인다. 이 경우 빛의 진행이 가역적이기 때문에 그림 (b)에서는 꺾이는 방향이 반대로 된다. 즉 빛이 상대적으로 더 큰 굴절률(물)로부터 더 작은 굴절률(공기)인 곳으로 진행할 때는 굴절 광선은 법선 방향에서 멀어지는 방향으로 꺾인다. 이때 반사 광선은 물속에 있게 된다. 그림의 두 부분 모두에서 입사각, 굴절각 그리고 반사각은 법선을 기준으로 잰다. 공기의 굴절률이 (a)는 n_1으로 표기되고, 반면 (b)는 n_2로 표기됨을 주목하라. 여기서는 입사(그리고 반사) 광선에 관계되는 모든 변수를 첨자 1로 표기하고 굴절 광선에 관계되는 모든 변수를 첨자 2로 표기한다.

굴절각 θ_2는 입사각 θ_1과 두 매질의 굴절률인 n_1과 n_2에 의해 결정된다. 이러한 값들의 관계는, 이것을 실험적으로 발견한 네덜란드 수학자 스넬(1591~1626)의 이름을 따서, 굴절에 관한 **스넬의 법칙**(Snell's law of refraction)이라 알려져 있다. 이 절의 끝부분에서 스넬의 법칙의 증명에 대해 다루게 된다.

> **■ 굴절에 관한 스넬의 법칙**
> 빛이 굴절률이 n_1인 물질로부터 굴절률이 n_2인 물질로 진행할 때, 굴절 광선, 입사 광선, 그리고 법선(물질 사이의 경계에 대한 수직선)은 모두 동일 평면에 놓여있다. 입사각 θ_1과 굴절각 θ_2는 다음 관계를 갖는다.
>
> $$n_1 \sin \theta_1 = n_2 \sin \theta_2 \tag{26.2}$$

예제 26.1에서 스넬의 법칙의 사용에 대해 설명한다.

예제 26.1 │ 굴절각의 계산

광선이 공기/물 경계면에, 법선에 대하여 46°의 각으로 부딪친다. 물의 굴절률은 1.33이다. 광선이 (a) 공기에서부터 물로, (b) 물에서부터 공기로 향할 때의 굴절각을 구하라.

살펴보기 스넬의 법칙은 (a)와 (b)에서 모두 적용된다. 그렇지

만 (a)에서는 입사 광선이 공기 중에 있고 반면에 (b)에서는 물속에 있다. 항상 입사(그리고 반사)광선에 관계되는 모든 변수를 첨자 1로 표기하고 굴절 광선에 관계되는 모든 변수를 첨자 2로 표기하면서 그 차이점에 대해서 알아보자.

풀이 (a) 입사 광선이 공기 중에 있으므로, $\theta_1 = 46°$이고 $n_1 = 1.00$이다. 굴절 광선은 물속에 있으므로 $n_2 = 1.33$이다. 굴절각 θ_2를 구하기 위해 스넬의 법칙을 이용한다.

$$\sin \theta_2 = \frac{n_1 \sin \theta_1}{n_2} = \frac{(1.00) \sin 46°}{1.33} = 0.54 \quad (26.2)$$
$$\theta_2 = \sin^{-1}(0.54) = \boxed{33°}$$

θ_2가 θ_1보다 작으므로, 굴절 광선은 그림 26.1(a)와 같이 법선

을 향하여 꺾인다.

(b) 입사 광선이 물속에 있으므로, 다음과 같이 구해진다.

$$\sin \theta_2 = \frac{n_1 \sin \theta_1}{n_2} = \frac{(1.33) \sin 46°}{1.00} = 0.96$$
$$\theta_2 = \sin^{-1}(0.96) = \boxed{74°}$$

θ_2가 θ_1보다 크므로, 굴절 광선은 그림 26.1(b)와 같이 법선에서 멀어지게 꺾인다.

우리는 광파의 반사와 굴절이 두 개의 투명한 물질 사이의 경계면에서 동시에 나타나는 것을 알 수 있었다. 광파는 에너지를 전달하는 전기장과 자기장으로 구성되어 있다는 것을 염두에 두는 것이 중요하다. 에너지 보존 법칙에 따라서 반사된 에너지와 굴절된 에너지의 합은 물질에 의해 흡수된 에너지가 없다면, 입사광에 의해 전달되는 에너지와 같다. 입사에너지의 몇 퍼센트가 반사광과 굴절광으로 나타나는지는 입사각 및 경계면 양쪽 면에서의 물질의 굴절률에 관계된다. 한 예로, 빛이 공기에서 물을 향하여 수직으로 진행될 때, 대부분의 빛에너지는 굴절되고 반사되는 것은 거의 없다. 그러나 입사각이 90° 가까이 되고, 빛이 물 표면을 겨우 스치고 지나가면, 빛에너지의 대부분은 반사되고 약간의 양만이 물속으로 굴절된다. 비 내리는 밤에, 당신은 아마 젖은 도로를 지나가면서 마주 오는 차의 전조등 빛 때문에 눈이 부셔 귀찮았던 경험이 있을 것이다. 이러한 조건에서는 빛에너지의 대부분이 반사되어 당신의 눈으로 들어오게 된다.

동시에 일어나는 빛의 반사와 굴절은 많은 장치에 사용되고 있다. 예를 들어 자동차의 실내 백미러에는 대개 조절 레버가 있다. 레버의 한 위치가 낮에 주행할 때 필요한 것이라면 다른 것은 야간 주행 때 필요한 것이며, 뒤쪽에 있는 자동차의 전조등 불빛에 의한 눈부심을 줄여준다. 그림 26.2(a)와 같이, 이런 종류의 거울은 뒷면이 은도금되어 있는 쐐기 모양의 유리로 높은 반사율을 가진다. 그림의 (b)는 주간에 조절된 모습을 보여준다. 뒤쪽 차로부터 오는 불빛은 경로 $ABCD$를 따라 운전자의 눈으로 들어온다. 빛이 공기-유리 경계면에 부딪치는 점 A와 C에서는 반사광과 굴절광이 모두 존재한다. 반사광은 가는 선으로 그려져 있으며, 가는 선은 낮 동안에는 빛의 작은 부분(약 10 %)만이 A와 C에서 반사된다는 것을 표시한다. A와 C에서 반사된 약한 반사광은 운전자의 눈으로 들어오지 못한다. 이와 반대로, 빛의 거의 대부분은 은도금된 뒷면에 도달하여 B에서 운전자를 향하여 반사된다. 빛의 대부분이 경로 $ABCD$를 따르므로, 운전자는 뒤쪽 차의 밝은 상을 보게 된다. 야

◐ 주-야 조절이 가능한 자동차의 실내 백미러의 물리

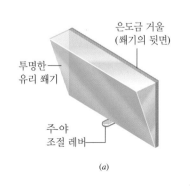

(a)

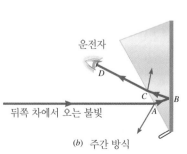

(b) 주간 방식

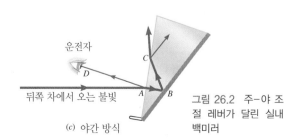

(c) 야간 방식

그림 26.2 주-야 조절 레버가 달린 실내 백미러

간에는, 조절 레버를 이용하여 거울의 상단 부분을 회전시켜 운전자로부터 멀어지게 할 수 있다[그림 (c) 참조]. 이제, 뒤쪽 전조등으로부터 오는 빛의 대부분은 경로 *ABC*를 따르게 되고, 운전자에게 오지 못한다. 단지 경로 *AD*를 따라 앞쪽 표면으로부터 약하게 반사된 빛만이 보이고, 그 결과 눈부심이 현저하게 줄어든다.

예제 26.2 | 물속에 잠긴 상자 찾기

요트 위의 서치라이트가 그림 26.3과 같이 밤에 물속에 잠긴 상자를 비추기 위해 사용되고 있다. 상자에 빛을 비추기 위한 입사각 θ_1은 얼마인가?

살펴보기 입사각 θ_1은 굴절된 후 빛이 상자에 부딪치게 되어야 한다. 입사각은 굴절각 θ_2가 결정되면 바로 스넬의 법칙으로 구할 수 있다. 이러한 각도는 그림 26.3의 자료와 삼각법을 이용하여 얻을 수 있다. 빛은 굴절률이 더 낮은 영역에서 더 높은 영역으로 진행한다. 따라서 빛은 법선 방향으로 굽고 θ_1이 θ_2보다 더 클 것으로 예상된다.

풀이 그림에서의 자료로부터 $\tan\theta_2 = (2.0\,\text{m})/(3.3\,\text{m})$이고, 따라서 $\theta_2 = 31°$임을 알 수 있다. 공기의 굴절률 $n_1 = 1.00$이고 물의 굴절률 $n_2 = 1.33$이므로 스넬의 법칙에 따라 다음과 같이 된다.

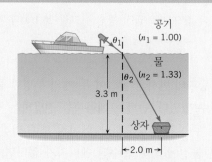

그림 26.3 서치라이트에서 나온 빛이 물속으로 들어갈 때 굴절된다.

$$\sin\theta_1 = \frac{n_2 \sin\theta_2}{n_1} = \frac{(1.33)\sin 31°}{1.00} = 0.69$$

$$\theta_1 = \sin^{-1}(0.69) = \boxed{44°}$$

예상대로, θ_1이 θ_2보다 더 크다.

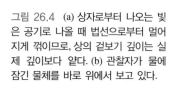

문제 풀이 도움말
이 책에서는 입사 광선이 진행하는 매질의 굴절률을 n_1으로 표시하고 굴절 광선이 진행하는 매질의 굴절률을 n_2로 표시한다.

겉보기 깊이

굴절의 흥미로운 결과 중 하나는 물 밑에 놓인 물체가 실제 위치보다 표면에 더 가까이 보인다는 것이다. 예제 26.2에는 이러한 물체에 빛을 비추기 위한 방법을 보여줌으로써 그 이유를 설명하기 위한 상황이 설정되어 있다.

예제 26.2의 물속에 잠긴 상자가 보트에서 보일 때[그림 26.4(a)], 상자에서부터 나온 빛은 물을 통과해 위쪽으로 와서, 공기로 들어올 때 법선에서 멀어지게 굴절되며, 관측자를 향해 진행한다. 이 모양은 광선의 방향이 반대인 것과 서치라이트가 관측자로 바뀐 것

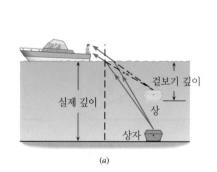

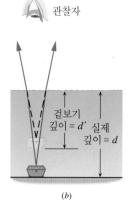

그림 26.4 (a) 상자로부터 나오는 빛은 공기로 나올 때 법선으로부터 멀어지게 꺾이므로, 상의 겉보기 깊이는 실제 깊이보다 얕다. (b) 관찰자가 물에 잠긴 물체를 바로 위에서 보고 있다.

을 제외하고는 그림 26.3과 유사하다. 공기로 들어오는 광선을 물 안쪽을 향해 거꾸로 연장하면(점선 참고), 관측자가 실제 깊이보다 얕은 겉보기 깊이로 상자의 상을 봄을 알 수 있다. 이 상은 광선이 실제로 그것을 통과해 지나가지 않으므로 허상이다. 그림 26.4(a)에서 보여준 상황에서는 겉보기 깊이를 계산하기가 어렵다. 관측자가 물에 잠긴 물체 바로 위에 있는 간단한 경우를 그림 (b)에서 보여주고 있으며, 실제 깊이 d에 대한 겉보기 깊이 d'는

겉보기 깊이, 관측자가 물체 바로 위에 있을 때 $\qquad d' = d\left(\dfrac{n_2}{n_1}\right) \qquad\qquad$ (26.3)

여기서 n_1은 입사 광선쪽 매질(물체쪽 매질)의 굴절률이고, n_2는 굴절 광선쪽 매질(관측자쪽 매질)의 것이다. 예제 26.3은 겉보기 깊이의 영향이 물에서는 더욱 두드러진다는 것을 설명하고 있다.

 예제 26.3 | 수영장의 겉보기 깊이

한 여자 수영 선수가 3.00 m 깊이의 수영장의 수면 위에서(머리는 물 위에 두고) 수영을 하고 있다. 그녀가 바로 아래 바닥에 있는 동전을 보고 있다. 동전이 얼마나 깊은 곳에 있는 것으로 보이는가?

살펴보기 광선이 동전에서부터 수영 선수에게로 진행한다는 것을 기억하면 식 26.3은 겉보기 깊이를 구하는 데 사용될 수 있다. 따라서 입사 광선은 물 ($n_1 = 1.33$) 밑의 동전으로부터 나

오고, 반면에 굴절 광선은 공기($n_2 = 1.00$) 중에 있다.

풀이 동전의 겉보기 깊이 d'은 다음과 같다.

$$d' = d\left(\frac{n_2}{n_1}\right) = (3.00\ \text{m})\left(\frac{1.00}{1.33}\right) \qquad (26.3)$$
$$= \boxed{2.26\ \text{m}}$$

동전은 실제 깊이보다 얕은 곳에 있는 것으로 보인다.

투명한 판에 의한 빛의 변위

투명한 물체 판의 한 예로 유리창의 유리판을 생각해 보자. 이것은 서로 평행한 표면들이 있는 판유리이다. 빛이 유리를 통과해 지나갈 때, 유리를 빠져나온 광선은 그림 26.5에서 알 수 있듯이 입사된 광선과 평행하지만 변위되어 있다. 이 사실은 두 개의 유리 표면 각각에서 스넬의 법칙을 적용함으로써 확인될 수 있다. 곧 $n_1 \sin\theta_1 = n_2 \sin\theta_2 = n_3 \sin\theta_3$이다. 공기가 유리를 둘러싸고 있으므로 $n_1 = n_3$이고, 따라서 $\sin\theta_1 = \sin\theta_3$이다. 그러므로

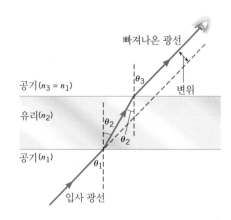

그림 26.5 평행한 면을 가지며 공기로 둘러싸인 유리판을 광선이 통과해 지나갈 때, 유리를 빠져나온 광선은 입사 광선과 평행하지만($\theta_3 = \theta_1$), 옆으로 이동한다.

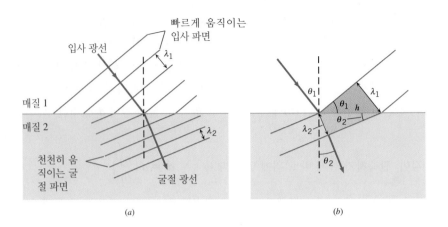

그림 26.6 (a) 빛이 매질 1로부터 매질 2로 지나갈 때 파면이 꺾인다. (b) 경계면에서 입사파와 굴절파의 확대된 모습

$\theta_1 = \theta_3$이고, 유리를 빠져나온 광선과 입사 광선은 평행하다. 그렇지만 그림에서 알 수 있듯이, 유리를 빠져나온 광선은 입사 광선에 대하여 옆으로 변위된다. 변위의 크기는 입사각, 판의 두께, 그리고 굴절률에 의존된다.

스넬의 법칙의 유도

스넬의 법칙은 빛이 한 물질로부터 다른 물질로 진행할 때 파면이 어떻게 되는가를 고려하면 유도될 수 있다. 그림 26.6(a)는 빛의 속도가 큰 매질 1에서부터, 빛의 속도가 작은 매질 2로 빛이 진행하는 것을 보여주고 있다. 그러므로 n_1이 n_2보다 작다. 이 그림에서 평면 파면은 입사 광선과 굴절 광선에 수직 방향으로 표시되어 있다. 파면 중 매질 2로 들어간 부분은 느리게 움직이므로, 매질 2 속의 파면은 매질 1 속의 파면보다 상대적으로 시계 방향으로 회전된다. 이에 따라서 그림과 같이 매질 2에서의 굴절 광선은 법선 방향으로 꺾인다.

입사파와 굴절파가 서로 다른 속도를 갖지만, 그들의 진동수 f는 동일하다. 진동수가 변하지 않는다는 사실은 굴절파와 관련된 원자 속의 역학에 의해서 설명될 수 있다. 전자기파가 표면에 부딪칠 때, 진동하는 전기장은 매질 2의 분자 속의 전자를 파동과 동일한 진동수로 진동하게 한다. 가속된 전자는 안테나 속의 전자들처럼 새로운 전자기파를 복사하고 이 전자기파는 처음의 파동과 결합된다. 매질 2에서의 알짜 전자기파는 처음 파동과 새로 생긴 파동이 겹친 것이고, 이러한 중첩이 굴절파를 형성한다. 물질 속에서 새로 생긴 파동이 입사파와 진동수가 같으므로, 굴절파 역시 입사파와 같은 진동수를 갖는다.

그림 26.6(a)에서 연속적인 파면 사이의 간격은 파장 λ로 표시되어 있다. 양쪽 매질에서 진동수는 동일하나 속도가 다르므로, 식 16.1로부터 파장이 다르다는 것을 알 수 있다. 즉 $\lambda_1 = v_1/f$ 이고 $\lambda_2 = v_2/f$ 이다. v_1이 v_2보다 크다고 가정하였으므로, λ_1이 λ_2보다 크고 매질 1에서의 파면 사이의 간격이 더 멀다.

그림 26.6(b)는 표면에서의 입사파와 굴절파면의 확대된 모습이다. 색칠된 직각 삼각형 안의 각 θ_1과 θ_2는 각각 입사각과 굴절각이다. 또한 삼각형들이 동일한 빗변을 가지므로

$$\sin \theta_1 = \frac{\lambda_1}{h} = \frac{v_1/f}{h} = \frac{v_1}{hf}$$

이고

$$\sin \theta_2 = \frac{\lambda_2}{h} = \frac{v_2/f}{h} = \frac{v_2}{hf}$$

이다. 이 두 방정식에서 공통 인자 hf를 소거하여 결합하면 다음과 같다.

$$\frac{\sin \theta_1}{v_1} = \frac{\sin \theta_2}{v_2}$$

이 결과의 양변에 진공에서의 빛의 속도 c를 곱하고, c/v가 굴절률 n이라는 것을 고려하면, $n_1 \sin \theta_1 = n_2 \sin \theta_2$이고 이것이 바로 스넬의 법칙이다.

26.3 내부 전반사

굴절률이 보다 큰 매질에서 굴절률이 더 작은 매질로, 예를 들어 물에서 공기로 빛이 진행할 때 굴절 광선은 그림 26.7(a)처럼 법선으로부터 멀어지게 꺾인다. 입사각이 증가하면, 굴절각 역시 증가한다. 입사각이 어떤 값에 도달하면 굴절각이 90°가 된다. 즉 굴절 광선은 표면을 따라 진행하게 된다. 이때의 입사각을 **임계각**(critical angle) θ_c라 부른다. 그림 (b)는 입사각이 임계각일 때의 모습을 보여준다. 그림 (c)처럼, 입사각이 임계각보다 크면 굴절광은 없어진다. 모든 입사광은 그것이 진행되어 왔던 매질 안으로 반사되어 되돌아간다. 이 현상을 **내부 전반사**(total internal reflection)라고 부른다. 내부 전반사는 빛이 보다 높은 굴절률의 매질로부터 보다 낮은 굴절률의 매질로 진행될 때만 나타난다. 반대 방향으로— 예를 들어 공기에서 물로—빛이 진행할 때는 나타나지 않는다.

임계각 θ_c에 대한 표현은 $\theta_1 = \theta_c$ 그리고 $\theta_2 = 90°$로 놓으면 스넬의 법칙으로 구할 수 있다 [그림 26.7(b) 참조].

$$\sin \theta_c = \frac{n_2 \sin 90°}{n_1}$$

임계각 $$\sin \theta_c = \frac{n_2}{n_1} \quad (n_1 > n_2) \tag{26.4}$$

예를 들어 물($n_1 = 1.33$)로부터 공기($n_2 = 1.00$)로 진행하는 경우에 임계각은 $\theta_c = \sin^{-1}(1.00/1.33) = 48.8°$이다. 하나의 예로 입사각이 48.8°보다 크면, 스넬의 법칙에서 $\sin \theta_2$가 1보다 크게 되는데, 이것은 불가능하다. 따라서 입사각이 48.8°를 초과할 때 굴절광은 없으며, 그림 26.7(c)와 같이 빛은 모두 반사되어 돌아온다.

다음 예제는 굴절률이 변화될 때 임계각이 어떻게 변화되는가를 설명해 주고 있다.

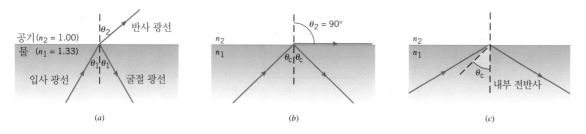

그림 26.7　(a) 높은 굴절률의 매질(물)에서 낮은 굴절률의 매질(공기)로 빛이 진행할 때, 굴절 광선은 법선으로부터 멀어지게 꺾인다. (b) 입사각이 임계각 θ_c와 같을 때, 굴절각은 90°이다. (c) 만약 θ_1이 θ_c보다 크면, 굴절광이 없어지고 내부 전반사가 일어난다.

예제 26.4 | 내부 전반사

빛이 다이아몬드($n_1 = 2.42$)를 통하여 전파되고 있으며 28°의 입사각으로 다이아몬드-공기 경계면에 부딪친다. (a) 경계면에서 빛의 일부가 공기($n_2 = 1.00$)로 들어갈 것인가 아니면 전반사될 것인가? (b) 다이아몬드가 물($n_2 = 1.33$) 속에 있다고 가정하고 (a)를 다시 풀어라.

살펴보기 내부 전반사는 광선 빔의 입사각이 임계각 θ_c보다 클 때만 일어난다. 임계각이 입사 매질(n_1)과 굴절 매질(n_2)의 굴절률의 비 n_2/n_1에 의존하므로, (a)와 (b)에서 임계각은 서로 다르다.

풀이 (a) 다이아몬드에서 임계각 θ_c는 식 26.4에 의해 다음과 같다.

$$\theta_c = \sin^{-1}\left(\frac{n_2}{n_1}\right)$$
$$= \sin^{-1}\left(\frac{1.00}{2.42}\right) = 24.4°$$

28°의 입사각은 임계각보다 크므로, 빛은 모두 반사되어 다이아몬드로 되돌아온다.

(b) 다이아몬드가 물에 둘러싸여 있다면, 임계각은 다음과 같이 더 커진다.

$$\theta_c = \sin^{-1}\left(\frac{n_2}{n_1}\right)$$
$$= \sin^{-1}\left(\frac{1.33}{2.42}\right) = 33.3°$$

이 임계각보다 작은 28°의 입사각을 갖는 광선은 물로 굴절된다.

쌍안경, 잠망경 그리고 망원경 등과 같은 많은 광학기기들은 빛의 진로를 90° 또는 180° 바꾸기 위해, 유리 프리즘 속에서의 내부 전반사를 이용한다. 그림 26.8(a)에서는 45°－45°－90° 유리 프리즘($n_1 = 1.5$)에 들어와서 $\theta_1 = 45$°의 입사각으로 프리즘의 빗면에 부딪치는 광선을 보여준다. 유리-공기 경계면에서 임계각은 $\theta_c = \sin^{-1}(n_2/n_1) = \sin^{-1}(1.0/1.5) = 42$°이다. 입사각이 임계각보다 크므로, 빛은 빗면에서 전부 반사되고 그림처럼 수직인 위 방향을 향하여 90° 방향이 변하게 된다. 그림의 (b)는 같은 프리즘에서 내부 전반사가 두 번 일어날 때 광선의 방향이 180° 변하는 것을 보여준다. 프리즘은 또한 광선을 처음 방향과 같은 방향으로 옆으로 이동시키기만 하는 데 사용될 수도 있다. 그림 26.8(c)는 쌍안경에서의 이러한 응용을 보여준다.

◉ 광섬유의 물리   내부 전반사의 중요한 응용의 하나가 광섬유이다. 이것은 머리카락 두께의 유리나 플라스틱으로 된 관으로 한 곳에서 다른 곳으로 빛을 전달할 수 있다. 그림 26.9(a)는 빛을 전달하는 원통형 내부 코어와 외부의 동심의 클래딩(cladding)으로 구성되어 있는 광섬유를 보여준다. 코어는 투명한 유리나 플라스틱으로 만들어지고 상대적으로 높은 굴절률을 갖는다. 클래딩은 역시 유리로 만들어지나, 상대적으로 낮은 굴절률을 갖는 유리로 만들어진다. 코어의 한쪽 끝으로 들어간 빛은 임계각보다 큰 입사각으로 코어와 클래딩의 경계

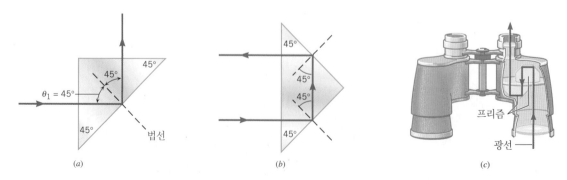

그림 26.8 유리-공기 경계면에서의 내부 전반사는 광선의 방향을 (a) 90° 또는 (b) 180° 바꾸는 데 사용될 수 있다. (c) 어떤 쌍안경에서는 두 개의 프리즘이 각각 내부 전반사에 의해 두 번씩 빛을 반사시켜서 광선이 옆으로 이동하게 한다.

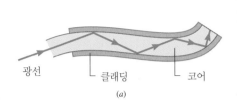

광선 클래딩 코어
(a)
(b)

그림 26.9 (a) 빛이 코어-클래딩 경계면에 부딪칠 때마다 전체적으로 반사되고 코어 자체에 의한 빛의 흡수가 작으므로 휘어진 광섬유 속에서 손실이 거의 없이 진행할 수 있다. (b) 빛은 광섬유 다발에 의해 전달된다.

면에 부딪쳐서 전반사된다. 그러므로 빛은 광섬유 속에서 지그재그 모양으로 진행한다. 잘 설계된 광섬유에서는, 극히 적은 양의 빛만이 코어에서 흡수되어 손실되므로, 빛은 수십 킬로미터 정도는 세기가 거의 줄지 않은 채로 진행할 수 있다. 광섬유는 종종 케이블로 제작되기 위해 함께 묶여 있다. 광섬유 자체가 아주 가늘기 때문에 케이블이 상대적으로 작고 유연하므로, 더 큰 금속 케이블을 사용할 수 없는 장소에도 쓸 수 있다.

전기 신호가 구리 도선을 통하여 정보를 전달하는 것처럼 광섬유를 통하여 빛이 정보를 전달할 수 있는데, 외부의 전기적 간섭이 없으므로 광섬유 케이블은 고품질의 전자 통신 매개체이다. 빛의 정보 전달 용량은 전기 신호일 때보다 수천 배나 된다. 광섬유 한 개를 통해 지나가는 레이저 빔으로도 수만 통의 전화 통화와 여러 TV 프로그램을 동시에 전달할 수 있다.

의학 분야에서도 광섬유 케이블이 쓰인다. 한 예로, 내시경은 인체 내부를 들여다보는 데 사용되는 장치이다. 그림 26.10은 내시경의 일종인 기관지 내시경을 사용하는 모습을 보여준다. 두 개의 광섬유 케이블이 코나 입을 통하여, 기관지의 관으로 내려가서, 폐의 안쪽으로 들어간다. 하나는 신체 내부를 비추기 위한 불빛을 전달하고, 다른 하나는 관찰된 상을 전송한다. 기관지 내시경으로 폐질환을 쉽게 진단할 수 있다. 어떤 기관지 내시경은 조직시료를 채집하기까지도 할 수 있다. 결장 내시경은 내시경의 또 다른 종류인데, 기관지 내시경과 유사하다. 이것은 직장을 통해 삽입하여 결장 내부를 조사하는 데 사용된다 (그림 26.11 참조). 결장 내시경은 초기 결장암을 진단하여 치료하는 데 큰 기여를 한다.

● 내시경의 물리

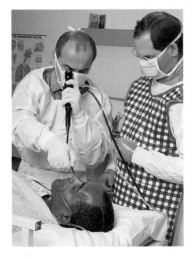

그림 26.10 폐질환의 징후를 관찰하기 위해 기관지 내시경을 사용한다.

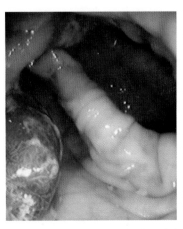

그림 26.11 결장 내시경이 결장의 벽에 붙어 있는 폴립(빨간색)을 보여주고 있다. 암으로 발전하거나 대장을 막을 만큼 크게 자란 폴립은 수술로 제거해야 한다.

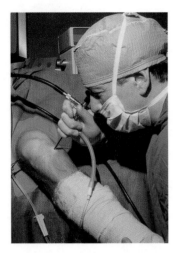

그림 26.12 사진에서 손상된 무릎을 치료하는 것처럼 관절 내시경에 의한 수술도 광섬유를 이용한다.

외과 수술 분야도 광섬유를 사용함으로써 큰 변화가 일어나고 있다. 관절 내시경 수술은 광섬유 케이블의 끝에 지름이 수 밀리미터인 작은 수술 도구를 부착한 기기를 사용한다. 의사는 피부 조직을 아주 조금 절개하여 그 도구와 케이블을, 무릎과 같은 곳의 관절 속으로 집어넣을 수 있다(그림 26.12 참조). 따라서 수술 후의 회복이 전통적인 외과 수술법에 비해 상대적으로 빨라진다.

26.4 편광과 빛의 반사와 굴절

편광이 되지 않은 빛이 물과 같은 비금속성 표면에 비스듬하게 입사하여 반사될 때는 부분적으로 편광이 된다. 이 사실을 증명하기 위해서, 호수로부터 반사된 햇빛을 향해 편광(폴라로이드) 선글라스를 돌려보자. 당신은 안경을 통해 전달된 빛의 세기가 안경을 정상적으로 착용했을 때 최소가 되는 것을 알 수 있을 것이다. 안경의 투과축이 수직으로 정렬되어 있으므로, 호수로부터 반사된 빛은 수평 방향으로 부분적으로 편광이 되어 있음을 알 수 있다.

어떤 특정한 입사각일 때는 반사광이 표면에 평행인 방향으로 완전히 편광이 되며, 굴절광은 부분적으로 편광이 된다. 이 각을 브루스터각(Brewster angle) θ_B라 한다. 그림 26.13은 편광되지 않은 빛이 브루스터각으로 비금속성 표면에 부딪칠 때 어떻게 되는가를 설명하고 있다. θ_B의 값은, n_1과 n_2가 각각 입사광과 굴절광이 전파되는 매질의 굴절률인 경우 다음과 같이 주어지며, 이 관계식을 브루스터의 법칙(Brewster's law)이라고 부른다.

브루스터의 법칙 $$\tan\theta_B = \frac{n_2}{n_1} \tag{26.5}$$

이것은 식 26.5를 발견한 브루스터(1781~1868)의 이름을 따서 명명한 것이다. 또 그림 26.13과 같이 입사각이 브루스터각일 때는 반사 광선과 굴절 광선이 서로 수직이다.

26.5 빛의 분산: 프리즘과 무지개

그림 26.14(a)는 공기에 둘러싸인 유리 프리즘을 통과하는 단색광을 보여주고 있다. 빛이

그림 26.13 편광이 되지 않은 빛이 비금속 표면에 브루스터각 θ_B로 입사할 때, 반사된 빛은 표면에 평행한 방향으로 100% 편광이 된다. 반사 광선과 굴절 광선 사이의 각은 90°이다.

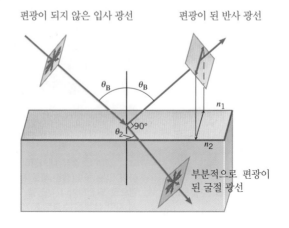

편광이 되지 않은 입사 광선   편광이 된 반사 광선

θ_B θ_B

n_1

θ_2 90°

n_2

부분적으로 편광이 된 굴절 광선

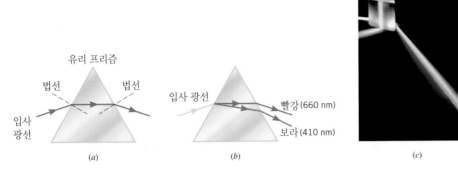

그림 26.14 (a) 광선이 프리즘을 통과할 때 굴절된다. 이 프리즘은 공기 속에 있다. (b) 서로 다른 두 색은 다른 각으로 굴절된다. 명확히 하기 위해 굴절되는 정도를 과장하여 그렸다. (c) 햇빛은 프리즘에 의하여 색깔별로 분산된다.

프리즘의 왼쪽 면에서 입사할 때, 유리의 굴절률이 공기보다 크기 때문에 굴절 광선은 법선 방향쪽으로 꺾인다. 빛이 프리즘의 오른쪽으로 나갈 때, 법선으로부터 멀어지게 굴절된다. 따라서 프리즘의 전체적인 효과는 빛이 프리즘으로 들어가면서 아래 방향으로 굽고, 다시 나가면서 아래 방향으로 꺾이므로, 빛의 방향을 바꾸게 된다. 유리의 굴절률은 파장에 따라 변하므로(표 26.2 참조), 서로 다른 색의 광선은 프리즘에 의해 꺾이는 정도가 달라져서 서로 다른 방향으로 진행하게 된다. 그 색에 대한 굴절률이 클수록 더 많이 꺾인다. 그림 (b)에서는 가시광선 스펙트럼의 양쪽 끝에 있는 빨간색과 보라색 빛의 굴절을 보여주고 있다. 모든 색을 포함하고 있는 태양 광선을 프리즘에 통과시키면, 그림 (c)와 같이 여러 색의 스펙트럼으로 분리된다. 이와 같이 색 성분에 따라 빛이 갈라져 퍼지는 것을 분산(dispersion)이라 한다.

분산의 또 다른 예인 무지개는 물방울에서 빛이 굴절되어 여러 색이 나타나는 것이다. 소나기가 그친 직후 태양을 등진 상태에서 먼 하늘을 바라보면 종종 무지개를 볼 수 있다. 그림 26.15처럼 태양으로부터 나온 빛이 물방울 속으로 들어가면, 빛의 파장에 따라 굴절률이 다르므로 색깔마다 다른 각도로 꺾인다. 물방울의 뒷면에서 반사된 후, 여러 색은 공기로 나올 때 다시 굴절된다. 각각의 물방울마다 전체 스펙트럼의 색깔로 분산시키지만, 관측자는 그림 26.16(a)처럼 물방울 한 개에서 오는 빛 중에서는 단지 한 색만을 보게 되는데, 이는 관측자의 눈에 들어오는 방향으로는 단지 한 가지 색만이 도달되기 때문이다. 그렇지만 높이가 다른 물방울로부터 오는 빛이 다 다르기 때문에 결국 모든 색을 보게 된다[그림 26.16(b) 참조].

표 26.2 여러 가지 파장에서의 크라운 유리의 굴절률 n

색	진공 속의 파장(nm)	굴절률 n
빨강	660	1.520
주황	610	1.522
노랑	580	1.523
초록	550	1.526
파랑	470	1.531
보라	410	1.538

● 무지개의 물리

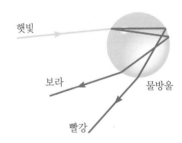

그림 26.15 햇빛이 물방울로부터 빠져나올 때, 백색광은 각각의 색으로 분산되는데 여기서는 그중 두 색만 보여주고 있다.

26.6 렌즈

안경, 카메라 그리고 망원경과 같은 광학기기에서 사용되는 렌즈는 빛을 굴절시키는 투명한 물질로 만들어진다. 그들은 빛을 굴절시켜 광원의 상을 형성하게 한다. 그림 26.17(a)는 두 개의 유리 프리즘으로 만들어진 엉성한 렌즈를 보여주고 있다. 중심을 주축(principal axis)에 두고 있는 물체가 렌즈로부터 아주 멀리 떨어져 있어 물체에서 나온 광선이 주축에 평행하다고 가정해 보자. 프리즘을 통과해 지나갈 때, 이 광선은 굴절에 의해 축 방향으

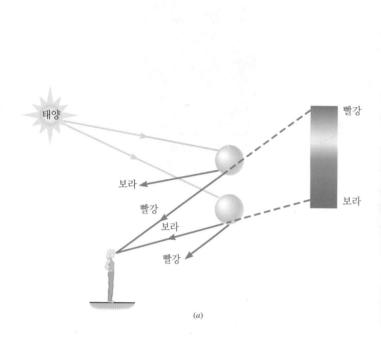

(a)

(b)

그림 26.16 무지개에서는 서로 다른 고도의 물방울에서 오는 여러 가지 색이 보인다.

로 꺾인다. 불행하게도, 이 광선은 모두 같은 지점에서 주축과 만나지 않으므로 렌즈에 의해서 맺혀진 상은 흐릿하게 된다.

　그림 (b)와 같이 적절한 곡면을 가진 투명한 물체로 더 나은 렌즈를 만들 수 있다. 이러한 향상된 렌즈에서, 주축 가까이 있으며 주축에 평행한 근축 광선은 렌즈를 지난 후 축 상의 한 점에 모인다. 이 점을 렌즈의 **초점**(forcal focus) F 라 부른다. 따라서 렌즈로부터 무한히 멀리 떨어진 주축 위에 있는 물체의 상은 초점에 만들어진다. 초점과 렌즈 사이의 거리를 **초점 거리**(focal length) f 라고 한다. 지금부터 다루는 내용에서는, 렌즈의 두께가 f 와 비교하여 매우 얇아서, 초점과 렌즈 중심 사이의 거리를 재든 초점과 렌즈 한 표면 사이의 거리를 재든 f 값의 차이가 없다고 가정하자. 그림 26.17(b)와 같은 렌즈는 입사된 평행 광선을 초점에 모이게 하며, **볼록 렌즈**(convex lens) 또는 **수렴 렌즈**(converging lens)라고 부른다.

　광학기기에서 볼 수 있는 다른 유형의 렌즈는 입사된 평행 광선이 렌즈를 지난 후에 퍼지게 하는 **오목 렌즈**(concave lens) 또는 **발산 렌즈**(diverging lens)이다. 그림 26.18(a)처럼 역시 두 개의 프리즘이 엉성한 오목 렌즈의 역할을 하기 위해 사용될 수 있다. 그림의 (b)와 같이 적절히 설계된 오목 렌즈에서는 주축에 평행한 근축 광선이 렌즈를 지난 후, 마치 한 점에서부터 나온 것처럼 진행한다. 이 점이 오목 렌즈의 초점 F 이고, 렌즈로부터의

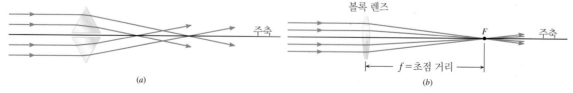

(a)　　　　　　　　　　　　　　　　　　　(b)

그림 26.17 (a) 두 개의 프리즘을 이렇게 두면 주축에 평행한 광선의 방향을 바꾸어 서로 다른 지점에서 축과 만나게 한다. (b) 볼록 렌즈에서는, 주축에 평행한 광선이 렌즈를 통과해 지나간 후 초점 F에 모인다.

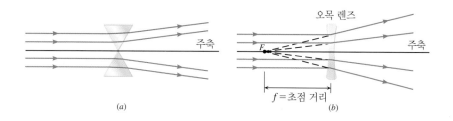

그림 26.18 (a) 두 개의 프리즘을 이렇게 두면 평행 광선을 발산하게 한다. (b) 오목 렌즈에서, 주축에 평행한 광선은 렌즈를 통과해 지나간 후 초점 *F*로부터 나오는 것처럼 진행한다.

거리 *f* 가 초점 거리이다. 볼록 렌즈와 마찬가지로 렌즈 두께가 초점 거리에 비해서 얇다고 가정한다.

볼록 렌즈와 오목 렌즈의 모양은 그림 26.19와 같이 여러 가지이다. 볼록 렌즈는 가장자리보다 중심 쪽이 더 두껍지만 오목 렌즈는 중심 쪽이 더 얇다.

26.7 렌즈에 의한 상의 형성

광선 작도

물체의 각 점은 모든 방향으로 빛을 방출한다. 이 광선 중의 일부가 렌즈를 통과하면, 그것들이 상을 형성한다. 거울에서와 같이, 광선 작도를 이용하여 상의 위치와 크기를 결정할 수 있도록 그릴 수 있다. 그렇지만 렌즈는 빛이 왼쪽에서 오른쪽으로 또는 오른쪽에서 왼쪽으로 통과해 지나간다는 점에서 거울과는 다르다. 그러므로 광선 작도를 할 때, 렌즈의 양면에 초점 *F* 를 위치시킨다. 두 초점은 주축 상에 렌즈로부터 같은 거리 *f* 인 곳에 있다. 렌즈가 얇아서 그 두께가 초점 거리, 렌즈에서부터 물체까지의 거리, 렌즈에서 상까지의 거리와 비교해서 매우 작다고 가정하자. 물체가 렌즈의 왼쪽에 위치하고 주축과 수직인 방향으로 놓여 있다고 하자. 물체의 상단에서 출발한 세 개의 광선이 광선 작도를 하는 데 특히 도움이 된다. 이들은 그림 26.20에서 1, 2, 3의 번호가 매겨져 있다. 그들의 경로를 추적할 때, 다음 규약을 따른다.

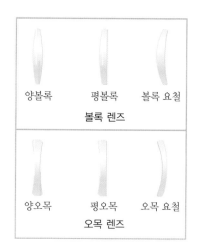

그림 26.19 다양한 볼록 렌즈와 오목 렌즈의 모양

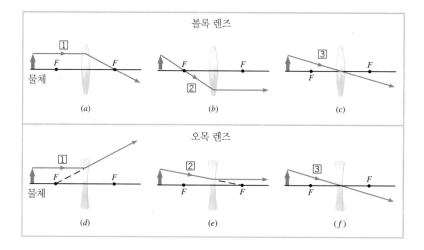

그림 26.20 이 그림의 광선들은 볼록 렌즈와 오목 렌즈에 의해 만들어지는 상의 성질을 판단하는 데 유용하다.

볼록 렌즈와 오목 렌즈에 대한 광선 추적

볼록 렌즈	오목 렌즈
광선 1	
이 광선은 처음에 주축에 평행하게 진행하다가 볼록 렌즈를 통과하면서, 그림 26.20(a)와 같이 축 방향으로 굴절되고 렌즈의 오른쪽에 있는 초점을 통과해 지나간다. 이 광선은 처음에 주축에 평행하게 진행하	다가 오목 렌즈를 통과하면서, 주축으로부터 멀어지는 쪽으로 굴절되어 마치 렌즈 왼쪽의 초점에서부터 시작된 것처럼 진행한다. 그림 26.20(d)의 점선은 광선의 겉보기 경로를 나타내고 있다.
광선 2	
이 광선은 처음에 왼쪽에 있는 초점을 통과해 진행하고 렌즈에 의해 굴절되어 그림 26.20(b)와 같이 축에 평행하게 진행해간다. 이 광선은 물체를 떠나 렌즈의 오른쪽 초점	을 향하는 방향으로 렌즈에 입사하여 굴절된 후 축에 평행하게 진행한다. 그림 26.20(e)에서 점선은 렌즈가 없을 때의 광선의 경로를 표시하고 있다.
광선 3*	
이 광선은 그림 26.20(c)와 같이 꺾임 없이 얇은 렌즈의 중심을 통과해 지나간다. 약간의 변위가 있으나 무시한다.	이 광선은 그림 26.20(f)와 같이 꺾임 없이 얇은 렌즈의 중심을 통과해 지나간다.

볼록 렌즈에 의한 상의 형성

그림 26.21(a)는 볼록 렌즈에 의한 실상의 형성을 설명하고 있다. 여기서 물체는 렌즈로부터 초점 거리의 두 배 이상 먼 거리(2F로 표시된 지점 너머에)에 놓여 있다. 그림에서는 세 개의 광선이 그려져 있지만, 상의 위치를 구하기 위해서는 물체 상단에서 나오는 세 개의 광선 중 두 개의 광선만 있으면 된다. 렌즈의 오른쪽에 있는 이 광선들이 교차하는 지점이 물체 상단부의 상이 생긴 곳이다. 이 광선 작도에서는 상이 실상이고, 도립(거꾸로 섬)이며, 물체보다 작다는 것을 알 수 있다. 이러한 광학적 배열의 한 예가 그림의 (b)처럼 카메라에서 필름에 상이 맺히는 경우이다.

○ 카메라의 물리

그림 26.22(a)처럼 물체가 2F와 F 사이에 있을 때는, 상은 여전히 실상이고 도립이지

그림 26.21 (a) 물체가 2F로 표시된 지점의 왼쪽에 위치할 때, 도립이고 축소된 실상이 만들어진다. (b) 카메라는 대개 그림 (a)와 같은 유형의 배치이다.

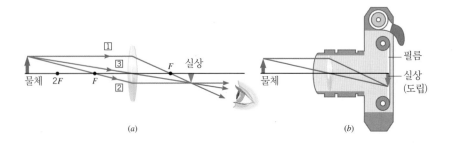

(a)   *(b)*

---

* 두 형태의 렌즈 양면이 거의 평행하므로 광선 3은 렌즈를 통과할 때 꺾이지 않는다. 이들 경우에 렌즈는 투명판의 역할을 한다. 그리고 그림 26.5와 같이 광선이 투명판을 통과할 때 수평 방향의 변위가 발생하지만, 렌즈가 충분히 얇으면 그 변위는 무시할 수 있을 정도로 작다.

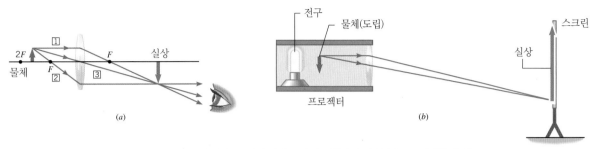

그림 26.22 (a) 물체가 2F와 F 사이에 있을 때, 상은 물체에 대해 도립이고 확대된 실상이다. (b) 이러한 배치는 프로젝터에서 볼 수 있다.

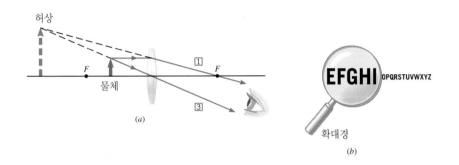

그림 26.23 (a) 물체가 볼록 렌즈의 초점 F의 안쪽에 위치할 때, 정립이며 확대된 허상이 만들어진다. (b) 확대경을 통해 물체를 볼 때도 이런 상이 나타난다.

만 상의 크기가 물체보다 크다. 이러한 광학 배열의 예는 작은 필름이 물체이고 확대된 상이 스크린에 비춰지는 프로젝터나 영사기를 들 수 있다. 이때 바로 서 있는 상을 얻기 위해서는 필름이 영사기에 거꾸로 놓여 있어야 한다.

○ 프로젝터의 물리

　　그림 26.23과 같이, 물체가 초점과 렌즈 사이에 놓여 있을 때는, 광선은 렌즈를 지난 후 발산된다. 발산되는 광선을 보는 사람에게는, 광선이 렌즈 뒤쪽(그림에서 왼쪽)에 있는 상으로부터 나오는 것처럼 보인다. 실제로 상에서부터 나오는 광선은 없으므로, 이것은 허상이다. 광선 작도는 그 허상이 바로 서 있고 확대된다는 것을 보여준다. 그림의 (b)와 같이 확대경은 이러한 배열의 예이다.

오목 렌즈에 의한 상의 형성

광선은 그림 26.24와 같이 오목 렌즈를 지나면서 발산되고, 광선 작도는 렌즈의 왼쪽에 허상이 형성된다는 것을 보여준다. 오목 렌즈만 있을 경우는 물체의 위치에 관계없이 항상 정립이고 물체에 비해 더 작은 허상을 보게 된다.

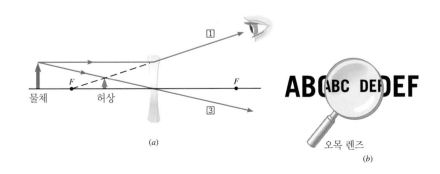

그림 26.24 (a) 오목 렌즈만을 통해서는 항상 물체의 허상을 본다. 그 상은 정립이며 물체보다 더 작다. (b) 오목 렌즈를 통해서 본 상의 예

26.8 얇은 렌즈 방정식과 배율 방정식

물체가 구면 거울 앞에 놓여 있을 때, 우리는 광선 추적 방법, 혹은 거울 방정식과 배율 방정식을 이용하여 상의 위치, 크기, 그리고 성질을 알 수 있다. 두 방법 다 반사의 법칙에 기초를 두고 있다. 거울 방정식과 배율 방정식은 거울로부터의 물체와 상의 거리 d_o와 d_i를 초점 거리 f와 배율 m에 관련시키고 있다. 렌즈 앞에 놓인 물체에 대해서도, 스넬의 법칙을 사용하여 광선 추적 방법이나, 거울의 방정식과 배율 방정식을 유도할 때와 비슷한 방법을 적용할 수 있다. 그 결과 다음과 같은 **얇은 렌즈 방정식**과 **배율 방정식**을 얻게 된다.

얇은 렌즈 방정식 $$\frac{1}{d_o} + \frac{1}{d_i} = \frac{1}{f}$$ (26.6)

배율 방정식 $$m = \frac{\text{상높이}}{\text{물체 높이}} = \frac{h_i}{h_o} = -\frac{d_i}{d_o}$$ (26.7)

그림 26.25는 얇은 볼록 렌즈를 이용하여 이 식에 사용된 기호를 정의하고 있으며, 이 정의는 얇은 오목 렌즈에서도 적용된다. 이들 방정식의 유도는 이 장의 끝 부분에서 다루고 있다.

얇은 렌즈 방정식과 배율 방정식을 사용하려면 부호 규약을 확실히 알아야 된다. 이 규약은 25.6절의 거울에 사용하였던 것과 유사하다. 그렇지만 실상 대 허상의 문제는 렌즈에서 조금 다르다. 거울의 경우, 실상은 물체에 대해 거울의 같은 쪽에 형성되고(그림 25.17 참조), 이 경우에 상거리 d_i는 양수이다. 렌즈에서도 d_i가 양수라는 것은 그 상이 실상이라는 것을 의미하지만, 이 상은 물체에 대해 렌즈의 반대쪽에 형성된다(그림 26.25 참조). 부호 규약은 광선이 렌즈 왼쪽에서 오른쪽으로 진행할 때 다음과 같다.

렌즈의 부호 규약 요약
초점 거리
볼록 렌즈에 대해 f는 +
오목 렌즈에 대해 f는 −

물체 거리
물체가 렌즈의 왼쪽에 있다면(실물체) d_o는 +
물체가 렌즈의 오른쪽에 있다면(허물체*) d_o는 −

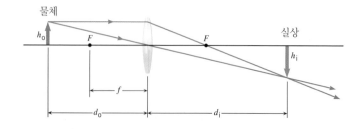

그림 26.25 이 그림은 볼록 렌즈에 대한 초점 거리 f, 물체 거리 d_o, 상거리 d_i를 보여준다. 물체 높이와 상높이는 각각 h_o와 h_i이다.

*이 상황은 두 개 이상의 렌즈를 사용할 때, 첫 렌즈에 의한 상이 두 번째 렌즈의 물체가 되는 경우에 일어난다. 이 경우 두 번째 렌즈의 물체가 그 렌즈의 오른쪽에 있을 수 있으며, 이때 d_o의 부호를 음으로 하고 그 물체를 허물체라고 부른다.

상거리

실제 물체에 의하여 렌즈의 오른쪽에 만들어진 상(실상)에 대하여 d_i는 +

실제 물체에 의하여 렌즈의 왼쪽에 만들어진 상(허상)에 대하여 d_i는 −

배율

물체에 대해 정립인 상에 대하여 m은 +

물체에 대해 도립인 상에 대하여 m은 −

> **⬇ 문제 풀이 도움말**
> 얇은 렌즈 방정식에서, 상거리 d_i의 역수는 $d_i^{-1} = f^{-1} - d_o^{-1}$로 주어진다. 여기서 f는 초점 거리이고, d_o는 물체 거리이다. 역수 f^{-1}와 d_o^{-1}를 더한 후, d_i를 구하기 위해서는 그 결과의 역수를 취해야 하는 것을 잊지 말아야 한다.

예제 26.5 | 카메라 렌즈에 의해 만들어지는 실상

키가 1.70 m인 사람이 카메라 앞에서 2.50 m 떨어진 곳에 서 있다. 카메라는 초점 거리가 0.0500 m인 볼록 렌즈를 사용하고 있다. (a) 상거리(렌즈와 필름 사이의 거리)를 구하고 그 상이 실상인지 허상인지를 판명하여라. (b) 배율과 필름에 맺힌 상높이를 구하라.

살펴보기   이 광학 배열은 물체 거리가 렌즈의 초점 거리보다 두 배 이상 큰 경우인 그림 26.21(a)와 유사하다. 그러므로 상은 실상이고, 도립이며 물체보다 작을 것이다.

풀이   (a) 상거리 d_i를 구하기 위하여, $d_o = 2.50\text{ m}$와 $f = 0.0500\text{ m}$를 얇은 렌즈 방정식에 대입하면

$$\frac{1}{d_i} = \frac{1}{f} - \frac{1}{d_o} = \frac{1}{0.0500\text{ m}} - \frac{1}{2.50\text{ m}}$$
$$= 19.6\text{ m}^{-1} \quad \text{즉} \quad \boxed{d_i = 0.0510\text{ m}}$$

이다. 이로부터 $d_i = 0.0510\text{ m}$이고, 상거리가 양수이므로 필름에는 실상 이 만들어진다.

(b) 배율은 배율 방정식을 사용하여 계산한다.

$$m = -\frac{d_i}{d_o} = -\frac{0.0510\text{ m}}{2.50\text{ m}} = \boxed{-0.0204}$$

상은 물체 크기의 0.0204 배로 물체보다 작으며, m 이 음수이므로 도립이다. 물체의 높이가 1.70 m이므로, 상높이는

$$h_i = mh_o = (-0.0204)(1.70\text{ m}) = \boxed{-0.0347\text{ m}}$$

이다.

얇은 렌즈 방정식과 배율 방정식은 그림 26.26(a)에서 광선 1과 3을 사용해서 유도될 수 있다. 광선 1은 그림의 (b)에 따로 표시되어 있으며, 색칠된 두 삼각형에서 각 θ는 같다. 따라서 두 삼각형에서 $\tan\theta$는 다음과 같다.

$$\tan\theta = \frac{h_o}{f} = \frac{-h_i}{d_i - f}$$

맨 오른쪽 항의 분자에 음의 부호가 있는 까닭은, 상이 물체에 대하여 도립이어서 상높이 h_i가 음수이므로 음의 부호가 있어야만 $-h_i/(d_i - f)$ 항의 부호가 양이 되기 때문이다.

광선 3은 그림의 (c)에 따로 표시되어 있으며, 색칠된 두 삼각형에서 각 θ'이 같다. 따라서 다음 식이 성립한다.

$$\tan\theta' = \frac{h_o}{d_o} = \frac{-h_i}{d_i}$$

음의 부호가 있는 까닭은 앞서와 같다. 첫 번째 방정식으로부터 $h_i/h_o = -(d_i - f)/f$가 되고, 두 번째 방정식으로부터 $h_i/h_o = -d_i/d_o$가 된다. 이 h_i/h_o에 대한 표현을 같다고 두고

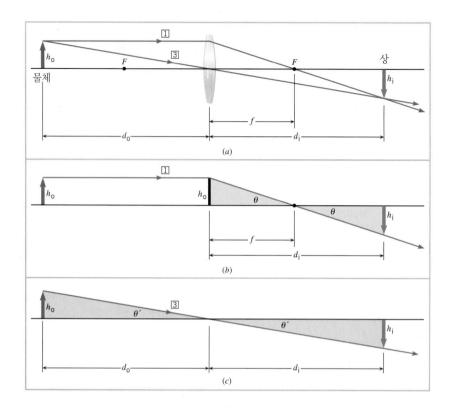

그림 26.26 이들 광선 작도는 얇은 렌즈 방정식과 배율 방정식을 유도하는 데 사용된다.

그 결과를 정리하면 얇은 렌즈 방정식 $1/d_o + 1/d_i = 1/f$ 이 된다. h_i/h_o 가 렌즈의 배율 m이므로 배율 방정식은 $h_i/h_o = -d_i/d_o$로부터 얻는다.

26.9 렌즈의 조합

현미경과 망원경 등과 같은 많은 광학기기는 상을 맺기 위하여 여러 개의 렌즈를 함께 사용한다. 그중에서, 복합 렌즈계는 단일 렌즈에 의한 것보다 더 확대된 상을 만들 수 있다. 이를테면, 그림 26.27(a)는 현미경에서 사용되는 두 개의 렌즈계를 보여주고 있다. 물체에 가장 가까이 있는 렌즈인 첫 번째 렌즈를 대물 렌즈라 하고 두 번째 렌즈를 대안(접안)렌즈라 한다. 물체는 대물 렌즈의 초점 F_o 바로 바깥에 놓인다. 대물 렌즈에 의해 만들어진 상—그림에서 '첫 번째 상'이라 적혀 있는 것—은 실상이고, 도립이며 물체에 비해 확대된 상이다. 이 첫 번째 상은 대안 렌즈에 대해 물체의 역할을 한다. 첫 번째 상이 대물 렌즈와 그 초점 F_e 사이에 놓이므로, 관측자는 대물 렌즈에 의해 확대된 허상을 보게 된다.

복합 렌즈계에서 최종 상의 위치는 얇은 렌즈 방정식을 각각의 렌즈에 대해 적용함으로써 계산할 수 있다. 이러한 상황에서 기억해야 할 중요한 점은 다음 예제에서 설명하고 있듯이 한 렌즈에 의해 만들어진 상은 다음 렌즈에서는 물체 역할을 한다는 것이다.

그림 26.27에서 복합 현미경의 대물 렌즈와 대안 렌즈는 모두 볼록 렌즈이고 초점 거리가 각각 $f_o = 15.0\,\text{mm}$와 $f_e = 25.5\,\text{mm}$이다. 두 렌즈 사이의 거리는 61.0mm이다. 이 현미경으로 대물 렌즈 앞 $d_{o1} = 24.1\,\text{mm}$인 위치에 놓인 물체를 관찰할 때 최종 상거리를 구하라.

살펴보기 대안 렌즈에 의해 만들어지는 최종 상의 위치를 구하는 데 얇은 렌즈 방정식을 사용할 수 있다. 빛이 처음 통과하는 렌즈(대물 렌즈)에 의해 생긴 상이 다음 렌즈(대안 렌즈)에서 물체 역할을 한다. 대물 렌즈의 초점 거리와 물체 거리가 주어져 있으므로, 얇은 렌즈 방정식을 써서 대물 렌즈에 의한 상의 위치를 구할 수 있다. 이것으로 대안 렌즈에 대한 물체 거리를 알 수 있고 대안 렌즈의 초점 거리도 주어져 있으므로 얇은 렌즈 방정식으로부터 최종 상거리를 계산할 수 있다.

풀이 대안 렌즈에 관계된 최종 상의 위치는 d_{i2}이며 이것은 얇은 렌즈 방정식을 사용하여 구할 수 있다.

$$\frac{1}{d_{i2}} = \frac{1}{f_e} - \frac{1}{d_{o2}}$$

대안 렌즈의 초점 거리 f_e는 알려져 있으나, 물체 거리 d_{o2}의 값을 구하기 위해 대물 렌즈에 의해 만들어지는 첫 번째 상의 위치를 구해야 한다. 첫 번째 상의 위치 d_{i1}는 $d_{o1} = 24.1\,\text{mm}$와 $f_o = 15.0\,\text{mm}$를 얇은 렌즈 방정식에 대입하여 구할 수 있다[그림 26.27(b) 참조].

$$\frac{1}{d_{i1}} = \frac{1}{f_o} - \frac{1}{d_{o1}}$$
$$= \frac{1}{15.0\,\text{mm}} - \frac{1}{24.1\,\text{mm}}$$
$$= 0.0252\,\text{mm}^{-1} \quad \text{즉} \quad d_{i1} = 39.7\,\text{mm}$$

그러므로 $d_{i1} = 39.7\,\text{mm}$이다. 이제 첫 번째 상은 대안 렌즈에 대해서는 물체가 된다[그림 (c) 참조]. 렌즈 사이의 거리가 61.0mm

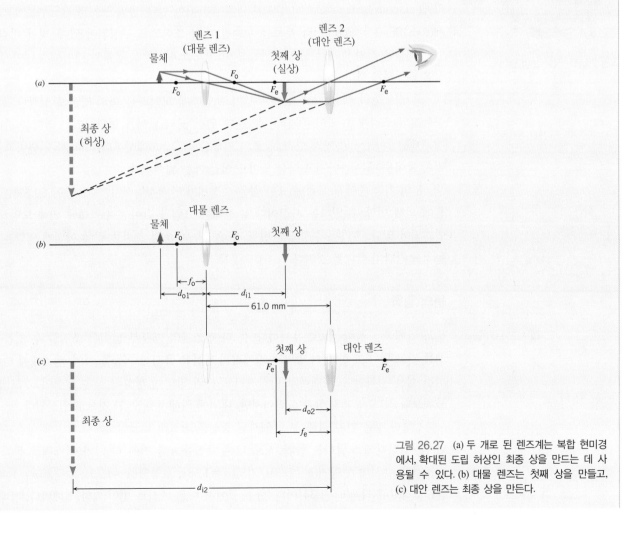

그림 26.27 (a) 두 개로 된 렌즈계는 복합 현미경에서, 확대된 도립 허상인 최종 상을 만드는 데 사용될 수 있다. (b) 대물 렌즈는 첫째 상을 만들고, (c) 대안 렌즈는 최종 상을 만든다.

이므로, 대안 렌즈에 대한 물체 거리는 $d_{o2} - 61.0 \text{ mm} - d_{i1} - 61.0 \text{ mm} - 39.7 \text{ mm} = 21.3 \text{ mm}$이다. 대안 렌즈의 초점 거리가 $f_e = 25.5 \text{ mm}$로 주어져 있으므로, 얇은 렌즈 방정식으로 최종 상의 위치를 계산할 수 있다.

$$\frac{1}{d_{i2}} = \frac{1}{f_e} - \frac{1}{d_{o2}}$$

$$= \frac{1}{25.5 \text{ mm}} - \frac{1}{21.3 \text{ mm}}$$

$$= -0.0077 \text{ mm}^{-1} \quad \text{즉} \quad \boxed{d_{i2} = -130 \text{ mm}}$$

이다. d_{i2}가 음수라는 사실은 최종 상이 허상임을 뜻한다. 이것은 그림과 같이 대안 렌즈의 왼쪽에 있다.

26.10 사람의 눈

해부학적 구조

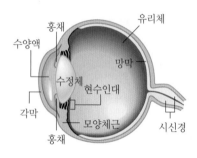

홍채
수양액
수정체
각막
홍채
유리체
망막
현수인대
모양체근
시신경

그림 26.28 사람 눈의 단면도

사람의 눈은 모든 광학 장치 중에서 가장 주목할 만하다. 그림 26.28은 눈의 해부학적 구조를 보여주고 있다. 안구는 지름이 약 25 mm 정도이고 거의 구형이다. 빛은 투명한 막(각막; cornea)을 통해 눈으로 들어온다. 이러한 막은 깨끗한 액체 영역(수양액; aqueous humor)을 감싸고 있고, 이 뒤에 조리개(홍채; iris), 수정체(lens), 젤리 모양의 물질로 채워진 영역(유리체; vitreous humor), 그리고 끝으로 망막(retina)이 있다. 망막은 눈의 감광부분이고, 간상체(rods)와 추상체(cones)라 부르는 수백만 개의 조직으로 구성되어 있다. 빛이 비춰지면, 이 조직들은 전기적 자극 신호를 만들고 이 신호를 시신경을 통하여 대뇌로 보내어 망막의 상을 해석하게 한다.

홍채는 눈의 색을 띠고 있는 부분이고 망막에 도달하는 빛의 양을 조절한다. 홍채는 근육질의 조리개로, 빛이 통과하는 가운데 열린 곳의 넓이를 변화시키는 역할을 한다. 이 개구부를 동공(pupil)이라 한다. 동공의 지름은 약 2 mm에서부터 7 mm까지 변하고, 밝은 빛이 들어올 때는 좁아지고 약한 빛이 들어올 때는 넓어진다.

눈의 기능 중에서 특히 중요한 점은 수정체가 탄력적이어서, 그 모양이 모양체근의 작용에 의해 변할 수 있다는 사실이다. 수정체는 그림과 같이 현수인대에 의해 모양체근에 연결되어 있다. 우리는 수정체의 변형 기능이 눈의 초점 조절 능력에 어떻게 영향을 미치는지를 간단히 살펴볼 것이다.

눈의 광학

○ 사람 눈의 물리

눈과 카메라는 광학적으로 유사하다. 둘 다 렌즈계와 개구부 넓이를 조절할 수 있는 조리개를 갖고 있다. 또한 눈의 망막과 카메라의 필름은 유사한 기능을 하여, 렌즈계에 의해 형성된 상을 기록한다. 카메라와 마찬가지로 눈의 망막에 형성된 상은 실상이고, 도립이며 물체보다 작다. 망막의 상은 도립이지만, 대뇌에 의해 똑바로 된 것으로 인식된다.

선명한 상을 얻기 위해, 눈은 입사된 광선을 적절하게 굴절시켜서 망막에 상을 형성한다. 빛이 망막에 도달하는 동안, 서로 다른 굴절률 n을 가진 다섯 가지 매질을 통과한다. 그것들은 순서대로 공기($n = 1.00$), 각막($n = 1.38$), 수양액($n = 1.33$), 수정체($n = 1.40$, 평균), 그리고 유리체($n = 1.34$)이다. 한 매질에서 다른 매질로 빛이 지나갈 때마다, 경계면에

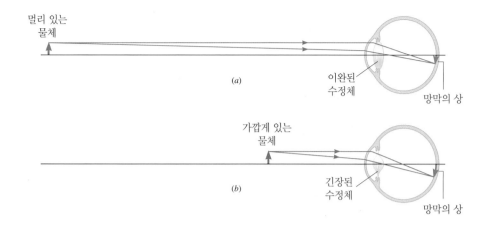

그림 26.29 (a) 완전히 이완되었을 때, 눈의 수정체는 최대 초점 거리를 가지며, 아주 멀리 있는 물체의 상이 망막에 형성된다. (b) 모양체근이 긴장되었을 때, 수정체는 가장 짧은 초점 거리를 갖는다. 결과적으로, 더 가깝게 있는 물체의 상이 망막에 형성된다.

서 굴절된다. 공기와 각막의 경계에서 굴절이 가장 많이 일어나, 약 70 % 정도 꺾인다. 공기의 굴절률($n = 1.00$)이 각막의 굴절률($n = 1.38$)과 차이가 크므로 스넬의 법칙에 따르면 굴절률 차가 큰 경계면에서 굴절이 많이 일어나기 때문이다. 다른 모든 경계면에서는 양쪽 굴절률이 거의 같으므로 굴절 정도가 상대적으로 작다. 수정체를 둘러싸고 있는 수양액과 유리액이 수정체와 거의 같은 굴절률을 가지므로 수정체에서의 굴절은 전체 굴절의 약 20 ~25 % 정도만 기여한다.

수정체가 전체 굴절의 4 분의 일 정도만을 기여한다고 하지만, 그 기능은 중요하다. 눈은 수정체와 망막 사이의 거리가 일정하므로 고정된 상거리를 갖는다. 그러므로 서로 다른 거리에 있는 물체가 망막에 상을 맺기 위한 유일한 방법은 수정체의 초점 거리를 조절하는 것이다. 그리고 초점 거리를 조절하는 것이 모양체근이다. 눈이 아주 멀리 있는 물체를 바라볼 때 모양체근은 이완되어 있다. 이때 수정체는 최소의 곡률을 가지므로 초점 거리가 가장 길다. 이러한 조건에서 눈은 그림 26.29(a)와 같이 망막에 선명한 상을 형성한다. 물체가 눈에 더 가까이 다가서면, 모양체근이 자동으로 긴장되어 수정체의 곡률을 증가시켜서 초점 거리가 짧아지게 하므로 그림 26.29(b)처럼 다시 망막에 선명한 상이 맺히도록 한다. 다른 거리에 있는 물체에 초점을 맞추기 위해 눈의 초점 거리를 변화시키는 과정을 **원근 조절**(accommodation)이라 한다.

너무 가까이에서 책을 들여다보면 글씨가 흐려지는데, 이는 수정체가 책에 초점을 맞추도록 충분히 조절할 수 없기 때문이다. 물체가 눈에 가까이 다가갈 때, 망막에 선명한 상이 만들어지는, 눈에서 가장 가까운 곳을 눈의 **근점**(near point)이라 한다. 물체가 근점에 놓이면 모양체근은 완전히 긴장된다. 20대 초반의 정상시력인 사람은, 근점이 눈으로부터 약 25 cm인 곳에 위치한다. 40대에는 약 50 cm로 증가하고, 60대에는 거의 500 cm가 된다. 대부분의 읽을거리는 눈으로부터 25~45 cm인 거리에 있으므로, 나이든 성인은 대개 원근 조절 능력의 결핍을 극복하기 위하여 안경을 착용해야 한다. 눈의 **원점**(far point)은 완전히 이완된 눈이 초점을 맞출 수 있는 가장 멀리 떨어진 물체의 위치이다. 정상 시력인 사람은 행성이나 별과 같이 아주 멀리 있는 물체도 볼 수 있으므로 원점이 거의 무한대에 있다.

근시

근시(myopia)인 사람은 가까이 있는 물체에는 초점을 맞출 수 있으나, 멀리 있는 물체는

○ 근시의 물리

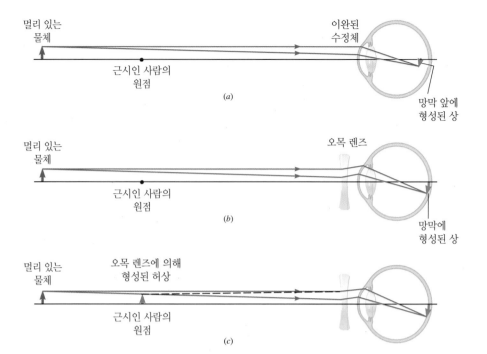

그림 26.30 (a) 근시인 사람이 멀리 있는 물체를 볼 때, 상은 망막 앞에 형성된다. 그 결과로 시야가 흐려진다. (b) 눈 앞쪽의 오목 렌즈에 의해, 상이 망막으로 이동되고 시야가 선명해진다. (c) 오목 렌즈는 근시안의 원점에 허상이 형성되도록 설계된다.

깨끗하게 볼 수 없다. 이러한 사람의 경우에, 눈의 원점은 무한대가 아니며 3 또는 4 미터 정도로 가까울 수도 있다. 근시안이 조금 떨어져 있는 물체를 보고자 할 때, 눈은 정상인 눈과 같이 풀어지게 된다. 그렇지만 근시안은 마땅히 가져야 할 초점 거리보다 짧은 초점 거리를 갖게 되므로 그림 26.30(a)처럼 떨어져 있는 물체에서 나온 광선은 망막 앞에 선명한 상을 형성하며, 결과적으로 시야가 흐려지게 된다.

근시안은 그림 26.30(b)에 나타난 것과 같이 오목 렌즈를 사용하는 안경이나 콘택트 렌즈로 교정할 수 있다. 물체로부터 나온 광선은 안경렌즈를 지난 후 발산된다. 그러므로 그 후에 광선이 눈에 의해 주축 방향으로 굴절될 때는, 선명한 상이 더 뒤쪽으로 물러나서 망막에 맺힌다. 풀어진(그러나 근시인) 눈은 눈의 원점에 있는 물체에 초점을 맞출 수 있기 때문에 오목 렌즈는 아주 멀리 있는 물체를 원점에 놓인 상으로 변환시키도록 설계된다. 그림의 (c)는 이러한 변환을 보여주며, 다음 예제에서 이렇게 되는 오목 렌즈의 초점 거리를 계산하는 방법을 설명하고 있다.

예제 26.7 │ 근시인 사람을 위한 안경

근시인 사람의 원점이 눈으로부터 521 cm인 곳에 위치하고 있다. 이 사람이 멀리 있는 물체를 잘 보기 위해 오목 렌즈로 된 안경을 쓴다. 안경을 눈 앞 2 cm인 곳에 착용한다고 가정할 때 필요한 오목 렌즈의 초점 거리를 구하라.

살펴보기 그림 26.30(c)에서 원점이 눈으로부터 521 cm 떨어져 있다. 안경을 눈으로부터 2 cm 되는 곳에 착용하므로, 원점은 오목 렌즈의 왼쪽 519 cm 되는 곳에 있게 된다. 그러면 상거

리는 −519 cm이고, 음의 부호는 상이 렌즈의 왼쪽에 형성되는 허상임을 의미한다. 물체는 오목 렌즈로부터 무한히 먼 곳에 있다고 가정한다. 얇은 렌즈 방정식을 안경 렌즈의 초점 거리를 구하는 데 사용할 수 있다. 렌즈가 오목 렌즈이므로, 초점 거리가 음수인 것을 예상할 수 있다.

풀이 $d_i = -519$ cm이고 $d_o = \infty$이므로, 초점 거리는 다음과 같이 구할 수 있다.

$$\frac{1}{f} = \frac{1}{d_o} + \frac{1}{d_i} = \frac{1}{\infty} + \frac{1}{-519 \text{ cm}} \qquad (26.6)$$

즉 $\boxed{f = -519 \text{ cm}}$ 이다.

예상한 바와 같이 오목 렌즈의 f 값이 음이다.

> ⚙ **문제 풀이 도움말**
> 안경은 눈으로부터 약 2 cm되는 곳에 착용한다. 얇은 렌즈 방정식에서 물체 거리와 상거리(d_o와 d_i)를 계산할 때 이 2 cm를 꼭 고려해야 한다.

🔵 원시의 물리

원시

원시(hypermetropia)인 사람은 멀리 있는 물체는 선명하게 보지만, 가까이 있는 것에는 초점을 맞출 수가 없다. 젊고 정상인 눈의 근점은 눈으로부터 약 25 cm인 반면, 원시안의 근점은 그것보다 상당히 더 멀어서 수백 센티미터 이상이 될 수도 있다. 원시안이 근점보다 더 가깝게 있는 책을 보려고 할 때 원근 조절을 하여 가능한 한 초점 거리를 짧게 한다. 그렇지만 아무리 최대한으로 짧게 하여도, 선명한 상을 볼 수 없다. 이때 책으로부터 나온 광선은 그림 26.31(a)처럼 망막 뒤쪽에 선명한 상을 맺으려 하지만, 실제로 빛이 망막을 통과하지 않으므로 망막에 흐린 상이 만들어진다.

그림 26.31(b)는 눈앞에 볼록 렌즈를 놓음으로써 원시가 교정될 수 있음을 보여준다. 광선이 눈으로 들어가기 전에 렌즈에 의해 주축 방향으로 더 굴절된다. 따라서 광선이 눈에 의해 더 굴절되어, 망막에 상이 형성되도록 모아진다. 그림 (c)는 눈이 볼록 렌즈를 통해 바라볼 때 눈에 보이는 것을 나타내고 있다. 렌즈는 눈이 근점에 있는 허상으로부터 빛이 오는 것처럼 감지하도록 설계된다. 예제 26.8은 원시를 교정하는 볼록 렌즈의 초점 거리를 결정하는 방법을 설명하고 있다.

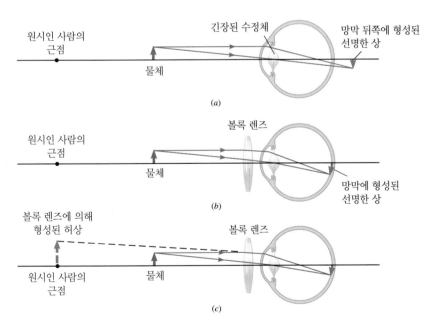

그림 26.31 (a) 원시인 사람이 근점 안쪽에 있는 물체를 볼 때, 만약 빛이 투과될 수 있다면, 상은 망막 뒤쪽에 형성된다. 망막에는 흐릿한 상만이 형성된다. (b) 눈 앞쪽의 볼록 렌즈에 의해, 상이 망막으로 이동되고 시야가 선명해진다. (c) 볼록 렌즈는 원시안의 근점에 허상이 형성되도록 설계된다.

예제 26.8 | 원시인 사람을 위한 콘택트렌즈

근점이 눈으로부터 210 cm인 원시안인 사람이 있다. 눈으로부터 25.0 cm 앞에 놓인 책을 읽기 위해 사용하는 볼록 렌즈인 콘택트렌즈의 초점 거리를 구하라.

살펴보기 콘택트렌즈는 눈에 직접 닿아 있다. 그러므로 책에서부터 렌즈까지의 거리인 물체 거리는 25.0 cm이다. 렌즈는 책의 상을 눈의 근점에 형성하므로, 상거리는 −210 cm이다. 음의 부호는 그림 26.31(c)처럼 상이 렌즈의 왼쪽에 만들어지는 허상임

을 나타낸다. 초점 거리는 얇은 렌즈 방정식으로부터 구해진다.

풀이 $d_o = 25.0$ cm이고 $d_i = -210$ cm이므로, 초점 거리는 얇은 렌즈 방정식으로부터 다음과 같이 구할 수 있다.

$$\frac{1}{f} = \frac{1}{d_o} + \frac{1}{d_i} = \frac{1}{25.0 \text{ cm}} + \frac{1}{-210 \text{ cm}}$$
$$= 0.0352 \text{ cm}^{-1}$$

즉 $\boxed{f = 28.4 \text{ cm}}$ 이다.

렌즈의 굴절능–디옵터

렌즈에 의해 광선이 굴절되는 정도는 렌즈의 초점 거리에 의해 결정된다. 그렇지만 교정 렌즈를 처방하는 안과 의사나 안경을 만드는 안경사들은 초점 거리가 아니라 렌즈가 광선을 굴절시키는 정도를 표시하는 **굴절능**(refractive power)의 개념을 사용한다.

$$\text{렌즈의 굴절능(디옵터)} = \frac{1}{f \text{ (미터 단위)}} \tag{26.8}$$

굴절능은 디옵터 단위로 측정된다. 1 디옵터는 1 m^{-1}이다.

식 26.8에 의하면 평행 광선이 렌즈를 지나 1 m 뒤의 초점에 모일 때의 굴절능이 1 디옵터이다. 만약 렌즈가 평행 광선을 더 많이 굴절시켜서 렌즈 뒤 0.25 m 떨어진 초점에 수렴시킨다면, 렌즈의 굴절능은 4 배가 되어서 4디옵터이다. 볼록 렌즈가 양의 초점 거리를 갖고 오목 렌즈가 음의 초점 거리를 가지므로, 볼록 렌즈의 굴절능은 양수인 반면에 오목 렌즈의 굴절능은 음수이다. 한 예로, 예제 26.7에서의 안경은 다음과 같이 처방한다. 굴절능 = 1/(−5.19 m) = −0.193 디옵터이다. 예제 26.8의 콘택트렌즈의 경우는 굴절능 = 1/(0.284 m) = 3.52 디옵터이다.

26.11 각배율과 확대경

만약 당신이 동전을 눈 가까이 두고 보면, 동전은 달보다도 더 크게 보일 것이다. 그 이유는 가까이 있는 동전은 멀리 있는 달에 의한 것보다 망막에 더 큰 상을 만들기 때문이다. 망막에 맺히는 상의 크기는 보이는 물체가 얼마나 큰가를 판단하는 첫째 요소이다. 그러나 망막에 맺히는 상의 크기는 측정하기 어려우므로, 다른 방법으로 그림 26.32의 각 θ로 그 크기를 판단할 수도 있다. 이 각은 물체와 상을 잇는 선분과 렌즈의 주축 사이의 각이다. 각 θ를 상과 물체의 **각크기**(angular size)라고 한다. 각크기가 크면, 망막의 상이 크게 되며 물체가 더 크게 보이게 된다.

식 8.1에 따르면, 라디안 단위의 각 θ는 그림 26.33(a)에 표시된 바와 같이 각에 의해 정해지는 원호의 길이를 호의 반지름으로 나눈 것이다. (b) 그림은 높이 h_o의 물체가 눈으

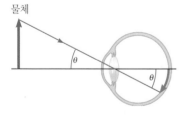

그림 26.32 각 θ는 상과 물체의 각 크기이다.

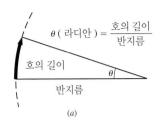 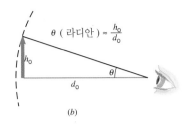

그림 26.33 (a) 라디안으로 측정된 각 θ는 호의 길이를 반지름으로 나눈 값이다. (b) 작은 각(9° 미만)에 대해, θ는 근사적으로 h_o/d_o와 같으며, 여기서 h_o와 d_o는 물체 높이와 거리이다.

로부터의 거리 d_o에 있는 상황을 나타내고 있다. θ가 작으면, h_o는 근사적으로 호의 길이와 같게 되고 d_o는 반지름과 거의 같게 된다. 그러므로

$$\theta(\text{라디안}) = \text{각크기} \approx \frac{h_\text{o}}{d_\text{o}}$$

이러한 근사는 각이 9° 이하일 때 1 퍼센트 이내로 잘 맞는다. 다음 예제는 동전의 각크기를 달의 경우와 비교하고 있다.

 예제 26.9 동전과 달

가까운 곳($d_\text{o} = 71\,\text{cm}$)에 동전(지름 = $h_\text{o} = 1.9\,\text{cm}$)이 있을 때의 각크기를 달(지름 = $h_\text{o} = 3.5 \times 10^6\,\text{m}$, $d_\text{o} = 3.9 \times 10^8\,\text{m}$)을 볼 때의 각크기와 비교하라.

살펴보기 물체의 각크기 θ는 근사적으로 그것의 높이 h_o를 눈으로부터의 거리 d_o로 나눈 값이다. 즉 $\theta \approx h_\text{o}/d_\text{o}$ 이다. 이것은 관련된 각이 대략 9°보다 작을 때 적용되며, 여기서 이 근사를 적용할 수 있다. 동전과 달의 지름은 물체의 높이에 해당된다.

풀이 동전과 달의 각크기는 다음과 같다.

동전 $\quad \theta \approx \dfrac{h_\text{o}}{d_\text{o}} = \dfrac{1.9\,\text{cm}}{71\,\text{cm}} = \boxed{0.027\,\text{rad}\ (1.5°)}$

달 $\quad \theta \approx \dfrac{h_\text{o}}{d_\text{o}} = \dfrac{3.5 \times 10^6\,\text{m}}{3.9 \times 10^8\,\text{m}}$
$\qquad\qquad = \boxed{0.0090\,\text{rad}\ (0.52°)}$

따라서 동전은 달에 비해 약 세 배 정도 크게 보이게 된다.

확대경과 같은 광학기기는 사용하지 않을 때보다 망막에 더 큰 상을 만들기 때문에 작거나 멀리 있는 물체를 볼 수 있게 해준다. 다시 말하면 광학기기는 물체의 각크기를 확대한다. **각배율**(또는 확대능; angular magnification or magnifying power) M은 광학기기에 의해 만들어지는 최종 상의 각크기 θ'을 광학기기를 사용하지 않고 보았을 때의 각크기 θ로 나눈 값이다. 광학기기를 사용하지 않을 때의 각크기를 기준 각크기라 한다.

◑ 확대경의 물리

각배율 $\qquad M = \dfrac{\text{광학기기에 의해 형성되는 최종 상의 각크기}}{\text{광학기기 없이 물체를 볼 때의 기준 각크기}} = \dfrac{\theta'}{\theta}$ (26.9)

확대경은 각크기를 증가시키는 가장 간단한 장치이다. 이 경우, 기준 각크기 θ는 물체를 눈의 근점에 두고 맨눈으로 볼 때의 각크기이다. 물체를 근점보다 더 가까이 가져오면 망막에 선명한 상이 만들어지지 않으므로, θ는 맨눈으로 얻을 수 있는 최대 각크기가 된다. 그림 26.34(a)는 기준 각크기가 $\theta \approx h_\text{o}/N$ 인 것을 보여주고 있으며, 여기서 N은 눈에서부터 근점까지의 거리이다. 26.7절과 그림 26.23을 참고하면서 θ'을 계산하자. 확대경이

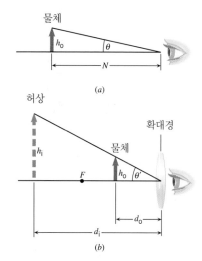

그림 26.34 (a) 확대경이 없을 때는, 물체가 눈으로부터 거리 N인 근점에 있을 때 각 크기 θ가 최대이다. (b) 확대경은 렌즈의 초점 F 안쪽에 있는 물체의 확대된 허상을 만든다. 상과 물체 둘다 각 크기는 θ'이다.

한 개의 볼록 렌즈로 되어 있다고 한다. 물체가 초점 안쪽에 있으면 그림 26.34(b)는 렌즈가 물체에 대해 정립이고 확대된 허상을 만든다는 것을 나타내고 있다. 눈이 확대경 다음에 있다면, 눈에 보이는 각크기 θ'은 $\theta' \approx h_o/d_o$ 이고, 여기서 d_o는 물체 거리이다. 각배율은 다음과 같이 표현된다.

$$M = \frac{\theta'}{\theta} \approx \frac{h_o/d_o}{h_o/N} = \frac{N}{d_o}$$

얇은 렌즈 방정식에 따르면, d_o는 상거리 d_i와 렌즈의 초점 거리 f에 다음과 같이 관계된다.

$$\frac{1}{d_o} = \frac{1}{f} - \frac{1}{d_i}$$

이 식을 앞의 M의 식에 대입하면 다음과 같은 결과가 얻어진다.

확대경의 각배율
$$M = \frac{\theta'}{\theta} \approx \left(\frac{1}{f} - \frac{1}{d_i}\right)N \tag{26.10}$$

상이 눈에 가능한 한 가까이 위치하는 경우와 아주 멀리 위치하는 두 가지 특별한 경우를 생각해 보자. 상이 또렷하면서도 눈에 가장 가까이 있는 경우는 상이 근점에 있어야 하고, 이때 $d_i = -N$이다. 여기서 음의 부호는 상이 렌즈의 왼쪽에 위치하며 허상이라는 것을 나타낸다. 이 경우에, 식 26.10은 $M \approx (N/f)+1$이 된다. 상거리가 무한대($d_i = -\infty$)인 경우는 물체가 렌즈의 초점에 위치할 때이다. 이때 식 26.10은 간단히 $M \approx N/f$가 된다. 명백히, 각배율은 상이 무한대에 있을 때보다 눈의 근점에 있을 때 더 커진다. 어떤 경우든 초점 거리가 짧을수록 확대경의 각배율은 커진다. 예제 26.10은 이 두 가지 경우 확대경의 각배율을 계산해 본다.

 예제 26.10 │ 확대경으로 다이아몬드를 관찰하기

한 보석 세공사가 작은 확대경(루페)을 이용하여 다이아몬드를 관찰하고 있다. 이 사람의 근점은 40.0 cm이고 원점이 무한대이다. 확대경 렌즈는 초점 거리가 5.00 cm이고 보석의 상은 렌즈로부터 -185 cm인 곳에 위치한다. 상이 허상이며 렌즈에 대해 물체와 같은 쪽에 만들어지기 때문에 상거리는 음수이다. (a) 확대경의 각배율을 구하라. (b) 보석 세공사 눈에서 모양체근의 긴장이 최소인 경우에 상은 어디에 위치하게 되는가? 이 조건 하에서 각배율은 얼마인가?

살펴보기 확대경의 각배율은 식 26.10으로부터 구할 수 있다. (a)에서는 상거리가 -185 cm이다. (b)에서는 보석 세공사 눈의 모양체근이 완전히 이완되어 상은 26.10절에서 논의되었던 것처럼 눈으로부터 무한히 먼 원점에 위치하게 된다.

풀이 (a) $f = 5.00$ cm, $d_i = -185$ cm, $N = 40.0$ cm이므로, 각배율은 다음과 같다.

$$M = \left(\frac{1}{f} - \frac{1}{d_i}\right)N = \left(\frac{1}{5.00 \text{ cm}} - \frac{1}{-185 \text{ cm}}\right)(40.0 \text{ cm})$$
$$= \boxed{8.22}$$

(b) $f = 5.00$ cm, $d_i = -\infty$ cm, $N = 40.0$ cm이므로, 각배율은 다음과 같다.

$$M = \left(\frac{1}{f} - \frac{1}{d_i}\right)N = \left(\frac{1}{5.00 \text{ cm}} - \frac{1}{-\infty}\right)(40.0 \text{ cm})$$
$$= \boxed{8.00}$$

보석 세공사가 보석을 들여다볼 때 각배율이 다소 감소하더라도 눈의 피로를 줄이고자 한다.

26.12 복합 현미경

확대경으로 확대 가능한 것 이상으로 각배율을 증가시키기 위해서는, 확대경 앞 단계에 볼록 렌즈를 한 개 추가하여 미리 확대한 후 확대경으로 보면 된다. 그 결과가 그림 26.35에 보인 **복합 현미경**(compound microscope)이라 부르는 광학기기이다. 확대경은 대안 렌즈라 부르고, 추가된 렌즈는 대물 렌즈라 부른다.

복합 현미경의 각배율은 $M = \theta'/\theta$(식 26.9)인데 여기서 θ'은 최종 상의 각크기이고 θ는 기준 각크기이다. 그림 26.34의 확대경에서 기준 각크기는, 물체가 맨눈의 근점에 있을 때의 물체의 높이 h_o를 써서 구할 수 있다. 즉 N이 눈과 근점 사이의 거리일 때 $\theta \approx h_o/N$이다. 그림 26.27(a)처럼, 물체가 대물 렌즈의 초점 거리 F_o의 바로 바깥에 놓여 있고 최종 상이 대안 렌즈로부터 아주 멀리 [즉 그림 26.27(c)처럼 무한대에] 있다고 가정하면, 최종 각배율은 다음 식으로 표현된다.

복합 현미경의 각배율
$$M \approx -\frac{(L - f_e)N}{f_o f_e} \qquad (L > f_o + f_e) \qquad (26.11)$$

식 26.11에서, f_o와 f_e는 각각 대물 렌즈와 대안 렌즈의 초점 거리이고 L은 두 렌즈 사이의 거리이다. f_o와 f_e가 가능한 한 작고 (이 값들이 식 26.11에서 분모에 있으므로) 렌즈 사이의 거리가 가능한 한 클 때 각배율이 최대가 된다. 또한 이 식이 성립하려면 L은 f_o와 f_e의 합보다 커야만 한다. 예제 26.11은 복합 현미경의 각배율을 다루고 있다.

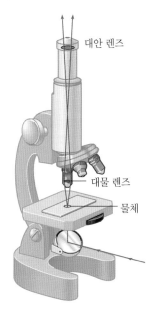

대안 렌즈

대물 렌즈

물체

그림 26.35_ 복합 현미경

◯ 복합 현미경의 물리

예제 26.11 | 복합 현미경의 각배율

복합 현미경의 대물 렌즈 초점 거리가 $f_o = 0.40\,\text{cm}$이고, 대안 렌즈 초점 거리가 $f_e = 3.0\,\text{cm}$이다. 두 렌즈 사이의 간격은 $L = 20.0\,\text{cm}$이다. 근점 거리가 $N = 25\,\text{cm}$인 어떤 사람이 현미경을 사용하고 있다면 (a) 현미경의 각배율은 얼마인가? (b) 대안 렌즈만을 확대경으로 사용하였을 때 얻을 수 있는 최대 각배율과 (a)의 결과를 비교하여라.

살펴보기 복합 현미경의 각배율은 모든 변수가 알려져 있으므로 식 26.11로부터 직접 구해진다. 그림 26.34(b)처럼 대안 렌즈만을 확대경으로 사용할 때는, 최대 각배율은 대안 렌즈를 통하여 보이는 상이 눈의 근점에 있을 때 얻는다. 식 26.10에 따르면, 이때의 각배율은 $M \approx (N/f_e) + 1$이다.

풀이 (a) 복합 현미경의 각배율은 다음과 같다.

$$M \approx -\frac{(L - f_e)N}{f_o f_e}$$
$$= -\frac{(20.0\,\text{cm} - 3.0\,\text{cm})(25\,\text{cm})}{(0.40\,\text{cm})(3.0\,\text{cm})}$$
$$= \boxed{-350}$$

음의 부호는 최종 상이 처음의 물체에 대하여 도립인 것을 의미한다.

(b) 대안 렌즈 자체의 최대 각배율은

$$M \approx \frac{N}{f_e} + 1 = \frac{25\,\text{cm}}{3.0\,\text{cm}} + 1 = \boxed{9.3}$$

이다. 대물 렌즈의 영향으로 확대경과 비교하여 복합 현미경의 각배율은 350/9.3 = 38배가 된다.

26.13 망원경

○ 망원경의 물리

망원경은 별이나 행성과 같은 멀리 있는 물체를 확대하여 보기 위한 기기이다. 현미경과 마찬가지로, 망원경은 대물 렌즈와 대안 렌즈로 구성된다. 물체가 항상 멀리 있으므로 광선이 망원경의 축에 거의 평행으로 입사하고, 대물 렌즈에 의한 실상('첫째 상'이라고 부르자)은 그림 26.36(a)와 같이 대물 렌즈의 초점 F_o 바로 뒤에 만들어지며 도립이다. 그렇지만 복합 현미경과는 달리, 이 상은 물체보다 더 작다. 그림 (b)처럼, 만약 첫째 상이 대안 렌즈의 초점 F_e 바로 안쪽에 놓이게 망원경이 설계된다면, 대안 렌즈는 확대경과 같은 역할을 한다. 완전히 이완된 눈으로 확대된 허상을 보면 최종 상은 거의 무한대에 가까이 위치한다.

　　　망원경의 각배율 M은, 확대경이나 현미경과 같이, 망원경의 최종 상에 의해 정해지는 각크기 θ'을 물체의 기준 각크기 θ로 나눈 값이다. 행성과 같은 천체에 대해서는, 맨눈으로 하늘에서 보이는 물체의 각크기를 기준으로 사용하는 것이 편리하다. 물체가 멀리 떨어져 있으므로, 맨눈에 의해 보이는 각크기는 그림 26.36 (a)에서 망원경의 대물 렌즈에 의해 정해지는 각 θ와 거의 같다. 이 θ는 또한 첫째 상에 의해서도 구해지는 각으로 $\theta \approx -h_i/f_o$ 이며 여기서 h_i는 첫째 상높이이고 f_o는 대물 렌즈의 초점 거리이다. 첫째 상은 물체에 대하여 도립이고 상높이 h_i는 음수이므로 이 근사식의 우변에 음의 부호를 첨가하여야 한다. 음의 부호의 첨가는 $-h_i/f_o$항, 즉 θ가 양의 값임을 확실하게 해준다. 이어서 θ'를 구해 보자. 그림 26.36(b)처럼 첫째 상은 초점 거리가 f_e인 대안 렌즈의 초점 F_e에 아주 가까이 위치한다. 그러므로 $\theta' \approx h_i/f_e$ 이다. 따라서 망원경의 각배율은 근사적으로

천체 망원경의 각배율
$$M = \frac{\theta'}{\theta} \approx \frac{h_i/f_e}{-h_i/f_o} \approx -\frac{f_o}{f_e} \qquad (26.12)$$

이다. 각배율은 대안 렌즈의 초점 거리에 대한 대물 렌즈의 초점 거리의 비에 의해 결정된다. 각배율을 크게 하려면, 대물 렌즈의 초점 거리가 길어야 하고 대안 렌즈의 초점 거리는 짧아야 한다. 망원경의 설계에 대한 몇 가지 사항이 다음 예제의 주제이다.

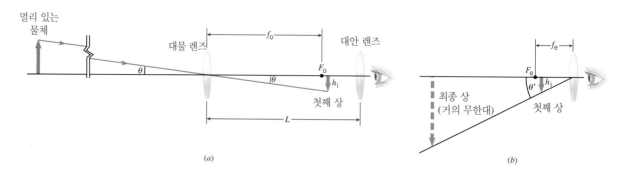

그림 26.36　(a) 천체 망원경은 멀리 있는 물체를 보는 데 사용된다. (대물 렌즈와 물체 사이 주축 위의 끊어진 곳을 주목하라.) 대물 렌즈는 실상이며, 도립인 첫째 상을 만든다. (b) 대안 렌즈는 거의 무한대인 위치에 최종 상을 만들기 위해 첫째 상을 확대한다.

예제 26.12 | **천체 망원경의 각배율**

그림 26.37에 보이는 천체 망원경에서 $f_o = 985$ mm이고 $f_e = 5.00$ mm이다. 이들 자료로부터 (a) 망원경의 각배율과 (b) 망원경의 대략적인 길이를 구하라.

살펴보기 망원경의 각배율은 대물 렌즈와 대안 렌즈의 초점 거리가 알려져 있으므로 식 26.12로부터 바로 알 수 있다. 망원경의 길이는 그것이 대물 렌즈와 대안 렌즈 사이의 거리 L과 근사적으로 같다는 점을 고려하면 구할 수 있다. 그림 26.36은 첫째 상이 대물 렌즈의 초점 F_o의 바로 뒤와 대안 렌즈의 초점 F_e 바로 안쪽에 위치한다는 것을 보여준다. 그러므로 이들 두 초점은 서로 매우 가깝게 있고, 따라서 길이 L은 근사적으로 두 초점 거리의 합이 된다. 즉 $L \approx f_o + f_e$이다.

풀이 (a) 각배율은 근사적으로

$$M \approx -\frac{f_o}{f_e} = -\frac{985 \text{ mm}}{5.00 \text{ mm}} = \boxed{-197} \qquad (26.12)$$

그림 26.37 천체 망원경. 뷰파인더는 분리된 낮은 배율의 작은 망원경으로 물체의 위치를 잡는 데 도움을 준다. 일단 물체가 발견되면, 관찰자는 대안 렌즈를 통하여 망원경의 전체 배율로 관찰한다.

이며, (b) 망원경의 대략적인 길이는

$$L \approx f_o + f_e = 985 \text{ mm} + 5.00 \text{ mm} = \boxed{990 \text{ mm}}$$

이다.

26.14 렌즈의 수차

대개 단일 렌즈는 선명한 상을 만들 수 없으며 초점이 약간 흐려진 상을 형성한다. 이러한 선명도의 결함은 물체의 한 점에서부터 시작된 광선이 상에서 한 점으로 모이지 않기 때문에 발생된다. 결과적으로, 상의 각 점은 약간 흐려지게 된다. 물체와 상 사이의 점 대 점 대응의 결함을 수차(aberration)라 부른다.

수차의 흔한 형태 중 하나가 **구면 수차**(spherical aberration)이며, 이것은 구면으로 이루어진 볼록 렌즈와 오목 렌즈에서 발생한다. 그림 26.38(a)는 볼록 렌즈에서 어떻게 구면 수차가 나타나는가를 보여준다. 주축에 평행하게 진행하는 모든 광선은 렌즈를 통과해 지나간 후 굴절되어 이상적으로는 동일 지점에서 축을 가로지르게 된다. 그렇지만 주축에서 멀리 떨어진 광선은 가까이 있는 광선보다 렌즈에 의해 더 많이 굴절된다. 그 결과로, 바깥쪽 광선은 안쪽 광선에서보다 렌즈에 더 가까운 곳에서 축을 가로지르게 되고, 따라서 구면 수차가 있는 렌즈는 단일 초점을 형성하지 못한다. 그 대신에, 단면이 원형인 빛이 주축과 평행으로 입사하여 굴절된 후 최소의 단면적을 갖게 되는 지점이 있다. 이 단면은 원형이며 **최소 착란원**(circle of least confusion)이라 부른다. 최소 착란원은 렌즈가 만들 수 있는 가장 만족할 만한 상이 형성되는 곳이다.

구면 수차는 주축에 가까운 광선만 렌즈를 통과해 지나갈 수 있게 허용하는 가변 구경 조리개를 이용함으로써 감소시킬 수 있다. 그림 26.38(b)는 이제 렌즈를 통과하는 빛의 양은 줄지만, 이 방법으로 상당히 선명한 초점을 만들어낼 수 있음을 보여준다. 또한 포물면 렌즈가 구면 수차를 없애기 위해 사용되기도 하는데, 이것은 제작이 어렵고 비용도 많

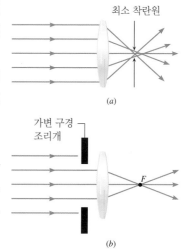

그림 26.38 (a) 볼록 렌즈에서, 구면 수차는 주축에 평행한 광선이 일치된 점으로 모아지는 것을 방해한다. (b) 주축에 가까이 있는 광선만이 렌즈를 통과해 지나가도록 함으로써 구면수차를 감소시킬 수 있다. 이제 굴절된 광선은 단일 초점 F로 보다 가까이 수렴된다.

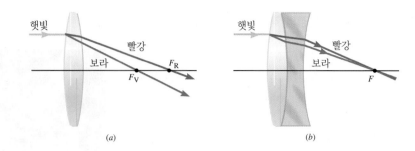

그림 26.39 (a) 색수차는 여러 가지 색이 주축 위 서로 다른 지점에 초점이 모일 때 생긴다. F_V = 보라색 빛의 초점, F_R = 빨간색 빛의 초점 (b) 볼록 렌즈와 오목 렌즈를 그림처럼 배치하여, 서로 다른 색이 거의 같은 초점 F에 모이게 설계할 수 있다.

이 든다.

색수차(chromatic aberration) 또한 상을 흐리게 하는 원인이 된다. 이것은 렌즈로 만든 물질의 굴절률이 파장에 따라 변하기 때문에 발생된다. 26.5절에서 우리는 다른 색이 다른 각으로 굴절되는 분산 현상을 다루었다. 그림 26.39(a)는 볼록 렌즈에 입사되어 분산에 의하여 색스펙트럼을 형성하는 태양빛을 보여준다. 이 그림에서는 단지 가시광선 스펙트럼의 양쪽 끝에 있는 빨간색과 보라색 광선만을 보여준다. 보라색은 빨간색보다 더 많이 굴절되고, 따라서 보라색 광선은 빨간색 광선보다 렌즈에 더 가까운 곳에서 주축과 만난다. 그러므로 렌즈의 초점 거리는 빛이 빨간색일 때보다 보라색일 때 더 짧고, 그 사이에 있는 색들은 두 빛이 주축과 만나는 두 점 사이에서 주축과 만나게 되므로 원하지 않는 색 무늬들이 상을 둘러싸게 된다.

색수차는 그림 26.39(b)에 보인 볼록 렌즈와 오목 렌즈의 조합과 같은 복합 렌즈를 사용하여 현저히 감소시킬 수 있다. 각 렌즈는 서로 다른 종류의 유리로 만들어진다. 이러한 렌즈 조합으로 빨간색과 보라색 광선은 거의 같은 초점을 갖게 되므로 색수차가 감소된다. 색수차를 감소시키기 위해 제작된 렌즈 조합을 색지움 렌즈(achromatic lens)라 한다. 대부분의 고급 카메라는 색지움 렌즈를 사용한다.

 연습 문제

별다른 언급이 없으면 표 26.1에 주어진 굴절률 값을 사용한다.

26.1 굴절률

1(2) 물질 A와 B의 굴절률의 비는 $n_A/n_B = 1.33$이다. 물질 A의 빛의 속력은 1.25×10^8 m/s이다. 물질 B의 빛의 속력은 얼마인가?

2(4) 빛의 속력이 물질 B보다 물질 A가 1.25배 더 크다. 이 물질들의 굴절률의 비 n_A/n_B를 구하라.

3(6) 빛이 어떤 물질을 통과해서 이동할 때 340.0 nm의 파장과 5.403×10^{14} Hz의 진동수를 가진다. 이것은 표 26.1에서 어떤 물질이 될 수 있을까?

*4(7) 어떤 시간 동안 진공 중에서 빛은 6.20 km를 진행한다. 같은 시간 동안에 한 액체 속에서는 단지 3.40 km만을 진행한다. 액체의 굴절률은 얼마인가?

26.2 스넬의 법칙과 빛의 굴절

5(9) 공기 중에서 광선이 입사각 43°로 물 표면에 입사한다. (a) 반사각과 (b) 굴절각을 구하라.

6(10) 물질 A를 진행한 광선이 72°의 입사각으로 물질 A와 B 사이의 경계면을 때린다. 굴절각은 56°이다. 두 물질의 굴절률의 비 n_A/n_B를 구하라.

7(13) 그림과 같이 알 수 없는 액체로 채워진 비커의 바닥에 동전이 놓여 있다. 동전으로부터 나온 빛이 액체의 표면을 향해 진행하여 공기 중으로 들어가면서 굴절된다. 한 사람이 광선을 볼 때 액체 표면 바로 위로 스쳐지나가는 것으로 보인다. 빛은 액체 속에서 얼마나 빠르게 진행 하는가?

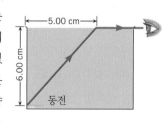

8(14) 태양 광선이 입사각 45°로 얼어붙은 호수를 비춘다. (a) 얼음과 (b) 얼음 밑의 물을 투과한 광선의 굴절각은 얼마인가?

9(15) 진공에서 빛이 투명한 유리판에 입사한다. 입사각은 35.0°이다. 그리고 판을 액체의 풀에 담근다. 빛이 판을 때리는 입사각이 20.3°일 때, 판으로 들어간 것에 대한 굴절각은 진공에 있을 때와 같다. 액체의 굴절률은 얼마인가?

***10(17)** 그림 26.5에서 입사각 $\theta_1 = 30°$, 유리판의 두께가 6.00 mm 그리고 유리의 굴절률이 $n_2 = 1.52$라 가정하자. 입사 광선에 대하여 유리판을 빠져나온 광선의 옆으로의 변위의 크기는 얼마인가? (mm 단위로 계산하라.)

***11(20)** 그림은 액체 이황화탄소($n = 1.63$)에 둘러싸인 유리 직사각형 블록($n = 1.52$)을 나타낸다. 광선이 입사각 30.0°로 점 A인 유리에 입사된다. 유리인 점 B로 간 광선의 굴절각은 얼마인가?

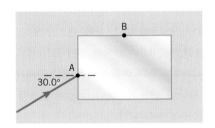

****12(22)** 비커의 높이는 30.0 cm이다. 비커의 아래 반은 물이 채워져 있고, 위의 반은 기름($n = 1.48$)이 채워져 있다. 어떤 사람이 위에서 비커 아래를 내려다본다면 바닥의 겉보기 깊이는 얼마인가?

26.3 내부 전반사

13(23) 투명한 고체의 굴절률을 측정하는 방법 중 하나가 고체가 공기 중에 있을 때 전반사 임계각을 측정하는 것이다. θ_c가 40.5°로 구해졌다면, 고체의 굴절률은 얼마인가?

14(24) 이황화탄소로부터 공기로 나오는 빛의 임계각은 얼마인가?

15(25) 어떤 유리 블록($n = 1.56$)이 액체에 잠겨 있다. 유리 내에서 빛의 광선은 입사각 75.0°로 유리-액체 표면을 비춘다. 빛의 일부는 액체로 들어간다. 액체에 대한 가장 작은 굴절률은 얼마인가?

16(27) 그림은 직사각형 단면인 크라운 유리판을 나타낸다. 그림과 같이 레이저 빛이 60.0°의 각으로 위 표면을 비춘다. 위 표면으로부터 반사된 후, 빛은 옆면과 바닥면을 반사한다. (a) 만약 유리판이 공기에 둘러싸여 있다면 유리판에서 빠져나가는 부분은 A, B, C 중 어느 곳인지 결정하라. (b) 유리판이 물에 둘러싸여 있다고 가정하고 (a)를 다시 풀어라.

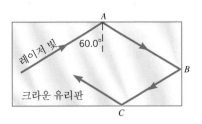

***17(29)** 다음 그림은 코어가 플린트 유리($n_{플린트} = 1.667$)로 되어 있고 클래딩이 크라운 유리($n_{크라운} = 1.523$)로 되어 있는 광섬유를 보여준다. 광선이 공기로부터 광섬유를 향해 법선에 대하여 각 θ_1로 입사된다. 빛이 코어와 클래딩의 경계면을 임계각 θ_c로 부딪친다면, θ_1은 얼마인가?

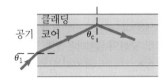

***18(30)** 그림은 단면이 직사각형인 결정 유리판을 나타낸다. 광선은 $\theta_1 = 34°$의 각도로 유리판에 입사되고, 결정 유리판에 들어와 점 P로 이동한다. 이 유리판은 굴절률이 n인 유체에 둘러싸여 있다. 점 P에서 전반사될 때 n의 최댓값은 얼마인가?

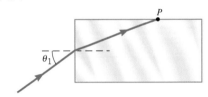

26.4 편광과 빛의 반사와 굴절

19(31) 빛이 두 물질의 경계면을 위에서부터 부딪칠 때, 브루스터각이 65.0°라면, 빛이 아래로부터 동일 표면에 부딪칠 때 브루스터각은 얼마인가?

20(32) 태양 광선이 다이아몬드 표면을 부딪친다. 반사된 빛이 완전히 편광 된다고 하면 입사각은 얼마이어야 하는가?

21(35) 빛이 유리로 된 커피 테이블로부터 반사된다. 입사각이 56.7°일 때, 반사 광선은 유리 표면에 평행한 방향으로 완전 편광이 된다. 유리의 굴절률은 얼마인가?

***22(36)** 진공에서 빨간색 빛이 어떤 유리 형태에 브루스터각으로 입사할 때 굴절각은 29.9°이다. (a) 브루스터각을 구하라. (b) 유리의 굴절률은 얼마인가?

26.5 빛의 분산: 프리즘과 무지개

23(38) 태양 광선이 다이아몬드에서 크라운 유리로 지나간다. 입사각은 35.00°이다. 파란색 빛과 빨간색 빛에 대한 굴절

률은 파란색($n_{diamond}$ = 2.444, $n_{crown\ glass}$ = 1.531)과 빨간색($n_{diamond}$ = 2.410, $n_{crown\ glass}$ = 1.520)이다. 크라운 유리에 굴절된 파란색 빛과 빨간색 빛 사이의 각도는 얼마인가?

24(39) 태양 광선이 입사각 45.00°로 크라운 유리판에 부딪친다. 표 26.2를 사용하여, 유리 속에서 보라색 광선과 빨간색 광선 사이의 각을 구하라.

25(41) 그림과 같이 빨간색 빛(진공에서 λ = 660 nm)과 보라색 빛(진공에서 λ = 410 nm)의 수평 광선이 플린트 유리 프리즘에 입사된다. 빨간색과 보라색 빛에 대한 굴절률은 각각 1.662와 1.698이다. 빛이 프리즘을 벗어날 때 각 광선의 굴절각은 얼마인가?

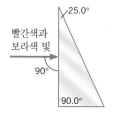

*26(42) 그림은 얼음으로 된 프리즘에 입사되는 수평 광선을 나타낸다. 프리즘 또한 수평으로 있다. 프리즘(n = 1.31)은 굴절률이 1.48인 기름으로 둘러싸여 있다. 프리즘의 오른쪽 면의 법선에 대해 빠져 나오는 빛의 각 θ를 구하라.

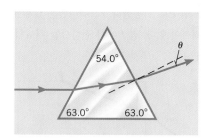

26.6 렌즈
26.7 렌즈에 의한 상의 형성
26.8 얇은 렌즈 방정식과 배율 방정식

27(44) 어떤 오목 렌즈의 초점 거리는 −32 cm이다. 한 물체가 렌즈의 앞 19 cm 되는 곳에 놓여 있다. (a) 상거리와 (b) 배율을 계산하라. (c) 실상인가 허상인가? (d) 정립인가 도립인가? (e) 상의 크기는 확대인가 축소인가?

28(45) 한 물체가 볼록 렌즈(f = 6.0 cm) 앞 9.0 cm인 곳에 놓여있다. 광선 작도를 정확하게 해서, 상의 위치를 구하여라.

29(47) 어떤 여행가가 렌즈의 초점 거리가 50 mm 되는 카메라를 이용해서 14 km 떨어진 산의 경치를 사진을 찍었다. 또한 그녀는 단지 5.0 km 떨어진 곳에서 두 번째 사진을 찍었다. 두 번째 찍은 필름의 산의 상높이 대 첫 번째 필름의 사진에서 산의 상높이 비는 얼마인가?

30(49) 초점 거리가 50.0 cm인 볼록 렌즈의 왼쪽 30.0 cm인 곳에 물체가 위치한다. (a) 광선 작도로 그리고 상거리와 배율을

판단하라. (b) 얇은 렌즈와 배율 방정식을 이용해서 (a)의 답을 밝혀보아라.

31(51) 초점 거리가 35.0 mm와 150.0 mm인 두 개의 렌즈를 갈아 끼울 수 있는 카메라가 있다. 키가 1.60 m인 한 여자가 카메라 앞 9.0 m 지점에 서 있다. (a) 35.0 mm 렌즈와 (b) 150.0 mm 렌즈에 의해 필름에 만들어지는 상의 크기는 각각 얼마인가?

*32(54) 한 물체가 볼록 렌즈(f = 0.30 m)의 앞에 있다. 렌즈의 배율은 m = 4.0이다. (a) 렌즈에 대해 배율이 m = −4.0일 때 물체는 어느 방향으로 움직이는가? (b) 또한 물체가 움직인 거리는 얼마인가?

*33(55) 초점 거리가 −12 cm인 오목 렌즈 앞 18 cm 되는 곳에 물체가 있다. 상의 크기를 0.5 배가 되게 하려면 물체를 렌즈 앞에서 얼마나 멀리 두어야 하는가?

26.9 렌즈의 조합

34(59) 초점 거리가 0.080 cm인 볼록 렌즈가 있다. 어떤 물체가 이 렌즈의 왼쪽 0.040 m 되는 곳에 위치한다. 두 번째 볼록 렌즈는 처음 렌즈와 초점 거리는 같고 물체가 렌즈의 오른쪽 0.120 m인 곳에 위치한다. 두 번째 렌즈에 대해 최종 상은 어느 곳에 놓이는가?

35(63) 볼록 렌즈(f_1 = 24.0 cm)가 오목 렌즈(f_2 = 28.0 cm)의 왼쪽 56.0 cm 되는 곳에 위치하고 있다. 물체는 볼록 렌즈의 왼쪽에 놓여 있고, 두 개의 렌즈 조합에 의해 만들어지는 최종 상은 오목 렌즈의 왼쪽 20.7 cm 되는 곳에 만들어진다. 물체는 볼록 렌즈로부터 얼마나 멀리 떨어져 있는가?

26.10 사람의 눈

36(69) 한 근시인 사람의 원점이 그의 눈으로부터 220 cm인 곳에 있다. 그가 멀리 있는 물체를 깨끗이 볼 수 있기 위한 콘택트렌즈의 초점 거리를 구하여라.

**37(75) 근시인 여자의 원점이 그녀의 눈으로부터 6.0 m인 곳이고, 멀리 있는 물체를 깨끗이 볼 수 있기 위해 콘택트렌즈를 착용한다. 나무 한 그루가 18.0 m 떨어져 있고 높이는 2.0 m이다. (a) 콘택트렌즈를 통해 나무를 볼 때, 상거리는 얼마인가? (b) 콘택트렌즈에 의해 만들어지는 상은 얼마나 큰가?

26.11 각배율과 확대경

38(79) 잡지 위로 확대경을 놓고 눈을 가까이 대고 본다. 확대경에 의해 만들어지는 상은 눈의 근점에 위치한다. 근점은 눈으로부터 0.30 m 떨어져 있고, 각배율은 3.4이다. 확대경의

초점 거리를 구하라.

26.12 복합 현미경

*39(87) 근점이 눈으로부터 25.0 cm인 어떤 사람이 사용할 때 확대경의 최대 각배율이 12.0이다. 동일한 사람이 이 확대경을 현미경의 대안 렌즈로 사용할 때, -525의 각배율을 갖는다는 것을 알게 되었다. 현미경의 대안 렌즈와 대물 렌즈 사이의 간격은 23.0 cm이다. 대물 렌즈의 초점 거리를 구하라.

26.13 망원경

40(91) 화성은 맨눈으로 볼 때 8.0×10^{-5} rad의 각을 이루고 있다. 대안 렌즈의 초점 거리가 0.032 m인 천체 망원경을 사용하여 화성을 관측할 때, 화성은 2.8×10^{-3} rad의 각을 이룬다. 망원경 대물 렌즈의 초점 거리를 구하라.

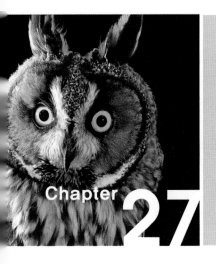

Chapter 27 간섭과 빛의 파동성

27.1 선형 중첩의 원리

17장에서 우리는 같은 장소, 같은 시각에 여러 음파가 존재할 때 그 결과가 어떻게 되는가를 알아보았다. 전체 음파의 변위는 선형 중첩의 원리에 따라 각 음파의 변위를 합한 것과 같다. 빛 또한 전자기파이므로, 선형 중첩의 원리를 따른다. 이 원리는 영의 이중 슬릿 실험, 얇은 막(박막)에서의 간섭, 그리고 마이컬슨 간섭계에서 나타나는 간섭 효과를 포함하여, 빛과 관련된 모든 간섭 현상을 설명할 수 있다. 두 개 이상의 광파가 한 점을 통과할 때, 선형 중첩의 원리에 따라 전체 전기장은 각 전기장을 합한 것과 같다. 식 24.5b에 따르면, 빛의 세기(빛의 밝기)는 전기장의 제곱에 비례한다. 그러므로 간섭은 소리의 세기에 영향을 미치는 것과 마찬가지로 빛의 밝기를 변화시킬 수 있다.

그림 27.1은 두 개의 동일한 파동(파장 λ와 진폭이 같은 파동)이 같은 위상으로, 다시 말해서 마루와 마루, 골과 골이 만나면서 점 P에 도착할 때 어떤 일이 나타나는지를 보여주고 있다. 선형 중첩의 원리에 따르면, 파동은 서로 보강되므로 **보강 간섭**(constructive interference)이 나타난다. 점 P에서의 결과 파동은 각 파동의 진폭의 두 배가 되는 진폭을

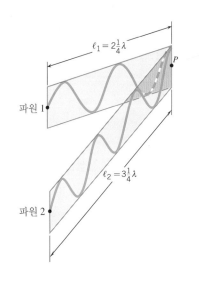

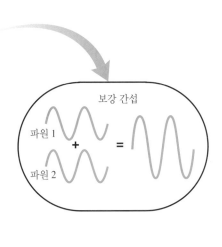

그림 27.1 파원 1과 2에서 같은 위상으로 출발한 파동이 점 P에 같은 위상으로 도착하며 보강 간섭이 일어난다.

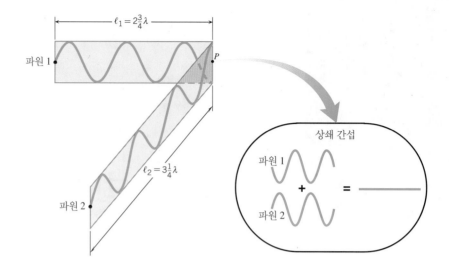

그림 27.2 두 개의 파원으로부터의 파동이 출발할 때는 같은 위상이었으나, 점 P에 도착할 때는 반대 위상이 된다. 그 결과 점 P에 상쇄 간섭이 일어난다.

가지며, 광파의 경우에는 점 P의 밝기가 각 파동에 의한 밝기를 합한 것보다 더 밝아진다. 파동이 같은 위상에서 출발하였고 점 P와 파원 사이의 거리 ℓ_1과 ℓ_2가 한 파장만큼 차이가 나므로 점 P에서 같은 위상이 된다. 그림 27.1에서 이들 거리는 $\ell_1 = 2\frac{1}{4}$ 파장과 $\ell_2 = 3\frac{1}{4}$ 파장이다. 일반적으로, 파동이 같은 위상으로 출발할 때, 그 거리들이 같거나 파장의 정수배만큼 차이가 나면, 다시 말해서 보다 긴 쪽을 ℓ_2라 할 때 $\ell_2 - \ell_1 = m\lambda$이면 ($m = 0, 1, 2, 3, \ldots$) 점 P에서 보강 간섭이 일어난다.

그림 27.2는 동일한 두 파동이 반대 위상으로 또는 마루와 골이 만나면서 점 P에 도착할 때 어떻게 되는가를 보여주고 있다. 이 경우에는 **상쇄 간섭**(destructive interference)이 일어나서 어두워진다. 파동이 같은 위상으로 출발하였으나 점 P까지 진행하는 거리가 반파장 차이가 나므로 (그림에서 $\ell_1 = 2\frac{3}{4}\lambda$와 $\ell_2 = 3\frac{1}{4}\lambda$) 점 P에서 서로 반대 위상이 된다. 일반적으로 파동이 같은 위상으로 출발할 때 그 거리가 반파장의 홀수 배만큼 차이가 나면, 다시 말해서 보다 긴 쪽을 ℓ_2라 할 때 $\ell_2 - \ell_1 = \frac{1}{2}\lambda, \frac{3}{2}\lambda, \frac{5}{2}\lambda, \ldots$이면 상쇄 간섭이 일어난다. 이것을 $\ell_2 - \ell_1 = (m + \frac{1}{2})\lambda$로 쓸 수 있다. 여기서 $m = 0, 1, 2, 3, \ldots$이다.

만약 보강 간섭 또는 상쇄 간섭이 한 점에서 지속되면, 파원은 **가간섭성 광원**(coherent sources)임에 틀림없다. 파동이 방출될 때 위상차가 일정하게 지속된다면, 두 파원은 가간섭성을 지닌다고 말할 수 있다. 그러나 그림 27.2에서 파원 1의 파형이 임의의 시각에 임의의 양만큼 앞뒤로 무질서하게 움직인다면, 점 P에서 두 개의 파형 사이의 위상차가 일정하지 않으므로 보강 간섭이나 상쇄 간섭 어느 것도 관찰되지 않는다. 레이저는 가간섭성 광원이고, 백열전구와 형광등은 가간섭성이 없는 광원이다.

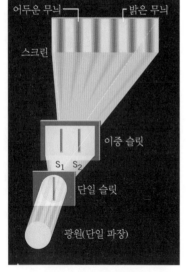

그림 27.3 영의 이중 슬릿 실험에서, 두 개의 슬릿 S_1과 S_2는 가간섭성 광원으로 작용한다. 두 슬릿으로부터 출발한 광파는 스크린에서 보강 또는 상쇄 간섭을 일으켜 밝고 어두운 무늬를 만든다. 그림에서 슬릿 폭과 슬릿 사이의 거리는 이해를 돕기 위해 실제보다 크게 그려져 있다.

27.2 영의 이중 슬릿 실험

1801년 영국의 과학자 토마스 영(1773~1829)은 두 개의 광파가 간섭을 일으키는 것을 보여주는 역사적인 실험을 수행하였다. 그는 이 실험을 통하여 빛의 파동성을 증명했으며 또한 최초로 빛의 파장을 측정하는 개가를 올렸다. 그림 27.3은 영의 실험 장치인데, 단일 파장의 빛(단색광)이 좁은 단일 슬릿을 지나 두 개의 나란한 좁은 슬릿 S_1과 S_2로 들어간다. 이들 두 슬릿은 스크린 상에 보강 또는 상쇄 간섭을 일으켜 밝고 어두운 줄무늬를 만

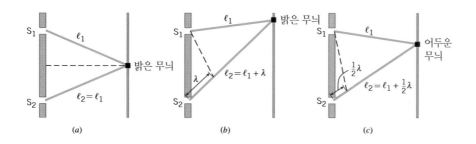

그림 27.4 슬릿 S_1과 S_2로부터 나온 파동은 슬릿에서 스크린에 이르는 경로의 차에 따라서 스크린에서 보강 간섭[(a)와 (b)] 또는 상쇄 간섭[(c)]을 한다. 그림에서 슬릿 폭과 슬릿 사이의 거리는 실제보다 과장되어있다.

드는 가간섭성 광원이 된다. 단일 슬릿의 용도는 한 방향에서 온 빛만이 이중 슬릿으로 가도록 하기 위한 것이다. 이것이 없다면, 광원의 서로 다른 지점에서부터 나온 빛이 서로 다른 방향으로 이중 슬릿에 도달하게 되고 스크린 상의 무늬는 사라지게 된다. 두 슬릿으로부터 나오는 빛은 같은 파원인 단일 슬릿으로부터 나왔으므로 슬릿 S_1과 S_2는 가간섭성 광원으로 작용한다.

그림 27.4의 세 그림은 밝고 어두운 줄무늬가 생기는 원인을 설명하기 위한 슬릿과 스크린의 평면도이다. 그림 (a)에서는 두 슬릿의 가운데를 마주보는 스크린의 지점에 어떻게 밝은 무늬가 나타나는지를 보여준다. 이 위치에서는, 슬릿까지의 거리 ℓ_1과 ℓ_2가 같으므로 보강 간섭이 일어나 밝은 무늬가 만들어진다. 그림 (b)는 보강 간섭에 의해 생기는 스크린의 위쪽의 또 다른 밝은 무늬를 보여주는데 이곳은 거리 ℓ_2가 ℓ_1보다 꼭 한 파장만큼 더 긴 곳이다. 스크린 아래쪽에도 이와 대칭인 위치에 밝은 무늬가 생기지만 그림에 표시하지는 않았다. 일반적으로 거리 ℓ_1과 ℓ_2 사이의 차이가 파장의 정수배(λ, 2λ, 3λ 등)가 되는 곳에는 보강 간섭이 일어난다. 그림의 (c)는 첫 번째 어두운 무늬가 나타나는 곳을 보여준다. 여기서 거리 ℓ_2는 ℓ_1보다 꼭 반파장만큼 더 길고, 따라서 파동은 상쇄 간섭을 하며, 어두운 무늬를 만들게 된다. 상쇄 간섭은 거리 ℓ_1과 ℓ_2 사이의 차이가 반파장의 홀수배 [$1(\frac{\lambda}{2})$, $3(\frac{\lambda}{2})$, $5(\frac{\lambda}{2})$, 등]가 되는 곳에서 일어나며 중앙의 밝은 곳을 중심으로 양쪽에 대칭적으로 나타난다.

영의 실험에서 무늬의 밝기는 그림 27.5에 보는 바와 같이 동일하지 않다. 사진 아래에 있는 것은 밝기가 어떻게 변하는가를 보여주는 그래프이다. 중앙의 무늬는 0으로 표기되어 있으며 가장 밝다. 다른 밝은 무늬는 중앙에서 양쪽으로 차례대로 번호가 매겨졌다. 중앙에서 양쪽으로 멀어질수록 무늬의 밝기가 줄어들며 그 줄어드는 정도는 빛의 파장에 대해서 슬릿 폭이 얼마나 작은가에 따라 달라진다.

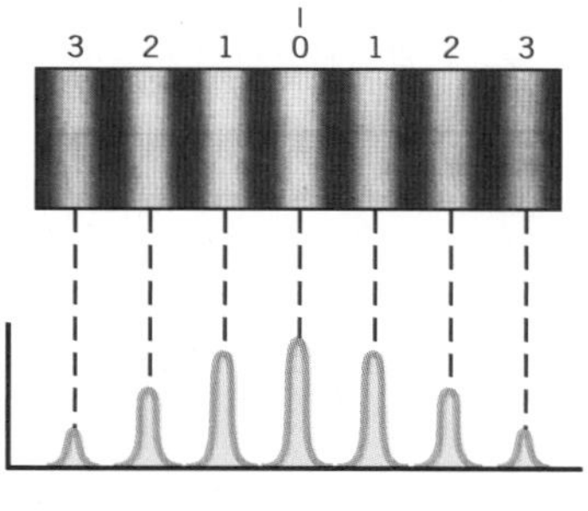

영의 실험에서 스크린에 나타나는 무늬의 위치는 그림 27.6을 이용하면 계산할 수 있다. 스크린이 슬릿의 간격 d에 비해 대단히 멀리 떨어져 있다면, 그림 (a)에서 ℓ_1과 ℓ_2로 표시된 선은 거의 평행하다고 볼 수 있다. 따라서 이 선은 수평선에 대하여 근사적으로 같은 각 θ를 이룬다. 거리 ℓ_1과 ℓ_2는 그림 (b)의 색칠된 삼각형의 짧은 변의 길이 $\Delta\ell$만큼 차이가 난다. 삼각형이 직각 삼각형이므로 $\Delta\ell = d\sin\theta$이다. 보강 간섭은 경로차 $\Delta\ell$이 파장 λ의 정수배일 때, 즉 $\Delta\ell = d\sin\theta = m\lambda$일 때 일어난다. 그러므로 밝은 무늬, 즉 극대가 생기는 각 θ는 다음과 같은 표현될 수 있다.

이중 슬릿의 밝은 무늬 $\qquad \sin\theta = m\dfrac{\lambda}{d} \qquad m = 0, 1, 2, 3, \ldots$ (27.1)

m 값은 무늬의 차수를 표시한다. 그러므로 $m = 2$는 2차의 밝은 무늬임을 나타낸다. 그림

중앙 또는 0차 무늬

3 2 1 0 1 2 3

그림 27.5 영의 이중 슬릿 실험 결과로 스크린에 나타난 밝고 어두운 간섭 무늬의 사진과 빛의 세기를 그린 그래프이다. 중앙 또는 0차 무늬가 가장 밝은 것을 알 수 있다.

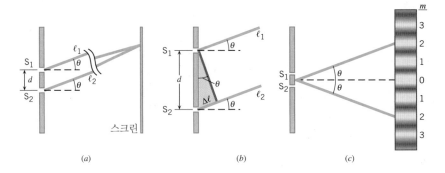

그림 27.6   (a) 슬릿 S_1과 S_2로부터 나온 광선들은 수평선에 대해 근사적으로 같은 각 θ를 이루며 멀리 있는 스크린의 한 점에서 만난다. (b) 두 광선들의 경로 차 $\Delta\ell = d\sin\theta$이다. (c) 각 θ는 중앙 밝은 무늬($m = 0$) 양쪽의 $m = 2$인 밝은 무늬가 생기는 각이다.

(c)는 식 27.1에서 슬릿의 가운데로부터 양쪽으로 같은 각 θ에서 밝은 무늬가 나타나는 것을 보여주고 있다. 식 27.1과 같은 방법으로, 밝은 무늬 사이에 있는 어두운 무늬는 다음의 조건을 만족하는 곳에서 생기는 것을 알 수 있다.

이중 슬릿의 어두운 무늬 $\sin\theta = (m + \tfrac{1}{2})\dfrac{\lambda}{d}$ $m = 0, 1, 2, 3, \ldots$ (27.2)

예제 27.1은 식 27.1을 이용하여 어떻게 중앙의 밝은 무늬로부터 높은 차수의 밝은 무늬까지의 거리를 구하는가를 보여주고 있다.

예제 27.1 │ 영의 이중 슬릿 실험

빨간색 빛(진공에서 $\lambda = 664$ nm)이 슬릿 사이의 간격이 $d = 1.20 \times 10^{-4}$ m인 영의 실험에 사용된다. 그림 27.7에서 슬릿으로부터 $L = 2.75$ m인 거리에 스크린이 설치되어 있다면 스크린에서 중앙의 밝은 무늬와 3차 밝은 무늬 사이의 거리 y를 구하라.

살펴보기 식 27.1을 사용하여 3차($m = 3$) 밝은 무늬의 각도 θ를 구할 수 있다. 그 다음에 거리 y를 구하기 위해 삼각법을 사용하면 된다.

풀이 식 27.1로부터 구하는 각도는

$$\theta = \sin^{-1}\left(\frac{m\lambda}{d}\right) = \sin^{-1}\left[\frac{3(664 \times 10^{-9}\ \text{m})}{1.20 \times 10^{-4}\ \text{m}}\right]$$
$$= 0.951°$$

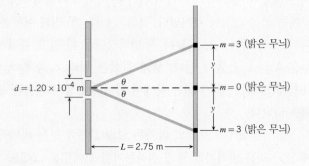

그림 27.7   3차 밝은 무늬($m = 3$)는, 스크린에서 중앙 밝은 무늬($m = 0$)로부터 거리 y인 곳에 생긴다.

그림 27.7에서 알 수 있듯이 거리 y는 $\tan\theta = y/L$로부터 계산할 수 있다.

$$y = L\tan\theta = (2.75\ \text{m})\tan 0.951° = \boxed{0.0456\ \text{m}}$$

영의 실험 당시의 사람들은 빛이 단지 '작은 입자'의 흐름처럼 행동한다고 생각했다. 그게 사실이라면 스크린 위에는 두 슬릿을 마주보는 두 곳에만 밝은 무늬가 나타날 것이다.* 하지만, 영의 실험은 파동의 간섭에 의해 두 개의 슬릿에서 많은 수의 밝은 무늬로 빛에너지가 재분배되는 것을 보여준다.

* 뉴턴이 주장한 빛의 입자 이론은 파동 이론으로는 이해할 수 없는 몇 가지 사항을 설명할 수 있다. 오늘날 빛은 입자와 파동의 두 성질을 모두 갖는 것으로 알려져 있다. 29장에서 이러한 빛의 이중성을 다룬다.

27.3 얇은 막에서의 간섭

영의 이중 슬릿 실험은 광파 사이의 간섭의 한 예지만 그 외에도 빛의 간섭을 볼 수 있는 경우는 많다. 그림 27.8은 물 위에 떠 있는 얇은 기름 막에서 간섭이 일어나는 예이다. 우선, 이 막의 두께가 균일하다고 가정하고 단색광(단일 파장)이 거의 수직으로 그 막에 입사하는 경우를 생각해 보자. 막의 위쪽 표면에서 광선 1로 표시된 일부 광파가 반사되고 나머지는 막 안으로 굴절되어 들어간다. 그중 일부는 막의 아랫면으로부터 반사되고 공기 중으로 다시 굴절하여 나오게 된다. 이것이 광선 2로 표시된 두 번째 광파로 막 속에서 위 아래를 왕복하므로 광선 1보다 더 긴 경로를 진행하게 된다. 이 경로차로 인하여, 두 파동 사이에는 간섭이 일어날 수 있다. 보강 간섭이 나타난다면 관측자는 밝은 막을 보게 될 것이고, 상쇄 간섭이 나타난다면 관측자는 균일하게 어두운 막을 보게 될 것이다. 두 파동의 경로차가 파장의 몇 배가 되는지가 보강 간섭 또는 상쇄 간섭을 결정하는 요인이 된다.

그림 27.8에서 파동 1과 2 사이의 경로차는 막 속에서 발생한다. 그러므로 얇은 막 간섭에서의 중요한 파장은 막 속에서의 파장이며, 진공 중의 파장이 아니다. 막 속에서의 파장은 막의 굴절률 n을 알면 진공 중의 파장으로부터 계산할 수 있다. 식 26.1과 16.1에 따르면, $n = c/v = (c/f)/(v/f) = \lambda_{진공}/\lambda_{막}$이 된다. 다시 말하면

$$\lambda_{막} = \frac{\lambda_{진공}}{n} \tag{27.3}$$

이다.

그림 27.8의 간섭을 설명하는 데 있어서 고려해야 될 사항이 하나 더 있다. 그것은 파동이 매질의 경계에서 반사될 때 위상이 변할 수 있다는 점이다. 예를 들어 그림 27.9는 줄의 파동이 벽에 묶여 있는 끝에서 반사될 때, 뒤집히는 것을 보여준다(그림 17.15 참조). 이러한 역전은 파동 한 사이클의 절반에 해당하여, 마치 반파장의 경로를 추가로 진행한 것과 같다. 이와 반대로, 자유롭게 매달려 있는 끝으로부터 파동이 반사될 때는 위상 변화가 나타나지 않는다. 광파들이 경계면에서 반사될 때, 위상 변화는 다음과 같다.

1. 빛이 굴절률이 작은 물질에서 굴절률이 큰 물질로 입사할 때(예를 들어 공기에서 기름으로), 경계에서의 반사는 파장의 절반에 해당되는 위상 변화가 있다. 경로차가 막 속에서 생길 때는 막 속 파장의 절반만큼 더 경로차가 생긴다고 보아도 무방하다.
2. 빛이 굴절률이 큰 물질에서 굴절률이 작은 물질로 입사할 때, 경계에서의 반사에 따른 위상 변화는 없다.

다음 예제는 얇은 막에서의 간섭을 다룰 때, 경계면에서의 반사에 따른 위상 변화를 어떻게 고려하는지를 보여주고 있다.

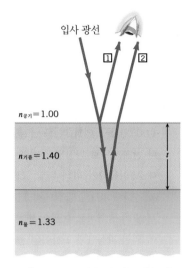

그림 27.8 물 위에 떠 있는 얇은 기름 막에 빛이 비춰질 때, 반사와 굴절에 의해서 광선 1과 2로 표기된 두 광파가 눈으로 들어올 수 있다.

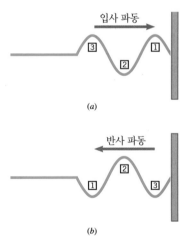

그림 27.9 줄을 따라 진행하는 파동이 벽에서 반사될 때, 파동의 위상이 변하게 된다. 그림에서 표기된 번호가 보여주듯이, 위쪽을 향하고 있던 파동의 반 사이클은 반사된 후에 아래쪽을 향하는 것이 되며, 아래쪽을 향하고 있던 것은 반사된 후 위쪽을 향하게 된다.

 예제 27.2 | **색깔을 띤 얇은 기름막**

얇은 기름막이 물웅덩이에 떠 있다. 햇빛이 막에 거의 수직으로 비춰져 반사되어 눈으로 들어온다. 햇빛은 모든 색을 포함하므로 백색이지만, 상쇄 간섭에 의해 반사된 빛에서 파란색($\lambda_{진공}$ = 469 nm)이 제거되므로 막은 노란색 빛깔을 띤다. 기름과 물에서의 파란색 빛에 대한 굴절률은 각각 1.40과 1.33이다. 막의 (0이 아닌) 최소 두께 t를 구하라.

살펴보기 이 문제를 풀기 위하여 상쇄 간섭 조건을 필름의 두께 t 와 기름 막에서의 파장 $\lambda_\text{막}$ 으로 표현해야 된다. 또한 반사에서 생기는 위상 변화도 고려해야 한다.

풀이 $n = 1.40$ 이므로, 식 27.3으로부터 막 속에서 파란색 빛의 파장은 $\lambda_\text{막} = (469\,\text{nm}) / 1.40 = 335\,\text{nm}$ 로 주어진다. 그림 27.8에서 파동 1의 위상 변화는 빛이 더 작은 굴절률($n_\text{공기} = 1.00$)의 물질에서 더 큰 굴절률($n_\text{기름} = 1.40$)의 물질로 진행하다 반사되므로 파장의 절반에 해당되는 만큼 나타난다. 이와 반대로, 파동 2가 막의 바닥 표면에서 반사될 때는 더 큰 굴절률($n_\text{기름} = 1.40$)의 물질에서 더 작은 굴절률($n_\text{물} = 1.33$)의 물질로 빛이 진행하므로 위상 변화가 나타나지 않는다. 따라서 반사에 의한 파동 1과 2 사이의 총 위상 변화는 반파장에 해당되며, 막 속에서 파장의 절반인 $\frac{1}{2}\lambda_\text{막}$ 만큼 파동 2의 경로가 늘어난다고 보아도 무방하다. 상쇄 간섭이 일어나려면 이것을 합한 전체

경로차가 반파장의 홀수배가 되어야 한다. 파동 2가 막을 왕복하고 빛이 막에 거의 수직으로 입사하므로, 더 움직이는 경로는 막 두께의 두 배인 $2t$ 이다. 그러므로 상쇄 간섭 조건은

$$\underbrace{2t}_{\substack{\text{파동 2의}\\\text{매질 속 경로}}} + \underbrace{\tfrac{1}{2}\lambda_\text{막}}_{\substack{\text{반사에 의한}\\\text{위상 변화}}} = \underbrace{\tfrac{1}{2}\lambda_\text{막}, \tfrac{3}{2}\lambda_\text{막}, \tfrac{5}{2}\lambda_\text{막}, \ldots}_{\text{상쇄 간섭 조건}}$$

이 식의 좌변과 우변의 각 항에서 $\frac{1}{2}\lambda_\text{막}$ 항을 뺀 후 막의 두께 t 에 대해 풀면 상쇄 간섭이 나타나는 경우는

$$t = \frac{m\lambda_\text{막}}{2} \qquad m = 0, 1, 2, 3, \ldots$$

이다.

위의 식에서 파란색 빛이 반사되지 않는 막 두께는 $m = 1$ 일 때 최소가 되고 아래와 같다.

$$t = \tfrac{1}{2}\lambda_\text{막} = \tfrac{1}{2}(335\,\text{nm}) = \boxed{168\,\text{nm}}$$

⬆ **문제 풀이 도움말**
얇은 막에서의 간섭 효과를 분석할 때, 진공에서의 파장($\lambda_\text{진공}$)이 아니라 얇은 막 속에서의 파장($\lambda_\text{막}$)을 사용해야 한다.

◐ 무반사 코팅 렌즈의 물리

얇은 막으로부터 햇빛이 반사될 때 나타나는 색깔은 보는 각도에 따라 달라진다. 빛이 막의 표면에 비스듬하게 입사하는 경우에는, 그림 27.8의 광선 2에 해당되는 빛은 거의 수직으로 입사될 때보다 막 안에서 더 긴 거리를 진행하게 된다. 그러므로 보다 긴 파장의 빛에 대해 상쇄 간섭을 일으킨다.

얇은 막 간섭은 광학기기에서 활용된다. 예를 들어 고가의 카메라는 6 개 이상의 렌즈를 사용하는 경우가 허다하다. 이 경우 각 렌즈 표면에서의 반사로 인해 필름에 직접 도달하는 빛의 양을 현저하게 감소시킬 수 있다. 더구나 이 렌즈들 경계면에서 다중 반사된 빛이 종종 필름에 도달하여 상의 질을 떨어뜨린다. 이와 같은 원하지 않는 반사를 최소화하기 위해서, 고품질의 렌즈는 불화마그네슘(MgF$_2$, $n = 1.38$)과 같은 물질로 된 무반사 박막이 코팅되어 있다. 이러한 박막의 두께는 가시광선 스펙트럼의 중간에 있는 초록색 빛의 반사가 일어나지 않도록 조정된다. 여기서 반사광이 없다고 해도 무반사 박막에 의해 빛이 소멸되는 것이 아니라 박막과 렌즈 안으로 투과된다.

얇은 막 간섭의 또 다른 흥미로운 예는 공기쐐기(air wedge)이다. 그림 27.10(a)에 보는 바와 같이, 공기쐐기는 두 개의 유리판에서 얇은 종이 같은 것을 끼워 두 판 사이가 한 모서리에서 벌어질 때 만들어진다. 유리판 사이의 공기 막 두께는 두 판이 닿아 있을 때인 0에서 종이 두께까지 변한다. 단색광이 입사되어 반사될 때는, 그림과 예제 27.3에서 논의되는 것처럼, 보강과 상쇄 간섭에 의해 밝고 어두운 무늬가 번갈아 나타난다.

◈ **예제 27.3** | **공기쐐기**

(a) 그림 27.10에서 초록색 빛($\lambda_\text{진공} = 552\,\text{nm}$)이 유리판에 거의 수직으로 입사한다고 가정할 때, 판이 닿아 있는 곳에서부터 종이(두께 $= 4.10 \times 10^{-5}\,\text{m}$)의 모서리까지의 공간 사이에 만들어지는 밝은 무늬의 개수를 구하라. (b) 두 판이 닿는 곳에 어두

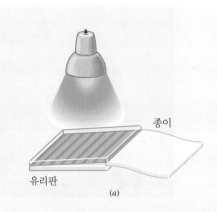

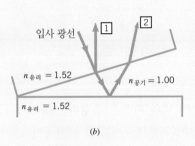

그림 27.10 (a) 두 장의 평면 유리판 사이의 공기쐐기에 의해 반사된 빛에서 어둡고 밝은 무늬가 번갈아 나타나는 간섭 무늬가 만들어진다. (b) 유리판과 공기쐐기의 측면도

운 무늬가 만들어지는 이유를 설명하라.

살펴보기 밝은 무늬는 반사에 따른 위상 변화와 공기쐐기에서의 경로차에 의해 보강 간섭이 일어날 때만 나타난다. 우선 파동 1과 2에 생기는 반사에 의한 위상 변화를 조사해 보자. (맨 위의 공기/유리 경계에서 반사되는 것은 간섭과 무관하다.) 파동 1의 경우 빛이 굴절률이 더 큰 곳(유리)에서부터 더 작은 곳(공기)으로 가다가 반사되므로 반사에 따른 위상 변화가 없다. 파동 2의 경우는 아래쪽 공기/유리 경계에서보다 굴절률이 큰 유리쪽으로 가려다가 반사될 때 반파장에 해당하는 위상 변화가 나타난다. 그러므로 반사에 의해서는, 두 파동 사이에 공기막에서 파장의 절반에 해당하는 위상차가 생긴다. 이제 광선 2에 의한 왕복 진행 경로를 고려하면 밝은 무늬를 만드는 보강 간섭 조건을 구할 수 있다. 앞서 구한 반파장과 파동 2의 왕복

진행 경로를 더한 것이 파장의 정수배가 될 때 밝아진다. 빛이 입사하는 경로가 유리면에 거의 수직일 때, 파동 2가 추가로 진행하는 경로는 대략 그곳의 공기막의 두께 t의 두 배가 되므로, 보강 간섭의 조건은

$$\underbrace{2t}_{\substack{\text{파동 2의} \\ \text{공기 속 경로}}} + \underbrace{\tfrac{1}{2}\lambda_\text{막}}_{\substack{\text{반사에 의한} \\ \text{위상 변화에 해당}}} = \underbrace{\lambda_\text{막}, 2\lambda_\text{막}, 3\lambda_\text{막}, \dots}_{\text{보강 간섭 조건}}$$

이고, 이 식의 좌변과 우변의 각 항에서 $\tfrac{1}{2}\lambda_\text{막}$항을 소거하면

$$\underbrace{2t = \tfrac{1}{2}\lambda_\text{막}, \tfrac{3}{2}\lambda_\text{막}, \tfrac{5}{2}\lambda_\text{막}, \dots}_{(m+\tfrac{1}{2})\,\lambda_\text{막} \quad m = 0, 1, 2, 3, \dots}$$

이다. 그러므로

$$t = \frac{(m+\tfrac{1}{2})\lambda_\text{막}}{2} \qquad m = 0, 1, 2, 3, \dots$$

이다. 여기서 막은 공기의 막임을 주목하라. 공기의 굴절률이 거의 1이므로, $\lambda_\text{막}$은 사실상 진공에서와 같고 따라서 $\lambda_\text{막}$ = 552 nm 이다.

풀이

(a) t가 종이의 두께와 같을 때, m은 위의 식으로부터 구할 수 있다.

$$m = \frac{2t}{\lambda_\text{막}} - \frac{1}{2} = \frac{2(4.10 \times 10^{-5}\,\text{m})}{552 \times 10^{-9}\,\text{m}} - \frac{1}{2} = 148$$

첫 번째 밝은 무늬는 $m = 0$일 때 나타나므로, 밝은 무늬의 개수는 $m + 1 =$ 149 이다.

(b) 두 유리판이 닿아 있는 곳에서는, 공기막의 두께가 영이고 광선 사이의 차이는 단지 아래쪽 판으로부터의 반사에 의한 반파장의 위상 변화뿐이므로 상쇄 간섭이 나타난다.

> **문제 풀이 도움말**
> 빛이 굴절률이 작은 물질에서 굴절률이 큰 물질로 향해 진행할 때에만 반사된 빛에서 위상 변화가 일어난다. 얇은 막에서의 간섭을 다룰 때에는 이러한 위상 변화를 반드시 고려해야 한다.

공기쐐기의 또 다른 유형은 렌즈나 거울의 표면이 구형인 경우 곡률 반지름을 결정하는 데 사용될 수 있다. 그림 27.11(a)처럼 구면이 광학적 평판과 닿아 있으면, 그림 (b)와 같은 원형 간섭 무늬가 관측될 수 있다. 이 원형 무늬를 뉴턴의 고리(Newton's ring)라 부른다. 이것들은 그림 27.10(a)에서 만들어지는 직선 무늬의 경우와 같은 방법으로 만들어진다.

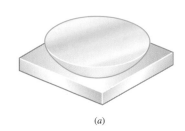

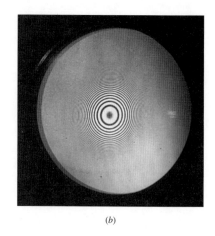

그림 27.11 (a) 볼록한 구면인 유리 표면과 광학적으로 편평한 판 사이의 공기쐐기에 의해 (b) 뉴턴의 고리라고 알려진 원형 간섭 무늬가 생긴다.

27.4 마이컬슨 간섭계

간섭계는 두 광파 사이의 간섭을 이용하여 빛의 파장을 측정하는 장치이다. 특히 유명한 간섭계 중 하나가 마이컬슨(1852~1931)이 고안한 마이컬슨 간섭계이다. 이 간섭계는 반사를 이용하여 두 광파를 중첩시켜 간섭하게 하는 것으로 그림 27.12는 이 장치의 구조를 보여준다. 단색 광원에서 나온 파동은 광선 분할기(beam splitter) — 이것은 광파 빔을 두 부분으로 분할시키기 때문에 이렇게 부른다 — 에 입사한다. 광선 분할기는 뒤편이 은으로 얇게 도금되어 있어 그림에서 보는 바와 같이 빛의 일부를 파동 A처럼 위쪽으로 반사시키는 유리판이다. 그렇지만 도금이 매우 얇아서 빛의 나머지 부분이 파동 F처럼 곧바로 통과하도록 되어 있다. 파동 A는 조정 거울로 가서 반사되어 되돌아온다. 이것은 다시 광선 분할기를 통과하여 관찰 망원경으로 들어간다. 파동 F는 고정 거울로 가서 반사되어 되돌아와 광선 분할기에 의해 또다시 부분적으로 반사되어 관찰 망원경으로 들어간다. 여기서 파동 A는 관찰 망원경에 도달하기까지 광선 분할기의 유리판을 세 번 통과해 지나가는 반면에 파동 F는 단 한 번만 지나가는 것을 주목할 필요가 있다. 파동 F의 경로에 놓여 있는 보정판은 광선 분할기 판과 같은 두께를 가지는 유리로, 파동 F 역시 관찰 망원경까지 가는 경로에서 동일한 두께의 유리를 세 번 통과해 지나가도록 하기 위한 것이다. 그러므로 망원경을 통해 파동 A와 F의 중첩을 관찰하는 관측자는 두 파동이 왕복하는 경로의 길이 D_A와 D_F의 차이에 의해서 나타나는 보강 간섭 또는 상쇄 간섭을 보게 된다.

이제 두 거울이 서로 수직이고, 광선 분할기는 거울에 대해 45° 각도를 이루고 있다고 가정하자. 거리 D_A와 D_F가 같을 때는 파동 A와 F는 같은 거리를 진행하여 경로차가 없으므로 망원경을 통해 보는 시야는 밝다. 그렇지만 조정 거울이 망원경으로부터 $\frac{1}{4}\lambda$의 거리만큼 멀어진다면, 파동 A는 그 두 배의 거리, 즉 $\frac{1}{2}\lambda$의 거리를 더 진행하게 된다. 이 경우는 두 파동이 관찰 망원경에 도달할 때 반대 위상이 되어, 상쇄 간섭이 일어나고 시야가 어두워진다. 만약 조정 거울이 더 멀리 움직여서 다시 두 파동이 같은 위상이 되면 밝아진다. 즉 파동 A가 파동 F에 대하여 총 λ만큼의 거리를 더 진행할 때도 같은 위상이 된다. 그러므로 거울이 계속해서 움직일 때는, 관찰자가 보는 시야가 밝았다가 어두워지고, 다시 밝아지는 등 밝기가 반복적으로 변하게 된다. D_A가 반파장만큼 이동하는 동안 (빛이 왕복하는 거리의 변화가 λ) 밝은 시야가 어두워졌다가 다시 밝아지므로 D_A의 이동 거리로부터

● 마이컬슨 간섭계의 물리

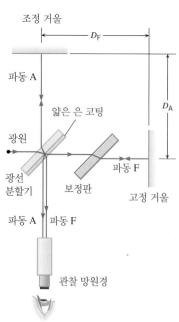

그림 27.12 마이컬슨 간섭계의 개략도

빛의 파장을 구할 수 있다. 이러한 방법으로 많은 수의 파장을 세면, D_A의 이동 거리로부터 매우 정확한 파장을 측정할 수 있다.

27.5 회절

앞 절에서 우리는 선형 중첩의 원리를 사용하여 광파와 관련되는 간섭 현상을 분석하였다. 이제 선형 중첩의 원리를 사용하여 간섭 현상과 관련된 회절, 분해능, 그리고 회절 격자를 살펴보자.

우리가 17.3절에서 다루었던 것처럼, **회절**(diffraction)은 파동이 장애물이나 열린 곳의 가장자리 주위로 휘어져 퍼져 나가는 것이다. 그림 27.13에서는 그림 17.9와 마찬가지로, 음파가 실내에서 출입구를 통하여 밖으로 진행하고 있는 것을 보여주고 있다. 음파가 출입구의 가장자리에서 휘어져 진행하므로(즉 회절하므로) 방 밖에 있는 사람이 출입구를 정면으로 바라보는 곳에 있지 않더라도 소리를 들을 수 있다.

회절은 일종의 간섭 효과인데, 네덜란드 과학자 하위헌스(1629~1695)는 회절이 일어나는 이유를 잘 설명할 수 있는 원리를 제안했다. **하위헌스의 원리**(Huygen's principle)는 어느 순간의 파면이 나중의 파면을 어떻게 발생시키는가를 설명한다. 이 원리는 다음과 같다.

현재 파면 상의 모든 점은 새로운 잔 파동(wavelet)을 만든다. 이 잔 파동은 구면 파동으로서 원래 파동과 같은 속력으로 진행하며 이후의 파면은 잔 파동에 접하면서 에워싸는 표면이다.

하위헌스의 원리를 이용하여 그림 27.13에서의 음파의 회절을 설명해 보자. 이 그림은 출입구에 접근하는 소리의 평면 파면을 위에서 바라본 평면도이다. 밖으로 빠져나가고 있는 파면 위의 5개의 점은, 하위헌스의 원리에 따라서 각각 빨간색 원호로 표시되는 잔 파동의 파원으로 작용한다. 점 2, 3, 4로부터의 잔 파동의 접선을 그려보면, 출입구 앞쪽에서 파면이 평면이고 곧장 앞쪽으로 진행하는 것을 알 수 있다. 그러나 가장자리에 있는 점 1과 5에서 출발하는 잔 파동은, 파동이 직진한다면 도달할 수 없는 방향으로 새로운 파면을 만든다. 그러므로 음파는 출입구 가장자리에서 휘어져 진행한다(즉 회절한다).

하위헌스의 원리는 음파뿐만 아니라 모든 종류의 파동에도 적용된다. 예를 들어 빛 또한 파동이므로 회절이 일어난다. 그러므로 다음과 같은 의문을 가질 수 있다. '음파가 출입구 가장자리에서 휘어져서 들을 수 있는 곳인데, 왜 빛은 그만큼 많이 휘지 않을까?' 광파도 출입구 가장자리에서 휘어져 퍼져 나가지만 휘어지는 정도가 대단히 작아서 문 구석 옆에서 오는 빛이 휘어져 와서 그곳을 볼 수 있을 정도는 되지 않는다.

17장에서도 배웠지만, 파동이 열린 곳의 가장자리에서 휘어져 진행하는 정도는 λ/W의 비에 따라 결정된다. 여기서 λ는 파동의 파장이고 W는 열린 곳의 폭이다. 그림 27.14의 사진은 수면파의 회절에서의 그 영향을 설명해주고 있다. 파동이 회절되는 정도는 각 사진에서 두 개의 빨간색 화살표로 표시되어 있다. 그림 (a)에서는 파장(밝은 두 파면 사이의 거리)이 열린 곳의 폭에 비해 작기 때문에 λ/W 비는 작아서 파동은 거의 휘지 않고 진행한다. 그림 (b)에서는 파장이 더 길고 열린 곳의 폭은 더 작다. 그 결과 λ/W 비는 더 커지

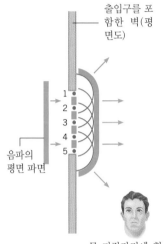

출입구를 포함한 벽(평면도)

음파의 평면 파면

문 가장자리에 휘어져 온 소리를 듣고 있다.

그림 27.13 음파는 출입구 가장자리에서 휘어져 진행한다. 따라서 열린 출입구 바로 앞에 있지 않은 사람도 소리를 들을 수 있다. 출입구에 있는 다섯 개의 빨간색 점은 빨간색으로 보이는 다섯 개의 하위헌스 잔 파동을 방출하는 파원으로 작용한다.

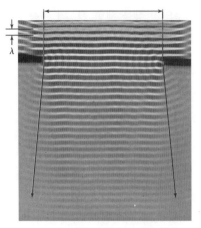 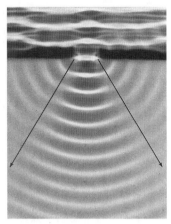

(a) 작은 값의 λ/W, 작은 회절   (b) 큰 값의 λ/W, 큰 회절

그림 27.14 이 사진들은 열린 곳으로 접근하는 수면파(수평선)를 보여주며, 폭 W는 (b)에서보다 (a)에서 더 넓다. 파동의 파장 λ는 (b)에서보다 (a)에서 더 작아서 λ/W 비는 (a)에서보다 (b)에서 크며, 빨간 화살표로 표시된 바와 같이 (b)에서 회절이 커진다.

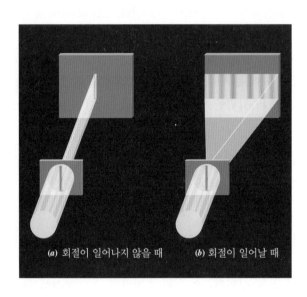

(a) 회절이 일어나지 않을 때   (b) 회절이 일어날 때

그림 27.15 (a) 빛이 매우 좁은 슬릿을 통과해 지나갈 때 회절이 일어나지 않는다면, 스크린에는 슬릿을 바로 마주보는 부분에만 빛이 비춰질 것이다. (b) 회절에 의해 빛은 슬릿의 가장자리 주위에서 휘어져 직진할 경우에는 닿을 수 없는 영역으로 진행하여 밝고 어두운 줄이 번갈아 나타나는 무늬를 형성한다. 그림에서는 이해를 돕기 위해 슬릿 폭이 실제보다 크게 그려져 있다.

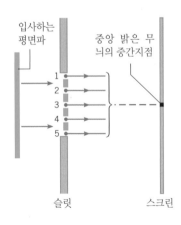

그림 27.16 평면 파면이 단일 슬릿으로 입사된다. 이 슬릿의 평면도는 하위헌스 잔 파동을 일으키는 다섯 개의 광원을 보여준다. 잔 파동은 빨간 광선이 보여주는 것처럼 스크린 상의 중앙 밝은 무늬의 중간 지점을 향하여 진행한다. 스크린은 슬릿으로부터 아주 멀리 떨어져 있다.

게 되고, 열린 곳의 가장자리에서 휘어지는 정도가 보다 두드러지게 된다.

그림 27.14의 사진을 기초로, 파장 λ의 광파가 폭 W가 대단히 작은, 즉 λ/W 비가 큰 곳을 통과해 지나갈 때 상당히 뚜렷하게 휘어지리라고 예측할 수 있다. 그림 27.15를 살펴보자. 이 그림에서, 평행 광선(평면 파면을 가진 광선)이 매우 얇은 슬릿을 통해 멀리 떨어져 있는 스크린을 비춘다고 가정하자. 그림 (a)는 만약 빛이 회절되지 않는다면 어떻게 되는가를 보여준다. 빛은 직진하여 스크린에 슬릿의 모양이 그대로 나타난다. 그림 (b)는 회절이 일어나는 실제 상황을 보여준다. 빛은 슬릿의 가장자리에서 휘어지며, 스크린에서 슬릿과 직접 마주보고 있지 않는 영역 중에서도 밝은 곳이 있다. 스크린의 회절 무늬는 슬릿과 평행인 중앙 밝은 띠와 중앙에서 멀어질수록 희미해지는 일련의 좁은 띠로 이루어진다.

그림 27.16은 슬릿에 도착한 평면 파면과 잔 파동의 파원 5개를 위에서 바라본 것으로 회절 무늬 모양이 만들어지는 이유를 설명하고 있다. 어떻게 이들 5개의 파원에서 나온 빛이 스크린의 중앙에 도달하는가를 생각해 보자. 스크린이 슬릿으로부터 아주 멀리 있어

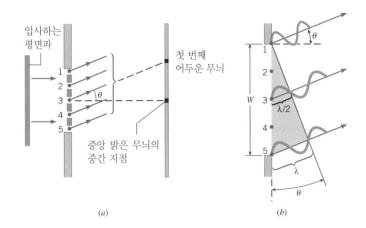

그림 27.17 이 그림들은 단일 슬릿 회절에서, 중앙 밝은 무늬의 양쪽에 상쇄 간섭에 의해 첫 번째 어두운 무늬를 만드는 것을 보여준다. 두 개의 어두운 무늬 중 단지 하나만을 보여주고 있다. 스크린은 슬릿으로부터 아주 멀리 떨어져 있다.

서 각 하위헌스 파원으로부터 나오는 광선이 거의 평행하다고 가정하면*, 모든 잔 파동은 중앙 점까지 거의 같은 거리를 진행하며, 같은 위상으로 그곳에 도달하게 된다. 결과적으로, 보강 간섭에 의해 슬릿과 바로 마주보고 있는 스크린 위에 중앙 밝은 무늬가 만들어지게 된다.

　슬릿에 있는 하위헌스 파원으로부터 출발한 잔 파동은 그림 27.17과 같이 스크린 위에서 상쇄 간섭을 일으킬 수도 있다. 그림 (a)는 각 파원으로부터 출발한 광선이 첫 번째 어두운 무늬를 향하고 있는 것을 보여준다. 각 θ는 슬릿의 한가운데와 중앙 무늬의 중심을 잇는 선과 어두운 무늬가 생기는 방향 사이의 각도이다. 스크린이 슬릿으로부터 아주 멀리 있으므로, 그림 (a)와 같이 각각의 하위헌스 파원으로부터 나온 광선은 거의 평행이고 같은 각 θ의 방향으로 진행한다. 파원 1로부터 나오는 잔 파동은 스크린까지 가장 짧은 거리를 진행하고, 반면에 파원 5에서 출발한 것은 가장 멀리 진행한다. 파원 5로부터 나오는 잔 파동이 진행한 거리가 파원 1에서 나온 파동의 거리보다 그림의 색칠된 직각 삼각형에서 나타나는 것처럼 정확하게 한 파장 길 때 상쇄 간섭이 되어 첫 번째 어두운 무늬를 만들게 된다. 이 경우, 슬릿의 중심에 있는 파원 3으로부터 나오는 잔 파동의 진행 거리는 파원 1에서 출발할 때보다 파장의 절반만큼 더 길다.

　그러므로 그림 27.17(b)에서 파원 1과 3으로부터 나오는 잔 파동은 스크린에 도달할 때 정확하게 반대 위상이 되고 상쇄 간섭을 하게 된다. 이와 마찬가지로, 파원 1의 약간 아래에서 시작된 잔 파동은 파원 3 아래로 같은 거리인 곳에서 시작되는 잔 파동을 상쇄시킨다. 그러므로 슬릿의 위쪽 절반에서부터 나오는 잔 파동은 아래쪽 절반에서부터 나오는 대응되는 잔 파동을 상쇄시키게 되고, 스크린에 도달하는 빛이 없어지게 된다. 색칠된 직각 삼각형에서 알 수 있듯이, 첫 번째 어두운 무늬가 위치하는 각 θ는 슬릿의 폭을 W라 할 때 $\sin\theta = \lambda/W$에 의해 구할 수 있다.

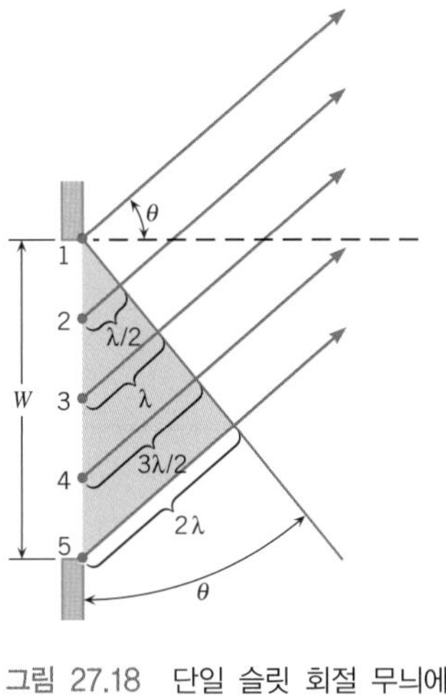

　그림 27.18은 중앙 무늬의 양쪽으로 두 번째 어두운 무늬가 생기는 상쇄 간섭 조건을 보여준다. 스크린에 도착할 때, 파원 5로부터 나오는 빛은 파원 1로부터 나오는 빛보다 두 파장 길이만큼 더 멀리 진행한다. 이러한 조건에서는, 파원 5로부터 나오는 잔 파동은 파원 3으로부터의 잔 파동보다 한 파장 더 긴 경로를 진행하고, 파원 3으로부터 나오는 잔

그림 27.18 단일 슬릿 회절 무늬에서, 다수의 어두운 무늬가 중앙 밝은 무늬의 양쪽에 나타난다. 이 그림은 아주 멀리 있는 스크린에 상쇄 간섭에 의해서 두 번째 어두운 무늬가 나타나는 것을 보여준다.

* 광선이 평행할 때의 회절은 독일 광학자 조제프 폰 프라운호퍼(1787~1826)를 기려 프라운호퍼 회절이라 하고, 평행하지 않을 때의 회절은 프랑스 물리학자 오귀스텡 장 프레넬(1788~1827)의 이름을 따서 프레넬 회절이라 한다.

중앙 밝은 무늬의 중간 지점

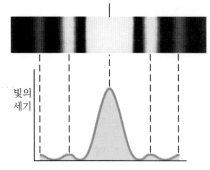

빛의
세기

그림 27.19 이 사진은 중앙에 밝고 넓은 무늬가 있는 단일 슬릿의 회절 무늬를 보여준다. 보다 높은 차수의 밝은 무늬는 그래프에 나타나듯이 중앙 무늬보다 훨씬 세기가 약하다.

파동은 파원 1로부터의 잔 파동보다 한 파장 더 긴 경로를 진행한다. 그러므로 슬릿의 각 절반을 앞서의 전체 슬릿과 같이 취급할 수 있다. 그래서 위쪽 절반에서부터 나오는 모든 잔 파동은 결국 상쇄 간섭을 하게 되고, 아래쪽 절반에서부터 나오는 모든 잔 파동도 상쇄 간섭을 하므로 어두운 무늬가 나타난다. 그림에서 색칠된 직각 삼각형은 $\sin\theta = 2\lambda/W$일 때 이러한 두 번째 어두운 무늬가 나타나는 것을 보여준다. 이러한 논의가 세 번째 그리고 높은 차수의 어두운 무늬에 대해서도 그대로 적용되므로, 일반적인 결과는 다음과 같다.

단일 슬릿 회절에 의한 어두운 무늬

$$\sin\theta = m\frac{\lambda}{W} \qquad m = 1, 2, 3, \dots \qquad (27.4)$$

각각의 어두운 무늬 사이에는 보강 간섭에 의한 밝은 무늬가 있게 된다. 무늬의 밝기는, 음량이 소리의 세기에 관계되는 것과 마찬가지로, 빛의 세기에 관계된다. 스크린의 어떤 지점에서의 빛의 세기는 스크린의 그 지점에 도달하는 단위 시간당 단위 넓이당 빛에너지이다. 그림 27.19는 단일 슬릿 회절 무늬 사진과 함께 각도에 따른 빛의 세기의 그래프를 보여준다. 중앙의 밝은 무늬는 다른 밝은 무늬보다 두 배 정도 넓으며 그 세기가 월등히 크다.

중앙 무늬의 폭은 예제 27.4에서 설명되는 것처럼 회절의 정도를 표시하는 척도가 된다.

예제 27.4 | 단일 슬릿 회절

빛이 슬릿을 통과하여 $L = 0.40\,\text{m}$ 떨어진 거리에 있는 평면 스크린을 비춘다(그림 27.20 참조). 슬릿의 폭은 $W = 4.0 \times 10^{-6}\,\text{m}$ 이다. 중앙 무늬의 가운데와 첫 번째 어두운 무늬 사이의 거리는 y이다. 진공에서의 빛의 파장이 (a) $\lambda = 690\,\text{nm}$(빨간색)와 (b) $\lambda = 410\,\text{nm}$(보라색)일 때 중앙 밝은 무늬의 폭 $2y$를 구하라.

살펴보기 중앙 무늬의 폭은 두 가지 요소에 의해 결정된다.

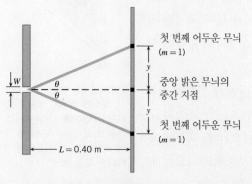

첫 번째 어두운 무늬
$(m = 1)$

중앙 밝은 무늬의 중간 지점

첫 번째 어두운 무늬
$(m = 1)$

$L = 0.40\,\text{m}$

그림 27.20 거리 $2y$는 중앙 밝은 무늬의 폭이다.

하나는 중앙의 양쪽으로 첫 번째 어두운 무늬가 위치하는 각 θ이다. 다른 것은 스크린과 슬릿 사이의 거리 L이다. θ와 L의 값이 커지면 중앙 무늬는 더 넓어지게 된다. θ의 값이 더 크다는 것은 회절이 더 많이 된다는 것을 의미하고 이것은 λ/W 비가 더 커질 때 나타난다. 그러므로 λ가 커질 때 중앙 무늬의 폭이 더 커지게 되는 것을 알 수 있다.

풀이   (a) 구하는 각 θ는 식 27.4에서 $m = 1$인 첫 번째 어두운 무늬의 각도이다. 즉 $\sin\theta = (1)\lambda/W$ 이다. 그러므로

$$\theta = \sin^{-1}\left(\frac{\lambda}{W}\right) = \sin^{-1}\left(\frac{690 \times 10^{-9}\,\text{m}}{4.0 \times 10^{-6}\,\text{m}}\right) = 9.9°$$

그림 27.20에서 $\tan\theta = y/L$ 이므로

$$y = L\tan\theta = (0.40\,\text{m})\tan 9.9° = 0.070\,\text{m}$$

그러므로 중앙 무늬의 폭은 $\boxed{2y = 0.14\,\text{m}}$ 이다.

(b) 위의 계산을 $\lambda = 410\,\text{nm}$ 일 때 다시 하면 $\theta = 5.9°$ 이고 $\boxed{2y = 0.083\,\text{m}}$ 가 된다. 예측한 대로, 파장 λ가 더 큰 (a)에서 폭 $2y$가 더 큰 것을 알 수 있다.

컴퓨터 칩의 제작에서는 회절의 영향을 최소화시키는 것이 중요하다. 그림 23.30과 같이, 칩은 많은 수의 미세한 전자 부품을 포함하고 있으며 소형화하기 위해 그 패턴을 만드는 데 사진 평판술(photolithography)을 사용한다. 먼저 사진 슬라이드와 유사한 마스크(mask) 위에 칩의 패턴을 만든다. 그 다음에 마스크를 통하여 감광 물질이 코팅된 실리콘 웨이퍼에 빛을 비춘다. 코팅에서 감광된 부분은 화학적으로 제거되어 칩의 패턴에 해당하는 아주 미세한 선만 최종적으로 남는다. 마스크 위의 패턴은 좁은 슬릿과 같은 작용을 해서 빛이 통과할 때, 회절에 의해 빛이 퍼지게 된다. 빛이 많이 퍼지면 실리콘 웨이퍼에 코팅된 감광 물질 위에 선명한 패턴이 만들어지지 않는다. 패턴의 초소형화를 위해서는 회절의 최소화가 바람직하므로, 현재는 가시광선보다 파장이 더 짧은 자외선을 이용하고 있다. 예제 27.4에서 설명된 바와 같이 파장 λ가 짧아지면, λ/W의 비가 작아서, 회절이 덜 일어난다. 최근에는 자외선보다 훨씬 짧은 파장을 지닌 X선을 이용하는, X선 평판술이 집중적으로 연구되고 있다. 이것이 성공한다면 회절을 더 많이 감소시킬 수 있어서 컴퓨터 칩을 더욱 소형화시킬 수 있다.

회절의 또 다른 예는 점광원에서 나온 빛이 동전과 같은 불투명한 원판에 비춰질 때 볼 수 있다(그림 27.21). 회절이 없다면 동전의 그림자가 생기겠지만 회절에 의하여 몇 가지가 달라진다. 우선 원판의 가장자리 근처에서 휘어지는 광파는 그림자의 중심에서 보강 간섭을 하여 작은 밝은 점을 형성한다. 또한 그림자 영역에 밝은 무늬가 동심원으로 나타난다. 원형 그림자와 밝게 비춰진 스크린 사이의 경계가 선명하지 않고 밝고 어두운 동심원의 무늬로 이루어져 있다. 이러한 여러 가지 무늬는 단일 슬릿의 경우와 비슷하게, 원판의 가장자리 부근의 서로 다른 점으로부터 시작되는 하위헌스 잔 파동 사이의 간섭에 의해 만들어진다.

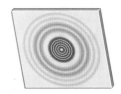

○ 컴퓨터 칩 생산을 위해 사용되는 사진 평판술의 물리

불투명한 원판

빛

그림 27.21 불투명한 원판에 의해 만들어지는 회절 무늬는 어두운 그림자의 중심에 있는 작은 밝은 점, 그림자 속의 밝은 원형 무늬, 그리고 그림자를 둘러싸고 있는 동심원의 밝고 어두운 무늬로 이루어진다.

27.6 분해능

그림 27.22는 카메라로부터 점점 멀어지는 자동차의 전조등을 찍은 세 장의 사진이다. 그림 (a)와 (b)에서는, 두 개의 전조등이 분리되어 있는 것을 명확히 볼 수 있다. 그렇지만 그림 (c)에서는 차가 너무 멀리 있어서 두 개의 전조등이 거의 하나의 불빛처럼 보인다. 카메

(a)

(b)

(c)

그림 27.22 자동차 전조등을 카메라로부터의 거리를 변화시키며 촬영한 것이다. (a)가 가장 가깝고 (c)가 가장 멀다. (c)에서는 너무 멀어서 두 개의 전조등이 한 개처럼 보인다.

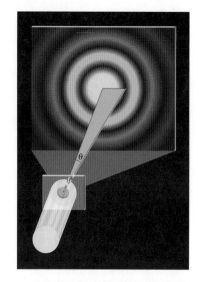

그림 27.23 빛이 작은 원형 구멍을 통과할 때, 스크린에 원형 회절 무늬가 만들어진다. 중앙의 밝은 영역의 중심에 대한 첫 번째 어두운 무늬의 각이 θ이다. 밝은 무늬의 세기와 구멍의 지름은 실제보다 과장되어 있다.

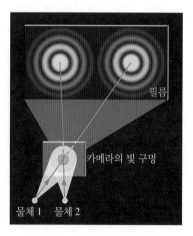

그림 27.24 두 개의 점으로부터 나온 빛이 카메라의 원형 구멍을 통과해 지나갈 때, 필름의 상과 같이 두 개의 원형 회절 무늬가 만들어진다. 여기서 그 상들은 두 점의 사이가 멀리 떨어져 있으므로 완전하게 분리되어 있다.

라와 같은 광학기기가 인접한 두 물체를 구별할 수 있는 능력을 **분해능**(resolving power)이라 한다. 높은 분해능의 카메라로 이들 사진을 찍는다면, 그림 (c)의 사진도 전조등 두 개가 뚜렷하게 분리되어 보일 것이다. 망원경이나 현미경에 대해서도 마찬가지 원리가 적용된다. 카메라, 망원경, 현미경, 그리고 사람의 눈 등 원형, 또는 거의 원형에 가까운 형태의 구멍을 빛이 통과할 때 나타나게 되는 회절에 대해 알아보자. 결과적으로 이들 기기의 분해능을 결정하는 것은 바로 회절 무늬이다.

그림 27.23은 스크린이 작은 원형 구멍으로부터 멀리 떨어져 있을 때 그 구멍에 의해 만들어지는 회절 무늬를 보여준다. 회절 무늬는 중앙의 밝은 무늬와 주위의 밝은 동심원으로 구성되어 있다. 각각의 밝은 무늬 사이에는 어두운 무늬가 있다. 이들 무늬는 단일 슬릿이 만들어내는 줄무늬와 유사하다. 그림에서의 θ는 원형 구멍의 중심에서 잴 때, 중앙의 밝은 영역의 한가운데와 첫 번째 어두운 무늬까지의 각도이며 다음과 같이 주어진다.

$$\sin\theta = 1.22\frac{\lambda}{D} \qquad (27.5)$$

여기서 λ는 빛의 파장이고 D는 구멍의 지름이다. 이러한 표현은 슬릿에 대한 식 27.4 ($m = 1$일 때 $\sin\theta = \lambda/W$)와 비슷하며, 스크린까지의 거리가 지름 D에 비해 아주 클 때 적용된다.

광학기기가 두 물체를 분해할 수 있다는 것은 분리된 두 상을 만들 수 있다는 것을 뜻한다. 떨어져 있는 두 개의 점 물체로부터 나온 빛이 카메라의 원형 구멍을 통과하여 필름에 상이 맺히는 경우를 생각해 보자. 그림 27.24와 같이, 각 상은 원형의 회절 무늬이다. 그러나 두 무늬는 완전히 분리되어 있다. 이에 반해서, 만약 두 물체가 보다 가깝다면, 그림 27.25(a)처럼 회절 무늬가 겹쳐지게 될 것이다. 보다 더 가까우면 무늬를 개별적으로 구별하는 것이 불가능하게 된다. 그림 27.25(b)에서는 회절 무늬가 겹쳐 있지만, 물체가 두 개라는 것을 알아보지 못할 정도는 아니다. 그러므로 인접한 물체의 분리된 상을 만들 수 있는 성능은 회절이 결정하게 된다.

가까이 있는 두 물체의 상이 광학기기에서 분리될 것인지 여부를 판단하기 위한 기준을 정해두는 것이 편리하다. 그림 27.25(a)는 레일리 경(1842~1919)이 처음 제안했던 분해능에 대한 레일리 기준을 보여준다.

인접한 두 점에 의한 회절 무늬에서, 한 점에 의한 첫 번째 어두운 회절 무늬가 다른 점에 의한 회절 무늬의 중심과 일치할 때를 두 점이 분해되는 기준으로 한다.

그림에서 두 물체 사이의 최소 각 $\theta_{최소}$는 식 27.5에 의해 주어진다. 만약 $\theta_{최소}$가 라디안 각이고 1보다 충분히 작으면, $\sin\theta_{최소} \approx \theta_{최소}$이다. 그러면 식 27.5는 다음과 같이 고쳐 쓸 수 있다

$$\theta_{최소} \approx 1.22\frac{\lambda}{D} \quad (\theta_{최소}: 라디안 각) \qquad (27.6)$$

주어진 파장 λ와 지름 D에 대하여, 이 식은 두 작은 물체가 분해될 수 있는 최소 각을 의미한다. 식 27.6에 따르면, 가까이 있는 두 물체를 분해하기 위해서는 광학기기의 지름을 크게 해야 하고 파장은 짧게 해서 $\theta_{최소}$가 작은 값이 되어야 한다. 예를 들어 2.4 m 지름의 거울을 가진 허블 천체 망원경으로 짧은 파장의 자외선을 사용하면 약 $\theta_{최소} = 1 \times 10^{-7}$ rad

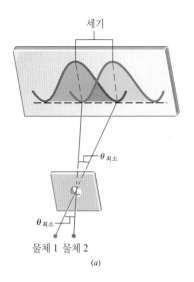

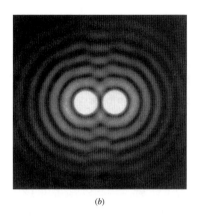

그림 27.25 (a) 레일리 기준에 따르면, 두 개의 점은 그 상 중 하나의 첫 번째 어두운 무늬(세기가 0)가 다른 상의 밝은 무늬(세기가 최대)의 중심에 바로 겹쳐질 때 가까스로 분해된다. (b) 이 사진에서 두 개의 회절 무늬가 겹쳐 있지만 분해할 수 있다.

의 각거리가 있는 두 개의 인접한 별을 분해할 수 있다. 이러한 각거리는 망원경으로부터 100 km(약 62 mile) 떨어진 거리에서 1 cm 간격의 나란한 두 물체를 분해하는 것에 해당한다. 예제 27.5는 사람의 눈과 독수리 눈의 분해능을 다루고 있다.

 예제 27.5 | 사람의 눈과 독수리의 눈

○ 사람의 눈과 독수리의 눈을 비교하는 물리

(a) 행글라이더가 고도 $H = 120\,\text{m}$에서 날고 있다. 초록색 빛(진공에서의 파장 = 555 nm)이 $D = 2.5\,\text{mm}$의 지름을 가진 조종사의 동공으로 들어간다. 조종사가 지상에 있는 두 개의 점 물체를 구별하기를 원한다면 두 물체의 간격은 얼마가 되어야 하는가? (그림 27.26 참조) (b) 독수리 눈 동공은 지름이 $D = 6.2\,\text{mm}$이다. 글라이더와 같은 높이로 날고 있는 독수리에 대하여 (a)를 다시 풀어라.

살펴보기 레일리 기준에 따라, 두 물체는 조종사의 동공에 대해 각 $\theta_{최소} \approx 1.22\lambda/D$에 해당하는 거리 s 이상 떨어져 있어야 한다.* 라디안 각을 사용하는 것을 기억하면, $\theta_{최소}$를 고도 H와 원하는 거리 s에 관련시킬 수 있다.

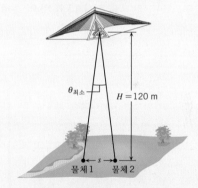

그림 27.26 만약 행글라이더를 타고 있는 사람이 지상에 있는 한 물체를 다른 물체와 구별하여 보기 원한다면, 레일리 기준은 지상의 인접한 두 물체를 분리해낼 수 있는 최소 거리 s를 추정하는 데 사용할 수 있다.

풀이 (a) 레일리 기준을 사용하면

$$\theta_{최소} \approx 1.22\frac{\lambda}{D} = 1.22\left(\frac{555 \times 10^{-9}\,\text{m}}{2.5 \times 10^{-3}\,\text{m}}\right)$$
$$= 2.7 \times 10^{-4}\,\text{rad} \tag{27.6}$$

식 8.1에 따라서, $\theta_{최소} \approx s/H$이므로,

$$s \approx \theta_{최소}H = (2.7 \times 10^{-4}\,\text{rad})(120\,\text{m}) = \boxed{0.032\,\text{m}}$$

(b) 독수리 눈의 동공은 사람 눈의 동공보다 크므로, 보다 더 가깝게 있는 두 물체를 분리해 볼 수 있다. $D = 6.2\,\text{mm}$일 때 (a)와 동일한 계산을 하면 $\boxed{s = 0.013\,\text{m}}$가 된다.

*레일리의 기준을 적용할 때, 공기 중의 파장과 거의 같은 진공의 파장을 사용한다. 회절은 굴절률 $n = 1.36$인 눈 속에서 일어나므로 식 27.3에 따라 $\lambda_{눈} = \lambda_{진공}/n$이지만 진공의 파장을 쓴다. 그 이유는 눈 속으로 빛이 들어갈 때 스넬의 법칙에 따라 굴절이 되며, 스넬의 법칙에 굴절률이 들어 있어서 입사각이 작은 경우 두 효과가 상쇄되기 때문이다.

□ 문제 풀이 도움말
식 27.6($\theta_{최소} \approx 1.22\lambda/d$)에서 분해가 가능한 두 물체 사이의 최소 각 $\theta_{최소}$는 라디안 단위의 각도이지 도(degree) 단위의 각도가 아니다.

27.7 회절 격자

단색광이 단일 또는 이중 슬릿을 지나갈 때 밝고 어두운 회절 무늬가 나타남을 보았다. 이러한 무늬는 빛이 세 개 이상의 슬릿을 통과할 때도 나타나게 되며, 수많은 평행 슬릿으로 이루어진 **회절 격자**(diffraction grating)는 여러 분야에서 사용되는 중요한 광학기기이다. 어떤 회절 격자는 센티미터당 40000개 이상의 슬릿을 갖는 것도 있다. 회절 격자를 만드는 방법 중 하나는 다이아몬드 절단기로 유리판 위에 조밀한 평행선을 새겨 넣는 것인데 평행선 사이의 부분이 슬릿으로 작용한다. 회절 격자의 슬릿 수는 보통 센티미터당 평행선의 수로 나타난다.

회절 격자의 물리 ◗

그림 27.27은 5개의 슬릿으로 된 회절 격자로부터 멀리 떨어져 있는 스크린에 빛이 진행하여 중앙의 밝은 무늬와 양쪽의 1차의 밝은 무늬를 어떻게 만드는지를 보여준다. 3차 이상의 밝은 무늬는 그림에서 나타내지 않았다. 각각의 밝은 무늬는 회절 격자에서 볼 때 중앙 무늬의 중심에서부터의 각 θ로 그 위치를 나타낸다. 이러한 밝은 무늬를 주요 무늬 또는 주극대라 부른다. '주요'라는 말은 훨씬 밝기가 어두운 부차적인 무늬 또는 부극대와 구별하기 위한 것이다.

주요 무늬는 각 슬릿에서 나온 빛의 보강 간섭에 의한 것이다. 그림 27.28에서 어떻게 보강 간섭이 일어나는지 살펴보자. 스크린이 회절 격자로부터 멀리 떨어져 있는 경우, 스크린을 향하는 광선은 평행하다고 볼 수 있다. 1차 극대의 위치에 도달하기까지, 슬릿 2에서 나온 빛은 슬릿 1에서 나온 빛보다 한 파장 더 진행한다. 그림의 오른쪽에서 색칠된 네 개의 직각 삼각형에서 보는 바와 같이 슬릿 3으로부터 나온 빛은 슬릿 2로부터 나온 빛보

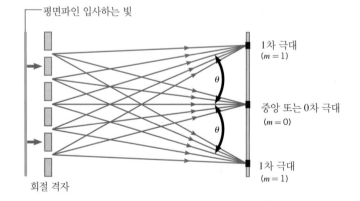

그림 27.27 빛이 회절 격자를 통과할 때, 중앙 밝은 무늬(m = 0)와 보다 큰 차수의 밝은 무늬(m = 1, 2, …)가 멀리 떨어진 스크린에 만들어진다.

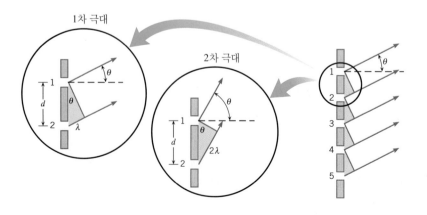

그림 27.28 회절 격자에서 1차 극대와 2차 극대가 되는 조건을 보이고 있다.

다 한 파장의 거리를 더 진행한다. 나머지도 마찬가지이다. 이들 직각 삼각형이 확대된 왼쪽 그림을 보면, 1차 극대의 보강 간섭이 일어나는 조건은 슬릿 사이의 간격을 d라 하면 $\sin\theta = \lambda/d$를 만족하는 경우이다. 2차 극대는 인접한 슬릿으로부터 나온 빛의 경로차가 파장의 두 배일 때, 따라서 $\sin\theta = 2\lambda/d$일 때 나타난다. 일반적으로 아래와 같이 쓸 수 있다.

회절 격자의 주극대 $\qquad \sin\theta = m\dfrac{\lambda}{d} \qquad m = 1, 2, 3, \ldots$ (27.7)

슬릿 사이의 간격 d는 회절 격자의 센티미터당 슬릿 수로부터 계산할 수 있다. 한 예로 센티미터당 2500개의 슬릿이 있는 격자의 슬릿 간격은 $d = (1/2500)\,\text{cm} = 4.0\times10^{-4}\,\text{cm}$이다. 식 27.7은 이중 슬릿에 대한 식 27.1과 같다. 그렇지만 빛의 세기를 나타낸 그래프인 그림 27.29에서 볼 수 있듯이, 회절 격자는 이중 슬릿보다 훨씬 좁고 선명한 밝은 무늬를 만든다. 또한 이 그림에서 회절 격자의 주극대 사이에는 훨씬 작은 세기의 부극대가 있다는 것도 주목할 필요가 있다.

다음 예제는 여러 색깔이 혼합되어 있을 때, 회절 격자가 각 성분을 어떻게 분리해낼 수 있는지를 설명하고 있다.

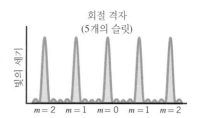

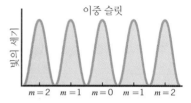

그림 27.29 회절 격자에 의해 만들어지는 밝은 무늬는 이중 슬릿에 의해 만들어지는 것보다 훨씬 폭이 좁다. 주극대 사이에 3개의 부차적인 밝은 무늬를 주목하라. 슬릿의 수가 많으면, 이들 부극대의 세기는 약해진다.

예제 27.6 | 회절 격자에 의한 색 분리

보라색 빛(진공에서 $\lambda = 410\,\text{nm}$)과 빨간색 빛(진공에서 $\lambda = 660\,\text{nm}$)의 혼합 광이 1.0×10^4선/cm의 회절 격자에 의해 분리되는지를 알기 위해 두 빛에 대해 1차 극대가 생기는 각 θ를 구하라.

살펴보기 여기서 식 27.7을 사용하기 위해서는, 슬릿 사이의 간격 d가 필요하다. $d = 1/(1.0\times10^4$ 선/cm$) = 1.0\times10^{-4}\,\text{cm}$ 또는 $1.0\times10^{-6}\,\text{m}$이다. 보라색 빛에 대하여 1차 극대($m = 1$)의 각 $\theta_{\text{보라색}}$은 $\sin\theta_{\text{보라색}} = m\lambda_{\text{보라색}}/d$에 의해 주어지고, 빨간색 빛에 대해서도 같은 방법을 적용한다.

풀이 보라색 빛에 대해, 1차 극대의 각은

$$\theta_{\text{보라색}} = \sin^{-1}\frac{\lambda_{\text{보라색}}}{d} = \sin^{-1}\left(\frac{410\times10^{-9}\,\text{m}}{1.0\times10^{-6}\,\text{m}}\right)$$
$$= \boxed{24°}$$

이다. 빨간색 빛에 대해, $\lambda_{\text{빨간색}} = 660\times10^{-9}\,\text{m}$를 대입하면 $\boxed{\theta_{\text{빨간색}} = 41°}$가 나온다. $\theta_{\text{보라색}}$과 $\theta_{\text{빨간색}}$이 다르므로 보라색과 빨간색의 1차 밝은 무늬가 스크린에서 분리되는 것을 알 수 있다.

예제 27.6의 빛이 태양 광선이라면, 보라색과 빨간색 사이의 모든 색(파장)을 포함하고 있으므로 1차 극대의 각은 24°에서 41° 사이의 모든 값을 가질 수 있다. 그 결과, 그림 27.30과 같이 스크린의 중앙 무늬 양쪽에 무지개 색깔이 나타난다. 이 그림은 $m = 2$인 2차의 색 스펙트럼이 $m = 1$인 1차의 것으로부터 완전히 분리되는 것을 보여준다. 그렇지만 더 높은 차수에서는, 인접한 차수로부터의 스펙트럼이 겹쳐지게 될 수도 있다(연습 문제 32 참조). 중앙 극대($m = 0$)는 모든 색이 겹쳐지므로 흰색이 된다.

회절 격자에 의해 생기는 주극대의 각을 측정하는 장치를 회절 격자 분광기라고 부른다. 각을 측정하면 예제 27.6과 같은 계산을 통하여 빛의 파장을 구할 수 있다. 30장에서 논의하겠지만, 기체 원자는 불연속적인 파장의 빛을 방출하며, 이들 파장값을 구하여 원자 종류를 확인할 수 있다. 이것은 미지의 물질을 분석하는 중요한 기술이 되고 있다. 그림

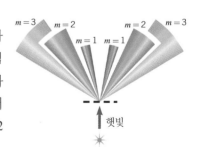

그림 27.30 햇빛이 회절 격자에 입사할 때, 각 주극대($m = 1, 2, \ldots$)에서 무지개와 같은 색들이 생긴다. 그러나 중앙의 극대($m = 0$)는 흰색이다.

◉ 회절 격자 분광기의 물리

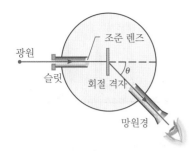

그림 27.31 회절 격자 분광기

27.31은 회절 격자 분광기의 원리를 보여준다. 광원(예를 들어 뜨거운 기체)으로부터 나온 빛이 좁은 슬릿으로 입사하며, 슬릿은 조준 렌즈의 초점에 놓여 있어서, 렌즈를 통과한 광선은 평행하게 회절 격자에 입사한다. 밝은 무늬를 정밀하게 관측하기 위하여 망원경이 사용되며 각 θ를 구할 수 있게 된다.

27.8 X선 회절

인공 회절 격자뿐만 아니라 자연에도 회절 격자가 존재한다. 사람이 만드는 회절 격자는 평행선으로 되어 있지만, 천연의 회절 격자는 그림 27.32의 소금(NaCl) 결정의 구조에서 보는 바와 같이 원자가 규칙적으로 배열된 결정이다. 고체 결정의 원자는 약 1.0×10^{-10} m 의 간격으로 떨어져 있어서 원자의 결정 배열은 슬릿 간격이 같은 회절 격자처럼 작용한다. 식 27.7에서 $\sin\theta = 0.5$, $m = 1$이라고 가정하면, $0.5 = \lambda/d$ 이다. 이 식에서 $d = 1.0 \times 10^{-10}$ m의 값은 $\lambda = 0.5 \times 10^{-10}$ m 의 파장을 가져야 한다는 것을 의미한다. 이러한 파장은 가시광선의 것보다 훨씬 짧은 X선 영역에 해당된다(그림 24.9 참조).

예를 들어 X선을 NaCl 결정에 비추면 그림 27.33(a)와 같은 회절 무늬가 나타나게 된다. 일반적으로 결정 구조는 복잡한 3차원 구조이므로 회절 무늬는 점들의 복잡한 배열이다. 이것으로부터 원자 사이의 간격과 결정 구조의 특성을 알아낼 수 있다. X선 회절은 또한 단백질, 핵산과 같은 생물학적으로 중요한 분자 구조를 이해하는 데 큰 기여를 하였다. 가장 유명한 결과 중 하나가 1953년 왓슨과 크릭이 발견한 이중 나선형 핵산 DNA의 구조이다. 그림 27.33(b)과 같은 X선 회절 무늬가 그들의 발견에 결정적인 역할을 하였다.

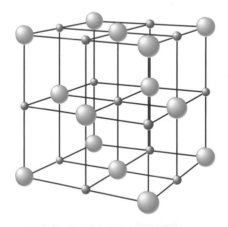

그림 27.32 염화나트륨의 결정 구조 그림에서 빨간색 작은 구는 나트륨 양이온을 나타내고, 파란색 큰 구는 염소 음이온을 나타낸다.

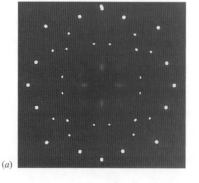
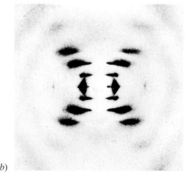

(a)   *(b)*

그림 27.33 (a) NaCl 결정과 (b) DNA 결정으로부터 얻은 X선 회절 무늬. 이 DNA의 회절 무늬는 1953년 로절린드 프랭클린이 실험을 해서 얻은 것이며, 그해 왓슨과 크릭에 의해 DNA의 구조가 발견되었다.

연습 문제

27.1 선형 중첩의 원리
27.2 영의 이중 슬릿 실험

1(1) 평면 스크린이 한 쌍의 슬릿으로부터 4.5 m 되는 지점에 놓여 있다. 스크린에서 중앙 밝은 무늬와 1차 밝은 무늬 사이의 간격이 0.037 m이다. 슬릿을 비추는 빛의 파장은 490 nm라 한다. 슬릿 사이의 간격을 구하라.

2(2) 영의 이중 슬릿 실험에서 7번째 어두운 무늬가 슬릿으로부터 1.1 m 떨어진 평면 스크린 위에 중앙 밝은 무늬에서 0.025 m에 위치한다. 슬릿 사이의 간격은 1.4×10^{-4} m이다. 사용된 빛의 파장은 얼마인가?

3(3) 야외에서 록 콘서트를 개최하는 중이다. 두 스피커는 7.00 m 거리에 분리되어 있다. 좌석을 배열하기 위해서 두 스피커는 동일 위상의 진동이 생기는지 테스트하고, 동시에 80.0 Hz 저음 톤이 나오는지 확인한다. 소리의 속력은 343 m/s이다. 기준 라인은 스피커 사이의 중간선에 수직인 스피커 앞에 표시된다. 이 기준 라인의 양측에 대해 상쇄 간섭이 발생하는 곳에 위치하는 가장 작은 각도는 얼마인가? 이 장소에 앉은 사람들은 문제가 80.0 Hz 저음 톤을 들을 것이다.

4(5) 영의 이중 슬릿 실험에서 2차 밝은 무늬가 위치하는 각이 2.0°이다. 슬릿 사이의 간격이 3.8×10^{-5} m이라 할 때 빛의 파장은 얼마인가?

*5(6) 두 슬릿이 0.158 mm 떨어져 있다. 빨간색(파장 = 665 nm)과 연두색(파장 = 565 nm) 빛이 슬릿을 통과한다. 평면 관측 스크린이 2.24 m 떨어져 있다. 스크린에서 3차 빨간 무늬와 3차 연두색 무늬 사이의 거리는 얼마인가?

*6(7) 영의 이중 슬릿 실험에서 빛의 파장이 425 nm이고 평면 스크린 위에서 2차 밝은 무늬와 중앙 밝은 무늬 사이의 간격 y가 0.0180 m이다. 스크린 위의 무늬가 위치하는 각은 $\sin\theta \approx \tan\theta$라고 볼 수 있을 만큼 대단히 작다고 가정한다면, 빛의 파장이 585 nm일 때 간격 y를 구하라.

**7(9) 플라스틱판($n = 1.60$)이 이중 슬릿 중 한 개의 슬릿을 덮고 있다(그림 참조). 단색광($\lambda_{진공} = 586$ nm)이 이중 슬릿을 비출 때, 스크린의 중앙에는 밝은 무늬가 아니라 어두운 무늬가 만들어진다. 플라스틱의 최소 두께는 얼마인가?

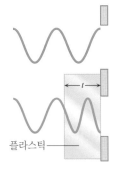

플라스틱 →

27.3 얇은 막에서의 간섭

8(10) 공중에 매달린 비눗물 막($n = 1.33$)에 파장이 691 nm인 빛(진공에서)이 수직으로 입사된다. 반사된 빛이 보강 간섭이 나타나는 두 개의 가장 작은 최소 막의 두께(nm)는 얼마인가?

9(11) 카메라 렌즈에는 불화마그네슘(MgF$_2$, $n = 1.38$)의 무반사 막(반사 방지막)이 유리($n = 1.52$)에 코팅되어 있다. 이 박막에서의 간섭으로 연두색 빛(진공에서의 파장 = 565 nm)의 반사가 일어나지 않게 된다면, 막의 최소 두께는 얼마인가?

10(12) 노란색 빛(진공에서 파장 = 580 nm)과 보라색 빛(진공에서 파장 = 410 nm)의 혼합 광이 물웅덩이에 떠 있는 휘발유 막 위로 수직으로 떨어진다. 두 파장에 대해 휘발유의 굴절률은 $n = 1.40$이고 물의 굴절률은 $n = 1.33$이다. 상쇄 간섭 때문에 (a) 노란색과 (b) 보라색으로 보이는 지점에서 막의 최소 두께는 얼마인가?

11(13) 빨간색 빛($\lambda_{진공} = 661$ nm)과 초록색 빛($\lambda_{진공} = 551$ nm)의 혼합 광이 양쪽이 공기로 된 비눗물 막($n = 1.33$)에 수직으로 입사한다. 초록색 빛의 상쇄 간섭으로 반사된 빛이 빨간색으로 보일 때, 막의 최소 두께는 얼마인가?

12(14) 위치가 다르면 두께도 달라지는 비눗물 막의 굴절률은 n이며 양 측면은 공기이다. 반사된 빛에서 여러 가지 색이 보인다. 한 영역은 반사된 빛으로부터 파란색($\lambda_{vacuum} = 469$ nm)이 제거된 상쇄 간섭 때문에 노란색이다. 반면에 다른 영역은 녹색($\lambda_{vacuum} = 555$ nm)이 제거된 상쇄 간섭 때문에 자홍색이다. 이들 영역에서 상쇄 간섭에 발생하는 데 필요한 막의 최소 두께는 t이다. $t_{magenta}/t_{yellow}$을 구하라.

*13(15) 주황색 빛($\lambda_{진공} = 611$ nm)이 공기 속의 비눗물 막($n = 1.33$)에 수직으로 입사한다. 반사된 빛에서 보강 간섭이 발생하여 밝게 보일 때, 막의 최소 두께는 얼마인가?

*14(17) 얇은 기름막이 젖은 포장 도로 위에 퍼져 있다. 기름의 굴절률은 물의 것보다 크고, 막의 두께는 빨간색 빛(진공에서의 파장 = 640.0 nm)으로 볼 때 상쇄 간섭에 의해 어둡게 보이는 최소의 값이다. 가시광선의 스펙트럼이 380~750 nm까지라고 가정하면, 보강 간섭에 의해 막이 밝게 보이는 가시광선의 (진공에서의) 파장(들)은 어떤 것인가?

27.5 회절

15(19) 파장이 675 nm인 빛이 단일 슬릿을 지나갈 때 회절 무늬가 나타난다. 슬릿의 폭이 (a) 1.8×10^{-4} m와 (b) 1.8×10^{-6} m

일 때 첫 번째 어두운 무늬가 생기는 각을 구하라.

16(20) 폭이 4.3×10^{-5} m인 슬릿이 평면 스크린으로부터 1.32 m에 위치한다. 빛은 슬릿을 통과하여 스크린에 비춘다. 빛의 파장이 635 nm일 때 회절 무늬에서 중앙의 무늬의 폭을 구하라.

17(21) 폭이 2.1×10^{-6} m인 단일 슬릿이 회절 무늬를 만드는 데 사용된다. 빛의 파장이 (a) 430 nm와 (b) 660 nm일 때 두 번째 어두운 무늬가 생기는 각을 구하라.

18(22) 파장 668 nm인 빛이 슬릿의 폭 6.73×10^{-6} m을 통과하여 1.85 m 떨어진 스크린에 비춘다. 스크린에서 중앙 밝은 무늬의 중심에서 양 측면의 세 번째 어두운 무늬까지의 거리는 얼마인가?

19(23) 폭이 5.6×10^{-4} m인 단일 슬릿을 통하여 빛이 비춰져, 4.0 m 떨어진 곳에 위치한 평면 스크린에 회절 무늬가 만들어진다. 중앙 밝은 무늬의 중심과 첫 번째 어두운 무늬 사이의 간격이 3.5 mm이라면 빛의 파장은 얼마인가?

*20(25) 어느 단일 슬릿에 의한 회절 무늬에서 중앙의 밝은 무늬는 스크린과 슬릿 사이의 거리와 같은 크기의 폭을 갖는다. 슬릿의 폭에 대한 빛의 파장의 비 λ/W를 구하라.

*21(26) 폭이 20×10^{-5} m인 슬릿이 있다. 파장이 480 nm인 빛이 이 슬릿을 통과하여 0.50 m인 곳에 있는 스크린을 비춘다. 회절 무늬에서 중앙 밝은 무늬 다음의 밝은 무늬의 폭을 구하라.

**22(27) 단일 슬릿 회절 무늬에서, 중앙의 무늬의 폭이 슬릿의 폭의 450배이고, 스크린과 슬릿 사이의 거리는 슬릿의 폭의 18000배이다. 슬릿을 비추는 빛의 파장이 λ이고 슬릿의 폭을 W라 할 때 λ/W 비는 얼마인가? 스크린 위에서 어두운 무늬가 있는 각이 매우 작아서 $\sin\theta \approx \tan\theta$라고 가정한다.

27.6 분해능

23(30) 두 별이 3.7×10^{11} m 떨어져 있고 지구로부터 같은 거리에 있다. 망원경은 1.02 m의 반지름을 갖는 대물 렌즈가 있어 별도의 객체로 별을 관측할 수 있다. 파장이 550 nm인 빛을 관측한다고 하고, 또 망원경의 분해능을 제한하는 대기 난류보다 회절 효과가 낮다고 하자. 이들 별이 지구로부터 얼마나 멀리 있는지 최대 거리를 구하라.

24(31) 한밤 중에 고속도로에서 자동차 한 대가 달려와 어떤 사람 옆을 지나 멀리 사라졌다. 이 자동차의 두 미등은 간격이 약 1.2 m이고, 빨간색 빛(진공에서의 파장 = 660 nm)을 내고 있다고 한다. 눈 동공의 지름이 약 7.0 mm라고 가정하면, 회절 효과에 의해 두 개의 미등이 하나의 점으로 겹쳐

져 보일 때 자동차는 사람으로부터 최소한 얼마나 멀리 떨어져 있는가?

25(33) 천문학자들이 지구로부터 4.2×10^{17} m의 거리에 있는 안드로메다자리 입실론(Upsilon Andromedae) 별 주위를 돌고 있는 행성계를 발견하였다. 행성은 별로부터 1.2×10^{11} m의 거리에 위치한다고 여겨지고 있다. 진공에서의 파장이 550 nm인 가시광선을 이용할 때, 행성과 별을 분해할 수 있는 망원경의 최소 구경은 얼마인가?

*26(35) 현미경을 사용하여 혈액 시료를 검사하고 있다. 26.12절에서 다루었지만 시료는 현미경의 대물 렌즈의 초점 바로 바깥에 위치하여야 한다. (a) 대물 렌즈의 지름이 초점 거리와 같고 표본을 파장 λ의 빛으로 비춘다고 할 때, 분해할 수 있는 두 혈액 세포 간의 최소 간격을 구하라. 해답은 λ가 포함된 식으로 표시하라. (b) (a)의 해답보다 더 가까이 있는 두 혈액 세포를 분해하려면, 파장이 더 긴 빛을 사용하여야 하나 아니면 더 짧은 빛을 사용하여야 하는가?

27.7 회절 격자

27(38) 회절 격자는 평면 스크린에 중앙 밝은 무늬로부터 0.0894 m인 곳에 첫 번째 밝은 무늬가 생긴다. 격자의 슬릿 사이는 4.17×10^{-6} m이고 격자와 스크린 사이의 거리는 0.625 m이다. 격자에 비춰진 빛의 파장은 얼마인가?

28(39) 파장 420 nm인 빛이 입사하면 26°의 각에서 밝은 무늬가 생기는 회절 격자가 있다. 회절 격자에 어떤 파장 빛이 입사하면 41°의 각에서 밝은 무늬가 형성된다고 한다. 두 가지 경우에 밝은 무늬의 차수 m은 동일하다. 파장은 얼마인가?

29(40) 폭이 1.50 cm인 회절 격자에 2400 개의 선이 있다. 어떤 파장의 빛을 사용할 때, 세 번째 극대는 18.0°의 각도로 형성된다. 파장(nm)은 얼마인가?

30(41) 콤팩트디스크 플레이어에서 사용되는 레이저 빔의 파장은 780 nm이다. 레이저는 플레이어 내부의 회절 격자로부터 3.0 mm 떨어진 거리에 간격이 1.2 mm인 2 개의 1차 극대인 트래킹용 빔을 만들어낼 수 있다고 한다. 회절 격자의 슬릿 사이의 간격을 추정해 보라.

*31(42) 회절 격자에 센티미터당 2604 개의 선이 있다. $\theta = 30.0°$에서 주극대가 생긴다. 격자는 410~660 nm 사이의 모든 파장을 포함하는 빛을 사용한다. 극대가 생기는 입사된 빔의 파장은 얼마인가?

32(43) 두 개의 다른 파장, λ_A와 λ_B인 빛에 대해 동일한 회절 격자를 사용한다. 빛 A의 4차 주극대가 정확히 빛 B의 3차 주

극대와 겹친다면, λ_A/λ_B 비는 얼마이겠는가?

** **33(45)** 회절 격자에 센티미터당 5620개의 선이 있다. 파장이 471 nm인 빛을 비추면서, 회절 격자로부터 0.75 m인 곳에

평면 스크린을 두고 중앙 극대 양쪽의 모든 주극대의 중심을 다 보려고 한다. 스크린의 폭은 최소 얼마가 되어야 하는가?

Chapter 28 특수 상대성 이론

28.1 사건과 관성 기준틀

그림 28.1에서와 같이 우주선을 발사하는 것은 특수 상대성 이론에서 보면 특정 장소와 시간에서 일어나는 하나의 물리적인 **사건**(event)이다. 그림에서 한 관측자는 지구 위에 서 있고, 다른 한 명은 지구에 대해 일정한 속도로 날고 있는 비행기 안에 서 있다. 사건을 기록하기 위해 각 관측자는 x, y, z 축의 좌표계와 시계로 이루어진 **기준틀**(reference frame)을 사용한다. 좌표계는 사건이 일어나는 장소를, 시계는 시간을 측정하기 위해 사용된다. 각 관측자는 자신의 기준틀에 정지해 있지만 지구에 고정된 관측자와 공중에 떠 있는 관측자는 서로에 대해 운동하고 있다. 즉 각 기준틀은 서로에 대해 운동하고 있다.

특수 상대성 이론은 **관성 기준틀**(inertial reference frame)이라는 특수한 종류의 기준틀을 다루고 있다. 4.2절에서 논의한 것과 같이, 관성 기준틀은 운동의 제1법칙이 성립하는 기준틀이다. 한 물체에 작용하는 모든 힘의 합력이 0이면, 그 물체는 정지 상태에 있거나 등속도 운동을 한다. 다시 말하면, 관성 기준틀에서 측정될 때, 이런 물체의 가속도는 0이다. 하지만 회전하거나 가속되는 기준틀은 관성 기준틀이 아니다. 그림 28.1에서와 같이 지구에 고정된 기준틀은, 지구가 자신의 축에 대해 자전하거나 태양 주위를 공전할 때 구심 가속도가 있기 때문에, 엄밀한 의미에서는 관성 기준틀은 아니다. 그러나 가속도가 위

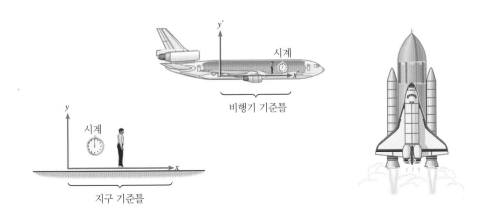

비행기 기준틀

지구 기준틀

그림 28.1 지구 기준틀을 사용하여, 지구에 서 있는 관측자가 사건(우주선의 이륙)의 위치와 시간을 기록한다. 마찬가지로 비행기의 관측자는 비행기 기준틀을 사용하여 사건을 기록한다.

낙 작아서 우리는 이 가속도의 효과를 무시할 수 있으므로 관성 기준틀로 간주할 수 있다. 지구에 고정된 기준틀이 관성 기준틀이라면, 비행기에 고정된 기준틀 역시 관성 기준틀이다. 왜냐하면 비행기는 지구에 대해 일정한 속도로 운동하기 때문이다. 다음 절에서 왜 관성 기준틀이 상대성 이론에서 중요한지에 대해 논의할 것이다.

28.2 특수 상대성 이론의 가정들

아인슈타인은 자연의 특성에 관하여 두 개의 기본 가정을 세운 다음 그의 특수 상대성 이론을 확립하였다.

> ■ **특수 상대성 이론의 가정**
> 1. **상대성 원리** 물리학의 모든 법칙은 모든 관성 기준틀에서 동일하게 적용된다.
> 2. **빛의 속도에 대한 가정** 진공에서의 빛의 속도는, 어떤 관성 기준틀에서 측정하더라도, 즉 광원이나 관측자가 아무리 빨리 운동하더라도, 항상 같은 값 c이다.

상대성 원리를 이해하는 것은 그다지 어렵지는 않다. 그림 28.1의 예에서 자신의 기준틀을 사용하는 각 관측자는 우주선의 운동에 대해 측정할 수 있다. 상대성 원리는 두 관측자가 측정한 값이 각각 뉴턴의 운동 법칙과 부합하며, 마찬가지로 비행기나 우주선의 전자기기가 지상과 동일한 전자기 법칙에 따라 작동한다는 것을 의미한다. 상대성 원리에 따르면, 어떠한 관성 기준틀에서의 물리 법칙의 표현은 다른 관성 기준틀에서의 표현과 같다. 어떤 기준틀이 관성 기준틀이기만 하면 모두 똑같아서 이들 간에 우열이 존재하지 않으며, 우리가 편리하게 선택하면 된다.

물리 법칙들은 모든 관성 기준틀에서 같기 때문에, 정지한 관성 기준틀과 등속도로 운동하는 관성 기준틀을 구별할 수 있는 실험은 있을 수 없다. 예를 들어, 당신이 그림 28.1의 비행기 속에 앉아 있을 때, 당신이 정지해 있고 지구는 운동한다고 말하는 것이 맞는 것처럼, 반대로 말하는 것도 옳은 말이다. 그래서 '절대 정지'된 특별한 관성 기준틀을 골라내는 것은 불가능하며, 물체의 '절대 속도', 즉 '절대 정지'된 기준틀에 대해 측정된 속도를 말하는 것은 아무런 의미가 없다. 지구는 태양에 대해 운동하고, 태양은 우리 은하 중심에 대해 운동한다. 그리고 우리 은하는 다른 은하에 대해 운동한다. 아인슈타인에 따르면, 물체의 절대 속도가 아닌 물체 사이의 상대 속도만이 측정될 수 있고 또한 물리적으로 의미가 있다.

상대성 원리와는 달리 빛의 속도에 대한 가정은 상식적으로 이해하기가 쉽지 않다. 예로 그림 28.2는 땅에 대해 15 m/s의 일정한 속도로 운동하는 트럭 위에 서 있는 사람을 보여주고 있다. 이제 당신이 땅 위에 서 있고 트럭 위의 사람이 당신에게 전등을 비추었다고

그림 28.2 트럭의 속력과 관계없이 트럭 위의 사람과 땅 위의 사람이 재는 빛의 속도는 모두 c가 된다.

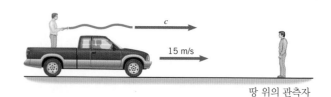

땅 위의 관측자

생각하자. 트럭 위의 사람에게는 빛의 속도가 c로 측정될 것이다. 당신이 빛의 속도를 잰다면 얼마일까? 아마 당신은 빛의 속도가 $c + 15\,\text{m/s}$일 것으로 추측할 것이다. 그러나 이 추측은 관성 기준틀에 있는 모든 관측자에게는 빛의 속도가 더도 덜도 아닌 c로 측정된다는 빛의 속도에 대한 가정과 다르다. 그 가정에 의하면 빛의 속도는 당신에게도 트럭 위의 사람이 측정한 것과 같아야 되고, 전등이 움직이고 있다는 사실은 당신에게 다가오는 빛의 속도에 결코 아무런 영향을 주지 않는다. 인정하기가 어렵지만, 이러한 빛의 성질은 실험에 의해 무수히 입증되었다.

수면파나 음파가 전파될 때 매질이 있어야 되는 것처럼, 아인슈타인 이전의 과학자들은 빛에 대해서도 전파 매질이 필요하다고 판단했다. 이러한 가상적인 빛의 전파 매질을 에테르라 불렀으며 모든 공간에 채워져 있을 것으로 생각했다. 더욱이 빛은 에테르에 대해서 측정될 때만 속력 c로 운동한다고 믿었다. 이런 생각이 옳다면, 에테르에 대해 운동하는 관측자는 자신이 빛과 같은 방향 또는 반대 방향으로 운동하는가에 따라 빛의 속도를 c보다 더 느리거나 더 빠르게 관측할 것이다. 그러나 미국 과학자 마이컬슨과 몰리는 1883년에서 1887년까지 지속된 실험에서 에테르 이론과 상반되는 결과를 얻었다. 이들이 확인한 것은 모든 관성 기준틀에서 빛의 속도는 같으며 관측자의 운동에 의존하지 않는다는 것이었다. 결국 이들 실험과 다른 여러 실험에 의해 에테르 존재는 부정되었고 특수 상대성 이론이 수용되었다.

이 장의 나머지 부분에서는 앞에서 논의되었던 고전 물리학의 많은 기본 개념을 특수 상대성 이론의 관점에서 다시 검토한다. 검토할 기본 개념은 시간, 길이, 운동량, 운동 에너지 및 속도의 덧셈 등이다. 이러한 기본 개념이 특수 상대성 이론에 의해 진공에서의 빛의 속도 c와 물체의 속력 v의 비가 들어가는 항으로 변형된다. 물체가 느리게(v는 c보다 매우 작다 [$v \ll c$]) 운동한다면 변형은 무시될 정도로 작아서, 고전적 개념으로도 정확히 설명할 수 있다. 그러나 물체가 빠르게 움직여서 v/c가 1에 가까울 때, 특수 상대성의 효과는 무시할 수 없게 된다.

특수 상대성 이론에 의한 변형은 뉴턴과 다른 사람들에 의해 발전된 시간, 길이, 운동량, 운동 에너지 및 속도의 덧셈의 고전적 개념이 잘못되었다는 것을 의미하지 않는다. 고전적 개념은 빛의 속도에 비해 매우 작은 속력의 경우에 국한되며, 이들 개념의 상대론적 표현은 0에서 빛의 속도까지의 모든 속력에 적용된다.

28.3 시간의 상대성: 시간 늘어남

시간 늘어남

우리는 일상적으로 별 의심 없이 우주선 속의 시계나 지상의 시계나 동일한 빠르기로 움직이고 있다고 생각한다. 그렇지만 특수 상대성 이론에 의하면 지구 위에 있는 사람보다 우주선에 있는 사람에게 시간이 더 느리게 흐른다. 광 펄스를 사용하는 시계(그림 28.3)를 사용하면 어떻게 이런 신기한 효과가 일어나는지 알 수 있다. 짧은 광 펄스가 광원에서 방출되고, 거울에 반사된 후 광원 옆에 놓인 검출기에 도달한다. 펄스가 검출기에 도달할 때마다 '똑딱 소리'가 차트 기록기에 기록되고, 다시 다른 짧은 펄스가 방출되게 하고 이것이

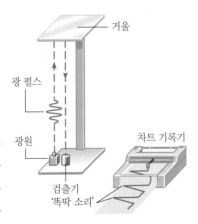

그림 28.3 광 펄스를 사용하는 시계

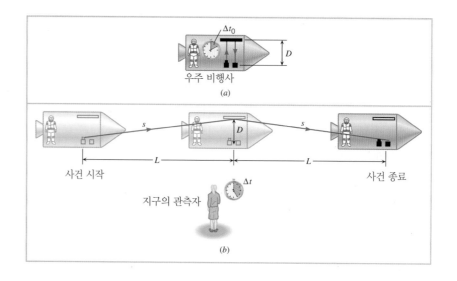

그림 28.4 (a) 우주 비행사가 광 시계의 '똑딱 소리' 사이의 시간 간격 Δt_0를 측정한다. (b) 지구의 관측자가 우주선의 시계를 주시하고 있고, '똑딱 소리' 사이에 빛이 (a)에서보다 더 큰 거리를 이동한다는 것을 알게 된다. 결국, 지구의 관측자가 측정한 '똑딱 소리' 사이의 시간 간격 Δt는 Δt_0보다 크다.

반복된다. 이런 식으로 계속되는 '똑딱 소리' 사이의 시간 간격은 사건 시작(광의 방출)과 사건 종료(펄스의 검출)로 표시된다. 광원과 검출기는 서로 매우 가깝게 있어서 두 사건은 같은 장소에서 일어나는 것으로 생각할 수 있다.

같은 시계가 두 대 설치되었다고 가정하자. 한 대는 지구 위에, 또 하나는 지구에 대해 등속도로 운동하는 우주선에 설치되어 있다. 우주 비행사에게는 우주선의 시계에 대하여 정지해 있어서 그림 28.4(a)처럼 광 펄스가 위/아래 경로를 따라 왕복하는 것으로 보인다. 우주 비행사에게는 빛이 이 경로를 통과하는 데 필요한 시간 간격 Δt_0는 거리 $2D$를 빛의 속도 c로 나누는 값, 즉 $\Delta t_0 = 2D/c$이다. 이것은 우주선 시계의 '똑딱 소리' 사이의 시간 간격, 즉 우주선 시계로 측정된 사건 시작과 사건 종료 사이의 시간 간격이다. 그러나 지구에 있는 관측자는 이들 사건 사이의 시간 간격이 Δt_0가 아니다. 우주선이 움직이기 때문에 지구의 관측자에게는 광 펄스가 그림 (b)에서 빨간색으로 보인 대각선을 따라 운동한다. 이 경로는 우주 비행사가 보는 위/아래 경로보다 더 길다. 그러나 빛의 속도에 대한 가정에 의하면 지구 관찰자가 보기에도 빛은 속력 c로 운동하므로 지구에 있는 관측자는 우주 비행사가 측정한 시간 간격보다 더 긴 시간 간격인 Δt를 측정하게 된다. 다시 말하면 우주선 시계의 동작을 지구의 시계로 측정하는 지구의 관측자는 우주선의 시계가 느리게 가는 것을 발견하게 된다. 특수 상대성 이론의 이런 결과는 시간 늘어남(time dilation)으로 알려져 있다(늘어난다는 것은 시간 간격이 길어진다는 것을 의미하며, 시간 간격 Δt는 Δt_0보다 길다).

지구의 관측자가 그림 28.4 (b)에서 측정한 시간 간격 Δt는 다음과 같이 결정될 수 있다. 광 펄스가 광원에서 검출기까지 운동하는 동안 우주선은 오른쪽으로 거리 $2L = v\Delta t$만큼 이동한다. 여기서 v는 지구에 대한 우주선의 속력이다. 광 펄스는 시간 간격 Δt 동안 총 대각선 거리인 $2s$를 진행하는 것을 그림으로부터 알 수 있다. 피타고라스 정리를 적용하면

$$2s = 2\sqrt{D^2 + L^2} = 2\sqrt{D^2 + \left(\frac{v\Delta t}{2}\right)^2}$$

이 된다. 그러나 거리 $2s$는 빛의 속도와 시간 간격 Δt의 곱과 같으므로 $2s = c\Delta t$이다. 그러므로

$$c\Delta t = 2\sqrt{D^2 + \left(\frac{v\Delta t}{2}\right)^2}$$

이 된다. 이 결과를 제곱하고 Δt 에 대해 풀면

$$\Delta t = \frac{2D}{c}\frac{1}{\sqrt{1 - \dfrac{v^2}{c^2}}}$$

을 얻는다. 앞서 보았듯이 $2D/c = \Delta t_0$ 이므로 Δt 는 다음과 같이 표현된다.

시간 늘어남
$$\Delta t = \frac{\Delta t_0}{\sqrt{1 - \dfrac{v^2}{c^2}}} \tag{28.1}$$

이 공식에서 기호는 다음과 같이 정의된다.

Δt_0 = 고유 시간. 이것은 사건에 대해 정지해 있는 관측자에 의해 측정된 사건 사이의 시 간 간격이다. (두 사건은 같은 장소에서 일어남)

Δt = 늘어난 시간 간격. 이것은 사건에 대해 운동하는 관측자에 의해 측정된 사건 사이의 시간 간격이다. (두 사건의 발생 장소가 다름)

v = 두 관측자 사이의 상대 속력

c = 진공에서 빛의 속도

c 보다 작은 속력 v 에 대하여 식 28.1의 $\sqrt{1 - v^2/c^2}$ 항은 1보다 작아서 시간 간격 Δt 는 Δt_0 보다 크다. 예제 28.1은 이런 시간 늘어남 효과를 보여주고 있다.

예제 28.1 | 시간 늘어남

그림 28.4에서 우주선은 빛의 속도의 0.92 배인 일정한 속력 v 로 지구를 지나가고 있다. 그러므로 $v = (0.92)(3.0 \times 10^8 \text{ m/s})$ 또는 $v = 0.92c$ 이다. 우주 비행사의 우주선 시계로 '똑딱 소리' 사이의 간격이 $\Delta t_0 = 1.0$ s 로 측정된다면 지구의 관측자는 우주선 시계의 '똑딱 소리' 사이의 시간 간격 Δt 를 얼마로 측정할 까?

살펴보기 우주선의 시계는 지구의 관측자에 대해 운동하고 있기 때문에, 지구의 관측자는 '똑딱 소리' 사이의 시간 간격을 시계에 대해 정지한 우주 비행사가 측정한 것보다 더 큰 시간

간격 Δt 로 측정하게 된다. 늘어난 시간 간격 Δt 는 시간 늘어남 관계식 28.1로부터 계산할 수 있다.

풀이 늘어난 시간 간격은 다음과 같다.

$$\Delta t = \frac{\Delta t_0}{\sqrt{1 - \dfrac{v^2}{c^2}}} = \frac{1.0 \text{ s}}{\sqrt{1 - \left(\dfrac{0.92c}{c}\right)^2}} = \boxed{2.6 \text{ s}}$$

지구 관측자가 볼 때 우주 비행사의 시계는 느리게 간다. 왜냐 하면 지구 관측자는 '똑딱 소리' 사이의 시간을 우주 비행사가 측정한 값(1.0 s)보다 더 긴 시간(2.6 s)으로 측정하게 될 것이다.

오늘날의 우주선은 예제 28.1과 같은 정도로 빠르지는 않다. 그러나 시간 늘어남을 고 려하지 않는다면 상당한 정도의 오차가 발생할 수 있다. 예를 들면 위성 항법 장치(GPS) 는 약 4000 m/s의 속력으로 지구 궤도를 돌고 있는 24 개의 인공위성에 장착된 고도로 정

밀하고 안정된 원자시계를 사용한다. 이 시계로 전자기파가 위성에서 출발해서 지구에 있는 GPS 수신기까지 도달하는 데 걸리는 시간을 측정할 수 있어서, 세 개 또는 그 이상의 위성 신호로부터 수신기의 위치를 알아낼 수 있다(5.5절 참조). GPS가 요구하는 위치 정확도를 확보하기 위해서는 시계의 안정성은 10^{13}분의 1보다 좋아야 한다. 식 28.1과 GPS 위성의 속도를 사용하여 우리는 늘어난 시간 간격과 고유 시간 간격의 차이를 고유 시간 간격의 비로 계산하고, GPS 시계의 안정성의 결과를 비교할 수 있다. 즉

$$\frac{\Delta t - \Delta t_0}{\Delta t_0} = \frac{1}{\sqrt{1 - v^2/c^2}} - 1$$

$$= \frac{1}{\sqrt{1 - (4000 \text{ m/s})^2/(3.00 \times 10^8 \text{ m/s})^2}} - 1$$

$$= \frac{1}{1.1 \times 10^{10}}$$

이다. 이 결과는 GPS 시계의 안정성인 10^{13}분의 1의 약 천 배이다. 그러므로 시간 늘어남을 고려하지 않으면 지상에 있는 GPS 수신기의 위치 측정에 상당한 착오를 일으키게 된다.

고유 시간 간격

그림 28.4에서 두 사람, 즉 우주 비행사와 지구에 있는 사람은 사건 시작(광원의 빛 방출)과 사건 종료(검출기에 광 펄스의 도달) 사이의 시간 간격을 측정하고 있다. 광 시계에 대해서 정지한 우주 비행사에게 두 사건은 동일한 장소에서 일어난다(광원과 검출기는 매우 가깝게 있어서 그들은 같은 장소에 있는 것으로 생각될 수 있다는 것을 기억하라). 시계에 대해서 정지해 있는 것이 보통이므로 우주 비행사가 측정한 시간 간격 Δt_0를 **고유 시간 간격**(proper time interval)이라 한다. 일반적으로 두 사건 사이의 고유 시간 간격 Δt_0는 사건에 대해 정지해 있는 동일한 장소의 관측자에 의해 측정된 시간 간격이다. 지구의 관측자에게는, 우주선이 운동하므로 두 사건이 같은 장소에서 일어나는 것이 아니다. 그러므로 지구 관측자가 측정한 시간 간격은 고유 시간 간격이 아니다.

　시간 늘어남을 수반하는 상황을 잘 이해하려면 Δt_0와 Δt를 구별하는 것이 필수적이다. 우선 시간 간격의 시작과 끝이 되는 두 사건을 명백하게 알 필요가 있다. 두 사건은 광원의 빛 방출이나 검출기에 광 펄스가 도달하는 것 외의 다른 어떤 것일 수도 있다. 다음에 두 사건의 위치가 동일한 기준틀을 정한다. 이 기준틀에 정지해 있는 관측자는 고유 시간 간격 Δt_0를 측정한다.

우주 여행

우주 여행에 있어서는 시간 늘어남으로 흥미로운 일이 벌어질 수 있다. 태양계 밖의 가까운 별이라 할지라도 매우 먼 거리이기 때문에 여행에는 엄청난 시간이 걸릴 것이다. 그러나 다음 예제에서 보는 바와 같이, 여행 시간은 우리가 추측하는 것보다 여행자에게는 꽤 적게 걸릴 수 있다.

예제 28.2 | 우주 여행　　　　　　　　　　　　🔵 우주 여행과 특수 상대성 이론의 물리

우리 은하의 가까운 별 알파 켄타우리(Alpha Centauri; 켄타우루스자리 알파별)는 4.3광년 떨어져 있다. 이것은 지구에 있는 사람이 측정할 때, 빛이 이 별에 도달하는 데 4.3년 걸린다는 것을 의미한다. 만일 로켓이 알파 켄타우리를 향해 출발하여 지구에 대해 $v = 0.95c$의 속력으로 여행한다면, 여행자의 시계에 따르면 여행자는 나이를 얼마나 먹을까? 그리고 목적지에 언제 도착할까? 지구와 알파 켄타우리는 서로에 대해 정지해 있다고 가정한다.

살펴보기　이 문제에서 두 사건은 지구를 출발하는 것과 알파 켄타우리에 도착하는 것이다. 출발할 때 지구는 우주선 바로 바깥에 있고, 도착할 때 알파 켄타우리는 우주선 바로 바깥에 있다. 그러므로 여행자에게 두 사건은 같은 장소, 즉 우주선 바로 바깥에서 일어난다. 따라서 여행자는 자신의 시계로 고유 시간을 측정하며, 우리는 이 시간 간격을 구해야 한다. 지구에 있는 사람에게 두 사건은 각기 다른 장소에서 일어나므로, 지구에 있

는 사람은 고유 시간이 아닌 늘어난 시간 간격을 측정한다. 지구와 알파 켄타우리 사이를 이동하는 데 빛으로 4.3년 걸리므로 좀 느린 $v = 0.95c$의 속력으로는 더 긴 시간이 걸릴 것이다. 그러므로 지구의 사람이 측정한 시간 간격은 $\Delta t = (4.3\,$년$)/0.95 = 4.5$년이다. 이 값과 시간 늘어남에 대한 식을 사용하여 고유 시간 간격을 계산한다.

풀이　시간 늘어남 식을 사용하면, 여행자가 자신의 나이를 판단하는 시간 간격은 다음과 같다.

$$\Delta t_0 = \Delta t \sqrt{1 - \frac{v^2}{c^2}} = (4.5\,\text{년}) \sqrt{1 - \left(\frac{0.95c}{c}\right)^2}$$
$$= \boxed{1.4\,\text{년}}$$

그러므로 로켓을 타고 가는 사람은 알파 켄타우리에 도달할 때, 지구의 관측자가 계산한 4.5년이 아닌 1.4년의 나이를 먹는다.

시간 늘어남의 증명

시간 늘어남은 하펠레와 키팅이 1971년에 실시한 실험으로 확인되었다.* 이들은 매우 정밀한 세슘 빔 원자시계를 상업용 제트기에 실어 지구를 돌게 하였다. 제트기의 속력은 c보다 매우 작기 때문에 시간 늘어남의 효과는 극히 미미하다. 그러나 원자시계는 약 $\pm 10^{-9}\,$s의 정밀도를 가지고 있어서, 이 효과를 측정할 수 있었다. 시계는 45시간 동안 공중에 떠 있었고, 그 시간을 지구에 있는 기준 원자시계와 비교하였다. 실험 결과 비행기의 시계와 지구의 시계에서, 오차 범위 내에서, 상대성 이론의 예상과 일치하였다.

　아원자 입자인 뮤온의 수명은 시간 늘어남의 또 다른 증거가 된다. 이들 입자는 약 10000 m의 고도의 대기에서 생성된다. 뮤온은 정지 상태에서 붕괴(소멸)하기 전 약 $2.2 \times 10^{-6}\,$s의 고유 시간 동안 존재한다. 이런 짧은 수명 때문에 거의 빛의 속도로 운동한다 해도 입자는 결코 지구 표면에 도달할 수 없을 것이다. 그러나 많은 수의 뮤온이 지구 표면에 도달한다. 이것이 가능한 유일한 방법은, 예제 28.3에서 설명하는 바와 같이, 시간 늘어남 때문에 우리가 재는 뮤온의 수명이 길어지는 것이다.

> **⬆ 문제 풀이 도움말**
> 시간 늘어남을 다룰 때, 시간 간격이 고유 시간 간격임을 아래 방법으로 결정하라. (1) 시간 간격에 해당하는 두 사건을 확인하라. (2) 두 사건이 같은 장소에서 일어나는 기준틀을 정하라. 이 틀에 정지해 있는 관측자는 고유 시간 간격 Δt_0를 측정하게 된다.

 예제 28.3 | 뮤온의 수명

정지 상태에서 뮤온의 평균 수명은 $2.2 \times 10^{-6}\,$s이다. 해발 수천 미터의 상층 대기에서 생성되는 뮤온은 $v = 0.998c$의 속력

으로 지구쪽으로 운동한다. (a) 지구 관측자에 대한 뮤온의 평균 수명과 (b) 붕괴(소멸)하기 전에 뮤온이 운동하는 평균 거리를

구하라.

살펴보기   관련된 두 사건은 뮤온의 생성과 소멸이다. 뮤온이 정지해 있을 때 두 사건은 같은 장소에서 일어나므로 뮤온의 평균(정지) 수명 2.2×10^{-6} s는 고유 시간 간격 Δt_0 이다. 뮤온이 $v = 0.998\,c$의 속력으로 지구에 대해 운동할 때 지구의 관측자가 측정하는 시간은 식 28.1로 주어지는 늘어난 시간 Δt 이다. 지구 관측자에 의해 측정된 뮤온의 이동 거리는 뮤온의 속력 곱하기 늘어난 시간 간격이다.

풀이   (a) 지구의 관측자가 측정하는 시간 간격은 다음과 같다.

$$\Delta t = \frac{\Delta t_0}{\sqrt{1 - \dfrac{v^2}{c^2}}} = \frac{2.2 \times 10^{-6}\,\text{s}}{\sqrt{1 - \left(\dfrac{0.998c}{c}\right)^2}} \quad (28.1)$$

$$= \boxed{35 \times 10^{-6}\,\text{s}}$$

(b) 뮤온이 붕괴하기 전에 달린 거리는 아래와 같다.

$$x = v\,\Delta t = (0.998)(3.00 \times 10^8\,\text{m/s})(35 \times 10^{-6}\,\text{s})$$

$$= \boxed{1.0 \times 10^4\,\text{m}}$$

그러므로 늘어난 수명은 뮤온이 지구 표면에 도달하기에 충분한 시간이다. 만일 수명이 2.2×10^{-6} s라면, 뮤온은 붕괴하기 전에 단지 660 m 이동할 것이므로 결코 지구에 도달할 수 없을 것이다.

⚙ 문제 풀이 도움말
고유 시간 간격 Δt_0 는 항상 시간 간격 Δt 보다 짧다.

28.4 길이의 상대성: 길이 수축

시간 늘어남 때문에 서로 등속도로 운동하는 관측자들이 측정한 시간 간격은 다르다. 예로 앞 절의 예제 28.2의 설명에서와 같이, 속력 $v = 0.95\,c$로 지구에서 알파 켄타우리까지 가는 여행은 지구의 시계로는 4.5 년 걸리고 로켓의 시계로는 단지 1.4 년 걸린다. 이들 두 시간 간격은 인자 $\sqrt{1 - v^2/c^2}$ 만큼 다르다. 여행 시간이 다르기 때문에, 우리는 각각의 관측자들이 측정한 지구와 알파 켄타우리 사이의 거리가 서로 다른 것은 아닌지 의심해 볼 수 있다. 특수 상대성 이론에 따르면 대답은 '그렇다'이다. 지구의 관측자나 로켓 탑승자는 모두 지구와 로켓의 상대 속력이 $v = 0.95\,c$인 것에 의견이 일치할 것이다. 속력은 거리를 시간으로 나눈 것이고, 따라서 시간이 두 관측자에게 다르므로 상대 속력이 같아야 한다면 거리 역시 달라야 한다. 그러므로 지구 관측자가 측정한 알파 켄타우리까지의 거리는 $L_0 = v\Delta t = (0.95\,c)(4.5\,\text{년}) = 4.3$ 광년이다. 한편 로켓 탑승자는 거리가 단지 $L = v\Delta t_0 = (0.95\,c)(1.4\,\text{년}) = 1.3$ 광년이라고 알게 된다. 더 짧은 시간으로 측정하는 탑승자는 거리 역시 더 짧게 측정한다. 이렇게 두 점 사이의 거리가 짧아지는 것은 바로 **길이 수축**(length contraction)으로 알려진 현상이다.

일정한 속도로 상대적 운동을 하는 두 관측자에 의해 측정된 거리 사이의 관계는 그림 28.5의 도움으로 얻어질 수 있다. 그림 (a)는 지구 관측자 관점에서의 상황을 보여준다. 이 사람은 여행 시간을 Δt, 거리를 L_0 그리고 로켓의 상대 속도를 $v = L_0/\Delta t$ 로 측정한다. 그림 (b)는 우주선 탑승자의 관점에서의 상황을 보여주고 있는데, 이 사람에게는 로켓은 정지해 있고, 지구와 알파 켄타우리는 속력 v로 움직이는 것으로 보인다. 탑승자는 여행 거리를 L로, 시간을 Δt_0로, 그리고 상대 속도 $v = L/\Delta t_0$로 측정한다. 탑승자가 계산한 상대 속력과 지구에 있는 사람이 계산한 것은 같으므로 $v = L/\Delta t_0 = L_0/\Delta t$ 이다. 이 결과와 시간 늘어남 식 28.1을 사용하면 L과 L_0 사이의 관계는 다음과 같다.

길이 수축 $$L = L_0 \sqrt{1 - \frac{v^2}{c^2}} \qquad (28.2)$$

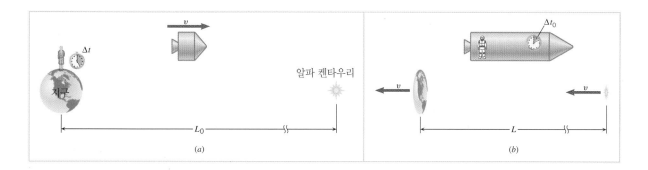

길이 L_0를 **고유 길이**(proper length)라 한다. 이것은 두 점에 대해 정지해 있는 관측자가 측정한 두 점 사이의 길이(또는 거리)이다. v는 c보다 작으므로, $\sqrt{1-v^2/c^2}$ 항은 1보다 작고 L은 L_0보다 작다. 길이 수축은 운동 방향으로 일어나는 것에 주목해야 한다. 다음 예제에도 나오지만, 운동 방향에 수직인 길이는 짧아지지 않는다.

그림 28.5 (a) 지구의 관측자가 측정할 때, 알파 켄타우리까지 거리는 L_0이고, 여행 시간은 Δt이다. (b) 우주선 탑승자가 보기에는, 지구와 알파 켄타우리가 우주선에 대해 속력 v로 운동한다. 탑승자는 여행 거리와 시간을 각각 L과 Δt_0로 측정하는데, 두 값이 모두 (a)에서의 값보다 작다.

 예제 28.4 | 우주선 길이 수축

우주선에 대해 정지해 있는 우주 비행사가 측정한 원통형 우주선의 길이와 지름은 각각 82 m와 21 m이다. 우주선은 그림 28.5처럼 $v = 0.95\,c$의 일정한 속력으로 지구에 대해 운동하고 있다. 지구의 관측자가 측정할 때 우주선의 크기는 얼마인가?

살펴보기 우주선에 대해 정지한 자를 사용해 측정하므로, 길이 82 m는 고유 길이 L_0이다. 지구의 관측자가 측정한 길이 L은 길이 수축 공식 28.2로부터 알 수 있다. 한편 우주선의 지름은 운동 방향에 수직이므로 지구의 관측자에게도 지름은 같다.

풀이 지구의 관측자에 의해 측정된 우주선의 길이 L은

$$L = L_0 \sqrt{1 - \frac{v^2}{c^2}} = (82 \text{ m})\sqrt{1 - \left(\frac{0.95c}{c}\right)^2}$$
$$= \boxed{26 \text{ m}}$$

이다. 우주비행사와 지구의 관측자가 측정한 우주선의 지름은 같은 값, 즉 $\boxed{\text{지름} = 21 \text{ m}}$이다. 그림 28.5(a)는 지구의 관측자가 측정한 우주선을, 그림 (b)는 우주 비행사가 본 우주선을 보여주고 있다.

🔧 문제 풀이 도움말
고유 길이 L_0는 항상 수축된 길이 L보다 길다.

상대론적 효과를 다룰 때 우리는 고유 시간 간격과 고유 길이의 정의를 잘 알고 사용해야 된다. 두 사건 사이의 고유 시간 간격 Δt_0는 사건에 대해 정지해 있고, 그들이 같은 장소에서 일어나는 것으로 보는 관측자에 의해 측정된 시간 간격이다. 등속도로 운동하는 다른 모든 관측자들은 이 시간 간격보다 더 큰 값으로 측정하게 될 것이다. 한 물체의 고유 길이 L_0는 물체에 대해 정지한 관측자가 측정한 길이이다. 등속도로 운동하는 다른 모든 관측자들이 이 길이를 잰다면 더 짧은 값이 나올 것이다. 고유 시간 간격을 측정하는 관측자는 고유 길이를 측정하는 관측자와 같은 사람이 아닐 수 있다. 예로 그림 28.5에서 우주 비행사는 지구와 알파 켄타우리 사이의 여행에 대해 고유 시간 간격 Δt_0를 측정하지만, 지구의 관측자는 이 여행에 대해 고유 길이(또는 거리) L_0를 측정한다.

고유 시간과 고유 길이라는 말에서 '고유'라는 말이 들어 있다고 해서 다른 시간이나 길이보다 더 정확하거나 더 우월하다는 것을 뜻하지 않는다. 만일 그런 것을 의미한다면, 이런 양을 측정하는 관측자는 측정하기 위해 더 우월한 기준틀을 사용할 것이고, 이런 상황은 상대성 원리에 위배되는 것이다. 이 원리에 따르면 관성 기준틀 간에는 우열이 있을

수 없다. 두 관측자가 일정한 속도로 서로에 대해 운동하고 있을 때 각자는 상대방의 시계가 자기 것보다 더 느리게 가는 것으로 측정하며, 상대방의 운동 방향으로 상대방의 길이가 수축된다.

28.5 상대론적 운동량

지금까지 우리는 상대적으로 일정한 속도로 운동하는 관측자들에게 두 사건 사이의 시간 간격과 거리가 어떻게 측정되지를 논의하였다. 운동량과 에너지에 대하여도 특수 상대성 이론으로 재검토해야 한다.

둘 또는 그 이상의 물체가 상호 작용할 때, 물체들에 작용하는 외력의 합이 0이면 운동량 보존 원칙이 적용된다는 것을 7장에서 공부하였다. 운동량 보존은 물리 법칙의 하나로, 상대성 원리에 따라서 모든 관성 기준틀에도 그대로 적용된다. 즉 총 운동량이 하나의 관성 기준틀에서 보존될 때, 모든 관성 기준틀에서도 보존된다.

운동량 보존의 예로, 두 개의 당구공이 마찰이 없는 당구대 위에서 충돌하는 것을 여러 사람들이 보고 있다고 생각하자. 한 사람은 당구대 옆에 서 있고, 다른 사람은 일정한 속도로 당구대를 지나가고 있다. 상대성 원리에 의하면, 두 관측자에게 두 공으로 이루어진 계의 총 운동량이 충돌 전, 충돌하는 동안 그리고 충돌 후에 같아야 한다. 이런 상황에 대해 7.1절에서 물체의 고전적 운동량 **p**를 질량 m과 속도 **v**의 곱으로 정의하므로 고전적인 운동량의 크기는 $p = mv$이다. 물체의 속력이 빛의 속도에 비해 매우 작을 때 이 정의는 타당하다. 그러나 속력이 빛의 속도에 접근할 때 충돌을 분석해 보면, 운동량을 질량과 속도의 곱으로 정의할 때 총 운동량은 모든 관성 기준틀에서 보존되지 않는다. 운동량의 보존이 유지되기 위해서 이 정의를 변형할 필요가 있다. 특수 상대성 이론에 의하면 **상대론적 운동량**(relativistic momentum)의 크기는 다음 식으로 정의된다. 즉

상대론적 운동량의 크기

$$p = \frac{mv}{\sqrt{1 - \dfrac{v^2}{c^2}}}$$

(28.3)

이다. 고립계의 총 상대론적 운동량은 어떤 관성 기준틀에서도 보존된다.

식 28.3에서 상대론적 운동량과 비상대론적 운동량은 시간 늘어남이나 길이 수축에서 나오는 인자 $\sqrt{1 - v^2/c^2}$ 만큼 다르다. 이 인자는 항상 1보다 작고 분모에 있으므로 상대론적 운동량은 항상 비상대론적 운동량보다 크다. 두 양이 속력 v에 따라 어떻게 다른지 설명하기 위하여 그림 28.6에 속력 v의 함수로 운동량의 크기의 비(상대론적/비상대론적)를 그렸다. 식 28.3에 따르면, 이 비는 바로 $1/\sqrt{1 - v^2/c^2}$ 이다. 그래프에서 자동차와 비행기 같은 보통 물체의 속도에 대하여 상대론적 운동량과 비상대론적 운동량의 비가 거의 1이기 때문에 그들은 거의 같다. 그러므로 빛의 속도보다 훨씬 작은 속력에 대하여 충돌을 기술할 때, 비상대론적 운동량이나 상대론적 운동량은 둘 다 사용될 수 있다. 한편 속력이 빛의 속도와 비교될 수 있을 만큼 클 때, 상대론적 운동량은 비상대론적 운동량보다 훨씬 더 커지므로 상대론적으로 취급해야 한다. 예제 28.5는 빛의 속도에 가까운 속력으로 운동하는 전자의 상대론적 운동량을 다룬다.

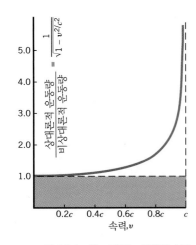

그림 28.6 이 그래프는 물체의 속력이 빛의 속도에 접근함에 따라 비상대론적 운동량의 크기에 대한 상대론적 운동량의 크기의 비율이 어떻게 증가하는가를 보여준다.

예제 28.5 | 고속 전자의 상대론적 운동량

스탠포드 대학의 입자 가속기(그림 28.7)는 길이가 3 km이며 전자를 거의 빛의 속도에 가까운 0.999 999 999 7c 의 속력으로 가속시킨다. 가속기에서 나오는 전자의 상대론적 운동량을 구하고, 이것을 비상대론적 운동량과 비교하라.

살펴보기 및 풀이   전자의 상대론적 운동량은 전자 질량이 $m = 9.11 \times 10^{-31}$ kg임을 기억한다면 식 28.3으로 계산할 수 있다. 즉

$$
\begin{aligned}
p &= \frac{mv}{\sqrt{1 - \dfrac{v^2}{c^2}}} \\
&= \frac{(9.11 \times 10^{-31} \text{ kg})(0.999\,999\,999\,7c)}{\sqrt{1 - \dfrac{(0.999\,999\,999\,7c)^2}{c^2}}} \\
&= \boxed{1 \times 10^{-17} \text{ kg} \cdot \text{m/s}}
\end{aligned}
$$

이 운동량 값은 실험적으로 측정한 것과 일치한다. 이 전자의 상대론적 운동량은 비상대론적 운동량보다 다음 인자만큼 더 크다.

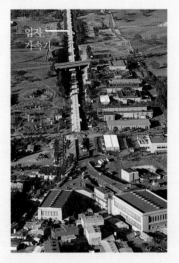

그림 28.7 스탠포드에 있는 길이 3 km인 선형 가속기는 전자를 거의 빛의 속도로 가속시킨다.

$$
\frac{1}{\sqrt{1 - \dfrac{v^2}{c^2}}} = \frac{1}{\sqrt{1 - \dfrac{(0.999\,999\,999\,7c)^2}{c^2}}} = \boxed{4 \times 10^4}
$$

28.6 질량과 에너지의 등가성

물체의 총 에너지

특수 상대성 이론의 결과 중 가장 놀라운 것은, 질량의 증가나 감소가 에너지의 증가나 감소로 볼 수 있다는 점, 즉 질량과 에너지가 등가라는 것이다. 예로 속력 v로 운동하는 질량 m의 물체를 생각하자. 아인슈타인은 운동하는 물체의 **총 에너지**(total energy)는 다음 식에 의해 물체의 질량과 속력과 관련된다는 것을 보여준다.

물체의 총 에너지
$$
E = \frac{mc^2}{\sqrt{1 - \dfrac{v^2}{c^2}}}
\tag{28.4}
$$

식 28.4를 약간 이해하기 위하여 물체가 정지하고 있는 특별한 경우를 생각하자. $v = 0$ m/s일 때 총 에너지는 정지 에너지 E_0라 하며, 이 경우 식 28.4는 아인슈타인의 유명한 공식이 된다. 즉

물체의 정지 에너지
$$
E_0 = mc^2
\tag{28.5}
$$

이다. 정지 에너지는 정지해 있는 물체의 질량에 해당하는 에너지를 나타낸다. 비록 작은 질량일지라도 막대한 양의 에너지인 것을 알 수 있다.

한 물체가 정지 상태에서 속력 v로 가속될 때, 물체는 정지 에너지 이외에 운동 에너지를 얻는다. 총 운동 에너지 E는 정지 에너지 E_0와 운동 에너지 KE의 합 또는 $E = E_0 +$ KE이다. 그러므로 운동 에너지는 물체의 총 에너지와 정지 에너지 사이의 차이이다. 식 28.4와 28.5를 사용하면 운동 에너지를 다음과 같이 쓸 수 있다.

$$\text{KE} = E - E_0 = mc^2 \left(\frac{1}{\sqrt{1 - \dfrac{v^2}{c^2}}} - 1 \right) \tag{28.6}$$

이 식이 바로 속력 v로 운동하는 질량 m인 물체의 운동 에너지에 대한 정확한 상대론적 표현이다.

식 28.6은 6장에서 설명한 운동 에너지의 표현 $\text{KE} = \frac{1}{2}mv^2$과 관련이 없는 것처럼 보이지만 빛의 속도보다 훨씬 작은 속도($v \ll c$)에 대해 상대론적 운동 에너지는 $\text{KE} = \frac{1}{2}mv^2$가 된다.* 식 28.6의 제곱근 항을 이항 정리를 사용하여 아래와 같이

$$\frac{1}{\sqrt{1 - \dfrac{v^2}{c^2}}} = 1 + \frac{1}{2}\left(\frac{v^2}{c^2}\right) + \frac{3}{8}\left(\frac{v^2}{c^2}\right)^2 + \cdots$$

전개하고 이 결과를 식 28.6에 사용하면 얻을 수 있다. v가 c보다 매우 작은 $v = 0.01c$인 경우를 생각하자. 전개식에서 두 번째 항은 $\frac{1}{2}(v^2/c^2) = 5.0 \times 10^{-5}$인 반면, 세 번째 항은 훨씬 더 작은 값 $\frac{3}{8}(v^2/c^2)^2 = 3.8 \times 10^{-9}$이 된다. 뒤에 있는 고차항들은 더 작다. 그래서 만일 $v \ll c$이라면, 세 번째 및 고차항들은 첫 번째 및 두 번째 항과 비교하여 무시될 수 있다. 식 28.6에 처음 두 항을 대입하면 다음을 얻는다.

$$\text{KE} \approx mc^2 \left(1 + \frac{1}{2}\frac{v^2}{c^2} - 1 \right) = \frac{1}{2}mv^2$$

이것은 운동 에너지에 대한 널리 알려진 표현이다. 그러나 식 28.6은 모든 속력에 대한 정확한 운동 에너지이며, 예제 28.6과 같이 빛의 속도에 가까운 속도일 때는 이 식을 반드시 사용되어야 한다.

 예제 28.6 | 고속 전자

전자($m = 9.109 \times 10^{-31}$ kg)가 입자 가속기에서 정지 상태로부터 $v = 0.9995c$로 가속된다. 전자의 (a) 정지 에너지, (b) 총 에너지 및 (c) 운동 에너지를 MeV로 나타내어라.

살펴보기 및 풀이 (a) 전자의 정지 에너지는

$$E_0 = mc^2 = (9.109 \times 10^{-31} \text{ kg})(2.998 \times 10^8 \text{ m/s})^2$$
$$= 8.187 \times 10^{-14} \text{ J} \tag{28.5}$$

$1 \text{ eV} = 1.602 \times 10^{-19}$ J이므로 전자의 정지 에너지는

$$(8.187 \times 10^{-14} \text{ J}) \left(\frac{1 \text{ eV}}{1.602 \times 10^{-19} \text{ J}} \right)$$

$$\boxed{= 5.11 \times 10^5 \text{ eV 또는 } 0.511 \text{ MeV}}$$

(b) 속력 $v = 0.9995c$로 운동하는 전자의 총 에너지는

---

* 이항 정리에 의하면 $(1 - x)^n = 1 - nx + n(n-1)x^2/2 + \cdots$이다. 이 문제의 경우, $x = v^2/c^2$이고, $n = -1/2$이다.

$$E = \frac{mc^2}{\sqrt{1 - \frac{v^2}{c^2}}} = \frac{(9.109 \times 10^{-31} \text{ kg})(2.998 \times 10^8 \text{ m/s})^2}{\sqrt{1 - \left(\frac{0.9995c}{c}\right)^2}} \quad (28.4)$$

$$= \boxed{2.59 \times 10^{-12} \text{ J} \text{ 또는 } 16.2 \text{ MeV}}$$

(c) 운동 에너지는 총 에너지와 정지 에너지의 차이이다. 즉

$$KE = E - E_0 = 2.59 \times 10^{-12} \text{ J} - 8.2 \times 10^{-14} \text{ J} \quad (28.6)$$

$$= \boxed{2.51 \times 10^{-12} \text{ J} \text{ 또는 } 15.7 \text{ MeV}}$$

비교를 위해 전자의 운동 에너지를 $\frac{1}{2}mv^2$ 표현으로 계산해 보면 단지 0.26 MeV가 된다.

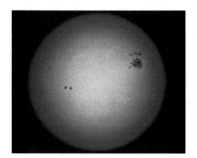

가시광선에 의한 사진

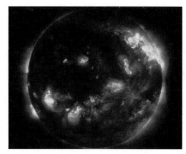

X 선에 의한 사진

그림 28.8 태양은 넓은 스펙트럼 영역의 전자기파 에너지를 방출한다. 두 사진은 각각 가시광선과 X 선 영역의 전자기파로 태양을 찍은 것이다.

질량과 에너지는 등가이기 때문에, 어떤 물체의 에너지가 변하면 그에 대응하는 질량 변화가 발생한다. 예로 지구 생물의 근원이 되고 있는 태양빛 때문에(그림 28.8), 태양에서는 질량 감소가 생긴다. 예제 28.7은 이런 감소를 구하는 방법을 설명하고 있다.

 예제 28.7 │ 태양은 질량을 잃고 있다

태양은 3.92×10^{26} W의 비율로 전자기 에너지를 복사한다. (a) 에너지를 복사하는 동안 매초 태양 질량의 변화는 얼마인가? (b) 태양 질량은 1.99×10^{30} kg이다. 75년의 인간 수명 동안 태양이 잃는 질량의 비율은 얼마인가?

살펴보기　　1 W = 1 J/s이므로 매초 복사되는 전자기 에너지의 양은 3.92×10^{26} J이다. 그러므로 매초 태양의 정지 에너지는 이 양만큼 감소한다. 태양의 정지 에너지의 변화 ΔE_0는 식 28.5에 따라 $\Delta E_0 = (\Delta m)c^2$에 의해 질량 변화 Δm과 관련되어 있다.

풀이　　(a) 태양이 에너지를 복사하면 매초 태양의 질량 변화는

$$\Delta m = \frac{\Delta E_0}{c^2} = \frac{3.92 \times 10^{26} \text{ J}}{(3.00 \times 10^8 \text{ m/s})^2}$$

$$= \boxed{4.36 \times 10^9 \text{ kg}}$$

이다. 즉 태양은 매초 40억 킬로그램 이상의 질량을 잃는다.

(b) 75년 동안 태양이 잃는 질량은

$$\Delta m = (4.36 \times 10^9 \text{ kg/s})\left(\frac{3.16 \times 10^7 \text{ s}}{1 \text{ 년}}\right)(75 \text{ 년})$$

$$= 1.0 \times 10^{19} \text{ kg}$$

이다. 이것은 엄청난 양이지만 태양의 총 질량에 비해 극히 미미한 부분이다. 즉 그 비율은

$$\frac{\Delta m}{m_{\text{태양}}} = \frac{1.0 \times 10^{19} \text{ kg}}{1.99 \times 10^{30} \text{ kg}} = \boxed{5.0 \times 10^{-12}}$$

이다.

계의 어떠한 에너지 변화도, $\Delta E_0 = (\Delta m)c^2$에 따라, 계의 질량이 변한다는 것을 뜻한다. 이것은 에너지의 변화가 전자기 에너지, 위치 에너지, 열에너지 등등의 어떤 종류이든지 상관없다. 에너지의 변화가 있으면 반드시 질량 변화를 일으키지만, 대부분의 경우에 질량 변화가 매우 작아 검출할 수 없다. 예로 물 1 kg의 온도를 1°C 올리기 위해 4186 J의 열이 사용될 때, 물의 질량 증가는 단지 $\Delta m = (\Delta E_0)/c^2 = (4186\,\text{J})/(3.00 \times 10^8\,\text{m/s})^2 = 4.7 \times 10^{-14}\,\text{kg}$ 이다.

물질 자체가 다른 형태의 에너지로 변환되는 것도 가능하다. 예로 양전자(31.4절 참조)는 전자와 같은 질량을 가지고 있지만, 반대 부호의 전하를 가지고 있다. 만일 양전자와 전자가 충돌한다면 그들은 완전히 소멸하고, 고에너지 전자기파가 발생한다. 물질이 전자기파 에너지로 변환되는 것이며, 이 전자기파 에너지는 충돌하는 두 입자의 총 에너지와 같다. 양전자 방출 단층 촬영 또는 PET 스캐닝으로 알려진 진단 기술은 양전자와 전자가 소멸할 때(32.6절 참조) 나오는 전자기파 에너지에 의존한다.

전자기파가 물질로 변하는 역과정도 역시 일어난다. 감마선이라 부르는 초고에너지의 전자기파를 원자핵 가까이 지나가게 하는 실험에서 감마선이 충분한 에너지를 가지면, 감마선이 사라지고 그곳에 전자와 양전자가 생긴다. 정지하고 있던 핵은 운동량이 약간 증가하는 것 외에는 변하지 않는다. 감마선이 두 입자로 변환하는 과정은 쌍생성으로 알려져 있다.

총 에너지와 운동량의 관계

상대론적 총 에너지 E와 상대론적 운동량 p 사이의 관계를 유도해 보자. 우선 운동량에 대한 식 28.3을 재배열하면 다음을 얻는다.

$$\frac{m}{\sqrt{1 - v^2/c^2}} = \frac{p}{v}$$

이것을 총 에너지에 대한 식 28.4에 대입하면

$$E = \frac{mc^2}{\sqrt{1 - v^2/c^2}} = \frac{pc^2}{v} \quad \text{즉} \quad \frac{v}{c} = \frac{pc}{E}$$

이다. 식 28.4의 v/c를 위의 결과로 대치하면

$$E = \frac{mc^2}{\sqrt{1 - v^2/c^2}} = \frac{mc^2}{\sqrt{1 - p^2c^2/E^2}} \quad \text{즉} \quad E^2 = \frac{m^2c^4}{1 - p^2c^2/E^2}$$

가 된다. 이제 E^2에 대하여 풀면 다음을 얻는다.

$$E^2 = p^2c^2 + m^2c^4 \tag{28.7}$$

빛의 속도는 한계 속력이다

특수 상대성 이론의 중요한 결과의 하나는 질량이 있는 물체들은 진공에서 빛의 속도에 도달할 수 없다는 것이다. 그러므로 빛의 속도는 한계 속력을 의미한다. 이 속력의 한계가 특수 상대성 이론의 결과라는 것을 알기 위해, 운동하는 물체의 운동 에너지를 나타내는

식 28.6을 생각하자. v가 빛의 속도 c에 접근함에 따라 $\sqrt{1-v^2/c^2}$ 은 0에 접근한다. 그러므로 운동 에너지는 무한히 커진다. 그러나 일-에너지 정리(6장)에 의하면 물체가 무한한 운동 에너지를 얻기 위해서는 무한대의 일을 해주어야 한다. 무한대의 일을 하는 것은 불가능하므로 질량을 가진 물체는 빛의 속도에 도달할 수 없다고 결론지을 수 있다.

28.7 속도의 상대론적 덧셈

관측자에 대한 물체의 속도는 특수 상대성 이론에서 중요한 역할을 하며, 이 속도를 산정하기 위하여 둘 또는 그 이상의 속도를 더해야 할 때도 있다. 그림 28.9는 땅에 서 있는 관측자에 대해 $v_{TG} = +15\,\text{m/s}$의 일정한 속도로 운동하는 트럭을 보여주고 있다. 여기서 양의 부호는 오른쪽 방향을 표시한다. 트럭 위의 사람이 트럭에 대해 $v_{BT} = +8.0\,\text{m/s}$의 속도로 야구공을 관측자 쪽으로 던진다고 생각하자. 땅 위의 관측자는 공이 $v_{BG} = v_{BT} + v_{TG} = 8.0\,\text{m/s} + 15\,\text{m/s} = +23\,\text{m/s}$ 속도로 접근할 것이라고 우리는 결론지을 수 있을 것이다. 기호들은 다음의 의미를 가지고 있다. 즉

v_{BG} = 땅에 대한 공의 속도 = $+23\,\text{m/s}$

v_{BT} = 트럭에 대한 공의 속도 = $+8.0\,\text{m/s}$

v_{TG} = 땅에 대한 트럭의 속도 = $+15\,\text{m/s}$

$v_{BG} = +23\,\text{m/s}$의 값은 정답으로 보이지만, 정밀하게 측정하면 그것이 반드시 옳지는 않다는 것을 알 수 있다. 특수 상대성 이론에 따르면, 식 $v_{BG} = v_{BT} + v_{TG}$는 다음 이유로 타당성이 결여되어 있다는 것을 짐작할 수 있다. 만일 트럭의 속도가 충분히 빛의 속도에 가까운 크기를 가졌다면, 이 식은 땅 위의 관측자가 빛의 속도보다 더 빠르게 운동하는 야구공을 볼 수 있음을 의미한다. 그러나 이것은 불가능한 이유는 일정한 질량을 가진 어떤 물체도 빛의 속도보다 더 빨리 움직일 수 없기 때문이다.

트럭과 야구공이 같은 직선을 따라 운동하는 경우에 특수 상대성 이론에 의하면 속도는 다음 관계식에 따른 값을 갖게 된다.

$$v_{BG} = \frac{v_{BT} + v_{TG}}{1 + \dfrac{v_{BT}v_{TG}}{c^2}}$$

이 식에서 첨자들은 그림 28.9에서 보인 상황에 대한 것이다. 일반적으로 상대 속도는 다음의 속도 덧셈 공식(velocity-addition formula)으로 표현된다.

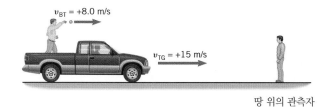

$v_{BT} = +8.0\,\text{m/s}$

$v_{TG} = +15\,\text{m/s}$

땅 위의 관측자

그림 28.9 트럭이 $v_{TG} = +15\,\text{m/s}$의 속도로 땅 위의 관측자에 접근하고 있다. 트럭에 대한 야구공의 속도는 $v_{BT} = +8.0\,\text{m/s}$이다.

속도 덧셈 공식
$$v_{AB} = \frac{v_{AC} + v_{CB}}{1 + \dfrac{v_{AC}v_{CB}}{c^2}}$$
(28.8)

여기서 모든 속도는 일정하다고 가정하며, 기호는 다음의 의미를 가진다. 즉

v_{AB} = 물체 B에 대한 물체 A의 속도

v_{AC} = 물체 C에 대한 물체 A의 속도

v_{CB} = 물체 B에 대한 물체 C의 속도

이다. 직선 상의 운동에서 속도는, 양 또는 음의 방향을 향하는가에 따라, 양 또는 음의 값을 가질 수 있다. 또한 첨자의 순서를 바꾸면 속도의 부호가 바뀐다. 예로 $v_{BA} = -v_{AB}$ 이다.

식 28.8은 분모에 $v_{AC}v_{CB}/c^2$이 있기 때문에 비상대론적 공식($v_{AB} = v_{AC} + v_{CB}$)과 다르다. 이 항은 특수 상대성에서 나타나는 시간 늘어남과 길이 수축 때문에 생긴다. v_{AC}와 v_{CB}가 c와 비교하여 작을 때, 항 $v_{AC}v_{CB}/c^2$은 1보다 작아서 속도 덧셈 공식은 $v_{AB} \approx v_{AC} + v_{CB}$가 된다. 그러나 v_{AC} 또는 v_{CB}는 c와 비교될 수 있을 때, 예제 28.8에서 설명한 것처럼 그 결과는 아주 다를 수 있다. 예제 28.8은 야구공의 속력이 다른 관성 기준틀의 관측자에게는 어떤 속력이 되는지를 보여주고 있다.

 예제 28.8 | 속도의 상대론적 덧셈

그림 28.9에서 트럭이 땅에 대해 $v_{TG} = +0.8\,c$의 속도를 가지고 운동하는 가상적인 상황을 생각하자. 트럭에 타고 있는 사람은 트럭에 대해 $v_{BT} = +0.5\,c$의 속도로 야구공을 던진다. 땅에 서 있는 사람에 대해 야구공의 속도 v_{BG}는 얼마인가?

살펴보기 땅 위의 관측자에게 야구공이 $v_{BG} = 0.5c + 0.8c = 1.3\,c$의 속도로 접근하는 것은 결코 일어날 수 없다. 그럴 경우 야구공의 속도가 빛의 속도보다 크기 때문이다. 속도 덧셈 공식

으로 계산해야 정확한 속도를 구할 수 있으며 그 속도는 빛의 속도보다 작다.

풀이 땅의 관측자는 다음의 속도로 접근하는 공을 보게 된다.

$$v_{BG} = \frac{v_{BT} + v_{TG}}{1 + \dfrac{v_{BT}v_{TG}}{c^2}} = \frac{0.5c + 0.8c}{1 + \dfrac{(0.5c)(0.8c)}{c^2}} \qquad (28.8)$$
$$= \boxed{0.93c}$$

속도 덧셈 공식이 빛의 속도에 대한 가정과 일치한다는 것을 확인하는 것은 간단하다. 전등을 가지고 트럭에 타고 있는 사람을 보여주는 그림 28.10을 생각하자. 트럭 위의 사람에 대한 빛의 속도는 $v_{LT} = +c$이다. 땅 위에 서 있는 관측자에 대한 빛의 속도 v_{LG}는 다음의 속도 덧셈 공식에 의해 주어진다.

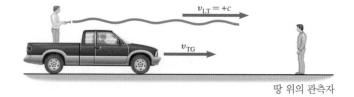

그림 28.10 전등으로부터 방출되는 빛의 속도는 트럭과 땅위의 관측자 모두에 대해 c이다.

땅 위의 관측자

$$v_{LG} = \frac{v_{LT} + v_{TG}}{1 + \dfrac{v_{LT}v_{TG}}{c^2}} = \frac{c + v_{TG}}{1 + \dfrac{cv_{TG}}{c^2}} = \frac{(c + v_{TG})c}{(c + v_{TG})} = c$$

그러므로 속도 덧셈 공식은 지구 위의 관측자와 트럭 위의 사람이, 그들 사이의 상대 속도에 관계없이, 모두 빛의 속도를 c로 측정한다는 것을 보여주고 있다. 이것이 바로 빛의 속도에 대한 가정이 말하는 바이다.

연습 문제

시간 늘어남이나 길이 수축을 포함하는 어떠한 계산을 하기 전에 관측자가 측정한 고유 시간이나 고유 길이를 확인하는 것이 유용하다.

28.3 시간의 상대성: 시간 늘어남

1(1) 레이더의 안테나를 지구에서 측정할 때, 각속도 0.25 rad/s 로 회전하고 있다. 0.80c의 속력으로 안테나를 지나가는 관측자에게 안테나의 각속도는 얼마인가?

2(2) 클링온(Klingons) 우주선은 지구에 대해 0.75c의 속력을 가지고 있다. 클링온은 지구에서 일어난 두 사건 사이의 시간 간격을 37.0 h로 측정한다. 만약 이들 우주선이 지구에 대해 0.94c의 속력을 가진다면 측정된 시간 간격은 얼마인가?

3(3) 은하계 '순찰차'에 타고 있는 우주 교통 경찰이 1.5 s마다 붉은 섬광을 번쩍이는 경광등을 켰다. 지구에 있는 사람이 섬광 사이의 시간을 2.5 s로 측정한다면 순찰차는 지구에 대해 얼마나 빨리 움직이는가?

4(4) 당신이 지구에 대해 0.975c의 속력으로 움직이는 우주선으로 여행을 한다고 가정하자. 당신은 분당 8.0회의 호흡의 비율로 숨을 쉰다. 지구에서 모니터링할 때 당신의 호흡률은 얼마인가?

*5(5) 용수철 상수가 76.0 N/m인 용수철 끝에 6.00 kg인 물체가 매달려서 앞뒤로 진동한다. 한 관측자가 용수철의 고정된 끝에 대하여 1.90×10^8 m/s의 속력으로 여행하고 있다. 이 관측자의 진동 주기는 얼마일까?

*6(6) 어떤 우주 비행사가 c에 비해 매우 작은 속력으로 지구에 대해 7800 m/s의 속력으로 여행한다. 지구에 있는 시계에 따라 여행은 15일 지속된다. 지구에 기록된 시간과 우주 비행사의 시계 사이의 차이(초에서)를 구하라. [힌트: $v \ll c$일 때, 다음과 같은 근사는 유효하다. $\sqrt{1 - v^2/c^2} \approx 1 - \frac{1}{2}(v^2/c^2)$]

**7(7) 지구에서 측정할 때, 24.0시간마다 그 수가 2배가 되는 박테리아가 있다. 동일한 박테리아로 된 두 배양균을 준비한 다음, 한 배양균은 지구에 두고 다른 배양균은 지구에 대해 속력 0.866c로 운동하는 로켓에 싣는다. 지구의 배양균이 256개의 박테리아로 자랄 때, 지구 관측자가 본 로켓의 박테리아 수는 얼마인가?

28.4 길이의 상대성: 길이 수축

8(8) 오래된 운하를 따라 9.0 km 길을 1.3 m/s의 속력으로 걷고 있는 여행자가 있다. 진공에서 빛의 속력이 3.0 m/s라 하면, 여행자가 걸은 경로의 길이는 얼마인가?

9(9) 1 m의 대자가 반으로 보이려면, 대자는 얼마나 빨리 운동해야 하는가?

10(11) UFO가 지구에 대해 0.9c의 속력으로 하늘을 질주한다. 지구에 있는 사람이 측정한 UFO의 길이는 운동 방향으로 230 m이다. UFO가 착륙할 때 이 사람이 잰 UFO의 길이는 얼마인가?

11(13) 지구에 대해 0.70c의 속력으로 운동하는 우주 여행자가 지구에 대해 정지해 있는 멀리 떨어진 별까지 여행한다. 그가 측정한 여행 거리는 6.5 광년이다. 지구에 대해 0.9c의 속력으로 이동하는 여행자가 측정한 여행 거리는 얼마인가?

*12(14) 그림에서처럼 우주 정거장에서 목수가 30.0° 경사를 구축하고 있다. 한 로켓이 x면에 평행한 방향으로 0.730c의 상대 속력으로 우주 정거장을 지나간다. 이 로켓에 탄 사람이 측정한 경사 각도는 얼마인가?

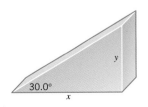

**13(15) 직사각형에 대해 정지한 사람이 볼 때, 직사각형의 크기는

3.0 m × 2.0 m 이다. 당신이 한 변의 방향으로 직사각형을 지나갈 때, 직사각형이 정사각형으로 보인다. 다른 변의 방향을 따라 같은 속력으로 이동할 때 직사각형의 크기는 얼마인가?

28.5 상대론적 운동량

14(17) 한 입자의 상대론적 운동량의 크기가 비상대론적 운동량의 3배일 때, 입자의 속력은 얼마인가?

15(18) 어떤 제트 여객기는 질량이 1.2×10^5 kg이고 140 m/s의 속력으로 난다. (a) 제트 여객기의 운동량의 크기를 구하라. (b) 만약 진공에서 빛의 속력이 170 m/s의 가상적 값을 가진다면 제트여객기의 운동량의 크기는 얼마인가?

16(19) 질량이 1.40×10^5 kg인 로켓의 상대론적 운동량의 크기가 3.15×10^{13} kg · m/s이다. 로켓은 얼마나 빨리 움직이는가?

*17(21) 마찰을 무시할 수 있는 미끄러운 수평 빙판 위에 서 있는 남녀 스케이터가 있다. 여자의 질량은 54 kg이고 남자의 질량은 88 kg이다. 두 사람이 서로 밀어서 여자는 빙판에 대해 +2.5 m/s의 속도로 운동한다. 빛의 속도를 3.0 m/s라 가정하여 상대론적 운동량으로 계산한다면, 얼음 기준틀에 대한 남자의 속도는 얼마인가?

28.6 질량과 에너지의 등가성

18(22) 전자와 양전자의 질량이 각각 9.11×10^{-31} kg이다. 그들이 충돌하고, 충돌 후 단지 전자기파로 나타나고 그 입자는 소멸된다. 만약 각 입자가 충돌 전에 실험실에 대해 $0.20c$의 속력으로 이동한다면 전자기파의 에너지는 얼마인가?

19(23) 비상대론적 운동 에너지($\frac{1}{2}mv^2$)에 대한 상대론적 운동 에너지의 비를 입자의 속력이 (a) $1.00 \times 10^{-3}c$와 (b) $0.970c$일 때 각각 구하라.

20(25) 어떤 핵 발전소는 3.0×10^9 W의 일률로 에너지를 생산한다고 한다. 1년 동안 원자로에서 방출되는 에너지 때문에 생기는 핵연료의 질량 변화는 얼마인가?

21(27) 정지한 전자를 $0.990c$의 속력으로 가속시키려면 해야 할 일은 얼마인가?

*22(28) 전체 에너지는 5.0×10^{15} J이고 운동 에너지는 2.0×10^{15} J인 한 물체가 있다. 물체의 상대적 운동량의 크기는 얼마인가?

*23(29) 두 전자가 매우 멀리 떨어져 있을 때에 비해 2배의 총 질량을 가지려면, 두 정지한 전자는 얼마나 가깝게 접근해야 하는가?

28.7 속도의 상대론적 덧셈

24(30) 우주선 Y는 우주선 X와 우주선 Z 사이에 있다. 우주선 Y는 $0.68c$의 속력으로 우주선 Z을 향해 움직이고 있다. 우주선 Z는 $0.42c$의 속력으로 우주선 X을 향해 움직이고 있다. 관성 기준틀에서 모든 우주선이 등속도로 이동한다면 우주선 X에 대한 우주선 Y의 속력은 얼마인가?

25(31) 지구에 접근하는 우주선이 탐색선을 출발시킨다. 지구의 관측자는 우주선이 $0.5c$의 속력으로, 탐색선은 $0.7c$의 속력으로 접근하는 것을 본다. 우주선에 대한 탐색선의 속력은 얼마인가?

26(32) 은하 A는 우리로부터 지구에 대해 $0.75c$의 속력으로 멀어지고 있다. 은하 B는 $0.55c$의 상대 속력으로 우리로부터 반대 방향으로 멀어지고 있다. 관성 기준틀에서 지구와 은하는 등속도로 운동한다고 하자. 은하 B에 관측자에 대해 은하 A는 얼마나 빨리 움직이는가?

*27(33) 지구로부터 멀어지고 있는 로켓에서 승무원에게는 길이가 45 m인 탈출 구명정을 지구를 향해 출발시킨다. 구명정은 로켓에 대해 $0.55c$의 속력이고 지구에 대한 로켓의 속력은 $0.75c$이다. 지구의 관측자에게 탈출 구명정의 길이는 얼마인가?

**28(35) 두 원자 입자가 서로 접근하여 정면 충돌한다. 각 입자의 질량은 2.16×10^{-25} kg이다. 각 입자의 속력은 실험실 관측자가 측정할 때 2.10×10^8 m/s이다. (a) 한 입자가 볼 때 다른 입자의 속력은 얼마인가? (b) 한 입자가 관측한 다른 입자의 상대론적 운동량을 구하라.

Chapter 29 입자와 파동

29.1 파동-입자 이중성

파동의 가장 중요한 특징은 간섭 효과를 나타낼 수 있다는 사실이다. 예를 들면 우리는 27.2절에서 빛이 매우 간격이 좁은 슬릿을 통과해서, 스크린에 밝고 어두운 줄무늬를 만드는 영의 실험에 대해 공부하였다. 그런 줄무늬는 각각의 슬릿을 통과한 광파 사이에 간섭이 일어난다는 직접적 증거이다.

입자도 파동처럼 행동하며, 간섭 효과를 보인다는 사실은 20세기 물리학에서 가장 놀라운 발견 중 하나이다. 예로 그림 29.1은 전자빔을 이중 슬릿에 보내는 전자에 대한 영의 실험이다. 이 실험에서, 스크린은 TV 스크린 같아서 전자가 부딪치는 지점마다 빛을 낸다. 그림 (a)는 각 전자가 정확히 입자로 행동하여, 두 슬릿 중 하나를 지나 스크린을 때릴 때 볼 수 있는 형태를 나타낸다. 이 모양은 각 슬릿의 상인 셈이다. 그림에서 밝고 어두운 줄로 이루어진 (b)는 실제로 볼 수 있는 무늬로, 빛이 이중 슬릿을 통과할 때 얻어졌던 무늬를 떠올리게 한다. 줄무늬는 전자도 파동이 일으키는 간섭 효과를 보여준다는 것을 알게 한다.

그런데 전자는 이렇게 그림 29.1(b)의 실험에서 파동처럼 행동할 수 있는가? 도대체 어떤 파동이란 말인가? 이 심오한 질문에 대한 답은 이 장 뒷부분에서 논의될 것이다. 일단 여기서는, 전자가 아주 작은 불연속 물질로 된 입자라는 개념으로는 전자가 이 실험과 같은 상황에서 파동처럼 행동할 수 있다는 사실을 설명할 수 없다는 점을 강조하려 한다. 다시 말하면, 전자는 입자 같은 성질, 파동 같은 성질 모두를 가지는 이중성을 드러낸다.

흥미로운 질문을 여기서 하나 더 해볼 수 있다. 만일 입자가 파동의 성질을 보일 수 있다면, 파동이 입자와 같은 성질을 보일 수 있을까? 다음 세 절에서 나오는 대로, 답은 '그렇다'이다. 실제로 20세기 초에, 파동의 입자성을 입증하게 된 실험이 전자의 파동성을 입증하려는 실험에 앞서 실행되었다. 이제 과학자들은 **파동-입자 이중성**(wave-particle duality)을 자연의 기본 성질로 믿는다.

파동은 입자의 성질을 가질 수 있고, 입자는 파동의 성질을 가질 수 있다.

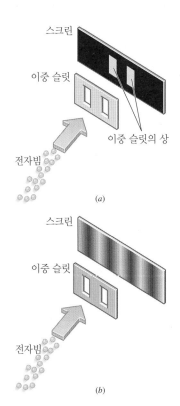

그림 29.1 (a) 전자가 파동성 없이 개별 입자처럼 행동한다면, 둘 중 하나의 슬릿으로 통과하고 스크린에 부딪쳐서 슬릿 모양과 똑같은 형태의 상을 만든다. (b) 실제로는 스크린에 밝고 어두운 줄무늬가 나타나는데, 빛을 비출 때 각 슬릿에서 나오는 광파가 만드는 간섭 무늬와 비슷하다.

29.2절은 흑체에서 나오는 전자기파에서 나타나는 파동-입자 이중성에 대해서 논의한다. 흑체 복사에 대해 설명한 것이 역사상 파동-입자 이중성과 관련된 최초의 사실이었다.

29.2 흑체 복사와 플랑크 상수

모든 물체는 온도와 상관없이, 지속적으로 전자기파를 방출하고 있다. 예를 들면 아주 뜨거운 물체가 빛을 내는 것은 물체가 가시광선 영역의 스펙트럼을 가진 전자기파를 방출하기 때문이다. 표면 온도가 약 6000 K인 우리 태양은 노란색을 띠고, 그보다 낮은 2900 K인 베텔기우스(오리온자리 알파별)는 붉은 오렌지색을 띤다. 그러나 보다 덜 뜨거운 물체는 매우 약하게만 가시광선을 방출하여, 거의 빛을 내는 것 같지 않다. 체온이 겨우 310 K인 인간의 몸은 확실히 가시광선을 방출하지 않아서 어둠 속에서 맨 눈으로 볼 수 없으나, 인체는 적외선 영역의 전자기파를 방출하여 적외선 안경을 쓰면 보인다.

주어진 온도에서, 물체가 방출하는 전자기파의 세기는 파장에 따라 달라진다. 그림 29.2에서 완전한 흑체가 복사할 때, 복사파의 파장에 따라 단위 파장당 복사파의 세기가 어떻게 달라지는지 표현하였다. 13.3절에서 논의한 대로, 온도가 일정한 완전한 흑체는 자신에게 들어온 전자기파를 흡수하고 다시 방출한다. 그림의 두 곡선을 비교해 보면, 온도가 더 높을 때 단위 파장당 복사파 세기의 최댓값이 더 크고, 그 최대 세기인 파장이 더 짧아져 가시광선 영역 쪽으로 이동한다. 이런 곡선들을 설명하면서, 독일 물리학자 막스 플랑크(1858~1947)는 현재 우리가 파동-입자 이중성을 이해하는 데 첫 걸음을 내딛었다.

1900년에 플랑크가 흑체 복사 곡선을 설명할 때, 흑체란 여러 개의 원자 진동자로 이루어져 있고, 개개의 진동자가 전자기파를 방출하고 흡수한다는 모형을 썼다. 플랑크는 이론과 실험을 부합하도록 하기 위하여, 한 개의 원자 진동자가 가질 수 있는 에너지는 오직 불연속적인 $E = 0, hf, 2hf, 3hf$, 등등의 값만 가질 수 있다고 가정하였다. 즉 그의 가정은

$$E = nhf \qquad n = 0, 1, 2, 3, \ldots \qquad (29.1)$$

으로 표현된다. 여기서 n은 0 또는 양의 정수이고, f는 진동자의 진동수(Hz)이고, h는 플랑크 상수(Planck's constant)*라고 하며 크기는 다음과 같다.

$$h = 6.626\,068\,76 \times 10^{-34}\,\text{J} \cdot \text{s}$$

플랑크가 세운 가정의 근본적 특징은 원자 진동자의 에너지는 불연속적인 값($hf, 2hf,$ $3hf$ 등)만 가능하고, 이 값들 사이의 임의적인 값은 허용되지 않는다는 점이다. 어떤 물리적 계의 에너지가 특정 값만 허용되고, 그 사이 값이 없다면, 에너지가 양자화되었다고 말한다. 이러한 에너지의 양자화는 그 시대의 고전적 물리학에서는 예상하지 못했으나, 에너지 양자화가 폭넓은 물리적 의미를 함축하고 있다는 것을 바로 깨닫게 되었다.

에너지 보존 조건을 만족시키려면, 복사된 전자기파가 가지고 있는 에너지 값은 플랑크 모형에서 원자 진동자가 손실한 에너지와 같아야 한다. 예를 들어 에너지가 $3hf$인 한 개의 진동자가 전자기파를 방출한다고 가정해 보자. 식 29.1에 따르면, 그 진동자에게 허용되는 다음으로 작은 값은 $2hf$이다. 이런 경우, 전자기파가 가지는 에너지 값은 진동자가

---

* 조화 진동자의 에너지는 $E = (n + \frac{1}{2})hf$로 알려져 있으나 $\frac{1}{2}$의 추가항은 현재 논의에서 중요하지 않다.

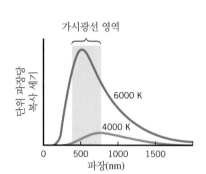

그림 29.2 완벽한 흑체가 방출하는 전자기 복사는 그림의 곡선이 나타내는 대로 단위 파장당 복사 세기가 파장에 따라 달라진다. 높은 온도일수록 단위 파장당 세기는 더 커지고, 곡선의 최고점이 짧은 파장쪽에서 일어난다.

잃은 에너지 hf와 같다. 이와 같이 플랑크의 흑체 복사 모형은 전자기파의 에너지가 에너지 묶음의 모임으로 불연속적 크기를 가진다는 아이디어를 제시했다. 아인슈타인은 빛이 이런 에너지 묶음으로 되어있다고 제안했다.

29.3 광자와 광전 효과

총 에너지 E와 선운동량 **p**는 물리학의 기본 개념이다. 6장과 7장에서 이미 전자나 양성자와 같은 움직이는 입자에게 어떻게 그 개념을 적용하는지 보았다. 어떤 (비상대론적) 입자의 총 에너지는 운동 에너지(KE)와 위치 에너지(PE)의 합이다. 즉 $E = \text{KE} + \text{PE}$ 이다. 입자의 운동량의 크기 p는 질량 m과 속력 v의 곱이다. 즉 $p = mv$ 이다. 이제 우리는 전자기파가 **광자**(photon)라고 부르는 입자 같은 존재로 이루어져 있다는 사실과 에너지와 운동량의 개념을 광자에도 적용한다는 점을 논의할 것이다. 그러나 광자의 에너지와 운동량을 표현하는 식($E = hf$, $p = h/\lambda$)은 기존 입자에 대한 표현과는 다르다.

빛이 광자로 구성되어 있다는 실험적 증거는 빛이 금속 표면을 비출 때 전자가 방출되는 **광전 효과**(photoelectric effect)라는 현상이다. 그림 29.3은 그 효과를 설명한다. 사용되는 빛이 충분히 높은 진동수를 가질 때 전자들이 방출된다. 튀어나온 전자들은 컬렉터라고 하는 양극판을 향해 이동하여 전류를 일으키고 전류계에 표시가 된다. 전자들이 빛의 도움으로 방출되었기 때문에 **광전자**(photoelectron)라고 부른다. 곧 논의하지만, 광전 효과의 몇 가지 특징은 고전물리학의 개념만으로는 설명할 수 없다.

1905년에 아인슈타인은 흑체 복사에 관한 플랑크의 업적을 이용하여 광전 효과에 대한 설명을 내놓았다. 1921년에 그가 노벨물리학상을 받게 된 것이 바로 이 광전 효과에 대한 이론 때문이었다. 아인슈타인은 자신의 이론에서 빛이란 에너지의 묶음이 모인 것이어서 에너지가 불연속적이며, 진동수가 f인 빛의 경우 각 묶음은 다음과 같은 에너지 값을 가지고 있다고 제안하였다.

광자 한 개의 에너지 $\qquad\qquad E = hf \qquad\qquad\qquad\qquad (29.2)$

위 식에서 h는 플랑크 상수이다. 예를 들면 백열등 전구에서 나오는 빛의 에너지는 광자가 전달하는 것이다. 전구가 밝을수록, 초당 방출되는 광자의 수는 더 많다. 예제 29.1에서는 어느 전구가 초당 방출하는 광자의 수를 계산한다.

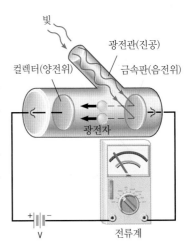

그림 29.3 광전 효과에서 충분히 높은 진동수를 가진 빛이 금속 표면에서 전자를 방출시킨다. 이 광전자는 양전위의 컬렉터로 끌려와서 전류를 발생시킨다.

 예제 29.1 │ 전구에서 나오는 광자의 수

전기 에너지를 빛에너지로 전환할 때, 60 W 백열등 전구의 효율은 약 2.1 %이다. 그 빛이 녹색의 단색광(진공에서 파장 = 555 nm)일 때, 전구가 1 초에 방출하는 광자수를 계산하라.

살펴보기 1 초에 방출되는 광자수는 1 초당 방출되는 에너지를 광자 하나의 에너지로 나누어서 구할 수 있다. 단일 광자의 에너지는 $E = hf$(식 29.2)이고, 그 광자의 진동수는 파장 λ와 $f = c/\lambda$(식 16.1)의 관계를 가지고 있다.

풀이 효율이 2.1 %일 때, 60 W 전구가 1 초에 방출하는 빛에너지는 (0.021)(60.0 J/s) = 1.3 J/s이다. 광자 한 개의 에너지는

$$E = hf = \frac{hc}{\lambda} = \frac{(6.63 \times 10^{-34}\,\text{J·s})(3.00 \times 10^{8}\,\text{m/s})}{555 \times 10^{-9}\,\text{m}}$$
$$= 3.58 \times 10^{-19}\,\text{J}$$

이다. 그러므로

1초에 방출되는 광자 수 $= \dfrac{1.3\,\text{J/s}}{3.58 \times 10^{-19}\,\text{광자}}$

$= \boxed{3.6 \times 10^{18}\,\text{광자/초}}$

이다.

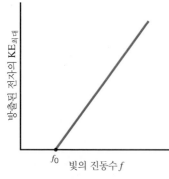

그림 29.4 빛의 진동수가 최솟값 f_0 보다 클 때 광자가 금속으로부터 전자를 방출시킬 수 있다. 이 값보다 큰 진동수에서 방출된 전자의 최대 운동 에너지 $KE_{최대}$는 진동수의 일차 함수이다.

아인슈타인에 따르면, 빛이 금속 표면을 비출 때, 광자 하나가 금속에 있는 전자 하나에게 에너지를 제공한다. 광자가 금속에서 전자를 분리해낼 수 있도록 충분한 에너지를 가지고 있다면, 전자는 금속으로부터 방출된다. 가장 느슨하게 속박되어 있던 전자를 방출시키는 데 필요한 최소 에너지 W_0를 **일함수**(work function)라고 한다. 만일 광자가 전자를 제거하는 데 필요한 값보다 더 많은 에너지를 가진다면, 여분의 값은 방출된 전자의 운동 에너지로 나타난다. 따라서 가장 약하게 붙잡혀 있던 전자가 가장 큰 운동 에너지($KE_{최대}$)를 가지고 방출될 것이다. 아인슈타인은 에너지 보존 원리를 적용하여 광전 효과를 설명하기 위해 다음 관계식을 제시하였다.

$$\underset{\substack{\text{광자}\\\text{에너지}}}{hf} = \underset{\substack{\text{방출된 전자의}\\\text{최대 운동 에너지}}}{KE_{최대}} + \underset{\substack{\text{전자를 방출하는 데}\\\text{필요한 최소의 일}}}{W_0} \qquad (29.3)$$

이 식에 따라 y 축에 $KE_{최대}$를 x 축을 따라 f를 나타내는 $KE_{최대} = hf - W_0$의 그래프를 그림 29.4에 그렸다. 그래프의 직선이 x 축과 만나는 진동수 $f = f_0$에서 전자는 운동 에너지 없이($KE_{최대} = 0\,\text{J}$) 방출된다. 식 29.3에 따라, $KE_{최대} = 0\,\text{J}$일 때, 입사 광자의 에너지 hf_0는 금속의 일함수 W_0와 같다. 즉 $hf_0 = W_0$이다.

광전 효과 실험에서 광자라는 개념이 없이 설명하기 어려운 몇 가지 현상이 있다. 예로 특정 최솟값 f_0를 넘는 진동수를 갖는 빛만 전자를 방출시킬 수 있다. 빛의 진동수가 이 한계 진동수보다 낮으면 빛의 세기가 아무리 커도 전자는 방출되지 않는다. 다음 예제는 은(Ag) 표면에서 전자를 방출시킬 수 있는 최소 진동수를 계산해 본다.

▶ 문제 풀이 도움말
금속의 일함수는 금속에서 전자를 방출하기 위해 필요한 최소 에너지이다. 이 최소 에너지를 얻은 전자는 금속 밖으로 나가고 나면 운동 에너지가 없다.

예제 29.2 | 은 표면에서 보는 광전 효과

은 표면의 일함수는 $W_0 = 4.73\,\text{eV}$이다. 전자를 은에서 방출시킬 수 있는 빛의 한계 진동수를 구하라.

$$hf_0 = \underset{=\,0\,\text{J}}{KE_{최대}} + W_0 \qquad f_0 = \frac{W_0}{h}$$

살펴보기 한계 진동수 f_0는 광자 에너지가 금속의 일함수와 같을 때의 진동수이어서, 방출된 전자는 운동 에너지가 없다. $1\,\text{eV} = 1.60 \times 10^{-19}\,\text{J}$이므로 일함수를 J 단위로 구하면, $W_0 = (4.73\,\text{eV})[(1.60 \times 10^{-19}\,\text{J})/(1\,\text{eV})] = 7.57 \times 10^{-19}\,\text{J}$이다. 식 29.3을 이용하면, 우리는 다음 식을 얻는다.

풀이 한계 진동수 f_0는

$$f_0 = \frac{W_0}{h} = \frac{7.57 \times 10^{-19}\,\text{J}}{6.63 \times 10^{-34}\,\text{J·s}} = \boxed{1.14 \times 10^{15}\,\text{Hz}}$$

이다. f_0보다 작은 진동수를 가진 광자는 은 표면에서 전자를 방출할 수 없다. 이 빛의 파장은 263 nm이며 자외선 영역에 있다.

광전 효과의 다른 특징은 방출된 전자가 가지는 최대 운동 에너지는, 빛의 세기가 증가해도 진동수가 달라지지 않으면 커지지 않는다. 빛의 세기가 증가해서 1 초에 금속을 때리는 광자수가 많아지면, 그 결과 방출되는 전자수가 많아지기는 하나, 광자 하나의 진동수가 같기 때문에 광자의 에너지도 같으므로 이 경우 방출된 전자의 최대 운동 에너지는 늘 같다.

빛의 광자 모형으로 광전 효과는 잘 설명할 수 있지만, 전자기파 모형은 설명할 수 없다. 전자기파 모형에서는 전자기파의 전기장이 금속에 있는 전자를 진동시키고, 진동의 진폭이 충분히 커져서 전자의 에너지가 충분히 크면 전자가 방출된다고 그려볼 수 있다. 그러나 빛의 세기가 커질수록 진폭이 커져서, 더 큰 운동 에너지를 갖는 전자를 방출해야 하는데, 실험 결과는 그렇지 않다. 더욱이 전자기파 모형에서는, 세기가 약한 빛으로 전자가 밖으로 나가기에 충분히 큰 진폭을 얻으려면 상대적으로 긴 시간이 필요한데, 실험에서는 한계 진동수 f_0보다 진동수가 크면 아무리 세기가 약한 빛이라도, 전자를 거의 순간적으로 방출한다. 전자기파 모형이 광전 효과를 설명하지 못했다 해서 파동 모형을 버려야 되는 것은 아니다. 그러나 파동 모형이 빛의 성질을 모두 설명하지 못한다는 사실과, 광자 모형도 빛과 물질이 상호 작용하는 방식을 이해하는 데 중요한 기여를 한다는 사실을 받아들여야 한다.

광자는 에너지를 가지고 있기 때문에, 금속 표면에서 전자와 상호 작용하여 방출시킬 수 있다. 그러나 광자는 일반 입자와 다르다. 일반 입자는 질량이 있고, 빛의 속도까지 가속할 수 있으나, 빛의 속도로 운동하지는 않는다. 반면, 광자는 진공에서 빛의 속도로 이동하고, 정지한 물체로는 존재할 수 없다. 자연에서 광자의 에너지는 온전히 운동 에너지뿐이고, 정지 에너지나 정지 질량이 없다. 광자가 질량이 없다는 것은 총 에너지에 대한 식 28.4를 다음과 같이 써서 알 수 있다.

$$E \sqrt{1 - \frac{v^2}{c^2}} = mc^2$$

광자가 빛의 속도 c 로 운동한다면 $\sqrt{1 - (v^2/c^2)}$ 은 0이 되고, 광자 에너지는 유한한 값이므로 위 식의 왼쪽 변은 0이 된다. 따라서 오른쪽 변에 있는 질량은 0이어서, 광자는 질량을 가질 수 없다.

빛에 의해 생성되는 전자를 이용하는 좋은 예 하나는 전하 결합 소자(charge-coupled device, CCD)이다. 디지털 카메라에서는 필름대신 이 소자들이 배열되어서 빛을 받을 때 생기는 전자에 의한 전류로 영상을 만든다(그림 29.5). CCD 배열은 디지털 캠코더와 전자 스캐너에도 사용되고, 천문학자들이 행성이나 별들의 장관을 찍을 때도 사용할 수 있다. 가시광선을 사용할 때의 CCD배열은 실리콘 반도체, 산화 실리콘 절연체, 여러 개의 전극들이 그림 29.6과 같이 샌드위치처럼 구성되어 있다. 배열은 작은 부분, 즉 화소(pixel)로 구성되는데, 그림에는 16 개가 그려져 있다. 각 화소는 사진의 아주 작은 한 부분을 잡는다. 전문가용이 아닌 일반적인 디지털 카메라는 가격에 따라 500 만에서 1000 만 화소로 되어 있다. 화소 수가 많을수록 화질이 좋아진다. 그림 29.6에서 제일 위의 그림은 화소 하나를 확대한 것이다. 입사하는 가시광선 광자는 실리콘을 때리고 광전 효과로 전자를 만들어낸다. 가시광선 에너지 영역의 광자 하나는 실리콘 원자와 상호 작용해서 전자 하나를 방출할 수 있다. 절연층 아래 전극에 양전위가 걸려 있어서 전자는 화소 속에 붙잡히게

(a)

(b)

그림 29.5 (a) 디지털 카메라는 상을 기록하기 위해 필름 대신에 CCD 배열을 사용한다. (b) 디지털 카메라가 찍은 상은 컴퓨터에 간단히 옮기거나 친구에게 인터넷을 통해 보낼 수 있다.

◉ 전하 결합 소자(CCD)와 디지털 카메라의 물리

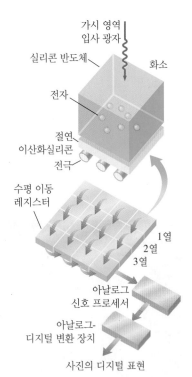

그림 29.6 전하 결합 소자(CCD) 배열을 사용하여 사진 이미지를 얻을 수 있다.

● 차고문 안전 장치의 물리

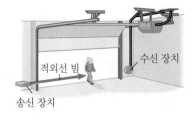

그림 29.7 장애물 때문에 적외선이 수신기에 도달하는 것이 차단되면, 수신기의 전류가 떨어진다. 전자 회로가 전류의 감소를 감지하여 문이 내려오는 것을 막거나 다시 올라가게 한다.

된다. 이렇게 잡힌 전자들은 화소를 때린 광자의 수와 같다. 이런 방식으로 CCD에 있는 각 화소는 사진 상에 있는 점에 정확한 빛의 세기로 표현한다. 색에 대한 정보는 빨강, 초록색, 파랑 필터나 색을 분리해내는 프리즘을 사용하여 얻는다. 천문학자들은 가시 영역 외의 다른 전자기파 영역에서도 CCD배열을 사용한다.

광전자를 붙잡는 것 말고도 화소 아래 전극은 전자로 표현된 정보를 읽는 데도 사용된다. 전극에 걸린 양전위를 변화시켜 한 줄의 화소에 잡힌 전자들이 모두 다음 줄로 옮겨지도록 할 수 있다. 예를 들면 그림 29.6에 1번 줄은 2번 줄로, 2번은 3번으로, 3번은 특정 목적을 실행하는 마지막 줄로 옮겨진다. 수평 이동 레지스터인 마지막 줄의 기능은 그 줄의 각 화소에 담긴 내용을 한 번에 한칸씩 오른쪽으로 옮길 수 있도록 하여, 아날로그 신호 프로세서가 읽게 한다. 이 프로세서가 감지하는 신호의 근원은 수평 이동 레지스터 줄에서 오는 화소의 전자 수에 대한 정보인데, 실제로 오는 신호는 화소의 전자 수에 따라 변하는 변위를 보이는 일종의 아날로그 파동이다. 배열에서 다음 줄로 정보의 이동이 일어날 때 마다, 신호 프로세서가 한 줄의 정보를 읽고 이 과정이 계속된다. 아날로그신호 프로세서가 읽은 결과는 아날로그-디지털 변환 장치(AD converter)로 보내져 컴퓨터가 인식할 수 있는 0과 1로 표현되는 상의 디지털 표현을 만들어낸다.

빛에 의해 생성되는 전자를 이용하는 다른 응용예는 그림 29.3에서 생성된 광전자가 전류를 만든다는 사실에 근거한다. 이 전류는 빛의 세기에 따라 변한다. 자동 주차문은 모두 장애물(사람이나 차와 같은)이 있을 때, 닫히지 않도록 하는 안전 기능이 있다. 그림 29.7에 그려진 대로, 열려진 문 옆 한쪽에 있는 송신 장치가 적외선을 다른 쪽으로 보내면, 광다이오드를 가진 수신 장치가 감지한다. 광다이오드는 일종의 *p-n* 접합 다이오드이다 (23.5절 참조). 적외선 광자가 광다이오드를 때릴 때, 원자에 속박되어 있던 전자가 광자를 흡수해서 자유로워진다. 이렇게 자유로워져서 움직이는 전자는 광다이오드 안에 전류를 증가시킨다. 사람이 적외선 빔을 통과해 지나가면 수신 장치가 받던 빛이 순간적으로 차단되어서 광다이오드 안에 전류가 감소하게 된다. 전류의 변화는 전자 회로에 감지되어 즉시 문이 내려오던 동작을 멈추고 다시 올라가게 한다.

그림 29.8(b)는 지구에서 약 7000 광년 떨어진 독수리 성운의 중심 부분으로 별이 생기고 있는 거대한 영역이다. 허블 우주 망원경이 찍은 이 사진은 기체 분자와 먼지로 이루어진 거친 구름 형태를 보여준다. 광자가 에너지를 전달한다는 극적인 증거가 그 안에 있다. 이 성운은 바닥에서 끝자락까지가 1 광년 이상이 되고 별들이 탄생하는 곳이다. 별은 중력이 충분한 기체를 응집시켜 고밀도의 '공'을 만들 때 생성된다. 기체로 된 공의 밀도

그림 29.8 (a) 이 그림은 (b) 사진에서 일어나는 광증발을 설명한다. (b) 허블 우주 망원경이 찍은 독수리 성운의 일부 사진이다. 광증발은 독수리 성운의 가스 구름 표면에 손가락 모양의 돌기를 만든다. 돌기의 끝은 높은 밀도의 EGG(증발하는 기체 같은 방울)이다.

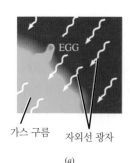

(a)

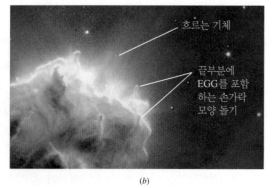

(b)

가 충분히 높다면, 열핵융합이 별의 핵 속에서 일어나, 별이 빛을 내기 시작한다. 새로 태어난 별은 성운 속에 묻혀 지구에서는 볼 수 없다. 그러나 광증발 과정이 일어나면 별이 형성되고 있는 여러 고밀도 영역을 천문학자들이 볼 수 있게 된다. 광증발은 성운 밖 뜨거운 별에서 온 고에너지 자외선(UV) 광자들이 기체들을 데우는 과정으로, 전자레인지에서 마이크로파 광자가 음식을 데우는 것과 매우 비슷하다. 그림 29.8(b)에서 성운에서 광증발 하는 기체의 흐름이 별들에 비추어서 보인다. 광증발이 일어나면, 주변보다 밀도가 높은 EGG(evaporating gaseous globules; 증발하는 기체 같은 방울)라고 하는 기체 덩어리가 드러난다. 이것들 때문에 그림자가 생기는 곳은 증발되지 않고 남게 된다. 이것이 손가락처럼 돌출된 곳이다. EGG는 우리 태양계보다 약간 크며 때때로 그 속에서 새로 태어난 별이 보일 수 있다.

29.4 광자의 운동량과 콤프턴 효과

1905년 아인슈타인이 광자 모형을 제시하였으나, 그 개념은 1923년이 되어서야 비로소 널리 수용되었다. 미국 물리학자 콤프턴(1892~1962)이 흑연 속의 전자가 X선을 산란시킨다는 연구 내용을 광자를 써서 설명한 것이 바로 그때의 일이다. X선은 큰 진동수의 전자기파이고, 빛처럼 광자로 이루어진다.

그림 29.9는 X선 광자가 흑연 조각에서 전자를 때릴 때 일어나는 현상을 설명한다. 당구대에서 충돌하는 두 개의 당구공처럼 충돌 후에 광자는 한방향으로, 전자는 다른 한방향으로 튕겨 나간다. 콤프턴은 산란 후 광자의 진동수가 입사하던 광자의 진동수보다 작다는 것을 관찰하여, 광자가 충돌 과정에서 에너지를 잃었다는 것을 알게 되었다. 더욱이 두 진동수의 차는 광자의 산란각과 관계가 있다는 것도 발견하였다. 광자가 전자와 충돌해서 산란하고, 산란 후 광자는 입사한 광자보다 작은 진동수를 갖는 현상을 **콤프턴 효과**(Compton effect)라고 한다.

7.3절에서 두 물체의 탄성 충돌을 공부할 때, 충돌 전에 두 물체가 갖는 총 운동 에너지와 총 운동량이 충돌 후에도 보존된다는 사실을 이용하였다. 비슷한 분석을 광자와 전자의 충돌에서도 적용할 수 있다. 전자가 원자에 속박되지 않은 자유 전자이며 충돌 전에 정지해 있다고 가정한다. 에너지 보존 법칙에 따라

$$hf = hf' + KE \qquad (29.4)$$

입사 광자의 에너지   산란된 광자의 에너지   튕긴 전자의 운동 에너지

이다. 위 식에서 광자 에너지가 $E = hf$임을 사용했다. 따라서 $hf' = hf - KE$이므로, 산란된 광자의 에너지와 진동수는 콤프턴이 관찰한 대로 입사 광자보다 작다는 것을 알 수 있다. $\lambda' = c/f'$ (식 16.1)이므로, 산란된 X선의 파장은 입사한 X선의 파장보다 크다.

충돌 전에 전자는 정지해 있으므로, 총 운동량 보존 법칙에 따라

입사광자 운동량 = 산란된 광자 운동량 + 튕긴 전자의 운동량   (29.5)

이다. 광자 운동량의 크기를 구하기 위해, 식 28.3과 28.4를 쓴다. 두 식에 따라, 임의 입자

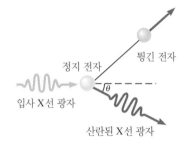

그림 29.9 콤프턴이 행한 실험에서 X선 광자는 처음 속도를 무시할 수 있는 전자와 충돌한다. 산란된 광자와 튕겨진 전자는 다른 방향으로 멀어진다.

정지 전자 / 튕긴 전자 / 입사 X선 광자 / θ / 산란된 X선 광자

의 운동량은 $p = mv\sqrt{1 - (v^2/c^2)}$ 이고, 총 에너지는 $E = mc^2/\sqrt{1 - (v^2/c^2)}$ 이다. 두 식의 비를 구하면, $p/E = v/c^2$ 이다. 광자의 속력은 $v = c$ 이므로 $p/E = 1/c$가 된다. 따라서 광자의 운동량은 $p = E/c$ 이다. 광자의 에너지는 $E = hf$, 파장은 $\lambda = c/f$ 이다. 그러므로 운동량의 크기는

$$p = \frac{hf}{c} = \frac{h}{\lambda} \tag{29.6}$$

이다. 콤프턴은 식 29.4, 29.5, 29.6을 써서, 산란 후 광자의 파장 λ'과 입자 광자의 파장 λ의 차이가 산란각 θ와 다음과 같은 관계를 갖게 된다는 것을 보였다.

$$\lambda' - \lambda = \frac{h}{mc}(1 - \cos\theta) \tag{29.7}$$

이 식에서 m은 전자의 질량이다. $h/(mc)$를 전자의 **콤프턴 파장**(Compton wavelength of the electron)이라고 하고 $h/(mc) = 2.43 \times 10^{-12}$ m인 값이다. $\cos\theta$는 -1과 $+1$ 사이에서 변하므로, 파장의 변화 $\lambda' - \lambda$는 콤프턴이 관찰한 양인 θ값에 따라 0과 $2h/(mc)$ 사이에서 달라진다.

광전 효과와 콤프턴 효과는 빛이 광자라고 부르는 에너지 묶음으로 이루어져서 입자의 특징을 보일 수 있다는 설득력 있는 증거이다. 그렇다면 27장에서 설명한 간섭 현상은 어떠한가? 영의 이중 슬릿 실험이나 단일 슬릿 회절 실험은 빛이 파동으로 행동한다는 점을 입증한다. 빛은 '이중 인격'을 가질 수 있는가? 어떤 실험에서는 입자의 흐름으로 행동하고, 다른 어떤 실험에서는 파동처럼 행동할 수 있는가? 대답은 '그렇다'이다. 이제 물리학자들은 파동-입자 이중성이 빛 고유의 성질이라고 믿는다. 빛이란 단지 입자의 흐름만도 아니고, 단지 전자기파인 것만도 아닌, 더 흥미롭고 복잡한 현상이다.

콤프턴 효과에서, 전자는 광자의 운동량 일부를 얻었기 때문에 튕겨 나간다. 원칙으로 광자가 가진 운동량을 다른 물체를 움직이도록 이용할 수 있다.

29.5 드브로이 파장과 물질의 파동성

1923년에 대학원생이었던 드브로이(1892~1987)는 광파가 입자성을 보이므로, 물질을 구성하는 입자들이 파동성을 보인다는 깜짝 놀랄 제안을 하였다. 그는 움직이는 모든 물질은 파동처럼 그에 합당한 파장을 가지고 있다고 제안하였다. 에너지, 운동량, 파장은 파동이나 입자나 모두 적용할 수 있는 개념이 되었다.

그의 구체적인 아이디어는 입자의 파장 λ가 광자의 파장과 같은 관계식(식 29.6)으로 구해진다는 것이다.

드브로이 파장 $$\lambda = \frac{h}{p} \tag{29.8}$$

여기서 h는 플랑크 상수이고, p는 입자의 상대론적 운동량의 크기이다. 이 λ를 입자의 **드브로이 파장**(de Broglie wavelength)이라고 부른다.

드브로이의 생각은 1927년 미국 물리학자 데이비슨(1881~1958)과 거머(1896~1971)의 실험과 그와는 독립적으로 진행된 영국 물리학자 톰슨(1892~1975)의 실험으로 입증

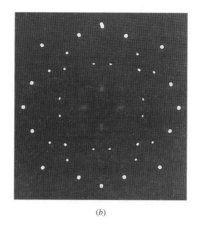

(a)　　　　　　　　　　　　*(b)*

그림 29.10　(a) 염화나트륨(NaCl) 결정의 중성자 회절 무늬 (b) 같은 결정의 X선 회절 무늬

되었다. 데이비슨과 거머는 실험에서 니켈 결정에 전자빔을 쏘아서 전자가 회절하는 것을 관찰하였는데, 이는 X선이 결정 구조에서 회절하는 것과 비슷하다(X선 회절에 대해 27.8절 참고). 회절 무늬에서 드러난 전자의 파장은 드브로이의 가설이 예측한 $\lambda = h/p$와 부합하였다. 그 이후에 전자를 가지고 하는 영의 실험에서 그림 29.1에서 설명한 파동의 간섭 효과가 나왔다.

　전자가 아닌 입자도 파동성을 보일 수 있다. 예를 들면 중성자는 결정 구조의 회절을 연구할 때 이용되기도 한다. 그림 29.10은 염화나트륨(NaCl) 결정이 일으키는 중성자 회절 무늬와 X선 회절 무늬를 비교한 것이다.

　움직이는 모든 입자가 드브로이 파장을 가지더라도, 이 파장의 효과는 질량이 전자나 중성자 정도로 아주 작은 입자에서만 관측될 수 있는 것이다. 예제 29.3에서 이유를 설명한다.

 예제 29.3 │ 전자와 야구공의 드브로이 파장

다음 경우에서 드브로이 파장을 구하라.

(a) 속력 6.0×10^6 m/s로 움직이는 전자($m = 9.1 \times 10^{-31}$ kg)

(b) 속력 13 m/s로 움직이는 야구공($m = 0.15$ kg)

$$\lambda = \frac{h}{p} = \frac{h}{mv} = \frac{6.63 \times 10^{-34} \text{ J·s}}{(9.1 \times 10^{-31} \text{ kg})(6.0 \times 10^6 \text{ m/s})}$$

$$= \boxed{1.2 \times 10^{-10} \text{ m}}$$

살펴보기　각 경우에서 드브로이 파장은 식 29.8에서 보듯이 플랑크 상수를 운동량의 크기로 나눈 것이다. 속력이 빛의 속도에 비해 작기 때문에, 상대론적 효과를 무시하고 운동량의 크기를 질량과 속력의 곱으로 표현할 수 있다.

풀이　(a) 운동량 크기 p는 입자의 질량 m과 속력 v의 곱($p = mv$)이므로, 드브로이 파장을 나타내는 식 29.8을 써서 다음의 값을 얻는다.

1.2×10^{-10} m인 드브로이 파장은 데이비슨과 거머가 사용한 니켈 결정과 같은 고체에서 원자 사이 간격 정도에 해당하는 크기이다. 따라서 회절 효과를 관찰할 수 있다.

(b) (a)와 비슷한 계산으로, 야구공의 파장은 $\boxed{\lambda = 3.3 \times 10^{-34} \text{ m}}$이다. 이 파장은 원자의 크기 10^{-10} m나 핵의 크기 10^{-14} m에 비교해서, 상상하기 어렵게 작은 크기이다. 따라서 파장과 일반적인 창문의 크기의 비 λ/W가 너무 작아서, 야구공이 창문을 통과할 때 회절 무늬가 나타나지 않는다.

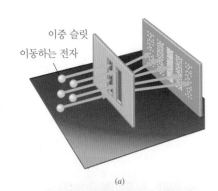

이중 슬릿
이동하는 전자

(a)

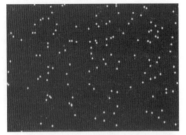

(b) 전자 100개가 통과한 후

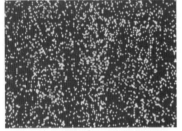

(c) 전자 3000 개가 통과한 후

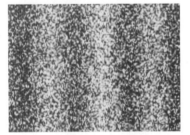

(d) 전자 70000 개가 통과한 후

그림 29.11 빛 대신 전자를 사용해서 영의 실험과 동등한 실험을 할 때, 특징적 줄무늬는 충분히 많은 전자가 스크린에 부딪친 후에야 볼 수 있다.

입자의 파장에 대한 드브로이 식은 물질의 입자와 관련된 파동이 도대체 어떤 파동인지에 대해 아무런 힌트를 주지 않는다. 이 파동의 본질을 엿보기 위해서 그림 29.11을 보자. (a)는 이중 슬릿 실험에서 빛 대신 전자를 사용할 때, 스크린에 나타난 줄무늬이다. 밝은 줄은 각 슬릿에서 온 파동이 보강 간섭을 일으키는 부분에서, 어두운 줄은 파동이 상쇄 간섭을 일으키는 부분에서 나타난다.

전자가 이중 슬릿 배열을 통과해서 스크린의 한 점을 때릴 때, 스크린의 그 지점은 빛을 낸다. 그림 29.11의 (b), (c), (d)는 시간이 지나 반짝거린 점이 어떻게 축적되는지 보여준다. 더 많은 전자가 스크린을 때릴 때, 빛을 내는 점이 줄무늬를 만든다는 것을 (d)에서 볼 수 있다. 밝은 줄무늬는 전자가 스크린을 때릴 확률이 높은 곳에서 나타나고, 어두운 줄무늬는 확률이 낮은 곳에서 나타난다. 여기에 물질파라 부르는 입자의 파동을 이해하는 열쇠가 있다. 물질파란 확률의 파동이다. 즉 공간의 한 점에서 파동의 크기란 그 점에서 입자를 발견할 확률을 가리킨다. 물질파가 전달한 확률 정보가 스크린에서 줄무늬가 나타나도록 한다. 그림 (b)에서 줄무늬가 안 보인다고 해도 파동성이 나타나지 않았기 때문인 것은 아니다. 단지, 너무 적은 수의 전자가 스크린을 때려서 무늬를 아직 인식할 수 없을 뿐이다.

그림 29.11에서 줄무늬를 만드는 확률 패턴은 광파를 가지고 했던 영의 원래 실험에서 빛의 세기의 패턴과 유사하다(그림 27.3 참조). 24.4절에서 빛의 세기가 전기장의 제곱이나 자기장의 제곱에 비례하다고 논의했다. 물질파의 경우에도 비슷한 방식으로 확률은 파동 Ψ의 크기 제곱에 비례한다. Ψ는 입자의 **파동 함수**(wave function)이다.

1925년에 오스트리아 물리학자 슈뢰딩거(1887~1961)와 독일 물리학자 하이젠베르크(1901~1976)는 파동 함수를 구하는 이론적 방법을 독립적으로 제안했다. 이로써 **양자역학**(quantum mechanics)이라고 하는 새로운 물리학이 생겼다. '양자' 라는 말은 물질의 파동성을 고려해야 하는 원자세계에서 경우에 따라 입자의 에너지가 양자화되어 특정 에너지 값만 허용된다는 사실과도 관계가 있다. 원자의 구조와 그와 관련된 현상을 이해하려면 양자역학이 꼭 필요하며, 파동 함수를 구하기 위한 슈뢰딩거 방정식은 이제 널리 쓰인다. 다음 장에서는, 양자역학의 개념에 근거한 원자의 구조를 탐색할 것이다.

29.6 하이젠베르크의 불확정성 원리

앞 절에서 말한 대로 그림 29.12의 밝은 줄은 전자가 스크린을 때릴 확률이 높은 곳을 가리킨다. 밝은 무늬가 여럿이므로, 각 전자가 부딪칠 확률을 얼마간 갖는 위치는 하나가 아니다. 결과적으로, 개개의 전자가 스크린의 어느 곳에 부딪칠지 정확하게 미리 기술하는 것은 불가능하다. 우리가 할 수 있는 것은 오로지 전자가 여러 다른 위치에 도달할 확률에 대해 말할 뿐이다. 뉴턴의 운동 법칙이 제시할 수 있었던 대로, 전자 한 개가 이중 슬릿에서 발사된 후 바로 직선으로 이동하여 스크린에 부딪친다고는 더 이상 말할 수 없다. 이 간단한 모형은 전자처럼 작은 입자가 가깝게 배치된 좁은 두 슬릿을 통과할 때는 적용될 수 없다. 입자의 파동성은 이런 상황에서 중요하므로, 우리는 100 % 정확하게 입자의 경로를 예측할 수는 없다. 대신 많은 입자의 평균적 행동만이 예측가능하고, 개별적 입자의 행동은 불확실하다.

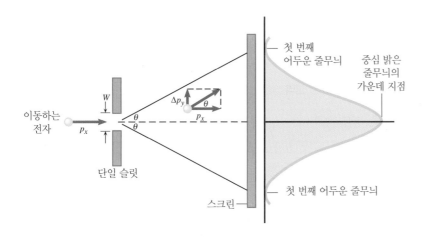

첫 번째
어두운 줄무늬

중심 밝은
줄무늬의
가운데 지점

이동하는
전자

p_x

단일 슬릿

Δp_y

p_x

스크린

첫 번째 어두운 줄무늬

그림 29.12 충분히 많은 전자가 단일 슬릿을 통과해서 스크린에 부딪치면, 밝고 어두운 줄로서 회절 무늬가 나타난다(중심의 밝은 부분만 나타냈다). 이 무늬는 전자의 파동성 때문이고, 광파가 만드는 줄무늬와 유사하다.

불확정성을 더 명확하게 이해하기 위해, 그림 29.12처럼 단일 슬릿을 통과하는 전자를 고려해 보자. 충분한 수의 전자가 스크린에 부딪치고 나면 회절 무늬가 나타난다. 전자의 회절 무늬는 밝음과 어두움이 교차하는 줄무늬로 되어 있고 그림 27.19에서 본 빛의 회절 무늬와 비슷하다. 그림 29.12는 슬릿을 보여주고, 가운데 밝은 줄의 양쪽에 나타나는 첫 번째 어두운 줄의 위치를 보여준다. 가운데 줄은 전자가 양쪽의 어두운 줄 사이의 영역에 걸쳐 스크린에 부딪쳐서 만든 것이다. 만일 가운데 밝은 부분 밖에 부딪치는 전자들이 무시된다면, 전자가 회절하는 영역은 그림에서 각 θ로 주어진다. 전자들이 슬릿에 들어갈 때는 x 방향으로 운동하며, y 성분의 운동량을 가지고 있지 않다. 그런데 가운데 밝은 부분 중에서도 중심이 아닌 위치에 도달하려면, 그런 전자들은 반드시 y 방향의 운동량을 얻어야 한다. 그림에서 운동량의 y 성분은 Δp_y의 크기를 가진다. Δp_y는 전자가 슬릿을 통과한 후 가질 수 있는 운동량의 y 성분의 최댓값과 통과 전의 값 0과의 차이를 나타낸다. Δp_y는 운동량의 y 성분이 0과 Δp_y 사이의 어느 값이라도 될 수 있다는 불확정도(uncertainty)를 표현한다.

Δp_y를 슬릿의 폭 W와 관련시킬 수 있다. 이를 위해, 광파에 적용하는 식 27.4가 드브로이 파장 λ의 물질파에도 적용시킬 수 있다고 가정하자. 이 식 $\theta = \lambda / W$은 첫 어두운 줄무늬의 각도 θ를 정한다. θ가 작으면 $\sin \theta \approx \tan \theta$이다. 그림 29.12는 $\theta = \Delta p_y / p_x$를 나타내는데, 여기서 p_x는 전자 운동량의 x 성분이다. 그러므로 $\Delta p_y / p_x \approx \lambda / W$ 이다. 그러나 드브로이 식에 따르면 $p_x = h/\lambda$이므로

$$\frac{\Delta p_y}{p_x} = \frac{\Delta p_y}{h/\lambda} \approx \frac{\lambda}{W}$$

그 결과

$$\Delta p_y \approx \frac{h}{W} \tag{29.9}$$

이다. 이 식에 의하면, 슬릿 폭이 작으면 전자 운동량의 y 성분의 불확정도가 크다.

운동량의 y 성분의 불확정도 Δp_y가 전자가 슬릿을 통과할 때 전자의 위치 y 값의 불확정도와 관계가 있다는 것을 처음 제안한 사람은 하이젠베르크이다. 전자는 폭 W인 슬릿 속의 어느 곳도 지나갈 수 있으므로, 전자 위치의 불확정도 $\Delta y = W$ 이다. 식 29.9의 W 대신 Δy를 대입하면, $\Delta p_y \approx h/\Delta p_y$ 또는 $(\Delta p_y)(\Delta y) \approx h$이 된다. 하이젠베르크가 더 완벽하게 해석한 결과가 다음의 식 29.10이며 이 식은 **하이젠베르크의 불확정성 원리**(Heisenberg uncertainty principle)라고 알려져 있다. 비교적 알기 쉬운 단일 슬릿 회절의 경우로 이 원리를 설명했지만 불확정성 원리는 아주 일반적이어서 폭넓게 응용된다.

■ 하이젠베르크의 불확정성 원리

운동량과 위치

$$(\Delta p_y)(\Delta y) \geq \frac{h}{4\pi} \qquad (29.10)$$

Δy = 입자 위치의 y 좌표의 불확정도

Δp_y = 입자 운동량의 y 성분의 불확정도

에너지와 시간

$$(\Delta E)(\Delta t) \geq \frac{h}{4\pi} \qquad (29.11)$$

ΔE = 입자가 한 상태에 있을 때 그 에너지의 불확정도

Δt = 입자가 그 상태에 머무는 시간 간격

하이젠베르크의 불확정성 원리는 입자의 운동량과 위치를 동시에 측정할 때의 정확성에 한계를 준다. 이 한계는 단지 측정 기술의 정밀도가 충분하지 않아서 생기는 것만은 아니다. 이 불확정성은 우리가 자연을 탐구할 때 제약받는 근본적인 한계이고, 피해갈 수 있는 길은 없다. 식 29.10은 Δp_y 와 Δy 가 동시에 임의의 값으로 작아질 수 없다는 것을 말한다. 하나가 작으면 다른 하나는 반드시 커야 하고 그래서 둘의 곱은 플랑크 상수를 4π로 나눈 값보다 크거나 같다. 예로 입자의 위치를 완전히 알게 되어 Δy 가 0이라면, Δp_y 는 무한히 커져 입자의 운동량은 완전히 불확실해진다. 역으로 Δp_y 가 0이라면, Δy 는 무한히 큰 값이 되고 입자의 위치는 완전히 불확실해진다. 다시 말해서, 불확정성 원리는 입자의 운동량과 위치를 동시에 완벽히 정확하게 측정하는 것은 불가능하다는 말이다.

식 29.11에서 표현한 것처럼, 에너지와 시간에 대한 불확정성 원리도 있다. 입자의 에너지 불확정도 ΔE 와 그 입자가 주어진 에너지 상태에 머무는 시간 Δt 의 곱은 플랑크 상수를 4π로 나눈 값보다 크거나 같다. 그래서 입자가 어떤 상태에 머무는 시간이 짧을수록 그 상태의 에너지 불확정도가 커진다.

다음 예제 29.4에서 불확정성 원리가 전자 같이 미세한 입자의 운동을 이해하는 데는 중요한 의미가 있지만, 거시적 물체의 운동은 이 원리의 영향을 거의 받지 않음을 볼 것이다. 탁구공 정도의 질량을 가진 것으로는 그 효과를 볼 수 없다.

 예제 29.4 │ 하이젠베르크의 불확정성 원리

어떤 물체의 위치가 정확히 알려져 위치 불확정도가 겨우 $\Delta y = 1.5 \times 10^{-11}\,\mathrm{m}$ 라고 가정하자. (a) 물체의 운동량의 최소 불확정도를 구하라. (b) 그 물체가 전자(질량 $= 9.1 \times 10^{-31}\,\mathrm{kg}$)라면, 그에 해당하는 속력의 불확정도를 구하라. (c) 탁구공(질량 $= 2.2 \times 10^{-3}\,\mathrm{kg}$)일 때 속력의 불확정도를 구하라.

살펴보기 운동량의 Δp_y 성분의 최소 불확정도는 하이젠베르크의 불확정성 원리에서 $\Delta p_y = h/(4\pi\Delta y)$ 가 된다. 여기서 Δy

는 물체의 y좌표의 불확정도이다. 전자와 탁구공 모두 같은 위치 불확정도를 가졌으므로, 같은 운동량 불확정도를 갖는다. 그러나 그들의 질량이 크게 다르므로, 속력의 불확정도가 크게 다르다는 것을 알 것이다.

풀이   (a) 운동량의 y 성분의 최소 불확정도는 다음과 같이 계산할 수 있다.

$$\Delta p_y = \frac{h}{4\pi\Delta y} = \frac{6.63 \times 10^{-34}\,\text{J}\cdot\text{s}}{4\pi(1.5 \times 10^{-11}\,\text{m})}$$
$$= \boxed{3.5 \times 10^{-24}\,\text{kg}\cdot\text{m/s}} \qquad (29.10)$$

(b) $\Delta p_y = m\Delta v_y$ 이므로, 이때 전자 속력의 불확정도는 다음과 같다.

$$\Delta v_y = \frac{\Delta p_y}{m} = \frac{3.5 \times 10^{-24}\,\text{kg}\cdot\text{m/s}}{9.1 \times 10^{-31}\,\text{kg}}$$

$$= \boxed{3.8 \times 10^{6}\,\text{m/s}}$$

이와 같이, 전자의 y좌표가 작은 불확정도를 가지면, 전자 속력의 불확정도는 커지게 된다.

(c) (a)일 때 탁구공 속력의 불확정도는 다음과 같다.

$$\Delta v_y = \frac{\Delta p_y}{m} = \frac{3.5 \times 10^{-24}\,\text{kg}\cdot\text{m/s}}{2.2 \times 10^{-3}\,\text{kg}}$$

$$= \boxed{1.6 \times 10^{-21}\,\text{m/s}}$$

탁구공의 질량은 비교적 크기 때문에 위치의 불확정도가 작을 때 전자의 경우보다 속력의 불확정도가 아주 작다. 따라서 전자와는 달리, 공이 어디 있는지와 얼마나 빨리 움직이는지를 상당히 높은 정확도로 동시에 알 수 있다.

예제 29.4에서 전자(작은 질량)와 탁구공(큰 질량)의 속력의 불확정도에 불확정성 원리가 주는 효과가 크게 다름을 알았다. 비교적 큰 질량을 가진 공 같은 물체에서, 위치와 속력의 불확정도는 너무 작아서 이런 물체가 어디 있는지 얼마나 빨리 움직이는지를 동시에 측정할 수 있다. 그러나 예제 29.4에서 계산한 불확정도는 단지 질량에만 의존하는 것이 아니라 매우 작은 수인 플랑크 상수에도 의존함을 주목해 두자.

> ⚡ **문제 풀이 도움말**
> 하이젠베르크의 불확정성 원리에서 Δp_y와 Δy의 곱은 $h/4\pi$보다 크거나 같다. 최소 불확정도는 이 곱이 $h/4\pi$일 때의 값이다.

연습 문제

주의: 다음 문제들을 푸는 데 있어 상대론적인 효과는 무시한다.

29.3 광자와 광전 효과

1(1)   자외선은 피부를 검게 그을리게 한다. 에너지가 6.4×10^{-19} J인 자외선 광자의 파장을 nm 단위로 구하라.

2(2)   해리 에너지는 분자가 분해되어 원자로 되는 데 필요한 에너지이다. 시아노겐 분자의 해리 에너지는 1.22×10^{-18} J이다. 이 에너지는 단일 양성자에 의해 제공된다고 하자. 양성자의 (a) 파장과 (b) 진동수를 구하라. (c) 이 양성자가 놓이는 전자기 스펙트럼 영역(그림 24.9)은 어디인가?

3(3)   한 FM 라디오 방송이 98.1 MHz의 진동수로 송출된다. 안테나가 방사하는 일률이 5.0×10^{4} W라면, 이 안테나는 1초에 얼마나 많은 광자를 방출하는가?

4(4)   금속 표면으로부터 전자를 빼낼 수 있는 최대 전자기 파장은 485 nm이다. 이 금속의 일함수 W_0를 eV 단위로 구하라.

5(5)   진동수가 3.00×10^{15} Hz인 자외선이 금속 표면에 부딪쳐서 최대 운동 에너지 6.1 eV인 전자를 내보낸다. 이 금속의 일함수는 몇 eV인가?

6(6)   빛이 680 W/m^{2}의 세기를 가지고 지구의 표면을 수직으로 비춘다. 빛에서 모든 광자는 같은 파장(진공에서)인 730 nm라 가정할 때, 지구에 도달하는 초당 제곱미터당 광자의 수를 구하라.

7(7)   마그네슘 표면의 일함수는 3.68 eV이다. 파장이 215 nm인 전자기파가 표면에 부딪쳐 전자를 내보낸다. 방출된 전자의 최대 운동 에너지를 eV 단위로 구하라.

*8(8)   빛이 금속 나트륨 표면에 입사되고 있다. 금속 표면의 일함수는 2.3 eV이다. 금속 표면에서 방출되는 광전자의 최대 속력은 1.2×10^{6} m/s이다. 빛의 파장은 얼마인가?

*9(10) 한 양성자가 $+8.30\,\mu C$의 점전하로부터 거리 0.420 m 떨어진 곳에 위치한다. 전기적 척력이 점전하로부터 거리 1.58 m까지 양성자에 작용한다. 계가 잃어버린 전기 위치 에너지는 과정 동안 방출되는 양성자가 얻는다고 하자. 이때 파장은 얼마인가?

**10(12) 빛의 빔에서 초당 1.30×10^{18}개의 광자를 방출하는 레이저는 2.00 mm의 반지름과 514.5 nm의 파장을 갖는다. 빔에 구성된 전자기파에 대한 (a) 평균 전기장의 세기와 (b) 평균 자기장의 세기를 구하라.

29.4 광자의 운동량과 콤프턴 효과

11(13) 전자레인지에서 사용하는 마이크로파는 파장이 약 0.13 m이다. 이 마이크로파 광자의 운동량은 얼마인가?

12(15) 흑연에 입사하는 X선의 파장이 0.3120 nm이고, 흑연 속의 자유 전자에 의해서 산란된다. 그림 29.9에서 산란각이 $\theta = 135.0°$라면, (a) 입사 광자와 (b) 산란된 광자의 운동량의 크기를 구하라. ($h = 6.626 \times 10^{-34}\,J \cdot s$, $c = 2.998 \times 10^8$ m/s를 사용한다.)

13(16) 콤프턴 산란 실험에서 입사 X선의 파장은 0.2685 nm이며 산란된 X선의 파장은 0.2703 nm이다. 그림 29.9에서 산란된 X선의 각도 θ는 얼마인가?

*14(18) 그림 29.9에서 $\theta = 163°$의 산란각에서 검출된 X선의 파장이 0.1867 nm이다. (a) 입사 광자의 파장, (b) 입사 광자의 에너지, (c) 산란 광자의 에너지와 (d) 되튐 전자의 운동 에너지를 구하라. ($h = 6.626 \times 10^{-34}\,J \cdot s$, $c = 2.998 \times 10^8$ m/s를 사용한다.)

29.5 드브로이 파장과 물질의 파동성

15(21) 꿀벌(질량 $= 1.3 \times 10^{-4}$ kg) 한 마리가 0.020 m/s의 속력으로 기어가고 있다. 이 꿀벌의 드브로이 파장은 얼마인가?

16(23) 입자 가속기에서 양성자의 드브로이 파장은 1.30×10^{-14} m이다. 양성자의 운동 에너지를 J 단위로 계산하라.

17(24) 4.50×10^6 m/s로 움직이는 전자의 드브로이 파장과 같기 위해서는 양성자의 속력은 얼마가 되어야 하는가?

18(25) 14.3절에서 단원자 이상 기체의 원자 하나당 평균 운동 에너지는 $\overline{KE} = \frac{3}{2}kT$임을 알았다. 여기서 $k = 1.38 \times 10^{-23}$ J/K이고 T는 기체의 켈빈 온도이다. 상온(293 K)에서 이런 평균 운동 에너지를 갖는 헬륨 원자의 드브로이 파장을 계산하라.

*19(27) 스크린에 생긴 회절 무늬에서 중심의 밝은 부분의 폭이 단일 슬릿을 통과한 것이 전자이든, 빨간색 빛(진공에서 파장 $= 661$ nm)이든 상관없이 같다. 스크린과 슬릿 사이의 거리가 두 경우 다 같고 슬릿 폭에 비해 충분히 크다. 슬릿에 입사하는 전자의 속력을 구하라.

*20(28) 한 전자가 정지 상태에서 출발해 418 V의 전위차를 통해 가속한다. 나중 속력은 빛의 속력보다 훨씬 작다고 가정하고 전자의 나중 드브로이 파장을 구하라.

**21(30) 입자의 운동 에너지는 광자의 에너지와 같다. 입자는 빛의 속력의 50 %에서 운동한다. 광자의 파장에 대한 입자의 드브로이 파장의 비를 구하라.

29.6 하이젠베르크의 불확정성 원리

22(32) 한 전자가 반지름이 6.0×10^{-15} m (산소 원자의 핵의 크기에 대해)인 구 안에 잡혀 있다. 전자의 운동량에서 최소 불확정도를 구하라.

23(33) 2.5 m 길이의 선이 있다. 이 선을 따라 어딘가에 움직이는 물체가 있지만, 위치는 모른다. (a) 물체의 운동량의 최소 불확정도를 구하라. (b) 물체가 골프공(질량 $= 0.045$ kg)일 때와 (c) 전자일 때에 속력의 최소 불확정도를 구하라.

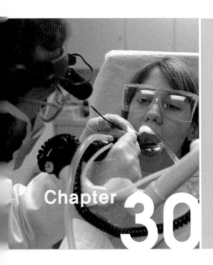

Chapter 30 원자의 성질

30.1 러더퍼드 산란과 핵원자

원자는 그림 30.1처럼 양전하를 띤 작은 핵(반지름 $\approx 10^{-15}$ m) 주위를, 여러 개의 전자들이 상대적으로 큰 거리를 두고 둘러싸고 있다(원자 반지름 $\approx 10^{-10}$ m). 자연 상태에서, 핵에 들어 있는 양성자(전하 $+e$) 수는 전자(전하 $-e$)의 수와 같기 때문에 원자는 전기적으로 중성이다. 이제 보편적으로 받아들여지는 이런 원자 모형을 **핵원자**(nuclear atom)라고 부른다.

핵원자는 비교적 최근 모형이다. 20세기 초에 영국 물리학자 톰슨(1856~1940)이 제안했던 '건포도 푸딩' 모형은 원자를 매우 다르게 표현하였다. 톰슨은 원자 중심에 핵이 없는 대신 양전하가 원자 전체(푸딩에 해당)에 고루 퍼져 있고 음전하인 전자(건포도에 해당)가 박혀 있는 형태로 가정했다.

1911년 뉴질랜드 물리학자 러더퍼드(1871~1937)가 이 모형으로 설명할 수 없는 실험 결과를 발표하자 톰슨의 모형은 틀린 것으로 판명되었다. 그림 30.2에서 보듯이 러더퍼드와 동료들은 알파 입자 빔을 금박을 향해 쏘았다. 양전하인 알파 입자(당시에는 알려지지 않았으나, 헬륨 원자의 핵)는 일부 방사성 원소에서 방출된다. 만일 건포도 푸딩 모형이 맞다면, 알파 입자는 박막을 거의 직선으로 통과한다. 전자는 비교적 작은 질량을 가지고 있고, 양전하는 푸딩처럼 희석되어 있는 그 모형에서는 어떤 것도 무거운 알파 입자를 크게 편향시킬 수 없기 때문이다. 러더퍼드와 그의 동료들은 알파 입자가 때릴 때 반짝거리는 황화아연 스크린을 사용하면서 알파 입자의 방향을 추적한 결과, 모든 알파 입자가 직선으로 박막을 통과하는 것은 아니라는 것을 발견하였다. 일부 입자는 큰 각도로, 심지어는 뒤쪽으로 편향한다. 러더퍼드는 '만일 당신이 15인치 포탄을 휴지 조각에 쏘았을 때, 총알이 당신을 향해 되돌아온다는 것처럼 거의 믿을 수 없는 일'이라고 말했다. 러더퍼드는 양전하가 원자 전체에 얇게 균일하게 분포하는 것이 아니라 핵이라고 부르는 작은 영역에 있다고 결론을 내렸다.

그런데 어떻게 전자들은 핵원자 안에서 양전하를 띤 핵과 거리를 두고 있을 수 있는가? 만일 전자들이 정지해 있었다면, 전기력 때문에 핵으로 끌려올 것이다. 그러므로 전자들은 태양 주변을 도는 행성처럼 어떠한 방식으로 움직이고 있어야 한다. 실제로 원자의

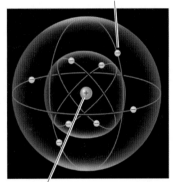

그림 30.1 핵원자에서 작은 양전하의 핵 주위를 비교적 먼 거리에 있는 여러 개의 전자들이 둘러싸고 있다.

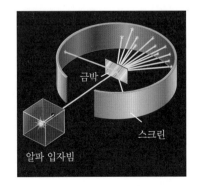

그림 30.2 알파 입자가 얇은 금박에서 산란되는 러더퍼드 산란 실험. 전체 장치가 진공 상자 속에 있다.

핵 모형은 '행성 모형'이라고 부르기도 한다. 하지만 원자의 크기에는 태양계가 가진 것보다 빈 공간 비율이 더 크다.

 개념 예제 30.1 | 원자는 거의 비어 있다

원자의 행성 모형에서, 핵은 태양에 비유될 수 있다. 지구가 태양 주변을 공전하듯이, 전자가 핵 주변을 공전한다. 만일 태양계의 크기가 원자 같은 비율로 구성되어 있다면, 태양에서 지구까지의 거리는 실제보다 가깝겠는가? 멀겠는가?

살펴보기와 해답   전자 궤도 반지름은 핵의 반지름보다 십만 배 더 크다. 지구의 궤도 반지름이 태양 반지름보다 십만 배 크

다면, 궤도 반지름이 7×10^{13} m가 되어야 한다. 이 거리는 실제 지구 궤도 반지름 1.5×10^{11} m보다 사백 배 이상 큰 값이다. 즉 지구로부터 더 멀어져야 할 것이다. 사실 그 거리는 명왕성의 위치보다 10배 이상 태양에서 먼 값이다. 명왕성은 태양계에서 해왕성보다 더 멀리 있는 소행성으로 궤도 반지름이 약 6×10^{12} m이다. 원자는 태양계보다 빈 공간의 비율이 훨씬 크다.

원자의 행성 모형은 머리로 그려보기는 쉬우나, 문제점을 내포하고 있다. 예를 들면 곡선 경로에서 움직이는 전자는, 5.2절에서 다룬 대로, 구심 가속도를 가지고 있다. 전자가 가속할 때, 24.1절에서 다룬 대로 전자기파를 방출하고, 이런 파동은 에너지를 내보낸다. 에너지가 지속적으로 고갈되면, 전자들은 안쪽을 향해서 나선을 그리면서 돌다가 핵으로 붕괴되어 버린다. 그런데 물질이 안정적으로 존재한다는 자체가 이런 붕괴가 일어나지 않음을 의미한다. 따라서 행성 모형도 역시 불완전하다.

30.2 선스펙트럼

13.3절과 29.2절에서 모든 물체가 전자기파를 방출한다는 것을 다루었고, 30.3절에서는 어떻게 이런 방사가 일어나는지 볼 것이다. 전구 안에 있는 뜨거운 필라멘트처럼 고체인 경우, 연속적인 파장 영역에 대해 이 전자기파가 방출된다. 그중 일부는 가시광선 영역에 들어 있다. 이 연속적인 파장 영역은 고체를 구성하는 원자 전체 집단의 특징이 된다. 반면, 고체 내부처럼 강한 힘을 받지 않는 자유로운 개별적인 원자들은 연속 영역이 아닌 특정 파장만의 빛을 방출한다. 이런 파장들은 원자의 특성이 되고, 원자 구조를 파악하는 데 중요한 단서가 된다. 개별적인 원자들의 행동을 연구하려면, 원자들의 간격이 비교적 멀리 떨어진 낮은 압력의 기체를 사용한다.

◐ 네온사인과 수은등의 물리

밀봉된 관 속에 저압의 기체를 두고, 관에 있는 전극 사이에 큰 전위차를 걸면 기체 원자가 전자기파를 방출할 수 있다. 그림 27.31처럼 격자 분광기를 사용하면, 기체가 방출하는 각각의 파장은 분리되어 일련의 밝은 줄무늬를 나타낸다. 이들을 **선스펙트럼**(line spectrum)이라고 부른다. 이들은 회절 격자 분광기에서 조밀하고 평행하게 배열된 여러 슬릿으로부터 나온 스펙트럼이다. 그림 30.3은 네온과 수은의 가시광선 영역 선스펙트럼이다. 네온과 수은에서 방출하는 특정 가시광선 파장은 네온사인과 거리의 수은등에서 특유한 색깔을 준다.

가장 간단한 선스펙트럼은 수소 원자 스펙트럼인데, 발견된 직후 그 파장들의 패턴을

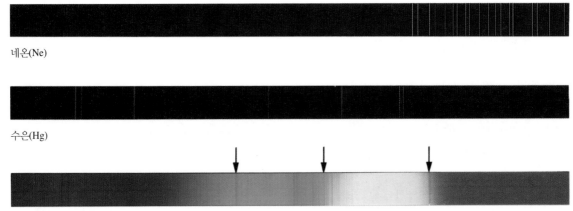

네온(Ne)

수은(Hg)

태양의 흡수선(프라운호퍼선)

그림 30.3 네온과 수은의 선스펙트럼과 태양의 연속 스펙트럼이다. 태양 스펙트럼에서 검은 선들을 프라운호퍼선이라고 부르는데, 그중 셋을 화살표로 표시해 두었다.

이해하기 위해 많은 노력을 했다. 그림 30.4는 수소 원자 스펙트럼의 몇 가지 계열을 나타냈다. 가시광선 영역 선스펙트럼은 스위스 교사 발머(1825~1898)의 이름을 따서 **발머 계열**(Balmer series)이라고 부른다. 그는 관찰된 파장의 값을 계산해낼 수 있는 방정식을 찾았다. 이 식은 짧은 파장에서 **라이먼 계열**(Lyman series)과 긴 파장에서 **파셴 계열**(Paschen series)에 적용할 수 있는 유사한 식들과 함께 아래에 나와 있다.

라이먼 계열

$$\frac{1}{\lambda} = R\left(\frac{1}{1^2} - \frac{1}{n^2}\right) \qquad n = 2, 3, 4, \dots \qquad (30.1)$$

발머 계열

$$\frac{1}{\lambda} = R\left(\frac{1}{2^2} - \frac{1}{n^2}\right) \qquad n = 3, 4, 5, \dots \qquad (30.2)$$

파셴 계열

$$\frac{1}{\lambda} = R\left(\frac{1}{3^2} - \frac{1}{n^2}\right) \qquad n = 4, 5, 6, \dots \qquad (30.3)$$

상수 R 값은 $R = 1.097 \times 10^7 \, \text{m}^{-1}$이고, **뤼드베리 상수**(Rydberg constant)라고 부른다. 이 계열의 중요한 특징은 짧은 파장과 긴 파장에 한계가 있고, 짧은 파장 한계로 접근하면 선이 많아지고 조밀해진다. 그림 30.4는 각 계열의 이런 파장 한계를 표현한다.

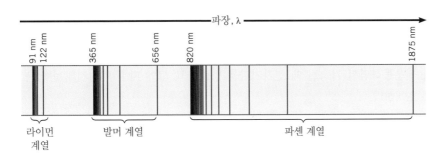

그림 30.4 수소 원자의 선스펙트럼. 발머 계열만이 전자기 스펙트럼의 가시광선 영역에 있다.

예제 30.2 | 발머 계열

발머 계열의 (a) 가장 긴 파장과 (b) 가장 짧은 파장을 구하라.

살펴보기 발머 계열의 각 파장은 식 30.2에서 정수 n에 값을 하나씩 대입한 것에 해당한다. n 값이 작으면 파장이 길어진다. 가장 긴 파장은 $n = 3$일 때이다. n이 큰 값이면 가장 작은 파장을 얻을 수 있는데, 결국 $1/n^2$이 0일 때이다.

풀이 (a) 식 30.2에서 $n = 3$이면 가장 긴 파장이 된다.

$$\frac{1}{\lambda} = R\left(\frac{1}{2^2} - \frac{1}{n^2}\right) = (1.097 \times 10^7 \text{ m}^{-1})\left(\frac{1}{2^2} - \frac{1}{3^2}\right)$$
$$= 1.524 \times 10^6 \text{ m}^{-1}$$

즉 $\boxed{\lambda = 656 \text{ nm}}$이다.

(b) 식 30.2에서 $1/n^2 = 0$이면, 가장 짧은 파장이 된다.

$$\frac{1}{\lambda} = (1.097 \times 10^7 \text{ m}^{-1})\left(\frac{1}{2^2} - 0\right)$$
$$= 2.743 \times 10^6 \text{ m}^{-1}$$

즉 $\boxed{\lambda = 365 \text{ nm}}$이다.

식 30.1~30.3은 수소 원자가 방출하는 빛의 파장을 계산할 수 있으므로 유용하기는 하나, 실험적으로 얻은 식이어서 왜 어떤 파장은 방출되지만, 어떤 파장은 나오지 않는지 설명하지 못한다. 수소 원자가 방출하는 불연속인 파장 값을 예측하는 원자 모형을 처음으로 제시한 사람이 덴마크의 물리학자 보어(1885~1962)이다. 보어 모형은 어떻게 원자 구조가 빛의 파장을 특정한 값만 갖게 하는지 설명하기 시작하였다. 1922년 보어는 이 업적으로 노벨 물리학상을 받았다.

30.3 수소 원자의 보어 모형

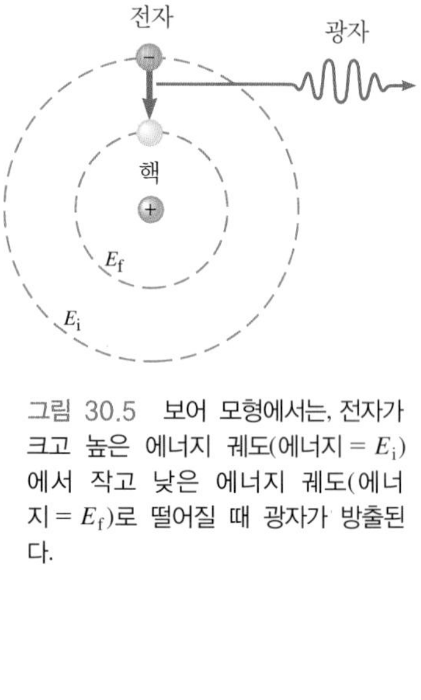

1913년 보어는 수소 원자가 방출하는 파장에 대한 발머의 것과 같은 수식을 유도하는 모형을 제시하였다. 보어의 이론은 핵 주변에서 전자가 원 궤도를 도는 러더퍼드 원자 모형에서 시작한다. 보어는 자신의 이론에서 몇 가지 가정을 더하고 플랑크와 아인슈타인의 양자 개념을 입자가 등속 원운동할 때의 고전적 기술과 결합시켰다.

플랑크의 양자화된 에너지 준위 개념을 채택하여(29.2절 참조) 보어는 수소 원자에서 총 에너지(운동 에너지 + 위치 에너지)가 특정 값만이 될 수 있다는 가설을 세웠다. 이 허용 에너지 준위 각각은 핵 주위를 도는 전자의 서로 다른 궤도에 해당한다. 큰 궤도일수록 총 에너지가 큰 값에 해당한다. 그림 30.5는 두 개의 궤도를 보였다. 더불어 보어는 이 중 한 궤도에 있는 전자는 전자기파를 방출하지 않는다고 보았다. 그래서 이 궤도들을 **정상 궤도**(stationary orbit) 또는 **정상 상태**(stationary state)라고 부른다. 고전적인 전자기학에 의하면 전자가 원운동하면서 가속될 때 전자기파를 방출하고, 그에 따른 에너지의 손실은 궤도의 붕괴를 초래한다.

그래서 보어는 다음과 같은 궤도에 대한 가정이 필요하다고 생각했다. 아인슈타인의 광자 개념(29.3절)을 이용하여, 그림 30.5가 나타내는 것처럼 전자가 높은 에너지를 가진 큰 궤도에서 낮은 에너지를 가진 작은 궤도로 옮겨갈 때만 광자가 방출된다고 가정하였다. 그런데 전자는 어떻게 처음부터 높은 에너지 궤도에 있을 수 있을까? 주로 원자들이 충돌

그림 30.5 보어 모형에서는, 전자가 크고 높은 에너지 궤도(에너지 $= E_i$)에서 작고 낮은 에너지 궤도(에너지 $= E_f$)로 떨어질 때 광자가 방출된다.

할 때 에너지를 얻어서 높은 준위에 이른다. 원자 충돌은 기체가 데워졌거나 고전압이 걸릴 때 에너지를 얻어 더 잘 일어난다.

처음 궤도에서 큰 에너지 E_i를 가진 전자가 적은 에너지 E_f를 가진 나중 궤도로 바뀔 때 방출하는 광자의 에너지는 $E_i - E_f$로 에너지 보존 법칙에 부합한다. 그런데 광자의 에너지는 진동수 f와 플랑크 상수 h로 표시하면 hf이므로 다음과 같이 쓸 수 있다.

$$E_i - E_f = hf \qquad (30.4)$$

전자기파의 진동수는 파장과 $f = c/\lambda$ 관계를 가지므로, 보어는 식 30.4를 써서 수소 원자가 방출하는 빛의 파장을 구할 수 있었다. 그러나 먼저 에너지 E_i와 E_f에 대한 수식을 먼저 구해야 했다.

보어 궤도의 에너지와 반지름

양자화 에너지 준위에 대한 식을 유도하기 위하여, 보어는 오래된 고전 물리와 20세기 초에 처음 대두된 현대 물리학의 개념을 함께 끌어들였다.

반지름 r인 궤도에서 질량 m과 속력 v인 전자의 총 에너지는 전자의 운동 에너지($KE = \frac{1}{2}mv^2$)와 전기 위치 에너지의 합이다. 위치 에너지는 식 19.3에 따라 전자의 전하($-e$)와 양전하의 핵이 생성시킨 전위의 곱이다. 핵이 Z개의 양성자를 가지고 있다면, 핵의 총 전하량은 $+Ze$으로 가정한다.* $+Ze$인 점전하로부터 r만큼 떨어진 곳에서 전위는 식 19.6에 따라 $+kZe/r$이다. 상수 $k = 8.988 \times 10^9 \, \text{N} \cdot \text{m}^2/\text{C}^2$을 이용하면 전기 위치 에너지는 $EPE = (-e)(+kZe/r)$이다. 결론적으로 원자의 총 에너지 E는 다음 식과 같다.

$$\begin{aligned} E &= KE + EPE \\ &= \tfrac{1}{2}mv^2 - \frac{kZe^2}{r} \end{aligned} \qquad (30.5)$$

원운동하는 입자가 받는 구심력의 표현은 mv^2/r(식 5.3)이다. 그림 30.6이 나타내는 것처럼, 구심력은 핵에 있는 양성자가 전자에 정전기 인력 **F**를 작용하여 생기는 것이다. 쿨롱의 법칙(식 18.1)에 따라 정전기력의 크기는 $F = kZe^2/r^2$이고 이것이 구심력이 되어 운동 방정식은 다음과 같이 된다.

$$mv^2 = \frac{kZe^2}{r} \qquad (30.6)$$

이 식을 써서 식 30.5의 mv^2을 소거하면 다음 결과를 얻는다.

$$\begin{aligned} E &= \frac{1}{2}\left(\frac{kZe^2}{r}\right) - \frac{kZe^2}{r} \\ &= -\frac{kZe^2}{2r} \end{aligned} \qquad (30.7)$$

음의 값인 전기 위치 에너지가 양의 값인 운동 에너지보다 크므로 원자의 총 에너지는 음의 값이다.

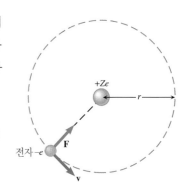

그림 30.6   보어 모형에서, 전자는 핵 주변에서 등속 원운동을 한다. 핵의 양전하가 전자에 작용하는 정전기 인력이 구심력 F가 된다.

---

* 수소의 경우 $Z = 1$이지만, 우리는 Z가 1보다 큰 경우도 다룬다.

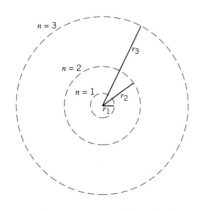

그림 30.7 수소 원자에서 첫 번째 보어 궤도는 반지름이 $r_1 = 5.29 \times 10^{-11}$ m 이다. 두 번째와 세 번째는 각각 $r_2 = 4r_1$와 $r_3 = 9r_1$의 반지름을 가지고 있다.

식 30.7이 유용하게 이용되려면, 반지름 r 값이 필요하다. 보어는 r 값을 결정하기 위해 전자의 궤도 각운동량에 대한 가정을 세웠다. 각운동량 L은 식 9.10에 의해 $L = I\omega$로 주어진다. 이때 $I = mr^2$은 원 궤도를 도는 전자의 관성 모멘트이고 $\omega = v/r$(rad/s 단위)은 전자의 각속도이다. 따라서 각운동량은 $L = (mr^2)(v/r) = mvr$이다. 보어는 각운동량이 불연속적인 어떤 특정 값만 가질 수 있다고, 즉 L이 양자화 되었다고 추측했다. 그는 허용 값이 플랑크 상수를 2π로 나누고 정수를 곱한 값이라고 가정하였다.

$$L_n = mv_n r_n = n\frac{h}{2\pi} \qquad n = 1, 2, 3, \ldots \qquad (30.8)$$

이 식을 v_n에 대해 풀고 식 30.6에 대입하면 n 번째 보어 궤도 반지름 r_n에 대한 다음 식을 얻을 수 있다.

$$r_n = \left(\frac{h^2}{4\pi^2 mke^2}\right)\frac{n^2}{Z} \qquad n = 1, 2, 3, \ldots \qquad (30.9)$$

$h = 6.626 \times 10^{-34}$ J $\cdot$ s, $m = 9.109 \times 10^{-31}$ kg, $k = 8.988 \times 10^9$ N $\cdot$ m^2/C^2, $e = 1.602 \times 10^{-19}$ C을 대입하면 위 식은 다음과 같이 된다.

보어 궤도의 반지름 (m 단위)
$$r_n = (5.29 \times 10^{-11} \text{ m})\frac{n^2}{Z} \qquad n = 1, 2, 3, \ldots \qquad (30.10)$$

그러므로 수소 원자($Z = 1$)에서 가장 작은 보어 궤도($n = 1$)는 반지름 $r_1 = 5.29 \times 10^{-11}$ m 이다. 이 특별한 값을 **보어 반지름**(Bohr radius)이라고 부른다. 그림 30.7은 수소 원자에서 처음 세 개의 보어 반지름을 그린 것이다.

보어 궤도의 반지름을 식 30.7에 대입하면 n 번째 궤도에 해당하는 총 에너지는 다음과 같다.

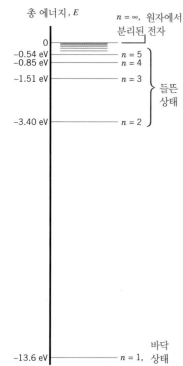

총 에너지, E

$n = \infty$, 원자에서 분리된 전자

0
−0.54 eV ——— $n = 5$
−0.85 eV ——— $n = 4$
−1.51 eV ——— $n = 3$

들뜬 상태

−3.40 eV ——— $n = 2$

−13.6 eV ——— $n = 1$, 바닥 상태

그림 30.8 수소 원자의 에너지 준위

$$E_n = -\left(\frac{2\pi^2 mk^2 e^4}{h^2}\right)\frac{Z^2}{n^2} \qquad n = 1, 2, 3, \ldots \qquad (30.11)$$

h, m, k, e의 수치값을 이 식에 대입하면 다음과 같다.

보어 에너지 준위(J 단위)
$$E_n = -(2.18 \times 10^{-18} \text{ J})\frac{Z^2}{n^2} \qquad n = 1, 2, 3, \ldots \qquad (30.12)$$

원자와 관련된 에너지는 J 보다는 eV 단위로 쓰기도 한다. 1.60×10^{-19} J $= 1$ eV 이므로, 식 30.12는 다음과 같이 바뀐다.

보어 에너지 준위(eV 단위)
$$E_n = -(13.6 \text{ eV})\frac{Z^2}{n^2} \qquad n = 1, 2, 3, \ldots \qquad (30.13)$$

에너지 준위 도표

식 30.13의 에너지 값을 그림 30.8과 같은 에너지 준위 도표에 나타내면 유용하다. $Z = 1$

인 수소 원자에 대한 이 그림에서 가장 높은 에너지 준위는 식 30.13에서 $n = \infty$에 해당하고 0 eV의 값을 갖는다. 이 값은 전자가 핵에서 완전히 벗어나($r = \infty$) 정지하는 원자의 에너지이다. 반면 가장 낮은 에너지는 $n = 1$에 해당하고 −13.6 eV에 해당한다. 가장 낮은 에너지 준위를 바닥 상태(ground state)라 하여 들뜬 상태(excited state)라고 부르는 높은 에너지 준위와 구별한다. n이 증가할 때 들뜬 상태의 에너지 값들이 점점 가까워진다.

상온에서 수소 원자의 전자는 바닥 상태에서 대부분의 시간을 보낸다. 전자를 바닥 상태($n = 1$)에서 가장 높은 들뜬 상태($n = \infty$)로 올리는데, 13.6 eV가 필요하다. 이만큼의 에너지를 공급하여 전자를 제거하면 양이온 H⁺가 만들어진다. 전자를 제거하는 데 필요한 에너지를 이온화 에너지라고 한다. 따라서 보어 모형은 수소 원자의 **이온화 에너지**(ionization energy)를 실험값과 일치하는 13.6 eV로 예측한다. 예제 30.3에서 보어 모형을 리튬 원자가 2가로 이온화되는 경우에 적용한다.

 예제 30.3 │ 리튬 Li²⁺의 이온화 에너지

핵 주변을 도는 전자가 하나보다 많을 때는 보어 모형을 적용할 수 없다. 왜냐하면 이 모형은 전자끼리 서로 작용하는 정전기력을 고려할 수 없기 때문이다. 그래서 전기적으로 중성인 리튬 원자는 양성자 세 개가 있는 핵 주변을 전자 세 개가 돌고 있어 보어의 해법을 적용할 수 없다. 중성 리튬 원자로부터 전자 두 개를 제거하면 핵 주변 궤도에 전자 하나만 남는 +2인 리튬 이온이 되는데 이 이온에는 보어 모형을 적용할 수 있다. 리튬 이온 Li²⁺로부터 남은 전자 하나를 제거하는 데, 필요한 이온화 에너지를 구하라.

살펴보기 리튬 이온 Li²⁺는 수소 원자보다 세 배의 양전하를 핵에 가지고 있다. 그러므로 리튬에 있는 전자는 수소 원자에 있는 것보다 핵으로부터 더 큰 인력을 받는다. 결과로서, Li²⁺를 이온화시키는 에너지는 수소 원자의 13.6 eV보다 클 것이다.

풀이 Li²⁺의 보어 에너지 준위는 식 30.13에서 $Z = 3$인 경우이다. 그래서 에너지 준위는 $E_n = -(13.6 \text{ eV})(3^2/n^2)$ 그러므로 바닥 상태($n = 1$) 에너지는

$$E_1 = -(13.6 \text{ eV})\frac{3^2}{1^2} = -122 \text{ eV}$$

이다. 그러므로 Li²⁺에서 전자를 제거하려면, 122 eV의 에너지가 공급되어야 한다. 즉 $\boxed{\text{이온화 에너지} = 122 \text{ eV}}$이다. 이 이온화 에너지 값은 실험값 122.4 eV와 잘 부합하고, 예상대로 수소 원자의 이온화 에너지 13.6 eV보다 크다.

수소 원자의 선스펙트럼

수소 원자의 선스펙트럼에서 파장 값을 설명하기 위해 보어는 자신의 원자 모형(전자 궤도는 정상 궤도이고 전자의 각운동량은 양자화됨)과 아인슈타인의 광자 모형을 결합시켰다.

보어가 제안한 식 30.4, $E_i - E_f = hf$ 는 수소 원자에서 나오는 광자의 진동수 f가 두 에너지 준위의 차이에 비례한다는 것으로 광자 개념이 직접적으로 적용된 것이다. 식 30.4의 총 에너지 E_i와 E_f에 식 30.11을 대입하고 식 16.1 $f = c/\lambda$를 적용하면, 다음 결과를 얻는다.

$$\frac{1}{\lambda} = \frac{2\pi^2 m k^2 e^4}{h^3 c}(Z^2)\left(\frac{1}{n_f^2} - \frac{1}{n_i^2}\right) \tag{30.14}$$

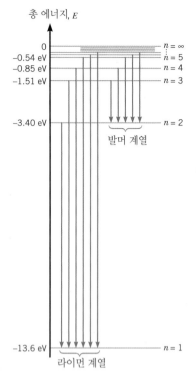

총 에너지, E

라이먼 계열

그림 30.9 수소 원자의 선스펙트럼에서 라이먼과 발머 계열은 높고 낮은 에너지 준위 사이에서 전자가 만드는 전이에 해당한다.

여기서 $n_i, n_f = 1, 2, 3, \ldots$이고 $n_i > n_f$이다.

물리 상수 h, m, k, e, c의 값을 대입하면 $2\pi^2 mk^2 e^4/(h^3 c) = 1.097 \times 10^7 \, \text{m}^{-1}$ 이 된다. 이 값은 식 30.1～30.3에 나타난 뤼드베리 상수 R과 일치한다. 뤼드베리 상수의 실험값과 일치하는 이론적인 결과를 얻어낸 것이 보어 이론의 주 업적이다.

$Z = 1, n_f = 1$이면, 식 30.14는 라이먼 계열에 대한 식 30.1이 된다. 따라서 보어는 라이먼 계열의 스펙트럼이 전자가 $n_i = 2, 3, 4, \cdots$인 높은 에너지 준위에서 $n_f = 1$인 첫 번째 준위로 전이할 때 생긴다는 것을 예측했다. 그림 30.9는 이런 전이를 보여준다. 전자가 $n_i = 2$에서 $n_f = 1$로 내려갈 때, 라이먼 계열에서 얻을 수 있는 에너지 변화 중에서 가장 작은 값이기 때문에 가장 긴 파장의 광자가 방출되고, $n_i = \infty$인 가장 높은 준위로부터 전이가 일어나면 에너지 변화 중에서 가장 큰 값이기 때문에 가장 짧은 파장의 광자가 방출된다. 에너지 준위는 높아질수록 점점 가까워져서 그림 30.4에서 보는 것처럼 모든 계열의 스펙트럼선이 짧은 파장 한계 쪽으로 갈수록 점점 조밀해진다. 그림 30.9는 $n_i = 3, 4, 5, \cdots$와 $n_f = 2$인 발머 계열에 대한 에너지 준위 전이를 보여준다. 파셴 계열은 $n_i = 4, 5, 6, \cdots$이고 $n_f = 3$이다. 다음 예제는 수소 원자의 선스펙트럼을 좀 더 다룬다.

> **문제 풀이 도움말**
> 수소 원자의 선스펙트럼에서 한 계열(예컨대 라이먼 계열)의 모든 선들은 모두 양자수 n_f인 같은 준위로 떨어진다. 그러나 전자가 출발하는 에너지 준위의 양자수 n_i는 각 선마다 다르다.

 예제 30.4 | 수소 원자의 브래킷 계열

수소 원자 선스펙트럼에는 브래킷 계열이라고 부르는 선스펙트럼 계열이 있다. 이 선은 높은 에너지 준위로 들뜬 전자가 $n = 4$인 준위로 전이할 때 나온다. (a) 이 계열에서 가장 긴 파장과 (b) $n_i = 6$과 $n_f = 4$에 해당하는 파장을 구하라. (c) 그림 24.9를 보고 이 선스펙트럼을 발견할 수 있는 스펙트럼 영역을 찾아라.

살펴보기   그림 30.8을 보면, 가장 긴 파장은 에너지 변화가 가장 작은 $n_i = 5$와 $n_f = 4$ 사이의 전이에 해당한다. 이 전이에 해당하는 파장과 $n_i = 6$과 $n_f = 4$인 전이에 해당하는 파장은 식 30.14로 구한다.

풀이   (a) $Z = 1, n_i = 5, n_f = 4$를 식 30.14에 대입하면 다음과 같다.

$$\frac{1}{\lambda} = (1.097 \times 10^7 \, \text{m}^{-1})(1^2)\left(\frac{1}{4^2} - \frac{1}{5^2}\right)$$
$$= 2.468 \times 10^5 \, \text{m}^{-1}$$

즉 $\boxed{\lambda = 4051 \, \text{nm}}$ 이다.

(b) (a)와 같은 방법으로 계산할 수 있다.

$$\frac{1}{\lambda} = (1.097 \times 10^7 \, \text{m}^{-1})(1^2)\left(\frac{1}{4^2} - \frac{1}{6^2}\right)$$
$$= 3.809 \times 10^5 \, \text{m}^{-1}$$

즉 $\boxed{\lambda = 2625 \, \text{nm}}$ 이다.

(c) 그림 24.9에 따르면, 이 선스펙트럼은 $\boxed{\text{적외선 영역}}$에 있다.

여러 가지 수소 원자 선스펙트럼은 전자가 높은 에너지 준위에서 낮은 준위로 옮기면서 광자를 방출할 때 만들어진다. 이런 선스펙트럼을 **방출선(emission line)**이라고 한다. 전자들은 광자 에너지를 흡수하는 과정을 통해서, 낮은 준위에서 높은 준위로 옮겨갈 수 있다. 이런 경우, 원자는 전이를 일으키기 위해 정확히 필요한 에너지를 가진 광자를 흡수한다. 따라서 연속적인 영역의 파장들로 된 광자들이 어떤 기체를 통과한 후 분광기로 분석하면 연속 스펙트럼에 어두운 흡수 스펙트럼선의 계열이 나타난다. 어두운 선은 흡수 과정에서 제거된 파장을 나타낸다. 이런 **흡수선**(absorption line)은 그림 30.3의 태양의 스펙트럼에서 볼 수 있다. 발견한 사람의 이름을 따서 **프라운호퍼선**(Fraunhofer lines)이라고 하는 이 흡수선은, 태양 바깥쪽 비교적 온도가 낮은 층에 있는 원자가 태양으로부터 나오는 빛을 흡수하기 때문에 생긴다. 태양의 안쪽 부분은 원자가 자신의 구조를 유지할 수 없을 만큼 뜨거워서, 전 파장의 연속 스펙트럼을 방출한다.

○ 태양 스펙트럼의 흡수선에 대한 물리

보어 모형은 원자 구조를 깊이 이해하게 해주었다. 그러나 그 모형은 지나치게 간단한 것으로, 양자역학과 슈뢰딩거 방정식이 제공하는 더 구체적인 모형으로 대체되었다(30.5절 참조).

30.4 각운동량에 대한 보어의 가정과 드브로이의 물질파

보어가 그의 수소 원자 모형에서 세운 가정 중에서 전자의 각운동량에 대한 것 [$L_n = mv_n r_n = nh/(2\pi)$; $n = 1, 2, 3, \cdots$]은 처음 접한 사람들을 퍽 혼란스럽게 만들 수 있다. 왜 각운동량은 플랑크 상수를 2π로 나눈 값을 정수배한 것만 가능한가? 1923년 드브로이는 움직이는 입자의 파장에 대한 자신의 이론이 이 문제의 답이 될 수 있다고 하였다.

드브로이는 원형 보어 궤도의 전자의 움직임을 물질파 개념으로 이해했다. 줄에서 움직이는 파동처럼, 물질파도 공명 조건에 있는 정상파가 될 수 있다. 17.5절은 줄에 대한 이 조건들을 다루었다. 정상파는 줄을 따라 갔다가 제자리로 돌아온 파동이 이동한 거리(줄의 길이의 두 배)가 파장의 정수배가 될 때 생긴다. 반지름이 r인 보어 궤도는 $2\pi r$인 원주이고 이것이 파동이 한 바퀴 도는 거리이므로 보어 궤도 전자에 대한 정상파 조건은

$$2\pi r = n\lambda \qquad n = 1, 2, 3, \ldots$$

이다. 여기서 n은 원주에 들어맞는 파장의 개수이다. 그런데 식 29.8에 의하면 전자의 드브로이 파장은 $\lambda = h/p$이고, 속력이 크지 않은 경우 전자의 운동량 $p = mv$이므로 정상파 조건은 $2\pi r = nh/(mv)$가 된다. 이 식을 재배열하면 다음과 같이 보어의 각운동량에 대한 가정과 동일한 식이 된다.

$$mvr = n\frac{h}{2\pi} \qquad n = 1, 2, 3, \ldots$$

예로 그림 30.10은 $2\pi r = 4\lambda$에 대한 보어 궤도 정상 물질파를 그려놓은 것이다.

각운동량에 대한 보어 가설을 드브로이가 설명한 것은 다음과 같은 중요한 사실을 강조하고 있다. 물질파는 원자의 구조를 이해하는 데 중심적인 역할을 한다. 게다가 양자역학의 이론적 틀은 물질파를 나타내는 파동 함수 Ψ(그리스 글자 psi)를 구하는 방법을 포함한다. 다음 절은 보어 모형을 대체하여 양자역학으로 이해하고 있는 수소 원자 구조에 대해서 다룬다. 양자역학을 적용해도, 전자 한 개가 핵을 돌 때 여전히 보어의 에너지 준위(식 30.11)와 같은 결과가 나온다. 나아가 임의 개수의 전자를 가진 원자에 대해서도 원리적으로는, 양자역학을 적용할 수 있다.

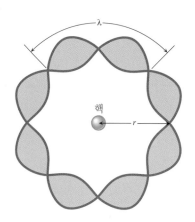

그림 30.10 드브로이는 보어의 각운동량 가설을 설명하기 위해 정상 물질파를 제안하였다. 이 그림에는 네 개의 드브로이 파장이 원주에 들어맞는 보어 궤도에 정상 물질파를 그려 넣었다.

30.5 수소 원자의 양자역학

양자역학과 슈뢰딩거 방정식이 제시하는 수소 원자의 모습은 몇 가지 측면에서 보어 모형과 다르다. 보어 모형에서 한 가지 정수 n을 가지고 여러 전자 궤도와 에너지를 표현했다. 이 숫자 n은 불연속인 값만 가질 수 있어서 **양자수**(quantum number)라고 부른다. 반면, 양자역학에서는 수소 원자의 각 상태를 표현하는 데 4가지 다른 양자수가 필요하다. 이 4가지는 아래와 같다.

1. **주양자수** n: 보어 모형에서처럼, 이 양자수는 원자의 총 에너지를 결정하고 양의 정수이다. 즉 $n = 1, 2, 3, \cdots$이다. 사실 슈뢰딩거 방정식은 수소 원자 에너지가 보어 모형으로 얻은 값 $E_n = -(13.6\,\text{eV})Z^2/n^2$과 계산 결과가 같다.*

2. **궤도 양자수** ℓ: 이 수는 궤도 운동하는 전자의 각운동량을 결정한다. ℓ이 가질 수 있는 값은 n 값에 따라 결정된다. 다음과 같은 정수만 허용된다.

$$\ell = 0, 1, 2, \ldots, (n-1)$$

예를 들면 $n = 1$일 때, 궤도 양자수는 $\ell = 0$만 되고, $n = 4$이면 $\ell = 0, 1, 2, 3$이 가능하다. 전자 각운동량의 크기는 다음과 같다.

$$L = \sqrt{\ell(\ell+1)}\,\frac{h}{2\pi} \tag{30.15}$$

3. **자기 양자수** m_ℓ: 자기(magnetic)라는 용어는 외부에서 자기장이 걸리면 원자의 에너지에 영향을 미치기 때문에 사용되었다. 이 효과는 네덜란드 물리학자 제만(1865~1943)이 발견하여, 제만 효과라고 부른다. 외부 자기장이 없으면 m_ℓ은 에너지 준위와 무관하다. 어느 경우라도, 자기 양자수는 각운동량의 특정 방향, 편의상 z 방향 성분을 결정한다. m_ℓ이 가질 수 있는 값은 ℓ값에 따라 다른데, 다음 양의 정수와 음의 정수만 허용된다.

$$m_\ell = -\ell, \ldots, -2, -1, 0, +1, +2, \ldots, +\ell$$

예를 들면 궤도 양자수가 $\ell = 2$이면, 자기 양자수는 $m_\ell = -2, -1, 0, +1, +2$값을 가질 수 있다. 각운동량의 z 방향 성분은 다음과 같다.

$$L_z = m_\ell \frac{h}{2\pi} \tag{30.16}$$

4. **스핀 양자수** m_s: 이 양자수는 전자가 스핀 각운동량이라고 하는 고유한 성질을 갖고 있기 때문에 필요하다. 비유해서 말하면, 지구가 태양 주변을 공전하면서 자전하는 것처럼, 전자는 핵 주변을 공전하면서 자전한다고 상상할 수는 있다. 그러나 문자 그대로 자전하는 것은 아니고, 스핀 각운동량의 본질은 모른다. 전자의 스핀 양자수는 두 가지 값이 가능하다.

---

* 이 계산에서는 원자 내에서의 상대론적인 작은 영향이나 기타 소소한 상호 작용은 무시하며, 수소 원자는 외부 자기장이 없는 곳에 있다고 가정한다.

표 30.1 수소 원자의 양자수들

이름	기호	허용 값
주양자수	n	$1, 2, 3, \ldots$
궤도 양자수	ℓ	$0, 1, 2, \ldots, (n-1)$
자기 양자수	m_ℓ	$-\ell, \ldots, -2, -1, 0, +1, +2, \ldots, +\ell$
스핀 양자수	m_s	$-\frac{1}{2}, +\frac{1}{2}$

$$m_s = +\frac{1}{2} \quad \text{또는} \quad m_s = -\frac{1}{2}$$

때로 m_s 값에 해당하는 스핀 각운동량의 방향을 나타내는데 '스핀 업(up)'과 '스핀 다운(down)'이라는 표현을 사용하기도 한다.

표 30.1은 수소 원자의 각 상태를 기술할 때 필요한 4가지 양자수를 정리하였다. 주양자수 n이 증가하면, 4가지 양자수의 가능한 조합도 급격히 증가한다.

예제 30.5 | 수소 원자 상태의 양자역학

주양자수가 (a) $n = 1$, (b) $n = 2$ 일 때, 수소 원자가 가질 수 있는 상태 수를 구하라.

살펴보기 표 30.1에 정리한 4가지 양자수의 각각 다른 조합이 다른 상태에 해당한다. n 값을 가지고 허용되는 ℓ 을 구하고 각 ℓ 에 대하여 m_ℓ 의 가능한 값들을 찾는다. 최종적으로 n, ℓ, m_ℓ 의 각 조합에 대해 $m_s = +\frac{1}{2}$이거나 $-\frac{1}{2}$가 될 것이다.

풀이 (a) 아래 그림은 $n = 1$일 때, 가능한 ℓ, m_ℓ, m_s 값들을 보여준다.

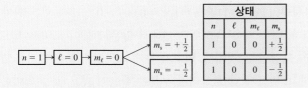

따라서 수소 원자에는 두 개의 다른 상태가 있다. 이 두 상태는 외부 자기장이 없으면, n 값이 같으므로 같은 에너지를 갖는다.

(b) $n = 2$ 일 때, 8가지 가능한 n, ℓ, m_ℓ, m_s의 조합이 있다.

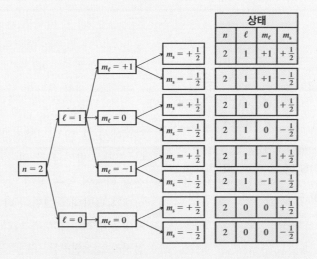

같은 $n = 2$값이면, 외부 자기장이 없을 때 8가지 상태가 모두 같은 에너지를 갖는다.

양자역학은 보어 모형보다 원자 구조에 대해 더 정확하게 이해할 수 있게 해준다. 원자 구조에 대한 이 두 가지 묘사는 실제로 차이가 많다.

개념 예제 30.6 | 보어 모형과 양자역학

두 개의 수소 원자가 있다. 외부 자기장은 없고, 각 원자에 있는 전자는 같은 에너지를 갖는다. 보어 모형이나 양자역학에 따르면 이 원자 속 전자에 대해 (a) 궤도 각운동량이 0이 될 수 있는가? (b) 다른 각운동량 값을 가질 수 있는가?

살펴보기와 풀이 (a) 보어 모형과 양자역학에서 에너지는 주양자수가 n일 때 $1/n^2$에 비례한다(식 30.13). 더욱이 n 값은 $n = 1, 2, 3, \cdots$으로 영은 없다. 보어 모형에서 n이 0이 될 수 없다는 사실은 n에 비례하는 궤도 각운동량이 영이 될 수 없다는 것을 의미한다(식 30.8). 양자역학적 기술에서 각운동량의 크기는 $\sqrt{\ell(\ell+1)}$에 비례하고(식 30.15), ℓ 값은 $0, 1, 2, \cdots (n-1)$을 가질 수 있다. 여기서 ℓ은 n 값과 무관하게 0이 될 수 있다. 결론적으로, 양자역학에서 궤도 각운동량은 보어 모형의 경우와 달리 0이 될 수 있다.

(b) 전자들이 같은 에너지를 갖는다면, 그들의 주양자수는 같다.

보어 모형에서 $L_n = nh/(2\pi)$이므로 이는 전자들이 다른 각운동량을 가질 수 없다는 것을 의미한다(식 30.8). 양자역학에서는 외부 자기장이 없을 때 에너지는 n으로 결정되고 각운동량은 ℓ로 결정된다. $\ell = 0, 1, 2, \cdots, (n-1)$이므로, 같은 n 값을 가지면서도 ℓ 값이 다를 수 있다. 예를 들면 두 전자가 모두 $n = 2$이라면, 그중 하나는 $\ell = 0$, 다른 하나는 $\ell = 1$일 수 있다. 양자역학에 따르면, 두 전자의 에너지가 같더라도 다른 궤도 각운동량을 가질 수 있다.

다음 표는 (a)와 (b)에서 논의한 것을 정리한 것이다.

	보어 모형	양자역학
(a) 주어진 n에 대해, 각운동량이 영이 될 수 있는가?	아니다	그렇다
(b) 주어진 n에 대해, 각운동량이 다른 값들을 가질 수 있는가?	아니다	그렇다

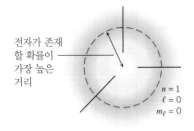

전자가 존재할 확률이 가장 높은 거리

$n = 1$
$\ell = 0$
$m_\ell = 0$

그림 30.11 수소 원자의 바닥 상태 ($n = 1, \ell = 0, m_\ell = 0$)에 대한 전자 확률 구름

보어 모형에 따르면, n 번째 궤도는 반지름 r_n인 원이고 이 궤도에서 전자의 위치를 측정할 때마다 전자는 핵으로부터 정확히 이 거리에서 발견된다. 이런 간단한 그림은 더 이상 맞지 않고 양자역학적 그림으로 대체되었다. 전자가 $n = 1$인 양자 상태에 있다고 가정하고, 핵에 대한 전자의 상대적 위치를 여러 번 측정한다고 상상해 볼 수 있다. 전자가 핵에 매우 가까울 수도 있고 매우 멀 수도 있으며 임의의 위치에도 있을 확률이 존재한다는 의미에서 그 위치는 부정확하다. 29.5절에서 논의한 대로 파동 함수 Ψ가 확률을 결정한다. 전자를 발견할 각 위치에 수많은 점을 찍어서 삼차원 그림을 그릴 수 있다. 전자를 발견할 확률이 높은 곳에 많은 점이 찍히면, 충분한 횟수의 측정을 하고 난 후 양자역학의 상태를 나타내는 그림이 나타난다. 그림 30.11은 $n = 1, \ell = 0, m_\ell = 0$ 상태에 있는 전자 위치의 공간적인 분포를 나타낸다. 매우 많은 측정으로 인해서 많은 점들이 모여서, 밀도가 점진적으로 변하는 '구름' 같은 모양이 된 것이다. 밀도가 높게 그려진 부분은 전자를 발견할 확률이 높다는 것을 의미하고, 밀도가 낮게 그려진 부분은 확률이 낮은 것을 의미한다. 양자역학이 말하는 $n = 1$ 상태에서 전자를 발견할 확률이 가장 높은 반지름 거리를 그림 30.11에 표시했다. 이 반지름은 첫 번째 보어 반지름이라고 구한 5.29×10^{-11} m와 정확히 일치한다.

주양자수 $n = 2$일 때 확률 구름은 $n = 1$일 때와 다르다. $n = 2$일 때 궤도 양자수는 $\ell = 0$ 또는 $\ell = 1$이 될 수 있으므로, 구름 모양은 한 가지가 아니다. 값이 수소 원자 에너지에 영향을 미치는 것은 아니나 확률 구름 모양을 결정하는 데는 중요한 효과가 있다. 그림 30.12(a)는 $n = 2, \ell = 0, m_\ell = 0$인 구름이다. (b)의 그림을 보면, $n = 2, \ell = 1, m_\ell = 0$일 때 확률 구름은 두 잎사귀 사이에 핵이 있는 모양을 하고 있다. n 값이 클 때, 확률 구름은 점점 복잡해지고 공간에 더 넓게 퍼진다.

수소 원자에서 전자를 확률 구름으로 이해한 것은 보어 모형에서 잘 정의된 궤도로 그린 것과 매우 다르다. 이 차이점의 근본 원인은 양자역학에서 채택한 하이젠베르크의 불확정성 원리에 있다.

30.6 파울리 배타 원리와 원소 주기율표

수소를 제외하면, 전기적으로 중성인 원자는 원자 번호 Z와 같은 숫자의 전자를 갖는다. 핵이 끌어당기는 힘 말고도, 전자들이 서로 척력을 작용하고 있다. 이 척력은 다전자 원자의 총 에너지에 기여를 한다. 결론적으로, 수소의 에너지 준위 $E_n = -(13.6\,\text{eV})\,Z^2/n^2$은 다른 중성 원자에 적용할 수 없다. 그러나 다전자 원자를 다루는 가장 간단한 방식은 여전히 네 개의 양자수를 사용한다.

자세한 양자역학적인 계산에 의하면 다전자 원자의 에너지 준위는 주양자수 n과 궤도 양자수 ℓ에 관계가 있다는 것을 보여준다. 그림 30.13을 보면 대체로 n이 증가할수록 에너지가 증가하나 예외일 때도 있다. 또한 주어진 n에 대해서는 ℓ이 증가하면 에너지가 증가한다.

다전자 원자에서 n이 같은 전자들은 모두 같은 **껍질**(각; shell)에 있다고 한다. $n = 1$인 전자들은 하나의 껍질(K각)에 모두 들어 있고, $n = 2$인 전자들은 다른 껍질(L각)에, $n = 3$인 전자들은 또 다른 세 번째 껍질(M각)에 있다고 말한다. n과 ℓ 모두 같은 값을 갖는 전자들은 같은 **버금 껍질**(부분각; subshell)에 있다고도 한다. $n = 1$인 껍질은 $\ell = 0$인 버금 껍질이고, $n = 2$인 껍질에는 $\ell = 0$인 것과 $\ell = 1$인 두 개의 버금 껍질이 있다. 마찬가지로 $n = 3$인 껍질에는 $\ell = 0$, $\ell = 1$, $\ell = 2$인 세 개의 버금 껍질이 있다.

상온의 수소 원자에서, 전자는 가장 낮은 에너지 준위, 즉 바닥 상태($n = 1$인 껍질)에서 대부분 머물고 있다. 마찬가지로, 전자가 여러 개인 원자가 상온에 있다면, 전자들은 가능한 가장 낮은 에너지 준위에서 주로 머문다. 원자의 가장 낮은 에너지 상태를 **바닥 상태**(ground state)라고 한다. 그러나 다전자 원자가 바닥 상태에 있다고 해서 모든 전자들이 $n = 1$인 껍질에 있는 것은 아니다. 전자들은 오스트리아 물리학자 파울리(1900~1958)가 발견한 다음과 같은 원리를 따르고 있기 때문이다.

> ### ■ 파울리 배타 원리
> 원자 내 어떤 두 개의 전자도, 네 가지 양자수 n, ℓ, m_ℓ, m_s가 모두 같을 수는 없다.

하나의 원자 속에 두 개의 전자가 동일한 $n = 3$, $m_\ell = 1$, $m_s = -\frac{1}{2}$의 세 가지 양자수를 갖는다고 하자. 배타 원리에 따르면, 네 가지 양자수가 다 서로 같을 수는 없으므로 이를테면 $\ell = 2$인 같은 궤도 양자수를 가질 수 없다. 각 전자는 다른 ℓ값을 갖고 (예, $\ell = 1$과 $\ell = 2$) 다른 버금 껍질에 있어야 한다. 파울리 배타 원리 덕에, 바닥 상태에 있는 원자 속 전자들이 어떤 에너지 준위를 점유하는지 알 수 있다.

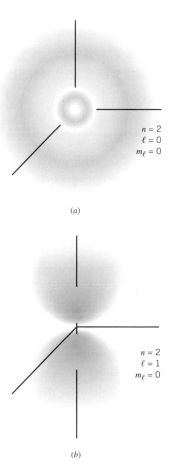

그림 30.12 (a) $n = 2, \ell = 0, m_\ell = 0$ (b) $n = 2$, $\ell = 1$, $m_\ell = 0$일 때 수소 원자에 대한 전자 확률 구름

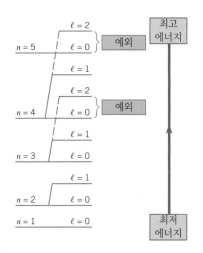

그림 30.13 원자에 전자가 하나보다 많을 때, 주어진 상태의 총 에너지는 주양자수 n과 궤도 양자수 ℓ에 의존한다. 그러나 여기서 보는 대로 예외가 있다. $n = 6$ 이상의 더 높은 준위는 나와 있지 않다.

예제 30.7 │ 원자의 바닥 상태

그림 30.13에서 어느 에너지 준위들이 다음 원자들의 바닥 상태에 있는 전자들로 채워지는지 설명하라. 수소(전자 1개), 헬륨(전자 2개), 리튬(전자 3개), 베릴륨(전자 4개), 붕소(전자 5개).

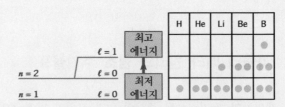

그림 30.14 파울리 배타 원리에 따라, 원자의 바닥 상태에 있는 전자들(●)은 에너지 준위들을 낮은 곳부터 위로 채워 나간다.

살펴보기 원자의 바닥 상태에서 전자들은 허용되는 것 중 가장 낮은 에너지 준위에 있다. 파울리 배타 원리에 따라, 전자들은 가장 낮은 에너지에서 가장 높은 에너지로 에너지 준위를 채워간다.

풀이 그림 30.14가 나타내는 대로, 수소 원자의 전자는 가능한 가장 낮은 에너지를 갖는 $n=1, \ell=0$인 버금 껍질에 있다. 헬륨 원자에는 두 번째 전자가 존재하고 두 전자 모두 $n=1$, $\ell=0, m_\ell=0$의 양자수를 가진다. 두 전자가 다른 스핀 양자수, $m_s=+\frac{1}{2}$과 $m_s=-\frac{1}{2}$을 각각 가지면, 그림에서 두 전자 모두 가장 낮은 에너지 준위에 있을 수 있다.

리튬 원자에 존재하는 세 번째 전자가 또 $n=1, \ell=0$인 버금 껍질에 있다면, m_s값에 상관없이 배타 원리를 위배할 것이다. 따라서 $n=1, \ell=0$인 버금 껍질은 두 전자가 자리를 잡을 때 이미 채워졌다. 이 준위가 채워지면, $n=2, \ell=0$인 버금 껍질

이 다음으로 허용되는 에너지 준위이고, 리튬의 세 번째 전자가 있다(그림 30.14 참조). 베릴륨 원자에서 네 번째 전자는 세 번째와 함께 $n=2, \ell=0$인 버금 껍질에 있다. 세 번째와 네 번째가 각각 다른 m_s값을 가질 수 있으므로 이 배열이 가능하다.

처음 네 개의 전자가 바로 논의한 대로 자리를 잡고 나면, 보론 원자의 다섯 번째 전자는 $n=1, \ell=0$이나 $n=2, \ell=0$ 버금 껍질에는 배타 원리를 위배하지 않고는 들어갈 수 없다. 그러므로 다섯 번째 전자는 그림에서 나타내는 대로, 다음으로 허용된 가장 낮은 에너지인 $n=2, \ell=1$에 있다. 이 전자에 대해서 m_ℓ는 $-1, 0, +1$ 중에 하나이고, m_s는 $+\frac{1}{2}$이거나 $-\frac{1}{2}$이다. 외부에서 걸린 자기장이 없을 때, 이 6가지 가능한 상태는 모두 같은 에너지에 해당한다.

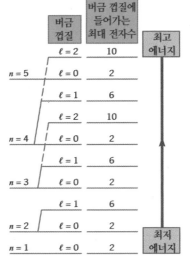

그림 30.15 ℓ 번째 버금 껍질이 가질 수 있는 최대 전자수는 $2(2\ell+1)$이다.

파울리 배타 원리 때문에 한 껍질이나 버금 껍질에 들어갈 수 있는 전자의 개수에 최댓값이 존재한다. 예제 30.7에서 $n=1, \ell=0$인 버금 껍질에는 최대 두 개의 전자가 들어갈 수 있고, $n=2, \ell=1$인 버금 껍질은 m_ℓ에 대해 3가지 가능성($-1, 0, +1$)이 있고, 이들 각각에 대하여 m_s값이 $+\frac{1}{2}$이나 $-\frac{1}{2}$이 될 수 있으므로 6개의 전자를 보유할 수 있다. 일반적으로, m_ℓ은 $0, \pm 1, \pm 2, \cdots, \pm \ell$의 $(2\ell+1)$ 가지의 가능성이 있다. 다시 이들 각 값과 결합할 수 있는 두 가지 m_s값이 가능하므로, m_ℓ과 m_s의 다른 결합 방법의 총 숫자는 $2(2\ell+1)$이다. 그림 30.15에 정리한 대로 이 값이 궤도 양자수인 버금 껍질이 보유할 수 있는 전자의 최대 개수이다.

역사적인 이유로, 원자의 각 버금 껍질을 궤도 양자수 값이 아니라, 알파벳 글자로 나타내는 방식이 널리 쓰인다. 예를 들면 $\ell=0$인 것을 s 버금 껍질, $\ell=1, 2$인 것은 p와 d 버금 껍질이라 부른다. 표 30.2처럼 $\ell=3, 4, \cdots$인 것은 f, g, $\cdots$ 등으로 알파벳 순서에 따라 버금 껍질을 표시한다.

이렇게 글자로 표시하는 방법은, 주양자수 n, 궤도 양자수 ℓ, 그 버금 껍질에 있는 전자수를 한꺼번에 약식 기호로 나타낼 수 있다. 이 기호를 쓰는 예는 다음과 같다.

표 30.2 궤도 양자수를 나타내는 기호

궤도 양자수	기호
0	s
1	p
2	d
3	f
4	g
5	h

표 30.3 원자들의 바닥 상태 전자 배열

원소	전자 개수	전자 배열
수소(H)	1	$1s^1$
헬륨(He)	2	$1s^2$
리튬(Li)	3	$1s^2\, 2s^1$
베릴륨(Be)	4	$1s^2\, 2s^2$
붕소(B)	5	$1s^2\, 2s^2\, 2p^1$
탄소(C)	6	$1s^2\, 2s^2\, 2p^2$
질소(N)	7	$1s^2\, 2s^2\, 2p^3$
산소(O)	8	$1s^2\, 2s^2\, 2p^4$
불소(F)	9	$1s^2\, 2s^2\, 2p^5$
네온(Ne)	10	$1s^2\, 2s^2\, 2p^6$
나트륨(Na)	11	$1s^2\, 2s^2\, 2p^6\, 3s^1$
마그네슘(Mg)	12	$1s^2\, 2s^2\, 2p^6\, 3s^2$
알루미늄(Al)	13	$1s^2\, 2s^2\, 2p^6\, 3s^2\, 3p^1$

그림 30.16 원소 주기율표 중에는 최외각 전자의 바닥 상태 배열을 표기한 것도 있다.

이 기호를 쓰면, 원자에서 전자들의 배열을 효과적으로 명시할 수 있다. 예제 30.7에서 예를 보면, 보론의 전자 배열은 $n=1$, $\ell=0$ 버금 껍질에 전자 2개, $n=2$, $\ell=0$에 2개, $n=2$, $\ell=1$에 1개의 전자를 가지고 있으며 이 배열은 $1s^2\, 2s^2\, 2p^1$이라고 표시한다. 표 30.3에 13개까지 전자를 가진 원소들의 바닥 상태 전자 배열을 약식 기호로 표기하였다. 처음 다섯 원소는 예제 30.7에서 이미 다루었다.

원소 주기율표 중에는 그림 30.16에 아르곤(Ar)에 대해 표현한 것처럼 바닥 상태 배열을 써 놓은 것도 있다. 공간을 아끼기 위해, 가장 바깥 전자들과 채워지지 않은 버금 껍질의 배열만 약식 기호로 표시하기도 한다. 주기율표는 러시아 화학자 멘델레예프(1834~1907)가 원소의 특정 족(그룹)이 비슷한 화학적 성질을 나타낸다는 사실에 착안하여 발표하였다. 족은 8가지가 있고, 이에 더하여, 표 중간에 란탄 계열과 악티늄 계열을 포함하는 전이 원소가 있다. 한 족 내에 있는 원소들의 화학적 성질이 비슷한 것은 원소들의 바깥쪽 전자들의 배열에 근거하여 설명할 수 있다. 즉 양자역학과 파울리 배타 원리로 원자들의 화학적 성질을 설명할 수 있다. 이 책의 뒤표지 안쪽에 주기율표가 있다.

30.7 X선

X선을 발견한 사람은, 독일에서 주로 활동한 네덜란드의 물리학자 뢴트겐(1845~1923)이다. X선은 전자가 큰 전위차에 의해 가속되어, 몰리브덴이나 백금 등으로 만든 금속 표적과 충돌할 때 만들어진다. 그림 30.17에서 보는 대로, 표적은 진공인 유리관 속에 들어 있다. 단위 파장당 X선 세기를 파장에 대해 그리면 대개 그림 30.18처럼 보이는데, 넓고 연속적인 스펙트럼에 뾰족한 선스펙트럼이 중첩되어 있다. 뾰족한 선은 표적 물질의 특성이 되기 때문에 특성선 또는 **특성 X선**(characteristic X-ray)이라고 부른다. 반면에 넓고 연속적인 스펙트럼은 **제동 복사**(Bremsstrahlung)라고 하고 전자가 감속할 때나 표적을 때리면서 정지할 때 나온다.

그림 30.18에서, 특성선은 $n=1$, 즉 금속 원자의 K각과 관계가 있어서 K_α와 K_β라고 표시한다. 충분한 에너지를 가진 전자가 표적을 때리면, K각에 있는 전자 하나가 떨어져

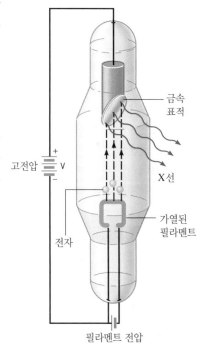

그림 30.17 X선 관에서, 가열된 필라멘트가 전자들을 방출하면 큰 전위차 V에 의해 전자들이 가속되어 금속 표적에 부딪친다. 전자들이 표적과 상호 작용해서 X선이 발생한다.

◑ X선의 물리

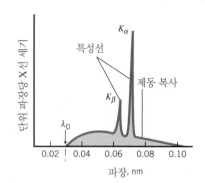

그림 30.18 몰리브덴 표적에 전위차 45000 V로 가속된 전자들이 부딪칠 때, 이런 X선 스펙트럼이 발생한다. 세로축의 눈금은 정확하지 않다.

☑ 문제 풀이 도움말
보어 에너지 준위를 나타내는 식 30.13 [$E_n = -(13.6\ eV)\ Z^2/n^2$, $n = 1$]을 쓰면, K_α X선과 관계되는 에너지 준위를 대충 계산할 수 있다. 그러나 이 식에서, 원자 번호 Z는 1만큼 줄여서 K각의 다른 전자 1개가 핵전하를 차폐하는 것을 고려한다.

나간다. 그러면 바깥쪽에 있던 전자 하나가 K각으로 떨어질 수 있게 되는데, 이 과정에서 X선 광자가 방출된다. 예제 30.8에서, 금속에 부딪치는 전자가 특성 X선을 발생시킬 만큼 충분한 에너지를 갖도록 하려면 X선관을 작동시킬 때 큰 전위차가 필요하다는 것을 알아 볼 것이다.

 예제 30.8 │ X선관의 동작

엄밀히 보어 모형은 다전자 원자에 적용할 수 없지만 추산을 하기 위해서는 사용할 수 있다. 보어 모형을 써서, X선관에서 백금(Z = 78) 표적에 입사하는 전자가 K각에 있는 전자 하나를 완전히 백금 원자 밖으로 떨어져 나가게 할 수 있는 최소 에너지를 추산하라.

살펴보기 보어 모형에 따르면, K각에 있는 전자의 에너지는 식 30.13, $E_n = -(13.6\ eV)\ Z^2/n^2$ 에서 $n = 1$을 대입하면 된다. 입사 전자가 백금 표적을 때릴 때, K각에 있던 전자를 핵으로부터 완전히 분리하려면 0 eV로 에너지 준위를 올려야 되고, 이에 필요한 충분한 에너지를 가져야 한다.

풀이 보어 모형에서 $n = 1$인 준위의 에너지는

$$E_1 = -(13.6\ eV)\ \frac{Z^2}{n^2} = -(13.6\ eV)\ \frac{77^2}{1^2}$$
$$= -8.1 \times 10^4\ eV$$

이 계산에서 원자 번호 Z로 78이 아닌 77을 썼다. 그렇게 해서, K각에 있는 두 개의 전자가 서로 척력을 작용한다는 사실을 대충 고려한다. 이 척력은 핵에 있는 양성자 하나의 인력과 균형을 이루려는 경향이 있다. 실제로 K각의 전자 한 개는 양성자의 인력으로부터 다른 전자를 차폐한다. 위 계산 결과에 의하면, K각 전자가 0 eV 준위로 올라가기 위해서 입사 전자는 최소한 $\boxed{8.1 \times 10^4\ eV}$의 에너지를 가져야 한다. 1 eV는 정지해 있던 전자 하나가 1 V의 전위차에 의해서 가속될 때 얻는 운동 에너지이므로, X선관에 81000 V의 전위차가 필요하다.

그림 30.18의 K_α선은 충돌한 전자가 $n = 1$인 준위에 만들어 놓은 빈 자리에 $n = 2$인 준위에 있던 전자가 떨어질 때 생긴다. 마찬가지로, K_β선은 $n = 3$인 준위 전자가 $n = 1$인 준위로 떨어질 때 발생한다. 예제 30.9는 백금의 K_α선의 파장을 계산한다.

예제 30.9 │ 백금의 K_α 특성 X선

보어 모형을 이용하여 백금(Z = 78)의 K_α 특성 X선의 파장을 계산하라.

살펴보기 수소 원자의 선스펙트럼을 다룬 예제 30.4와 비슷

한 문제이다. 그 예제에서처럼 식 30.14를 이용하는데, 이번에는 처음값 n이 $n_i = 2$, 나중값 n이 $n_f = 1$이다. 예제 30.8에서처럼 핵의 인력을 상쇄시키는 K각 전자 하나의 차폐 효과를 고려해 Z 값으로 78 대신 77을 쓴다.

풀이 식 30.14를 사용하면 다음과 같이 계산할 수 있다.

$$\frac{1}{\lambda} = (1.097 \times 10^7 \text{ m}^{-1})(77^2)\left(\frac{1}{1^2} - \frac{1}{2^2}\right)$$
$$= 4.9 \times 10^{10} \text{ m}^{-1}$$

따라서 구하는 파장은

$$\boxed{\lambda = 2.0 \times 10^{-11} \text{ m}}$$

이다. 이 답은 실험값 1.9×10^{-11} m와 가깝다.

X선 스펙트럼의 흥미로운 또 다른 특징 하나는 제동 복사의 단파장 쪽에 있는 파장 λ_0에서 스펙트럼이 날카롭게 끊긴다는 점이다. 이 파장은 표적 물질과는 무관하나, 입사 전자의 에너지에 의존한다. 입사 전자는 X선관에 있는 금속 표적에 의해 감속될 때, 잃을 수 있는 최대 에너지는 자신의 처음 운동 에너지이다. 그래서 방출된 X선 광자는 최대한 전자의 운동 에너지와 같은 값을 가질 수 있고 진동수는 식 29.2에서와 같이 $f = (\text{KE})/h$ 이다. 앞서 논의한 바와 같이 정지 상태의 전자를 전위차 V에 의해 가속시켜 얻을 수 있는 운동 에너지는 eV이다. 따라서 광자의 최대 진동수는 $f_0 = (eV)/h$이고, $f_0 = c/\lambda_0$이므로 최대 진동수에 해당하는 최소 파장은 다음과 같이 표현된다.

$$\lambda_0 = \frac{hc}{eV} \tag{30.17}$$

이 최소 파장을 차단 파장(cutoff wavelength)이라고 부른다. 예로 그림 30.18에서 전위차는 45000 V이고, 이에 해당하는 차단 파장은

$$\lambda_0 = \frac{(6.63 \times 10^{-34} \text{ J·s})(3.00 \times 10^8 \text{ m/s})}{(1.60 \times 10^{-19} \text{ C})(45\,000 \text{ V})} = 2.8 \times 10^{-11} \text{ m}$$

이다. X선이 발견되자마자 의료계에서 진료 목적으로 사용하기 시작했다. 보통 쓰이는 X선 촬영을 할 때, 환자는 사진 필름 앞에 위치하고, X선이 환자를 통과해서 필름으로 간다. 뼈의 단단한 구조는 부드러운 조직보다 훨씬 많은 X선을 흡수하여, 그림자 같은 그림을 필름에 기록한다. 이런 그림은 유용하지만, 피할 수 없는 한계도 있다. 필름의 상은 방사선이 신체 물질을 한 층을 통과한 후 또 다른 여러 층을 통과하므로 모든 그림자가 중첩된 것이다. 그러므로 보통 X선의 어떤 부분이 신체의 어느 층에 해당하는지 해석하기 매우 어렵다.

CT 검사라고 알려진 기술은 신체 내 특정 위치에서 나온 상을 얻을 수 있도록 하기 위하여 X선 영상의 기능을 확장한 것이다. 약자 CT는 컴퓨터 단층 촬영(computer-assisted tomography)을 나타낸다. 그림 30.19에 표시된 대로 CT는 일련의 X선 영상들을

● CT 검사의 물리

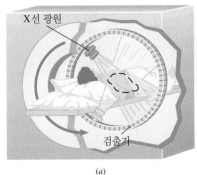
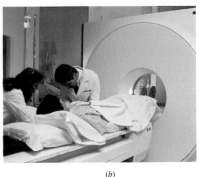

(a) $\qquad$ (b)

그림 30.19 (a) CT 검사를 할 때, X선 광원의 위치가 달라지면서 부채살 모양으로 배열된 빔들이 여러 방향으로부터 환자를 향해 비춘다. (b) 환자가 CT 검사기에 누워 있다.

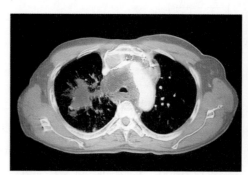
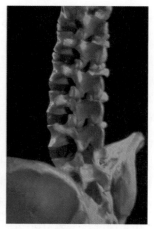

그림 30.20 (a) 색으로 보완한 흉부 이차원 CT 영상은 척추에 수직인 단면을 보여준다. 그림의 중심에 심장이 있고, 노란 영역 내의 어두운 부분이 폐이다. 상의 왼쪽 폐에서 분홍색의 불규칙한 모양은 암이 성장한 것이다. (b) 색을 보완한 삼차원 CT 영상은 골반과 추간 연골을 포함한 척추 부분을 보여주고 있다.

얻는다. 많은 X선 빔들이 부채살처럼 동시에 환자의 신체를 통과한다. 각 빔은 다른쪽의 검출기에서 검출되어 빔의 세기가 기록된다. 광선이 통과한 신체 조직의 성질에 따라 곳곳마다 세기가 다르다. CT 검사의 특징은 X선 광원을 다른 방향으로 향하게 할 수 있어서, 부채살 모양으로 배열된 빔들이 여러 방향으로부터 환자를 향해 비춘다. 그림 30.19(a)는 설명을 위해 두 방향을 선택했다. 실제로는 다른 여러 방향이 이용되고, 각각의 방향들마다 투과한 모든 빔의 세기가 기록된다. 빔의 세기가 방향에 따라 어떻게 달라지는지가 컴퓨터에 입력된다. 그러면 컴퓨터는 부채꼴의 빔들이 통과한 신체의 단층을 높은 해상도의 그림으로 만든다. 실제, CT 검사 기술은 신체의 장축에 수직인 단면의 영상을 얻는다. 그림 30.20(a)는 지금 논의한 종류의 이차원 CT 그림이고, (b)는 이차원 자료를 재구성한 삼차원적인 그림이다.

30.8 레이저

⊙ 레이저의 물리

레이저는 20세기 가장 유용한 발명 중 하나이다. 오늘날 여러 종류의 레이저가 있는데, 이들은 원자의 양자역학적 구조에 직접적으로 관련된 방법으로 작동한다.

전자가 높은 에너지 상태에서 낮은 에너지 상태로 전이할 때, 광자가 방출한다. 이 방출 과정은 유도된 것과 자발적인 것 두 가지 중 하나이다. 그림 30.21(a)에 보인 **자발 방출**(spontaneous emission) 과정에서는, 원자는 외부의 자극 없이 아무 방향으로나 광자를 방출한다. 그림 30.21(b)의 **유도 방출**(stimulated emission) 과정에서는, 입사하는 광자가 전자를 자극(유도)하여 에너지 준위를 바꾸도록 한다. 그러나 유도 방출을 발생시키려면, 입사 광자는 정확히 두 준위 사이 에너지 차와 같은 에너지 $E_i - E_f$를 가져야 한다. 유도 방출은 공명 과정과 비슷하다. 특별히 민감한 진동수의 입사 광자가 전자를 '요동' 치게 하고, 에너지 준위 사이에서 변화를 발생시킨다. 이 진동수는 식 30.4에 의해 $f = (E_i - E_f)/h$가 된다. 레이저의 작동은 유도 방출에 의존한다.

유도 방출은 세 가지 중요한 특징이 있다. 먼저, 그림 30.21(b)에 보인 것처럼 광자 하나가 들어가서 두 개의 광자가 나온다. 이 과정은 광자수를 증폭시킨다. 실제로 'laser' 는 **l**ight **a**mplification by the **s**timulated **e**mission of **r**adiation의 약자이다. 둘째, 방출된 광자는 입사 광자와 같은 방향으로 이동한다. 셋째, 방출된 광자는 입사 광자와 정확히 같은 위상을 갖는다. 달리 말하자면, 두 광자가 나타내는 두 전자기파는 가간섭성이 있다. 반면, 백열등 필라멘트에서 방출하는 두 광자는 서로 무관하게 방출된다. 광자 하나가 다른 광자의 방출을 자극하지 않으므로 가간섭성이 없다.

유도 방출이 레이저에서 중추적 역할을 하나, 다른 요인 역시 중요하다. 예를 들면 외부의 에너지원이 에너지를 계속 공급해야만 전자들을 더 높은 에너지 준위로 올릴 수 있다. 에너지는 여러 방법으로 제공되는데, 빛의 섬광이나 고전압 방전 등이 그 예이다. 만일 충분한 에너지가 원자에 전달되면, 더 많은 전자가 낮은 준위에 남아 있기 보다는 높은 에너지 준위로 올라가게 되는데 이것을 **밀도 반전**(population inversion) 상태라고 부른다. 그림 30.22는 두 에너지 준위에서의 정상적인 분포와 밀도 반전 상태를 비교한 것이다. 레이저에서 사용되는 밀도 반전을 일으키려면 반드시 상대적으로 에너지 준위가 높은 **준안정**(metastable) 상태가 있어야 된다. 준안정 상태에는, 일반적인 들뜬 상태에 전자들이 머무는 시간(10^{-8}초 정도)보다 훨씬 긴 시간(10^{-3}초 정도)동안 전자들이 머물 수 있다.

그림 30.23은 널리 사용하는 헬륨-네온 레이저이다. 저진공의 유리관 내에 헬륨 15 %와 네온 85 %의 혼합물을 넣은 후 고전압을 걸어서 방전시키면 밀도 반전을 얻을 수 있다. 원자가 자발적인 방출을 거쳐서 방전관의 축과 평행하게 광자를 방출할 때 레이저의 발진 과정이 시작된다. 이때 광자는 유도 방출을 거쳐서 다른 원자가 방전관 축에 평행하게 두 개의 광자를 방출하도록 한다. 또 다시 이 두 광자는 두 원자를 자극하여 네 개의 광자를 만든다. 또 네 개는 여덟 개를 만들어서 폭발적으로 계속적인 유도 방출을 하게 된다. 보다 효율적인 레이저 동작을 위해서 방전관 한 끝은 금이나 은 등으로 도금하여 광자를 헬륨-네온 혼합물에서 앞뒤로 계속 반사시킬 수 있는 거울을 만든다. 그러나 한 끝은 광자가 일부 투과할 수 있는 부분 반사 거울로 만들어서 광자들이 일부 방전관을 탈출하여 레이저 빔을 형성하도록 한다. 유도 방출이 오로지 두 에너지 준위만 포함한다면, 레이저 빔은 단일 진동수, 단일 파장을 갖는 단색광이 된다.

레이저 빔은 예외적으로 가늘기도 하다. 두께는 빔이 통과해 나가는 출구의 크기로 결정되고 출구 가장자리에서 일어나는 회절 때문에 퍼지는 것 말고는 거의 퍼지지 않는다.

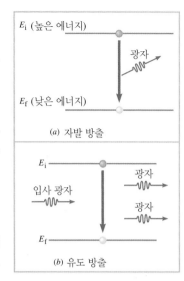

그림 30.21 (a) 전자(●)가 높은 준위에서 낮은 준위로 외부의 자극 없이 전이할 때 광자의 자발적 방출이 일어나고 광자는 아무 방향으로나 진행한다. (b) 꼭 맞는 에너지를 가진 입사 광자가 전자의 에너지 준위 변화를 유도할 때, 광자의 유도 방출이 일어나고, 방출되는 광자는 입사 광자와 같은 방향으로 나간다.

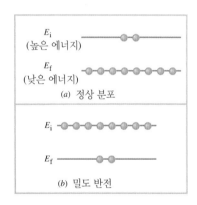

그림 30.22 (a) 상온의 정상적인 환경에서, 원자 내 대부분의 전자들은 낮은 에너지 준위, 즉 바닥 상태에서 발견된다. (b) 외부 에너지원에 의해 전자들이 높은 에너지 준위로 올라가면 더 많은 전자들이 낮은 에너지보다는 높은 에너지 준위에 있는 밀도 반전이 일어난다.

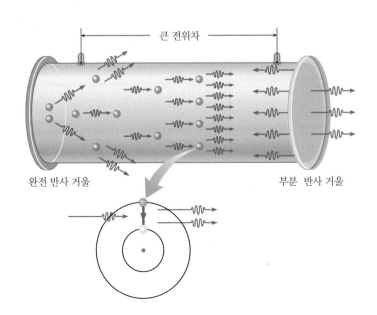

그림 30.23 헬륨-네온 레이저의 그림. 확대된 그림은 네온 원자에서 높은 준위에 있던 전자가 낮은 준위로 이동하도록 유도됐을 때 일어나는 유도 방출을 보인다.

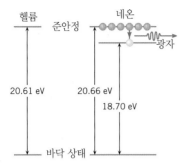

그림 30.24 헬륨-네온 레이저의 동작과 관련된 에너지 준위

레이저 빔이 많이 퍼지지 않는 이유는 방전관의 축에 대해 각도를 가지고 방출된 광자는 은도금된 끝에서 관의 벽 쪽으로 반사되기 때문이다(그림 30.23 참조). 끝단의 거울 면들은 방전관의 축에 정확하게 수직이어야 된다. 레이저 빔에서 모든 출력은 좁은 영역에 집중될 수 있으므로, 빔의 세기, 즉 단위 면적당 일률은 상당히 커진다.

그림 30.24는 헬륨-네온 레이저의 동작에 관련된 에너지 준위들을 보인다. 우연하게, 헬륨과 네온은 거의 동일한 준안정 에너지 상태를 가진다. 각각 바닥 상태로부터 20.61 eV와 20.66 eV 위에 위치한다. 기체 혼합물에서 고전압 방전은 헬륨 원자에 있는 전자들을 20.61 eV 준위로 들뜨게 하고, 들뜬 헬륨 원자가 네온 원자와 비탄성 충돌해서 이 20.61 eV의 에너지와 원자의 운동 에너지로부터 0.05 eV를 네온 원자에 있는 전자에게 준다. 그 결과 네온에 있는 전자는 20.66 eV 상태로 올라간다. 이런 방식으로 네온에서 바닥 상태 보다 18.70 eV 높은 에너지 준위에 상대적으로 밀도 반전이 지속된다. 레이저빔을 낼 때, 유도 방출을 하면서 네온의 전자들은 20.66 eV 준위에서 18.70 eV 준위로 떨어진다. 이 두 에너지의 차 1.96 eV를 가지는 광자는 파장이 633 nm로 가시광선 빨간색 영역에 해당한다.

헬륨-네온 레이저 외에도 여러 종류의 레이저가 있는데, 루비 레이저, 아르곤-이온 레이저, 이산화탄소 레이저, 비소화갈륨 반도체 레이저, 화학 염료 레이저 등이다. 이 종류와 레이저의 작동이 연속적인지 펄스형인지에 따라 빔의 출력이 밀리와트에서 메가와트로 달라진다. 레이저는 밝고, 좁은 빔에 집중된 조화 단색광 전자기파를 제공하므로, 다양한 상황에서 유용하다. 오늘날, 레이저는 CD 플레이어에서 음악을 재생하는 데, 자동차틀의 부분들을 서로 용접하는 데, 측량할 때 정확한 거리를 재는데, 전화나 다른 형태의 장거리 통신에, 분자의 구조를 연구하는 데에도 쓰인다.

 연습 문제

주의: 다음 문제들을 푸는 데 있어 상대적인 효과는 무시한다.

30.1 러더퍼드 산란과 핵원자

1(1) 수소 원자의 핵은 1×10^{-15} m 정도의 반지름을 갖는다. 전자는 핵으로부터 보통 5.3×10^{-11} m의 거리에 있다. 수소 원자가 반지름 5.3×10^{-11} m인 구일 때, (a) 원자의 부피, (b) 핵의 부피, (c) 원자 속에서 핵이 차지한 부피의 백분율을 구하라.

2(3) 수소 원자의 핵은 양성자 한 개로 약 1×10^{-15} m의 반지름을 가지고 있다. 수소 원자 내 단일 전자는 5.3×10^{-11} m의 거리에서 핵 주변을 궤도 운동한다. 전체 수소 원자의 밀도에 대한 수소 핵의 밀도의 비를 구하라.

3(4) 러더퍼드 산란 실험에서 표적 핵의 반지름은 1.4×10^{-14} m이다. 입사하는 α 입자의 질량은 6.64×10^{-27} kg 이다. 표적 핵의 반지름과 같은 드브로이 파장을 가지는 α 입자의 운동 에너지는 얼마인가? 상대적 효과는 무시한다.

* 4(5) 구리 원자의 핵에는 29개의 양성자가 있고 핵의 반지름은 4.8×10^{-15} m이다. 양성자 하나를 정지 상태에 있던 무한히 먼 곳에서 구리 핵의 표면으로 가져올 때, 전기력이 한 일은 얼마인가?

*5(6) 원자의 핵에 Z 양성자가 있다. 여기서 Z는 원소의 원자수이다. α 입자는 $+2e$의 전하를 운반한다. 산란 실험에서, 금박에서 핵의 정면으로 쏜 α 입자는 모든 입자의 운동 에너지가 전기 위치 에너지로 전환될 때 정지될 것이다. 그러한 상황에서 5.0×10^{-13} J의 운동 에너지를 갖는 α 입자는 금 핵($Z = 79$)에 얼마나 접근하는가?

30.2 선스펙트럼
30.3 수소 원자의 보어 모형

6(7) 전자기 복사를 이용해서 원자들을 이온화시킬 수 있다. 그러려면, 원자들은 복사를 흡수하고, 그 복사의 광자들은 원자에서 전자를 제거하기에 충분한 에너지를 가져야만 한

다. 바닥 상태 수소 원자를 이온화시킬 수 있는 복사의 파장 중에서 가장 긴 파장은 얼마인가?

7(9) 수소 원자의 선스펙트럼에는 푼트 계열이라고 부르는 선들이 있다. 전자들이 높은 에너지 준위로 들뜰 때 만들어지는데, 이 선들은 전자가 $n = 5$ 준위로 전이할 때 볼 수 있다. 이 계열에서 (a) 가장 긴 파장, (b) 가장 짧은 파장을 구하라. (c) 그림 24.9를 참고하고 이 선들을 어느 전자기 스펙트럼 영역에서 볼 수 있는지 밝혀라.

8(10) 1가로 이온화된 헬륨 원자(He⁺)는 핵에 대해 궤도에 단지 전자가 한 개이다. 두 번째 들뜸 상태일 때 이온의 반지름은 얼마인가?

9(11) 2가로 이온화된 리튬 원자 Li^{2+} $(Z = 3)$에 대해 전자가 수소 원자 바닥 상태의 전자와 같은 총 에너지를 가질 수 있는 상태의 주양자수는 무엇인가?

10(12) 수소 원자에서 궤도 B의 반지름은 궤도 A의 반지름보다 16배나 크다. 궤도 A에서 전자의 전체 에너지는 -3.40 eV 이다. 궤도 B에서 전자의 전체 에너지는 얼마인가?

11(13) 보어의 에너지 식(식 30.13)을 1가로 이온화된 헬륨 $He^+ (Z = 2)$과 2가로 이온화된 리튬 $Li^{2+} (Z = 3)$에 적용하여 고려해 보자. 이 식에 의하면 이 두 이온의 전자 에너지가 어떤 주양자수 n 값들에서 서로 같아질 수 있다는 것을 말한다. 주양자수가 9 이하인 경우만 고려할 때, 헬륨 에너지 준위 중에서 리튬 에너지 준위 중 하나와 같아지는 에너지 값 (eV 단위) 중 가장 낮은 것부터 세 개를 구하라.

12(14) 수소 원자가 바닥 상태에 있다. 에너지를 흡수하여 $n = 3$ 인 들뜸 상태로 전이하도록 한다. 원자는 두 광자를 방출해서 바닥 상태로 돌아온다. 이때 파장은 얼마인가?

*13(15) 고전압의 방전관 안에 있는 수소 원자가 410.2 nm의 파장의 복사를 방출한다. 이 파장을 만들 수 있는 에너지 전이에서 처음과 나중에 해당하는 준위의 n 값들은 얼마인가?

*14(16) 2가로 이온화된 리튬 $Li^{2+} (Z = 3)$와 3가로 이온화된 베릴륨 $Be^{3+} (Z = 4)$가 선 스펙트럼으로 방출한다. 리튬 스펙트럼에서 어떤 선의 계열에 대해 가장 짧은 파장은 40.5 nm 이다. 베릴륨에서 선의 같은 계열에 대한 가장 짧은 파장은 얼마인가?

*15(17) 보어 모형을 헬륨 이온 $He^+ (Z = 2)$에 적용시킬 수 있다. 이 모형을 이용해서 전자가 높은 에너지 준위에서 $n_f = 4$ 인 준위로 전이할 때 생기는 선스펙트럼들을 고려해 보자. 이 계열에서 몇 개의 선은 가시광선 영역(380~750 nm)에 있다. 전자가 이 선스펙트럼에 해당하는 전이를 한다면 처음 에너지 준위의 n 값들은 얼마인가?

*16(18) 수소 원자는 운동량의 크기가 5.452×10^{-27} kg·m/s인

광자를 방출한다. 이 광자는 원자에서 전자가 높은 준위에서 $n = 1$ 준위로 떨어지기 때문에 방출한다. 떨어지는 전자 준위의 주양자수 n을 구하라. 플랑크 상수는 6.626×10^{-34} J·s를 이용하라.

*17(19) 회절 격자는 수소 원자의 발머 계열의 파장들을 분리시키는 데 처음 사용되었다(27.7절에서 회절 격자에 대해 논의했다). 격자와 관측 스크린(그림 27.27 참조)이 81.0 cm 거리를 두고 있다. θ가 작아서 $\sin \theta \approx \theta$를 θ라고 근사할 수 있다고 가정한다. 이 계열에서 가장 긴 파장과 그 다음 파장이 스크린에서 3 cm만큼 벌어지려면, 격자는 센티미터당 몇 개의 선이 있어야 하는가?

30.5 수소 원자의 양자역학

18(21) 원자 내 전자의 주양자수가 $n = 6$이고 자기 양자수가 $m_\ell = 2$이다. 궤도 양자수 ℓ로 가능한 값들은 어떤 것들인가?

19(22) 수소 원자가 두 번째 들뜬 상태에 있다. 양자역학에 대해 (a) 원자의 전체 에너지(eV), (b) 전자가 이 상태에서 가질 수 있는 최대 각운동량의 크기와 (c) 이 상태에서 허용되는 각운동량의 z성분 L_z의 최댓값을 구하라.

20(23) 수소 원자에서 전자의 궤도 양자수가 $\ell = 5$이다. 이 전자의 총 에너지로 가능한 값 중 가장 작은 값은 eV 단위로 얼마인가?

21(24) 자기 양자수 m_l이 $-4, -3, -2, -1, 0, +1, +2, +3, +4$에 대해 가능한 값을 알고 있다. 궤도 양자수와 주양자수의 가능한 값을 구하라.

*22(25) 수소 원자에서 전자의 총 궤도 각운동량의 크기가 $L = 3.66 \times 10^{-34}$ J·s이다. 원자의 양자역학적 관점에서 어떤 값들이 각운동량 성분 L_z가 될 수 있는가?

**23(27) 한 전자가 $n = 5$인 상태에 있다. 궤도 각운동량의 z성분과 궤도 각운동량 사이 각에 대한 가장 작은 가능한 값은 얼마인가?

30.6 파울리 배타 원리와 원소 주기율표

24(28) 리튬 원자에서 3개 전자 중 2개는 $n = 1$, $\ell = 0$, $m_\ell = 0$, $m_s = +\frac{1}{2}$와 $n = 1$, $\ell = 0$, $m_\ell = 0$, $m_s = -\frac{1}{2}$의 양자수를 갖는다. 만일 원자가 (a) 바닥 상태와 (b) 첫 번째 들뜬 상태라면 세 번째 전자는 어떤 양자수를 가지는가?

25(29) 표 30.3에 나타낸 방식으로 망간 $Mn(Z = 25)$의 바닥 상태 전자 배치를 적어라. 버금 껍질이 채워지는 순서는 그림 30.15를 참고한다.

26(31) 전자가 원자의 에너지 준위들 사이에서 전이를 할 때, 주양

자수 n의 처음값과 나중값에는 제한이 없다. 그러나 양자역학에 따르면, 궤도 양자수 ℓ의 처음값과 나중값을 제한하는 규칙이 있다. 이를 선택 규칙(selection rule)이라고 하고, $\Delta\ell = \pm 1$로 나타낸다. 다시 말해서 전자가 에너지 준위들 사이에서 전이를 할 때, ℓ값은 오직 하나씩 늘거나 준다. ℓ값이 변하지 않거나 1보다 크게 늘거나 줄지는 않는다. 이 규칙에 따라 허용되는 에너지 전이는 다음 중 어느 것인가?

(a) 2s → 1s   (b) 2p → 1s   (c) 4p → 2p

(d) 4s → 2p   (e) 3d → 3s

*27(32) d 버금 껍질에서와 같이 s 버금 껍질에서도 같은 전자의 수를 포함하는 가장 작은 원자 번호를 갖는 원자는 무엇인가? 버금 껍질이 채워지는 순서는 그림 30.15를 참고한다.

30.7 X선

28(33) 몰리브덴의 원자 번호는 $Z = 42$이다. 보어 모형을 써서 K_α X선의 파장을 계산하라.

29(34) 납의 원자 번호는 $Z = 82$이다. 보어 모형에 따라 K_α X선 광자의 에너지(J)는 얼마인가?

30(35) 52.0 kV의 전위차에서 작동되는 X선관이 있다. 전자가 관 안에서 금속 표적에 충돌하여 운동 에너지의 35.0 %에 해당하는 제동 복사 파장은 얼마인가?

31(36) 텅스텐에 대한 K_β 특성 X선의 파장이 1.84×10^{-11} m 이다. 이 선을 일으킬 두 에너지 준위 사이의 에너지 차는 얼마

인가? (a) J과 (b) eV 단위로 답하라.

*32(37) X선관에 은($Z = 47$) 표적이 들어 있다. X선관에 걸린 고전압은 0에서부터 증가된 것이다. 보어 모형을 써서 K_α X선이 X선 스펙트럼에 가까스로 나타나게 되는 전압을 구하라.

30.8 레이저

33(39) 레이저가 일련의 짧은 펄스로 빛을 방출할 때 이 펄스의 지속 시간은 25.0 ms이다. 각 펄스의 평균 출력은 5.00 mW, 빛의 파장은 633 nm이다. (a) 각 펄스의 에너지와 (b) 각 펄스에 포함된 광자수를 구하라.

34(41) 레이저는 원래의 망막으로 치료하는 눈 수술에 사용한다. 레이저 빔의 파장은 514 nm이고 일률은 1.5 W이다. 수술하는 동안, 레이저 빔은 0.050 s 동안 켜져 있다. 이 시간 동안, 레이저에서 방출되는 광자수는 얼마나 되는가?

*35(43) 태양이 에너지를 생산하는 과정은 핵융합이다. 제어되는 융합을 만드는 실험 기술은 1060 nm의 파장을 방출하는 고체 레이저를 이용하여 펄스 지속 기간 1.1×10^{-11} s 동안 1.0×10^{14} W의 출력을 낼 수 있다. 그런데 가게의 계산대 바코드 읽기에 사용하는 헬륨-네온 레이저는 633 nm의 파장인 빛으로 약 1.0×10^{-3} W의 출력을 낸다. 고체 레이저가 1.1×10^{-11} s 동안 방출하는 광자 개수를 헬륨-네온 레이저로 얻으려면 얼마나 오래 작동시켜야 하는가?

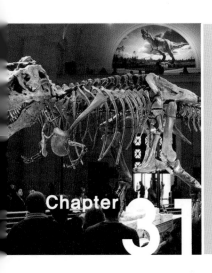

Chapter 31

핵물리와 방사능

31.1 핵의 구조

원자는 원자핵과 그 주위를 돌고 있는 전자들로 구성되어 있다. 앞 장에서 기술한 것처럼 전자 궤도는 본질적으로 양자역학적인 것이며 흥미로운 특징이 있다. 반면에 핵에 대해서는 거의 언급하지 않았다. 지금부터 핵에 대하여 자세히 알아보도록 하자.

원자핵은 중성자와 양성자로 이루어져 있으며, 이를 통틀어 **핵자**(nucleon)라고 일컫는다. **중성자**(neutron)는 1932년에 영국의 과학자 제임스 채드윅(1891~1974)에 의해 발견되었다. 중성자는 전하가 없으며 양성자보다는 질량이 조금 더 크다(표 31.1 참조).

핵 안에 있는 양성자의 수는 원소마다 다르며 그 수로 **원자 번호**(atomic number) Z가 결정된다. 전자적으로 중성인 원자는 양성자의 수와 핵주위의 전자의 수가 같다. 핵 안의 중성자의 수는 N이다. 양성자수와 중성자수의 합을 **원자 질량수**(atomic mass number) A라고 한다.

$$\underbrace{A}_{\substack{\text{양성자와 중성자의 수}\\ \text{(원자 질량수 또는 핵자수)}}} = \underbrace{Z}_{\text{양성자수(원자 번호)}} + \underbrace{N}_{\text{중성자수}} \tag{31.1}$$

핵의 총 질량은 한 개의 핵자 질량의 A배와 비슷하기 때문에 A를 **핵자수**(nucleon number)라고 부르기도 한다. 원자의 화학 기호를 쓸 때 Z와 A를 함께 표기하여 핵의 종류를 나타낼 수 있다. 예를 들어 자연에 존재하는 알루미늄 원자핵은 $A = 27$이며, 원자 번호

표 31.1 몇몇 입자의 성질

입자	전하 (C)	질량	
		질량 (kg)	원자 질량 단위 (u)
전자	-1.60×10^{-19}	$9.109\,382 \times 10^{-31}$	$5.485\,799 \times 10^{-4}$
양성자	$+1.60 \times 10^{-19}$	$1.672\,622 \times 10^{-27}$	$1.007\,276$
중성자	0	$1.674\,927 \times 10^{-27}$	$1.008\,665$
수소 원자	0	$1.673\,534 \times 10^{-27}$	$1.007\,825$

$Z=13$이므로 이 알루미늄핵은 $^{27}_{13}\text{Al}$이라고 기술할 수 있다. 이 기호에서 알루미늄핵의 중성자수 $N = A - Z = 14$임을 알 수 있다. 일반적으로 화학 기호를 X라고 하면, 그 핵의 기호는 다음과 같이 나타낸다.

양성자는 수소 원자의 핵을 이루고 있기 때문에, 양성자를 나타내기 위해서는 $^{1}_{1}\text{H}$라고 나타내며 중성자는 $^{1}_{0}\text{n}$이라고 쓴다. 전자의 경우에는 $^{0}_{-1}\text{e}$라고 쓴다. 이때 $A = 0$라고 쓰는 이유는 전자는 양성자와 중성자로 이루어져 있지 않기 때문이며 $Z = -1$인 이유는 전자가 음전하를 띠고 있기 때문이다.

원자핵 중에 양성자의 수는 같으나 중성자의 수가 다른 것을 **동위 원소**(isotope)라고 한다. 예를 들면 탄소는 자연 상태에서 2가지 안정한 형태로 존재한다.

대부분의 탄소 원자(98.9 %)는 6 개의 양성자와 6 개의 중성자를 가지고 있어 $^{12}_{6}\text{C}$라고 기술한다. 반면에 자연 상태에서 적게 존재(1.10 %)하는 탄소는 6 개의 양성자와 7 개의 중성자를 가지고 있으며 $^{13}_{6}\text{C}$라고 쓴다. 위와 같은 백분율 값들은 동위 원소의 자연 존재비이다. 주기율표에 나타나있는 원자 질량은 동위 원소의 자연 존재비를 고려한 평균적인 질량이다.

양성자와 중성자는 그림 31.1과 같이 대략적으로 구형으로 뭉쳐 있다. 이때 핵의 반지름은 원자 질량 수 A와 상관 관계가 있으며 대략적으로 나타내면

$$r \approx (1.2 \times 10^{-15}\,\text{m})A^{1/3} \tag{31.2}$$

이다. 예를 들면 알루미늄핵($A = 27$)의 반지름은 $r \approx (1.2 \times 10^{-15}\,\text{m})\,27^{1/3} = 3.6 \times 10^{-15}\,\text{m}$이다.

그림 31.1 핵은 대체로 구형(반지름 =r)이며 양성자(⊕)와 중성자(◉)들이 서로 가깝게 뭉쳐져 있다.

31.2 강한 핵력과 핵의 안정성

원자핵 내부에 가까이 위치한 두 개의 양전하는 강한 정전기력으로 서로를 밀어낸다. 그러면 어떻게 양성자들이 뿔뿔이 흩어지지 않고 핵 속에 있을 수 있는 것일까? 자연 상태에서 안정 상태의 핵을 지닌 원자들이 존재하는 것을 보면 핵자들을 붙잡고 있는 어떤 인력이 존재하는 것이다. 핵자들 사이의 중력은 전자들의 반발력을 상쇄시키기에는 너무 약하기 때문에 어떤 다른 힘이 핵을 서로 붙잡고 있는 것임에 틀림없다. 이 힘은 **강한 핵력**(strong nuclear force)이라고 하며, 이 힘은 그동안 발견된 세 가지 기본 힘 중 하나이다. 이 세 가지 기본 힘으로 자연 상태에서의 모든 힘은 설명이 가능하다. 중력과 전자기약력 역시 세 가지 기본 힘에 속한다(31.5절 참조).

핵력은 여러 가지 특징이 있다. 예를 들어 핵력은 인력이며 전하와는 관계가 없다. 두 핵자가 같은 거리만큼 떨어져 있다면, 두 양성자 사이, 또는 두 중성자 사이, 양성자와 중

성자 사이의 핵력은 거의 같다. 핵력이 미치는 범위는 극히 짧다. 두 핵자가 10^{-15} m 이내로 떨어져 있을 때는 핵력이 매우 크며, 그보다 더 떨어져 있을 때는 거의 0이 된다. 대조적으로 두 양성자간 정전기력은 거리가 멀어짐에 따라 점차적으로 0에 가까워지지만 상대적으로 미치는 범위가 넓은 편이다.

핵력이 미치는 범위가 좁다는 사실은 핵의 안정에 관련해서 중요한 의미가 있다. 핵이 안정하기 위해서는 이 양성자 사이의 정전기적 반발력과 균형을 이룰 만큼 핵자 사이의 인력이 강해야 한다. 그런데 정전기력이 미치는 범위가 넓기 때문에 한 양성자가 핵 안에 있는 다른 양성자들을 밀기도 한다. 반면, 양성자 또는 중성자는 핵력을 통해서 가장 인접해 있는 것만 끌어당긴다. 안정성이 유지되려면 양성자의 수 Z 가 커짐에 따라 중성자의 수 N 은 보다 더 커져야 한다. 그림 31.2는 안정된 핵에서 Z 에 대한 N 을 나타내는 그림이며, 참고로 도표에 $N = Z$ 인 직선이 그려져 있다. 거의 예외 없이 안정적인 핵을 나타내는 점들은 기준선보다 위에 위치하고 있다. 이는 원자 번호 Z 가 증가함에 따라 중성자의 수가 양성자의 수보다 많아짐을 의미한다.

핵에서 양성자가 아주 많을 때는 중성자가 아무리 많아도 핵이 안정하지 않다. 제일 가까운 이웃 핵자들 사이에만 강한 핵력이 주로 영향을 미치므로, 과잉 중성자들에 의해서도 서로 떨어진 양성자들 사이에도 작용하는 반발하는 전기력과 균형을 유지하지 못한다. 양성자의 수가 가장 많은($Z = 83$) 안정적인 핵은 126 개의 중성자를 가진 $^{209}_{83}$Bi이다. 83 개가 넘는 양성자수를 가진 핵은 (예를 들면 우라늄, $Z = 92$) 안정적이지 않아서 자연적으로 핵자들의 일부가 떨어져 나가거나 시간이 지나면서 내부 구조가 재배열된다. 이런 자발적인 붕괴 또는 내부적 재배열은 **방사능**(radioactivity)이라고 불리며, 1896년에 프랑스 물리학자 앙리 베크렐(1852~1908)에 의해 발견되었다. 31.4절에서 방사능에 대해 더 자세히 다룰 것이다.

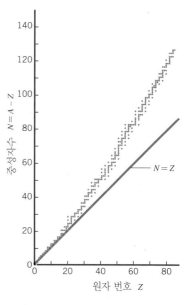

그림 31.2 자연 상태에서 안정한 핵은 중성자수가 양성자의 수와 같거나 그보다 많다. 도표의 점들은 안정한 핵을 나타낸 것이다.

31.3 핵의 질량 결손과 핵의 결합 에너지

안정된 핵 속의 핵자들은 강한 핵력에 의해서 서로 강하게 결합하고 있다. 그러므로 핵을 구성하고 있는 중성자와 양성자를 분리시키려면 그림 31.3에서 보듯이 에너지가 필요하다. 안정한 핵일수록 분리하는 데 더 많은 에너지가 필요하다. 이때 필요한 에너지를 핵의 **결합 에너지**(binding energy)라고 한다.

핵의 결합 에너지에 대해 알아보기 위해서는 질량(4.2절)과 정지 에너지(28.6절)란 개념을 상기해야 한다. 아인슈타인의 특수 상대성 이론에서 질량과 에너지는 등가이다. 질량계에서 질량의 변화가 Δm 일 때 정지 에너지의 변화량은 $\Delta E_0 = (\Delta m)c^2$이다. 여기서 물론 c 는 진공에서 빛의 속도이다. 따라서 그림 31.3에서 보듯이 핵을 분리하는 데 결합 에너지만큼 에너지를 주면, 그 에너지들은 분리된 각각의 핵자의 질량 증가로 나타난다. 즉 분리된 양성자와 중성자의 질량의 합이 안정된 핵의 질량보다 Δm 만큼 크다. 이때 Δm 을 핵의 **질량 결손**(mass defect)이라고 한다.

예제 31.1에서 보듯이 핵의 결합 에너지는 식 31.3에 의해 질량 결손을 사용하여 구할 수 있다.

그림 31.3 '결합 에너지'는 핵을, 구성 입자들인 양성자들과 중성자들로 쪼개서 서로 떨어지게 하는 데 필요한 에너지이다. 분리된 핵자들은 정지하고 있으며 다른 핵자들의 핵력의 범위에서 벗어나 있다.

$$결합 에너지 = (질량 결손)c^2 = (\Delta m)c^2 \qquad (31.3)$$

예제 31.1 | **헬륨핵의 결합 에너지**

가장 많이 존재하는 헬륨의 동위 원소 $^4_2$He의 질량은 6.6447×10^{-27} kg이다. 이 핵의 (a) 질량 결손, (b) 결합 에너지를 구하라.

살펴보기 $^4_2$He라는 기호는 헬륨핵이 $Z = 2$개의 양성자와 $N = 4 - 2 = 2$개의 중성자를 갖고 있음을 말해준다. 질량 결손 Δm을 구하기 위해서는 분리된 개별의 양성자와 중성자의 질량의 합을 구해야 한다. 그런 다음 $^4_2$He핵의 질량을 뺀다. 그리고 식 31.3을 사용하여 Δm 값으로부터 결합 에너지를 계산하면 된다.

풀이 (a) 표 31.1의 데이터를 가지고 핵자들이 서로 떨어져 있을 때의 질량의 합을 계산할 수 있다.

$$\underbrace{2(1.6726 \times 10^{-27} \text{ kg})}_{\text{2개의 양성자}} + \underbrace{2(1.6749 \times 10^{-27} \text{ kg})}_{\text{2개의 중성자}}$$

$$= 6.6950 \times 10^{-27} \text{ kg}$$

이 값은 $^4_2$He의 질량보다 크다. 질량 결손은 다음과 같다.

$$\Delta m = 6.6950 \times 10^{-27} \text{ kg} - 6.6447 \times 10^{-27} \text{ kg}$$

$$= \boxed{0.0503 \times 10^{-27} \text{ kg}}$$

(b) 식 31.3에 의해 결합 에너지는 다음과 같다.

$$\text{결합 에너지} = (\Delta m)c^2$$
$$= (0.0503 \times 10^{-27} \text{ kg})(3.00 \times 10^8 \text{ m/s})^2$$
$$= 4.53 \times 10^{-12} \text{ J}$$

일반적으로 결합 에너지는 줄(J) 대신에 전자볼트(eV) 단위로 표현한다($1 \text{ eV} = 1.60 \times 10^{-19}$ J).

$$\text{결합 에너지} = (4.53 \times 10^{-12} \text{ J})\left(\frac{1 \text{ eV}}{1.60 \times 10^{-19} \text{ J}}\right)$$

$$= 2.83 \times 10^7 \text{ eV} = \boxed{28.3 \text{ MeV}}$$

이 결과에서는 백만 전자볼트를 MeV로 나타내었다. 28.3 MeV 라는 값은 한 원자에서 궤도 전자 한 개를 제거하는 데 필요한 에너지의 200만 배 이상이다.

예제 31.1과 같은 계산에서는 통상적으로 킬로그램(kg) 대신에 **원자 질량 단위**(atomic mass unit, u)를 쓴다. 14.1절에서 설명하였듯이, 원자 질량 단위는 탄소 $^{12}_6$C 원자 질량의 1/12이다. 이 단위로 $^{12}_6$C 원자의 질량은 정확하게 12 u이다. 표 31.1에서 전자, 양성자, 중성자의 질량을 원자 질량 단위로도 표현할 수 있다. 앞으로 할 계산에서는 양성자의 질량이 1.6726×10^{-27} kg 혹은 1.0073 u인 것을 이용하여 원자 질량을 구할 수 있다.

$$1 \text{ u} = (1 \text{ u})\left(\frac{1.6726 \times 10^{-27} \text{ kg}}{1.0073 \text{ u}}\right) = 1.6605 \times 10^{-27} \text{ kg}$$

그리고 1 u와 등가인 에너지는 다음과 같다.

$$\Delta E_0 = (\Delta m)c^2 = (1.6605 \times 10^{-27} \text{ kg})(2.9979 \times 10^8 \text{ m/s})^2$$
$$= 1.4924 \times 10^{-10} \text{ J}$$

그러므로 질량 단위를 전자볼트 단위로 환원하면 다음과 같다.

$$1 \text{ u} = (1.4924 \times 10^{-10} \text{ J})\left(\frac{1 \text{ eV}}{1.6022 \times 10^{-19} \text{ J}}\right)$$
$$= 9.315 \times 10^8 \text{ eV} = 931.5 \text{ MeV}$$

동위 원소 표에서 질량은 원자 질량 단위로 나타낸다. 하지만 전형적으로 주어지는 질량은 핵의 질량이 아니라 원자 질량, 즉 궤도 전자의 질량을 포함한 중성 원자의 질량이다. 예제 31.2에서는 $^4_2$He를 다시 다루면서, 결합 에너지를 구하기 위해 데이터를 사용할 때 궤도 전자의 질량에 의한 효과를 어떻게 고려하는지 보여주고 있다.

예제 31.2 | 헬륨핵의 결합 에너지

$^4_2$He의 원자 질량은 4.0026 u이고 $^1_1$H의 원자 질량은 1.0078 u이다. 킬로그램 단위 대신에 원자 질량 단위를 써서 $^4_2$He핵의 결합 에너지를 구하라.

살펴보기 결합 에너지를 구하기 위해서는 원자 질량단위로 질량 결손을 구하고 1 u가 931.5 MeV만큼의 에너지라는 사실을 사용한다. $^4_2$He의 질량 4.0026 u는 중성을 띠고 있는 헬륨 원자의 전자 2개의 질량을 포함하고 있다. 질량 결손을 구하기 위해서는 전자의 질량을 포함한 각각의 핵자의 질량의 합에서 4.0026 u를 빼야 한다. 그림 31.4와 같이 2개의 양성자의 질량

대신에 두 개의 수소 원자 질량이 사용된다면 전자의 질량도 포함될 것이다. $^1_1$H 수소 원자의 질량은 표 31.1에서 볼 수 있듯이 1.0078 u이며 중성자의 질량은 1.0087 u이다.

풀이 각각의 질량의 합은 다음과 같다.

$$2(1.0078\ u) + 2(1.0087\ u) = 4.0330\ u$$

수소 원자 2개, 중성자 2개

질량 결손은 $\Delta m = 4.0330\ u - 4.0026\ u = 0.0304\ u$ 이다. 1 u는 931.5 MeV와 같기 때문에 결합 에너지는 예제 31.1에서 얻었던 결과와 마찬가지로 28.3 MeV 이다.

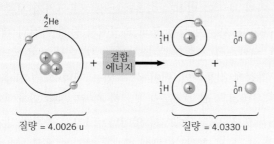

그림 31.4 데이터 표들 속에서는 일반적으로 핵의 질량보다는 중성인 원자의 질량(궤도 전자 포함)이 나타나 있다. 핵의 질량 결손을 구하고자 할 때는 그림의 헬륨 동위 원소 $^4_2$H의 예와 같이 궤도 전자의 질량을 고려해야 한다(예제 31.2 참조).

핵의 종류에 따라 핵의 결합 에너지가 어떻게 다른지 알아보기 위해서는 단위 핵자당 결합 에너지를 비교하는 것이 필요하다. 그림 31.5에 그린 그래프는 핵자수 A에 대하여 핵자당 결합 에너지를 나타낸다. 이 그래프에서 뾰족하게 솟아있는 헬륨의 동위 원소 $^4_2$He의 봉우리는 $^4_2$He핵이 특히 안정함을 말해준다. 핵자당 결합 에너지는 조금씩 증가하여 핵자수가 약 $A = 60$에서 대략 핵자당 8.7 MeV 정도로 최댓값을 갖는다. 핵자수가 그 이상으로 커지면 핵자당 결합 에너지는 점차 줄어든다. 비스무트 $^{209}_{83}$Bi핵보다 더 커지게 되면 핵을 묶어둘 만큼의 결합 에너지에 미치지 못하게 되어 불안정해지며 방사성을 가지게 된다.

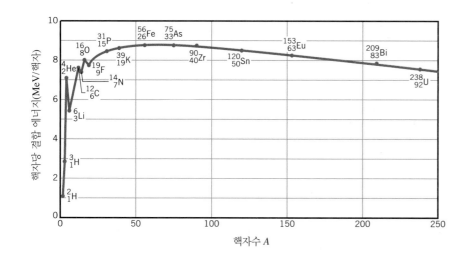

그림 31.5 핵자수 A에 대한 핵자당 결합 에너지

31.4 방사능

불안정하며 방사성을 가진 핵자들이 자발적으로 붕괴할 때 어떤 입자나 고에너지 광자가 방출된다. 이런 입자나 광자를 '선(ray)'이라고 부른다. 자연 상태에서 일어나는 방사능에서는 α 선(α ray), β 선(β ray), γ 선(γ ray)의 세 종류의 방사선이 방출된다. 이는 그리스 알파벳에서 앞의 세 글자를 따온 것으로 알파(alpha), 베타(beta), 감마(gamma)라고 읽으며, 물질을 잘 투과하는 정도를 나타낸다. α 선의 투과능이 가장 나빠서 얇은 납판(≈ 0.01 mm) 정도로도 차단되며, β 선은 보다 두꺼운 납판(≈ 0.1 mm)을 투과할 수 있다. γ 선은 가장 투과능이 좋으며 두꺼운 납(≈ 100 mm)도 투과할 수 있다.

핵붕괴 과정에서 방출되는 α, β, γ 선도 물론 이전 단원에서 배운 물리학의 법칙들을 따른다. 어떤 과정 동안에 변하지 않는, 즉 보존되는 성질(질량/에너지, 전하, 운동량, 각운동량)을 다루는 여러 가지 보존의 법칙을 떠올려보자. 처음 4가지 보존 법칙에 5번째, 핵자수 보존 법칙이 추가된다. 모든 방사능 붕괴 과정에서 붕괴 이전의 핵자수(양성자와 중성자의 합)와 붕괴 후 핵자수가 같음을 볼 수 있다. 그러므로 핵자수는 핵붕괴 과정에서 보존된다. 핵의 붕괴 과정에 적용하면, 핵이 갖고 있는 에너지, 전하, 운동량, 각운동량과 핵자수는 α, β, γ 선을 동반하는 핵 파편들로 붕괴한 후에도 보존되어야 한다.

비교적 간단한 실험으로 자연 상태에서 일어나는 3가지 종류의 방사능을 관찰할 수 있다. 조그만 구멍이 뚫린 납 실린더의 바닥에 방사능 물질을 조금 넣는다. 실린더는 그림 31.6과 같이 진공 상자에 넣는다. 자기장은 종이 면에 수직인 방향으로 걸어주고 구멍의 오른편에 사진 건판을 설치한다. 사진 건판을 현상하면 물질 안의 핵방사능과 관련된 3가지 점이 나타난다. 자기장에서 휘어지는 입자는 전기적인 성질을 띠고 있으므로 이 실험에서 2 종류의 방사선(α와 β 선)은 전하를 띤 입자이며 반면에 세 번째 종류(γ 선)는 그렇지 않음을 알 수 있다.

α 붕괴

핵붕괴가 일어날 때 α 선을 생성하는 과정을 **알파 붕괴**(α decay)라고 한다. 실험 결과 α 선은 양전하를 띤 입자이며 헬륨 $^4_2$He핵이다. 따라서 α 입자는 $+2e$의 전하를 가지고 있으며 핵자수 $A = 4$이다. 그림 31.5에서 보았듯이 $^4_2$He핵이 2개의 양성자와 2개의 중성자로 안정된 상태이기 때문에 더 큰 핵자수를 갖는 불안정한 핵에서 α 입자가 방출되는 것은 당연하다.

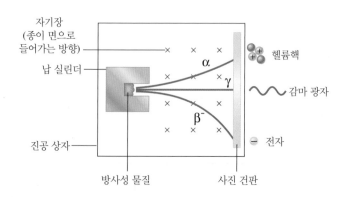

그림 31.6 α와 β 선은 자기장에서 운동하면서 휘어지므로 전하로 이루어져 있다. γ 선은 자기장에서 휘어지지 않으므로 중성이다.

그림 31.7은 α붕괴의 한 예를 보여주고 있다.

$$^{238}_{92}\text{U} \longrightarrow \,^{234}_{90}\text{Th} + \,^{4}_{2}\text{He}$$

어미핵   딸핵 α입자
(우라늄)   (토륨)   (헬륨핵)

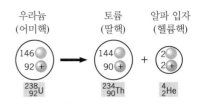

그림 31.7 α붕괴는 불안정한 핵이 α 입자를 방출하고 다른 딸핵으로 변환할 때 일어난다.

원래의 핵을 어미핵(parent nucleus, P)이라고 하며, 붕괴 후 남는 핵을 딸핵(daughter nucleus, D)이라고 한다. α입자를 방출하면, 우라늄 $^{238}_{92}\text{U}$는 토륨의 한 동위 원소인 $^{234}_{90}\text{Th}$으로 전환된다. 어미핵과 딸핵은 다르다. 그래서 α붕괴는 한 원소를 다른 것으로 바꾸기 때문에 **핵변환**(transmutation)의 한 과정으로 잘 알려져 있다.

전하는 α붕괴가 일어나는 동안에도 보존된다. 예를 들면 그림 31.7에서 우라늄의 92개의 양성자 중에서 90개는 토륨에 있으며 나머지 2개는 α입자가 가져간다. 하지만 총수는 92개로 변함이 없다. 또한 붕괴 이전의 핵자수(238)는 이후(234 + 4)에도 같으며 α붕괴 과정에서 핵자수도 보존된다. 전하와 핵자수가 보존되는 α붕괴의 일반적 형식은 다음과 같다.

α붕괴 $^{A}_{Z}\text{P} \longrightarrow \,^{A-4}_{Z-2}\text{D} + \,^{4}_{2}\text{He}$

어미핵   딸핵 α입자(헬륨핵)

핵이 α입자를 방출했을 때 동시에 에너지도 방출한다. 사실 방사성 붕괴에 의해 방출된 에너지는 지구 내부를 뜨겁게 하여 어떤 부분을 용융시키는 데 쓰이는 에너지의 일부이다. 다음 예제는 α붕괴에서 나오는 에너지를 구하는 데 질량과 에너지 보존 법칙을 어떻게 사용하는지 보여준다.

예제 31.3 │ α붕괴와 에너지 방출

우라늄 $^{238}_{92}\text{U}$의 원자 질량은 238.0508 u이며, 토륨 $^{234}_{90}\text{Th}$은 234.0436 u, α입자 $^{4}_{2}\text{He}$의 입자는 4.0026 u이다. α붕괴에 의해 $^{238}_{92}\text{U}$가 $^{234}_{90}\text{Th}$으로 전환될 때 방출되는 에너지를 구해보자.

살펴보기 붕괴하면서 방출하는 에너지로 인해서 딸핵인 $^{234}_{90}\text{Th}$와 α입자의 질량을 더한 것이 어미핵인 $^{238}_{92}\text{U}$의 질량보다 적다. 이 질량 차가 방출되는 에너지와 값이 같다. 원자 질량 단위로 질량차를 구하고 1 u가 931.5 MeV인 사실을 이용하여 에너지를 구해보자.

풀이 붕괴 과정과 질량은 다음과 같다.

$$^{238}_{92}\text{U} \longrightarrow \,^{234}_{90}\text{Th} + \,^{4}_{2}\text{He}$$

238.0508 u   234.0436 u   4.0026 u

238.0462 u

질량은 238.0508 u − 238.0462 u = 0.0046 u만큼 감소한다. 여기서 질량은 원자 질량과 궤도 전자의 질량을 합한 값이다. 하지만 여기서 이것이 오류를 발생시키지 않는다. 왜냐하면 $^{238}_{92}\text{U}$의 질량에 전자들의 질량도 포함되어 있고 $^{234}_{90}\text{Th}$와 $^{4}_{2}\text{He}$의 질량에도 같은 수의 전자들의 질량이 포함되어 있기 때문이다. 1 u가 931.5 MeV와 동등하기 때문에 방출된 에너지는 $\boxed{4.3\,\text{MeV}}$이다.

예제 31.3과 같이 α붕괴가 일어날 때 방출되는 에너지는 아주 조금의 γ선 에너지를 제외하고는 $^{234}_{90}\text{Th}$과 α입자의 운동 에너지로 된다.

α붕괴가 많이 응용되는 분야가 바로 연기 검출기(smoke detector)이다. 그림 31.8을 보면 어떻게 연기 검출기가 작동되는지를 볼 수 있다. 두 개의 작고 평행한 금속판이 1 cm 정도 떨어져 있다. 한 판의 한가운데에 있는 작은 양의 방사능 물질이 α입자를 방출하고

◑ 방사능과 연기 검출기의 물리

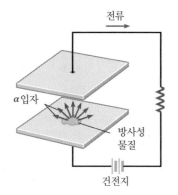

전류

α입자

방사성
물질

건전지

그림 31.8 연기 검출기

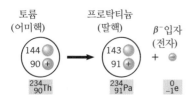

토륨
(어미핵)

프로탁티늄
(딸핵)

β⁻입자
(전자)

$^{234}_{90}$Th

$^{234}_{91}$Pa

$^{0}_{-1}$e

그림 31.9 β붕괴는 불안정한 어미
핵의 중성자가 양성자와 전자로 붕
괴될 때 발생하는데, 전자는 β⁻ 입자
로 방출된다. 이 과정에서 어미핵은
딸핵으로 바뀐다.

이것이 공기 분자와 충돌하는 것이다. 충돌을 하는 동안에 공기 분자는 이온화되어 양이온
과 음이온을 형성한다. 건전지의 전압에 의해 한쪽 극판은 양으로 다른 한쪽 극판은 음으
로 대전되었으므로, 각 극판은 반대되는 전하를 띤 이온을 끌어당긴다. 결과적으로 극판들
과 연결된 회로에 전류가 흐르게 된다. 극판과 극판 사이에 연기 입자가 나타나게 되면, 이
온이 연기 입자와 충돌하면서 주로 중성화되므로 전류가 줄어들게 되어 경보가 울리게 되
는 것이다.

β붕괴

그림 31.6에서 β선은 자기장에 의해 양으로 대전된 α선이 휘는 반대 방향으로 휜다. 결과
적으로 가장 흔한 형태인 이 β선은 음으로 대전된 입자 즉 β⁻입자인 것이다. 실험은 β⁻입
자가 전자임을 보여준다. β⁻붕괴를 설명하기 위해 β⁻를 방출하는 토륨 $^{234}_{90}$Th핵을 살펴보
면 그림 31.9와 같다.

$$^{234}_{90}\text{Th} \longrightarrow ^{234}_{91}\text{Pa} + ^{0}_{-1}\text{e}$$

어미핵(토륨)   딸핵   β⁻입자(전자)
(프로탁티늄)

β⁻붕괴는 α붕괴와 마찬가지로 한 원소를 다른 것으로 변환시킨다. 이 경우 토륨 $^{234}_{90}$Th원
자는 프로탁티늄 $^{234}_{91}$Pa원자로 바뀐다. 전하 보존 법칙에 의해서 양전하의 총 수는 β⁻입자
가 방출되기 전(90)과 방출된 후(91 − 1)가 같다. 핵자수 보존의 법칙에 의해서 핵자수도
A = 234로 그대로 유지된다. β⁻붕괴의 일반적인 과정은 다음과 같다.

β⁻붕괴 $^{A}_{Z}\text{P} \longrightarrow ^{A}_{Z+1}\text{D} + ^{0}_{-1}\text{e}$

어미핵   딸핵   β⁻입자(전자)

β⁻붕괴에서 방출되는 전자는 원래 어미핵 속에 있었던 것이 아니고, 궤도 전자도 역
시 아니다. 이것은 중성자가 양성자와 전자로 붕괴될 때 생성되는 것이다. 이 과정이 일어
날 때 어미핵의 양성자수는 Z에서 Z + 1로 증가하며 핵자수는 변함없다. 전자는 빠르게
움직여 원자에서 빠져나오고, 원자는 양으로 대전된다.

예제 31.4에서 β⁻붕괴 과정에서 α붕괴와 같이 질량과 에너지가 보존되는지 살펴
보자.

예제 31.4 | β⁻붕괴와 에너지 방출

토륨 $^{234}_{90}$Th원자 질량은 234.04359 u이며 프로탁티늄 $^{234}_{91}$Pa은
234.04330 u이다. β⁻붕괴할 때 토륨 $^{234}_{90}$Th이 프로탁티늄 $^{234}_{91}$Pa
으로 될 때 생기는 에너지를 계산해 보자.

살펴보기와 풀이 방출된 에너지를 구하기 위해 붕괴 과정에
서 질량이 얼마나 감소하였는지를 우선 알고 나서 이에 해당하
는 에너지를 계산해야 한다. 붕괴 과정과 질량은 다음과 같다.

$$\underbrace{^{234}_{90}\text{Th}}_{234.043\,59\,u} \longrightarrow \underbrace{^{234}_{91}\text{Pa}}_{234.043\,30\,u} + ^{0}_{-1}\text{e}$$

토륨 원자의 $^{234}_{90}$Th핵이 $^{234}_{91}$Pa핵으로 될 때 궤도 전자의 수가
그대로 남아 있어, 프로탁티늄 원자는 궤도 전자 하나가 부족하
게 된다. 그러나 표에 주어진 질량은 91 개의 전자를 지닌 중성
의 프로탁티늄 원자의 질량이다. 사실상 $^{234}_{91}$Pa 의 질량

234.04330 u은 β^-입자의 질량을 이미 포함한 값이다. β^-붕괴 시 234.04359 u − 234.04330 u = 0.00029 u만큼의 질량 결손이 일어난다. 에너지(1 u = 931.5 MeV)로는 $\boxed{0.27\text{ MeV}}$이다. 이는 방출되는 전자가 가질 수 있는 최대 운동 에너지이다.

때로는 β붕괴의 두 번째 종류가 일어나기도 한다.* 이 과정에서 핵에 의해 방출되는 입자는 양전자(positron)이다. 이 과정의 양전자를 β^+입자라고 하며 전자와 질량은 같지만 $-e$ 대신에 $+e$의 전하를 갖고 있다. β^+붕괴의 과정은 다음과 같다.

β^+붕괴 과정
$$\underset{\text{어미핵}}{^A_Z P} \longrightarrow \underset{\text{딸핵}}{^{A}_{Z-1} D} + \underset{\beta^+\text{입자}}{^{0}_{1} e}$$

방출된 양전자는 원래 핵 안에 있던 것이 아니고 양성자 1개가 중성자로 바뀔 때 생성된다. 이 과정에서 어미핵의 양성자수는 Z에서 $Z-1$로 감소하고 핵자수는 그대로이다. β^-붕괴와 마찬가지로 전하와 핵자수 보존 법칙이 성립하며 한 원소가 다른 원소로 변환된다.

> **🔂 문제 풀이 도움말**
> β^-붕괴에서 전자($^0_{-1}$e)의 질량을 두 번 더하지 않도록 조심하여야 한다. 딸원자($^{234}_{91}$Pa)에 대해 논의된 바처럼 원자 질량은 이미 방출된 전자의 질량을 포함한다.

γ붕괴

궤도 전자와 같이 핵의 경우도 불연속적인 에너지 준위가 존재한다. 핵이 들뜬 에너지 상태(* 표를 붙여서 표시)에서 낮은 에너지 상태로 변하면서 광자가 방출된다. 이 과정은 수소 원자 선스펙트럼에서 광자가 발생되는 것과 비슷하다. 하지만 핵 에너지 준위 사이의 전이에서 나오는 광자는 에너지가 훨씬 크고, 이것을 γ선이라고 부른다. γ선이 발생하는 과정은 다음과 같다.

γ붕괴
$$\underset{\substack{\text{들뜬} \\ \text{에너지 상태}}}{^A_Z P^*} \longrightarrow \underset{\substack{\text{낮은} \\ \text{에너지 상태}}}{^A_Z P} + \underset{\gamma\text{선}}{\gamma}$$

> **🔂 문제 풀이 도움말**
> γ선 광자의 에너지, ΔE는 다른 파장대의 전자기 스펙트럼(가시광선, 적외선, 마이크로파 등)처럼 플랑크 상수 h에 주파수 f를 곱한 것과 같다. 즉 $\Delta E = hf$ 이다.

γ선은 원소를 다른 원소로 변환시키지 않는다. 다음 예제에서 γ선의 파장을 구해보자.

예제 31.5 | γ붕괴 때 방출되는 광자의 파장

라듐 $^{226}_{88}$Ra에서 방출되는 0.186 MeV γ선의 파장은 얼마인가?

살펴보기 광자 에너지의 크기는 두 개의 핵 에너지 준위 차만큼이다. 식 30.4는 에너지 준위 차이 f와 광자의 진동수 ΔE의 관계를 $\Delta E = hf$로 나타내고 있다. $f\lambda = c$이므로 광자의 파장 $\lambda = hc/\Delta E$이다.

풀이 우선 광자 에너지를 줄(J) 단위로 변환해야 한다.

$$\Delta E = (0.186 \times 10^6 \text{ eV}) \left(\frac{1.60 \times 10^{-19} \text{ J}}{1 \text{ eV}} \right)$$
$$= 2.98 \times 10^{-14} \text{ J}$$

광자의 파장은 다음과 같다.

$$\lambda = \frac{hc}{\Delta E} = \frac{(6.63 \times 10^{-34} \text{ J·s})(3.00 \times 10^8 \text{ m/s})}{2.98 \times 10^{-14} \text{ J}}$$
$$= \boxed{6.67 \times 10^{-12} \text{ m}}$$

---

*β붕괴의 세 번째 종류로 **전자 포획**(electron capture) 또는 **K 포획**(K capture)이라는 것이 있다. 핵이, 핵 밖의 가장 안쪽 껍질에 있는 K 껍질로부터 전자 하나를 붙잡아 오는 과정이다.

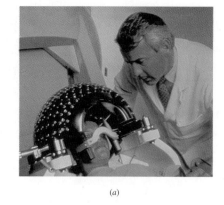
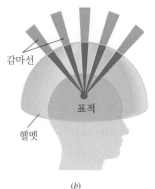

(a) *(b)*

그림 31.10 (a) 감마나이프 방사선외과 수술에서는 201개의 작은 구멍이 있는 보호 금속 헬멧을 환자의 머리에 씌운다. (b) 구멍을 통해 뇌 안의 작은 목표지점에 γ선을 집중시킨다.

○ 감마나이프를 이용한 방사선외과 수술의 물리

감마나이프(Gamma Knife) 방사선외과 수술은 혈관 기형뿐만 아니라 뇌의 양성종양과 암종양 같은 병을 치료하는 데 필수적인 의료기구가 되었다. 칼을 전혀 사용하지 않는 이 방법은 종양이나 기형 부위에 강하게 집속된 γ선을 쪼이는 것이다. γ선 선원은 방사성 코발트 60 동위 원소이다. 그림 31.10(a)와 같이 환자는 201개의 작은 구멍이 뚫린 보호 헬멧을 쓴다. 그림 31.10(b)와 같이 그 구멍을 통해 γ선이 뇌 속의 작은 목표지점에 도달하게 한다. 방사선을 다양한 각도에서 집속시킴으로써 정상 조직에 해를 끼치지 않으면서, 비정상 조직에 강한 방사선을 쪼여 파괴시킨다. 절개하지 않아서 무통이며 출혈이 없이 국소마취로 가능한 이 수술법은 기존의 수술보다 입원 기간을 70~90% 정도를 단축시킬 수 있으며, 환자는 수일 내에 일상으로 돌아갈 수 있다.

○ 운동 부하 탈륨 심근관류 스캔의 물리

운동 부하 탈륨 심근관류 스캔은 심근의 영상을 얻기 위해 방사성 물질인 탈륨을 사용하는 검사이다. 달리기 기계(treadmill)에서 걷는 것과 같은 운동 검사와 함께 하면 심장 중에 혈액을 충분히 공급받지 못하는 부분을 찾아낼 수 있다. 특히 이 스캔은 심장 근육에 충분한 산소를 공급하는 역할을 하는 관상 동맥의 막힌 부분을 진단하는 데 유용하다. 소량의 탈륨 동위 원소가 달리기 기계 위에서 걷는 환자에게 주입된다. 탈륨은 적혈구에 붙어서 온 몸에 운반된다. 탈륨은 관상 동맥을 통해 심장 근육에 도달하게 되고 혈액과 접촉하게 되는 심장 근육 세포 안에 모이게 된다. 동위 원소 $^{201}_{81}$Tl은 특수 카메라에 기록되는 γ선을 방출한다. 탈륨이 혈액을 공급받는 심장 부분에 모이기 때문에 만약 동맥이 막혀있다면 그 부분의 혈액이 감소할 것이다(그림 31.11).

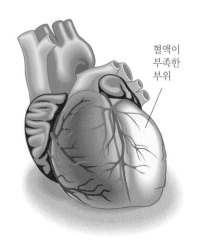

혈액이 부족한 부위

그림 30.11 운동 부하 탈륨 심근관류 스캔은 운동 중 충분한 혈액을 공급받지 못한 부분을 찾아준다.

31.5 중성미자

β입자가 방사성 원자핵에 의해 방사될 때, 예제 31.4에서 설명했듯이 에너지도 동시에 방출된다. 그러나 대부분의 β입자는 방출된 총 에너지를 설명할 만한 충분한 양의 운동 에너지를 가지고 있지 않다는 것이 이미 실험적으로 밝혀진 바 있다. 만약 β입자가 방출된 에너지의 단지 일부만을 가져가 버렸다면 나머지는 어디로 간 것일까? 이러한 의문은 1930년까지 물리학자들을 당혹스럽게 하였는데, 1930년에 볼프강 파울리는 그 사라진 에너지를 β입자와 함께 방사된 또 다른 입자가 가져갔을 것이라는 가설을 제시했다. 이 새로운 입자는 **중성미자**(neutrino)라고 불리게 되었으며, 이것의 존재는 1956년에 실험적으로 증명되었다. 중성미자의 기호로 ν(그리스 문자 nu)를 사용한다. 예를 들어 토륨 $^{234}_{90}$Th

의 β^-붕괴(31.4절 참조)를 좀 더 정확히 표현하면 다음과 같다.

$$^{234}_{90}\text{Th} \longrightarrow {}^{234}_{91}\text{Pa} + {}_{-1}^{0}\text{e} + \bar{\nu}$$

위의 가로선(bar)은 특유의 붕괴 과정 동안 방사된 중성미자가 반물질 중성미자 또는 반중성미자이기 때문에 덧붙여진 것이다. 보통의 중성미자(가로선 없는 ν)는 β^+붕괴가 일어날 때 방사된다.

중성미자는 전하가 없으며 물질과 매우 약하게 상호 작용하기 때문에 검출하기가 극도로 어렵다. 예를 들어 보통의 중성미자는 1 광년 두께의 납(대략 9.5×10^{15} m)을 상호 작용 없이 통과할 수 있다. 그래서 설령 10^{12} 개의 중성미자가 매초 우리 몸을 통과한다고 해도 그것은 아무런 영향을 미치지 않는다. 비록 어렵지만 중성미자를 탐지하는 것은 가능하다. 그림 31.12는 일본의 슈퍼 카미오칸데 중성미자 검출기를 보여주고 있다. 이것은 915 m 지하에 위치해 있으며, 철강으로 만든 10 층 높이의 원통형 탱크로 이루어져 있고, 안쪽 벽에는 11000 개의 광전자 증폭관들이 줄지어 있다. 이 탱크는 47300 m³의 극히 순수한 물로 채워져 있다. 물분자와 충돌하는 중성미자들은 가벼운 패턴들을 생성하는데, 광전자 증폭관이 이 패턴들을 탐지한다.

현재 주요 과학적 쟁점 중 하나는 중성미자가 질량을 가지고 있는지 아닌지에 관한 것이다. 이 의문은 매우 중요한데, 중성미자가 우주 안에 굉장히 많이 존재하기 때문이다. 중성미자 한 개의 질량이 아주 작더라도 모든 중성미자의 총질량은 우주의 질량의 중요한 일부분이 될 수 있고, 어쩌면 은하의 형성에도 영향을 미칠 수도 있다. 1998년에 슈퍼 카미오칸데 검출기는 중성미자가 실제로 질량을 가지고 있다는 최초로 간접적이지만 강력한 근거를 밝혀냈다. (전자 중성미자의 질량은 전자의 질량의 극히 일부일 것이라 여겨진다.) 이러한 발견은 중성미자가 빛의 속도보다 느리게 운동한다는 사실을 내포하는 것이다. 만일 중성미자의 질량이 광자와 같이 0이라면, 빛의 속도로 운동하게 될 것이다.

중성미자와 β입자의 방출은, 강한 핵력보다 훨씬 약하기 때문에 약한 핵력이라고 불리는 힘을 수반한다. 약한 핵력과 전자기력이 보다 더 기본적인 힘인 **전자기약력**(electroweak force)의 두 가지 다른 형태의 발현이라는 것은 현재 널리 알려져 있는 사실이다. 전자기약력에 대한 이론은 글래쇼(1932～), 살람(1926～1996)과 와인버그(1933～)에 의해 전개되었으며, 그들은 1979년에 그들의 업적을 기리는 노벨상을 공동 수상을 했다. 전자기약력, 중력, 강한 핵력은 자연의 기본적인 세 가지 힘이다.

31.6 방사성 붕괴와 방사선 강도

원자핵의 무리 중 어떤 방사성 원자핵이 붕괴하는가 하는 문제는 확률적으로 결정된다. 즉 각각의 붕괴는 임의로 일어난다. 그림 31.13에서와 같이, 시간이 지남에 따라 어미핵의 수 N은 감소한다. 시간에 대한 N의 그래프는 완만한 곡선의 형태로 감소하고 있으며 충분한 시간이 지난 후에 N은 0에 가까워진다. 이 그래프를 설명하기 위해서는 방사성 동위 원소의 **반감기**(half-life) $T_{1/2}$를 정의할 필요가 있다. 반감기란 현재 존재하고 있는 원자핵들의 반이 붕괴하는 데 필요한 시간을 말한다. 예를 들어 라듐 $^{226}_{88}\text{Ra}$은 1600년의 반감기를 가지고 있는데, 주어진 방사성 동위 원소의 반이 붕괴하는 데 1600년이라는 시간이 걸

그림 31.12 일본의 슈퍼 카미오칸데 중성미자 검출기는 강철로 만든 원통형 탱크로 이루어져 있는데, 이 탱크는 47300 m³의 극히 순수한 물을 담고 있다. 그것의 안쪽 벽을 따라 11000 개의 광전자 증폭관이 줄지어 늘어서 있다.

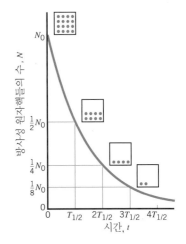

그림 31.13 방사성 물질의 붕괴에서, 반감기 $T_{1/2}$는 방사성 원자핵들의 절반이 붕괴하는 데 걸리는 시간이다.

⊙ 집안의 방사성 라돈 기체의 물리

표 31.2 방사성 물질들의 반감기

동위 원소		반감기
폴로늄	$^{214}_{84}Po$	1.64×10^{-4}초
크립톤	$^{89}_{36}Kr$	3.16분
라돈	$^{222}_{86}Rn$	3.83일
스트론튬	$^{90}_{38}Sr$	28.8년
라듐	$^{226}_{88}Ra$	1.6×10^{3} 년
탄소	$^{14}_{6}C$	5.73×10^{3} 년
우라늄	$^{238}_{92}U$	4.47×10^{9} 년
인듐	$^{115}_{49}In$	4.41×10^{14}년

리기 때문이다. 다음 1600 년 후에는 남아있는 라듐 원자의 반이 붕괴될 것이고, 원래 손실되기 전의 1/4 만이 남을 것이다. 그림 31.13에서 시간 $t = 0\,s$일 때, 존재하는 원자핵의 수 $N = N_0$이고, 시간 $t = T_{1/2}$일 때 존재하는 원자핵의 수 $N = \frac{1}{2} N_0$이다. 또한 시간 $t = 2T_{1/2}$일 때 존재하는 원자핵의 수 $N = \frac{1}{4} N_0$이다. 반감기의 값은 방사성 원자핵의 성질에 따라 좌우된다. 1 초 이하부터 수 10억 년에 이르기까지 다양한 값의 분포가 밝혀져 있다(표 31.2 참조).

라돈 $^{222}_{86}Rn$은 라듐 $^{226}_{88}Ra$이 β붕괴를 할 때 자연적으로 발생하는 방사성 기체이다. 라돈은 흙 속에 기체 상태로 존재하며 갈라진 틈을 통해 가정집의 지하실로 들어갈 수 있기 때문에, 라돈이 건강에 미치는 위험은 국가적으로 우려할 만한 것이다. 집의 구조나 주변의 흙에 있는 라돈의 농도에 따라 차이는 있다지만 일단 라돈이 집안으로 들어오는 곳에서는 라돈의 농도는 현저히 증가할 수 있다. 라돈 기체가 붕괴하고 생성되는 딸핵 또한 방사성을 지닌다. 그 방사성 원자핵은 먼지나 연기 입자에 붙어 흡입될 수 있으며, 폐에 남아서 조직을 손상시킬 수 있는 방사선을 방출한다. 고농도의 라돈에 대한 장기간 노출은 폐암으로 이어질 수도 있다. 라돈 기체의 농도를 저렴한 모니터 장치로 측정할 수 있게 된 이후로, 모든 가정집에서 라돈 검사를 하도록 권고하고 있다. 예제 31.6은 라돈 $^{222}_{86}Rn$의 반감기에 대해 다루고 있다.

 예제 31.6 | 라돈 기체의 방사성 붕괴

3.0×10^7 개의 라돈 원자가 지하실 안에 갇혀 있고, 가스가 더 이상 들어오지 않도록 지하실을 차단하였다고 가정하자. 라돈의 반감기는 3.83 일이다. 31 일 뒤에 몇 개의 라돈 원자가 남아 있을 것인가?

살펴보기 반감기 동안 라돈 원자의 수는 반으로 감소한다. 이와 같이, 우리는 31 일이 반감기의 몇 배인지를 계산하고 각각의 반감기마다 라돈 원자의 수를 반으로 감소시킬 것이다.

풀이 31일의 기간 동안에는 8.1번의 반감기가 존재한다(31일/3.83일 = 8.1). 1번의 반감기 동안 라돈 원자의 수는 $2^8 (= 256)$분의 1로 감소한다. 8번과 8.1번의 차이를 무시한다면 남아있는 원자의 수는 1.2×10^5개임을 알 수 있다. 즉 $(3.0 \times 10^7/256 = \boxed{1.2 \times 10^5})$이다.

방사성 시료의 **방사능 세기**(radioactivity)는 초당 발생하는 붕괴의 횟수이다. 붕괴가 일어나는 각각의 시간마다 방사성 원자핵의 수 N은 감소한다. 결과적으로 방사능 세기는, 핵 수의 변화량 ΔN의 크기를 변환이 일어나는 시간 간격 Δt로 나눔으로써 구할 수 있다. 시간 간격 Δt 동안의 평균 방사능 세기는 $\Delta N/\Delta t$의 크기 즉 $|\Delta N/\Delta t|$이다. 각각의 원자핵의 붕괴가 완전히 무작위로 이루어지기 때문에 시료에서 초당 발생하는 붕괴의 횟수는 참여하고 있는 방사성 원자핵의 수에 비례한다고 할 수 있다. 그러므로

$$\frac{\Delta N}{\Delta t} = -\lambda N \tag{31.4}$$

이고, 여기서 λ는 붕괴 상수(decay constant)라고 하는 비례 상수이다. 마이너스 기호가 이 방정식에 등장한 이유는 각각의 붕괴가 원래 존재했던 원자핵의 수 N을 감소시키기 때문이다.

방사능 세기의 SI 단위는 베크렐(Bq)이다. 1 베크렐은 초당 한 번 붕괴하는 세기이다. 방사능 세기의 단위로는 퀴리(Ci)를 사용하기도 한다. 이 단위는 라듐과 폴로늄의 발견자인 마리 퀴리(1867~1934)와 피에르 퀴리(1859~1906)를 기리기 위함이다. 역사적으로 퀴리는 대략 순수한 라듐 1 그램의 방사능 세기이기 때문에 단위로 채택되었다. 퀴리를 베크렐로 환산하면 다음과 같다.

$$1\,\text{Ci} = 3.70 \times 10^{10}\,\text{Bq}$$

야광 시계 바늘이 어둠 속에서도 빛나도록 하기 위해 들어간 라듐의 방사능 세기는 대략 $4 \times 10^4\,\text{Bq}$이고, 암 치료를 위한 방사선 치료법에 사용되는 강도는 대체로 그 10억 배로 $4 \times 10^{13}\,\text{Bq}$ 정도이다.

그림 31.13에서 보여준 N 대 t 그래프에 대한 수학적 표현은 식 31.4를 적분하여 얻어낼 수 있다. $t = 0$일 때의 방사성 원자핵의 수가 N_0이면, 시간이 t일 때 존재하는 방사성 원자핵의 수는 다음과 같다.

$$N = N_0 e^{-\lambda t} \tag{31.5}$$

e는 $2.718\cdots$의 값을 가지며, e^x의 값은 계산기를 이용하여 구할 수 있다. 우리는 다음의 방법으로 방사성 원자핵의 반감기 $T_{1/2}$를 그것의 붕괴 상수와 관련지을 수 있다. 식 31.5에서 $N = \frac{1}{2}N_0$, 그리고 $t = T_{1/2}$로 대체하면 $\frac{1}{2} = e^{-\lambda T_{1/2}}$라는 것을 알 수 있다. 이 방정식의 양변에 자연로그를 취하면 $\ln 2 = \lambda T_{1/2}$, 또는 아래와 같이 나타낼 수 있다.

$$T_{1/2} = \frac{\ln 2}{\lambda} = \frac{0.693}{\lambda} \tag{31.6}$$

다음 예제는 식 31.5와 31.6을 어떻게 사용하는지를 보여준다.

 예제 31.7 | 라돈 $^{222}_{86}\text{Rn}$의 방사능 세기

예제 31.6에서와 같이, 3.0×10^7 개의 라돈 원자($T_{1/2} = 3.83$ 일 또는 3.31×10^5초)가 지하실에 갇혀 있다고 가정해보자. (a) 31 일 뒤에 몇 개의 라돈 원자가 남아 있는가? (b) 더 이상의 라돈이 들어오지 못하도록 지하실이 차단된 직후의 라돈의 방사능 세기와 (c) 31 일이 지난 후의 방사능 세기를 구하라.

살펴보기　시간 t 이후에 남아 있는 라돈 원자의 수 N은 식 $N = N_0 e^{-\lambda t}$로부터 얻을 수 있다. $t = 0$ 일 때의 원자핵의 수는 $N_0 = 3.0 \times 10^7$이며, λ는 붕괴 상수이다. 붕괴 상수는 라돈 원자의 반감기와 $\lambda = 0.693/T_{1/2}$의 관계를 가진다. 방사능 세기는 식 31.4의 $\Delta N/\Delta t = -\lambda N$으로부터 얻을 수 있다.

풀이　(a) 붕괴 상수는

$$\lambda = \frac{0.693}{T_{1/2}} = \frac{0.693}{3.83\,\text{일}} = 0.181\,\text{일}^{-1} \tag{31.6}$$

이다. 그리고 31 일 이후 남아 있는 라돈 원자의 수 N은,

$$N = N_0 e^{-\lambda t} = (3.0 \times 10^7) e^{-(0.181\text{일}^{-1})(31\,\text{일})} \tag{31.5}$$
$$= \boxed{1.1 \times 10^5}$$

이 값은 예제 31.6에서 구한 답과 약간 다른데, 그 이유는 우리가 예제 31.6에서는 반감기를 구할 때 8.0과 8.1의 차이를 무시했기 때문이다.

(b) 방사능 세기는 식 31.4를 사용해서 구할 수 있다. 제공된 붕괴 상수를 초의 역수로 표현하면

$$\lambda = \frac{0.693}{T_{1/2}} = \frac{0.693}{3.31 \times 10^5\text{초}} = 2.09 \times 10^{-6}\text{초}^{-1} \tag{31.6}$$

그러므로 1 초당 붕괴 횟수는 다음과 같다.

$$\frac{\Delta N}{\Delta t} = -\lambda N = -(2.09 \times 10^{-6}\,\text{s}^{-1})(3.0 \times 10^7)$$
$$= -63\,\text{붕괴} \tag{31.4}$$

방사능 세기는 $\Delta N/\Delta t$의 크기와 같으므로, 방사능 세기는 $\boxed{63\,\text{Bq}}$이다.

(c) 문제 (a) 부분으로부터 31 일 이후에 남아있는 방사성 원자

핵의 수 $N = 1.1 \times 10^5$개임을 알 수 있으며, (b) 부분에서와 같은 방식으로 계산하면, 방사능 세기는 $\boxed{0.23\,\text{Bq}}$이다.

31.7 방사능 연대 측정

○ 방사능 연대 측정의 물리

방사능 응용의 중요한 한 가지는 고고학이나 지질학상의 시료들의 연대를 측정하는 것이다. 만약 어떤 물체가 생성되었을 당시부터 방사성 원자핵들을 포함하고 있다면 반감기 동안 원자핵의 반이 붕괴하기 때문에 핵의 붕괴는 시계와 같이 시간의 흐름을 말해줄 것이다. 만일 반감기를 안다면, 처음에 존재하던 원자핵의 수에 대하여 남아 있는 원자핵의 수를 측정함으로써 시료의 연대를 알 수 있다. 식 31.4에 따르면 시료의 방사능 세기는 방사성 원자핵의 수와 비례한다. 그러므로 연대를 알 수 있는 한 가지 방법은 현재의 방사능 세기를 처음의 강도와 비교하는 것이다. 더 정확한 방법은 남아 있는 방사성 원자핵의 수를 질량 분석기로 측정하는 것이다.

　시료의 현재 방사능 세기는 측정할 수 있지만, 수천 년 전이라면 원래의 방사능 세기를 어떻게 알 수 있을까? 방사능 연대 측정법을 사용하면 원래의 방사능 세기를 측정하는 것이 가능하다. 예를 들어 방사성 탄소기법은 5730 년이라는 반감기를 가지고 β^--붕괴를 하는, 탄소의 동위 원소인 $^{14}_{6}\text{C}$를 이용한다. 이 동위 원소는 표준 탄소 $^{12}_{6}\text{C}$ 원자 8.3×10^{11}개당 1 개씩이라는 평형을 이룬 농도로 지구의 대기 중에 존재한다. 이 값은 긴 세월에 걸쳐 일정하게 유지되어 왔을 것이라 종종 가정되곤 하는데*, 그 이유는 우주의 방사선이 지구 상층부의 대기와 상호 작용할 때, β^--붕괴의 손실을 보충해 주는 방식으로 $^{14}_{6}\text{C}$의 농도를 일정하게 유지하기 때문이다. 게다가 모든 살아 있는 유기체들은 대사에 의해서 $^{14}_{6}\text{C}$의 농도를 일정하게 유지한다. 그러나 일단 하나의 유기체가 죽으면, 신진대사를 통한 $^{14}_{6}\text{C}$의 공급이 지속되지 않아, β^--붕괴는 5730 년마다 $^{14}_{6}\text{C}$ 원자핵의 반이 붕괴하게 된다. 예제 31.8은 생물 내 탄소 1 그램에서 나오는 $^{14}_{6}\text{C}$ 방사능 세기를 어떻게 계산하는지 설명한다.

 예제 31.8 | **생물 내 탄소 1그램당 $^{14}_{6}\text{C}$에 의한 방사능 세기**

(a) 한 생물 내에서 탄소 $^{12}_{6}\text{C}$ 1 그램당 존재하는 탄소 $^{14}_{6}\text{C}$ 원자의 수를 계산하라. 이 시료의 (b) 붕괴 상수와 (c) 방사능 세기를 구하라.

살펴보기　탄소 $^{12}_{6}\text{C}$의 1그램 안에 들어 있는 탄소 $^{12}_{6}\text{C}$ 원자들

의 총 수는 몰수에 아보가드로수를 곱한 것과 같다(14.1절 참조). $^{12}_{6}\text{C}$ 원자 8.3×10^{11}개당 $^{14}_{6}\text{C}$ 원자는 단 한 개만 존재하므로, $^{14}_{6}\text{C}$ 원자의 수는 $^{12}_{6}\text{C}$ 원자의 총 수를 8.3×10^{11}로 나눈 것과 같다. $^{14}_{6}\text{C}$의 붕괴 상수는 $\lambda = 0.693/T_{1/2}$ 이고, 여기에서 $T_{1/2}$는 반감기이다. 방사능 세기는 $\Delta N/\Delta t$의 크기와 같으며, 이것은

---

* $^{14}_{6}\text{C}$의 농도가 언제나 현재의 평형값으로 유지되어왔다는 가정은 탄소 연대와 나무의 나이테를 세서 측정한 연대를 비교해서 나왔다. 최근에는 연대 측정에 우라늄 $^{238}_{92}\text{U}$의 방사성 붕괴를 이용한 방법이 비교하는 데 사용되고 있다. 이러한 비교가 나타내는 바에 의하면 $^{14}_{6}\text{C}$ 농도의 평형값이 과거 1000년간 실제로 일정하게 유지되었음을 알 수 있다. 그러나 약 30000년 전에는, 대기 중의 $^{14}_{6}\text{C}$의 농도가 현재의 값보다 최대 40 %까지 높게 나타났는데, 여기에서는 이 효과를 무시하였다.

식 31.4에 따라 붕괴 상수에 존재하는 $^{14}_{6}C$ 원자의 수를 곱한 것과 같다.

풀이   (a) 탄소 $^{12}_{6}C$ 1 그램(원자 질량 = 12 u)은 1.0/12 몰과 같다. 아보가드로수는 6.02×10^{23} 원자/몰이고, $^{12}_{6}C$ 원자 8.3×10^{11}개당 $^{14}_{6}C$ 원자는 한 개만 존재하므로, $^{14}_{6}C$ 원자의 수는

$$
\begin{array}{l}
\text{탄소 } ^{12}_{6}C \\
\text{1.0 그램당} \\
^{14}_{6}C \text{ 원자의 수}
\end{array}
= \left(\frac{1.0}{12} \text{ 몰}\right)\left(6.02 \times 10^{23} \frac{\text{원자}}{\text{몰}}\right)
$$

$$
\left(\frac{1}{8.3 \times 10^{11}}\right)
$$

$$
= \boxed{6.0 \times 10^{10} \text{ 원자}}
$$

(b) $^{14}_{6}C$의 반감기는 5730 년(1.81×10^{11} 초)이므로, 붕괴 상수는

$$
\lambda = \frac{0.693}{T_{1/2}} = \frac{0.693}{1.81 \times 10^{11}\text{초}} \qquad (31.6)
$$

$$
= \boxed{3.83 \times 10^{-12} \text{ 초}^{-1}}
$$

(c) 식 31.4에 따르면 $\Delta N/\Delta t = -\lambda N$이다. 따라서 $\Delta N/\Delta t$의 크기는 λN이다.

$$
\begin{array}{l}
\text{생물 내에서 탄소} \\
^{12}_{6}C \text{ 1.0 그램당} \\
^{14}_{6}C\text{의 방사능 세기}
\end{array}
= \lambda N = (3.83 \times 10^{-12} \text{ 초}^{-1})
$$

$$
(6.0 \times 10^{10} \text{ 원자})
$$

$$
= \boxed{0.23 \text{ Bq}}
$$

수 천 년 전에 살았던 생물체는 탄소 1 그램당 약 0.23 Bq의 방사능 세기를 가졌을 것이다. 생물체가 죽은 시점부터 방사능 세기는 감소하기 시작한다. 그 유해의 시료로부터 탄소 1 그램당 현재의 방사능 세기를 측정할 수 있으며 0.23 Bq의 값과 비교하여 죽은 이후 지나간 시간을 산정할 수 있다. 이러한 절차를 예제 31.9에서 설명하고 있다.

예제 31.9 | 아이스맨

1991년 9월 19일, 이탈리아의 알프스 산맥에서 도보 여행을 하던 독일 여행자들은 빙하 속에 갇혀 있는 석기시대 여행객을 발견했는데, 그는 훗날 아이스맨이라고 불리게 된다. 그림 31.14는 방사성 탄소 측정법을 사용하여 연대를 계산한 유해이다. 아이스맨의 몸에서 채취한 시료에서 $^{14}_{6}C$ 의 방사능 세기는 탄소 1 그램당 약 0.121 Bq이었다. 이 아이스맨 유해의 연대를 구하라.

살펴보기   식 31.5에 따르면, 시간 t에 남아 있는 원자핵의 수 $N = N_0 e^{-\lambda t}$이다. 이 식의 양변에 붕괴 상수 λ를 곱하고, λN을 방사능 세기 A로 치환하면 $A = A_0 e^{-\lambda t}$가 된다. 여기에서 $A_0 = 0.23$ Bq인데, 이는 시간 $t = 0$초일 때의 탄소 1그램에 대한 방사능 세기이다. 붕괴 상수 λ는 $^{14}_{6}C$의 반감기인 5730 년의 값과 식 31.6으로 구할 수 있다. 이미 알고 있는 A_0, λ의 값과 문제에서 주어진 탄소의 그램당 방사능 세기 $A = 0.121$ Bq로부터 아이스맨의 연대, t를 구할 수 있다.

풀이 $^{14}_{6}C$의 경우, 붕괴 상수 $\lambda = 0.693/T_{1/2} = 0.693/(5730\text{년})$ $= 1.21 \times 10^{-4}$ 년$^{-1}$이다. $A = 0.121$ Bq, $A_0 = 0.23$ Bq이므로, 나이는 다음과 같이 구할 수 있다.

그림 31.14 이 아이스맨의 유해는 1991년 이탈리아 알프스 산맥의 한 빙하의 얼음 속에서 발견되었다. 방사성 탄소 측정법으로 그가 생존했던 시기를 밝혀냈다.

$$
A = 0.121 \text{ Bq} = (0.23 \text{ Bq})e^{-(1.21 \times 10^{-4} \text{년}^{-1})t}
$$

이렇게 나온 결과의 양변에 자연로그를 취하여 정리하면 다음과 같다.

$$
\ln\left(\frac{0.121 \text{ Bq}}{0.23 \text{ Bq}}\right) = -(1.21 \times 10^{-4} \text{ 년}^{-1})t
$$

이 시료의 나이를 산출하면 $\boxed{t = 5300\text{년}}$이다.

방사성 탄소를 이용한 연대 측정이 방사능 연대 측정의 유일한 방법은 아니다. 예를 들면 다른 동위 원소들 우라늄 $^{238}_{92}$U, 칼륨 $^{40}_{19}$K, 그리고 납 $^{210}_{82}$Pa을 사용하기도 한다. 이러한 방법들이 유용하기 위해서는, 방사성 핵종의 반감기가 측정하려는 시료의 연대에 비해 너무 짧아서도, 또한 너무 길어서도 안 된다.

31.8 방사성 붕괴 계열

불안정한 어미핵이 붕괴할 경우, 그 딸핵 또한 때때로 불안정하다. 만약 그렇다면 다시 그 딸핵이 붕괴하여 자신의 딸핵을 생성하는 과정을 계속하여, 매우 안정한 원자핵이 생성될 때까지 반복될 것이다. 이렇게 하나의 원자핵 뒤에 다른 원자핵이 연속적으로 붕괴되는 것을 **방사성 붕괴 계열**(radioactive decay series)이라고 한다. 예제 31.3~4는 우라늄 $^{238}_{92}$U 에서 일어나는 계열의 처음 두 단계에 대해 논의하였다.

$$\begin{array}{c} \text{우라늄} \\ ^{238}_{92}\text{U} \end{array} \longrightarrow \begin{array}{c} \text{토륨} \\ ^{234}_{90}\text{Th} + ^4_2\text{He} \end{array}$$
$$\longrightarrow ^{234}_{91}\text{Pa} + ^{\ 0}_{-1}\text{e}$$
$$\text{프로탁티늄}$$

게다가 예제 31.6에서는 라돈 $^{222}_{86}$Rn에 대해 다루고 있는데, 이것은 $^{238}_{92}$U의 방사성 붕괴 계열에서 보다 아래에 있다. 그림 31.15는 전체 계열을 나타내고 있다. 중간 핵종에서 한 가지 종류 이상의 붕괴가 가능하기 때문에 몇 군데에서 여러 갈래의 붕괴 과정이 있다. 그러나 최종적으로는 안정한 납 $^{206}_{82}$Pb이 된다.

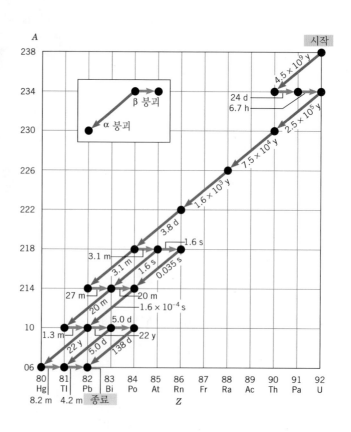

그림 31.15 우라늄 $^{238}_{92}$U에서 시작하여 납 $^{206}_{82}$Pb로 끝나는 방사성 붕괴 계열이다. 반감기는 초(s), 분(m), 시(h), 일(d), 그리고 년(y)으로 표시하였다. 왼쪽 위에 삽입된 그림은 각 원자핵에서 일어나는 붕괴의 유형을 밝히고 있다.

$^{238}_{92}$U 계열과 그 밖의 다른 계열들은 자연에서 발견되는 몇 가지 방사성 원소의 근원이다. 예를 들면 라듐 $^{226}_{88}$Ra은 1600년의 반감기를 가지고 있는데, 그것은 수십억 년 전 지구가 생성될 당시 만들어진 모든 $^{226}_{88}$Ra이 반감기가 짧아 현재에는 사라졌다. 그러나 $^{238}_{92}$U 계열은 $^{226}_{88}$Ra을 계속해서 만들고 있다.

31.9 방사선 검출기

방사성 원자핵이 붕괴될 때 방출되는 입자나 광자(γ선)를 검출하는 데 쓰이는 장치는 많이 있다. 이러한 장치들은 입자나 광자들이 물질을 통과하면서 만들어내는 이온화를 검출해낸다.

◉ 방사선 검출기의 물리

　가장 일반적으로 알려진 장치는 그림 31.16의 **가이거 계수기**(Geiger counter)이다. 가이거 계수기는 기체로 채워진 금속 실린더로 구성되어 있다. α, β, γ선은 한쪽 끝에 있는 얇은 창문(window)을 통해 실린더로 들어간다. γ선은 창문뿐만 아니라 금속을 바로 통과할 수도 있다. 전극선(wire electrode)은 관(tube)의 중심을 따라 이어져 있는데, 바깥 실린더와 비교했을 때 높은 양(+)의 전압(1000∼3000 V)이 유지된다. 고에너지의 입자나 광자가 실린더에 들어가면, 기체 분자와 충돌하여 이온화시킨다. 기체 분자로부터 생성된 전자는 그 경로에 있는 다른 분자들을 이온화시키면서 양극선(positive wire)을 향해 가속된다. 이온화에 의해 생긴 전자들이 마치 눈사태가 일어나듯 생기고 양의 전극선으로 끌려가서, 전류 펄스를 만들며 저항 R을 통과한다. 이 펄스는 정량적으로 측정할 수 있으며 스피커에서 '째깍' 하는 소리로 만들 수 있다. 펄스의 수 또는 째깍하는 소리의 수는 투입된 입자나 광자를 만들어낸 방사성 붕괴의 수와 관련되어 있다.

　섬광 계수기(scintillation counter)는 또 하나의 중요한 방사선 검출기이다. 그림 31.17

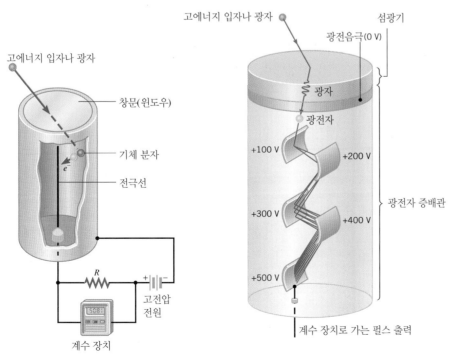

그림 31.16　가이거 계수기

그림 31.17　섬광 계수기

그림 31.18 거품상자 안의 입자들의 진로를 보여주는 사진

에서 보는 것과 같이 이 장치는 광전자 증배관 위에 섬광기(scintillator)가 붙어 있는 구조로 되어 있다. 섬광기로는 종종 매우 적은 양의 불순물만 포함하고 있는 결정(예를 들면 요오드화세슘)이 쓰이지만, 플라스틱, 액체, 그리고 기체 형태의 섬광기도 사용된다. 이온화 방사선에 대한 반응으로, 섬광기는 눈에 보이는 빛의 섬광을 발한다. 그 후 이 광자들은 광전자 증배관(photomultiplier tube)의 광전 음극(photocathode)에 부딪친다. 광전 음극은 광전 효과로 인해 전자를 방출하는 물질로 만들어진다. 이러한 광전자들은 광전 음극과 비교하여 약 +100 V 정도의 전압을 유지하고 있는 한 전극으로 끌려간다. 이 전극은 모든 전자들이 전극에 부딪침으로써 추가적인 광전자들을 발생시키고, 이 추가적으로 발생된 전자들은 다시 두 번째 전극(전압 = +200 V)으로 끌어당겨져 더 많은 전자들을 발생시킨다. 광전자 증배관 제품은 이런 특별한 전극을 15개 가지고 있어서, 섬광기의 섬광으로부터 발생한 광전자들은 전자 사태를 만들어 전류 펄스를 만들게 된다. 가이거 계수기과 마찬가지로, 이 전류 펄스는 정량적으로 검출될 수 있다.

이온화 방사선은 또한 몇 가지 종류의 **반도체 검출기**(semiconductor detector)로 탐지할 수 있다. 이러한 장치들은 n형과 p형의 반도체를 사용하며(23.5절 참조), 방사선에 의해 반도체 내에 전자와 양공(hole)이 만들어지는 원리에 의해 작동된다. 반도체 검출기의 중요한 이점 중 하나는 약간 다른 에너지를 가진 두 입자를 판별하는 능력이다.

몇몇 장치들은 불안정한 핵으로부터 발생한 고에너지 입자의 경로를 그림으로 나타낸다. **안개상자**(cloud chamber) 안에서 기체는 작은 액체 방울로 응축되는 지점까지 냉각되고, 이 상태에서는 조핵제(nucleating agent)가 있으면 쉽게 물방울이 생긴다. α입자나 β입자와 같은 고에너지 입자가 그 기체를 통과하면, 조핵제로 이용되는 이온을 발생시키고, 입자의 이동 경로를 따라 방울이 만들어진다. **거품상자**(bubble chamber)도 끓는점에 도달한 액체를 이용하는 점만 제외하면 비슷한 방식으로 작동한다. 고에너지 입자가 액체를 통과하면 그 뒤를 따라 작은 기포들이 생기게 된다. 결과적으로 영구적 기록을 위해 안개나 기포에 의해 드러난 경로를 사진으로 찍어 그 사건(event)을 영구적으로 기록할 수 있다. 그림 31.18은 거품상자의 경로를 찍은 사진이다. **감광유제**(photographic emulsion) 또한 이온화 방사선의 입자에 의해 만들어진 경로를 직접적으로 기록할 수 있다. 입자가 감광유제을 통과하며 이온을 생성하고, 감광유제을 현상할 때 이 이온들이 지나간 흔적을 따라 은이 부착된다.

 연습 문제

문제 내에 주어진 원자량은 전기적으로 중성인 원자의 핵 주위를 선회하는 전자의 질량을 포함한다.

31.1 핵의 구조
31.2 강한 핵력과 핵의 안정성

1(1) 다음 경우에 X는 무슨 원자이며, 얼마나 많은 중성자가 핵 안에 있는가? 필요하다면 뒤표지 안쪽에 있는 주기율표를 사용하라.

(a) $^{195}_{78}$X, (b) $^{32}_{16}$X, (c) $^{63}_{29}$X, (d) $^{11}_{5}$X, (e) $^{239}_{94}$X

2(2) 전기적으로 중성인 원자에서, (a) 우라늄 $^{238}_{92}$U 핵에서 양성자의 수 (b) 수은 $^{202}_{80}$Hg 핵에서 중성자의 수 (c) 니오브 $^{93}_{41}$Nb 핵에 대한 궤도에서 전자의 수를 구하라.

3(3) 핵의 반지름이 두 배로 되기 위해서는 핵의 핵자수가 몇 배로 증가되어야만 하나?

4(4) 티타늄 $^{48}_{22}$Ti의 핵의 반지름은 얼마인가?

5(5) 가장 크고 안정된 핵은 209개의 핵자수를 가지고, 가장 작

은 것은 1개의 핵자수를 갖는다. 만일 각각의 핵이 구형이
라 가정하면, 이 구의 겉넓이의 비율(가장 큰 것/가장 작은
것)은 얼마인가?

*6(6) 어떤 동위 원소(X)는 양성자와 중성자의 수가 같다. 같은
원소의 또 다른 동위 원소(Y)는 처음 동위 원소와 같지만
중성자의 수가 2배이다. 이 동위 원소들의 핵의 반지름의
비 r_Y/r_X는 얼마인가?

*7(7) 미지의 핵이 70개의 중성자를 포함하고 있으며 부피는 니
켈 $^{60}_{28}$Ni 핵의 2배이다. 미지의 핵을 ^Z_AX의 형태로 표시하
라. 필요하다면 뒤표지 안쪽의 주기율표를 사용하라.

**8(9) 중성자별은 중성자들로 구성되고 핵과 비슷한 밀도를 갖는
다. 태양 질량의 0.40배인 이 중성자별의 반지름은 얼마인
가?

31.3 핵의 질량 결손과 핵의 결합 에너지
(참고: 수소의 원자량 $^1_1$H은 전자 하나의 질량을 포함하여
1.007825 u이다.)

9(10) 수은 $^{202}_{80}$Hg의 원자 질량은 201.970617 u이다. 핵자당 결
합 에너지를 구하라(MeV/핵자).

10(11) 그림 31.5의 핵자당 결합 에너지 곡선을 사용하여 $^{16}_8$O의
총 결합 에너지를 구하라.

11(12) 납 $^{206}_{82}$Pb(원자 질량 = 205.974440 u)에 대해 (a) 원자 질량
단위에서 질량 결손을 구하라. (b) 결합 에너지(MeV)을 구
하라. (c) 핵자당 결합 에너지(MeV)을 구하라.

12(13) 지구는 태양의 주위를 돌고 그 둘은 2.6×10^{33} J의 결합
에너지를 갖는 결합계이다. 지구와 태양이 완벽하게 분리
되어, 서로 멀리 떨어지고 정지한다. 이 분리된 계와 결합
계 사이의 질량 차이는 얼마인가?

13(14) 리튬 $^7_3$Li(원자 질량 = 7.016003 u)에 대한 결합 에너지
(MeV)을 구하라.

*14(15) 5.03 MeV만큼 결합 에너지의 차가 있는 어떤 두 동위 원소
가 있다. 더 큰 결합 에너지를 갖는 동위 원소가 더 작은 결
합 에너지를 갖는 다른 동위 원소보다 중성자를 하나 더 가
지고 있다. 두 동위 원소 사이의 원자 질량의 차이를 구하
라.

31.4 방사능
15(17) 다음 원자핵들은 α붕괴로 인해 발생한다. 각각의 붕괴 과
정을 화학 기호 및 딸핵의 Z와 A 값을 포함하여 기술하라.
(a) $^{212}_{84}$Po, (b) $^{232}_{92}$U

16(18) 기호 'X'는 X = α, β^-, β^+, γ를 나타낸다고 할 때 다음
붕괴 과정을 완성하라.

(a) $^{211}_{82}$Pb → $^{211}_{83}$Bi + X, (b) $^{11}_6$C → $^{11}_5$B + X, (c) $^{231}_{90}$Th* →
$^{231}_{90}$Th + X, (d) $^{210}_{84}$Po → $^{206}_{82}$Pb + X

17(19) β^-붕괴를 겪는 다음의 원자핵들에 대해 딸핵의 화학 기호,
Z, A의 값을 구하고 붕괴 과정을 써라. (a) $^{14}_6$C, (b) $^{212}_{82}$Pb

18(21) 화학 기호와 Z, A 값을 이용하여 $^{35}_{16}$S의 β^-붕괴 과정을 써
라.

19(22) 납 $^{211}_{82}$Pb (원자 질량 = 210.988735 u)가 β^-붕괴로 인해
비스무트 $^{211}_{83}$Bi (원자 질량 = 210.987255 u)로 될 때 방출
되는 에너지를 구하라.

20(23) 다음의 원자핵에 대한 β^+붕괴 과정을 각각의 딸핵에 대한
적절한 화학 기호와 Z, A의 값을 포함시켜 완성하라. (a)
$^{18}_9$F, (b) $^{15}_8$O

*21(25) 폴로늄 $^{210}_{84}$Po (원자량 = 209.982848 u)은 α붕괴를 한다.
방출된 모든 에너지가 α입자의 운동 에너지 형태로 되었
다고 가정하고, 딸핵의 되튐 현상을 무시하고 α입자의 속
도를 구하라. 상대론적 효과는 무시한다.

**22(27) β^+붕괴로 인해 나트륨 $^{22}_{11}$Na (원자량 = 21.994434 u)이 네
온 $^{22}_{10}$Ne (원자량 = 21.991383 u)으로 변환될 때 방출되는 에
너지(MeV 단위)를 구하라. $^{22}_{11}$Na의 원자량은 전자 11개의
질량을 포함하나, 이에 반해 $^{22}_{10}$Ne의 원자량은 오직 전자 10
개의 질량만을 포함한다는 것을 주의하라.

**23(28) 베릴륨(원자 질량 = 7.017 u)의 동위 원소는 γ선을 방출하
고 2.19×10^4 m/s의 속력으로 되튄다. 베릴륨 핵이 처음에
는 정지하고 있었다고 가정할 때 γ선의 파장을 구하라.

31.6 방사성 붕괴와 방사선 강도
24(29) 9일간 방사성 원자핵의 수가 처음의 1/8로 줄었다. 이 물질
의 반감기를 구하라.

25(30) 라듐의 동위 원소 $^{224}_{88}$Ra는 2.19×10^{-6} s^{-1}의 붕괴 상수를
가진다. 이 동위 원소의 반감기(일 단위)는 얼마인가?

26(31) 방사성 원자핵의 수가 처음 수의 100만 분의 1로 줄기 위해
서는 몇 번의 반감기를 거쳐야 하는가?

27(33) 암의 방사선 치료에 사용되는 어떤 장치는 코발트 $^{60}_{27}$Co
(원자량 = 59.933819 u) 0.50 g을 포함하고 있다. $^{60}_{27}$Co의
반감기는 5.27년이다. $^{60}_{27}$Co의 방사능 세기를 구하라.

28(35) 만일 방사성 물질의 방사능 세기가 처음에는 398 붕괴/분, 그
리고 이틀 뒤 285 붕괴/분의 속도라고 하면, 그로부터 4일 뒤,
즉 시작 후 6일 뒤의 방사능 세기는 얼마인가? 답을 붕괴/분
으로 서술하라.

*29(36) 어둠 속에서 시계 빛의 다이얼을 만들려고 라듐 $^{226}_{88}$Ra의
1.000×10^{-9} kg을 이용하였다. 이 동위 원소의 반감기는
1.60×10^3 년이다. 시계를 50년간 사용하는 동안 라듐은

몇 킬로그램이나 없어지는가?

*30(37) 1 퀴리의 방사능 세기가 왜 3.7×10^{10} Bq가 되는지 알기 위해, 라듐 $^{226}_{88}$Ra 1g의 방사능 세기(초당 붕괴 수)를 산정하라. (라듐의 $T_{1/2} = 1.6 \times 10^3$년)

*31(38) 방사성 스트론튬 $^{90}_{38}$Sr을 함유한 광석의 시료는 6.0×10^5 Bq의 방사선을 가진다. 스트론튬의 원자 질량은 89.908 u 이고 반감기는 28.5년이다. 광석 시료에 스트론튬이 몇 그램이나 있는가?

*32(39) 두 개의 방사성 핵 A와 B의 수는 처음에는 같았다. 붕괴를 시작하고 3 일 후, A의 핵 수가 B의 핵 수보다 3 배가 더 많았다. B의 반감기는 1.50 일이다. A의 반감기를 구하라.

31.7 방사능 연대 측정

33(40) 탄소 9.2 g을 포함한 고고학 표본은 1.6 Bq의 방사선을 가진다. 이 표본은 얼마나 오래된(년) 것인가?

34(41) 방사성 탄소 연대 측정에 의해 산정되는 연대의 실제적 한계는 약 41000 년이다. 41000 년 된 시료에서 $^{14}_{6}$C 원자는 원래의 몇 %가 남아 있을까?

35(43) 트리노의 수의는 중세 이래 지금까지 신앙에 의해 잘못 알고 있는 사실로 유명하다. 1988년에 방사성 탄소의 연대 측정법을 이용하여 수의의 연대를 측정하였는데, 그 수의는 A.D. 1200년 이전에 만들어지지 않았음이 드러났다. 수의가 만들어졌을 때 존재하던 $^{14}_{6}$C 원자핵의 몇 %가 1988년에 남아 있었을까?

36(44) 우라늄 $^{238}_{92}$U의 알파 붕괴에 대한 반감기는 4.47×10^9년이다. $^{238}_{92}$U 원자의 원래 번호의 60%를 함유한 바위 시료의 나이(년)를 구하라.

*37(45) 방사능 연대 측정법을 사용할 때, 시료의 방사능 세기를 잘못 측정하면, 연대를 측정하는 것도 잘못되게 된다. 어떤 정해진 화석에 방사능 연대 측정법을 적용할 때, ±10%의 정밀도 내에서 탄소 1 그램당 0.10 Bq의 방사능 세기가 측정된다. 화석의 연대와 얻어진 값에서의 최대 오차를 구하라. 단, 생물체 내 탄소의 그램당 0.23 Bq의 방사능 세기와 $^{14}_{6}$C의 반감기 5730년에는 오차가 없다고 가정한다.

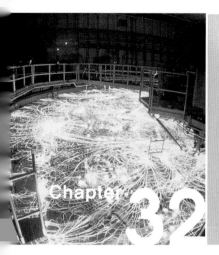

Chapter 32 이온화 방사선, 핵 에너지, 소립자

32.1 이온화 방사선의 생물학적 영향

이온화 방사선(ionizing radiation)은 광자나 혹은 움직이는 입자들로 구성되어 있으며, 충분한 에너지를 가지고 있어서 원자나 분자와 충돌하여 전자를 떼어내고 이온의 형태로 만들 수 있는 방사선들이다. 광자는 주로 자외선, X선 혹은 감마(γ)선 영역의 전자기 스펙트럼에 위치한다(그림 24.9 참조). 이에 반하여 움직이는 입자는 알파(α)선과 베타(β)선이다. 공기나 분자를 이온화하는 데 대략 1~35 eV 정도의 에너지가 필요하며, 원자 핵이 붕괴될 때 나오는 에너지는 몇 백만 eV 정도이다. 따라서 하나의 α입자, β입자, γ선은 수천 개의 분자를 이온화시킬 수 있다.

핵에서 나오는 방사선은 인간에게 위험하다. 왜냐하면 이온화는 살아 있는 세포 안의 분자 구조에 심각한 변화를 일으킬 수 있기 때문이다. 그 변화는 세포와 생물체를 죽음에 이르게 할 수 있다. 이런 잠재적인 위험 요소에도 불구하고 이온화 방사선은 진단을 위한 약물이나 뼈가 부러진 곳을 찾는다든지 암을 치료하는 것과 같은 치료의 목적으로 사용된다. 이러한 위험 요소는 방사능의 선량 단위와 방사선의 생물학적 영향을 잘 이해하면 최소화될 수 있다.

노출량(exposure)은 공기 중에서 X선 혹은 γ선에 의해 생기는 이온화의 정도이며 다음과 같이 정의된다. X선과 γ선은 표준 온도와 압력에서 질량 m 의 건조한 공기를 통과할 때 전체 전하량이 q 인 양이온들을 발생시킨다. 노출량은 공기에서 단위 질량당 발생한 총 전하로 정의된다. SI 단위계로 노출량의 단위는 쿨롬(C)/킬로그램(kg)이다. 방사선의 단위로는 뢴트겐(R)이 최초로 정의되었고 지금도 사용된다. 전하량을 쿨롬, 질량을 킬로그램으로 재면, 노출량은 뢴트겐 단위로 다음과 같이 산출된다.

$$\text{노출량(뢴트겐, R)} = \left(\frac{1}{2.58 \times 10^{-4}}\right)\frac{q}{m} \tag{32.1}$$

1 뢴트겐의 노출량은 X선과 γ선이 질량 1 kg의 건조 공기에서 양전하 $q = 2.58 \times 10^{-4}$ C 을 생성한다.

○ 이온화 방사선의 생물학적 영향의 물리

$$1R = 2.58 \times 10^{-4} \ \text{C/kg} \quad \text{(표준 온도와 압력, 건조한 공기)}$$

지금까지 노출량의 개념은 X선과 γ선이 공기 중에서 이온화시킬 수 있는 능력으로 정의되었고, 방사선이 살아 있는 조직에 미치는 영향으로 규정한 것은 아니다. 생물학적 목적을 위한 보다 적절한 양인 **흡수 선량**(absorbed dose)은 흡수 물질의 단위 질량당 흡수된 방사선 에너지로 정의된다.

$$흡수 \ 선량 = \frac{흡수된 \ 에너지}{흡수한 \ 물체의 \ 질량} \tag{32.2}$$

SI 단위계에서 흡수 선량의 단위는 그레이(Gy)이다. 이것은 에너지의 단위를 질량으로 나눈 것이다. 식 32.2는 여러 형태의 방사선과 흡수 매체에 적용할 수 있다. 또 흡수 선량에서 종종 사용되는 단위로는 라드(rad; rd)가 있다. 단위 'rad'는 방사선 흡수 선량(radiation absorbed dose)의 머리글자이다. 라드와 그레이 사이에는 다음의 관계가 있다.

$$1 \ \text{rd} = 0.01 \ \text{Gy}$$

이온화 방사선에 의한 생물학적 피해의 양은 방사선의 종류에 따라 다르다. 예를 들어 중성자 1 rd에 피폭되는 것이 X선 1 rd일 때보다 백내장 유발 가능성이 높다. 여러 종류의 방사선이 유발하는 피해를 상대적으로 비교하기 위해 생물학적 효과비율(relative biological effectiveness, RBE)*을 사용한다. 이것은 200 keV의 X선 흡수 선량이 어떤 생물학인 영향을 준다면, 동일한 생물학적 영향을 주는 어떤 방사선 흡수 선량의 상대적인 비이다. 즉

$$\begin{matrix} 방사선의 \ 생물학적 \\ 효과비율(RBE) \end{matrix} = \frac{\begin{matrix} 특정한 \ 생물학적 \ 영향을 \ 만들어내는 \\ 200 \ \text{keV} \ X선의 \ 흡수 \ 선량 \end{matrix}}{\begin{matrix} 같은 \ 생물학적 \ 영향을 \ 주는 \ 방사선의 \\ 흡수 \ 선량 \end{matrix}} \tag{32.3}$$

표 32.1 다양한 종류의 방사선에 따른 생물학적 효과비율(RBE)

방사선의 종류	RBE
X선(200 keV)	1
γ선	1
β^- 입자 (전자)	1
양성자	10
α입자	10~20
중성자	
느린	2
빠른	10

이다. RBE는 이온화 방사선의 종류, 에너지의 크기, 그리고 방사선에 쪼여진 조직의 종류에 따라 다르다. 표 32.1은 평균적인 생물 조직이 방사선에 쪼인다는 가정하에 여러 종류의 방사선에 대한 전형적인 RBE 값을 보여준다. γ선과 β^-입자의 RBE 값이 1인 것은, 동일한 흡수 선량일 때 200 keV 에너지의 X선과 동일한 생물학적 영향을 준다는 것을 의미한다. 양성자, α입자와 빠른 중성자의 RBE값이 크다는 것은 더 많은 피해를 준다는 것을 의미한다. RBE는 방사선에 의한 손상 정도를 나타내기 위해서 종종 흡수 선량과 결합하여 사용한다. 그래서 흡수 선량(rd 단위)과 RBE의 곱을 생물학적 등가 선량이라고 정의한다.

$$생물학적 \ 등가 \ 선량(rem 단위) = 흡수 \ 선량 \times RBE \tag{32.4}$$

생물학적 등가 선량의 단위는 렘(rem)이며 이것은 r̲oentgen e̲quivalent m̲an의 머리글자이다.

---

* RBE는 선질 인자(quality factor)라고도 한다.

예제 32.1 | γ선과 중성자의 흡수 선량 비교

어떤 생물학적 조직을 RBE가 0.7인 γ선으로 쪼였다. γ선의 흡수 선량은 850 rd이다. 그 후 조직은 RBE가 3.5인 중성자로 쪼인다. 중성자의 생물학적 등가 선량은 γ선과 같다. 중성자의 흡수 선량은 얼마인가?

살펴보기 생물학적 등가 선량은 중성자와 γ선의 경우 모두 같으므로 조직의 피해는 모든 상황에서 같다. 그러나 중성자의 RBE는 γ선의 RBE보다 3.5/0.70 = 5.0 차이만큼 크다. 그러므로 중성자의 흡수 선량은 γ선의 1/5이다.

풀이 식 32.4에 따르면, 생물학적 등가 선량(단위: rd)은 흡수 선량과 RBE의 곱이다. 이것이 γ선과 중성자에 대해서 같다.

$$생물학적 등가 선량 = (흡수 선량)_{γ선} RBE_{γ선}$$
$$= (흡수 선량)_{중성자} RBE_{중성자}$$

중성자의 흡수 선량에 대해 풀면

$$(흡수 선량)_{중성자} = (흡수 선량)_{γ선} (RBE_{γ선} / RBE_{중성자})$$
$$= (850 \text{ rd})(0.70/3.5) = \boxed{170 \text{ rd}}$$

가 된다.

사람은 자연으로부터 오는 방사선에 노출되어 있다. 예로 우주선(태양계 밖으로부터 오는 높은 에너지의 입자), 생활 환경에 존재하는 방사성 물질, 몸 안의 방사성 원자 핵 (주로 탄소 $^{14}_{6}$C와 칼륨 $^{40}_{19}$K), 그리고 라돈(Rn) 등이 있다. 표 32.2는 미국 거주민이 다양한 근원으로부터 받는 생물학적 등가 선량의 평균값을 보여주고 있다. 표에 따르면, 라돈이 자연 방사선 중 큰 요인이 된다. 라돈은 냄새가 없는 방사능 기체로 인체에 해로운 영향을 미친다. 왜냐하면 라돈이 흡입되면 이것이 폐를 손상시키고 암을 유발할 수 있기 때문이다. 라돈은 흙과 바위 안에 존재하고 건물의 부서진 공간이나 틈을 통해 집으로 들어오게 된다. 흙속에 있는 라돈의 양은 지역마다 큰 차이를 보인다. 몇몇 지역에서는 상당히 많은 양이 있는 반면에 다른 곳에는 거의 없다. 그리하여 어느 한 개인이 받는 선량은 표 32.2에 주어진 바와 같이 평균치 200 mrem/yr에서 큰 편차를 보인다(1 mrem = 10^{-3} rem). 집으로 스며 들어오는 기체를 차단하면 라돈의 유입량을 획기적으로 줄일 수 있고, 좋은 환기시설을 해주면 라돈이 쌓이지 않게 할 수 있다.

주로 진단을 위한 X선 등에 의한 상당히 많은 양의 인공 방사능이 자연 방사능에 더해진다. 표 32.2는 모든 원인으로부터 연평균 360 mrem의 방사능을 평균적으로 받는다는 것을 보여준다.

방사선의 인체에 대한 영향은 처음 노출과 생리학적 증상 사이의 시간 간격에 따라 2가지로 나누어진다. (1) 단기적 혹은 급성적인 영향은 몇 분, 며칠, 또는 몇 주 안에 일어날 수 있다. (2) 장기적 혹은 잠재적인 영향은 몇 년, 몇 10년, 또는 몇 세대가 지난 후에 나타날 수도 있다.

방사능 병(radiation sickness)은 방사능의 급성 영향에 적용되는 일반적 용어이다. 선량의 강도에 따라 방사능 병에 걸린 사람은 구역질, 열, 설사, 그리고 탈모 현상을 일으킬 수 있다. 결국은 죽을 수도 있다. 방사능 병에 걸리는 정도는 받은 선량과 관련이 있고, 생물학적 등가 선량이 온몸에 미치는 영향은 다음과 같다. 50 rem과 300 rem 사이의 선량은 방사능 병을 일으키고, 그 정도는 선량이 높아질수록 높아진다. 몸 전체에 걸쳐 받는 400 rem에서 500 rem까지의 선량은 LD$_{50}$으로 구분되는데, 이 선량에 노출된 사람의 약 50%는 매우 치명적이며, 몇 달만에 죽을 수 있다(LD는 lethal dose, 즉 치사 선량의 줄임 말이다). 몸 전체에 600 rem보다 많은 선량을 쪼이면 거의 모든 사람이 죽는다.

방사선의 장기간의 피해는 높은 강도의 짧은 기간 노출 또는 낮은 강도의 긴 시간 노

표 32.2 미국 거주민이 받는 방사선의 생물학적 등가 선량의 평균[a]

방사선의 근원	생물학적 등가 선량 (mrem/yr)[b]
자연 방사선	
우주선	28
땅과 공기의 방사능	28
신체 내부 핵의 방사능	39
라돈 흡입	≈ 200
인공 방사선	
소비재	10
의학/치의학 진단	39
핵의학	14
대략의 합:	360

[a] National Council on Radiation Protection and Measurement, Report No. 93, "Ionizing Radiation Exposure of the Population of the United states," 1987.
[b] 1 mrem = 10^{-3} rem.

출로써 일어날 수 있다. 방사선 피해로는 탈모증, 백내장, 그리고 많은 종류의 암을 들 수 있다. 게다가 돌연변이 유전자로 인한 유전적 결함이 다음 세대에 유전될 수도 있다.

방사선의 피해 때문에 정부는 선량 제한을 한다. 각 개인에게 허가되는 선량은 (오랜 기간 동안 누적되었거나 단 한 번의 노출의 결과이건 간에) 건강에 심각한 피해를 주지 않을 정도의 선량으로 정의된다. 1991년에 정한 미국정부의 기준은 개인이 매년 의료 목적을 제외하고는 500 mrem 이상의 인공 방사선에 노출되면 안 된다고 정한다. 직업상 방사선에 노출되는 사람은(예로 치료방사선과 의사들) 매년 직장에서 5 rem 이상을 받으면 안 된다.

32.2 유도 핵반응

31.4절에서는 어떻게 방사성 어미핵이 자발적으로 딸핵으로 붕괴되는지에 대해서 알아보았다. 원자나 원자보다 작은 소립자, γ선 등으로 또 다른 핵을 충돌시킴으로써 안정된 핵을 붕괴시키는 것도 가능하다. 핵반응(nuclear reaction)은 입사된 핵과 소립자나 광자가 목표 핵에 변화를 일으키는 것을 의미한다.

1919년 러더퍼드는 α입자가 질소핵과 충돌할 때 산소핵과 양성자가 생긴다는 것을 관찰했다. 이 핵반응은 다음과 같이 쓸 수 있다.

$$\underbrace{{}^{4}_{2}\text{He}}_{\text{입사 }\alpha\text{입자}} + \underbrace{{}^{14}_{7}\text{N}}_{\text{질소(표적)}} \longrightarrow \underbrace{{}^{17}_{8}\text{O}}_{\text{질소(표적)}} + \underbrace{{}^{1}_{1}\text{H}}_{\text{양성자, }p}$$

입사된 α입자는 질소가 산소로 변환되도록 유도하기 때문에, 이 반응은 **유도 핵변환**(induced nuclear transmutation)의 한 예이다.

이와 같은 핵반응을 표현하는 방법으로는 다음의 간단한 형식이 쓰인다. 예를 들면 앞의 반응은 ${}^{14}_{7}\text{N}(\alpha, p) {}^{17}_{8}\text{O}$로 나타낸다. 처음과 마지막 기호는 처음 핵과 마지막 핵을 각각 의미하는 기호이다. 괄호 안의 기호는 입사된 α입자(왼쪽)와 방사된 입자 양성자 p(오른쪽)를 나타낸다. 몇몇 다른 유도 핵변환들도 유사하게 아래와 같이 간단히 표기된다.

핵반응	표기법
${}^{1}_{0}\text{n} + {}^{10}_{5}\text{B} \rightarrow {}^{7}_{3}\text{Li} + {}^{4}_{2}\text{He}$	${}^{10}_{5}\text{B}\,(n, \alpha)\, {}^{7}_{3}\text{Li}$
$\gamma + {}^{25}_{12}\text{Mg} \rightarrow {}^{24}_{11}\text{Na} + {}^{1}_{1}\text{H}$	${}^{25}_{12}\text{Mg}\,(\gamma, p)\, {}^{24}_{11}\text{Na}$
${}^{1}_{1}\text{H} + {}^{13}_{6}\text{C} \rightarrow {}^{14}_{7}\text{N} + \gamma$	${}^{13}_{6}\text{C}\,(p, \gamma)\, {}^{14}_{7}\text{N}$

31.4절에서 논의된 방사성 물질의 자연 붕괴 과정과 같이 유도 핵반응도 물리학의 보존 법칙을 따른다. 이제 보존 법칙이 어떻게 모든 핵 과정에서 적용되는지 알아보자. 특히 총 전하와 총 핵자수는 유도 핵반응 동안에 보존된다. 이 양들이 보존된다는 사실로부터 다음 예제에서 설명하는 것처럼 반응에서 만들어진 새로운 원자 핵을 규명할 수 있다.

예제 32.2 | 유도 핵변환

α 입자가 알루미늄 $^{27}_{13}$Al 원자 핵과 충돌했다. 그 결과 알 수 없는 원자 핵 $^{A}_{Z}$X과 중성자 $^{1}_{0}$n이 생성된다.

$$^{4}_{2}\text{He} + ^{27}_{13}\text{Al} \longrightarrow ^{A}_{Z}\text{X} + ^{1}_{0}\text{n}$$

생성된 원자 핵의 종류를 알아내고, 그 원자 번호 Z, 질량 수, A(핵자수)를 구하라.

살펴보기 핵자의 총 전하는 보존되므로 반응 전 양성자들의 수와 반응 후 양성자들의 수를 같다고 둘 수 있다. 핵자수 또한 보존되므로 반응 전 핵자수가 반응 후 핵자수와 같다고 둘 수 있다. 이 보존된 두 양으로부터 원자 핵 $^{A}_{Z}$X를 알아낼 수 있다.

풀이 핵입자의 총 전하와 총 개수가 일정하므로 아래와 같은 등식이 성립한다.

보존량	반응 전 반응 후
총 전하(양성자수)	$2 + 13 = Z + 0$
총 핵자수	$4 + 27 = A + 1$

Z와 A를 구하기 위해 등식을 풀면 $Z = 15$, $A = 30$ 이다. $Z = 15$인 원소는 인(P)이므로, 생성되는 핵은 $\boxed{^{30}_{15}\text{P}}$ 이다.

유도 핵변환은 주위에서 쉽게 찾을 수 없는 동위 원소를 만드는 데 쓰인다. 1934년 페르미는 우라늄보다 큰 원자 번호를 가진 원소들을 만들기 위한 방법을 제시했다. 넵투늄($Z = 93$), 플루토늄($Z = 94$), 아메리슘 ($Z = 95$) 등 원소들은 자연에서 생성되지 않는 초우라늄 원소라고 알려져 있다. 이 원소들은 보다 가벼운 특정 원소와 입사되는 입자(주로 중성자와 α 입자)의 핵반응에서 얻어진다. 예를 들면 그림 32.1은 우라늄으로부터 플루토늄을 생성하는 반응을 보여주고 있다. 우라늄 $^{238}_{92}$U의 핵에 중성자가 포획되면 $^{239}_{92}$U와 γ 선을 생성하게 된다. $^{239}_{92}$U의 핵은 방사능을 가지고 있으며, 23.5 분의 반감기로 넵투늄 $^{239}_{93}$Np으로 붕괴한다. 넵투늄도 또한 방사능을 가지고 있으며, 2.4 일의 반감기로 플루토늄 $^{239}_{94}$Pu으로 붕괴한다. 플루토늄은 최종 결과물로 24100 년의 반감기를 가지고 있다.

핵반응에 참여하는 중성자는 넓은 범위의 운동 에너지를 가질 수 있다. 특히, 0.04 eV 정도보다 작은 운동 에너지를 가지고 있는 것을 **열중성자**(thermal neutron)라고 한다. 열중성자라는 명칭은 중성자의 에너지가 실내 온도에서 분자의 평균 병진 운동 에너지 정도로 작다는 사실에서 유래되었다.

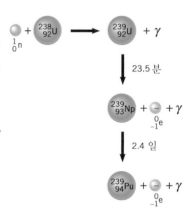

그림 32.1 우라늄 $^{238}_{92}$U이 초우라늄 원소인 플루토늄 $^{239}_{94}$Pu로 변환되는 유도 핵반응

32.3 핵분열

1939년 4명의 독일 과학자들(오토 한, 리제 마이트너, 프리츠 슈트라스만, 오토 프리슈)은 핵 에너지 시대에 들어서는 중요한 발견을 하였다. 우라늄 핵이 중성자를 흡수한 후에 원래 핵보다 작은 질량을 가진 두 조각으로 나누어진다는 것을 알아냈다. 무거운 핵이 두 개의 가벼운 조각으로 쪼개지는 것을 **핵분열**(nuclear fission)이라 한다.

그림 32.2는 우라늄 핵 $^{235}_{92}$U이 바륨 $^{141}_{56}$Ba과 크립톤 $^{92}_{36}$Kr으로 분열하는 반응을 보여준다. $^{235}_{92}$U 가 천천히 움직이는 중성자를 흡수하여 복합핵인 $^{236}_{92}$U를 생성하면서 이 반응이 시작된다. 복합핵은 다음과 같은 반응에 따라 빠르게 $^{141}_{56}$Ba, $^{92}_{36}$Kr과 세 개의 중성자로 붕괴된다.

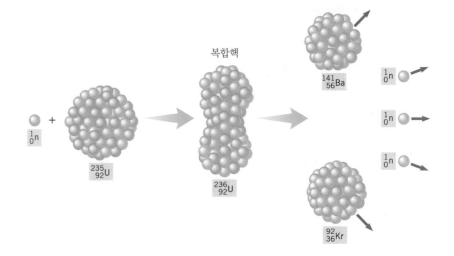

그림 32.2 천천히 움직이는 중성자는 우라늄 $^{235}_{92}$U 핵을 바륨 $^{141}_{56}$Ba, 크립톤 $^{92}_{36}$Kr, 그리고 세 개의 중성자로 분열시킨다.

$$\underset{\substack{\text{복합핵}\\\text{(불안정)}}}{^1_0\text{n} + ^{235}_{92}\text{U} \longrightarrow ^{236}_{92}\text{U}} \longrightarrow \underset{\substack{\text{바륨}}}{^{141}_{56}\text{Ba}} + \underset{\substack{\text{크립톤}}}{^{92}_{36}\text{Kr}} + \underset{\substack{\text{세 개의}\\\text{중성자}}}{3\,^1_0\text{n}}$$

이 반응은 우라늄 분열이 일어날 때 발생 가능한 여러 가지 반응들 중 하나일 뿐이다. 예를 들면 다음과 같은 반응도 가능하다.

$$\underset{\substack{\text{복합핵}\\\text{(불안정)}}}{^1_0\text{n} + ^{235}_{92}\text{U} \longrightarrow ^{236}_{92}\text{U}} \longrightarrow \underset{\substack{\text{크세논}}}{^{140}_{54}\text{Xe}} + \underset{\substack{\text{스트론튬}}}{^{94}_{38}\text{Sr}} + \underset{\substack{\text{두 개의}\\\text{중성자}}}{2\,^1_0\text{n}}$$

어떤 반응은 중성자를 5 개나 생성시키기도 한다. 하지만 한 번의 분열에서 생성되는 중성자수는 평균 2.5 개이다.

중성자가 우라늄 핵과 충돌하고 우라늄 핵에 의해 흡수될 때 우라늄 핵은 진동하기 시작하고 일그러지게 된다. 그 일그러짐의 정도가 더욱 심해져서 강한 핵력으로 인한 인력이 더 이상 핵의 양성자들 사이의 전기적 척력을 상쇄할 수 없을 때까지 진동이 계속된다. 그리고 한순간 핵은 운동 에너지를 가지는 조각들로 나눠진다. 이 조각이 가지고 있는 에너지는 매우 거대하며 이는 핵 속에서 주로 전기 위치 에너지로 저장되어 있던 에너지다. 핵분열이 일어날 때 우라늄 핵 한 개당 약 200 MeV의 에너지가 평균적으로 방출된다. 이 에너지는 휘발유나 석탄의 연소와 같은 일반적인 화학 반응이 일어날 때 분자들로부터 방출되는 에너지보다 약 10^8 배나 크다. 예제 32.3은 핵분열에서 방출되는 에너지를 어떻게 산정하는가를 보여준다.

예제 32.3 | **핵분열 동안 방출되는 에너지**

거대한 핵($A = 240$)이 분열할 때 방출되는 에너지를 구하라.

살펴보기 그림 31.5는 $A = 240$인 핵의 결합 에너지가 핵자당 약 7.6 MeV라는 것을 보여준다. 핵분열이 일어나 $A \approx 120$인 두

개의 파편으로 쪼개어진다고 가정하자. 그림 31.5에 의하면 파편의 결합 에너지는 핵자당 8.5 MeV로 증가한다. 결과적으로 거대한 핵이 분열하면 핵자 한 개당 8.5 MeV − 7.6 MeV = 0.9 MeV의 에너지가 방출된다.

풀이 분열 과정에 240 개의 핵자가 포함되었기 때문에 분열로 $\boxed{200\,\text{MeV}}$ 이다.
인해 방출된 총 에너지는 약 $(0.9\,\text{MeV/핵자})\,(240\,\text{핵자}) \approx$

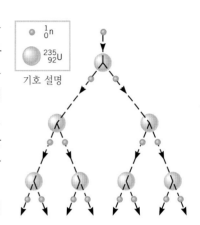

사실상 자연적으로 존재하는 모든 우라늄은 두 개의 동위 원소로 구성되어 있다. 이 동위 원소들은 자연 존재비가 $^{238}_{92}\text{U}$ 는 99.275 %이고, $^{235}_{92}\text{U}$ 는 0.720 %이다. $^{238}_{92}\text{U}$ 가 훨씬 풍부한 동위 원소이지만 중성자를 포획해서 분열을 일으킬 가능성은 매우 적다. 이러한 이유로 $^{238}_{92}\text{U}$ 는 핵 에너지를 생산하기 위해 사용되는 동위 원소가 아니다. 반면에 $^{235}_{92}\text{U}$ 는 중성자가 열중성자(운동 에너지 $\approx 0.04\,\text{eV}$ 혹은 더 적음)일 경우 중성자를 빨리 포획해서 분열한다. 열중성자가 $^{235}_{92}\text{U}$ 를 분열시킬 가능성은 에너지가 상대적으로 높은 중성자(예를 들어 1 MeV의 에너지를 가진 중성자)보다 500 배나 크다. 열중성자는 플루토늄 $^{239}_{94}\text{Pu}$ 과 같은 다른 핵을 분열시키는 데에도 사용될 수 있다.

우라늄 분열 반응이 약 2.5 개의 중성자를 평균적으로 방출한다는 사실은 그 이후에 분열이 지속적으로 계속될 수 있다는 것을 의미한다. 그림 32.3과 같이, 방출된 각 중성자는 다른 핵의 분열이 시작되게 할 수 있고, 결과적으로 더 많은 중성자를 방출하며 계속해서 더 많은 분열을 연쇄적으로 일으킬 수 있다. **연쇄 반응**(chain reaction)은 각 분열에 의해 형성된 중성자들이 추가적인 분열을 일으키는 일련의 핵분열 과정을 일컫는다. 제어되지 않은 연쇄 반응에 의해서 몇백만 분의 일 초 동안 분열의 수가 수천 배로 늘어나는 일은 보통 있는 일이다. 분열당 생성되는 200 MeV의 평균 에너지를 생각하면 연쇄 반응은 핵폭탄에서 일어나는 것처럼 매우 짧은 시간에 엄청난 양의 에너지를 생성할 수 있다.

분열될 수 있는 핵과 만날 수 있는 중성자의 수를 제한하면, 하나의 분열 반응에서 나온 단 하나의 중성자만 다른 핵의 분열을 일으키도록 제어할 수 있다(그림 32.4 참조). 이런 방식으로 연쇄 반응과 에너지 생성이 통제된다. 이 제어된 분열 반응이 바로 핵발전에 사용되는 원자로의 원리이다.

그림 32.3 연쇄 반응. 각 분열은 두 개의 중성자를 생성한다고 가정한다(평균적으로는 2.5 개의 중성자임). 분열된 파편은 그림에서 생략하였다.

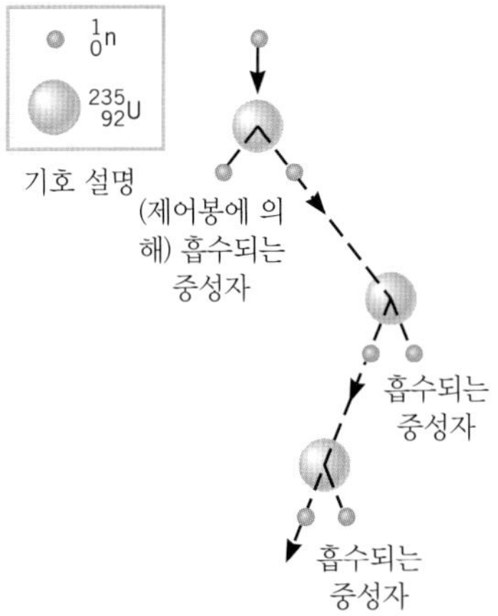

(제어봉에 의해) 흡수되는 중성자 / 흡수되는 중성자 / 흡수되는 중성자

그림 32.4 제어된 연쇄 반응에서는 평균적으로 하나의 분열 반응에서 하나의 중성자가 다른 분열 반응을 일으킨다. 결과적으로 에너지는 일정하게 제어된 비율로 방출된다.

32.4 원자로

원자로는 제어된 연쇄 반응에 의해 에너지를 생성한다. 최초의 원자로는 1942년 페르미에 의해 시카고대학에 건설되었다. 오늘날 다양한 종류와 크기의 원자로가 있지만 많은 원자로들이 다음과 같은 세 가지 기본 구성 요소를 공통적으로 가지고 있다. 연료 요소, 중성자 감속재, 그리고 제어봉이다. 그림 32.5는 이 세 구성 요소를 보여준다.

연료 요소(fuel element)는 분열 가능한 연료로 이를테면 약 1 cm 지름의 얇은 막대의 형태이다.* 대형 발전용 원자로에는 수 천 개의 연료 요소가 빽빽이 배열되어 있다. 연료 요소의 전체 영역은 원자로의 **노심**(reactor core)이라고 부른다.

우라늄 $^{235}_{92}\text{U}$ 는 가장 많이 쓰이는 핵연료이다. 이 동위 원소의 자연 존재비는 0.7 %밖에 되지 않아 이 비율을 높이기 위한 우라늄 농축 공장들이 있다. 대부분의 발전용 원자로는 약 3 %로 농축된 우라늄을 사용한다.

* 이런 형태의 것은 연료봉이라고도 한다(역자 주).

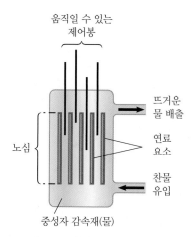

● 원자로의 물리

그림 32.5 원자로는 연료 요소, 중성자 감속재(이 경우에는 물), 그리고 제어봉으로 구성되어 있다.

0.04 eV의 에너지를 가진 중성자는 $^{235}_{92}U$를 즉시 분열시키는 반면, 분열 반응 동안 방출된 중성자는 수 MeV 이상의 매우 큰 에너지를 가진다. 따라서 원자로는, 또 하나의 $^{235}_{92}U$를 쉽게 분열시킬 수 있도록 에너지가 큰 중성자의 속도를 낮추거나 조절할 수 있는 종류의 물질을 포함하고 있어야 한다. 이렇게 중성자의 속도를 낮추는 역할을 하는 것을 **중성자 감속재**(moderator)라고 한다. 가장 널리 쓰이는 감속재는 물이다. 빠른 중성자가 연료 요소를 벗어나 주변의 물로 들어가서 물 분자와 충돌한다. 각 충돌에서 중성자는 에너지의 상당한 부분을 잃고 감속된다. 감속재에 의해 감속되는 중성자는 10^{-3}초보다 짧은 시간 동안 감속재에 의해 열에너지 정도의 운동 에너지만을 갖게 느려지고 다시 연료 요소에 들어감으로써 새로운 분열 반응을 시작할 수 있게 된다.

원자로의 출력이 일정하게 유지되면, 그림 32.4처럼, 하나의 분열 반응에서 오직 하나의 중성자가 새로운 분열 반응을 유발시켜야 한다. 각 분열이 또 다른 하나만의 분열을 유발시킬 때 원자로는 임계 상태(critical state)에 있다고 한다. 원자로는 보통 임계 조건에서 운영된다. 그래야 일정한 양의 에너지를 생성할 수 있기 때문이다. 각 분열로부터 방출된 중성자 하나가, 평균적으로 하나보다 적은 다음의 핵분열 과정을 일으킬 때, 원자로는 버금 임계 상태(subcritical state)에 있다고 한다. 이런 원자로에서는 연쇄 반응이 지속되지 않고 결국에는 끝이 난다. 각 분열로부터 방출된 중성자 하나가, 평균적으로 하나 이상의 다음 핵분열 과정을 일으킬 때 원자로는 초임계 상태(supercritical state)에 있다고 말한다. 초임계 상태의 원자로에서는 방출된 에너지가 점점 증가한다. 모르고 방치하면, 증가하는 에너지는 원자로 노심 부분을 녹이는 수가 있고 방사성 물질이 유출될 수 있다.

이와 같이 제어 메커니즘은 원자로를 정상적인 임계 상태로 유지하기 위해 반드시 필요하다. 이 제어는 원자로 노심 안으로 혹은 밖으로 움직일 수 있는 **제어봉**(control rod)에 의해서 수행된다(그림 32.5 참조). 이 제어봉은 분열하지 않고 즉시 중성자를 흡수하는 붕소 혹은 카드뮴과 같은 원소를 포함한다. 원자로가 초임계 상태가 되면 이렇게 만드는 과잉 중성자를 흡수하기 위해 제어봉은 자동적으로 한층 더 노심으로 깊숙이 들어가게 된다. 이에 따라 원자로는 다시 임계 상태로 돌아가게 된다. 반대로, 원자로가 버금 임계 상태가 되면 제어봉은 노심으로부터 부분적으로 물러나 더 적은 중성자가 흡수돼 더 많은 중성자들이 분열에 이용될 수 있게 되고, 따라서 원자로는 다시 임계 상태로 돌아가게 된다.

그림 32.6은 가압 경수로를 보여준다. 이런 원자로에서는, 연료봉에 의해 생성된 열은 봉 주변의 물(경수)에 의해 운반된다. 최대한 열을 제거하기 위해, 물의 온도를 약 300 °C

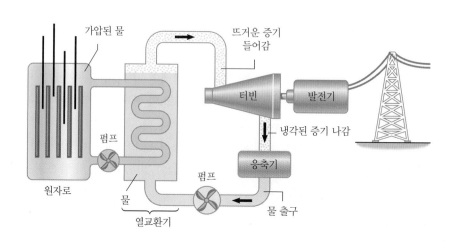

그림 32.6 가압 경수로를 사용하는 핵발전소의 도표

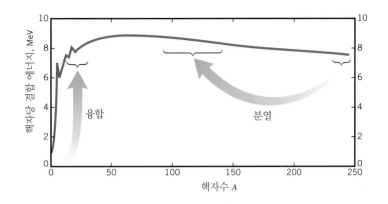

그림 32.7 분열이 일어날 때, 무거운 원자 핵이 원래의 핵보다 더 큰 핵자당 결합 에너지를 가진 두 개의 조각으로 나누어진다. 융합이 일어날 때는, 질량이 작은 두 개의 핵이 결합하여 원래의 핵들보다 핵자당 결합 에너지가 더 큰 무거운 핵이 된다.

정도의 높은 값까지 오를 수 있도록 되어 있다. 1 기압에서는 물은 100 °C에서 끓기 때문에 이와 같이 높은 온도까지 온도를 올릴 수 있으려면 150 기압 이상의 압력을 가하면 된다. 펌프는 뜨거워진 물을 열교환기 속의 관으로 보낸다. 열교환기에서 관을 지나는 뜨거운 물은 다른 밀폐된 용기 속의 물을 가열하여 터빈을 작동시키는 수증기를 발생시킨다. 터빈은 발전기와 연결되어 있는데, 이것은 높은 전압의 송전선을 통하여 소비자에게 전달할 전기 에너지를 만든다. 터빈을 나온 후에 수증기는 응축되어 물이 되고, 물은 다시 열교환기로 돌아간다.

32.5 핵융합

32.3절의 예제 32.3에서 핵자당 결합 에너지는 핵분열 과정에서 방출된 에너지의 양을 계산하는 데 사용되었다. 그림 32.7을 요약하면 곡선의 오른쪽 끝에 있는 무거운 핵은 핵자당 7.6 MeV의 결합 에너지를 가지고 있다. 작은 핵분열 파편들의 핵자수는 가로축 중심 근처에 있으며 핵자당 거의 8.5 MeV의 결합 에너지를 가지고 있다. 핵분열로 인해 방출되는 에너지는 이 두 값의 차이에 해당하는 핵자당 0.9 MeV 정도이다.

그림 32.7의 왼쪽 끝을 보면 에너지를 발생시키는 다른 방법을 제시한다. 매우 낮은 질량을 가진 두 개의 핵과 상대적으로 작은 결합 에너지를 가진 핵자는 하나로 결합될 수 있다. 융합된 원자 핵은 핵자당 더 큰 결합 에너지를 가진다. 이 과정을 **핵융합**(nuclear fusion)이라고 부른다. 예제 32.4에서 보듯이 융합 반응을 하는 동안 많은 양의 에너지가 방출된다.

 예제 32.4 | **핵융합 동안 방출되는 에너지**

수소 동위 원소인 $^2_1$H와 $^3_1$H가 융합되어 $^4_2$He과 중성자로 되는 반응은 다음과 같다.

$$^2_1\text{H} + {}^3_1\text{H} \longrightarrow {}^4_2\text{He} + {}^1_0\text{n}$$

그림 32.8에 보인 이 융합 반응에 의해 방출되는 에너지를 구하라.

살펴보기 에너지는 핵이 가지고 있던 나중 질량이 처음 질량보다 적을 때 발생한다. 방출된 에너지를 구하기 위해 전체 질량이 얼마나 줄어들었는지 원자 질량 단위(u)로 계산하자. 1 u의 질량은 931.5 MeV의 에너지와 등가라는 사실을 이용한다 (31.3절 참조). 이것은 31.4절의 방사성 붕괴에서 사용한 것과 동일하다.

풀이 이 반응에서 처음 핵들과 나중 핵들의 질량은 각각 다음과 같다.

	처음 질량		나중 질량
^2_1H	2.0141 u	^4_2He	4.0026 u
^3_1H	3.0161 u	^1_0n	1.0087 u
합계:	5.0302 u	합계:	5.0113 u

질량의 감소량, 즉 질량 결손은 $\Delta m = 5.0302\,\text{u} - 5.0113\,\text{u} = 0.0189\,\text{u}$이다. 1 u는 931.5 MeV와 등가이므로, 방출된 에너지는 17.6 MeV이다.

중수소 핵이 2개의 핵자를 포함하고, 삼중수소 핵이 3개의 핵자를 포함하므로, 융합에는 총 5개의 핵자가 포함되어 핵자당 방출되는 에너지는 3.5 MeV가 된다. 이 핵자당 에너지는 분열 과정에서 방출되는 것에 비해 크다(핵자당 0.9 MeV 정도). 따라서 핵융합 반응은 처음에 주어진 연료의 양에 비해 핵분열 반응보다 더 많은 에너지를 만든다.

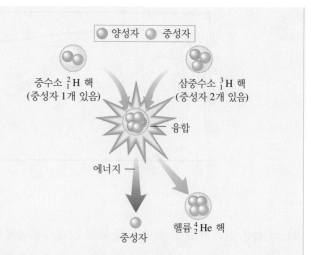

그림 32.8 중수소와 삼중수소가 융합해서 ^4_2He이 된다. 그 결과 어마어마한 양의 에너지가 방출되며, 고에너지 입자인 ^1_0n이 그 에너지의 대부분을 갖는다.

아직 상업적으로 이용하지 못하고 있지만, 핵융합 반응은 엄청난 에너지를 방출하기 때문에 핵융합용 원자로에 대해 관심이 쏟아지고 있다. 핵융합용 원자로를 건설하는 데 어려움은 다음과 같다. 두 개의 작은 질량을 가진 원자 핵을 충분히 가까이 근접시킬 수 있으면 좁은 영역에서 강하게 작용하는 핵력은 그 둘을 끌어당겨 융합을 일으킨다. 그러나 각각의 원자 핵은 양전하를 가지고 있으므로, 전기적으로 척력이 작용한다. 서로 미는 전기력이 존재하는 상태에서 원자 핵을 충분히 가까이 근접시키기 위해서는 큰 운동 에너지, 즉 높은 온도가 반드시 필요하다. 예를 들어 예제 32.4에서 논의한 중수소와 삼중수소의 반응을 일으키려면 대략 1 억 도의 높은 온도가 필요하다.

이렇게 극도로 높은 온도를 필요로 하는 반응을 일컬어 **열 핵반응**(thermonuclear reaction)이라고 한다. 가장 중요한 열 핵반응의 예는 태양과 같은 별(항성)들 속에서 일어나는 반응이다. 태양에 의해 방사되는 에너지는 태양 내부의 핵(core)으로부터 나오는 것인데, 이곳의 온도는 핵융합 반응이 시작될 정도로 충분히 높다. 태양에서 일어난다고 생각되어지는 반응들 중 하나는 양성자-양성자 순환 과정이다. 이 과정은 6 개의 양성자가 헬륨 핵과 2 개의 양전자, 2 개의 γ선, 2 개의 양성자 그리고 2 개의 중성미자를 만드는 반응이다. 양성자-양성자 순환 과정에서 방출되는 에너지는 대략 25 MeV 정도이다.

인류에 의한 핵융합 반응의 예는 수소 폭탄이라 불리는 핵폭탄이 폭발할 때 일어나는 반응이다. 수소 폭탄 폭발의 융합 반응은 우라늄이나 플루토늄을 사용한 핵분열 반응에 의해 점화된다. 분열 핵폭탄에 의해 생산되는 온도는 열핵반응이 시작되도록 하기에 충분히 높은 온도이다. 그리하여 수소 동위 원소들이 융합되어 헬륨이 되면서 많은 에너지를 낸다. 융합 반응을 일으켜서 상업적으로 유용한 에너지를 얻으려면, 폭탄과는 달리 에너지가 더 천천히, 제어된 방식으로 방출되어야 한다. 그러나 지금까지 과학자들은 공급하는 에너지보다 더 많은 에너지를 연속적으로 생산하는 핵융합 장치를 만드는 데 성공하지 못했다. 핵융합 장치에서는 반응을 일으키기 위하여 고온이 사용되고, 이 상태에서, 모든 원자들은 완벽하게 플라스마($^2_1$H$^+$나 e^-와 같이 대전된 입자들로 구성된 가스)의 형태로 이온화된다. 문제는 융합을 일으키는 이온들의 충돌이 일어나도록 뜨거운 플라스마를 충분하게 오랜 시간 동안 가두어 놓는 것이다.

플라스마를 가두어 두는 정교한 방법의 한 가지가 자기가둠(magnetic confinement)이다. 이렇게 부르는 이유는 플라스마 안의 전하를 저장하고 압축하는 데에 자기장을 이용하기 때문이다. 자기장에서 움직이는 전하는 자기력을 받는다. 자기력이 증가할수록 압력과 온도가 올라가게 된다. 기체들은 과열된 플라스마가 되고 궁극적으로 압력과 온도가 충분히 높아지면 융합이 일어난다.

● 자기가둠을 이용한 핵융합의 물리

관성가둠(inertial confinement)이라고 불리는 또 다른 방식이 개발되고 있다. 작고 견고한 펠릿(작은 알) 형태의 연료를 컨테이너 안에 떨어뜨리면 펠릿은 컨테이너의 중심부에 도달하고, 많은 고출력 레이저 광선이 동시에 펠릿에 비춘다. 이때 발생하는 열이 펠릿 외부를 순식간에 증발시킨다. 그런데 증발된 원자들의 관성 때문에 생성된 증기들이 제때 퍼져 나가지 않는다. 결과적으로 펠릿의 중심부는 고압, 고밀도, 고온 상태가 되어 융합 반응이 일어날 수 있다.

● 관성가둠을 이용한 핵융합의 물리

분열과 비교했을 때 융합은 에너지의 원천으로 매력적인 특징을 지니고 있다. 예제 32.4에서 보았듯이, 일정 질량의 연료에서 융합은 분열보다 더 많은 에너지를 만들어낸다. $^2_1$H 중수소는 해양의 물에서 발견되며, 풍부하고, 저렴하며, $^1_1$H 동위 원소로부터 분리해내기가 상대적으로 쉽다. 자연적으로 존재하는 우라늄 $^{235}_{92}$U와 같은 핵분열 물질은 공급량이 1, 2세기 내에 고갈될 가능성이 있다. 따라서 저렴한 에너지를 핵융합 반응으로 생산하여 상업적으로 이용하고자 하는 노력은 계속될 것이다.

32.6 소립자

무대의 설정

1932년에 전자, 양성자 그리고 중성자가 발견되었고, 이들은 물질을 구성하는 기본적인 단위라는 측면에서 자연의 세 가지 **소립자**(elementary particles)라고 생각되어 왔다. 그 이후에 실험적 증거를 통해 수백 가지의 다른 입자들이 존재한다는 것이 밝혀졌고 과학자들은 더 이상 양성자와 중성자가 소립자라고 생각하지 않는다.

새로운 입자들의 대부분은 질량이 전자의 질량보다 크고, 그중 많은 입자들이 양성자와 중성자보다도 큰 질량을 가지고 있다. 사실상 새로 발견된 모든 입자들은 불안정하여 10^{-6}에서 10^{-23}초 동안에 붕괴한다.

새로운 입자들은 종종 양성자들이나 전자들을 높은 에너지로 가속하여, 표적 핵과 충돌시킴으로써 생성된다. 예를 들면 그림 32.9는 에너지가 큰 양성자와 정지된 양성자 사이의 충돌을 보여준다. 입사하는 양성자가 충분한 에너지를 가지고 있으면, 그 충돌은 완전히 새로운 입자, 중성 파이온(π^0)을 만들어낸다. 이 중성 파이온 입자는 0.8×10^{-16}초 후 두 개의 γ선 광자로 붕괴된다. 중성 파이온은 충돌 전에 존재하지 않았으므로, 이것은 양성자 에너지의 일부에서 생성된다. 파이온과 같은 새로운 입자들은 종종 에너지로부터 생성되기 때문에, 통상적으로 입자의 질량을 보고할 때 그것과 등가인 정지 에너지로 나타

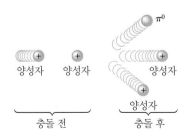

그림 32.9 에너지를 가진 양성자가 정지된 양성자와 충돌할 때, 중성 파이온이 생성된다. 입사되는 양성자 에너지의 일부가 파이온을 생성하는 데 사용된다.

낸다(식 28.5 참조). 에너지 단위로 MeV가 자주 사용된다. 예를 들어 실험을 상세히 분석해보면 중성 파이온의 질량은 정지 에너지 135.0 MeV과 같다는 사실을 알 수 있다. 여기서는 제한된 지면 때문에, 새로 발견된 모든 입자들을 설명하기는 불가능하므로, 몇 가지 중요한 발견만을 다루겠다.

중성미자

1930년 볼프강 파울리는 **중성미자**(현재는 전자 중성미자라고 알려짐)라고 불리는 입자가 방사성 핵의 β 붕괴에서 방출된다고 제안했다. 31.5절에서 다루듯이, 중성미자는 전하를 가지고 있지 않고, 전자에 비해 질량이 매우 작으며, 광속도에 가까운 속력으로 움직인다. 중성미자는 1956년에 발견되었다. 오늘날 중성미자는 원자로와 입자 가속 장치에서 풍부하게 생성되며 우주에 많이 있는 것으로 생각된다.

양전자와 반입자

1932년에 양전자(positron; positive electron의 줄임말)가 발견되었다. 양전자는 전자와 같은 질량을 가지고 있지만 양의 전하량 $+e$를 가지고 있다. 양전자와 전자가 충돌할 경우 두 입자는 소멸하고 γ선이 나오는 경우가 많다. 이 쌍소멸 반응에서 없어진 입자들의 에너지는 전자기 에너지로 바뀐다. 이런 이유로, 양전자는 보통 물질 내에서는 장기간 동안 존재할 수 없다. 개념 예제 32.5는 양전자와 전자의 쌍소멸이 의학적 진단 기술에 쓰이는 예를 보인다.

 개념 예제 32.5 | **양전자 방출 단층 촬영** ⊙ PET 스캐닝의 물리

양전자 방출 단층 촬영(positron emission tomography, PET) 혹은 PET 스캐닝은 양전자를 다음과 같은 방법으로 이용한다. 산소 $^{15}_{8}O$와 같은 방사성 동위 원소는 양전자를 방출한다. 이러한 동위 원소를 몸에 주사하면 특정 부위에 모이게 된다. 붕괴 중에 방출된 양전자 ($^{0}_{1}e$)는 순간적으로 신체 조직에서 전자 ($^{0}_{-1}e$)를 만나게 된다. 그 결과로 일어나는 쌍소멸은 두 개의 γ선 광

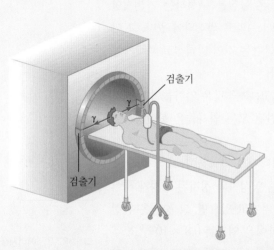

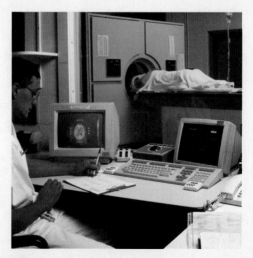

그림 32.10 (a) PET 스캐닝에서, 양전자를 방출하는 방사성 동위 원소를 몸에 주입하면 이들은 진단하려는 부위로 가서 붕괴한다. 붕괴하면서 나오는 양전자는 순간적으로 이웃의 전자와 함께 쌍소멸하여 두 개의 γ선 광자를 생성한다. 이 광자들은 환자를 둘러싸고 있는 고리 모양의 장치에서 서로 반대쪽에 위치한 두 검출기로 향한다. (b) 두뇌의 신진대사 활동을 검사하기 위해 PET 스캐닝을 하고 있다.

자를 생성하고 ($_1^0\text{e} + _{-1}^0\text{e} \rightarrow \gamma + \gamma$), 이 현상은 그림 32.10(a)와 같이, 환자 둘레에 있는 고리 모양의 장치에 있는 검출기에 의해 감지된다. 두 개의 광자는 반대편에 위치하고 있는 검출기를 때리면서, 쌍소멸이 발생하는 선을 나타낸다. 이러한 정보는 방사성 동위 원소가 모인 부분의 이상 현상을 진단할 수 있는 컴퓨터 이미지로 바뀐다(그림 32.11 참조). 광자가 서로 반대편에 놓인 검출기를 때리는 사실을 운동량 보존 법칙으로 어떻게 설명할 수 있는가?

살펴보기와 풀이　운동량 보존의 법칙은 고립계의 총 운동량이 일정하다는 것을 말한다(7.2절 참조). 그러므로 이 시스템이 고립되었다고 가정했을 때, γ선 광자의 전체 운동량은 양전자와 전자가 쌍소멸하기 전의 운동량과 같을 것이다. 고립계는 외부 힘이 없는 계를 말한다. 양전자와 전자는 전하를 띠므로 서로에게 정전기력을 가한다. 하지만 이것은 외부 힘이 아니라 내부 힘이므로 두 입자 시스템의 총 운동량을 변화시키지 않는다. 광자의 총 운동량은 양전자와 전자의 거의 0인 총 운동량과 같

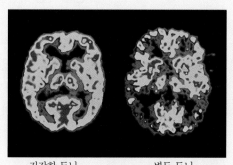

|건강한 두뇌|병든 두뇌|

그림 32.11　PET는 중요한 의학적 진단 기술이다. 여기 병든 두뇌의 PET 스캔은 알츠하이머병을 보여준다. 색은 컴퓨터에 의해 만들어진 것이지 실제 색은 아니다.

아야 한다. 그러므로 한 광자의 벡터 운동량은 다른 광자의 벡터 운동량과 반대 방향을 가리켜야 한다. 그러므로 두 광자는 쌍소멸 위치에서 출발해서 서로 반대 방향으로 움직이면서 반대쪽에 위치하고 있는 검출기를 때리게 된다.

양전자는 반입자의 하나이고, 이것이 발견된 후에 과학자들은 모든 종류의 입자는 그에 상응하는 반입자가 있다는 것을 알게 되었다. 반입자는 어떤 입자와 같은 양의 질량을 가지고 있는 물질인데 다만 다른 전하를 가지고 있거나 (예를 들면 전자와 양전자 짝), 또는 반대 방향의 자기 모멘트를 가지고 있는 것이다(예를 들면 중성미자와 반중성미자 짝). 광자와 중성 파이온(π^0)과 같이 전기적으로 중성인 몇몇의 입자는 그들 자신이 반입자가 된다.

뮤온과 파이온

1937년에 미국인 물리학자 네더마이어와 앤더슨은 전자보다 질량이 207배나 큰 새로운 대전 입자를 발견했다. 이 입자는 그리스 문자 μ(mu)를 따서 이름을 붙여 뮤온이라고 부른다. 질량은 같지만 반대 전하를 띠는 두 개의 뮤온이 있다. 입자 μ^-와 그것의 반입자 μ^+가 그것이다. μ^- 뮤온은 전자와 같은 전하를 가지고 있는 반면 μ^+ 뮤온은 양전자와 같은 전하를 가지고 있다. 두 뮤온은 2.2×10^{-6}초의 수명을 가지고 있으며 불안정하다. μ^- 뮤온은 다음과 같은 반응에 의하여 전자(β^-), 뮤온 중성미자(ν_μ), 그리고 전자 반중성미자($\bar{\nu}_e$)로 붕괴한다.

$$\mu^- \longrightarrow \beta^- + \nu_\mu + \bar{\nu}_e$$

μ^+뮤온은 양성자(β^+), 뮤 반중성미자($\bar{\nu}_\mu$), 그리고 전자 중성미자(ν_e)로 붕괴한다.

$$\mu^+ \longrightarrow \beta^+ + \bar{\nu}_\mu + \nu_e$$

뮤온은 약한 핵력을 통하여 양성자 및 중성자와 서로 상호 작용한다(31.5절 참조).

일본의 물리학자 유카와(1907~1981)는 1935년에 파이온(pions)이 존재한다는 사실을 예상했으나 1947년에서야 발견하였다. 파이온은 세 가지 종류가 있다. 양으로 대전된 것, 같은 질량의 음으로 대전된 반입자, 그리고 위에서 언급했듯이 자기 자신의 반입자를 가지고 있는 중성 파이온이다. 이 파이온들의 기호는 각각 π^+, π^-, π^0이다. 대전된 파이온은 2.6×10^{-8}초의 수명을 가지며 매우 불안정하다. 대전된 파이온이 붕괴하면 항상 뮤온을 생성한다.

$$\pi^- \longrightarrow \mu^- + \bar{\nu}_\mu$$
$$\pi^+ \longrightarrow \mu^+ + \nu_\mu$$

앞에서 언급한 바와 같이, 중성 파이온 π^0은 불안정하고 두 개의 γ 광자로 붕괴되며 수명은 0.8×10^{-16}초이다. 파이온은 매우 재미있는 입자인데, 그 이유는 뮤온과는 달리 파이온은 강한 핵력을 통해 양성자 및 중성자와 상호 작용하기 때문이다.

입자의 분류

널리 알려진 입자들을 세 개의 부류로 묶는 것은 매우 유용하다. 광자, 렙톤(lepton), 그리고 강입자(hadron)이다. 이들에 관해서 표 32.3에 잘 요약되어 있다. 이러한 분류는 입자가 다른 입자와 상호 작용하는 힘의 성질에 따른 것이다. 예를 들면 광자족(photon family)은 광자뿐이다. 광자는 오직 대전된 입자들과 영향을 주고받고, 그 상호 작용은 오직 전자기력

표 32.3 몇몇 입자들과 그 성질

족	입자	입자 기호	반입자 기호	정지 에너지(MeV)	수명(s)
광자	광자	γ	스스로a	0	안정
렙톤	전자	e^- 또는 β^-	e^+ 또는 β^+	0.511	안정
	뮤온	μ^-	μ^+	105.7	2.2×10^{-6}
	타우	τ^-	τ^+	1777	2.9×10^{-13}
	전자 중성미자	ν_e	$\bar{\nu}_e$	≈ 0	안정
	뮤온 중성미자	ν_μ	$\bar{\nu}_\mu$	≈ 0	안정
	타우 중성미자	ν_τ	$\bar{\nu}_\tau$	≈ 0	안정
강입자 중간자					
	파이온	π^+	π^-	139.6	2.6×10^{-8}
		π^0	스스로a	135.0	8.4×10^{-17}
	케이온	K^+	K^-	493.7	1.2×10^{-8}
		K^0_S	$\bar{K}^0_S$	497.7	8.9×10^{-11}
		K^0_L	$\bar{K}^0_L$	497.7	5.2×10^{-8}
	에타	η^0	스스로a	547.3	$<10^{-18}$
중입자					
	양성자	p	$\bar{p}$	938.3	안정
	중성자	n	$\bar{n}$	939.6	886
	람다	Λ^0	$\bar{\Lambda}^0$	1116	2.6×10^{-10}
	시그마	Σ^+	$\bar{\Sigma}^-$	1189	8.0×10^{-11}
		Σ^0	$\bar{\Sigma}^0$	1193	7.4×10^{-20}
		Σ^-	$\bar{\Sigma}^+$	1197	1.5×10^{-10}
	오메가	Ω^-	Ω^+	1672	8.2×10^{-11}

a 이 입자는 스스로가 반입자이다.

을 통해서만 이루어진다. 어떤 다른 입자도 힘을 주고받는 방식이 광자와 같지 않다.

렙톤족(lepton family)은 약한 핵력으로 상호 작용하는 입자로 구성되어 있다. 렙톤은 다른 입자에 중력과 (전하가 있을 경우) 전자기력을 줄 수 있다. 잘 알려진 네 가지 렙톤은 전자, 뮤온, 전자 중성미자 ν_e, 뮤온 중성미자 ν_μ이다. 표 32.3에 이 입자들이 그들의 반입자들과 함께 나열되어 있다. 비교적 최근에, 타우(τ) 렙톤과 그것의 중성미자(ν_τ)가 발견되었는데 이것까지 합쳐 렙톤족은 총 6개이다.

강입자족(hadron family)은 강한 핵력과 약한 핵력을 이용해 상호 작용하는 입자들을 일컫는다. 강입자는 또한 중력과 전자기력에 의해서도 상호 작용하지만 짧은 거리($\leq 10^{-15}$ m)에서는 강한 핵력이 지배적이다. 강입자 안에는 양성자와 중성자 그리고 파이온이 있다. 표 32.3이 보여주듯이 대부분의 강입자는 수명이 매우 짧다. 강입자는 **중간자**(meson)와 **중입자**(baryon)의 두 그룹으로 나눌 수 있는데, 바로 다음에 쿼크와 함께 논의하겠다.

쿼크

점점 더 많은 강입자가 발견되면서, 그들 모두가 소립자가 아니라는 것이 명확해졌다. 강입자는 더 작은 소립자인 **쿼크**(quark)로 구성되어 있다는 가설이 세워졌다. 쿼크 이론은 1963년에 머리 겔만(1929~)과 게오르게 츠바이크(1937~)에 의해 독립적으로 발전되었다. 이 이론은 세 개의 쿼크와 그에 상응하는 세 개의 반쿼크가 있고, 강입자는 이들의 조합에 의해 만들어진다고 주장한다. 그러므로 쿼크는 강입자족의 소립자로 취급된다. 광자와 렙톤족의 입자는 그 자체가 소립자이며, 쿼크로 구성되어 있지 않다.

세 개의 쿼크는 위(up, u), 아래(down, d), 기묘(strange, s)이고 각각 분수 전하 $(+2/3)e$, $(-1/3)e$, $(-1/3)e$를 가지고 있다고 가정한다. 다시 말해서 쿼크는 전자의 전하량 $-e$보다 크기가 작은 전하량을 가진다. 표 32.4는 이러한 쿼크와 상응하는 반쿼크의 전하량과 기호를 보여준다. 쿼크는 그들의 전하에 의해 실험적으로 구별될 수 있어야 되겠지만, 광범위한 조사와 연구에도 불구하고 독립된 쿼크는 아직 발견된 적이 없다.

원래의 쿼크 이론에 따르면, 중간자가 중입자와 다른 이유는 각 중간자가 오직 두 개의 쿼크(쿼크와 반쿼크)로만 구성되어 있는 반면, 중입자는 세 개의 쿼크로 구성되어 있기 때문이다. 예를 들면 그림 32.12에서 볼 수 있듯이 π^- 파이온은 d 쿼크와 $\bar{u}$ 반쿼크로 구성되어 있다($\pi^- = d + \bar{u}$, 그림 32.12). 이 두 개의 쿼크는 π^- 파이온에게 전하 $-e$를 준다. 이와 유사하게 π^+ 파이온은 $\bar{d}$ 반쿼크와 u 쿼크의 조합이다($\pi^+ = \bar{d} + u$). 그와는 반대로 양성자

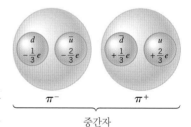

π^- π^+

중간자

표 32.4 쿼크와 반쿼크

이름	쿼크		반쿼크	
	기호	전하	기호	전하
위	u	$+\frac{2}{3}e$	$\bar{u}$	$-\frac{2}{3}e$
아래	d	$-\frac{1}{3}e$	$\bar{d}$	$+\frac{1}{3}e$
기묘	s	$-\frac{1}{3}e$	$\bar{s}$	$+\frac{1}{3}e$
맵시	c	$+\frac{2}{3}e$	$\bar{c}$	$-\frac{2}{3}e$
꼭대기	t	$+\frac{2}{3}e$	$\bar{t}$	$-\frac{2}{3}e$
바닥	b	$-\frac{1}{3}e$	$\bar{b}$	$+\frac{1}{3}e$

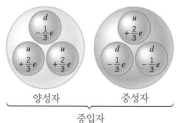

양성자   중성자

중입자

그림 32.12 강입자의 본래 쿼크 모델에 따르면 모든 중간자는 쿼크와 반쿼크로 구성되어 있는 반면, 중입자는 세 개의 쿼크를 포함한다.

와 중성자는 중입자로, 세 개의 쿼크로 구성된다. 양성자는 $d + u + u$의 조합을 포함하고, 중성자는 $d + d + u$의 조합을 포함한다. 세 개의 쿼크로 구성된 이 두 조합은 양성자와 중성자의 전하(각각 e와 0)와 부합한다.

쿼크 모델은 강입자의 올바른 전하를 예상했을 뿐만 아니라 다른 성질들에 대한 예상도 잘 하였다. 하지만 1974년 새로운 입자인 J/ψ 중간자가 발견되었다. 이 중간자는 다른 중간자의 정지 에너지보다 훨씬 큰 3097 MeV의 정지 에너지를 가지고 있다. J/ψ 중간자의 존재는 위의 세 쿼크의 조합으로는 설명이 불가능하며 새로운 쿼크-반쿼크의 짝이 있어야만 했다. 이 새로운 쿼크를 맵시(charmed, c)라고 이름지었다. 점점 더 많은 입자의 발견과 함께 다섯 번째와 여섯 번째 쿼크를 인정하는 것이 필요했다. 이들의 명칭은 꼭대기(top, t)와 바닥(bottom, b)이다. 이 쿼크들을 진실(truth)과 아름다움(beauty)으로 부르는 것을 선호하는 학자들도 있다. 현재로는 6개의 쿼크와 각각의 반쿼크가 존재함이 정립되었다. 알려져 있는 수백 개의 강입자는 이 6개의 쿼크와 각각의 반쿼크로 설명이 가능하다.

전하량뿐만 아니라, 쿼크는 또 다른 성질을 가지고 있다. 예를 들면 각각의 쿼크는 색깔(color)이라고 부르는 성질을 가지고 있다. 학자들이 이름붙인 색깔에는 파랑(blue), 초록(green), 빨강(red)이 있으며, 이에 상응하는 반쿼크의 색깔은 반파랑(antiblue), 반초록(antigreen), 반빨강(antired)이다. 색깔이라는 용어를 사용한 것은 임의적인 것으로 전자기 스펙트럼의 색깔과는 아무런 관련이 없다. 하지만 쿼크의 색깔 성질은 매우 중요하다. 왜냐하면 그 속성으로 쿼크 모델과 파울리 배타 원리를 시킬 수 있으며, 그것이 아니면 설명이 어려운 실험적 사실을 설명하기 때문이다.

표준 모형

지금까지 발견된 다양한 소립자들은 다음 4가지 힘 중 하나 혹은 그 이상을 통해 상호 작용한다. 중력, 강한 핵력, 약한 핵력, 그리고 전자기력이다. 입자 물리학에서 **표준 모형**(standard model)은 강한 핵력과 약한 핵력, 그리고 전자기력에 관해 현재 받아들여지고 있는 설명을 제시한다. 이 모형에서 쿼크 사이의 강한 핵력은 색깔의 개념으로 기술되는데, 이와 관련된 이론은 양자 색소 역학(quantum chromodynamics, QCD)이라고 부른다. 표준 모형에 따르면 약한 핵력과 전자기력은, 31.5절에서 언급한 바와 같이 보다 더 기본적인 힘인 전자기약력이 분리되어 나온 것이다.

표준 모형에서 물질이 무엇으로 되었는지는 그림 32.13에 나타난 계층의 모형을 알면 이해된다. 물, 포도당과 같은 분자는 원자로 구성되어 있다. 각각의 원자는 전자 구름 덩어리와 핵으로 구성되어 있다. 핵은 쿼크로 구성된 양성자와 중성자로 구성되어 있다.

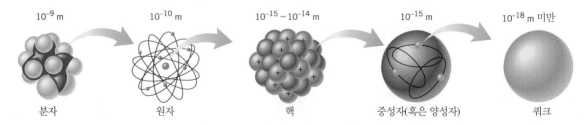

10^{-9} m	10^{-10} m	$10^{-15} \sim 10^{-14}$ m	10^{-15} m	10^{-18} m 미만
분자	원자	핵	중성자(혹은 양성자)	쿼크

그림 32.13 물질이 어떤 기본 구성 단위들로 이루어져 있는가를 보여주는 최근의 시각. 분자에서 시작해서 쿼크까지의 기본 구성 단위들이 나타나 있고, 각 구성 단위의 대략적인 크기도 표시되어 있다.

32.7 우주론

우주론(cosmology)은 우주의 구조와 진화에 대한 학문이다. 우주론에는, 우주 속의 거시적인 양상과 미시적인 양상이 모두 중요하다. 예를 들면 천문학자들은 수십 억 광년이나 떨어져 있는 별을 탐구한다. 그와는 반대로 입자 물리학자들은 물질을 구성하는 매우 작은 소립자(10^{-18} m 또는 그보다 더 작은 것)를 연구한다. 천문학자들의 연구와 입자 물리학자들의 연구 사이에서 발생한 상승 효과는 우주를 이해하는 데 큰 공헌을 했다. 이렇게 이해한 우주는 팽창하는 우주이다. 여기서는 우주가 팽창한다는 믿음을 뒷받침하는 증거에 대해서 살펴보겠다.

팽창하는 우주와 빅뱅

처음으로 우주가 팽창한다는 생각을 학계에 발표한 천문학자는 허블(1889~1953)이다. 그는 먼 은하로부터 지구에 닿는 빛이 더 긴 파장쪽(즉 가시광선 스펙트럼의 빨간색 쪽)으로 도플러 이동(Doppler shift) 된다는 것을 발견했다. 24.5절에서 다루었듯이, 이러한 도플러 이동은 관찰자와 광원이 서로 멀어져 갈 때 발생한다. 은하가 지구로부터 멀어지는 속도는 파장의 도플러 이동 측정에 의해 결정된다. 허블은 은하가 멀어지는 속도 v가 은하와 지구 사이의 거리 d에 비례하여,

허블의 법칙 $$v = Hd \tag{32.5}$$

● 팽창하는 우주의 물리

로 표현될 수 있다고 하였다. 여기서 H는 허블 상수라고 부른다. 다시 말해서 지구로부터 더 멀리 떨어져 있는 은하일수록 더 빠른 속도로 멀어진다. 식 32.5는 허블의 법칙으로 불린다.

허블의 우주 팽창론은 지구가 팽창의 중심에 있다는 것을 의미하지는 않는다. 사실 글자 그대로 중심이 없다. 건포도 빵이 구워질 때 오븐에서 일어나는 팽창을 상상해보라. 어떤 특정한 건포도를 중심으로 팽창하는 것이 아니라 각 건포도는 모든 다른 건포도로부터 서로 멀어진다. 우주의 은하들도 같은 방식으로 서로 멀어지는 것이다. 다른 은하에 있는 관찰자 역시 우리 은하가 그들로부터 멀어지는 것으로 측정할 것이다.

최근 초신성 밝기의 천문학적 측정에 따르면, 우주는 단순히 팽창하는 것이 아니라 그 팽창하는 정도가 점점 커지고 있다. 이 사실을 설명하기 위해 천문학자들은 '암흑 에너지 (dark energy)'라는 것이 온 우주에 영향을 미치고 있다고 가정한다. 은하 사이에 작용하는 중력은 은하계가 서로 멀어지는 속도를 낮춘다. 하지만 암흑 에너지는 중력과 반대로 작용하는 힘을 일으켜 은하들을 서로 멀어지게 한다. 아직까지 암흑 에너지의 속성에 대해서는 알려진 것이 거의 없다.

● 암흑 에너지의 물리

천문학자에 의해 행해진 실험 결과 허블 상수의 대략의 값은 다음과 같다.

$$H = 0.022 \frac{\text{m}}{\text{s} \cdot \text{광년}}$$

이 식에서 광년(light year)은 빛이 1년 동안 진행해 간 거리이다. 허블 상수의 값은 10 % 내에서 정확하다. 과학자들은 허블 상수의 정확한 값을 얻는 데 관심을 쏟고 있는데 그 이유는 이것이 우주의 나이와 관련 있을 가능성이 크기 때문이다.

예제 32.6 | 우주의 나이

허블의 법칙을 이용하여 우주의 나이를 대략 추정하라.

살펴보기 은하가 지구로부터 d만큼 떨어져 있다고 가정하자. 허블의 법칙에 따르면 은하는 $v = Hd$의 속도로 멀어지고 있다. 그러므로 예전에는 은하가 더욱 가까이 있었다는 말이다. 사실 우리는 아주 먼 과거에는 둘 사이의 거리가 상대적으로 가까웠고 우주가 그때쯤부터 시작되었다는 것을 상상해볼 수 있다. 우주의 나이를 어림잡기 위해서 우리는 은하가 현재 위치로 후퇴하기까지 걸린 시간을 계산한다. 시간은 거리 나누기 속력이다. 즉 $t = d/v$이다.

풀이 허블의 법칙과, 1 광년의 거리가 9.46×10^{15} m 이라는 사실을 이용하여 우리는 우주의 나이를 다음과 같이 어림잡아 볼 수 있다.

$$t = \frac{d}{v} = \frac{d}{Hd} = \frac{1}{H}$$

$$t = \frac{1}{0.022 \, \dfrac{\text{m}}{\text{s} \cdot \text{광년}}}$$

$$= \frac{1}{\left(0.022 \, \dfrac{\text{m}}{\text{s} \cdot \text{광년}}\right)\left(\dfrac{1 \text{광년}}{9.46 \times 10^{15} \, \text{m}}\right)}$$

$$= 4.3 \times 10^{17} \, \text{s} \quad \text{즉} \quad \boxed{1.4 \times 10^{10} \, \text{광년}}$$

예제 32.6에서 이야기하는 바는 과거 어느 순간에는 우리의 은하와 다른 은하가 매우 가까이 있었다는 것이다. 이것이 **빅뱅 이론**(Big Bang theory)의 핵심이다. 이 이론에서 우주는 원시화구가 대폭발을 일으킴으로써 시작되었다고 가정한다. 이를 뒷받침하는 강력한 증거가 아노 펜지어스(1933~)와 로버트 윌슨(1936~)에 의해 1965년에 발견되었다. 전파 망원경을 이용하여 그들은 지구가 마이크로파 영역의 약한 전자기파에 둘러싸여 있다는 것을 발견했다(파장 = 7.35 cm, 그림 24.9 참조). 그들은 망원경을 하늘의 어떤 곳에 위치해도 이 파동의 세기가 동일하다는 것을 관찰하고서 이 파동은 우리 은하의 외부에서 시작된다고 결론 내렸다. 이른바 마이크로파 배경 복사라고 불리는 이것은, 빅뱅으로부터 남은 복사를 나타내며 말하자면 우주의 잔광이라는 것이다. 그 후의 측정들은 펜지어스와 윌슨의 연구를 확증하였는데, 마이크로파 복사가 온도 2.7 K의 완벽한 흑체 복사 (13.3과 29.2절 참조)로 빅뱅에 대한 이론적인 분석과 잘 일치한다는 것이다. 1978년 펜지어스와 윌슨은 이 발견으로 노벨상을 수상했다.

우주의 진화에 대한 표준 모형

입자 물리학에 관한 최근의 실험적, 이론적 연구에 기초하여 과학자들은 빅뱅 다음에 일어나는 진화의 사건 순서를 제안했다. 이 순서는 **표준 우주 모형**(standard cosmological model)으로 알려져 있으며 그림 32.14에 잘 표현되어 있다.

빅뱅 직후에, 우주의 온도는 10^{32} K로 매우 높았다. 이 기간에 세 가지 기본 힘인 중력과 강한 핵력 그리고 전자기약력은 하나의 융합된 힘으로 작용했었다. 그림 32.14에서 보듯이 10^{-43}초경, 중력은 독립적인 힘으로 빠르게 분리되었다. 그동안 강한 핵력과 전자기약력은 GUT 힘이라고도 하는 하나의 힘으로 여전히 작용하고 있었다. GUT는 대통일 이론(Grand Unified Theory)에서 따온 말이다. 빅뱅이 일어난 지 약 10^{-35}초 후 GUT 힘은 강한 핵력과 전자기약력으로 분리되었다(그림 32.14). 우주는 팽창하고 약 10^{28} K로 냉각되었다. 이때부터 강한 핵력은 오늘날 우리에게 알려진 것과 동일하게 작용했으며, 전자기약력 역시 자신의 고유성을 유지했다. 이 시나리오에서, 약한 핵력과 전자기약력은 아직

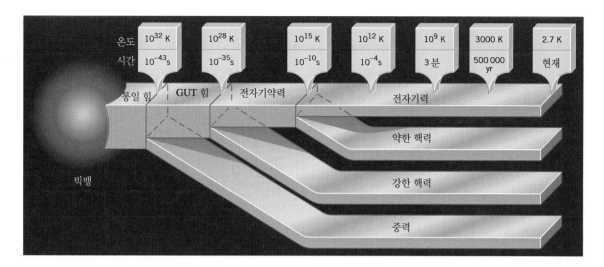

온도	10^{32} K	10^{28} K	10^{15} K	10^{12} K	10^{9} K	3000 K	2.7 K
시간	10^{-43} s	10^{-35} s	10^{-10} s	10^{-4} s	3분	500 000 yr	현재

통일 힘 | GUT 힘 | 전자기약력 | 전자기력

약한 핵력

빅뱅

강한 핵력

중력

그림 32.14 표준 우주 모형에 따르면 우주는 그림과 같이 진화했다. 이 모형에 의하면 우주는 빅뱅으로 알려진 대폭발 사건에서 시작되었다. 각 사건이 언제 일어났는지 명시되어 있다.

독립된 개체로 드러나지 않았다는 사실을 주목하라. 전자기약력이 없어지고 약한 핵력과 전자기력이 발생한 것은 대략 빅뱅 이후 우주 전역의 온도가 10^{15} K로 식은 10^{-10}초 후이다.

빅뱅이 발생하고 나서 10^{-35}초의 시간 동안 강한 핵력이 GUT 힘으로부터 분리되어 나올 때까지, 모든 입자들은 유사하였고 쿼크와 렙톤 사이에는 차이가 없었다. 이 시간 후에 쿼크와 렙톤은 구별이 되었다. 그리고 쿼크와 반쿼크가 양성자, 중성자 그리고 그들의 반입자와 같은 강입자를 형성하였다. 그런데 빅뱅 이후 10^{-4}초 이후에 온도가 거의 10^{12} K 까지 떨어졌고, 강입자가 거의 사라졌다. 남은 양성자와 중성자는 입자 전체에서 아주 작은 비율이었고, 대부분은 전자, 양전자, 중성미자와 같은 렙톤들이었다. 그것들 이전의 대부분의 강입자들과 마찬가지로 대부분의 전자들과 양전자들은 쌍소멸에 의해서 궁극적으로 사라지고 아주 소수의 전자들만 남는다. 빅뱅 약 3분 후 남는 소수의 전자가 양성자, 중성자들과 모이게 된다. 즉 이 시기에 우주의 온도는 10^{9} K까지 떨어지고 헬륨과 같은 작은 핵자들이 형성되기 시작한다. 그 이후에, 우주가 생성된 후 50만 년쯤 되었을 때 온도는 거의 3000 K까지 떨어지고, 수소와 헬륨 원자가 형성된다. 온도가 더 많이 떨어지자 별들과 은하가 형성되었고, 현재 우주의 온도는 우주 배경 복사의 온도인 2.7 K인 것이다.

 연습 문제

32.1 이온화 방사선의 생물학적 영향

1(1) 75 kg의 사람이 45 mrem의 α입자(RBE = 12)에 노출되었다. 얼마나 많은 에너지가 흡수되었는가?

2(2) 중성자(RBE = 2.0)와 α입자의 생물학적 등가 선량은 같지만 중성자의 흡수 선량은 α입자의 6배이다. α입자에 대한 RBE는 얼마인가?

3(3) 방사능 연구자의 몸에 붙인 배지의 흡수 선량이 2.5×10^{-5} Gy임을 알았다. 방사능 연구자의 질량은 65 kg이다. 얼마나 많은 에너지가 흡수되었는가?

4(4) X선 검사하는 동안 사람은 초당 3.1×10^{-5} Gy의 비율로 방사능에 노출된다. 노출 시간은 0.10 s이고 노출된 조직의 질량은 1.2 kg이다. 흡수되는 에너지를 구하라.

5(5) γ선이 4.0×10^{-3} kg의 건조 공기를 지나 $+e$로 대전된 1.7×10^{12}개의 이온을 발생시킨다. 노출량은 뢴트겐 단위로 얼마인가?

*6(7) 2.0 kg의 종양에 방사선을 조사했다. 종양은 850 초 동안 12 Gy의 흡수 선량을 받는다. 방사능원에서 0.40 MeV의 에너지를 갖는 입자가 종양 안으로 들어간다. 방사능원의 방사능 세기 $\Delta N/\Delta t$는 얼마인가?

*7(8) 핵의 빔은 암 치료에 사용된다. 각 핵은 130 MeV의 에너

지를 가지며, 이런 종류의 방사선의 생물학적 효과비율(RBE)은 16이다. 빔은 0.17 kg의 종양에 직접 쪼이고, 종양은 180 rem의 생물학적 등가 선량을 받는다. 빔에서 핵은 얼마나 되는가?

*8(9) 0.0 ℃의 얼음 덩어리를 100 ℃의 수증기로 만들기 위해서는 라드(rd) 단위로 얼마만큼의 γ선의 흡수 선량이 필요한가?

32.2 유도 핵반응

9(11) 핵반응이 일어나는 동안 질소 $^{14}_{7}N$ 핵이 중수소 $^{2}_{1}H$ 핵을 흡수한다. 복합핵의 이름, 원자 번호, 핵자수를 구하라.

10(12) 본문에 기술된 약식 형태로 아래의 반응을 작성하여라.

(a) $^{1}_{0}n + ^{14}_{7}N \rightarrow ^{14}_{6}C + ^{1}_{1}H$

(b) $^{1}_{0}n + ^{238}_{92}U \rightarrow ^{239}_{92}U + \gamma$

(c) $^{1}_{0}n + ^{24}_{12}Mg \rightarrow ^{23}_{11}Na + ^{2}_{1}H$

11(13) 물음표로 표시된 것이 한 종류의 입자라고 가정하고 다음의 핵반응을 완성하라.

(a) $^{43}_{20}Ca\,(\alpha, ?)\,^{46}_{21}Sc$ (b) $^{9}_{4}Be\,(?, n)\,^{12}_{6}C$

(c) $^{9}_{4}Be\,(p, \alpha)\,?$ (d) $?\,(\alpha, p)\,^{17}_{8}O$

(e) $^{55}_{25}Mn\,(n, \gamma)\,?$

*12(15) 반응식이 $^{2}_{1}H + ^{14}_{7}N \rightarrow ^{12}_{6}C + ^{4}_{2}H$로 주어지는 유도 핵반응을 생각하자. 원자 질량은 $^{2}_{1}H$(2.014102 u), $^{14}_{7}N$(14.003074 u), $^{12}_{6}C$(12.000000 u), $^{4}_{2}H$(4.002603 u)이다. 이 반응으로 $^{12}_{6}C$와 $^{4}_{2}He$ 핵이 생성될 때 방출된 에너지의 양을 MeV로 나타내라.

*13(16) 핵반응을 하는 동안, 모르는 입자가 구리 $^{63}_{29}Cu$ 핵에 흡수되었다. 그리고 반응 산출물은 $^{62}_{29}Cu$, 중성자와 양성자이다. 복합핵의 이름, 원자 번호, 핵자수를 구하라.

32.3 핵분열

32.4 원자로

14(17) $^{238}_{92}U$ 가 열중성자를 흡수하여 루비듐 $^{93}_{37}Rb$과 세슘 $^{141}_{55}Cs$으로 분열되었다. 분열에 의해서 어떤 핵자들이 몇 개 나오는가?

15(18) 다음 방법으로 $^{235}_{92}U$ 핵분열이 일어날 때 생성되는 중성자의 수는 얼마인가?

$$^{1}_{0}n + ^{235}_{92} \rightarrow ^{132}_{50}Sn + ^{101}_{42}Mo + \text{neutrons}?$$

16(19) $^{235}_{92}U$ (235.043924 u) 원자 핵이 분열할 때 대략 200 MeV의 에너지가 방출된다. 우라늄 핵의 정지 에너지와 이 에너지의 비율은 얼마인가?

17(20) 다음 핵분열 반응에서 방출되는 에너지(MeV)는 얼마인가?

$$^{1}_{0}n + ^{235}_{92}U \rightarrow ^{141}_{56}Ba + ^{92}_{36}Kr + 3^{1}_{0}n$$

1.009 u   235.044 u   140.914 u   91.926 u   3(1.009 u)

18(21) 핵분열에 의해 방출된 중성자들은 그 중성자들이 계속 분열을 일으키기 전에 감속재 핵과의 충돌로 인해 느려진다. 1.5 MeV 에너지를 갖는 중성자가 충돌할 때마다 입사 에너지의 65 %의 에너지가 남는다고 가정하자. 중성자의 에너지를 적어도 열중성자의 에너지인 0.040 eV로 줄이려면 몇 번의 충돌이 필요한가?

*19(23) 1.0 kg의 석탄이 탈 때, 약 3.0×10^{7} J의 에너지가 방출된다. 만약 $^{235}_{92}U$ 핵 하나가 분열할 때 방출되는 에너지가 2.0×10^{2} MeV라면, 1.0 kg의 $^{235}_{92}U$와 같은 양의 에너지를 내려면 몇 킬로그램의 석탄이 연소되어야 하는가?

*20(25) (a) $^{235}_{92}U$ 핵 하나가 분열될 때마다 2.0×10^{2} MeV의 에너지가 방출된다. 1.0 g의 $^{235}_{92}U$ 가 완전히 분열될 때 방출되는 에너지를 J의 단위로 나타내어라.

(b) 하루에 평균 30.0 kWh의 에너지를 사용하는 집이 필요로 하는 에너지를 공급하기 위해서는 일 년에 평균 몇 그램의 $^{235}_{92}U$를 소모해야 하는가?

**21(27) 원자력 발전소의 효율이 25 %라 함은 전기를 생산하는 데드는 힘이 25 %임을 의미한다. 나머지 75 %는 열로서 소모된다. 발전소는 8.0×10^{8} W의 전력을 생산한다. 각 분열이 일어날 때마다 2.0×10^{2} MeV의 에너지를 방출한다면, 일 년에 분열되는 $^{235}_{92}U$ 은 몇 kg이 되는가?

32.5 핵융합

22(28) $^{1}_{1}H$(질량 = 1.0078 u)와 $^{12}_{6}C$(질량 = 12.0000 u)가 $^{13}_{7}N$(질량 = 13.0057 u)로 융합된다고 생각하자. 이 반응에서 γ선에 의해 옮겨진 방출 에너지(MeV)는 얼마인가?

23(29) 두 중수소 핵($^{2}_{1}H$, 질량 = 2.0141 u)의 융합으로 헬륨 핵($^{3}_{2}He$, 질량 = 3.0160 u)과 중성자($^{1}_{0}n$, 질량 = 1.0087 u)을 얻을 수 있다. 이 반응에서 방출되는 에너지(MeV)는 얼마인가?

*24(31) 당신의 자동차가 다음에 일어나는 반응의 융합 엔진에 의해 동력을 얻는다고 가정하자.

$$3^{2}_{1}H \rightarrow ^{4}_{2}He + ^{1}_{1}H + ^{1}_{0}n$$

질량은 다음과 같다. $^{2}_{1}H$(2.0141 u), $^{4}_{2}He$(4.0026 u), $^{1}_{1}H$(1.0078 u), $^{1}_{0}n$(1.0087 u). 이 엔진이 6.1×10^{-6} kg의 중수소 연료를 사용한다고 하자. 만약 1 갤런의 휘발유가 2.1×10^{9} J의 에너지를 생산한다고 가정한다면, 중수소 연료 전체가 방출하는 에너지와 같은 양의 에너지를 내려면 몇 갤런의 휘발유가 필요하겠는가?

*25(32) 중수소($^2_1$H)는 바닷물에 풍부하게 들어 있기 때문에 핵융합 반응에 대한 매력적인 연료이다. 바다에서 물(H_2O)에서 수소 원자의 0.015 %는 중수소 원자이다. (a) 물 1 kg에 중수소 원자는 얼마나 들어 있는가? (b) 각 중수소 핵이 융합 반응에서 7.2 MeV을 생산한다면, 일 년 동안 미국에 필요한 에너지를 공급하려면 바닷물 몇 kg이 필요한가?

32.6 소립자

26(34) 음 파이온에 대한 중요 붕괴 모형은 $\pi^- \rightarrow \mu^- + \bar{\nu}_\mu$이다. 이 붕괴에서 방출되는 에너지(MeV)을 구하라. 필요한 것은 표 32.3을 참조하라.

27(35) 람다 입자 Λ^0의 전하량은 0이다. 이것은 중입자이고, 서로 다른 세 개의 쿼크로 이루어져 있다. 이 중 하나는 위 쿼크 u이며 반쿼크는 없다고 한다. Λ^0을 이룰 수 있는 세 가지 가능성을 적어라(이 가능성 중에서 어떤 것이 람다 입자 Λ^0인지를 알려면 또 다른 정보가 필요하다).

28(37) 전자와 양전자가 소멸하여 두 개의 γ선 광자를 생산한다. (a) 에너지(MeV)를 구하라. (b) 파장을 구하라. (c) 운동량의 크기를 구하라.

29(38) K^- 입자는 $-e$의 전하이고 하나의 쿼크와 하나의 반쿼크를 가진다. (a) 쿼크는 입자에 포함되지 않는가? (b) 반쿼크는 입자에 포함되지 않는가?

*30(39) 중성미자는 35 MeV의 에너지를 갖는다. (a) 중성미자가, 광자처럼 질량이 없고 광속으로 달린다고 가정하여, 중성미자의 운동량을 구하라. (b) 중성미자의 드브로이 파장을 구하라.

*31(40) 활력적인 양성자는 정지 양성자로부터 발생된다. 새로운 입자가 생산되는 반응에 대해 두 양성자는 약 8.0×10^{-15} m의 거리 내에서 서로를 향해 각각 접근한다. 움직이는 양성자는 반발 쿨롱 힘을 극복하는 충분한 속력을 가져야 한다. 양성자의 처음 운동 에너지(MeV)의 최솟값은 얼마여야 하는가?

10의 제곱수와 과학적 표기법

과학이나 공학에서는 매우 큰 수나 매우 작은 소수점 수를 나타내는 데 통상적으로 10의 제곱수로 표현하는 방법을 사용한다. 예를 들면 다음과 같은 것들이 있다.

$$10^3 = 10 \times 10 \times 10 = 1000 \qquad 10^{-3} = \frac{1}{10 \times 10 \times 10}$$
$$= 0.001$$

$$10^2 = 10 \times 10 = 100 \qquad 10^{-2} = \frac{1}{10 \times 10} = 0.01$$

$$10^1 = 10 \qquad\qquad\qquad 10^{-1} = \frac{1}{10} = 0.1$$

$$10^0 = 1$$

10의 제곱수를 사용하면 지구의 반지름을

$$지구의 반지름 = 6\,380\,000 \text{ m} = 6.38 \times 10^6 \text{ m}$$

와 같은 방법으로 나타낼 수 있다. 10의 6제곱이라는 인수는 10을 여섯 번 곱한다는 뜻으로 백만을 의미한다. 따라서 지구의 반지름은 6.38백만 미터이다. 다른 말로 하면 10의 6제곱이라는 인수는 6.38에서 소수점을 6 자리 오른쪽으로 이동하여 나타내면 지구의 반지름을 10의 제곱수가 아닌 수로 나타낼 수 있음을 의미 한다.

1보다 작은 수의 경우는 10의 음의 제곱수가 사용된다. 예를 들어 수소 원자의 보어 반지름은

$$보어 반지름 = 0.000\,000\,000\,0529 \text{ m} = 5.29 \times 10^{-11} \text{ m}$$

이다. 여기서 10의 음의 11제곱수는 5.29에서 소수점을 왼쪽으로 11자리 이동하여 나타내면 10의 제곱수가 아닌 수로 나타낼 수 있음을 의미한다. 어떤 수치를 10의 제곱수를 써서 표현하는 방법을 **과학적 표기법**(scientific notation)이라고 한다.

10의 제곱수를 포함하는 수의 곱하기나 나누기의 계산은 다음 예와 같은 방법으로 한다.

$$(2.0 \times 10^6)(3.5 \times 10^3) = (2.0 \times 3.5) \times 10^{6+3} = 7.0 \times 10^9$$
$$\frac{9.0 \times 10^7}{2.0 \times 10^4} = \left(\frac{9.0}{2.0}\right) \times 10^7 \times 10^{-4}$$
$$= \left(\frac{9.0}{2.0}\right) \times 10^{7-4} = 4.5 \times 10^3$$

그러한 계산에서의 보편적인 공식은 다음과 같다.

$$\frac{1}{10^n} = 10^{-n} \qquad \text{(A-1)}$$

$$10^n \times 10^m = 10^{n+m} \quad \text{(지수를 더함)} \qquad \text{(A-2)}$$

$$\frac{10^n}{10^m} = 10^{n-m} \quad \text{(지수를 뺌)} \qquad \text{(A-3)}$$

여기서 n 과 m 은 양수일 수도 있고 음수일 수도 있다.

과학적 표기법은 계산 과정이 쉽기 때문에 편리하다. 더구나 과학적 표기법은 다음의 부록 B에서 다루어질 유효 숫자를 나타내는 데 편리한 방법을 제공한다.

Appendix B 유효 숫자

어떤 수치에서 **유효 숫자**(significant figure)의 자릿수는 어떤 값이 확실하다고 인정되는 자릿수의 개수이다. 예를 들어 어떤 사람의 키가 소수점 이하 세 자리부터 오차가 있는 1.78 m로 측정되었다. 이렇게 표시된 1.78 m의 세 자리 모두는 정확한 값이므로 이 값의 유효 숫자는 세 자리이다. 만일 소수점 오른쪽 마지막 자리에 0이 하나 더 붙으면 그 0은 유효한 것으로 전제된다. 따라서 수 1.780 m는 유효 숫자의 자릿수가 4 개이다. 다른 예로 어떤 거리가 1500 m로 측정되었다고 하자. 이 수의 유효 숫자는 1과 5의 단지 2 자리이다. 표시하지 않은 소수점 바로 왼쪽에 있는 0들은 유효 숫자에 포함되지 않는 반면 유효 숫자 중간에 포함된 0들은 유효 숫자이다. 따라서 거리가 1502 m로 측정되었다면 유효 숫자는 4 자리이다.

유효 숫자를 나타내는 데 과학적 표기법은 특별히 편리하다. 예를 들어 어떤 거리가 유효 숫자 4 자리로 1500 m로 측정되었다고 하자. 그것을 1500 m로 기록하는 것은 유효 숫자의 자릿수가 단지 2 자리 뿐임을 나타내므로 문제가 된다. 반면에 과학적 표기법으로 그 값을 1.500×10^3 m로 나타내면 그것은 유효 숫자의 자릿수가 4자리임을 나타내는 이점이 있다.

둘 혹은 그 이상의 수가 계산 과정에 포함될 때는 계산 결과의 유효 숫자의 자릿수는 계산 전의 각 값들의 유효 숫자의 최소 자릿수로 제한된다. 예를 들어 각 변의 길이가 9.8 m와 17.1 m인 정원의 넓이는 (9.8 m) (17.1 m)이다. 이런 곱셈을 계산기로 하면 그 결과는 167.58 m^2이 나온다. 그러나 두 길이 중 하나는 유효 숫자의 자릿수가 2 이므로 계산 결과의 유효 숫자의 자릿수도 2 자리가 되어야 한다. 따라서 그 결과는 반올림되어 170 m^2로 나타내어야 한다. 일반적으로 여러 수들이 곱해지거나 나누어질 때 최종 결과의 유효 숫자의 자릿수는 계산 전 값들 중 가장 작은 유효 숫자의 자릿수와 같아야 한다.

덧셈이나 뺄셈의 결과의 유효 숫자의 자릿수도 마찬가지로 계산값들의 유효 숫자의 최소 자릿수로 제한된다. 어떤 사람이 자전거를 타고 세 마을을 지나간 거리가 다음과 같다고 하자.

$$
\begin{array}{r}
2.5 \;\; \text{km} \\
11 \;\;\;\; \text{km} \\
\underline{5.26 \; \text{km}} \\
\text{전체 거리} \quad 18.76 \; \text{km}
\end{array}
$$

11 km는 소수점 오른쪽에는 유효 숫자가 없으므로 세 거리를 그냥 더하여 전체 거리를 18.76 km로 나타내면 안 된다. 대신에 그 답은 19 km로 반올림되어야 한다. **일반적으로 여러 수들을 덧셈하거나 뺄셈을 할 때 그 답의 마지막 유효 숫자는 모두가 유효한 자리로 되어 있는 세로줄을 포함하는 마지막 세로줄(왼쪽에서부터 오른쪽으로 세어서)까지이다.** 계산 결과인 18.76 km에서 2 + 1 + 5의 합은 8인데 각 자리는 모두 유효한 자리이다. 하지만 5 + 0 + 2의 결과는 7이지만 그중 소수점 오른쪽에 유효 숫자를 포함하지 않는 11 km에 있는 0은 유효한 값이 아니다.

Appendix C 대수학

C.1 비례 관계와 수식

물리학이란 물리 변수와 그 변수들 간의 관계를 다룬다. 전형적으로 변수들이란 영어나 그리스어의 알파벳 문자로 나타내지만 때로는 변수들 간의 관계는 비례 또는 반비례로 나타나기도 한다. 그러나 어떤 경우에는 대수 법칙을 따르는 식으로 나타내는 것이 더 편리하거나 좋을 때도 있다.

만일 두 변수가 **정비례**(directly proportional)하는 경우, 그중 하나가 두 배가 되면 다른 변수도 두 배가 된다. 마찬가지로 한 변수가 반이 되면 다른 변수도 원래 값의 반이 된다. 일반적으로, x 가 y 에 비례할 때 어떤 변수가 주어진 비율만큼 증가하거나 감소하면 다른 변수도 같은 비율로 증가하거나 감소한다. 이런 관계는 $x \propto y$ 의 형태로 나타낸다. 여기서 기호 $\propto$ 는 '왼쪽의 것이 오른쪽의 것에 비례한다'는 의미이다.

비례 관계에 있는 변수 x 와 y 는 항상 같은 비율로 증가하거나 감소하므로 x 와 y 의 비는 상수값이어야 한다. 즉 $x/y = k$ 이어야 한다. 결론적으로 $x \propto y$ 형태의 비례 관계는 $x = ky$ 모양의 식으로 나타낼 수 있다. 그때 상수 k 를 **비례 상수**(proportionality constant)라 한다.

두 변수가 **반비례**(inversely proportional) 관계를 가지는 경우, 한 변수가 어떤 비율로 증가하면 다른 변수는 같은 비율로 감소한다. 이러한 반비례 관계는 $x \propto 1/y$ 의 형태로 나타낼 수 있으며 $xy = k$의 형태의 식으로 나타내는 것과 같다. 이때 k는 비례 상수로서 x와 y에 무관하다.

C.2 수식의 풀이

수식 속에 있는 어떤 변수들은 그 값이 알려져 있으나 알려져 있지 않은 변수들도 있다. 이럴 때 수식을 정리하여 미지의 변수들을 알고 있는 변수들의 항으로 표현할 필요가 있게 된다. 수식을 푸는 과정에서, 등호 한쪽의 부호가 바뀌면 다른 쪽의 부호도 같이 바뀐다는 전제하에 수식을 임의로 조작할 수 있다. 예를 들어 수식 $v = v_0 + at$를 살펴보자. v, v_0 및 a의 값들은 주어지고 t의 값을 모른다고 하자. 그 식을 t에 대해 풀기 위해 양변에서 v_0를 빼면

$$
\begin{array}{rcl}
v & = & v_0 + at \\
-v_0 & & -v_0 \\
\hline
v - v_0 & = & at
\end{array}
$$

가 된다. 그 다음에 식 $v - v_0 = at$의 양변을 a로 나누어 주면 다음과 같이 된다.

$$\frac{v - v_0}{a} = \frac{at}{a} = (1)t$$

우변에서 분자에 있는 a는 분모에 있는 a로 나뉘어져서 1이 된다. 따라서 t는 다음과 같이 된다.

$$t = \frac{v - v_0}{a}$$

수식을 푸는 과정에서 대수적인 조작이 틀리지 않았는지를 검사하는 방법으로는 답을 원래의 식에 대입하여 확인해 보면 된다. 앞의 예에서 t에 대한 답을 원래의 식인 $v = v_0 + at$에 대입하면

$$v = v_0 + a\left(\frac{v - v_0}{a}\right) = v_0 + (v - v_0) = v$$

가 된다. 이 결과는 $v = v$가 되므로 대수적인 조작 과정에 잘못이 없음을 의미한다.

어떤 수식을 푸는 데는 더하기, 빼기, 곱하기, 나누기 외의 다른 대수적인 조작도 가능하다. 그런 경우에도 앞에서와 같은 기본적인 원칙이 적용된다. 식의 좌변에 주어진 어떤 연산도 식의 우변에 똑같이 주어져야 한다. 또 다른 예로 수식 $v^2 = v_0^2 + 2ax$에서 v_0를 v, a, x로 나타낼 필요가 있다고 하자. 양변에서 $2ax$를 빼면 우변에 v_0^2만 남게 된다. 즉

$$
\begin{array}{rcl}
v^2 & = & v_0^2 + 2ax \\
-2ax & & -2ax \\
\hline
v^2 - 2ax & = & v_0^2
\end{array}
$$

이다.

이것을 v_0에 대해 풀면 다음과 같이 된다.

$$v_0 = \pm\sqrt{v^2 - 2ax}$$

C.3 연립 방정식

한 개의 식에 미지수가 여러 개이면 모든 미지수에 대해 답을 얻기 위해서는 식이 더 필요하게 된다. 따라서 식 $3x + 2y = 7$은 그 식 하나만으로 x와 y에 대한 유일한 해를 얻을 수가 없다. 그러나 만일 x와 y가 또한(동시에) 식 $x - 3y = 6$을 만족한다면 두 미지수에 대한 해가 얻어질 수 있다.

그러한 연립 방정식을 푸는 방법은 여러 가지가 있다. 한 가지는 두 식 중 하나에서 x를 y에 대해 풀고 그것을 다른 식에 대입하여 한 개의 미지수 y만의 식으로 나타내는 방법이다. 예를 들어 식 $x - 3y = 6$을 x에 대해 풀면 $x = 6 + 3y$가 된다. 이것을 식 $3x + 2y = 7$에 대입하면 다음과 같이 y만의 식이 얻어 진다. 즉

$$3x + 2y = 7$$
$$3(6 + 3y) + 2y = 7$$
$$18 + 9y + 2y = 7$$

이다. 여기서 얻어진 $18 + 11y = 7$을 y에 대해 풀면

$$
\begin{array}{rcr}
18 + 11y = & & 7 \\
-18 & & -18 \\
\hline
11y = & & -11
\end{array}
$$

가 된다. 이 식의 양변을 11로 나누면 $y = -1$이 된다. $y = -1$이라는 값을 원래의 식에 대입하면 x에 대한 값을 구할 수 있다. 즉

$$
\begin{array}{rcr}
x - 3y & = & 6 \\
x - 3(-1) & = & 6 \\
x + 3 & = & 6 \\
-3 & & -3 \\
\hline
x & = & 3
\end{array}
$$

이다.

C.4 근의 공식

물리학에 나타나는 식 중에는 어떤 변수의 제곱이 포함되는 경우가 있다. 그러한 식을 이차 방정식이라고 하며 통상적으로 다음과 같은 형태로 나타낼 수 있다. 즉

$$ax^2 + bx + c = 0 \tag{C-1}$$

이다. 여기서 a, b 및 c는 x와 무관한 상수이다. 이 식을 x에 대해 풀면 근의 공식 (quadratic formula)이 얻어지는데, 그 식은

$$x = \frac{-b \pm \sqrt{b^2 - 4ac}}{2a} \tag{C-2}$$

이다. 이 식 속에 있는 $\pm$ 부호는 해가 둘임을 의미한다. 예를 들어 $2x^2 - 5x + 3 = 0$에서는 $a = 2$, $b = -5$, $c = 3$이다. 이것을 근의 공식에 대입하여 계산하는 과정은 다음과 같다.

풀이 1: +부호 때의 해 $x = \dfrac{-b + \sqrt{b^2 - 4ac}}{2a}$

$$= \dfrac{-(-5) + \sqrt{(-5)^2 - 4(2)(3)}}{2(2)}$$

$$= \dfrac{+5 + \sqrt{1}}{4} = \dfrac{3}{2}$$

풀이 2: −부호 때의 해 $x = \dfrac{-b - \sqrt{b^2 - 4ac}}{2a}$

$$= \dfrac{-(-5) - \sqrt{(-5)^2 - 4(2)(3)}}{2(2)}$$

$$= \dfrac{+5 - \sqrt{1}}{4} = 1$$

Appendix 지수와 로그

부록 A에서는 10^3과 같은 10의 제곱수에 대해서 논의했다. 10^3이란 $10 \times 10 \times 10$과 같이 10을 세 번 곱한다는 뜻이다. 여기서 3을 **지수**(exponent)라 한다. 지수의 사용에는 10의 제곱수에만 한정되지 않는다. 일반적으로 y^n은 y를 n 번 곱한다는 뜻이다. 예를 들어 많이 쓰이는 y^2, 즉 y 제곱은 $y \times y$를 의미한다. 따라서 y^5은 $y \times y \times y \times y \times y$를 의미한다.

지수의 대수적인 조작 공식은 부록 A(식 A-1, A-2 및 A-3 참조)에 주어진 10의 제곱수에 대한 것과 같다. 즉

$$\frac{1}{y^n} = y^{-n} \tag{D-1}$$

$$y^n y^m = y^{n+m} \quad \text{(지수를 더함)} \tag{D-2}$$

$$\frac{y^n}{y^m} = y^{n-m} \quad \text{(지수를 뺌)} \tag{D-3}$$

이다. 위의 세 가지 공식 외에 유용한 두 가지가 더 추가된다. 그중 하나는

$$y^n z^n = (yz)^n \tag{D-4}$$

이다. 다음의 예를 살펴보면 이 공식이 뜻하는 의미를 쉽게 이해할 수 있다. 즉

$$3^2 5^2 = (3 \times 3)(5 \times 5) = (3 \times 5)(3 \times 5) = (3 \times 5)^2$$

이다. 또 다른 하나의 공식은

$$(y^n)^m = y^{nm} \quad \text{(지수를 곱함)} \tag{D-5}$$

이다. 이 공식이 어떻게 적용되는지 다음 예를 통해 살펴보자.

$$(5^2)^3 = (5^2)(5^2)(5^2) = 5^{2+2+2} = 5^{2\times3}$$

제곱근이나 세제곱근과 같은 근은 분수 지수로서 나타낼 수 있다. 예를 들면 다음과 같다.

$$\sqrt{y} = y^{1/2} \quad \text{및} \quad \sqrt[3]{y} = y^{1/3}$$

일반적으로 y의 n 제곱근은

$$\sqrt[n]{y} = y^{1/n} \qquad\qquad\qquad \text{(D-6)}$$

로 주어진다. 식 D-6에 대한 근거는 $(y^n)^m = y^{nm}$이라는 사실로 설명될 수 있다. 예를 들어 y의 5제곱근은 그 값을 다섯 번 곱했을 때 원래의 값 y로 되돌아오게 하는 값이다. 아래에 쓴 것처럼 $y^{1/5}$는 이러한 정의를 만족한다. 즉

$$(y^{1/5})(y^{1/5})(y^{1/5})(y^{1/5})(y^{1/5}) = (y^{1/5})^5 = y^{(1/5)\times5} = y$$

이다.

　로그는 지수와 밀접한 관계를 갖고 있다. 로그와 지수 간의 관계를 알아보기 위해 임의의 수 y와 다른 어떤 수 B의 x 제곱을 같다고 놓자. 즉

$$y = B^x \qquad\qquad\qquad \text{(D-7)}$$

라 두면 지수 x를 y의 **로그**(logarithm)라 한다. 이때 B를 **밑수**(base number)라고 한다. 흔히 사용하는 밑수로는 두 가지가 있는데 그중 하나는 10이다. $B = 10$으로 하는 로그를 **상용 로그**(common logarithm)라 하며 기호로 'log'를 사용한다. 즉

상용 로그 $\qquad\qquad\qquad y = 10^x \quad \text{또는} \quad x = \log y \qquad\qquad$ (D-8)

이번에는 $B = e = 2.718\ldots$이라 두면 그런 로그를 **자연 로그**(natural logarithm)라 하며 기호로 'ln'을 사용한다. 즉

자연 로그 $\qquad\qquad\qquad y = e^z \quad \text{또는} \quad z = \ln y \qquad\qquad$ (D-9)

이다. 이 두 종류의 로그 간의 관계는

$$\ln y = 2.3026 \log y \qquad\qquad\qquad \text{(D-10)}$$

가 된다. 이러한 두 가지 로그의 계산은 대부분의 공학용 계산기에서 가능하다.

　두 수 A와 C의 로그의 곱셈이나 나눗셈은 다음의 공식에 따라 각 수의 로그로부터 구해진다. 여기에 주어지는 이들 공식들은 자연 로그에 대해 나타내었지만 어떠한 밑수의 로그에 대해서도 그 공식의 형태는 같다.

$$\ln(AC) = \ln A + \ln C \qquad\qquad\qquad \text{(D-11)}$$

$$\ln\left(\frac{A}{C}\right) = \ln A - \ln C \qquad\qquad\qquad \text{(D-12)}$$

그러므로 두 수의 곱의 로그는 각각의 로그의 합이고 두 수의 나누기의 로그는 각각의 로그의 차가 된다. 또 다른 유용한 공식의 하나는 A의 n 제곱수의 로그와 관련된 공식으로

다음과 같이 주어진다.

$$\ln A^n = n \ln A \qquad\qquad (\text{D-13})$$

공식 D-11, D-12 및 D-13은 로그의 정의와 지수에 관한 공식으로부터 유도될 수 있다.

Appendix E

기하학과 삼각 함수

E.1 기하학

각

다음과 같은 경우 두 각은 같다.
1. 두 직선의 교차점에서 마주 보는 각(그림 E1)
2. 각각의 변이 서로 평행한 경우의 각(그림 E2)

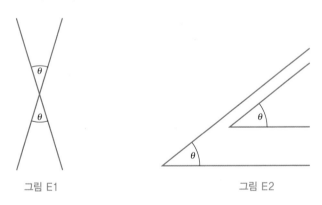

그림 E1   그림 E2

3. 각각의 변이 서로 직각인 경우의 각(그림 E3)

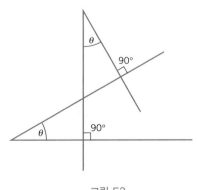

그림 E3

삼각형

1. 모든 삼각형의 내각의 합은 $180°$이다(그림 E4).

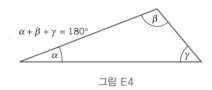

그림 E4

2. **직각 삼각형**(right triangle)이란 세 각 중 하나가 $90°$인 삼각형이다.
3. **이등변 삼각형**(isosceles triangle)이란 두 변의 길이가 같은 삼각형이다.
4. **정삼각형**(equilateral triangle)이란 세 변의 길이가 같은 삼각형이다. 정삼각형의 각각의 각은 $60°$이다.
5. 두 삼각형의 두 각이 각각 서로 같으면 그 두 삼각형은 **닮은 삼각형**(simila triangle)이라 고 한다(그림 E5). 닮은 삼각형의 대응하는 변들의 길이의 비는 같다. 즉

$$\frac{a_1}{a_2} = \frac{b_1}{b_2} = \frac{c_1}{c_2}$$

이다.

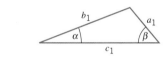

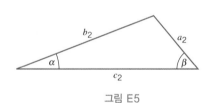

그림 E5

6. 두 닮은 삼각형을 겹쳐서 딱 들어맞으면 두 닮은 삼각형은 **합동**(congruent)이라고 한다.

원둘레, 넓이, 입체의 부피

1. 아랫변이 b이고 높이가 h인 삼각형(그림 E6)

$$넓이 = \frac{1}{2}bh$$

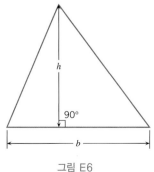

그림 E6

2. 반지름이 r 인 원

$$둘레 = 2\pi r$$

$$넓이 = \pi r^2$$

3. 반지름이 r 인 구

$$겉넓이 = 4\pi r^2$$

$$부피 = \frac{4}{3}\pi r^2$$

4. 반지름이 r 이고 높이가 h 인 밑면이 정원인 원통(그림 E7)

$$겉넓이 = 2\pi r^2 + 2\pi rh$$

$$부피 = \pi r^2 h$$

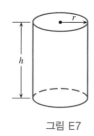

그림 E7

E.2 삼각 함수

기본적인 삼각 함수

1. 직각 삼각형에서 각 θ의 sine, cosine, tangent는 다음과 같이 정의한다(E8).

$$\sin\theta = \frac{각\,\theta의\,대변}{빗변} = \frac{h_o}{h}$$

$$\cos\theta = \frac{각\,\theta의\,아랫변}{빗변} = \frac{h_a}{h}$$

$$\tan\theta = \frac{각\,\theta의\,대변}{아랫변} = \frac{h_o}{h_a}$$

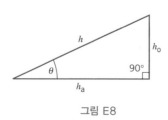

그림 E8

2. 각 θ의 secant ($\sec\theta$), cosecant ($\csc\theta$) 및 cotangent ($\cot\theta$)는 다음과 같이 정의된다.

$$\sec\theta = \frac{1}{\cos\theta} \qquad \csc\theta = \frac{1}{\sin\theta} \qquad \cot\theta = \frac{1}{\tan\theta}$$

삼각형과 삼각 함수

1. 피타고라스의 정리(Pythagorean theorem)

   직각 삼각형의 빗변의 제곱은 다른 두 변의 제곱의 합과 같다(그림 E8). 즉

   $$h^2 = h_o^2 + h_a^2$$

   이다.

2. 코사인 법칙(law of cosines)과 사인 법칙(law of sines)은 직각 삼각형 뿐만 아니라 임의의 모든 삼각형에 적용되며 각과 변의 길이와의 관계를 나타내는 법칙이다(그림 E9).

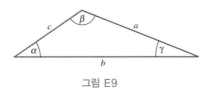

그림 E9

코사인 법칙 $\qquad\qquad c^2 = a^2 + b^2 - 2ab \cos \gamma$

사인 법칙 $\qquad\qquad \dfrac{a}{\sin \alpha} = \dfrac{b}{\sin \beta} = \dfrac{c}{\sin \gamma}$

기타 삼각 공식

1. $\sin (-\theta) = -\sin \theta$
2. $\cos (-\theta) = \cos \theta$
3. $\tan (-\theta) = -\tan \theta$
4. $(\sin \theta) / (\cos \theta) = \tan \theta$
5. $\sin^2 \theta + \cos^2 \theta = 1$
6. $\sin (\alpha \pm \beta) = \sin \alpha \cos \beta \pm \cos \alpha \sin \beta$

$$\alpha = 90°\text{이면}, \sin (90° \pm \beta) = \cos \beta$$

$$\alpha = \beta\text{이면}, \sin 2\beta = 2 \sin \beta \cos \beta$$

7. $\cos (\alpha \pm \beta) = \cos \alpha \cos \beta \mp \sin \alpha \sin \beta$

$$\alpha = 90°\text{이면}, \cos (90° \pm \beta) = \mp \sin \beta$$

$$\alpha = \beta\text{이면}, \cos 2\beta = \cos^2 \beta - \sin^2 \beta = 1 - 2 \sin^2 \beta$$

연습 문제 해답

Chapter 1

1(1)   (a) $5 \times 10^{-3}\,\text{g}$
     (b) 5 mg
     (c) $5 \times 10^{3}\,\mu\text{g}$

2(3)   (a) 5700 s
     (b) 86400 s

3(5)   1.37 lb

4(7)   (a) 올바름
     (b) 틀림
     (c) 틀림
     (d) 올바름
     (e) 올바름

5(8) $n = 2$

6(9) $3.13 \times 10^{8}\,\text{m}^3$

7(10) $\dfrac{[\text{M}]}{[\text{T}]^2}$

8(13)   80.1 km, 서남쪽 25.9° 방향

9(14)   54.1 m

10(15)   3.73 또는 3.74 m

11(16)   0.487 nm

12(17)   35.3°

13(19)   190 cm 변의 대각은 99°, 95 cm 변의 대각은 30°, 150 cm 변의 대각은 51°

14(21)   동쪽으로 200 N 또는 서쪽으로 600 N

15(23)   0.90 km, 서북쪽 56° 방향

16(25)   (a) 5.31 km, 남쪽
     (b) 5.31 km, 북쪽

17(29)   (a) 8.6 단위
     (b) 서북쪽 34.9° 방향
     (c) 8.6 단위
     (d) 서남쪽 34.9° 방향

18(30)   (a) 78 N
     (b) 답은 증명하는 것임.

19(31)   (a) 15.8 m/s
     (b) 6.37 m/s

20(32)   (a) $2.0 \times 10^{2}\,\text{N}$
     (b) 41°

21(33)   (a) 147 km
     (b) 47.9 km

22(35)   (a) $5.70 \times 10^{2}\,\text{N}$
     (b) 서남쪽 33.6° 방향

23(36)   150 m/s

24(37)   (a) 25.0°
     (b) 34.8 N

25(38)   (a) 370 N
     (b) +230N

26(39)   (a) $F_x = 322\,\text{N}$
     (b) $F_y = 209\,\text{N}$
     (c) $F_z = 279\,\text{N}$

27(41)   7.1 m, 동북쪽 9.9° 방향

28(43)   3.00 m, $-x$ 축 위 42.8°

29(44) $\dfrac{F}{F_A} = 0.532$

30(45)   (a) 2.7 km
     (b) 동북쪽 60° 방향

31(47)   (a) 10.4 단위
     (b) 12.0 단위

32(48) $B = 5550\,\text{m}$, $C = 6160\,\text{m}$

33(49)   (a) 178 단위
     (b) 164 단위

34(50)   14.7 cm, 서남쪽 19.6° 방향

Chapter 2

1(1)   0.80 s

2(2)   (a) 7.07 km
     (b) 2.12 km, 동북쪽 45.0° 방향

3(3)   (a) 12.4 km
     (b) 8.8 km, 동쪽으로

4(5)   (a) 464 m/s
     (b) 1040 mi/h

5(7)   52 m

6(8)   0.81km

7(10)   +16 m/s, 북쪽

8(12) $8.18\,\text{m/s}^2$

9(13)   (a) 4.0 s
     (b) 4.0 s

10(15)   3.44 m/s, 서쪽으로

11(17)   +30.0 m/s

12(18)   +8.0 m/s, A

13(19)   4.5 m

14(22)   (a) $1.6\,\text{m/s}^2$
     (b) $2.0 \times 10^{1}\,\text{m}$

15(24) $+6.0\,\text{m/s}^2$

16(25) $-3.1\,\text{m/s}^2$

17(29)   39.2 m

18(30)   (a) 5.26 m/s
     (b) 233 m

19(33)   1.2

20(35)   (a) 13 m/s
     (b) $0.93\,\text{m/s}^2$

21(36)   18 m

22(37)   91.5 m/s

23(38)   (a) $-9.80\,\text{m/s}^2$
     (b) 5.7 m

24(41)   1.1 s

25(42)   0.47 s

26(43)   6.12 s

27(45)   1.7 s

28(46)   22 m

29(48)   13.2 m/s

30(51) $2.0 \times 10^{1}\,\text{m}$

31(53)   10.6 m

32(54)   8.18 m/s

33(57)   답은 그래프 형태임.

34(58) $v_A = -2.0 \times 10^{1}\,\text{km/h}$, $v_B = 1.0 \times 10^{1}\,\text{km/h}$, $v_C = 40\,\text{km/h}$

35(60)   (a) A와 C구간: +, B구간: −, D구간: 0
     (b) $v_A = +6.3\,\text{km/h}$, $v_B = -3.8\,\text{km/h}$, $v_C = +0.63\,\text{km/h}$, $v_D = 0\,\text{km/h}$

36(61) $-8.3\,\text{km/h}^2$

Chapter 3

1(1) $8.8 \times 10^{2}\,\text{m}$

2(3)   8600 m

3(4)   16.9 m/s

4(5)   242 m/s

5(7)   5.4 m/s

6(8)   (a) $2.47\,\text{m/s}^2$
     (b) $2.24\,\text{m/s}^2$

7(9)   27.0°

8(10)   (a) 1.35 km, 서북쪽 21° 방향
     (b) 0.540 km/h, 서북쪽 21° 방향

9(12)   (a) 6490 m/s
     (b) 7070 m/s

10(13)   2.40 m

11(14)   8.6 m/s

12(15)   (a) 1.78 s
     (b) 20.8 m/s

13(17)   14.1 m/s

14(21)   30.0 m

15(22)   39 m/s

16(25)   (a) 1.1 s
     (b) 1.3 s

17(26)   0.844 m

18(27)   24대

19(28)   5.2 m

20(29)   1.7 s

21(31) 48 m
22(33) 11 m/s
23(35) 14.7 m/s
24(38) 4배
25(40) 5.79 m/s
26(41) 0.141°, 89.860°
27(43) $D = 850$ m, $H = 31$ m
28(46) 답은 증명하는 것임.

Chapter 4

1(1) 93 N
2(3) 3.5×10^4 N
3(5) 130 N
4(6) 3560 N
5(7) 37 N
6(8) 35.4 m/s
7(9) (a) 3.6 N
      (b) 0.40 N
8(11) -1.83 m/s^2, 왼쪽
9(13) 30.9 m/s^2 $+x$축 위로 27.2°
10(15) 0.78 m, 동남쪽 21° 방향
11(17) 18.4 N, 동북쪽 68° 방향
12(19) 1.8×10^{-7} N
13(20) 4.2 m/s^2
14(21) (a) $W = 1.13 \times 10^3$ N, $m = 115$ kg
       (b) $W = 0$ N, $m = 115$ kg
15(23) 0.223 m/s^2
16(25) 1.76×10^{24} kg
17(27) (a) 3.75 m/s^2
       (b) 2.4×10^2 N
18(29) 4.7 kg
19(31) 0.0050
20(33) $0.414L$
21(34) (a) 980 N
       (b) 640 N
22(37) 상자는 움직일 수 있다. $a = 3.72$ m/s^2
23(39) 0.444
24(43) (a) 0.980 m/s^2 가속도의 방향은 운동
        방향과 반대임.
       (b) 29.5 m
25(45) 68°
26(46) 184 N
27(47) (a) 7.40×10^5 N
       (b) 1.67×10^9 N
28(51) 929 N
29(54) 310 N
30(55) 62 N
31(58) $T_L = 919$ N, $T_R = 845$ N
32(59) 286 N
33(60) (a) 79.0 N
       (b) 219 N
34(63) 18.0 m/s^2, $+x$축 위 56.3°
35(66) (a) 6.5 m/s^2
       (b) 1100 N, 왼쪽
36(67) (a) 2.99 m/s^2

      (b) 129 N
37(69) 6.6 m/s
38(75) 0.14 m/s^2
39(79) 0.265 m
40(85) (a) 13.7 N
       (b) 1.37 m/s^2

Chapter 5

1(1) 160 s
2(2) 0.79 m/s^2
3(5) 332 m
4(7) (a) 5.0×10^1 m/s^2
      (b) 0
      (c) 2.0×10^1 m/s^2
5(9) 2.2
6(10) 10600 rev/min
7(11) 0.68 m/s
8(12) 606 N
9(14) 1.5 m
10(18) 28°
11(19) (a) 3510 N
       (b) 14.9 m/s
12(21) 2.0×10^1 m/s
13(22) (a) 19 m/s
       (b) 23 m/s
14(23) 184 m
15(25) 2.12×10^6 N
16(26) 45 s
17(27) 1.33×10^4 m/s
18(29) 4.20×10^4 m/s
19(39) $\dfrac{T_A}{T_B} = \dfrac{1}{27}$
20(33) 2.45×10^4 N
21(35) (a) 912 m
       (b) 228 m
       (c) 2.50 m/s^2

Chapter 6

1(2) 1.88×10^7 J
2(3) (a) 2980 J
      (b) 3290 J
3(7) (a) 54.9 N
      (b) 1060 J
      (c) -1060 J
      (d) 0 J
4(8) $W_P = 1.0 \times 10^3$ J, $W_f = -940$ J,
      수직 항력과 중력이 한 일은 없다.
5(11) 2.07×10^3 N
6(12) 2.5×10^7 J
7(14) 39 m/s
8(15) (a) 38 J
       (b) 3.8×10^3 N
9(17) 6.4×10^5 J
10(19) 18 %
11(20) 0.13

12(22) (a) 8.3×10^2 N
       (b) 9.1×10^3 J
       (c) -8.5×10^3 J
       (d) 4 m/s
13(23) 10.9 m/s
14(25) (a) -3.0×10^4 J
       (b) 공기 저항력은 보존력이 아니다.
15(27) 2.39×10^5 J
16(29) 5.24×10^5 J
17(30) 444 J
18(31) 2.3×10^4 J
19(34) 1.4 m
20(35) 4.13 m
21(37) 4.8 m/s
22(38) 4.43 m/s
23(40) 0.60 m
24(41) 6.33 m
25(42) 18 m
26(43) 40.8 kg
27(45) -4.51×10^4 J
28(47) 16.5 m
29(48) (a) 16.5 m
       (b) 2.9 N
30(49) -1.21×10^6 J
31(50) 45.9 m/s
32(53) 4.17 m/s
33(54) 127 m
34(57) 3.6×10^6 J
35(59) 3.0×10^3 W
36(61) 6.7×10^2 N
37(63) (a) 93 J
       (b) 0 J
       (c) 2.3 m/s
38(64) 49.6 J
39(67) (a) 1.50×10^2 J
       (b) 7.07 m/s

Chapter 7

1(1) -8.7 kg · m/s
2(2) $+165$ N, 위쪽
3(3) (a) $+1.7$ kg · m/s
      (b) $+570$ N
4(4) -11600 N
5(5) 11 N · s 평균력의 방향과 같은 방향
6(7) $+69$ N
7(9) 3.7 N · s
8(11) 4.28 N · s, 위로
9(12) 322 kg · m/s, 16°
10(16) -1.2 m/s
11(17) (a) 본조, 그의 되튐 속도가 작기 때문
       (b) 1.7
12(18) 96 kg
13(19) (a) 77.9 m/s
       (b) 45.0 m/s
14(21) $m_1 = 1.00$ kg, $m_2 = 1.00$ kg

15(23)　+547 m/s

16(25)　84 kg

17(26)　(a) −0.432 m/s

　　　　(b) +1.82 m/s

18(27)　3.00 m

19(29)　+9.09 m/s

20(30)　(a) 2.8 m/s

　　　　(b) 2.0 m/s

21(31)　(a) [5.00-kg 공] −0.400 m/s

　　　　[7.50-kg 공] +1.60 m/s

　　　　(b) +0.800 m/s

22(32)　182 m/s

23(34)　0.56 m/s

24(35)　(a) 73.0°

　　　　(b) 4.28 m/s

25(36)　2.175×10^{-3}

26(37)　(a) +3.17 m/s

　　　　(b) 0.0171

27(38)　[7.0 m/s 공] −4.0 m/s.

　　　　원래와 반대 방향

　　　　[4.0 m/s 공] 7.0 m/s.

　　　　원래와 반대 방향

28(39)　(a) 5.56 m/s

　　　　(b) −2.83 m/s (1.50 kg 공),

　　　　　+2.73 m/s (4.60 kg 공).

　　　　(c) 0.409 m/s (1.50 kg 공),

　　　　　0.380 m/s (4.60 kg 공).

29(40)　8.7번

30(41)　4.67×10^{6} m

31(43)　6.46×10^{-11} m

32(44)　2.28×10^{-10} m

Chapter 8

1(1)　13 rad/s

2(2)　21 rad

3(3)　63.7 grad

4(5)　6.4×10^{-3} rad/s^2

5(6)　8.0 s

6(7)　492 rad/s

7(9)　825 m

8(10)　+24 rad

9(11)　336 m/s

10(12)　(a) 2.00×10^{-2} s

　　　　(b) 4.00×10^{-2} s

11(13)　6.05 m

12(15)　25 rev

13(16)　0.125 s

14(17)　157.3 rad/s

15(19)　(a) 1.2×10^{4} rad

　　　　(b) 1.1×10^{2} s

16(20)　(a) 4.60×10^{3} rad

　　　　(b) 2.00×10^{2} rad/s^2

17(21)　28 rad/s

18(23)　12.5 s

19(25)　1.95×10^{4} rad

20(28)　(a) 2.6×10^{5} m/s

　　　　(b) 1.7×10^{8}년

21(29)　157 m/s

22(30)　0.18 m

23(33)　(a) 4.66×10^{2} m/s

　　　　(b) 70.6°

24(34)　4.63 m/s

25(35)　(a) 1.25 m/s

　　　　(b) 7.98 rev/s

26(38)　16

27(39)　(a) 9.00 m/s^2

　　　　(b) 지름 방향으로 안쪽을 향함.

28(40)　(a) 1.99×10^{-7} rad/s

　　　　(b) 2.98×10^{4} m/s

　　　　(c) 5.94×10^{-3} m/s^2, 구심 가속도는 궤

　　　　　도의 중심을 향한다.

29(41)　(a) 2.5 m/s^2

　　　　(b) 3.1 m/s^2

30(43)　$1/\sqrt{3}$

31(45)　1.00 rad

32(46)　(a) 45.5 rad/s

　　　　(b) 7.96 m/s

33(48)　8.6×10^{3} m

34(49)　693 rad

35(52)　974 rev

36(53)　11.8 rad

37(54)　(a) 8.33 rad/s, 반시계 방향

　　　　(b) 14.7 rad/s, 시계 방향

38(55)　20.6 rad

Chapter 9

1(2)　2.1×10^{2} N

2(4)　1.70×10^{3} N · m

3(5)　1.3

4(7)　(a) $\tau = FL$

　　　(b) $\tau = FL$

　　　(c) $\tau = FL$

5(8)　0.770 m

6(9)　0.667 m

7(11)　196 N (각 손에 작용하는 힘)

　　　　96 N (각 발에 작용하는 힘)

8(15)　(a) 27 N, 왼쪽으로

　　　　(b) 27 N, 오른쪽으로

　　　　(c) 27 N, 오른쪽으로

　　　　(d) 143 N, 왼쪽(수평)에서 아래쪽으로

　　　　　79° 방향

9(16)　$F = 70.6$ N, 위; $T = 56.4$ N, 아래

10(20)　29 N

11(21)　37.6°

12(23)　(a) 1.21×10^{3} N

　　　　(b) 1.01×10^{3} N, 아래로

13(24)　(a) 212 N

　　　　(b) 212N

　　　　(c) 5.00×10^{2} N

14(25)　51.4 N

15(26)　17.5 N

16(27)　1.7 m

17(28)　0.027 kg · m^2

18(29)　1.25 kg · m^2

19(31)　(a) -11 N · m

　　　　(b) -9.2 rad/s^2

20(33)　(a) 0.131 kg · m^2

　　　　(b) 3.6×10^{-4} kg · m^2

　　　　(c) 0.149 kg · m^2

21(34)　8.0×10^{-4} N · m

22(36)　2.0 s

23(37)　0.78 N

24(39)　(a) 2.67 kg · m^2

　　　　(b) 1.16 m

25(40)　$\frac{3}{2}MR^2$

26(41)　2.12 s

27(42)　22.0 kg

28(43)　(a) $v_{T1} = 12.0$ m/s, $v_{T2} = 9.00$ m/s,

　　　　　$v_{T3} = 18.0$ m/s

　　　　(b) 1.08×10^{3} J

　　　　(c) 60.0 kg · m^2

　　　　(d) 1.08×10^{3} J

29(44)　(a) 2.57×10^{29} J

　　　　(b) 2.67×10^{33} J

30(45)　6.1×10^{5} rev/ min

31(46)　(a) 7200 kg · m^2

　　　　(b) 7.0×10^{6} J

32(48)　7.67 m/s

33(50)　1.3 m/s

34(51)　2.0 m

35(52)　7.11 rad/s

36(53)　4.4 kg · m^2

37(54)　0.037 rad/s

38(55)　0.26 rad/s

39(57)　8 % 증가함

40(59)　0.17 m

41(60)　0.573 m

Chapter 10

1(1)　237 N

2(3)　(a) 7.44 N

　　　(b) 7.44 N

3(4)　6.7×10^{2} N/m

4(5)　0.012 m

5(6)　1.4 kg

6(8)　0.040 m

7(10)　0.236 m

8(11)　0.240 m

9(13)　(a) 1.00×10^{3} N/m

　　　　(b) 0.340

10(14)　3.00×10^{4}

11(15)　3.5×10^{4} N/m

12(17)　(a) 0.080 m

　　　　(b) 1.6 rad/s

　　　　(c) 2.0 N/m

(d) $v = 0$ m/s
(e) 0.20 m/s²

13(19) 696 N/m
14(22) (a) 1.3 m/s
  (b) 19 rad/s
15(23) 0.806
16(24) (a) 46.9 J
  (b) 55.9 m/s
17(27) (a) 58.8 N/m
  (b) 11.4 rad/s
18(29) 7.18×10^{-2} m
19(30) 4.4 J
20(33) (a) 9.0×10^{-2} m
  (b) 2.1 m/s
21(35) $v_{f1} = 1.25$ m/s, $v_{f2} = 0.645$ m/s
22(37) 2.37×10^{3} N/m
23(39) 0.99 m
24(40) 0.40 s
25(42) 0.995 m
26(43) 0.816
27(45) $7R/5$
28(47) 3.7×10^{-5} m
29(49) 1.6×10^{5} N
30(50) (a) 1.6×10^{8} N/m²
  (b) 5.3×10^{-4}
  (c) 3.0×10^{11} N/m²
31(51) 260 m
32(52) (a) 1.7×10^{8} N/m²
  (b) 1.8×10^{-2}
33(53) 1.4×10^{-6}
34(55) -2.8×10^{-4}
35(56) 2.7×10^{-4} m
36(57) 6.6×10^{4} N
37(59) (a) 6.3×10^{-2} m
  (b) 7.3×10^{-2} m
38(60) (a) 1.8×10^{-7} m
  (b) 1.0×10^{-6} m
39(61) 4.6×10^{-4}
40(63) 1.0×10^{-3} m
41(65) -4.4×10^{-5}

Chapter 11

1(1) 317 m²
2(3) 3400 N
3(4) 8750 N, 구입하지 않을 것이다.
4(5) 6.6×10^{6} kg
5(10) 32 N
6(11) 1.1×10^{3} N
7(13) 4.33×10^{6} Pa
8(14) 4.76×10^{-4} m²
9(16) (a) 0.055 m
  (b) 5.4 J
10(17) 0.750 m
11(21) (a) 3.5×10^{6} N
  (b) 1.2×10^{6} N

12(23) (a) 2.45×10^{5} Pa
  (b) 1.73×10^{5} Pa
13(27) 1.19×10^{5} Pa
14(29) 0.74 m
15(30) (a) 16.1 m
  (b) 13.2 m
16(31) 3.8×10^{5} N
17(32) 2.1×10^{4} N
18(34) $\frac{r_2}{r_1} = 6.2$
19(35) 8.50×10^{5} N · m
20(37) 5.7×10^{-2} m
21(38) 250 kg/m³
22(40) 89.5 %
23(41) 2.7×10^{-4} m³
24(43) 2.04×10^{-3} m³
25(46) 7.9×10^{-4} m³
26(47) 7.6×10^{-2} m
27(48) 60.3 %
28(51) 1.91 m/s
29(53) (a) 0.18 m
  (b) 0.14 m
30(54) (a) 2.2×10^{5} kg
  (b) 16 m/s
31(55) (a) 1.6×10^{-4} m³/s
  (b) 2.0×10^{1} m/s
32(59) 1.92×10^{5} N
33(60) (a) 17.1 m/s
  (b) 2.22×10^{-2} m³/s
34(61) (a) 2.48×10^{5} Pa
  (b) 1.01×10^{5} Pa
  (c) 0.342 m³/s
35(62) (a) 32.8 m/s
  (b) 54.9 m
36(63) 33 m/s
37(65) (a) 14 m/s
  (b) 0.98 m³/s
38(66) 1.81×10^{-2} m³/s
39(67) 9600 N
40(68) (a) 답은 식을 유도하는 것임.
  (b) 0 m
  (c) 답은 식을 유도하는 것임.

Chapter 12

1(1) 0.2 C°
2(2) (a) 낮: 102°C, 밤: −173°C
  (b) 낮: 215°F, 밤: -2.80×10^{2} °F
3(3) (a) 10.0 °C 및 40.0 °C
  (b) 283.2 K 및 313.2 K
4(5) −459.67 °F
5(7) −164 °C
6(9) 0.084 m
7(10) 0.10 m
8(12) (a) 커진다. 구리는 열을 받으면 팽창하기 때문이다.
  (b) 0.0017

9(14) 4.1×10^{-4}
10(15) -2.82×10^{-4} m
11(16) 91 C°
12(17) 49 °C
13(19) 2.0027 s
14(23) 0.6
15(25) 3.1×10^{-3} m³
16(27) 2.5×10^{-7} m³
17(28) 230 C°
18(29) 18
19(30) 1.8×10^{-4} m³
20(31) 0.33 gal
21(33) 9.0 mm
22(34) 1.2×10^{-6} m³
23(35) 45기압
24(37) 6.9배
25(40) 2500 J/(kg · C°)
26(41) $230
27(44) 121 kg
28(45) 940 °C
29(49) 0.016 C°
30(50) 1.1×10^{3} N
31(51) 3.9×10^{5} J
32(52) (a) 4.52×10^{6} J
  (b) 5.36×10^{6} J
33(55) 9.49×10^{-3} kg
34(57) 1.85×10^{5} J
35(58) 0.027 kg
36(59) (a) 3.0×10^{20} J
  (b) 3.2년
37(60) 44시간
38(62) 1.70 g
39(63) 2.6×10^{-3} kg
40(65) 3.50×10^{2} m/s

Chapter 13

1(1) 8.0×10^{2} J/s
2(2) (a) 8.6×10^{6} J
  (b) $0.24
3(3) 14 시간
4(4) 1.5 C°
5(5) 2.0×10^{-3} m
6(6) 4.8
7(7) 17
8(8) 85 J
9(9) (a) 21 °C
  (b) 18 °C
10(10) −15 °C
11(11) (a) 130 °C
  (b) 830 J
  (c) 237 °C
12(12) 3.1×10^{-5} kg/s
13(15) (a) 2.0
  (b) 0.61
14(16) (a) 6.3 J/s

(b) 4.8 J/s

15(17) 14.5 일

16(18) $2.6 \times 10^{-5}\,\text{m}^2$

17(19) 0.3

18(20) 5800 K

19(21) 320 K

20(23) 0.70

21(24) 732 K

22(25) 12

Chapter 14

1(1) 알루미늄

2(3) (a) 294.307 u

(b) $4.887 \times 10^{-25}\,\text{kg}$

3(5) $1.07 \times 10^{-22}\,\text{kg}$

4(6) 42.4 mol

5(7) $2.6 \times 10^{-10}\,\text{m}$

6(8) (a) $7.65 \times 10^{-26}\,\text{kg}$

(b) 2.11×10^{25}

7(9) $1.0 \times 10^3\,\text{kg}$

8(10) 304 K

9(11) $2.3 \times 10^{-2}\,\text{mol}$

10(12) 12

11(13) (a) 201 mol

(b) $1.21 \times 10^5\,\text{Pa}$

12(15) 2.5×10^{21}

13(16) 0.140 m

14(17) 882 K

15(19) 925 K

16(21) $5.9 \times 10^4\,\text{g}$

17(23) 0.205

18(24) (a) $3.3 \times 10^2\,\text{K}$

(b) $2.8 \times 10^5\,\text{Pa}$

19(25) $6.19 \times 10^5\,\text{Pa}$

20(26) $1.98 \times 10^3\,\text{N/m}$

21(27) 308 K

22(28) 414 m/s

23(29) (a) $46.3\,\text{m}^2/\text{s}^2$

(b) $40.1\,\text{m}^2/\text{s}^2$

24(31) $1.2 \times 10^4\,\text{m/s}$

25(33) $3.9 \times 10^5\,\text{J}$

26(34) 327 m/s

27(36) $5.0 \times 10^1\,\text{s}$

28(37) $4.0 \times 10^1\,\text{Pa}$

Chapter 15

1(1) (a) $-261\,\text{J}$

(b) 계에 일을 함.

2(3) (a) $-87\,\text{J}$

(b) $+87\,\text{J}$

3(4) 436 K

4(5) 32 마일

5(7) 13000 J

6(8) $4.5 \times 10^{-3}\,\text{m}^3$

7(9) (a) $3.1 \times 10^3\,\text{J}$

(b) 음

8(10) (a) $W = 0\,\text{J}$

(b) $+2.1 \times 10^3\,\text{J}$

(c) $-1.5 \times 10^3\,\text{J}$

9(11) 0.24 m

10(13) $3.0 \times 10^5\,\text{Pa}$

11(15) 답은 증명하는 것임.

12(17) $\dfrac{W}{Q} = 4.99 \times 10^{-6}$

13(18) $-4700\,\text{J}$

14(19) (a) 0 J

(b) $-6.1 \times 10^3\,\text{J}$

(c) 310 K

15(20) (a) $+5.0 \times 10^3\,\text{J}$

(b) $-5.0 \times 10^3\,\text{J}$

16(21) $\dfrac{V_{\text{f}}}{V_{\text{i}}} = 0.66$

17(23) 1.81

18(24)

	ΔU	W	Q
$A \to B$	4990 J	3320 J	8310 J
$B \to C$	-4990 J	0 J	-4990 J
$C \to D$	-2490 J	-1660 J	-4150 J
$D \to A$	2490 J	0 J	2490 J

19(26) (a) $2.00 \times 10^6\,\text{J}$

(b) 925 K

(c) $4.40 \times 10^6\,\text{J}$

20(28) $1.57 \times 10^3\,\text{J}$, 기체가 열을 흡수한다.

21(29) (a) 327 K

(b) $0.132\,\text{m}^3$

22(31) 2400 J

23(34) 1100 J

24(35) $Q/W = 5/2$

25(37) (a) 60.0%

(b) 40.0%

26(38) 0.264 m

27(40) 65 J

28(41) 0.631

29(42) 44 %

30(44) 0.75

31(45) $e = e_1 + e_2 - e_1 e_2$

32(47) 0.21

33(48) 256 K

34(49) (a) 1260 K

(b) $1.74 \times 10^4\,\text{J}$

35(51) 저온부의 온도를 낮춘다.

36(53) (a) 0.360

(b) $1.3 \times 10^{13}\,\text{J}$

37(57) $3.24 \times 10^4\,\text{J}$

38(61) 9.03

39(67) $1.26 \times 10^3\,\text{K}$

40(69) 11.6 J/K

41(71) (a) $+3.68 \times 10^3\,\text{J/K}$

(b) $+1.82 \times 10^4\,\text{J/K}$

(c) 기화 과정에서 더 무질서해짐.

Chapter 16

1(2) $5.50 \times 10^{14}\,\text{Hz}$

2(3) 0.49 m

3(6) (a) 0.200 Hz

(b) 4.00 m/s

4(7) 78 cm

5(8) 1.4 m/s

6(9) $5.0 \times 10^1\,\text{s}$

7(12) 0.68 m

8(13) 64 N

9(15) 600 m/s

10(16) 0.17 s

11(19) $m_1 = 28.7\,\text{kg},\ m_2 = 14.3\,\text{kg}$

12(21) $3.26 \times 10^{-3}\,\text{s}$

13(23) $y = (0.37\,\text{m})\sin(2.6\pi t + 0.22\pi x)$. 여기서 x와 y는 미터 단위이고 t는 초 단위임.

14(24) $y = (0.010\,\text{m})\sin(10\pi t - 50\pi x)$

15(25) (a) $A = 0.45\,\text{m},\ f = 4.0\,\text{Hz},\ \lambda = 2.0\,\text{m},$
$v = 8.0\,\text{m/s}$

(b) $-x$ 축 방향

16(26) (a) 4.2 m/s

(b) 0.35 m

(c) $(3.6 \times 10^{-2}\,\text{m})\sin[(75\,\text{s}^{-1})t + (18\,\text{m}^{-1})x]$

17(27) 2.5 N

18(29) 1730 m/s

19(31) (a) $7.87 \times 10^{-3}\,\text{s}$

(b) 4.12

20(34) 11.8 m

21(35) (a) 금속, 물, 공기

(b) $\Delta t_{12} = 0.059\,\text{s},\ \Delta t_{13} = 0.339\,\text{s}$

22(38) $L_1 = 2.00\,\text{m},\ L_2 = 2.50\,\text{m}$

23(39) 텅스텐

24(40) $8.0 \times 10^5\,\text{m}$

25(42) 283 K

26(43) $8.0 \times 10^2\,\text{m/s}$

27(44) 61 m

28(45) 239 m/s

29(48) $6.7 \times 10^{-9}\,\text{W}$

30(49) 1.98%

31(51) $2.4 \times 10^{-5}\,\text{W/m}^2$

32(53) 6.5 W

33(61) 1.3

34(65) 2.6

35(69) 2.39 dB

36(70) 3.4 m/s

37(71) 17 m/s

38(74) 3.1 %

39(75) 1350 Hz

40(76) 615 Hz

41(79) 209 m

Chapter 17

1(1) (a) 2 cm

(b) 1 cm

2(3) 해답은 몇 개의 그림들임.

3(5) 107 Hz

4(6) 960 m/s

5(7) 3.89 m

6(8) (a) 상쇄 간섭

(b) 보강 간섭

7(9) 3.90 m, 1.55 m, 6.25 m

8(10) (a) 53.8°

(b) 23.8°

9(11) (a) 44°

(b) 0.10 m

10(14) 8.9 m

11(15) 3.7°

12(16) 263 Hz

13(17) 8 Hz

14(18) 437 Hz

15(19) (a) 50 kHz

(b) 90 kHz

16(23) 1.10×10^2 Hz

17(24) 5.0×10^2 Hz

18(25) 0.46 m

19(27) 171 N

20(29) (a) 180 m/s

(b) 1.2 m

(c) 150 Hz

21(30) 45.0 Hz

22(33) 20.8°, 53.1°

23(34) 1.96 m

24(35) (a) f_2 = 800 Hz, f_3 = 1200 Hz, f_4 = 1600 Hz

(b) f_2 = 800 Hz, f_3 = 1200 Hz, f_4 = 1600 Hz

(c) f_2 = 1200 Hz, f_5 = 2000 Hz, f_7 = 2800 Hz

25(37) 0.50 m

26(38) (a) 3

(b) 0.57 m

27(39) 602 Hz

28(40) 1.2 m/s

29(41) 6.1 m

30(42) 2.66×10^{-25} kg

31(44) 162 Hz

Chapter 18

1(1) 1.5×10^{13}

2(2) $-1.6 \mu C$

3(3) 1.6×10^{13}

4(5) (a) $+1.5q$

(b) $+4q$

(c) $+4q$

5(6) (a) 3.35×10^{26} 개

(b) -5.36×10^7 C

6(7) 120 N

7(9) 0.14 N

8(10) 7.3×10^{-6} C, 음(−)

9(12) (a) 1.44×10^4 N, 인력

(b) 3.24×10^3 N, 척력

10(13) (a) 4.56×10^{-8} C

(b) 3.25×10^{-6} kg

11(14) 17.3 N, 동남쪽 38.7° 방향

12(15) 3.8×10^{12}

13(16) -2.60×10^{-6} C

14(17) $+2.0 \mu C$

15(19) -3.3×10^{-6} C

16(20) 9.0

17(23) (a) 15.4°

(b) 0.813 N

18(25) 1.8 N 동쪽으로

19(27) 6.5×10^3 N/C, 아래

20(28) $\frac{r_2}{r_1} = 1.37$

21(29) (a) -6.2×10^7 N/C

(b) $+2.9 \times 10^8$ N/C

22(30) (a) $x = 3.0$ m

(b) 0 N

23(31) 1.3 m

24(32) (a) 7.5×10^{-2} N

(b) 53.1°

25(33) (a) 양(+)

(b) 2.53×10^7 개의 양성자

26(35) 3.9×10^6 N/C, $+y$축 방향

27(37) 35 N/C

28(38) 1.0×10^7 m/s

29(40) 3.9×10^4 m/s

30(41) $\frac{|q_2|}{|q_1|} = 0.577$

31(42) 2.09×10^3 N/C

32(43) 3.25×10^{-8} C

33(45) 61°

34(46) 35 N·m²/C

35(47) (a) 350 N·m²/C

(b) 460 N·m²/C

36(48) (a) 4.0×10^5 N·m²/C

(b) -2.6×10^5 N·m²/C

(c) 1.4×10^5 N·m²/C

37(49) (a) 2.3×10^5 N·m²/C

(b) 2.3×10^5 N·m²/C

(c) 2.3×10^5 N·m²/C

38(52) (a) 7.9×10^5 N/C, 반지름 방향으로 바깥쪽을 향함.

(b) 1.4×10^6 N/C, 반지름 방향으로 안쪽을 향함.

(c) $E = 0$ N/C

39(53) 답은 증명하는 것임.

40(54) 답은 증명하는 것임.

Chapter 19

1(1) 1.1×10^{-20} J

2(2) (a) 5.80×10^{-3} J

(b) 32.2 V

(c) A

3(3) (a) $+2.00 \times 10^{-14}$ J

(b) 2.00×10^{-14} J

4(4) -2.1×10^{-11} J

5(5) 9.4×10^7 m/s

6(6) 8.0×10^2 eV

7(9) 339 V

8(11) $+3.6 \times 10^{-9}$ C

9(12) -4.05×10^4 V

10(13) -4.35×10^{-18} J

11(14) -6.0×10^{-8} C

12(15) -4.7×10^{-2} J

13(16) -9.4×10^3 V

14(17) $-q/\sqrt{2}$

15(19) -0.746 J

16(20) 0.38 J

17(21) 1.53×10^{-14} m

18(22) -4.8×10^{-6} C

19(23) 0.0342 m

20(25) (a) $-2q/3$

(b) $-2q$

21(27) 18000 V

22(28) 1.1 m

23(29) 3.5×10^4 V

24(30) 8.8×10^6 V/m

25(32) (a) 0 V

(b) $+290$ V

(c) -290 V

26(34) (a) 0 V

(b) 1.0×10^1 V/m

(c) 5.0 V/m

27(35) 0.213 J

28(36) 12 V

29(37) 1.1×10^3 V

30(39) 5.3

31(40) 7.0×10^{13}

32(42) 5.66 V

33(43) 52 V

34(45) 1.2×10^{-8} J

35(46) 7.7 V, 감소

36(47) 답은 증명하는 것임.

Chapter 20

1(1) (a) 2.6 C

(b) 310 J

2(3) 0.21 A

3(5) 82 Ω

4(7) 6.2×10^4 J

5(8) 16 Ω

6(11) 1.64

7(12) 0.12 Ω

8(13) 9.9×10^{-3} m

9(14) 0.0050(C°)$^{-1}$

10(16) 9.3 %

11(20) 9.7×10^2 kg

12(21) 6.0×10^2 W

13(22) (a) $4.4\,\Omega$

(b) 2.8 A

14(25) (a) 1300 W

(b) 480 W

(c) 1.4

15(26) 190 s

16(27) 250°

17(28) 50 m

18(31) 1.77 A

19(33) (a) 9.0×10^2 W

(b) 1.8×10^3 W

20(36) (a) 50.0 Hz

(b) $2.40 \times 10^2\,\Omega$

(c) 60.0 W

21(39) $32\,\Omega$

22(40) 9.0 V

23(41) (a) 10.0 V

(b) 5.00 V

24(43) (a) $145\,\Omega$

(b) 74 V

25(48) $R_2 = 446\,\Omega$

26(51) $5.3\,\Omega$

27(53) (a) 4.57 A

(b) 1450 W

28(54) $2.00\,\Omega$, $4.00\,\Omega$

29(59) $1.0 \times 10^2\,\Omega$

30(60) 9.2 A

31(61) $4.6\,\Omega$

32(64) $P_1 = 11.1$ W, $P_2 = 2.78$ W, $P_3 = 2.78$ W

33(69) 30

34(71) 24.0 V

35(73) (a) 0.38 A

(b) 2.0×10^1 V

(c) B

36(77) 0.75 V, 왼쪽

37(79) 0.94 V, D가 더 높다.

38(81) $3.43 \times 10^3\,\Omega$

39(87) $2.0\,\mu$F

40(89) $1.7\,\mu$F

41(95) 1.2×10^{-2} s

Chapter 21

1(1) 75.1° 및 105°

2(2) (a) 5.7×10^{-5} N, 종이 면으로 들어가는 방향

(b) 1.1×10^{-4} N, 종이 면으로 들어가는 방향

(c) 5.7×10^{-5} N, 종이 면으로 들어가는 방향

3(3) 3.7×10^{-12} N

4(4) $\frac{1}{3}$

5(5) 4.1×10^{-3} m/s

6(7) 19.7°

7(8) 1.3×10^{-10} N, 종이 면에서 나오는 방향

8(10) 1.1×10^{-2} N

9(12) (a) 음전하이다. 입자가 양전하일 경우 오른손 법칙-1을 적용하면 자기력은 곧은 방향으로 작용한다.

(b) 2.7×10^{-3} kg

10(13) 1.5×10^{-8} s

11(15) (a) 7.2×10^6 m/s

(b) 3.5×10^{-13} N

12(17) 1.63×10^{-2} m

13(19) (a) $\theta = 0°$

(b) 0.29 m

14(21) 0.16 T

15(22) 0.71 m

16(24) (a) 4.4×10^{-3} N

(b) 1.7×10^{-4} C

17(27) 8.1 N

18(28) 2.7 m

19(29) 0.96 N(윗변과 아랫변), 0 N(왼쪽 변과 오른쪽 변)

20(30) (a) 변 AB: 0 N, 자기장과 반대 방향; 변 BC: 24.2 N, 종이 면에서 나오는 방향에 수직; 변 AC: 24.2 N, 종이 면으로 들어가는 방향에 수직

(b) 0 N

21(31) 57.6°

22(33) (a) 왼쪽에서 오른쪽으로

(b) 1.1×10^{-2} m

23(35) 14 A

24(36) 2.2 A

25(37) (a) $24\ \text{A} \cdot \text{m}^2$

(b) $4.8\ \text{N} \cdot \text{m}$

26(39) 0.062 m

27(41) (a) $170\ \text{N} \cdot \text{m}$

(b) 35° 각도에서 증가

28(44) 1.13

29(46) 0.12 m

30(47) 8.0×10^{-5} T

31(48) 4.2×10^{-2} m

32(49) $1.9 \times 10^{-4}\ \text{N} \cdot \text{m}$

33(51) 190 A

34(53) $H = 2.1R$

35(54) 1.5×10^{-4} N

36(56) 0.50 m

37(57) 1.04×10^{-2} T

38(61) (a) 1.1×10^{-5} T

(b) 4.4×10^{-6} T

Chapter 22

1(1) 150 m/s

2(3) 0.065 V

3(5) 운동 기전력은 막대 A: 0, 막대 B: 1.6 V, 막대 C: 0이다. 도체 막대가 양(+)인 끝(2)은 B이다.

4(7) (a) 3.3 m/s

(b) 4.6 N

5(8) 25 m/s

6(10) 0.70

7(13) (a) 1.2×10^{-4} Wb

(b) 3.2×10^{-4} Wb

(c) 2.0×10^{-4} Wb

8(14) -9.4×10^{-2} Wb

9(16) 7.7×10^{-3} Wb

10(17) $1.5\ \text{m}^2/\text{s}$

11(19) 8.6×10^{-5} T

12(20) 기전력: 0.63 V, 전류: 2.5 A

13(22) (a) 0.38 V

(b) 0.43 m²/s

14(23) 6.6×10^{-2} J

15(24) 0.050 V

16(25) (a) 3.6×10^{-3} V

(b) $2.0 \times 10^{-3}\ \text{m}^2/\text{s}$, 넓이 줄어듦

17(26) 2.4×10^{-3} A

18(27) 2100 rad/s

19(28) (a) +y축을 지날 때: 반시계 방향

(b) −x축을 지날 때: 유도되는 전류는 없다.

(c) −y축을 지날 때: 시계 방향

(d) +x축을 지날 때: 유도되는 전류는 없다.

20(29) (a) 왼쪽에서 오른쪽으로

(b) 오른쪽에서 왼쪽으로

21(31) (a) 위치 1을 지날 때: 시계 방향

(b) 위치 2를 지날 때: 시계 방향

22(35) 12 V

23(36) $16\,\Omega$

24(37) 0.30 T

25(39) (a) 2.4 Hz

(b) 15 rad/s

(c) 0.62 T

26(40) 38 m

27(41) 102 V

28(43) (a) 0.80 A

(b) 8.00 A

(c) 4.40 A

29(44) 9.3×10^{-3} H

30(45) 1.5×10^9 J

31(46) (a) −6.4 V

(b) 0 V

(c) +3.2 V

32(48) 1.6 A

33(49) 220

34(51) 2.80×10^{-4} H

35(53) $M = \mu_0 \pi N_1 N_2 R_2^2 / (2R_1)$

36(54) (a) 승압 변압기

(b) 55:1

37(56) 9.2 V

38(57) 강압 변압기, 1/12

39(61) 답은 증명하는 것임.

Chapter 23

1(1) 126 Hz

2(2)   1.9 V

3(3) 2.7×10^{-6} F

4(4) 8.7×10^{-7} F

5(5) 5.00×10^{-2} s

6(6)   (a) 6.4×10^{-6} F

    (b) 9.0×10^{-4} C

7(7)   3/2

8(8)   75 V

9(9) 8.0×10^{1} Hz

10(10) 0.075 A

11(11) 176 mH

12(12) (a) 1.11×10^{4} Hz

    (b) 6.83×10^{-9} F

    (c) 6.30×10^{3} Ω

    (d) 7.00×10^{2} Ω

13(13) 0.17 V

14(14) 0.020 H

15(15) 83.9 V

16(16) (a) 0.50 A

    (b) 0.34 A

    (c) 0.704 H

17(17) 38 V

18(18) 3.0 W

19(19) (a) 0.925 A

    (b) 31.8°

20(20) $V_R = 10.5$ V, $V_C = 19.0$ V, $V_L = 29.6$ V

21(21) 270 Hz

22(22) (a) 0.26 A

    (b) 0.11 A

23(23) (a) 29.0 V

    (b) -0.263 A

24(24) 1.1×10^{3} Hz

25(25) 0.651 W

26(26) 2.7×10^{-5} H

27(27) (a) 352 Hz

    (b) 15.5 A

28(28) 0.81 W

29(29) 3.1 kHz

30(30) (a) 1.3×10^{-3} H

    (b) 8.7×10^{-6} F

31(31) 2.8 kHz

32(32) 521 Hz1

33(33) (a) 2.94×10^{-3} H

    (b) 4.84 Ω

    (c) 0.163

34(35) (a) $4/\sqrt{3}$

    (b) $1/\sqrt{3}$

Chapter 24

1(2)   (a) 1.28 s

    (b) $t = 1.9 \times 10^{2}$ s

2(3) 1.5×10^{-4} H

3(4) $3.62 \times 10^{-12} - 5.45 \times 10^{-12}$ F

4(5)   답은 그래프로 그려야 함.

5(7) 1.4×10^{17} Hz

6(8)   8.37

7(9) 3.7×10^{4}

8(12) 4.500×10^{7} Hz

9(13) 1.5×10^{10} Hz

10(15) 1.3×10^{6} m

11(16) 0.24 s

12(17) 540 rev/s

13(19) 8.75×10^{5}

14(21) 3.8×10^{2} W/m^2

15(22) 990 N/C

16(23) 0.07 N/C

17(24) 1.8×10^{-5} J

18(25) (a) 183 N/C

    (b) 6.10×10^{-7} T

19(26) 602 W/m^2

20(27) 5600 W

21(29) 3.93×10^{26} W

22(30) (a) 2.7×10^{-5} N

    (b) 3.3×10^{-9} N

23(31) (a) 이 은하는 지구로부터 멀어진다.

    (b) 3.1×10^{6} m/s

24(33) (a) 6.175×10^{14} Hz

    (b) 6.159×10^{14} Hz

25(34) (a) 0.55 W/m^2

    (b) 3.7×10^{-2} W/m^2

26(35) 71.6°

27(36) 206 W/m^2

28(37) 14 W/m^2

29(38) 104°

30(40) 68 N/C

Chapter 25

1(1)   55°

2(2)   (a) 0.91 m

    (b) 0.85 m

3(3)   14°

4(5)   10°

5(6)   7.2 m

6(7)   답은 광선 작도하는 것임.

7(8)   (a) 30°

    (b) $\beta' = 30°$

8(10) 답은 광선 작도하는 것임.

    (a) 상의 위치: 7.5 cm

    (b) 상높이: 1.0 cm

9(11) (a) 상거리는 거울 뒤 3.0×10^{1} cm

    (b) 상의 크기는 5.0 cm

10(12) (a) 24 cm

    (b) 답은 광선 작도하는 것임.

11(13) (a) 상거리는 거울 뒤 16.7 cm

    (b) 상의 크기는 6.67 cm

12(15) 10.9 cm

13(16) +32 cm

14(17) +74 cm

15(18) +31 cm

16(19) (a) 290 cm

    (b) -8.9 cm

    (c) 거꾸로 선 상(도립상)

17(20) 거울 뒤 14 cm

18(21) +22 cm

19(22) (a) 180 cm

    (b) 6.0×10^{1} cm

20(23) (a) 볼록

    (b) 24.0 cm

21(24) $f = -17$ cm

22(25) -3

23(26) 0.67

24(27) +42.0 cm

5(29) (a) 답은 증명하는 것임.

    (b) 답은 증명하는 것임.

Chapter 26

1(2) 1.66×10^{8} m/s

2(4)   0.800

3(6)   이황화탄소

4(7)   1.82

5(9)   (a) 43°

    (b) 31°

6(10) 0.87

7(13) 1.92×10^{8} m/s

8(14) (a) 33°

    (b) 32°

9(15) 1.65

10(17) 1.19 mm

11(20) 51.9°

12(22) 21.4 cm

13(23) 1.54

14(24) 37.79°

15(25) 1.51

16(27) (a) B

    (b) A

17(29) 42.67°

18(30) 1.35

19(31) 25.0°

20(32) 67.5°

21(35) 1.52

22(36) (a) 60.1°

    (b) 1.74

23(38) 0.86°

24(39) 0.35°

25(41) (빨간색 광선) 44.6°;

    (보라색 광선) 45.9°

    (빨간색 광선) 52.7°;

    (보라색 광선) 56.2°

26(42) 20.4°

27(44) (a) -12 cm

    (b) +0.63

    (c) 허상

    (d) 정립

    (e) 축소

28(45) $d_i = 18$ cm

29(47) 2.8

30(49) (a) $d_i = -75$ cm, $m = +2.50$

(b) 답은 증명하는 것임.

31(51) (a) -0.00625 m

(b) -0.0271 m

32(54) (a) 렌즈로부터 멀리

(b) 0.15 m

33(55) 48 cm

34(59) 두 번째 렌즈의 오른쪽 0.13 m

35(63) 11.8 cm

36(69) -220 cm

37(75) (a) -4.5 m

(b) 0.50 m

38(79) 0.13 m

39(87) 0.435 m

40(91) 1.1 m

Chapter 27

1(1) 6.0×10^{-5} m

2(2) 4.9×10^{-7} m

3(3) $17.8°$

4(5) 660 nm

5(6) 4.3×10^{-3} m

6(7) 0.0248 m

7(9) 487 nm

8(10) 1.30×10^2 nm, 3.91×10^2 nm

9(11) 102 nm

10(12) (a) 150 nm

(b) 210 nm

11(13) 207 nm

12(14) 1.18

13(15) 115 nm

14(17) 427 nm

15(19) (a) $0.21°$

(b) $22°$

16(20) 0.0390 m

17(21) (a) $24°$

(b) $39°$

18(22) 0.576 m

19(23) 490 nm

20(25) 0.447

21(26) 0.012 m

22(27) 0.013

23(30) 5.6×10^{17} m

24(31) 1.0×10^4 m

25(33) 2.3 m

26(35) (a) $1.22\,\lambda$

(b) 짧음

27(38) 5.90×10^{-7} m

28(39) 630 nm

29(40) 644 nm

30(41) 4.0×10^{-6} m

31(42) 640 nm, 480 nm

32(43) 3/4

33(45) 1.95 m

Chapter 28

1(1) 0.15 rad/s

2(2) 72 h

3(3) 2.4×10^8 m/s

4(4) 1.8회/분

5(5) 2.28 s

6(6) 4.4×10^{-4} s

7(7) 16

8(8) 8.1 km

9(9) 2.60×10^8 m/s

10(11) 530 m

11(13) 4.0광년

12(14) $\theta' = 40.2°$

13(15) 3.0 m × 1.3 m

14(17) 2.83×10^8 m/s

15(18) (a) 1.7×10^7 kg·m/s

(b) 3.0×10^7 kg·m/s

16(19) 1.80×10^8 m/s

17(21) -2.0 m/s

18(22) 1.7×10^{-13} J

19(23) (a) 1.0

(b) 6.6

20(25) 1.1 kg

21(27) 5.0×10^{-13} J

22(28) 1.3×10^7 kg·m/s

23(29) 1.40×10^{-15} m

24(30) $0.36c$

25(31) $0.31c$

26(32) $0.920c$

27(33) 42 m

28(35) (a) 2.82×10^8 m/s

(b) 1.8×10^{-16} kg·m/s

Chapter 29

1(1) 310 nm

2(2) (a) 1.63×10^{-7} m

(b) 1.84×10^{15} Hz

(c) 자외선 영역

3(3) 7.7×10^{29} 광자/초

4(4) 2.56 eV

5(5) 6.3 eV

6(6) 2.5×10^{21} 광자/(s·m²)

7(7) 2.10 eV

8(8) 1.9×10^{-7} m

9(10) 9.56×10^{-12} m

10(12) (a) 7760 N/C

(b) 2.59×10^{-5} T

11(13) 5.1×10^{-33} kg·m/s

12(15) (a) 2.124×10^{-24} kg·m/s

(b) 2.096×10^{-24} kg·m/s

13(16) $75°$

14(18) (a) 0.1819 nm

(b) 1.092×10^{-15} J

(c) 1.064×10^{-15} J

(d) 2.8×10^{-17} J

15(21) 2.6×10^{-28} m

16(23) 7.77×10^{-13} J

17(24) 2.45×10^3 m/s

18(25) 7.38×10^{-11} m

19(27) 1.10×10^3 m/s

20(28) 6.01×10^{-11} m

21(30) 4.0×10^1

22(32) 8.8×10^{-21} kg·m/s

23(33) (a) 2.1×10^{-35} kg·m/s

(b) 4.7×10^{-34} m/s

(c) 2.3×10^{-5} m/s

Chapter 30

1(1) (a) 6.2×10^{-31} m³

(b) 4×10^{-45} m³

(c) 7×10^{-13} %

2(3) 1.5×10^{14}

3(4) 1.7×10^{-13} J

4(5) -8.7×10^6 eV

5(6) 7.3×10^{-14} m

6(7) 91.2 nm

7(9) (a) 7458 nm

(b) 2279 nm

(c) 적외선

8(10) 2.38×10^{-10} m

9(11) 3

10(12) -0.213 eV

11(13) -13.6 eV, -3.40 eV, -1.51 eV

12(14) $n = 3$에서 $n = 2$: 6.56×10^{-7} m,

$n = 2$에서 $n = 1$: 1.22×10^{-7} m

13(15) $n_i = 6$ 및 $n_f = 2$

14(16) 22.8 nm

15(17) $6 \le n_i \le 19$

16(18) 2

17(19) 2180 lines/cm

18(21) 2, 3, 4 및 5

19(22) (a) -1.51 eV

(b) 2.58×10^{-34} J·s

(c) 2.11×10^{-34} J·s

20(23) -0.378 eV

21(24) $\ell = 4, n = 5$

22(25) $\pm 3.16 \times 10^{-34}$ J·s,

$\pm 2.11 \times 10^{-34}$ J·s,

$\pm 1.05 \times 10^{-34}$ J·s, 0 J·s

23(27) $26.6°$

24(28) (a) $n = 2$, $\ell = 0$, $m_\ell = 0$, $m_s = +\frac{1}{2}$,

$n = 2$, $\ell = 0$, $m_\ell = 0$, $m_s = -\frac{1}{2}$

(b) $n = 2$, $\ell = 1$, $m_\ell = +1$, $m_s = +\frac{1}{2}$,

$n = 2$, $\ell = 1$, $m_\ell = +1$, $m_s = -\frac{1}{2}$,

$n = 2$, $\ell = 1$, $m_\ell = 0$, $m_s = +\frac{1}{2}$,

$n = 2$, $\ell = 1$, $m_\ell = 0$, $m_s = -\frac{1}{2}$,

$n = 2$, $\ell = 1$, $m_\ell = -1$, $m_s = +\frac{1}{2}$,

$n = 2$, $\ell = 1$, $m_\ell = -1$, $m_s = -\frac{1}{2}$

25(29) $1s^2\ 2s^2\ 2p^6\ 3s^2\ 3p^6\ 4s^2\ 3d^5$

26(31) (a) 허용되지 않음

(b) 허용됨

(c) 허용되지 않음

(d) 허용됨

(e) 허용되지 않음

27(32) 스트론튬(Sr)

28(33) $7.230 \times 10^{-11}\,\text{m}$

29(34) $1.07 \times 10^{-14}\,\text{J}$

30(35) $6.83 \times 10^{-11}\,\text{m}$

31(36) (a) $1.08 \times 10^{-14}\,\text{H}$

(b) $9.75 \times 10^4\,\text{eV}$

32(37) 21600V

33(39) (a) $1.25 \times 10^{-4}\,\text{J}$

(b) $3.98 \times 10^{14}\,\text{J}$

34(41) 1.9×10^{17}개

35(43) 21 일

Chapter 31

1(1) (a) X = Pt, 117 중성자

(b) X = S, 16 중성자

(c) X = Cu, 34 중성자

(d) X = B, 6 중성자

(e) X = Pu, 145 중성자

2(2) (a) 92

(b) 122

(c) 41

3(3) 8

4(4) $4.4 \times 10^{-15}\,\text{m}$

5(5) 35.2

6(6) 1.14

7(7) $^{120}_{50}\text{Sn}$

8(9) $9.4 \times 10^3\,\text{m}$

9(10) 핵자당 7.90 MeV

10(11) 128 MeV

11(12) (a) 1.741670 u

(b) 1622 MeV

(c) 7.87 MeV

12(13) $2.9 \times 10^{16}\,\text{m}$

13(14) 39.25 MeV

14(15) 1.00327 u

15(17) (a) $^{212}_{84}\text{Po} \rightarrow ^{208}_{82}\text{Pb} + ^4_2\text{He}$

(b) $^{232}_{92}\text{U} \rightarrow ^{228}_{90}\text{Th} + ^4_2\text{He}$

16(18) (a) X는 β^- 입자(전자)

(b) X는 β^+ 입자(양전자)

(c) X는 γ선

(d) X는 α 입자(헬륨 핵)

17(19) (a) $^{14}_6\text{C} \rightarrow ^{14}_7\text{N} + ^{\ \ 0}_{-1}\text{e}$

(b) $^{212}_{82}\text{Pb} \rightarrow ^{212}_{83}\text{Bi} + ^{\ \ 0}_{-1}\text{e}$

18(21) $^{35}_{16}\text{S} \rightarrow ^{35}_{17}\text{Cl} + ^{\ \ 0}_{-1}\text{e}$

19(22) 1.38 MeV

20(23) (a) $^{18}_9\text{F} \rightarrow ^{18}_8\text{O} + ^{\ 0}_{+1}\text{e}$

(b) $^{15}_8\text{O} \rightarrow ^{15}_7\text{N} + ^{\ 0}_{+1}\text{e}$

21(25) $1.61 \times 10^7\,\text{m/s}$

22(27) 1.82 MeV

23(28) $2.60 \times 10^{-12}\,\text{m}$

24(29) 3.0 일

25(30) 3.66일

26(31) 19.9

27(33) $2.1 \times 10^{13}\,\text{Bq}$

28(35) 146 붕괴/분

29(36) $2.1 \times 10^{-11}\,\text{kg}$

30(37) $3.7 \times 10^{10}\,\text{Bq}$

31(38) $1.20 \times 10^{-7}\,\text{g}$

32(39) 7.23 일

33(40) 2.2×10^3년

34(41) 0.70 %

35(43) 90.9 %

36(44) 3.29×10^9년

37(45) 6900년, 최대 오차는 900년

Chapter 32

1(1) $2.8 \times 10^{-3}\,\text{J}$

2(2) 12

3(3) $1.6 \times 10^{-3}\,\text{J}$

4(4) $3.7 \times 10^{-6}\,\text{J}$

5(5) 0.26 R

6(7) $4.4 \times 10^{11}\,\text{s}^{-1}$

7(8) 9.2×10^8

8(9) $3.01 \times 10^8\,\text{rd}$

9(11) 산소 $^{16}_8\text{O}$

10(12) (a) $^{14}_7\text{N}(n, p)^{14}_6\text{C}$

(b) $^{238}_{92}\text{U}(n, \gamma)^{239}_{92}\text{U}$

(c) $^{24}_{12}\text{Mg}(n, d)^{23}_{11}\text{Na}$

11(13) (a) 양성자, ^1_1H

(b) 알파 입자, ^4_2He

(c) 리튬, ^6_3Li

(d) 질소, $^{14}_7\text{N}$

(e) 망간, $^{56}_{25}\text{Mn}$

12(15) 13.6 MeV

13(16) 아연, $^{64}_{30}\text{Zn}$

14(17) 2 중성자

15(18) 3

16(19) 9.0×10^{-4}

17(20) 173 MeV

18(21) 41

19(23) $2.7 \times 10^6\,\text{kg}$

20(25) (a) $8.2 \times 10^{10}\,\text{J}$

(b) 0.48 g

21(27) 1200 kg

22(28) 2.0 MeV

23(29) 3.3 MeV

24(31) 1.0 gal

25(32) (a) 1.0×10^{22}

(b) $8.1 \times 10^9\,\text{kg}$

26(34) 33.9 MeV

27(35) 가능성 1 = u, d, s

가능성 2 = u, d, b

가능성 3 = u, s, b

28(37) (a) 0.513 MeV

(b) $2.43 \times 10^{-12}\,\text{m}$

(c) $2.73 \times 10^{-22}\,\text{kg} \cdot \text{m/s}$

29(38) (a) 쿼크는 입자에 포함되지 않는다.

(b) 반쿼크는 입자에 포함되지 않는다.

30(39) (a) $1.9 \times 10^{-20}\,\text{kg} \cdot \text{m/s}$

(b) $3.5 \times 10^{-14}\,\text{m}$

31(40) 0.18 MeV

찾아보기

일반물리학

2022년 3월 1일 인쇄
2022년 3월 5일 발행

원저자 ◉ CUTNELL & JOHNSON

역　자 ◉ 일반물리학교재편찬위원회

발행자 ◉ 조 승 식

발행처 ◉ (주) 도서출판 북스힐
　　　　　서울시 강북구 한천로 153길 17

등　록 ◉ 제 22-457 호

 (02) 994-0071(代)

 (02) 994-0073

 www.bookshill.com

잘못된 책은 교환해 드립니다.

값 33,000원

ISBN 979-11-5971-042-1

6. SI 단위

물리량	단위의 명칭	기호	다른 SI 단위로 나타낸 식	물리량	단위의 명칭	기호	다른 SI 단위로 나타낸 식
길이	미터	m	기본 단위	압력, 응력	파스칼	Pa	$N \cdot m^2$
질량	킬로그램	kg	기본 단위	점성도	—	—	$Pa \cdot s$
시간	초	s	기본 단위	전기량	쿨롬	C	$A \cdot s$
전류	암페어	A	기본 단위	전기장	—	—	N/C
온도	켈빈	K	기본 단위	전위	볼트	V	J/C
물질의 양	몰	mol	기본 단위	저항	옴	Ω	V/A
속도	—	—	m/s	전기 용량	패럿	F	C/V
가속도	—	—	m/s^2	전기 유도	헨리	H	$V \cdot s/A$
힘	뉴턴	N	$kg \cdot m/s^2$	자기장	테슬라	T	$N \cdot s/(C \cdot m)$
일, 에너지	줄	J	$N \cdot m$	자속 밀도	웨버	Wb	$T \cdot m^2$
일률	와트	W	J/s	비열	—	—	$J/(kg \cdot K)$ 또는
충격량, 운동량	—	—	$kg \cdot m/s$				$J/(kg \cdot C°)$
평면각	라디안	rad	m/m	열전도도	—	—	$J/(s \cdot m \cdot K)$ 또는
각속도	—	—	rad/s				$J/(s \cdot m \cdot C°)$
각가속도	—	—	rad/s^2	엔트로피	—	—	J/K
토크	—	—	$N \cdot m$	방사능	베크렐	Bq	s^{-1}
진동수	헤르츠	Hz	s^{-1}	방사능의 흡수 선량	그레이	Gy	J/kg
밀도	—	—	kg/m^3	방사능의 노출량	—	—	C/kg

7. 그리스 문자

알파	A	α	요타	I	ι	로	P	ρ
베타	B	β	카파	K	κ	시그마	Σ	σ
감마	Γ	γ	람다	Λ	λ	타우	T	τ
델타	Δ	δ	뮤	M	μ	입실론	Υ	υ
엡실론	E	ϵ	뉴	N	ν	피	Φ	ϕ
제타	Z	ζ	크시	Ξ	ξ	키	X	χ
에타	H	η	오미크론	O	o	프시	Ψ	ψ
세타	Θ	θ	파이	Π	π	오메가	Ω	ω

8. 원소의 주기율표

전이 원소

I족	II족	3	4	5	6	7	8	9	10	11	12	III족	IV족	V족	VI족	VII족	0족
H 1 1.00794 1s¹																	**He** 2 4.00260 1s²
Li 3 6.941 2s¹	**Be** 4 9.0118 2s²											**B** 5 10.81 2p¹	**C** 6 12.011 2p²	**N** 7 14.0067 2p³	**O** 8 15.9994 2p⁴	**F** 9 18.9984 2p⁵	**Ne** 10 20.180 2p⁶
Na 11 22.9898 3s¹	**Mg** 12 24.305 3s²											**Al** 13 26.9815 3p¹	**Si** 14 28.0855 3p²	**P** 15 30.9738 3p³	**S** 16 32.07 3p⁴	**Cl** 17 35.453 3p⁵	**Ar** 18 39.948 3p⁶
K 19 39.0983 4s¹	**Ca** 20 40.08 4s²	**Sc** 21 44.9559 3d¹4s²	**Ti** 22 47.87 3d²4s²	**V** 23 50.9415 3d³4s²	**Cr** 24 51.996 3d⁵4s¹	**Mn** 25 54.9380 3d⁵4s²	**Fe** 26 55.845 3d⁶4s²	**Co** 27 58.9332 3d⁷4s²	**Ni** 28 58.69 3d⁸4s²	**Cu** 29 63.546 3d¹⁰4s¹	**Zn** 30 65.41 3d¹⁰4s²	**Ga** 31 69.72 4p¹	**Ge** 32 72.64 4p²	**As** 33 74.9216 4p³	**Se** 34 78.96 4p⁴	**Br** 35 79.904 4p⁵	**Kr** 36 83.80 4p⁶
Rb 37 85.4678 5s¹	**Sr** 38 87.62 5s²	**Y** 39 88.9059 4d¹5s²	**Zr** 40 91.224 4d²5s²	**Nb** 41 92.9064 4d⁴5s¹	**Mo** 42 95.94 4d⁵5s¹	**Tc** 43 (98) 4d⁵5s²	**Ru** 44 101.07 4d⁷5s¹	**Rh** 45 102.906 4d⁸5s¹	**Pd** 46 106.42 4d¹⁰5s⁰	**Ag** 47 107.868 4d¹⁰5s¹	**Cd** 48 112.41 4d¹⁰5s²	**In** 49 114.82 5p¹	**Sn** 50 118.71 5p²	**Sb** 51 121.76 5p³	**Te** 52 127.60 5p⁴	**I** 53 126.904 5p⁵	**Xe** 54 131.29 5p⁶
Cs 55 132.905 6s¹	**Ba** 56 137.33 6s²	57–71 (란타니드 계열)	**Hf** 72 178.49 5d²6s²	**Ta** 73 180.948 5d³6s²	**W** 74 183.84 5d⁴6s²	**Re** 75 186.207 5d⁵6s²	**Os** 76 190.2 5d⁶6s²	**Ir** 77 192.22 5d⁷6s²	**Pt** 78 195.08 5d⁹6s¹	**Au** 79 196.967 5d¹⁰6s¹	**Hg** 80 200.59 5d¹⁰6s²	**Tl** 81 204.383 6p¹	**Pb** 82 207.2 6p²	**Bi** 83 208.980 6p³	**Po** 84 (209) 6p⁴	**At** 85 (210) 6p⁵	**Rn** 86 (222) 6p⁶
Fr 87 (223) 7s¹	**Ra** 88 (226) 7s²	89–103 (악티니드 계열)	**Rf** 104 (261) 6d²7s²	**Db** 105 (262) 6d³7s²	**Sg** 106 (266) 6d⁴7s²	**Bh** 107 (264) 6d⁵7s²	**Hs** 108 (277) 6d⁶7s²	**Mt** 109 (268) 6d⁷7s²	110 (281)	111 (272)	112 (285)		114 (289)				

란타니드 계열

La 57 138.906 5d¹6s²	**Ce** 58 140.12 4f⁶s²	**Pr** 59 140.908 4f³6s²	**Nd** 60 144.24 4f⁴6s²	**Pm** 61 (145) 4f⁵6s²	**Sm** 62 150.36 4f⁶6s²	**Eu** 63 151.96 4f⁷6s²	**Gd** 64 157.25 5d¹4f⁷6s²	**Tb** 65 158.925 4f⁹6s²	**Dy** 66 162.50 4f¹⁰6s²	**Ho** 67 164.930 4f¹¹6s²	**Er** 68 167.26 4f¹²6s²	**Tm** 69 168.934 4f¹³6s²	**Yb** 70 173.04 4f¹⁴6s²	**Lu** 71 174.967 5d¹4f¹⁴6s²

악티니드 계열

Ac 89 (227) 6d¹7s²	**Th** 90 232.038 6d²7s²	**Pa** 91 231.036 5f²6d¹7s²	**U** 92 238.029 5f³6d¹7s²	**Np** 93 (237) 5f⁴6d¹7s²	**Pu** 94 (244) 5f⁶6d⁰7s²	**Am** 95 (243) 5f⁷6d⁰7s²	**Cm** 96 (247) 5f⁷6d¹7s²	**Bk** 97 (247) 5f⁹6d⁰7s²	**Cf** 98 (251) 5f¹⁰6d⁰7s²	**Es** 99 (252) 5f¹¹6d⁰7s²	**Fm** 100 (257) 5f¹²6d⁰7s²	**Md** 101 (258) 5f¹³6d⁰7s²	**No** 102 (259) 6d⁰7s²	**Lr** 103 (262) 6d¹7s²

범례:

원소 기호 — **Cl** 17 ← 원자 번호
원자량 * — 35.453
3p⁵ ← 전자 배열

* 원자량없는 지료에 존재하는 동위 원소들의 동위 원소들이 자연 존재비에 따라 평균한 것이다. 불안정한 동위 원소의 경우 그중 가장 안정되고 잘 알려진 동위 원소의 질량수를 괄호 안에 표시해 놓았다. 자료: IUPAC 원자량 및 동위 원소 존재비에 관한 위원회, 2001.

1. 기본 상수

물리량	기호	값*
아보가드로수	N_A	$6.022\ 141\ 99 \times 10^{23}\ mol^{-1}$
볼츠만 상수	k	$1.380\ 6503 \times 10^{-23}\ J/K$
전자의 전하량	e	$1.602\ 176\ 462 \times 10^{-19}\ C$
자유 공간의 투자율	μ_0	$4\pi \times 10^{-7}\ T \cdot m/A$
자유 공간의 유전율	ϵ_0	$8.854\ 187\ 817 \times 10^{-12}\ C^2/(N \cdot m^2)$
플랑크 상수	h	$6.626\ 068\ 76 \times 10^{-34}\ J \cdot s$
전자의 질량	m_e	$9.109\ 381\ 88 \times 10^{-31}\ kg$
중성자의 질량	m_n	$1.674\ 927\ 16 \times 10^{-27}\ kg$
양성자의 질량	m_p	$1.672\ 621\ 58 \times 10^{-27}\ kg$
진공 중에서의 빛의 속도	c	$2.997\ 924\ 58 \times 10^8\ m/s$
만유 인력 상수	G	$6.673 \times 10^{-11}\ N \cdot m^2/kg^2$
보편 기체 상수	R	$8.314\ 472\ J/(mol \cdot K)$

*1998년 CODATA의 값임.

2. 유용한 물리 데이터

지구의 중력 가속도	$9.80\ m/s^2 = 32.2\ ft/s^2$
바다 표면에서의 대기압	$1.013 \times 10^5\ Pa = 14.70\ lb/in.^2$
공기의 밀도(0 °C, 1 기압)	$1.29\ kg/m^3$
공기 중의 소리의 속력(20 °C)	$343\ m/s$
물	
밀도(4 °C)	$1.000 \times 10^3\ kg/m^3$
융해열	$3.35 \times 10^5\ J/kg$
기화열	$2.26 \times 10^6\ J/kg$
비열	$4186\ J/(kg \cdot C°)$
지구	
질량	$5.98 \times 10^{24}\ kg$
반지름(적도)	$6.38 \times 10^6\ m$
태양으로부터의 평균 거리	$1.50 \times 10^{11}\ m$
달	
질량	$7.35 \times 10^{22}\ kg$
반지름(평균)	$1.74 \times 10^6\ m$
지구로부터의 평균 거리	$3.85 \times 10^8\ m$
태양	
질량	$1.99 \times 10^{30}\ kg$
반지름(평균)	$6.96 \times 10^8\ m$